1 DVD 配套高品质DVD光盘

光盘收录了本教程近350个素材和效果文件，其中包含170多个素材文件、近180个效果文件，以及416段350分钟的同步语音教学视频，同时还超值赠送150个200多分钟的Office实用商务办公实例教学视频

Microsoft Office 2010

Office 完全自学教程

郑 艳 李少勇 编著

完全视频 + 完全操作 + 完全手册 = 完全自学

完全视频 本教程300个知识点和116个常用功能的实例制作均录制了同步语音视频，时间长度达近350分钟，可谓目前同类教程中最多最全面的视频教学体系

完全操作 完全抛弃软件生硬难懂的理论学习，将其划分为416个操作技能点，化繁为简，功能细分，注重实战，使学习变得异常轻松简单

完全手册 本教程内容划分为入门、进阶、提高、案例4大部分，体系完整，内容全面、翔实，完全可以作为办公应用领域参考的学习手册

完全自学 “完全视频+完全操作+完全手册”三位一体的学习体系，为您打造无障碍完全自学的完美体验，真正做到一册在手，别无他求

兵器工业出版社

北京希望电子出版社
Beijing Hope Electronic Press
www.bhp.com.cn

内 容 简 介

本书全面介绍了如何使用 Office 2010，将大量案例与知识点结合，最后实现综合应用 Office。

全书共 22 章，内容包括认识 Office 2010、Word 2010 操作基础、图像编排和图形绘制、页面设置和打印、长篇文档的排版、表格的制作与编辑、Word 的高级自动功能、个人简历及家庭日常费用分析表的制作、工作中常用表单的制作、请柬的制作、认识并使用 Excel 2010、工作表的格式化与打印、图表的编辑应用与技巧、数据管理的高级操作、职工档案管理系统及广告预算审批表、企业数据表单处理、PowerPoint 2010 操作基础、幻灯片的编辑与设计、演示文稿的放映与打印、相册及贺卡的制作、工作中常用幻灯片的制作和企业幻灯片的制作等，通过精选实例详细介绍了制作技巧，让读者融会贯通、举一反三。

本书适用于初学者和已经具有一定基础知识并希望进一步提高的读者，尤其适合高职高专院校、各类计算机职业教育学校作为办公自动化的教材使用，同时也是办公人员、家庭电脑初学者的最佳自学教材。

光盘内容为实例的素材文件、效果文件和 416 段教学视频。

图书在版编目（CIP）数据

Office 2010 完全自学教程 / 郑艳，李少勇编著.
—北京：兵器工业出版社，2011.11

ISBN 978-7-80248-654-6

Ⅰ. ①O… Ⅱ. ①郑… ②李… Ⅲ. ①办公自动化－应用软件，Office 2010－教材 Ⅳ. ①TP317.1

中国版本图书馆 CIP 数据核字（2011）第 191286 号

出版发行：兵器工业出版社　北京希望电子出版社
邮编社址：100089　北京市海淀区车道沟 10 号
100085　北京市海淀区上地三街 9 号嘉华大厦 C 座 611
电　　话：（010）82702660（发行）（010）82702675（邮购）
经　　销：各地新华书店　软件连锁店
印　　刷：北京市媛明印刷厂
版　　次：2011 年 11 月第 1 版第 1 次印刷

封面设计：深度文化
责任编辑：常小虹　刘秀青
责任校对：小　亚
开　　本：787mm×1092mm　1/16
印　　张：27 （彩插 6 面）
印　　数：1－3000
字　　数：614 千字
定　　价：49.80 元（配 1 张 DVD 光盘）

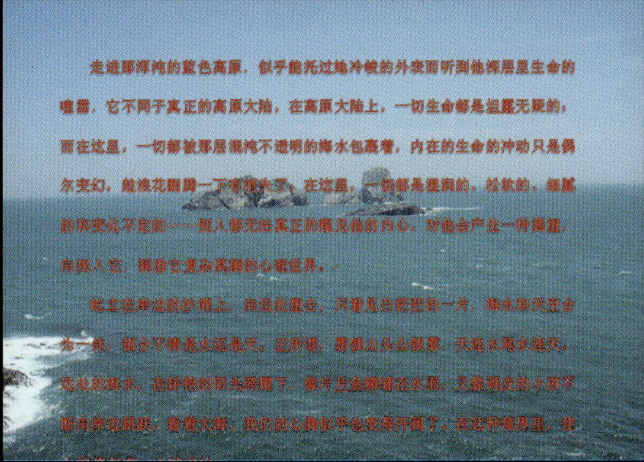

显示文档比例（第2章）

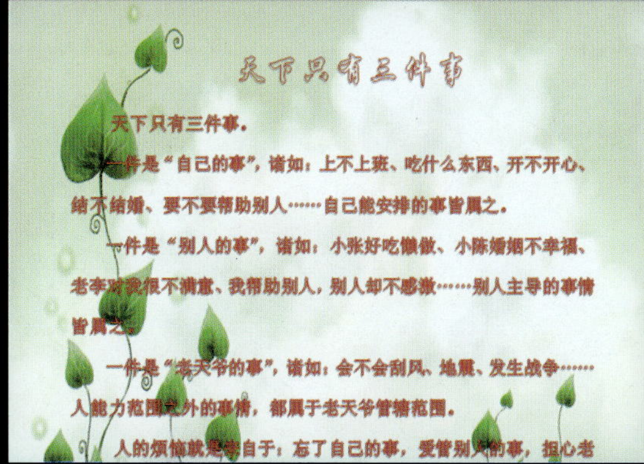

设置段落缩进、行距、段前和段后间距（第2章）

Office 2010

完全自学教程

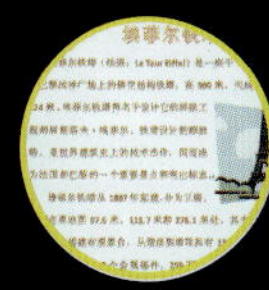
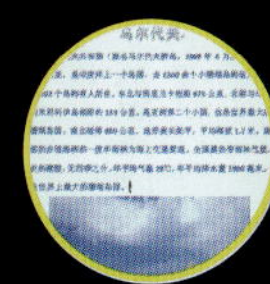

设置图片在文档中混排（第3章）

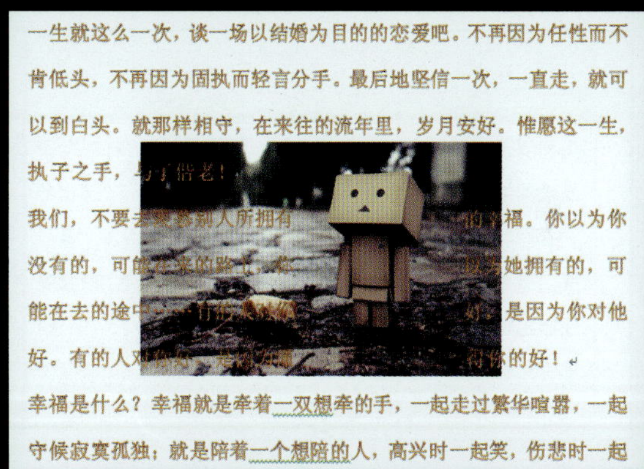

编辑图片环绕顶点（第3章）

给图片添加边框（第3章）

对齐和排列图形对象（第3章）

叠放图形对象（第3章）

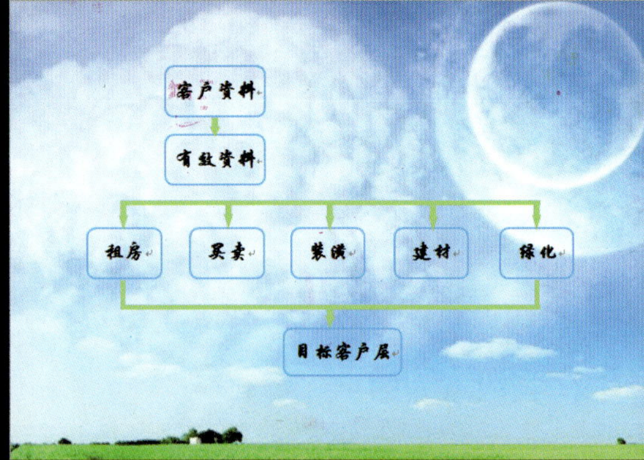

创建自动更正词条（第7章）

Office 2010
完全自学教程

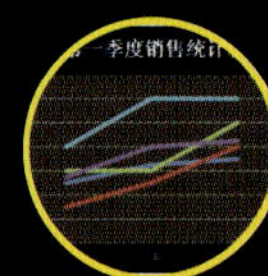

	产品名称	参考价（元）	编辑推荐	面试时间	主要信息	评点
主板	飞利浦微处理器主板	777 ~~（元）~~	1	11 月	高配置耐热纤维	大功率输出热量
	厦门微处理器主板	896	2	12 月	高效耐热光导纤维	质量有保证
	德虎未处理主板	783	3	11 月	大功率风扇	质量好

修订（第7章））

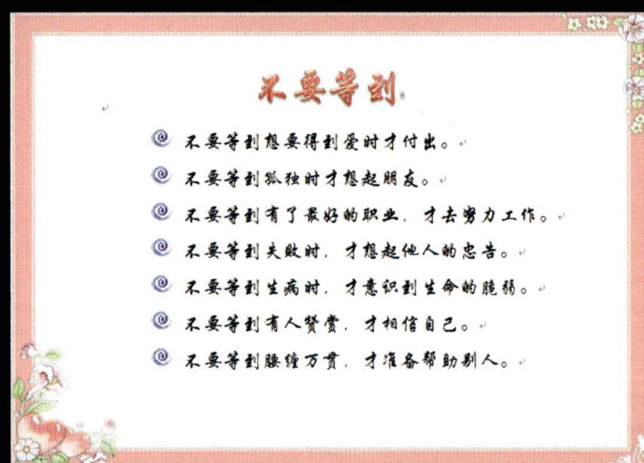

运行宏（第7章）

插入域（第7章）

家庭开支计划表

日期	收入		支出					支出总计	余额（元）
	金额	来源	水电费	交通	购物	三餐	其他		
2010-08	3000	工资	135	200	605	380	160	1480	1520
2010-09	3000	工资	143	160	760	400	150	1613	1387
2010-10	3000	工资	136	150	420	360	130	1196	1804
2010-11	3200	工资+奖金	123	180	580	320	140	1343	1857
2010-12	3300	工资+奖金	369	320	950	520	230	2389	911
2011-01	3000	工资	134	190	468	230	60	1082	1918
2011-02	3300	工资+奖金	128	150	150	280	150	858	2442

在Excel表格中创建图表（第8章）

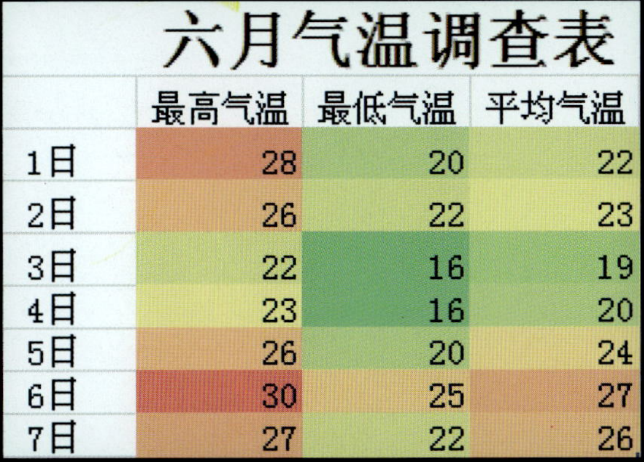

六月气温调查表			
	最高气温	最低气温	平均气温
1日	28	20	22
2日	26	22	23
3日	22	16	19
4日	23	16	20
5日	26	20	24
6日	30	25	27
7日	27	22	26

使用条件格式（第12章）

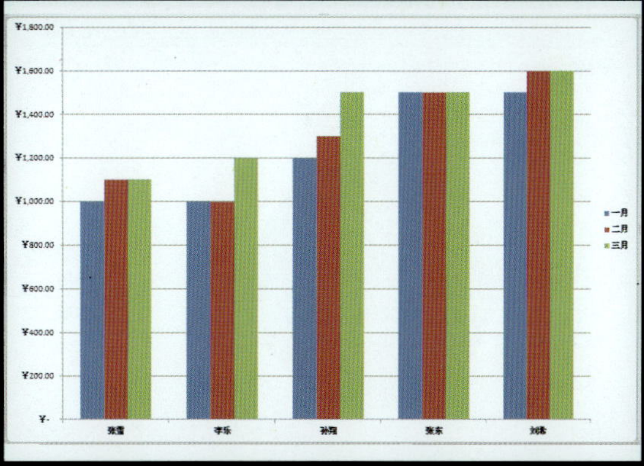

使用快捷键创建图表（第13章）

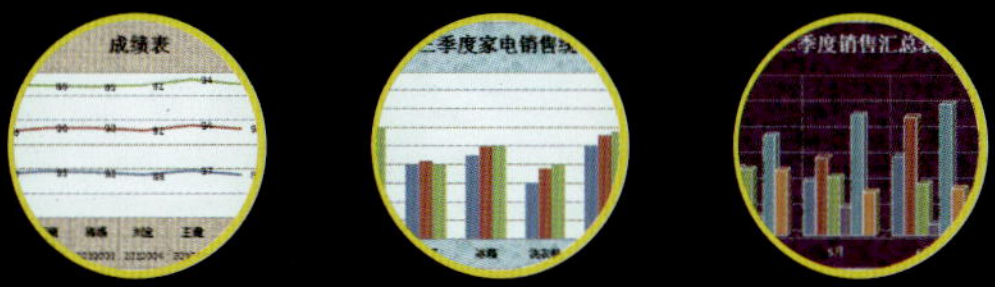

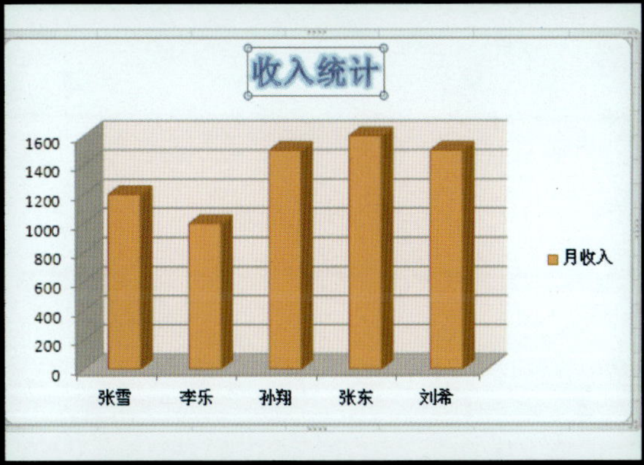

设置艺术字标题（第13章）

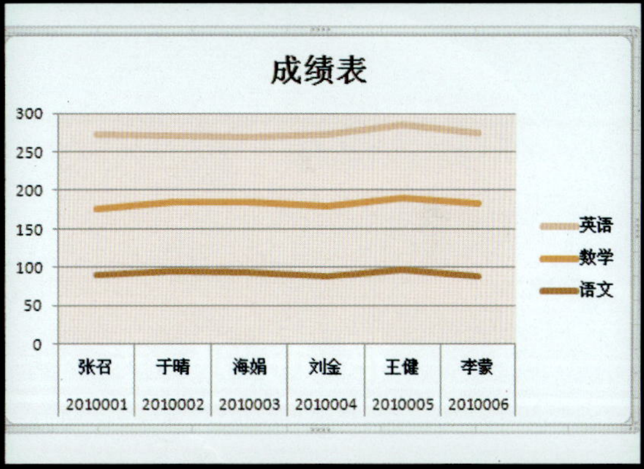

使用内置图表样式（第13章）

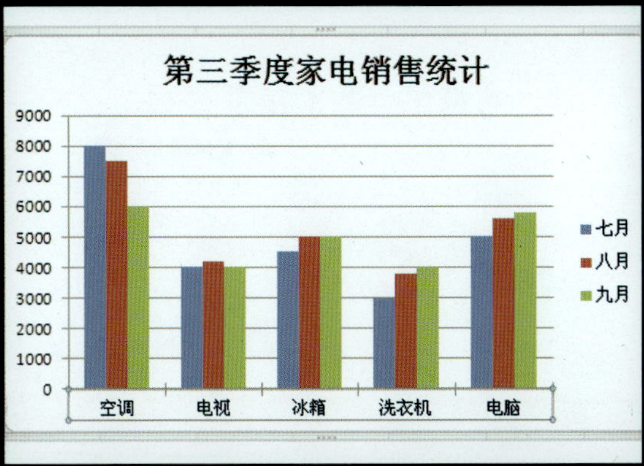

设置图表中水平（类别）轴（第13章）

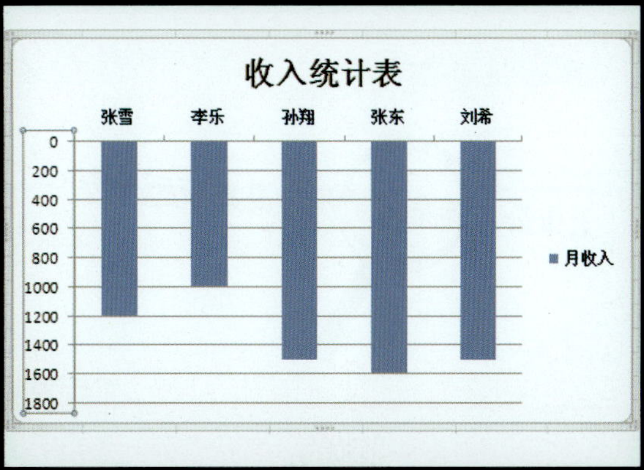

复制图表（第13章）

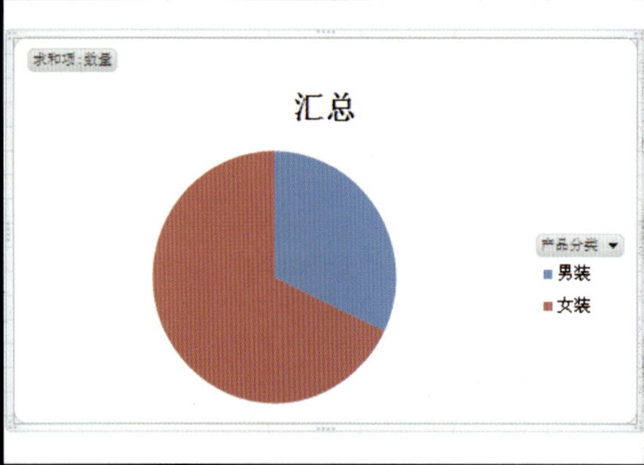

数据的排序和筛选（第16章）

功能区的使用（第17章）

Office 2010
完全自学教程

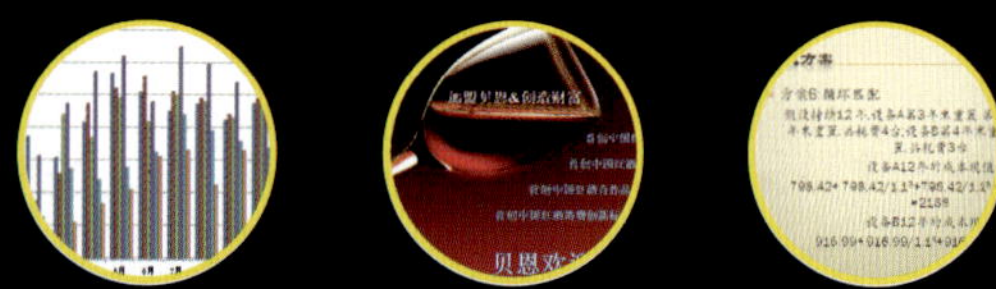

使用高级选项（第17章））

在占位符中输入文字（第17章）

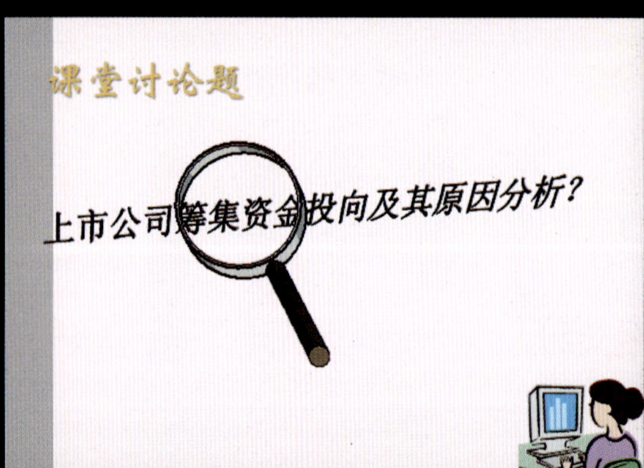

插入其他内容（第17章）

改变文字的外观（第17章）

为幻灯片编号（第18章）

设置放映时间（第20章）

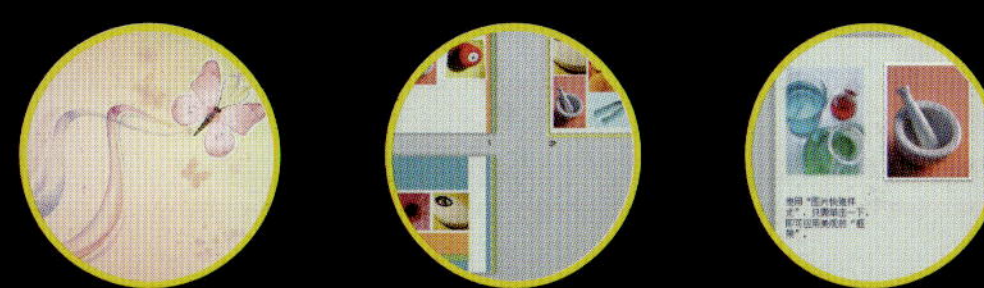

插入艺术字并添加动画效果（第20章）

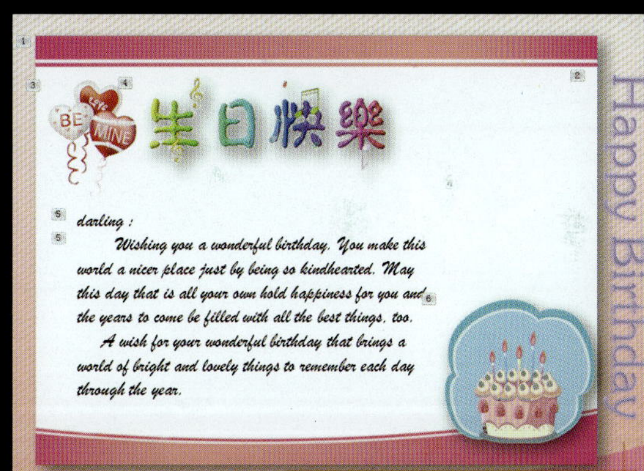

添加图片样式和动画（第20章）

添加动画（第20章）

添加动画（第20章）

插入图片（第21章）

插入艺术字（第21章）

Office 2010
完全自学教程

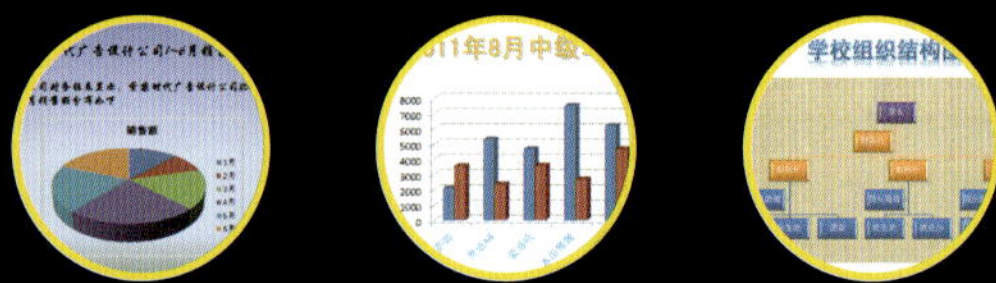

设置动画（第21章）

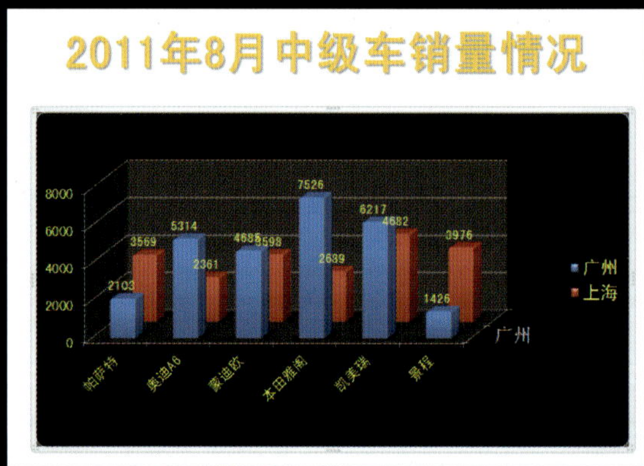

更改柱形图格式（第21章）

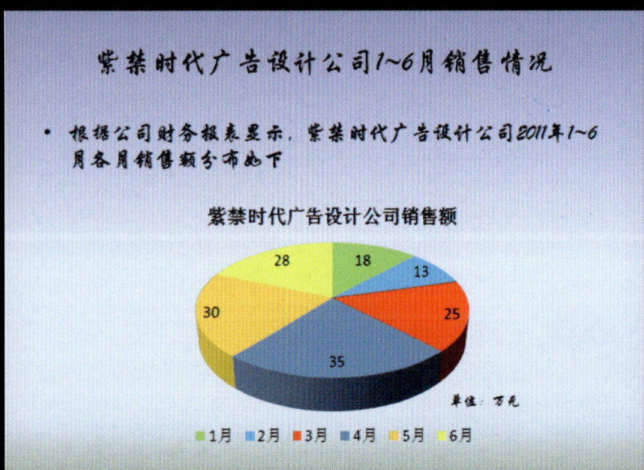

设置饼图及图例颜色（第22章）

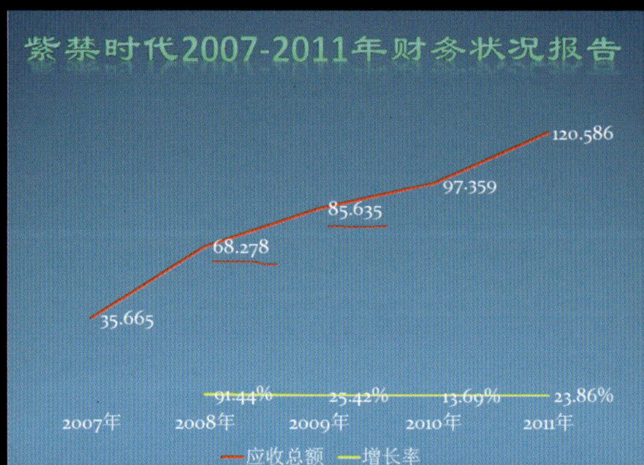

添加动作按钮（第22章）

前言 PREFACE

如今的办公室中充满了各式各样的文件、报表，员工若想在每一个工作时刻都对其掌控自如，熟练使用Microsoft Office是一项必备的基本能力。最近两年，不论企业还是政府机构，员工熟练使用Microsoft Office已经成为一项职业技能，主管不再安排专门培训。面对最新版本的Microsoft Office 2010，员工需要在工作时间之外，用最短的的时间全面了解和熟悉其使用方法。

本书从实用角度出发，系统介绍目前使用最多也是最流行的软件——文字处理软件Word 2010、电子表格处理软件Excel 2010和幻灯片制作软件PowerPoint 2010的各种功能。

全书共22章，内容包括认识Office 2010、Word 2010操作基础、图像编排和图形绘制、页面设置和打印、长篇文档的排版、表格的制作与编辑、Word的高级自动功能、个人简历及家庭日常费用分析表的制作、工作中常用表单的制作、请柬的制作、认识并使用Excel 2010、工作表的格式化与打印、图表的编辑应用与技巧、数据管理的高级操作、职工档案管理系统及广告预算审批表、企业数据表单处理、PowerPoint 2010操作基础、幻灯片的编辑与设计、演示文稿的放映与打印、相册及贺卡的制作、工作中常用幻灯片的制作和企业幻灯片的制作等内容。书中共提供416个实战操作，全面、详细地讲解了Office 2010的操作方法与使用技巧，帮助读者在最短的时间内学会软件操作，并通过举一反三，逐步成为实战高手。

本书主要有以下几大优点：

- 内容全面。覆盖了Office 2010中文版的大部分选项和命令。
- 语言通俗易懂，讲解清晰。以最小的篇幅、最易读懂的语言讲述每一项功能和每一个实例。
- 实例丰富，技术含量高。与实践结合紧密，每一个实例都倾注了作者多年的实践经验。
- 版面美观，图例清晰。每一个图例都经过作者精心策划和设计，具有很强的针对性。只要仔细阅读本书，就能够学到很多知识和技巧。

本书配套光盘提供了书中用到的素材文件、效果文件，以及全部416个实例的教学视频，手把手指导读者快速学会Office 2010操作。

本书由郑艳、李少勇编写，参与编写的还有张凯、荣立峰、张林、于海宝、王雄健、刘蒙蒙、李向瑞、胡恒、王玉、刘峥、张云、贾玉印、张春燕、刘杰、罗冰、陈月娟、陈月霞、刘希林、黄健、黄永生、田冰、徐昊，北方电脑学校的温振宁、黄荣芹、刘德生、宋明、刘景君老师，德州职业技术学院机械系的胡静、支保均老师和计算机系的张锋、相世强、徐伟伟、王海峰老师，在此一并表示感谢。

由于作者水平有限，疏漏在所难免，希望广大读者批评指正。

编著者

CONTENTS 目录

第1章 认识Office 2010

第2章 Word 2010操作基础

第3章 图像编排和图形绘制

第4章 页面设置和打印

第5章 长篇文档的排版

第6章 表格的制作与编辑

第7章 Word的高级自动功能

第8章 个人简历及家庭日常费用分析表的制作

第9章 工作中常用表单的制作

第10章 制作请柬

第11章 认识并使用Excel 2010

第12章 工作表的格式化与打印

第13章 图表的编辑应用与技巧

第14章 数据管理的高级操作

第15章 职工档案管理系统及广告预算审批表

第16章 企业数据表单处理

第17章 PowerPoint 2010操作基础

第18章 幻灯片的编辑与设计

第19章 演示文稿的放映与打印

第20章 相册及贺卡的制作

第21章 工作中常用幻灯片的制作

第22章 企业幻灯片的制作

Chapter 01

第1章 认识Office 2010

Office 2010实际上是一组软件的集合，它除了包括文字处理软件Word 2010外，还包括表格处理软件Excel 2010、幻灯片制作软件PowerPoint 2010、信息管理程序Outlook 2010、数据库管理程序Access 2010等，可谓应有尽有。

Office 2010是Office系列软件的最新版本。一个新软件必定有它的独到之处，而Office 2010则具有更加友好的用户界面，加强了协同工作的功能，用户可以使用它轻松、高效地完成工作。

1.1 Office 2010中文版的安装与卸载

在使用Office2010中文版的各个组件之前，要先安装这个产品。在使用完成后，也可以将其卸载。下面介绍如何安装与卸载Office 2010。

实战操作001 安装Office 2010

素材：无　　效果：无

难度：★★★★★　　视频：视频\第1章\实战操作001.avi

打开计算机，启动Windows操作系统。将Office 2010的安装光盘放入光驱中，如果用户的Windows系统具有自动运行特性，则会自动启动安装程序；如果取消了光驱的自动运行特性，则可双击“我的电脑”图标，在“我的电脑”窗口中打开光盘驱动器，双击setup.exe安装程序，则会提示用户安装程序正在初始化。具体操作步骤如下：

1 初始化完成后，弹出如下图所示对话框，提示用户“安装程序正在准备必要的文件，请稍候”。

2 在弹出的对话框中勾选左下角的“我接受此协议的条款”复选框，单击“继续”按钮，如下图所示。

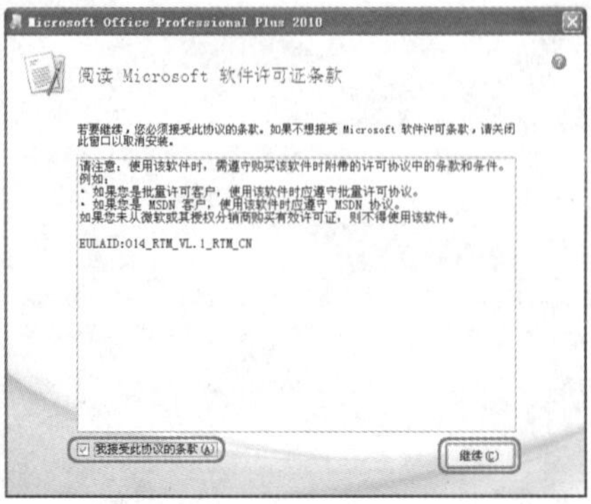

3 在对话框中单击“自定义”按钮，如下图所示。

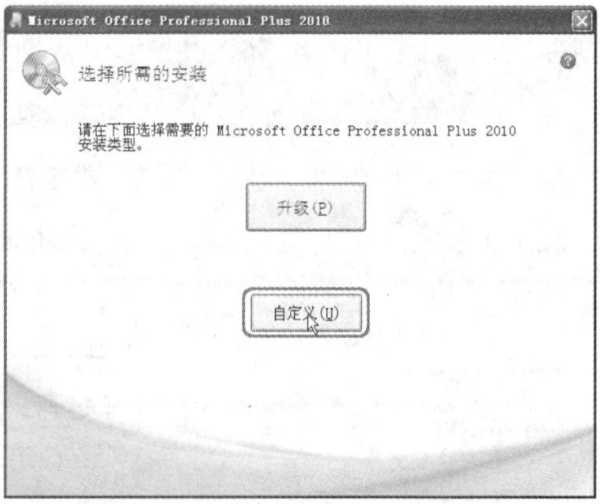

4 然后在对话框中单击“保留所有早期版本”单选按钮，如下图所示。

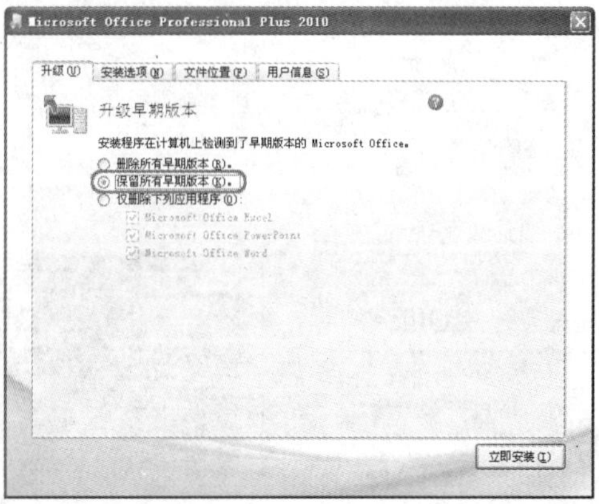

5 打开“文件位置”选项卡，使用默认的文件安装位置，如下图所示。

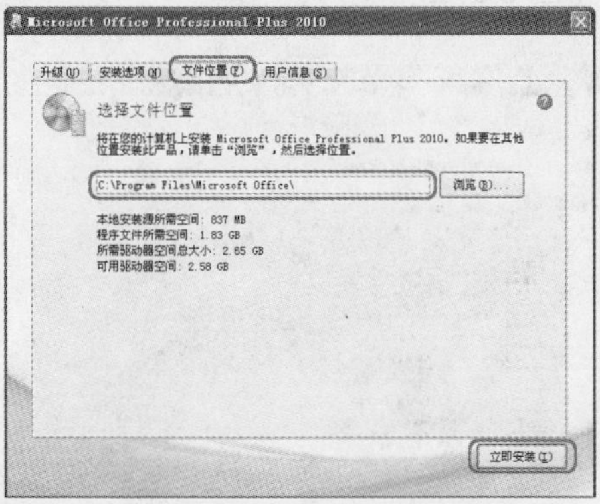

6 单击“立即安装”按钮，即可安装该产品，如下图所示。

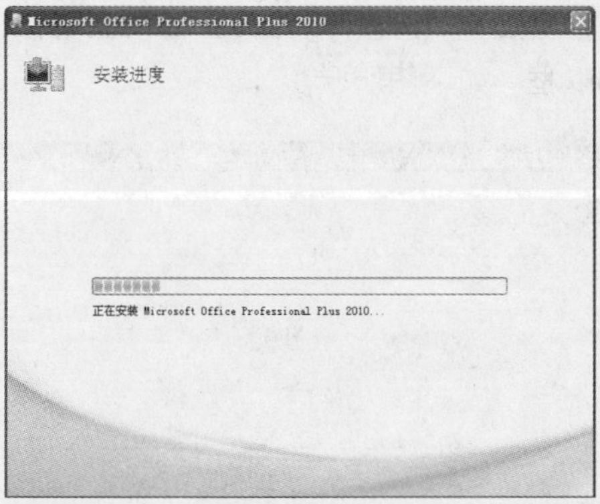

提示 单击“浏览”按钮，可以自定义文件的安装位置。

7 安装完毕，弹出如下图所示的对话框，单击“关闭”按钮。

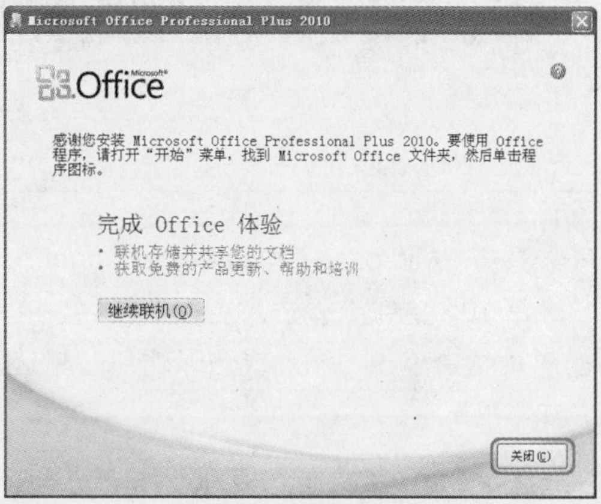

8 在弹出的“安装”对话框中，单击“是”按钮，重新启动计算机，如下图所示。

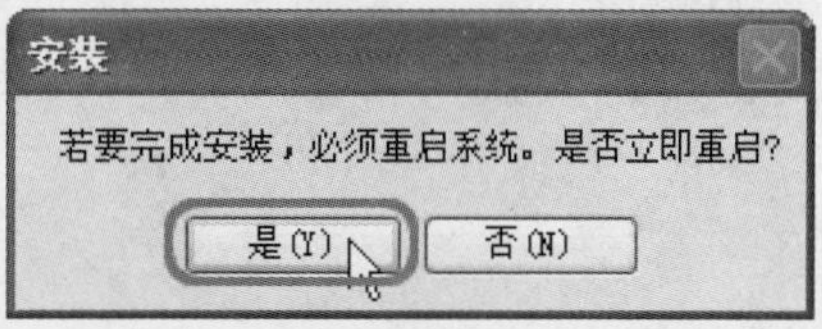

实战操作002 重新安装Office 2010

素材：无 效果：无

难度：★★★★★ 视频：视频\第1章\实战操作002.avi

如果在以后的使用过程中，需要添加或删除Office 2010的某个组件，可以进行更改安装。具体操作步骤如下：

1 选择“开始”|“设置”|“控制面板”命令，打开“控制面板”窗口，如右图所示。

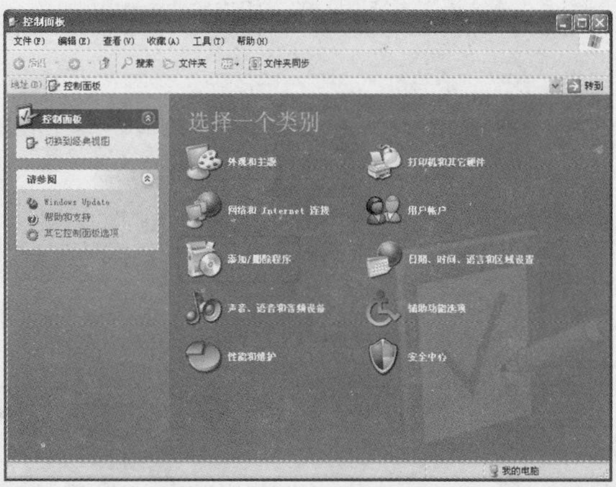

2 单击“添加/删除程序”选项，打开“添加或删除程序”对话框，如下图所示。

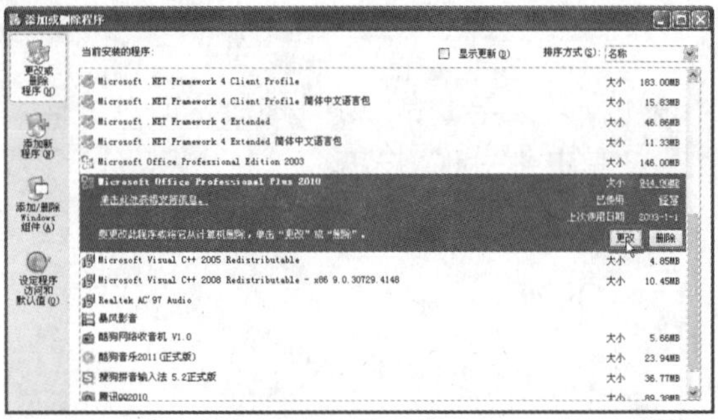

3 选择“Microsoft Office Professional Plus 2010”选项，单击“更改”按钮，在弹出的对话框中单击“添加或删除功能”单选按钮，如下图所示。

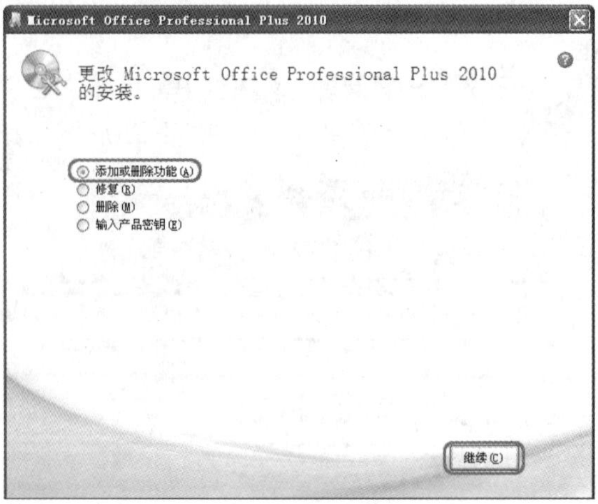

4 单击“继续”按钮，在弹出的对话框中自定义Microsoft Office 程序的运行方式，如下图所示。

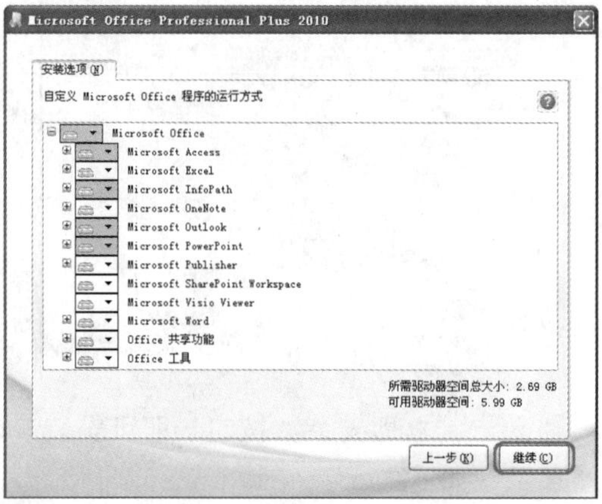

5 单击“继续”按钮，弹出配置进度对话框，如下图所示。

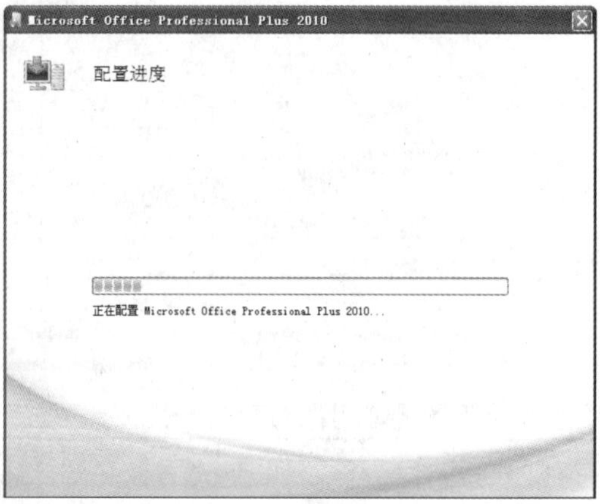

6 配置完成后，在弹出的对话框中单击“关闭”按钮即可，如右图所示。

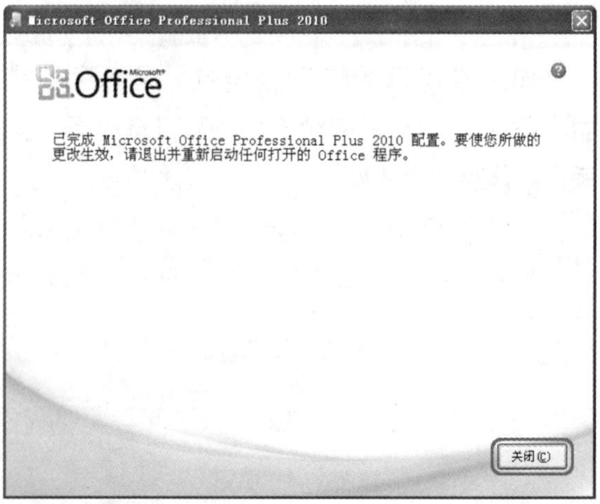

实战操作003　卸载Office 2010

素材：无　　效果：无

难度：★★★★★　　视频：视频\第1章\实战操作003.avi

下面介绍如何卸载Office 2010，具体操作步骤如下：

1 选择“开始”|“控制面板”命令，打开“控制面板”窗口，如下图所示。

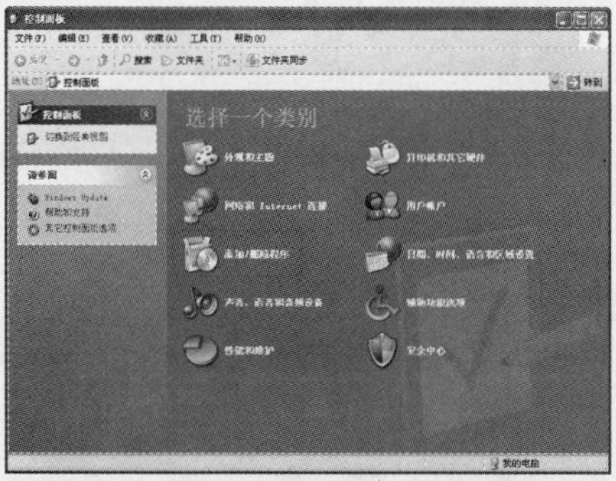

2 单击“添加/删除程序”选项，打开“添加或删除程序”，如下图所示。

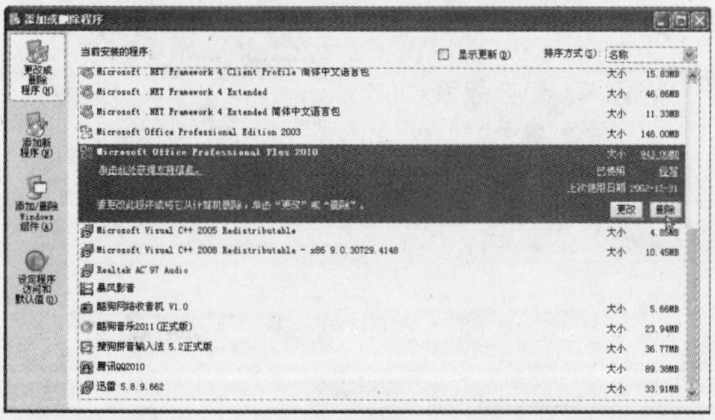

3 选择“Microsoft Office Professional Plus 2010”选项，单击“删除”按钮，在弹出的对话框中单击“是”按钮，如下图所示。

4 卸载完成后，弹出卸载完成对话框，如下图所示。单击“关闭”按钮。

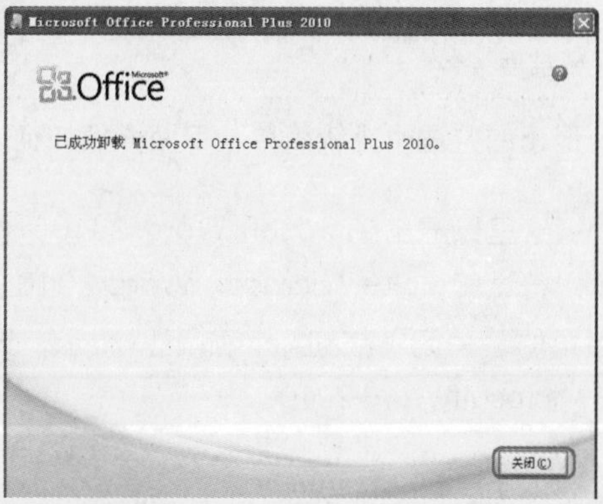

1.2 启动和退出Office 2010

启动和退出Office 2010比较简单，用户以前使用的方法仍然适用。

实战操作004　启动Office 2010

素材：无　　效果：无

难度：★★★★★　　视频：视频\第1章\实战操作004.avi

Office 2010启动的方法比较简单，具体操作步骤如下：

1 这里以启动Microsoft Word 2010为例进行讲解。移动鼠标至桌面上的Microsoft Word 2010快捷图标上，双击即可启动Microsoft Word 2010程序，如下图所示。

2 程序启动后，即可进入Microsoft Word 2010工作界面，如下图所示。

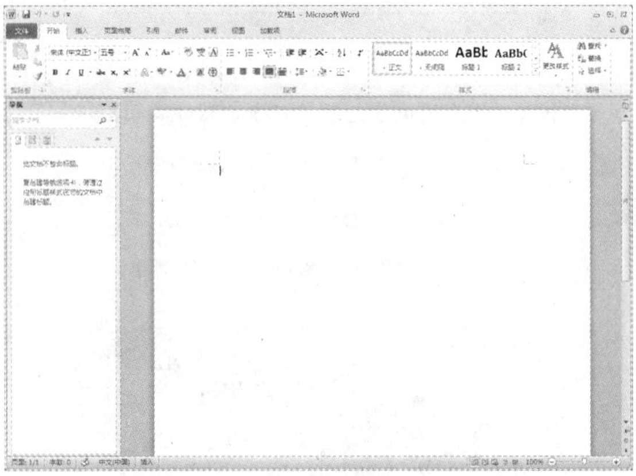

提示 除了上述方法外，还可以选择“开始”|“程序”| Microsoft Office | Microsoft Word 2010命令启动程序。

实战操作005 退出Office 2010

素材：无　效果：无

难度：★★★★★　视频：视频\第1章\实战操作005.avi

退出的方法也比较简单，下面介绍如何退出Office 2010。具体操作步骤如下：

1 这里以退出Microsoft Word 2010为例进行讲解。单击Microsoft Word 2010窗口右上角的“关闭”按钮，如下图所示，即可退出Microsoft Word 2010。

2 若在工作界面中进行了操作，之前也未进行保存，在退出该软件时会弹出信息提示对话框，如下图所示，提示是否保存该文档。

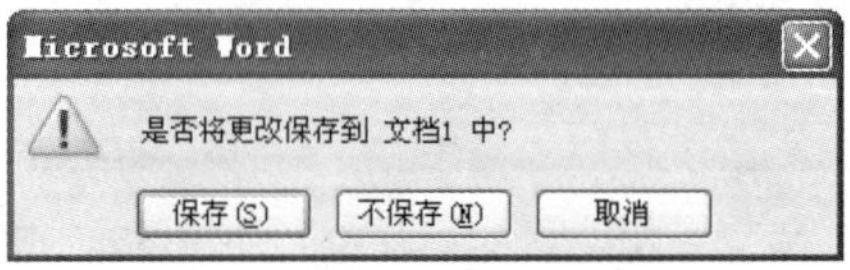

提示 除了运用上述方法外，还可以使用以下4种方法退出程序。

- 方法1：单击窗口左上角的W按钮，在弹出的下拉菜单中选择“关闭”命令。
- 方法2：打开“文件”选项卡，在弹出的下拉列表中单击“退出”按钮 退出 。
- 方法3：按Alt+F4组合键。
- 方法4：右击快速访问工具栏，在弹出的快捷菜单中选择“关闭”选项。

Chapter

02

第2章

Word 2010操作基础

Word 2010作为一款文字处理软件，是Office 2010中最重要的组成部分。它可以编辑文字、图像、声音、动画，也可以使用Word中的绘图工具进行图形制作，还可以插入其他软件制作的信息，能够满足用户的各种文档处理要求。

与之前版本相比，Word 2010软件界面干净整洁、清晰明了，提供了丰富的工具，利用鼠标就可以轻松完成选择、排版等操作。本章主要介绍Word 2010的操作基础，让用户能够熟练运用Word 2010进行简单的文字排版。

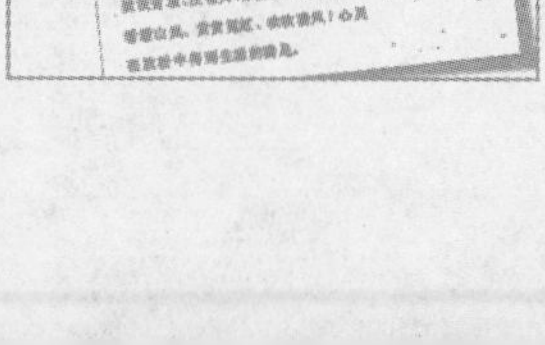

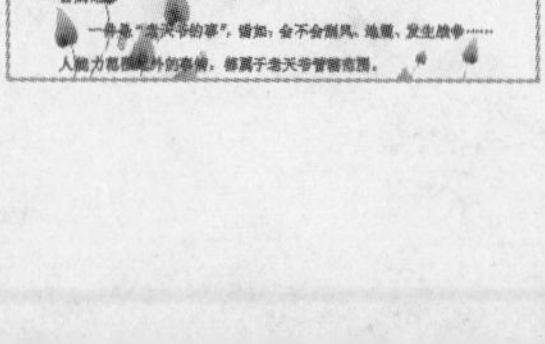

2.1 Word 2010的窗口简介及按钮操作

Microsoft Office Word 2010是最新版本的Word工具软件。与前期版本相比，它的界面效果更加亲切，操作更为简易，功能更为齐全。在学习Word 2010的操作之前，首先应该熟悉它的窗口界面以及程序的启动、退出方法。

实战操作006 功能区的使用

素材：素材\006\功能区.docx　　效果：效果\006\功能区.docx

难度：★★★★★　　视频：视频\第2章\实战操作006.avi

Word 2010较早期版本的最大变化就是功能区，功能区中的按钮选项可以帮助用户快速完成某一任务。在功能区中，按钮选项被组织在组中，组集中在选项卡下；每一个选项卡都包含若干个组，它们共同组成了功能区。为了避免混乱，某些选项卡只在需要的时候才会显示出来。某些组还包含有对话框启动器，可以打开相应的对话框，方便用户访问更多的按钮选项。Word 2010中功能区的使用方法如下：

1 打开素材文件，选择文件中的文字，如下图所示。

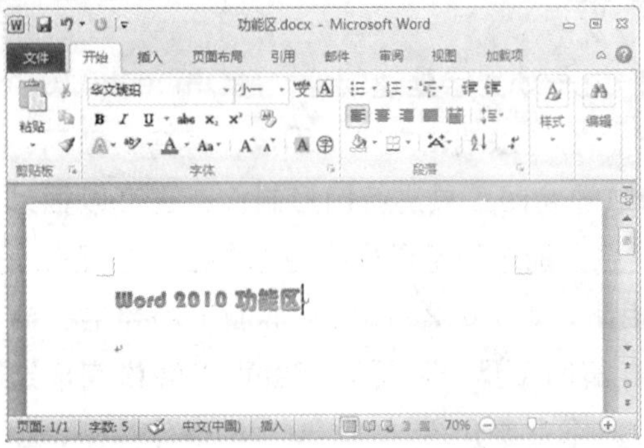

2 单击“开始”选项卡“段落”组中的“居中”按钮，即可将所选文本在文档中居中，如下图所示。

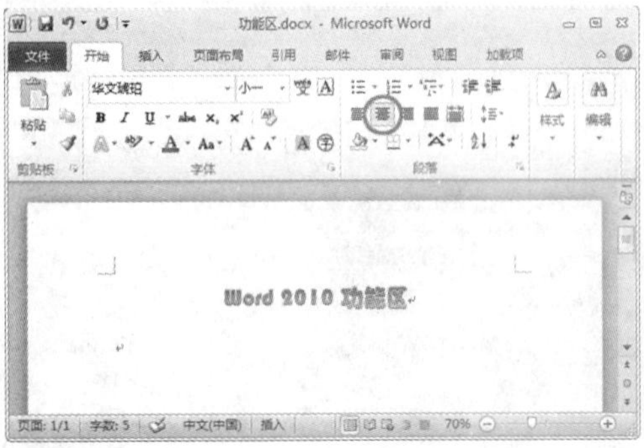

3 按Alt键，则显示出各选项卡的键盘提示，如下图所示。

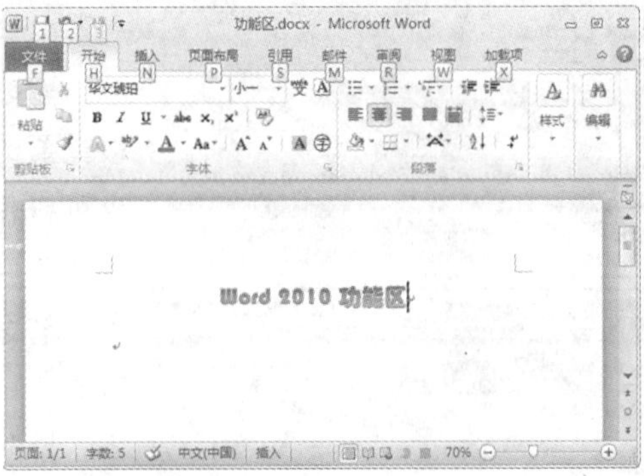

4 按W键，打开“视图”选项卡，其功能区中的可用功能都显示了键盘提示。按G键，显示网格线，如下图所示。

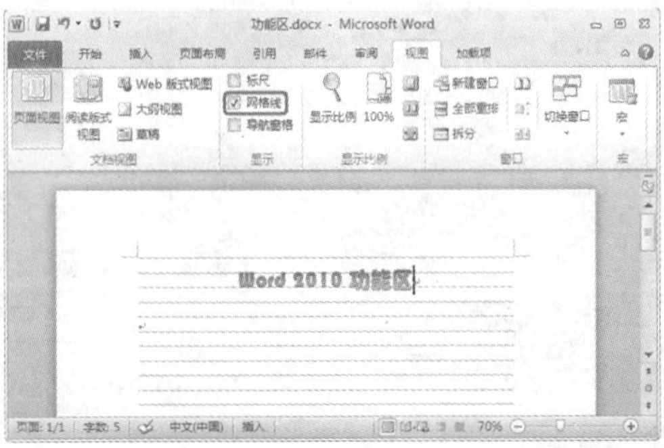

实战操作007 选项卡、组和按钮

素材：无　　效果：无

难度：★★★★★　　视频：视频\第2章\实战操作007.avi

Word 2010中有8个选项卡，分别为“开始”、“插入”、“页面布局”、“引用”、“邮件”、“审阅”、“视图”和“加载项”，在这些选项卡中集成了由各种按钮选项组成的组。下面介绍Word 2010的选项卡，以及选项卡中的组与按钮选项。具体操作步骤如下：

1 打开Word 2010软件，在窗口上方有8个选项卡。默认打开的为“开始”选项卡，其中包含了Word排版中最常用的按钮，如下图所示。

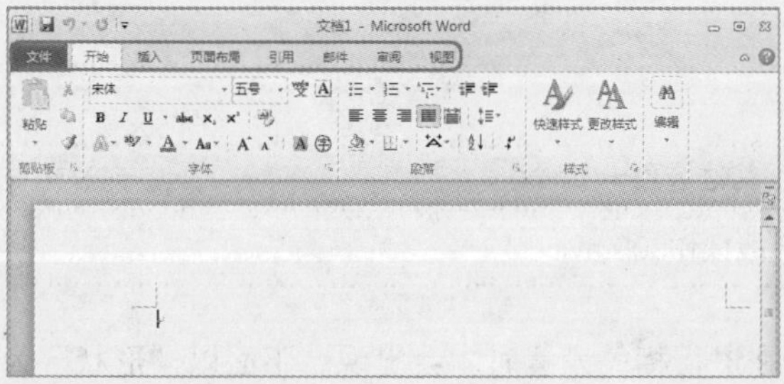

2 组中的按钮有各种不同的功能，将鼠标光标移至按钮上，即可显示出该按钮的功能提示，如下图所示。

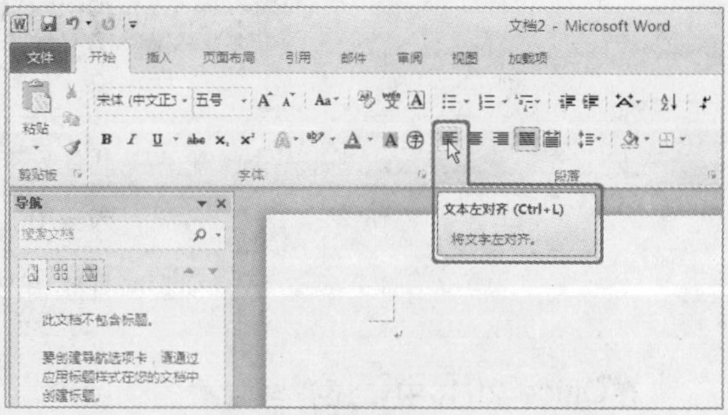

提示

将鼠标光标移至任意选项卡上，然后滚动鼠标滚轮，即可方便快捷地选择其他的选项卡。

实战操作008 寻找早期版本中的命令

素材：无　　效果：无

难度：★★★★★　　视频：视频\第2章\实战操作008.avi

在Office 2010中，很多命令选项会以早期版本中的对话框形式出现。有些用户之前一直使用Office 2003，在刚接触Office 2010时可能会找不到Office早期版本中的特定对话框。下面以打开“段落”对话框为例，来介绍如何打开早期版本中使用的对话框。具体操作步骤如下：

1 打开Word 2010软件，将鼠标光标移至“开始”选项卡“段落”组中的“对话框启动器”按钮上，出现“显示‘段落’对话框”的提示，如右图所示。

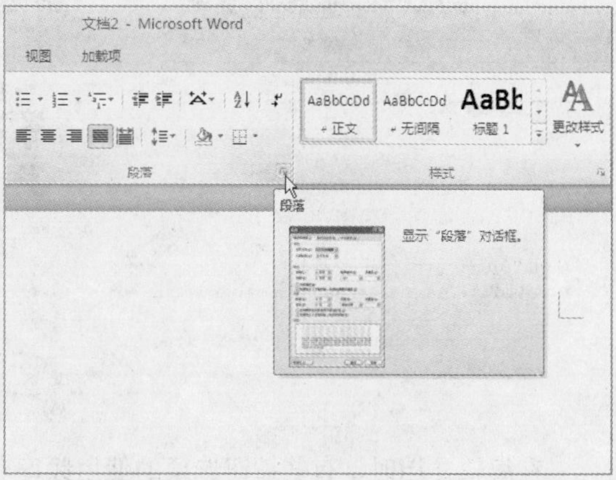

2 单击该“对话框启动器”按钮，打开“段落”对话框，如右图所示。设置完后，单击“确定”按钮即可。

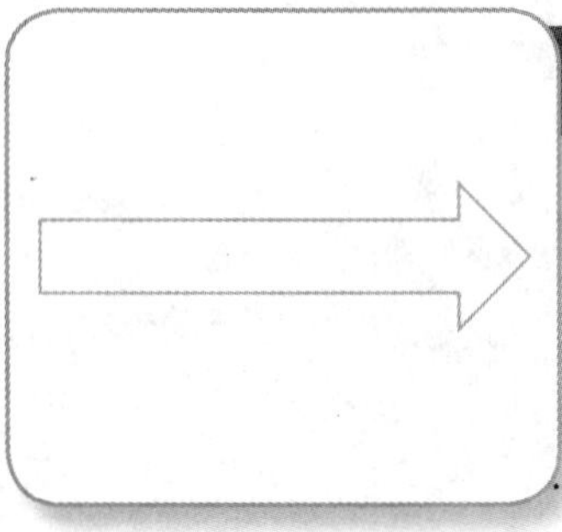

实战操作009 显示其他选项卡

- 素材：无
- 难度：★★★★★
- 效果：效果\009\显示其他选项卡.docx
- 视频：视频\第2章\实战操作009.avi

在Office 2010中，还有些隐藏的选项卡，只有在进行相关设置时才会出现。下面以“形状”为例介绍如何打开隐藏的选项卡。具体操作步骤如下：

1 新建Word文档，在“插入”选项卡中单击“形状”按钮，在弹出的下拉列表中选择“右箭头”形状，在文档中单击左键拖动鼠标绘制形状，如下图所示。

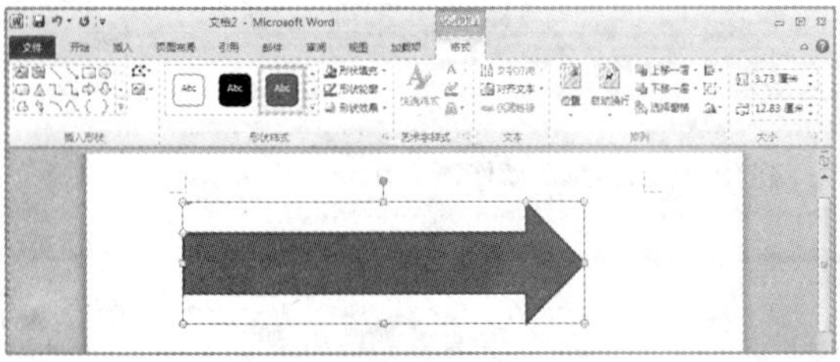

2 选择绘制的形状，此时打开“绘图工具”，单击“格式”选项卡“形状样式”组中的“样式”按钮，对图形设置样式，如下图所示。

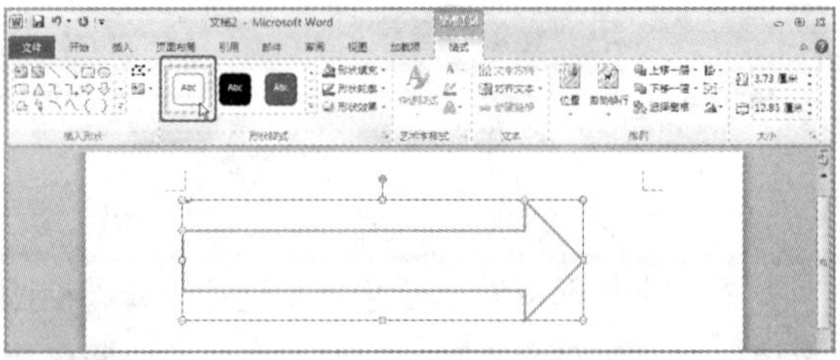

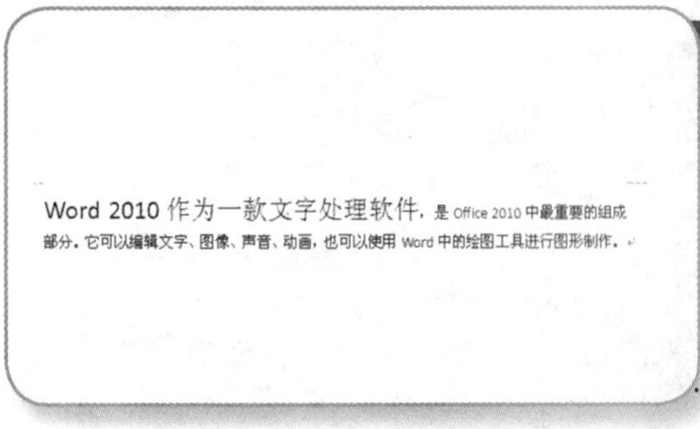

实战操作010 访问浮动工具栏

- 素材：素材\010\浮动工具栏.docx
- 难度：★★★★★
- 效果：效果\010\浮动工具栏.docx
- 视频：视频\第2章\实战操作010.avi

在编辑文档时，有些按钮选项的使用频率非常高。为了方便用户在执行任何操作时都可以访问这些按钮选项，Office 2010中设计了一个“浮动工具栏”功能，它会在文本被选定的情况下立即浮现出来供用户使用。具体操作步骤如下：

1 打开素材文档，拖动鼠标选择文本“Word 2010作为一款文字处理软件”，并将鼠标光标指向所选择的文本。这时“浮动工具栏”将以淡入的形式出现，用光标指向“浮动工具栏”，它将变为不透明状态，如下图所示。

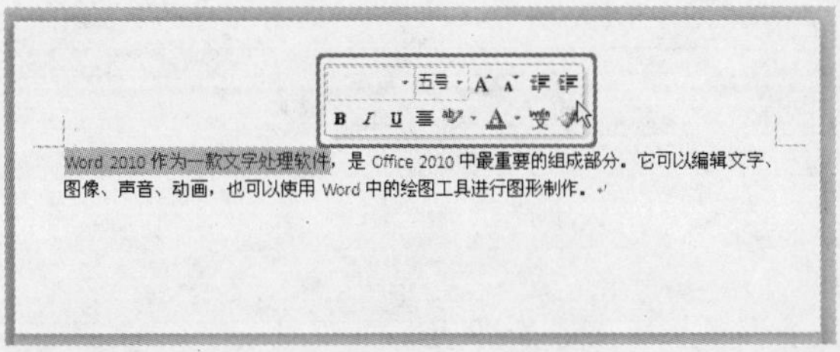

2 在“浮动工具栏”中将“字号”设置为“小二”，所选文本的字体大小被改变，如下图所示。

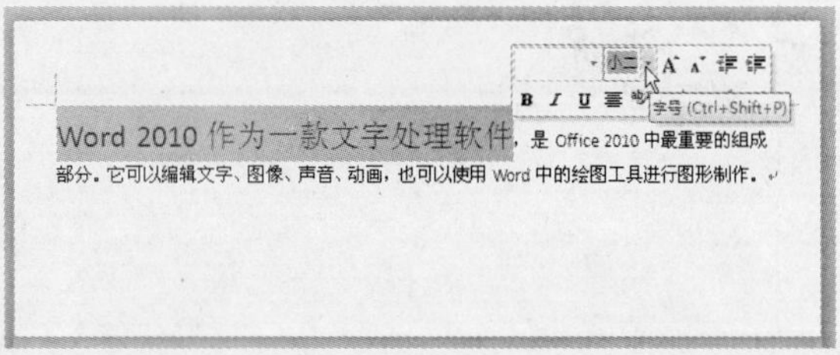

实战操作011　快速访问工具栏

素材：无　　效果：无

难度：★★★★★　　视频：视频\第2章\实战操作011.avi

快速访问工具栏默认的位置是在Word 2010软件窗口的左上角，它提供了一些常用命令的快速访问。用户只需单击快速访问工具栏中的某一个命令按钮，即可立即执行该命令。具体操作步骤如下：

1 打开Word 2010软件，在窗口左上角单击快速访问工具栏右侧的下拉按钮，在弹出的下拉列表中选择“在功能区下方显示”命令，如下图所示。

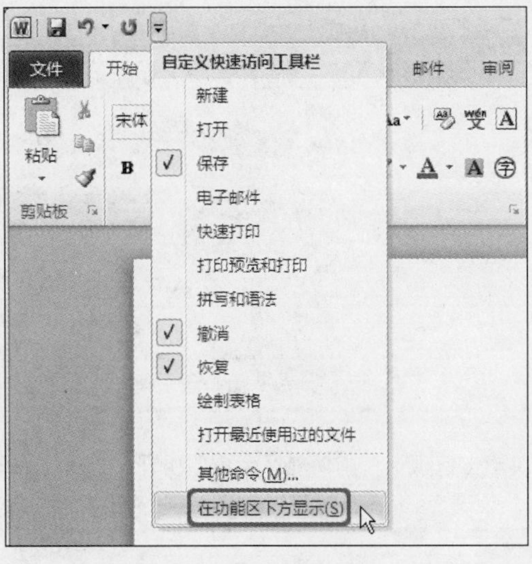

2 选择命令后，快速访问工具栏则移至功能区的下方，如下图所示。

3 单击快速访问工具栏右侧的下拉按钮，在弹出的下拉列表中选择“其他命令”命令，打开“Word选项”对话框。在左侧的命

令列表中选择“打开”选项，单击“添加”按钮 添加(A) >> ，将其添加至右侧的列表中，如下图所示。

4 添加完所需的命令后，单击“确定”按钮 确定 即可完成快速访问工具栏的设置，如下图所示。

实战操作012 临时隐藏功能区

素材：无　　效果：无

难度：★★★★★　　视频：视频\第2章\实战操作012.avi

功能区将Office 2010中所有的按钮选项巧妙地集中在一起，以便于用户的使用。然而有时用户不需要使用这些选项，只是希望能拥有更多空间来进行文档的处理，这时就需要临时隐藏一些功能区。Word 2010中隐藏功能区的具体操作步骤如下：

1 打开Word 2010软件，在选项卡上单击鼠标右键，从弹出的快捷菜单中选择“功能区最小化”命令，可以将功能区最小化显示，如下图所示。

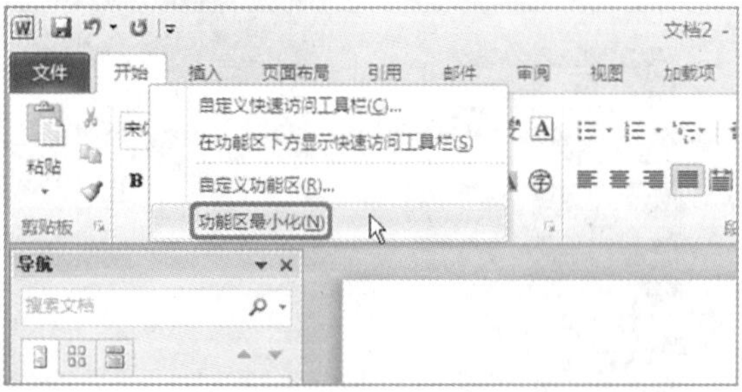

2 再次在选项卡上单击鼠标右键，在弹出的菜单中选择“功能区最小化”命令，则将隐藏的功能区重新显示，如下图所示。

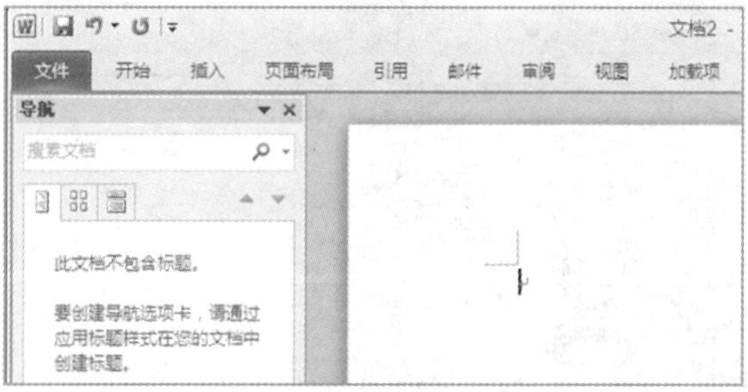

提示

使用鼠标双击活动选项卡，也可将功能区隐藏；再次双击选项卡，则功能区会重新出现。

2.2 Word 2010应用文档的建立

除了在每次启动Word 2010应用程序时会随之打开一篇新的空白Word文档之外，还有其他一些方法也可以用来建立新的Word文档。

实战操作013　基于空白或已有文档建立新文档

素材：无　　效果：无

难度：★★★★★　　视频：视频\第2章\实战操作013.avi

每次启动Word 2010软件时，会随之打开一篇新的空白文档。除了这种方法，还可以基于空白或已有文档创建新的文档。具体操作步骤如下：

1 在Word 2010软件中单击窗口左上角的"文件"按钮 文件 ，打开"文件"菜单，选择"新建"命令，如下图所示。

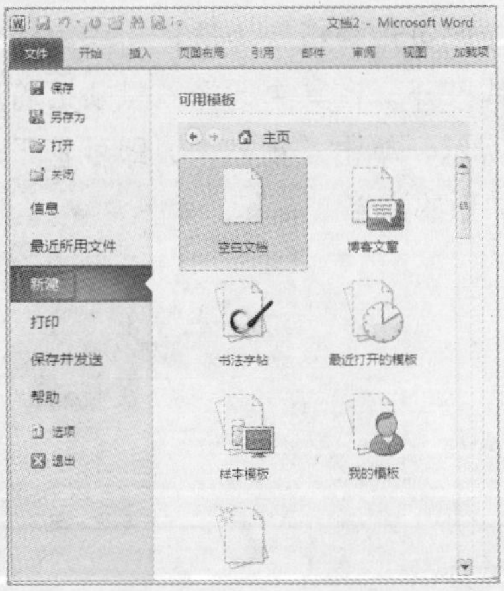

2 在"可用模板"中提供了多种模板类型，选择"空白文档"，单击"创建"按钮，即可创建新的文档，如下图所示。

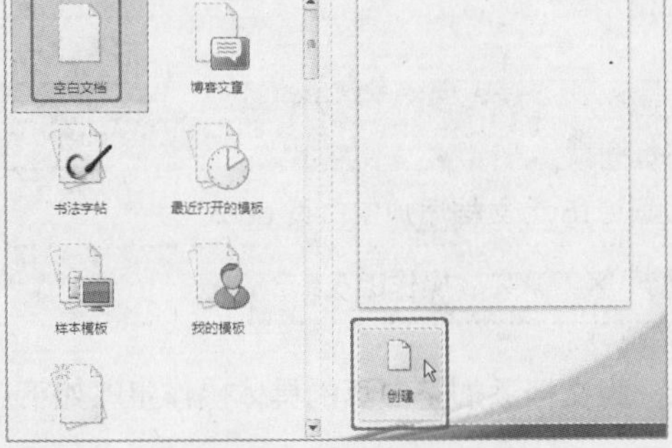

3 再次单击窗口左上角的"文件"按钮 文件 ，打开"文件"菜单，选择"新建"命令，在"可用模板"中选择"根据现有内容新建"，如下图所示。

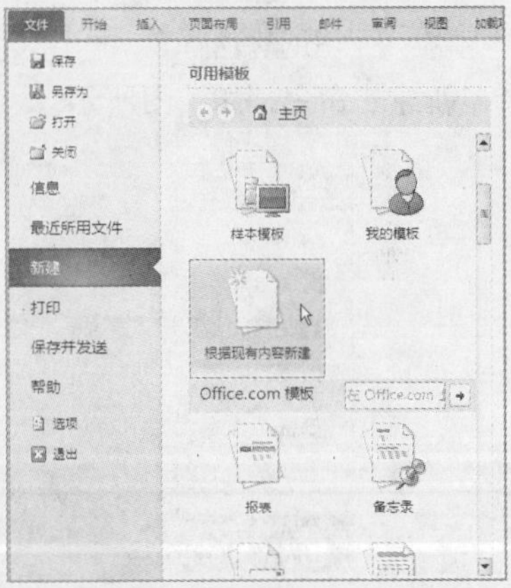

4 此时弹出"根据现有文档新建"对话框，如下图所示。在该对话框中选择已有的某个文件，单击 新建(C) 按钮，即可在选择的文档的基础上创建新的文档。

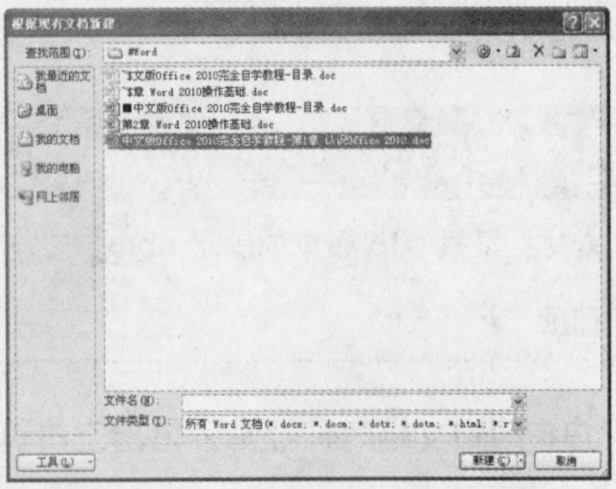

> **提示** Word 2010在启动时会自动创建一个空白文档，并命名为“文档1”。此后如果继续新建空白文档，Word将以“文档2”、“文档3”……依次进行命名。

实战操作014 使用模板创建文档

- 素材：无
- 难度：★★★★★
- 效果：效果\014\使用模板创建文档.docx
- 视频：视频\第2章\实战操作014.avi

每次启动Word 2010时，都会随之创建一个空白新文档。该文档是基于Word 2010的“Normal.dotm”模板创建的，包含了决定文档基本外观的默认样式和自定义设置。Word 2010带有许多预先定义的模板，用户可以直接使用它们。这些模板反映了常见的一些文档需求，例如传真、简历、报表和名片等。使用模板创建文档的具体操作步骤如下：

1 在Word 2010软件中单击窗口左上角的“文件”按钮，打开“文件”菜单，选择“新建”命令，如下图所示。

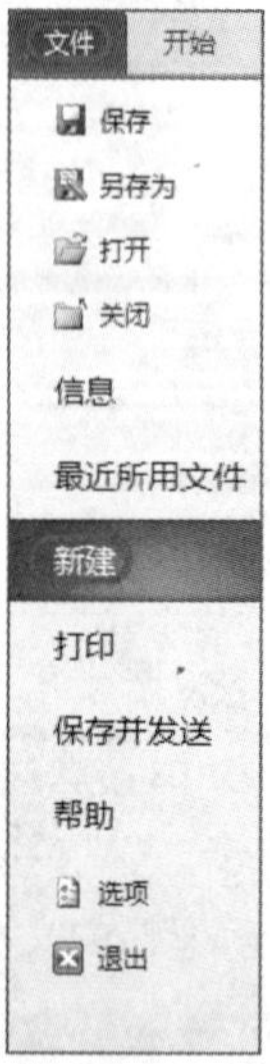

2 在“可用模板”中选择“样本模板”将其打开，在其中选择“黑领结简历”，如下图所示。单击“创建”，即可基于选择的模板创建新的文档。

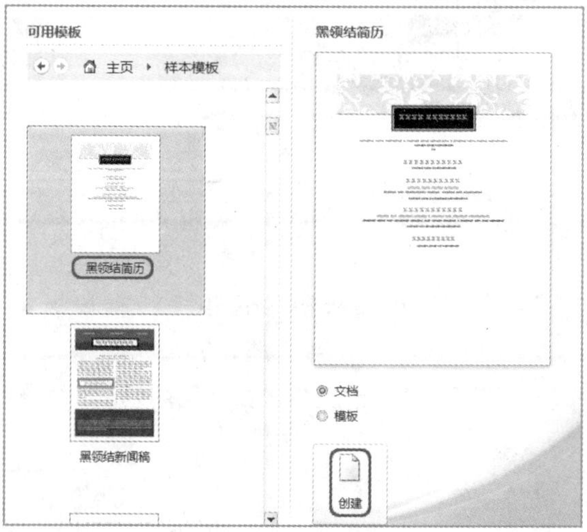

实战操作015 为文档添加空白页

- 素材：素材\015\心灵的满足.docx
- 效果：效果\015\为文档添加空白页.docx
- 难度：★★★★★
- 视频：视频\第2章\实战操作015.avi

用户在编辑文档时，经常会留出空白页方便以后编辑。为文档添加空白页的具体操作步骤如下：

1 选择素材文件夹，打开素材文件。打开“插入”选项卡，在“页”组中单击“空白页”按钮，如下图所示。

2 添加完成后的效果如下图所示。

提示 使用快捷键Ctrl+Enter也可以为文档添加空白页。

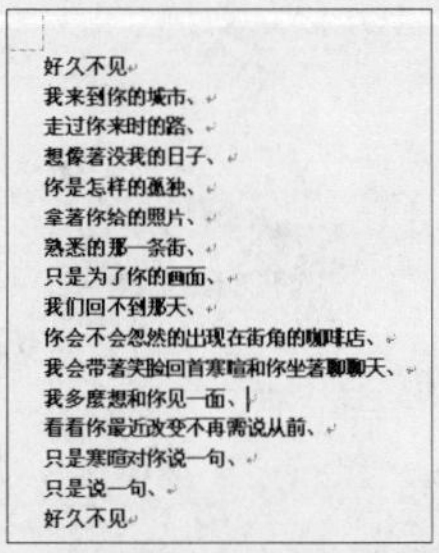

实战操作016 输入文字并进行编辑

- 素材：素材\016\文本内容.txt
- 难度：★★★★★
- 效果：效果\016\输入文字并编辑.docx
- 视频：视频\第2章\实战操作016.avi

启动Word 2010时，Word会创建一个空白工作区，闪动的插入点光标用于标记输入的正文在文档中出现的位置及发生编辑的位置。一般情况下，输入的文字自左向右在屏幕上排列，插入点向右移动。如果在一行中输入文字后，不用按Enter键，Word自动换行，称为折行。如果输入的行数超过屏幕的显示范围，Word会自动向上滚动已有的文本，使插入点始终保持可见状态。在Word 2010中，输入文字并进行简单编辑的具体操作步骤如下：

1 新建Word文档，将素材“文本内容.txt”中的内容输入至空白文档中，将光标放置在每句的“、”后面，按Enter键换行，如右图所示。

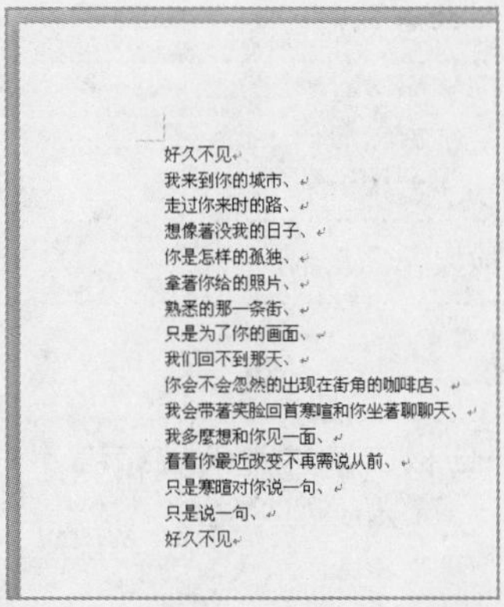

2 拖动鼠标选择全部文本，在浮动工具栏中单击“加粗”按钮，将文本设置为粗体，如右图所示。编辑完成后保存即可。

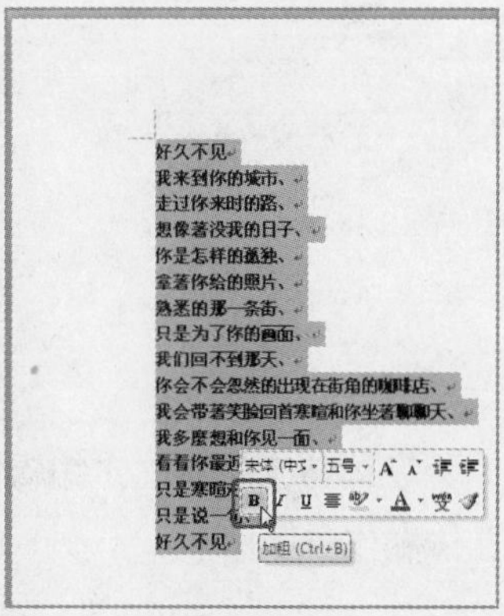

2.3 常用命令

在使用Word 2010录入文字时，常用到字体、字号、段落设置及格式刷等命令。下面将介绍这些常用命令的使用。

实战操作017 Office 2010文件按钮

素材：无　　效果：无

难度：★★★★★　　视频：视频\第2章\实战操作017.avi

Office 2010中所包含的软件如Word、Excel等程序界面已经全面更新，“文件”按钮取代了早期版本中“Office”按钮，它位于Office程序的左上角。具体操作方法如下：

打开Word 2010软件，在Word 2010软件中单击窗口左上角的“文件”按钮 文件 ，打开“文件”菜单，如右图所示。该菜单能完成Office早期版本中“文件”菜单的大部分操作。单击“关闭”按钮将文档关闭。

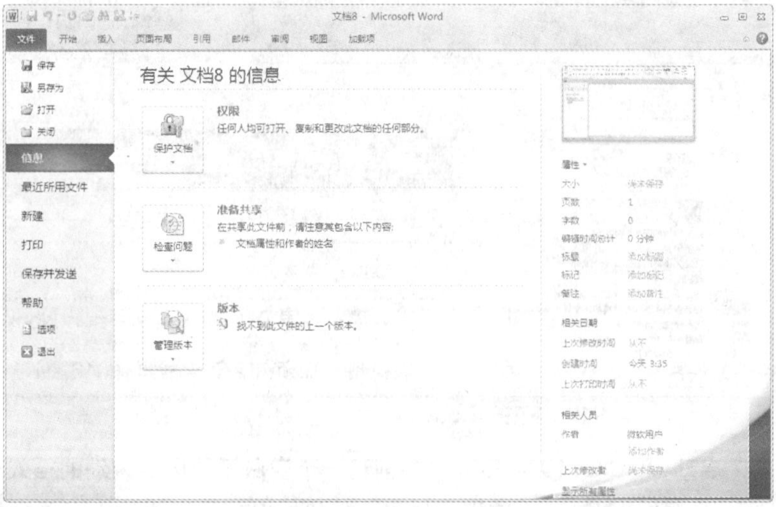

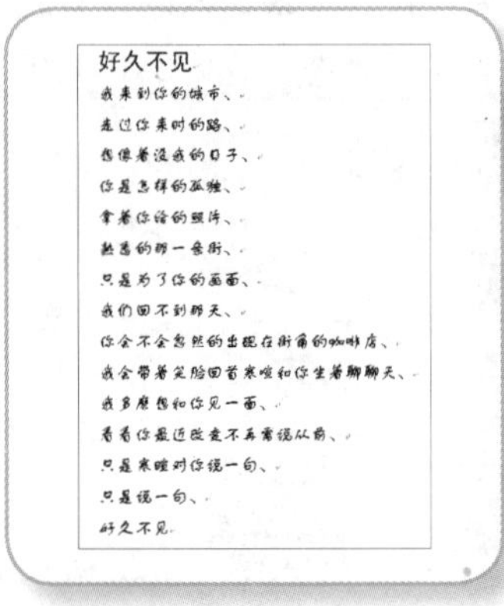

实战操作018 设置文本字体和字号

素材：素材\018\字体、字号.docx

难度：★★★★★

效果：效果\018\字体、字号.docx

视频：视频\第2章\实战操作018.avi

字体与字号是文本编辑中的要素，设置字体和字号也是最基本的编辑操作。设置字体和字号的具体操作步骤如下：

1 选择素材文件夹，打开素材文件，使用鼠标拖动选择第一句话，在浮动工具栏中将字体设置为“黑体”，字号设置为“小一”，如下图所示。

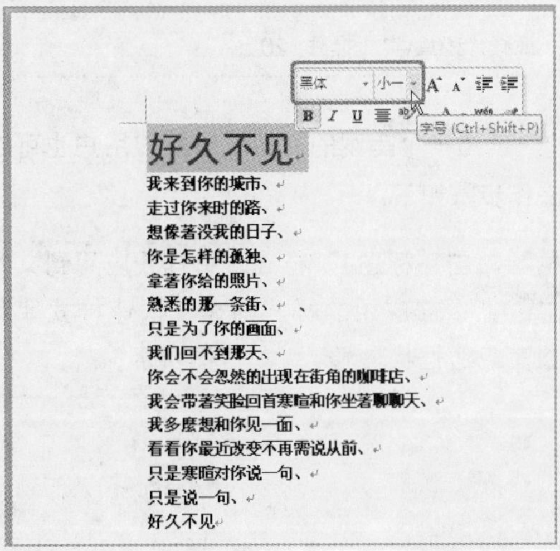

2 选择剩余的文字，在浮动工具栏中将字体设置为“方正舒体”，字号设置为“小二”，如下图所示。设置完成，将文档保存。

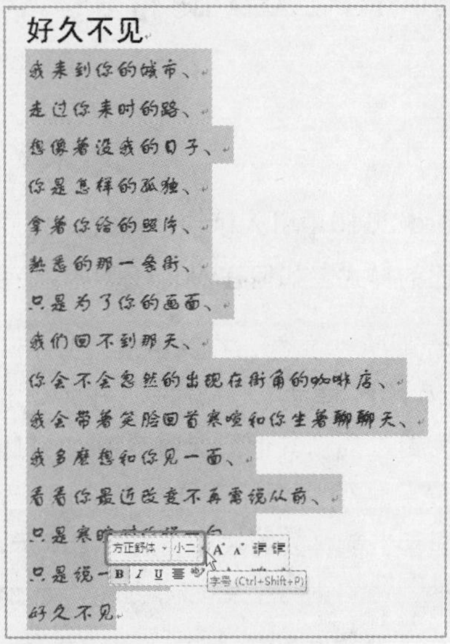

实战操作019 段落设置

素材：素材\019\段落设置.docx　　效果：效果\019\段落设置.docx

难度：★★★★★　　视频：视频\第2章\实战操作019.avi

用Word 2010软件输入文本内容后，还需进行排版，才能得到需要的格式。段落设置就是Word排版中常用的设置之一。具体操作步骤如下：

1 选择素材文件夹，打开素材文件。将鼠标光标插入至段落要结束的位置，按Enter键，结束该段落并开始一个新的段落，如下图所示。

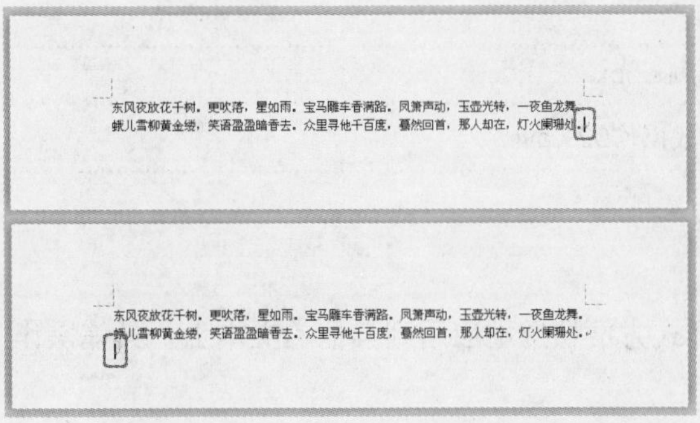

2 在新的段落上输入一段空格，单击“开始”选项卡“段落”组中的“显示/隐藏编辑标记”按钮，将段落标记符在文档中显示出来。在显示编辑标记时，Word使用点代表空格，用箭头代表制表位，如下图所示。再次单击“显示/隐藏编辑标记”按钮，将段落标记符在文档中隐藏。

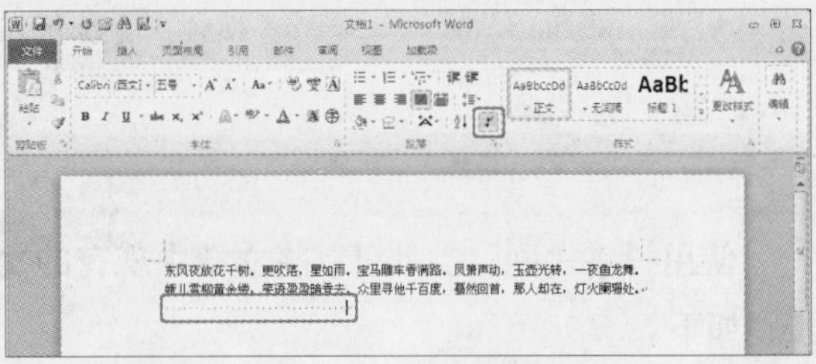

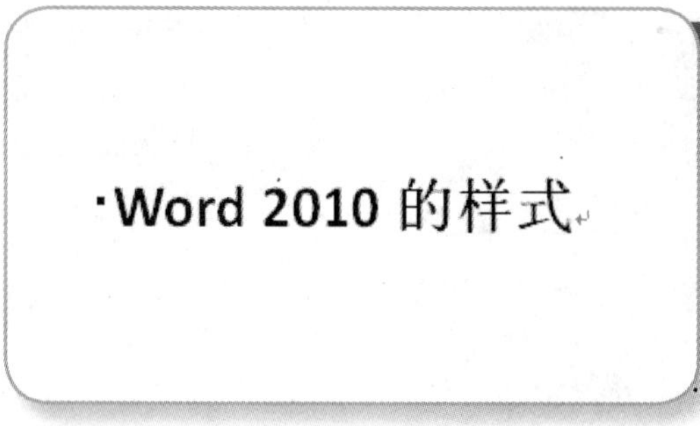

实战操作020 样式

素材：无

难度：★★★★★

效果：效果\020\样式.docx

视频：视频\第2章\实战操作020.avi

Word 2010中引入了快速样式，方便用户在几分钟内创建一个美观的文档。当然，用户也可以创建自己的样式。如何在Word 2010中使用样式的具体操作步骤如下：

1 新建Word文档，在其中输入文字“Word 2010的样式”，单击“开始”选项卡“样式”组中的“其他”选项按钮，打开“快速样式库”。使用光标在样式上滑动，即可在文档中显示当前样式的效果，如下图所示。

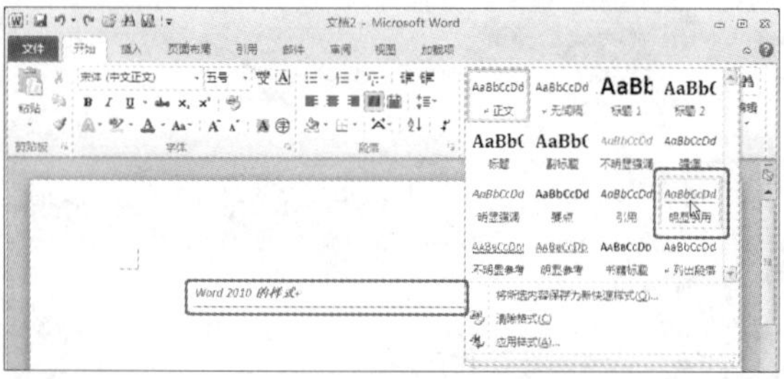

2 单击“标题1”样式，将样式应用到文本上，被应用的样式则在“快速样式库”中以黄色边框状态显示，如下图所示。

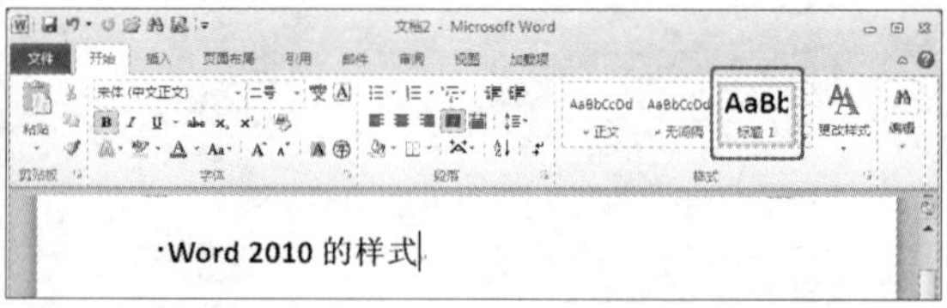

提示 按Alt+Ctrl+Shift+S组合键可以快捷地打开“样式”窗口，在其中有更多的样式类型可以选择。

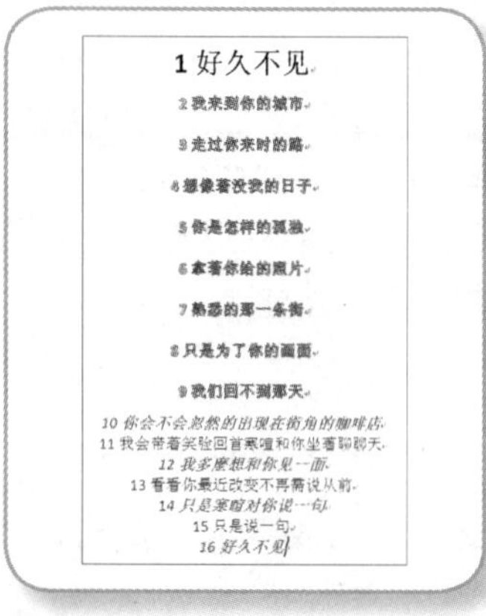

实战操作021 格式刷

素材：素材\021\格式刷.docx

难度：★★★★★

效果：效果\021\格式刷.docx

视频：视频\第2章\实战操作021.avi

使用“格式刷”工具可以将文档中现有的文本样式方便快捷地应用到其他的文本上，具体操作步骤如下：

1 打开素材文件，复制第二行文字的格式。选择第二行文字或将光标插入第二行文字中，如下图所示。

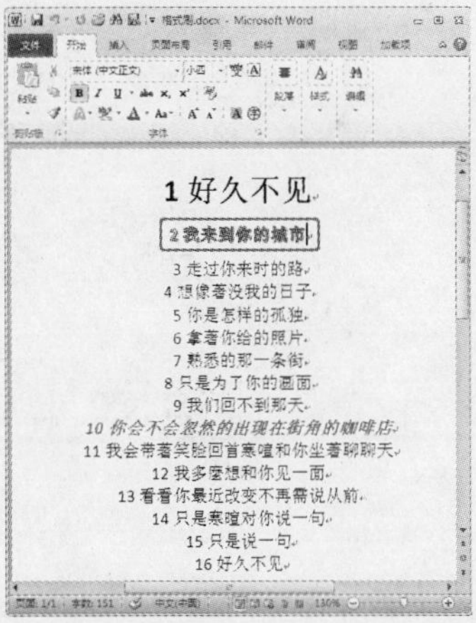

2 在“开始”选项卡中单击“剪贴板”组中的“格式刷”按钮![格式刷]，此时光标指针变为刷子形态，如下图所示。

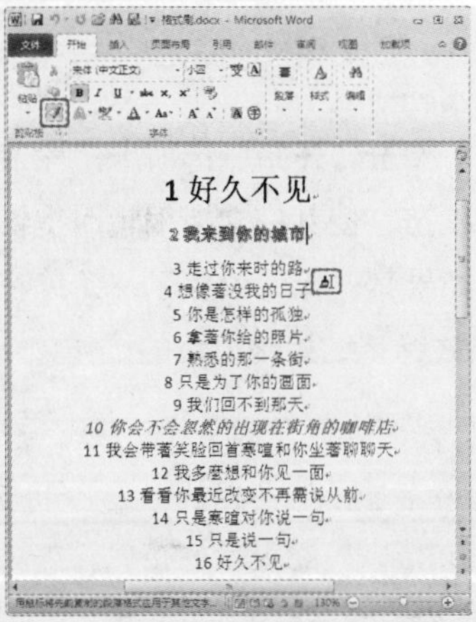

3 使用光标拖曳选择第3～9行文字，松开鼠标后所选文字即被应用了第2行文字的格式，如下图所示。

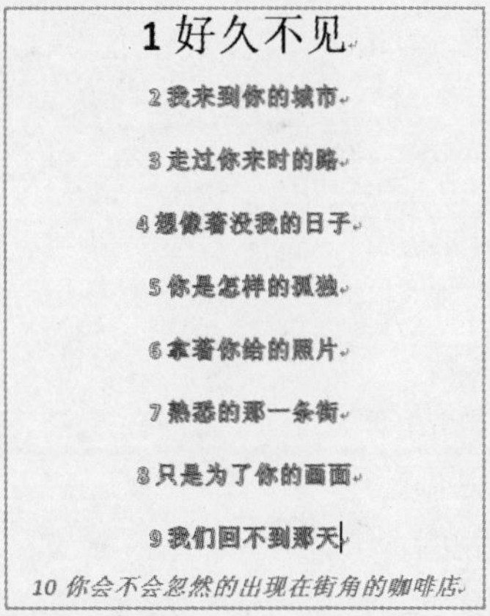

4 将光标插入第10行文字中，双击“格式刷”按钮![格式刷]，然后依次选择第12、14、16行文字。完成后单击“格式刷”按钮![格式刷]取消格式刷的应用，效果如下图所示。

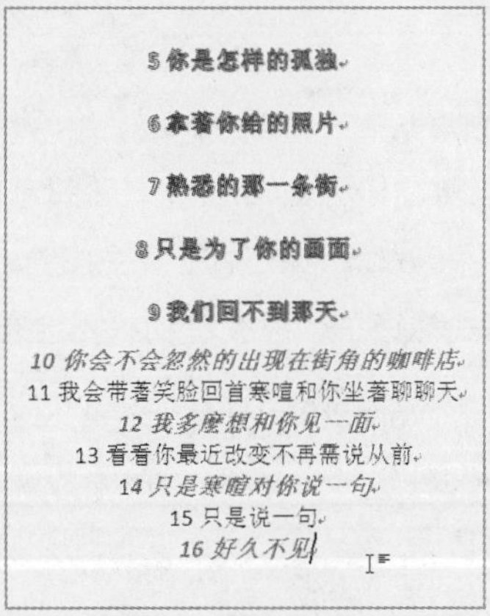

2.4 视图操作

Word 2010在视图显示方面有很人性化的设置，共提供了5种视图显示方式，用来满足用户编辑需要。

实战操作022 设置视图方式

素材：无　　效果：无

难度：★★★★★　　视频：视频\第2章\实战操作022.avi

Word 2010提供了5种来显示文档，称为显示图，这些视图分别针对不同的编辑需求设置，使编辑工作更加方便、快捷。Word 2010的视图使用方法如下：

1 打开Word 2010软件，再打开“视图”选项卡，在“文档视图”组中可以看到5种视图方式，默认为“页面视图”，如下图所示。单击“阅读版式视图”按钮，则可以打开阅读版式视图，方便用户阅读文章。单击其他的视图按钮，则可打开相对应的视图。

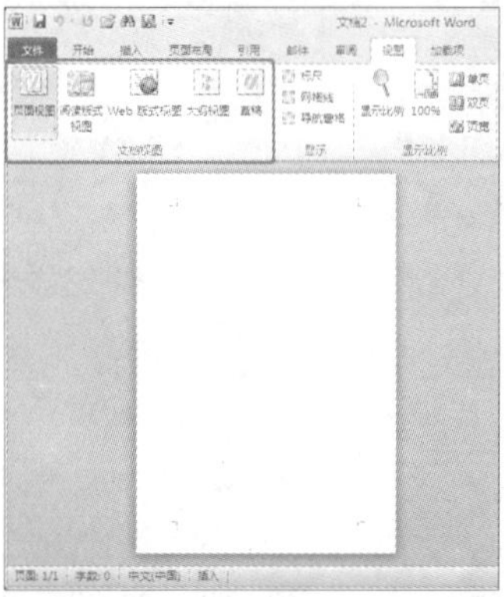

2 单击Word 2010窗口右下角的按钮选项，也可以改变文档视图的显示方式，如下图所示。

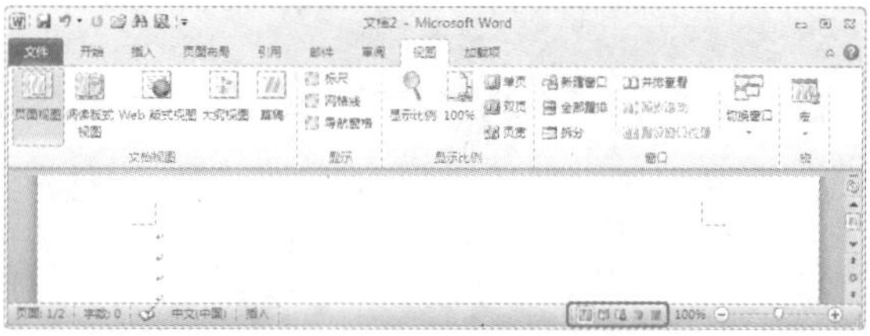

实战操作023 显示段落标记

素材：无　　效果：无

难度：★★★★★　　视频：视频\第2章\实战操作023.avi

在默认情况下，Word 2010中的段落标记处于隐藏状态。单击“开始”选项卡“段落”组中的“显示/隐藏编辑标记”按钮，即可将段落标记设置为显示状态，使其在文档编辑时提供帮助。再次单击“显示/隐藏编辑标记”按钮，即可隐藏段落标记。如果某些标记设置了“始终在屏幕上显示这些格式标记”，那么它们将不会被隐藏。如何取消某些格式标记的始终显示的操作如下：

1 打开Word 2010软件，在窗口左上角单击“文件”按钮，在下拉菜单中单击“选项”命令，如下图所示。

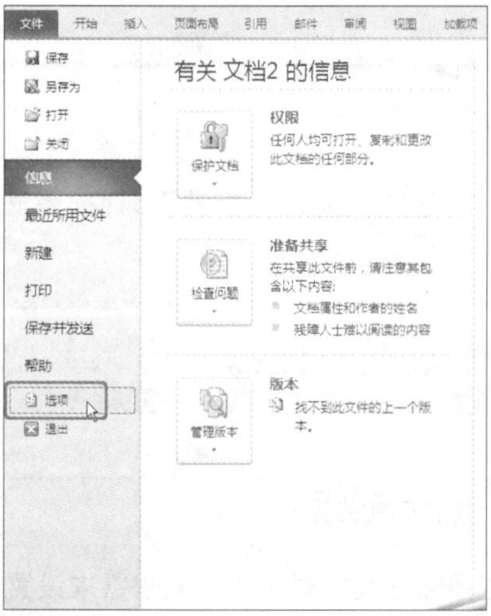

2 打开“Word选项”对话框，在“始终在屏幕上显示这些格式标记”下方取消选中不希望在文档中始终显示的格式，如下图所示。同样也可以将希望始终显示的格式标记选中，设置完成后单击“确定”按钮即可。

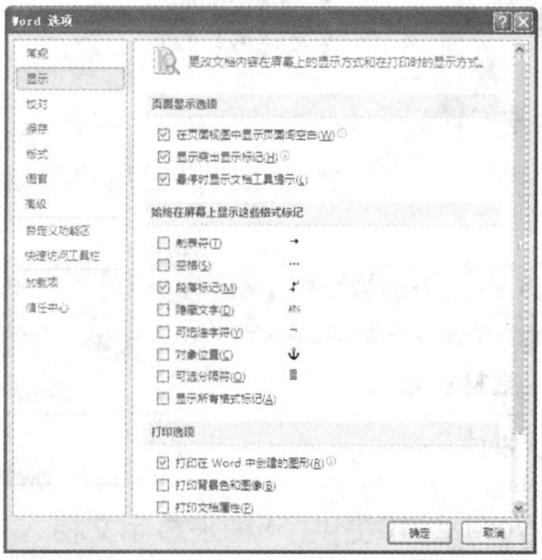

实战操作024　显示文档比例

- 素材：素材\024\海.docx
- 难度：★★★★★
- 效果：效果\024\显示文档比例.docx
- 视频：视频\第2章\实战操作024.avi

在编辑文档时，可以使用显示比例功能将文档页面放大或缩小，以便于对文档的排版。页面最大能放大到500%，最小则可缩小到10%。在Word 2010软件窗口右下角的状态栏中拖动“显示比例”滑块，在拖动的过程中页面会进行缩放。用户还可以进行页面缩放，具体操作步骤如下：

1 选择素材文件夹，打开素材文件。单击“视图”选项卡“显示比例”组中的“显示比例”按钮，如下图所示。

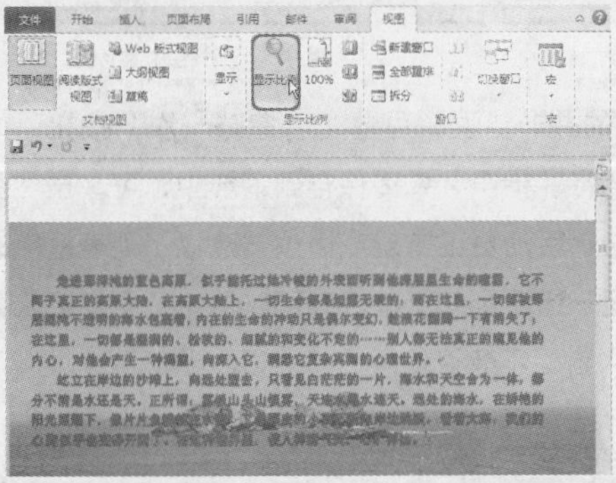

2 打开“显示比例”对话框，在“显示比例”选项组中将显示比例设置为100%。设置完成单击“确定”按钮 确定 即可，如下图所示。

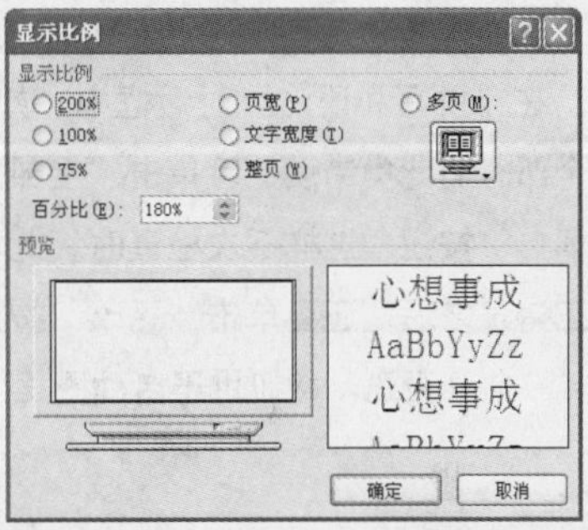

提示　除了可以在“百分比”后面的文本框中输入显示比例值外，还可以在“显示比例”选项组中选择特定的比例前的单选按钮，这样也可以设置文档比例。在“显示比例”对话框中也可以选择显示比例的调整标准，如“页宽”、“文字宽度”等。

2.5 文字操作

Word 2010中有审核文件功能，可以自动检查文件中存在的拼写错误和语法错误。此外，如果用户需要为文件中的声音添加拼音，不必手动输入，可以使用中文添加拼音功能，方便、快捷。

实战操作025　拼写和语法检查

- 素材：素材\025\文档.docx
- 效果：无
- 难度：★★★★★
- 视频：视频\第2章\实战操作025.avi

在一个长文件中，通过文件审核功能可以快速检查文件中的错误，不过这项检查不能完全代替手动逐行审查。如果在文件编辑时发生了拼写和语法错误，Word会以绿色或红色波浪线将其标记出来。由于Word的拼写和语法检查功能有限，所以也会出现误标的情况。具体操作步骤如下：

1 选择素材文件夹，打开素材文件。在“审阅”选项卡“校对”组中单击“拼写和语法”按钮，如下图所示。

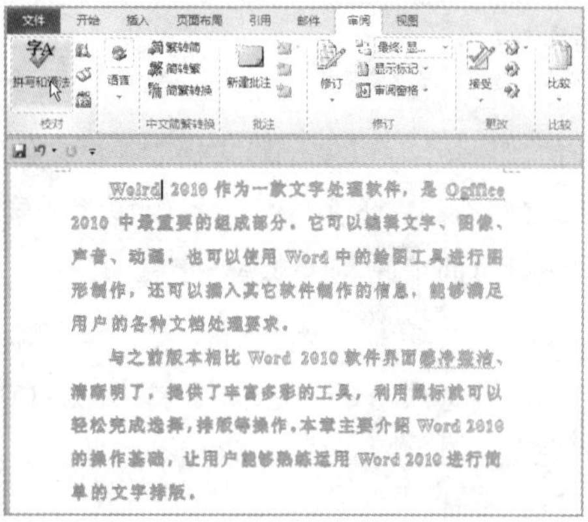

2 这时弹出“拼写和语法”对话框，如下图所示。对于检查发现的错误，在对话框中以绿色或红色波浪线标记了出来。

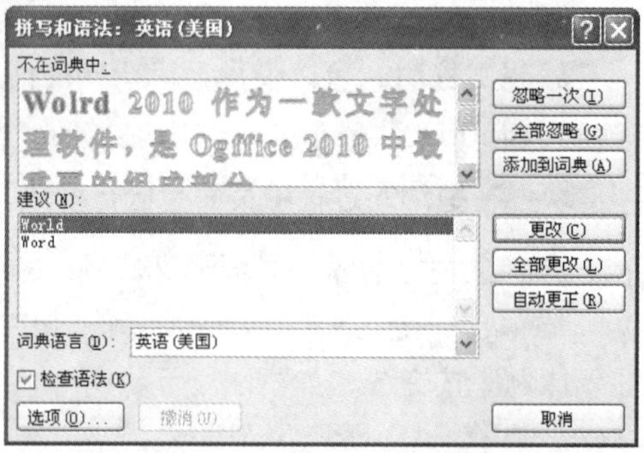

提示 在“拼写和语法”对话框中，如果经过判断所标记的并非错误，可单击“忽略一次”按钮；如果要全部忽略此类错误，可单击“全部忽略”按钮；如果要将“错误”单词保存到词典中，可单击“添加到词典”按钮，这样下次检查时，此错误就会自动被忽略；手动更正错误或通过“建议”列表框中的词更正错误之后，还要单击“更改”按钮才有效；如果将同一错误全部更改，则可以单击“全部更改”按钮；“自动更正”按钮用于自动更正为Word认为正确的内容，不建议使用。

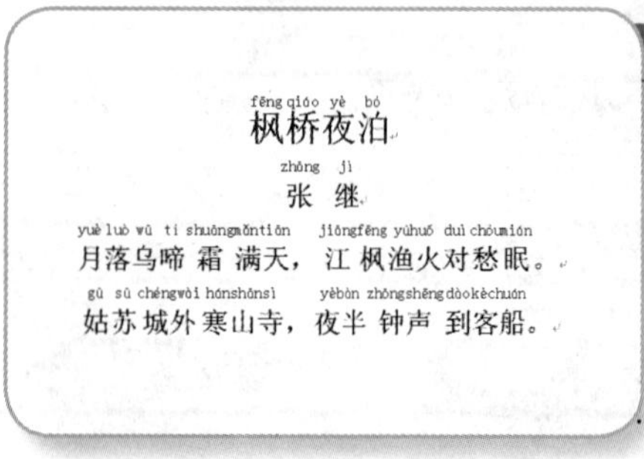

实战操作026 为中文添加拼音

- 素材：素材\026\为中文添加拼音.docx
- 难度：★★★★★
- 效果：效果\026\为中文添加拼音.docx
- 视频：视频\第2章\实战操作026.avi

如果用户需要为文件中的文字添加拼音，不必手动输入，可以使用Word 2010的中文添加拼音功能，十分方便、快捷。给中文添加拼音的操作步骤如下：

1 打开素材文件，并选择全部内容。单击“开始”选项卡“字体”组中的“拼音指南”按钮，如右图所示。

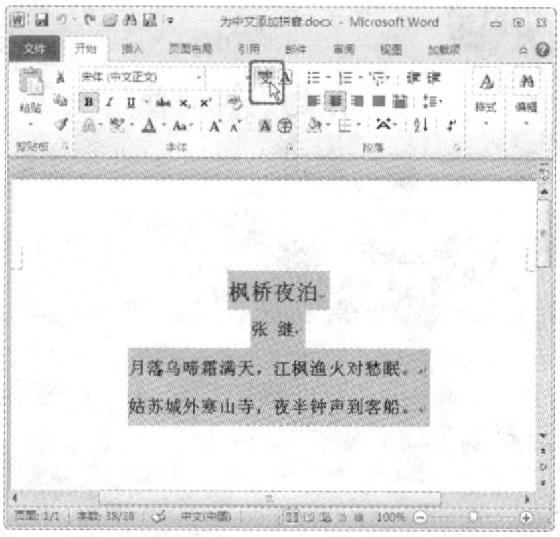

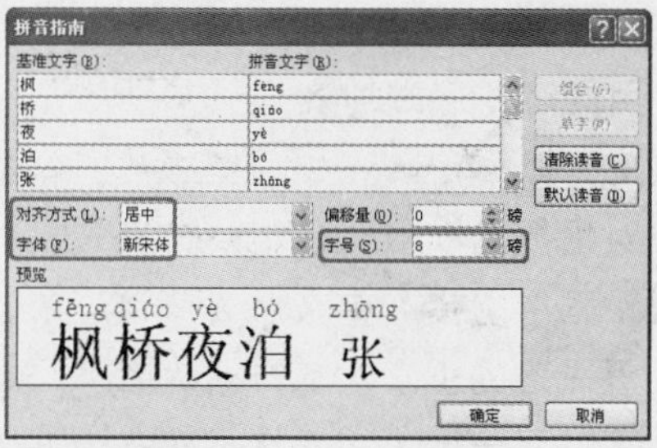

2 在打开的“拼音指南”对话框中，“基准文字”栏显示了原文，“拼音文字”栏显示了与正文对应的拼音。设置“对齐方式”为“居中”，“字体”为“新宋体”，“字号”设置为8磅，如右图所示。设置完成后单击“确定”按钮[确定]，即可为文本添加拼音。

2.6 段落编排

一般情况下，在输入文档的过程中如果按Enter键，表示换行并且开始一个新的段落，这时新段落的格式就会自动设置为上一段落中的字符和段落格式。如果在文档中按Shift+Enter快捷键，则表示文字换行并不换段。如果该段落设置了段前、段后行距，换行后的文字就不会受影响。如果在文档中按Ctrl+Enter快捷键，则表示文字将换行、换段并开始新的一页。

实战操作027　段落的对齐方式

- 素材：素材\027\段落对齐.docx
- 难度：★★★★★
- 效果：效果\027\段落对齐.docx
- 视频：视频\第2章\实战操作027.avi

段落指的是以按Enter键作为结束的一段文本内容，段落中可以包括文字、图片、各种特殊字符等。一般情况下，文本行距取决于各行中文字的字体和字号。如果某行大于周围其他文字的字符，例如图形或公式等，Word就会增加该行的行距。如果删除了段落标记，则标记后面的一段将与前一段合并，并采用上一段的间距。使用“段落”组中的按钮为文本调整段落的方法如下：

1 打开素材文件，文本的默认位置为左对齐，如下图所示。

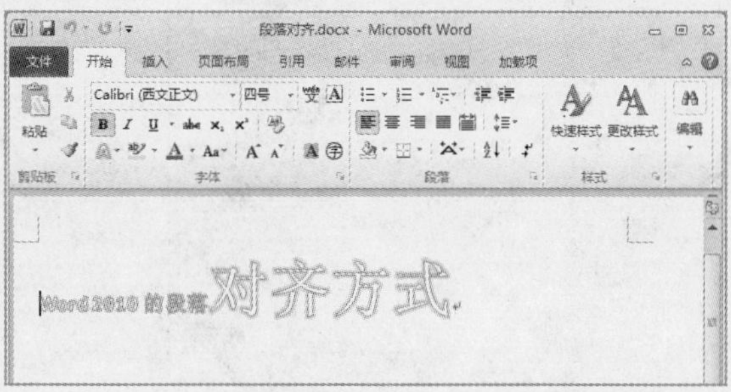

2 选择文本，单击“居中”按钮，将文本在文件中居中对齐，如下图所示。使用相同操作还可以为文本设置“文本右对齐”、“两端对齐”和“分散对齐”。

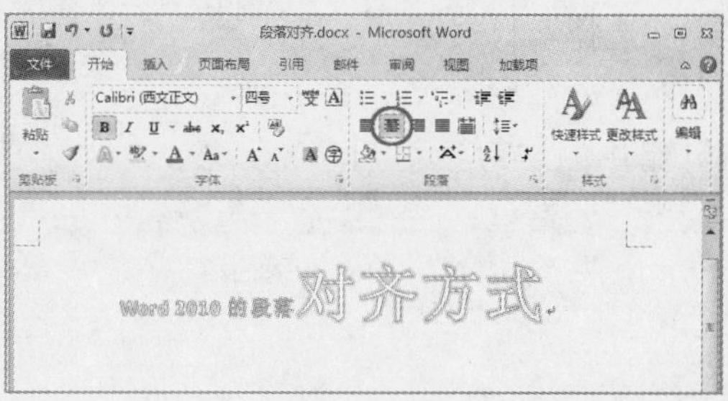

3 段落垂直对齐方式可分为5种，但经常使用的有“底端对齐”、“居中”和“顶端对齐”3种。单击“开始”选项卡“段落”组中的“对话框启动器”按钮，在弹出的“段落”对话框中选择“中文版式”选项卡，在此可以设置段落的垂直对齐方式。在“文本对齐方式”下拉列表中为文本选择对齐方式为“顶端对齐”，如右图所示。

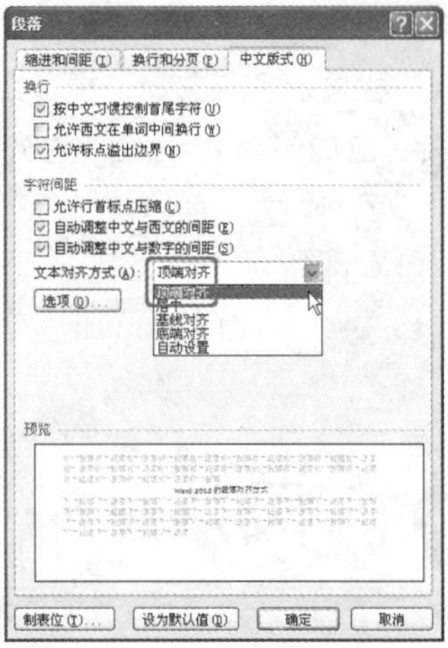

4 文本对齐方式只有在段落中有种不同大小字号时才有效果，特别是在图片与文字之间，效果特别明显，效果如右图所示。

实战操作028 设置段落缩进、行距、段前和段后间距

- 素材：素材\028\天下只有三件事.docx
- 难度：★★★★★
- 效果：效果\028\设置段落缩进、行距、段前和段后间距.docx
- 视频：视频\第2章\实战操作028.avi

段落缩进、行距、段前和段后间距等，都可以在“段落”对话框中进行设置。段落缩进有4种方式，即首行缩进、悬挂缩进、左缩进和右缩进。具体操作步骤如下：

1 选择素材文件夹，打开素材文件。选择第一句话，单击“开始”选项卡“段落”组中的“对话框启动器”按钮，打开“段落”对话框，在“缩进”选项组中将“左侧”设置为“3字符”，如右图所示。

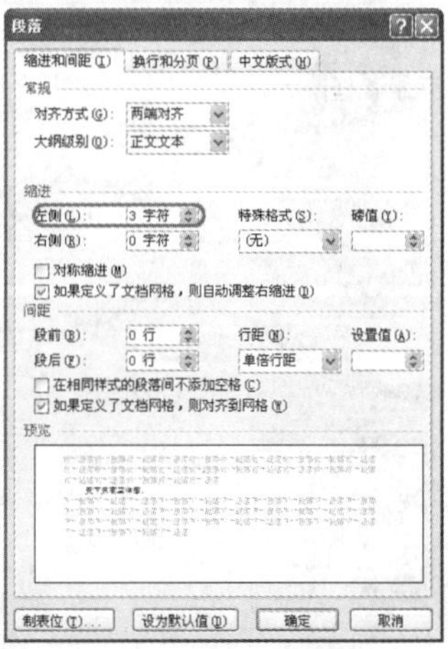

2 单击“确定”按钮，完成后的效果如右图所示。

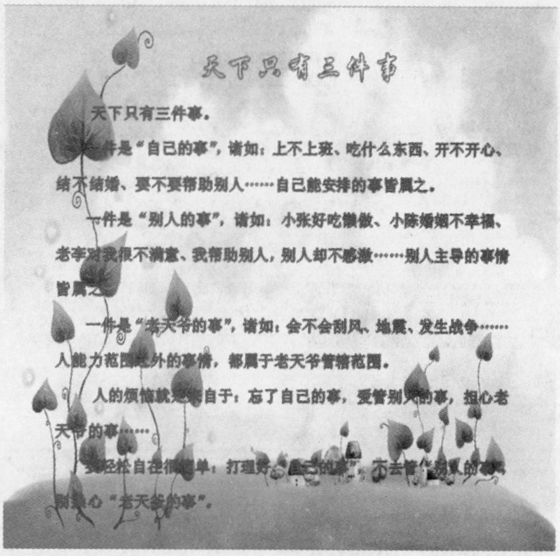

提示

同时，在“间距”选项组下也可以设置段落行距和段落间距。段落行距是指从一行文字的底部到另一行文字顶部的间距，段落行距决定段落中各行文本间的垂直距离。在“行距”下拉列表中可以选择行距类型，其默认值是“单倍行距”。段落间距决定段落的前后距离大小，在“间距”选项组中也可以为其设置“段前”、“段后”的值。

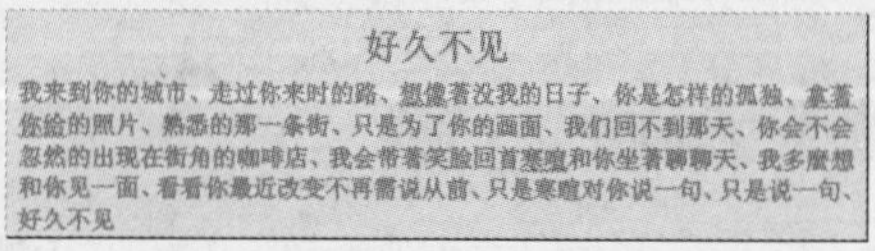

实战操作029　设置段落边框与底纹

- 素材：素材\029\段落边框与底纹.docx
- 难度：★★★★★
- 效果：效果\029\段落边框与底纹.docx
- 视频：视频\第2章\实战操作029.avi

用户可以通过为文本段落添加边框和底纹效果来美化文档页面。具体操作步骤如下：

1 打开素材文件，选择其中的文本内容，然后单击“开始”选项卡“段落”组中“下框线”按钮右侧的▾，在弹出的下拉列表中选择“边框和底纹”命令，打开“边框和底纹”对话框，设置边框样式为“阴影”，颜色为“橙色”，如下图所示。

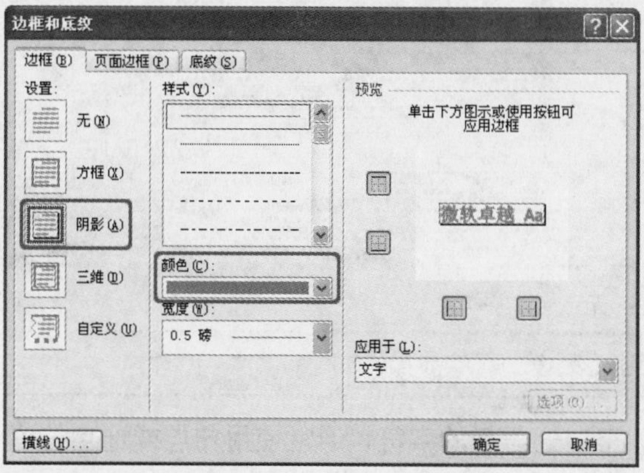

2 切换到“底纹”选项卡，在“填充”下边的颜色表中设置底纹颜色为“橙色，淡色80%”，如下图所示。

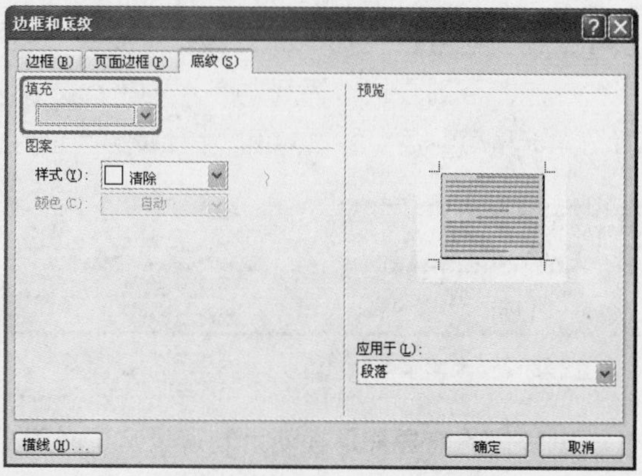

2.7 设置制表位

实战操作030 设置制表位的对齐方式

素材：无　　效果：无

难度：★★★★★　　视频：视频\第2章\实战操作030.avi

制表位是指在水平标尺上的位置，指定文字缩进的距离或某一栏文字开始之处。设置制表位的对齐方式操作如下：

1 首先选定要在其中设置制表位的段落。单击水平标尺最左边的制表符（单击它可以切换各种制表符），直到出现“小数点对齐式制表符”，如下图所示。

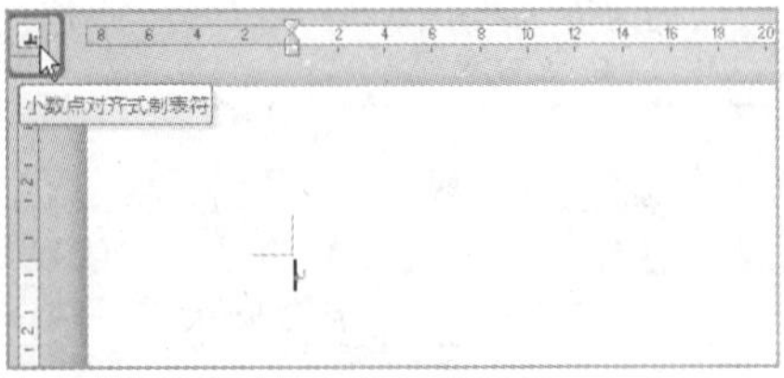

2 在水平标尺上，单击要插入制表位的位置，如下图所示。

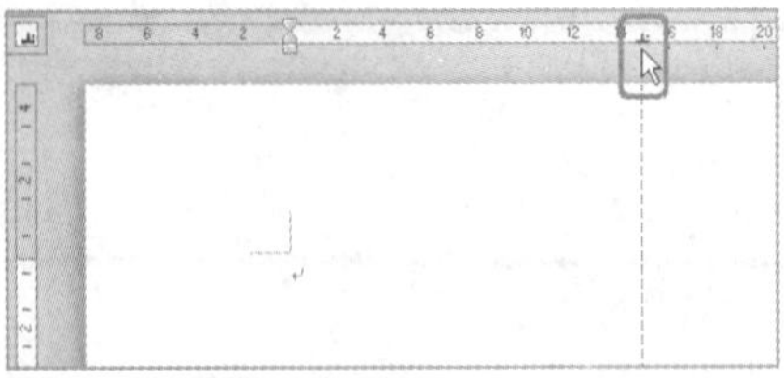

3 在文档中输入1966.8（该数据要有小数点，否则会以最后面的字符对齐）。然后把光标移动到数字的最前面，按Tab键，这时该数值就会按照已设置的制表位置以小数点为准对齐了，如下图所示。

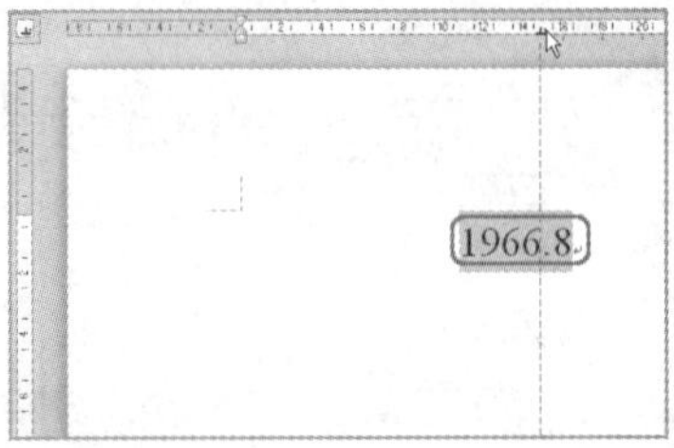

4 按Enter键，在新行中输入845822.16，在数据前按Tab键设置制表位，最后文本就会按照所设置制表位对齐。如果想移动制表位的位置，选中文档中的数据并拖动制表位，就可以在文档的标尺范围内对文本进行移动，如下图所示。

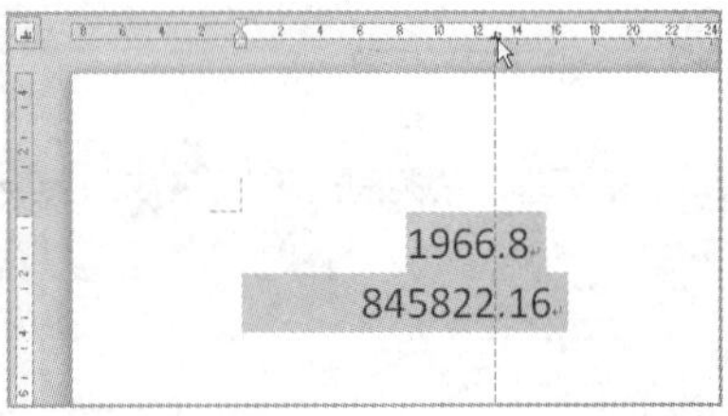

实战操作031 设置制表位的前导符

素材：无　　效果：无

难度：★★★★★　　视频：视频\第2章\实战操作031.avi

制表位的前导符是在使用制表位定位时正文左侧空白处显示的字符，通常使用句点或连字符。

改变制表位停驻点的前导符操作如下：

双击标尺上的制表位停驻点符号，打开“制表位”对话框，如右图所示。在“前导符”选项组中选择需要的前导符类型，单击“确定”按钮 确定 ，即可完成设置。

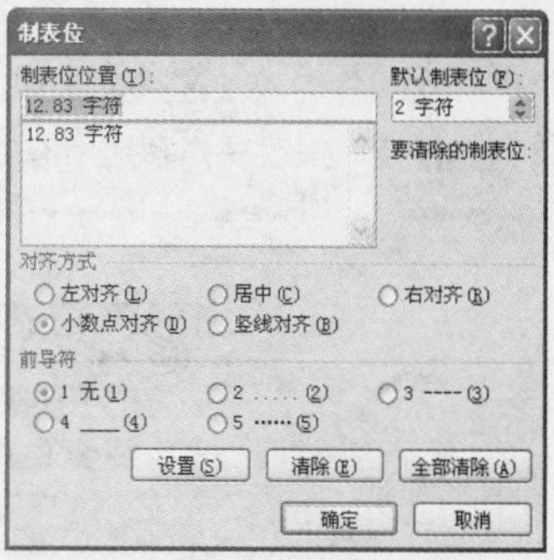

2.8 查找和替换内容

使用Word的查找、替换功能可以查找和替换文字、格式、段落标记、分页符和其他项目，还可以使用通配符和代码来扩展搜索，以及搜索、替换或删除字符格式。例如查找指定的单词或词组并更改字体颜色，或查找指定的格式（如加粗）并删除或更改它。

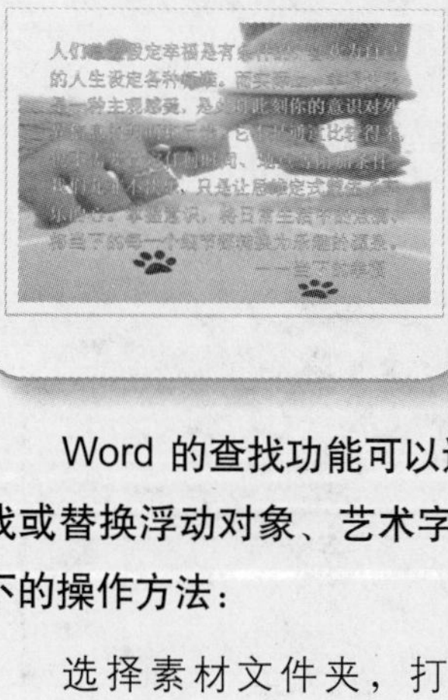

实战操作032　使用查找和替换命令

- 素材：素材\032\当下的幸福.docx
- 难度：★★★★★
- 效果：效果\032\使用查找和替换命令.docx
- 视频：视频\第2章\实战操作032.avi

Word 的查找功能可以迅速搜索指定单词或词组，也可以使用通配符查找文档的内容，但不能查找或替换浮动对象、艺术字、水印和图形对象等。在文档中查找并替换一般文字内容时，可使用以下的操作方法：

选择素材文件夹，打开素材文件。单击“开始”选项卡“编辑”组中的“替换”按钮 替换 ，如下图所示。

2 弹出“查找和替换”对话框，在“查找内容”文本框中输入“兴福”，在“替换为”文本框中输入“幸福”，单击“全部替换”按钮，完成后的效果如下图所示。

提示 也可以在“替换为”文本框中输入要替换的文字，单击“查找下一处”按钮，找到要搜索的文字，然后单击“替换”按钮将内容进行替换。

实战操作033 高级查找和替换

- 素材：素材\032\当下的幸福.docx
- 难度：★★★★★
- 效果：效果\033\高级查找和替换.docx
- 视频：视频\第2章\实战操作033.avi

Word提供的查找和替换功能，不仅可以替换普通的文字，而且还可以替换带有格式的文档。灵活使用格式的替换功能，可以快速地修改或删除文档中具有相同文字内容或者具有相同格式的文档内容。使用格式的查找和替换功能操作如下：

1 选择素材文件夹，打开素材文件。单击“开始”选项卡“编辑”组中的“替换”按钮 替换，打开“查找和替换”对话框，在“查找内容”文本框中输入“兴福”，在“替换为”文本框中输入“幸福”，单击“更多”按钮，然后再单击“格式”按钮，打开“格式”下拉列表，如下图所示。

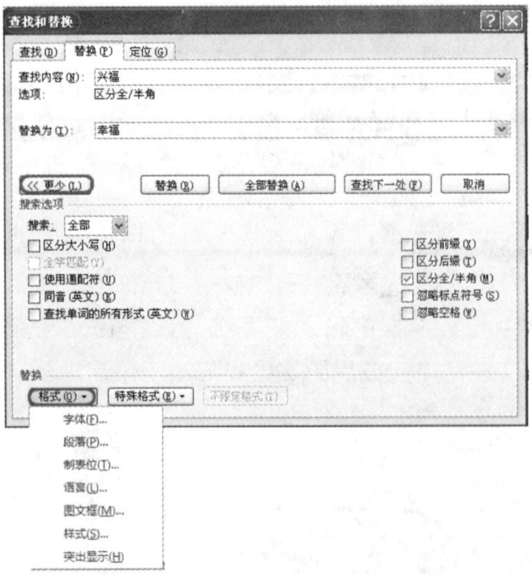

2 在弹出的下拉列表中选择“字体”选项，弹出“查找字体”对话框，在“字体”选项卡下将“中文字体”设置为“华文彩云”，单击“确定”按钮，再单击“全部替换”按钮，如下图所示。

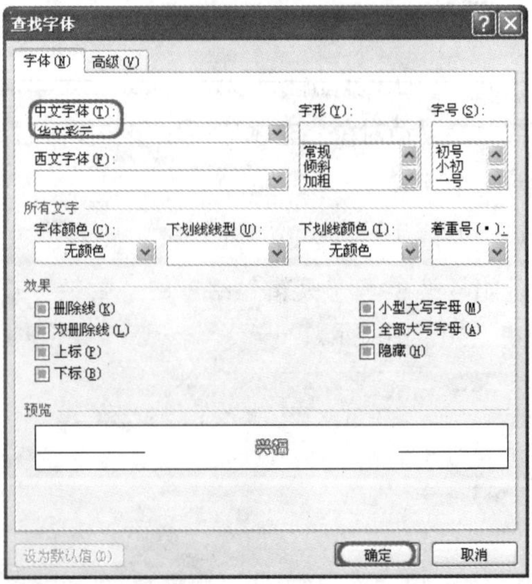

提示 如果“查找内容”文本框中不输入任何文字，那么Word将查找全部具有所设格式的文本。当使用格式查找和替换时，在“查找内容”和“替换为”文本框下会分别显示所选格式的说明。

实战操作034　查找和替换特殊字符

- 素材：素材\034\幸福.docx
- 难度：★★★★★
- 效果：素材\034\查找和替换特殊字符.docx
- 视频：视频\第2章\实战操作034.avi

在Word文档中，用户经常要使用一些特殊的标点符号（如双点线、连字符等）和一些特殊的操作（如人工分行、人工分栏、人工分页等）。无论是插入特殊的标点符号还是进行特殊的操作，都会在文档相应的位置留下标记，这个标记就称为特殊字符。具体操作步骤如下：

1 在“开始”选项卡“编辑”组中单击“替换”按钮，打开“查找和替换”对话框，如下图所示。

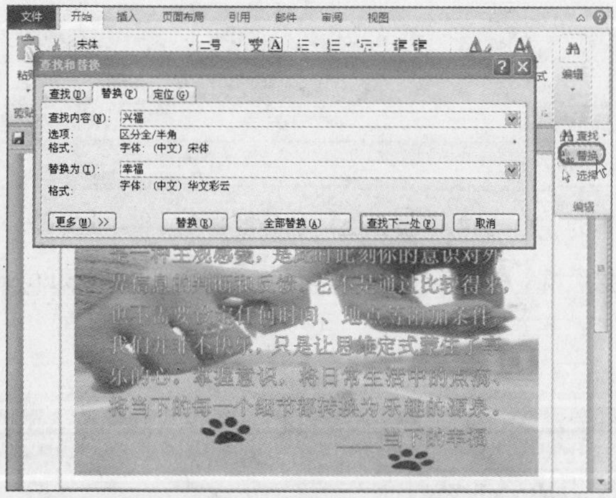

2 单击“更多”按钮，然后单击“特殊格式”按钮，在“特殊格式”下拉列表中选择“任意字符”选项，然后在“查找内容”文本框中输入“___”，在“替换为”文本框中输入“——”，单击“全部替换”按钮，如下图所示。

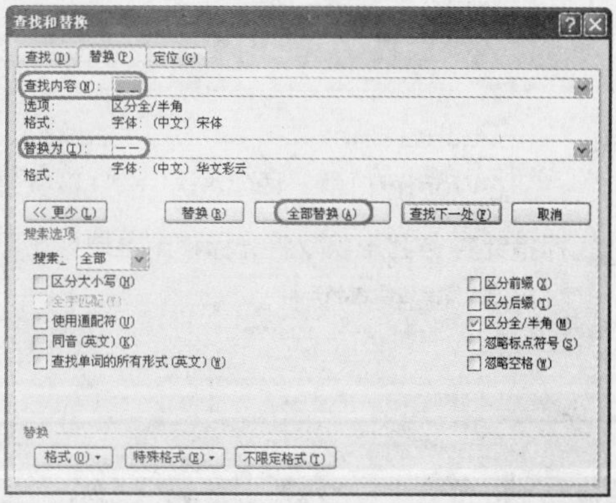

2.9 自定义快捷键

Word 只为最常用的命令设置了快捷键，下面介绍如何自定义快捷键。

实战操作035　设置插入图片快捷键

- 素材：无
- 效果：无
- 难度：★★★★★
- 视频：视频\第2章\实战操作035.avi

Word中的快捷键不仅可以代表一个命令和宏指令，还可以代表格式、自动文本、自动文集、字体和符号等，如果进行合理定义，可以大大提高工作效率。Word只为最常用的命令设置了快捷键，但是如果用户经常使用某个命令，就可以为其定义快捷键，以提高操作速度。用户可以删除不需要的快捷键，如果不喜欢所做的更改，也可以随时返回默认的快捷键设置。自定义快捷键的操作方法如下：

1 在Word 2010窗口中单击“文件”按钮 文件 ，然后单击“选项”命令 选项 ，打开“Word 选项”对话框。在对话框中单击“自定义功能区”选项 自定义功能区 ，然后单击“自定义”按钮 自定义(T)... ，打开“自定义键盘”对话框，如下图所示。

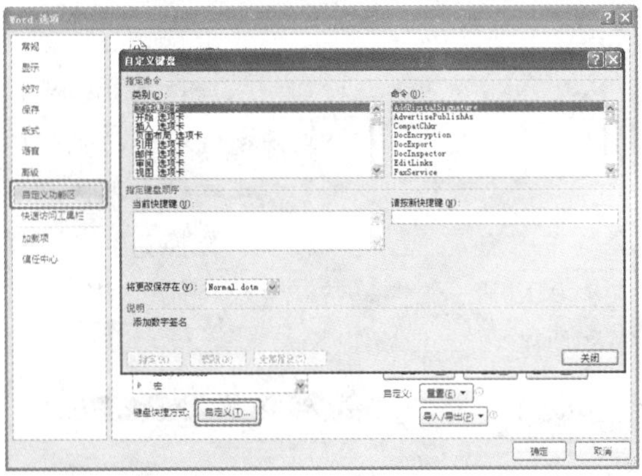

2 在该对话框的“类别”列表框中选择“插入 选项卡”选项，然后在“命令”列表框中选择Internet Picture，在“请按新快捷键”文本框中指定快捷键，最后单击“指定”按钮 指定(A) ，如下图所示。设置完成，单击“关闭”按钮 关闭 即可。

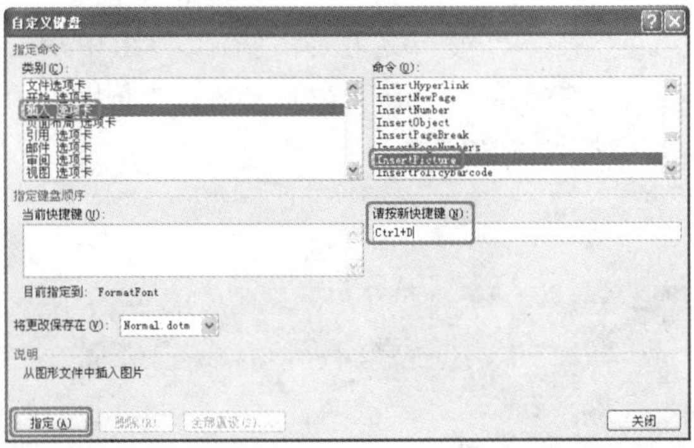

提示 在Word窗口中，按Ctrl+Alt+“+”（其中引号中的“+”为数字键盘上的加号键）快捷键，这时光标指针变成⌘形状。将光标移到菜单或工具栏上，单击想指定的菜单命令或工具栏上的按钮，就会打开“自定义键盘”对话框。

2.10 文件的保存及密码设置

保存功能在Word操作中是至关重要的，如果不能对文档进行保存，那么用户辛苦的工作必会付之东流。同时，如果不希望创建的文件被其他人查阅，那么可以为文档添加一个密码，只有在输入正确的密码才能打开该文件。

实战操作036 手动保存文件

素材：无　　效果：无

难度：★★★★★　　视频：视频\第2章\实战操作036.avi

通常保存文件的方式有两种，分别为手动保存或自动保存，下面就介绍在Word 2010中手动保存文件的方法。具体操作步骤如下：

1 单击“文件”按钮 文件 ，然后单击“保存”命令 保存 ，或按Ctrl+S快捷键，打开“另存为”对话框，如下图所示。

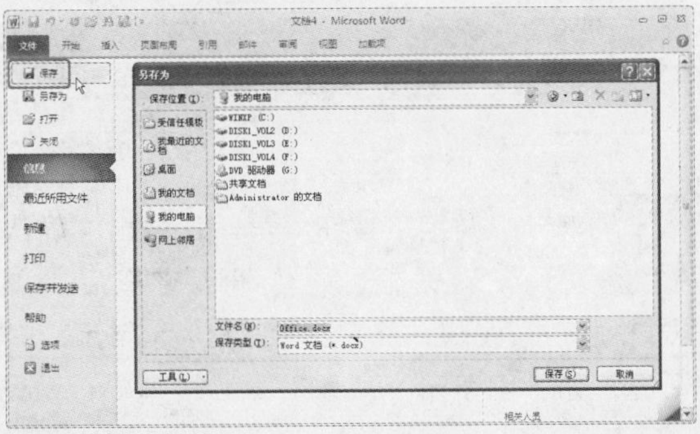

2 在“保存位置”下拉列表框中为文件选择一个保存位置，在“文件名”文本框中输入文件的名称。通常Word会以文件开头的第1句话作为默认的文件名进行保存。在“保存类型”下拉列表框中选择文件格式，如下图所示。

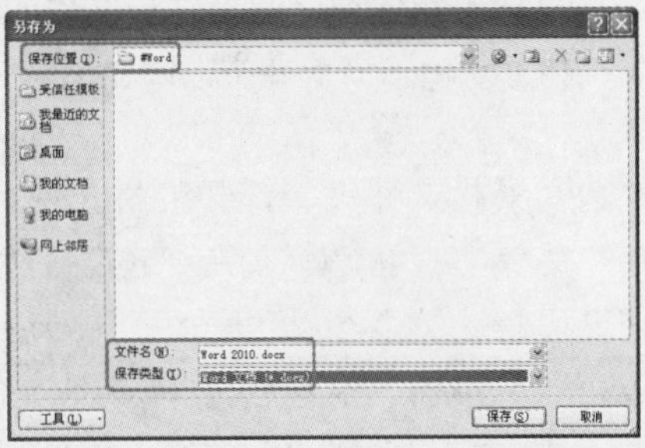

提示

通常Word可以根据所选择的保存文件格式自动设置扩展名，所以在“文件名”文本框中只需输入文件的名称就可以了，不必亲自为文件名添加文件扩展名。最后单击“保存”按钮完成保存文档的操作。

实战操作037 自动保存文档

素材：无　　效果：无

难度：★★★★★　　视频：视频\第2章\实战操作037.avi

除了对文档进行手动保存操作外，Word还提供了很重要的自动保存功能，即每隔一段时间，Word 2010软件会自动对文件进行一次保存，这项功能可以有效地避免因停电、死机等意外事故而造成的文件丢失。自动保存功能的保存时间间隔可以根据自己的需要以“分钟”为单位进行设定，其操作步骤如下：

1 单击“文件”按钮 文件 ，然后单击“保存”命令 保存 （或“另存为”命令），打开“另存为”对话框。单击“另存为”对话框左下角的“工具”按钮 工具(L) ，打开下拉列表，选择“保存选项”命令，如下图所示。

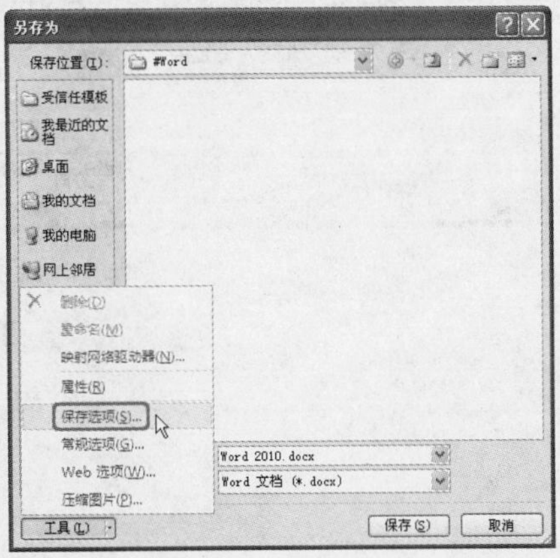

2 勾选“保存自动恢复信息时间间隔”复选框，在其后面的文本框中输入一个以分钟为单位的时间数值。例如在该文本框中输入10，即表示设置系统每隔10分钟就自动保存一次文档，如下图所示。设置完毕后，单击“确定”按钮 确定 ，保存设置并关闭对话框。

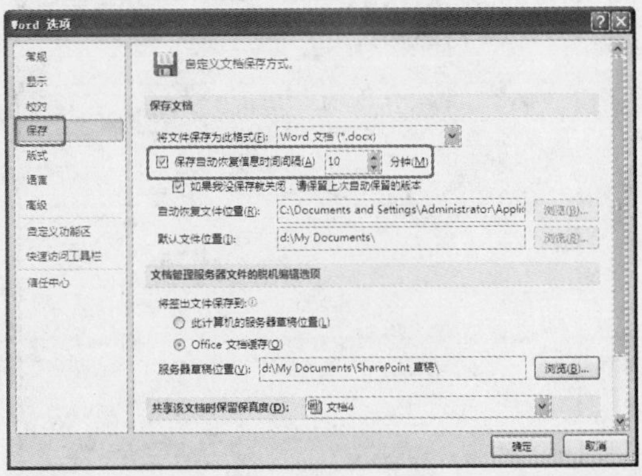

实战操作038 设置密码

素材：素材\038\文档038.docx　　效果：效果\038\设置密码.docx

难度：★★★★★　　视频：视频\第2章\实战操作038.avi

如果用户不希望创建的文件被其他人查阅，那么可以为文件添加一个密码，只有输入正确的密码才能打开该文档。为文件添加密码的操作步骤如下：

1 选择素材文件夹，打开素材文件。单击“文件”按钮 文件，在弹出的下拉列表中选择“另存为”命令，弹出“另存为”对话框。单击“另存为”对话框左下角的“工具”按钮，打开下拉列表，选择“常规选项”命令，如下图所示。

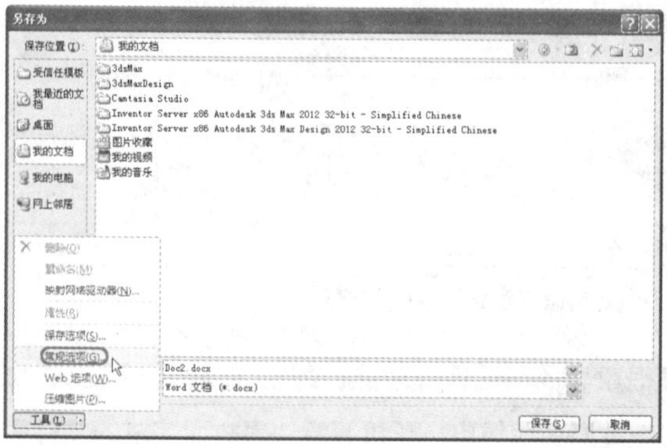

2 打开“常规选项”对话框，在“打开文件时的密码”文本框中输入密码，每输入一个字符就用一个星号代替，密码可以是字母、数字、空格和符号的任意组合，如下图所示。

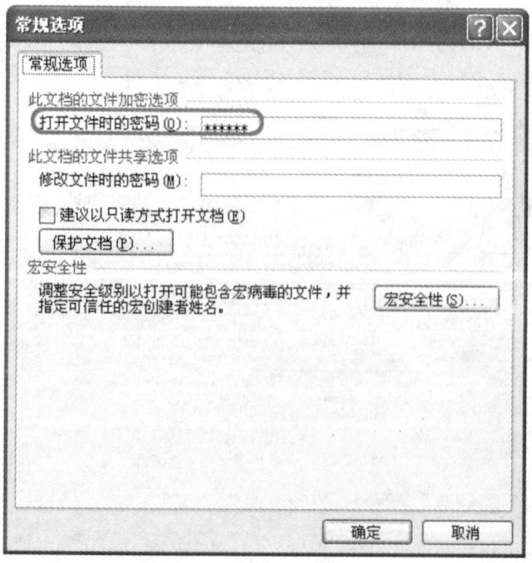

3 单击“确定”按钮 确定，弹出“确认密码”对话框，再次输入密码后，单击“确定”按钮 确定 返回到“另存为”对话框，如下图所示。

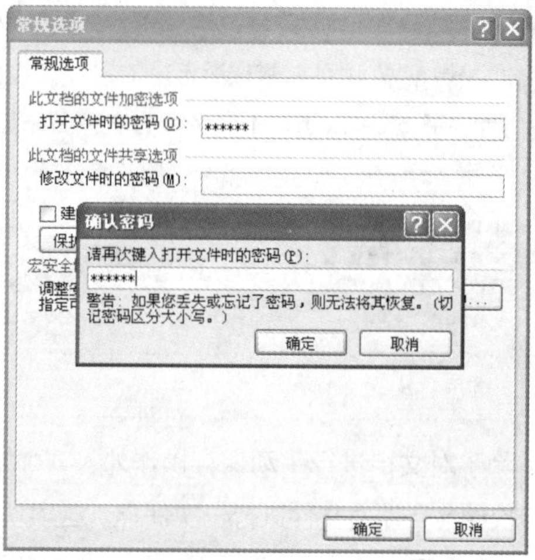

4 单击“保存”按钮，将文件保存。再打开该文件时，就会出现“密码”对话框，如下图所示。用户需输入正确的密码，才能打开该文件。

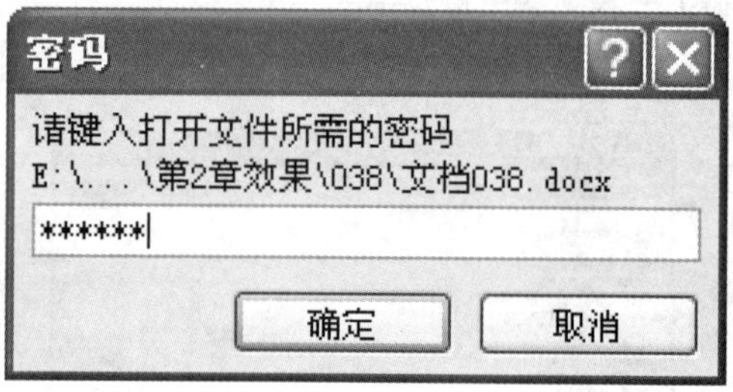

Chapter

03

第3章

图像编排和图形绘制

相对于文字来说，图像更富有表现力，能直观、准确地表达文件所要表现的内容，因此在文件中插入图像也是Word文件的一种很好的表现手法。图形对象主要包括剪贴画、艺术字和文本框等，本章将讲解如何插入这些图形对象，并介绍图形对象格式的基本设置。

3.1 插入剪贴画、图像并设置图片格式

剪贴画属于矢量图，是一种特殊类型的图片，通常由小而简单的图像组成。默认情况下，Word 2010软件中的剪贴画不会被显示，需要用户进行关键字搜索。用户可以搜索到位于本地磁盘和Office.com网站中的剪贴画。其中Office.com中提供了大量剪贴画，用户只有在联网状态下才能搜索这些剪贴画。

实战操作039 插入剪贴画

- 素材：素材\039\剪贴画.docx
- 难度：★★★★★
- 效果：效果\039\剪贴画.docx
- 视频：视频\第3章\实战操作039.avi

在Word 2010中插入剪贴画的操作步骤如下：

1 打开素材文件，单击“插入”选项卡“插图”组中的“剪贴画”按钮，打开“剪贴画”面板。在“搜索文字”文本框中输入“埃菲尔铁塔”，单击“结果类型”下三角按钮，在打开的类型列表中可以选择要搜索的媒体文件类型，如右图所示。

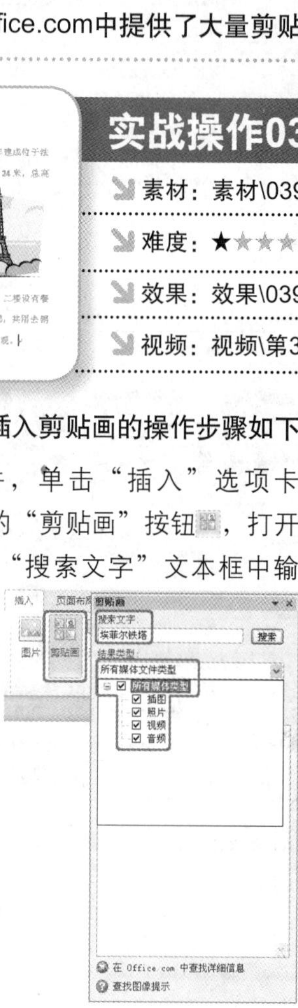

2 确认电脑处于联网状态，选择“包括Office.com内容”复选框。单击“搜索”按钮，在下方的列表框中会显示Word搜索到的剪贴画，如下图所示。

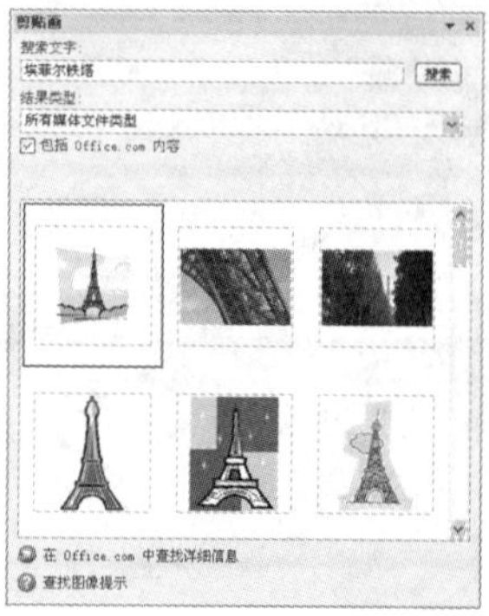

3 将光标插入至文件的任意位置，在列表中单击需要插入的剪贴画，或单击剪贴画右侧的按钮，在打开的下拉列表中选择“插入”命令，将剪贴画插入到文件中，如右图所示。

埃菲尔铁塔

埃菲尔铁塔（法语：La Tour Eiffel）是一座于1889年建成位于法国巴黎战神广场上的镂空结构铁塔，高300米，天线高24米，总高324米。埃菲尔铁塔得名于设计它的桥梁工程师居斯塔夫·埃菲尔。铁塔设计新颖独特，是世界建筑史上的技术杰作，因而成为法国和巴黎的一个重要景点和突出标志。

埃菲尔铁塔从1887年起建，分为三楼，分别在离地面57.6米、115.7米和276.1米处，其中一、二楼设有餐厅，第三楼建有观景台，从塔座到塔顶共有1711级阶梯，共用去钢铁7000吨，12000个金属

4 将剪贴画的“自动换行”设置为“四周型环绕”，并拖动剪贴画调整其位置，如右图所示。

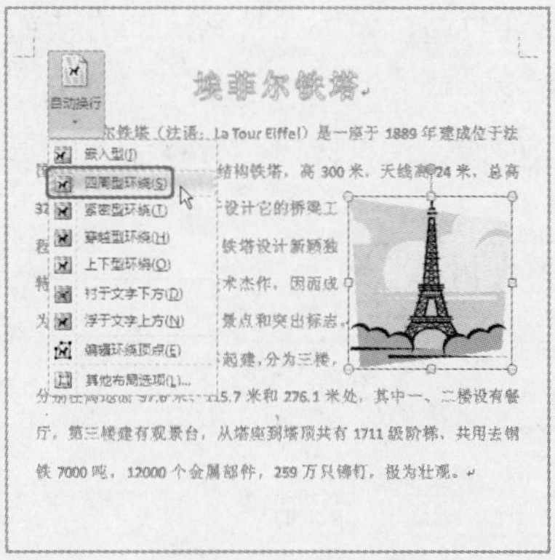

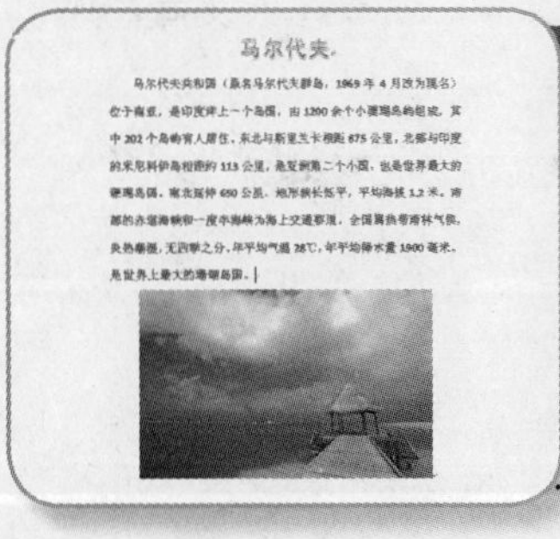

实战操作040　插入图像

素材：素材\040\插入图像.docx、马尔代夫.jpg

难度：★★★★★

效果：效果\040\插入图像.docx

视频：视频\第3章\实战操作040.avi

Word 2010软件可以插入多种类型的图像文件，这为图文混排提供了有力的支持。在Word 2010中插入图像的操作步骤如下：

1 打开素材文件，将光标移至文件最后的位置，单击“插入”选项卡“插图”组中的“图片”按钮，打开“插入图片”对话框，选择要插入的素材图像，如下图所示。

2 单击“插入”按钮，将选择的图片插入文档中，并将其设置为“居中”，如下图所示。

实战操作041　设置图片格式

素材：无

效果：无

难度：★★★★★

视频：视频\第3章\实战操作041.avi

在文件中插入图片后，为使文件页面看起来美观，用户通常还需要对图片进行设置和排版，使其适应文件页面。设置图片格式的方法如下：

1 在文件中单击需要设置格式的图片，打开“图片工具”下的“格式”选项卡。使用该选项卡中的按钮，可以对图片格式进行具体设置，如图片样式、大小等，如下图所示。

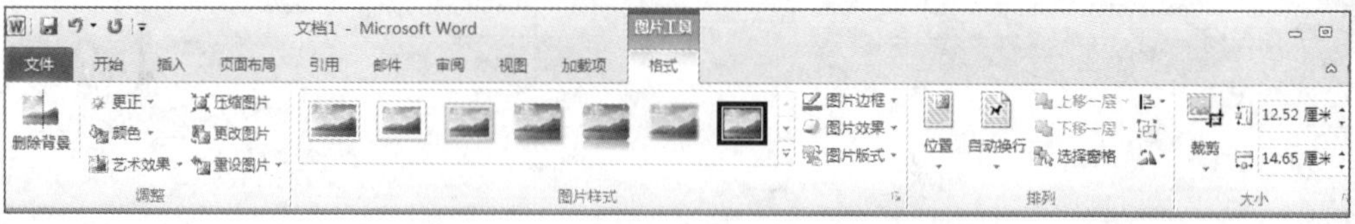

2 单击“大小”组中的“对话框启动器”按钮，打开“布局”对话框，可以设置图片的大小、旋转、文字环绕等，如下图所示。

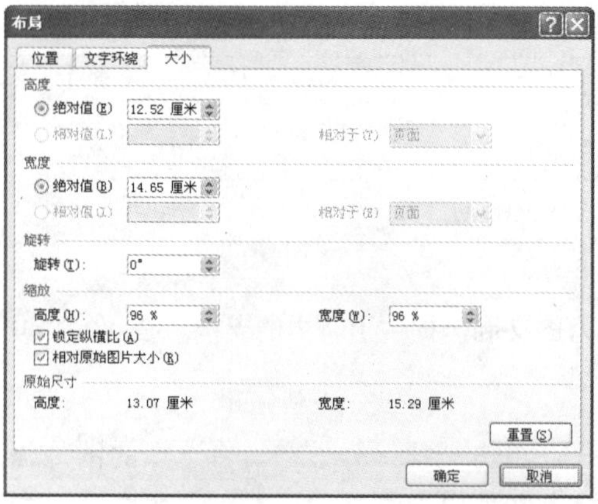

3 单击“图片样式”组中的“对话框启动器”按钮，打开“设置图片格式”对话框，可以对图片的样式细节进行设置，如下图所示。

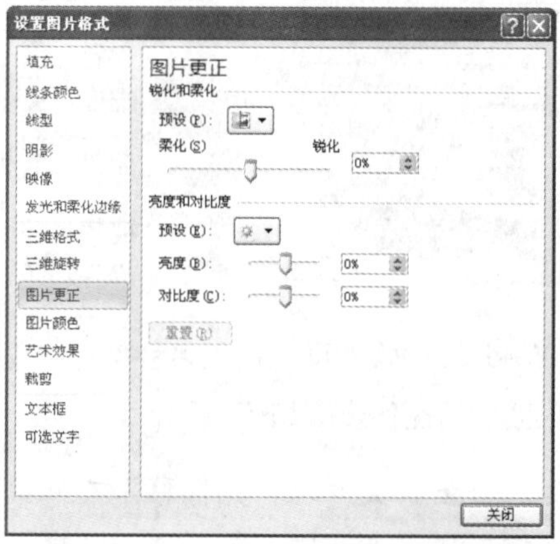

3.2 图文混排

设置图片版式也就是设置图片与文字的混排形式。使用图文混排，可以使页面更加美观。

实战操作042 设置图片在文档中混排

- 素材：素材\042\图文混排.docx
- 难度：★★★★★
- 效果：效果\042\图文混排.docx
- 视频：视频\第3章\实战操作042.avi

设置图片在文档中混排，可以图文并茂地表达文件内容。下面介绍图片在文件中混排的操作方法：

1 打开素材文件，选择要设置混排的图片，单击“图片工具”下“格式”选项卡“排列”组中的“位置”按钮，在弹出的列表中选择“顶端居中”位置，如下图所示。

2 再单击“图片工具”下“格式”选项卡“排列”组中的“自动换行”按钮，在弹出的列表中选择“紧密型环绕”方式，如下图所示。

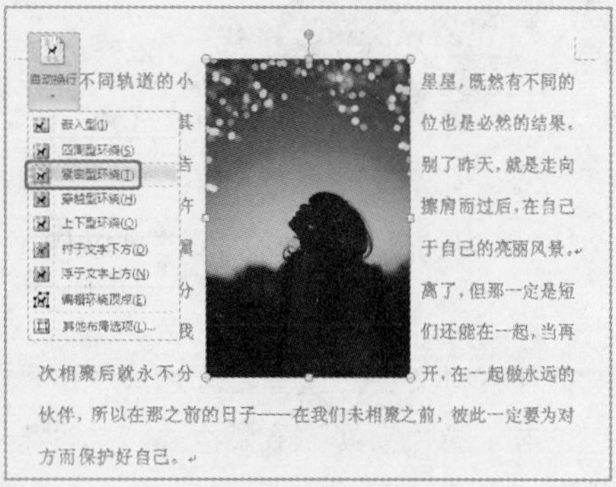

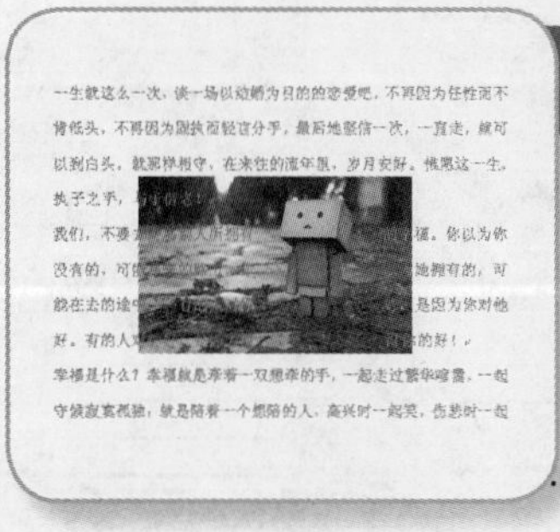

实战操作043 编辑图片环绕顶点

素材：素材\043\图片环绕顶点.docx

难度：★★★★★

效果：效果\043\图片环绕顶点.docx

视频：视频\第3章\实战操作043.avi

如果在文件中插入了剪贴画，因为它是矢量图，所以当设置其环绕方式为“紧密型”时，图片的顶点就会与文字环绕。如果在文件中插入了位图图片，则只能用编辑图片环绕顶点的方法，才可以让图片在文本中任意环绕。编辑图片环绕顶点的操作步骤如下：

1 打开素材文件，选择文件中的图片。单击“图片工具”下“格式”选项卡“排列”组中的“自动换行”按钮，在弹出的列表中选择“编辑环绕顶点”命令。此时图片上出现红色实线框，把鼠标光标移到边框线的控制点上，光标会变为✥形状，如下图所示。

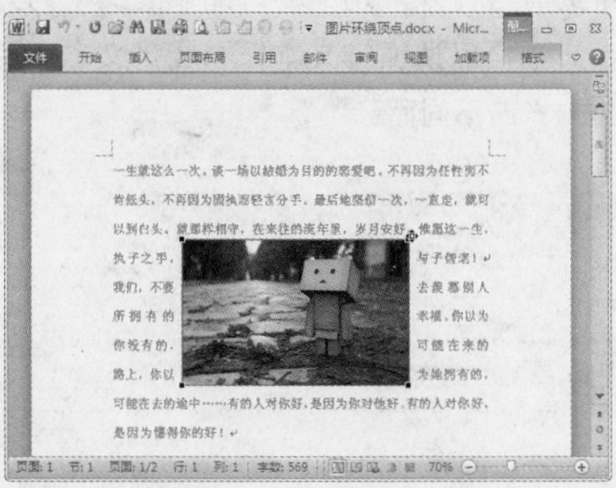

2 根据需要调整图片环绕顶点的位置，同时文字会根据顶点的改变而改变环绕方式，如下图所示。

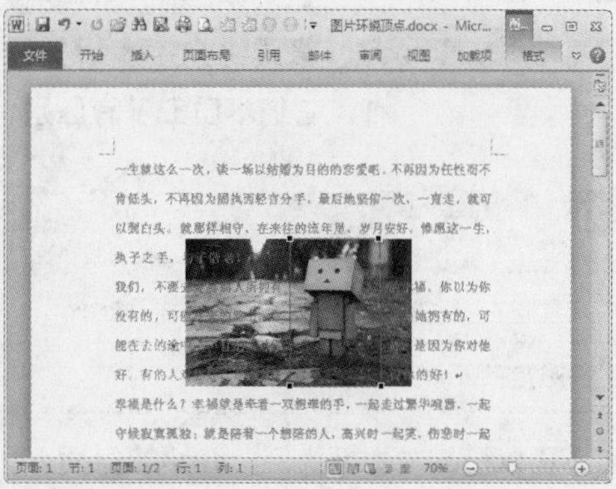

实战操作044 给图片添加边框

素材：素材\044\给图片添加边框.docx

难度：★★★★★

效果：效果\044\给图片添加边框.docx

视频：视频\第3章\实战操作044.avi

为Word中的图片添加边框，可以使图片美观，提升文件的总体效果。给图片添加边框的步骤如下：

1 打开素材文件，选择要添加边框的图片，单击“图片工具”下“格式”选项卡“图片样式”组中的“图片边框”按钮（图片边框），在弹出的列表中选择边框颜色为蓝色，效果如下图所示。

2 然后将“粗细”设置为3磅，“虚线”设置为“短划线”，如下图所示。

3.3 使用文本框

在文本框中，可以像处理一个新页面一样来处理文字，如设置文字的方向、格式化文字、设置段落格式等。文本框包括横排文本框和竖排文本框两种，它们本质上没有区别，只是文本排列方向不同而已。

实战操作045 插入文本框

素材：素材\044\给图片添加边框.docx　　效果：无

难度：★★★★★　　视频：视频\第3章\实战操作045.avi

下面以横排文本框为例，介绍如何插入和使用文本框。具体操作步骤如下：

1 打开素材文件，在“插入”选项卡“文本”组中单击“文本框”按钮，从弹出的下拉列表中选择“绘制文本框”选项，如下图所示。

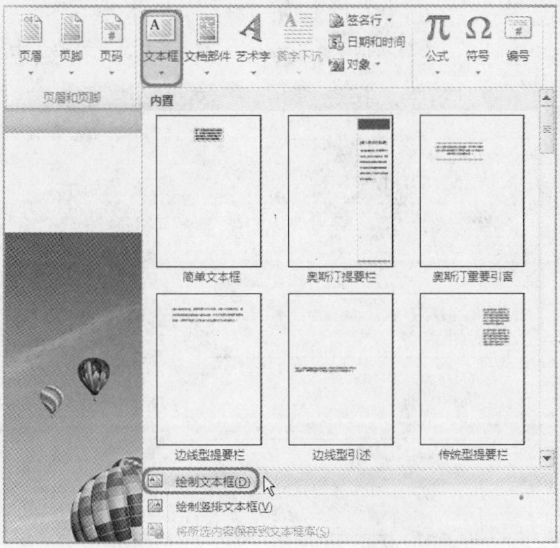

2 在工作窗口中按住鼠标左键并进行拖动，到合适的位置释放鼠标，向弹出的文本框中输入文字，如下图所示。

3 选择“绘图工具”下的“格式”选项卡，在“形状样式”组中单击“形状填充”按钮，在弹出的下拉列表中选择“无填充颜色”选项，如下图所示。

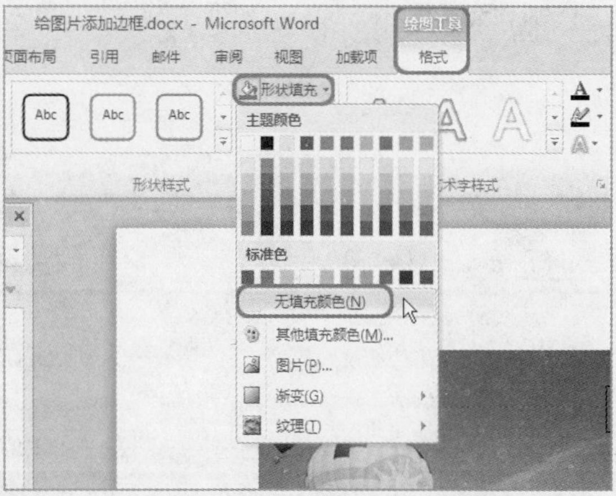

4 使用同样的方法将“填充轮廓”设置为“无轮廓”，选中所输入的文字，选择“开始”选项卡，在“字体”组中将字体设置为“方正舒体”，将“字号”设置为“小初“，将“字体颜色”设置为“黄色”，并调整文本框的大小，完成后效果如下图所示。

实战操作046　文本框的链接

素材：无　　效果：无

难度：★★★★★　　视频：视频\第3章\实战操作046.avi

简单地说，文本框的链接就是把两个或两个以上的文本框关联在一起，不管它们的位置相差多远，当一个文本框中排满文字时，文字会在链接的下一个文本框中接着排下去；但横排文本框与竖排文本框之间不能创建链接。创建文本框链接的方法如下：

1 在Word 2010软件中，选择要创建链接的文本框中的其中一个，被选择的文本框中有无内容皆可。单击“绘图工具”下“格式”选项卡“文本”组中的“创建链接”按钮创建链接，光标变为状态，如下图所示。

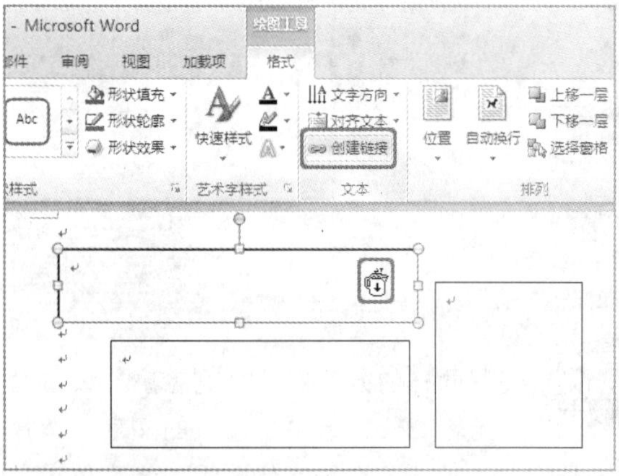

2 将光标移至空文本框上面，光标变为状态，单击即可创建链接。如果要继续创建链接，可以再将光标移到其他的空文本框中单击，按Esc键结束操作。如果要解除文本框的链接，可以选择初始选择的文本框，单击“绘图工具”下“格式”选项卡“文本”组中的“断开链接”按钮断开链接，如下图所示。

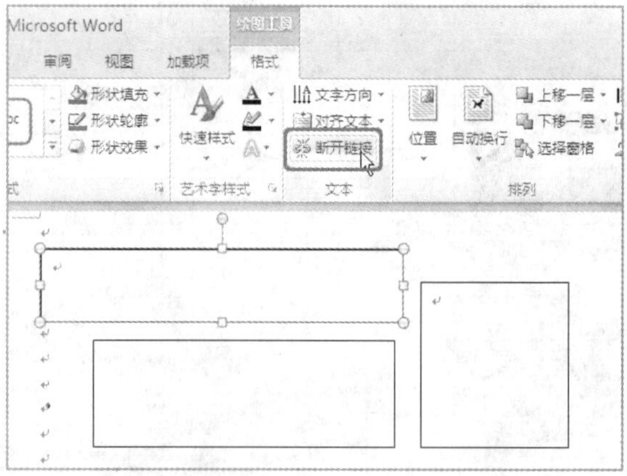

3.4 插入艺术字

与普通文字相比，艺术字具有阴影、旋转、延伸等特性，在表达效果上要比普通文字更绚丽，更引人注目。Word 2010软件提供了多种艺术效果，方便用户在文档中插入艺术字。

实战操作047 插入艺术字

素材：无　　效果：无

难度：★★★★★　　视频：视频\第3章\实战操作047.avi

插入艺术字的操作步骤如下：

1 在Word 2010软件中，单击“插入”选项卡“文本”组中的“艺术字”按钮，此时会弹出艺术字效果的列表，如右图所示。

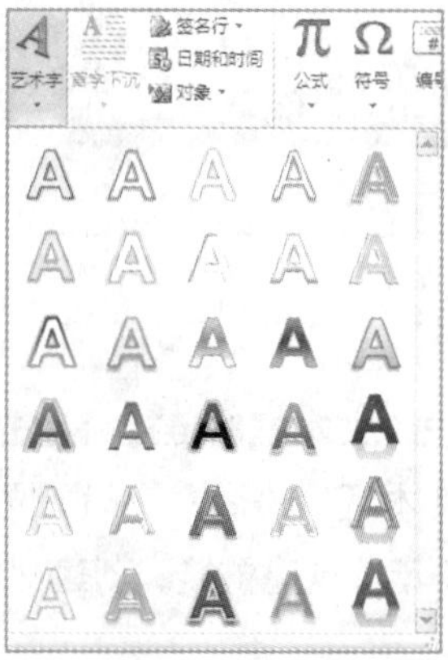

2 在其中单击要选择的艺术字样式，在文件中会自动插入富有艺术字样式的文本框，如右图所示。在文本框中输入内容，即可得到艺术字效果。

实战操作048　设置艺术字

- 素材：素材\048\艺术字.docx
- 难度：★★★★★
- 效果：效果\048\艺术字.docx
- 视频：视频\第3章\实战操作048.avi

在文件中选择已创建的艺术字，在功能区中会显示“绘图工具”下“格式”选项卡，在“艺术字”样式组中可为艺术字设置填充颜色、形状和大小等。具体操作步骤如下：

1 打开素材文件，选择文件中的文字，单击“绘图工具”下“格式”选项卡“艺术字样式”组中的“文本填充”按钮，在弹出的面板中选择文本的填充颜色为“橙色”，如下图所示。

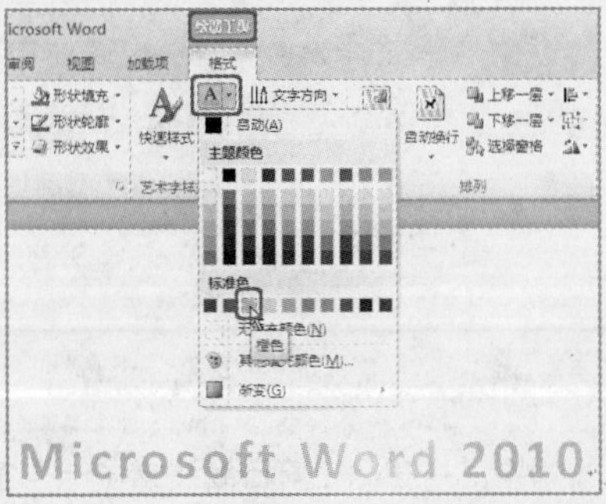

2 单击“文本轮廓”按钮，在弹出的面板中选择文本的轮廓颜色，这里选择“无轮廓”命令，如下图所示。

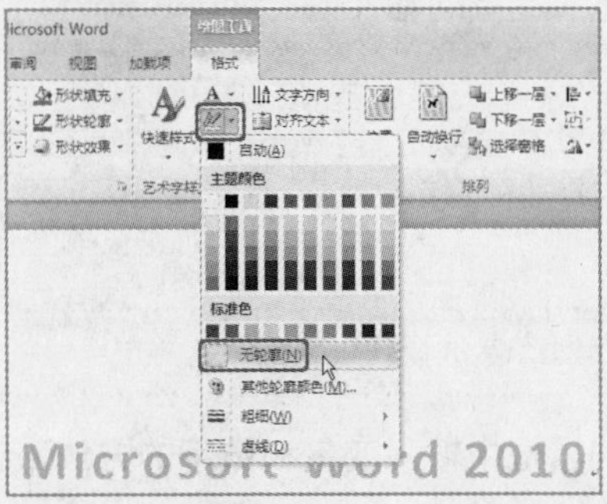

3 单击“文本效果”按钮，在弹出面板中可以为文字设置“阴影”、“映像”、“发光”等效果，如下图所示。

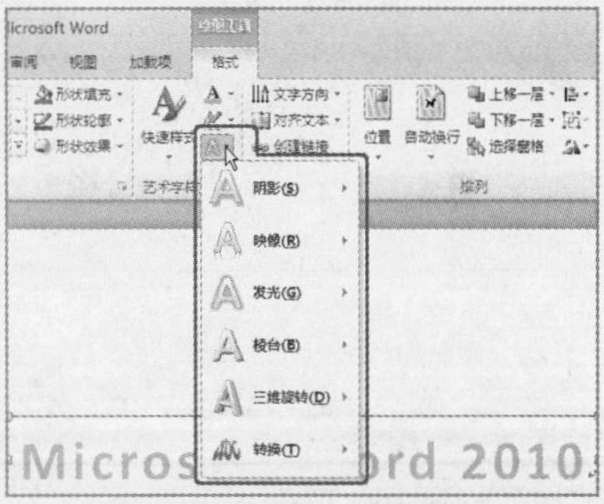

4 将“阴影”设置为“向右偏移”，“映像”设置为“全映像，4pt偏移量”，“发光”设置为“橄榄色，5pt发光”，“棱台”和“三维旋转”都设置为“无”，“转换”设置为“正三角”，效果如下图所示。

3.5 公式编辑器

如果要在文件中插入专业的数学公式，可以使用Word 2010软件自带的“公式编辑器”，它不但可以输入符号，还能输入数字和变量。

实战操作049 进入公式编辑环境

素材：无　　效果：无

难度：★★★★★　　视频：视频\第3章\实战操作049.avi

进入公式编辑环境，一般有两种情况，一种是在Word文件中还没有创建公式时，插入一个新的公式；另一种情况则是文件中已经存在有公式，需要对其重新编辑。在文件中插入公式的方法如下：

1 将光标移至要插入公式的位置，单击“插入”选项卡“符号”组中的“公式”按钮，在打开的面板中提供了Word内置的公式，如下图所示。

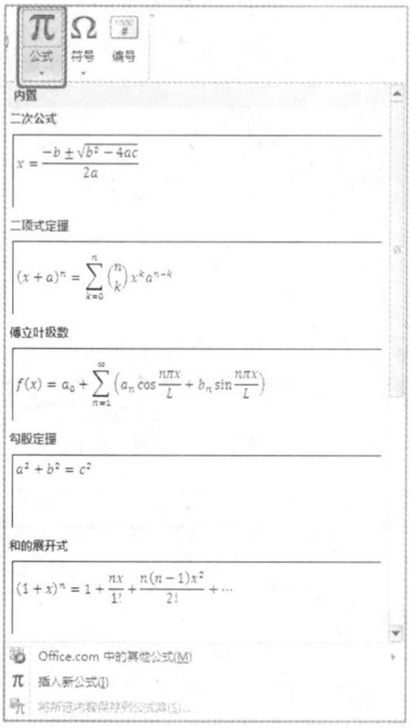

2 在面板中选择“插入新公式”命令，在文档中会显示公式编辑框，同时功能区中出现“公式工具”下的“设计”选项卡，用户可以单击选项卡中的数学结构和数学符号进行输入，如下图所示。完成公式输入后，单击公式编辑框外的任意位置，即可回到当前文件中。

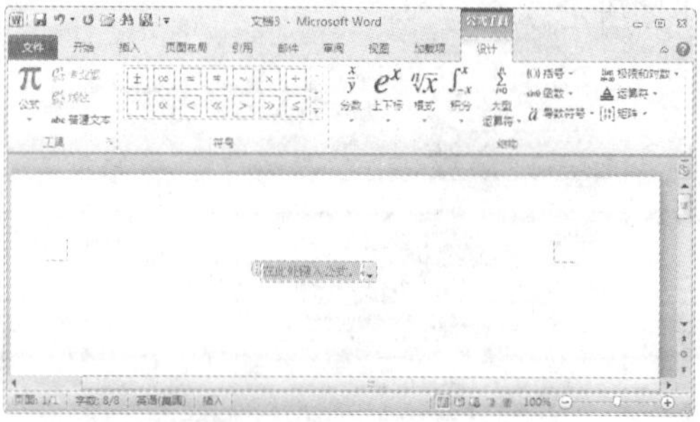

提示 如果用户在此之前已经建立了一些常用的公式，并且将这些公式已经保存在公式库中，则单击“插入”选项卡“符号”组中的“公式”按钮，在弹出的面板中会出现这些公式，单击即可插入。

实战操作050 输入公式

素材：无　　效果：无

难度：★★★★★　　视频：视频\第3章\实战操作050.avi

用户可以通过选择功能区中的结构和符号，并在公式编辑框中输入变量和数字的方法来创建公式。在创建公式时，功能区会根据数学排版惯例自动调整字号、间距和格式，也可以手动调整格式或重新定义样式。

如果要在数学公式编辑环境中输入普通文字，其操作方法与在Word文件中输入文字的操作方法基本相同。具体操作步骤如下：

1 启动Word 2010，将光标移至需要插入公式的位置，然后单击“插入”选项卡“符号”组中的“公式”下三角按钮，在弹出的下拉列表中选择如右图所示的公式。

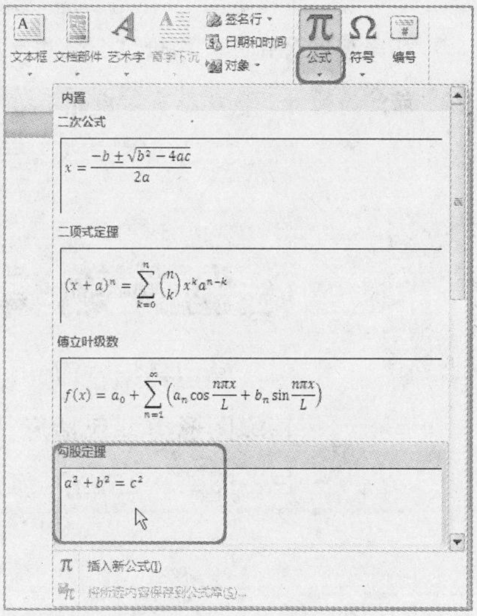

2 执行操作后，即可在工作窗口中插入所选定的公式，如右图所示。

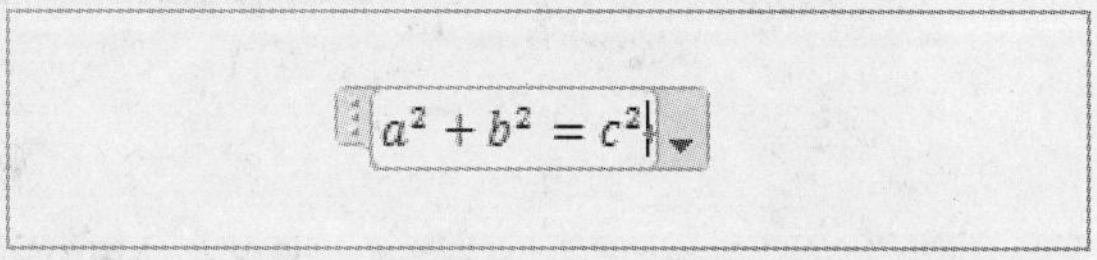

实战操作051 将公式添加到常用公式库中

素材：无　　效果：无

难度：★★★★★　　视频：视频\第3章\实战操作051.avi

为方便以后使用，用户可将常用的公式保存到Word中。具体操作步骤如下：

1 继续上一实例的操作，选择创建完成的公式，单击“公式工具”下“设计”选项卡“工具”组中的“公式”按钮，在弹出的下拉列表中选择“将所选内容保存到公式库”选项，如下图所示。

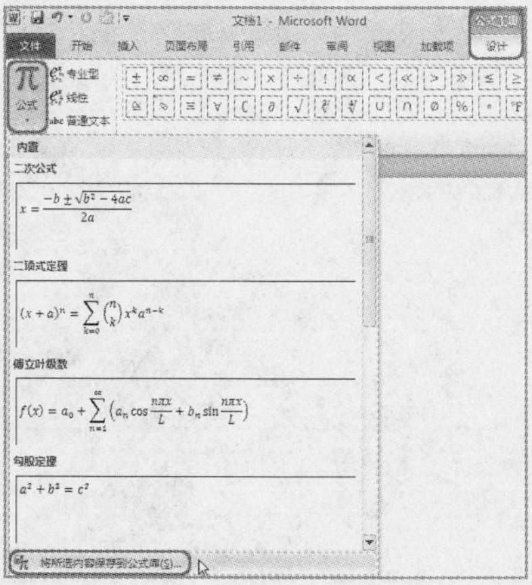

2 在“名称”文本框中输入公式的名称，在“库”下拉列表中选择“公式”选项，将“类别”设置为“常规”，将“保存位置”设置为“Normal.dotm”。设置完成后，单击“确定”按钮即可，如下图所示。

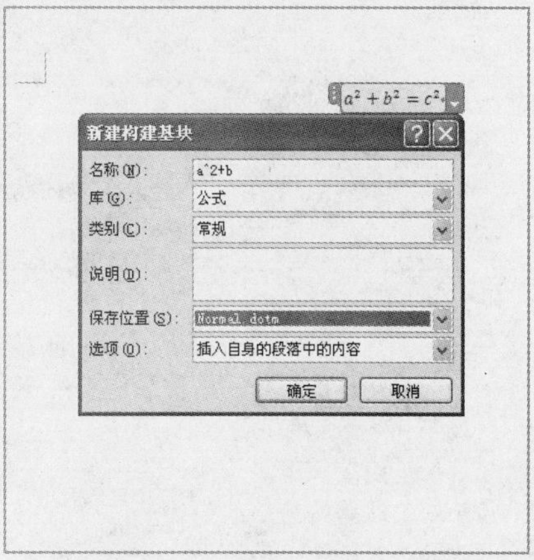

> **提示** 如果要在公式库中删除某个公式，在该公式上单击鼠标右键，从弹出的快捷菜单中选择“整理和删除”命令，打开“构建基块管理器”对话框，在其中选择基块名称，单击“删除”按钮即可。

3.6 绘制并编辑自选图形

绘图是指在Word文件中添加一个或一组图形对象，Word 2010软件支持的基本图形类型包括形状、SmartArt、图表、图片和剪贴画等。用户可以使用颜色、图案、边框和其他效果更改并增强这些对象。

实战操作052 绘制自选图形

- 素材：无
- 难度：★★★★★
- 效果：效果\052\绘制自选图形.docx
- 视频：视频\第3章\实战操作052.avi

使用Word 2010软件绘制图形的方法如下：

1 新建一个Word文档，单击“插入”选项卡“插图”组中的“形状”按钮，在打开的快速形状库中选择“笑脸”形状，如下图所示。

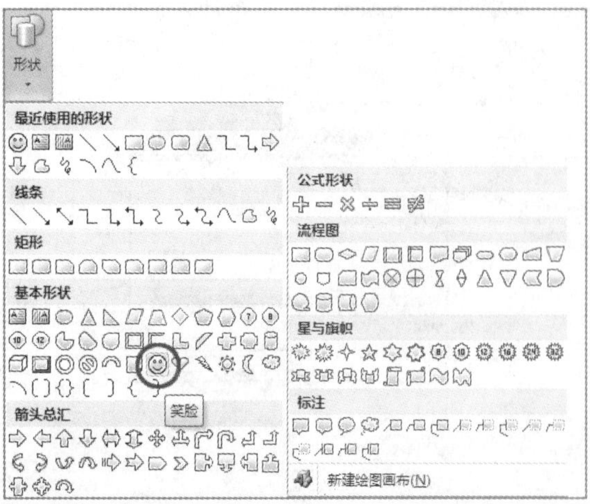

2 当鼠标光标变成十字形后，按住鼠标左键拖动鼠标，拖曳出图形后释放鼠标，即可绘制出笑脸图形，并为其设置样式，如下图所示。

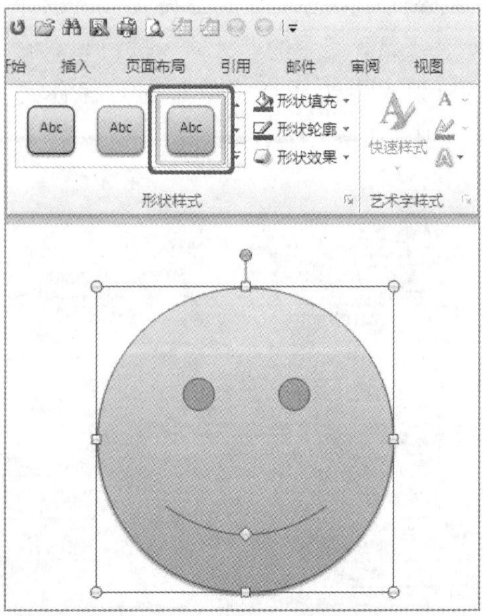

以下为基本的绘图技巧：

- 按住Alt键移动或拖动对象，可以精确地调整对象的大小或位置。
- 按住Shift键移动对象，对象可以按垂直或水平方向移动。
- 按住Ctrl键拖动对象，对象在两个方向上对称地放大或缩小。
- 同时按住Ctrl键和Shift键移动对象，可以在垂直或水平方向复制对象。
- 同时按住Alt键和Shift键移动对象，可以在垂直或水平方向精确地调整对象的大小和位置。

提示

绘制一个图形后，该图形呈选定状态，其四周出现几个小圆形，称为顶点。在图形的外部左侧出现一个黄色的小菱形，称为控制点。当鼠标移动到这个控制点上时，鼠标指针就会变成▷形状，拖动鼠标可以改变自选图形的形状。

实战操作053 为图形对象添加文字

- 素材：素材\053\为图形添加文字.docx
- 难度：★★★★★
- 效果：效果\053\为图形添加文字.docx
- 视频：视频\第3章\实战操作053.avi

用户可以对绘制好的图形进行编辑，如改变图形的形状、重新调整图形的大小，也可以对其进行旋转、翻转或添加颜色等操作，并且可以与其他图形组合成更复杂的图形。

在Word 2010软件中，用户可以为图形对象添加文字，这些文字附加在图形对象之上并可以随对象一起移动。如果绘制的是标注图形，在绘制完毕后，会自动显示一个文本框用于输入文字。为图形对象添加文字的步骤如下：

1 打开素材文件，用鼠标右击要添加文字的图形对象，在弹出的快捷菜单中选择“添加文字”命令，如下图所示。

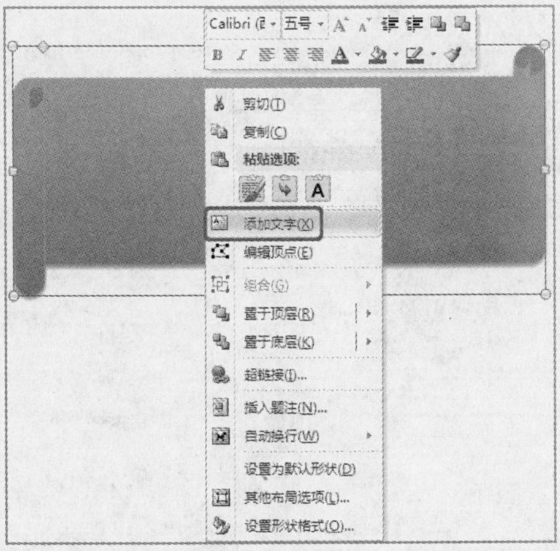

2 此时所选图形上会出现一个文本框，在文本框中输入文字“金榜题名”，并设置文字的字体为“华文隶书”、字号为“60”、对齐设置为“分散对齐”，如下图所示。

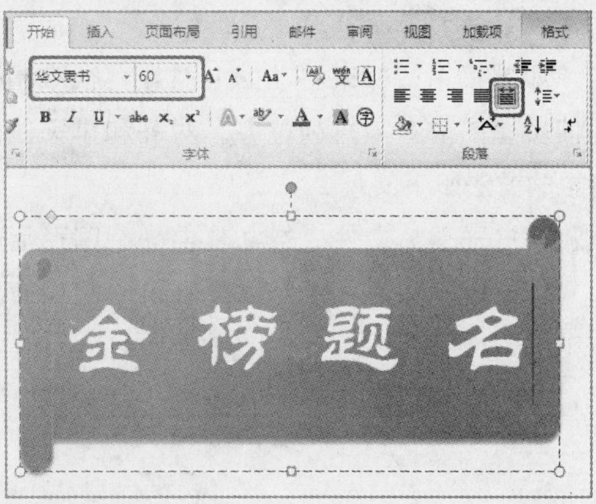

实战操作054 组合图形对象

素材：无　　效果：无

难度：★★★★★　　视频：视频\第3章\实战操作054.avi

在文件中有多个图形图像时，为了方便统一移动或修改，可以使用组合图形对象功能将多个图形组合在一起，以便把它们作为一个新的整体进行编辑。组合图形的方法如下：

1 在“插入”选项卡“插图”组中单击“形状”按钮，从弹出的下拉列表中选择“云形”，在工作窗口中绘制一个图形。使用同样的方法再绘制一个云形，如下图所示。

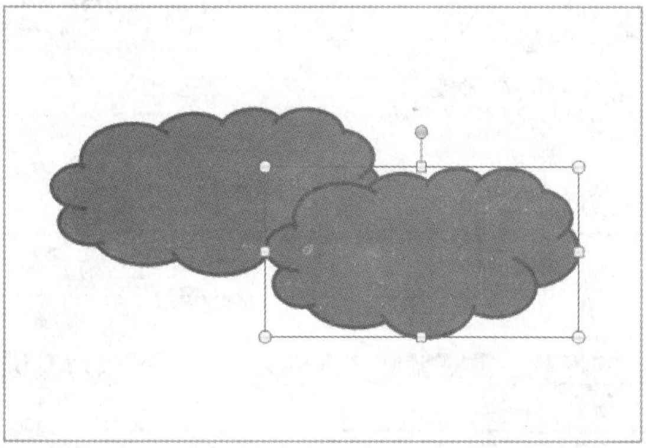

2 按住Ctrl键选择所绘制的两个图形，在“绘图工具”下 “格式”选项卡“排列”组中单击“组合”按钮［组合］，从弹出的下拉列表中选择“组合”选项，如下图所示。执行操作后，即已将选定的图形进行组合。

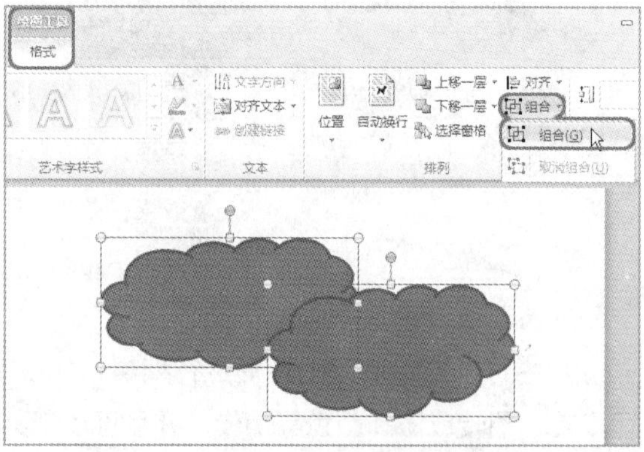

实战操作055 对齐和排列图形对象

素材：素材\055\对齐和排列图形对象.docx

难度：★★★★★

效果：效果\055\对齐和排列图形对象.docx

视频：视频\第3章\实战操作055.avi

如果使用鼠标来移动图形对象，很难精确地使多个图形对象排列整齐。对齐和排列图形对象的方法如下：

1 打开素材文件，选择其中一个图形后，按住Ctrl键继续选择其他图形，如右图所示。

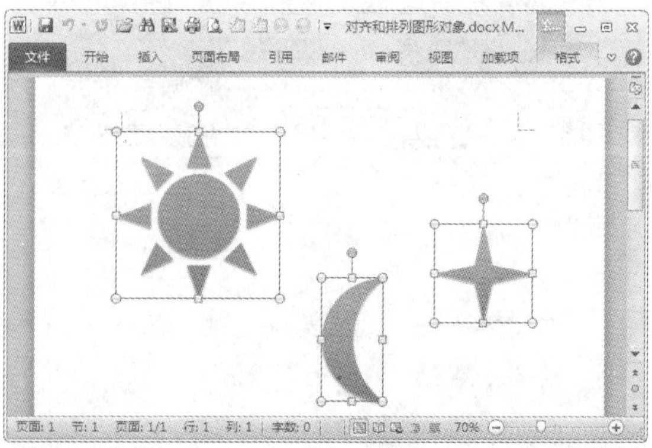

2 单击“绘制工具”下“格式”选项卡“排列”组中的“对齐”按钮，在弹出的下拉列表中选择“顶端对齐”命令，效果如右图所示。

实战操作056　叠放图形对象

素材：素材\056\叠放图形对象.docx

难度：★★★★★

效果：效果\056\叠放图形对象.docx

视频：视频\第3章\实战操作056.avi

插入到文件中的图形对象可以把它们像纸一样叠放在一起。对象叠放时，可以看到叠放的顺序，即上面的对象遮盖下面的对象。如果遮盖了叠放中的某个对象，可以按Tab键向前循环或者按Shift+Tab快捷键向后循环，直至选定该对象。具体操作步骤如下：

1 打开素材文件，选择文件中的圆角矩形，然后单击“绘图工具”下“格式”选项卡“下移一层”按钮右侧的小三角，在弹出的下拉列表中选择“置于底层”命令，如下图所示。

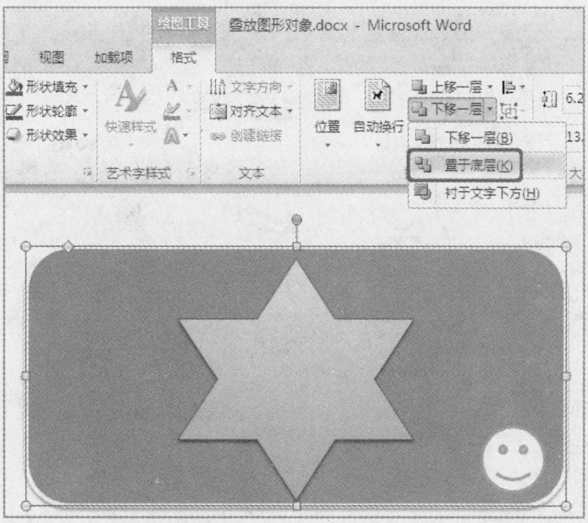

2 再选择文件中的星形，单击“绘图工具”下“格式”选项卡“下移一层”按钮，将星形向下移动一层，使下方的心形显示出来，如下图所示。

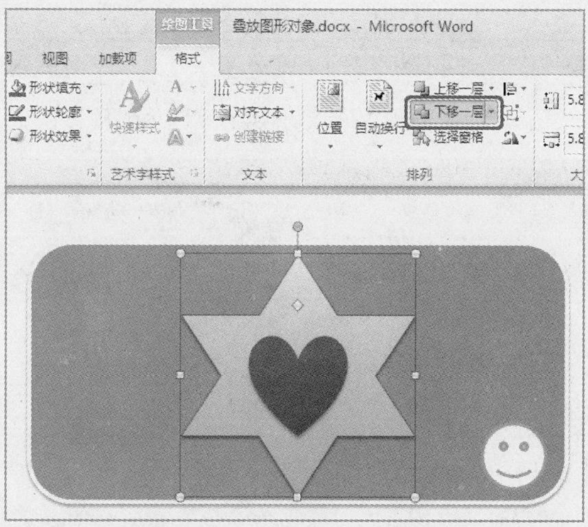

实战操作057 编辑图形样式

- 素材：素材\057\编辑图形.docx
- 难度：★★★★★
- 效果：效果\057\编辑图形.docx
- 视频：视频\第3章\实战操作057.avi

创建图形后，用户可以为其编辑样式，如图形的颜色、阴影和三维效果等，使图形更加美观。为图形编辑样式的操作步骤如下：

1 打开素材文件“编辑图形.docx”文件，选择文件中的图形，单击“绘图工具”下“格式”选项卡“形状样式”组中的“形状填充”按钮（形状填充），在弹出的下拉列表中选择“橙色”，如下图所示。

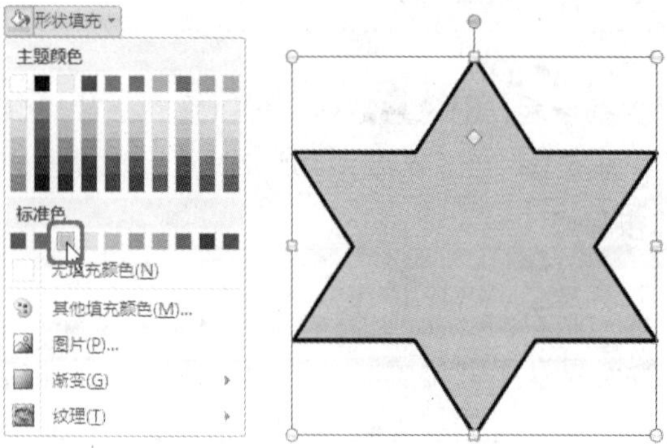

2 单击“形状轮廓”按钮（形状轮廓），在弹出的面板中选择“橙色，强调文字颜色6”，如下图所示。

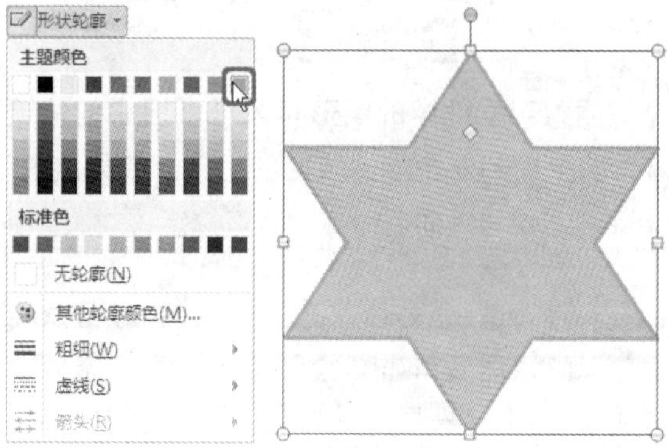

3 单击“形状效果”按钮（形状效果），在弹出的下拉列表中可以为图形选择“阴影”、“映射”、“发光”等效果。这里选择“预设”|“预设12”，直接应用Word预设的形状效果，如右图所示。

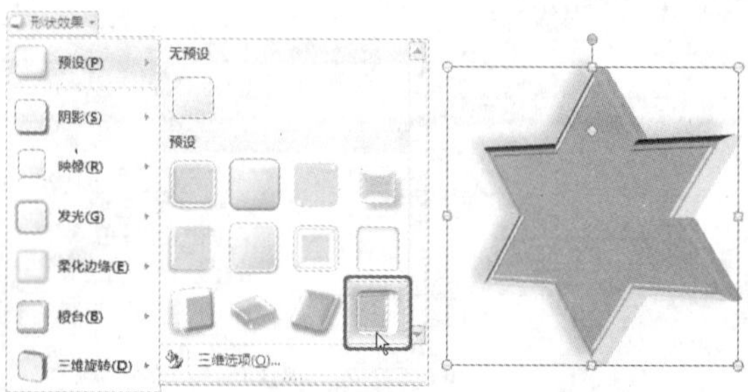

Chapter

04

第4章

页面设置和打印

文件的排版与编辑一般是以打印输出为最终目的，所以在进行文件排版之前，应首先考虑纸张的大小及打印方向。有的用户习惯在文件输入完成后要打印时再进行页面设置，其实，这是一个很不好的习惯。一旦页面设置有所改动，已经排好的整个版面就有可能被搞乱。因此，输入文件之前一定要先进行页面设置。

页面设置是文件最基本的排版操作，是页面格式化的主要任务，页面设置的合理与否直接关系到文件的打印效果。

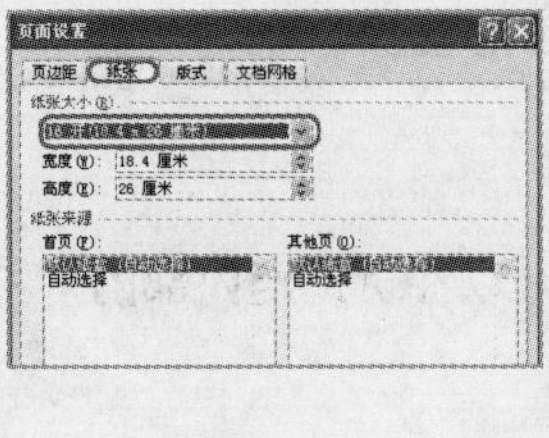

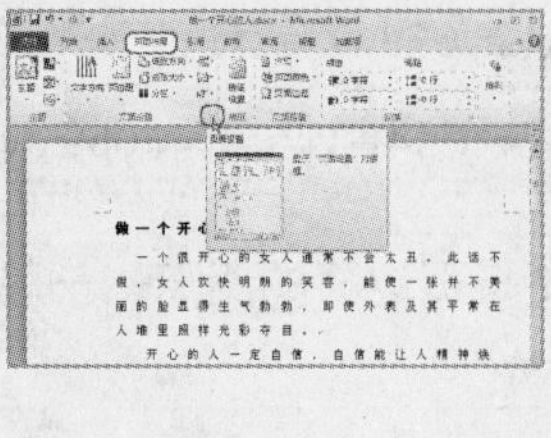

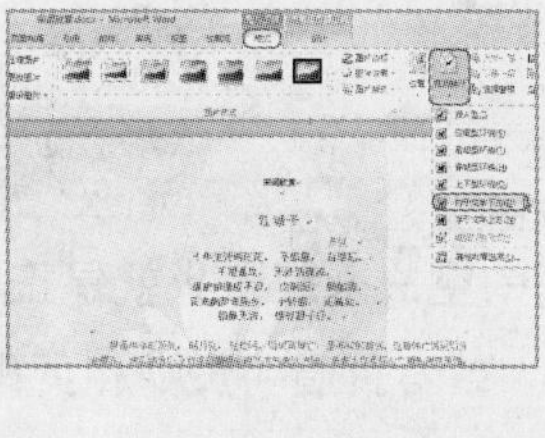

4.1 文件纸型的设置

在打印文件时，常常需要根据不同情况使用不同的纸张，并设置不同的打印方向。纸型的选择由文件的大小来决定，不同的纸型有不同的尺寸大小，如A4纸、B5纸等。

实战操作058 选择纸型

素材：无　　效果：无

难度：★★★★★　　视频：视频\第4章\实战操作058.avi

选择纸型是设置版心的第一步。了解关于纸型的知识后，下面介绍如何选择纸型。具体操作步骤如下：

1 启动Word 2010，系统会自动新建一个空白文档，单击“页面布局”选项卡“页面设置”组中的“页面设置”按钮，如下图所示。

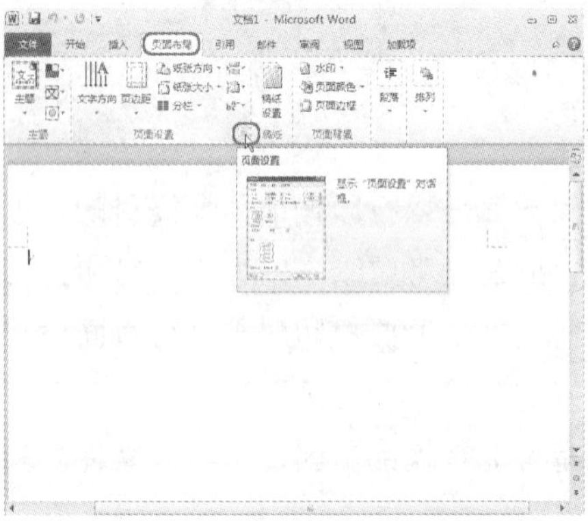

2 弹出“页面设置”对话框，切换到“纸张”选项卡，在“纸张大小”下拉列表中选择“16开（18.4×26厘米）”纸型，单击“确定”按钮，即可设置纸型，如下图所示。

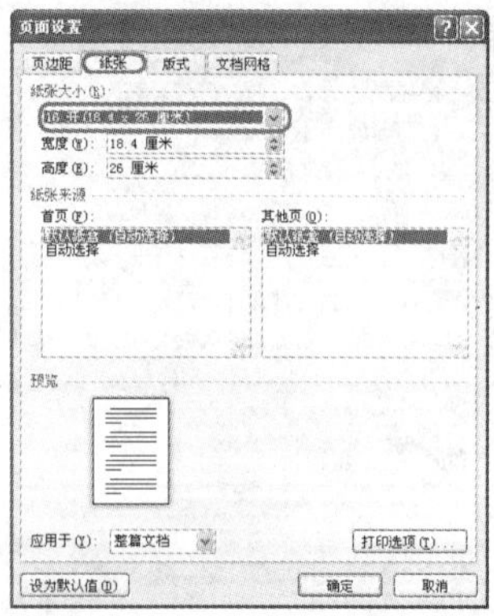

提示 如果要设置特殊纸型，可以在“纸张大小”列表框中选择“自定义大小”选项，然后在“宽度”和“高度”文本框中输入数值。但是所输入的数值应该在0.26～55.87之间。

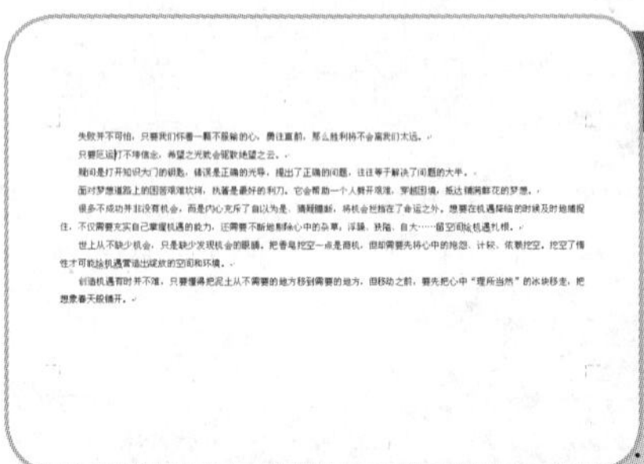

实战操作059 设置页边距和纸张方向

素材：素材\059\失败并不可怕.docx

难度：★★★★★

效果：效果\059\设置页边距和纸张方向.docx

视频：视频\第4章\实战操作059.avi

页边距是页面四周的空白区域，也就是正文与页边界的距离，一般可以在页边距内部的可打印区域中插入文字和图形，或者页眉、页脚和页码等。

整个页面的大小在选择纸张后就固定了，然后需要确定正文所占区域的大小。要确定正文区域大小，就需要设置正文到四边页面边界间的区域大小。在选择纸张后，接着对页边距进行设置。具体操作步骤如下：

1 打开素材文件，切换到“页面布局”选项卡中，单击“页面设置”组“页边距”按钮，在弹出的下拉列表中选择“宽”选项，如下图所示。

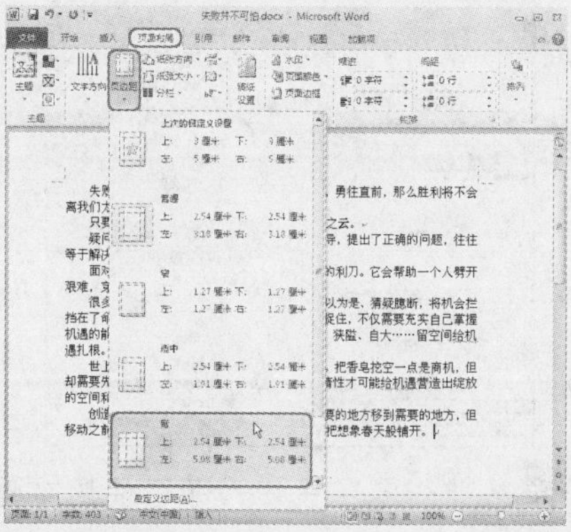

2 执行操作后，即可设置页边距，效果如下图所示。

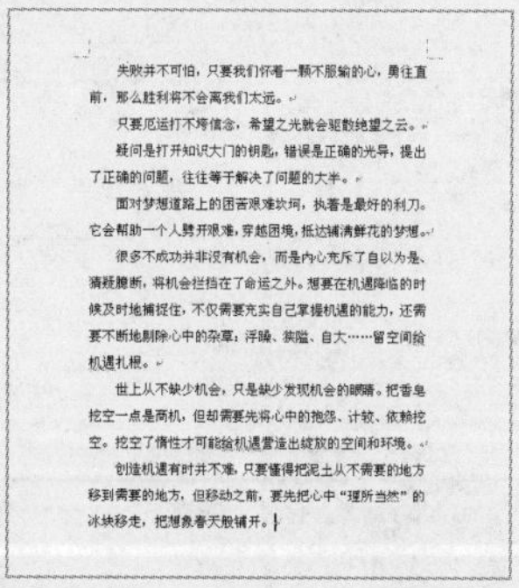

3 再在“页面设置”组中单击“纸张方向”按钮，在弹出的下拉列表中选择“横向”选项，如下图所示。

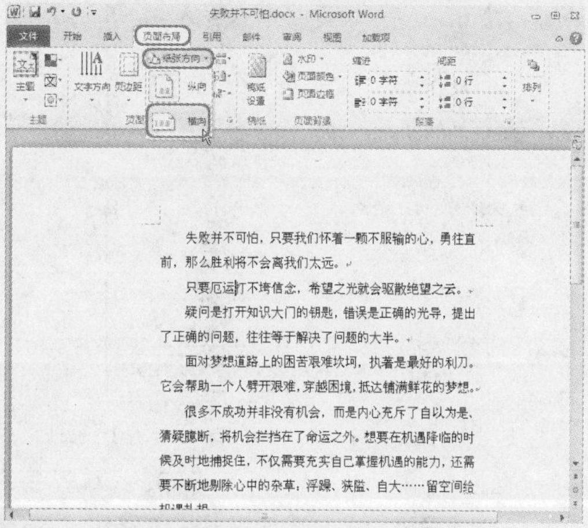

4 执行完操作后，即可设置纸张方向，效果如下图所示。

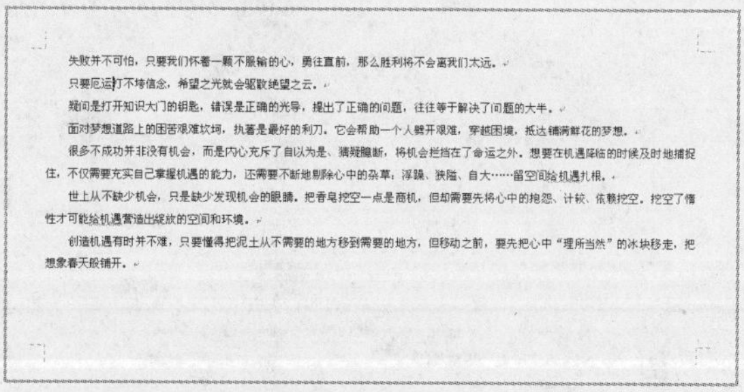

4.2 指定每页的字数

其实，页面设置的每一个选项卡都是互相关联的。在设置页面时，选择页面大小或设置页边距后，只是基本确定了页面的版式。如果要精确设定文件页面，需要具体指定每页的字数是多少。

实战操作060 指定每页字数

素材：素材\060\做一个开心的人.docx　　效果：效果\060\指定每页字数.docx

难度：★★★★★　　视频：视频\第4章\实战操作060.avi

在Word文档中，每一页的行与每行所包含的字符共同组成了文件的网格，所以设置页面的行数及每行的字数实际上就是设置文件网格。设置文档网格的操作方法如下：

1 打开素材文件，单击“页面布局”选项卡“页面设置”组中的“页面设置”按钮，如下图所示。

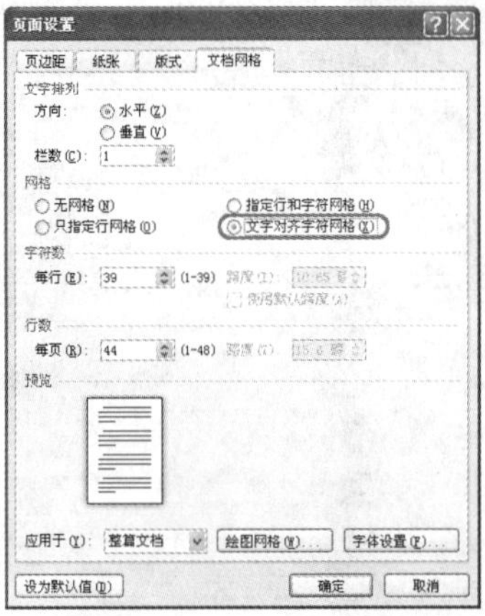

2 弹出“页面设置”对话框，切换到“文档网格”选项卡，单击“文字对齐字符网格”单选按钮，如下图所示。

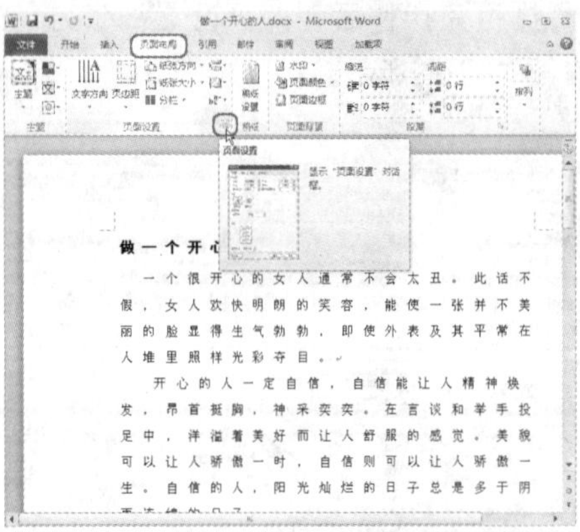

3 在“字符数”选项组下，将“每行”字符数设置为38，在“行数”组下，将“每页”行数设置为42，如下图所示。

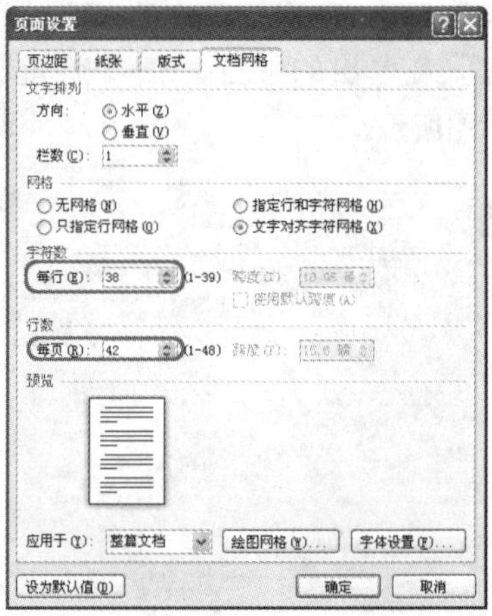

4 单击“确定”按钮，即可使用文档网格指定的每页字数，如下图所示。

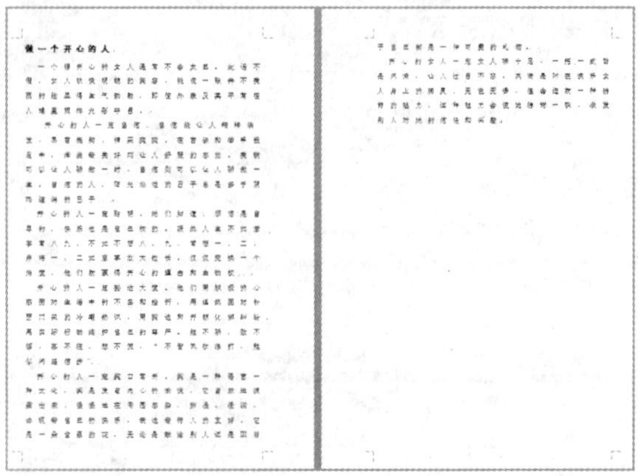

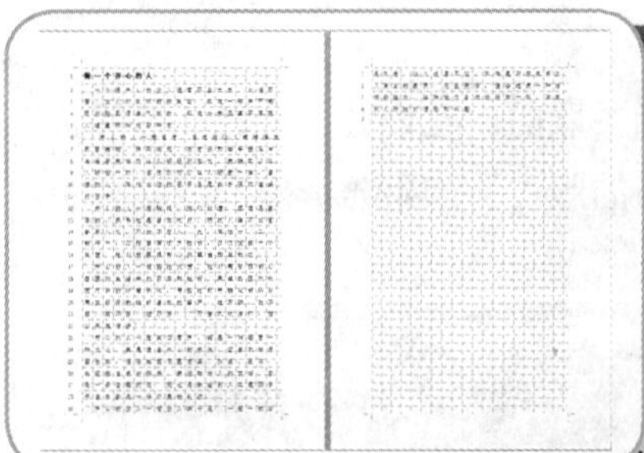

实战操作061 显示文档和行号

- 素材：素材\060\做一个开心的人.docx
- 难度：★★★★★
- 效果：效果\061\显示文档和行号.docx
- 视频：视频\第4章\实战操作061.avi

设置文档网格，其实就是设置页面的行数及每行的字数。设置了具体的字符数后，用户就可以在文件中查看文档网格了。具体操作方法如下：

1 打开素材文件，单击“页面布局”选项卡“页面设置”组中的“页面设置”按钮，如下图所示。

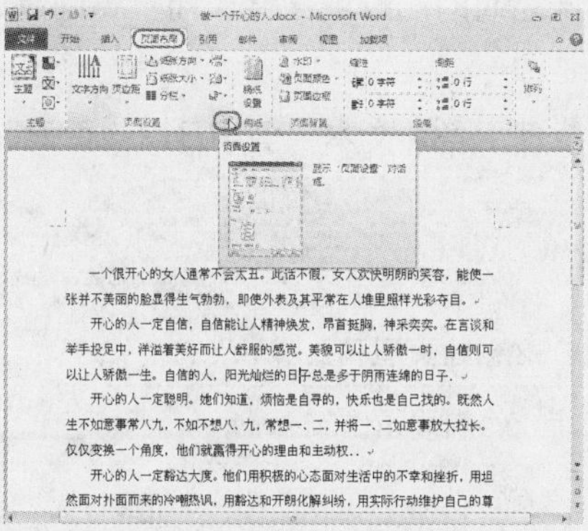

2 弹出“页面设置”对话框，选择“文字对齐字符网格”单选按钮，单击“绘图网格”按钮 绘图网格(W)... ，如下图所示。

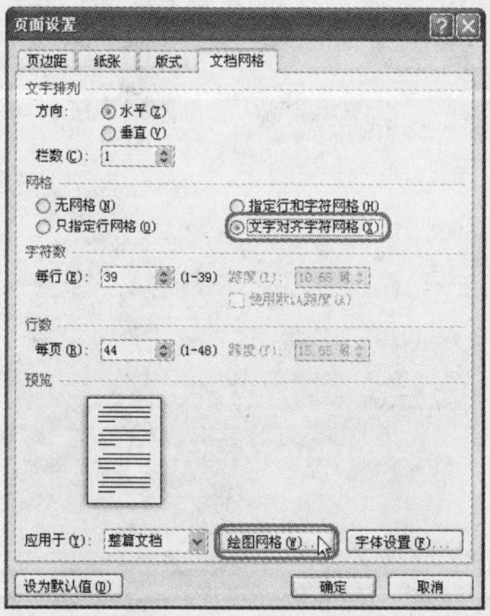

3 弹出“绘图网格”对话框，勾选“在屏幕上显示网格线”和“垂直间隔”复选框，然后在“垂直间隔”和“水平间隔”文本框中输入参数为“2”和“1”，如下图所示。

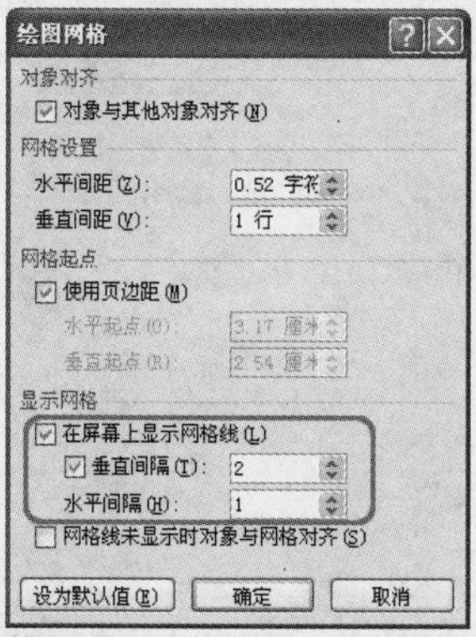

4 单击“确定”按钮，返回到“页面设置”对话框。在“版式”选项卡中单击“行号”按钮 行号(N)... ，如下图所示。

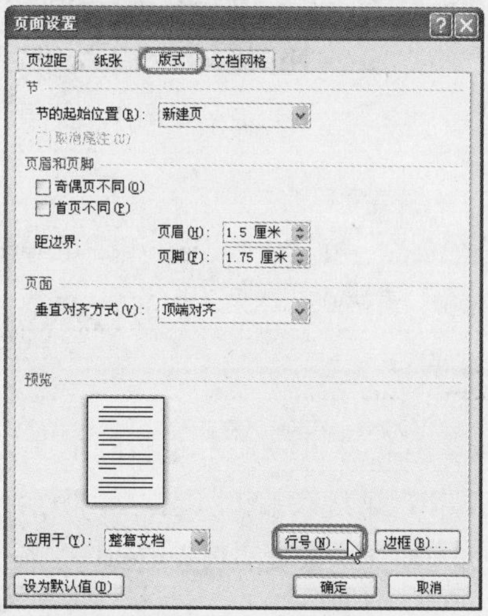

5 打开“行号”对话框，选中“添加行号”复选框，如下图所示。

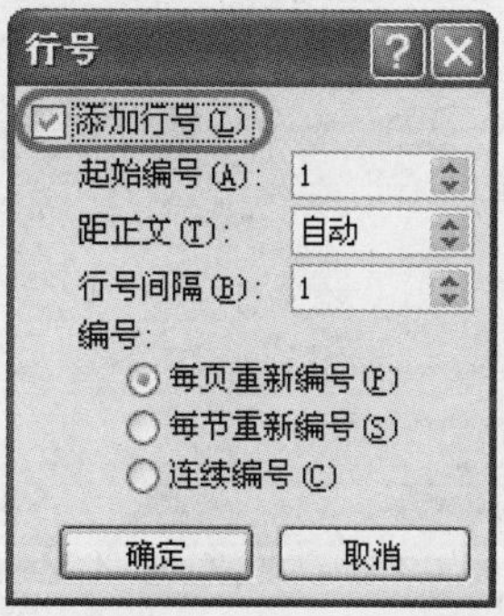

6 单击“确定”按钮，返回到“页面设置”对话框，单击“确定”按钮，效果如下图所示。

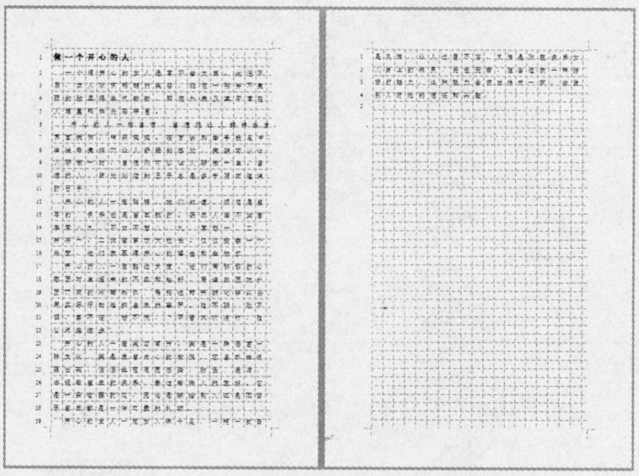

4.3 页眉和页脚

页眉是位于版心上边缘与纸张上边缘之间的图形或文字，而页脚则是版心下边缘与纸张下边缘之间的图形或文字。

在Word中，页眉和页脚的内容还可以使用各种文本，例如日期、页码等。

实战操作062 创建页眉和页脚

素材：素材\062\英文金曲.docx　　效果：效果\062\创建页眉和页脚.docx

难度：★★★★★　　视频：视频\第4章\实战操作062.avi

创建一篇文档的页眉和页脚的情况有两种：可以是首次进入页眉页脚编辑区，也可以是在已有页眉页脚情况下进入编辑状态。如果已经存在页眉页脚，可以双击页面的顶部页眉区域或底部页脚区域，即可快速进入页眉页脚编辑区。操作方法如下：

1 打开素材文件，单击“插入”选项卡“页眉和页脚”组中的“页眉”按钮，在弹出的下拉列表中选择“编辑页眉”命令，如下图所示。

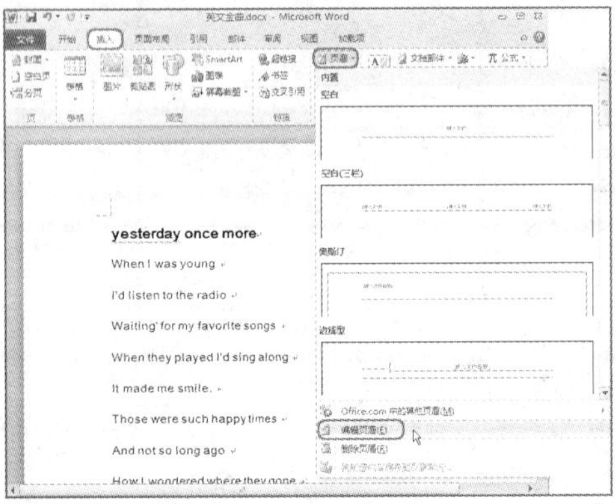

2 进入页眉页脚编辑区，这时正文部分变成灰色。在页眉位置输入文本“英文金曲”，即可设置页眉，如下图所示。

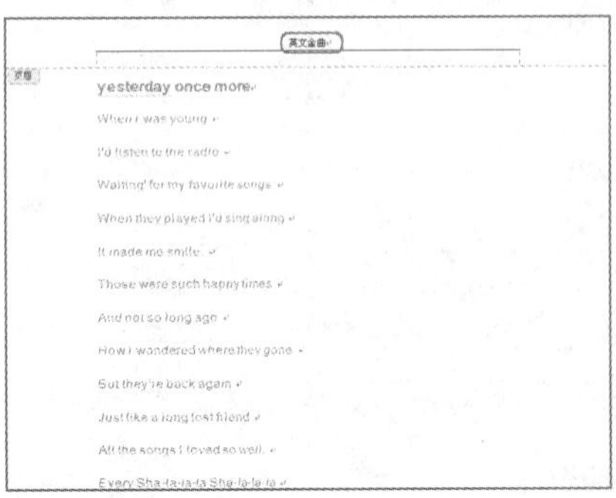

3 单击“设计”选项卡“导航”组中的“转至页脚”按钮，则可切换到页脚编辑状态，在页脚位置输入“2011年8月4号”，如下图所示。

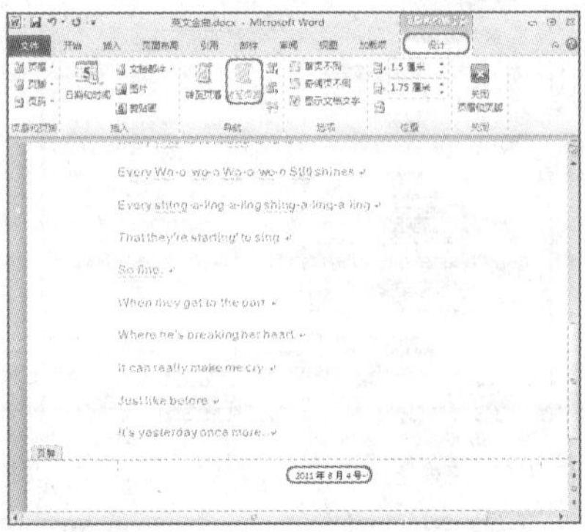

4 设置完页眉页脚后，单击“设计”选项卡“关闭”组中“关闭页眉和页脚”按钮，如下图所示，即可完成创建页眉页脚。

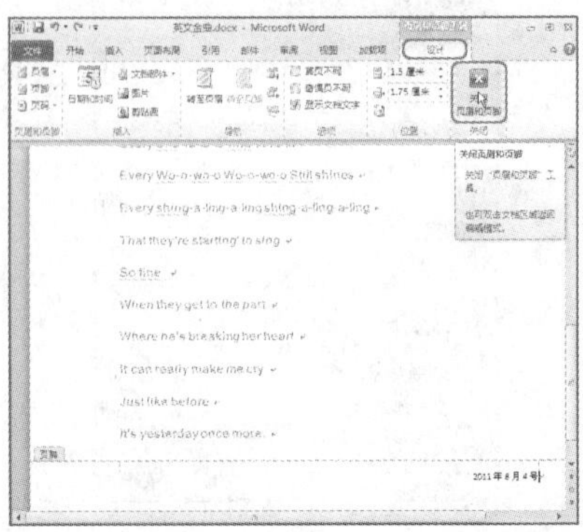

提示 进入页眉页脚编辑区后，正文区域会变成灰色，表示当前正文为不可编辑状态。而在编辑正文的状态下，页眉和页脚呈现灰色，表示此时不能编辑页眉和页脚的内容。

实战操作063 插入页码

素材：素材\063\英文金曲2.docx　　效果：效果\063\插入页码.docx

难度：★★★★★　　视频：视频\第4章\实战操作063.avi

页码是文件格式的一部分，例如，打印文件时往往需要页码来区分不同的页。用户可以为文件的内容设置不同的页码格式。当一个文件过长时，文件的页码设置就很重要。插入页码的方法如下：

1 打开素材文件，单击“插入”选项卡“页眉和页脚”组中的“页码”按钮，在弹出的下拉列表中选择“设置页码格式”选项，如下图所示。

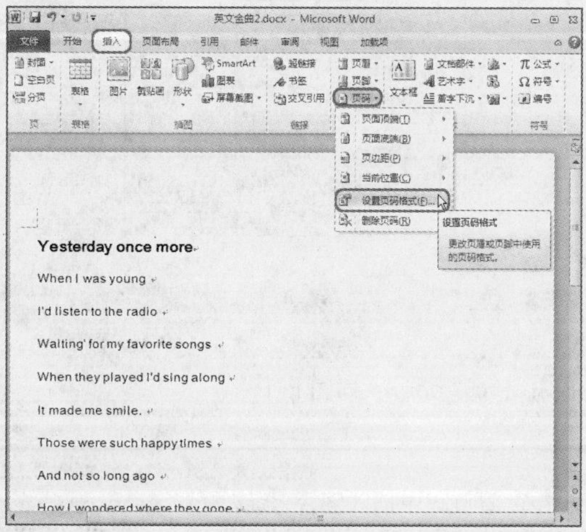

2 弹出“页码格式”对话框，在“编号格式”下拉列表中为页码选择显示格式，这里选择第二种格式，如下图所示。

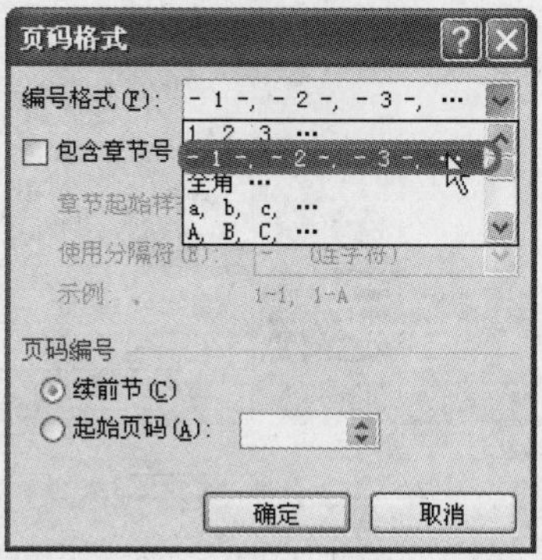

3 选中“包含章节号”复选框，在“页码编号”选项组下选择“起始页码”单选按钮，如下图所示。

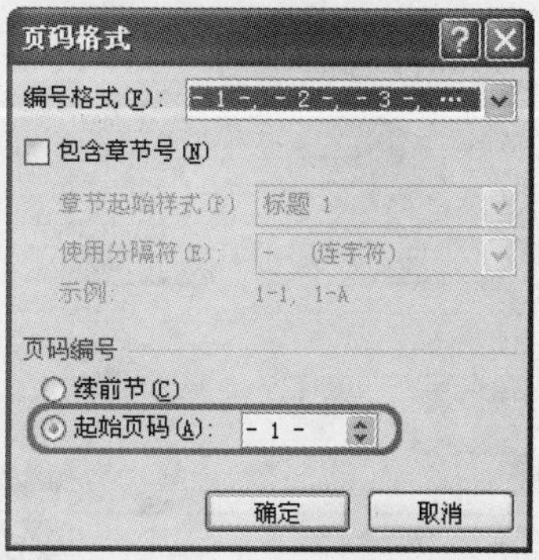

4 单击“确定”按钮，效果如下图所示。

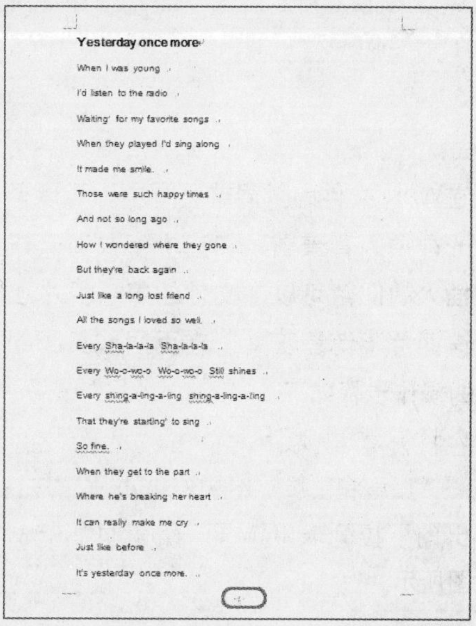

实战操作064 设置页眉和页脚高度

素材：素材\064\英文金曲3.docx　　效果：效果\064\设置页眉和页脚高度.docx

难度：★★★★★　　视频：视频\第4章\实战操作064.avi

进入页眉或页脚编辑区以后，该区域用一个虚线框来表示页眉或页脚的高度。用户可以为页眉或页脚自定义高度，操作方法如下：

1 打开素材文件，单击“页面布局”选项卡“页面设置”组中的“页面设置”按钮，如下图所示。

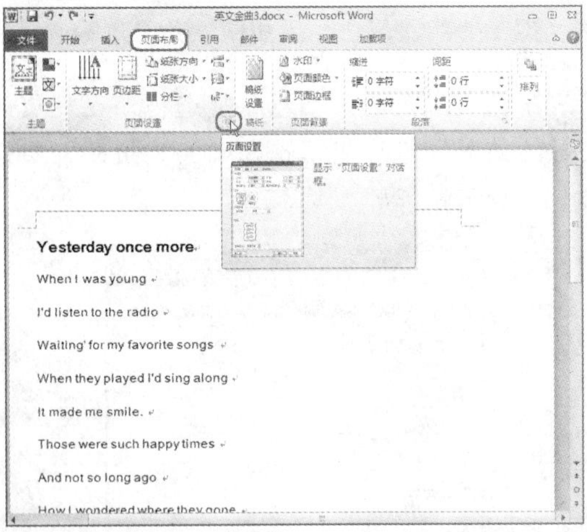

2 弹出“页面设置”对话框，切换到“版式”选项卡，在“距边界”选项组中将“页眉”设置为1.35厘米，将“页脚”设置为1.5厘米，如下图所示。单击“确定”按钮，即可设置页眉或页脚的高度。

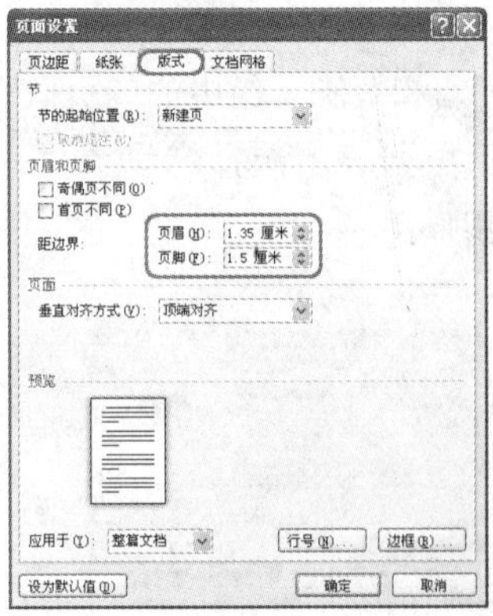

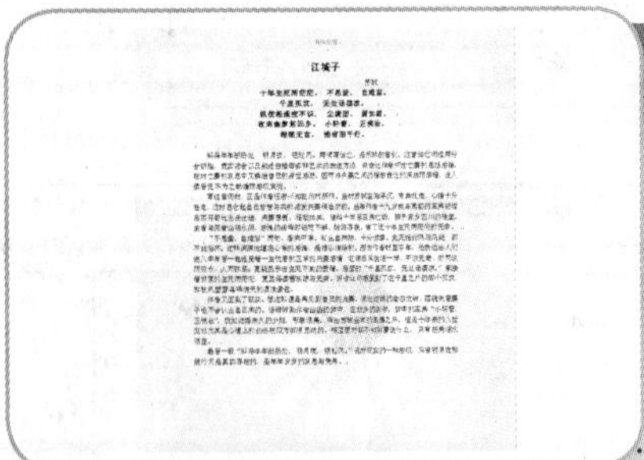

实战操作065 在页眉页脚中插入图片

素材：素材\065\宋词欣赏.docx、插图.jpg

难度：★★★★★

效果：效果\065\在页眉页脚中插入图片.docx

视频：视频\第4章\实战操作065.avi

在Word文件的页眉或页脚中，可以像在正文中一样插入背景图案和艺术字并对其进行编辑。插入的图片可以在文件的每一页中出现，并且该图片不遮盖正文。在页眉或页脚中插入图片的操作步骤如下：

1 打开素材文件，单击“插入”选项卡“页眉和页脚”组中的“页眉”按钮，在弹出的下拉列表中选择“编辑页眉”命令，如右图所示。

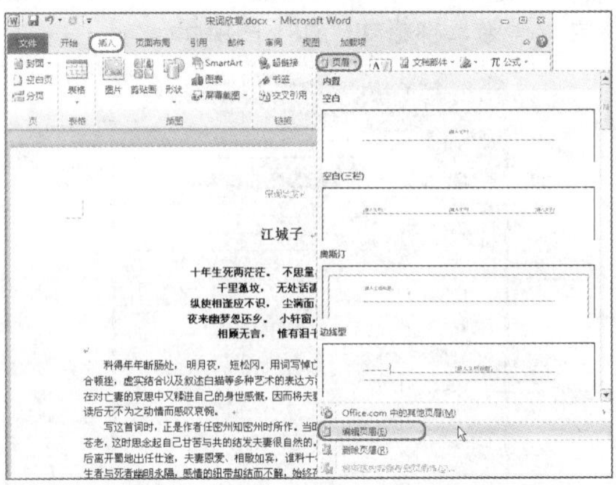

2 进入页眉和页脚编辑状态，在页眉位置处按Enter键，选择“插入”组中的“图片”按钮，如下图所示。

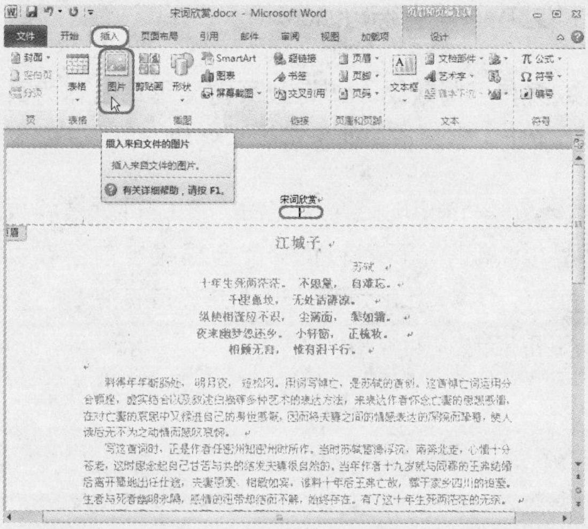

3 弹出“插入图片”对话框，选择素材中的图片文件，如下图所示。单击“插入”按钮，即可将图片插入到文件中。

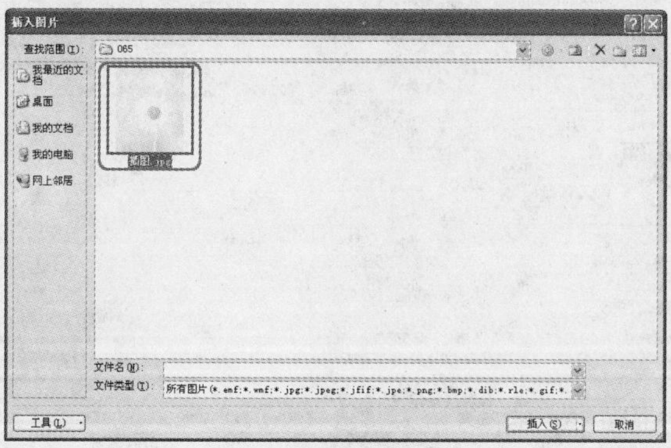

4 单击“图片工具”下“格式”选项卡“排列”组中的“自动换行”按钮，在弹出的下拉列表中选择“衬于文字下方”命令，如下图所示。

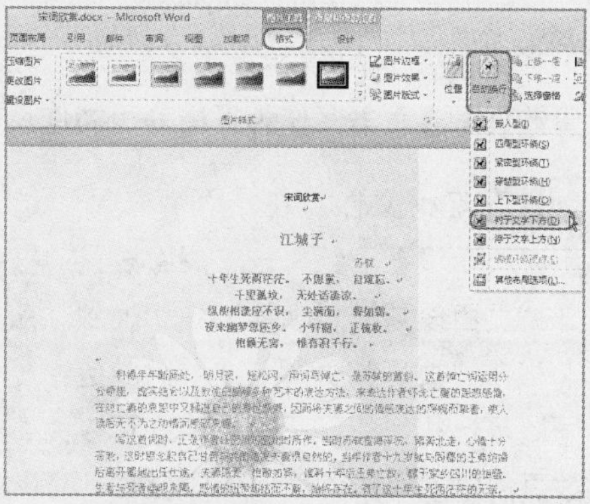

5 通过拖动图形的控制点来调整图形的大小和位置，完成后单击“页眉和页脚工具”下“设计”选项卡“关闭页眉和页脚”按钮，如下图所示。

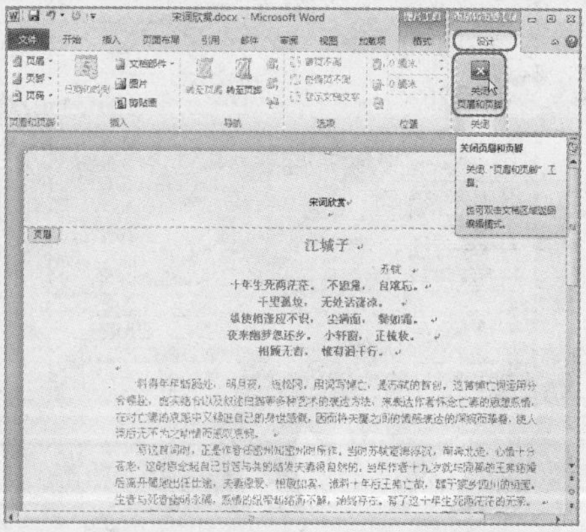

6 执行完操作后，即可在页眉页脚中插入图片，如右图所示。

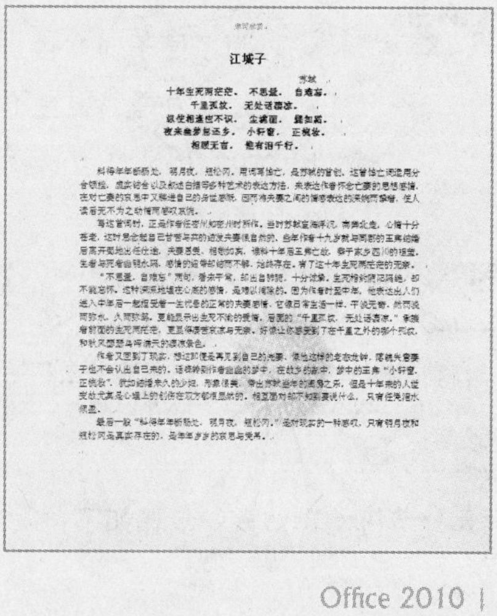

实战操作066 设置页眉和页脚的不同效果

素材：素材\065\宋词欣赏.docx　　效果：效果\066\设置页眉和页脚的不同效果.docx

难度：★★★★★　　视频：视频\第4章\实战操作066.avi

许多文件要求页眉和页脚的首页、奇数页、偶数页有不同效果，如奇数页需要用章名作为页眉，偶数页需要用书名作为页眉等。制作页眉和页脚的首页、奇数页、偶数页的方法如下：

1 打开素材文件，在“页面布局”选项卡“页面设置”组单击“页面设置”按钮，打开“页面设置”对话框，并切换到“版式”选项卡。在“页眉和页脚”选项组中选中“奇偶页不同”复选框，如下图所示，则可以为奇数页与偶数页创建不同的页眉和页脚效果。

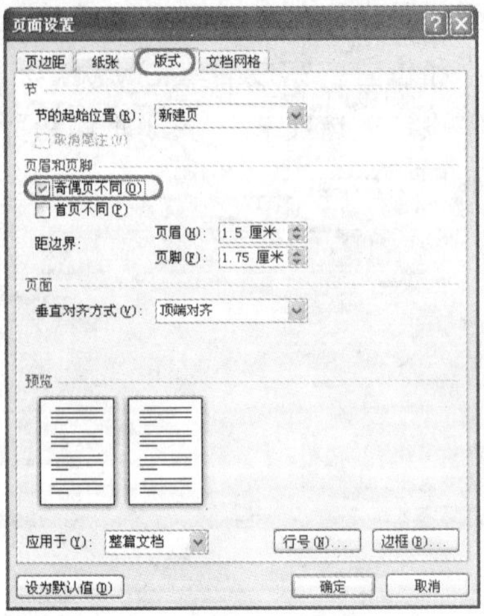

2 单击“确定”按钮后，在编辑页眉和页脚时，页眉和页脚就会根据当前所在页显示为“奇数页页眉”和“奇数页页脚”，如下图所示。

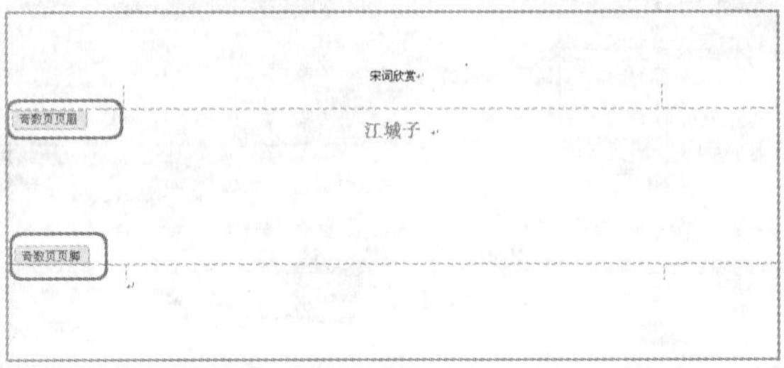

4.4 为文件分节

为了便于对文件进行格式化，可以将文件分割成任意数量的节，然后根据需要分别为每节设置不同的格式。而在建立新文件时，Word将整篇文档认为是一个节。把文件分成若干节后，可以对每个节进行不同的格式设置。

实战操作067 插入分节符

素材：素材\067\放弃一点，就能幸福一点.docx　　效果：效果\067\插入分节符.docx

难度：★★★★★　　视频：视频\第4章\实战操作067.avi

插入分节符的具体操作步骤如下：

1 打开素材文件，在要插入分节符的地方插入光标，如下图所示。

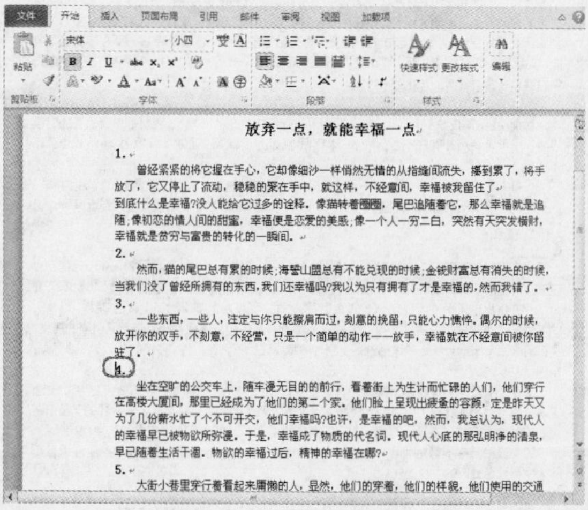

2 单击“页面布局”选项卡“页面设置”组中的“分隔符”按钮，在弹出的下拉列表中选择“下一页”命令，如下图所示。

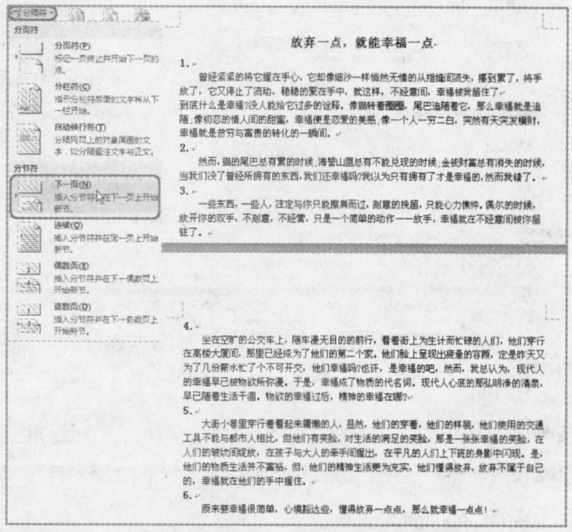

> **提示**
>
> “分节符”下拉列表中的各项命令作用如下。
>
> - “下一页”：插入一个分节符并分页，新的一节从下一页开始。
> - “连续”：插入一个分节符，新的一节从同一页开始。
> - “奇数页”：插入一个分节符，新的一节从下一个奇数页开始。
> - “偶数页”：插入一个分节符，新的一节从下一个偶数页开始。

实战操作068 改变分节符类型

素材：效果\067\插入分节符.docx　　效果：效果\068\改变分节符类型.docx

难度：★★★★★　　视频：视频\第4章\实战操作068.avi

分节符表示在节的结尾插入标记，使用不同的分节符可以把文件分成不同节，因此分节符包含该节的格式设置，如页边距、页面的方向、页眉和页脚及页码的顺序。如果在分节后还需要改变文档中分节符类型，操作步骤如下：

1 打开素材文件，选择需要修改分节符的节，如右图所示。

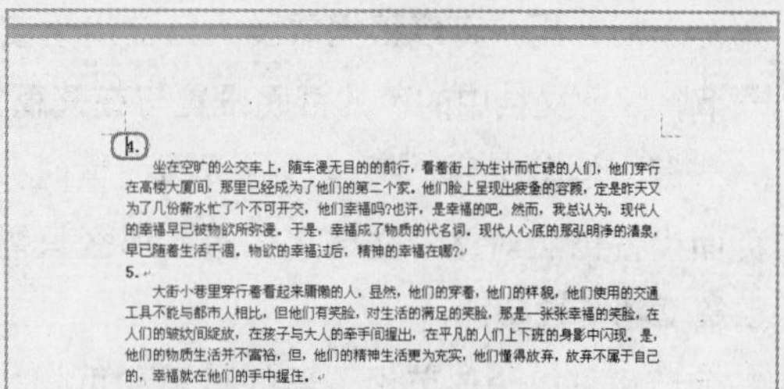

2 然后在“页面布局”选项卡“页面设置”组单击“页面设置”按钮，打开“页面设置”对话框，如下图所示。

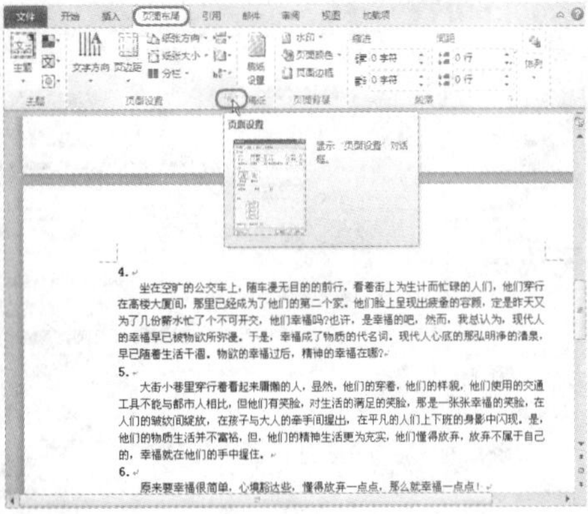

3 切换到“版式”选项卡。在“节的起始位置”下拉列表中选择“连续本页”选项，如下图所示。

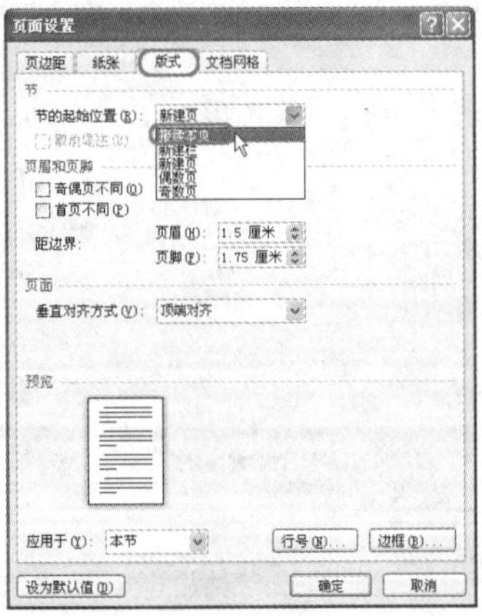

4 单击“确定”按钮，即可改变分节符类型，效果如下图所示。

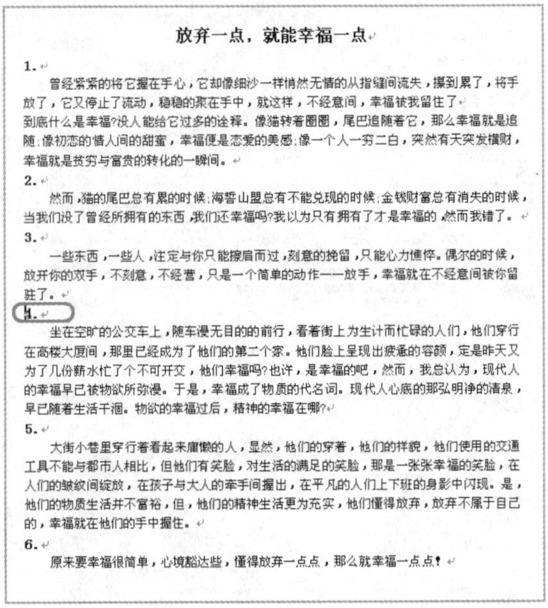

放弃一点，就能幸福一点

1.

曾经紧紧的将它握在手心，它却像细沙一样悄然无情的从指缝间流失，攥到累了，将手放了，它又停止了流动，稳稳的聚在手中，就这样，不经意间，幸福被我留住了
到底什么是幸福?没人能给它过多的诠释。像猫转着圈圈，尾巴追随着它，那么幸福就是追随;像初恋的情人间的甜蜜，幸福便是恋爱的美感;像一个人一穷二白，突然有天突发横财，幸福就是贫穷与富贵的转化的一瞬间。

2.

然而，猫的尾巴总有累的时候;海誓山盟总有不能兑现的时候;金钱财富总有消失的时候，当我们没了曾经所拥有的东西，我们还幸福吗?我以为只有拥有了才是幸福的，然而我错了。

3.

一些东西，一些人，注定与你只能擦肩而过，刻意的挽留，只能心力憔悴。偶尔的时候，放开你的双手，不刻意，不经营，只是一个简单的动作——放手，幸福就在不经意间被你留驻了。

4.

坐在空旷的公交车上，随车漫无目的的前行，看着街上为生计而忙碌的人们，他们穿行在高楼大厦间，那里已经成为了他们的第二个家。他们脸上呈现出疲惫的容颜，定是昨天又为了几份薪水忙了个不可开交，他们幸福吗?也许，是幸福的吧，然而，我总认为，现代人的幸福早已被物欲所弥漫。于是，幸福成了物质的代名词。现代人心底的那弘明净的清泉，早已随着生活干涸。物欲的幸福过后，精神的幸福在哪?

5.

大街小巷里穿行着看起来庸懒的人，显然，他们的穿着，他们的样貌，他们使用的交通工具不能与都市人相比，但他们有笑脸，对生活的满足的笑脸，那是一张张幸福的笑脸，在人们的皱纹间绽放，在孩子与大人的牵手间握出，在平凡的人们上下班的身影中闪现。是，他们的物质生活并不富裕，但，他们的精神生活更为充实，他们懂得放弃，放弃不属于自己的，幸福就在他们的手中握住。

6.

原来要幸福很简单，心境豁达些，懂得放弃一点点，那么就幸福一点点!

提示 如果删除一个分节符，则同时删除了该分节符前面文本的分节格式，该文本将变成下一节的一部分，并采用下一节的格式。所以，无论是更改分节符还是删除分节符，都应该从最后一个节开始由后往前进行。

实战操作069 分节后页眉和页脚的设置

素材：素材\069\放弃一点，就能幸福一点2.docx　　效果：效果\069\分节后页眉和页脚的设置.docx

难度：★★★★★　　视频：视频\第4章\实战操作069.avi

分节后，用户可以根据需要为只应用于该节的页面进行设置。分节前，Word自动将整篇文档视为一节，因此文档中的节的页面设置与在整篇文档中的页面设置相同。

一篇文档分节后，每当进行页面设置时，默认都是只改变当前节的页面设置。如果要使分节后的页面设置仍然对整个文档起作用，那么只需在“页面设置”对话框的“应用于”下拉列表中选择“整篇文档”选项即可。

分节后可以为该节设置新的页眉和页脚，而不影响文档中其他部分的页眉和页脚。用户可以为某节页眉和页脚进行单独或者相同设置，操作步骤如下：

1 打开素材文件，把光标移到分节的位置处，单击“插入”选项卡“页眉和页脚”组中的“页眉”按钮，在弹出的下拉列表中选择“编辑页眉”命令，如下图所示。

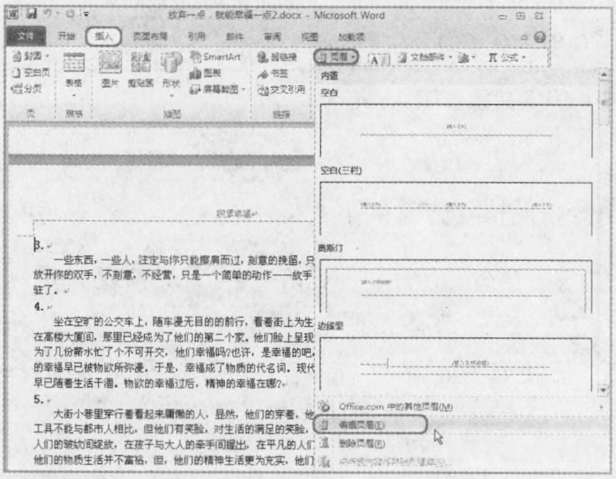

2 在页眉编辑状态下，单击“页眉和页脚工具”下“设计”选项卡“导航”组中的“链接到前一条页眉”按钮链接到前一条页眉，使页眉与上一节相同，如下图所示。

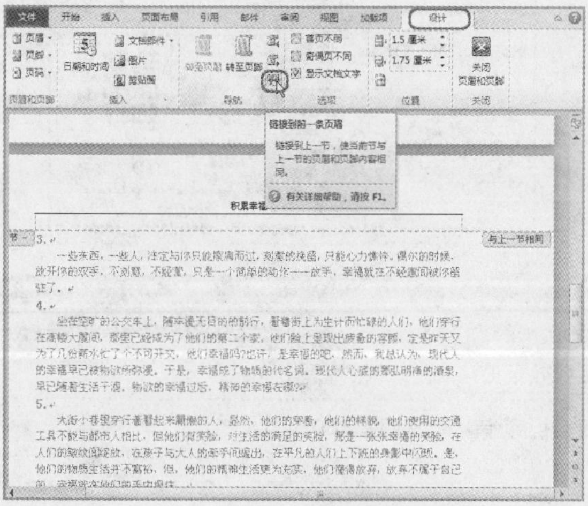

3 使用分节后，若要采用不同的页脚，再次单击按钮，恢复到初始状态，直接在页脚位置重新输入文字，如下图所示。

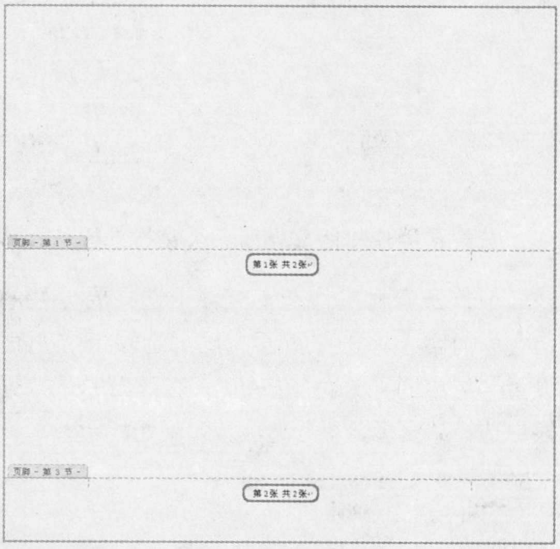

4 单击“页眉和页脚工具”下“设计”选项卡“关闭”组中的“关闭页眉和页脚”按钮，退出页眉页脚编辑状态，效果如下图所示。

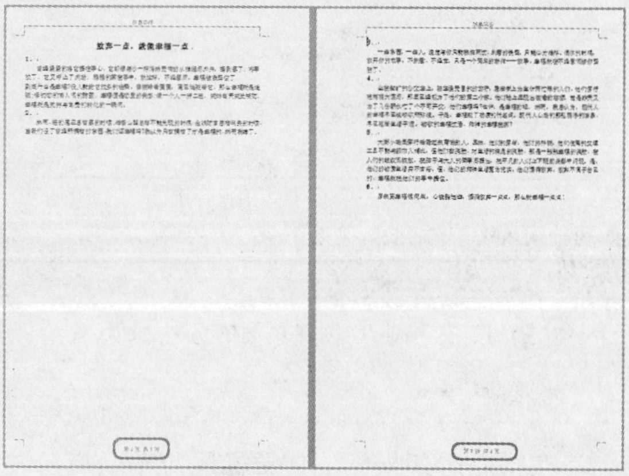

4.5 页面分栏

各种报纸杂志中，分栏版面随处可见。因此，在排版文档时，也可能需要使用分栏排版的操作。在Word文档中可以轻松生成分栏，而且在不同节中可以有不同的栏数。

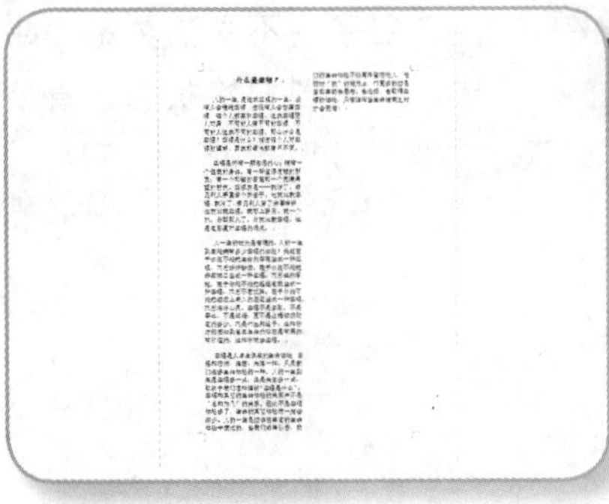

实战操作070 创建页面的分栏

- 素材：素材\070\什么是幸福.docx
- 难度：★★★★★
- 效果：效果\070\创建页面的分栏.docx
- 视频：视频\第4章\实战操作070.avi

分栏是用户排版文档所必须掌握的操作，Word中分栏的操作方法如下：

1 打开素材文件，在文件中选择要分栏的内容，单击“页面布局”选项卡“页面设置”组中的“分栏”按钮，在弹出的下拉列表中选择“更多分栏”选项，如下图所示。

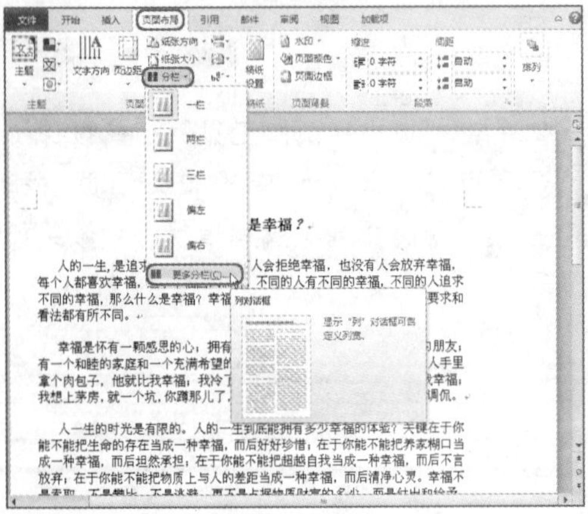

2 弹出“分栏”对话框，在“预设”选项组中选择“两栏”项，并选中“栏宽相等”复选框，在“应用于”下拉列表中选择“整篇文档”，如下图所示。

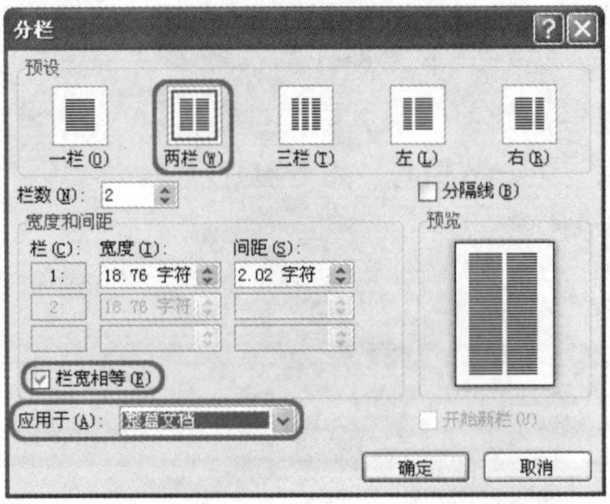

实战操作071 制作跨栏标题

- 素材：效果\070\创建页面的分栏.docx
- 效果：效果\071\制作跨栏标题.docx
- 难度：★★★★★
- 视频：视频\第4章\实战操作071.avi

在排版时如果需要文章标题位于所有分栏的上方，用户可以对文档进行分节处理，并制作跨栏标题。具体操作步骤如下：

1 打开素材文件，在文件中选择标题内容。单击“页面布局”选项卡“页面设置”组中的中的“分栏”按钮，在弹出的下拉列表中选择“一栏”命令，如右图所示。

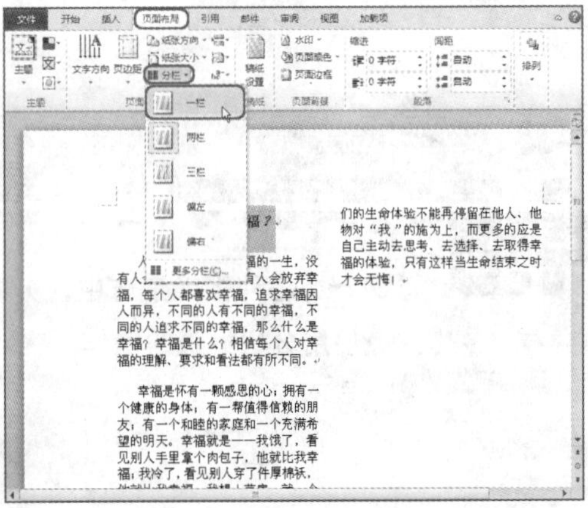

2 此时为标题选择"一栏"命令，实则取消了其分栏，使其成为跨栏标题，如右图所示。

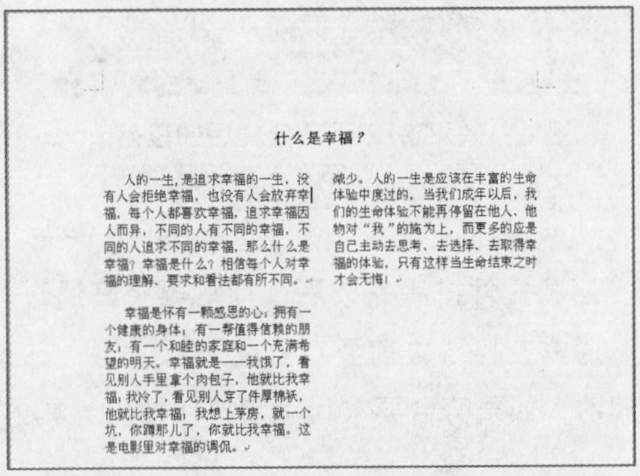

什么是幸福？

人的一生，是追求幸福的一生，没有人会拒绝幸福，也没有人会放弃幸福，每个人都喜欢幸福，追求幸福因人而异，不同的人有不同的幸福，不同的人追求不同的幸福，那么什么是幸福？幸福是什么？相信每个人对幸福的理解、要求和看法都有所不同。

幸福是怀有一颗感恩的心；拥有一个健康的身体；有一帮值得信赖的朋友；有一个和睦的家庭和一个充满希望的明天。幸福就是——我饿了，看见别人手里拿个肉包子，他就比我幸福；我冷了，看见别人穿了件厚棉袄，他就比我幸福；我想上茅房，就一个坑，你蹲那儿了，你就比我幸福。这是电影里对幸福的调侃。

减少。人的一生是应该在丰富的生命体验中度过的，当我们成年以后，我们的生命体验不能再停留在他人、他物对"我"的施为上，而更多的应是自己主动去思考、去选择、去取得幸福的体验，只有这样当生命结束之时才会无悔！

实战操作072 平衡分栏后的段落

素材：效果\071\制作跨栏标题.docx　　效果：效果\072\平衡分栏后的段落.docx

难度：★★★★★　　视频：视频\第4章\实战操作072.avi

在对文档进行分栏操作时，有时分栏后的页面各栏长度并不一致，最有一栏可能比较短，这样使版面显得不美观。用户可以平衡分栏后的段落，使其各栏长度一致。

1 打开素材文件，将光标移至文件结尾处。单击"页面布局"选项卡下"页面设置"组中的"分隔符"按钮 分隔符，在弹出的下拉列表中选择"连续"命令，如下图所示。

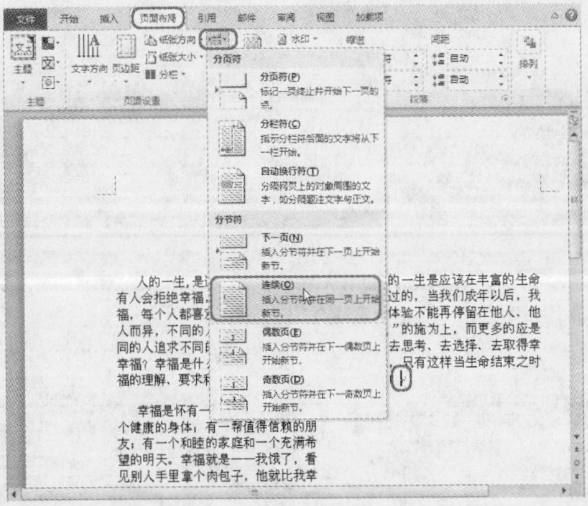

2 这样即可在分栏的最后一个字符后面插入一个连续的分节符，得到等长栏的效果，如下图所示。

什么是幸福？

人的一生，是追求幸福的一生，没有人会拒绝幸福，也没有人会放弃幸福，每个人都喜欢幸福，追求幸福因人而异，不同的人有不同的幸福，不同的人追求不同的幸福，那么什么是幸福？幸福是什么？相信每个人对幸福的理解、要求和看法都有所不同。

幸福是怀有一颗感恩的心；拥有一个健康的身体；有一帮值得信赖的朋友；有一个和睦的家庭和一个充满希望的明天。幸福就是——我饿了，看见别人手里拿个肉包子，他就比我幸福；我冷了，看见别人穿了件厚棉袄，他就比我幸福；我想上茅房，就一个坑，你蹲那儿了，你就比我幸福。这是电影里对幸福的调侃。

人一生的时光是有限的。人的一生到底能拥有多少幸福的体验？关键在于你能不能把生命的存在当成一种幸福，而后好好珍惜；在于你能不能把养家糊口当成一种幸福，而后坦然承担；在于你能不能把超越自我当成一种幸福，而后不言放弃；在于你能不能把物质上与人的差距当成一种幸福，而后清净心灵。幸福不是索取，不是攀比，不是逃避，更不是占据物质财富的多少，而是付出和给予，这样你才能感知到自己生命的存在是有用的、有价值的，这样你就会幸福。

幸福是人与生俱来的生命体验，幸福和悲伤、痛苦、失落一样，只是我们诸多生命体验的一种。人的一生到底是幸福多一点，还是失意多一点，取决于我们怎样理解"幸福是什么"。幸福和其它的生命体验的关系并不是"总和为几"的关系。因此不是幸福体验多了，生命的其它体验就一定会减少。人的一生是应该在丰富的生命体验中度过的，当我们成年以后，我们的生命体验不能再停留在他人、他物对"我"的施为上，而更多的应是自己主动去思考、去选择、去取得幸福的体验，只有这样当生命结束之时才会无悔！

4.6 打印文件

文件的排版与打印是密不可分的。对文章或书籍进行排版，是为了得到一个较美观的打印效果。如果排版环境与实际打印环境不一样，那么将得不到与排版完全一样的结果。

实战操作073 打印文档

素材：效果\072\平衡分栏后的段落.docx　　效果：无

难度：★★★★★　　视频：视频\第4章\实战操作073.avi

当将文件排版完成后，常常要将其通过打印机打印输出到纸质介质上。为了得到最终的打印效果，通常在打印之前要对页面进行设置，并预览打印效果，这样可以避免不必要的纸张及打印耗材的浪费，如果符合要求就确定打印输出。具体操作步骤如下：

1 打开素材文件，选择“文件”|“打印”命令，如下图所示。

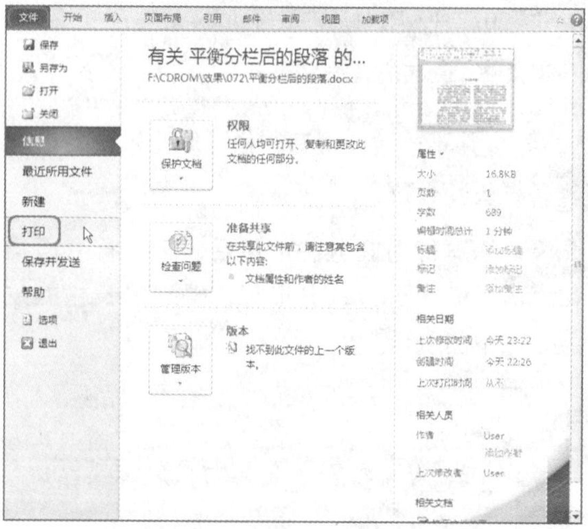

2 弹出“打印”面板，如下图所示。单击“打印”按钮，Word即可开始打印文档。

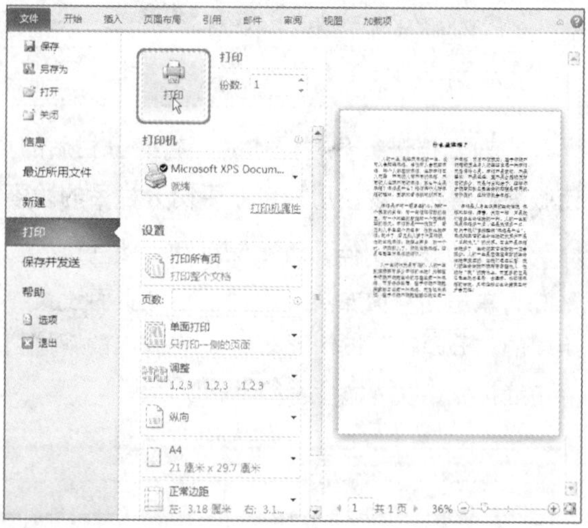

实战操作074 打印多份文档

素材：效果\072\平衡分栏后的段落.docx　　效果：无

难度：★★★★★　　视频：视频\第4章\实战操作074.avi

使用“打印”对话框中的选项，可以打印多份文档，操作步骤如下：

1 打开素材文件，选择“文件”|“打印”命令，打开打印面板。在“份数”文本框中输入份数为10，如右图所示。

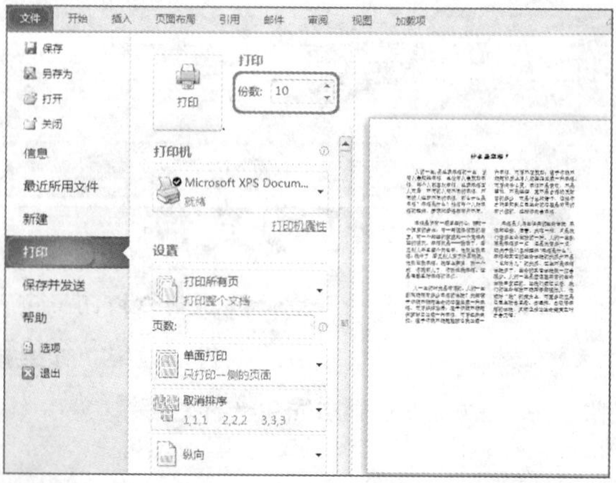

2 在“设置”选项组可设置多份打印时的打印方式，单击“调整”下拉按钮，在打开的列表中选择“调整”选项，则在完成第1份打印任务后再打印第2份、第3份……，如右图所示。

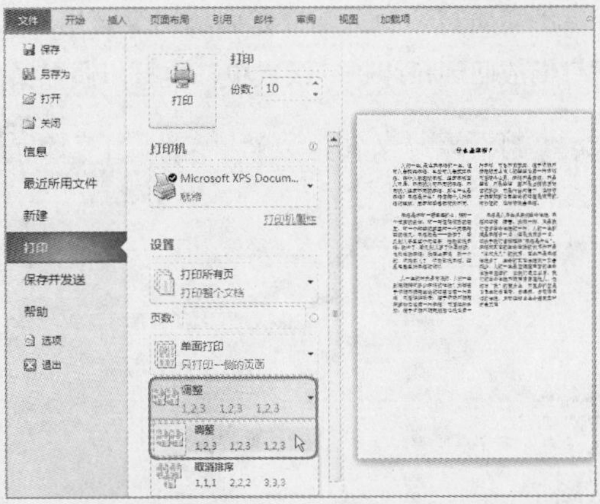

提示 如果安装了多台打印机，可以在“打印机”选项组打开打印机下拉列表，从中选择需要的打印机。

实战操作075 打印文档中的一部分

素材：效果\072\平衡分栏后的段落.docx　　效果：无

难度：★★★★★　　视频：视频\第4章\实战操作075.avi

在打印时，通常用户会打印整篇文档，但有时只需打印文档的一部分。打印文档的指定内容操作如下：

1 打开素材文件，在文件中选择要打印的内容，如下图所示。

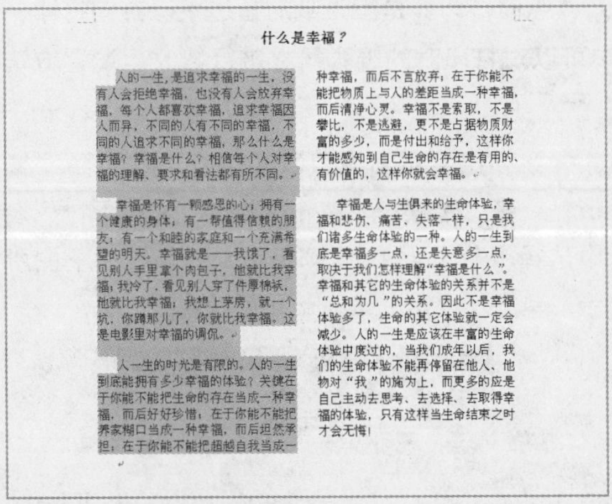

2 选择“文件”|“打印”命令，打开打印面板，再选择“设置”|“打印所有页”项，在打开的列表中选择“打印所选内容”选项，如下图所示。

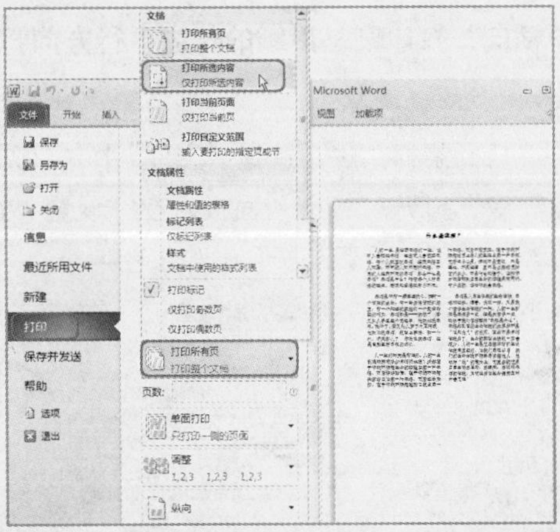

实战操作076 改变打印选项

素材：效果\072\平衡分栏后的段落.docx　　效果：无

难度：★★★★★　　视频：视频\第4章\实战操作076.avi

Word提供了用户在打印时经常使用的一些打印选项，如可以只打印奇数页或偶数页，这对于在标准的单页打印机上建立双面输出是有用的。实际打印时，先打印奇数页，然后把打印纸翻过来并把它们放回到打印机的纸盒中，再打印偶数页。具体操作步骤如下：

1 打开素材文件，选择“文件”|“选项”命令，如下图所示。

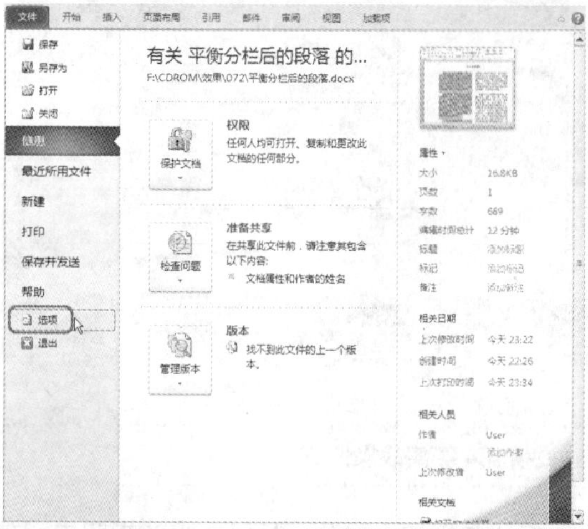

2 弹出“Word选项”对话框，选择“显示”命令，在“打印选项”选项组即可改变文档的打印选项，如下图所示。

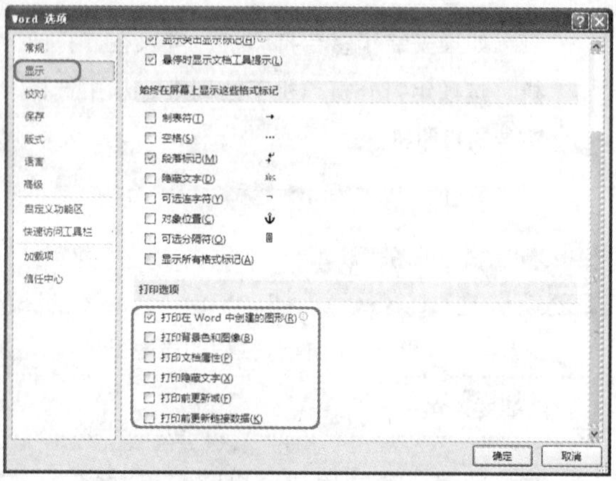

实战操作077 设置页面

素材：效果\072\平衡分栏后的段落.docx　效果：无

难度：★★★★★　视频：视频\第4章\实战操作077.avi

Word的默认打印设置为A4（210mm×297mm）、纵向打印，是指沿纸的短边平行方向打印，而“横向”打印则是沿纸的长边平行方向打印。用户可以对打印时的纸张尺寸进行修改，设置方法如下：

1 打开素材文件，选择“文件”|“打印”命令，打开“打印”面板，在“设置”选项组中单击“页面设置”选项，如下图所示。

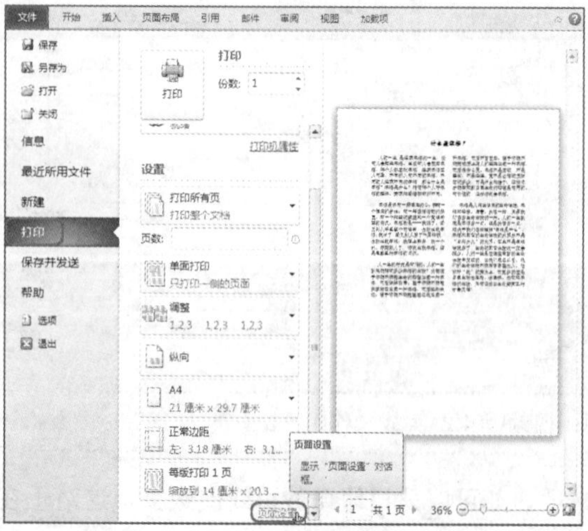

2 弹出“页面设置”对话框，切换到“纸张”选项卡，在“纸张大小”下拉列表中选择“16开（18.4×26厘米）”，如下图所示。单击“确定”按钮，即可设置纸张大小。

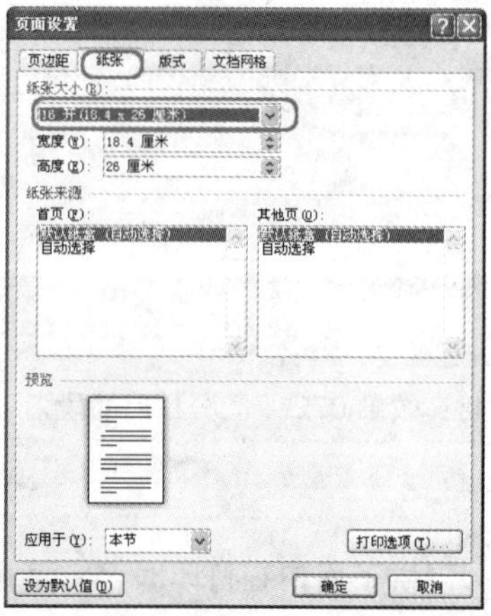

3 切换到“页边距”选项卡，在“纸张方向”选项组单击“纵向”按钮，如下图所示。单击“确定”按钮，即可设置页面的排列方向。

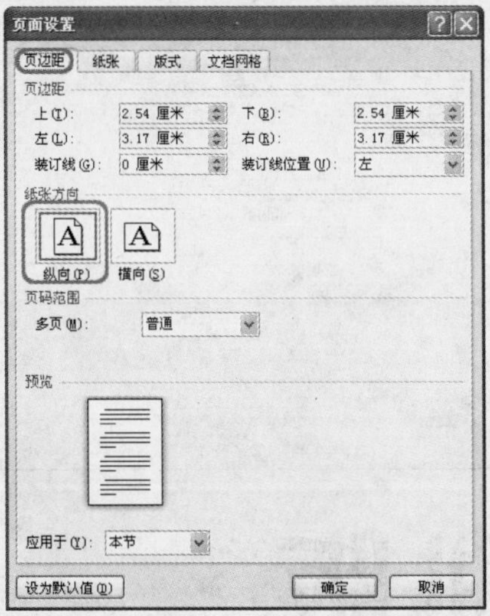

4 切换到“文档网络”选项卡，在“文字排列”选项组单击“水平”单选按钮，如下图所示。单击“确定”按钮，即可设置文字的排列方向。

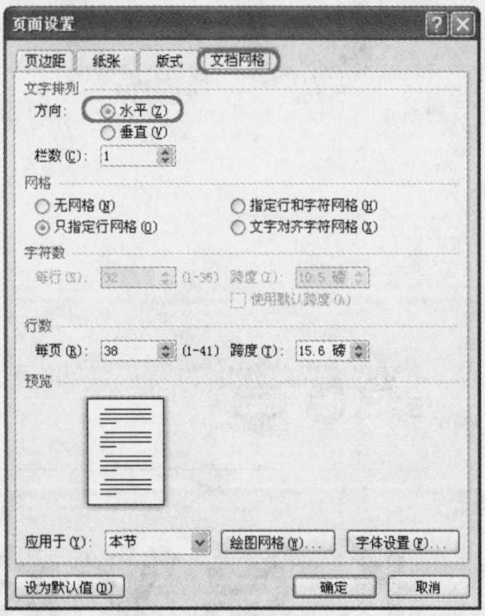

实战操作078 预览打印作业

素材：效果\072\平衡分栏后的段落.docx　　效果：无

难度：★★★★★　　视频：视频\第4章\实战操作078.avi

在打印文档之前，用户可以预览文档的打印输出效果。具体操作步骤如下：

1 打开素材文件，选择“文件”|“打印”命令，在“打印”面板的右侧显示了文档的打印效果，如下图所示。

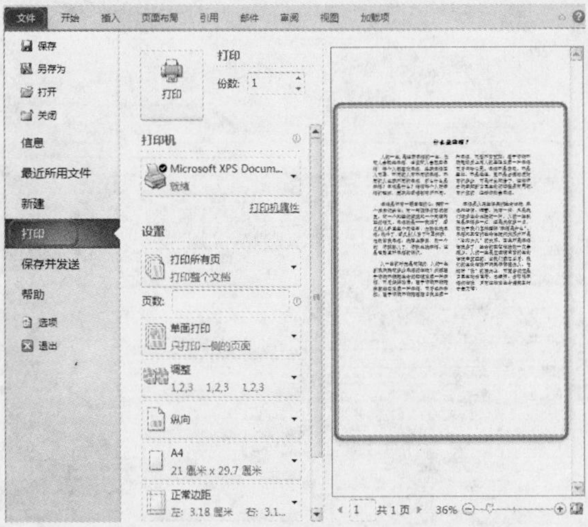

2 拖动右下角的滑块，可以调整预览页面的大小。单击“缩放到页面”按钮，将预览页面缩放至适合窗口大小，如下图所示。

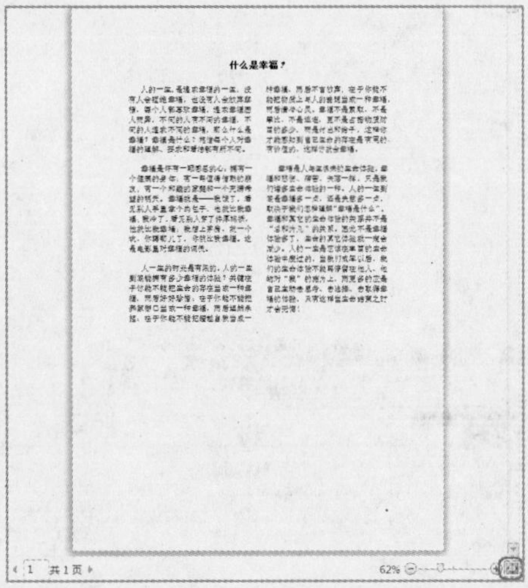

Chapter

05

第5章

长篇文档的排版

为一篇长文档排版往往需要花费较长的时间，且大多数操作是重复的，所以掌握处理长篇文档的技巧很有必要。Word 2010软件提供了一系列编辑长篇文档的功能，使用这些功能，编辑长文档将会得心应手。

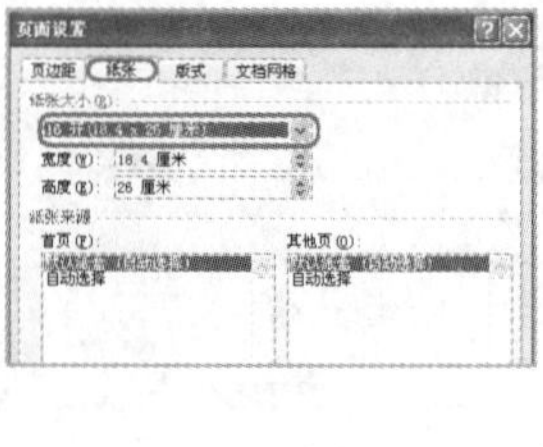

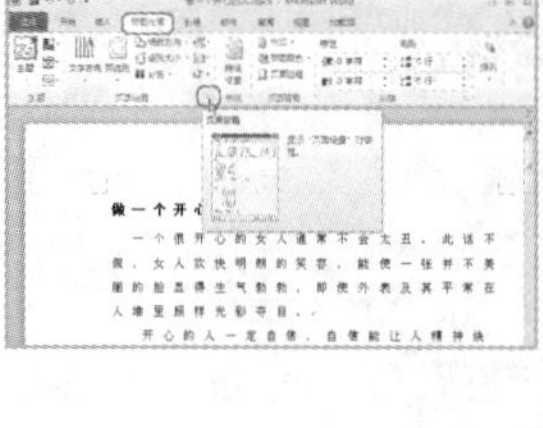

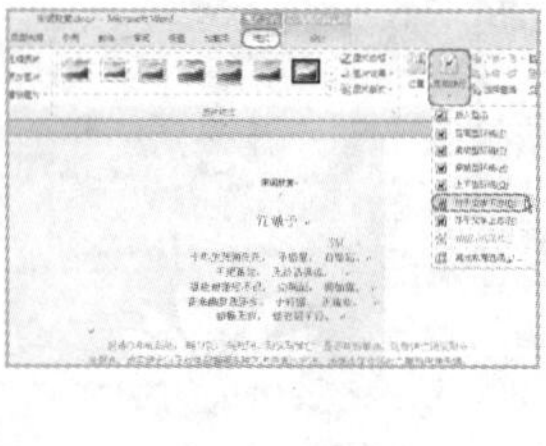

5.1 查看与定位文档

要查看文档的各部分，最直接的方法是拖动文档编辑窗口右侧的滚动条。而如何快速定位插入符是进行文档编辑的另一项基础工作。用户首先找到需要的位置，然后在该位置单击来定位插入符。此外，用户还可以利用查找和定位方法来定位插入符。

实战操作079 使用状态栏查看文档的信息

素材：素材\079\古代文学.docx　　效果：无

难度：★★★★★　　视频：视频\第5章\实战操作079.avi

状态栏位于窗口的下方，如果用户熟悉并了解状态栏中各部分的含义和功能，将会为文档的编辑带来很大的便利。具体操作步骤如下：

1 打开素材文件,在状态栏上单击鼠标右键，从弹出的快捷菜单中可以选择想要显示在状态栏中的选项，如下图所示。

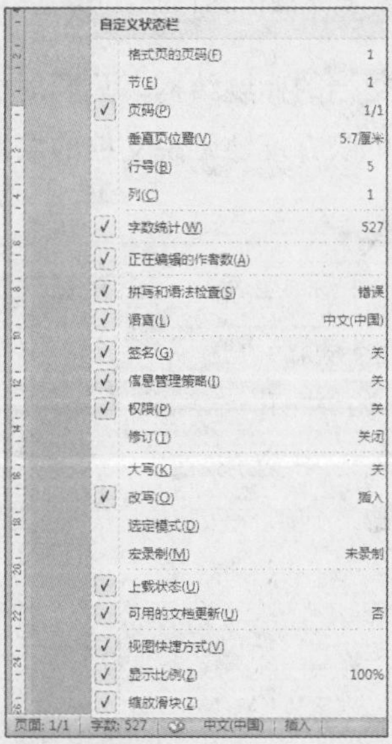

2 例如在弹出的快捷菜单中选择“节”选项，将会在状态栏中增加节的信息，如下图所示。

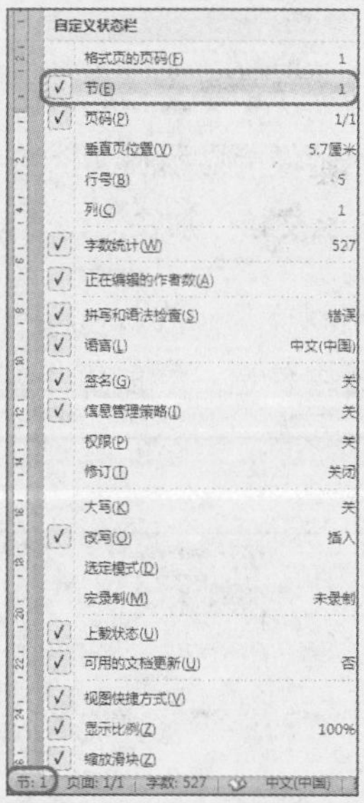

实战操作080 使用菜单定位文档

素材：素材\079\古代文学.docx　　效果：无

难度：★★★★★　　视频：视频\第5章\实战操作080.avi

使用Word的定位文档功能，可以快速地在长篇文档中定位某一位置，如定位某页、某节和某行等。具体操作步骤如下：

1 打开素材文件，在“开始”选项卡“编辑”组中，单击“查找”按钮右侧的下三角按钮，在打开的列表中选择“高级查找”命令，如下图所示。

2 在打开的“查找和替换”对话框中切换至“定位”选项卡，在“定位目标”下拉列表中选择“行”选项，在右侧的“输入行号”文本框中输入5，如下图所示。单击“定位”按钮，即可在文档中将光标定位到第5行中。

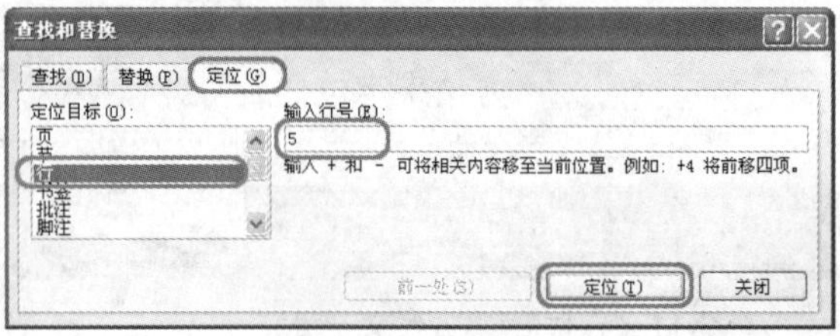

提示

在Word文档的右下角，有一个“选择浏览对象”按钮。单击该按钮，打开一个选择浏览对象面板，用户可以通过单击所需项目来浏览活动文件。

实战操作081 使用导航窗格

素材：素材\079\古代文学.docx　　效果：无

难度：★★★★★　　视频：视频\第5章\实战操作081.avi

导航窗格显示的是文档结构。而所谓文档结构，其实就是文档的标题结构，只要对标题应用标题样式，该标题便能显示在文档结构图中。使用导航窗格不但可以方便地了解文档的层次结构，还可以快速定位长文档，加快阅读速度。具体操作步骤如下：

1 打开素材文件，在“视图”选项卡“显示”组中勾选“导航窗格”复选框，如下图所示。

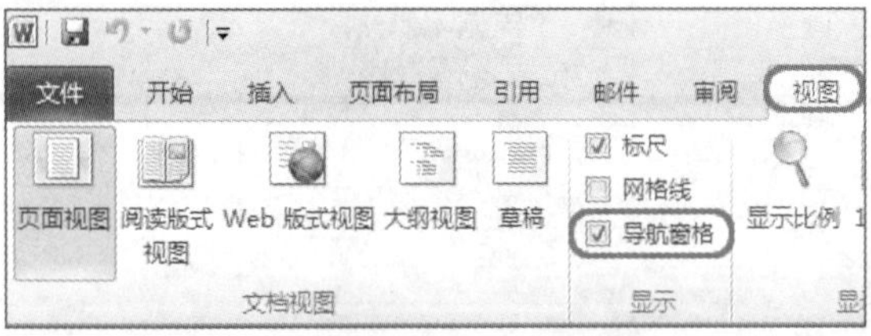

2 此时，将会弹出“导航”任务窗格，如右图所示，如果文档中应用了标题样式，则会在该窗格中显示出文档的标题。

实战操作082 文档的其他视图方式

素材：素材\079\古代文学.docx　　效果：无

难度：★★★★★　　视频：视频\第5章\实战操作082.avi

为了满足用户查看文档效果的需要，Word提供了不同的页面视图方式，包括页面视图、阅读版式视图、Web版式视图、大纲视图和草稿等。它们各具特色，适用于不同的情况，下面介绍几种常用的视图。具体操作步骤如下：

1 打开素材文件，此时文档所显示的方式为页面视图，如下图所示，也是默认的视图方式。页面视图显示文档、标题、页眉/页脚及页面布局的所细节。

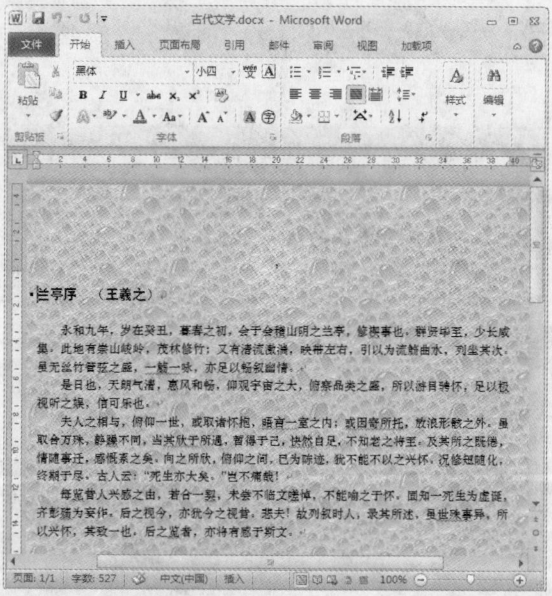

2 在状态栏中单击“阅读版式视图”按钮，即可将视图切换为阅读版式视图，如下图所示。阅读版式视图的目标是增加可读性，可以方便地增大或减小文本显示区域的尺寸，而不会影响文档中的字体大小。

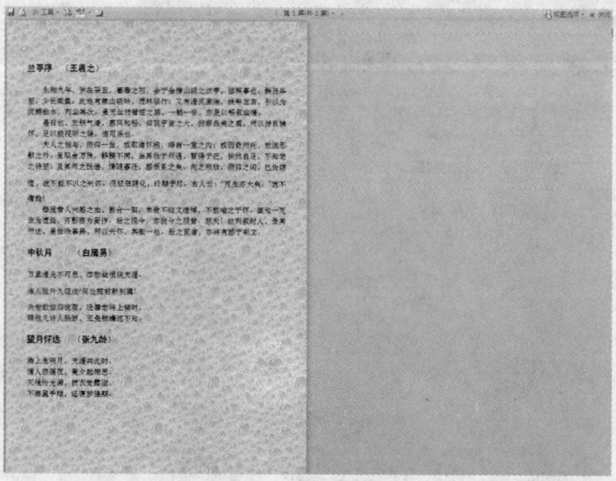

3 单击阅读版式视图中右上角的“关闭”按钮，即可退出阅读版式模式，单击“Web版式视图”按钮，即可将视图切换为Web版式视图，如下图所示。Web版式视图最适合在屏幕上阅读和编辑文档，使用更大的字体，显示更短的正文行，隐藏页眉/页脚和类似的元素，并自动换行以适应窗口。

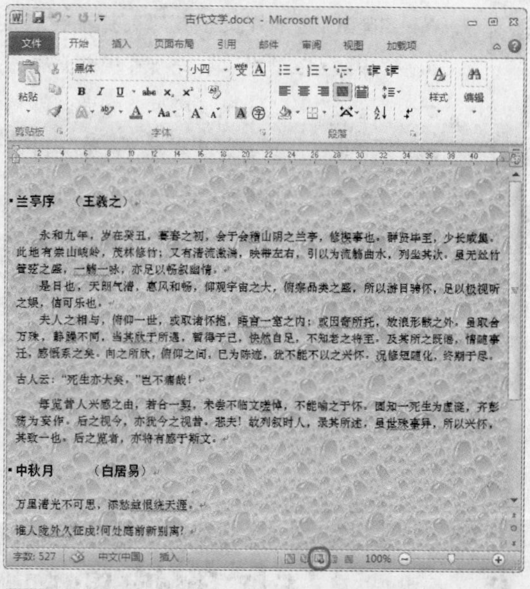

4 单击状态栏中的“大纲视图”按钮，即可将视图切换为大纲视图，如下图所示。当切换到大纲视图时，功能区中会多一个“大纲”选项卡。在“大纲”选项卡中，可以选择只查看文档标题，隐藏所有附属正文，还可以快速提升、降低或移动文档标题（及附属正文）至一个新的位置。

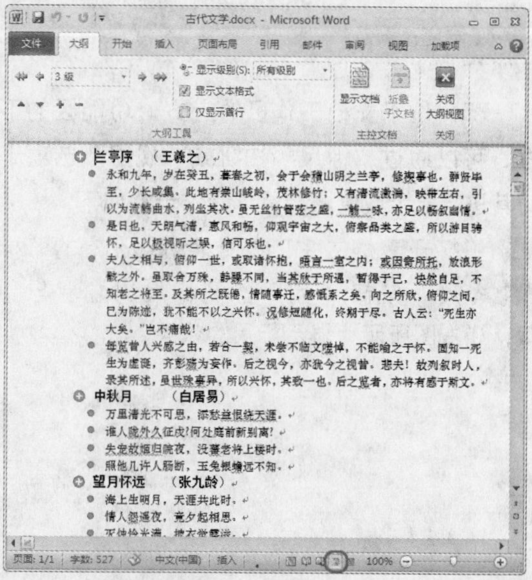

提示

在“大纲”选项卡的“大纲工具”组中包括若干个工具，功能如下：

- “提升至标题1”：将此项目提升为大纲的最高级别。
- “升级”：提升此项目的级别。
- “大纲级别”：为所选项目选择大纲级别。
- “降级”：降低此项目的级别。
- “降级为正文”：将此项目降为大纲的最低级别。
- “上移”：在大纲视图内将选定的内容上移。
- “下移”：在大纲视图内将选定的内容下移。
- “展开”：展开所选的项目。
- “折叠”：折叠所选的项目。
- “显示级别”：选择要在大纲中显示的级别，所选级别及所有更高的级别都将可见。
- “显示文本格式”：勾选此复选框，将大纲显示为格式化文本。如果取消勾选该复选框，则可提高大纲的可读性。
- “仅显示首行”：勾选此复选框，仅显示每个项的首行。

5.2 标尺的使用

用户在编辑文档时，经常需要对文档段落进行对齐，此时需要使用Word中的标尺来帮助完成这一任务。标尺在进行排版时是非常有用的工具。

实战操作083 显示或隐藏标尺

素材：素材\079\古代文学.docx　　效果：无

难度：★★★★★　　视频：视频\第5章\实战操作083.avi

标尺位于文档工作区的上方，功能区的下方，可以通过“标尺”按钮或“视图”选项卡对其进行显示或隐藏。具体操作步骤如下：

1 打开素材文件，右侧滚动条上方的“标尺”按钮用于控制标尺的显示与隐藏，如右图所示为显示标尺的效果。

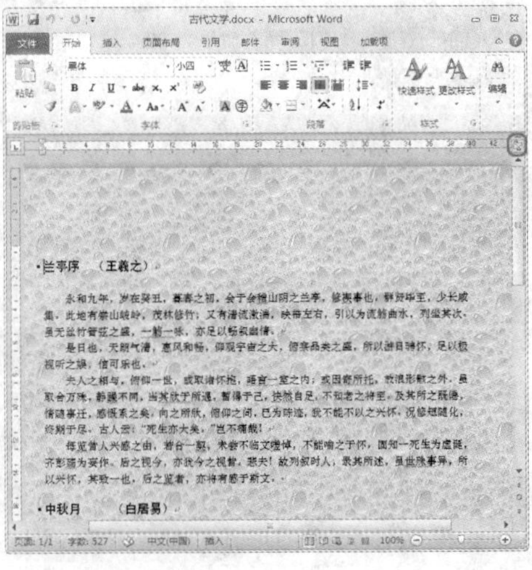

2 标尺的默认单位为“厘米”，如果想修改标尺的度量单位，可以单击文件按钮，在打开的菜单中选择“选项”，在“Word选项”对话框中选择“高级”选项，在“显示”选项组“度量单位”右侧列表中设置度量单位，如右图所示。

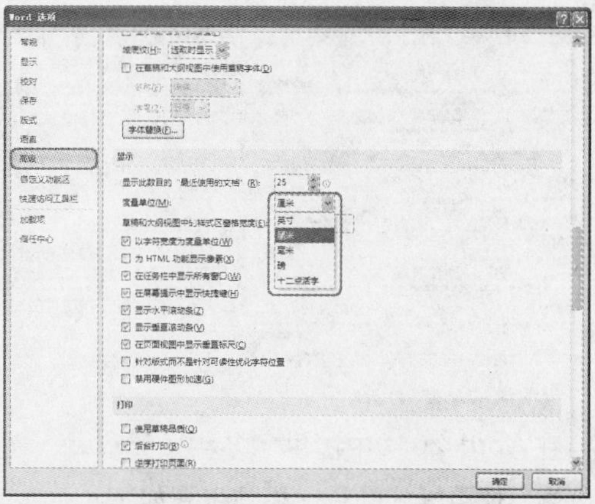

实战操作084 标尺在文档中的应用

素材：素材\079\古代文学.docx　　效果：无

难度：★★★★★　　视频：视频\第5章\实战操作084.avi

用户可以使用文档中的标尺观察文档的大小，还可以通过标尺上的段落缩进滑块进行设置。此外，也可以利用Tab键或“段落”对话框进行设置。具体操作步骤如下：

1 打开素材文件，在标尺上任意位置处双击鼠标，可以打开“页面设置”对话框，如右图所示。

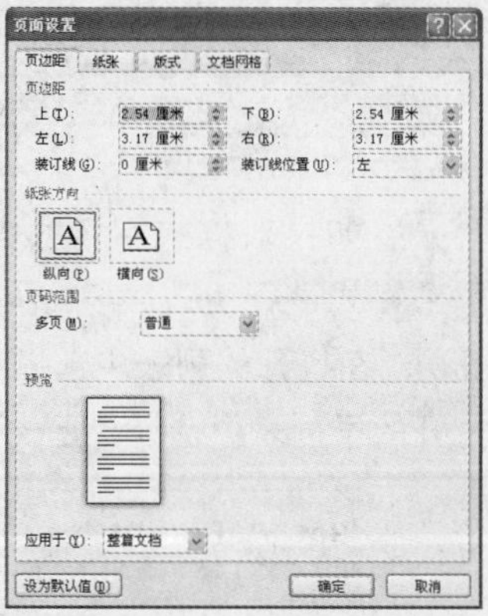

2 在文档中选择任意段落，拖动标尺上的滑动，可以对该段落进行设置，如下图所示。

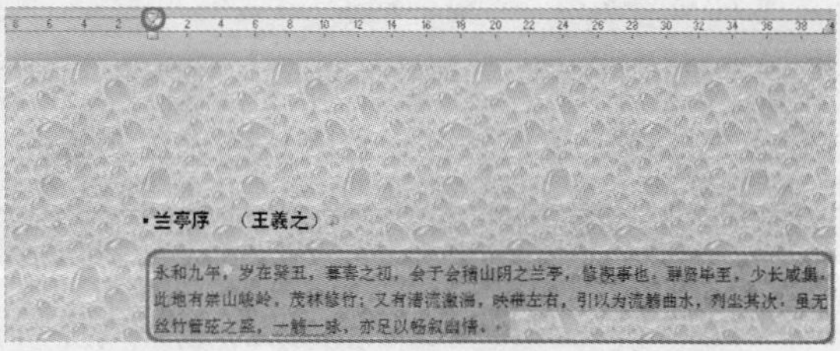

5.3 样式和模板

样式是系统自带或用户自定义的一系列排版格式的总和，包括字体，段落、边距等。一篇文档中常包含有各种标题，如果每排一个标题都执行多次相同的命令，那将增加很多机械性的重复操作。有了样式功能，便可以简化排版操作，加快排版速度。模板是一类特殊性的文档，每一篇文档都是在模板的基础上建立的，它可以提供完成最终文档所需的基本工具，模板文件的后缀名为.dotx。

实战操作085 应用样式

素材：素材\079\古代文学.docx

难度：★★★★★

效果：效果\085\应用样式.docx

视频：视频\第5章\实战操作085.avi

在Word 2010中提供了多种预置样式，主要是通过快速样式库和“样式”任务窗格两个工具进行设置。使用样式的具体操作步骤如下：

1 打开素材文件，将光标移至需要使用样式的文本处，如下图所示。

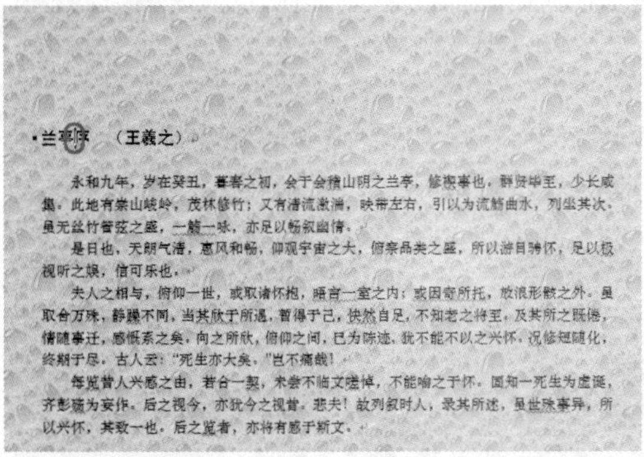

2 在“开始”选项卡“样式”组中，单击“其他”按钮，在打开的列表中选择一种样式，如下图所示。

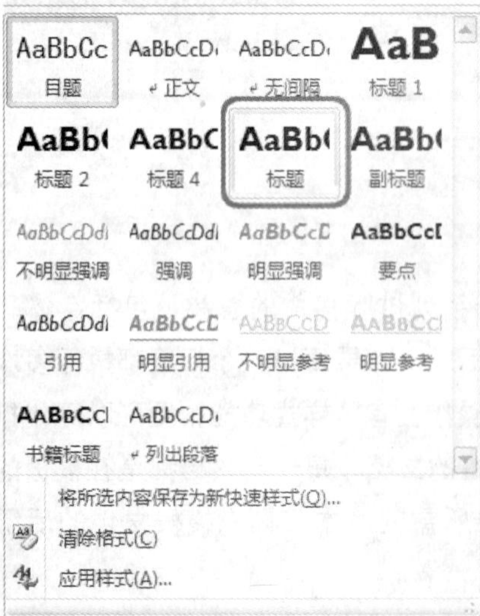

3 为光标所在文本设置了样式后的文档效果如下图所示。

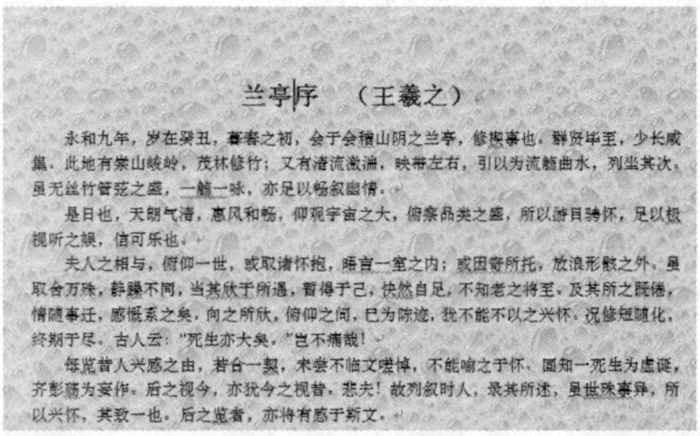

4 如果对样式不满意，还可以对应用的样式进行更改，例如单击“更改样式”按钮，在打开的列表中选择“样式集”选项，在打开的子列表中选择“正式”，如下图所示。

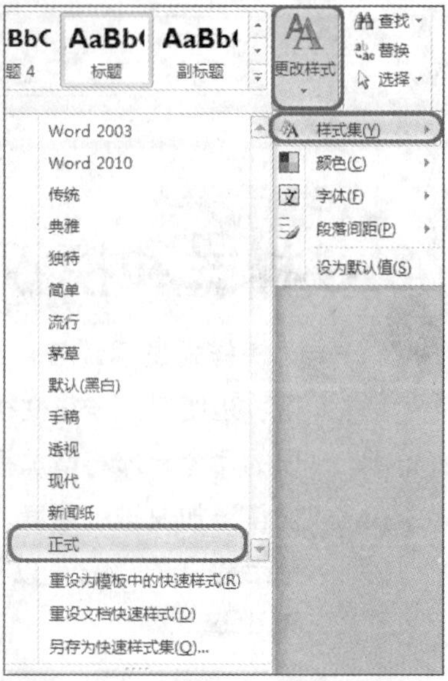

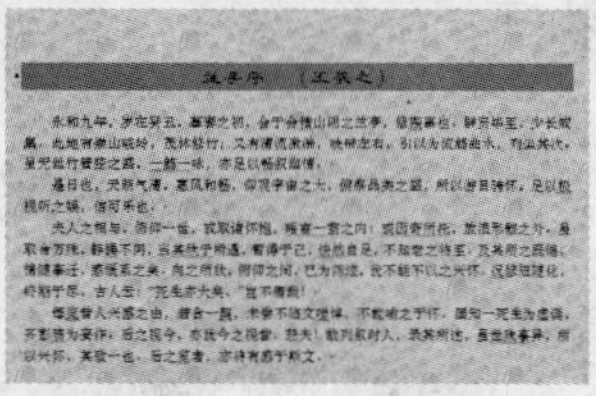

实战操作086 创建样式

- 素材：素材\079\古代文学.docx
- 难度：★★★★★
- 效果：效果\086\创建样式.docx
- 视频：视频\第5章\实战操作086.avi

如果用户不想更改原有的样式，而又想使用一种需要的样式，此时就可以创建一个新样式。操作步骤如下：

1 打开素材文件，在“开始”选项卡“样式”组中，单击按钮，打开“样式”任务窗格，并单击“新建样式”按钮，如下图所示。

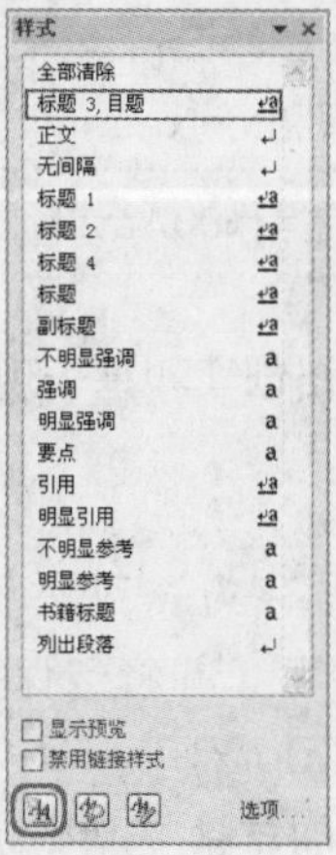

2 在打开的“根据格式设置创建新样式”对话框中，将“格式”选项组中的“字体”设置为“隶书”，“字号”设置为“三号”，并单击“居中”按钮，如下图所示。

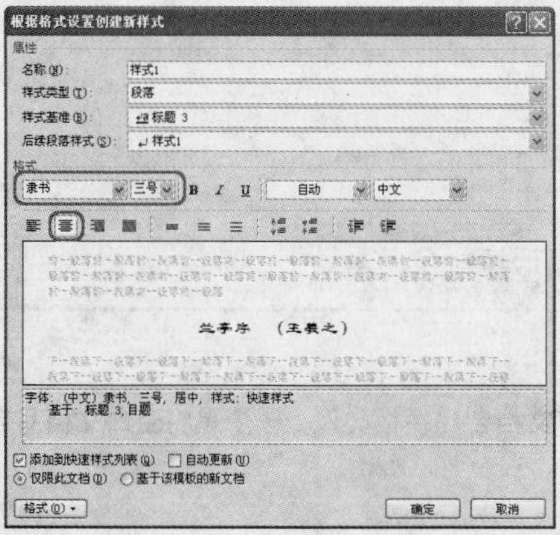

3 还可以对样式设置其他格式，例如单击“格式”按钮，在弹出的下拉列表中选择“边框”选项，如下图所示。

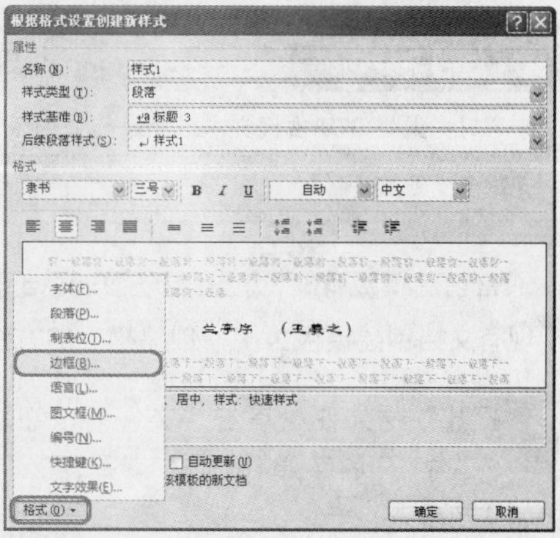

4 打开“边框和底纹”对话框，切换至“底纹”选项卡，将“填充”下的颜色设为“红色”，如下图所示。

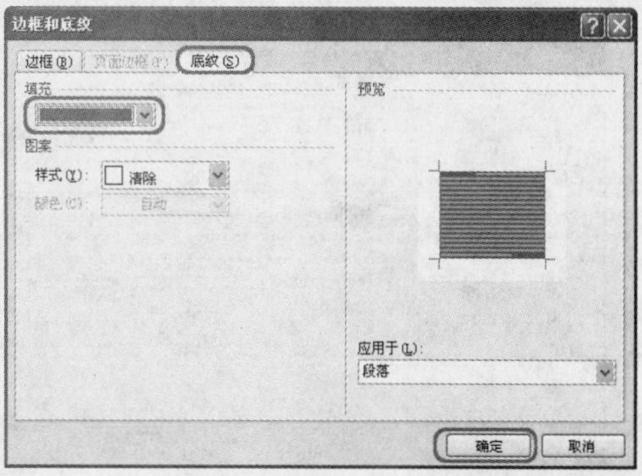

5 单击“确定”按钮，返回到“根据格式设置创建新样式”对话框，再单击“确定”按钮，即可完成样式的创建，创建的样式

将显示在“样式”任务窗格中，如下图所示。

6 文档中光标所在位置将自动应用新创建的样式，效果如下图所示。

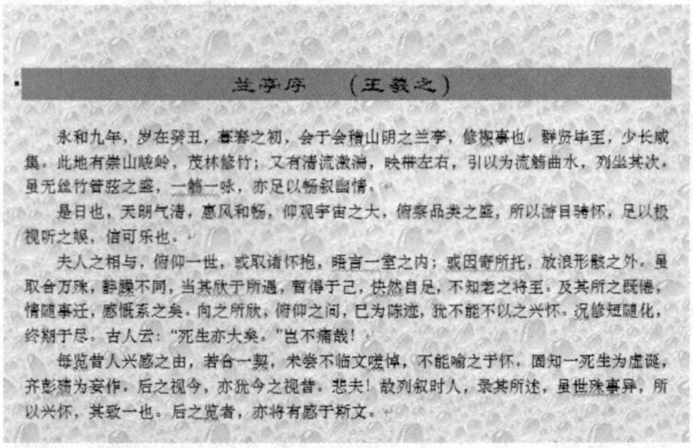

兰亭序　（王羲之）

永和九年，岁在癸丑，暮春之初，会于会稽山阴之兰亭，修禊事也。群贤毕至，少长咸集。此地有崇山峻岭，茂林修竹；又有清流激湍，映带左右，引以为流觞曲水，列坐其次。虽无丝竹管弦之盛，一觞一咏，亦足以畅叙幽情。

是日也，天朗气清，惠风和畅，仰观宇宙之大，俯察品类之盛，所以游目骋怀，足以极视听之娱，信可乐也。

夫人之相与，俯仰一世，或取诸怀抱，晤言一室之内；或因寄所托，放浪形骸之外。虽取舍万殊，静躁不同，当其欣于所遇，暂得于己，快然自足，不知老之将至。及其所之既倦，情随事迁，感慨系之矣。向之所欣，俯仰之间，已为陈迹，犹不能不以之兴怀。况修短随化，终期于尽。古人云："死生亦大矣。"岂不痛哉！

每览昔人兴感之由，若合一契，未尝不临文嗟悼，不能喻之于怀。固知一死生为虚诞，齐彭殇为妄作。后之视今，亦犹今之视昔。悲夫！故列叙时人，录其所述，虽世殊事异，所以兴怀，其致一也。后之览者，亦将有感于斯文。

实战操作087 创建模板

素材：素材\079\古代文学.docx　　效果：效果\087\创建模板.dotx

难度：★★★★★　　视频：视频\第5章\实战操作087.avi

通常创建模板有3种方法：从空白文档开始创建、基于现有的文档创建和基于现有模板创建。以基于现有文档创建模板为例，创建模板的方法如下：

1 打开素材文件，单击“文件”按钮 文件 ，在打开的菜单中选择“另存为”选项，如下图所示。

2 打开“另存为”对话框，设置存储路径、文件名，并将“保存类型”设置为“Word模板（*.dotx）”，如下图所示，单击“保存”按钮，即可基于现有文档创建模板。

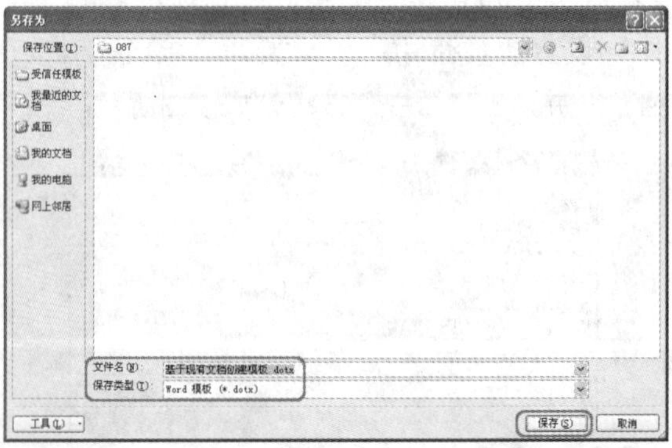

> **提示**
> 从空白文档开始创建和基于现有模板创建与基于现有文档创建模板类似，一个是将空白文档另存为模板类型，一个是将已有的模板文件另存。

5.4 为文档生成目录

一篇文章具有良好的组织结构是非常重要的。如果信息的提示没有一定的逻辑顺序，势必要影响文章的质量，也给读者带来麻烦。为文章添加一个目录，可以使文章具有条理性。

实战操作088　自动生成目录

- 素材：素材\088\文档1.docx
- 难度：★★★★★
- 效果：效果\088\使用自动生成目录.docx
- 视频：视频\第5章\实战操作088.avi

在Word中提供了自动生成目录功能，使目录的制作变得非常简便，既不用费力地去手工制作目录、核对页码，也不必担心目录与正文不符。而且在文档发生了改变后，还可以利用更新目录功能来适应文档的变化。具体操作步骤如下：

1 打开素材文件，将光标定位到文档的开始处，如下图所示。

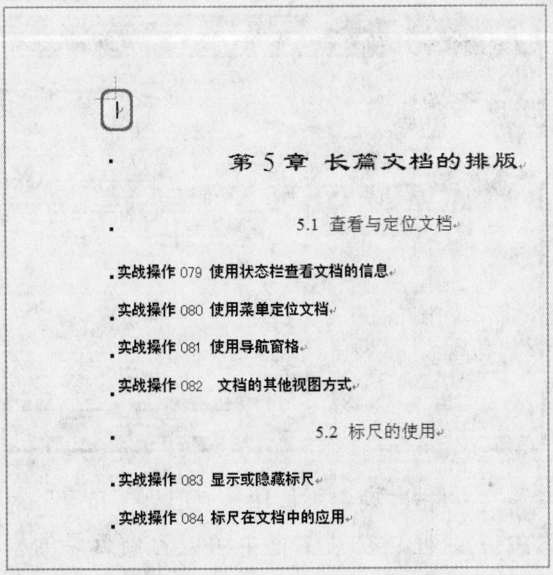

2 在“引用”选项卡中的“目录”组中，单击“目录”按钮，在弹出的列表中选择“自动目录1”，如下图所示，即可在文档的开始处自动生成目录。

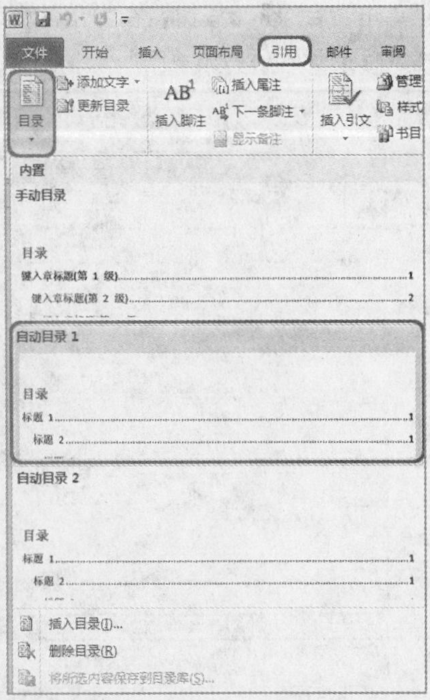

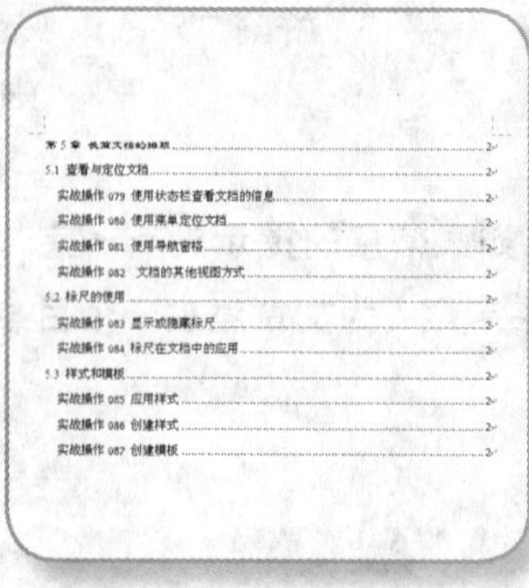

实战操作089 用其他方法创建目录

素材：素材\088\文档1.docx

难度：★★★★★

效果：效果\089\用其他样式创建目录.docx

视频：视频\第5章\实战操作089.avi

即使用户使用的不是Word内置的标题样式，Word也能自动生成目录。操作步骤如下：

1 打开素材文件，将光标定位到文档的开始处，如下图所示。

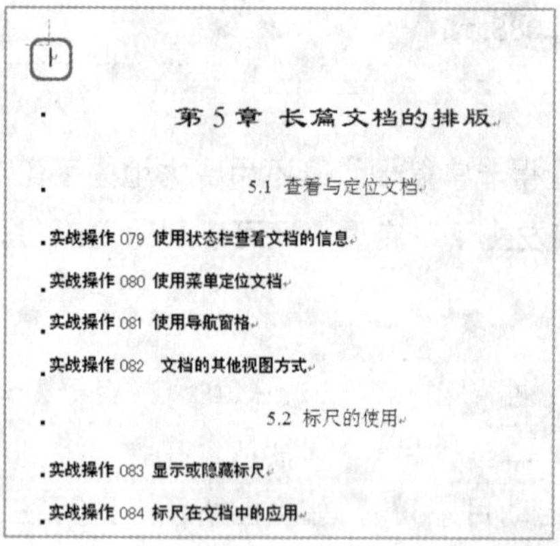

2 在“引用”选项卡中的“目录”组中，单击“目录”按钮，在弹出的列表中选择“插入目录”选项，如下图所示。

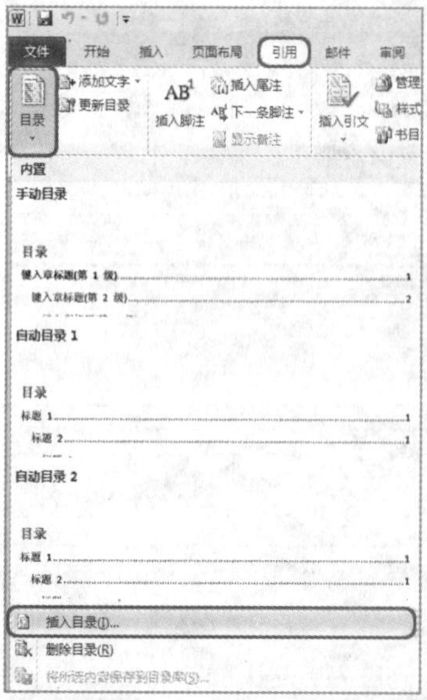

3 打开“目录”对话框，如下图所示，在该对话框中单击“选项”按钮。

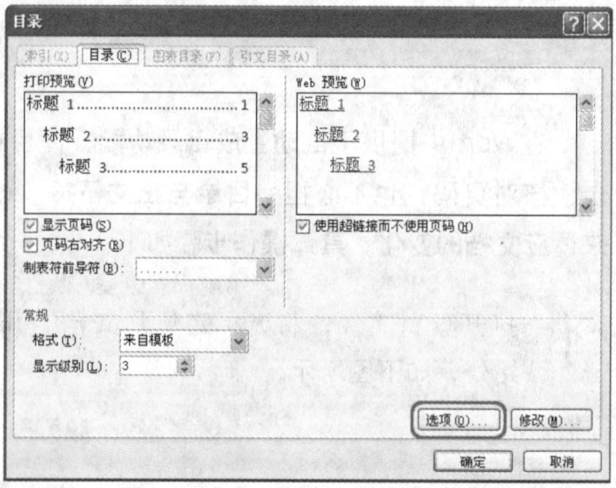

4 打开“目录选项”对话框，在该对话框中手动设置目录的样式，如下图所示。

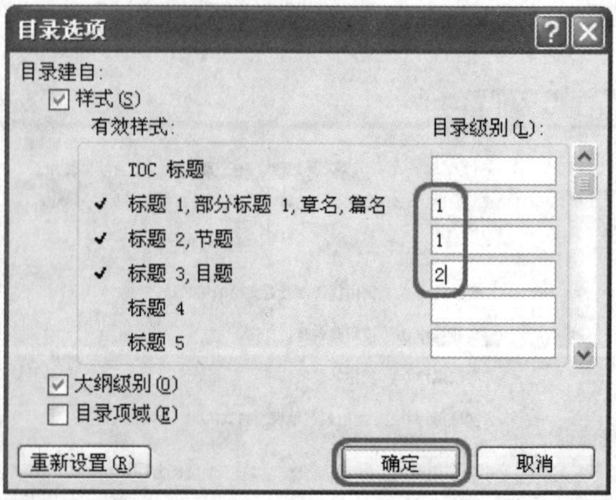

5 单击“确定”按钮，返回到“目录”对话框，在预览框中可以看到目录的样

式，如下图所示。

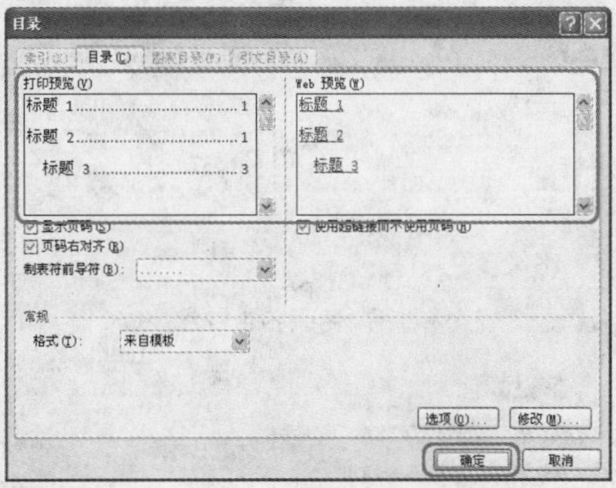

6 单击“确定”按钮，即可在文档的开始处创建自定义样式的目录，如下图所示。

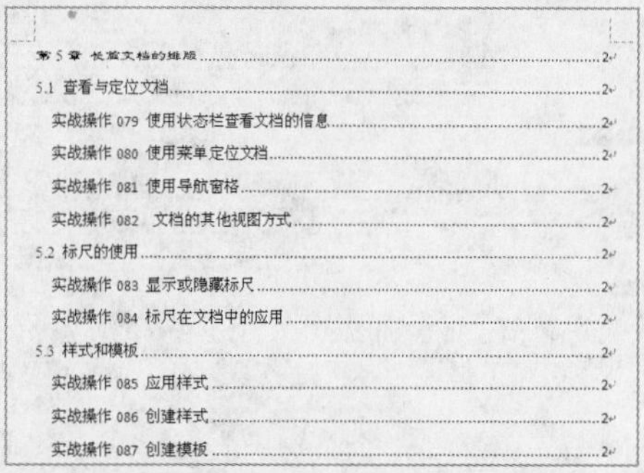

提示

“目录”选项卡中的各项参数作用如下。

- “显示页码”：勾选该复选框，可以在目录中显示页码，否则不显示。
- “页码右对齐”：勾选该复选框，在目录中的页码都执行右对齐。
- “制表符前导符”：制表符前导符是目录内容与页码之间的符号，可以在该下拉列表中选择符号形式。
- “使用超链接而不使用页码”：勾选该复选框，建立目录与正文之间的超链接，当按Ctrl键并单击目录行时，将会链接到正文中该目录的具体内容。
- “格式”：目录的格式，Word已经建立了几种内置目录格式，例如“来自模板”、“古典”、“优雅”和“流行”等。
- “打印预览”：打印的实际样式。
- “Web预览”：在Web网页中所看到的样式。
- “选项”：关于目录的其他选项，如样式、大纲级别等。一般情况下，不用设置该选项，就能满足创建目录的需要了。
- “修改”：修改目录的内容。如果系统内置的目录与选项能满足要求，可以不进行修改。

实战操作090 删除目录

素材：素材\090\练习.docx　　效果：效果\090\删除目录.docx

难度：★★★★★　　视频：视频\第5章\实战操作090.avi

如果用户想要删除创建的目录，可以通过菜单命令或Del键来实现。具体操作步骤如下：

1 打开素材文件，在“引用”选项卡“目录”组中单击“目录”按钮，在打开的下拉列表中选择“删除目录”选项，如右图所示。

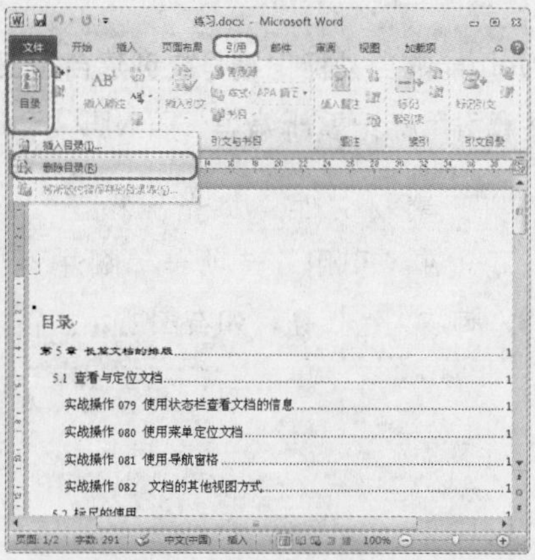

2 选择“删除目录”选项后，文档中的目录将被删除，如右图所示。

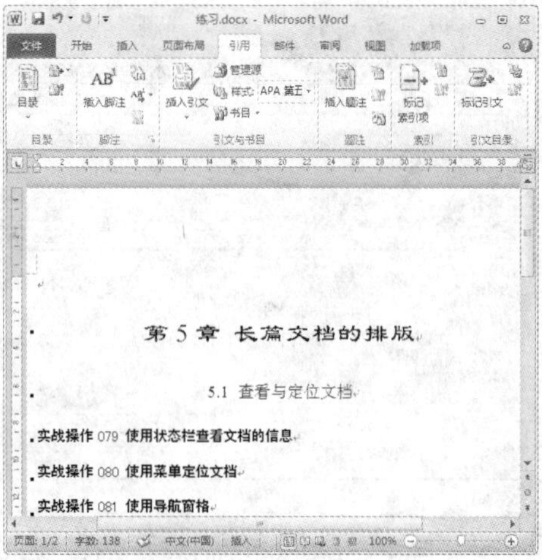

5.5 脚注和尾注

使用脚注可以对文档内容进行注释说明，而使用尾注则可以说明引用的文献。脚注一般位于页面的底部，可以作为文档某处内容的注释。尾注一般位于文档的末尾，常用作引文的出处等。脚注和尾注由两个链接部分组成，即注释引用标记和相应的注释文本。注释引用标记用于指明脚注或尾注已包含附加信息的数字、字符脚注和尾注引用标记或字符的组合。

实战操作091 插入脚注和尾注

- 素材：素材\091\励志故事.docx
- 难度：★★★★★
- 效果：效果\091\插入脚注和尾注.docx
- 视频：视频\第5章\实战操作091.avi

Word能够自动标记编号或创建自定义的标记，如在添加、删除或移动自动编号的注释时，Word将对注释引用标记重新编号。插入脚注和尾注的操作步骤如下：

1 打开素材文件，将光标移至文档的结尾，在“引用”选项卡“脚注”组中单击“插入脚注”按钮，如右图所示。

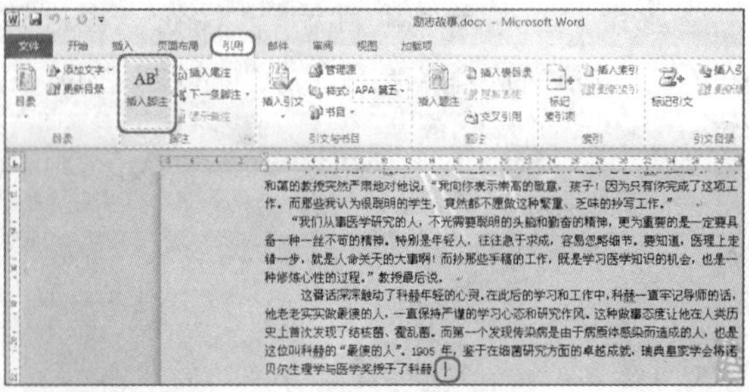

2 单击该按钮后即可在文档中插入脚注，并在页面的底部输入脚注内容，如下图所示。

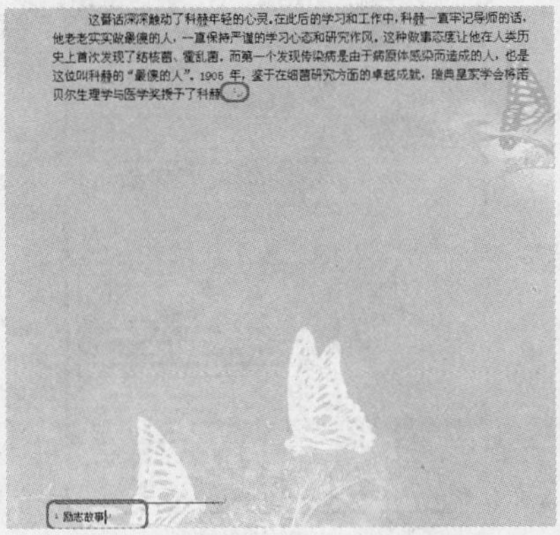

3 将光标放置在第二段的结尾处，在“引用”选项卡“脚注”组中单击“插入尾注”按钮插入尾注，如下图所示。

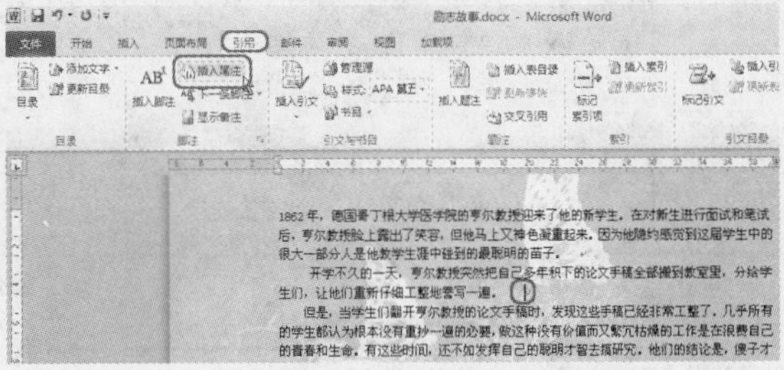

4 单击该按钮后即可在文档中插入尾注，并在文档的底部输入尾注内容，如右图所示。

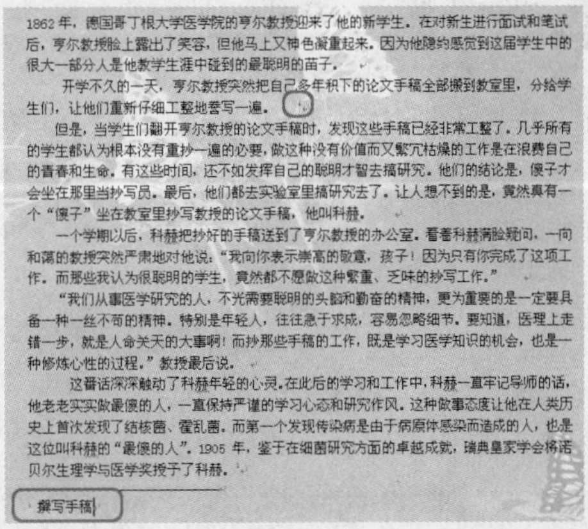

实战操作092 更改脚注或尾注的编号格式

素材：素材\092\脚注和尾注.docx

难度：★★★★★

效果：效果\092\更改脚注或尾注的编号格式.docx

视频：视频\第5章\实战操作092.avi

Word中为脚注和尾注提供了多种编号格式，用户可以根据需要进行设置。操作步骤如下：

1 打开素材文件，将光标定位到需要更改编号格式的脚注处，如右图所示。

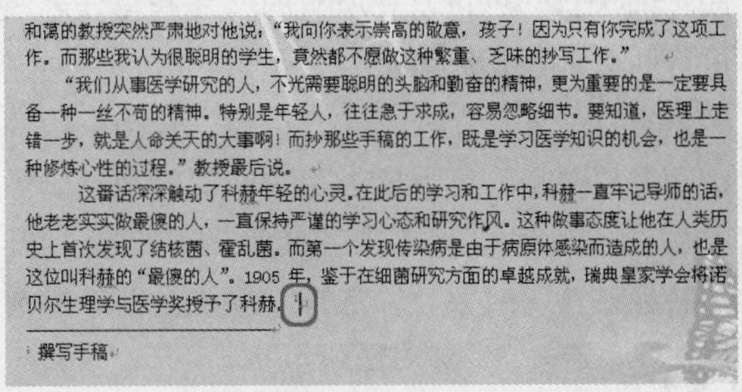

2 在“引用”选项卡“脚注”组中单击按钮，如下图所示。

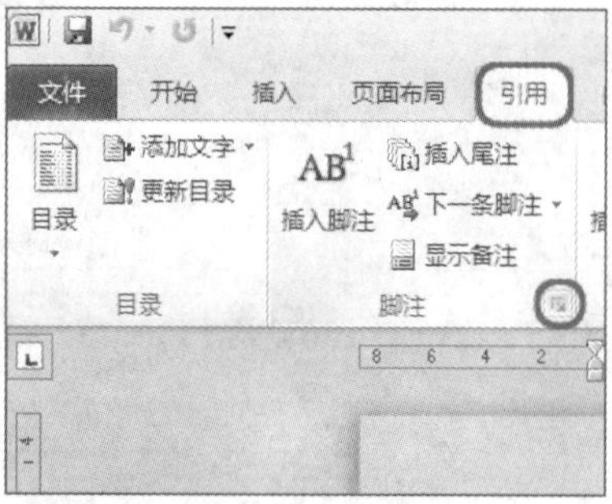

3 打开“脚注和尾注”对话框，选择“脚注”单选按钮，在“编号格式”下拉列表中选择一种编号，如下图所示。

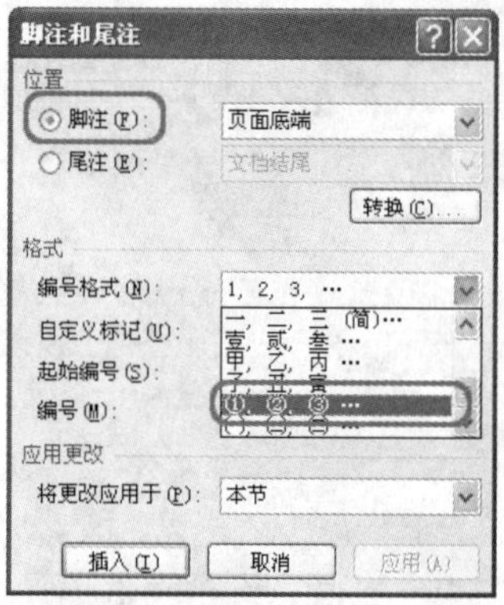

4 单击“应用”按钮，即可更改脚注的编号，如右图所示。

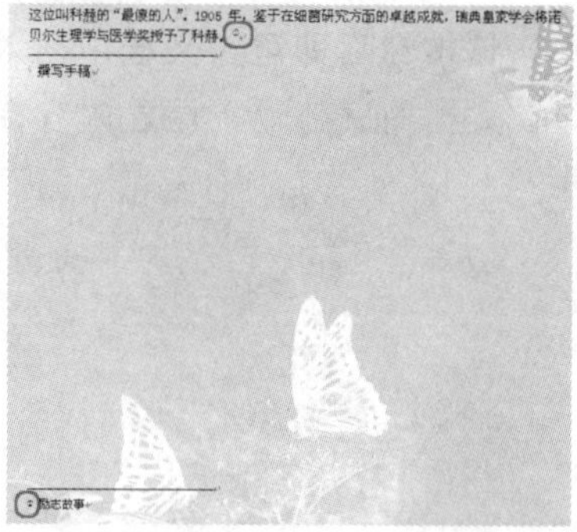

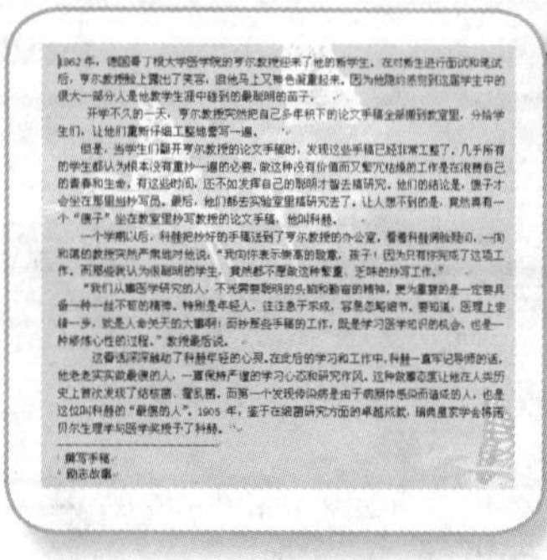

实战操作093 脚注与尾注的相互转换

- 素材：素材\092\脚注和尾注.docx
- 难度：★★★★★
- 效果：效果\093\脚注与尾注的相互转换.docx
- 视频：视频\第5章\实战操作093.avi

有时希望将脚注改成尾注或将尾注转换为脚注，这是可以实现的，这种改变可以在一个注释间进行，也可以在所有的脚注和尾注之间进行。具体操作步骤如下：

1 打开素材文件，在“引用”选项卡中的“脚注”组中单击按钮，打开“脚注和尾注”对话框，单击“转换”按钮，打开“转换注释”对话框，选择“脚注全部转换成尾注”单选按钮，如右图所示。

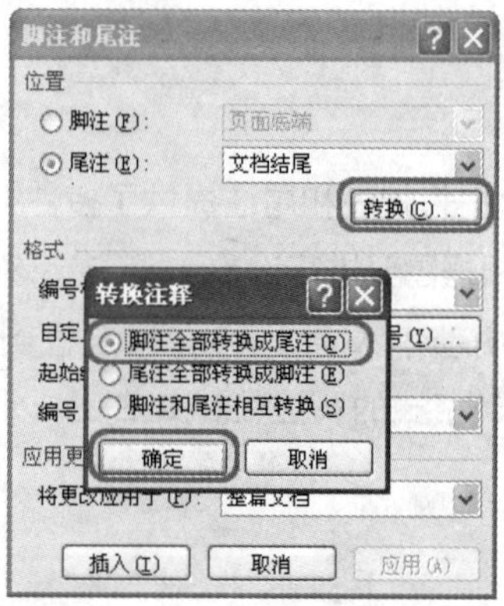

2 单击“确定”按钮，返回“脚注和尾注”对话框，单击“关闭”按钮，即可将文档中的脚注全部转换为尾注，如右图所示。

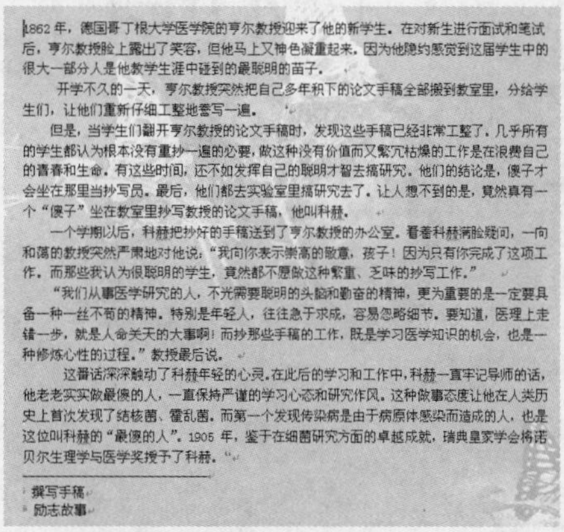

1862年，德国哥丁根大学医学院的亨尔教授迎来了他的新学生。在对新生进行面试和笔试后，亨尔教授脸上露出了笑容，但他马上又神色凝重起来。因为他隐约感觉到这届学生中的很大一部分人是他教学生涯中碰到的最聪明的苗子。

开学不久的一天，亨尔教授突然把自己多年积下的论文手稿全部搬到教室里，分给学生们，让他们重新仔细工整地誊写一遍。

但是，当学生们翻开亨尔教授的论文手稿时，发现这些手稿已经非常工整了。几乎所有的学生都认为根本没有重抄一遍的必要，做这种没有价值而又繁冗枯燥的工作是在浪费自己的青春和生命。有这些时间，还不如发挥自己的聪明才智去搞研究。他们的结论是，傻子才会坐在那里当抄写员。最后，他们都去实验室里搞研究去了。让人想不到的是，竟然真有一个“傻子”坐在教室里抄写教授的论文手稿，他叫科赫。

一个学期以后，科赫把抄好的手稿送到了亨尔教授的办公室。看着科赫满脸疑问，一向和蔼的教授突然严肃地对他说：“我向你表示崇高的敬意，孩子！因为只有你完成了这项工作。而那些我认为很聪明的学生，竟然都不愿做这种繁重、乏味的抄写工作。”

“我们从事医学研究的人，不光需要聪明的头脑和勤奋的精神，更为重要的是一定要具备一种一丝不苟的精神。特别是年轻人，往往急于求成，容易忽略细节。要知道，医理上走错一步，就是人命关天的大事啊！而抄那些手稿的工作，既是学习医学知识的机会，也是一种修炼心性的过程。”教授最后说。

这番话深深触动了科赫年轻的心灵。在此后的学习和工作中，科赫一直牢记导师的话，他老老实实做最傻的人，一直保持严谨的学习心态和研究作风。这种做事态度让他在人类历史上首次发现了结核菌、霍乱菌。而第一个发现传染病是由于病原体感染而造成的人，也是这位叫科赫的“最傻的人”。1905年，鉴于在细菌研究方面的卓越成就，瑞典皇家学会将诺贝尔生理学与医学奖授予了科赫。

撰写手稿

励志故事

实战操作094 删除脚注或尾注

素材：素材\092\脚注和尾注.docx　　效果：效果\094\删除脚注或尾注.docx

难度：★★★★★　　视频：视频\第5章\实战操作094.avi

如果要删除某个脚注或尾注，可以在文档中选择相应的注释引用标记，然后按Del键即可。Word会自动删除对应的注释文本，并对文档后面的注释重新编号。具体操作步骤如下：

1 打开素材文件，选择第二段落的尾注引用标记，如下图所示。

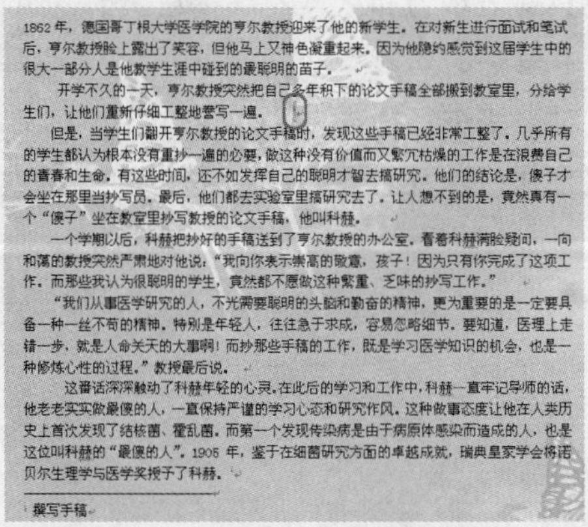

1862年，德国哥丁根大学医学院的亨尔教授迎来了他的新学生。在对新生进行面试和笔试后，亨尔教授脸上露出了笑容，但他马上又神色凝重起来。因为他隐约感觉到这届学生中的很大一部分人是他教学生涯中碰到的最聪明的苗子。

开学不久的一天，亨尔教授突然把自己多年积下的论文手稿全部搬到教室里，分给学生们，让他们重新仔细工整地誊写一遍。

但是，当学生们翻开亨尔教授的论文手稿时，发现这些手稿已经非常工整了。几乎所有的学生都认为根本没有重抄一遍的必要，做这种没有价值而又繁冗枯燥的工作是在浪费自己的青春和生命。有这些时间，还不如发挥自己的聪明才智去搞研究。他们的结论是，傻子才会坐在那里当抄写员。最后，他们都去实验室里搞研究去了。让人想不到的是，竟然真有一个“傻子”坐在教室里抄写教授的论文手稿，他叫科赫。

一个学期以后，科赫把抄好的手稿送到了亨尔教授的办公室。看着科赫满脸疑问，一向和蔼的教授突然严肃地对他说：“我向你表示崇高的敬意，孩子！因为只有你完成了这项工作。而那些我认为很聪明的学生，竟然都不愿做这种繁重、乏味的抄写工作。”

“我们从事医学研究的人，不光需要聪明的头脑和勤奋的精神，更为重要的是一定要具备一种一丝不苟的精神。特别是年轻人，往往急于求成，容易忽略细节。要知道，医理上走错一步，就是人命关天的大事啊！而抄那些手稿的工作，既是学习医学知识的机会，也是一种修炼心性的过程。”教授最后说。

这番话深深触动了科赫年轻的心灵。在此后的学习和工作中，科赫一直牢记导师的话，他老老实实做最傻的人，一直保持严谨的学习心态和研究作风。这种做事态度让他在人类历史上首次发现了结核菌、霍乱菌。而第一个发现传染病是由于病原体感染而造成的人，也是这位叫科赫的“最傻的人”。1905年，鉴于在细菌研究方面的卓越成就，瑞典皇家学会将诺贝尔生理学与医学奖授予了科赫。

撰写手稿

2 按键盘上的Del键即可删除尾注引用标记，同时相应的尾注注释也被删除，如下图所示。

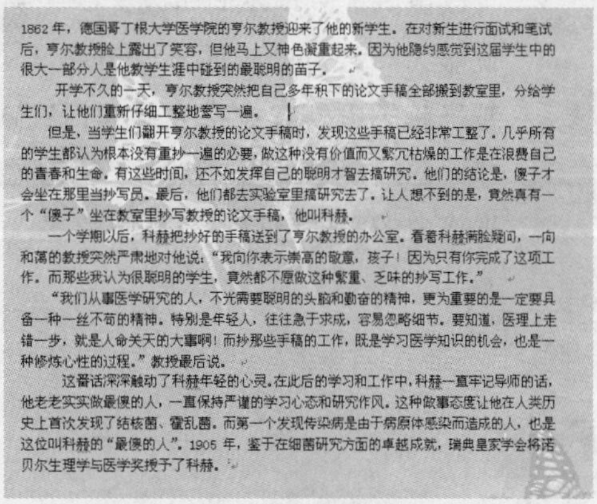

1862年，德国哥丁根大学医学院的亨尔教授迎来了他的新学生。在对新生进行面试和笔试后，亨尔教授脸上露出了笑容，但他马上又神色凝重起来。因为他隐约感觉到这届学生中的很大一部分人是他教学生涯中碰到的最聪明的苗子。

开学不久的一天，亨尔教授突然把自己多年积下的论文手稿全部搬到教室里，分给学生们，让他们重新仔细工整地誊写一遍。

但是，当学生们翻开亨尔教授的论文手稿时，发现这些手稿已经非常工整了。几乎所有的学生都认为根本没有重抄一遍的必要，做这种没有价值而又繁冗枯燥的工作是在浪费自己的青春和生命。有这些时间，还不如发挥自己的聪明才智去搞研究。他们的结论是，傻子才会坐在那里当抄写员。最后，他们都去实验室里搞研究去了。让人想不到的是，竟然真有一个“傻子”坐在教室里抄写教授的论文手稿，他叫科赫。

一个学期以后，科赫把抄好的手稿送到了亨尔教授的办公室。看着科赫满脸疑问，一向和蔼的教授突然严肃地对他说：“我向你表示崇高的敬意，孩子！因为只有你完成了这项工作。而那些我认为很聪明的学生，竟然都不愿做这种繁重、乏味的抄写工作。”

“我们从事医学研究的人，不光需要聪明的头脑和勤奋的精神，更为重要的是一定要具备一种一丝不苟的精神。特别是年轻人，往往急于求成，容易忽略细节。要知道，医理上走错一步，就是人命关天的大事啊！而抄那些手稿的工作，既是学习医学知识的机会，也是一种修炼心性的过程。”教授最后说。

这番话深深触动了科赫年轻的心灵。在此后的学习和工作中，科赫一直牢记导师的话，他老老实实做最傻的人，一直保持严谨的学习心态和研究作风。这种做事态度让他在人类历史上首次发现了结核菌、霍乱菌。而第一个发现传染病是由于病原体感染而造成的人，也是这位叫科赫的“最傻的人”。1905年，鉴于在细菌研究方面的卓越成就，瑞典皇家学会将诺贝尔生理学与医学奖授予了科赫。

Chapter 06

第6章 表格的制作与编辑

表格的应用在Word排版中占有重要的地位，借助表格可以更好地表现不同对象之间的关系，使之更具有表现力和说服力。经过版本的不断升级，Word 2010中表格的功能越来越完善。本章将介绍如何在Word文档中对表格进行操作，包括创建表格、编辑表格对象、设置表格格式，以及对表格内的数据进行计算和排序等。

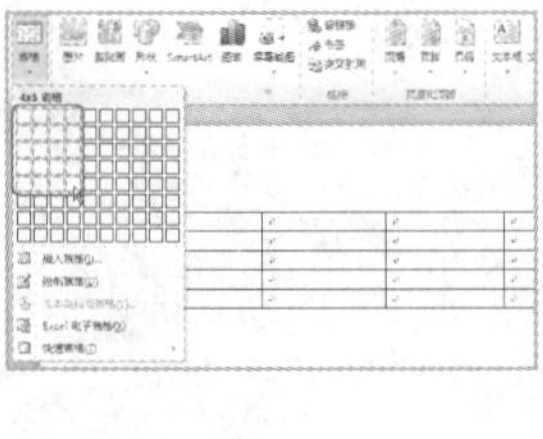

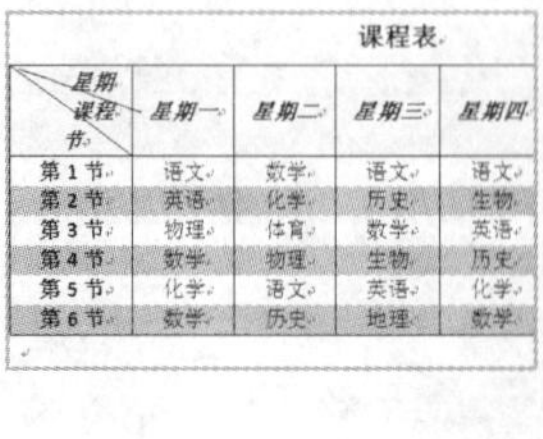

课程表

星期 课程 节	星期一	星期二	星期三	星期四
第1节	语文	数学	语文	语文
第2节	英语	化学	历史	生物
第3节	物理	体育	数学	英语
第4节	数学	物理	生物	历史
第5节	化学	语文	英语	化学
第6节	数学	历史	地理	数学

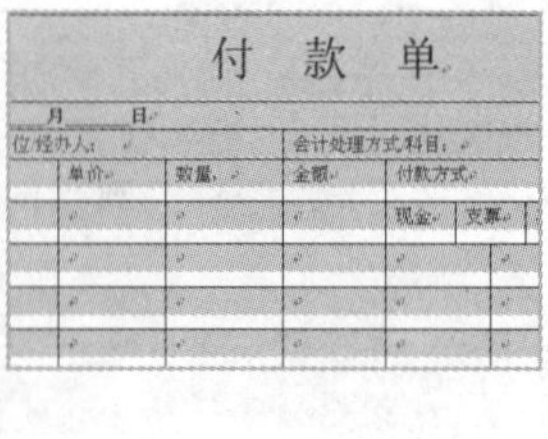

6.1 创建表格

在使用Word文档的过程中，有时需要创建表格。根据不同的需要，会有许多不同的表格创建方法。

实战操作095 在文档中插入表格

素材：无　　效果：无

难度：★★☆☆☆　　视频：视频\第6章\实战操作095.avi

在文档中要应用表格，首先要掌握的是如何创建表格。在文档中插入表格的方法如下：

1 在文档中将插入点移至要插入表格的位置，单击“插入”选项卡“表格”组中的“表格”按钮，弹出面板，如下图所示。

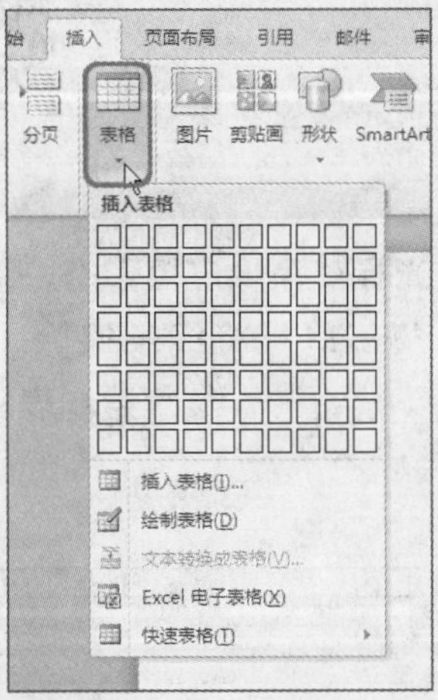

2 在面板中选择插入表格的栅格区域，在栅格区域上移动光标选择要创建的表格的列数和行数，同时面板中显示出选择的列行数。单击鼠标左键，即可在文档中插入表格，如下图所示。

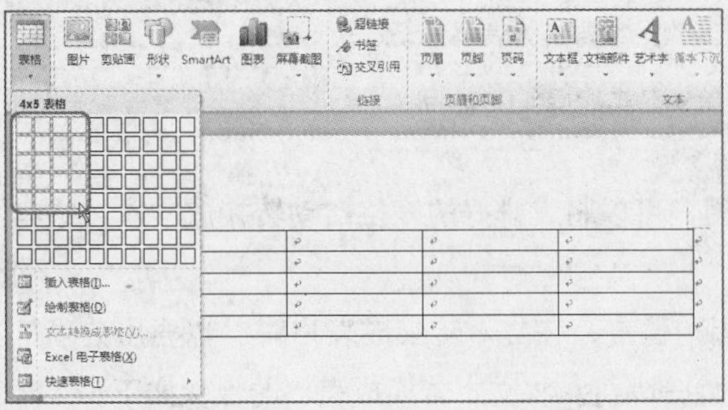

3 用户可以在菜单中选择“插入表格”命令，打开“插入表格”对话框，如下图所示。

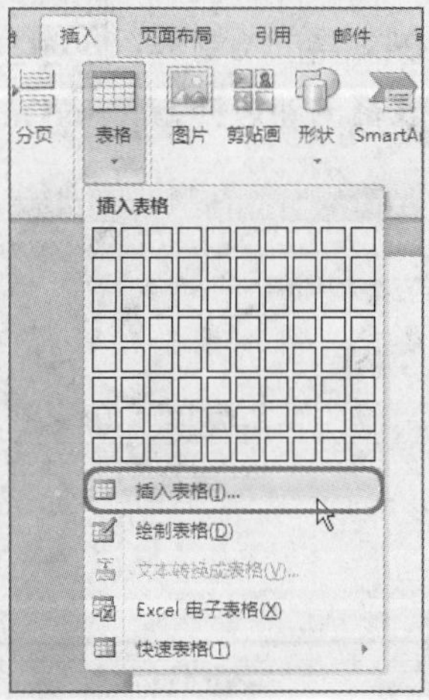

4 在“列数”和“行数”文本框中输入表格数值，设置完成后，单击“确定”按钮 确定 ，如下图所示。在文档的插入点处，会出现一个按要求设置的表格。

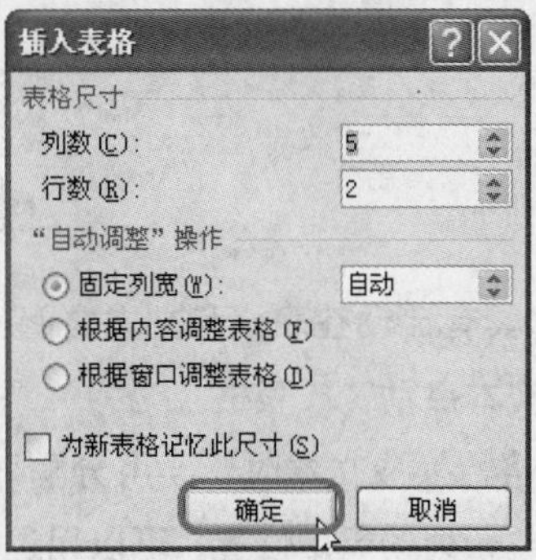

实战操作096 绘制表格

素材：无　　效果：无

难度：★★★★★　　视频：视频\第6章\实战操作096.avi

当在“表格”下拉面板中选择“绘制表格”命令时，鼠标指针变成铅笔形状，可以用来绘制表格的行与列，就像在普通纸上用铅笔和尺子绘制表格一样。

“绘制表格”是一个创建非标准表格命令，使用它可以绘制各种表格。具体操作步骤如下：

1 单击“插入”选项卡“表格”组中的“表格”按钮，在弹出的下拉面板中选择“绘制表格”命令，如右图所示。

2 此时光标变为铅笔形态，在文档中绘制一个矩形作为表格的外边界，如下图所示。

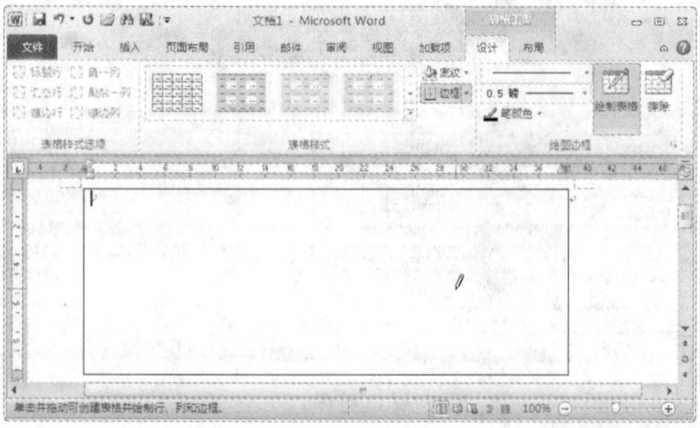

3 在该矩形内继续绘制列线和行线。如果要擦除一条多余的线条，单击“表格工具”下“设计”选项卡“绘图边框”组中的“擦除”按钮，如下图所示。

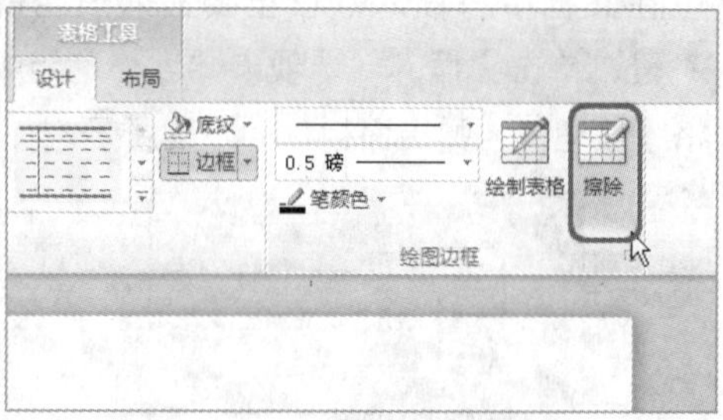

4 此时光标变为橡皮擦形态，单击要擦除的线条，即可将线条擦除，然后单击“绘制表格”按钮，继续绘制表格，如下图所示。

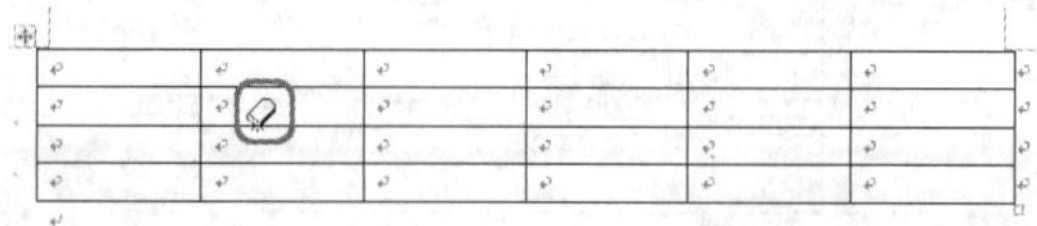

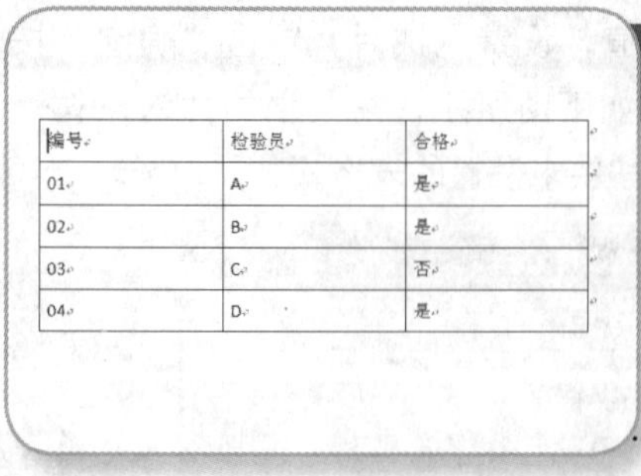

编号	检验员	合格
01	A	是
02	B	是
03	C	否
04	D	是

实战操作097 将已有的文本转换成表格

素材：素材\097\文本转换为表格.docx

难度：★★★★★

效果：效果\097\文本转换为表格.docx

视频：视频\第6章\实战操作097.avi

Word具有自动在表格和文本之间转换的功能，用户可以将编排好的表格自动转换成文本，或者将录入的文本自动转成表格。

将表格转换成文本时，要用分隔符标识文字分隔的位置；在文本转换成表格时，也要用分隔符标识新行或新列的起始位置。可以用逗号或制表符作为分隔符。将文本转换成表格的步骤如下：

1 打开素材文件，选择要转换的正文内容，如下图所示。

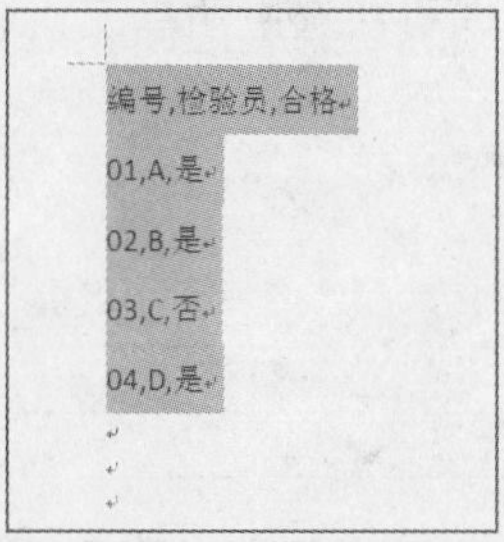

2 单击“插入”选项卡“表格”组中的“表格”按钮，在弹出的下拉面板中选择“文本转换成表格”命令，如下图所示。

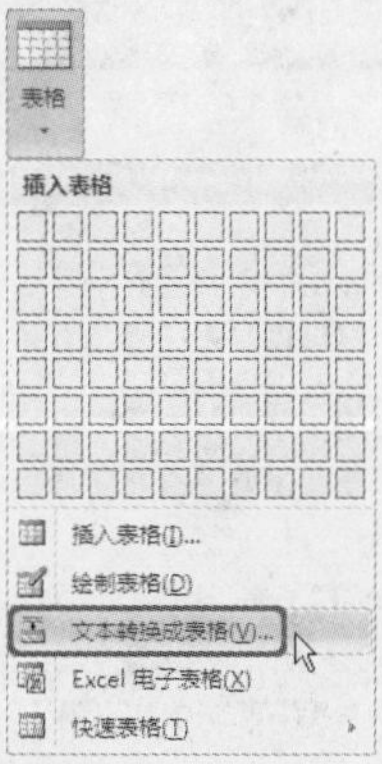

3 在打开的“将文字转换成表格”对话框中，将“列数”设置为3，“固定列宽”设置为“自动”，“文字分隔位置”选择为“逗号”，如下图所示。

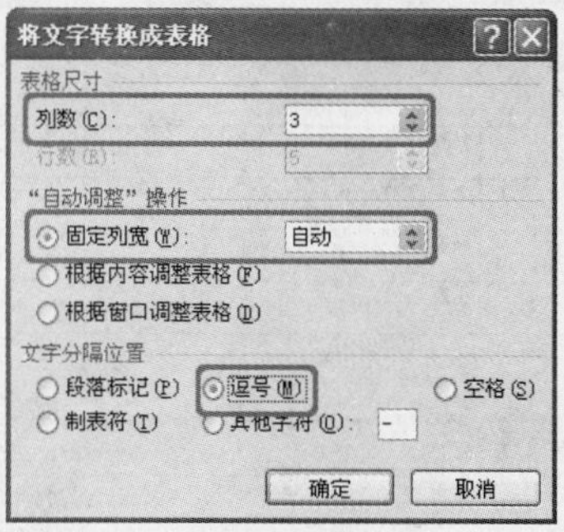

4 单击“确定”按钮完成转换，如下图所示。

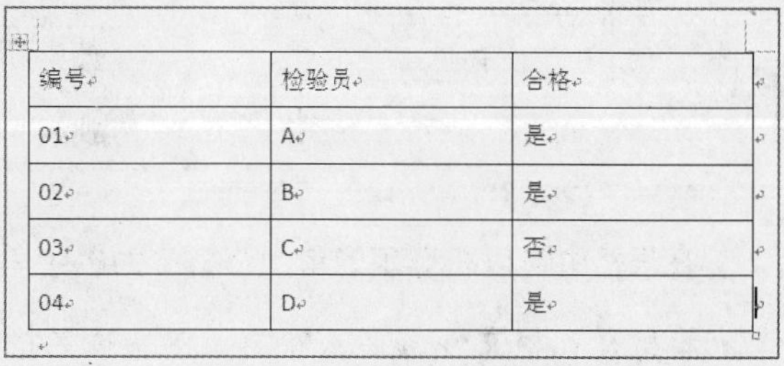

6.2 合并和拆分表格、单元格

合并表格就是把两个或多个表格合并为一个表格，而拆分表格则恰恰相反，是把一个表格拆分为两个或两个以上的表格。合并和拆分表格、单元格是Word功能灵活运用的一个体现。

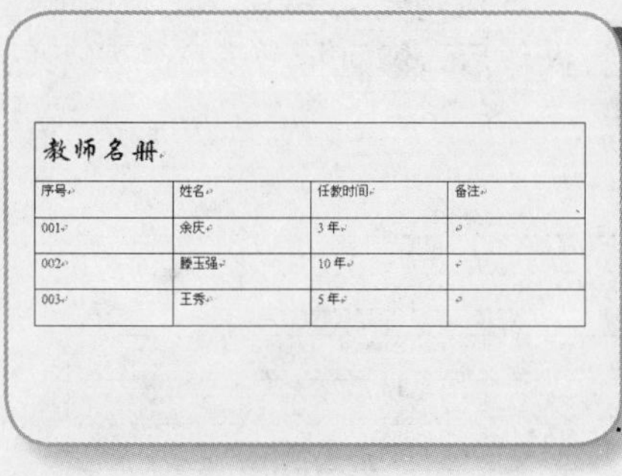

实战操作098 合并单元格

- 素材：素材\098\合并单元格.docx
- 难度：★★★★★
- 效果：效果\098\合并单元格.docx
- 视频：视频\第6章\实战操作098.avi

合并单元格是指将表格中的两个或多个单元格进行合并，形成一个单元格。其操作步骤如下：

1 打开素材文件，在工作窗口中选择要合并的单元格，如下图所示。

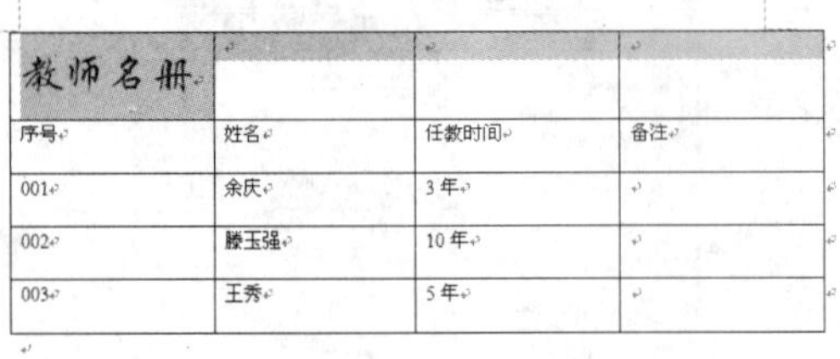

2 选择“表格工具”下的“布局”选项卡，在“合并”组中单击“合并单元格”按钮，即可将选中的单元格进行合并，如下图所示。

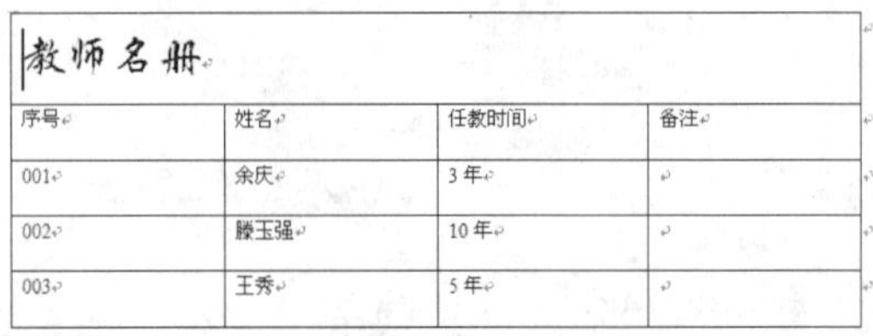

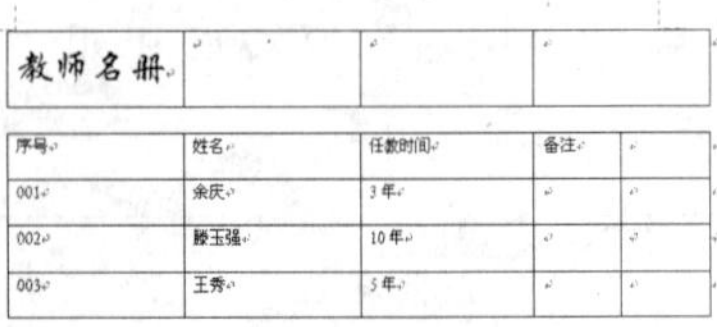

实战操作099 拆分单元格和表格

素材：素材\098\合并单元格.docx

难度：★★★★★

效果：效果\099\拆分单元格和表格.docx

视频：视频\第6章\实战操作099.avi

在表格中可以将选定的单元格拆分为多个单元格，其操作步骤如下：

1 打开素材文件，在工作窗口中选择要拆分的单元格，如下图所示。

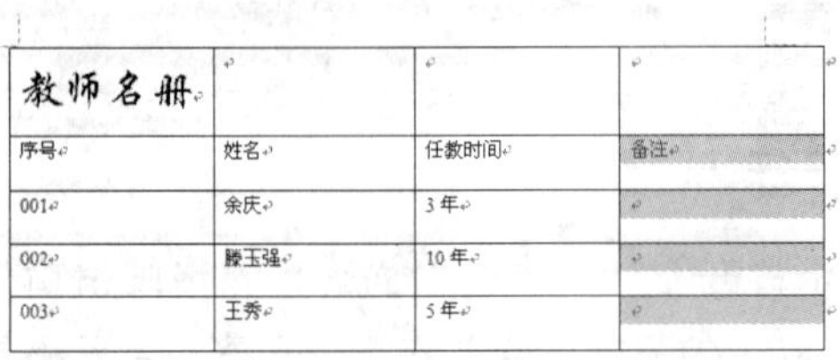

2 选择“表格工具”下的“布局”选项卡，在“合并”组中单击“拆分单元格”按钮，在弹出的“拆分单元格”对话框中的“行数”和“列数”文本框中输入2和4，如下图所示。单击“确定”按钮 确定 。

3 将插入符置于如下图所示的单元格右侧。

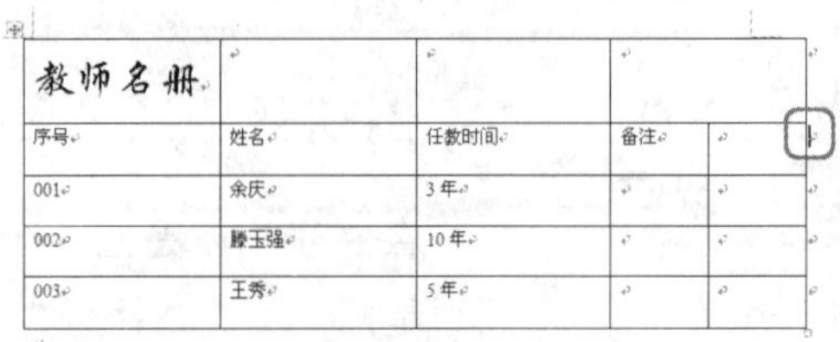

4 选择“表格工具”下的“布局”选项卡，在“合并”组中单击“拆分表格”按钮，执行操作后，即可拆分表格，如下图所示。

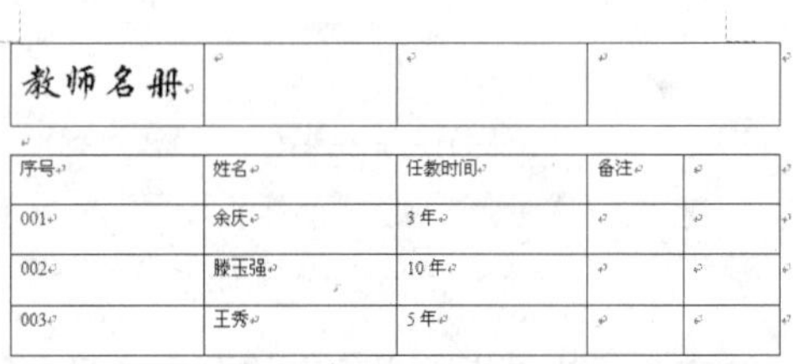

6.3 表格的编辑与修改

对于已经制作好的表格，除了可以合并和拆分单元格外，还可以对其进行增加和删除行、列单元格的操作。

实战操作100　向表格中添加行和列

素材：素材\100\退休人员名单.docx　　效果：无

难度：★★★★★　　视频：视频\第6章\实战操作100.avi

创建表格后在编辑过程中，用户仍可向表格中添加行或列。用户也可以使用“行和列”组中的插入按钮在表格中插入单元格，操作方法如下：

1 打开素材文件，将插入符置于第四行单元格的右侧，如下图所示。

退休人员名册

编号	姓名	参加工作时间	职务	退休时间	备注
5665	于鑫	1951	会计	2011	
5666	王立军	1950	技术人员	2010	
5667	李东健	1948	科长	2008	
5668	何娟	1960	技术人员	2020	

2 选择“表格工具”下的“布局”选项卡，在“行和列”组中单击“在上方插入”按钮或“在下方插入”按钮。在此单击“在下方插入”按钮，执行操作后即可插入一行单元格，如下图所示。

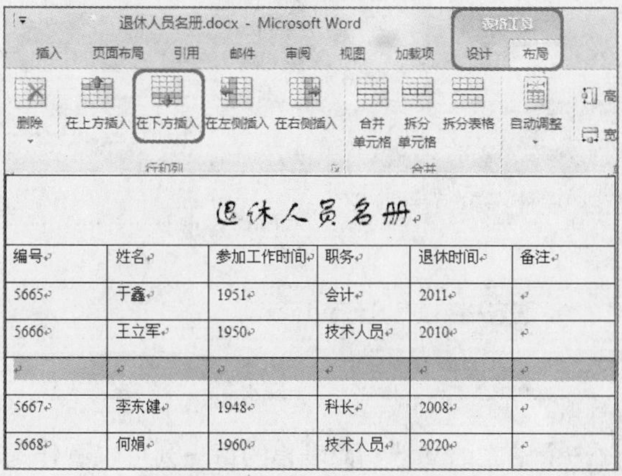

退休人员名册

编号	姓名	参加工作时间	职务	退休时间	备注
5665	于鑫	1951	会计	2011	
5666	王立军	1950	技术人员	2010	
5667	李东健	1948	科长	2008	
5668	何娟	1960	技术人员	2020	

3 将插入符置于第二行单元格的右侧，如下图所示。

退休人员名册

编号	姓名	参加工作时间	职务	退休时间	备注
5665	于鑫	1951	会计	2011	
5666	王立军	1950	技术人员	2010	
5667	李东健	1948	科长	2008	
5668	何娟	1960	技术人员	2020	

4 选择“表格工具”下的“布局”选项卡，在“行和列”组中单击“在左侧插入”按钮或“在右侧插入”按钮。在此单击“在右侧插入”按钮，执行操作后即可插入一列单元格，如下图所示。

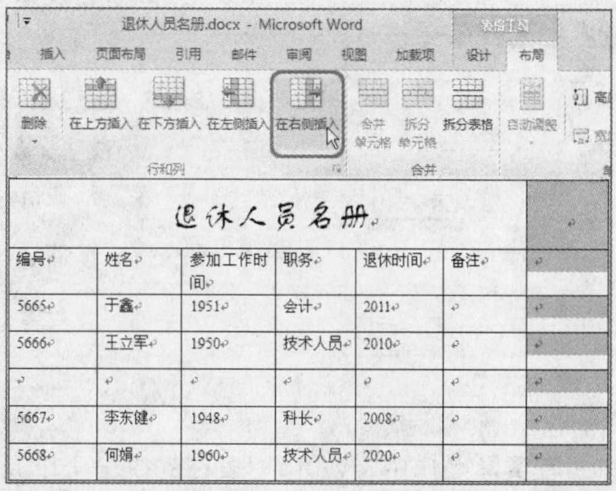

退休人员名册

编号	姓名	参加工作时间	职务	退休时间	备注	
5665	于鑫	1951	会计	2011		
5666	王立军	1950	技术人员	2010		
5667	李东健	1948	科长	2008		
5668	何娟	1960	技术人员	2020		

提示 将光标移至某一行的最后位置，按键盘上的Enter键，即可在当前行的下方插入新行。

实战操作101 从表格中删除行和列

素材：素材\100\退休人员名单.docx　　效果：无

难度：★★★★★　　视频：视频\第6章\实战操作101.avi

创建表格后，用户也可以删除表格中的行或列，具体操作步骤如下：

1 打开素材文件，在表格中选择需要删除的列，如下图所示。

2 选择“表格工具”下的“布局”选项卡，在“行和列”组中单击“删除”按钮，在弹出的下拉列表中选择“删除列”选项，如下图所示。

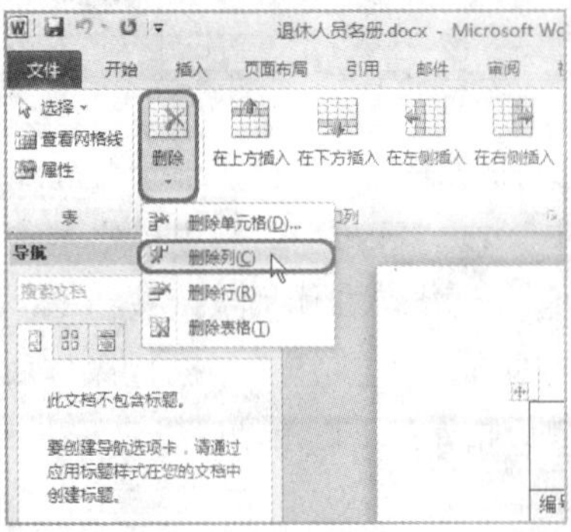

3 除此之外，用户还可以通过快捷菜单来删除选中的单元格，例如在表格中选择第一行单元格，右击鼠标，在弹出的快捷菜单中选择“删除单元格”命令，如下图所示。

4 执行操作后，在弹出的对话框中单击“删除整行”单选按钮，如下图所示，单击“确定”按钮，即可将选定的行进行删除。

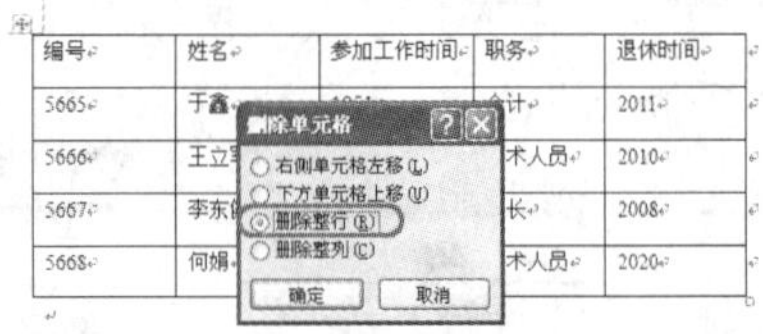

实战操作102 设置表格列宽和行高

素材：素材\100\退休人员名单.docx

难度：★★★★★

效果：效果\102\设置表格列宽和行高.docx

视频：视频\第6章\实战操作102.avi

在实际操作中，Word把表格的每一个单元格看做一个独立的文档，而表格的每一列可以看作是一个分栏，可以根据每一栏的需要设置列间距与行高。用户使用“表格属性”命令可以精确设置列宽与行高，具体操作方法如下：

1 打开素材文件，在表格中选择需要设置行高与列宽的单元格，如下图所示。

2 选择“表格工具”下的“布局”选项卡，单击“单元格大小”组右下角的“表格属性”按钮，如下图所示。

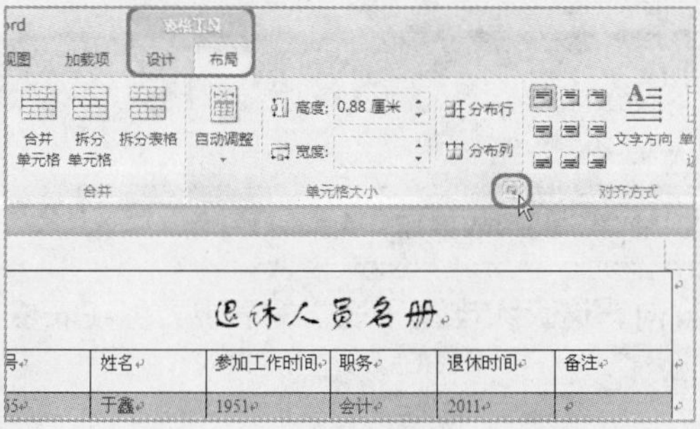

3 在弹出的“表格属性”对话框中选择“行”选项卡，在“指定高度”文本框中输入1.2，如下图所示。

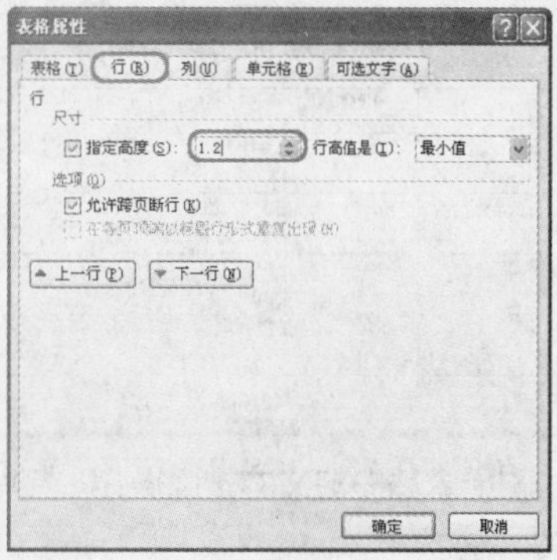

4 选择“列”选项卡，在“字号”选项组中勾选“指定宽度”复选框，在其右侧的文本框中输入2.8，单击“确定”按钮，即可调整行高和列宽，如下图所示。

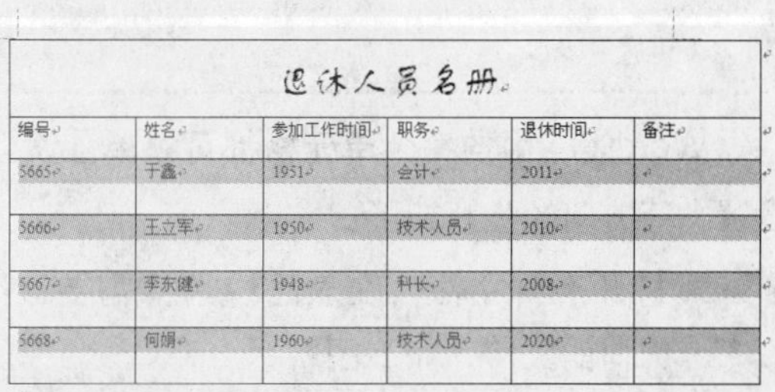

6.4 在表格中进行文本排版

为了方便阅读，同时也为了版面的规范和美观，表格中的文本也要进行排版。表格制作完成后要在相应的单元格中输入文字，这就涉及文字在单元格中的排列问题，这一问题处理的好坏，将直接影响表格的美观。

实战操作103 表格中一般文本的排版

素材：素材\100\退休人员名单.docx　　效果：无

难度：★★★★★　　视频：视频\第6章\实战操作103.avi

用户可以将表格中的每一个单元格看做是独立的文档，因此在单元格内录入、排版文本和普通文档一样。具体操作步骤如下：

1 打开素材文件，将插入符置于如下图所示的单元格中。

退休人员名册

编号	姓名	参加工作时间	职务	退休时间	备注
5665	于鑫	1951	会计	2011	
5666	王立军	1950	技术人员	2010	
5667	李东健	1948	科长	2008	
5668	何娟	1960	技术人员	2020	

2 在单元格中输入文本，按Enter键另起一行，而光标仍在这一单元格中，如下图所示。

退休人员名册

编号	姓名	参加工作时间	职务	退休时间	备注
5665	于鑫	1951	会计	2011	提前退休
5666	王立军	1950	技术人员	2010	
5667	李东健	1948	科长	2008	
5668	何娟	1960	技术人员	2020	

提示 对于表格中的文本排版操作，与普通文档的文本排版格式基本相同，包括字符、段落、制表位的格式等。

实战操作104 设置表格中的文字方向

素材：素材\104\付款单.docx　　效果：无

难度：★★★★★　　视频：视频\第6章\实战操作104.avi

Word表格中的每个单元格都可以单独设置文字的方向，这大大丰富了表格的表现力。在表格中设置文字方向的步骤如下：

1 打开素材文件，在表格中选择需要改变方向的文字，如下图所示。

付　款　单

年____月____日							
收款单位经办人：			会计处理方式科目：				
摘要	单价	数量	金额	付款方式			
				现金	支票	其他	附：张

2 选择“表格工具”下的“布局”选项卡，在“对齐方式”组中单击“文字方向”按钮，执行操作后，即可改变文字的方向，如下图所示。

付　款　单

年____月____日							
收款单位经办人：			会计处理方式科目：				
摘要	单价	数量	金额	付款方式			
				现金	支票	其他	附：张

提示 除此之外，用户还可以在选择的文字上右击，在弹出的快捷菜单中选择“文字方向”选项。

实战操作105 单元格中文字的对齐方式

素材：素材\104\付款单.docx　　效果：无

难度：★★★★★　　视频：视频\第6章\实战操作105.avi

在Word中，单元格中文字垂直居中的处理与水平居中设置方法一样，操作方法如下：

1 打开素材文件，在表格中选择第二行单元格中需要对齐的文字，如下图所示。

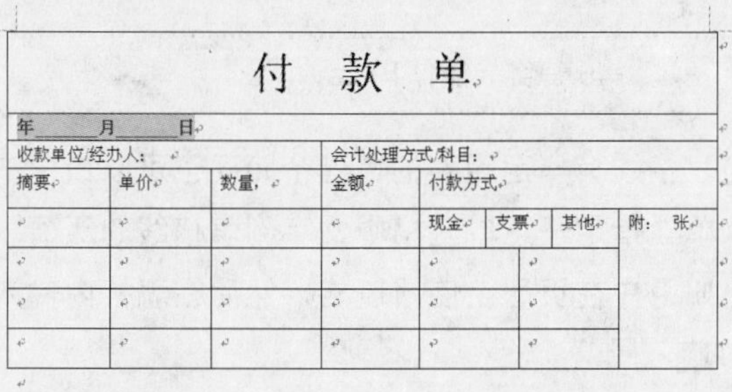

2 选择“表格工具”下的“布局”选项卡，在“对齐方式”组中单击“靠下右对齐”按钮，即可对选中的文字进行对齐，如下图所示。

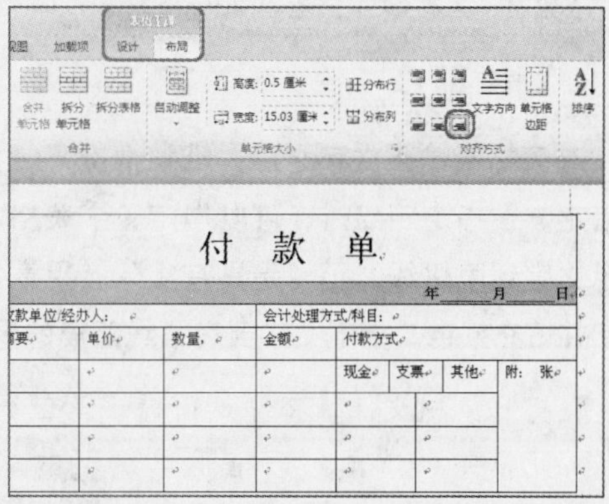

提示

利用制表符可以设置水平方向的对齐方式，但不能设置垂直方向的对齐方式。在单元格内输入内容，既需要考虑水平的对齐方式，也要考虑垂直的对齐方式。

实战操作106　根据内容或窗口调整表格

素材：素材\104\付款单.docx　　效果：无

难度：★★★★★　　视频：视频\第6章\实战操作106.avi

在表格中输入文字，当输入的某行文字比较长时，表格的列宽会自动调整。默认状态下，该功能是打开的。如果发现没有打开这个功能，可以根据下面的操作步骤进行调整：

1 打开素材文件，在工作窗口中选中所有的单元格，如下图所示。

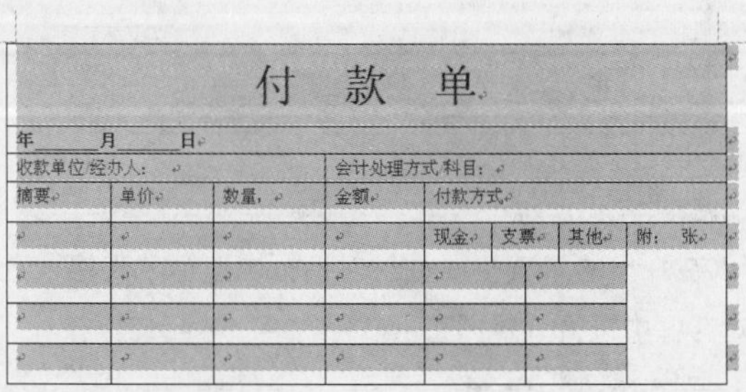

2 选择“表格工具”下的“布局”选项卡，在“单元格大小”组中单击“自动调整”按钮，在弹出的下拉列表中选择“根据内容自动调整表格”选项，效果如下图所示。

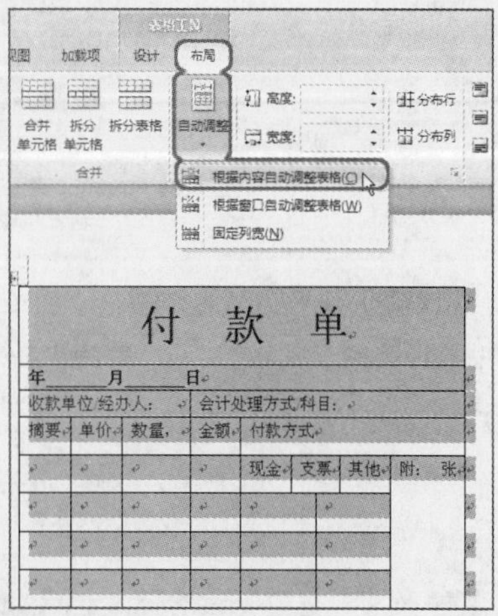

提示

在该菜单中还包括“根据窗口自动调整表格”和“固定列宽”命令，其功能如下：

- “根据窗口自动调整表格”命令表示表格的内容会自动适应文档窗口的宽度。
- “固定列宽”命令表示可以指定表格的宽度。

实战操作107 指定文字到表格线的距离

素材：素材\104\付款单.docx　　效果：无

难度：★★★★★　　视频：视频\第6章\实战操作107.avi

在表格中输入文字之后，默认情况下，文字是与表格线有一定距离的，这个距离也可以由用户来指定。在指定距离时，可以指定整个表格，也可以单独指定任意单元格中文字到表格线的距离。指定文字到表格线的距离是具有实际应用意义的，比如用户在页眉上使用表格，然后在表格内输入文字并填充颜色。指定文字到表格线距离的操作方法如下：

1 打开素材文件，将插入符置于第二行单元格中，选择“表格工具”下的“布局”选项卡，单击“单元格大小”组右下角的“表格属性”按钮，弹出“表格属性”对话框，如下图所示。

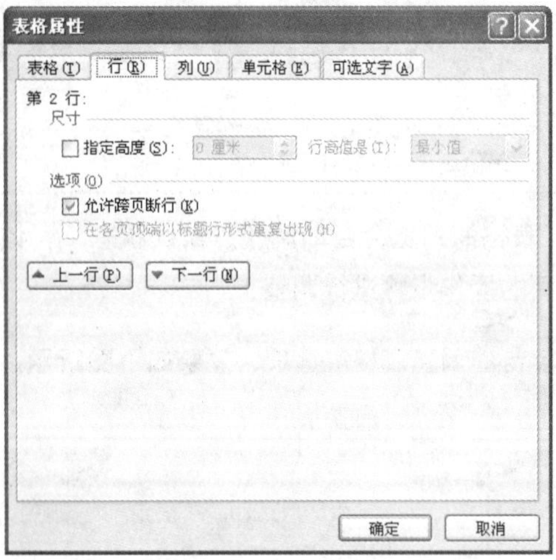

2 在弹出的对话框中选择“单元格”选项卡，然后再单击“选项”按钮选项(O)...，在弹出的“单元格选项”对话框中取消选中“与整张表格相同”复选框，在“左”文本框中输入0，如下图所示。单击两次“确定”按钮，即可指定单元格的边距。

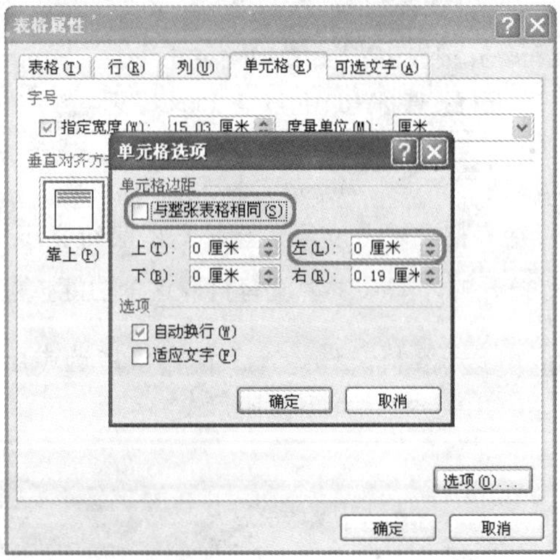

> **提示** 如果用户需要设置整个表格中的单元格边距，可以在弹出的“表格属性”对话框中选择“表格”选项卡，并单击“选项”按钮，在弹出的“表格选项”对话框中进行设置即可。

6.5 在表格中进行跨页设置

如果文档中表格很长，需要排成多页，用人工拆页的方法会比较麻烦。Word 2010能够将表格自动拆页，还能将表头自动加在各页表格上。

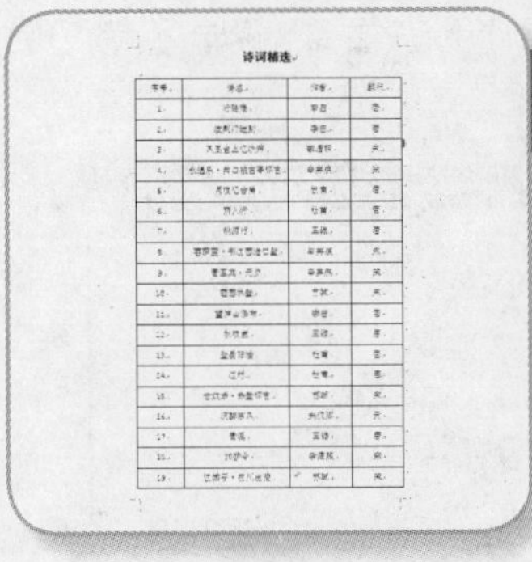

实战操作108　表格的表头跨页出现

素材：素材\108\表格的表头跨页出现.docx

难度：★★★★★

效果：效果\108\表格的表头跨页出现.docx

视频：视频\第6章\实战操作108.avi

首先学习表格的表头跨页，具体操作步骤如下：

1 打开素材文件，文件中的表格是没有表头参数的分页，这类表格只需按正常的表格分页即可，如下图所示。

18	如梦令	李清照	宋
19	江城子・密州出猎	苏轼	宋
20	鸟鸣涧	王维	唐
21	过香积寺	王维	唐

2 如果要设置分页时表格中有表头参数，则需要在表格中选择要作为表格表头的一行或多行文字，选择的内容必须包括第1行，如下图所示。

诗词精选

序号	诗名	作者	朝代
1	行路难	李白	唐
2	渡荆门送别	李白	唐
3	凤凰台上忆吹箫	李清照	宋
4	永遇乐・井口被古亭怀古	辛弃疾	宋
5	月夜忆舍弟	杜甫	唐
6	丽人行	杜甫	唐

3 选择“表格工具”下的“布局”选项卡，在“数据”组中单击“重复标题行”按钮重复标题行，即可将表头显示出来，如下图所示。

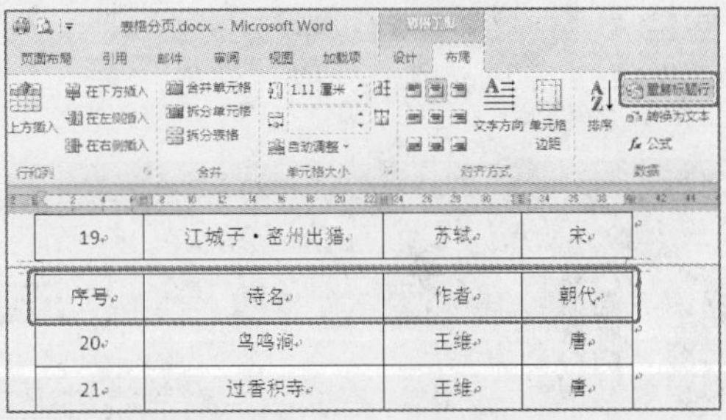

4 用户也可以在“表格工具”下的“布局”选项卡中单击“单元格大小”组右下角的“表格属性”按钮，打开“表格属性”对话框，选择“行”选项卡，勾选“在各页顶端以标题行形式重复出现”复选框，单击“确定”按钮，如下图所示。

实战操作109　防止表格跨页断行

素材：素材\108\表格的表头跨页出现.docx　效果：无

难度：★★★★★　视频：视频\第6章\实战操作109.avi

通常情况下，Word允许表格行中文字的跨页拆分，这就可能导致表格内容被拆分到不同的页面上，从而影响文件的阅读效果。可以使用下面的操作防止表格跨页断行。具体操作步骤如下：

1 继续上一实例的操作，在表格中选择第一页第一行单元格，如下图所示。

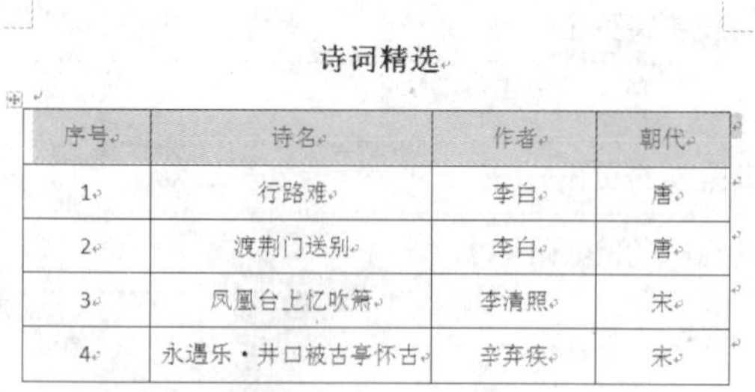

诗词精选

序号	诗名	作者	朝代
1	行路难	李白	唐
2	渡荆门送别	李白	唐
3	凤凰台上忆吹箫	李清照	宋
4	永遇乐·井口被古亭怀古	辛弃疾	宋

2 选择“表格工具”下的“布局”选项卡，单击“单元格大小”组右下角的“表格属性”按钮，打开“表格属性”对话框，选择“行”选项卡，取消勾选“允许跨页断行”复选框，如下图所示。最后单击“确定”按钮即可。

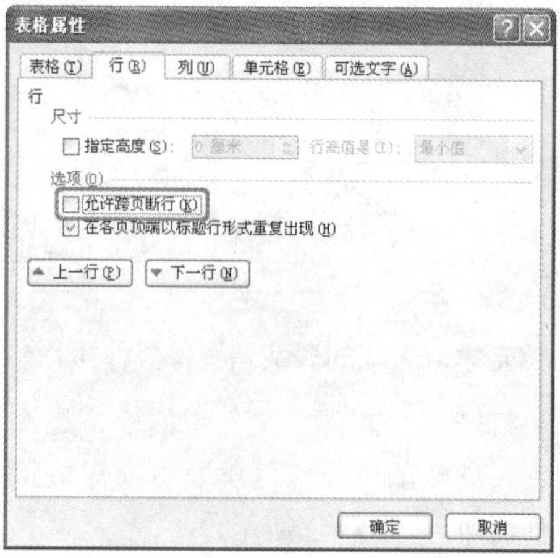

6.6 在文档中排版表格

在文档中对表格进行排版，主要是为了方便阅读，同时也是为了版面的规范和美观。

实战操作110 表格的对齐方式

素材：素材\110\表格的对齐方式.docx　　效果：无

难度：★★★★★　　视频：视频\第6章\实战操作110.avi

用户可以像对待图形一样对表格进行处理。表格有3种对齐方式，分别为左对齐、居中和右对齐。设置表格对齐方式的操作如下：

1 打开素材文件，在表格的左上角单击十字光标，选择整个表格，如下图所示。

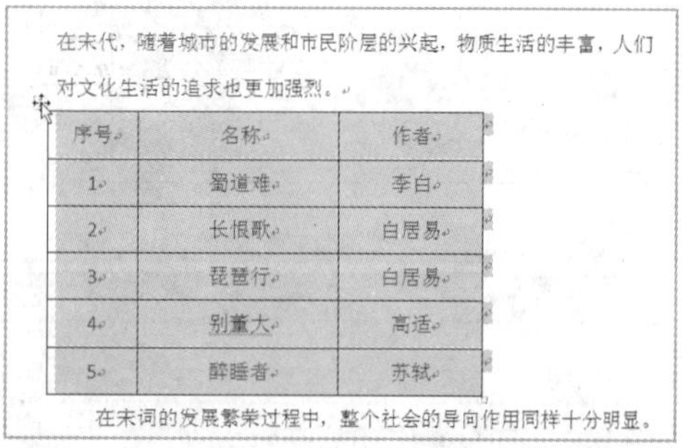

在宋代，随着城市的发展和市民阶层的兴起，物质生活的丰富，人们对文化生活的追求也更加强烈。

序号	名称	作者
1	蜀道难	李白
2	长恨歌	白居易
3	琵琶行	白居易
4	别董大	高适
5	醉睡者	苏轼

在宋词的发展繁荣过程中，整个社会的导向作用同样十分明显。

2 选择“表格工具”下的“布局”选项卡，单击“单元格大小”组右下角的“表格属性”按钮，在弹出的对话框中选择“表格”选项卡，在“对齐方式”选项组中单击“居中”，如下图所示，单击“确定”按钮即可。

提示　在“表格工具”下的“布局”选项卡中，单击“单元格大小”组中的“对话框启动器”按钮，也可打开“表格属性”对话框。

实战操作111　表格的环绕方式

素材：素材\110\表格的对齐方式.docx　　效果：无

难度：★★★★★　　视频：视频\第6章\实战操作111.avi

表格也可以像图片一样被环绕于文字中，如果要精确设置表格的环绕方式，以及设置表格与文字之间的距离，可以利用“表格属性”对话框将表格精确地定位到一个指定位置。为表格设置环绕方式的操作方法如下：

1 打开素材文件，在表格的左上角单击十字光标选择整个表格，选择“表格工具”下的“布局”选项卡，单击“单元格大小”组右下角的“表格属性”按钮，如下图所示。

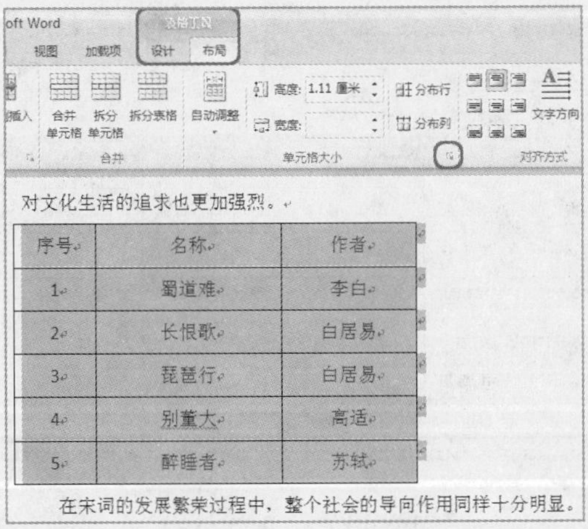

2 在弹出的对话框中选择“表格”选项卡，在“文字环绕”选项组中单击“环绕”项，再单击“确定”按钮即可，如下图所示。

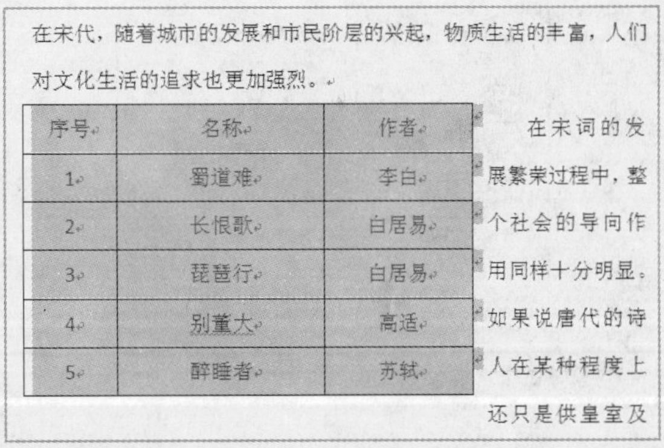

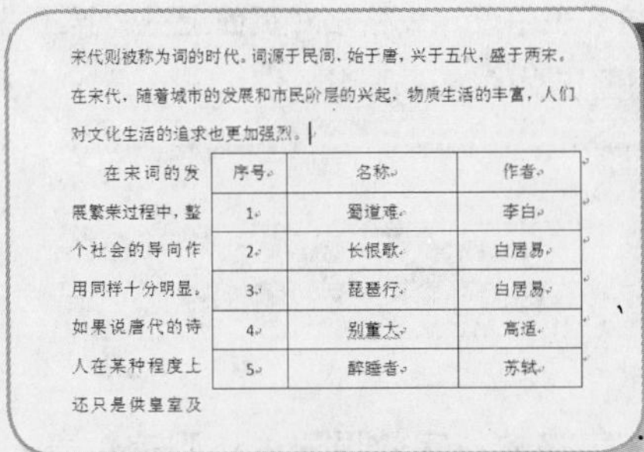

实战操作112　定位表格的位置

素材：素材\110\表格的对齐方式.docx

难度：★★★★★

效果：效果\112\定位表格位置.docx

视频：视频\第6章\实战操作112.avi

如果要精确设置表格的环绕方式，以及设置表格与文字之间的距离，可以利用“表格属性”对话框将表格精确地定位到一个指定位置。操作方法如下：

1 打开素材文件，选择文件中的表格，选择“表格工具”下的“布局”选项卡，在“表”组中单击“属性”按钮选项，如下图所示。

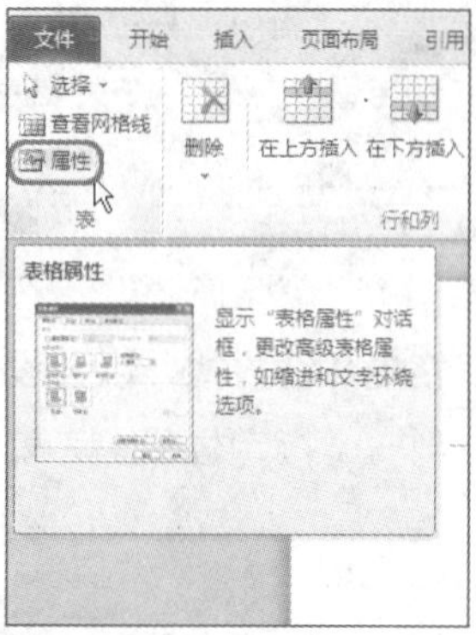

2 在弹出的“表格属性”对话框中选择“表格”选项卡，如下图所示。单击“文字环绕”选项组中的“定位”按钮 定位(P)... ，打开“表格定位”对话框。

3 在“水平”选项组中将“位置”设置为“右侧”，在“选项”选项组中勾选“随文字移动”复选框，如下图所示。

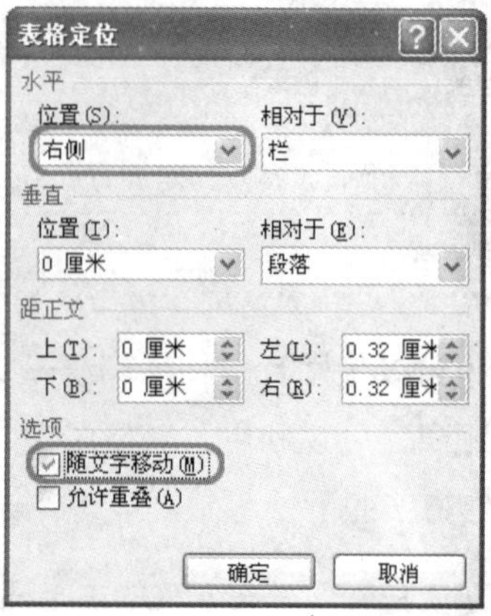

4 设置完成后，单击“确定”按钮，再在“表格属性”对话框中单击“确定”按钮即可，效果如下图所示。

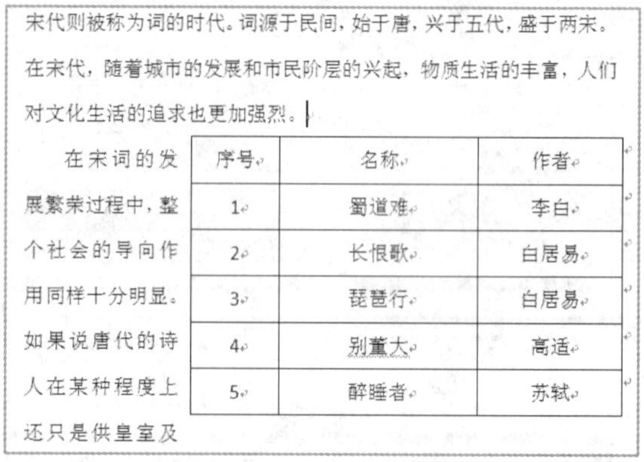
宋代则被称为词的时代。词源于民间，始于唐，兴于五代，盛于两宋。在宋代，随着城市的发展和市民阶层的兴起，物质生活的丰富，人们对文化生活的追求也更加强烈。

在宋词的发展繁荣过程中，整个社会的导向作用同样十分明显。如果说唐代的诗人在某种程度上还只是供皇室及

序号	名称	作者
1	蜀道难	李白
2	长恨歌	白居易
3	琵琶行	白居易
4	别董大	高适
5	醉睡者	苏轼

提示

除此之外，用户还可以在“垂直”选项组的“位置”文本框中输入一个精确的数值，也可以直接从下拉列表框中选择所需要的定位，如“居中”；在“相对于”下拉列表中设置表格相对页面上下边界、页边距以及段落的距离；在“距正文”选项组中可以设置表格与周围正文的距离。

6.7 美化表格

利用边框、底纹和图形填充功能可以增加表格的特定效果，以达到美化表格和页面的目的。为表格或单元格添加边框和底纹的方法与设置段落的填充颜色或纹理填充一样。

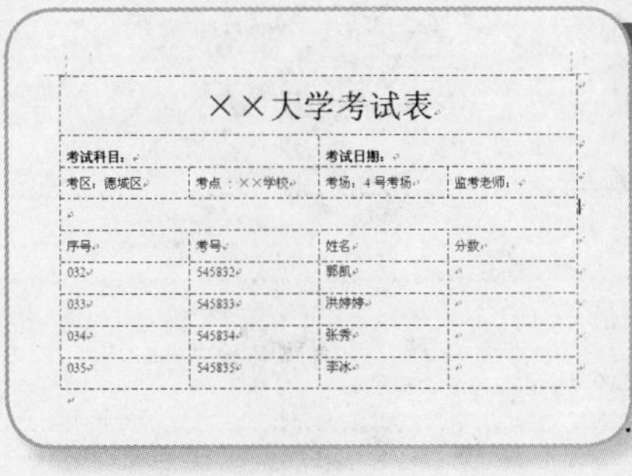

实战操作113 设置表格边框

- 素材：素材\113\大学考试表.docx
- 难度：★★★★★
- 效果：效果\113\设置表格边框.docx
- 视频：视频\第6章\实战操作113.avi

有时为了使文本利于排版，可以将文本用表格的方式建立，然后再将边框隐藏。例如，可以设置表格只有行线、没有列线，或者设置表格只有边框，或者边框的粗细、颜色不同等。设置表格边框的步骤如下：

1 选择要设置格式的表格。把鼠标指针移到表格的左上角，当表格左上角出现⊞标记时，单击即可选择整个表格，如下图所示。

2 在选定的表格上单击鼠标右键，在弹出的快捷菜单中选择“边框和底纹”选项，如下图所示。

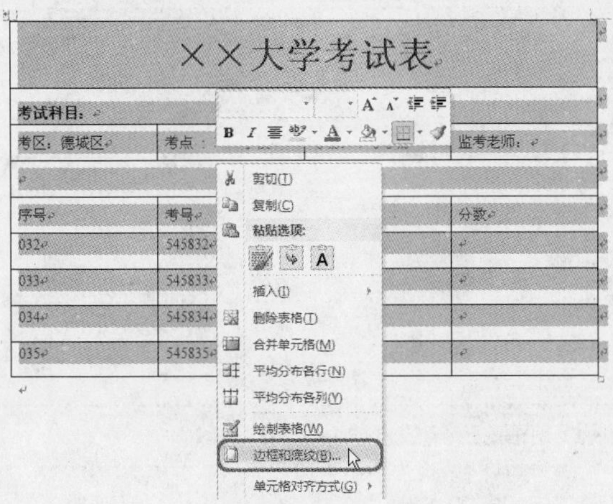

3 在弹出的“边框和底纹”对话框中选择“边框”选项卡，在“设置”选项组中单击“全部”项，在“样式”下拉列表中选择第五种线性，如下图所示。

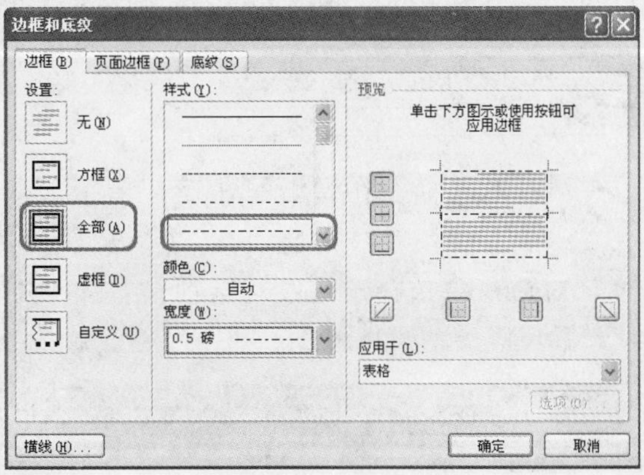

4 设置完成后，单击“确定”按钮，即可为选中的表格设置边框，效果如下图所示。

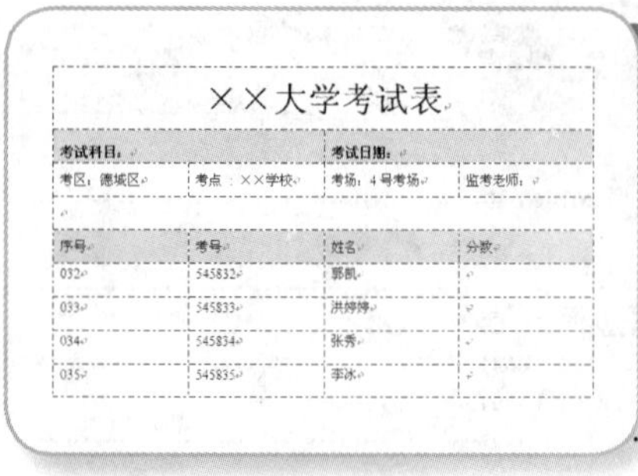

实战操作114 设置表格底纹

- 素材：素材\113\大学考试表.docx
- 难度：★★★★★
- 效果：效果\114\设置表格底纹.docx
- 视频：视频\第6章\实战操作114.avi

在“边框和底纹”对话框中，可以为表格设置底纹效果，操作方法如下：

1 继续上一实例的操作，按住Ctrl键在表格中选择如下图所示的两行单元格。

2 右击鼠标，在弹出的快捷菜单中选择“边框和底纹”选项，在“边框和底纹”对话框中选择“底纹”选项卡，如下图所示。

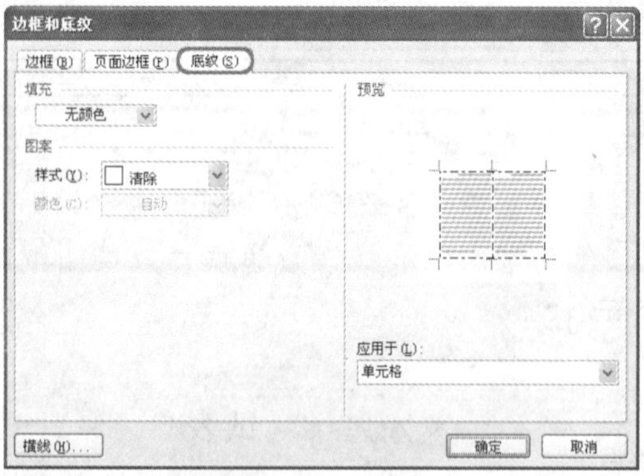

3 在“填充”选项组中将颜色设置为如下图所示的颜色，将“应用于”设置为“单元格”。

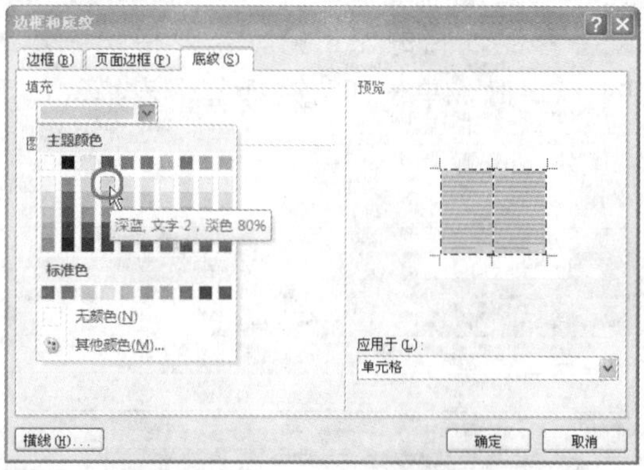

4 单击“确定”按钮，即可对选定的单元格添加底纹，效果如下图所示。

实战操作115 将表格转换为文本

- 素材：素材\113\大学考试表.docx
- 效果：无
- 难度：★★★★★
- 视频：视频\第6章\实战操作115.avi

下面介绍如何将表格转换为文本，具体操作步骤如下：

1 打开素材文件，在表格中选择如下图所示的单元格。

2 选择“表格工具”下的“布局”选项卡，在“数据”组中单击“转换为文本”按钮，在弹出的对话框中单击“制表符”单选按钮，如下图所示，单击“确定”按钮，即可将表格转换为文本。

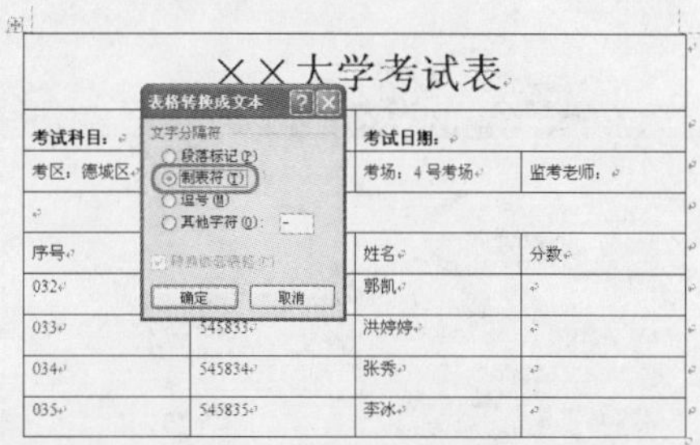

实战操作116　擦除表格边框

素材：素材\113\大学考试表.docx　　效果：无

难度：★★★★★　　视频：视频\第6章\实战操作116.avi

在Word 2010中，可以使用“擦除”工具擦除表格的边框，具体操作步骤如下：

1 打开素材文件，将插入符置于表格中的任意单元格中，选择“表格工具”下的“设计”选项卡，在“绘图边框”组中单击“擦除”按钮，如下图所示。

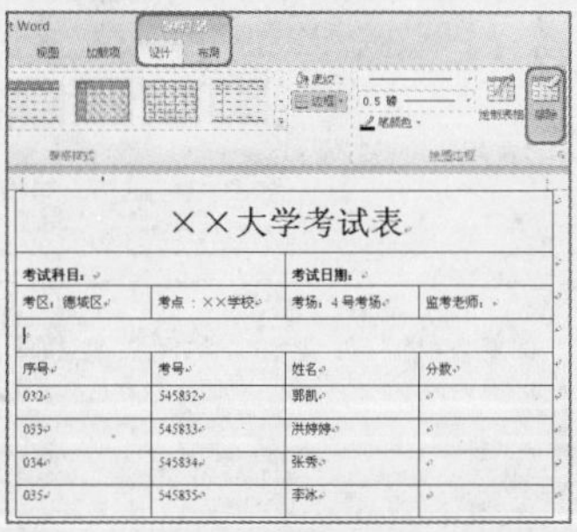

2 当光标变为橡皮状时，在需要擦除的表格边框上单击，即可将该边框擦除。在此将第一行单元格中的3个边框进行擦除，完成后的效果如下图所示。

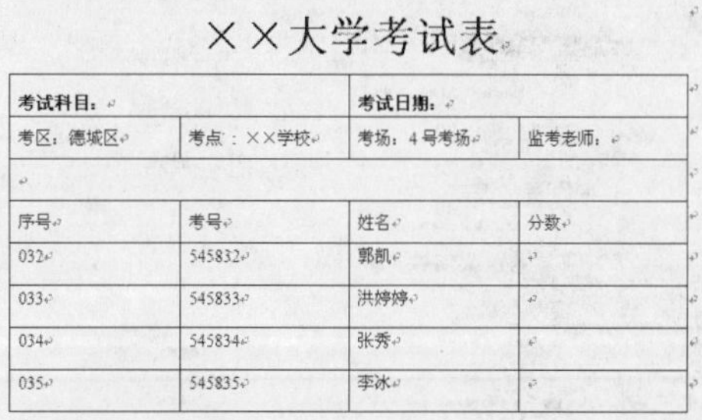

6.8 表格的自动化功能

Word本身拥有大量的自动化功能，下面介绍其中的一些功能。

实战操作117　使用“表格自动套用格式”对话框

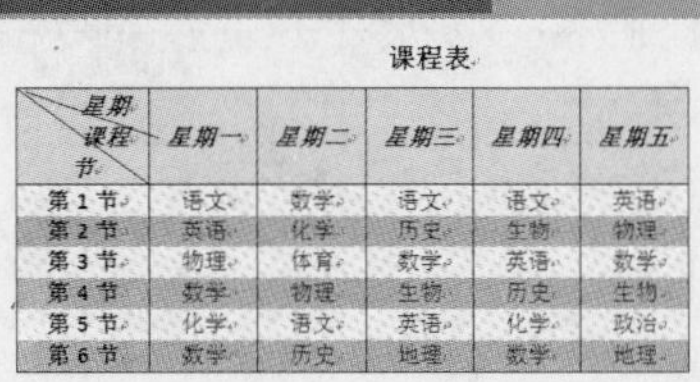

素材：素材\117\课程表.docx

难度：★★★★★

效果：效果\117\使用“表格自动套用格式”对话框.docx

视频：视频\第6章\实战操作117.avi

Word内置了一些设计好的表格样式，包括表格的框线、底纹、字体等格式设置。利用“表格自动套用格式”可以快速地引用这些预定的样式。具体操作步骤如下：

1 打开素材文件，选择“文件”|“选项”命令，打开“Word选项”对话框，如下图所示。

2 在“Word选项”对话框中选择“快速访问工具栏”选项卡，在“从下列位置选择命令”下拉列表中选择“不在功能区中的命令”选项，然后在下方的列表框中选择“表格自动套用格式”选项，如下图所示。

3 单击“添加”按钮 添加(A) >> ，再单击“确定”按钮，将其添加到快速访问工具栏。将光标插入表格的任意单元格中，单击快速访问工具栏中的“表格自动套用格式”按钮，打开“表格自动套用格式”对话框，如下图所示。

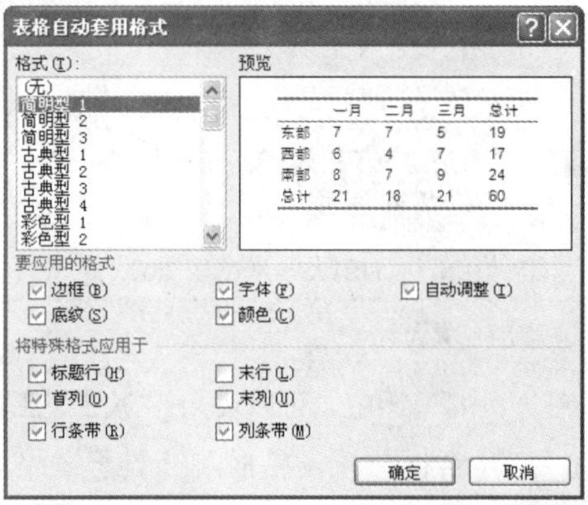

4 在“格式”下拉列表中选择“简明型1”，用户可以通过“预览”窗口查看所选类型的样式，选择完成后，单击“确定”按钮即可，效果如下图所示。

课程表

星期 课程 节	星期一	星期二	星期三	星期四	星期五
第 1 节	语文	数学	语文	语文	英语
第 2 节	英语	化学	历史	生物	物理
第 3 节	物理	体育	数学	英语	数学
第 4 节	数学	物理	生物	历史	生物
第 5 节	化学	语文	英语	化学	政治
第 6 节	数学	历史	地理	数学	地理

课程表

第 1 节	语文	数学	语文	语文	英语
第 2 节	英语	化学	历史	生物	物理
第 3 节	物理	体育	数学	英语	数学
第 4 节	数学	物理	生物	历史	生物
第 5 节	化学	语文	英语	化学	政治
第 6 节	数学	历史	地理	数学	地理
星期 课程 节	星期一	星期二	星期三	星期四	星期五

实战操作118 在表格中进行排序

- 素材：素材\117\课程表.docx
- 难度：★★★★★
- 效果：效果\118\在表格中进行排序.docx
- 视频：视频\第6章\实战操作118.avi

下面介绍如何在表格中进行排序，具体操作步骤如下：

1 打开素材文件，单击表格左上角的⊞，选择整个表格，选择“表格工具”下的“布局”选项卡，在“数据”组中单击“排序”按钮，如下图所示。

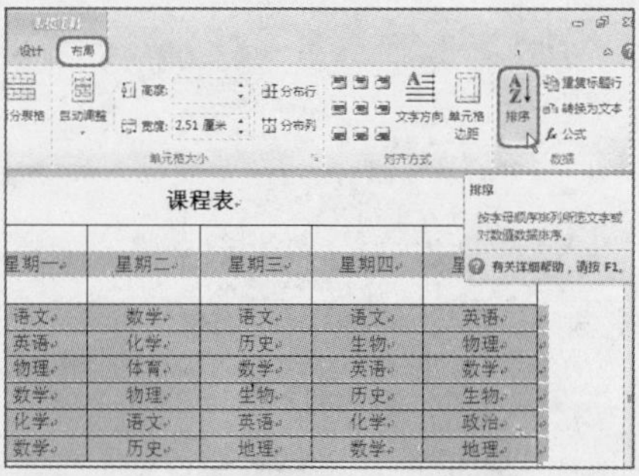

2 在弹出的“排序”对话框中将“主要关键字”设置为“列1”，在“主要关键字”选项组中单击“升序”单选按钮，如下图所示。设置完成后，单击“确定”按钮即可。

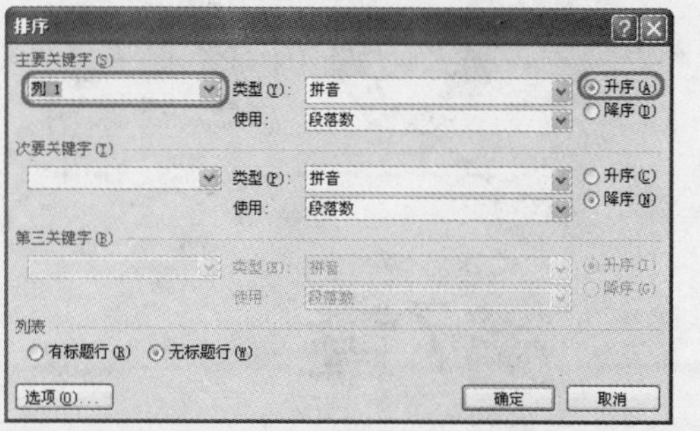

实战操作119　设置插入表格时自动添加题注

素材：无　　效果：无

难度：★★★★★　　视频：视频\第6章\实战操作119.avi

题注是附加在表格、图片上的简单说明文字。使用题注，比手工为图片或表格添加说明方便得多。具体操作如下：

1 启动Word 2010，选择“引用”选项卡，在“题注”组中单击“插入题注”按钮，如下图所示。

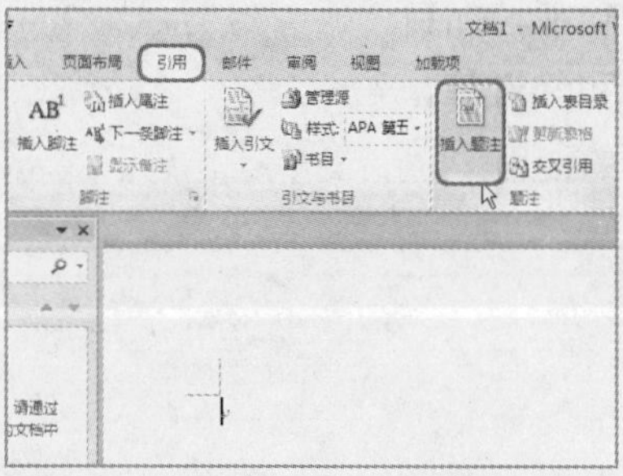

2 在弹出的“题注”对话框中单击“自动插入题注”按钮，弹出如下图所示的“自动插入题注”对话框。

3 在“插入时添加标注”列表框中勾选“Microsoft Word表格”复选框，单击“位置”右侧的下三角按钮，在弹出的下拉列表中选择“项目下方”选项，如下图所示。

4 单击“确定”按钮，选择“插入”选项卡，在“表格”组中单击“表格”按钮，在弹出的下拉列表中选择3×6的表格。插入表格后，即可自动插入题注，如下图所示。

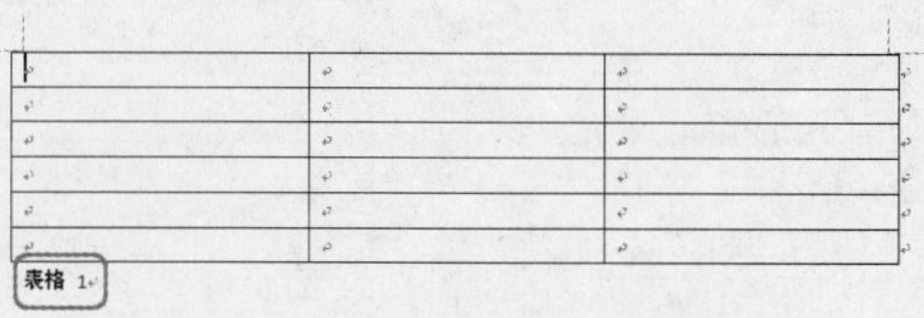

Chapter

07

第7章

Word的高级自动功能

前面介绍了Word的基本功能，本章将介绍Word 2010的高级功能。通过本章的学习，可以掌握一些高级功能，如自动更正、创建窗体、保护窗体、自动编号、批注和修订等，此外，还将介绍Word的核心技术，也就是宏和域的使用。

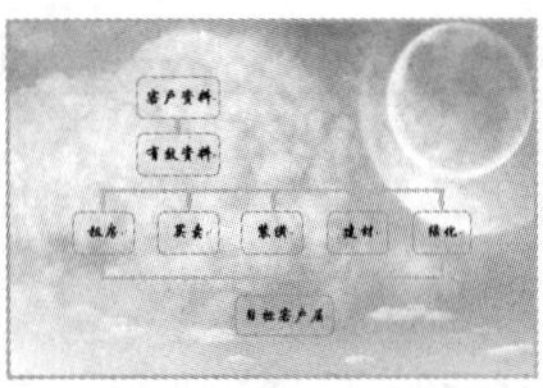

7.1 设置自动更正

自动更正就是自动修改用户输入文字或符号时的错误。通过设置一些选项，Word就会自动更改用户的输入，并修改一些特定的错误。

实战操作120 设置“自动更正选项”

素材：素材\120\文档1.docx　　效果：无

难度：★★★★★　　视频：视频\第7章\实战操作120.avi

用户可以自己设置“自动更正选项”，具体的操作步骤如下：

1 启动Word 2010，然后打开素材文件，如下图所示。

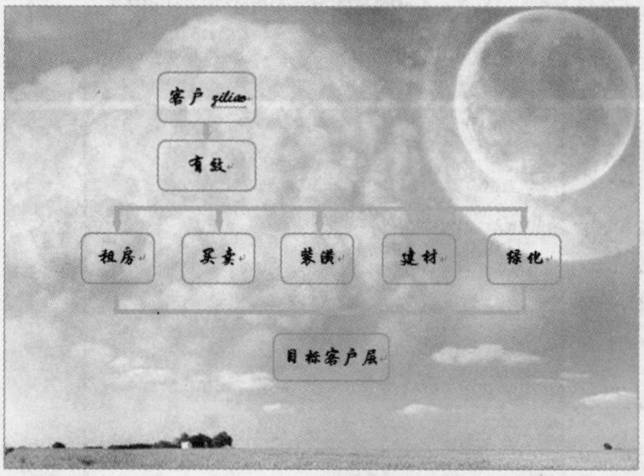

2 单击“文件”按钮，在弹出的下拉菜单中单击“选项”按钮，如下图所示。

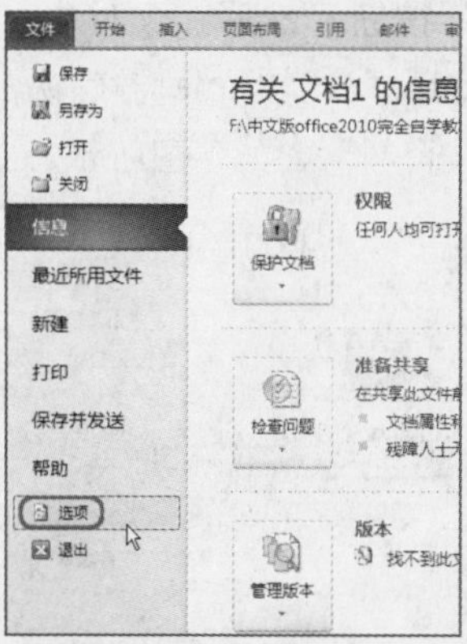

3 弹出“Word选项”对话框，在左侧的列表中选择“校对”选项，在右侧的“自动更正选项”选项组中单击“自动更正选项”按钮，如下图所示。

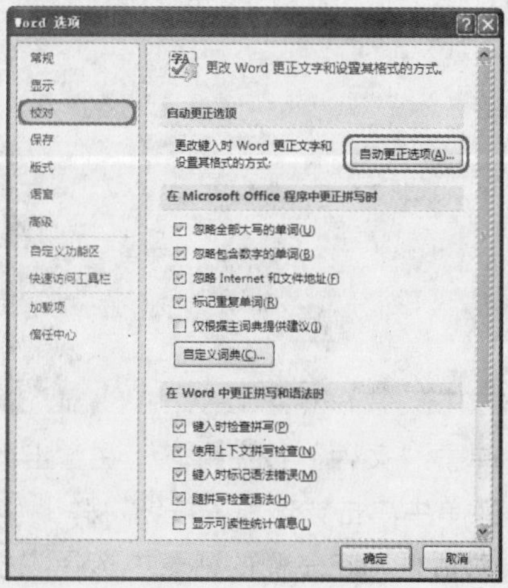

4 弹出“自动更正”对话框，在该对话框中选择“自动更正”选项卡，然后取消“句首字母大写”复选框的勾选，单击“确定”按钮，如下图所示。

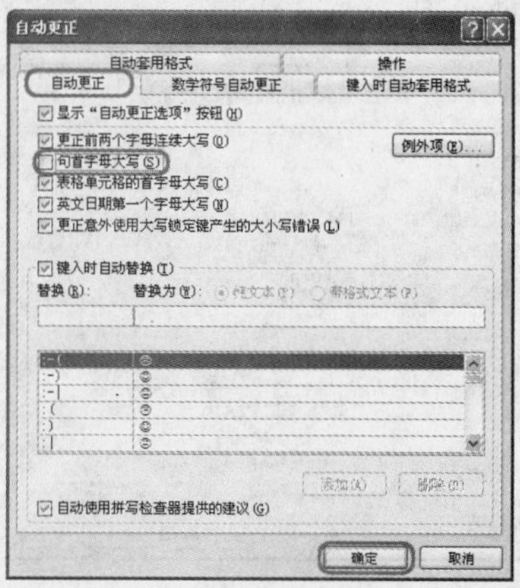

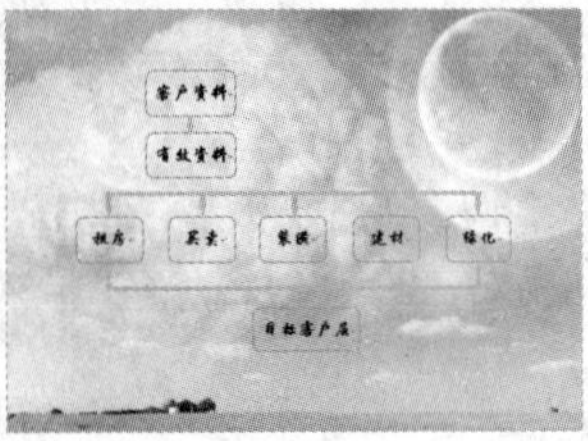

实战操作121 创建自动更正词条

素材：素材\121\文档1.docx

难度：★★★★★

效果：效果\121\创建自动更正词条. docx

视频：视频\第7章\实战操作121.avi

将一些又长又容易出错的单词或者词组设置为自动更正词条，在输入时就更省时省力了。具体操作如下：

1 打开素材文件，然后选择“ziliao”，如下图所示。

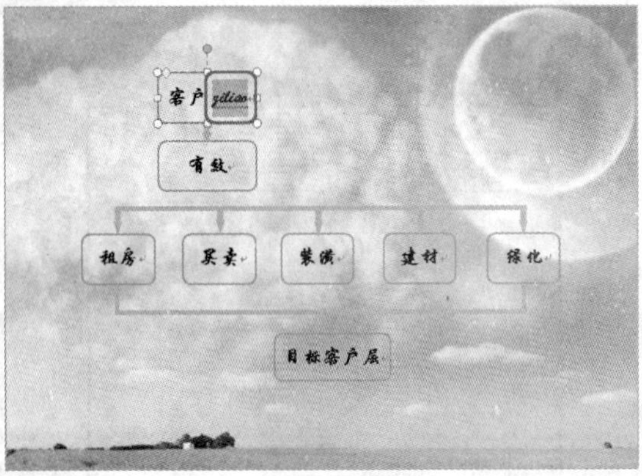

2 单击“文件”按钮 文件 ，在弹出的下拉菜单中单击“选项”按钮，弹出“Word选项”对话框，在左侧的列表中选择“校对”选项，在右侧的“自动更正选项”选项组中单击“自动更正选项”按钮，如下图所示。

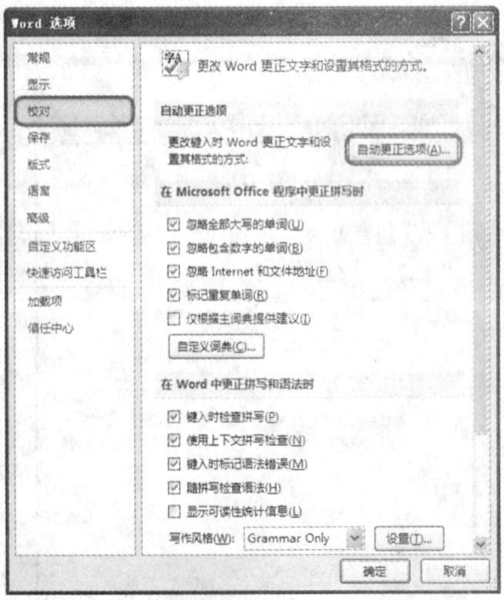

3 弹出“自动更正”对话框，在该对话框中选择“自动更正”选项卡，在“替换为”文本框中输入“资料”，单击“添加”按钮，然后单击“确定”按钮，如下图所示。

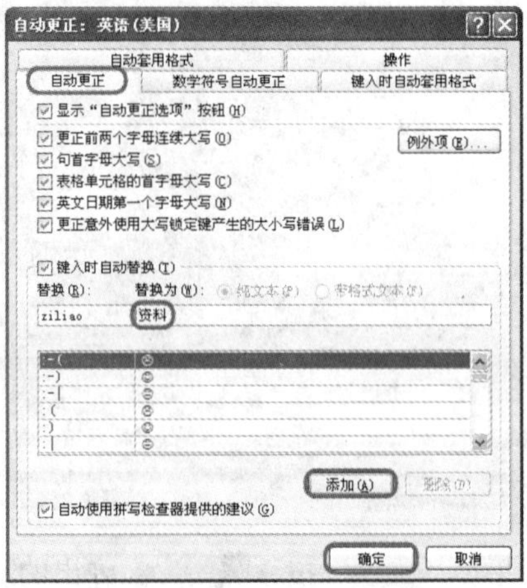

4 返回到“Word选项”对话框，单击“确定”按钮。然后在文件中“有效”的后面输入“ziliao”，按Enter键确认，即可将其自动更正为“资料”，如下图所示。

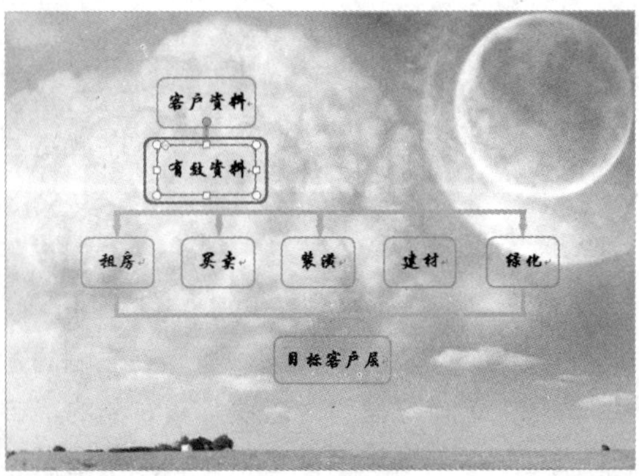

7.2 窗体的创建和使用

窗体就是使用了一个或多个内容控件的文档，使用户能方便地输入数据。在创建模板时，可以创建带有内容控件和说明文本的窗体，也可以将该窗体发送给其他人。

实战操作122 创建窗体

素材：无 效果：效果\122\创建窗体. docx

难度：★★★★★ 视频：视频\第7章\实战操作122.avi

创建窗体的具体操作步骤如下：

1 启动Word 2010，单击“文件”按钮 文件 ，在弹出的下拉菜单中单击“选项”按钮，弹出“Word选项”对话框。在左侧的列表中选择“自定义功能区”选项，在右侧的“主选项卡”列表中勾选“开发工具”复选框，然后单击“确定”按钮，如下图所示。

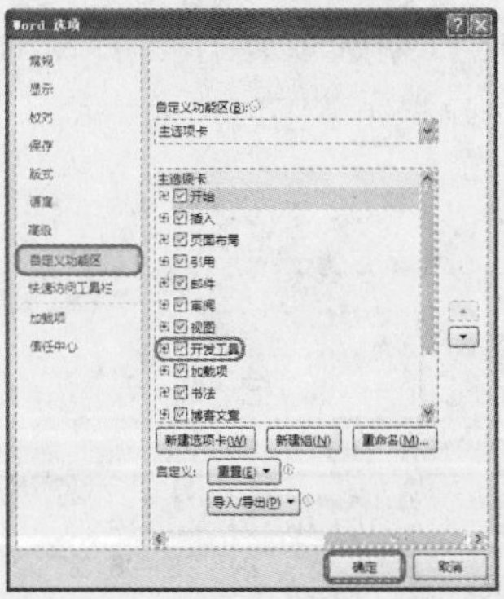

2 单击“文件”按钮 文件 ，在弹出的下拉菜单中单击“新建”按钮，在“可用模板”选项组中选择“我的模板”选项，如下图所示。

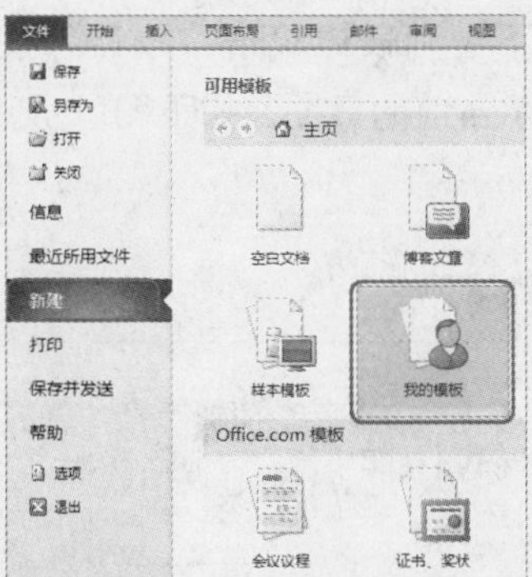

3 弹出“新建”对话框，在左侧的列表框中选择“空白文档”选项，然后在右侧的“新建”中勾选“文档”单选按钮，最后单击“确定”按钮，如下图所示。

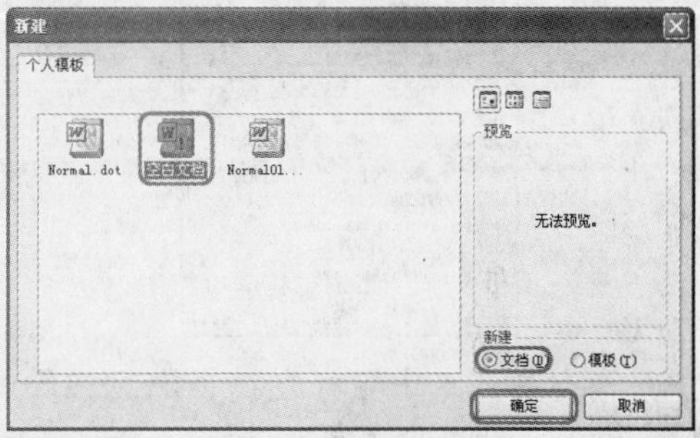

4 单击“文件”按钮 文件 ，在弹出的下拉菜单中单击“保存”按钮，弹出“另存为”对话框，如下图所示。在对话框中为新模板命名，然后单击“保存”按钮。

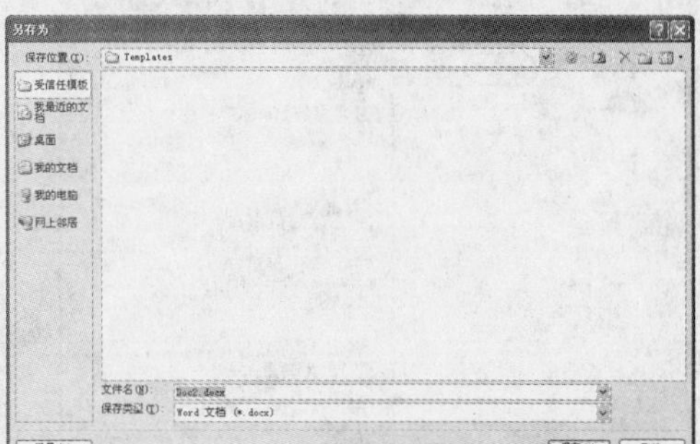

5 在“开发工具”选项卡“控件”组中单击“纯文本内容控件”按钮 Aa ，在插入点处会出现该控件的占位符，单击此处输入文

字，如下图所示。

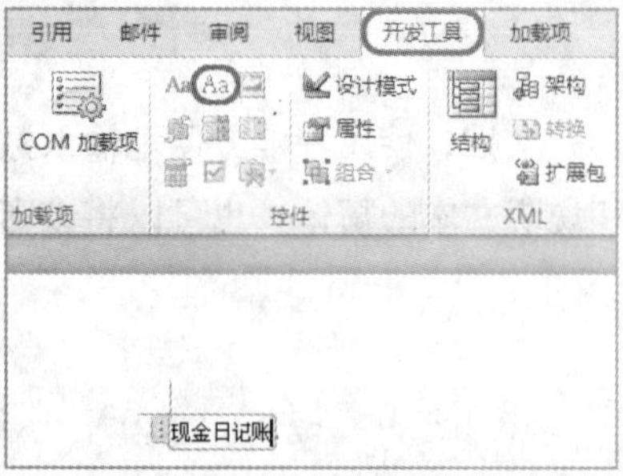

6 在“开发工具”选项卡“控件”组中单击“属性”按钮，弹出“内容控件属性”对话框。在“标题”文本框中输入“标题”，单击“确定”按钮，如下图所示。

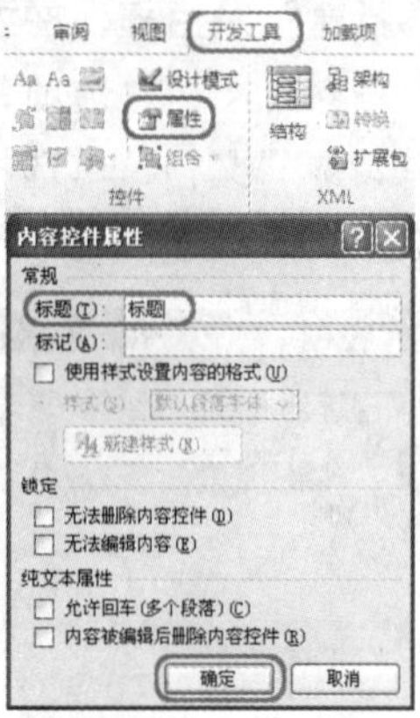

7 在空白处单击鼠标左键，然后按Enter键，在“开发工具”选项卡“控件”组中单击“日期选取器内容控件”按钮，然后单击“属性”按钮，弹出“内容控件属性”对话框，如下图所示。

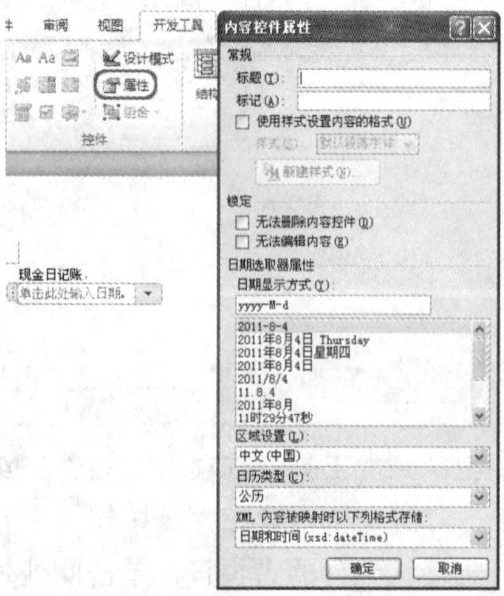

8 在“标题”文本框中输入“日期”，在“日期选取器属性”选项组中选择如下图所示的日期显示方式。然后单击“确定”按钮即可。

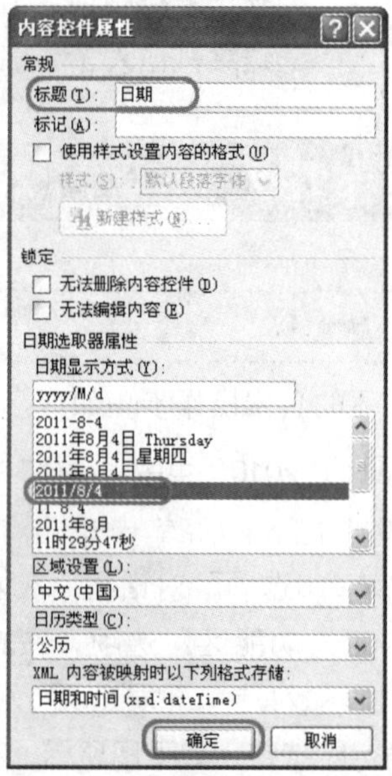

9 单击日期选取器控件右侧的下三角按钮，弹出如下图所示的下拉列表。

10 在下拉列表中单击“今日”按钮，即可显示当前的日期，如下图所示。

实战操作123 保护窗体

素材：素材\123\文档2.docx　　效果：无

难度：★★★★★　　视频：视频\第7章\实战操作123.avi

可以在模板中保护个别内容控件，以防止他人删除编辑特定的内容控件或控件组，也可以使用密码来保护窗体所有的内容。保护窗体所有内容的操作步骤如下：

1 打开素材文件，选择“开发工具”选项卡，在“保护”组中单击“限制编辑”按钮，弹出“限制格式和编辑”面板，勾选“限制对选定的样式设置格式”和“仅允许在文档中进行此类型的编辑”复选框，并在“仅允许在文档中进行此类型的编辑”下拉列表中选择“填写窗体”选项，然后单击“是，启动强制保护”按钮，如下图所示。

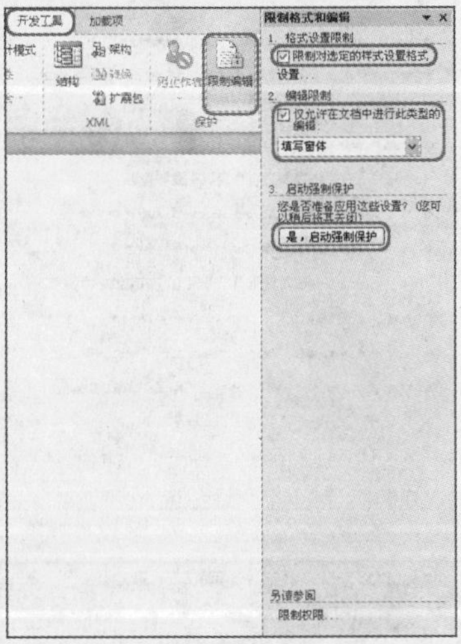

2 弹出“启动强制保护”对话框，在“新密码（可选）”文本框中输入一个密码，然后在“确认新密码”文本框中再次输入密码，最后单击“确定”按钮即可，如下图所示。

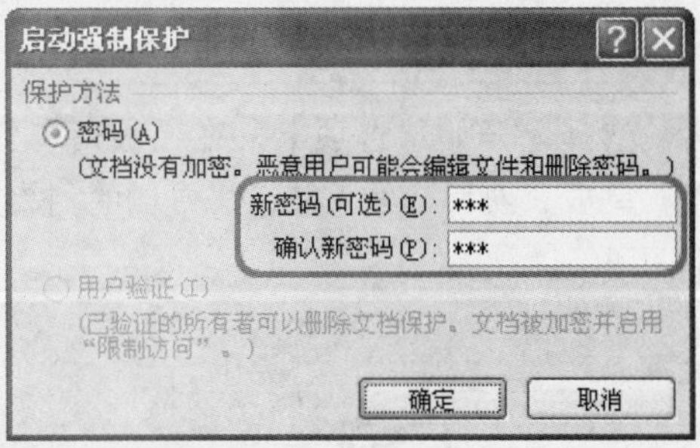

提示　如果要保护个别内容控件，可以先选择控件，然后在“开发工具”选项卡“控件”组中单击“属性”按钮，弹出“内容控件属性”对话框，在“锁定”选项组中进行选择即可。

7.3 项目符号和自动编号

为了美观和便于理解，可以为文本添加项目符号或编号。本节将介绍项目符号和编号的使用。

实战操作124 添加项目符号

素材：素材\124\工作计划.docx　　效果：效果\124\添加项目符号.docx

难度：★★★★★　　视频：视频\第7章\实战操作124.avi

Word可以快速地给文本添加项目符号，使文本更易于理解和阅读。具体操作如下：

1 启动Word 2010，打开素材文件，选择需要添加项目符号的文本，如下图所示。

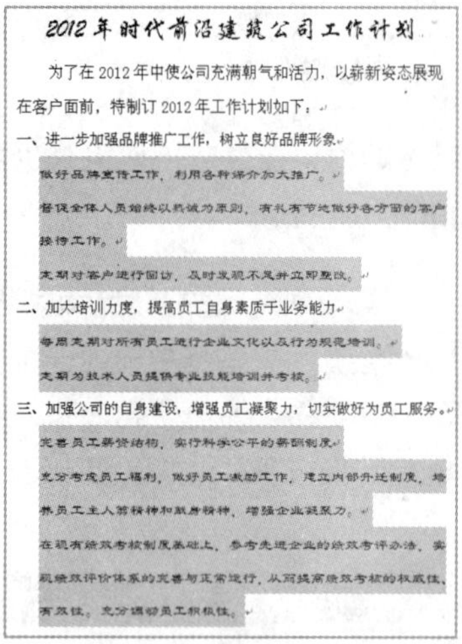

2 选择“开始”选项卡，在“段落”组中单击“项目符号”按钮右侧的按钮，如下图所示。

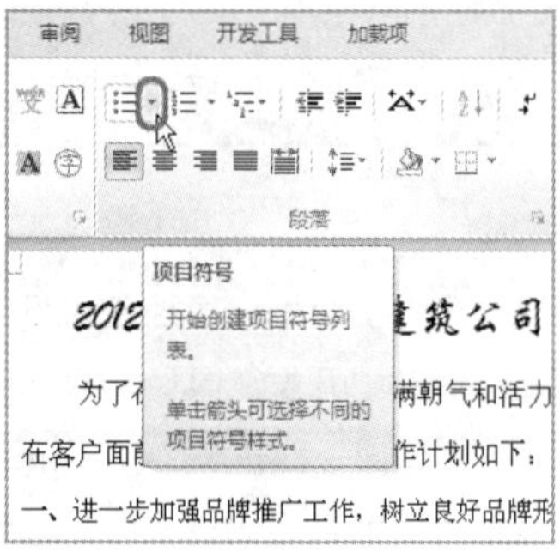

3 在弹出的下拉列表中选择一种项目符号，在这里选择如下图所示的项目符号。

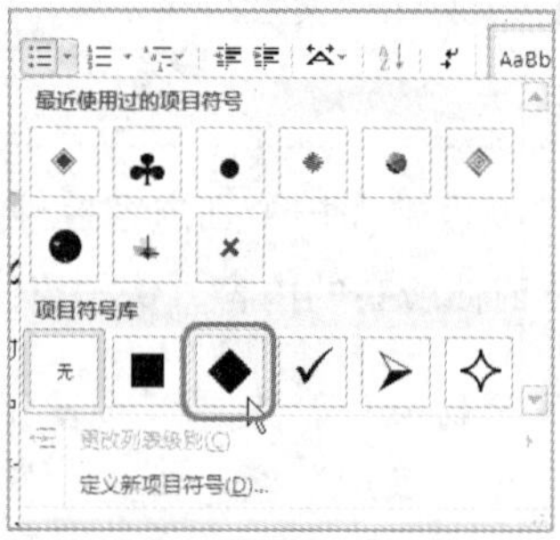

4 在选择的项目符号上单击鼠标左键，即可为选择的文本添加项目符号，效果如下图所示。

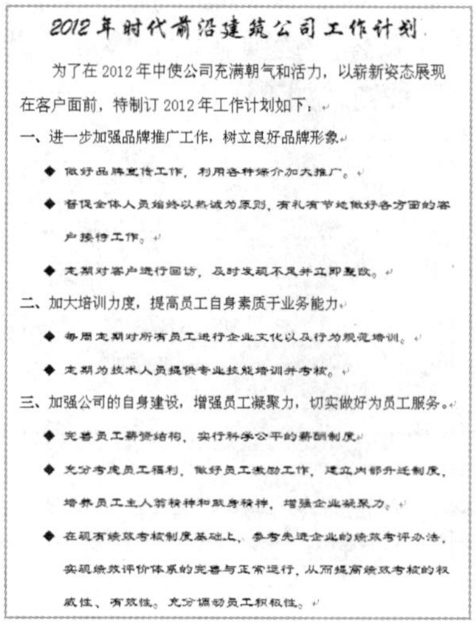

实战操作125 使用自动编号列表

素材：素材\125\2011年十一放假通知.docx　　效果：效果\125\使用自动编号列表.docx

难度：★★★★★　　视频：视频\第7章\实战操作125.avi

启用自动编号功能后，在句首输入类似“1.”、“1）”、“（1）”、“一”等编号格式符号时，如果后面跟一个以上的空格或者制表位，按Enter键后，Word就会自动对其进行编号列表。如果文本已经输入，添加自动编号的方法如下：

1 启动Word 2010，打开素材文件，选择需要添加编号的文本，如右图所示。

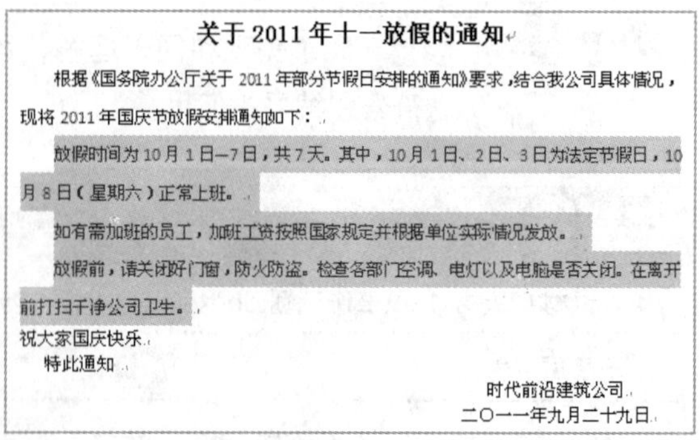

2 选择“开始”选项卡，在“段落”组中单击“编号”按钮右侧的按钮，在弹出的下拉列表中选择一种编号样式，在这里选择如下图所示的编号。

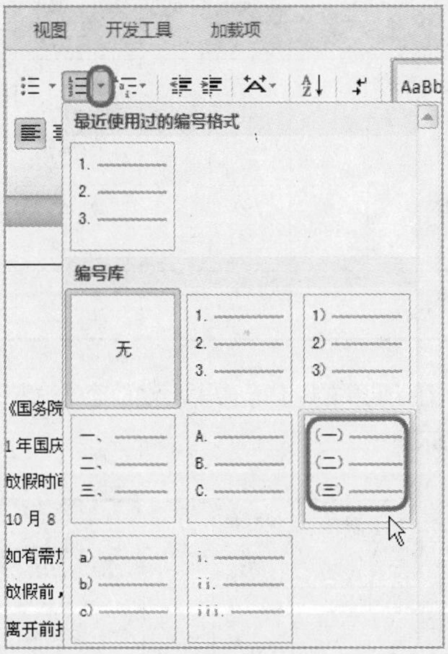

3 在选择的编号上单击鼠标左键，即可为选择的文本添加编号，效果如下图所示。

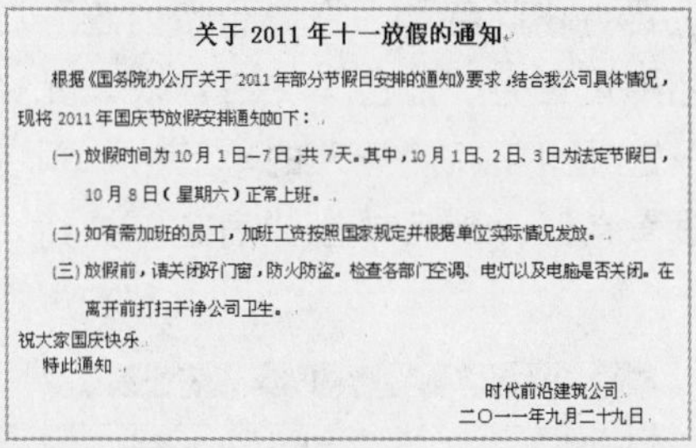

4 在第三条的句末按回车，即可自动编号，然后再输入文本，如下图所示。

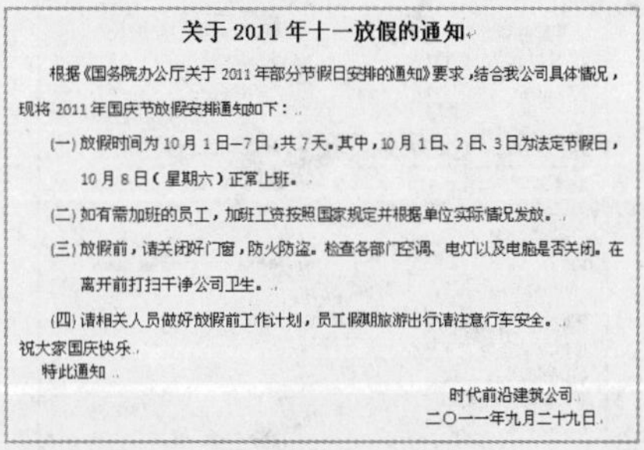

7.4 文本的修订、批注及字数统计

修订和批注可以保护文档，当不同的审阅者在文档中进行修改时，就会显示各个审阅者不同的标记，而内容则显示在批注框中。

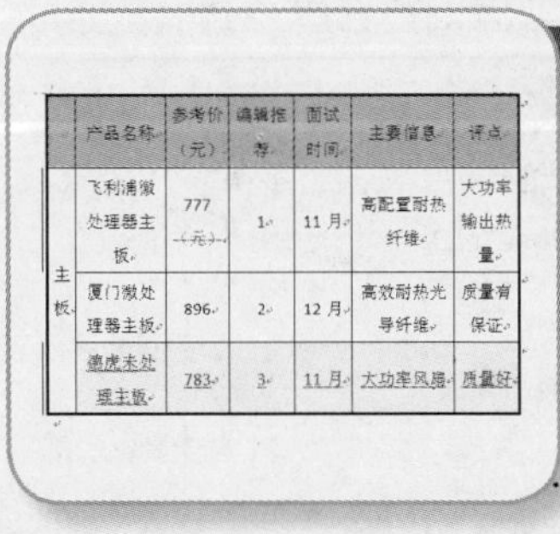

实战操作126 修订

- 素材：素材\126\硬件排行表.docx
- 难度：★★★★★
- 效果：效果\126\修订.docx
- 视频：视频\第7章\实战操作126.avi

修订就是让阅读者修改文档，会突出显示所有修改之处。具体操作如下：

1 打开素材文件，选择“审阅”选项卡，在“修订”组中单击“修订”按钮，在弹出的下拉列表中选择“修订选项”，如右图所示。

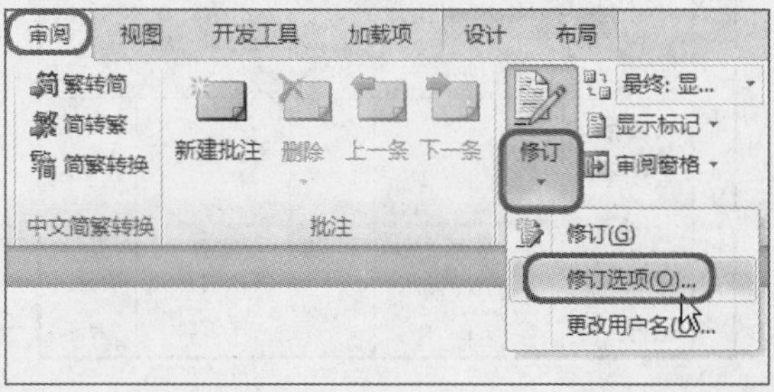

2 弹出“修订选项”对话框，在“标记”选项组中将“插入内容”右侧的“颜色”设置为“蓝色”，将“删除内容”右侧的“颜色”设置为“红色”。在“表单元格突出显示”选项组中将“插入的单元格”颜色设置为“浅黄色”，然后单击“确定”按钮，如下图所示。

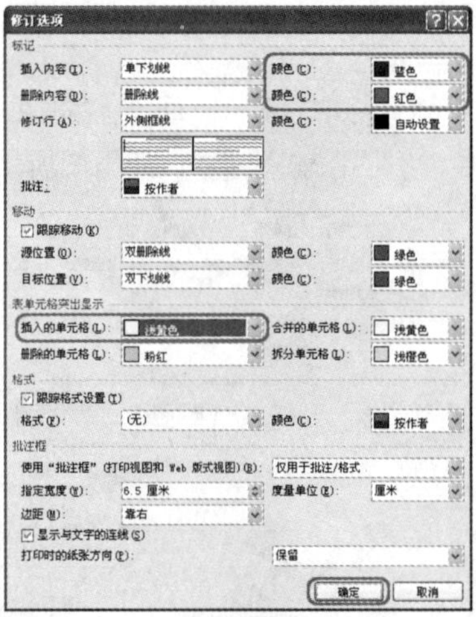

3 在“修订”组中单击“修订”按钮，在表格中选择文本，如下图所示。

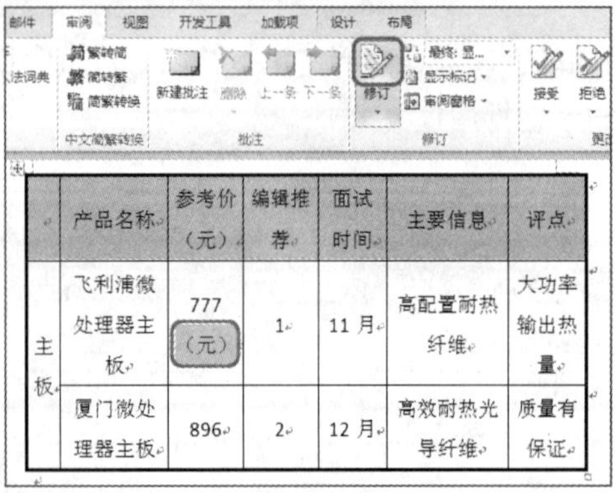

4 按Del键将其删除，效果如下图所示。

	产品名称	参考价（元）	编辑推荐	面试时间	主要信息	评点
主板	飞利浦微处理器主板	777~~（元）~~	1	11月	高配置耐热纤维	大功率输出热量
	厦门微处理器主板	896	2	12月	高效耐热光导纤维	质量有保证

5 将插入符置入表格最后一行的最后一个单元格中，按Tab键，即可添加一个新行，如下图所示。

	产品名称	参考价（元）	编辑推荐	面试时间	主要信息	评点
主板	飞利浦微处理器主板	777~~（元）~~	1	11月	高配置耐热纤维	大功率输出热量
	厦门微处理器主板	896	2	12月	高效耐热光导纤维	质量有保证

6 在创建的新行中输入内容，如下图所示。

	产品名称	参考价（元）	编辑推荐	面试时间	主要信息	评点
主板	飞利浦微处理器主板	777~~（元）~~	1	11月	高配置耐热纤维	大功率输出热量
	厦门微处理器主板	896	2	12月	高效耐热光导纤维	质量有保证
	德虎未处理主板	783	3	11月	大功率风扇	质量好

7 选择如下图所示的单元格，并单击鼠标右键，在弹出的快捷菜单中选择“合并单元格”选项。

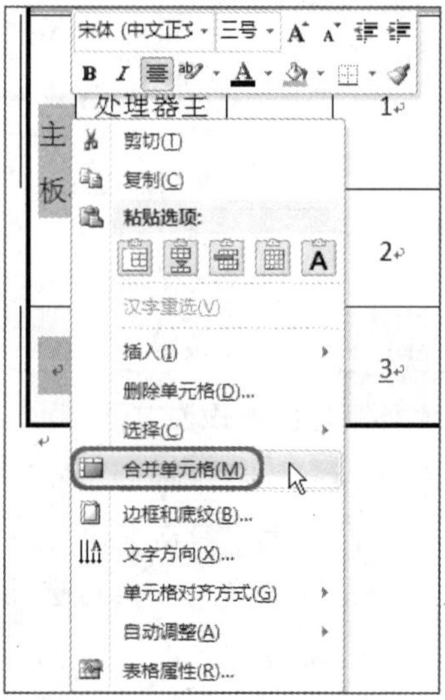

8 在弹出的对话框中单击“确定”按钮，即可合并单元格，效果如右图所示。

	产品名称	参考价（元）	编辑推荐	面试时间	主要信息	评点
主板	飞利浦微处理器主板	777 ~~（元）~~	1	11月	高配置耐热纤维	大功率输出热量
	厦门微处理器主板	896	2	12月	高效耐热光导纤维	质量有保证
	德虎未处理主板	783	3	11月	大功率风扇	质量好

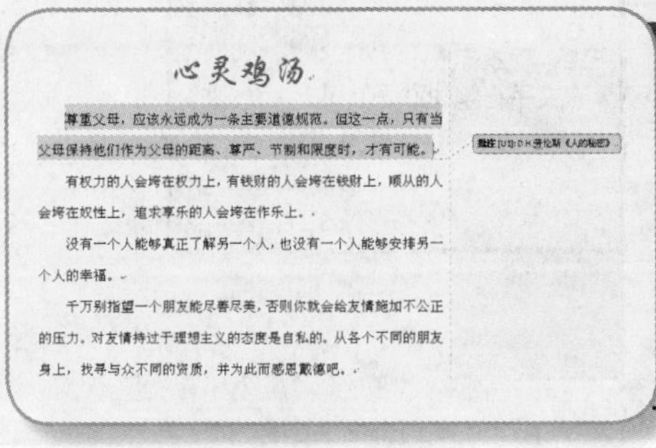

实战操作127 批注文档

- 素材：素材\127\心灵鸡汤.docx
- 难度：★★★★★
- 效果：效果\127\批注文档.docx
- 视频：视频\第7章\实战操作127.avi

批注是作者或审阅者为文档添加的注解，会在文档的右侧出现。具体操作如下：

1 打开素材文件，选择需要批注的文本，如下图所示。

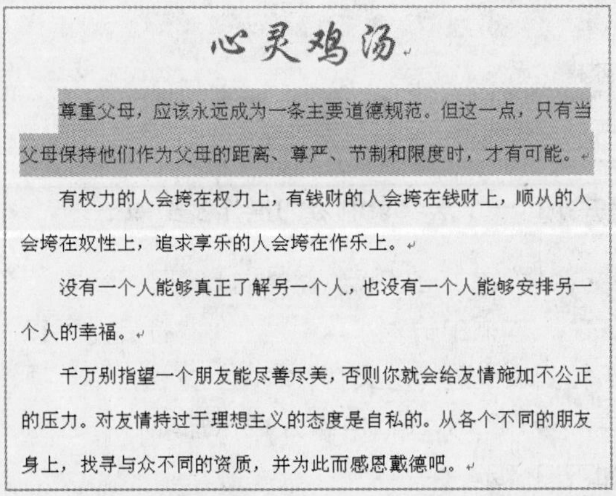

心灵鸡汤

尊重父母，应该永远成为一条主要道德规范。但这一点，只有当父母保持他们作为父母的距离、尊严、节制和限度时，才有可能。

有权力的人会垮在权力上，有钱财的人会垮在钱财上，顺从的人会垮在奴性上，追求享乐的人会垮在作乐上。

没有一个人能够真正了解另一个人，也没有一个人能够安排另一个人的幸福。

千万别指望一个朋友能尽善尽美，否则你就会给友情施加不公正的压力。对友情持过于理想主义的态度是自私的。从各个不同的朋友身上，找寻与众不同的资质，并为此而感恩戴德吧。

2 在“审阅”选项卡下“批注”组中单击“新建批注”按钮，在文档右侧会显示批注框，在其中输入内容，如下图所示。

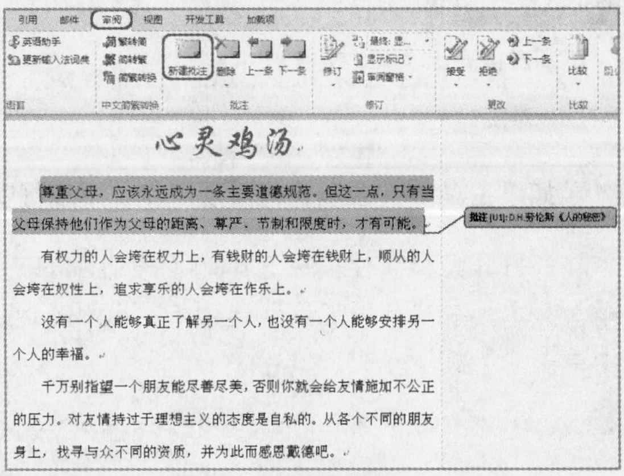

实战操作128 字数统计

- 素材：素材\128\心灵鸡汤.docx
- 效果：无
- 难度：★★★★★
- 视频：视频\第7章\实战操作128.avi

字数统计功能可以使统计工作更加方便，具体的操作步骤如下：

1 打开素材文件，在“审阅”选项卡“校对”组中单击“字数统计”按钮字数统计，如下图所示。

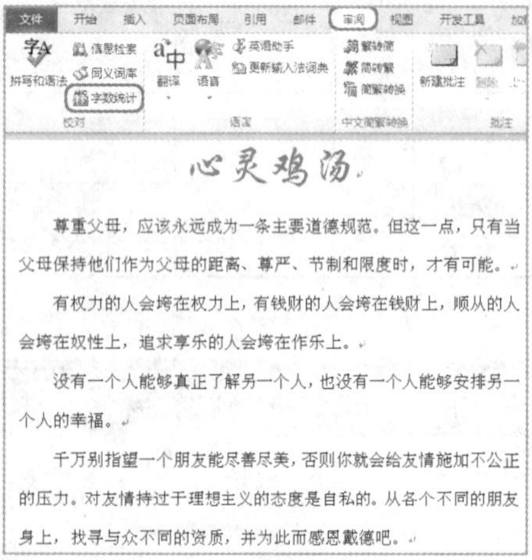

2 弹出“字数统计”对话框，在该对话框中显示了对素材文件的统计信息，如下图所示。

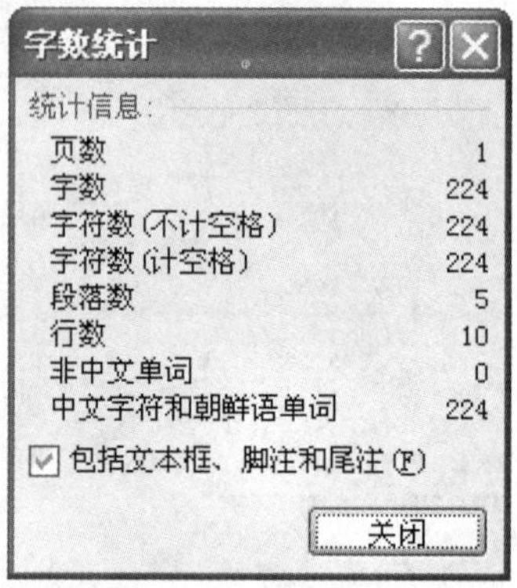

7.5 宏的使用

宏是将一系列Word命令组合在一起，形成一个批处理命令，来实现任务执行的自动化。

实战操作129 录制宏

素材：素材\129\文档3.docx　　效果：无

难度：★★★★★　　视频：视频\第7章\实战操作129.avi

如果在Word中重复进行某项工作，用户可以创建并执行一个宏。录制宏的操作步骤如下：

1 打开素材文件，并选择如下图所示的文本。在“开发工具”选项卡“代码”组中单击“录制宏”按钮录制宏。

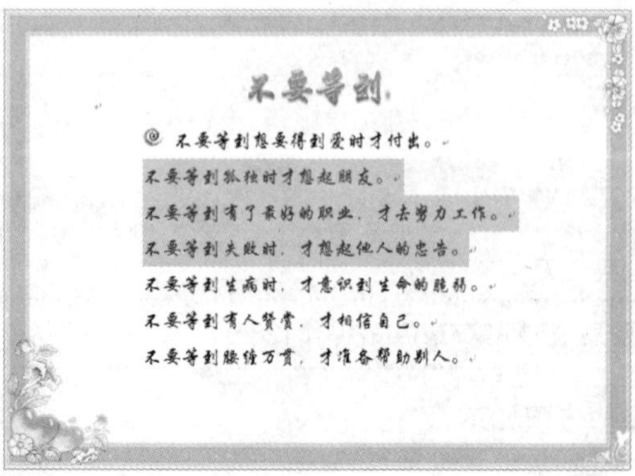

2 弹出“录制宏”对话框，在“宏名”文本框中输入“宏1”，在“将宏保存在”下拉列表中选择“文档3.docx（文档）”选项，在“说明”文本框中输入“添加项目符号”，如下图所示。

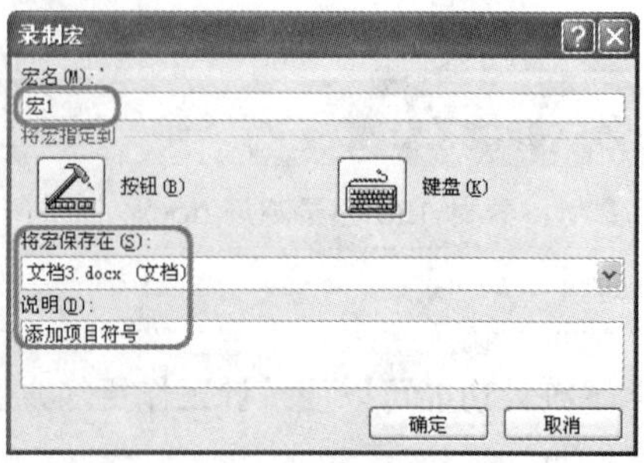

3 单击“确定”按钮，此时鼠标上会跟着一个宏录制图标。选择“开始”选项卡，在“段落”组中单击“项目符号”按钮右侧的按钮，在弹出的下拉列表中选择如下图所示的项目符号。

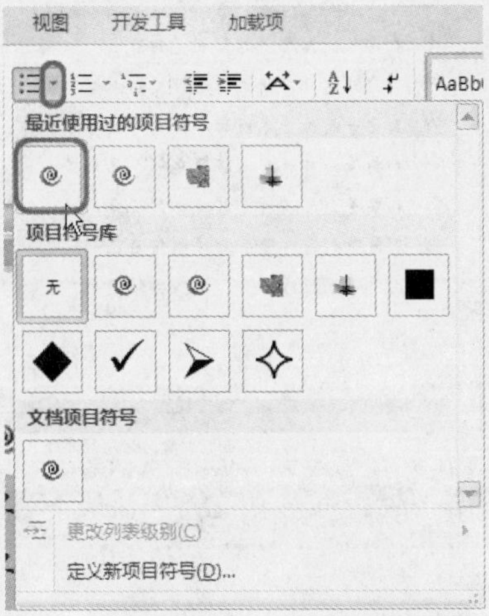

4 在选择的项目符号上单击鼠标左键，然后选择“开发工具”选项卡，在“代码”组中单击“停止录制”按钮，如下图所示。

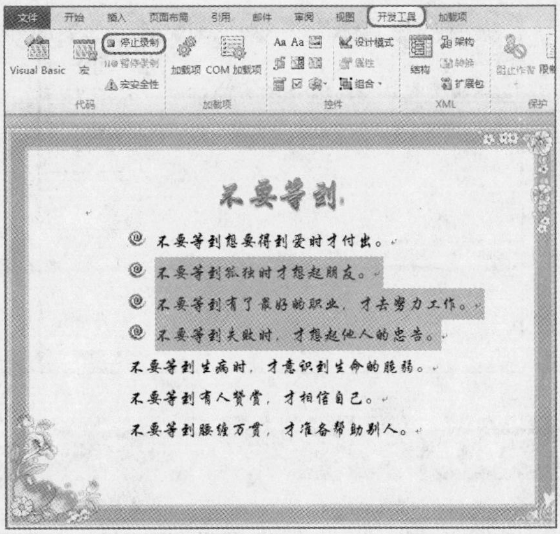

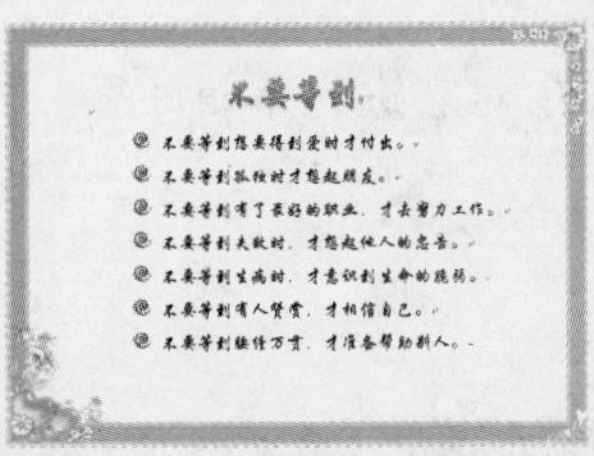

实战操作130 运行宏

素材：素材\129\文档3.docx

难度：★★★★★

效果：效果\130\运行宏.dotm

视频：视频\第7章\实战操作130.avi

录制完成后，就可以运行宏了，具体的操作步骤如下：

1 继续上面的实战，选择如下图所示的文本。

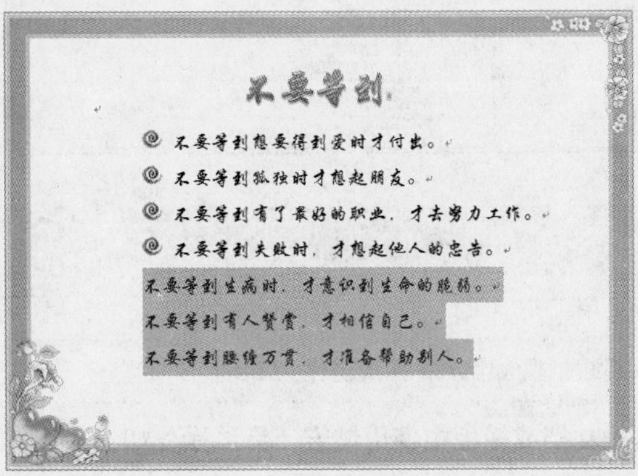

2 选择“开发工具”选项卡，在“代码”组中单击“宏”按钮，如下图所示。

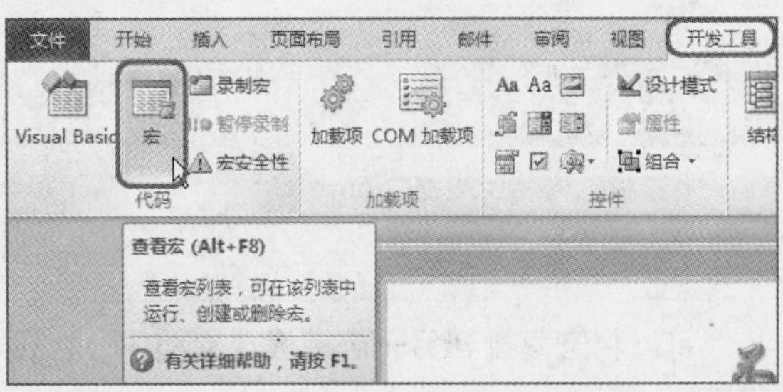

3 弹出“宏”对话框，在“宏的位置”下拉列表中选择“文档3.docx（文档）”选项，在“宏名”列表中选择“宏1”，单击“运行”按钮 运行(R) ，如下图所示。

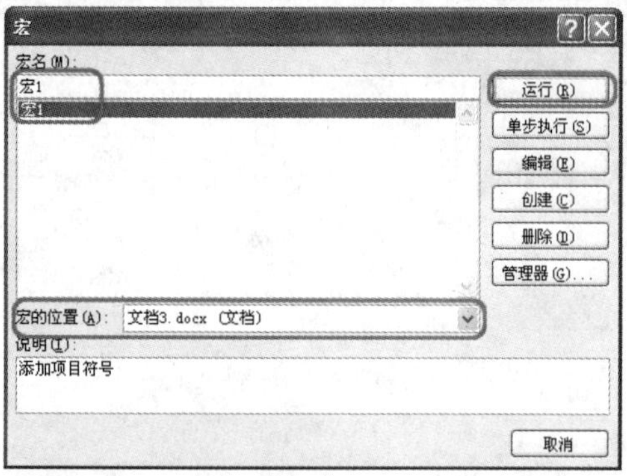

4 运行宏后的效果如下图所示。

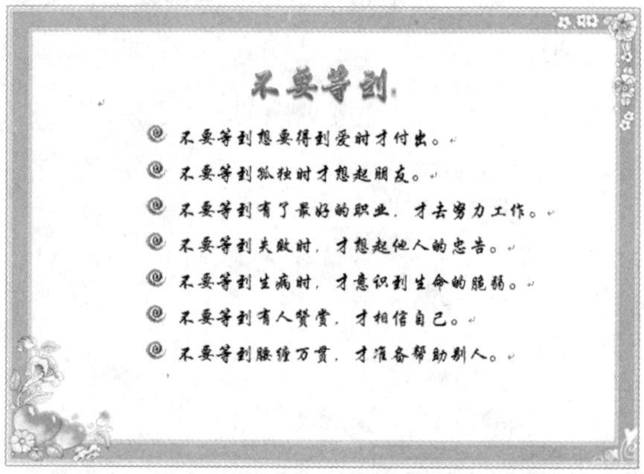

实战操作131 编辑宏

素材：素材\131\宏.dotm　　效果：无

难度：★★★★★　　视频：视频\第7章\实战操作131.avi

可以对录制的宏进行编辑，具体操作如下：

1 打开素材文件，在“开发工具”选项卡“代码”组中单击“宏”按钮，在弹出的“宏”对话框中选择需要编辑的“宏1”，单击“编辑”按钮 编辑(E) ，如下图所示。

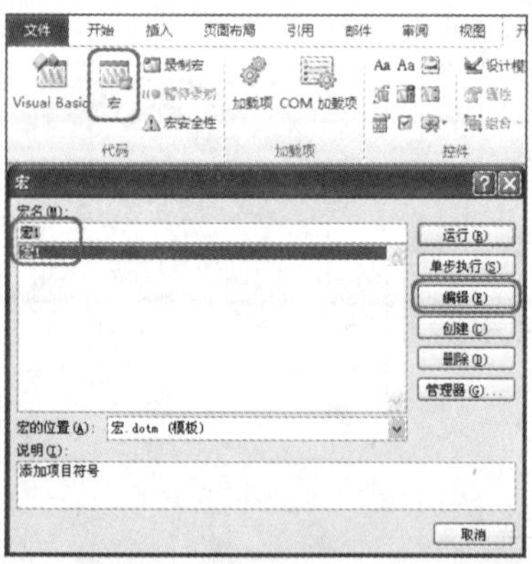

2 在弹出的窗口中对宏进行编辑即可，如下图所示。

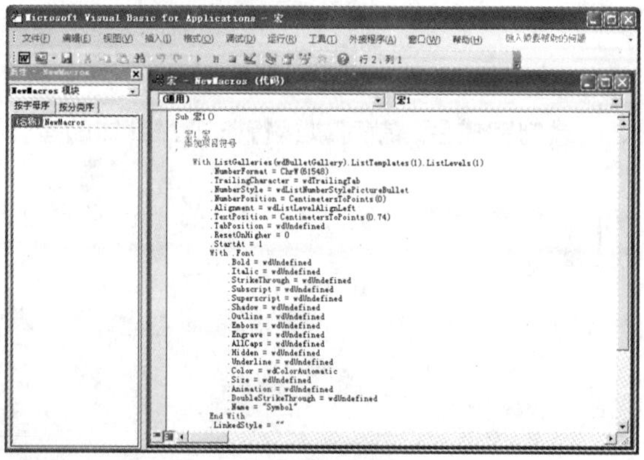

实战操作132 复制宏

素材：素材\132\宏.dotm　　效果：无

难度：★★★★★　　视频：视频\第7章\实战操作132.avi

可以将宏复制到另一个模板或文档中，以便在其他文档或模板中使用该宏。具体操作如下：

1 启动Word 2010，系统会自动新建一个空白文档，在“开发工具”选项卡“代码”组中单击“宏”按钮，弹出“宏”对话框，单击“管理器” 管理器(G)... 按钮，如下图所示。

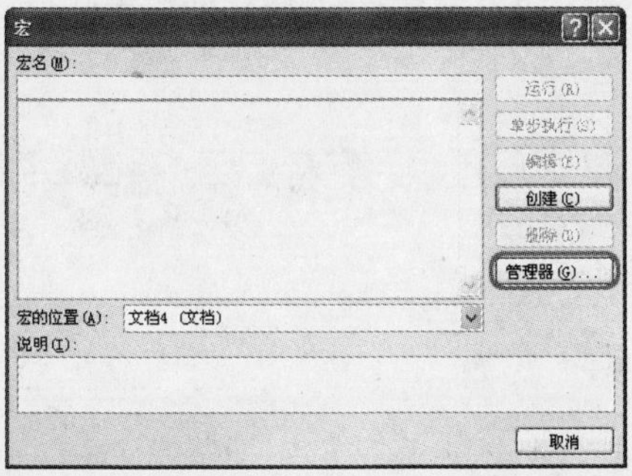

2 弹出“管理器”对话框，在该对话框中单击右侧的“关闭文件” 关闭文件(F) 按钮，如下图所示。

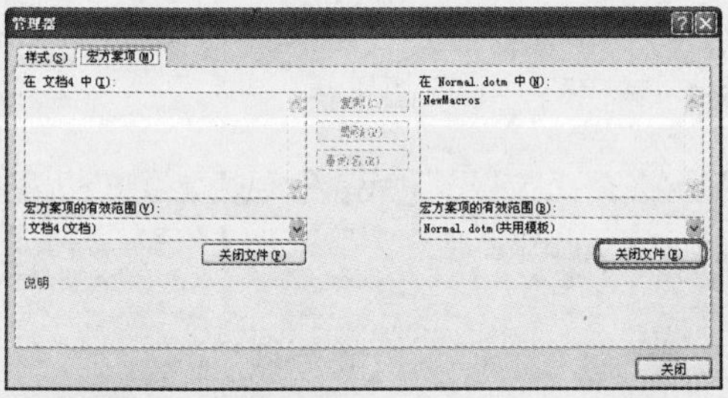

3 此时按钮变为“打开文件”，再次单击此按钮，弹出“打开”对话框，在该对话框中选择素材文件，如下图所示。

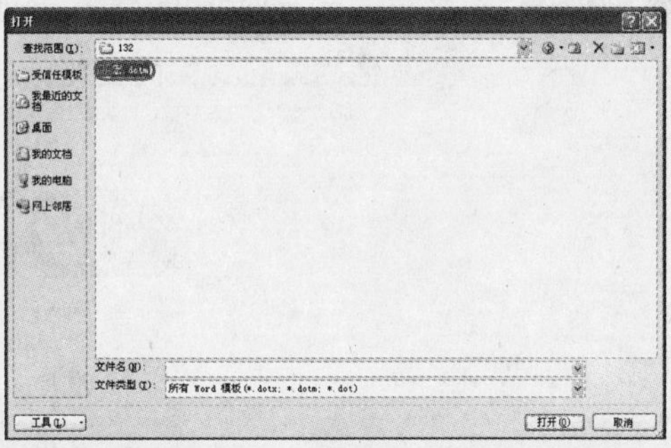

4 单击“打开”按钮，返回到“管理器”对话框中，单击“复制”按钮，即可复制宏，如下图所示。然后将“管理器”对话框关闭即可。

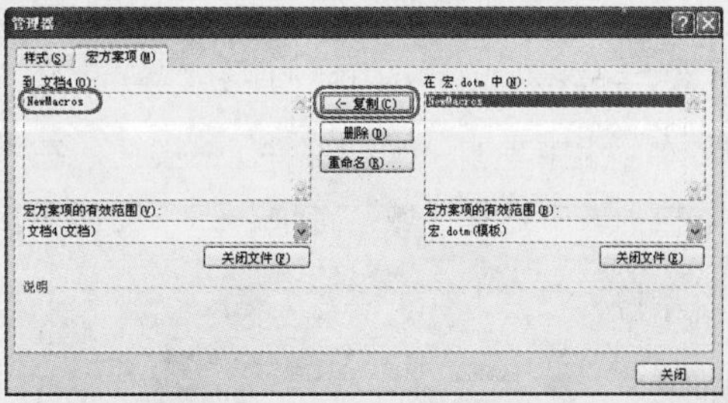

实战操作133 删除宏

素材：素材\133\宏.dotm　　效果：无

难度：★★★★★　　视频：视频\第7章\实战操作133.avi

删除宏的操作步骤如下：

1 打开素材文件，在“开发工具”选项卡“代码”组中单击“宏”按钮，如下图所示。

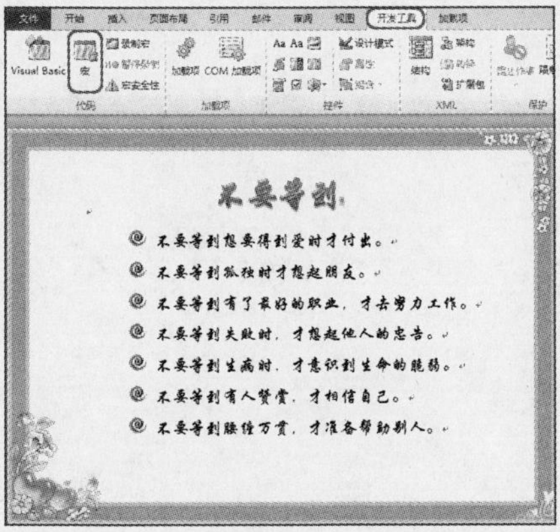

2 弹出“宏”对话框，在“宏名”列表中选择“宏1”，然后单击“删除”按钮 删除(D) ，即可删除宏，如下图所示。

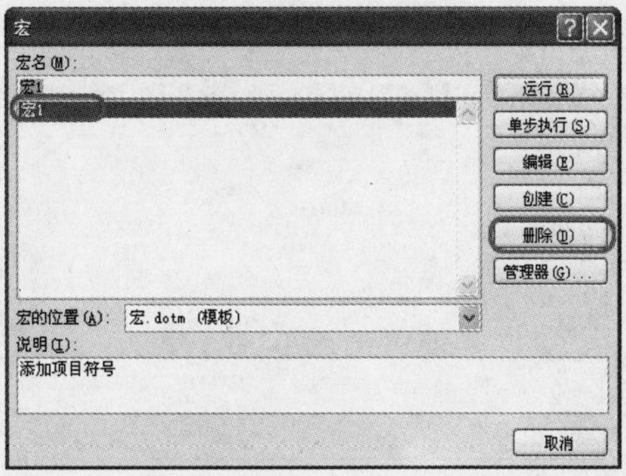

7.6 认识域

域是Word的精髓，应用非常广泛，它的最大的优点是能根据文档的改动或其他因素的变化而变化。

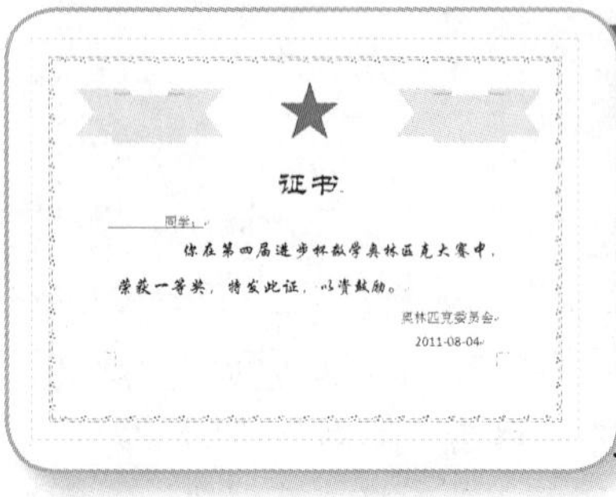

实战操作134 插入域

- 素材：素材\134\荣誉证书.docx
- 难度：★★★★★
- 效果：效果\134\插入域.docx
- 视频：视频\第7章\实战操作134.avi

插入域与在文档中插入其他内容是相似的。具体操作如下：

1 打开素材文件，并将光标置入如下图所示的位置处。选择“插入”选项卡，在“文本”组中单击“文档部件”按钮，在弹出的下拉列表中选择“域”选项，如下图所示。

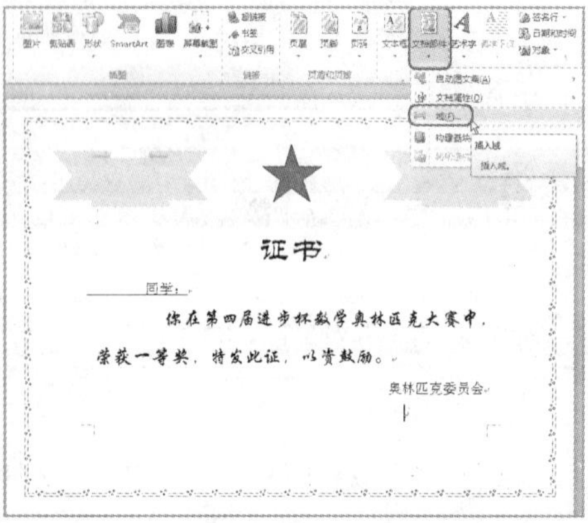

2 弹出“域”对话框，在“域名”列表框中选择Date选项，在“域属性”列表框中选择如下图所示的日期格式。

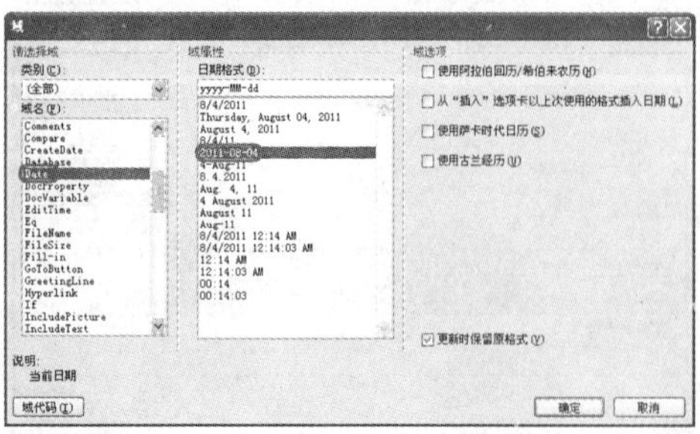

3 单击左下角的“域代码”按钮，会显示其代码，如下图所示。

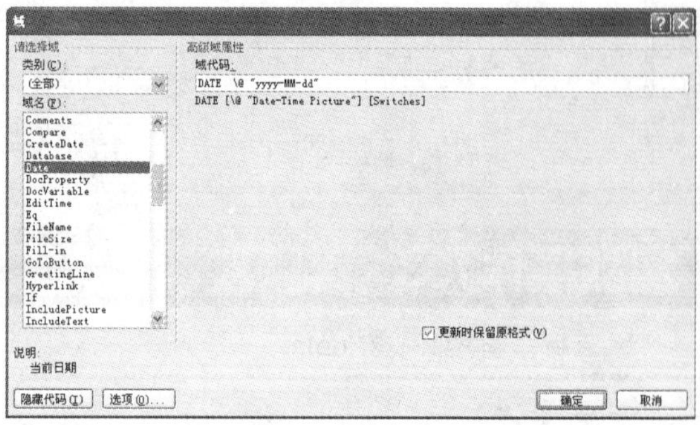

4 单击“确定”按钮，即可在插入符所在的位置处插入域，如下图所示。

实战操作135 查看域

素材：素材\135\荣誉证书1.docx　　效果：无

难度：★★★★★　　视频：视频\第7章\实战操作135.avi

默认情况下，Word将域结果与文档内容无缝地显示出来，阅读者不会觉得内容的一部分在域中。具体操作如下：

1 启动Word 2010，然后打开素材文件，如下图所示。

2 在文档中按Alt+F9快捷键，则会打开文档中的域，如下图所示。如果再次按Alt+F9快捷键，可以关闭所有域而显示信息。

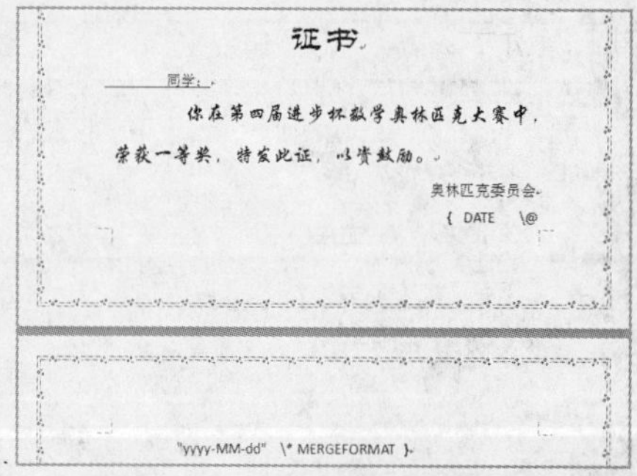

提示 如果一个文档中包含多个域，但只想单独查看其中的一个域，则将光标置入要查看的域的显示信息中，然后按Alt+F9快捷键；或者单击鼠标右键，在弹出的快捷菜单中选择“切换域代码”选项。

实战操作136 取消域更新

素材：素材\136\荣誉证书1.docx　　效果：无

难度：★★★★★　　视频：视频\第7章\实战操作136.avi

在默认情况下，当打开文档时，Word会自动更新域，信息会保持最新状态。但是在有些文档中，不需要域更新。取消域更新的操作步骤如下：

1 打开素材文件，然后单击域，如下图所示。

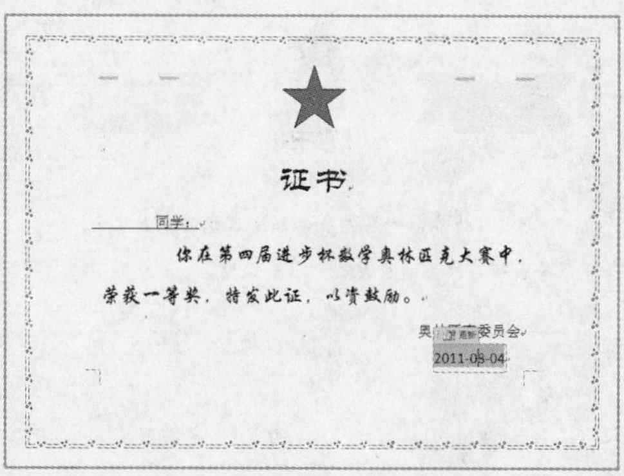

2 按Ctrl+F11快捷键即可锁定域，使其取消更新，如下图所示。

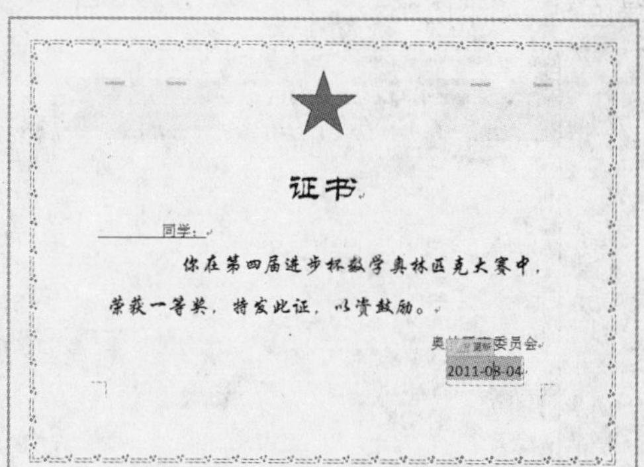

实战操作137 编辑域

- 素材：素材\137\荣誉证书1.docx
- 难度：★★★★★
- 效果：效果\137\编辑域.docx
- 视频：视频\第7章\实战操作137.avi

编辑域的操作步骤如下：

1 打开素材文件，在域上单击鼠标右键，从弹出的快捷菜单中选择“编辑域”选项，如下图所示。

2 弹出“域”对话框，在“域属性”列表框中选择如下图所示的日期格式，然后单击“确定”按钮即可。

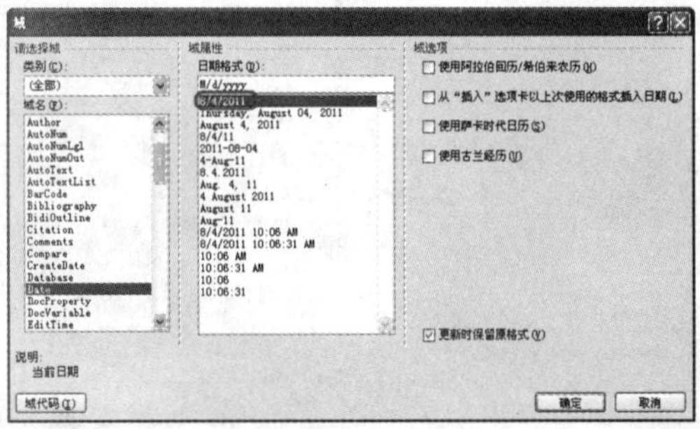

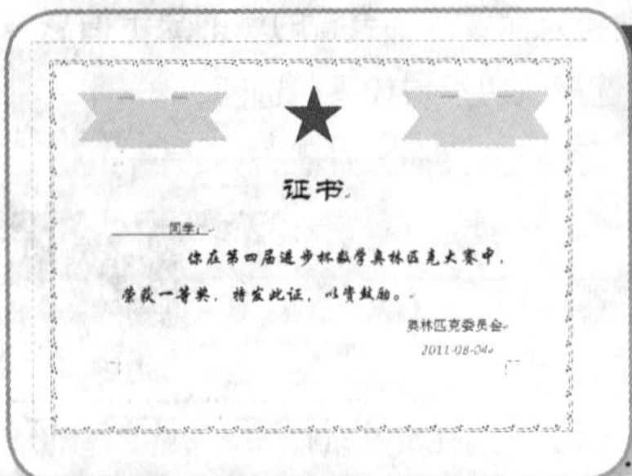

实战操作138 格式化域

- 素材：素材\138\荣誉证书1.docx
- 难度：★★★★★
- 效果：效果\138\格式化域.docx
- 视频：视频\第7章\实战操作138.avi

格式化域就是将文本的格式应用的域上，操作步骤如下：

1 打开素材文件，然后选择域中显示的信息，选择“开始”选项卡，在“字体”组中单击“倾斜”按钮 *I* ，并将字体颜色设置为“绿色”，如下图所示。

2 在空白处单击鼠标左键，设置完成后的效果如下图所示。

Chapter

08

第8章

个人简历及家庭日常费用分析表的制作

Microsoft Office Word 2010是Office 2010中重要的一员，也是最常用到的文档处理工具软件。如果你是一个初学者，可以按照本章中的练习循序渐进地学习，从文本、表格等最基本的操作学起，将前期所介绍的知识融入到练习中，理论结合实际，这样可以快速地掌握Word的使用。

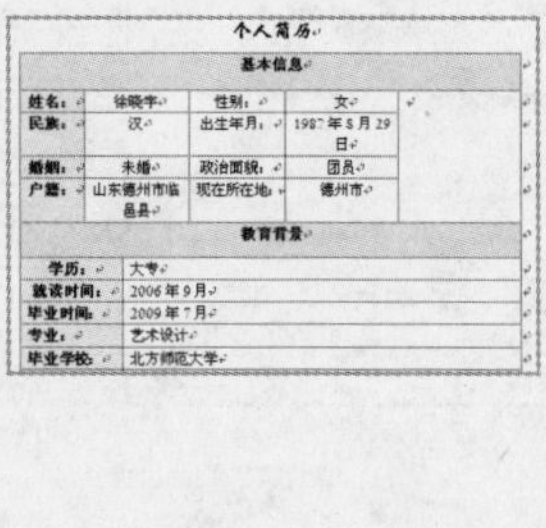

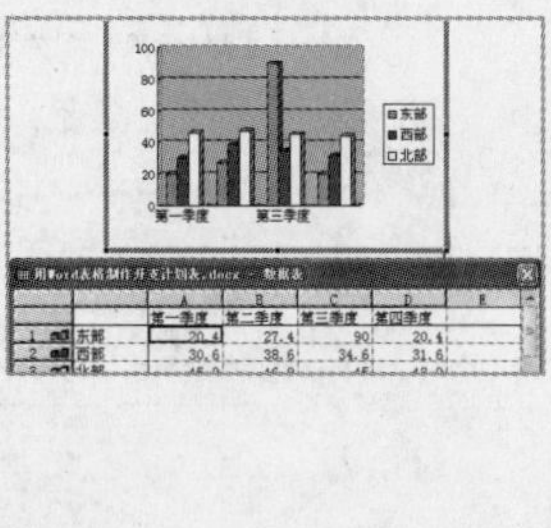

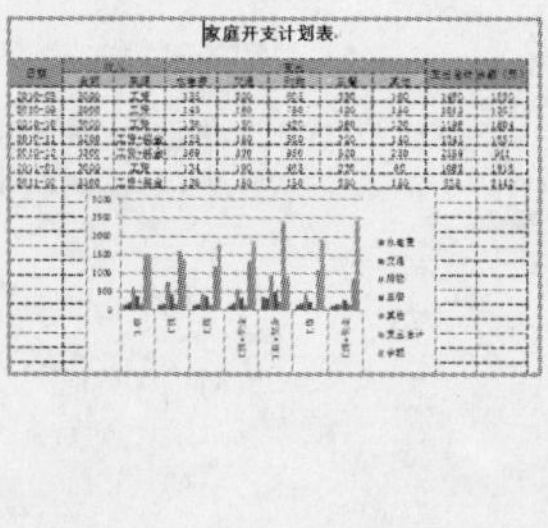

8.1 制作个人简历

通过制作个人简历，不仅能够学习到有关Word 2010的基本操作，而且还可以掌握一些制作技巧，使用户对Word 2010有一个更直观、更具体的认识。一份制作好的个人简历，不仅包括标题、正文、页眉、页脚和页码等要素，而且还有字体和字号的变化等。制作这份个人简历的目的是让用户对个人简历制作方法有一个最直观的了解和认识。

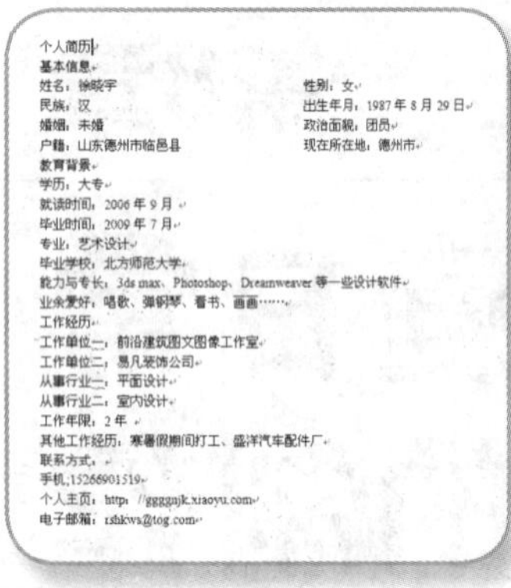

实战操作139 输入文字撰写简历

- 素材：无
- 难度：★★★★★
- 效果：无
- 视频：视频\第8章\实战操作139.avi

制作个人简历，首先应该撰写文字。具体操作如下：

1 打开Windows 操作系统，选择“开始”|“程序”|Microsoft Office | Microsoft Office Word 2010命令，启动Word 2010，如下图所示。

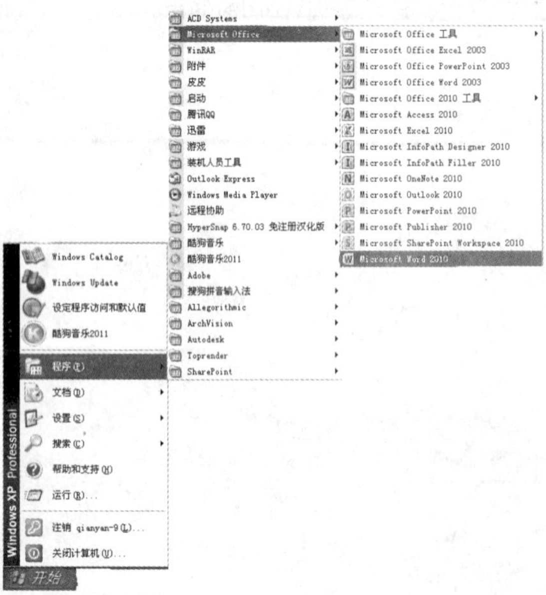

2 在Word 2010工作窗口的编辑区中进行文字的输入。在“开始”选项卡“字体”组中将字体设置为“宋体”，将“字号”设置为“五号”。然后在窗口中输入姓名、性别、年龄、联系方式、教育情况等，所输入的内容根据自己的情况来定。如下图所示为输入完文字后的简历。

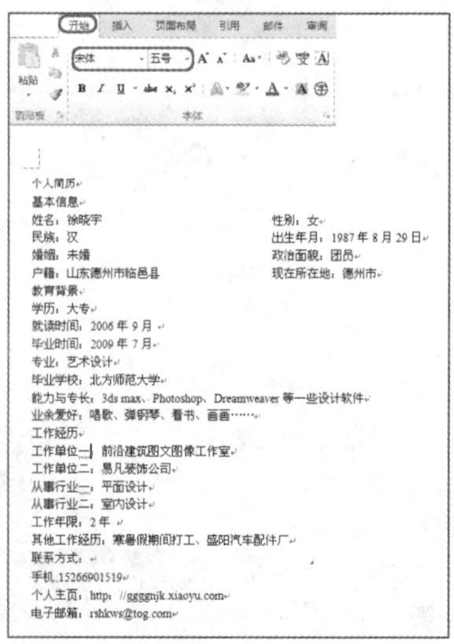

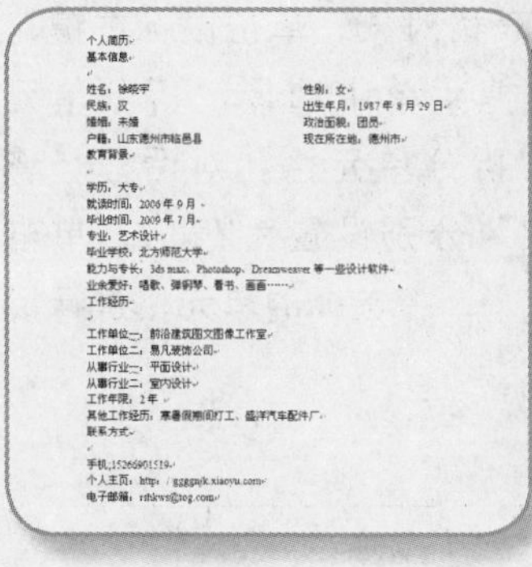

实战操作140 合理安排段落

- 素材：无
- 难度：★★★★★
- 效果：无
- 视频：视频\第8章\实战操作140.avi

合理安排段落的具体操作如下：

1 输入完文字后，将鼠标放到“基本信息”后，单击Enter键，为完成后的文字设置段落，如下图所示。

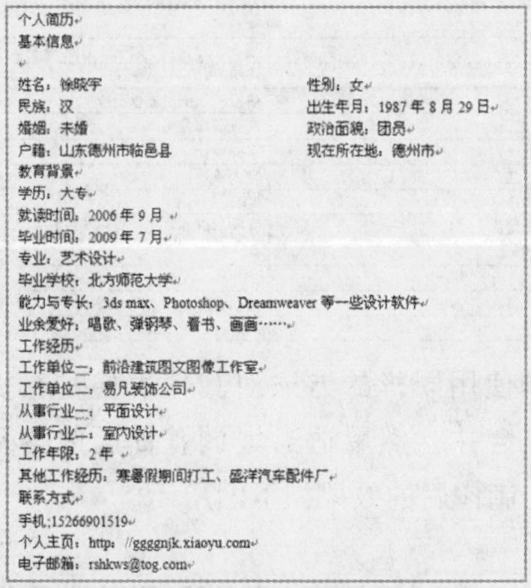

个人简历
基本信息

姓名：徐晓宇 性别：女
民族：汉 出生年月：1987年8月29日
婚姻：未婚 政治面貌：团员
户籍：山东德州市临邑县 现在所在地：德州市
教育背景
学历：大专
就读时间：2006年9月
毕业时间：2009年7月
专业：艺术设计
毕业学校：北方师范大学
能力与专长：3ds max、Photoshop、Dreamweaver等一些设计软件
业余爱好：唱歌、弹钢琴、看书、画画……
工作经历
工作单位一：前沿建筑图文图像工作室
工作单位二：易凡装饰公司
从事行业一：平面设计
从事行业二：室内设计
工作年限：2年
其他工作经历：寒暑假期间打工、盛洋汽车配件厂
联系方式
手机;15266901519
个人主页：http：//ggggnjk.xiaoyu.com
电子邮箱：rshkws@tog.com

2 用同样的方法为撰写的文字设置段落，完成后的效果如下图所示。

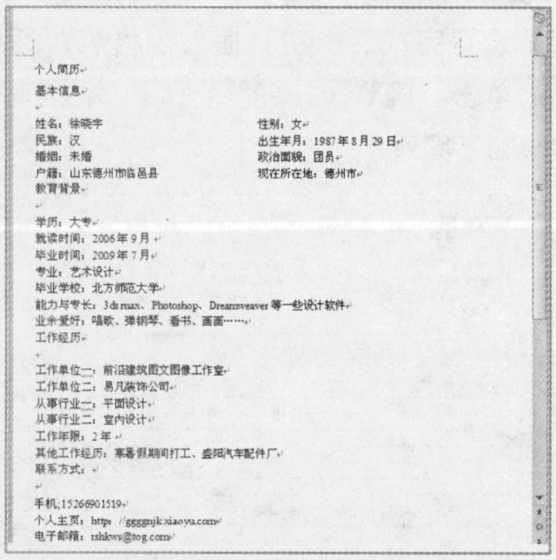

个人简历
基本信息

姓名：徐晓宇 性别：女
民族：汉 出生年月：1987年8月29日
婚姻：未婚 政治面貌：团员
户籍：山东德州市临邑县 现在所在地：德州市
教育背景

学历：大专
就读时间：2006年9月
毕业时间：2009年7月
专业：艺术设计
毕业学校：北方师范大学
能力与专长：3ds max、Photoshop、Dreamweaver等一些设计软件
业余爱好：唱歌、弹钢琴、看书、画画……
工作经历

工作单位一：前沿建筑图文图像工作室
工作单位二：易凡装饰公司
从事行业一：平面设计
从事行业二：室内设计
工作年限：2年
其他工作经历：寒暑假期间打工、盛阳汽车配件厂
联系方式：

手机;15266901519
个人主页：https：//ggggnjk.xiaoyu.com
电子邮箱：rshkws@tog.com

提示

在输入文字和划分段落时，会遇到换行问题。一般情况下都会使用Enter键进行操作，还有另一种换行方式——Shift+Enter快捷键。这种方式的换行符显示为↓，而直接使用Enter键的换行符显示为↵。这两种换行方式的区别在于：直接使用Enter键换行时，上一行和下一行之间并没有连带关系，可以认为是并列关系；而使用Shift+Enter快捷键换行时，其上一行和下一行之间存在一定的连带关系。

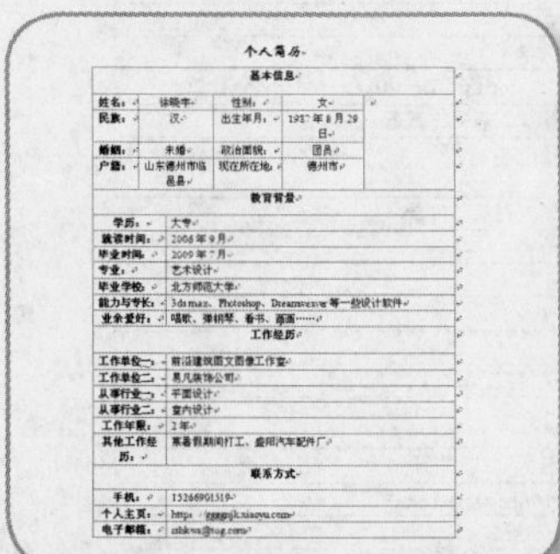

实战操作141 为简历添加表格

- 素材：无
- 难度：★★★★★
- 效果：无
- 视频：视频\第8章\实战操作141.avi

整理好文字后，就应该为其插入表格了。为了让用户看起来更加方便，可以为其添加表格，具体操作如下：

1 选择“插入”选项卡“表格”组，在“表格”按钮的下拉列表中选择“插入表格”选项，在弹出的对话框中，将“表格尺寸”选项组的“列数”和“行数”分别设置为2和24，如下图所示。

2 设置完成后，在“插入表格”对话框中单击“确定”按钮，添加表格后的效果如下图所示。

3 添加表格后，可以将文字内容添加到表格中，然后将文档中多余的空白行删除。文字添加完成后的效果如下图所示。

个人简历

基本信息	
姓名：徐晓宇	性别：女
民族：汉	出生年月：1987年8月29日
婚姻：未婚	政治面貌：团员
户籍：山东德州市临邑县	现在所在地：德州市
教育背景	
学历：	大专
就读时间：	2006年9月
毕业时间：	2009年7月
专业：	艺术设计
毕业学校：	北方师范大学
能力与专长：	3ds max、Photoshop、Dreamweaver等一些设计软件
业余爱好：	唱歌、弹钢琴、看书、画画……
工作经历	
工作单位一：	前沿建筑图文图像工作室
工作单位二：	易凡装饰公司
从事行业一：	平面设计
从事行业二：	室内设计
工作年限：	2年
其他工作经历：	寒暑假期间打工、盛阳汽车配件厂
联系方式	
手机：	15266901519
个人主页：	http://ggggnjk.xiaoyu.com
电子邮箱：	rshkws@tog.com

4 选择第一个表格对象，单击鼠标右键，在弹出的快捷菜单中选择“拆分单元格”命令，弹出“拆分单元格”对话框。将“列数”和“行数”分别设置为2和1，单击“确定”按钮，将选择的单元格进行拆分，如下图所示。

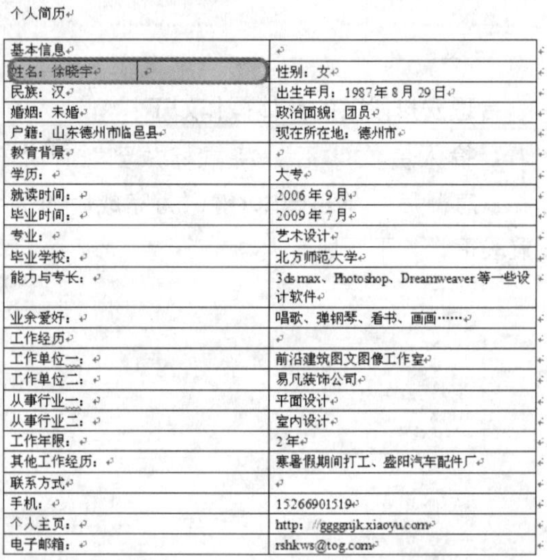

个人简历

基本信息	
姓名：徐晓宇	性别：女
民族：汉	出生年月：1987年8月29日
婚姻：未婚	政治面貌：团员
户籍：山东德州市临邑县	现在所在地：德州市
教育背景	
学历：	大专
就读时间：	2006年9月
毕业时间：	2009年7月
专业：	艺术设计
毕业学校：	北方师范大学
能力与专长：	3ds max、Photoshop、Dreamweaver等一些设计软件
业余爱好：	唱歌、弹钢琴、看书、画画……
工作经历	
工作单位一：	前沿建筑图文图像工作室
工作单位二：	易凡装饰公司
从事行业一：	平面设计
从事行业二：	室内设计
工作年限：	2年
其他工作经历：	寒暑假期间打工、盛阳汽车配件厂
联系方式	
手机：	15266901519
个人主页：	http://ggggnjk.xiaoyu.com
电子邮箱：	rshkws@tog.com

5 使用同样的方法对其他表格进行拆分和合并，然后适当地调整简历内容及表格大小，制作后的效果如下图所示。

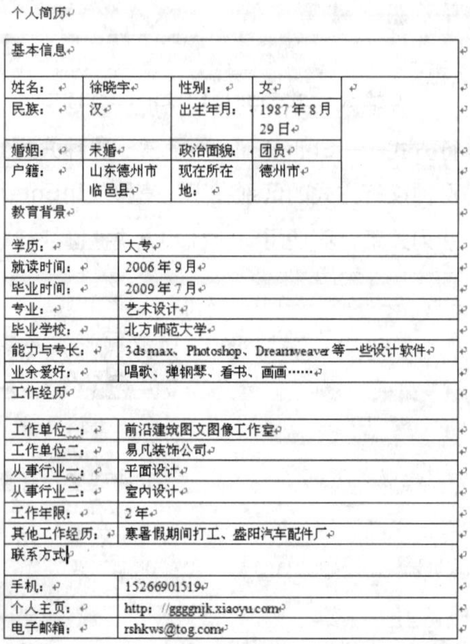

个人简历

基本信息			
姓名：	徐晓宇	性别：	女
民族：	汉	出生年月：	1987年8月29日
婚姻：	未婚	政治面貌：	团员
户籍：	山东德州市临邑县	现在所在地：	德州市

教育背景	
学历：	大专
就读时间：	2006年9月
毕业时间：	2009年7月
专业：	艺术设计
毕业学校：	北方师范大学
能力与专长：	3ds max、Photoshop、Dreamweaver等一些设计软件
业余爱好：	唱歌、弹钢琴、看书、画画……

工作经历	
工作单位一：	前沿建筑图文图像工作室
工作单位二：	易凡装饰公司
从事行业一：	平面设计
从事行业二：	室内设计
工作年限：	2年
其他工作经历：	寒暑假期间打工、盛阳汽车配件厂

联系方式	
手机：	15266901519
个人主页：	http://ggggnjk.xiaoyu.com
电子邮箱：	rshkws@tog.com

6 在简历中选择如下图所示的对象，单击“开始”选项卡“段落”组中的按

钮，将选择的对象居中对齐，如下图所示。

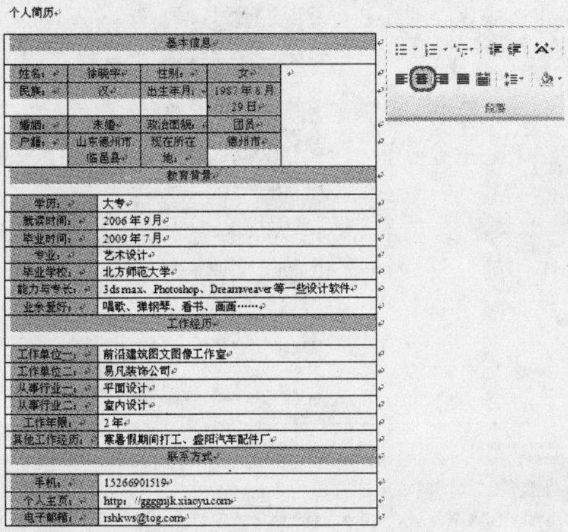

7 选择表格对象，单击鼠标右键，在弹出的快捷菜单中选择“边框和底纹”命令，弹出“边框和底纹”对话框。选择“边框”选项卡，在“样式”列表中选择一种样式，如下图所示。

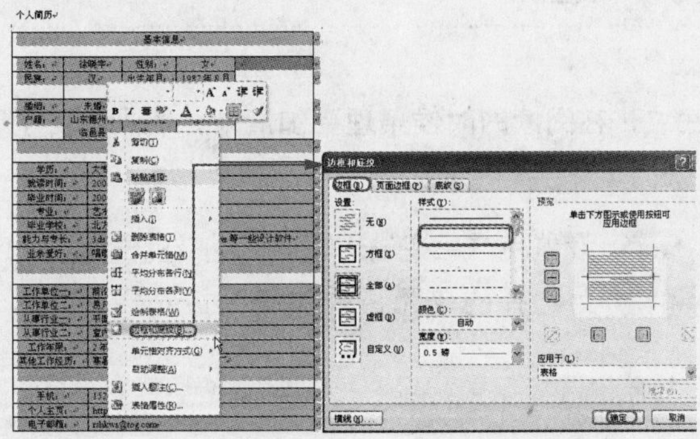

8 设置完成后，单击“确定”按钮 确定 ，设置边框样式后的效果如下图所示。

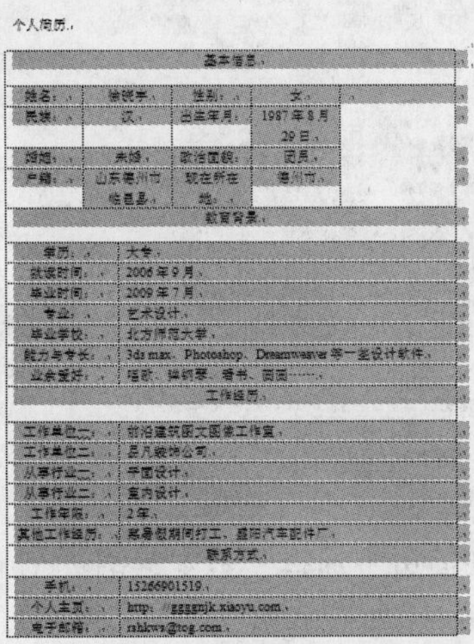

9 选择文字“个人简历”，将字体设置为“方正魏碑简体”，将字体大小设置为“四号”，单击 B 按钮，单击“段落”组中 按钮，将选择的文本加粗并居中对齐，如下图所示。

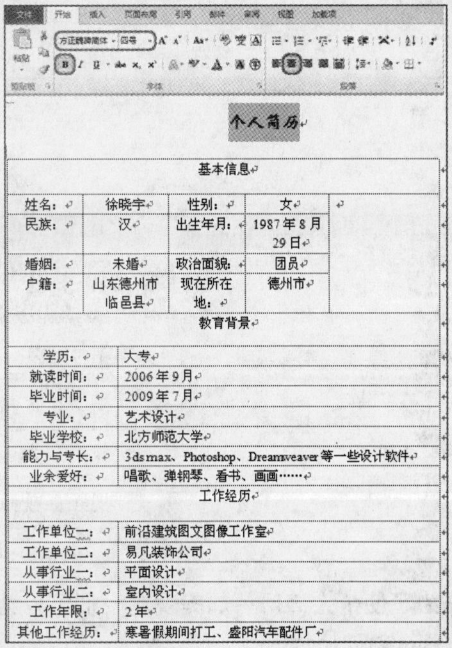

10 选择表格对象，单击“开始”选项卡“段落”组中的 按钮，将对象居中对齐，如下图所示。

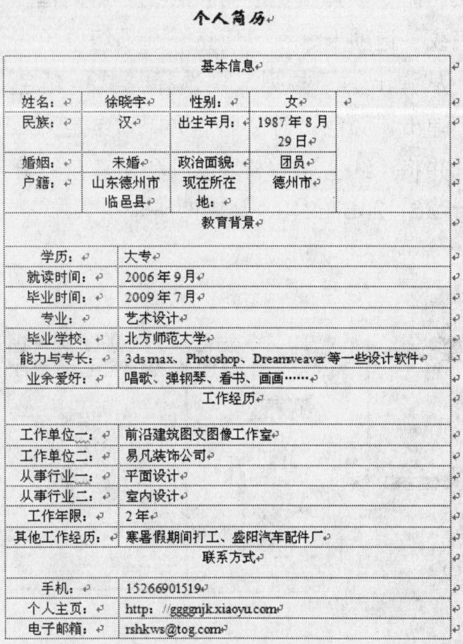

11 选择如右图所示的文本，在“开始”选项卡中的“字体”组中单击**B**按钮选项，将选择的文本加粗。

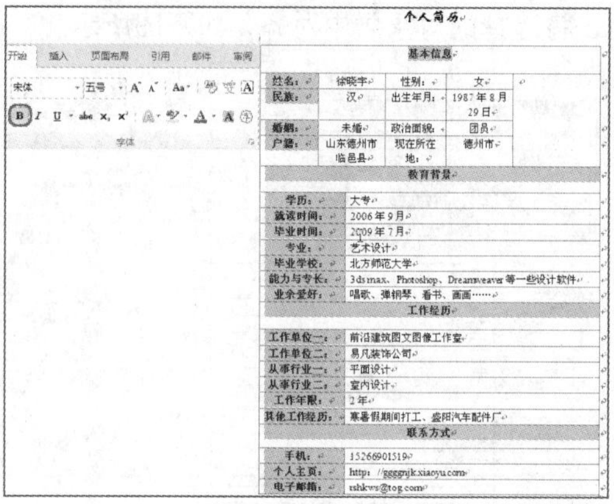

实战操作142 为简历添加底纹

- 素材：无
- 难度：★★★★★
- 效果：无
- 视频：视频\第8章\实战操作142.avi

为了使个人简历更加美观，我们可以为其设置底纹，在阅读的时候条理更加清晰，使人一目了然。具体操作如下：

1 在简历中选择如图所示的表格，单击鼠标右键，在弹出的快捷菜单中选择“边框和底纹”命令，弹出“边框和底纹”对话框。选择“底纹”选项卡，在“填充”选项组中单击▾按钮，从弹出的下拉列表中选择“其他颜色”选项，弹出“颜色”对话框，选择“自定义”选项卡，并将“红色”、“绿色”和“蓝色”分别设置为226、245和246，如下图所示。

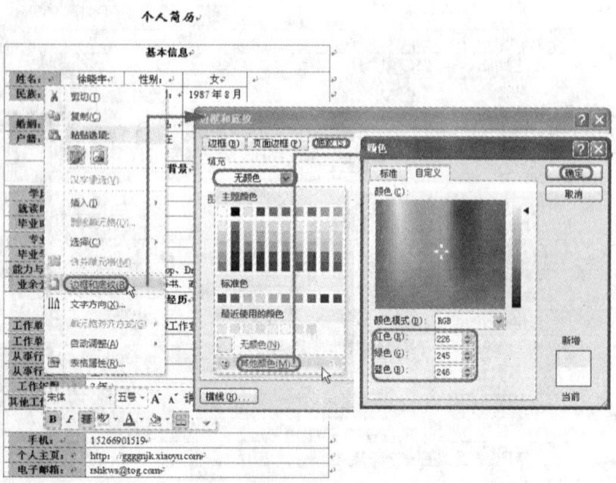

2 设置完成后单击“确定”按钮 确定 ，为选择的单元格添加底纹，效果如下图所示。

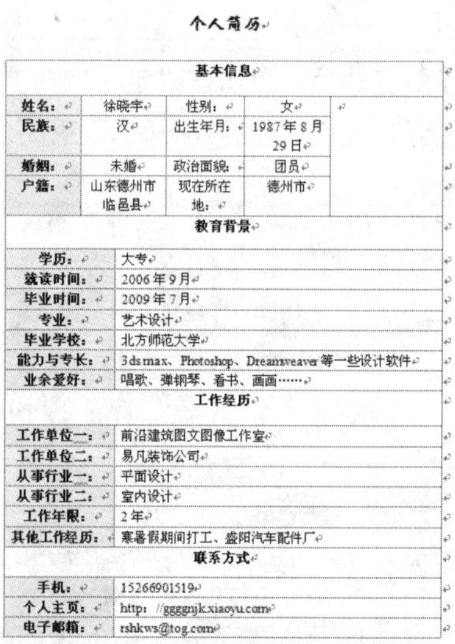

3 在简历中选择“基本信息”、“教育背景”、“工作经历”和“联系方式”单

元格，单击鼠标右键，在弹出的快捷菜单中选择“边框和底纹”命令，弹出“边框和底纹”对话框。选择“底纹”选项卡，在“填充”选项组中单击按钮，从弹出的下拉列表中选择“其他颜色”选项，弹出“颜色”对话框。选择“自定义”选项卡，并将“红色”、“绿色”和“蓝色”分别设置为215、240和249，如下图所示。

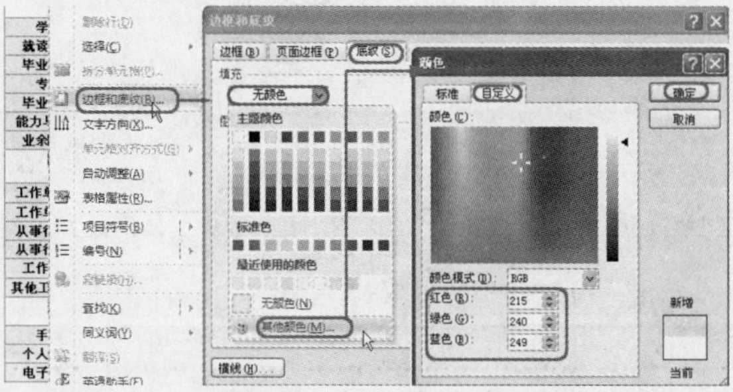

4 设置完成后，单击“确定”按钮。添加底纹完成后的效果如下图所示。

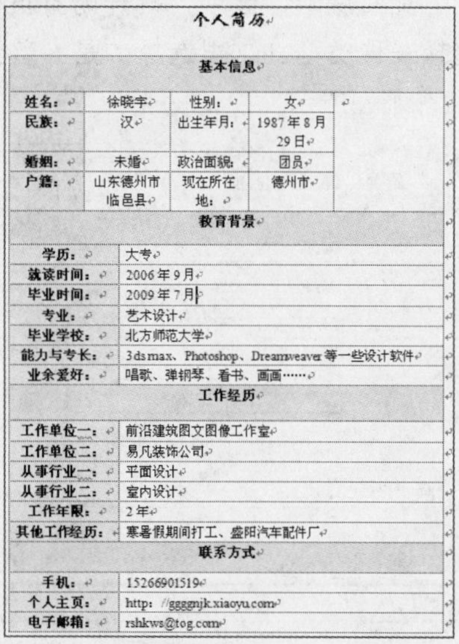

个人简历

基本信息			
姓名：	徐晓宇	性别：	女
民族：	汉	出生年月：	1987年8月29日
婚姻：	未婚	政治面貌：	团员
户籍：	山东德州市临邑县	现在所在地：	德州市
教育背景			
学历：	大专		
就读时间：	2006年9月		
毕业时间：	2009年7月		
专业：	艺术设计		
毕业学校：	北方师范大学		
能力与专长：	3ds max、Photoshop、Dreamweaver等一些设计软件		
业余爱好：	唱歌、弹钢琴、看书、画画……		
工作经历			
工作单位一：	前沿建筑图文图像工作室		
工作单位二：	易凡装饰公司		
从事行业一：	平面设计		
从事行业二：	室内设计		
工作年限：	2年		
其他工作经历：	寒暑假期间打工、盛阳汽车配件厂		
联系方式			
手机：	15266901519		
个人主页：	http://gggnjk.xiaoyu.com		
电子邮箱：	rshkws@tog.com		

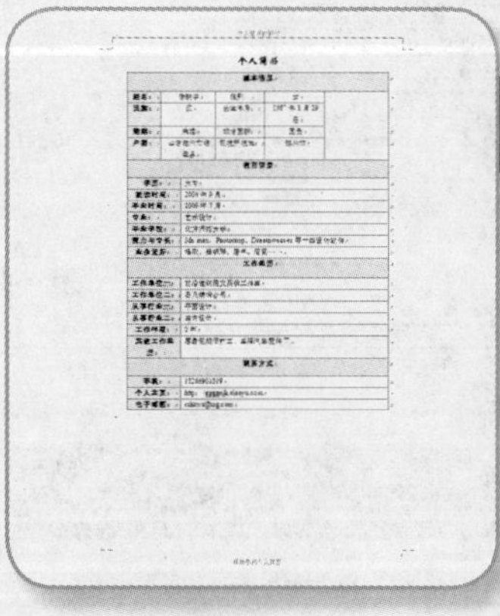

实战操作143 为简历添加页眉页脚

- 素材：无
- 难度：★★★★★
- 效果：效果\ 143\个人简历 .docx
- 视频：视频\第8章\实战操143.avi

在平时看书、看报的时候，这些报刊、书籍的每一页都有页眉、页脚。一般可以在页眉、页脚中放入一些有用的信息，例如页码、时间等。为简历添加页眉页脚的具体操作如下：

1 在简历中双击页眉区域，在页眉处输入“个人简历的制作”。单击“页眉和页脚”下“设计”选项卡“关闭”组中的“关闭页眉和页脚”按钮，将页眉关闭，制作完页眉后的效果如右图所示。

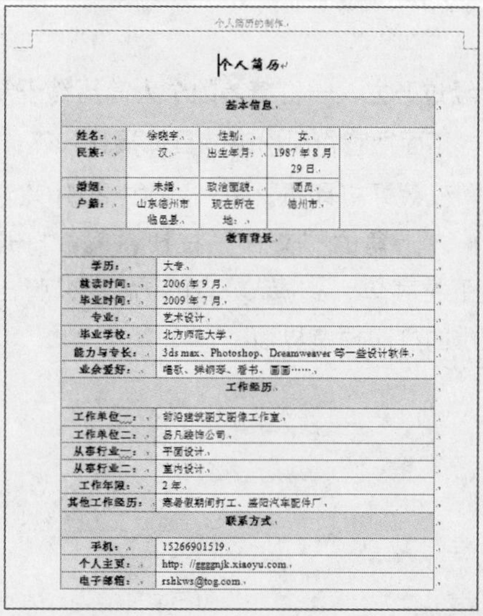

2 单击“插入”选项卡“页眉和页脚”组中的“页码”按钮，在弹出的下拉列表中选择“页面底端”选项，打开内置页码库，从中选择一种类型（这里选择的是“普通数字2”），如下图所示。

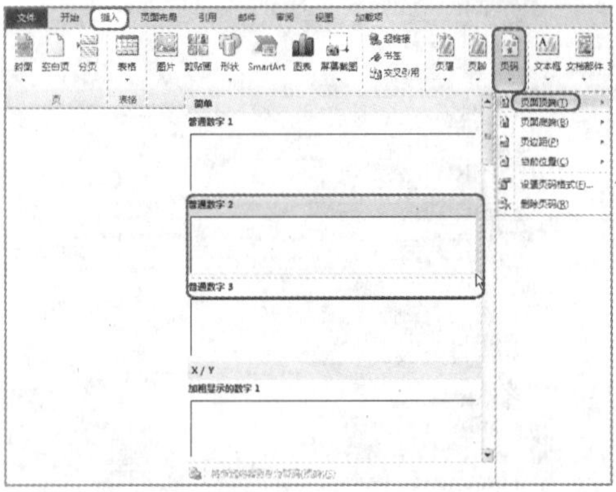

3 添加页码后的效果如下图所示。然后在页脚处输入“徐晓宇的个人简历”，并将其居中对齐。

4 输入完页码和页脚后，单击“页眉和页脚工具”下“设计”选项卡“关闭”组中的“关闭页眉和页脚”按钮，如右图所示。

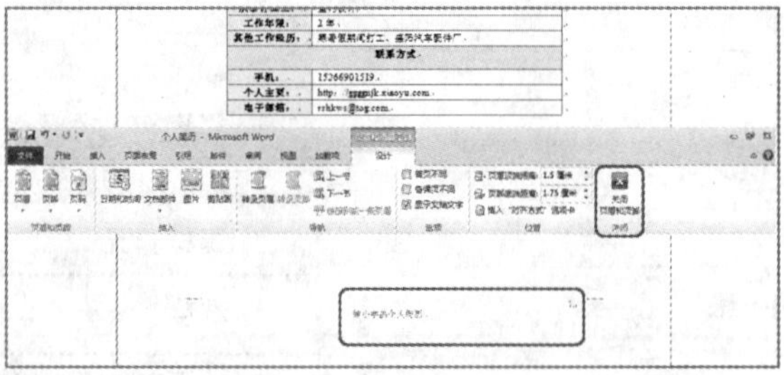

实战操作144 设置打印

素材：无　　效果：无

难度：★★★★★　　视频：视频\第8章\实战操作144.avi

经过努力，一份精美的个人简历终于制作出来了，下面把它打印出来。具体操作如下：

1 安装好打印机。单击Word 2010软件窗口左上角的“文件”按钮，打开“文件”下拉菜单，选择“打印”命令，弹出如右图所示的打印预览界面。

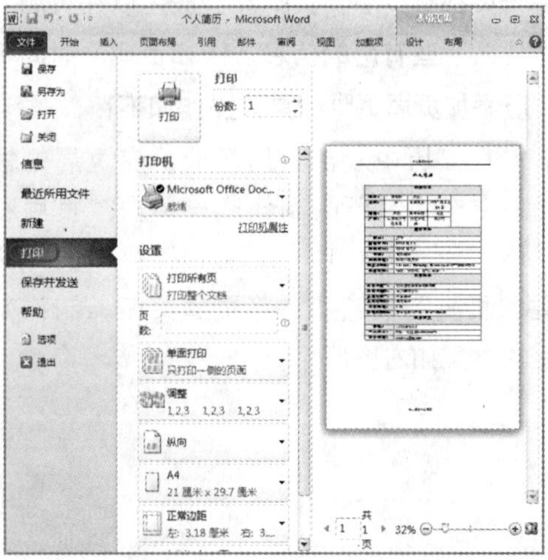

2 如果对预览的效果比较满意，就可以开始打印了。选择“设置”选项组中的“打印所有页”选项，在弹出的下拉列表中单击“打印当前页面”选项，其他使用默认参数，如右图所示。

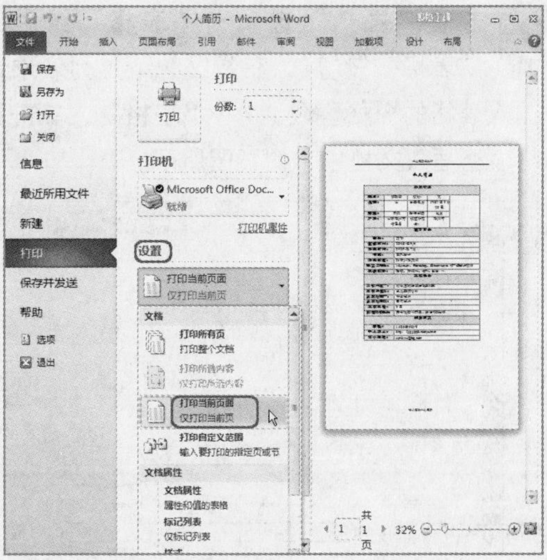

8.2 家庭日常费用分析表

利用Word 2010可以制作家庭日常费用分析表，下面将介绍家庭日常费用分析图表的制作。在制作之前，首先创建表格，并对表格进行修改，然后在表格中填充内容，并为表格添加边框和底纹效果；最后使用公式命令，计算出支出总计和余额。

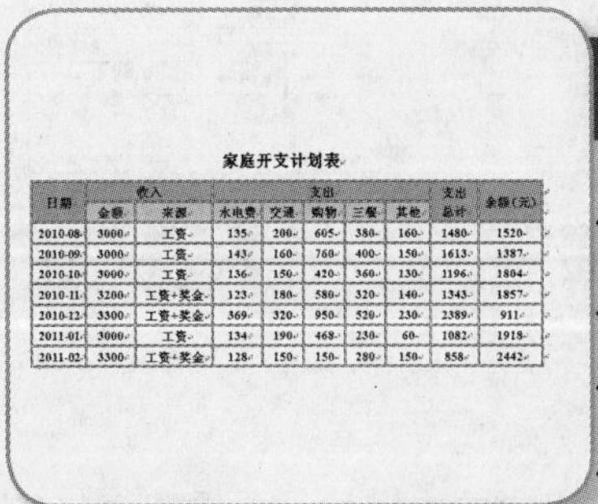

家庭开支计划表

日期	收入		支出					支出总计	余额(元)
	金额	来源	水电费	交通	购物	三餐	其他		
2010-08	3000	工资	135	200	605	380	160	1480	1520
2010-09	3000	工资	143	160	760	400	150	1613	1387
2010-10	3000	工资	136	150	420	360	130	1196	1804
2010-11	3200	工资+奖金	123	180	580	320	140	1343	1857
2010-12	3300	工资+奖金	369	320	950	520	230	2389	911
2011-01	3000	工资	134	190	468	230	60	1082	1918
2011-02	3300	工资+奖金	128	150	150	280	150	858	2442

实战操作145　用Word表格制作开支计划表

- 素材：无
- 难度：★★★★★
- 效果：效果\145\用Word表格制作开支计划表.docx
- 视频：视频\第8章\实战操145.avi

用Word表格制作开支计划表，可以按照以下操作步骤进行：

1 首先新建一个Word文件，按Ctrl+S快捷键，在弹出的“另存为”对话框中选择相应的路径并为文件命名，然后单击“保存”按钮 保存(S) ，如右图所示。

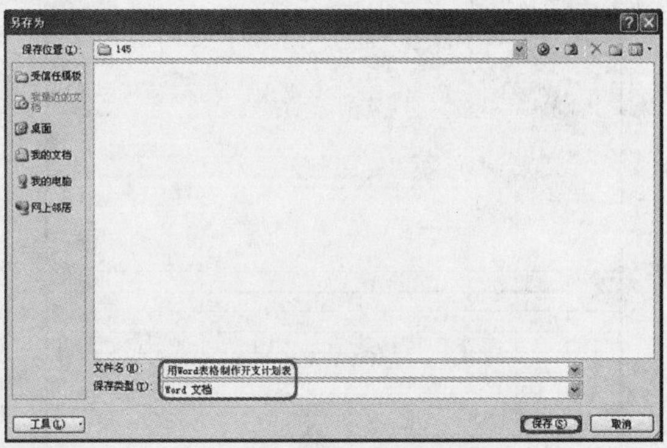

2 单击“插入”选项卡“表格”组中的“表格”按钮，在弹出的下拉列表中选择插入表格的栅格区域“10×8表格”，单击鼠标将表格插入文档中，如下图所示。

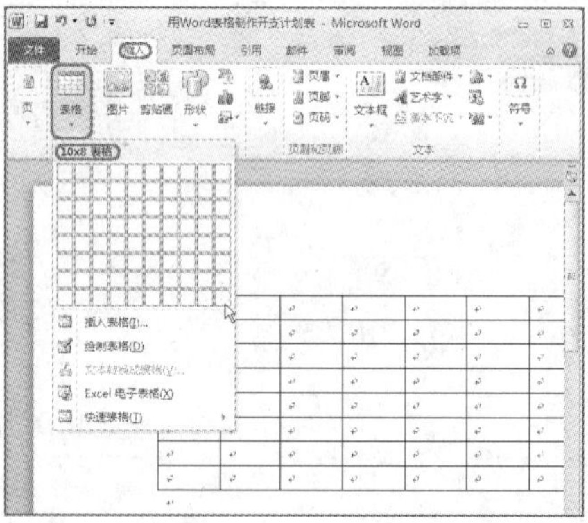

3 在“表格工具”下“设计”选项卡中单击“绘制边框”组的“绘制表格”按钮，将第一行的第二列至第八列的单元格进行拆分，如下图所示。

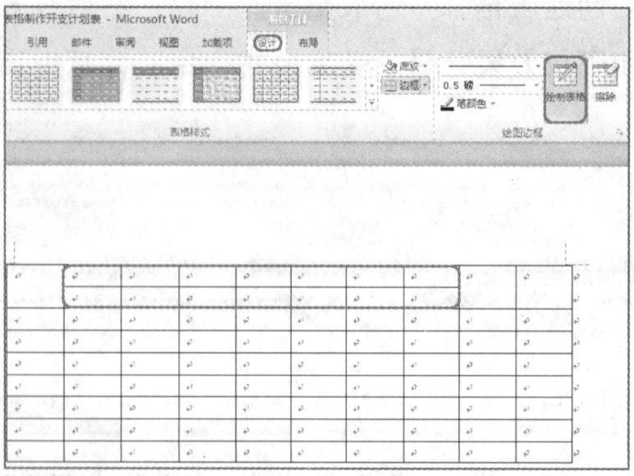

4 在“表格工具”下“设计”选项卡中单击“绘制边框”组的“擦除”按钮，对表格进行修改，将部分单元格进行合并，完成后的效果如下图所示。

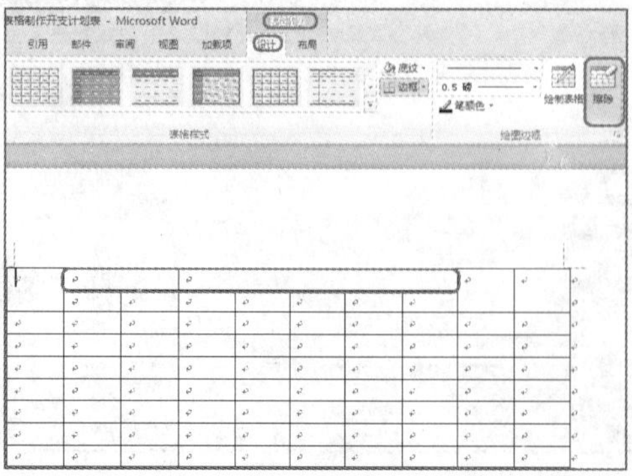

5 将表格分成日期、收入、支出、支出总计和余额5大部分。在“开始”选项卡“字体”组中将字体设置为“方正细黑一简体”，将字号设置为“五号”，在表格中输入文字。然后选择文字对象，单击B按钮，完成后的效果如下图所示。

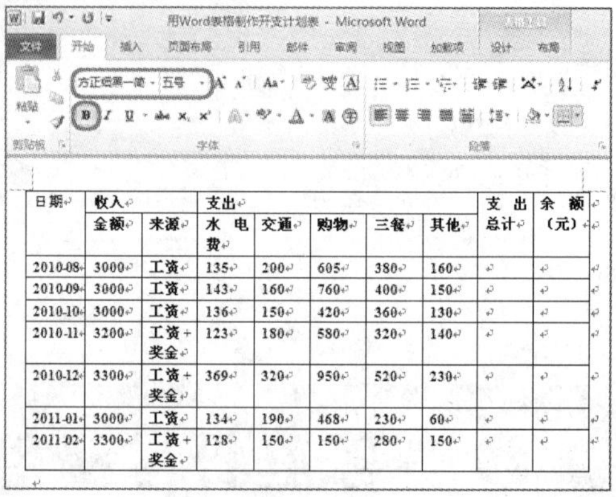

6 在窗口中选择表格对象，单击鼠标右键，在弹出的快捷菜单中选择“单元格对齐方式”列表中的按钮，将表格中的内容居中对齐，如下图所示。

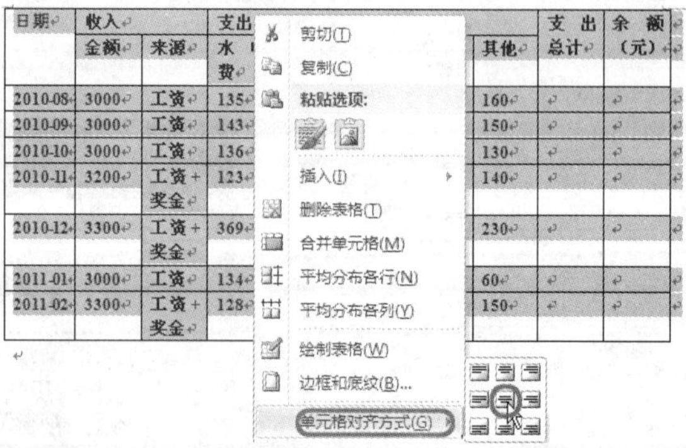

7 调整完表格中的内容后，再调整表格的大小。将鼠标放到要调整的线框上，当鼠标指针变成形状时，拖动线框的位置，调整后的效果如下图所示。

日期	收入		支出					支出总计	余额（元）
	金额	来源	水电费	交通	购物	三餐	其他		
2010-08	3000	工资	135	200	605	380	160		
2010-09	3000	工资	143	160	760	400	150		
2010-10	3000	工资	136	150	420	360	130		
2010-11	3200	工资+奖金	123	180	580	320	140		
2010-12	3300	工资+奖金	369	320	950	520	230		
2011-01	3000	工资	134	190	468	230	60		
2011-02	3300	工资+奖金	128	150	150	280	150		

8 在窗口中选择表格对象，单击鼠标右键，在弹出的快捷菜单中选择“边框和底纹”命令，弹出“边框和底纹”对话框。选择“边框”选项卡，在“样式”列表框中选择如图所示的边框样式，将“颜色”定义为“深蓝，文字2”，将“宽度”设置为0.5磅，单击“确定”按钮 确定 ，如下图所示。

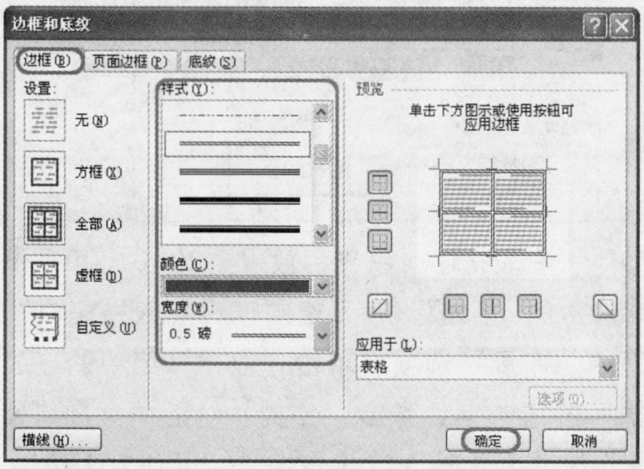

9 设置完样式后的效果如下图所示。

日期	收入		支出					支出总计	余额（元）
	金额	来源	水电费	交通	购物	三餐	其他		
2010-08	3000	工资	135	200	605	380	160		
2010-09	3000	工资	143	160	760	400	150		
2010-10	3000	工资	136	150	420	360	130		
2010-11	3200	工资+奖金	123	180	580	320	140		
2010-12	3300	工资+奖金	369	320	950	520	230		
2011-01	3000	工资	134	190	468	230	60		
2011-02	3300	工资+奖金	128	150	150	280	150		

10 在窗口中选择如下图所示的单元格并单击鼠标右键。

日期	收入		支出					支出总计	余额（元）
	金额	来源	水电费	交通	购物	三餐	其他		
2010-08	3000	工资	135	200	605	380	160		
2010-09	3000	工资	143	160	760	400	150		
2010-10	3000	工资	136	150	420	360	130		
2010-11	3200	工资+奖金	123	180	580	320	140		
2010-12	3300	工资+奖金	369	320	950	520	230		
2011-01	3000	工资	134	190	468	230	60		
2011-02	3300	工资+奖金	128	150	150	280	150		

提示

设置表格的边框时，经常会遇到设置完表格样式后场景中表格的边框无变化，怎样解决这个问题呢？设置完表格的边框后，在“预览”区域中单击相应的按钮，即可将边框显示出来。

11 在快捷菜单中选择“边框和底纹”命令，在弹出的“边框和底纹”对话框中选择“底纹”选项卡，在“填充”选项组中选择“深蓝，文字2，淡色60%”，设置完成后单击“确定”按钮 确定 ，如下图所示。

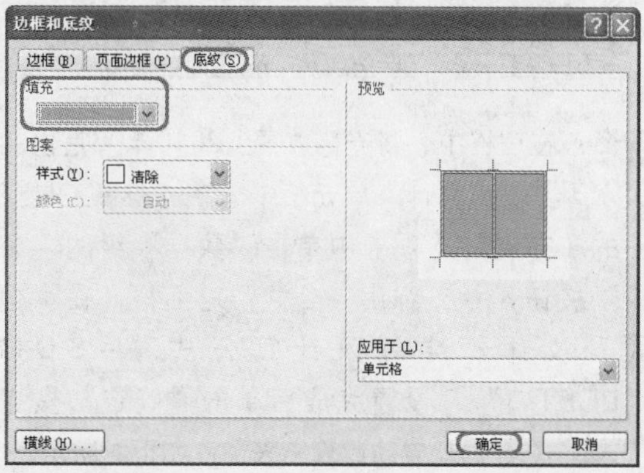

12 在窗口中选择如下图所示的单元格并单击鼠标右键。

日期	收入		支出					支出总计	余额（元）
	金额	来源	水电费	交通	购物	三餐	其他		
2010-08	3000	工资	135	200	605	380	160		
2010-09	3000	工资	143	160	760	400	150		
2010-10	3000	工资	136	150	420	360	130		
2010-11	3200	工资+奖金	123	180	580	320	140		
2010-12	3300	工资+奖金	369	320	950	520	230		
2011-01	3000	工资	134	190	468	230	60		
2011-02	3300	工资+奖金	128	150	150	280	150		

13 在快捷菜单中选择“边框和底纹”命令，在弹出的“边框和底纹”对话框中选择“底纹”选项卡，在“填充”选项组中选择“深蓝，文字2，淡色80%”，设置完成后单击“确定”按钮 确定 ，如下图所示。

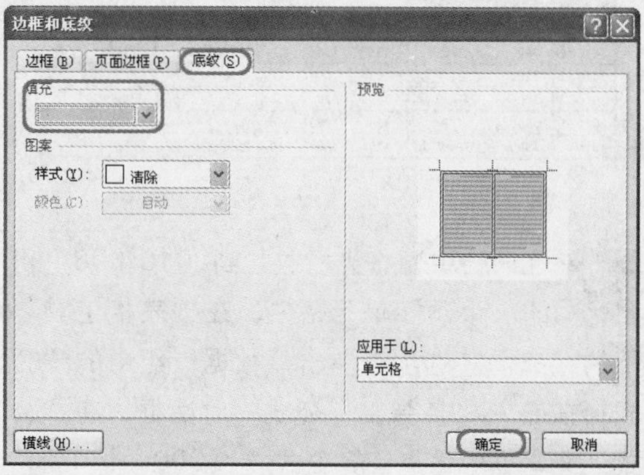

14 设置完成后的底纹效果如下图所示。

日期	收入		支出					支出总计	余额（元）
	金额	来源	水电费	交通	购物	三餐	其他		
2010-08	3000	工资	135	200	605	380	160		
2010-09	3000	工资	143	160	760	400	150		
2010-10	3000	工资	136	150	420	360	130		
2010-11	3200	工资+奖金	123	180	580	320	140		
2010-12	3300	工资+奖金	369	320	950	520	230		
2011-01	3000	工资	134	190	468	230	60		
2011-02	3300	工资+奖金	128	150	150	280	150		

15 在表格中，将光标放置到2010年08月份的“支出总计”单元格中，在“表格工具”下的“布局”选项卡中单击“数据”组的“公式”按钮 公式，弹出“公式”对话框，在“公式”文本框中输入计算公式“=SUM(LEFT)”，设置完成后单击“确定”按钮 确定，数据就自动计算出来了，如下图所示。

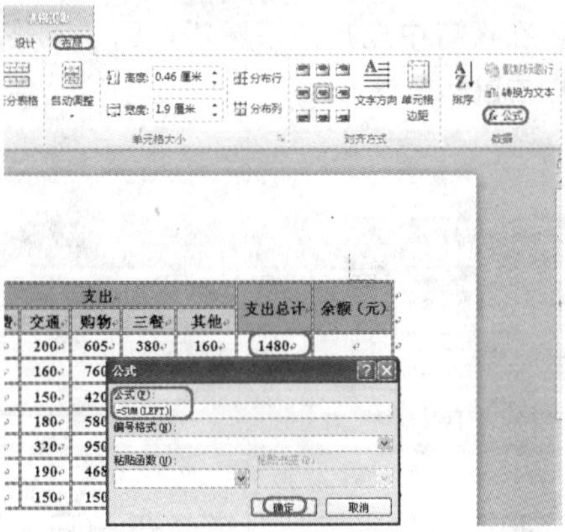

16 使用同样的方法计算出其他月份的“支出总计”，效果如下图所示。

日期	收入		支出					支出总计	余额（元）
	金额	来源	水电费	交通	购物	三餐	其他		
2010-08	3000	工资	135	200	605	380	160	1480	
2010-09	3000	工资	143	160	760	400	150	1613	
2010-10	3000	工资	136	150	420	360	130	1196	
2010-11	3200	工资+奖金	123	180	580	320	140	1343	
2010-12	3300	工资+奖金	369	320	950	520	230	2389	
2011-01	3000	工资	134	190	468	230	60	1082	
2011-02	3300	工资+奖金	128	150	150	280	150	858	

17 在表格中，将光标放置到2010年08月份的“余额”单元格中，在“表格工具”下的“布局”选项卡单击“数据”组中的“公式”按钮 公式，弹出“公式”对话框，在“公式”文本框中输入计算公式“=3000-1480”，设置完成后单击“确定”按钮 确定，这样数据就自动计算出来了，如下图所示。

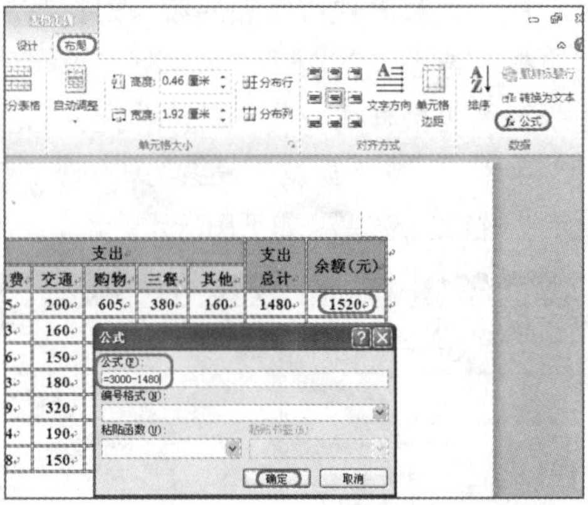

18 在表格中，将光标放置到2010年09月份的“余额”单元格中，在“表格工具”下的“布局”选项卡单击“数据”组中的“公式”按钮 公式，弹出“公式”对话框，在“公式”文本框中输入计算公式“=3000-1613”，设置完成后单击“确定”按钮 确定，这样数据就自动计算出来了，如下图所示。

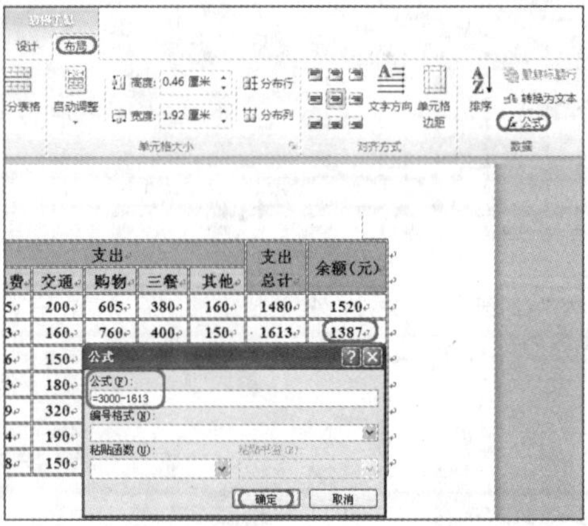

19 使用同样的方法计算出其他月份的余额，其套用公式的方法是一样的，就是将本月的月工资减去支出总计，即可计算出各月的余额，如下图所示。

日期	收入		支出					支出总计	余额（元）
	金额	来源	水电费	交通	购物	三餐	其他		
2010-08	3000	工资	135	200	605	380	160	1480	1520
2010-09	3000	工资	143	160	760	400	150	1613	1387
2010-10	3000	工资	136	150	420	360	130	1196	1804
2010-11	3200	工资+奖金	123	180	580	320	140	1343	1857
2010-12	3300	工资+奖金	369	320	950	520	230	2389	911
2011-01	3000	工资	134	190	468	230	60	1082	1918
2011-02	3300	工资+奖金	128	150	150	280	150	858	2442

20 至此，表格中的数据就计算完成了，在表格的上方输入“家庭开支计划表”作为该表格的表头，如下图所示。

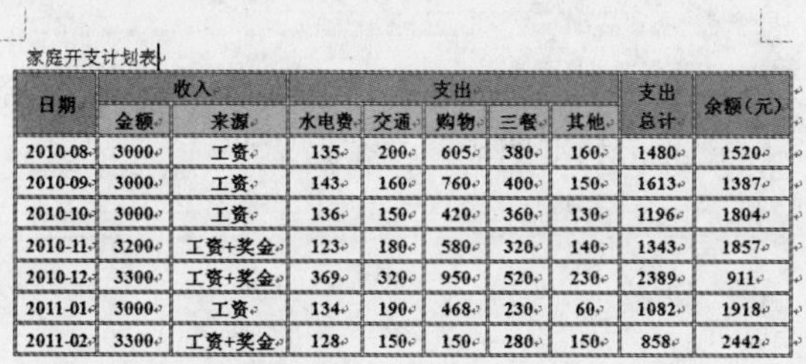
家庭开支计划表

日期	收入		支出					支出总计	余额(元)
	金额	来源	水电费	交通	购物	三餐	其他		
2010-08	3000	工资	135	200	605	380	160	1480	1520
2010-09	3000	工资	143	160	760	400	150	1613	1387
2010-10	3000	工资	136	150	420	360	130	1196	1804
2010-11	3200	工资+奖金	123	180	580	320	140	1343	1857
2010-12	3300	工资+奖金	369	320	950	520	230	2389	911
2011-01	3000	工资	134	190	468	230	60	1082	1918
2011-02	3300	工资+奖金	128	150	150	280	150	858	2442

21 选择表头对象，将字体设置为“方正宋黑简体”，将字体大小设置为“四号”，并单击**B**按钮和≡按钮，将表头加粗、居中，如下图所示。

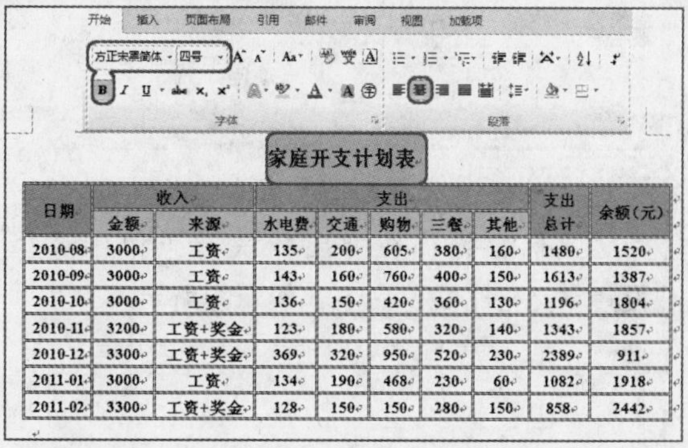

22 至此，用Word表格制作家庭开支计划表就制作完成了，完成后的效果如右图所示。按Ctrl+S快捷键保存。

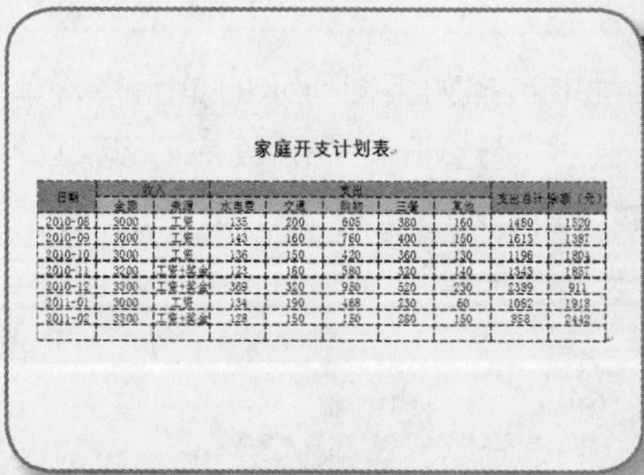

实战操作146 在Word中插入Excel表格

- 素材：无
- 难度：★★★★★
- 效果：效果\146\在Word中插入Excel表格.docx
- 视频：视频\第8章\实战操作146.avi

提到表格和数据计算，自然就想到Excel。借助Excel的强大功能，可以很轻松地对数据进行处理。在Word中，一样可以使用Excel表格来进行计算。在Word中使用Excel表格的操作如下：

1 首先新建一个Word文件，按Ctrl+S快捷键将新建的文件保存，在弹出的“另存为”对话框中选择相应的路径并为文件命名，然后单击“保存”按钮 保存(S) ，如右图所示。

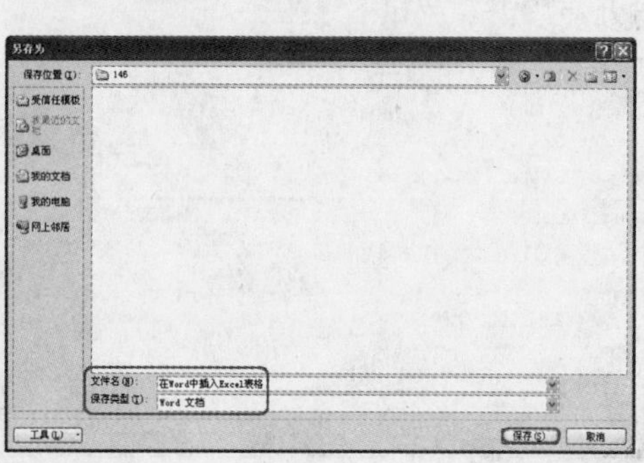

2 单击“插入”选项卡“表格”组中的“表格”按钮，在弹出的下拉列表中选择“Excel电子表格”选项，系统会自动插入

Excel表格，如下图所示。

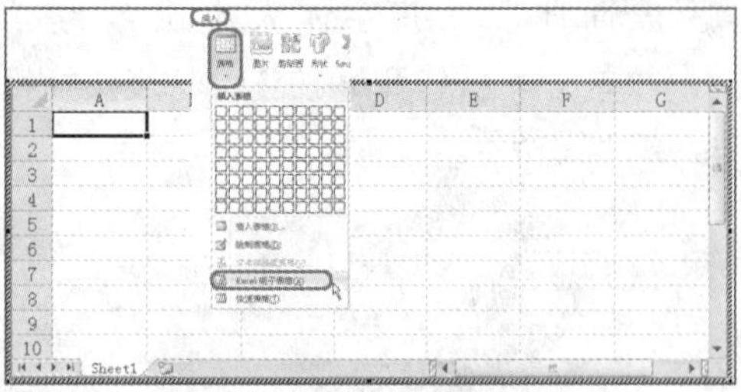

3 在表格中选择如图所示的单元格，单击鼠标右键，在弹出的快捷菜单中选择“设置单元格格式”命令，如下图所示。

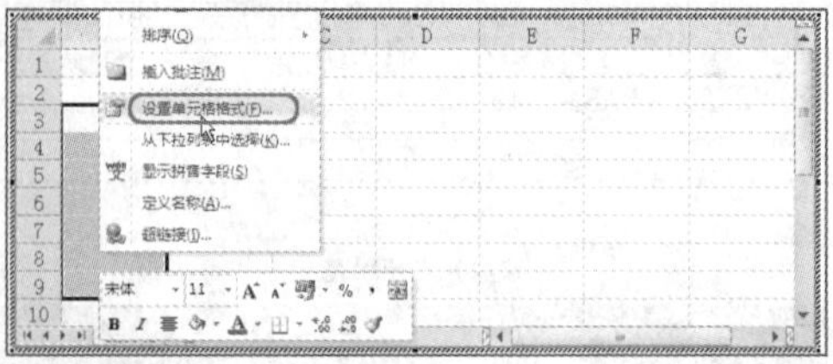

4 弹出“设置单元格格式”对话框，打开“数字”选项卡，在“分类”列表框中选择“自定义”，然后将“类型”定义为“yyyy-mm”。设置完成后单击“确定”按钮 确定 ，如下图所示。

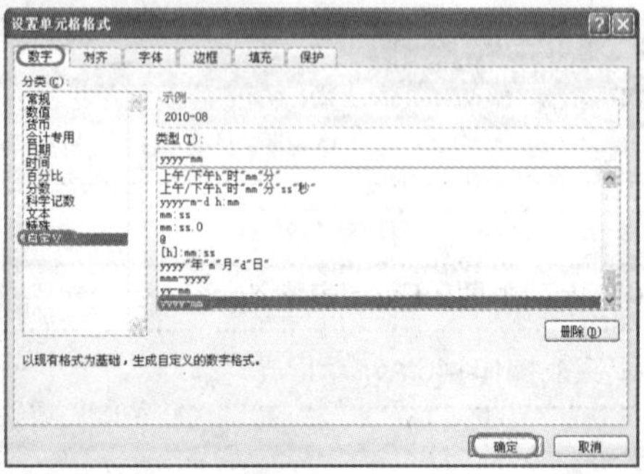

5 在表格中选择如下图所示的单元格，单击“开始”选项卡“对齐方式”组中的“合并后居中”按钮 合并后居中 。

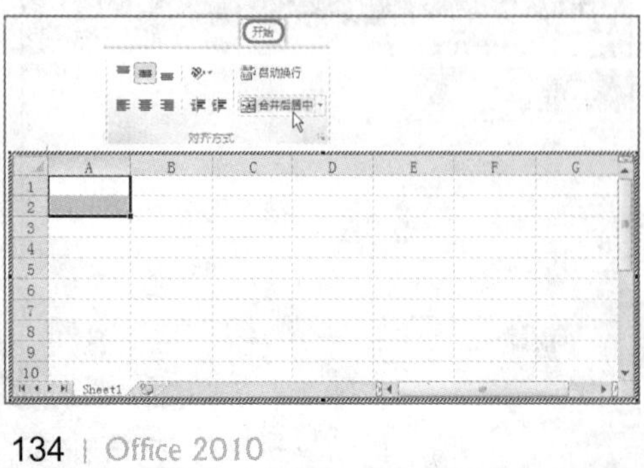

6 在弹出的下拉列表中将选择的单元格进行合并，效果如下图所示。

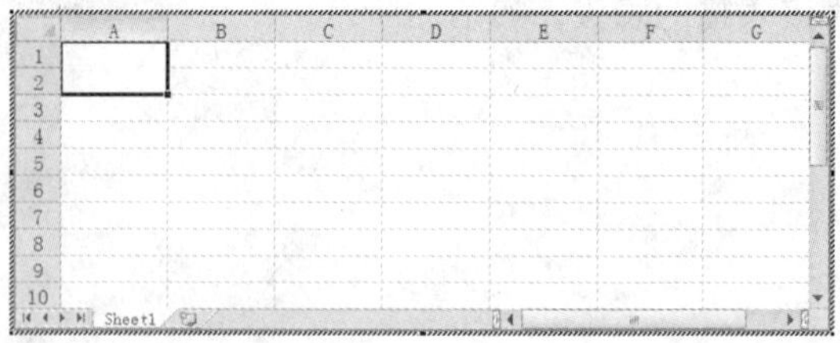

7 使用同样的方法对其他单元格进行合并，如下图所示。

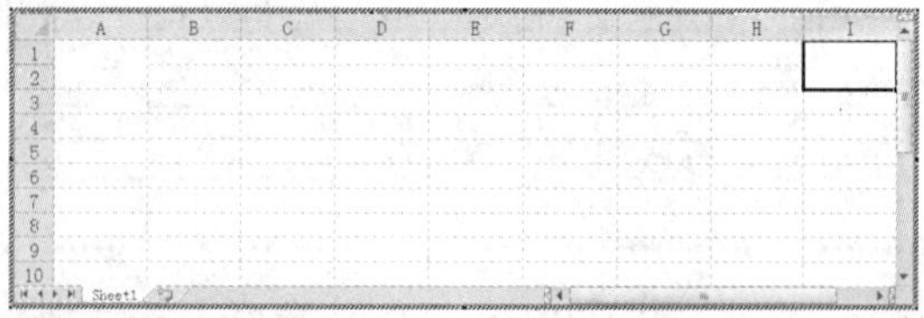

8 表格修改完了，下面在表格中填写内容。用户可以根据自己的实际情况进行填写，填写完表格内容后的效果如下图所示。

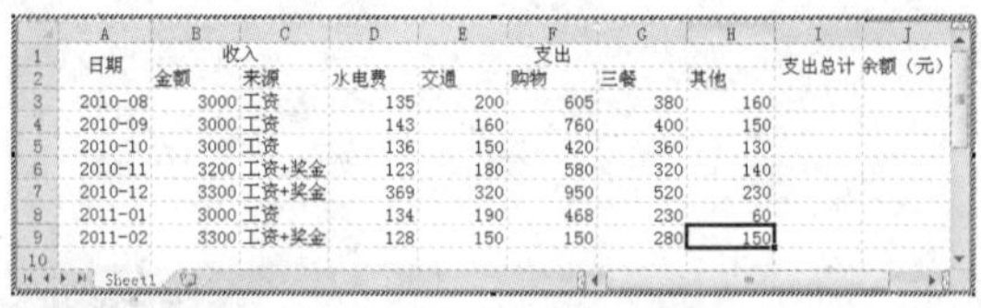

9 在场景中选择如下图所示的单元格，单击“公式”选项卡“函数库”组中的“自动求和”按钮 Σ 下侧的下三角，在弹出的下拉列表中选择“求和”选项。

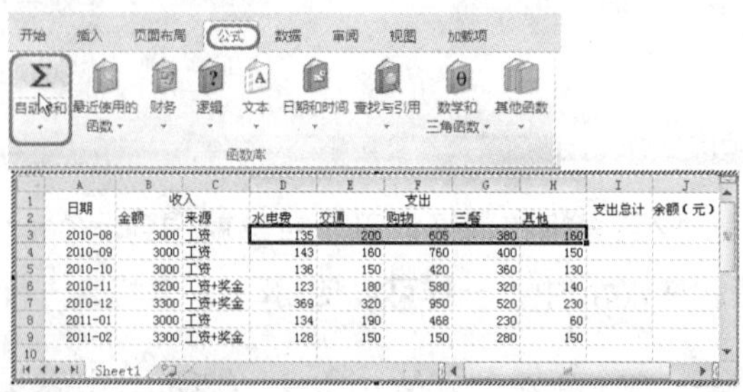

10 在I3单元格中会自动填写总支出，效果如下图所示。

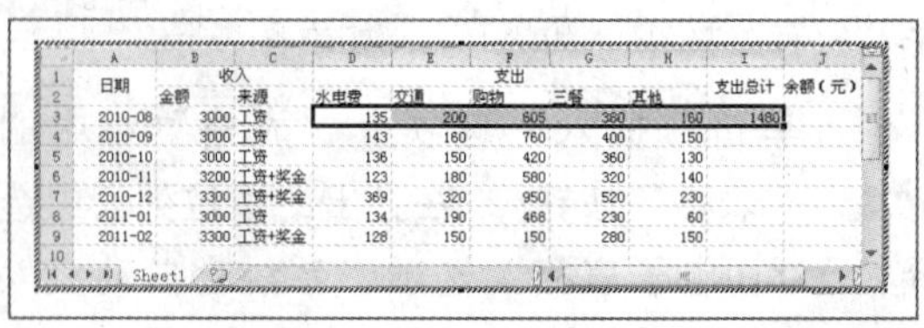

11 计算I3单元格的结果后，可以利用数据的自动填充功能完成I列余下的单元格计算。选中I3单元格，将鼠标移到选定的单元格的右下方，使鼠标指针变为黑色加号，如下图所示。

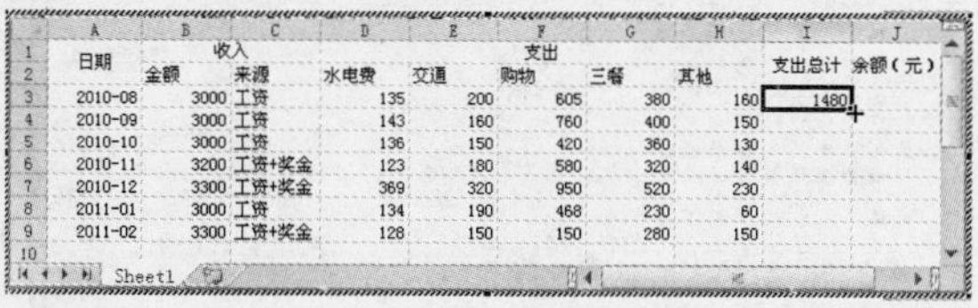

12 按住鼠标左键向下拖动到没有数据的单元格，如下图所示。

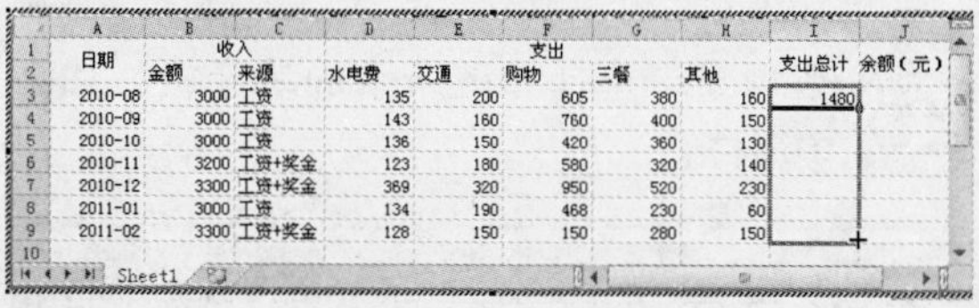

13 松开鼠标，I列的值就都会自动填充，计算也自动完成，如下图所示。

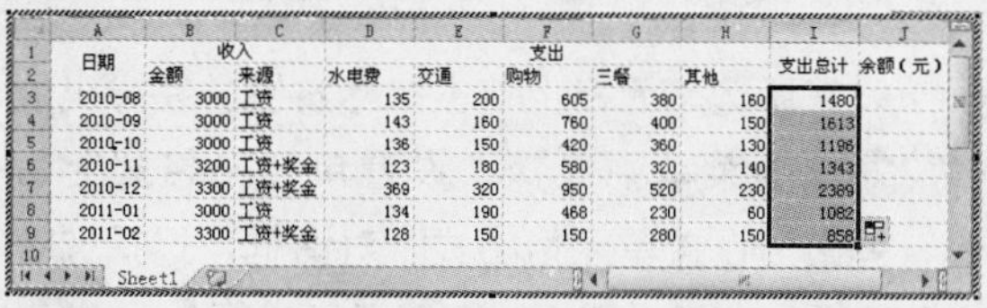

14 有了B列和I列的数据之后，就可以计算出J列的剩余金额了，下面使用公式进行计算。将光标定位到J3单元格中，首先在该单元格中输入“=”，接着用鼠标单击B3单元格，再在J3单元格中输入“-”，然后单击I3单元格，这样在J3单元格中会出现一个公式，如下图所示。

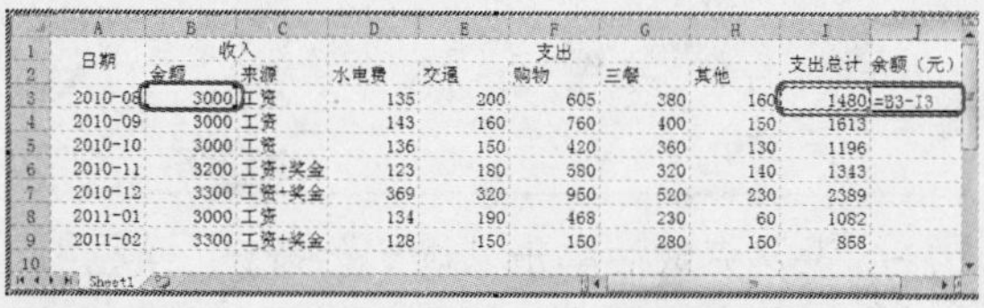

15 输入完公式后，按Enter键即可计算出结果，完成后的效果如下图所示。

16 计算完J3单元格后，可以利用数据的自动填充功能完成J列余下的单元格计算。选中J3单元格，将鼠标移到选定的单元格的右下方，使鼠标指针变为黑色加号，如下图所示。

17 按住鼠标左键向下拖动到没有数据的单元格，如下图所示。

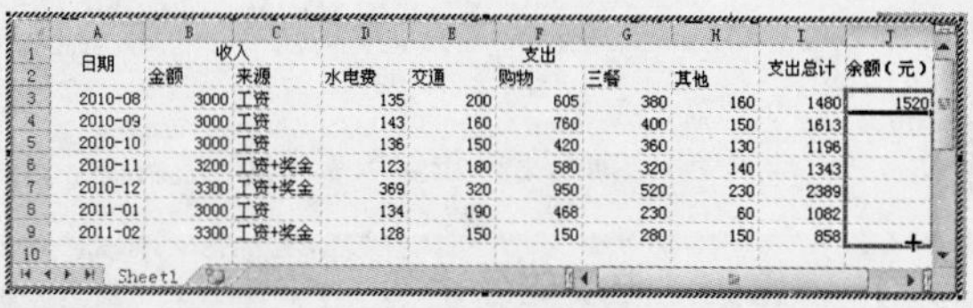

18 松开鼠标，J列的值就都会自动填充，计算也自动完成，如下图所示。

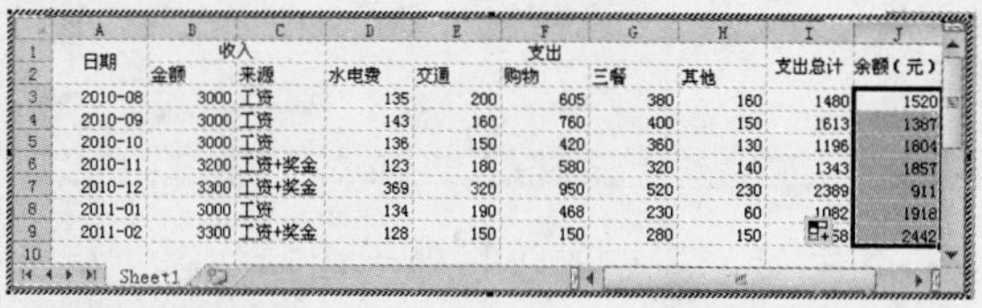

19 在场景中选择整个表格，单击“开始”选项卡“单元格”组中的“格式”按钮“格式”，在弹出的下拉列表中选择“设置单元格格式”选项，如下图所示。

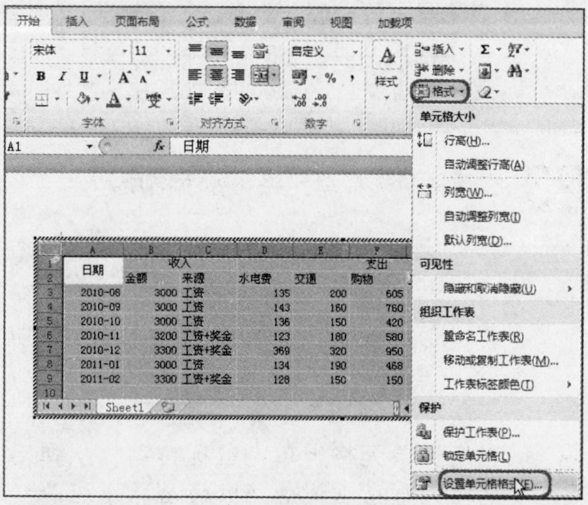

20 在弹出的“设置单元格格式”对话框中选择“边框”选项卡，在“线条”选项

组中定义“样式”，将“颜色”定义为“深蓝，文字2”，然后单击“边框”选项组中的图标，将边框显示出来。设置完成后，单击“确定”按钮，如下图所示。

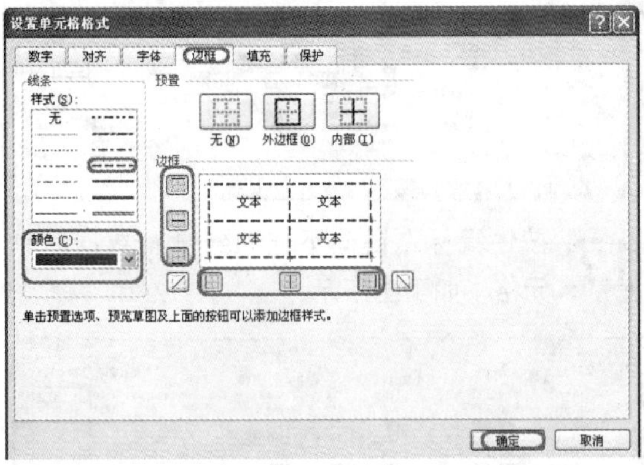

21 设置完边框后的效果如下图所示。

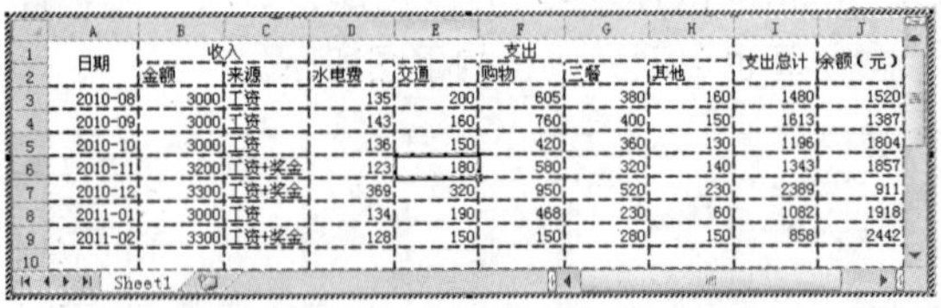

22 确定场景中的表格处于选择状态，单击“开始”选项卡“对齐方式”组中的按钮，将表格中的内容居中对齐，效果如下图所示。

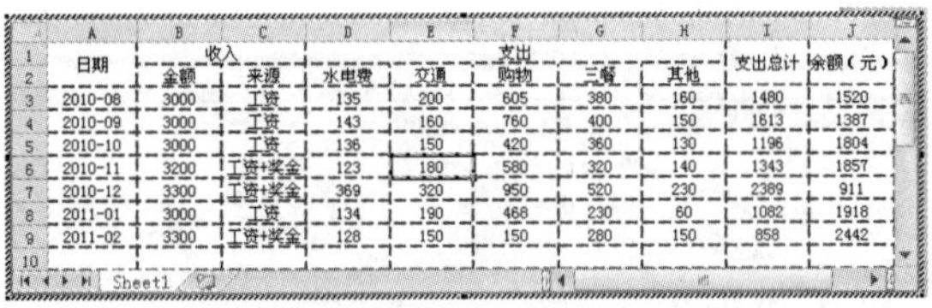

23 在场景中选择单元格，如下图所示。

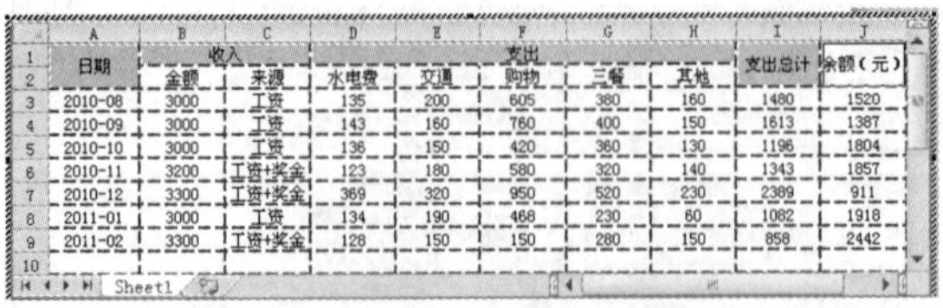

24 在所选单元格上单击鼠标右键，从弹出的快捷菜单中选择“设置单元格格式”命令，弹出“设置单元格格式”对话框。选择“填充”选项卡，再选择如图所示的颜色，设置完成后单击“确定”按钮，为选择的单元格添加底纹，如下图所示。

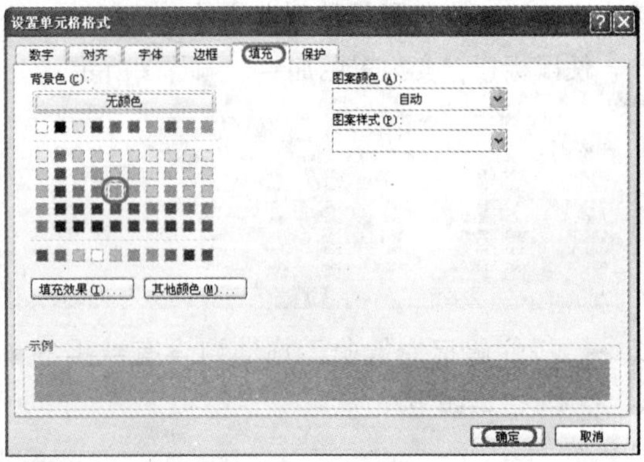

25 在场景中选择如图所示的单元格，如下图所示。

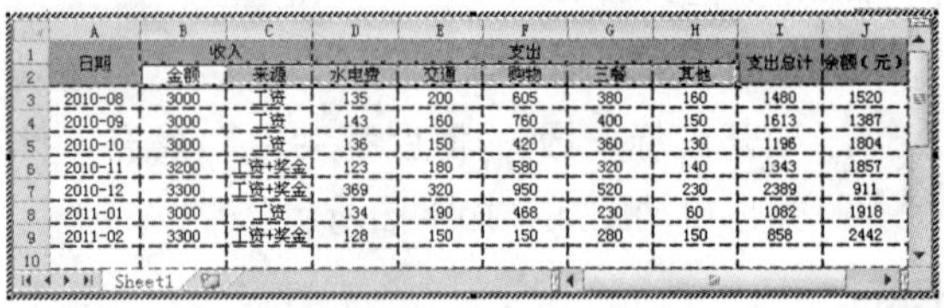

26 在所选单元格上单击鼠标右键，在弹出的快捷菜单中选择“设置单元格格式”命令，弹出“设置单元格格式”对话框，选择“填充”选项卡，然后选择如下图所示的颜色。

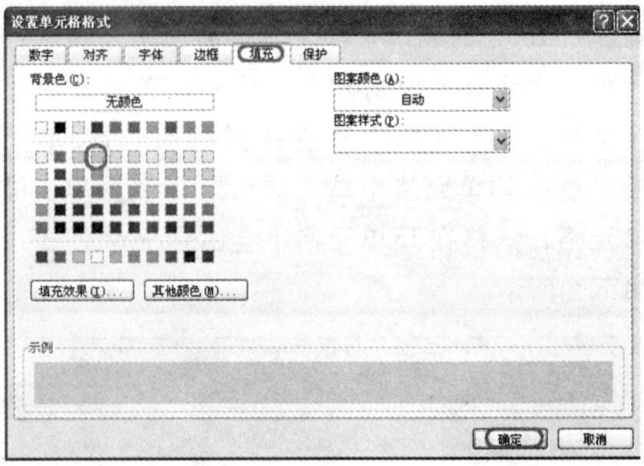

27 设置完成后单击“确定”按钮，为选择的单元格添加底纹，添加完底纹后的效果如下图所示。

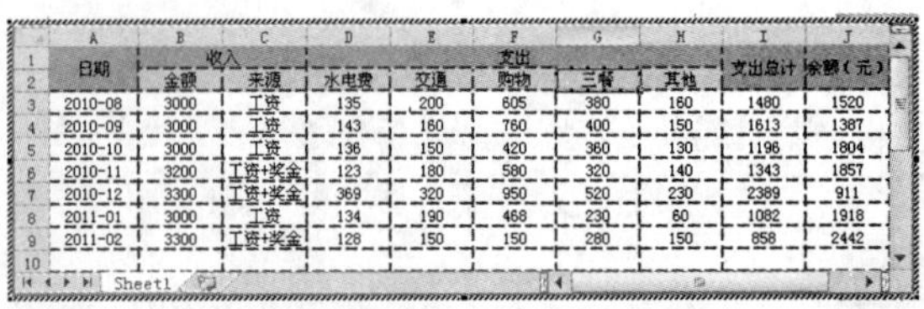

28 这样表格就制作完成了，下面为其添加表头。在表格的上方输入“家庭开支计划表”，将字体设置为“方正宋黑简体”，将字体大小设置为“四号”，然后单击B按钮和≡按钮，将表头对象加粗并居中对齐，效果如右图所示。

家庭开支计划表

日期	收入		支出					支出总计	余额（元）
	金额	来源	水电费	交通	购物	三餐	其他		
2010-08	3000	工资	135	200	605	380	160	1480	1520
2010-09	3000	工资	143	160	760	400	150	1613	1387
2010-10	3000	工资	136	150	420	360	130	1196	1804
2010-11	3200	工资+奖金	123	180	580	320	140	1343	1857
2010-12	3300	工资+奖金	369	320	950	520	230	2389	911
2011-01	3000	工资	134	190	468	230	60	1082	1918
2011-02	3300	工资+奖金	128	150	150	280	150	858	2442

8.3 家庭日常费用管理图表

无论是Word表格还是Excel表格，都是将数据展现在用户面前。数字虽然很有说服力，但相对于图表，却缺乏直观性。

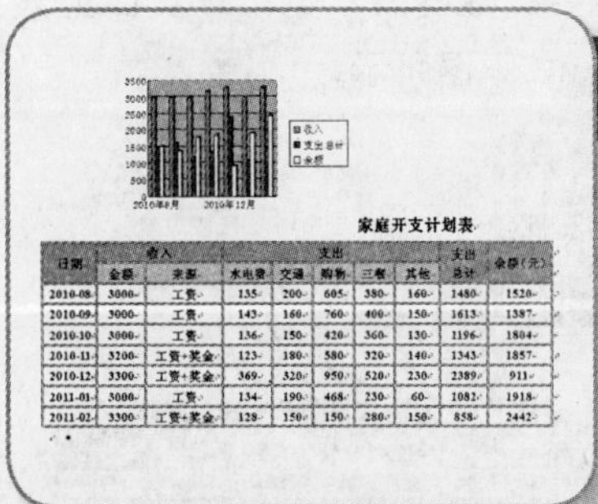

实战操作147 在Word表格中创建统计图

- 素材：无
- 难度：★★★★★
- 效果：效果\147\在Word表格中创建统计图.docx
- 视频：视频\第8章\实战操作147. avi

太多的数字看起来难免头疼，下面就介绍在Word表格和Excel表格中创建图表的方法。具体操作如下：

1 在制作统计图之前，首先将前面制作的Word表格打开，单击Word 2010窗口左上角的“文件”按钮文件，打开“文件”下拉菜单，并选择“打开”命令，或按Ctrl+O快捷键，打开“打开”对话框，选择“用Word表格制作开支计划表”文件，如下图所示。

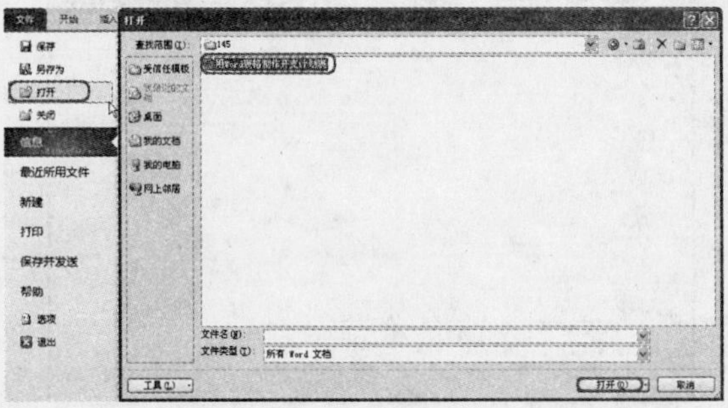

2 单击“插入”选项卡“文本”组“对象”右侧的下三角按钮，在弹出的下拉列表中选择“对象”选项，打开“对象”对话框，选择“新建”选项卡，在“类型”列表框中选择“Microsoft Graph 图表”，单击“确定”按钮确定，如下图所示。

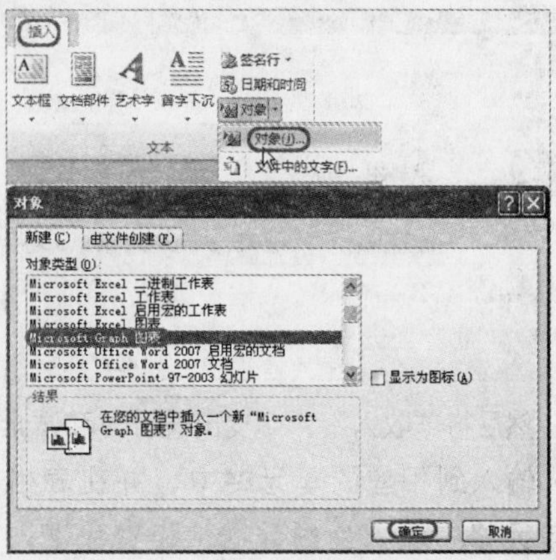

3 这时屏幕上就会出现一个图表对象和一个名为“用Word表格中制作开支计划表.docx-数据表”的浮动窗口，另外菜单栏也出现了“数据”和“图表”两个新项目，这表明已经进入图表制作界面，如下图所示。

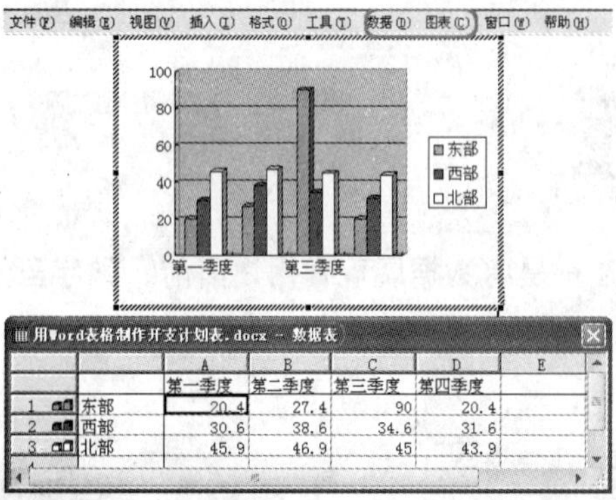

4 在数据表中选择如下图所示的单元格。

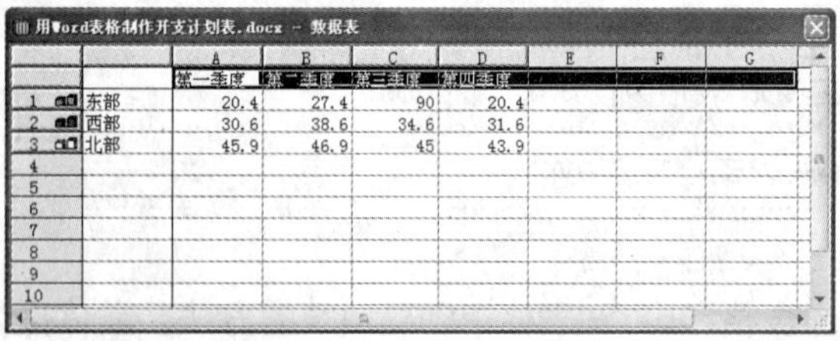

5 选择菜单栏中的“格式”|“数字”命令，弹出“设置数字格式”对话框，在“分类”列表框中选择“自定义”，并将“类型”定义为“yyyy-mm”，设置完成后单击“确定”按钮 确定 ，如下图所示。

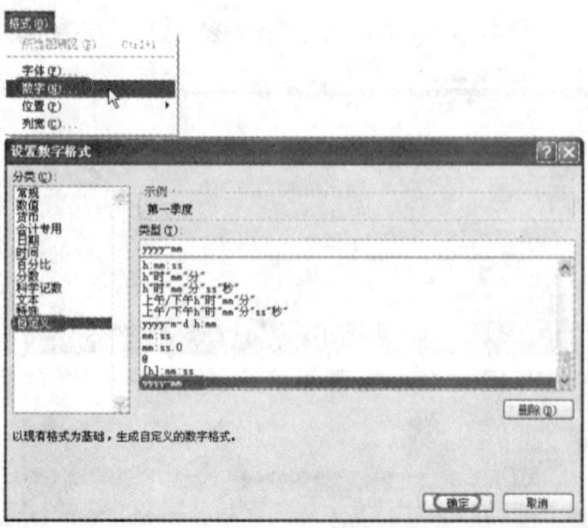

6 然后将“收入”、“支出总计”和“余额”输入到相应的单元格中，并在表格中相应的单元格中输入金额数据。随着数据内容的变更，图表也会更新。如下图所示就是输入全部数据后的图表。

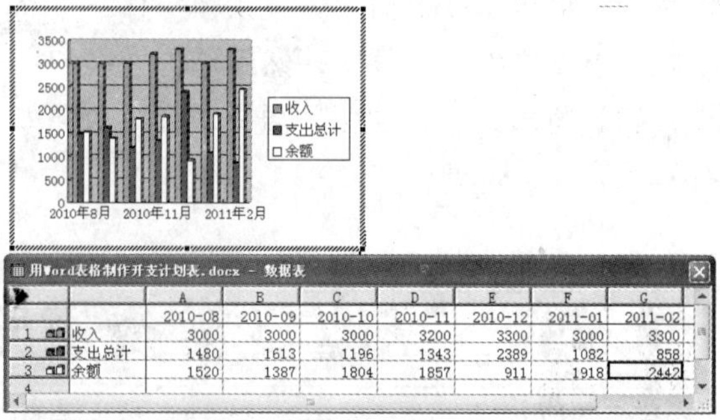

7 单击数据表和图表区域之外的任意一点，结束图表编辑状态，返回到Word窗口。此时，窗口中的数据表不见了，页面上只留下创建的图表，如下图所示。

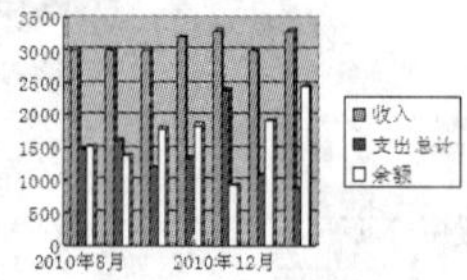

家庭开支计划表

日期	收入		支出					支出总计	余额(元)
	金额	来源	水电费	交通	购物	三餐	其他		
2010-08	3000	工资	135	200	605	380	160	1480	1520
2010-09	3000	工资	143	160	760	400	150	1613	1387
2010-10	3000	工资	136	150	420	360	130	1196	1804
2010-11	3200	工资+奖金	123	180	580	320	140	1343	1857
2010-12	3300	工资+奖金	369	320	950	520	230	2389	911
2011-01	3000	工资	134	190	468	230	60	1082	1918
2011-02	3300	工资+奖金	128	150	150	280	150	858	2442

8 至此，家庭日常费用统计图就制作完成了，下面将制作完成的文件进行存储。单击Word 2010窗口左上角的“文件”按钮 文件 ，打开“文件”面板，选择“另存为”命令，打开“另存为”对话框，在该对话框中将文件名命名为“在Word表格中创建统计图”，然后单击“保存”按钮 保存(S) ，将该文件保存，如下图所示。

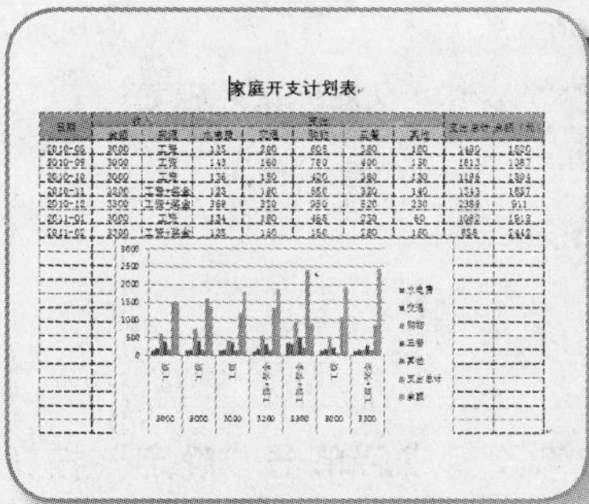

实战操作148　在Excel表格中创建图表

- 素材：无
- 难度：★★★★★
- 效果：效果\148\在Excel中创建图表.docx
- 视频：视频\第8章\实战操作148.avi

下面学习在Excel表格中创建图表的方法。具体操作如下：

1 在创建图表之前首先，制作一个Excel表格，这里就不再重新制作了。按Ctrl+O快捷键，打开“打开”对话框，选择前面制作的“在Word中插入Excel表格”文件，单击“打开”按钮，将该文件打开，如下图所示。

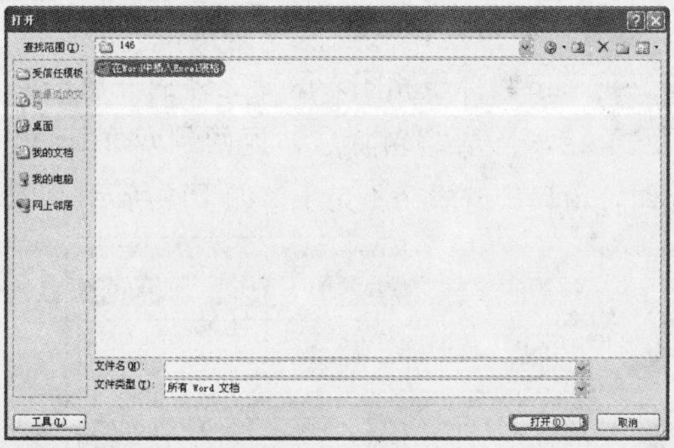

2 在表格中单击鼠标右键，从弹出的快捷菜单中选择“‘工作表’对象”|“编辑”命令，如下图所示。

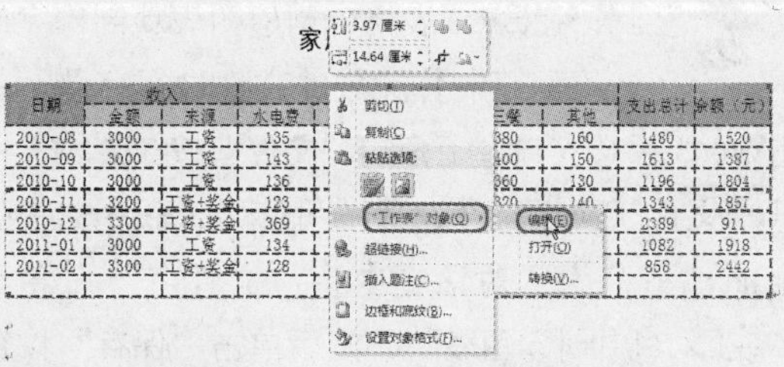

3 表格进入编辑状态，如下图所示。

家庭开支计划表

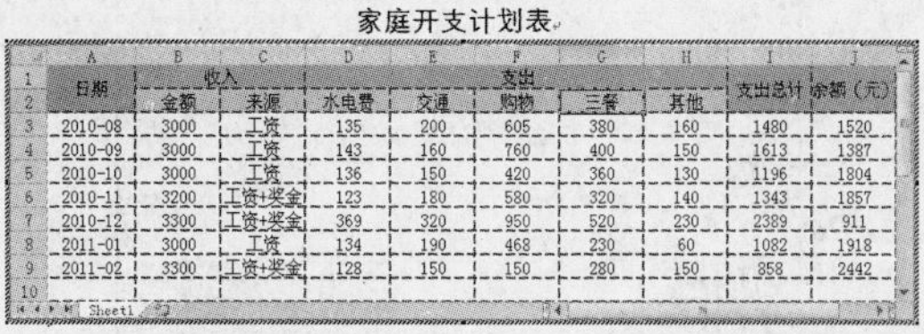

4 在表格中选择如下图所示的单元格。

家庭开支计划表

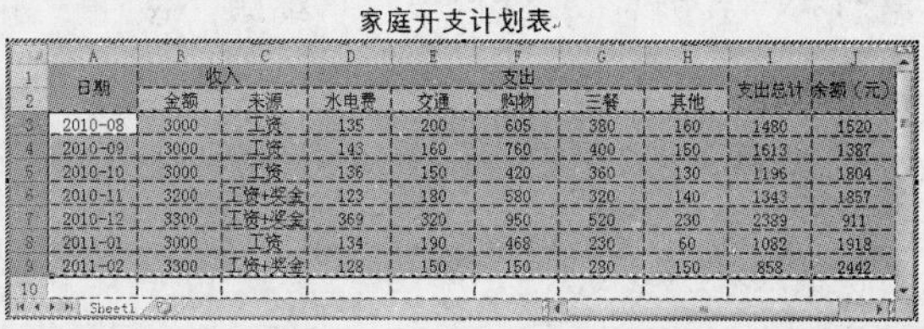

5 单击“插入”选项卡“图表”组中的“柱形图”按钮，在弹出的下拉列表中选择“二维柱形图”选项组中的“簇状柱形图”，如下图所示。

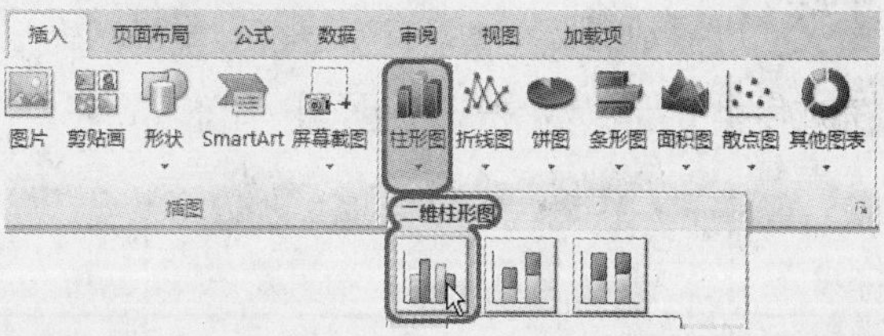

6 选择插入的形状后，即可创建一个Excel图表，完成后的图表效果如下图所示。

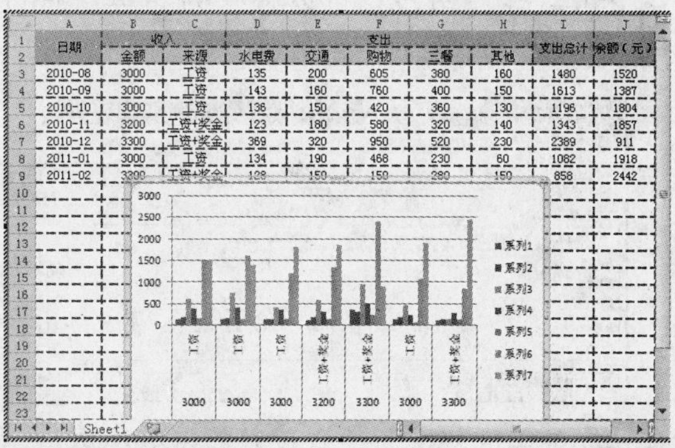

7 参照表格中的名称来修改图表中的名称。在图表中双击“系列1”，使其处于

选择状态，然后单击鼠标右键，在弹出的快捷菜单中选择“选择数据”命令，如下图所示。

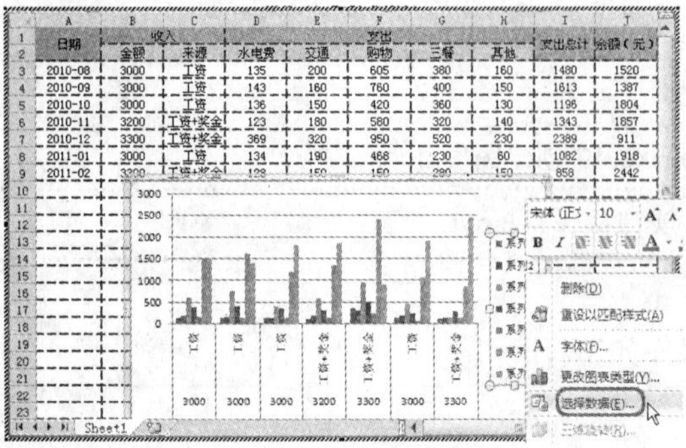

8 在弹出的“选择数据源”对话框中选择“系列1”，然后单击“编辑”按钮，如下图所示。

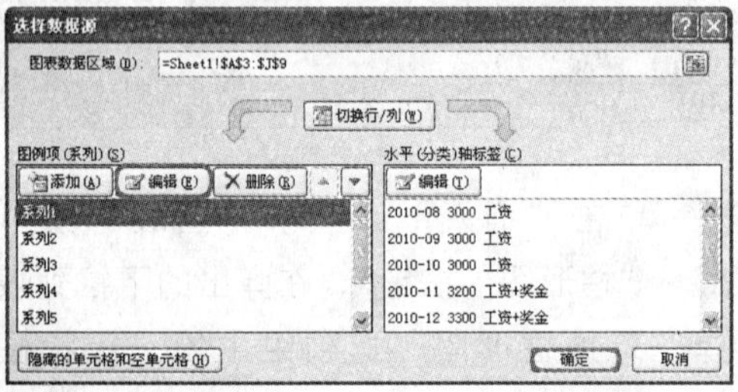

9 在弹出的“编辑数据系列”对话框中将“系列名称”重命名为“水电费”，修改完成后单击“确定”按钮 确定 ，如下图所示。

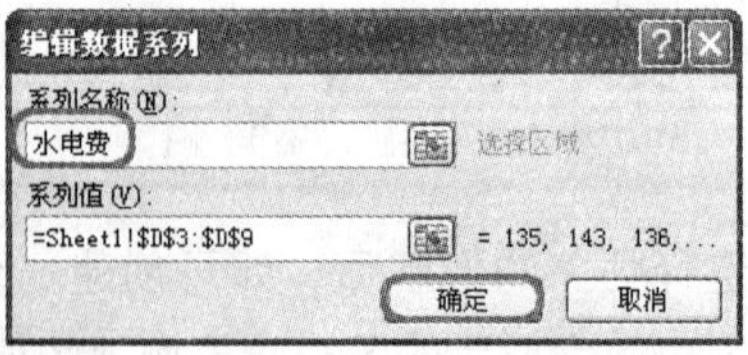

10 这样，用户就可以将系列名称改正过来，修改完成后的效果如下图所示。

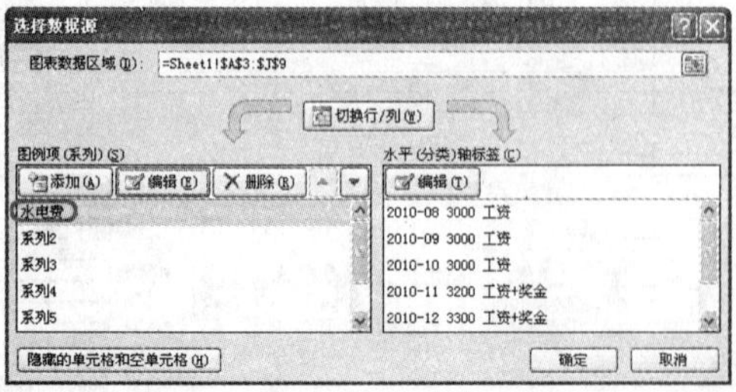

11 使用同样的方法修改其他系列的名称。在修改名称时，为了防止出现错误，可以对照表格中的数据进行命名，命名后的效果如下图所示。

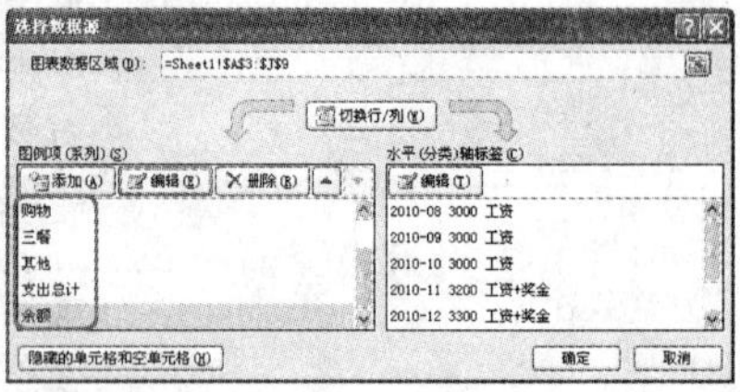

12 系列名称修改完成后单击“确定”按钮 确定 ，图表中的名称就更改过来了，如下图所示。

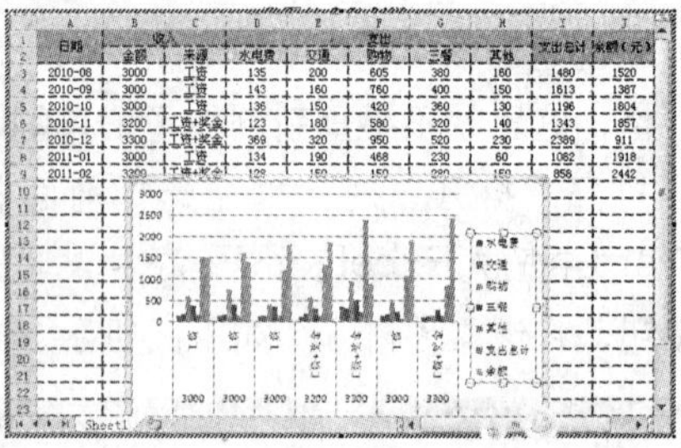

13 单击数据表和图表区域之外的任意一点，结束图表编辑状态，返回到Word窗口。此时，窗口中的表格不见了，如下图所示。

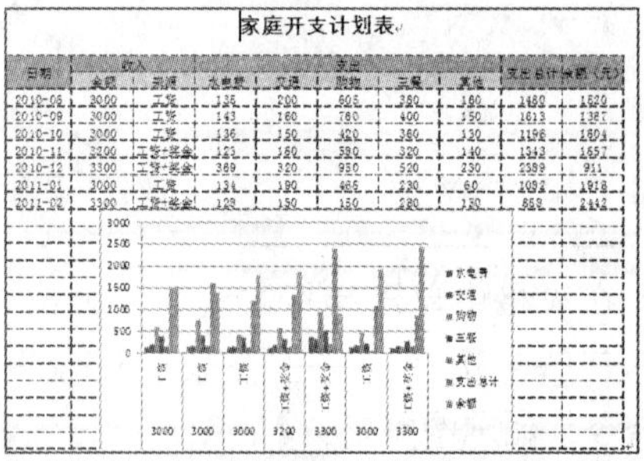

14 至此，在Excel表格中创建图表就制作完成了。下面将制作完成的文件进行存储，单击Word 2010窗口左上角的“文件”按钮 文件 ，打开“文件”面板，并选择“另存为”命令，在弹出的“另存为”对话框中将“文件名”命名为“在Excel中创建图表”，然后单击“保存”按钮 保存(S) ，将该场景进行保存，如下图所示。

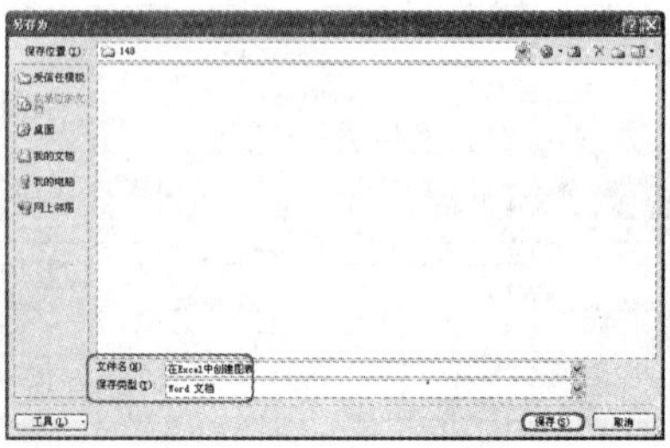

Chapter

09

第9章

工作中常用表单的制作

本章将利用Word 2010制作财务图表及用户反馈表，这些实例都是工作中经常用到的。通过本章的学习，用户可以学会财务图表和用户反馈表的制作。

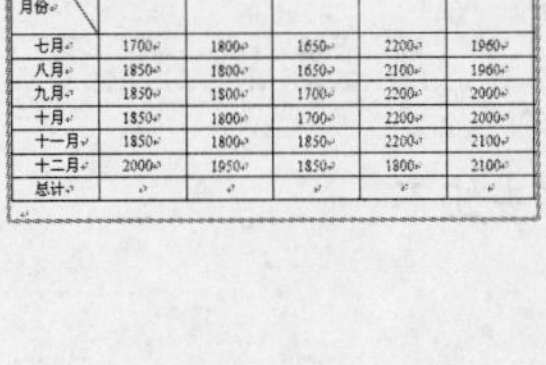

盛德汽车配件厂 2010 年工资统计表

姓名 / 工资 / 月份	蓝月	李磊	于欣	张建	王林
七月	1700	1800	1650	2200	1960
八月	1850	1800	1650	2100	1960
九月	1850	1800	1700	2200	2000
十月	1850	1800	1700	2200	2000
十一月	1850	1800	1850	2200	2100
十二月	2000	1950	1850	1800	2100
总计					

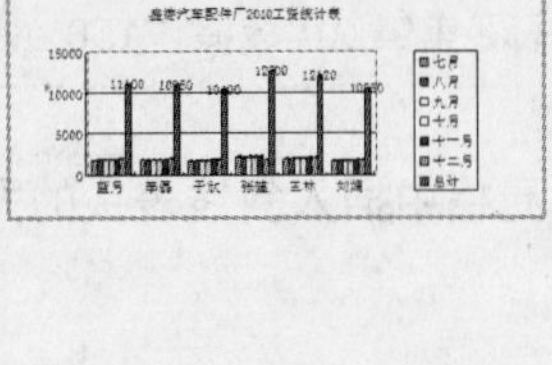

九月	1850	1800	1700	2200	2000
十月	1850	1800	1700	2200	2000
十一月	1850	1800	1850	2200	2100
十二月	2000	1950	1850	1800	2100
总计	11100	10950	10400	12700	12120

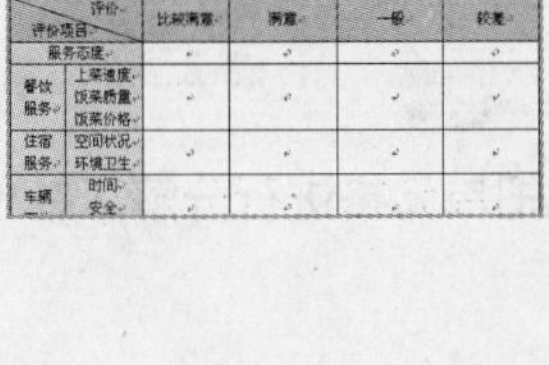

酒店名称			
经营时间		经营项目	
经营状况		员工人数	
投诉电话		邮编	

以下由顾客填写

姓名		电话			
评价项目 / 评价		比较满意	满意	一般	较差
服务态度					
餐饮服务	上菜速度 饭菜质量 饭菜价格				
住宿服务	空间状况 环境卫生				
车辆	时间 安全				

9.1 财务图表

本节将介绍财务图表的制作。在制作之前，首先创建表格，并对表格进行修改；然后在表格中填充内容，并为表格添加边框和底纹效果；最后使用公式命令，计算出支出总计和余额。

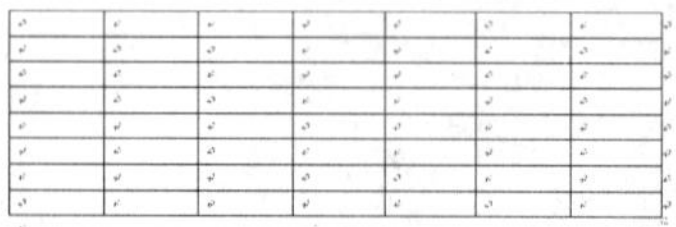

实战操作149 制作图表

- 素材：无
- 难度：★★★★★
- 效果：无
- 视频：视频\第9章\实战操作149.avi

表格是以数据表示，但意义比较隐晦，不能直观看出数据之间的联系和对比。如果数据能以更加形象的图表表示，含义就要清楚得多。具体操作如下：

1 新建Word文件，单击“插入”选项卡“表格”组中的“表格”按钮，在下拉列表中选择插入表格的栅格区域。在栅格区域中移动鼠标指针，选择“7×8表格”，单击鼠标将表格插入，如下图所示。

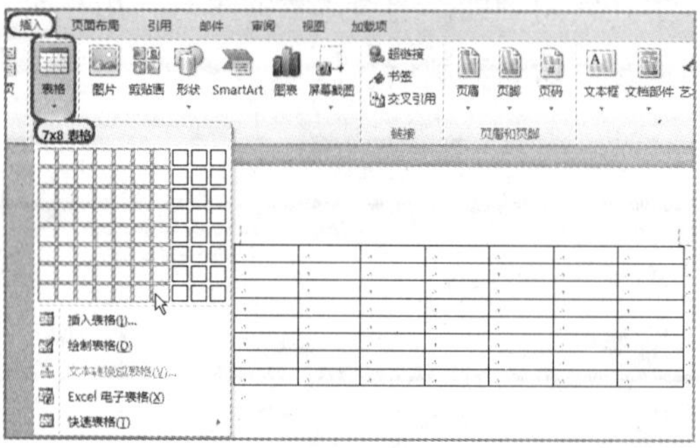

2 在表格的上方输入“盛德汽车配件厂2010年工资统计表”，将字体设置为“方正细黑一简体”，将字体大小设置为“四号”，并单击B和≡按钮，将新输入的文本加粗并居中显示，如下图所示。

盛德汽车配件厂 2010 年工资统计表

姓名 工资 月份	蓝月	李磊	于欣	张建	王林	刘娟
七月	1700	1800	1650	2200	1960	1700
八月	1850	1800	1650	2100	1960	1750
九月	1850	1800	1700	2200	2000	1750
十月	1850	1800	1700	2200	2000	1750
十一月	1850	1800	1850	2200	2100	1800
十二月	2000	1950	1850	1800	2100	1800
总计						

实战操作150 插入斜线

- 素材：无
- 难度：★★★★★
- 效果：无
- 视频：视频\第9章\实战操作150.avi

表格中经常用斜线把单元格进行分解。在单元格中插入斜线表头的方法如下：

1 在“插入”选项卡“插图”组中单击“形状”按钮，在弹出的下拉列表中选择“直线”选项，如下图所示。

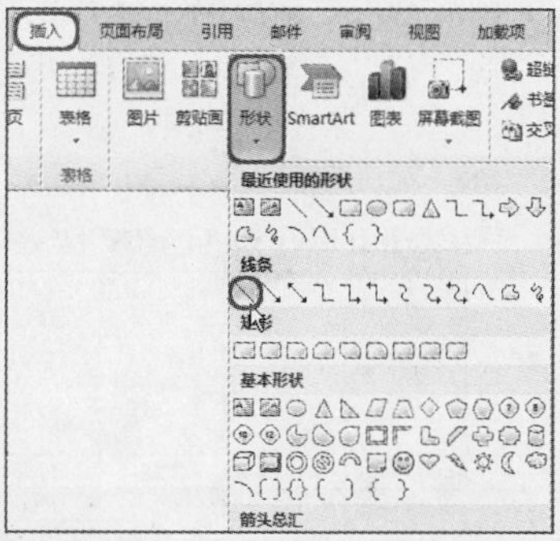

2 绘制完成后，在“绘图工具”下的“格式”选项卡中单击“形状样式”组的“细线-深色1”按钮，为其调整颜色，效果如下图所示。

3 再选择“插入”选项卡，在“插图”组中单击“形状”按钮，在弹出下拉列表中选择“直线”选项，绘制完成后为其调整颜色，效果如下图所示。

4 这样表格就制作完成了，下面再为完成后的表格制作文字。如下图所示为输入完文字后的效果，用户可以根据实际情况进行填写。

盛德汽车配件厂 2010 年工资统计表

姓名／工资／月份	蓝月	李磊	于欣	张建	王林	刘娟
七月	1700	1800	1650	2200	1960	1700
八月	1850	1800	1650	2100	1960	1750
九月	1850	1800	1700	2200	2000	1750
十月	1850	1800	1700	2200	2000	1750
十一月	1850	1800	1850	2200	2100	1800
十二月	2000	1950	1850	1800	2100	1800
总计						

5 选择整个表格，在任意表格中单击鼠标右键，从弹出的快捷菜单中选择“单元格对齐方式”中的按钮，将表格中的内容居中对齐，如右图所示。

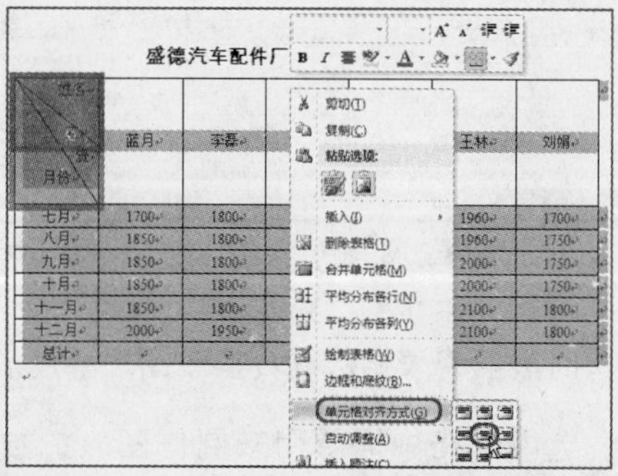

实战操作151　计算表格数据

盛德汽车配件厂 2010 年工资统计表

姓名／工资／月份	蓝月	李磊	于欣	张建	王林	刘娟
七月	1700	1800	1650	2200	1960	1700
八月	1850	1800	1650	2100	1960	1750
九月	1850	1800	1700	2200	2000	1750
十月	1850	1800	1700	2200	2000	1750
十一月	1850	1800	1850	2200	2100	1800
十二月	2000	1950	1850	1800	2100	1800
总计	11100	10950	10400	12700	12120	10550

- 素材：无
- 难度：★★★★★
- 效果：无
- 视频：视频\第9章\实战操作151.avi

在输入数值后，如果想计算总数，就可以输入公式来进行计算，这种方法方便、快捷。计算表格数据的方法如下：

1 单击蓝月的“总计”单元格，然后在“表格工具”下“布局”选项卡“数据”组中单击“公式”按钮，弹出“公式”对话框。在“公式”文本框中输入“=SUM（ABOVE）”，单击“确定”按钮，这样就可以完成对当前数据的求和，如下图所示。

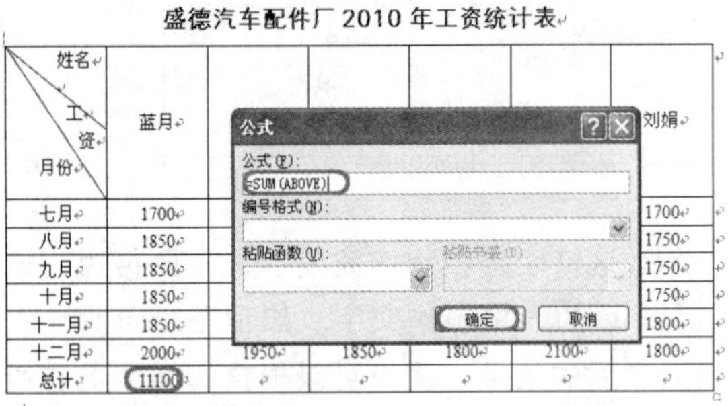

2 使用同样的方法，将光标依次定位到“总计”一行中的其他几个单元格中，把相应的其他几个职员的6个月工资总和统计出来，完成表格的制作，如下图所示。

盛德汽车配件厂 2010 年工资统计表

姓名 工资 月份	蓝月	李磊	于欣	张建	王林	刘娟
七月	1700	1800	1650	2200	1960	1700
八月	1850	1800	1650	2100	1960	1750
九月	1850	1800	1700	2200	2000	1750
十月	1850	1800	1700	2200	2000	1750
十一月	1850	1800	1850	2200	2100	1800
十二月	2000	1950	1850	1800	2100	1800
总计	11100	10950	10400	12700	12120	10550

提示

在Word表格中计算与在Excel中的计算相同。一般的计算公式可引用单元格的形式，如“=（A2+B2）*3”即表示第1列的第2行加第2列的第2行然后乘以3，表格中的列数可用A、B、C、D等表示，行数用1、2、3、4等表示。利用函数可以使公式更为简单，如“=SUM（A2：A80）”即表示求出从第1列第2行到第1列第80行之间的数值总和。对于简单的求和计算，Word会自动进行。

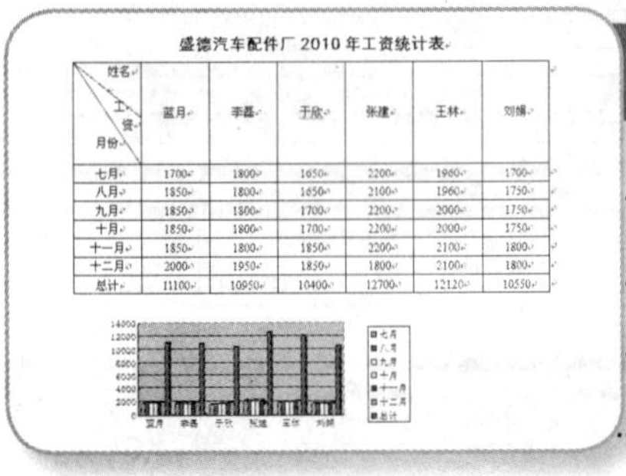

实战操作152 用表格数据建立图表

- 素材：无
- 难度：★★★★★
- 效果：无
- 视频：视频\第9章\实战操作152.avi

有时需要将表格数据转换成图表，用表格数据建立图表的方法如下：

1 选中表格中需要用来制作图表的数据，这里选择整个表格，如下图所示。

盛德汽车配件厂 2010 年工资统计表

姓名 工资 月份	蓝月	李磊	于欣	张建	王林	刘娟
七月	1700	1800	1650	2200	1960	1700
八月	1850	1800	1650	2100	1960	1750
九月	1850	1800	1700	2200	2000	1750
十月	1850	1800	1700	2200	2000	1750
十一月	1850	1800	1850	2200	2100	1800
十二月	2000	1950	1850	1800	2100	1800
总计	11100	10950	10400	12700	12120	10550

2 单击“插入”选项卡“文本”组中的“对象”按钮右侧的下三角按钮，在弹出的下拉列表中选择“对象”选项，打开“对象”对话框。在“对象类型”列表框中选择“Microsoft Graph 图表”选项，单击“确定”按钮，如下图所示。

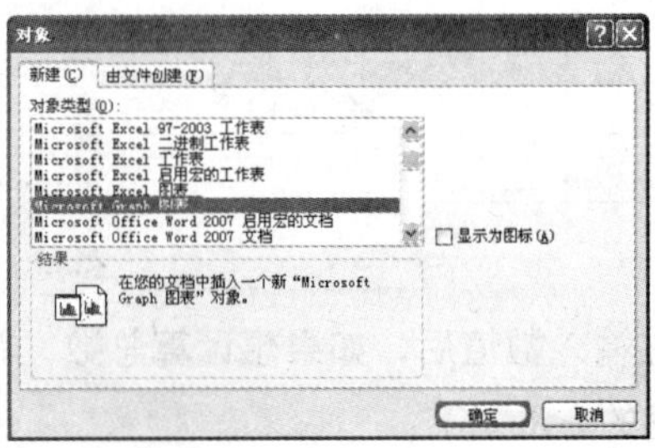

3 随即Microsoft Graph启动，进入图表视图，一张按默认选项制成的图表出现在视图上，如下图所示。

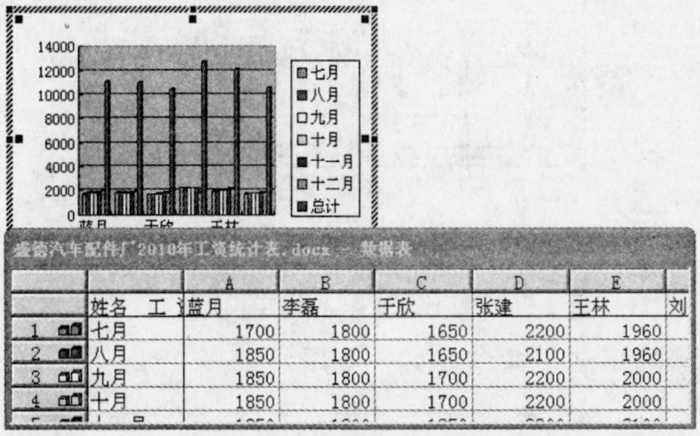

4 移动鼠标指针到图表的右下角控制点上，按住鼠标左键不放将图表向右拖动，使内容完全显示，如下图所示。

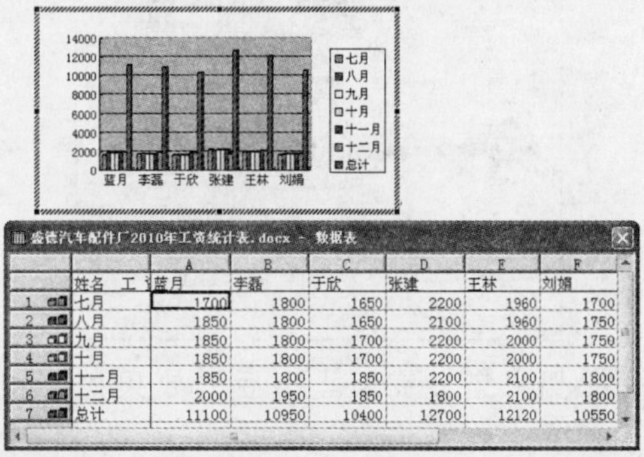

提示 图表视图包含3个方面的内容，即原表格、由原表格生成的图表和由原表格生成的Excel样式的数据表。如果需要调整表格数据，可以在Excel样式的数据表中进行；如果不需要改变数据，用鼠标在图表外单击，图表视图会消失，只留下图表，并返回到Word窗口中。以后如果需要重新编辑图表，只需在Word中双击图表，Microsoft Graph视图会再次打开，供用户编辑。

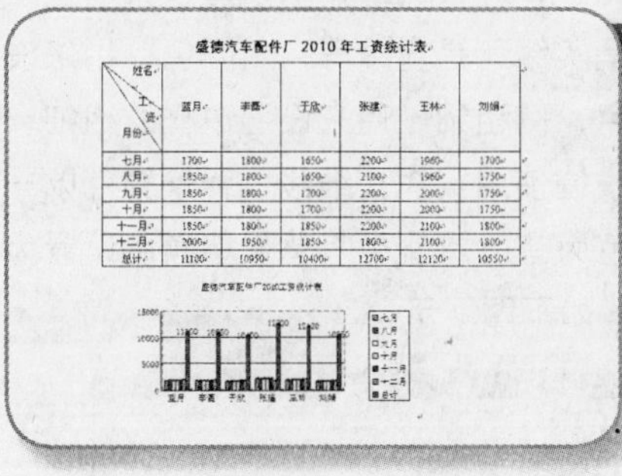

实战操作153 编辑图表

- 素材：无
- 难度：★★★★★
- 效果：效果\153\盛德汽车配件厂2010年工资统计表.docx
- 视频：视频\第9章\实战操作153.avi

图表的类型、图表的各个元素、图表的大小都可根据需要进行更改。具体操作如下：

1 首先使图表进入编辑状态，在图表中单击鼠标右键，从弹出的快捷菜单中选择“图表”对象”|“编辑”命令，如下图所示。

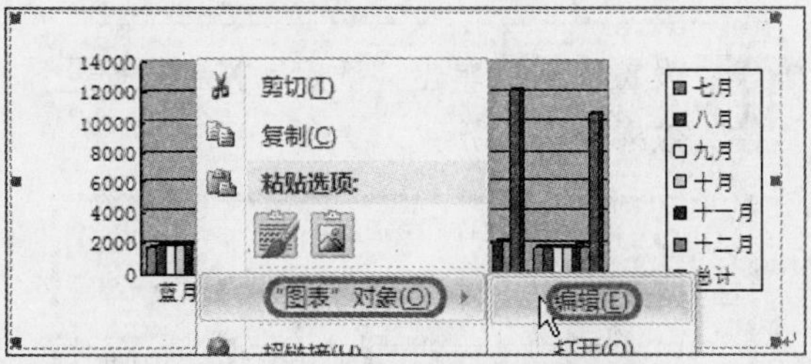

2 在图表区柱形图上单击鼠标右键，从快捷菜单中选择“图表类型”命令，如下图所示。

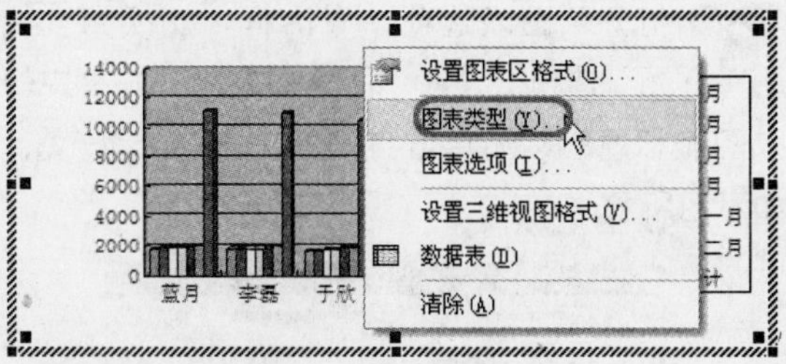

3 弹出“图表类型”对话框．在“标准类型”选项卡“图表类型”列表框中选择一种类型，再在“子图表类型”选项组中选择一种类型，然后单击“确定”按钮 确定 ，

如下图所示。

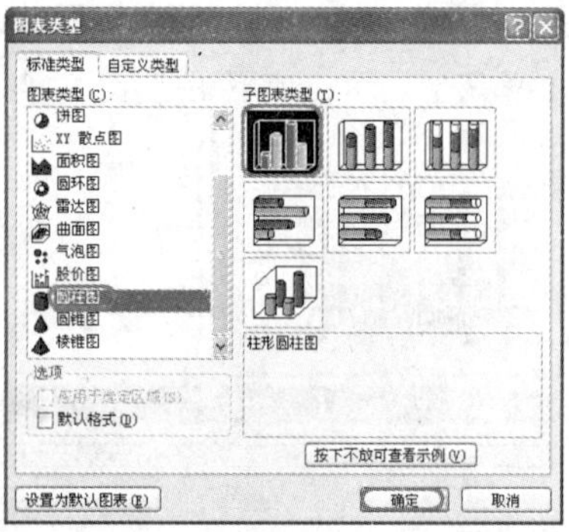

4 用户定义完新类型后的效果如下图所示。

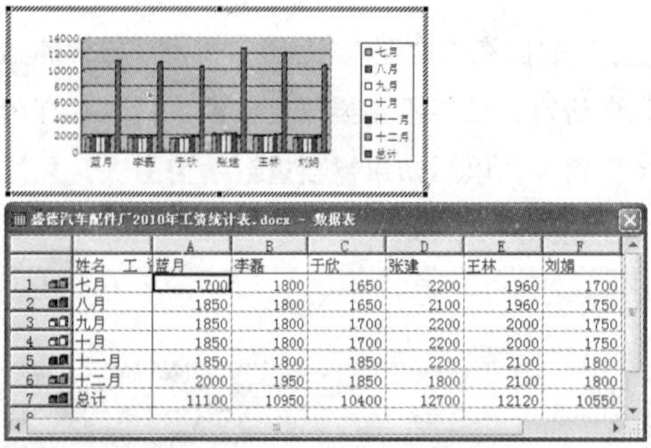

5 在图表区域空白处单击鼠标右键，从弹出的快捷菜单中选择“图表选项”命令，如下图所示。

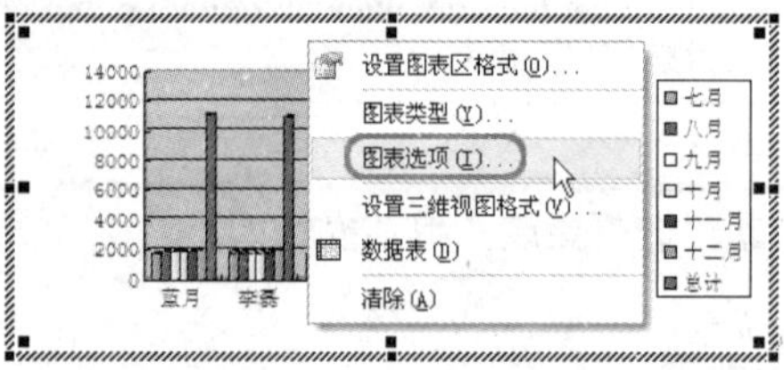

6 打开“图表选项”对话框，切换到“标题”选项卡，在“图表标题”文本框中输入图表标题，然后单击“确定”按钮 确定 ，如下图所示。

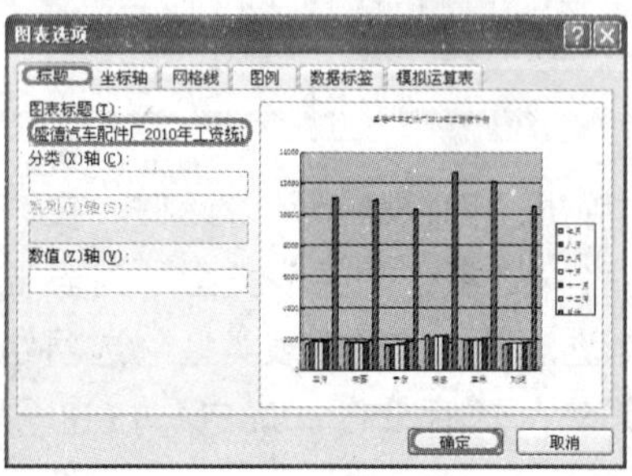

7 在图表外空白处单击，返回到Word窗口，添加标题完成后的效果如下图所示。

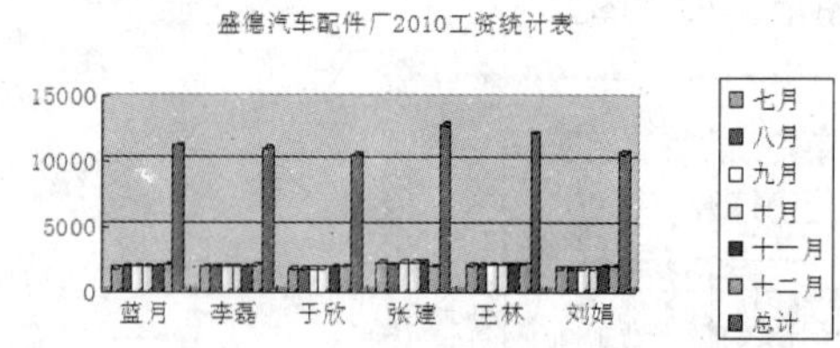

8 双击图表进入编辑状态，右键单击背景墙，从弹出的快捷菜单中选择“设置背景墙格式”命令，如下图所示。

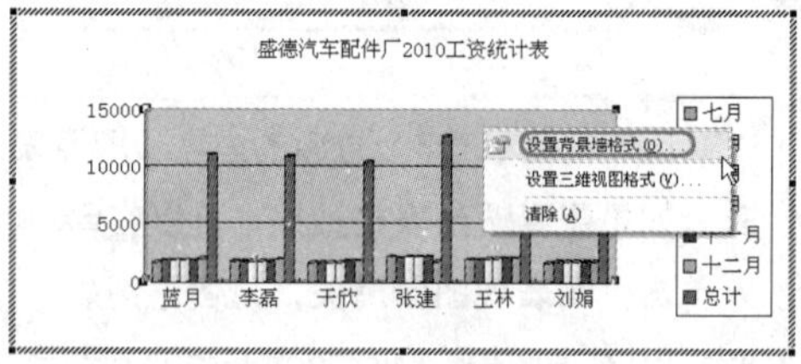

9 弹出“背景墙格式”对话框，在“边框”选项组中，“样式”用来设置背景墙边框的线条样式是实线还是虚线等，“颜色”用来设置线条的颜色，“粗细”用来设置边框的粗细。一般设置背景墙使用实线、细线，背景颜色以一种淡淡的颜色为宜。本例中将背景墙颜色设置为“浅黄色”，如下图所示。

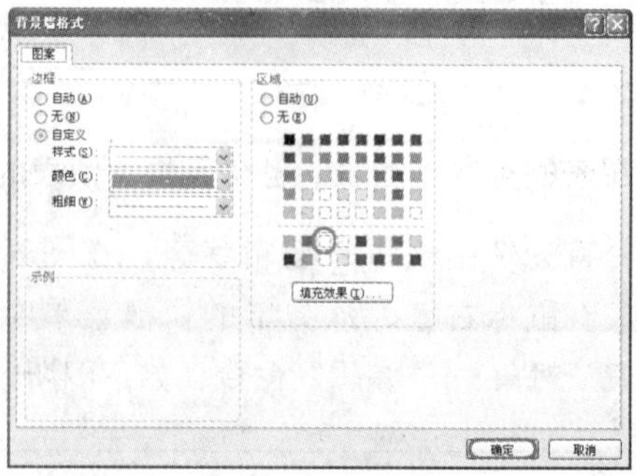

10 设置完成后单击“确定”按钮 确定 ，效果如下图所示。

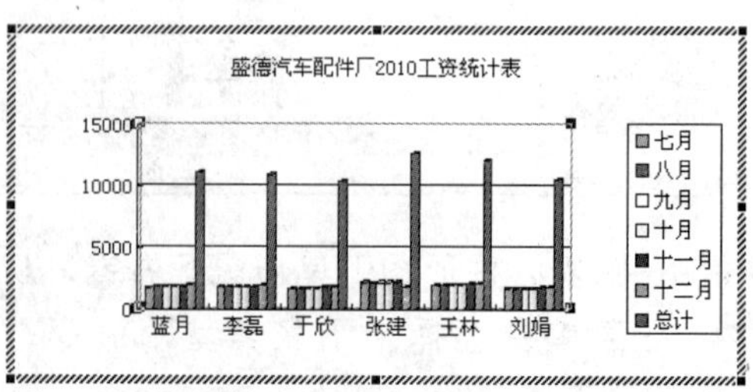

11 确定图表处于编辑状态，在图表中右键单击要显示数据的某一类数据，从弹出的快捷菜单中选择“设置数据系列格式”命令，如下图所示。

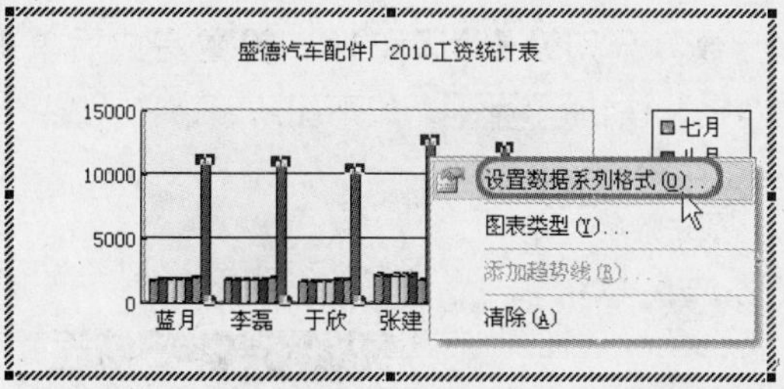

12 弹出“数据系列格式”对话框，切换到“数据标签”选项卡，在“数据标签包括”选项组中勾选“值”复选框，然后单击“确定”按钮 确定 ，如下图所示。

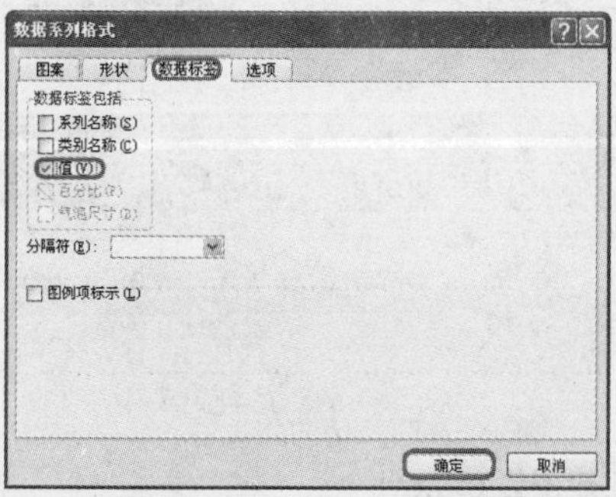

13 在图表外空白处单击，返回到Word窗口，会看到图表中的柱形图上已标记出对应的表格中的数据，如下图所示。

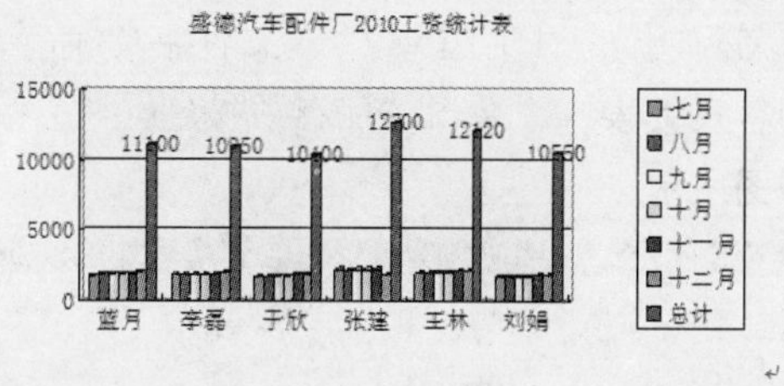

14 至此，财务图表效果就制作完成了，下面将完成后的效果进行存储。按Ctrl+S快捷键，在弹出的“另存为”对话框中为文件命名，然后单击“保存”按钮 保存(S) ，将场景文件进行存储，如下图所示。

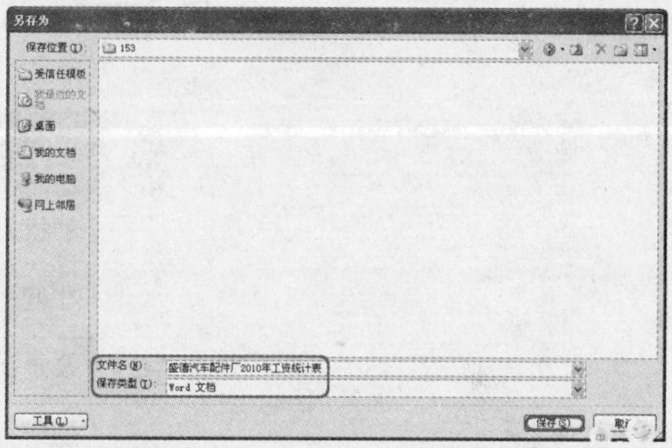

9.2 顾客反馈表

表格的应用十分广泛，升学、就业时都会填写一些表单，公司管理员工需要填写表单，售出的商品需要顾客填写一些表单，以便于售后服务，就算是买本杂志也会有读者调查表。所以说表单在日常生活中很常见，学会表单制作也是非常有用处的。

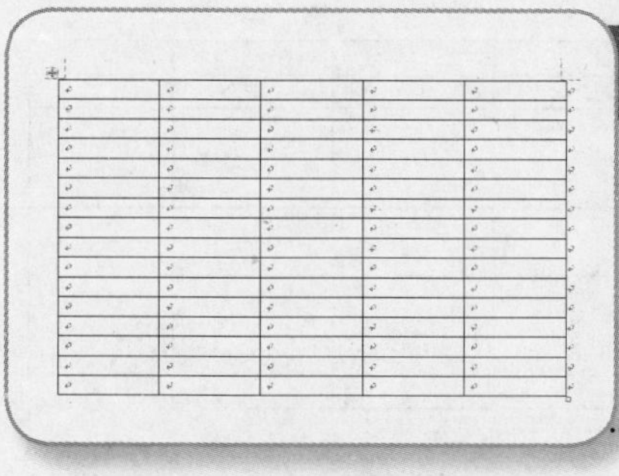

实战操作154　插入表格

- 素材：无
- 难度：★★★★★
- 效果：无
- 视频：视频\第9章\实战操作154.avi

本例将介绍顾客反馈表的制作方法。首先创建一个足够大的表格，并对表格进行合并和拆分；

然后在表格中填写想要调查的内容，并为部分单元格添加底纹效果。具体操作如下：

1 在制作之前，首先新建一个Word文件，然后按Ctrl+S快捷键将新建的文件进行存储，在弹出的对话框中将“文件名”命名为“顾客反馈表”，单击“保存”按钮 保存(S) ，如下图所示。

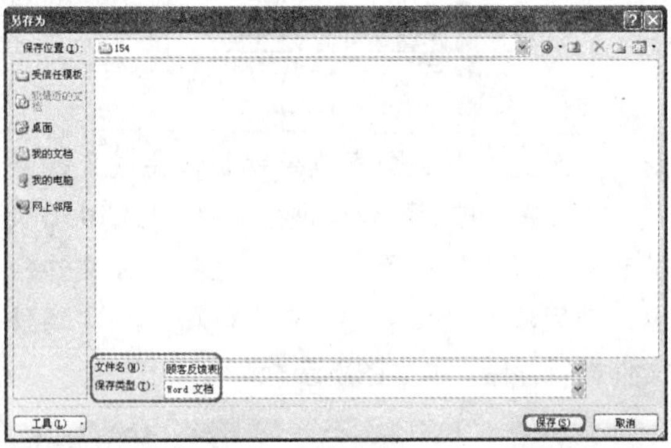

2 单击“插入”选项卡“表格”中的“插入表格”按钮，弹出“插入表格”对话框。在“表格尺寸”选项组中将“列数”和“行数”分别设置为5和16，设置完成后单击“确定”按钮 确定 ，如下图所示。

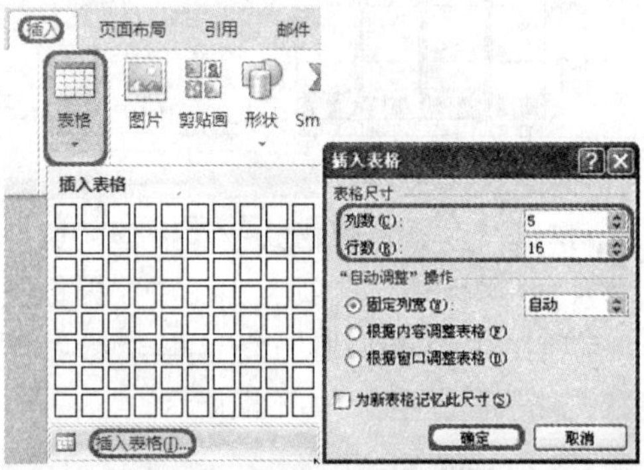

实战操作155 合并与拆分单元格

- 素材：无
- 难度：★★★★★
- 效果：无
- 视频：视频\第9章\实战操作155.avi

为了完成对表格大小的需求，需要将表格合并或拆分。具体操作如下：

1 选择第一行表格，单击鼠标右键，在弹出的快捷菜单中选择“合并单元格”命令，将选择的单元格进行合并，如下图所示。

2 然后对其他单元格进行合并和拆分，调整表格后的效果如下图所示。

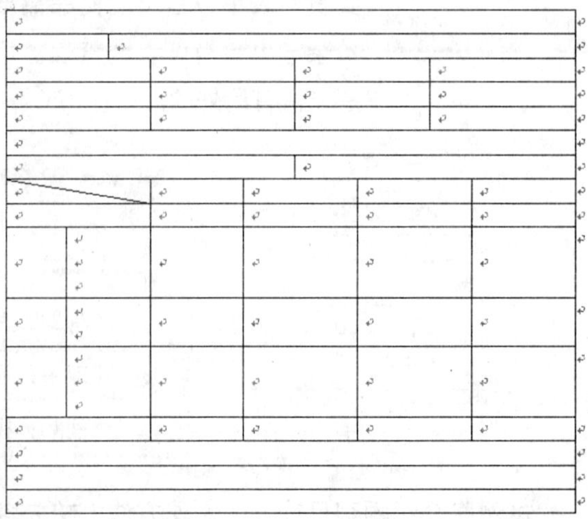

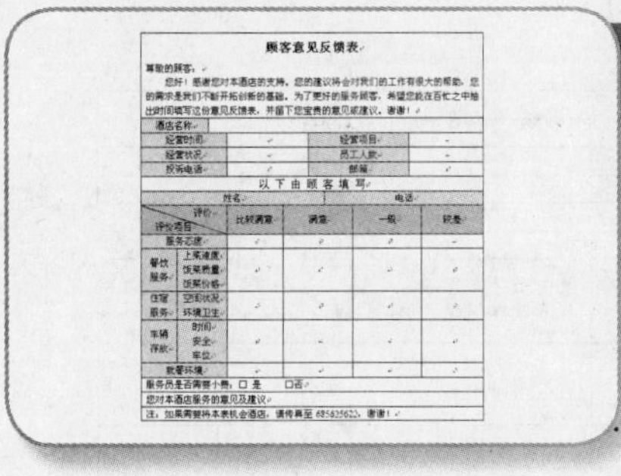

实战操作156 设置底纹

素材：无

难度：★★★★★

效果：效果\156\顾客反馈表.docx

视频：视频\第9章\实战操作156.avi

为了使表格更加美观，可以为它设置底纹。具体操作如下：

1 选择如下图所示的单元格，单击鼠标右键，从弹出的快捷菜单中选择“单元格对齐方式”中的按钮，将选择的单元格内容居中对齐。

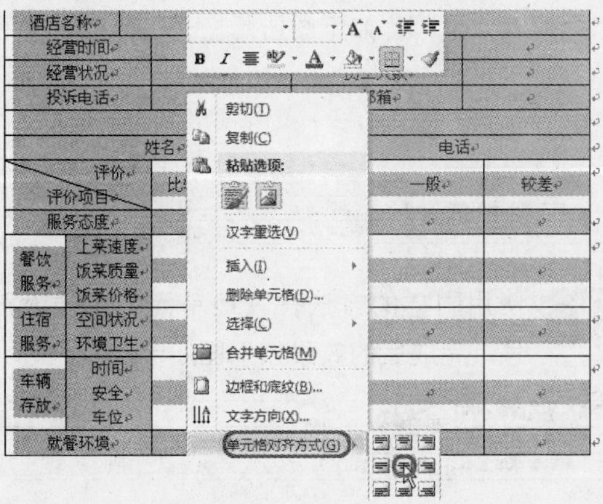

2 在表格中选择“以下由顾客填写”单元格，将字体大小设置为“小四”，并配合空格键对文字的距离进行调整，如下图所示。

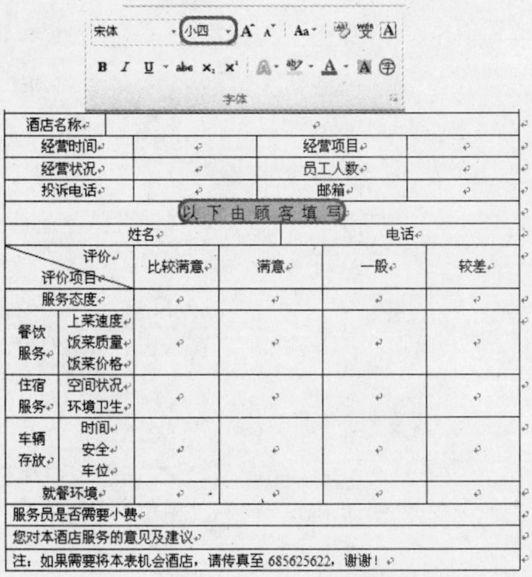

3 选择如下图所示的单元格，单击按钮，将选择的文本加粗。

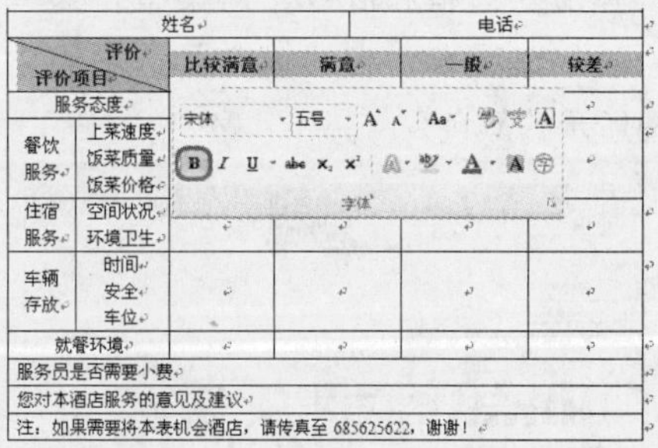

4 确认加粗后的文本单元格处于选择状态，单击鼠标右键，从弹出的快捷菜单中选择“边框和底纹”命令，弹出“边框和底纹”对话框。选择“底纹”选项卡，在“填充”选项组中定义如下图所示的颜色。

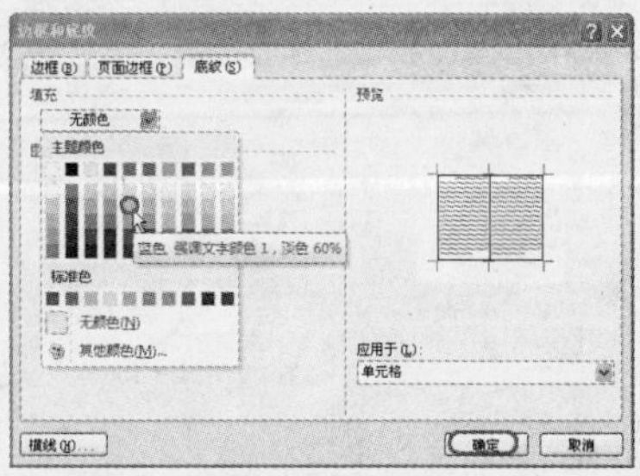

5 设置完成后单击“确定”按钮，单元格底纹效果如下图所示。

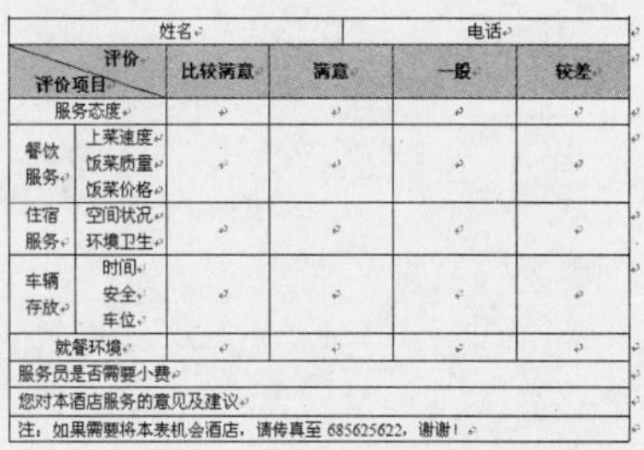

6 选择如下图所示的单元格，单击鼠标右键，在弹出的快捷菜单中选择“边框和底纹”命令。

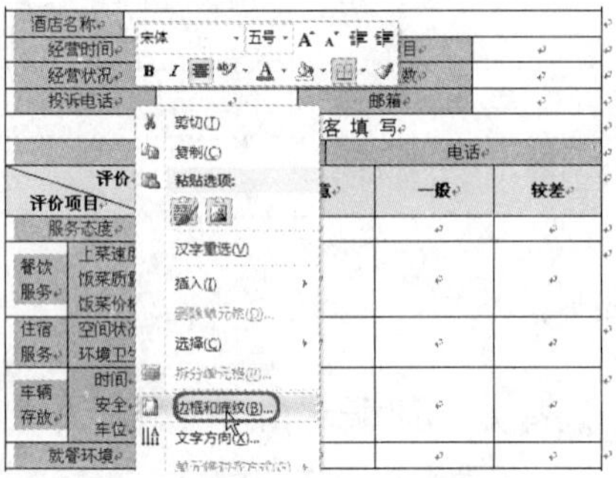

7 弹出“边框和底纹”对话框，选择“底纹”选项卡，在“填充”选项组中定义如下图所示的颜色。

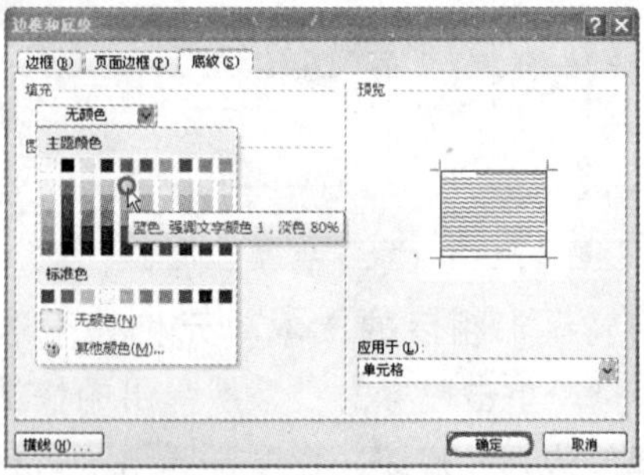

8 设置完成后单击“确定”按钮 确定 ，就可以为选中的单元格添加底纹效果，如下图所示。

9 将光标定义到如图所示的位置，单击“插入”选项卡中“符号”组中的“符号”按钮，在弹出的下拉列表中选择□图形，将该符号插入到光标位置处，然后再在该单元格中输入“是”，如下图所示。

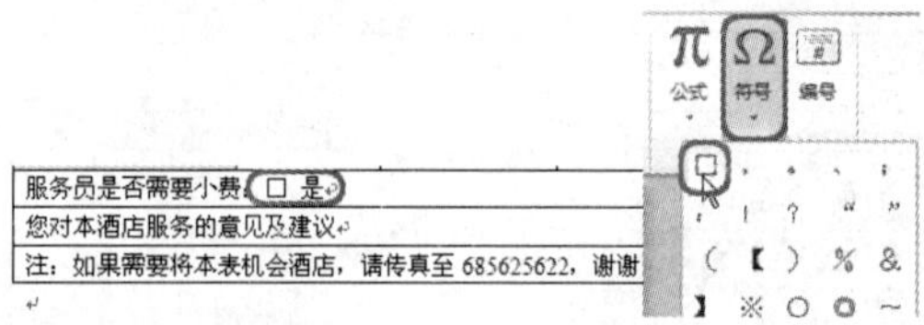

10 使用同样的方法在其他单元格中插入符号，完成后的效果如下图所示。

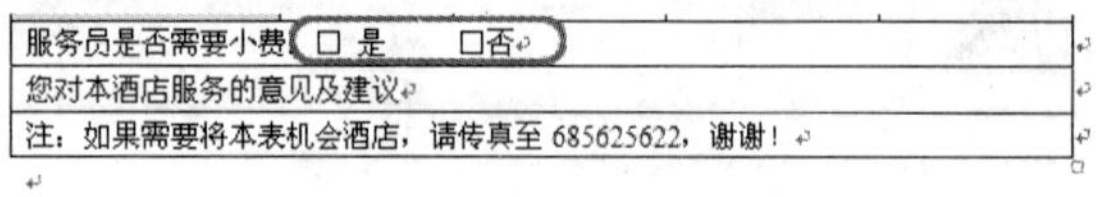

Chapter 10

第10章 制作请柬

计算机发展到今天，已经走进千家万户。家庭中的计算机已不仅仅只是用于听音乐、看VCD或是写个文章，它还可以做很多事情，例如上网、工作和玩游戏等。

本章将从家庭实用方面入手，讲解如何利用Word 2010制作请柬。希望你在轻松愉快的制作过程中，熟练掌握Word 2010的使用方法和技巧。

10.1 制作请柬的封面

为了更好地符合要求，可以自己设计封面。

实战操作157 制作请柬封面

- 素材：素材\157\请柬背景.jpg
- 难度：★★★★★
- 效果：无
- 视频：视频\第10章\实战操作157.avi

在日常生活中，请柬的用途非常广泛，生日聚会、结婚典礼、节日庆典等都会用到。请柬在书店、文化用品商店都可以买到，但是购买的请柬在设计上比较大众化、形式较简单和单一，无论在样式上还是文字的安排上，都会与你的想法有些距离。想找到称心如意的请柬，有时就要跑许多家商店。与其到各个商店去找，还不如自己制作一份精美的请柬。具体操作如下：

1 在制作请柬之前，首先新建一个Word文档，按Ctrl+S快捷键，弹出"另存为"对话框，将"文件名"命名为"制作请柬"，然后单击"保存"按钮 保存(S) ，如下图所示。

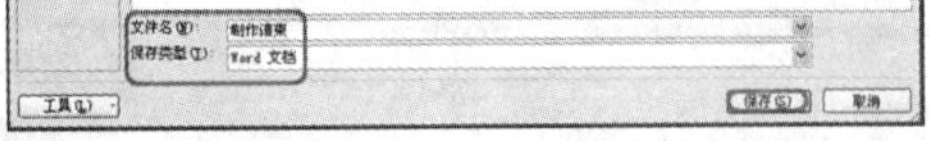

2 在"插入"选项卡的"插图"组中单击"图片"按钮，在弹出的"插入图片"对话框中选择"素材\157\请柬背景.jpg"文件，单击"插入"按钮 插入(S) ，如下图所示。

3 将该素材插入到场景中，完成后的效果如右图所示。

4 选中请柬背景，单击鼠标右键，在弹出的快捷菜单中选择“自动换行”|“衬于文字下方”命令，如右图所示。

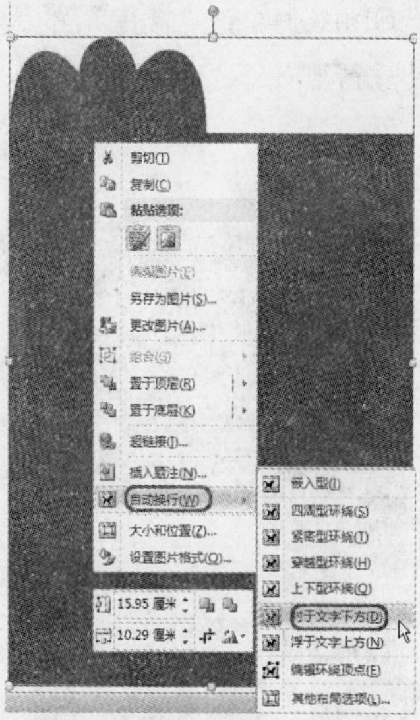

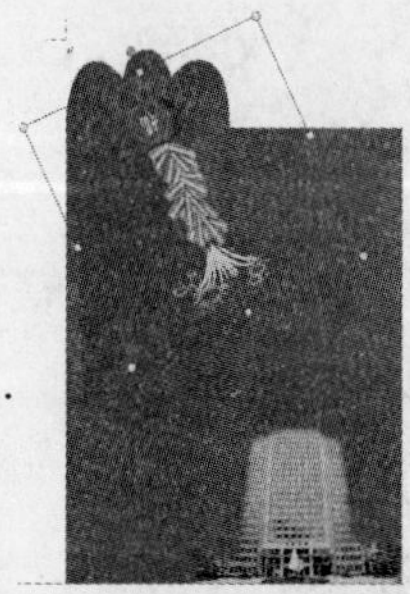

实战操作158　插入并调整图片

- 素材：素材\158\楼房.jpg、鞭炮.jpg
- 难度：★★★★★
- 效果：无
- 视频：视频\第10章\实战操作158.avi

插入并调整图片的操作步骤如下：

1 在“插入”选项卡的“插图”组中单击“图片”按钮，在弹出“插入图片”对话框中选择“素材\158\楼房.jpg文件”，单击“插入”按钮，如下图所示，将该素材插入到场景中。

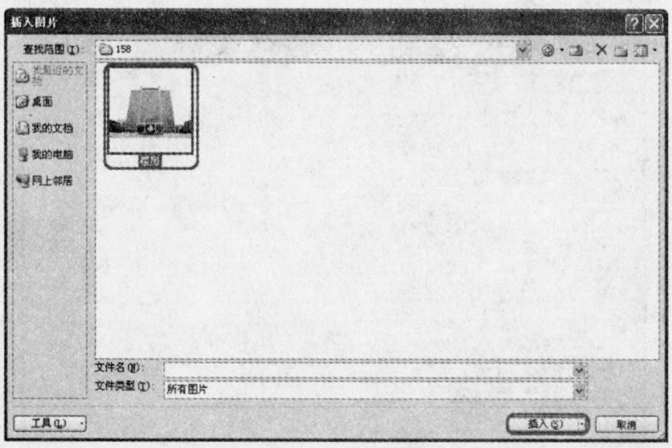

2 在“楼房”素材上单击鼠标右键，从弹出的快捷菜单中选择“自动换行”|“衬于文字下方”命令，如下图所示。

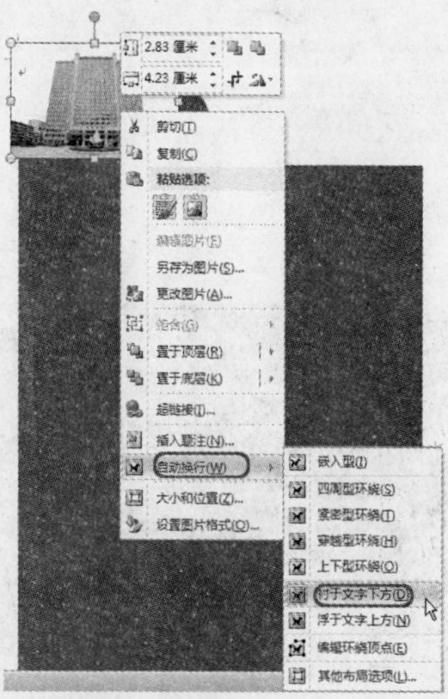

3 配合Shift键调整“楼房”的大小，然后将其放置到如下图所示的位置。

4 确定“楼房”素材处于选择状态，在“图片工具”下“格式”选项卡中单击“调整”组中的“颜色”按钮颜色，从弹出的下拉列表中选择“设置透明色”选项，如下图所示。

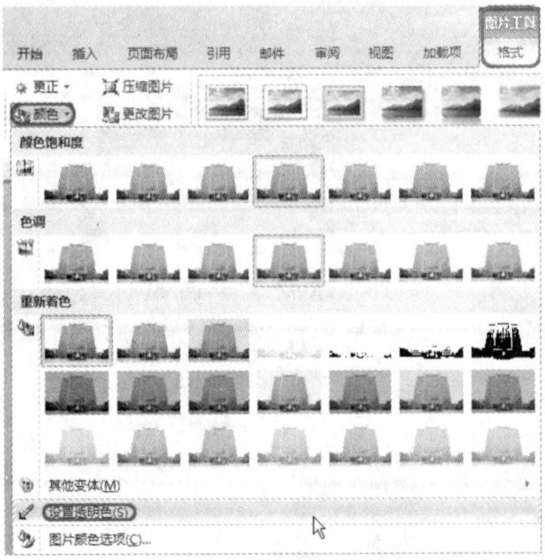

5 在场景中选择“楼房”素材背景，将背景设为透明色，效果如下图所示。

6 确定“楼房”素材选中，在“图片工具”下“格式”选项卡中单击“图片样式”组中的“柔化边缘矩形”选项，如下图所示。

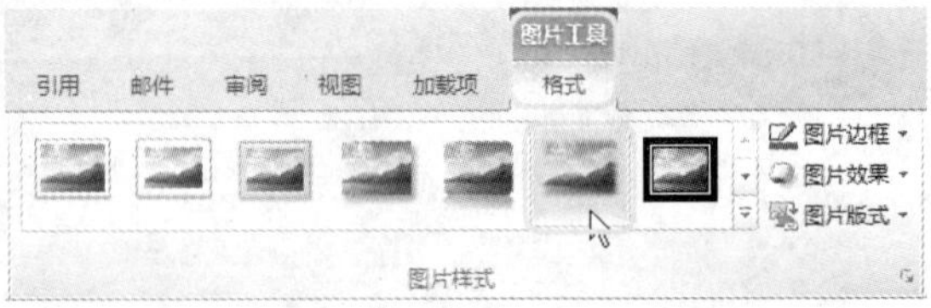

7 单击“图片工具”下“格式”选项卡“排列”组中的“旋转”按钮旋转，在弹出的下拉列表中选择“水平翻转”选项，将素材文件水平翻转，如下图所示。

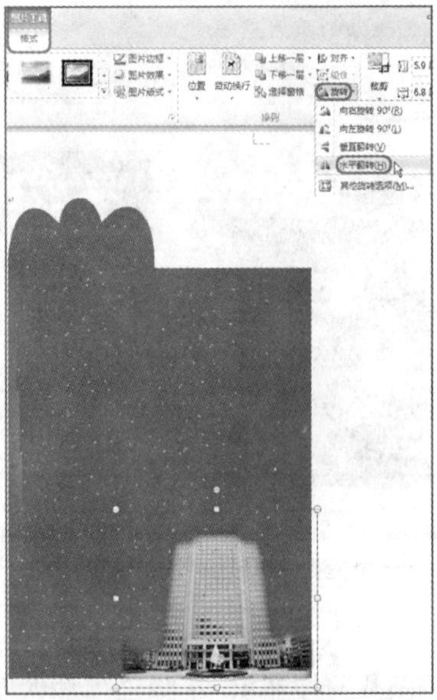

8 在“插入”选项卡“插图”组中单击“图片”按钮，在弹出的“插入图片”对话框中选择“素材\158\鞭炮.jpg”文件，单击“插入”按钮插入(S)，插入素材文件，如下图所示。

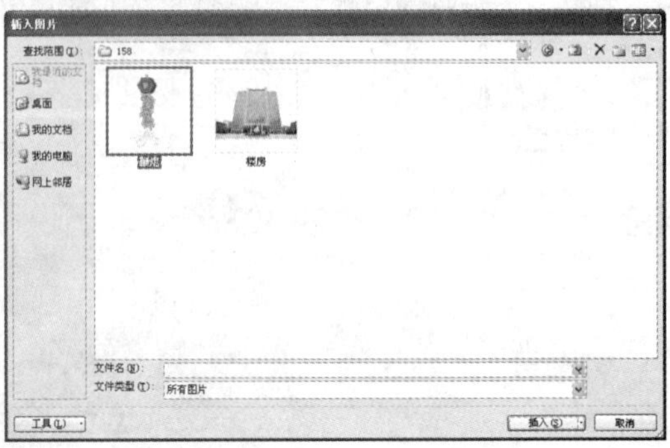

9 选中“鞭炮”素材，单击鼠标右键，在弹出的快捷菜单中选择“自动换行”|“衬于文字下方”命令，如下图所示。

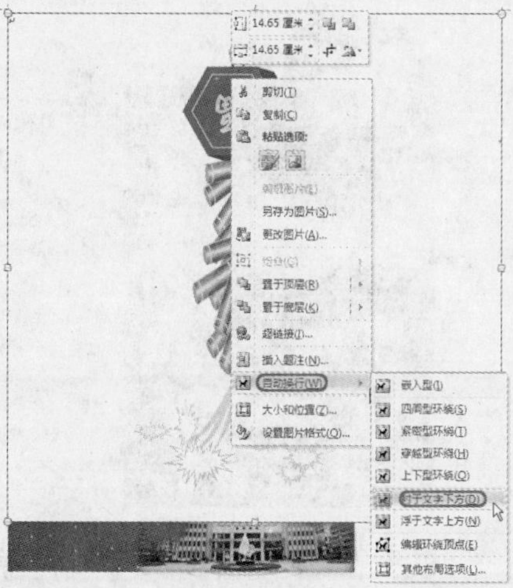

10 在“图片工具”下“格式”选项卡中单击“调整”组中的“颜色”按钮，从弹出的下拉列表中选择“设置透明色”选项，在场景中选择“鞭炮”素材背景，将背景设为透明色，效果如下图所示。

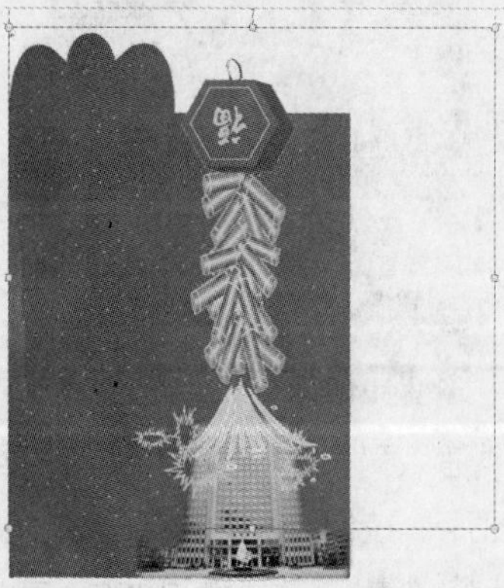

11 配合Shift键调整“鞭炮”素材的大小，然后将其放置到如下图所示的位置。

12 单击“图片工具”下“格式”选项卡“排列”组中的“旋转”按钮，在弹出的下拉列表中选择“其他旋转选项”选项，在弹出的“布局”对话框中，将“大小”选项卡下的“旋转”值设置为335°，然后单击“确定”按钮，如下图所示。

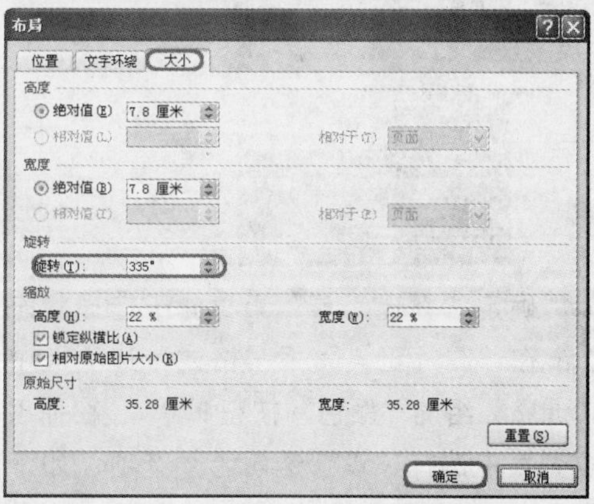

实战操作159 插入特殊字符

- 素材：素材\159\乔迁之喜.jpg、请柬.jpg、名仕商务快捷酒店.jpg
- 难度：★★★★★
- 效果：无
- 视频：视频\第10章\实战操作159.avi

为了使其更加精美，可以为其添加一些特殊字符。具体操作方法如下：

1 在“插入”选项卡“插图”组中单击“图片”按钮，在弹出的“插入图片”对话框中选择“素材\159\乔迁之喜.jpg”文件，然后单击“插入”按钮，如下图所示，将该素材插入到场景中。

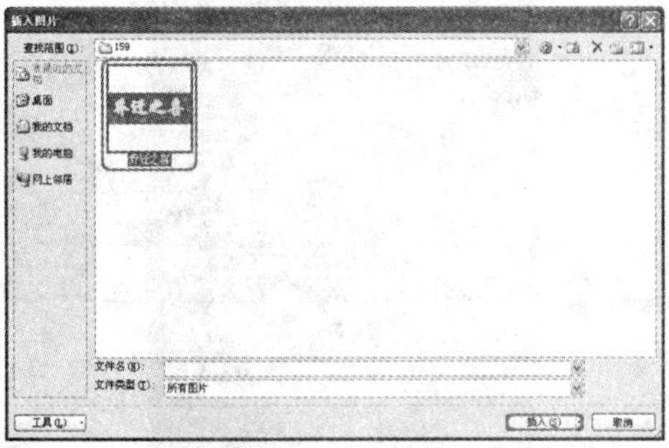

2 在“乔迁之喜”素材上单击鼠标右键，从弹出的快捷菜单中选择“自动换行”|“衬于文字下方”命令，如下图所示。

3 确定“乔迁之喜”素材处于选择状态，在“图片工具”下“格式”选项卡中单击“调整”组的“颜色”按钮，在弹出的下拉列表中选择“设置透明色”选项，如下图所示。

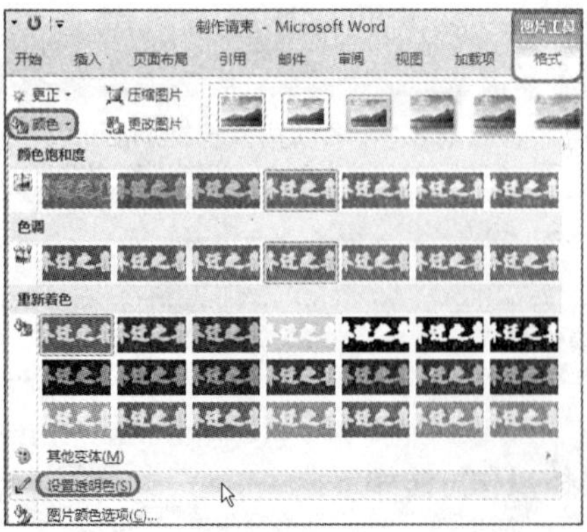

4 然后在场景中选择“乔迁之喜”素材的背景，将背景设为透明色，效果如下图所示。

5 设置完透明背景后，配合Shift键调整“乔迁之喜”素材的大小，如下图所示。

6 在“插入”选项卡的“插图”组中单击“图片”按钮，在弹出的“插入图片”对话框中选择“素材\159\请柬.jpg”文件，单击“插入”按钮，如下图所示，将该素材插入到场景中。

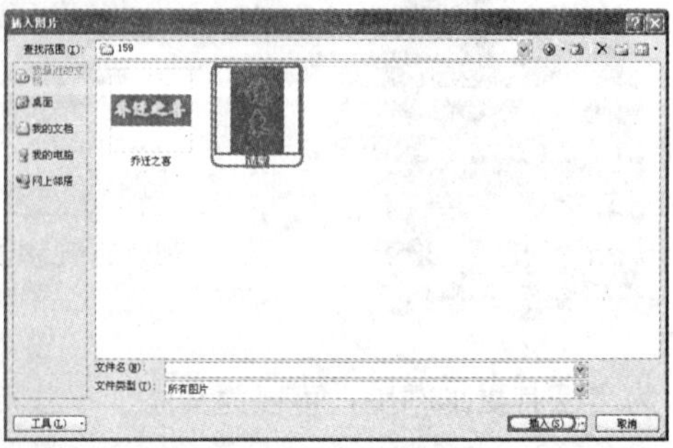

7 在“请柬”素材上单击鼠标右键，从弹出的快捷菜单中选择“自动换行”|“衬于文字下方”命令，如下图所示。

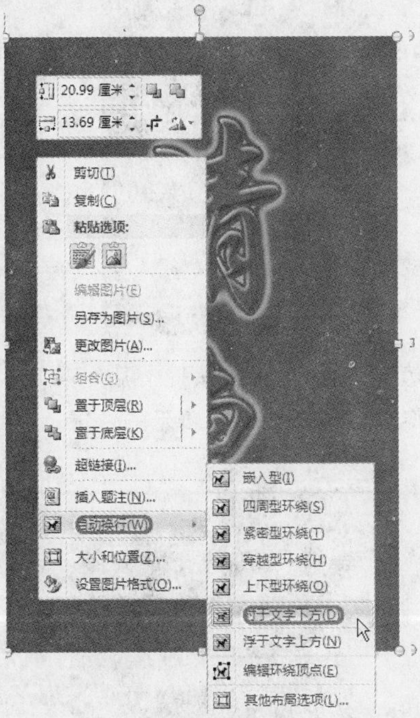

8 确定“请柬”素材处于选择状态，单击“格式”选项卡“调整”组中的“颜色”按钮，在弹出的下拉列表中选择“设置透明色”选项，如下图所示。

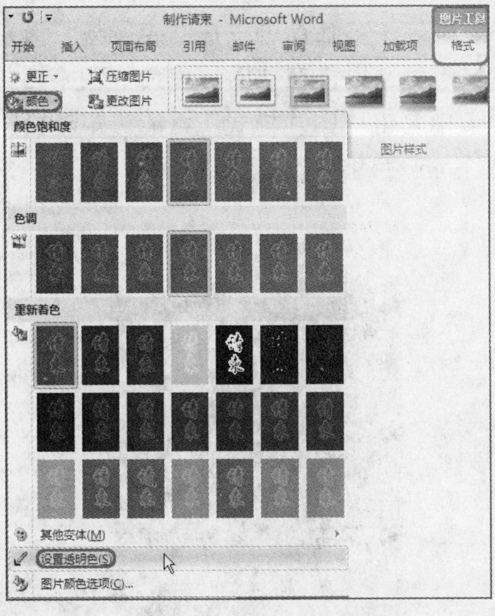

9 然后在场景中选择“请柬”素材的背景，将背景设为透明色，设置后的效果如下图所示。

10 在场景中选择“请柬”素材，然后将其调整至如下图所示的位置。

11 在“插入”选项卡“插图”组中单击“图片”按钮，在弹出的“插入图片”对话框中选择“素材\159\名仕商务快捷酒店.jpg”文件，单击“插入”按钮 插入(S) ，如下图所示，将该素材插入到场景中。

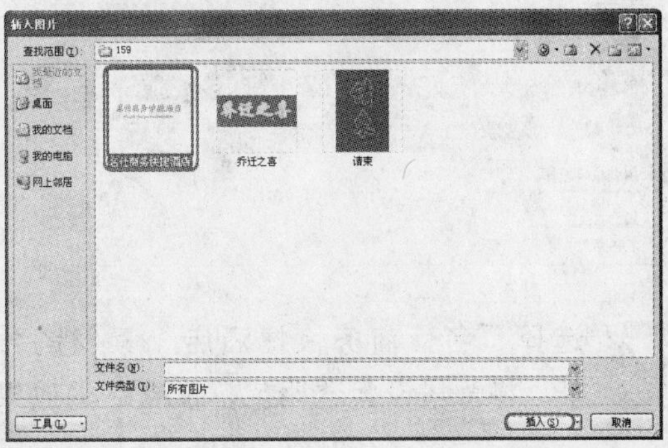

12 在“名仕商务快捷酒店”素材上单击鼠标右键，从弹出的快捷菜单中选择“自动换行”|“衬于文字下方”命令，如下图所示。

13 确定“名仕商务快捷酒店”素材处于选择状态，单击“格式”选项卡“调整”组中的“颜色”按钮，在弹出的下拉列表中选择“设置透明色”选项，如下图所示。

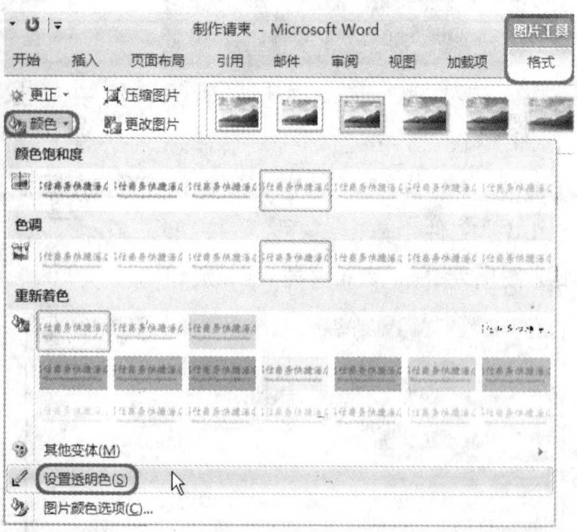

14 选择“名仕商务快捷酒店”素材的背景，将背景设为透明色，设置后的效果如下图所示。

15 选择“名仕商务快捷酒店”素材，然后将其调整至如下图所示的位置。

16 确定“名仕商务快捷酒店”与“请柬”素材选中，在“图片工具”下“格式”选项卡中单击“图片样式”组的“矩形投影”选项，完成后的效果如下图所示。

10.2 制作请柬的内容

在制作完请柬封面以后，还需要制作请柬的内容，把一些重要的信息写到请柬上。

实战操作160 设置请柬底图

- 素材：无
- 难度：★★★★★
- 效果：无
- 视频：视频\第10章\实战操作160.avi

设置底图的操作步骤如下：

1 在“插入”选项卡的“插图”组中单击“形状”按钮，在弹出的下拉列表中选择“矩形”区域中的形状，如下图所示。

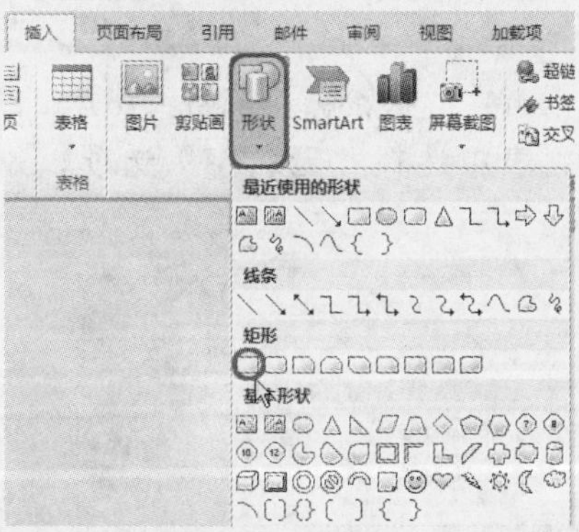

2 选择完形状后，在场景中绘制长方形，效果如下图所示。

3 确定新绘制的形状处于选中状态，在“绘图工具”下“格式”选项卡中单击“形状样式”组中的“形状填充”按钮，在弹出的下拉列表中选择“标准色”区域中的“红色”，将形状区域填充为红色，如下图所示。

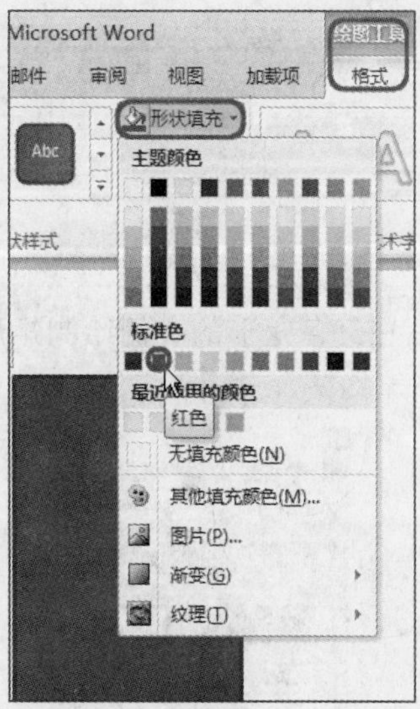

4 确定新绘制的形状处于选择状态，在“绘图工具”下“格式”选项卡中单击“形状样式”组中的“形状轮廓”按钮选项，在弹出的下拉列表中选择“标准色”区

域下的深红色，将形状轮廓填充为深红色，如下图所示。

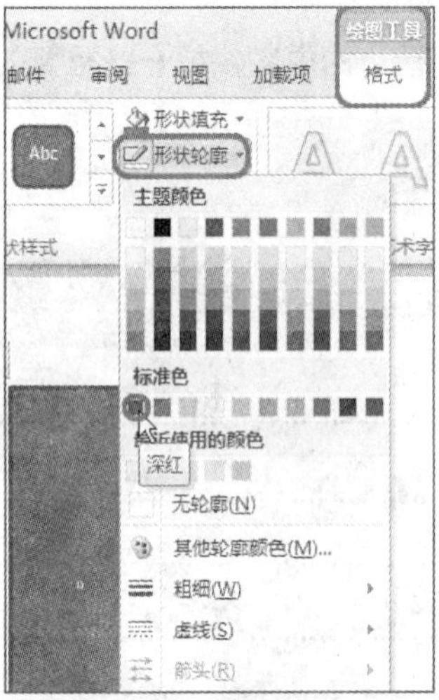

5 单击“插入”选项卡“插图”组中的“形状”按钮，在弹出的下拉列表中选择“矩形”区域中的□形状，如下图所示。

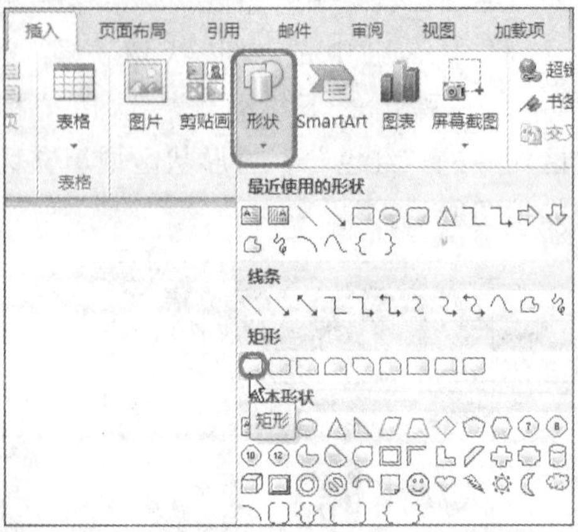

6 然后在红色矩形的右侧绘制矩形，如下图所示。

7 确定新绘制的形状处于选中状态，在“绘图工具”下“格式”选项卡中的“形状样式”组单击“形状填充”按钮，在弹出的下拉列表中选择“其他填充颜色”选项，打开“颜色”对话框。在该对话框中选择“自定义”选项卡，将“红色”、“绿色”和“黄色”分别设置为241、241和202，单击“确定”按钮，如下图所示。

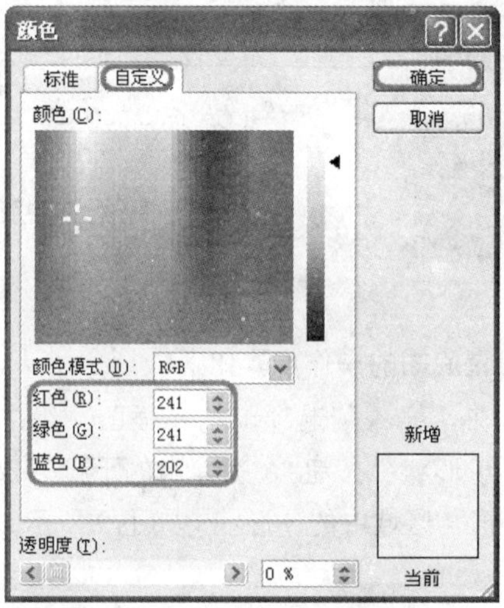

8 单击“形状轮廓”按钮，在弹出的下拉列表中选择“无轮廓”选项，如下图所示。

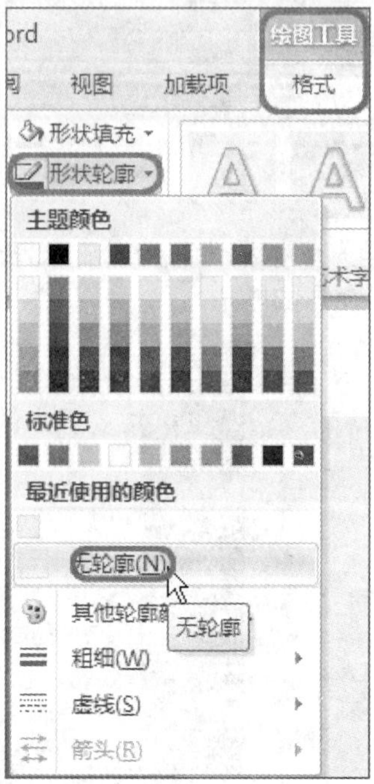

实战操作161 插入请柬素材

素材：素材\161\福.jpg

难度：★★★★★

效果：效果\161\制作请柬.docx

视频：视频\第10章\实战操作161.avi

插入素材的操作步骤如下：

1 在“插入”选项卡“插图”组中单击“图片”按钮，在弹出“插入图片”对话框中选择“素材\161\福.jpg”文件，然后单击“插入”按钮 插入(S)，如下图所示，将该素材插入到场景中。

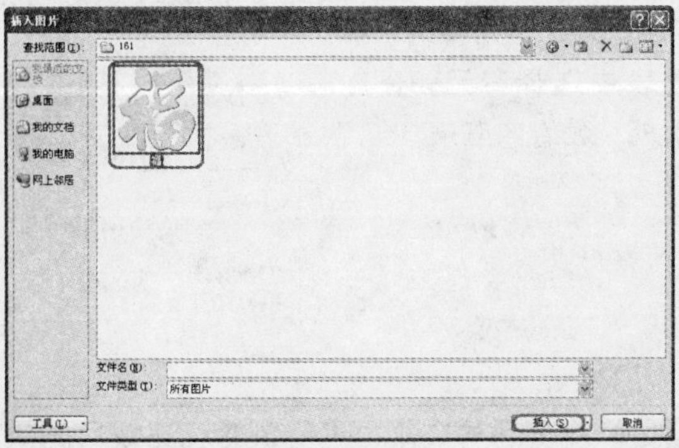

2 在“福”素材上单击鼠标右键，在弹出的快捷菜单中选择“自动换行”|“浮于文字上方”命令，如下图所示。

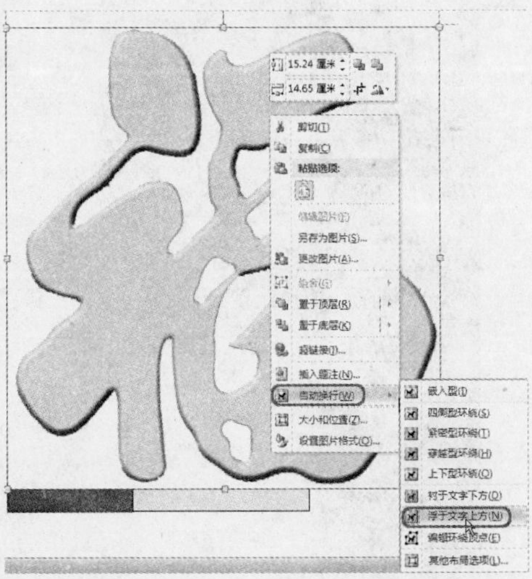

3 确定“福”素材处于选中状态，单击“格式”选项卡“调整”组中的“颜色”按钮 颜色，在弹出的下拉列表中选择“设置透明色”选项，如下图所示。

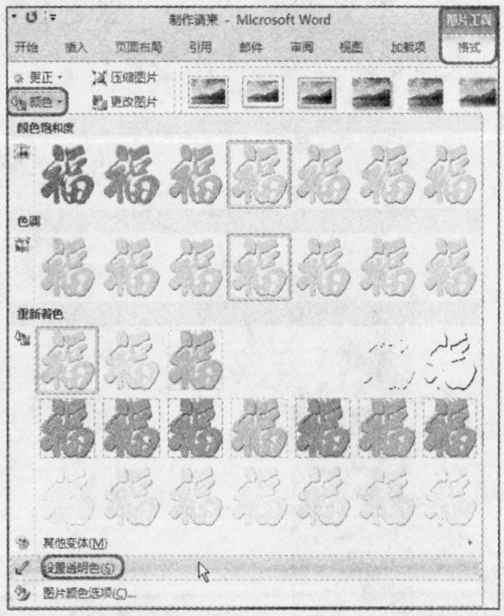

4 选择“福”素材的背景，将背景设为透明色，设置后的效果如下图所示。

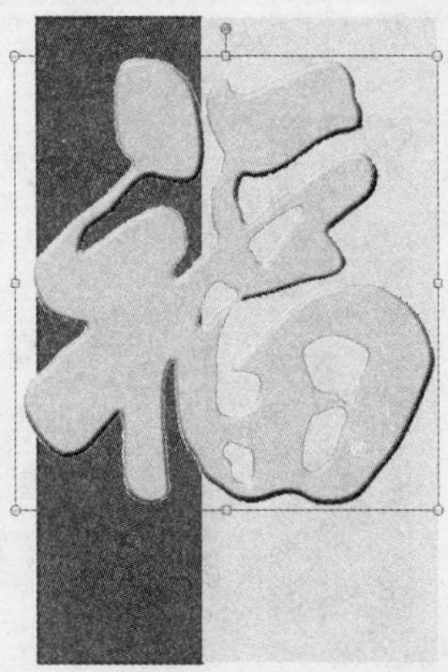

5 在场景中配合Shift键调整“福”素材的大小，并放置到如下图所示的位置。

6 单击“插入”选项卡“文本”组中的“文本框”按钮，在弹出的下拉列表中选择“绘制竖排文本框”选项。然后在黄色矩形上绘制文本框，效果如下图所示。

7 在文本框中输入内容，将字体设置为“汉仪魏碑简”，将字体大小设置为“小三”，将字体颜色设置为红色，如下图所示。

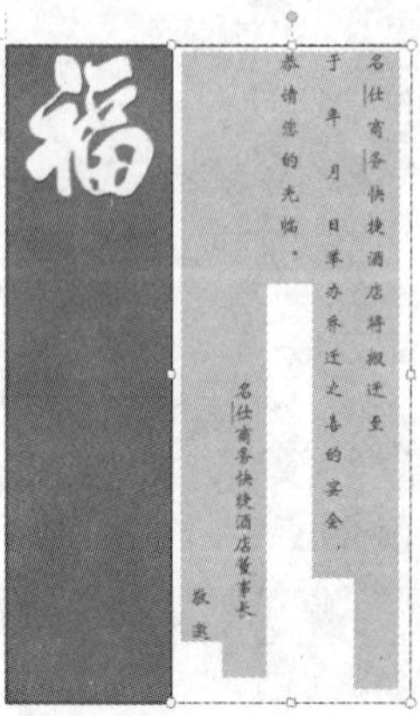

8 确定文本框处于选中状态，在“绘图工具”下“格式”选项卡中单击“形状样式”组中的“形状填充”按钮，在弹出的下拉列表中选择“无填充颜色”选项，如右图所示。

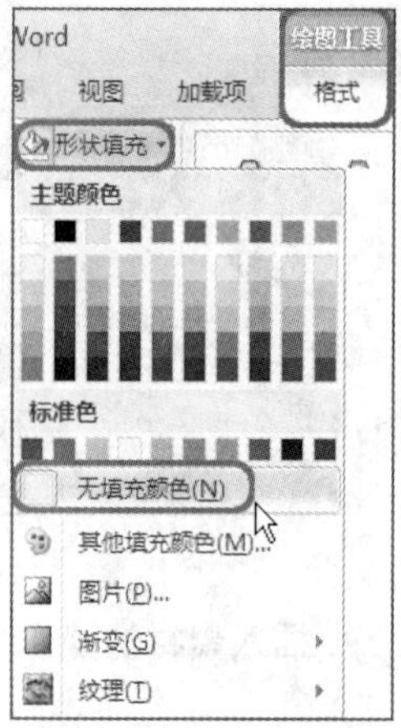

9 单击“绘图工具”下“格式”选项卡“形状样式”组中的“形状轮廓”按钮，在弹出的下拉列表中选择“无轮廓”选项，如右图所示。

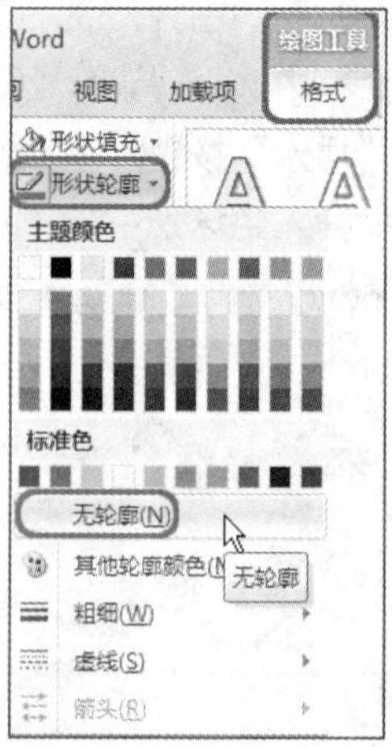

10 对创建的文本框进行调整，完成后的效果如下图所示。

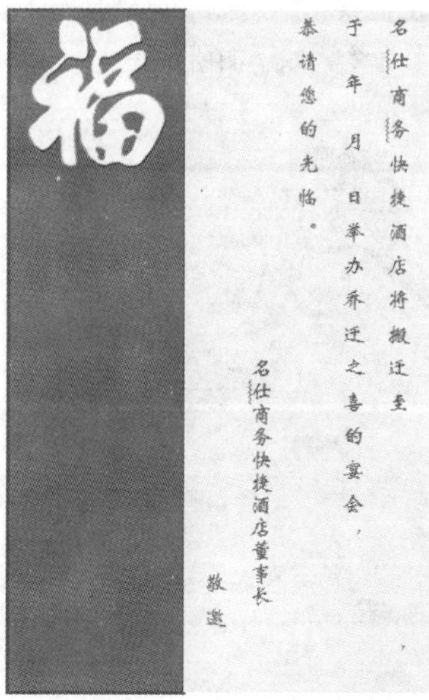

Chapter 11

第11章 认识并使用Excel 2010

Excel 2010除了在界面上采取了Office 2010系列的一致风格外，在功能上也有了进一步增强，可以处理更多的数据和工作表。本章将着重介绍Excel 2010的基本使用，并通过大量的实例操作使用户快速熟悉Excel 2010。

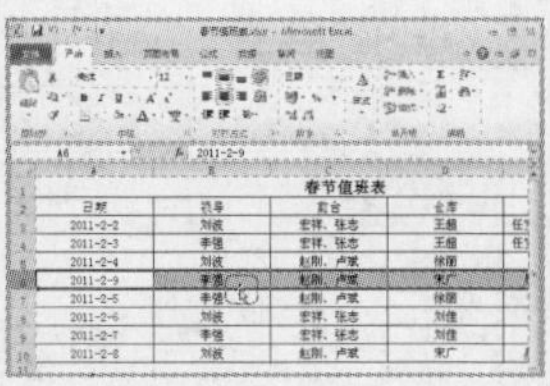

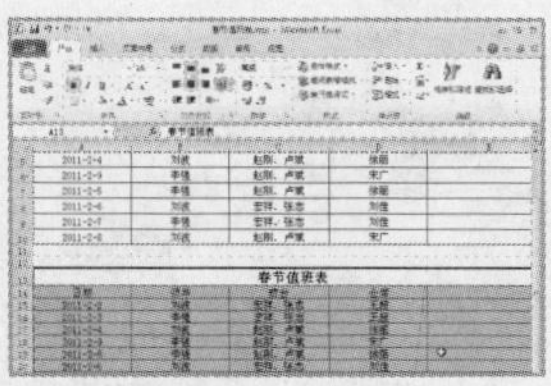

11.1 文件管理

本节将介绍Excel2010中常用的文件管理操作，如打开文件、复制文件等。

实战操作162 打开文件

素材：素材\162\春节值班表.xlsx　　效果：无

难度：★★★★★　　视频：视频\第11章\实战操作162.avi

在日常工作中，经常要使用Excel表格对各项工作内容进行管理。打开并查看工作需要的Excel文件，是日常生活中应用最多的内容。打开一个Excel文件的方法如下：

1 首先打开Excel 2010软件，单击“文件”按钮，如下图所示。

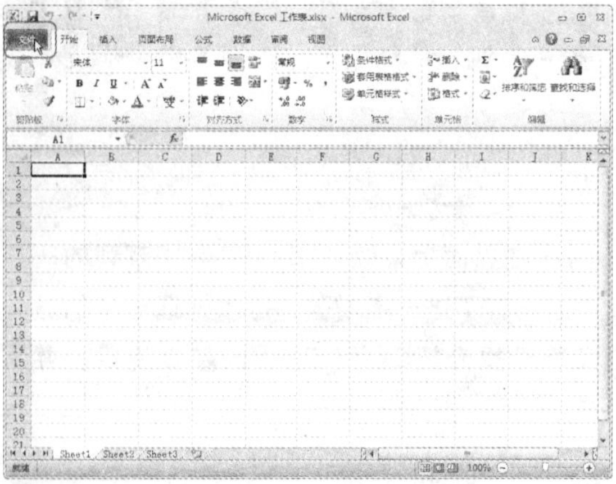

2 在展开的下拉列表中选择“打开”命令，弹出“打开”对话框，如下图所示。

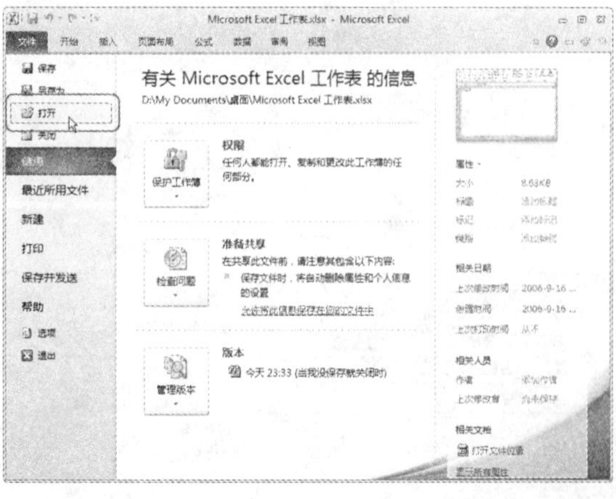

3 在对话框中查找需要打开的文件位置，选择工作表文件，单击“打开”按钮，打开文件，如下图所示。

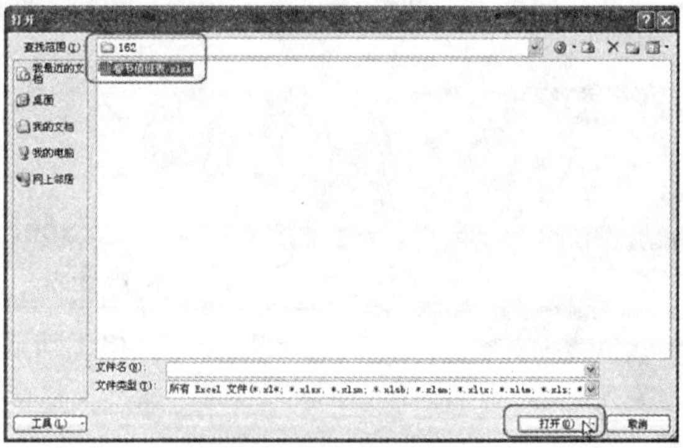

4 打开工作表文件，我们可以对其内容进行查看，如下图所示。

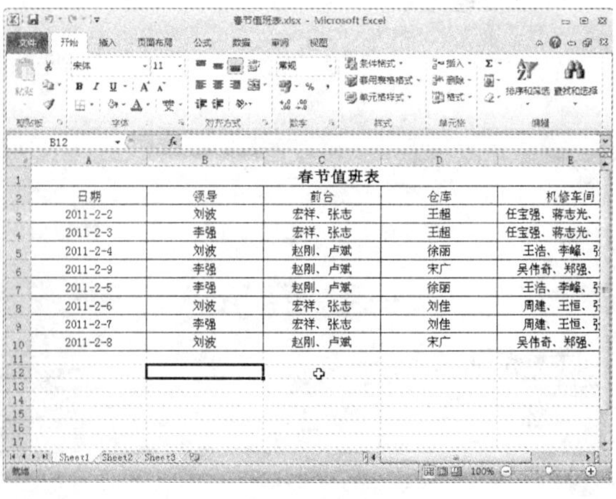

实战操作163 复制文件

素材：素材\162\春节值班表.xlsx　　效果：无

难度：★★★★★　　视频：视频\第11章\实战操作163.avi

工作中制作完成的Excel工作表，经常需要进行复制并递送各个部门查看。复制工作表文件的操作如下：

1 首先打开制作完成的Excel工作表，单击“文件”按钮，在展开的菜单中选择“另存为”命令，弹出“另存为”对话框，如下图所示。

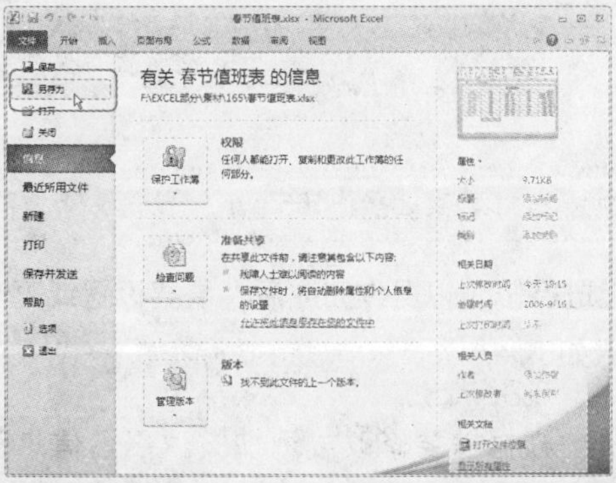

2 在对话框中选择需要保存的位置，单击“保存”按钮，保存工作表，如下图所示。可按此步骤多次保存Excel工作表文件，完成文件复制。

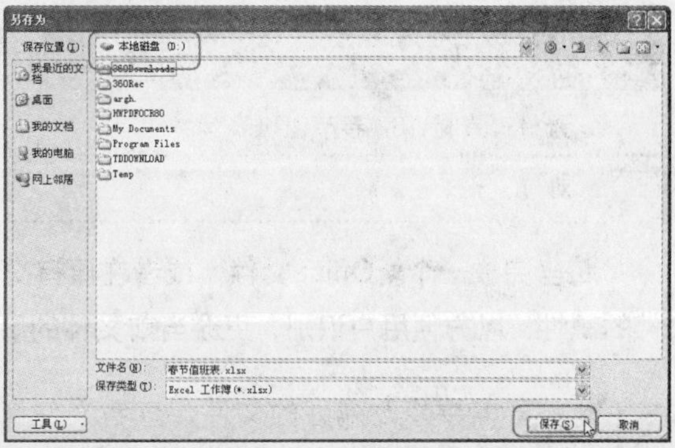

11.2 查看或更改Office文件的属性

文件属性又称为元数据，主要描述或表示文件的详细信息。文件属性包括标志文件或内容的详细信息，例如，标题、作者姓名等。

实战操作164 查看当前文件属性

素材：素材\162\春节值班表.xlsx　　效果：无

难度：★★★★★　　视频：视频\第11章\实战操作164.avi

查看一个Excel文件的文件属性步骤如下：

1 打开Excel工作表，单击“文件”按钮，如右图所示。

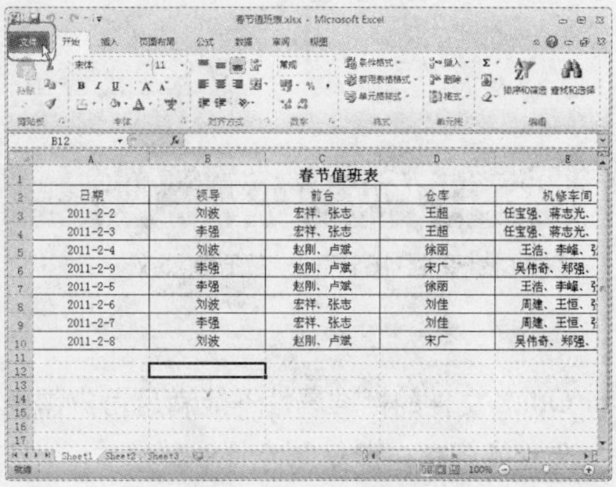

2 选择"信息"选项，查看工作簿属性，如右图所示。可以单击"显示所有属性"链接查看更多属性。

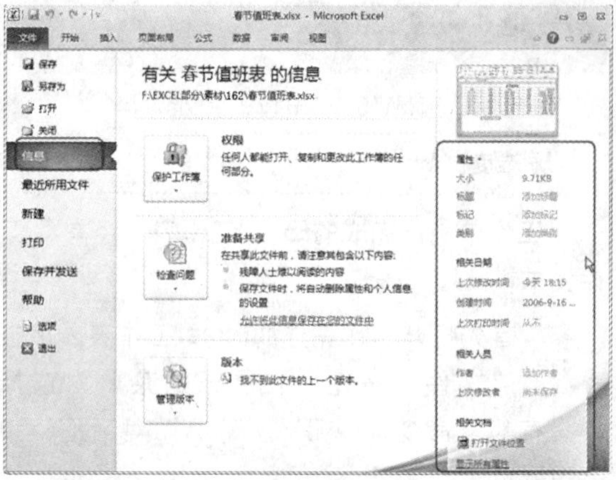

实战操作165 更改当前文件属性

素材：素材\162\春节值班表.xlsx　　效果：无

难度：★★★★★　　视频：视频\第11章\实战操作165.avi

每当完成一个新Office文件，或者在原有文件基础上进行修改，操作完成后，需要设置或更改文件的属性，以方便用户识别。更改当前文件的属性的步骤如下：

1 打开需要修改属性的文件，查看文件属性，如下图所示。

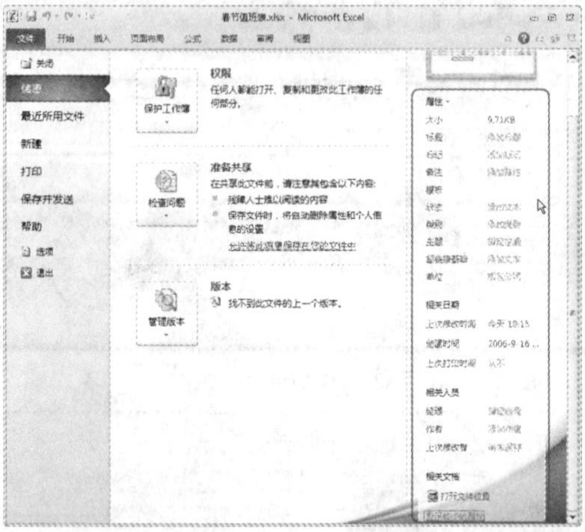

2 根据需要修改或添加文件属性信息，如下图所示。再次单击"文件"按钮，返回到工作簿，系统将自动保存所做的更改。

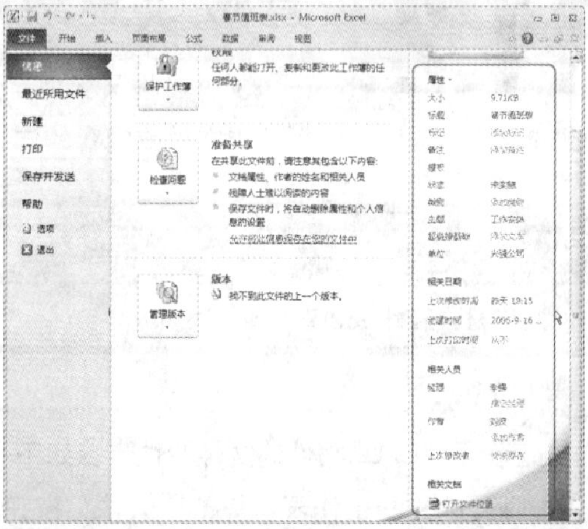

实战操作166 为文件创建自定义属性

素材：素材\162\春节值班表.xlsx　　效果：无

难度：★★★★★　　视频：视频\第11章\实战操作166.avi

Office文件的标准属性不能满足用户需要时，可以创建自定义属性，以便更清晰地展示出文档内容。为文件创建自定义属性的步骤如下：

1 打开Excel工作表，查看工作簿信息界面，选择“属性”|“高级属性”命令，如下图所示。

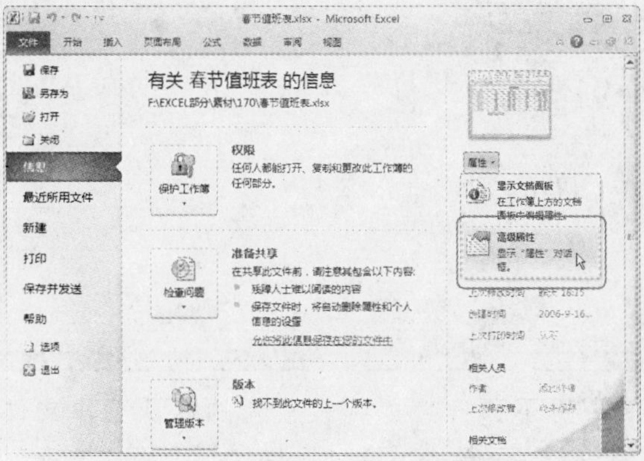

2 打开“春节值班表.xlsx属性”对话框，选择“自定义”选项卡，如下图所示。

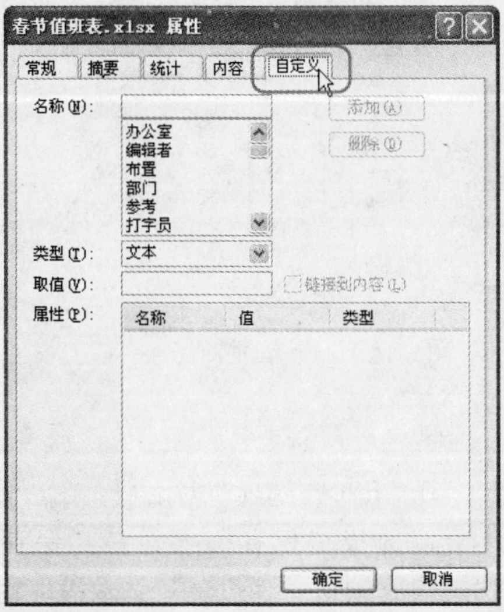

3 根据需要，在“名称”文本框中输入名称或在列表框中选择一个名称，在“类型”列表中选择要添加的数据类型，在“取值”文本框中为该属性输入一个值，如下图所示。

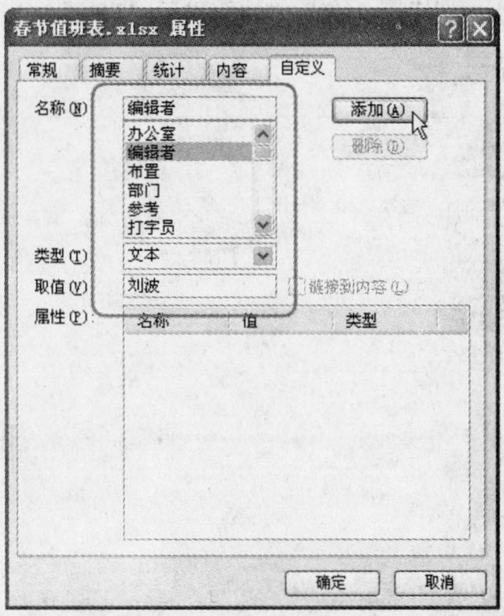

4 单击“添加”按钮，添加自定义属性。根据需要可以为文件添加更多自定义属性，如下图所示。完成后单击“确定”按钮，返回工作簿信息界面，自定义属性创建完成。

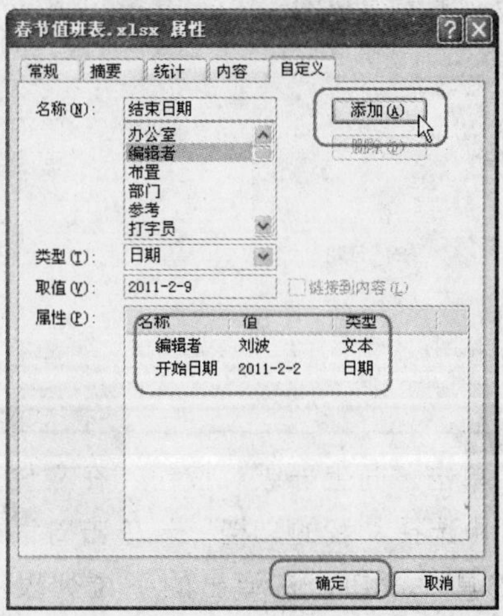

实战操作167 设置或重命名默认工作文件夹

素材：无　　效果：无

难度：★★★★★　　视频：视频\第11章\实战操作167.avi

“我的文档”文件夹默认情况下位于驱动器C的根目录下，它是Microsoft Office程序中创建的所有文档和其他文件的默认工作文件夹。用户可以根据需要更改“我的文档”文件夹的名称，还可以选择不同的默认工作文件夹。具体操作如下：

1 首先将“我的文档”文件夹更名为“默认工作文件夹”。打开Excel 2010软件，单击“文件”按钮，选择“另存为”命令，如下图所示。

2 打开“另存为”对话框，在“保存位置”下拉列表中选择“我的文档”，如下图所示。

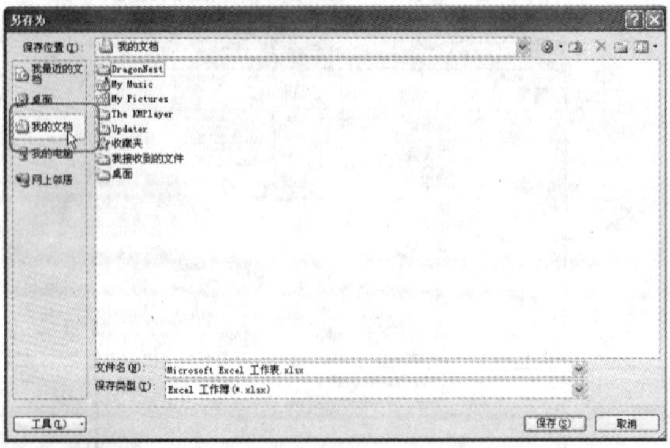

3 单击“向上一级”按钮，在文件夹列表中选择“我的文档”，单击对话框左下角“工具”按钮，在弹出的下拉列表中选择“重命名”命令，如下图所示。

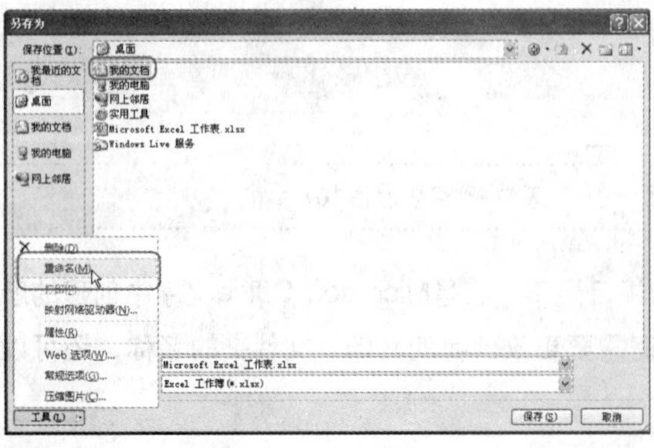

4 输入新的文件夹名称，按Enter键确定，如下图所示。

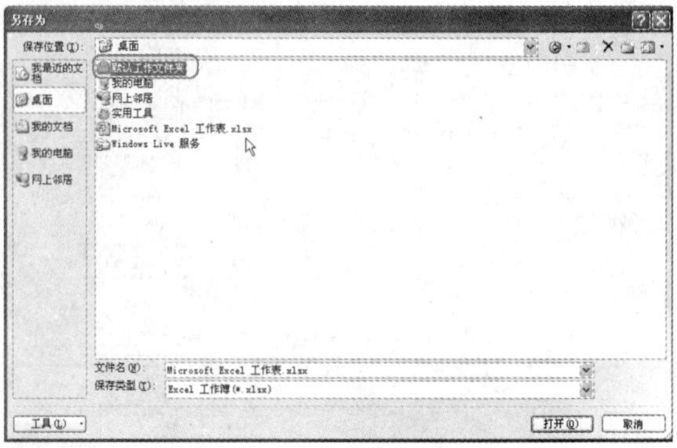

5 下面介绍如何设置新的默认工作文件夹。单击“文件”按钮，选择“选项”命令，如下图所示。

6 打开“Excel 选项”对话框，在左侧列表中，选择“保存”项，在“保存工作簿”选项组“默认文件位置”文本框中输入新的文件夹路径，单击“确定”按钮保存，如下图所示。

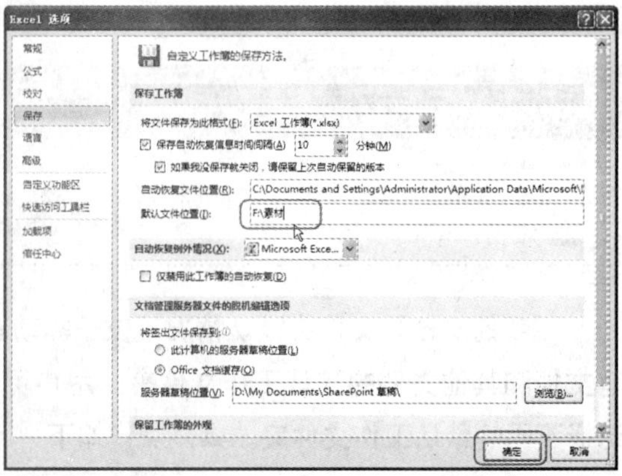

11.3 管理工作簿

本节将主要学习创建、关闭、打开、保存工作簿文件，以及在多个打开的工作簿之间切换等内容。

实战操作168　创建空白工作簿

素材：无　　效果：无

难度：★★★★★　　视频：视频\第11章\实战操作168.avi

Microsoft Excel工作簿是包含一个或多个工作表的文件，用户可以用其中的工作表来组织各种相关信息。创建一个新的空白工作簿的步骤如下：

1 打开Excel 2010软件，单击“文件”按钮，选择“新建”命令，在“可用模板”下双击“空白工作簿”，如下图所示。

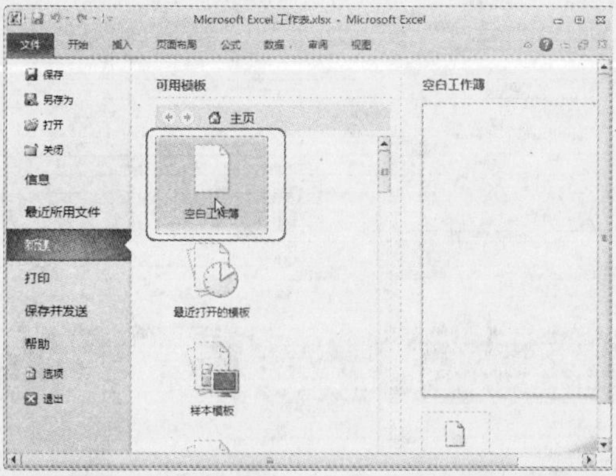

2 空白工作簿创建完成，效果如下图所示。

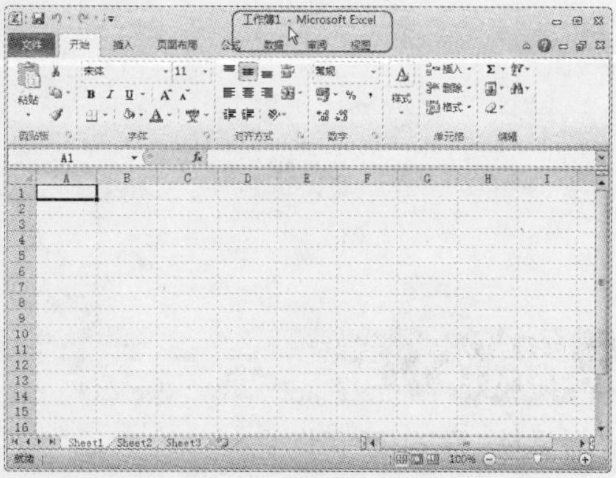

实战操作169　在现有工作簿上创建新工作簿

素材：素材\169\工作簿.xlsx　　效果：无

难度：★★★★★　　视频：视频\第11章\实战操作169.avi

基于现有工作簿创建新的工作簿方法如下：

1 打开Excel 2010软件，单击“文件”按钮，如右图所示。

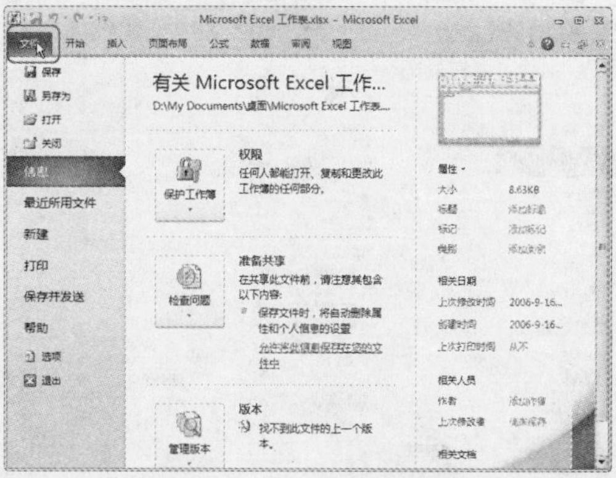

2 选择“新建”命令，在“可用模板”下单击“根据现有内容新建”图标，如下图所示。

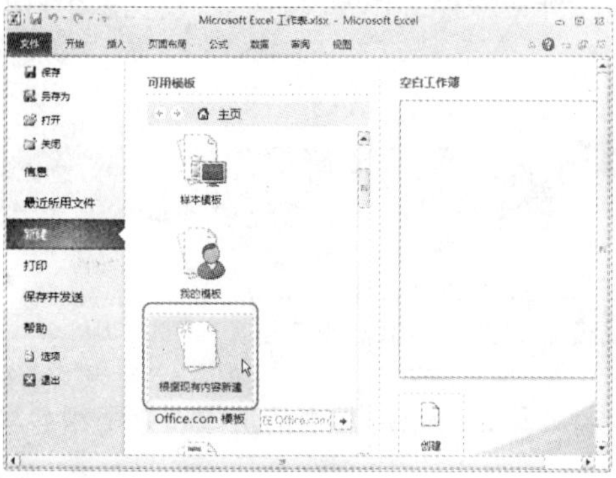

3 打开“根据现有工作簿新建”对话框，选择要打开工作簿的位置，再选择工作簿，单击“新建”按钮，如下图所示。

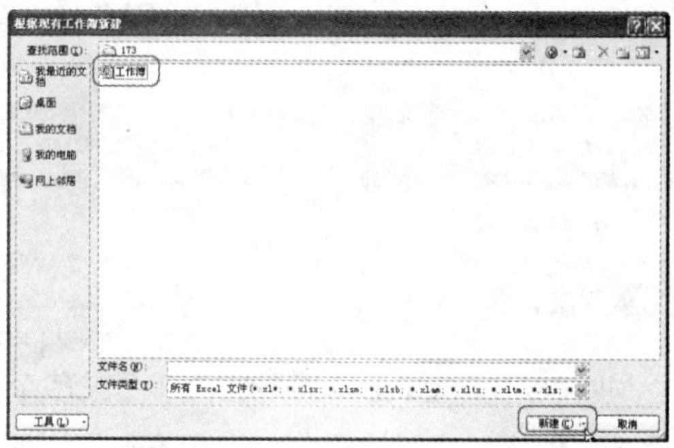

4 新工作簿创建完成，效果如右图所示。

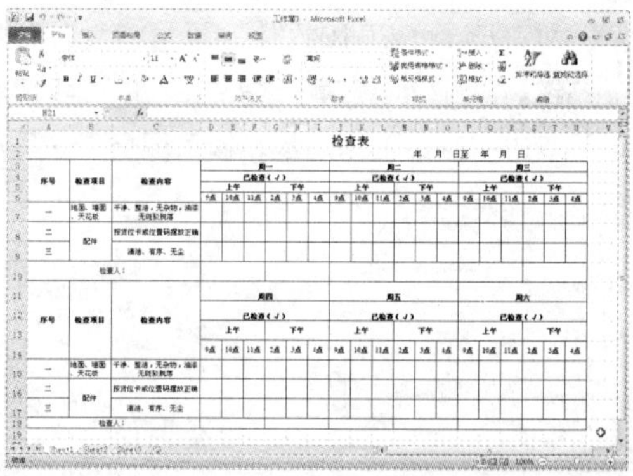

实战操作170 基于模板创建新工作簿

素材：素材\169\工作簿.xlsx　　效果：无

难度：★★★★★　　视频：视频\第11章\实战操作170.avi

基于模板创建新工作簿的操作如下：

1 打开Excel 2010软件，单击“文件”按钮，如下图所示。

2 选择“新建”命令，在“可用模板”下单击“样本模板”图标，如下图所示。

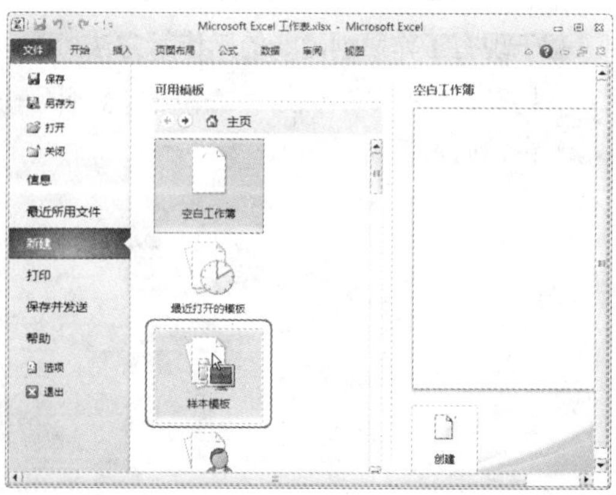

3 根据需要选择样本模板，并双击创建工作簿，如下图所示。

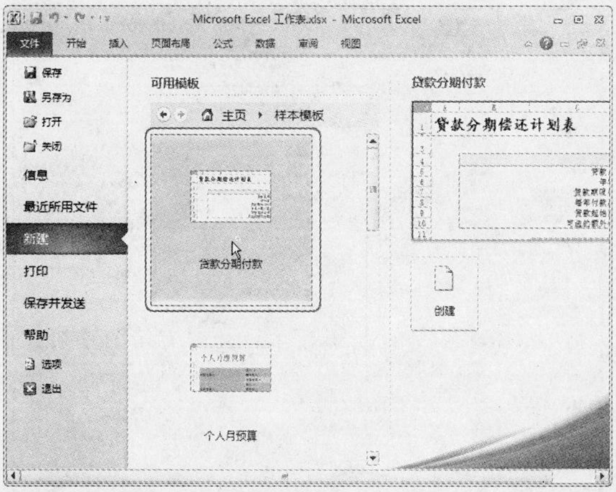

4 新工作簿创建完成，效果如下图所示。

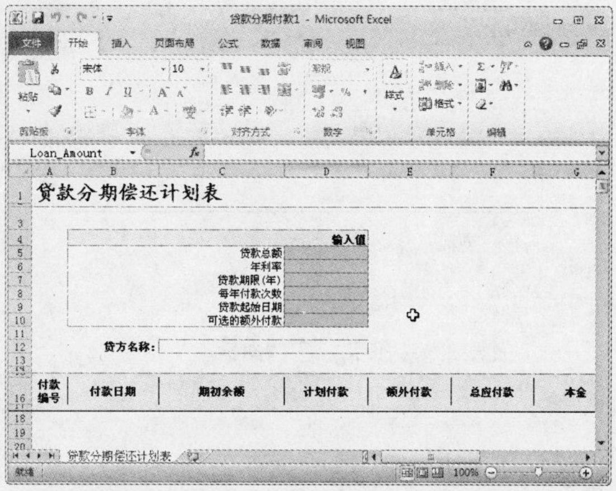

实战操作171 保存和命名工作簿

素材：无　　**效果**：无

难度：★★★★★　　**视频**：视频\第11章\实战操作171.avi

工作簿创建完成后，需要对其进行保存并为其命名。保存和命名工作簿的操作如下：

1 基于模板创建一个“个人月预算1”工作簿，如下图所示。

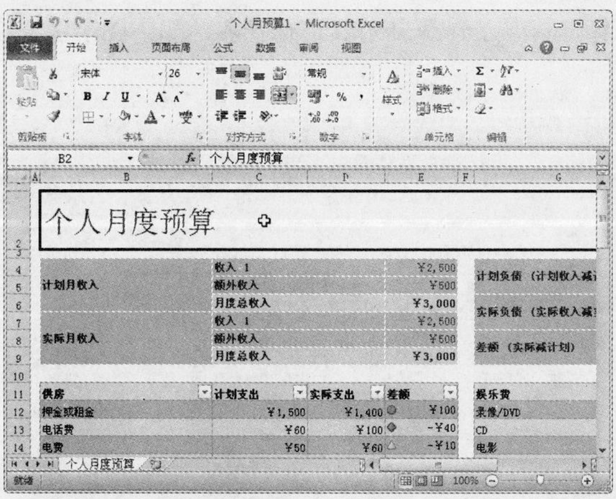

2 使用快捷键Ctrl+S保存工作簿，弹出“另存为”对话框，选择存储路径，并为工作簿命名。设置完成后，单击“保存”按钮进行保存，如下图所示。

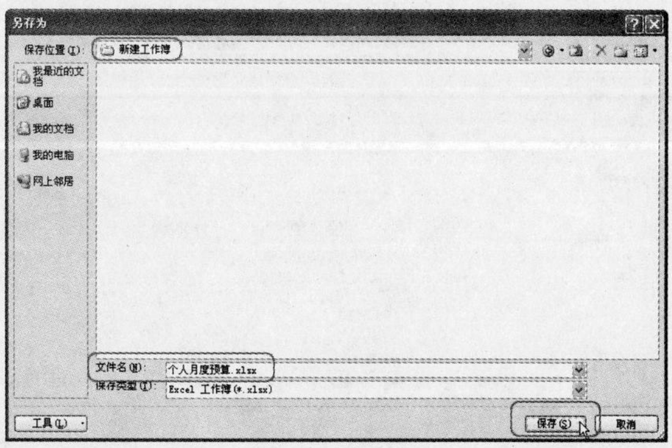

实战操作172 保存为网页形式

素材：无　　**效果**：无

难度：★★★★★　　**视频**：视频\第11章\实战操作172.avi

Excel 2010支持将文件保存为网页形式。将工作簿保存为网页的操作如下：

1 基于模板创建一个“个人月预算1”工作簿，如下图所示。

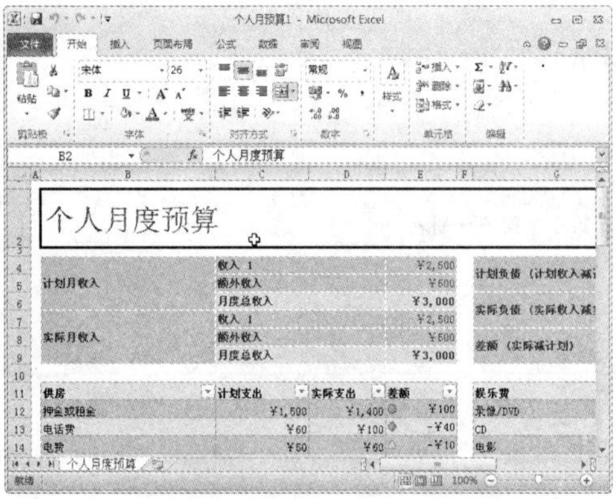

2 使用快捷键Ctrl+S保存工作簿，在“另存为”对话框中选择“保存类型”为“网页”，单击“保存”按钮，将工作簿保存，可以在网页中打开该文件，如下图所示。

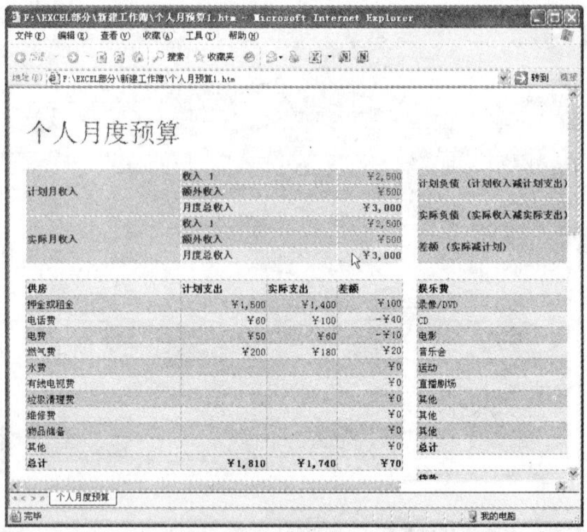

实战操作173 打开已有的工作簿

素材：素材\173\工作簿.xlsx　　效果：无

难度：★★★★★　　视频：视频\第11章\实战操作173.avi

打开已有工作簿的具体步骤如下：

1 打开Excel 2010软件，单击“文件”按钮，选择“打开”命令，如下图所示。

2 打开“打开”对话框，选择要打开的工作簿路径，再选择工作簿，单击“打开”按钮，打开工作簿并对其进行查看，如下图所示。

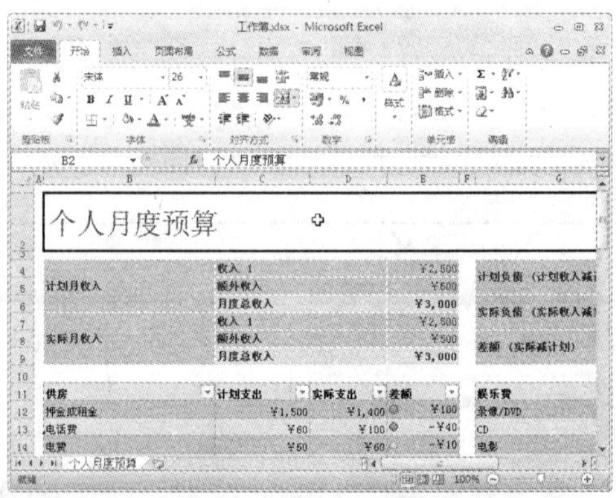

实战操作174 在打开的工作簿之间移动

素材：素材\174\检查表.xlsx、休息室检查表.xlsx　　效果：无

难度：★★★★★　　视频：视频\第11章\实战操作174.avi

在Excel 2010软件中，可以打开多个工作簿，并将工作表在工作簿之间复制或移动，完成工作簿的合并或分解。具体操作如下：

1 使用Excel 2010软件，打开素材文件，如下图所示。

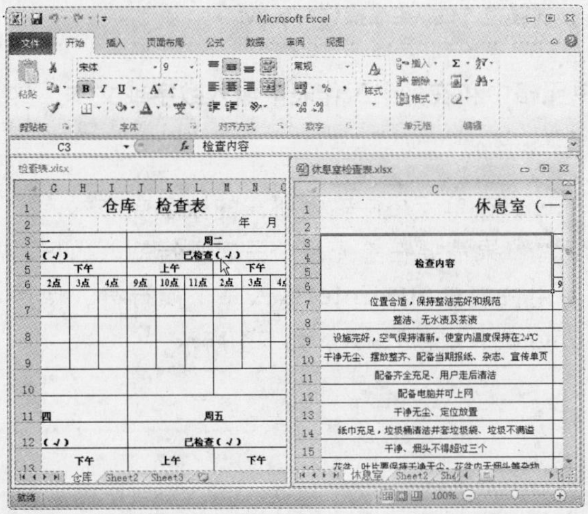

2 将“休息室检查表”工作簿中“休息室”工作表标签拖曳至“检查表”工作簿中，放置于“仓库”标签后，如下图所示。

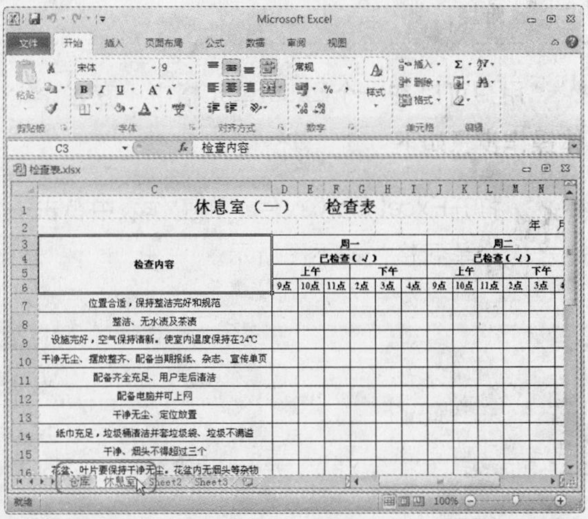

提示

工作簿合并完成，将合并后的工作簿保存。

实战操作175　关闭工作簿

素材：无　　效果：无

难度：★★★★★　　视频：视频\第11章\实战操作175.avi

关闭工作簿的方法如下：

完成工作簿的修改并将工作簿保存。单击工作簿右上角“关闭窗口”按钮，将工作簿关闭，如右图所示。

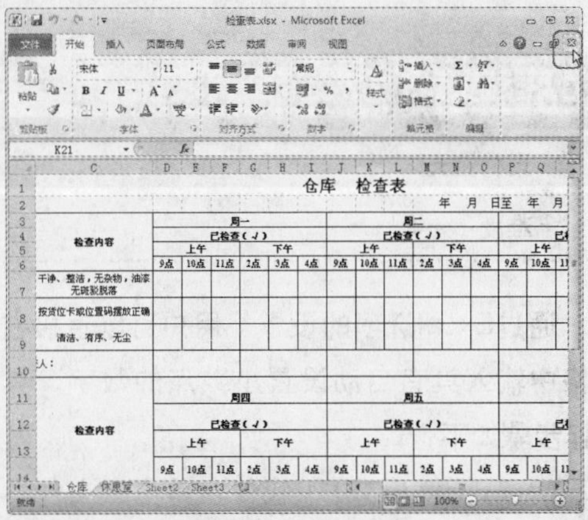

11.4 在工作表中输入和编辑数据

用户可以同时在多个单元格中或者在多个工作表中输入数字、文本、日期和时间。

实战操作176 在工作表单元格中输入数字或文本

素材：无　　效果：无

难度：★★★★★　　视频：视频\第11章\实战操作176.avi

用户可以在一个Excel单元格中、在多个Excel单元格中和在多个工作表中输入数字或文本。具体操作步骤如下：

1 打开Excel 2010软件，在工作表中单击一个单元格，如下图所示。

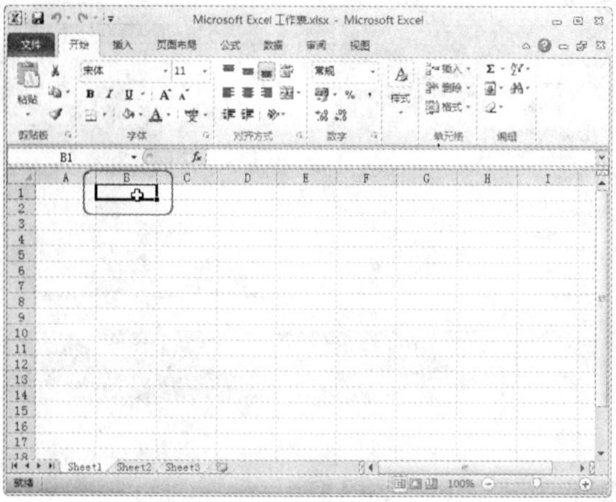

2 在单元格中输入所需的数字或文本，如果需要在单元格中另起一行输入数据，使用快捷键Alt+Enter输入一个换行符。使用Enter或Teb完成输入，如下图所示。

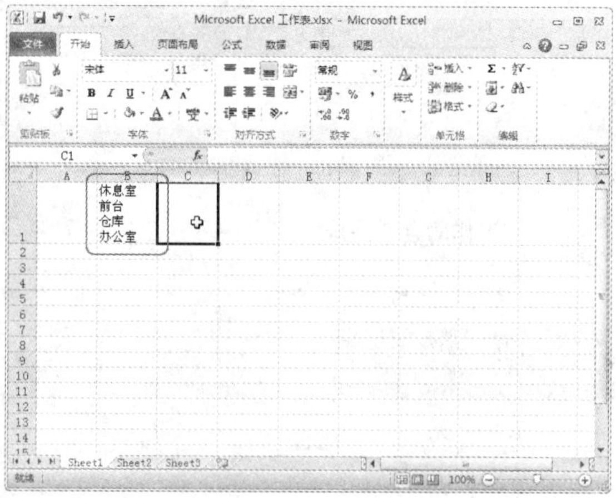

实战操作177 输入具有自动设置小数点的数字

素材：无　　效果：无

难度：★★★★★　　视频：视频\第11章\实战操作177.avi

通过Excel选项的设置，用户可以直接在单元格中输入具有自动设置小数点的数字。具体操作步骤如下：

1 打开Excel 2010软件，单击“文件”按钮，选择“选项”命令，如右图所示。

2 打开“Excel选项”对话框，选择“高级”选项，在“编辑选项”选项组中，勾选“自动插入小数点”复选框，如下图所示。

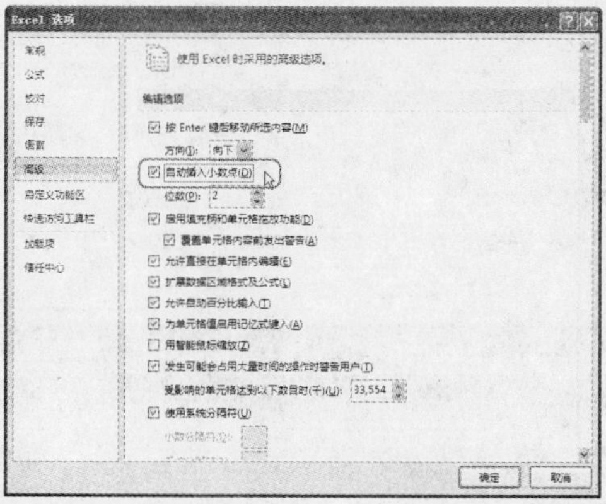

3 在“位数”文本框中输入一个正数，表示小数点右边的位数；也可以输入一个负数，表示小数点左边的位数。根据需要输入位数，单击“确定”按钮，如下图所示。

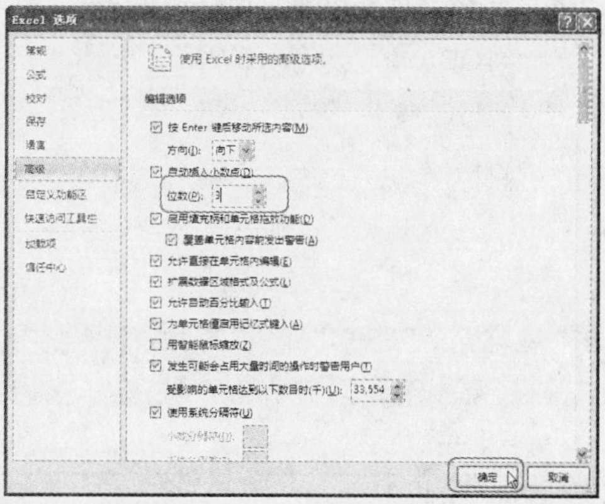

4 在工作表中选择一个单元格，输入数字，如右图所示。

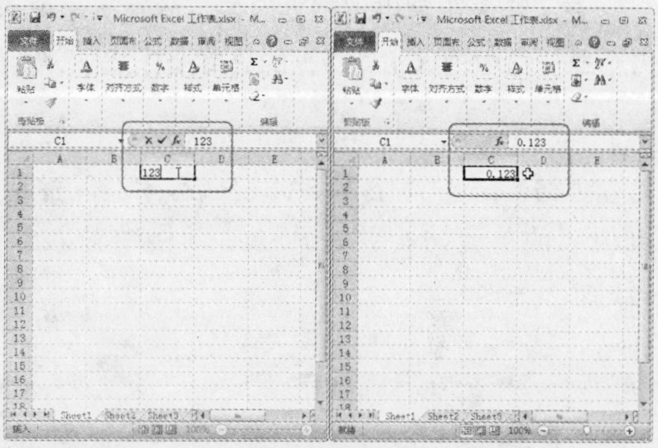

提示

选择“自动插入小数点”选项之前输入的数据不受此选项影响，可以在输入数字时键入小数点，取消“自动插入小数点”选项的影响。

实战操作178 输入日期或时间

素材：无　　效果：无

难度：★★★★★　　视频：视频\第11章\实战操作178.avi

在工作表的制作过程中，有时需要输入日期和时间对工作表进行标记。日期和时间分为静态与自动两种类型。静态值是指重新计算或打开工作表时不会改变的值，相反，在重新计算工作表或打开工作簿时发生更新的日期或时间被视为动态。具体操作步骤如下：

1 打开Excel软件，在工作表中选择单元格，使用快捷键Ctrl+；可以插入当前静态日期，如右图所示。

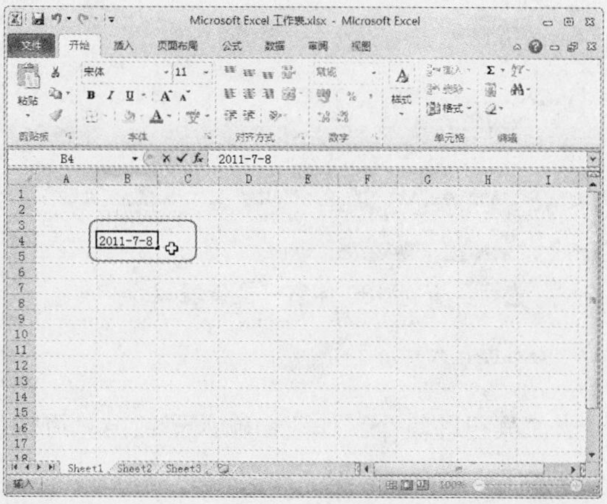

2 按Space键，再使用快捷键Ctrl+Shift+；在日期后插入当前静态时间，如右图所示。

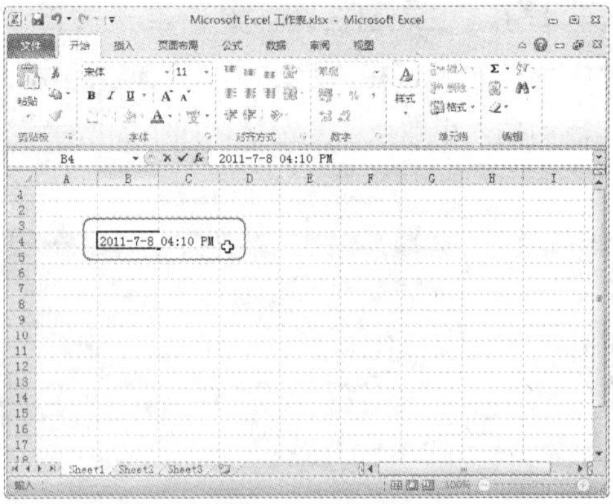

提示 若要插入可更新的当前日期和时间，可以使用Today和Now函数，即分别在单元格中输入“=TODAY()”、“=NOW()”。

实战操作179 同时在多个单元格中输入相同的数据

素材：无　　效果：无

难度：★★★★★　　视频：视频\第11章\实战操作179.avi

在工作表中常出现重复内容，分别填写或进行复制粘贴不但烦琐，更浪费精力和时间。同时在多个单元格中输入相同数据的具体操作如下：

1 打开Excel软件，在工作表中选择单元格，配合Ctrl键和Shift键，选择不相邻或者相邻的单元格，并在活动单元格中输入数据，如下图所示。

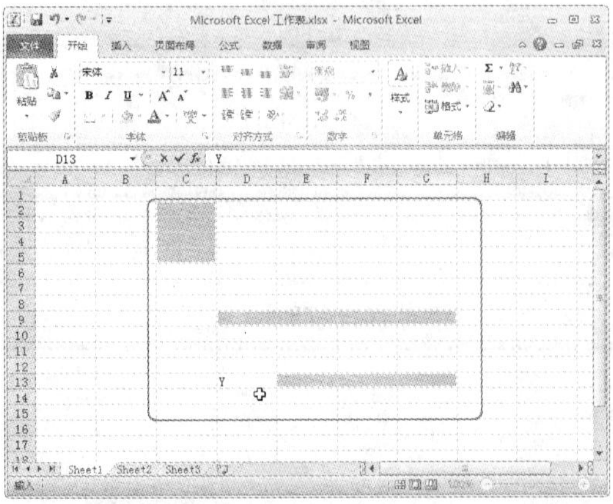

2 使用快捷键Ctrl+Enter，完成选中单元格中数据的填充，如下图所示。

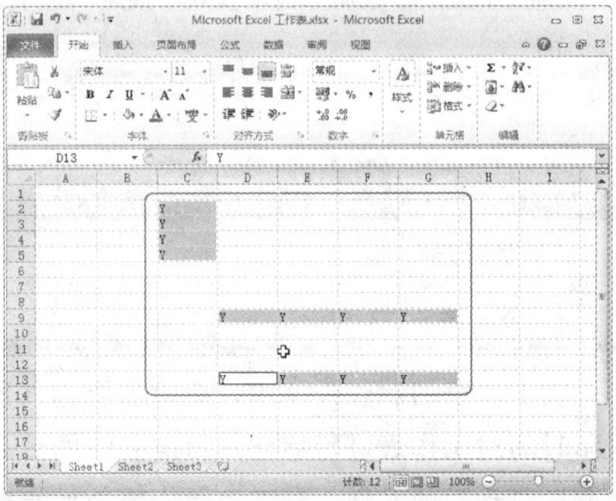

实战操作180 在其他工作表中输入相同数据

素材：素材\180\休息室检查表.xlsx　　效果：无

难度：★★★★★　　视频：视频\第11章\实战操作180.avi

如果已在某个工作表中输入了数据，可快速将该数据填充到其他工作表的相应单元格中。具体操作如下：

1 选择“素材”文件夹，打开素材文件，如下图所示。

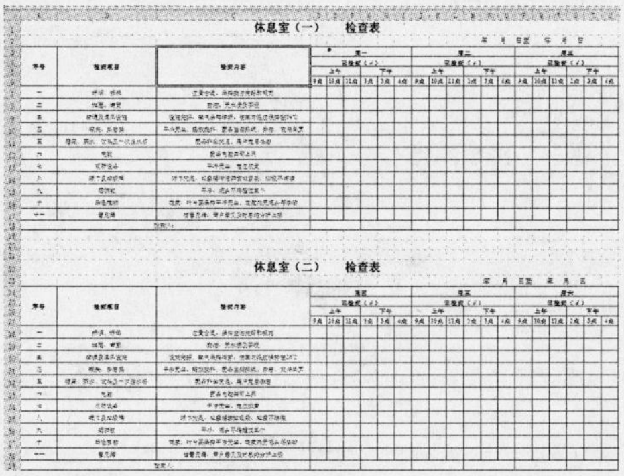

2 单击包含需要填充数据的工作表标签，按住Ctrl键单击被填充数据的工作表的标签,如下图所示。

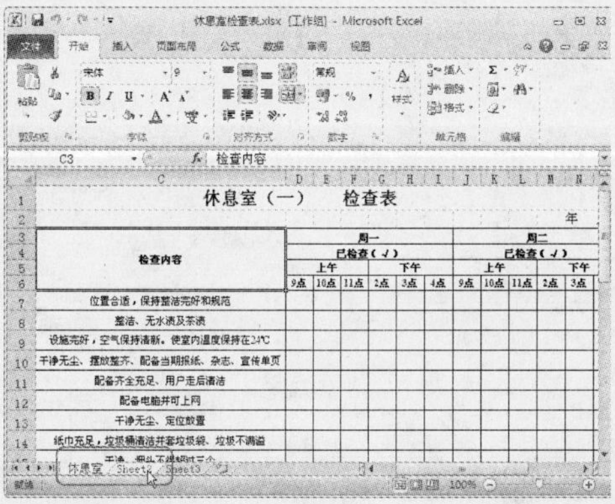

3 在工作表中选择数据，在“开始”选项卡中单击“编辑”组“填充”按钮，如下图所示。

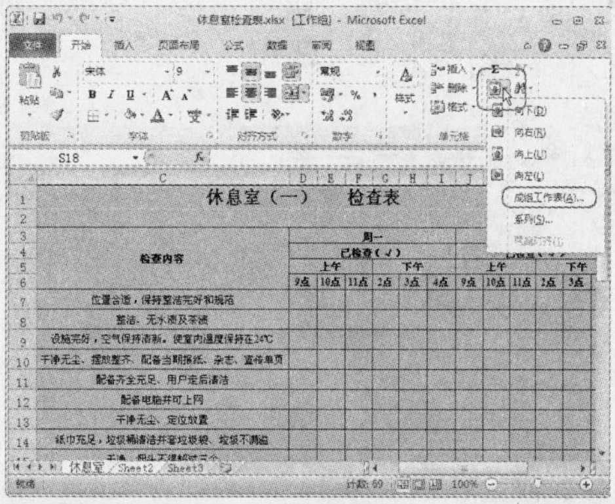

4 在下拉列表中选择“成组工作表”命令，在打开的“填充成组工作表”对话框中选择“全部”选项，单击“确定”按钮，填充完成，在Sheet2工作表中可以对填充内容进行查看，如下图所示。

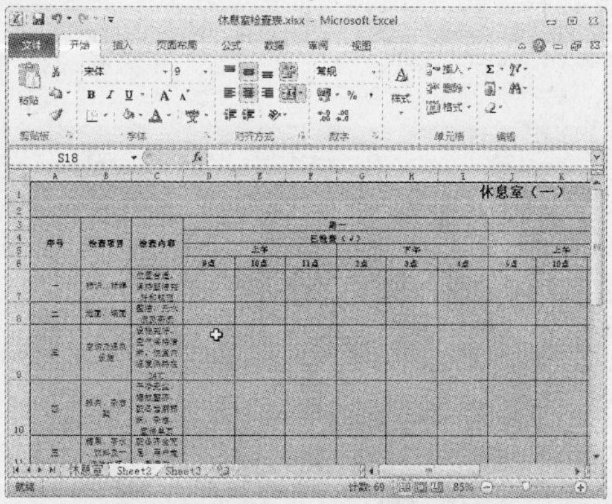

实战操作181 同时查看多个工作表

素材：素材\181\检查表.xlsx

效果：效果\181\同时查看多个工作表.xlsx

难度：★★★★★

视频：视频\第11章\实战操作181.avi

在编辑工作表时，有时需要查看其他工作表中的内容，下面介绍如何同时查看多个工作表。具体操作如下：

1 打开素材文件，选择“视图”选项卡，单击“窗口”组中的“新建窗口”按钮，如右图所示。

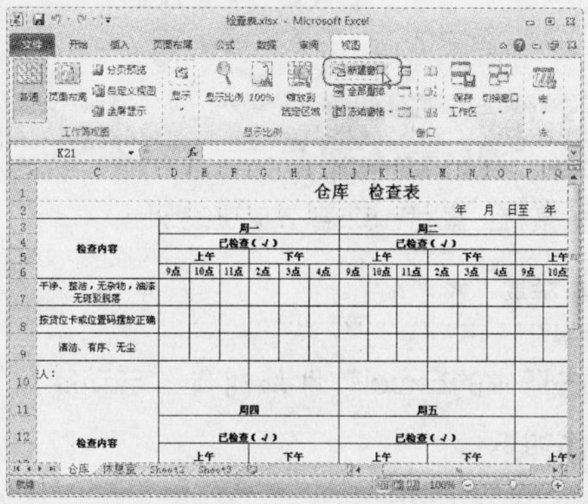

2 切换到新窗口，选择要查看的工作表标签，在“窗口”组中选择“全部重排”按钮，如下图所示。

3 打开“重排窗口”对话框，选择一种排列方式，单击“确定”按钮，如下图所示。

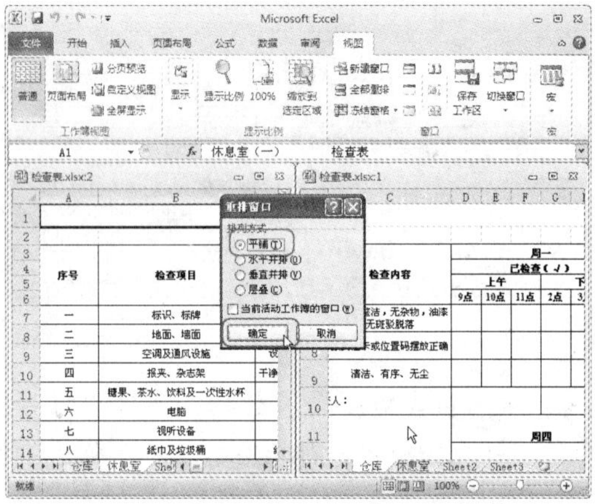

4 排列完成后，可以同时对工作表内容进行查看，如右图所示。

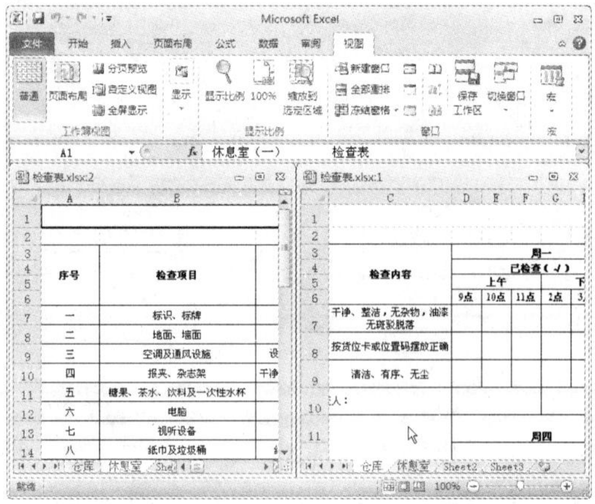

11.5 智能输入

Excel还提供了很多可以快速输入数据的方法，如序列填充、公式计算等。如果在输入数据时熟练使用各种技巧，会达到事半功倍的效果。

实战操作182 自动完成输入

素材：素材\182\春节值班表.xlsx　　效果：无

难度：★★★★★　　视频：视频\第11章\实战操作182.avi

各版本的Excel软件都拥有“自动完成输入”功能，可以协助用户快速完成重复资料的输入。具体操作如下：

1 打开素材文件，选择C7单元格，输入文字“宏”，自动完成输入功能根据表中已有信息，自动填充单元格，如下图所示。

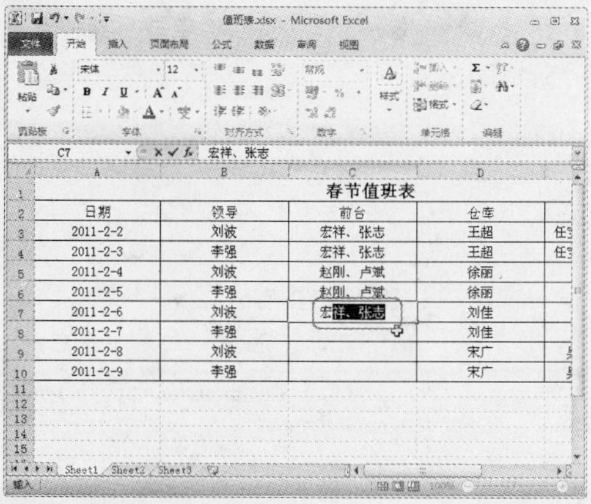

2 使用自动完成输入功能完成“春节值班表”，如下图所示。

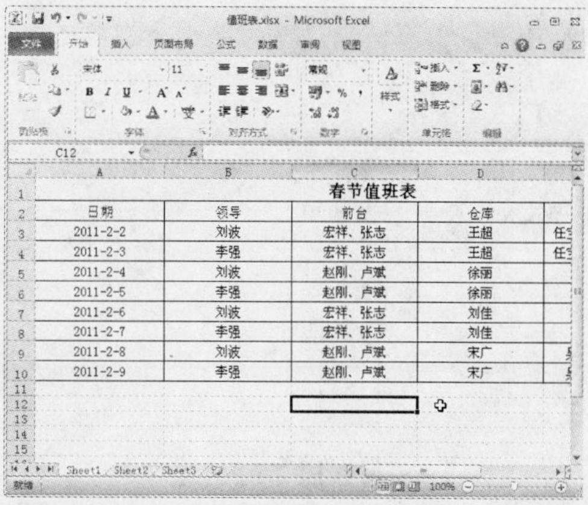

实战操作183 范围填充

素材：无　　效果：无

难度：★☆☆☆☆　　视频：视频\第11章\实战操作183.avi

下面介绍填充功能的使用。其最基本功能就是将数据进行范围内填充，对数据进行复制。具体操作如下：

1 打开Excel 2010软件，在单元格中输入数据，并向下选择填充的范围，如下图所示。

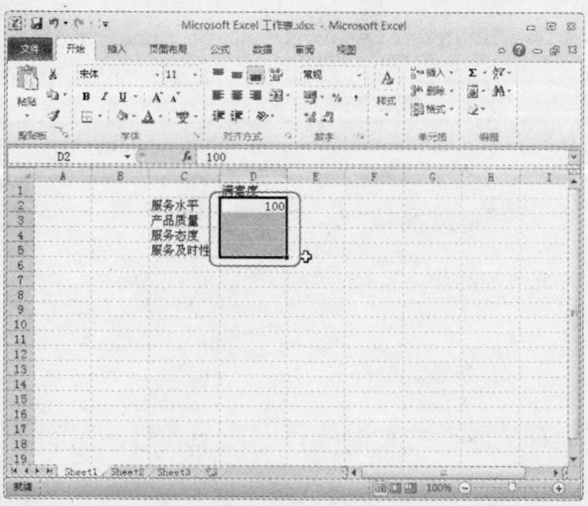

2 在“开始”选项卡中，单击“编辑”组中“填充”按钮，在快捷菜单中选择“向下”命令，范围填充完成，效果如下图所示。

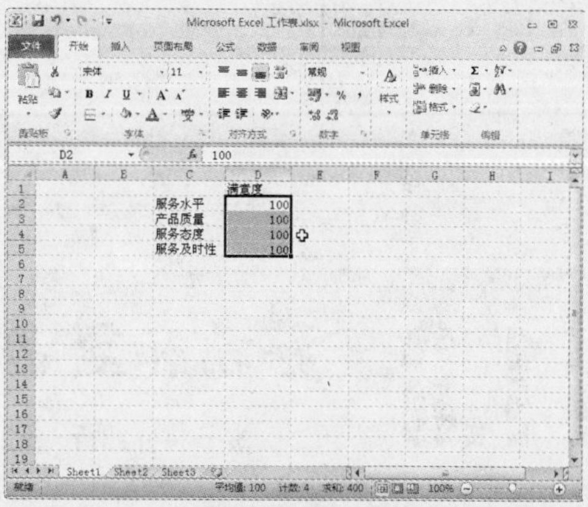

实战操作184 建立序列

素材：无　　效果：无

难度：★★☆☆☆　　视频：视频\第11章\实战操作184.avi

Excel的填充功能可以对数据进行复制，也可以进行序列的建立。Excel可以完成的填充序列类型包含等差、等比和日期3种类型。创建序列的具体操作如下：

1 打开Excel 2010软件，在单元格中输入数字“2”，并向下选择序列的范围，如下图所示。

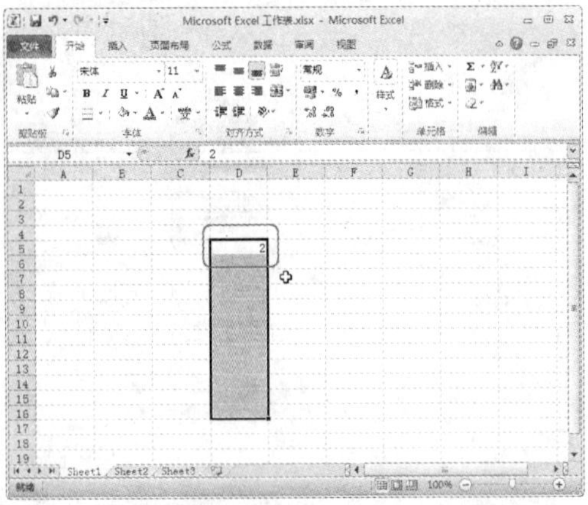

2 在“开始”选项卡中，单击“编辑”组中的“填充”按钮，在下拉列表中选择“系列”命令，如下图所示。

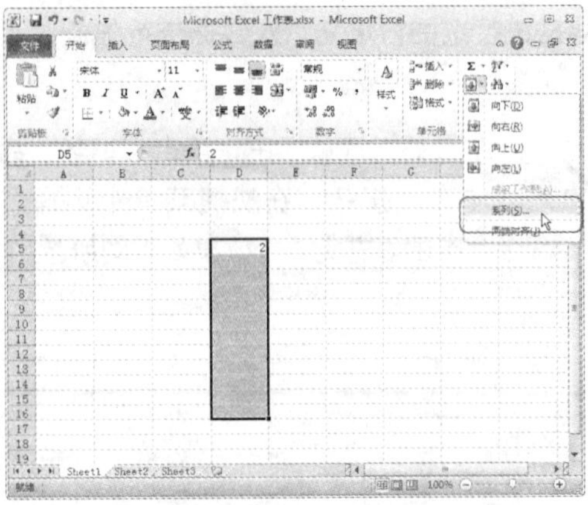

3 打开“序列”对话框，选择“序列产生在”为“列”，“类型”为“等比数列”，设置“步长值”为2，单击“确定”按钮，如下图所示。

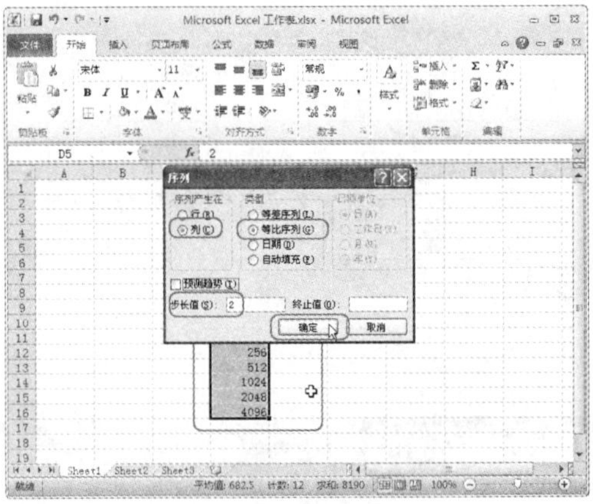

4 序列创建完成，效果如下图所示。

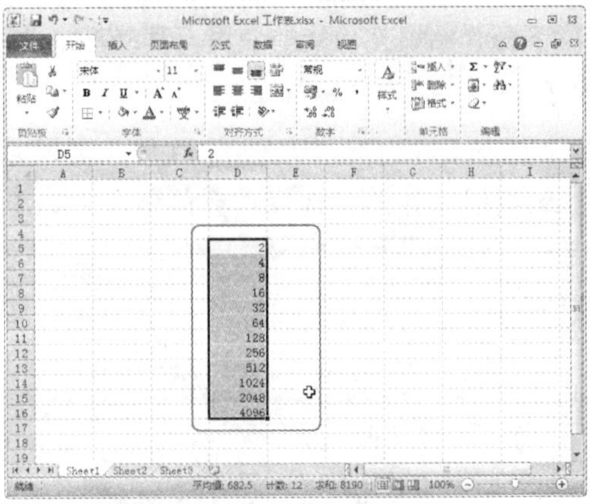

11.6 移动和复制

本节将介绍行、列以及单元格内容的移动或复制操作，以节省输入时间。

实战操作185 使用菜单命令移动或复制行和列

素材：素材\185\春节值班表.xlsx　　效果：无

难度：★★★★★　　视频：视频\第11章\实战操作185.avi

用户可以使用“剪切”和“复制”命令对工作表中的行和列进行移动或复制。具体操作如下：

1 打开素材文件，选择第6行，如下图所示。

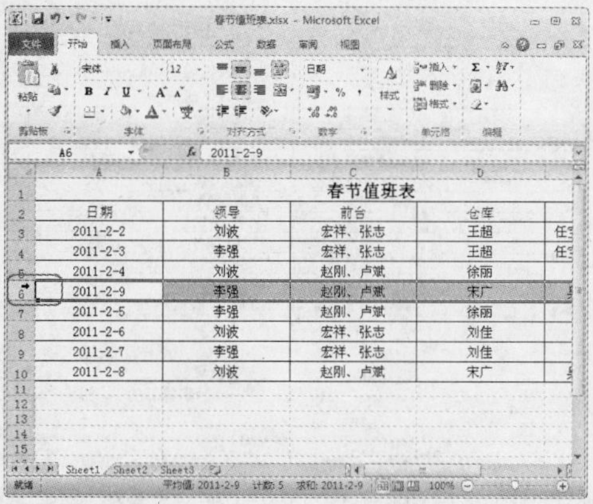

2 在第6行内容上单击鼠标右键，在弹出的快捷菜单中选择“剪切”命令，如下图所示。

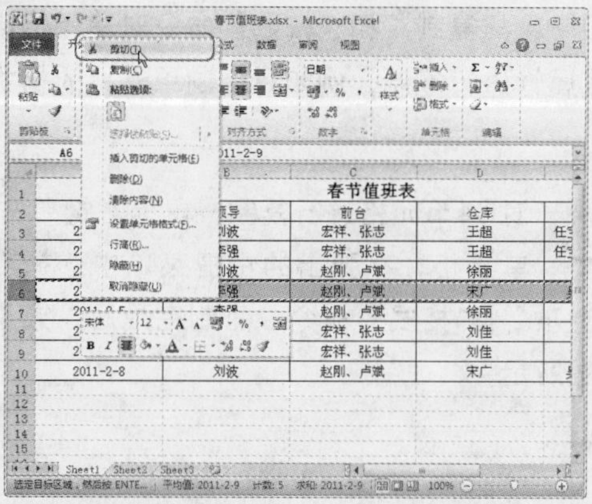

3 选择工作表第11行，单击鼠标右键，在弹出的快捷菜单中选择“粘贴”命令，如下图所示。

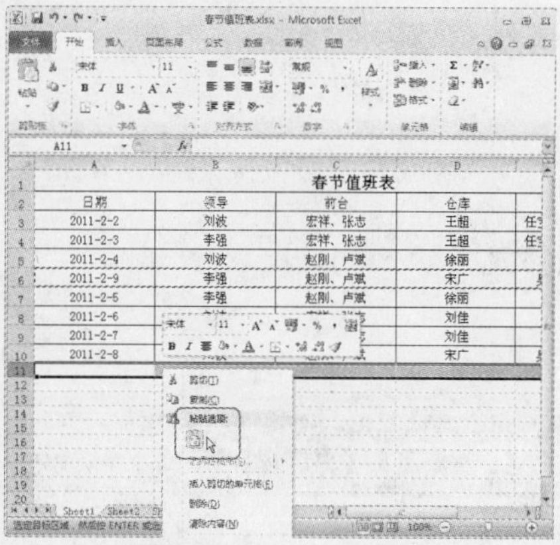

4 行的移动完成，效果如下图所示。

实战操作186 使用鼠标移动或复制行和列

素材：素材\186\春节值班表.xlsx　　效果：无

难度：★★★★★　　视频：视频\第11章\实战操作186.avi

使用鼠标并配合快捷键，也可以完成行和列的移动或复制。具体操作如下：

1 打开素材文件，选择第6行，将鼠标放置于第6行上下边框位置，当鼠标变为十字形状时，按住Ctrl键向下拖动行，如右图所示。

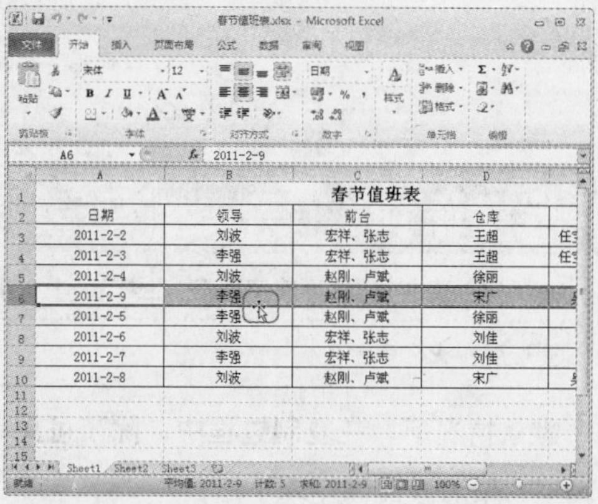

2 将第6行移动至第11行上，松开鼠标，完成行的复制，效果如右图所示。

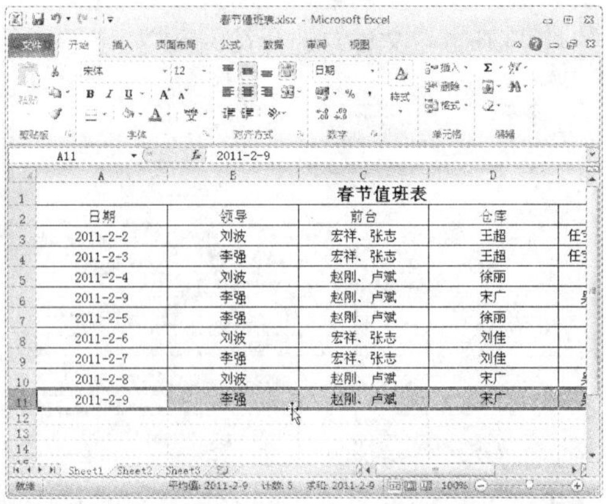

实战操作187 移动或复制单元格

素材：无　　效果：无

难度：★★★★★　　视频：视频\第11章\实战操作187.avi

与行或列的复制与移动相同，用户可以使用“剪切”、“复制”和“粘贴”命令对单元格进行移动或复制。Excel 2010还支持对单元格的特定内容或属性进行复制，例如只复制单元格的格式而不复制单元格的内容。具体操作如下：

1 打开Excel 2010软件，在两个格式不同的单元格中输入日期，如下图所示。

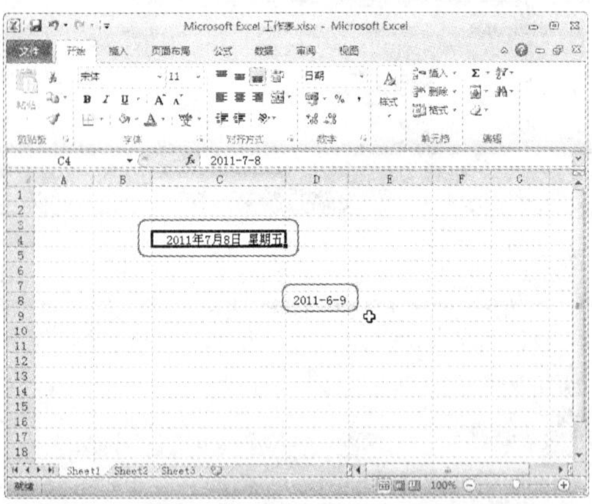

2 对C4单元格进行复制，鼠标右键单击D8单元格，在弹出的快捷菜单中选择“粘贴选项”|“格式”命令，复制完成后，效果如下图所示。

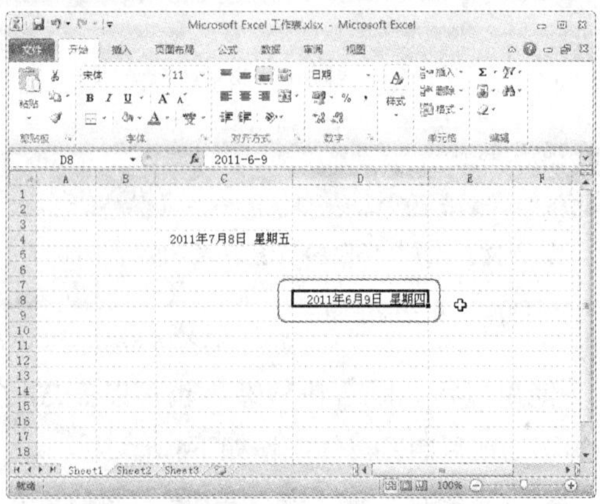

实战操作188 只复制可见单元格

素材：素材\188\春节值班表.xlsx　　效果：无

难度：★★★★★　　视频：视频\第11章\实战操作188.avi

默认情况下，在复制过程中，除了可见单元格外，Excel还会复制隐藏或筛选的单元格。只复制可见单元格的具体操作如下：

1 打开素材文件，选择要复制的单元格区域。在“开始”选项卡中，单击“编辑”组的“查找和选择”按钮，在下拉列表中选择“定位条件”命令，如下图所示。

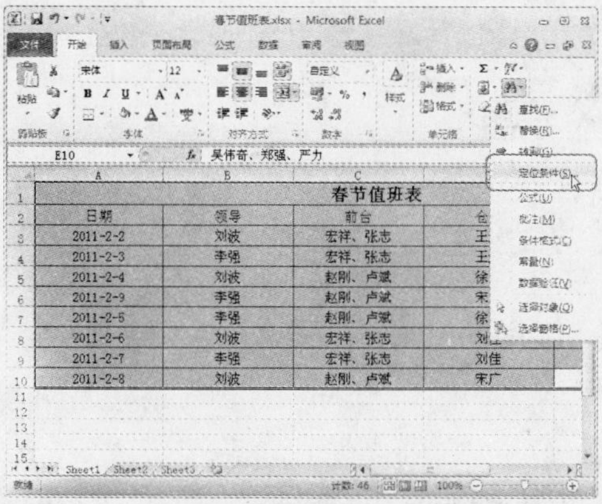

2 打开“定位条件”对话框，选择“可见单元格”选项，单击“确定”按钮，如下图所示。

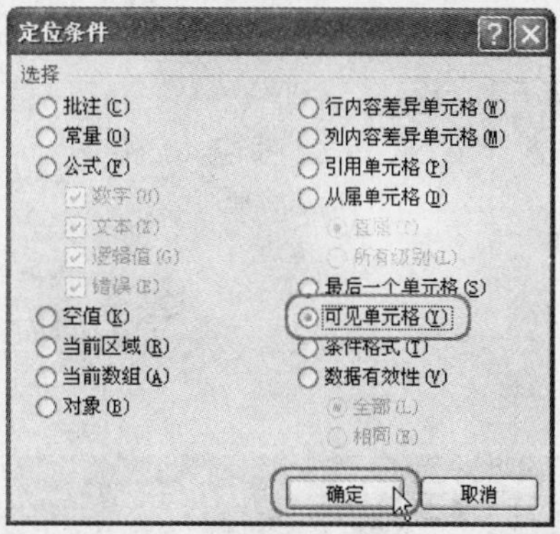

3 使用快捷键Ctrl+C对单元格区域进行复制，选择粘贴区域左上角单元格，使用快捷键Ctrl+V进行粘贴，如右图所示。

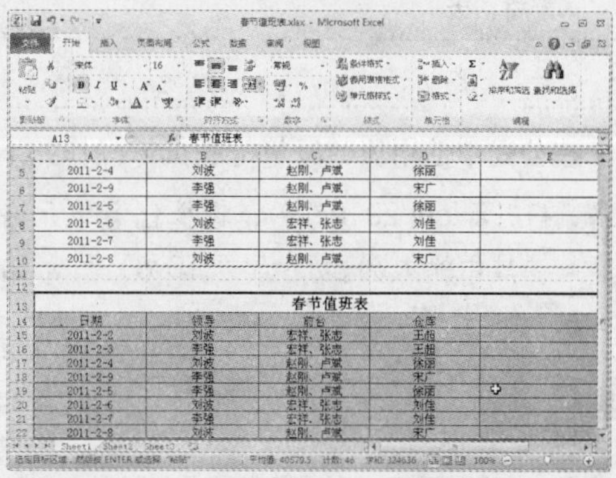

11.7 使用公式和函数

公式是在工作表中对数据进行分析处理的等式，它可以对工作表数值进行各种运算。公式中的信息还可以引用同一工作表中的其他单元格、同一工作簿不同工作表的单元格或其他工作簿的工作表中的单元格的信息。函数是一些预定义的公式，通过使用一些作为参数的特定数值来按特定的顺序或结构执行计算。函数可用于执行简单或复杂的计算。

实战操作189 在公式中使用常量

素材：无　　效果：无

难度：★★★★★　　视频：视频\第11章\实战操作189.avi

常量是一个不通过计算得出的值，它始终保持相同，如日期、数字和文本都是常量。表达式或从表达式得到的值不是常量。具体操作如下：

1 打开Excel 2010软件，选择任意单元格，在其中输入公式“=120*5”，如下图所示。

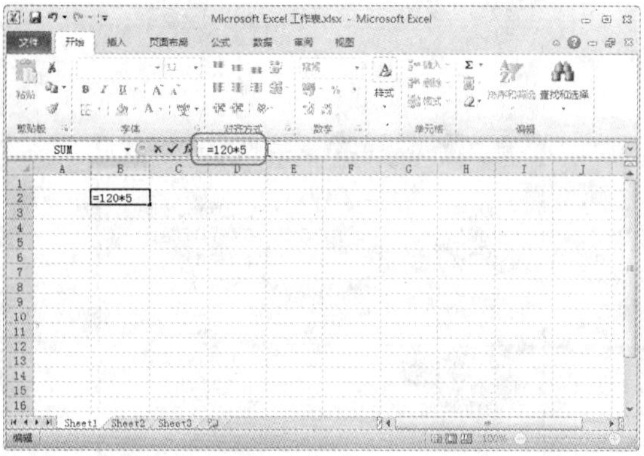

2 按Enter键完成公式，如下图所示。

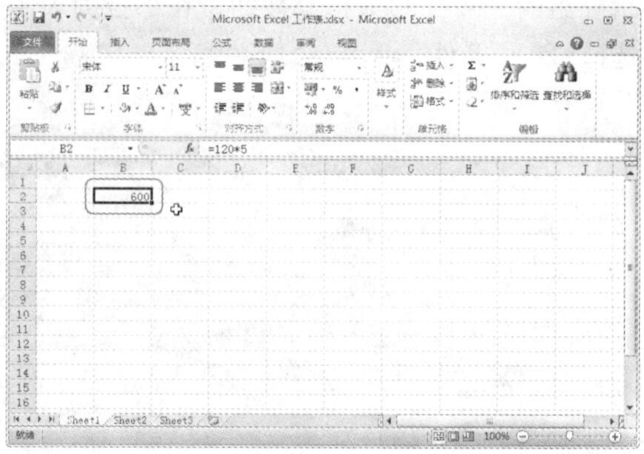

实战操作190 在公式中使用算数运算符

素材：无　　效果：无

难度：★★★★★　　视频：视频\第11章\实战操作190.avi

在公式中使用算数运算符的具体操作如下：

1 打开Excel 2010软件，选择任意单元格，在其中输入公式“=5*（10-8）”，如下图所示。

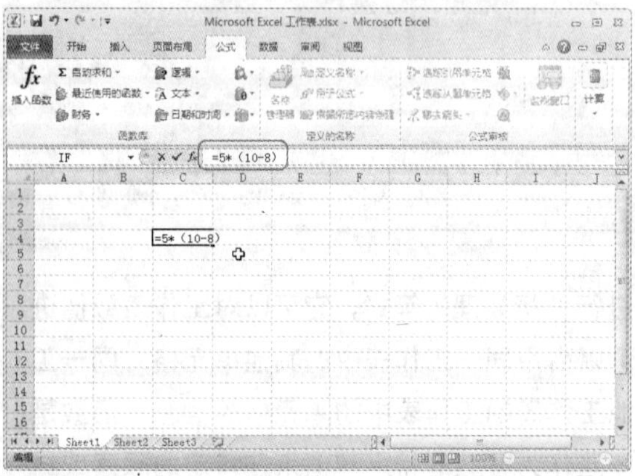

2 按Enter键完成公式，如下图所示。

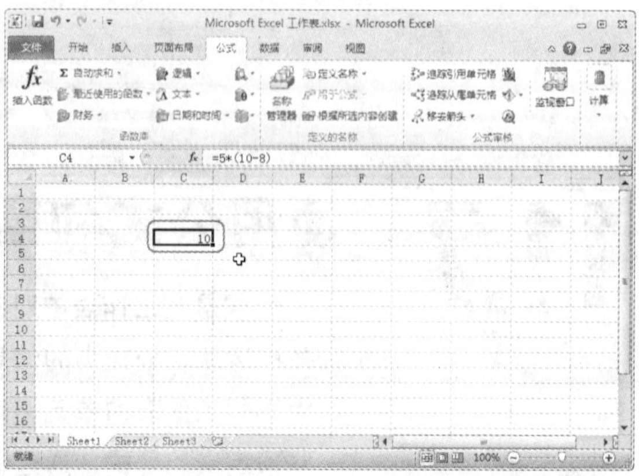

实战操作191 Excel执行公式运算的次序

素材：无　　效果：无

难度：★★★★★　　视频：视频\第11章\实战操作191.avi

如果在公式中要同时使用多个运算符，首先应该了解运算符的优先级。算数运算符的优先级是先乘幂运算，再乘、除运算，最后为加、减运算。相同优先级的运算符按从左到右的次序进行运算。

公式中出现不同类型的运算符混用时，运算次序是：引用运算符→算数运算符→文本运算符。

如果需要改变次序，可将先要计算的部分括上圆括号。具体操作如下：

1 打开Excel 2010软件，选择任意单元格，在其中输入公式“=（16+11）/（13-2*5）”，如下图所示。

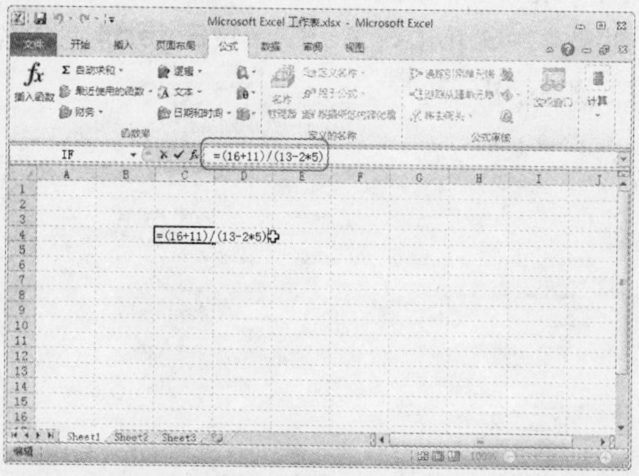

2 按Enter键完成公式，公式结果如下图所示。

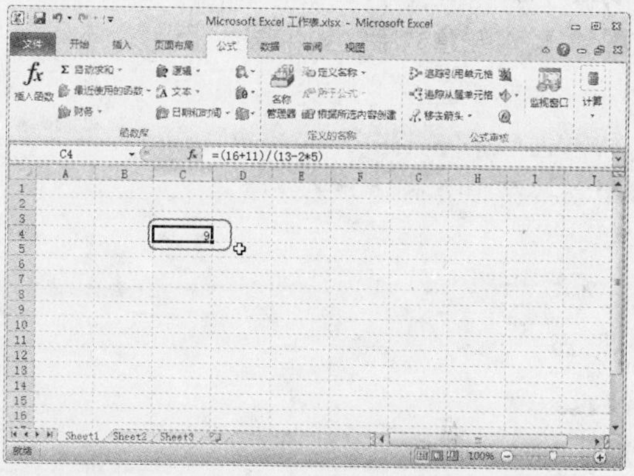

实战操作192 在公式中使用函数

素材：无 效果：无

难度：★★★★★ 视频：视频\第11章\实战操作192.avi

函数是预定义的公式，它通过使用一些称为参数的特定数值以特定的顺序或结构执行计算。函数可用于执行简单或复杂的计算。具体操作如下：

1 打开Excel 2010软件，选择任意单元格，在其中输入公式“=IF(A1-20>15,10,3)”，如下图所示。

2 按Enter键完成公式，在A1单元格输入任意数值，公式结果如下图所示。

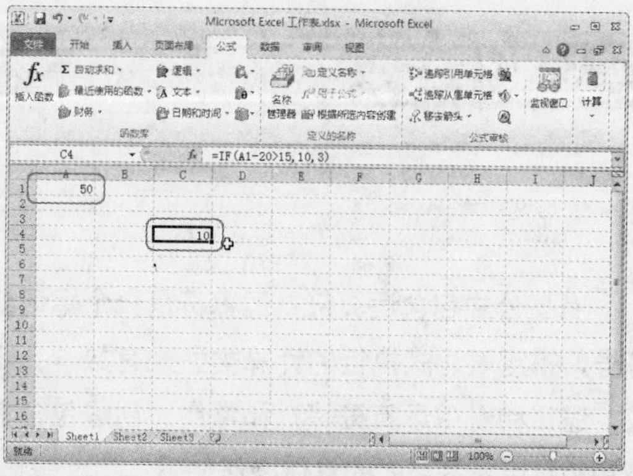

实战操作193 在公式中使用引用样式

素材：无 效果：无

难度：★★★★★ 视频：视频\第11章\实战操作193.avi

引用的作用在于标识工作表上的单元格或单元格区域，并告知Excel在何处查找要在公式中使用的值或数据。用户可以利用引用在一个公式中使用工作表不同部分包含的数据，或者在多个公式中使用同一个单元格的值；还可以引用同一个工作簿中其他工作表上的单元格和其他工作簿中的数据。引用其他工作簿中的单元格被称为链接或外部引用。具体操作如下：

1 打开Excel 2010软件，在A1:A5单元格中输入任意数字，如下图所示。

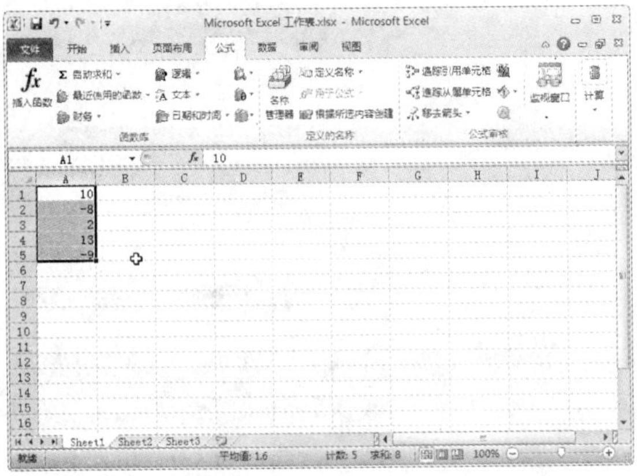

2 选择B6单元格，在其中输入公式“=SUM(A1:A5)”，按Enter键完成公式，如下图所示。

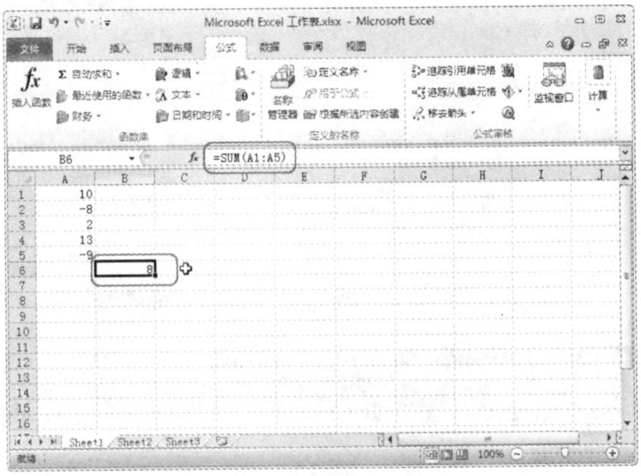

11.8 创建或删除公式

在工作中使用一定的公式可以使工作更加方便、快捷，但有时也需要创建公式或是删除一些没有用的公式。下面介绍如何创建和删除公式。

实战操作194 创建包含常量和算数运算符的简单公式

素材：无　　效果：无

难度：★★★★★　　视频：视频\第11章\实战操作194.avi

有些公式包含运算符（运算符是一个标记或符号，指定表达式执行的计算类型，有数学、比较、逻辑和引用运算符等）和常量。创建包含常量和算数运算符公式的具体操作如下：

1 打开Excel 2010软件，选择任意单元格，在其中输入公式“=5+3*7”，如右图所示。

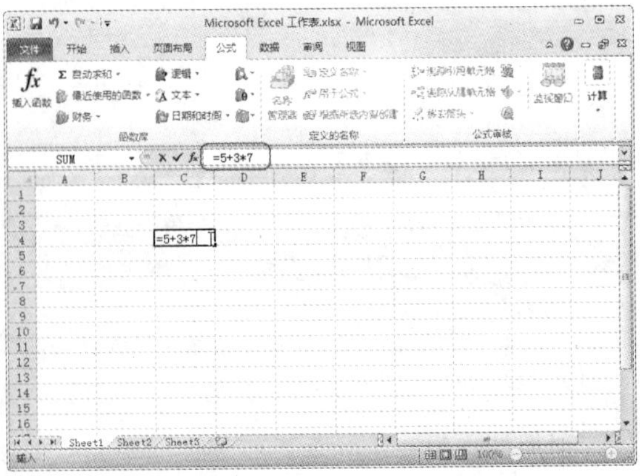

2 按Enter键完成公式，如右图所示。

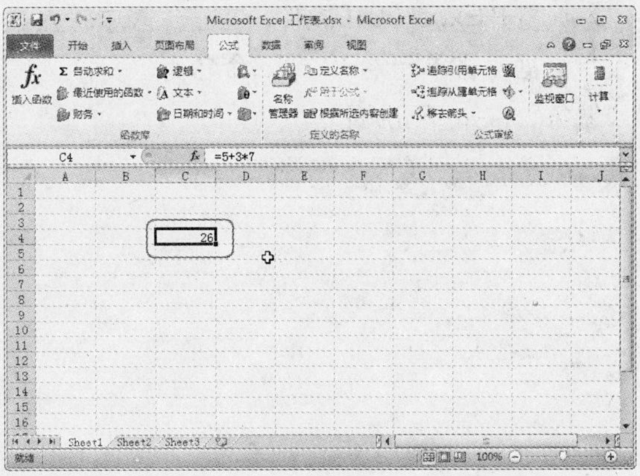

实战操作195 创建包含函数的公式

素材：无　　效果：无

难度：★★★★★　　视频：视频\第11章\实战操作195.avi

有些公式是包含一些函数的，创建包含函数的公式操作如下：

1 打开Excel 2010软件，在A1:A6单元格中输入数字，如下图所示。

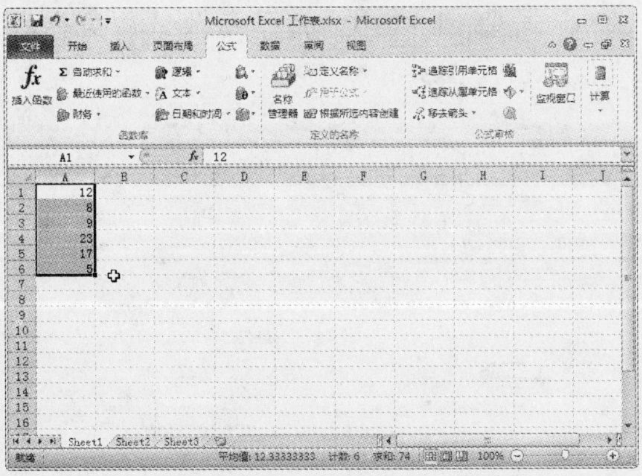

2 选择B7单元格，在其中输入公式“=AVERAGE(A1:A6)”，按Enter键完成公式，如下图所示。

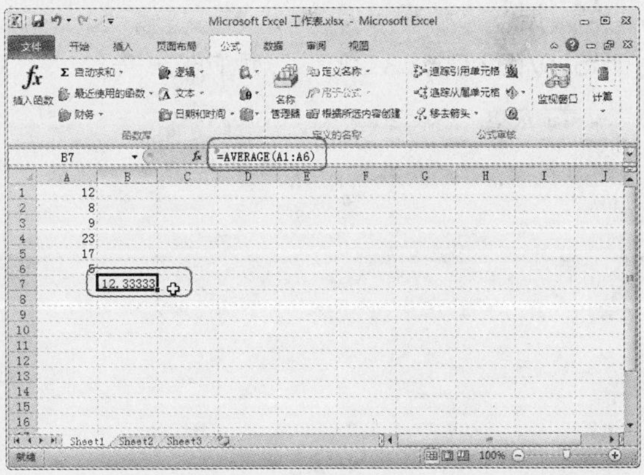

实战操作196 创建包含引用和名称的公式

素材：无　　效果：无

难度：★★★★★　　视频：视频\第11章\实战操作196.avi

有些公式中包含了对其他单元格的引用，以及公式中所引用的单元格的名称。设置了引用公式的单元格称为从属单元格，因为其结果值将依赖于其他单元格的值。具体操作如下：

1 打开Excel 2010软件，在工作表中输入数据，将单元格B2、C2命名为“资产”、“债务”，如下图所示。

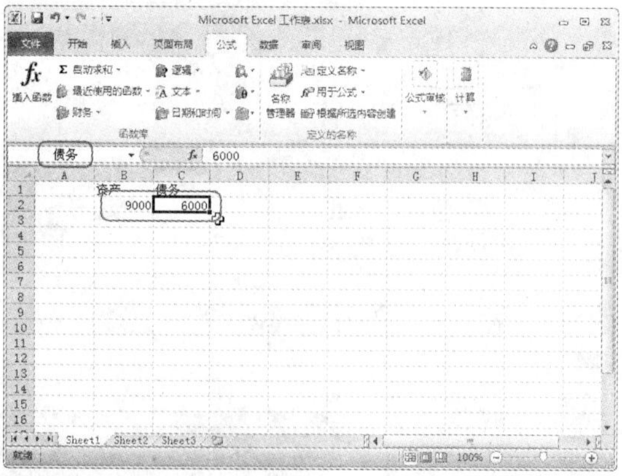

2 选择D3单元格，在其中输入公式“=资产-债务”，按Enter键完成公式，如下图所示。

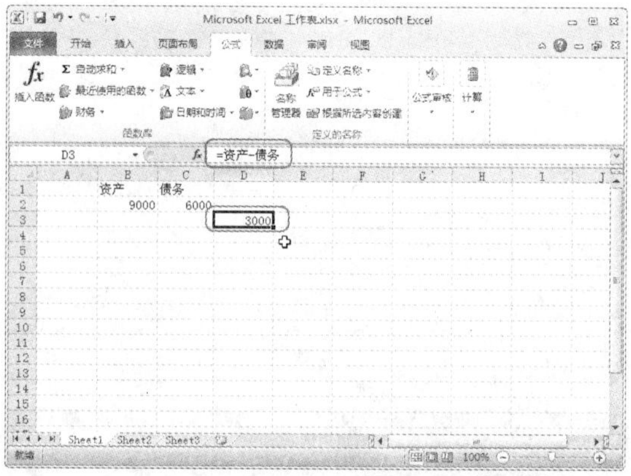

实战操作197 创建计算单个结果的数组公式

素材：无　　效果：无

难度：★★★★★　　视频：视频\第11章\实战操作197.avi

数组公式可以用于执行生成单个结果的多项计算。这种类型的数组公式可用单个数组公式替换多个不同的公式，从而简化了工作表模型。具体操作如下：

1 打开Excel 2010软件，在工作表中输入数据。选择B6单元格，输入公式“=SUM(B2:C2*B3:C3)”，如下图所示。

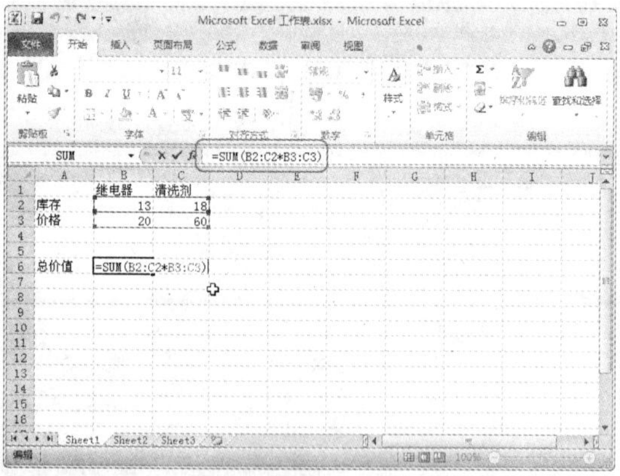

2 使用快捷键Ctrl+Shift+Enter，完成数组公式，Excel会自动在公式两旁插入“{}”，如下图所示。

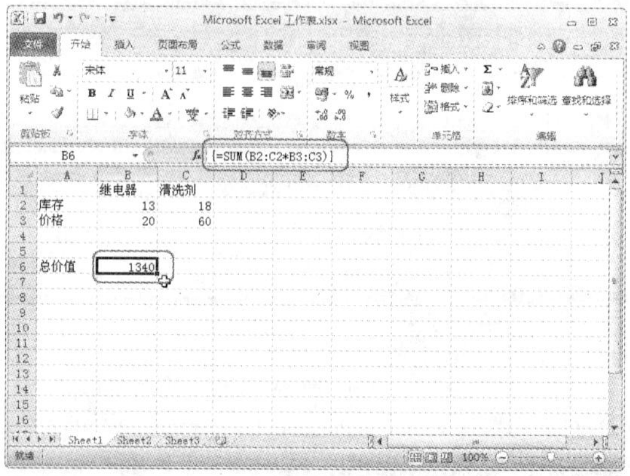

实战操作198 创建计算多个结果的数组公式

素材：无　　效果：无

难度：★★★★★　　视频：视频\第11章\实战操作198.avi

要使用数组公式计算多个结果，必须将数组输入到与数组参数具有相同列数和行数的单元格区域中。具体操作如下：

1 打开Excel 2010软件，在工作表中输入数据，选择C2:C4单元格，输入公式“=TREND(B2:B4,A2:A4)”，如下图所示。

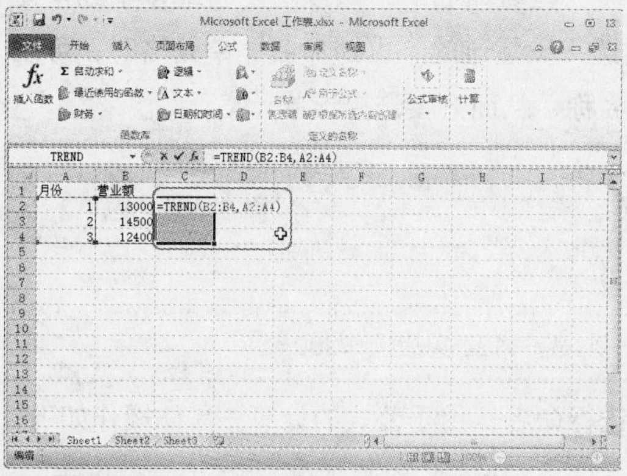

2 使用快捷键Ctrl+Shift+Enter，完成数组公式，该公式会根据三个月的三个营业数据产生三个不同的结果，如下图所示。

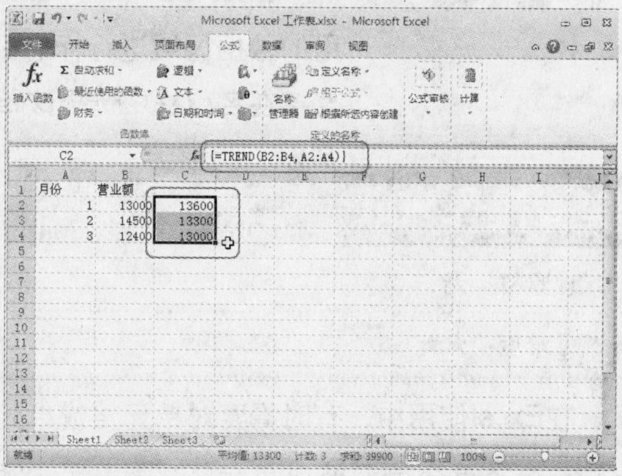

实战操作199　删除公式

素材：无　　效果：无

难度：★★★★★　　视频：视频\第11章\实战操作199.avi

删除公式时，一般该公式的结果值也会被删除，但也可以仅删除公式，保留公式的结果值。使用Del键可以将公式与其结果值一起删除，下面介绍如何删除公式而不删除其结果值。具体操作如下：

1 打开含有公式的Excel工作簿，选择包含公式的单元格或单元格区域，如右图所示。

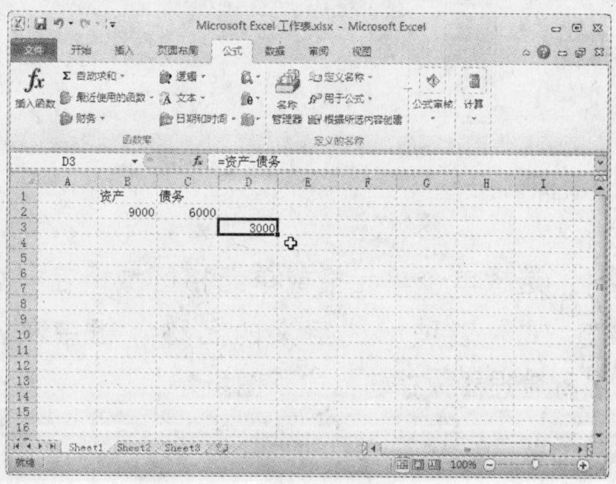

2 使用快捷键Ctrl+C对单元格进行复制，并在原单元格只对其数值进行粘贴，如下图所示。

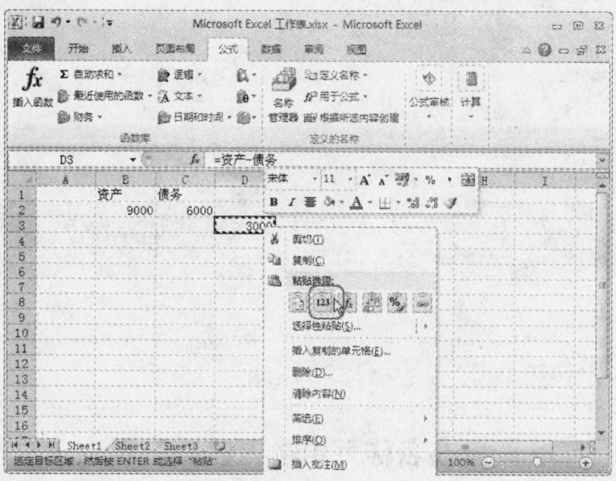

3 公式删除完成，效果如下图所示。

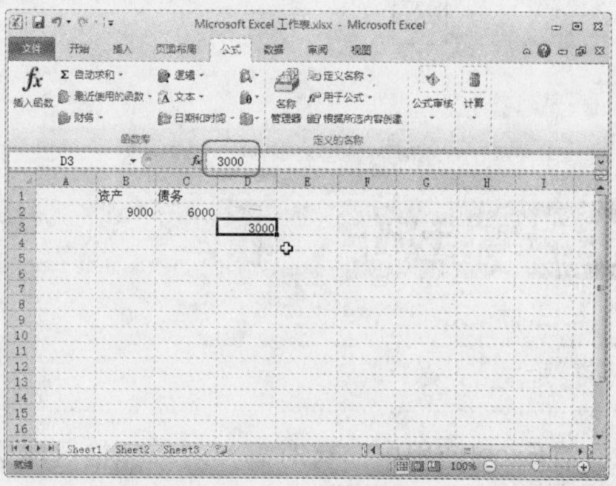

11.9 使用区域命名创建公式

Excel2010中还有一个功能叫“区域命名”，可以对一个或多个经常使用的数据区域进行标志。当需要选择设置过的“区域命名”单元格时，可以直接在名称框中选择该单元格的名称，从而方便选择该单元格。

实战操作200 新建命名区域

素材：无　　效果：无

难度：★★★★★　　视频：视频\第11章\实战操作200.avi

在Excel使用中，有时需要对单元格或单元格区域进行命名，用于公式的计算。具体操作如下：

1 选择单个单元格或单元格区域，可以直接在名称框为其命名，如下图所示。

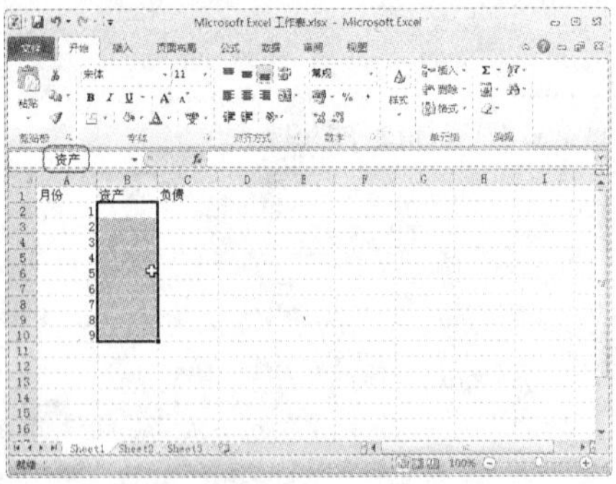

2 选择单个单元格或单元格区域，在“公式”选项卡“定义的名称”组中单击“名称管理器”按钮，如下图所示。

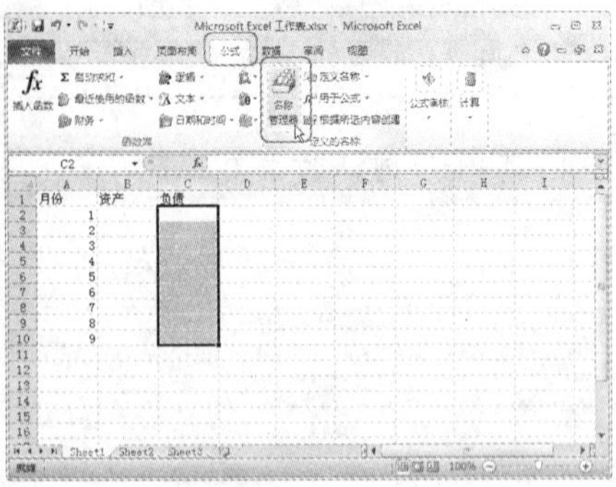

3 打开“名称管理器”对话框，单击“新建”按钮，打开“新建名称”对话框，在“名称”文本框中为区域命名，并选择“引用位置”，单击“确定”按钮，如下图所示。

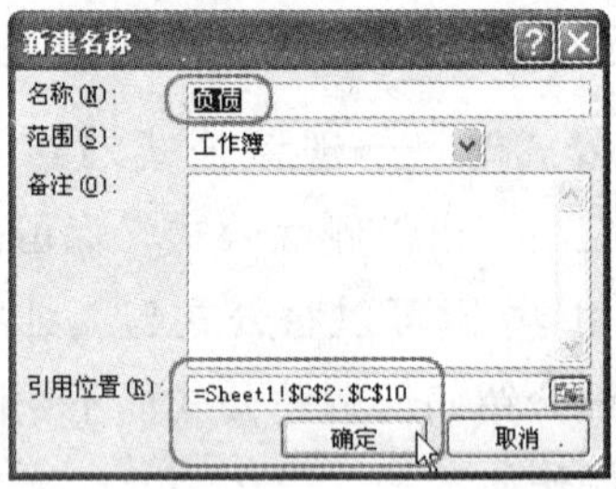

4 返回“名称管理器”对话框，将其关闭。回到工作簿，如下图所示。

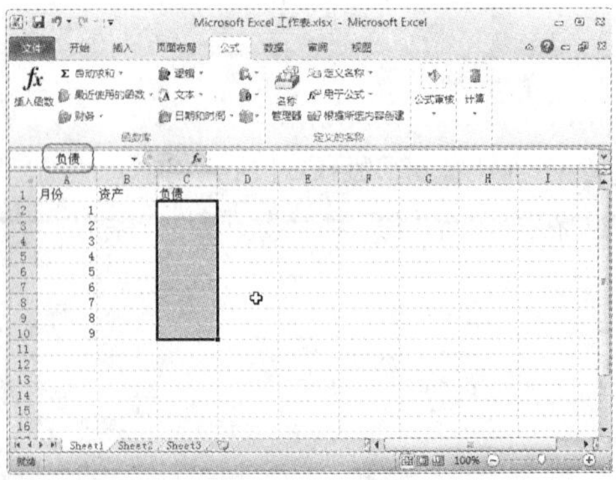

实战操作201 使用名称框选择区域

素材：无　　效果：无

难度：★★★★★　　视频：视频\第11章\实战操作201.avi

在Excel使用中，有时需要对单元格区域进行选择，可以直接在名称框中输入区域引用位置进行选取。具体操作如下：

1 打开Excel 2010软件，在名称框中输入“B3:H25”，如下图所示。

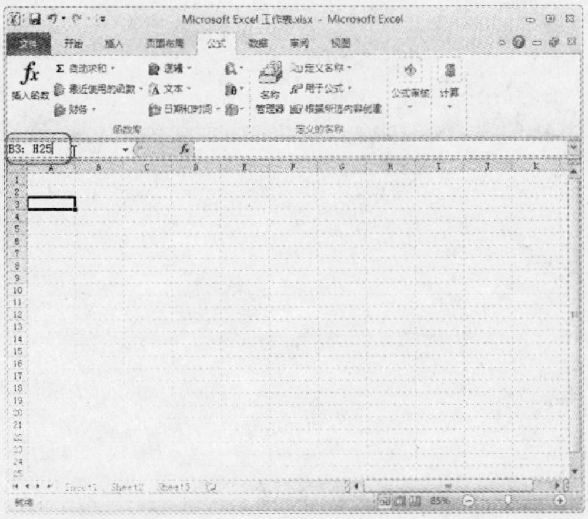

2 按Enter键确定选区，如下图所示。

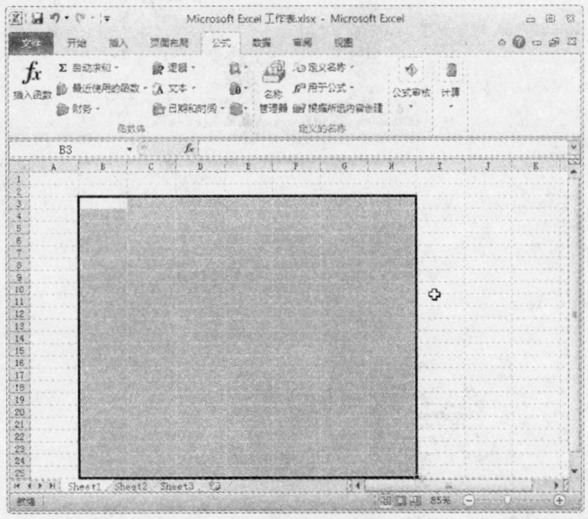

实战操作202 使用“定位”命令选择区域

素材：无　　效果：无

难度：★★★★★　　视频：视频\第11章\实战操作202.avi

Excel提供了“定位”命令来快速选择指定单元格或单元格区域。具体操作如下：

1 打开Excel 2010软件，在“开始”选项卡“编辑”组中单击“查找和选择”按钮，选择“转到”命令，如下图所示。

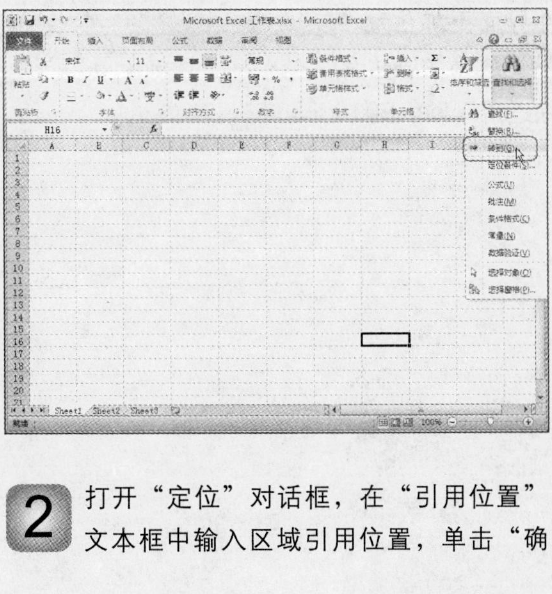

2 打开“定位”对话框，在“引用位置”文本框中输入区域引用位置，单击“确定”按钮，如下图所示。

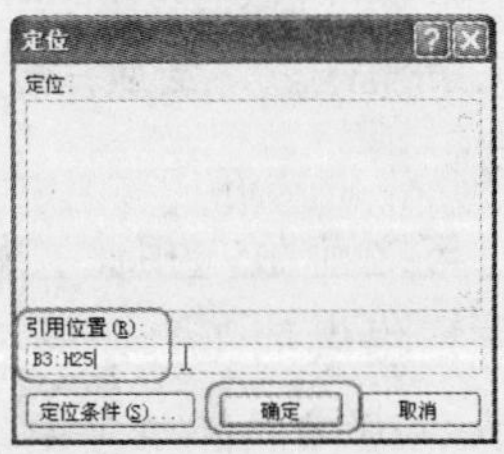

3 区域选择完成，如下图所示。

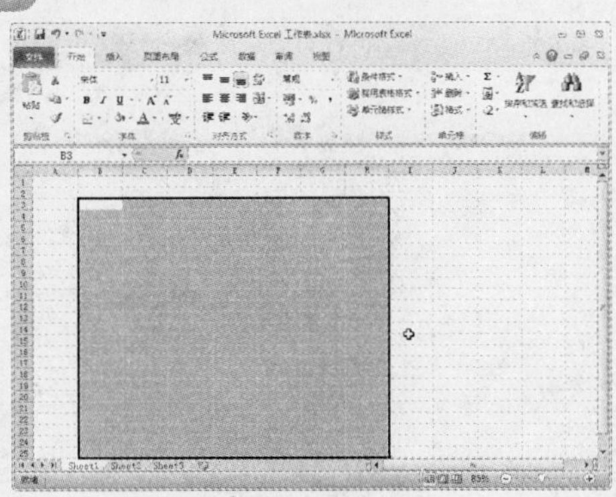

Chapter

12

第12章 工作表的格式化与打印

Excel 2010作为一款表格软件，是Office 2010的一个重要组成部分。它可以进行各种数据的处理、统计分析和辅助决策操作，广泛应用于企业管理、财政统计、金融等众多领域。

与之前版本相比，Excel 2010软件界面更加生动、形象，提供的工具以及各项功能一目了然。本章主要介绍Excel 2010的简单应用，让用户能够熟练运用Excel 2010进行最基础的操作。

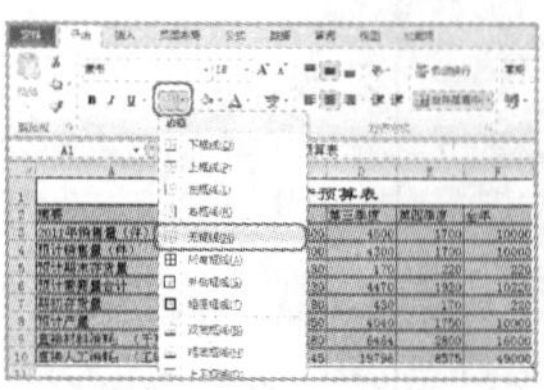

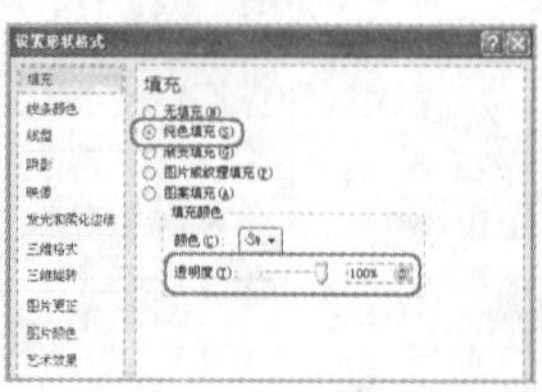

12.1 单元格的格式化设置

单元格的格式化有6个方面的内容，即数字、对齐、字体、边框、填充和保护。Excel提供了自动设置格式功能，多数情况下，由用户根据自己的实际情况来设置即可。

实战操作203 字符的格式设置

素材：无　　效果：无

难度：★★★★★　　视频：视频\第12章\实战操作203.avi

字符可以是一个汉字，也可以是一个字母、一个数字或一个单独的符号。字符的格式包括字符的字体、大小、粗细、字符间距及各种表现形式。简单的字符设置格式的操作如下：

1 打开Excel 2010软件，在单元格中输入字符，如下图所示。

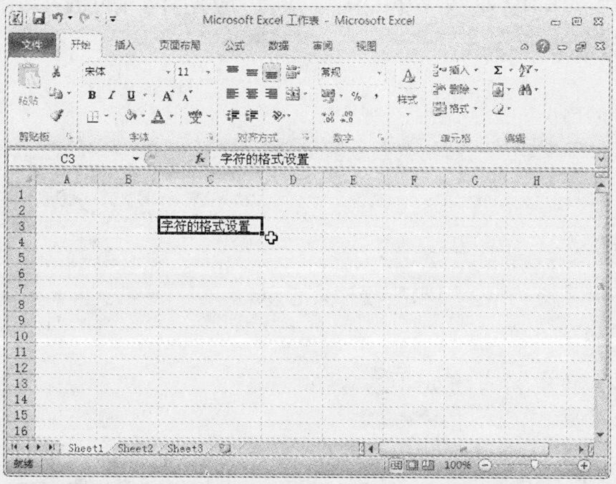

2 选择字符所在单元格，在“开始”选项卡“字体”组中设置字符字体为“黑体”，字号为“24”，字体颜色为“红色”，如下图所示。

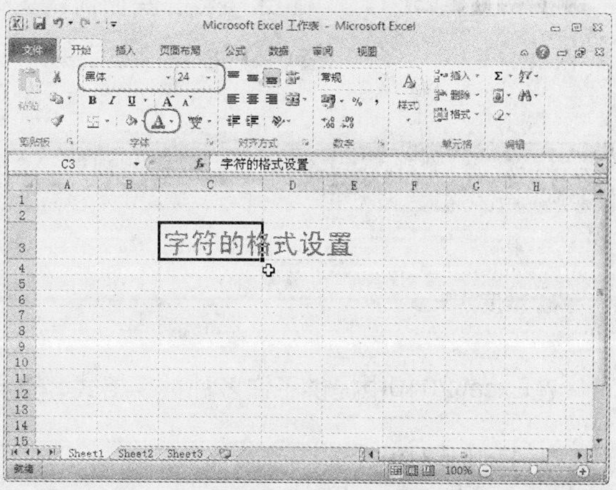

实战操作204 格式化工具

素材：无　　效果：无

难度：★★★★★　　视频：视频\第12章\实战操作204.avi

Excel工作表除了内容之外，形式也是很重要的。巧妙地设置表格格式，不但可以使其样式美观，更能增加其目标性、使用性。使用格式化工具，可以对表格中各种元素进行格式化操作，下面介绍Excel包含的格式化工具：

1 打开Excel 2010软件，在工作表中单击鼠标右键，从弹出的快捷菜单中选择“设置单元格格式”命令，如下图所示。

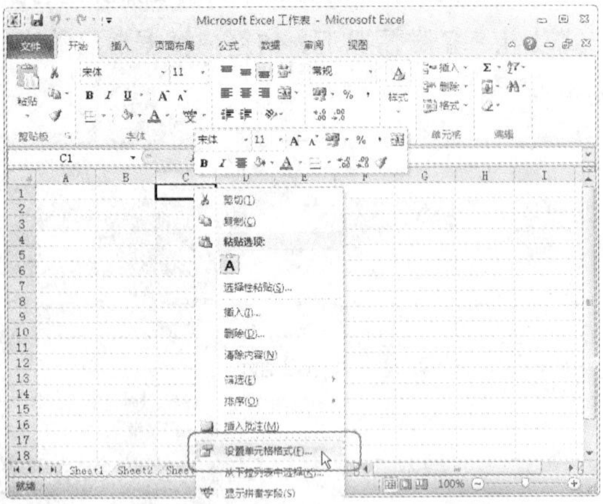

2 打开“设置单元格格式”对话框，在此对话框中，可以对单元格和单元格中的内容进行格式化操作，如下图所示。在该对话框中有数字、对齐、字体、边框、填充、保护6个选项卡，“数字”选项卡可以设置数字格式，“对齐”、“字体”选项卡用于单元格中文本格式的设置，“边框”、“填充”选项卡用于单元格格式的设置，“保护”选项卡用来保护工作表数据和公式的设置。

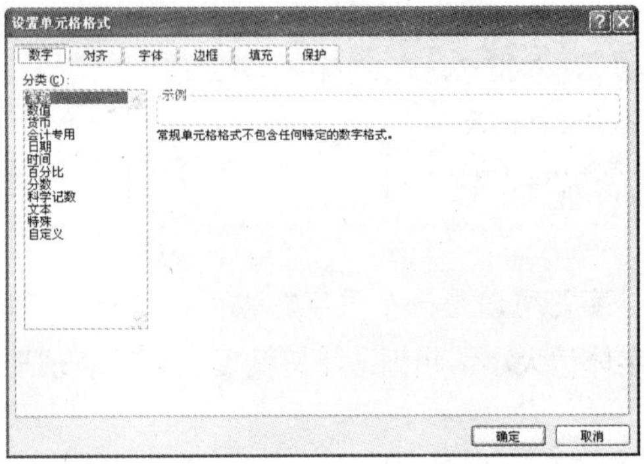

12.2 数字的格式设置

本节将介绍如何格式化数字，即改变数字的外观。通过应用不同的数字格式，可以更改数字的外观而不会更改数字。

实战操作205 Excel中的数字格式

素材：无　　效果：无

难度：★★★★★　　视频：视频\第12章\实战操作205.avi

在Excel 2010中提供了许多种数字格式，查看数字格式的方法如下：

1 打开Excel 2010软件，在工作表中单击鼠标右键，从弹出的快捷菜单中选择“设置单元格格式”命令，如右图所示。

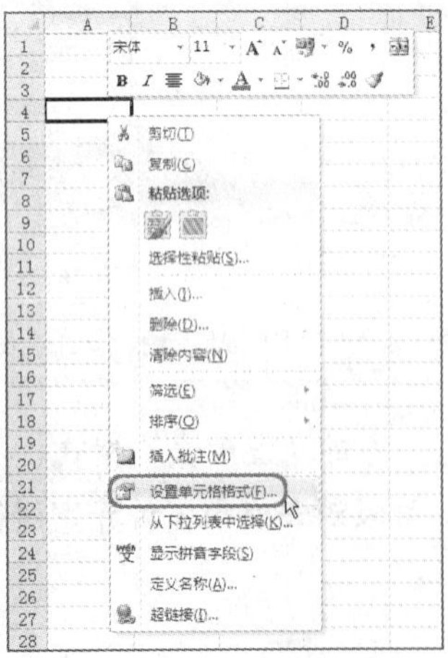

2 弹出“设置单元格格式”对话框，选择“数字”选项卡，在“分类”列表框中可以查看Excel中含有哪些数字格式，如下图所示。

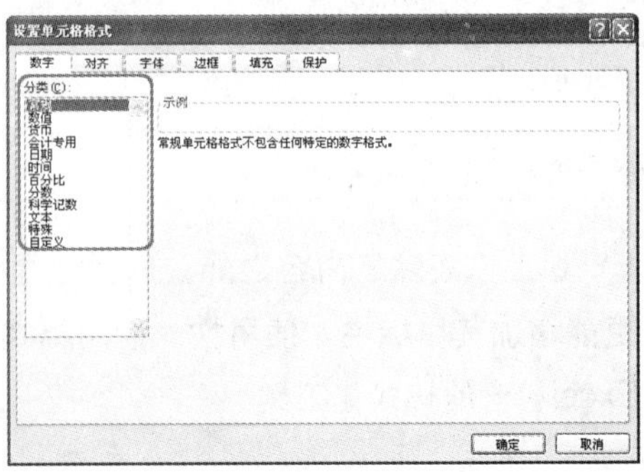

实战操作206 设置数字格式

素材：无　　效果：无

难度：★★★★★　　视频：视频\第12章\实战操作206.avi

通过应用不同的数字格式，可以将数字显示为百分比、日期、货币等，操作方法如下：

1 打开Excel 2010软件，在单元格中输入数字，如下图所示。

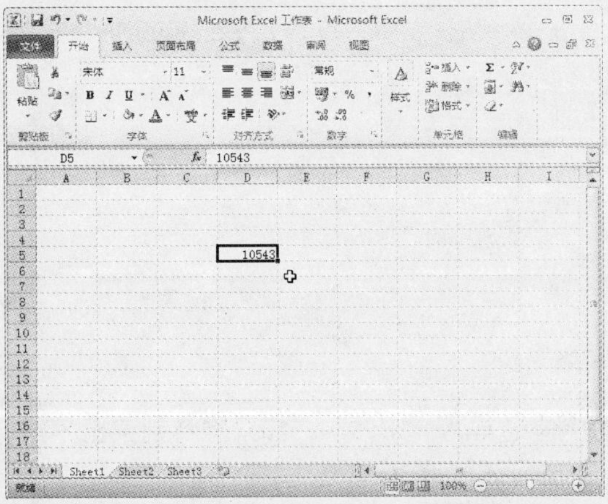

2 选择单元格，在“开始”选项卡“数字”组中单击对话框启动器，如下图所示。

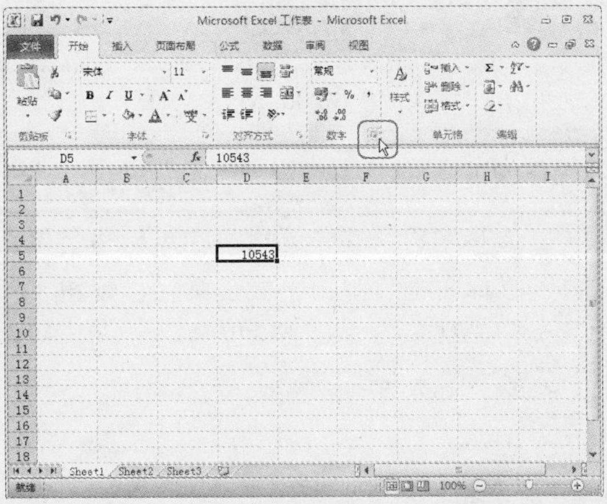

3 打开“设置单元格格式”对话框，在“数字”选项卡中选择数字格式，如下图所示。

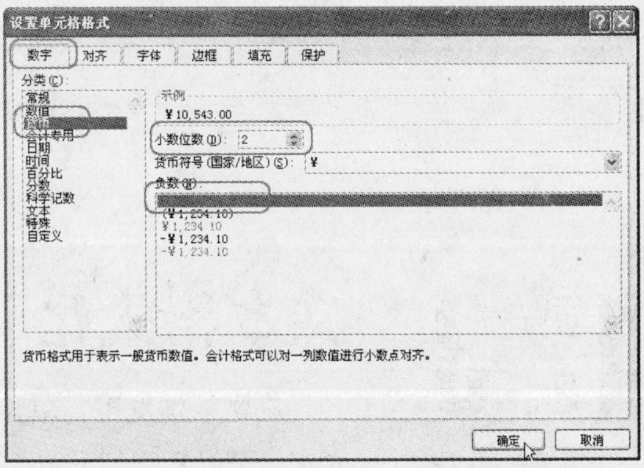

4 单击“确定”按钮，完成数字格式设置，效果如下图所示。

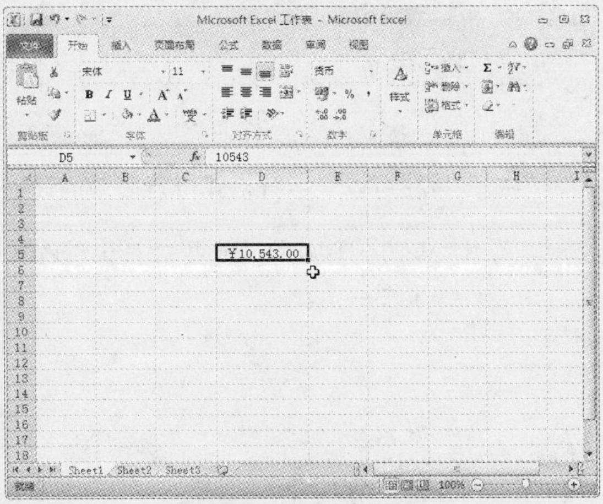

实战操作207 使用格式按钮

素材：无　　效果：无

难度：★★★★★　　视频：视频\第12章\实战操作207.avi

“格式”按钮位于“开始”选项卡“单元格”组中，使用“格式”按钮可以对单元格大小及工作表进行更改。具体操作如下：

1 打开Excel 2010软件，在单元格中输入文字，并选择输入文字的单元格，在“开始”选项卡“单元格”组中，单击“格式”按钮，如下图所示。

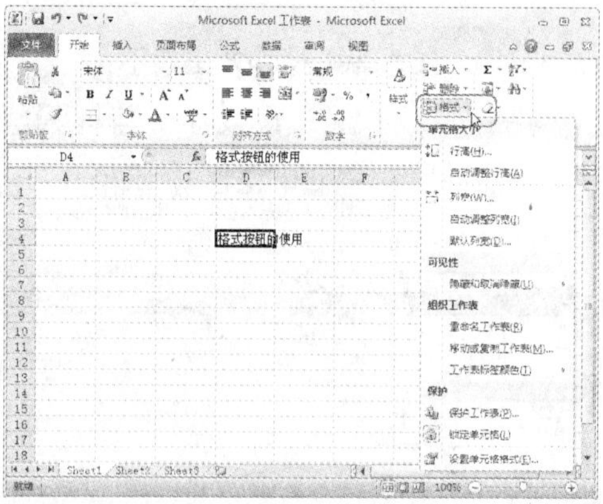

2 在弹出的下拉列表中选择“自动调整列宽”命令，如下图所示，即可调整列宽。

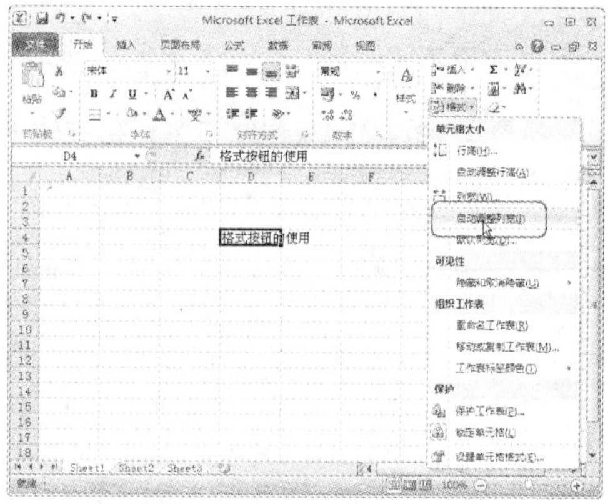

12.3 文本格式化

在默认情况下，单元格中的字体通常为“宋体”。如果想特别突出某些文字，可以把它们设置为不同的字体，并且可以设置字号。

实战操作208 使用格式工具栏设置字符格式

素材：无　　效果：无

难度：★★★★★　　视频：视频\第12章\实战操作208.avi

格式工具栏可以对字符格式进行简单的设置，具体操作如下：

1 打开Excel 2010软件，在单元格中输入字符，如下图所示。

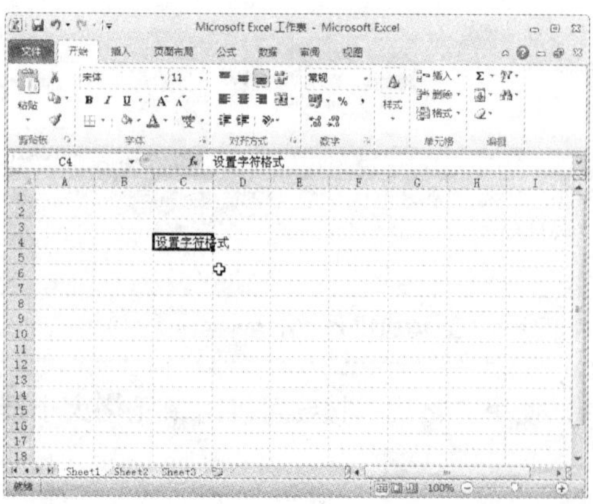

2 选择字符所在单元格，在单元格上单击鼠标右键，弹出格式工具栏，设置字符字体为“黑体”，字号为“20”，颜色为“绿色”，如下图所示。

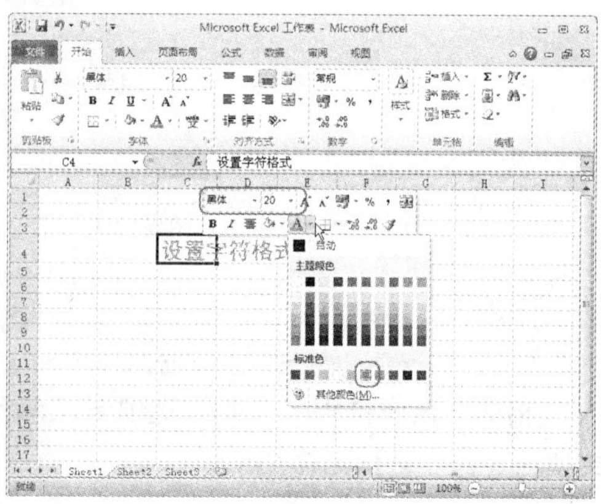

实战操作209　使用“设置单元格格式”对话框

素材：无　　效果：无

难度：★★★★★　　视频：视频\第12章\实战操作209.avi

使用“设置单元格格式”对话框设置单元格格式的方法如下：

1 打开Excel工作表，在单元格中输入文本。选择文本所在的单元格并单击鼠标右键，在弹出快捷菜单中选择“设置单元格格式”命令，如下图所示。

2 打开“设置单元格格式”对话框，选择“字体”选项卡，设置字体为“幼圆”，将文本加粗，为文本添加单下划线，然后单击“确定”按钮即可，如下图所示。

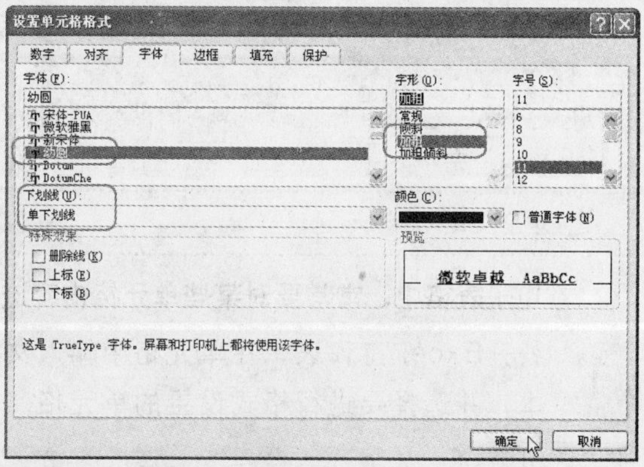

实战操作210　对齐单元格中的文本

素材：素材\210\某化妆品销售订单.xlsx　　效果：无

难度：★★★★★　　视频：视频\第12章\实战操作210.avi

在“设置单元格格式”对话框中，可以使用“对齐”选项卡中的命令对单元格中文本和数字进行定位、更改方向并指定文本控制功能。具体操作如下：

1 启动Excel 2010软件，打开素材文件，然后选择如下图所示的单元格。

	A	B	C	D	E
1	某化妆品销售订单				
2	订单编号	订单日期	发货日期	订货数量	联系人
3	1999201	2011-9-1	2011-9-11	800	刘女士
4	1999203	2011-9-15	2011-9-25	600	陈先生
5	1999210	2011-9-30	2011-10-11	400	刘女士
6	1999212	2011-10-1	2011-10-11	500	霍女士
7	1999220	2011-11-1	2011-11-11	300	张女士
8	1999221	2011-11-2	2011-11-11	900	陈先生
9	1999222	2011-11-15	2011-11-25	722	霍女士
10	1999226	2011-12-1	2011-12-10	600	张女士
11	1999230	2011-12-15	2011-12-30	540	刘女士
12	1999231	2011-12-17	2011-12-30	830	陈先生
13					

2 单击鼠标右键，在弹出的快捷菜单中选择“设置单元格格式”选项，如下图所示。

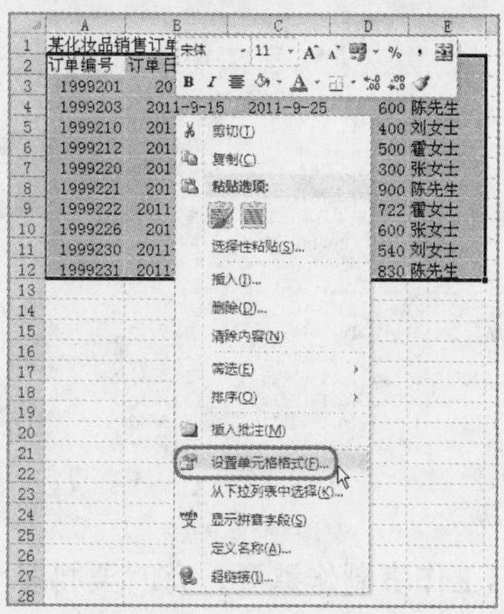

3 弹出“设置单元格格式”对话框，选择“对齐”选项卡，在“水平对齐”下拉列表中选择“居中”，如下图所示。

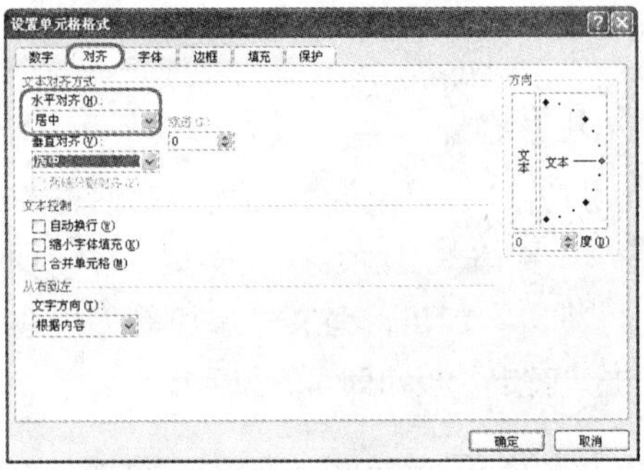

4 单击“确定”按钮，对齐文本后的效果如下图所示。

	A	B	C	D	E
1	某化妆品销售订单				
2	订单编号	订单日期	发货日期	订货数量	联系人
3	1999201	2011-9-1	2011-9-11	800	刘女士
4	1999203	2011-9-15	2011-9-25	600	陈先生
5	1999210	2011-9-30	2011-10-11	400	刘女士
6	1999212	2011-10-1	2011-10-11	500	霍女士
7	1999220	2011-11-1	2011-11-11	300	张女士
8	1999221	2011-11-2	2011-11-11	900	陈先生
9	1999222	2011-11-15	2011-11-25	722	霍女士
10	1999226	2011-12-1	2011-12-10	600	张女士
11	1999230	2011-12-15	2011-12-30	540	刘女士
12	1999231	2011-12-17	2011-12-30	830	陈先生

实战操作211 缩进单元格中的文本

素材：无　　效果：无

难度：★★★★★　　视频：视频\第12章\实战操作211.avi

在电子表格中，常常要对某些单元格内容进行缩进操作，设置缩进的操作步骤如下：

1 打开Excel 工作表，在单元格中输入文本，并选择要进行格式设置的单元格，如下图所示。

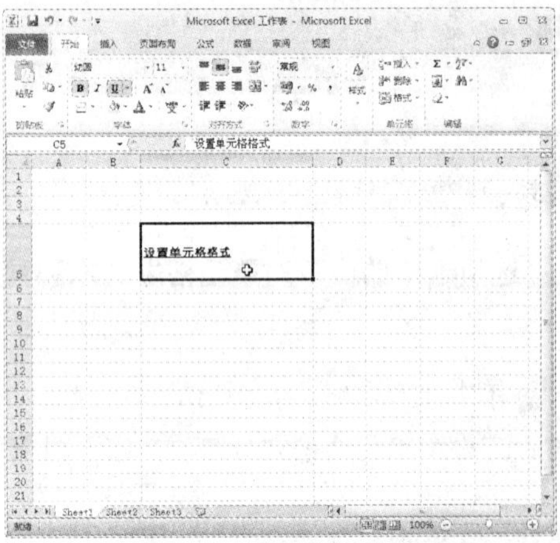

2 打开“设置单元格格式”对话框，选择“对齐”选项卡，在“文本对齐方式”选项组设置水平对齐为“靠左（缩进）”，并设置右侧“缩进”值为“1”，然后单击“确定”按钮即可，如下图所示。

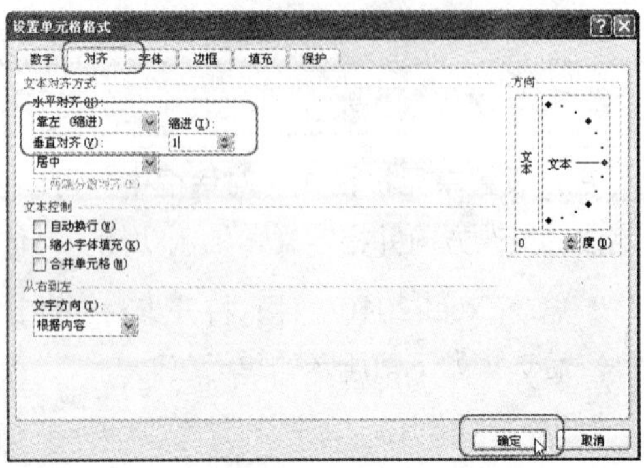

	A	B	C	D	E
1	某化妆品销售订单				
2	订单编号	订单日期	发货日期	订货数量	联系人
3	1999201	2011-9-1	2011-9-11	800	刘女士
4	1999203	2011-9-15	2011-9-25	600	陈先生
5	1999210	2011-9-30	2011-10-11	400	刘女士
6	1999212	2011-10-1	2011-10-11	500	霍女士
7	1999220	2011-11-1	2011-11-11	300	张女士
8	1999221	2011-11-2	2011-11-11	900	陈先生
9	1999222	2011-11-15	2011-11-25	722	霍女士
10	1999226	2011-12-1	2011-12-10	600	张女士
11	1999230	2011-12-15	2011-12-30	540	刘女士
12	1999231	2011-12-17	2011-12-30	830	陈先生
13					

实战操作212 单元格合并居中

素材：素材\210\某化妆品销售订单.xlsx

难度：★★★★★

效果：效果\212\单元格合并居中.xlsx

视频：视频\第12章\实战操作212.avi

根据工作表制作需要，有时要将多个单元格进行合并，达到简洁、美观效果。具体操作如下：

1 启动Excel 2010软件，打开素材文件，选择如下图所示的单元格。

2 单击鼠标右键，在弹出的快捷菜单中选择“设置单元格格式”选项，如下图所示。

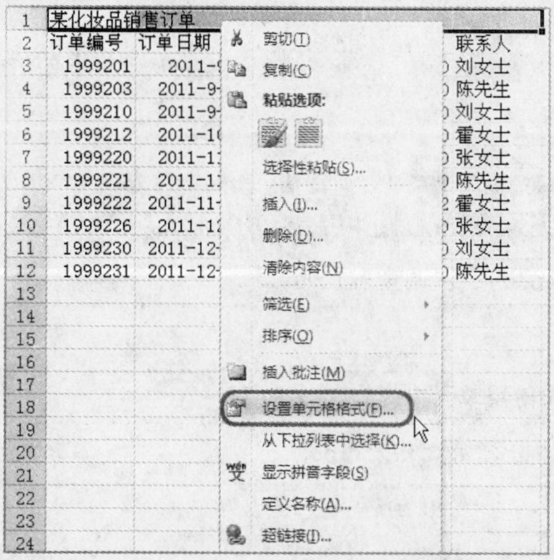

3 弹出“设置单元格格式”对话框，选择“对齐”选项卡，在“水平对齐”下拉列表中选择“居中”，然后在“文本控制”选项组中勾选“合并单元格”复选框，如下图所示。

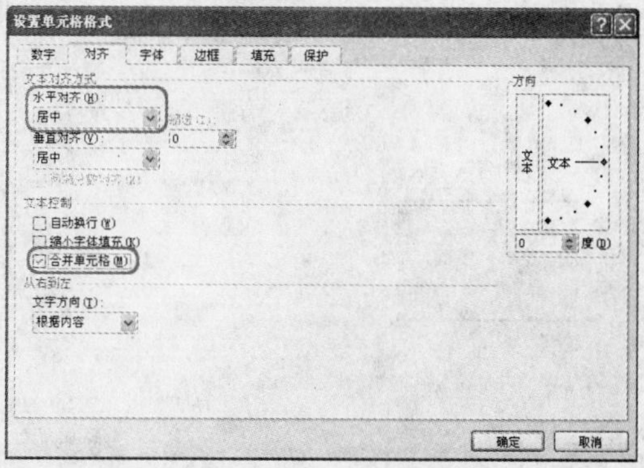

4 单击“确定”按钮，完成后的效果如下图所示。

12.4 样式

在Excel中提供了多种样式。要设置工作表的样式，需使用“开始”选项卡中的“样式”组。

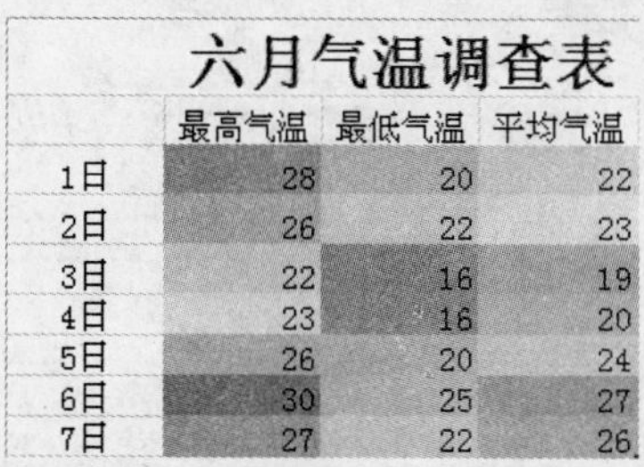

实战操作213 使用条件格式

素材：素材\213\六月气温调查表.xlsx

难度：★★★★★

效果：效果\213\使用条件格式.xlsx

视频：视频\第12章\实战操作213.avi

通过为数据应用条件格式，在浏览工作表时可以快速识别一系列数值中存在的差异。具体操作如下：

1 打开素材文件，选择要设置条件格式的数据，如下图所示。

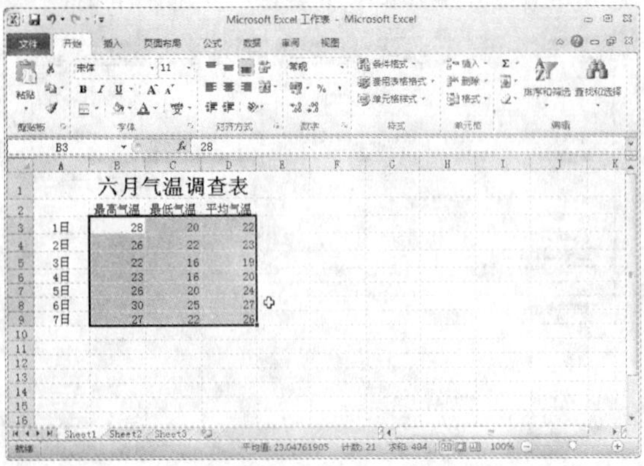

2 在“开始”选项卡“样式”组中单击“条件格式”按钮，从下拉列表中选择“色阶”|“红-黄-绿色阶”，如下图所示。

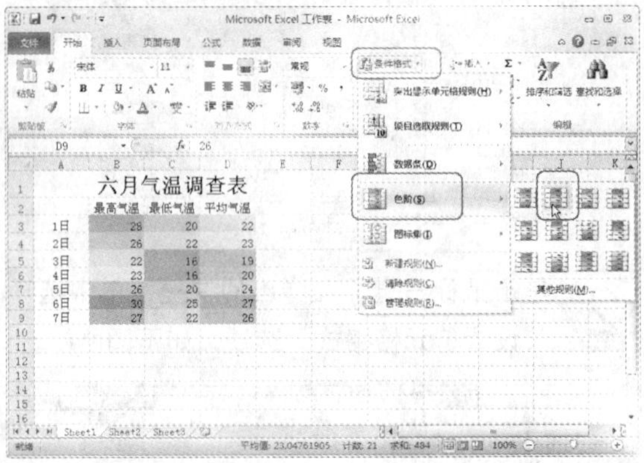

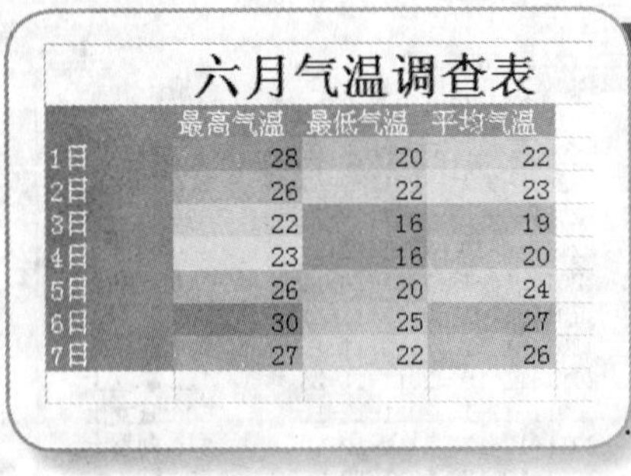

实战操作214 使用单元格样式

- 素材：素材\214\六月气温调查表1.xlsx
- 难度：★★★★★
- 效果：效果\214\使用单元格样式.xlsx
- 视频：视频\第12章\实战操作214.avi

单元格样式是一组已定义的格式特征，如字体、字号、数字格式、单元格边框与底纹等。具体操作如下：

1 打开素材文件，选择要使用单元格样式的单元格，如下图所示。

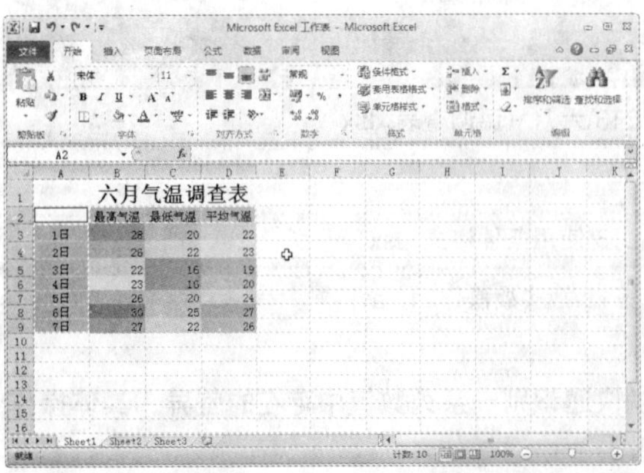

2 在“开始”选项卡“样式”组中单击“单元格样式”按钮，从弹出的下拉列表中选择一种主题单元格样式即可，如下图所示。

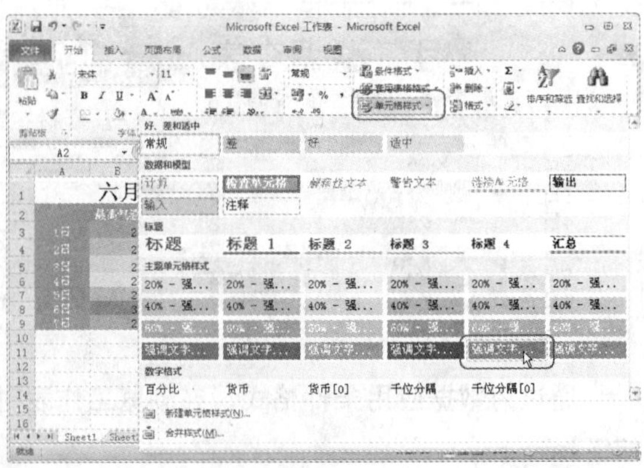

12.5 列宽与行高

本节将介绍如何调整行高、列宽，以便更好地利用页面空间。可以使用鼠标拖动或在对话框中设置行高和列宽。

实战操作215 使用对话框调整列宽与行高

素材：无　　效果：无

难度：★★★★★　　视频：视频\第12章\实战操作215.avi

使用“列宽”对话框可以指定表格一个单元格或所有单元格的宽度，使用“行高”对话框可以指定表格一个单元格或所有单元格的高度。具体操作如下：

1 打开Excel 2010软件，选择单元格，在“开始”选项卡“单元格”组中单击“格式”按钮，如下图所示。

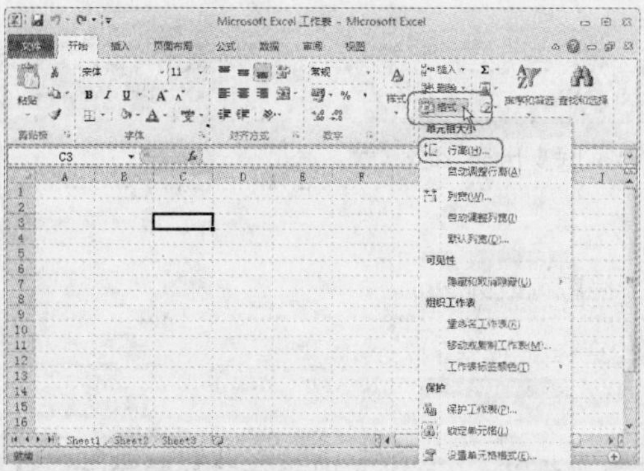

2 在弹出的下拉列表中选择“行高”命令，打开“行高”对话框，设置行高为50，单击“确定”按钮，如下图所示。行高调整完成，使用同样方法可以对列宽进行调整。

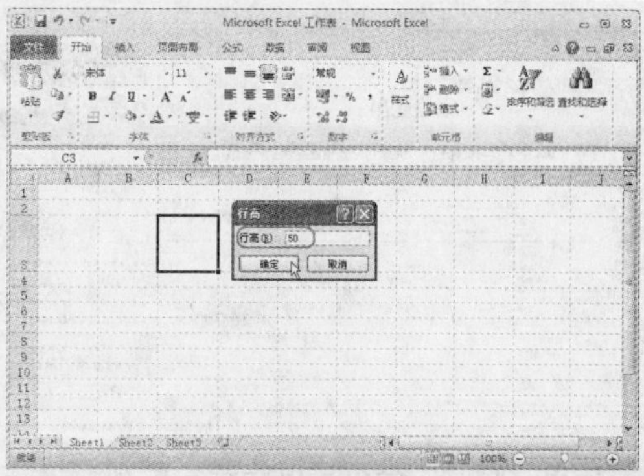

实战操作216 使用鼠标调整列宽或行高

素材：无　　效果：无

难度：★★★★★　　视频：视频\第12章\实战操作216.avi

使用鼠标可以直接调整整列、整行的列宽或行高，具体操作步骤如下：

1 打开Excel 2010软件，单击C列列标，选择整个C列的所有单元格，如右图所示。

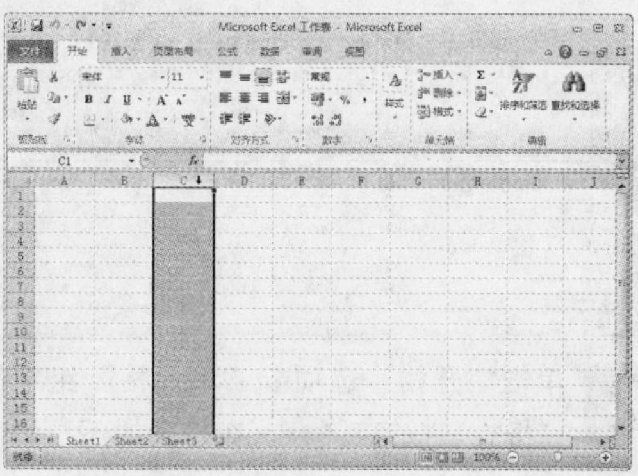

2 将鼠标放置于列标右边框位置，当鼠标形状改变时，按住鼠标左键并进行拖曳，如右图所示。松开鼠标，即可完成列宽的调整。

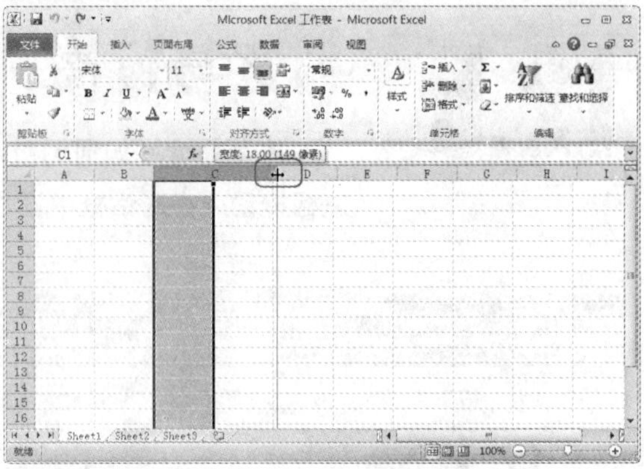

12.6 隐藏单元格和工作表

在用户建立的工作表中，有些数据可能涉及个人隐私，或有些数据是机密的。为了不使其他人看见或对其进行操作，可以将其隐藏起来，甚至还可以将整个工作表进行隐藏。

实战操作217 隐藏行或列

- 素材：素材\217\家庭支出表.xlsx
- 难度：★★★★★
- 效果：效果\217\隐藏行或列.xlsx
- 视频：视频\第12章\实战操作217.avi

使用“隐藏”命令可以隐藏行或列，当行高或列宽更改为0时也可以实现对行或列的隐藏。具体操作如下：

1 打开素材文件，单击行号9，选择整行，如下图所示。

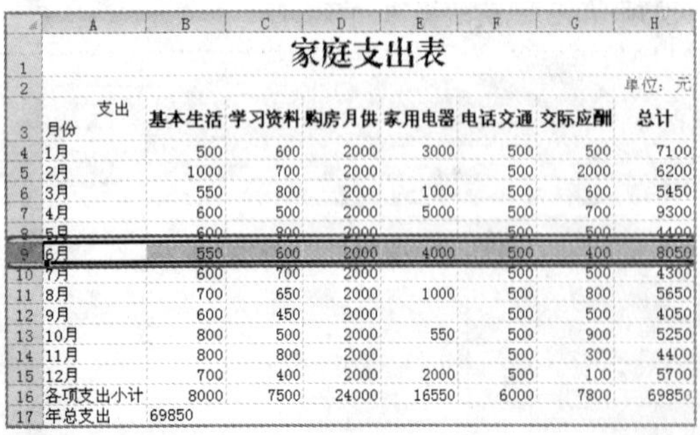

家庭支出表

单位：元

月份 \ 支出	基本生活	学习资料	购房月供	家用电器	电话交通	文际应酬	总计
1月	500	600	2000	3000	500	500	7100
2月	1000	700	2000		500	2000	6200
3月	550	800	2000	1000	500	600	5450
4月	600	500	2000	5000	500	700	9300
5月	600	800	2000		500	500	4400
6月	550	600	2000	4000	500	400	8050
7月	600	700	2000		500	500	4300
8月	700	650	2000	1000	500	800	5650
9月	600	450	2000		500	500	4050
10月	800	500	2000	550	500	900	5250
11月	800	800	2000		500	300	4400
12月	700	400	2000	2000	500	100	5700
各项支出小计	8000	7500	24000	16550	6000	7800	69850
年总支出	69850						

2 单击“开始”选项卡“单元格”组中的“格式”按钮，在打开的下拉列表中选择“隐藏和取消隐藏”|“隐藏行”命令，如下图所示，即可隐藏选择的整行。

实战操作218 隐藏工作表

素材：素材\217\家庭支出表.xlsx　效果：效果\218\隐藏工作表.xlsx

难度：★★★★★　视频：视频\第12章\实战操作218.avi

工作簿中的任意工作表都可以被隐藏。隐藏的工作表中的数据是不可见的，但是仍然可以在其他工作表中引用这些数据。具体操作如下：

1 打开素材文件，在Sheet1工作表标签上单击鼠标右键，从弹出的快捷菜单中选择“隐藏”命令，如下图所示。

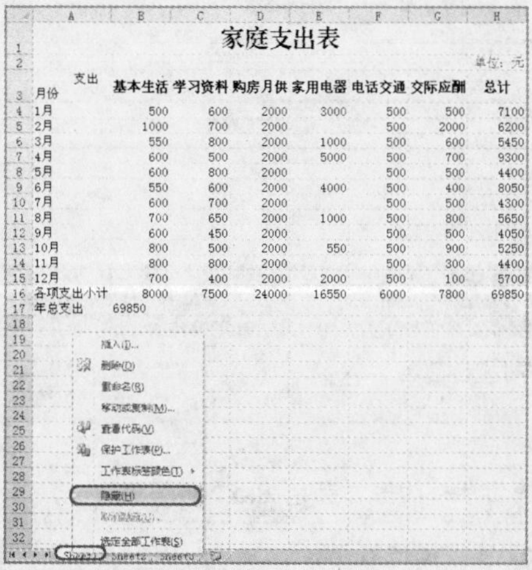

2 单击“开始”选项卡“单元格”组中的“格式”按钮，在下拉列表中选择“可见性”|“隐藏和取消隐藏”|“隐藏工作表”命令，效果如下图所示。

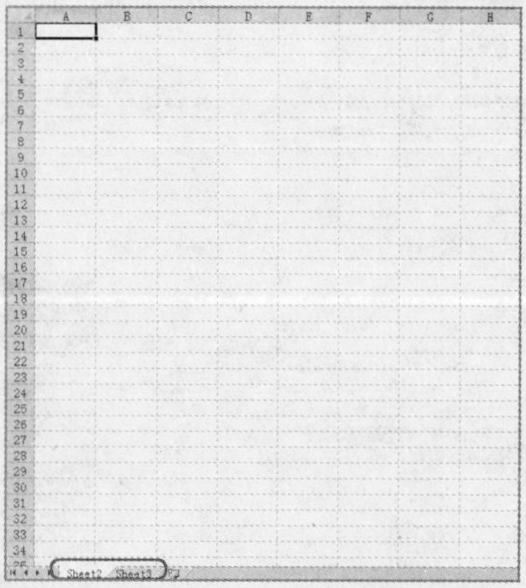

12.7 设置单元格的边框

默认情况下，表格线都是统一的灰色线，这些线在打印时是没有的。如果需要让这些表格线在打印时出现，可以使用按钮设置，也可以使用“设置单元格格式”对话框设置。

实战操作219 直接添加边框样式

素材：素材\217\家庭支出表.xlsx

难度：★★★★★

效果：效果\219\直接添加边框样式.xlsx

视频：视频\第12章\实战操作219.avi

通过“开始”选项卡“字体”组中的“下框线”按钮，可以直接设置边框。具体操作如下：

1 打开素材文件，选择单元格A3:H17，在“开始”选项卡单击“字体”组中的“下框线”按钮，在打开的下拉列表中选择“所有框线”选项，如下图所示。

2 为选择的单元格区域添加边框后的效果如下图所示。

实战操作220 设置边框线型和颜色

- 素材：素材\217\家庭支出表.xlsx
- 难度：★★★★★
- 效果：效果\220\设置边框线形、颜色.xlsx
- 视频：视频\第12章\实战操作220.avi

用户还可以在“设置单元格格式”对话框中对边框的颜色、线条样式等进行详细设置。具体操作如下：

1 打开素材文件，选择单元格A3:H17，单击鼠标右键，在弹出的快捷菜单中选择“设置单元格格式”命令，如下图所示。

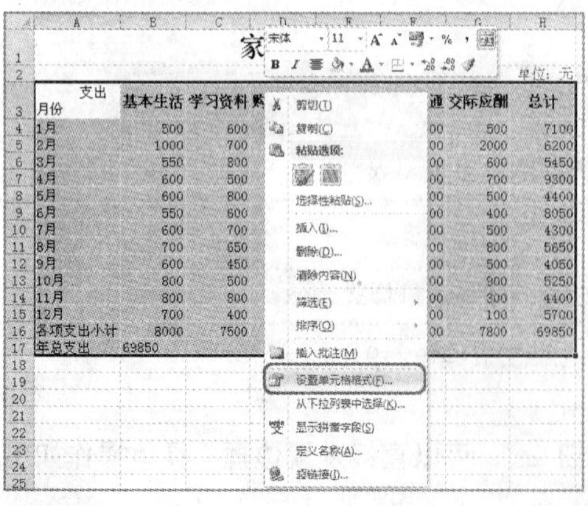

2 打开“设置单元格格式”对话框，切换至“边框”选项卡，将颜色设置为“红色”，在线条“样式”列表框中选择一种粗线，并单击“外边框”图标，如下图所示。

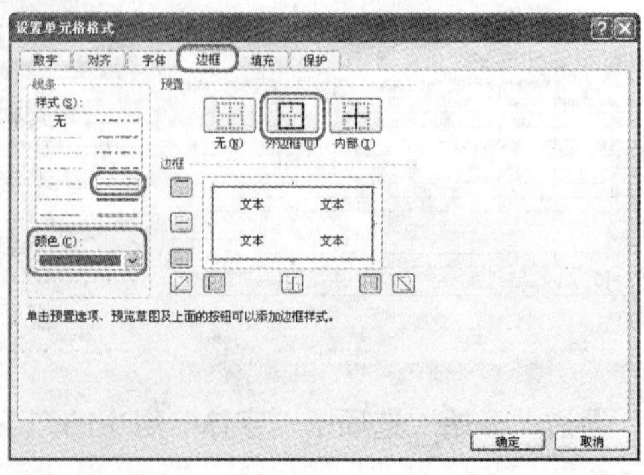

3 在线条“样式”列表框中选择一种虚线，并单击“内部”图标，如下图所示。

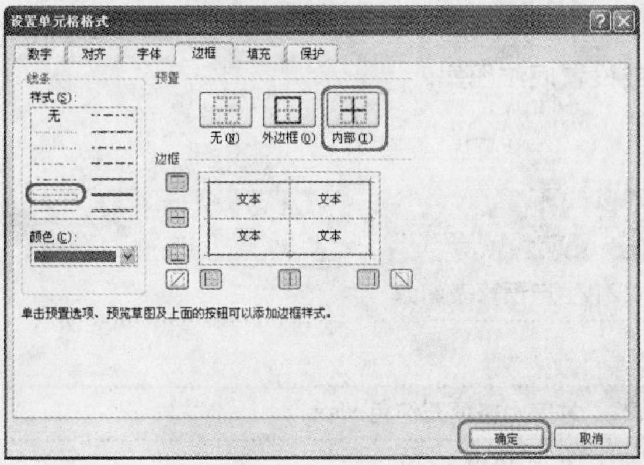

4 单击“确定”按钮，即可为选择的单元格区域设置边框效果，如下图所示。

家庭支出表

单位：元

支出 月份	基本生活	学习资料	购房月供	家用电器	电话交通	交际应酬	总计
1月	500	600	2000	3000	500	500	7100
2月	1000	700	2000		500	2000	6200
3月	550	800	2000	1000	500	600	5450
4月	600	500	2000	5000	500	700	9300
5月	600	800	2000		500	500	4400
6月	550	600	2000	4000	500	400	8050
7月	600	700	2000		500	500	4300
8月	700	650	2000	1000	500	800	5650
9月	600	450	2000		500	500	4050
10月	800	500	2000	550	500	900	5250
11月	800	800	2000		500	300	4400
12月	700	400	2000	2000	500	100	5700
各项支出小计	8000	7500	24000	16550	6000	7800	69850
年总支出	69850						

实战操作221 删除边框样式

素材：素材\221\生产预算表.xlsx

难度：★★★★★

效果：效果\221\删除边框样式.xlsx

视频：视频\第12章\实战操作221.avi

如果想要删除设置的边框，操作很简单，只需为单元格设置无框线即可。具体操作如下：

1 打开素材文件，选择单元格A1:F10,在“开始”选项卡“字体”组中单击“下框线”按钮，在打开的下拉列表中选择“无框线”选项，如下图所示。

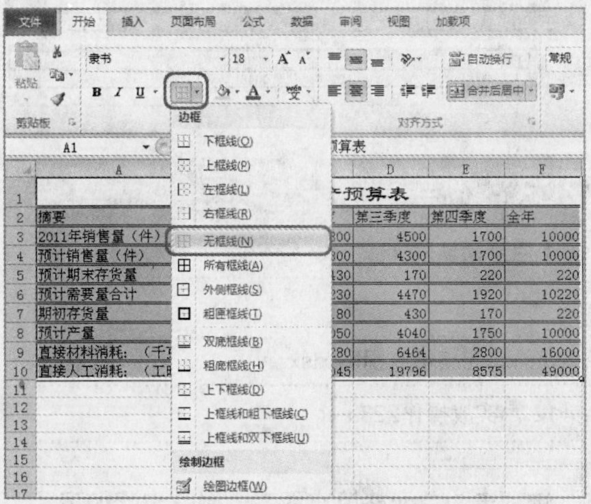

2 为选择的单元格区域删除边框后的效果如下图所示。

2011年度生产预算表

摘要	第一季度	第二季度	第三季度	第四季度	全年
2011年销售量（件）	2200	1800	4500	1700	10000
预计销售量（件）	2200	1800	4300	1700	10000
预计期末存货量	180	430	170	220	220
预计需要量合计	2380	2230	4470	1920	10220
期初存货量	180	180	430	170	220
预计产量	2200	2050	4040	1750	10000
直接材料消耗：（千克）	3520	3280	6464	2800	16000
直接人工消耗：（工时）	10780	10045	19796	8575	49000

12.8 设置单元格填充颜色或图案

在设置单元格时，为了使单元格中的数据更清晰明了，增加工作表的视觉效果，还可以为其填充颜色或设置底纹图案。

实战操作222 为单元格填充纯色

- 素材：素材\221\生产预算表.xlsx
- 难度：★★★★★
- 效果：效果\222\为单元格填充纯色.xlsx
- 视频：视频\第12章\实战操作222.avi

可以通过“开始”选项卡或“设置单元格格式”对话框为单元格填充纯色效果。具体操作如下：

1 打开素材文件，选择单元格A1，在“开始”选项卡“字体”组中单击“填充颜色”按钮，在打开的下拉列表中选择“黄色”，如下图所示。

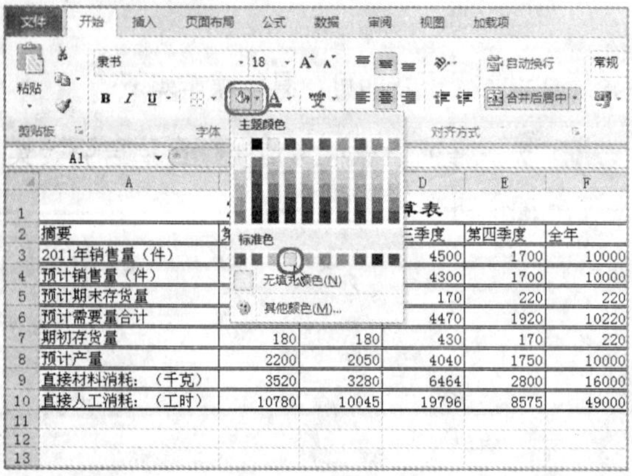

2 为单元格填充纯色后的效果如下图所示。

2011年度生产预算表					
摘要	第一季度	第二季度	第三季度	第四季度	全年
2011年销售量（件）	2200	1800	4500	1700	10000
预计销售量（件）	2200	1800	4300	1700	10000
预计期末存货量	180	430	170	220	220
预计需要量合计	2380	2230	4470	1920	10220
期初存货量	180	180	430	170	220
预计产量	2200	2050	4040	1750	10000
直接材料消耗：（千克）	3520	3280	6464	2800	16000
直接人工消耗：（工时）	10780	10045	19796	8575	49000

实战操作223 为单元格填充图案

- 素材：素材\221\生产预算表.xlsx
- 难度：★★★★★
- 效果：效果\223\为单元格填充图案.xlsx
- 视频：视频\第12章\实战操作223.avi

可以通过“设置单元格格式”对话框中的“填充”选项卡为单元格填充图案，操作步骤如下：

1 打开素材文件，选择单元格A1:F10，并单击鼠标右键，在弹出的快捷菜单中选择“设置单元格格式”命令，如下图所示。

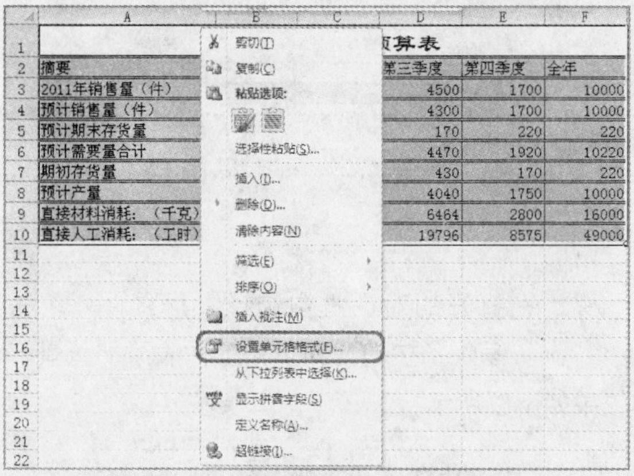

2 打开“设置单元格格式”对话框，切换至“填充”选项卡，将“图案颜色”设置为黄色，将“图案样式”设置为“12.5%灰色”，如下图所示。单击“确定”按钮，即可为单元格填充图案。

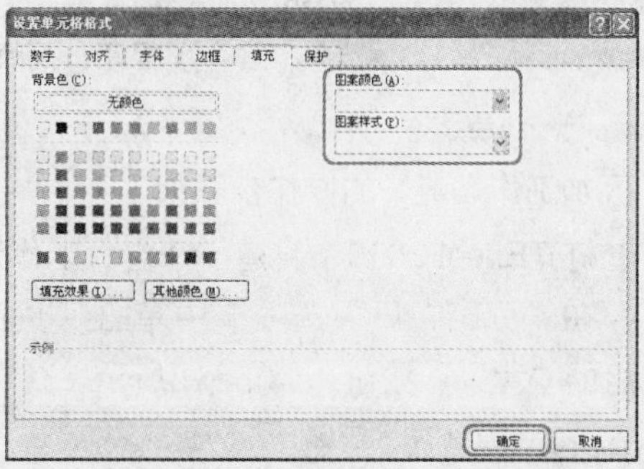

实战操作224 删除单元格填充

素材：效果\223\为单元格填充图案.xlsx　效果：效果\224\删除单元格填充.xlsx

难度：★★★★★　视频：视频\第12章\实战操作224.avi

如果想取消单元格的填充效果，可以通过“开始”选项卡“字体”组中的“填充颜色”按钮来删除。具体操作如下：

1 打开素材文件，选择单元格A1:F10，在“开始”选项卡中单击“字体”组的“填充颜色”按钮，在打开的下拉列表中选择“无填充颜色”选项，如下图所示。

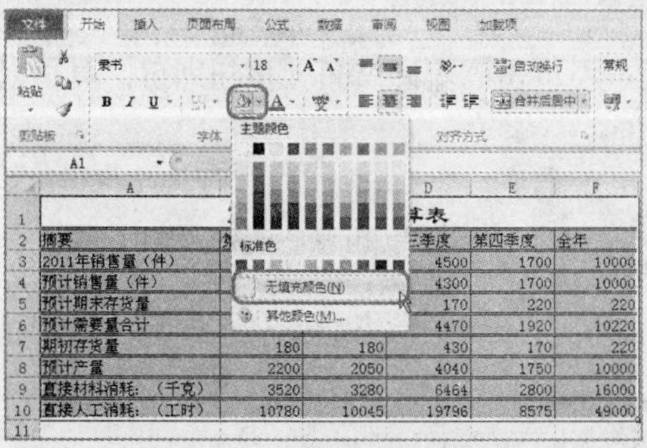

2 将选择的单元格区域中的图案填充删除后的效果如下图所示。

2011年度生产预算表

摘要	第一季度	第二季度	第三季度	第四季度	全年
2011年销售量（件）	2200	1800	4500	1700	10000
预计销售量（件）	2200	1800	4300	1700	10000
预计期末存货量	180	430	170	220	220
预计需要量合计	2380	2230	4470	1920	10220
期初存货量	180	180	430	170	220
预计产量	2200	2050	4040	1750	10000
直接材料消耗：（千克）	3520	3280	6464	2800	16000
直接人工消耗：（工时）	10780	10045	19796	8575	49000

12.9 设置工作表的背景图案

用户除了可以为单个单元格或单元格区域设置背景外，还可以为整个工作表设置背景图案。工作表背景图案的来源可以是用户在硬盘中存储的图像文件，也可以从其他地方获得。

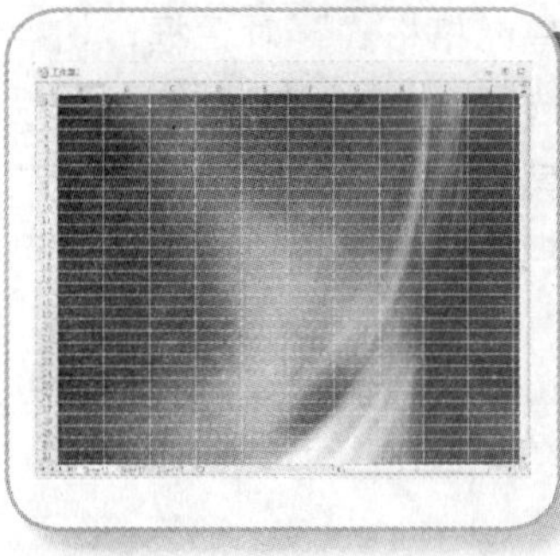

实战操作225 为工作表添加背景

- 素材：素材\225\beijing.jpg
- 难度：★★★★★
- 效果：效果\225\为工作表添加背景.xlsx
- 视频：视频\第12章\实战操作225.avi

添加工作表背景的操作步骤如下：

1 打开Excel 2010，新建一个空白工作簿，在“页面布局”选项卡中单击“页面设置”组的“背景”按钮，如下图所示。

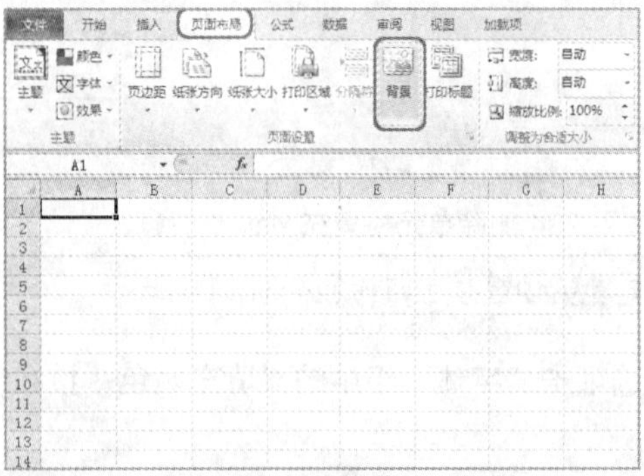

2 在打开的对话框中选择素材文件，单击“插入”按钮，即可为工作表添加背景，效果如下图所示。

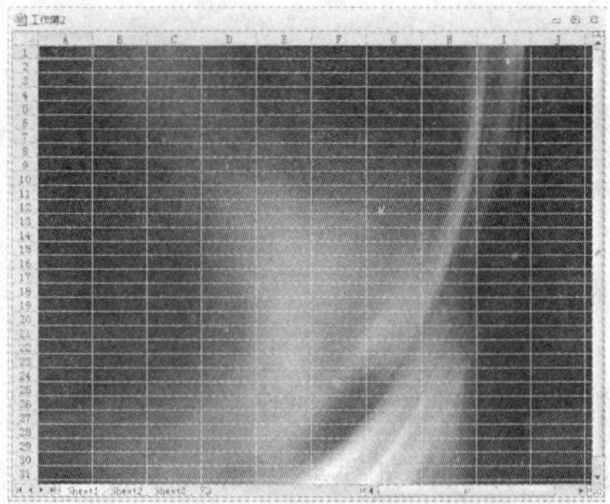

实战操作226 删除工作表背景

- 素材：效果\225\为工作表添加背景.xlsx
- 效果：无
- 难度：★★★★★
- 视频：视频\第12章\实战操作226.avi

如果要删除工作表中的背景，在“页面布局”选项卡中单击“删除背景”按钮即可。具体操作如下：

1 打开素材文件,在“页面布局”选项卡中单击“页面设置”组的“删除背景”按钮，如下图所示。

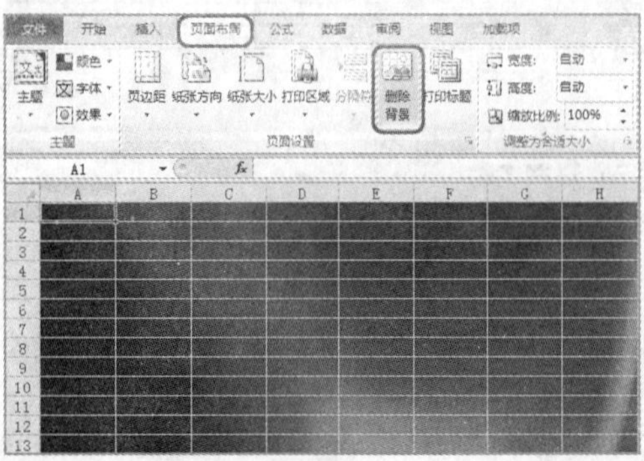

2 将工作表背景删除后的效果如下图所示。

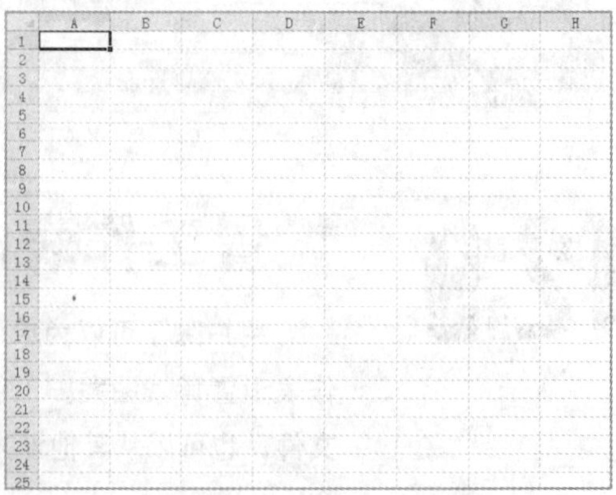

实战操作227　在Excel中创造水印效果

- 素材：无
- 难度：★★★★★
- 效果：效果\227\在Excel中创造水印效果.xlsx
- 视频：视频\第12章\实战操作227.avi

在Excel中无法使用水印功能，但可以使用两种方式模拟水印效果：一是在页眉或页脚中使用图片来创造水印效果，二是使用艺术字来创造水印效果。下面将以艺术字创造水印效果为例讲解，具体操作如下：

1 打开Excel 2010软件，新建一个空白工作簿，在“插入”选项卡单击“文本”组中的“艺术字”按钮，在打开的列表中选择一种艺术效果，如下图所示。

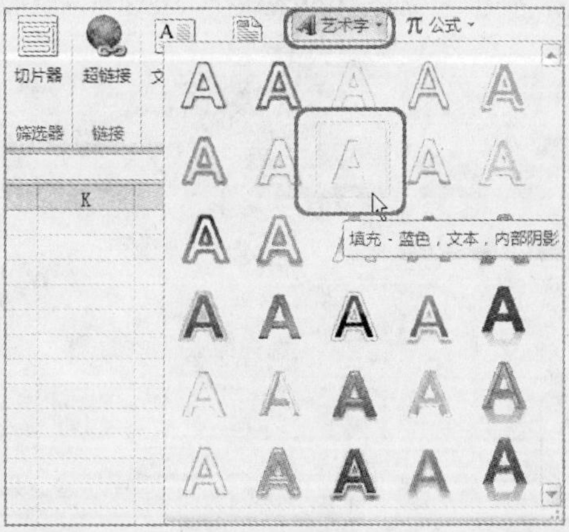

2 在艺术字文本框中输入文本，通过鼠标旋转艺术字并调整位置，如下图所示。

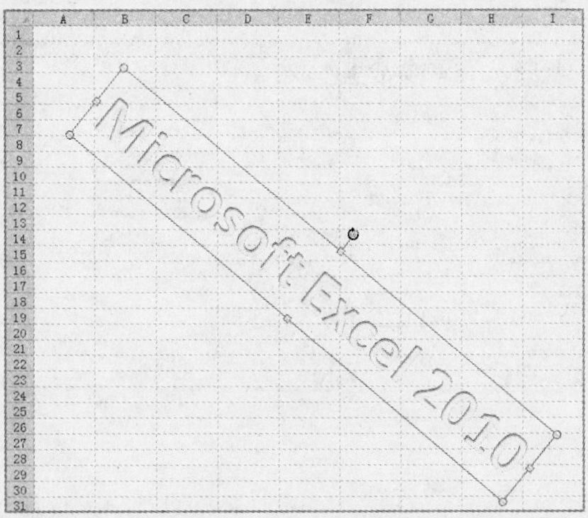

3 右键单击艺术字文本框边框，在弹出的快捷菜单中选择“设置形状格式”命令，如下图所示。

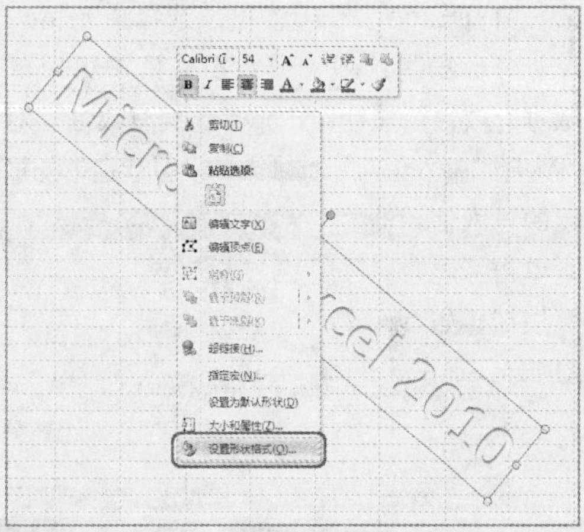

4 在打开的“设置形状格式”对话框中选择“纯色填充”单选按钮，并将“透明度”设置为100，如下图所示。单击“关闭”按钮即可。

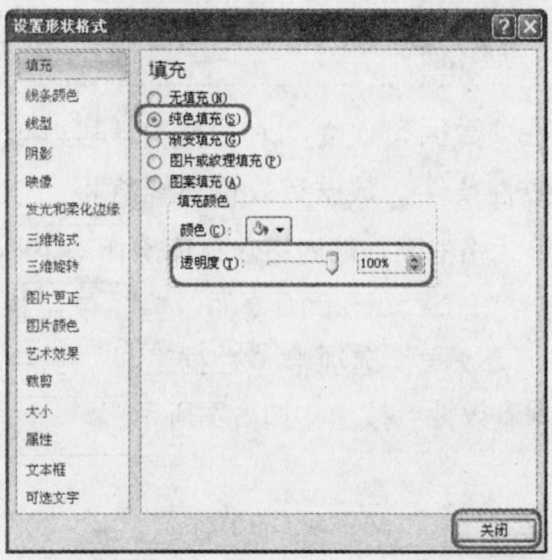

12.10 设置数据的有效性

在数据发生错误时，Excel会做出标记。但Excel毕竟只能检查出一般性的错误，如果某一单元格或者某一列数据的数值范围没有限制，Excel就检查不出来了。为了避免这类错误，可以给单元格定义数据限制，并在数据输入前做出提示。

实战操作228 设置提示信息

素材：无　　效果：无

难度：★★★★★　　视频：视频\第12章\实战操作228.avi

数据有效性用于定义可以在单元格中输入或应该在单元格中输入哪些数据。用户可以设置提示信息，在选择单元格时进行提示，防止输入无效数据。具体操作如下：

1 打开Excel 2010软件，选择单元格，在“数据”选项卡“数据工具”组中单击“数据有效性”按钮，打开“数据有效性”对话框。选择“输入信息”选项卡，设置选定单元格时显示的输入信息，单击“确定”按钮，如右图所示。

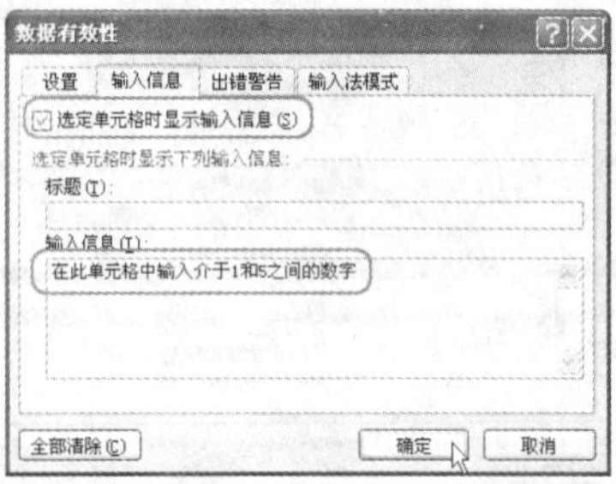

2 提示信息设置完成，效果如下图所示。

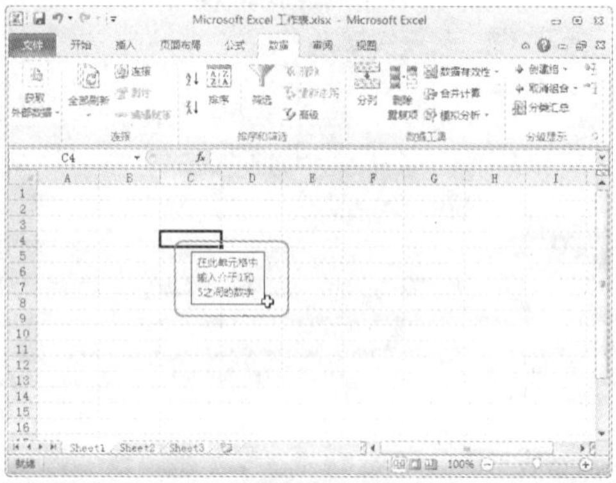

实战操作229 设置数据有效性条件

素材：无　　效果：无

难度：★★★★★　　视频：视频\第12章\实战操作229.avi

在“数据有效性”对话框中，可以设置数据有效性条件，数据有效性功能将根据该条件限制单元格中输入的内容。具体操作如下：

1 打开Excel 2010软件，选择单元格，在“数据”选项卡“数据工具”组中单击“数据有效性”按钮，如右图所示。

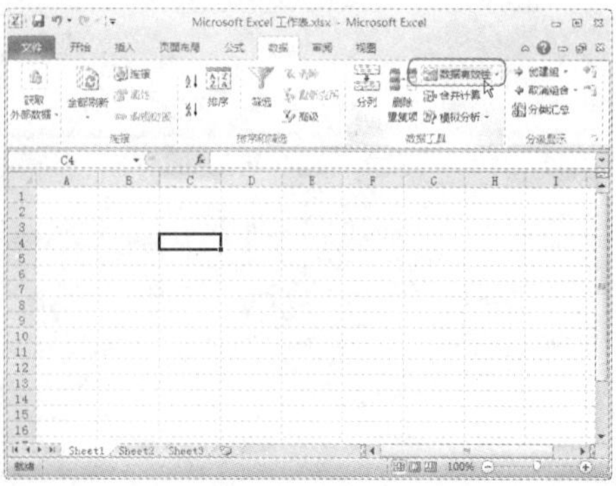

2 打开“数据有效性”对话框，选择“设置”选项卡，在“有效性条件”下配置数据有效性，如右图所示。单击“确定”按钮，完成数据有效性条件的设置。

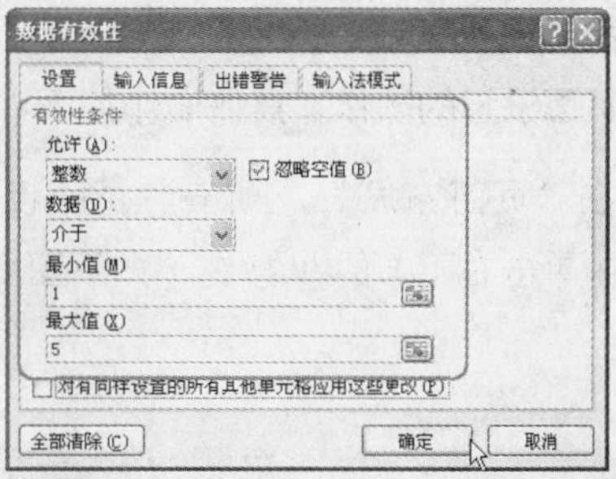

实战操作230 设置出错警告

素材：无　效果：无

难度：★★★★★　视频：视频\第12章\实战操作230.avi

在“数据有效性”对话框中，可以设置出错警告，当用户尝试在单元格中输入无效数据时会向其发出警告。具体操作如下：

1 打开“数据有效性”对话框，选择“出错警告”选项卡，勾选“输入无效数据时显示出错警告”选项，并可以选择警告样式，设置提示错误信息，如下图所示。

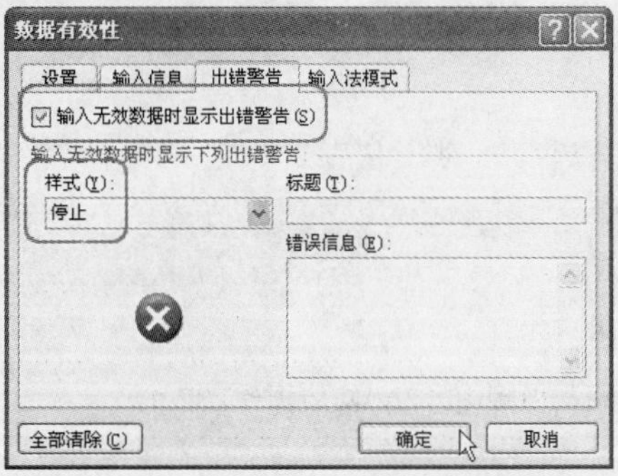

2 单击“确定”按钮，完成出错警告的设置。在单元格中输入无效数据时将弹出对话框进行提示，如下图所示。

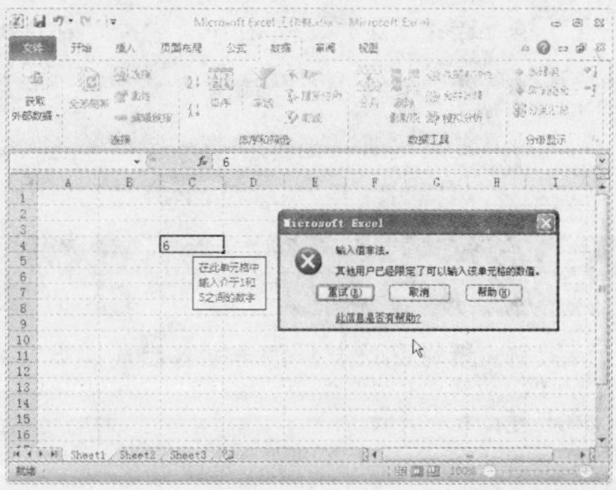

12.11 打印设置

设置完成工作表后，还要对其进行打印。首先，要对页面、页边距、页眉/页脚进行设置。

实战操作231 页面设置

素材：无　效果：无

难度：★★★★★　视频：视频\第12章\实战操作231.avi

在使用Excel打印之前，为了得到满意的打印效果，应检查页面设置是否合适，或者在创建工作表之前将页面设置好，再创建工作表。“页面设置”对话框是进行页面设置的重要工具，本节将介绍有关页面设置的操作。具体操作如下：

1 在“页面布局”选项卡“页面设置”组中单击右下方的按钮，如下图所示。

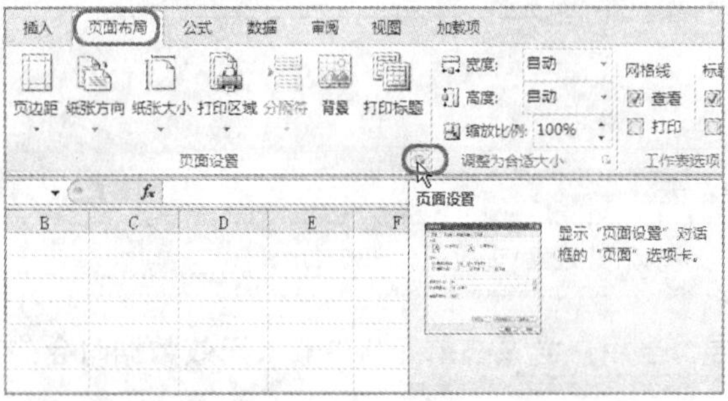

2 在弹出的“页面设置”对话框中可以对选项进行设置，如下图所示。

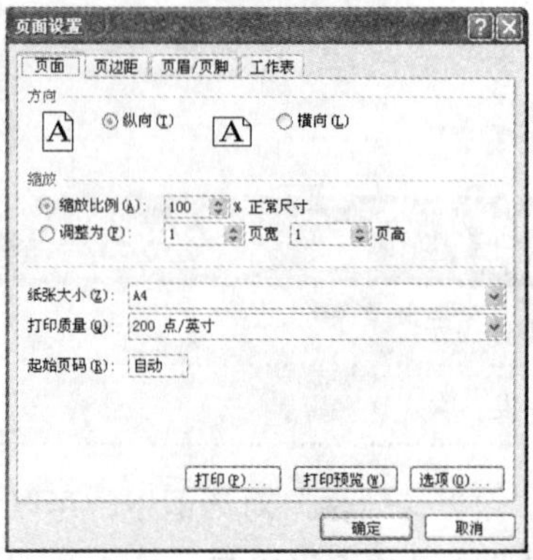

提示

还可以用其他方法来打开“页面设置“对话框：

- 在“页面布局”选项卡“调整为合适大小”选项组中单击右下方的按钮。
- 在“页面布局”选项卡“工作表选项”组中单击右下方的按钮。
- 选择“文件”|“打印”命令，在弹出的下拉列表中单击“页面设置”选项。
- 在“页面布局”选项卡“页面设置”组中单击“页边距”按钮，在弹出的下拉列表中选项“自定义边距”选项。

实战操作232 打印预览

素材：素材\232\某厂汽车锁芯出厂详细表.xlsx　　效果：无

难度：★★★★★　　视频：视频\第12章\实战操作232.avi

在确定了页面设置和打印区域后，在打印前要预览打印页面的效果，并且可以在预览页面中调整各种打印设置，以避免打印机、纸张等耗材的不必要浪费。具体操作如下：

1 打开素材文件，选择“文件”|“打印”命令，如右图所示。

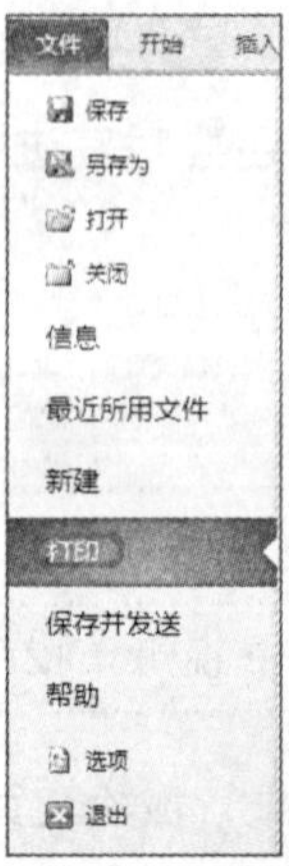

2 出现打印预览界面，如下图所示。

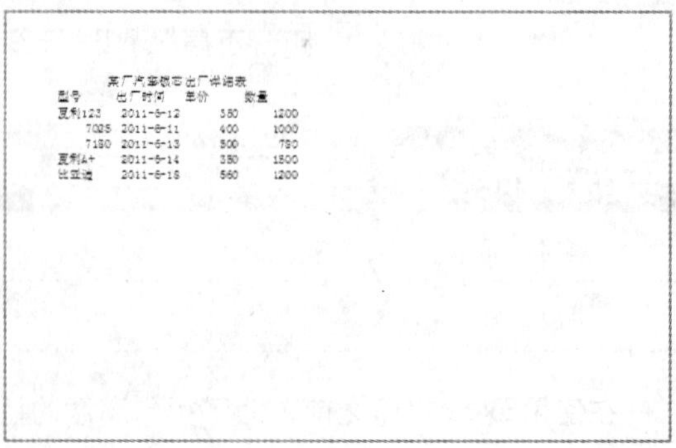

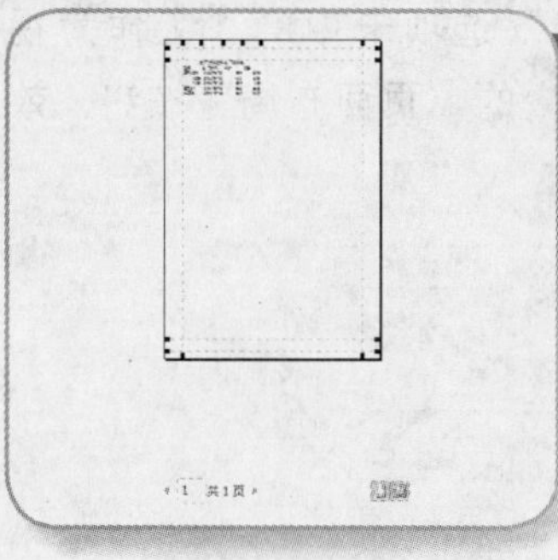

实战操作233　改变打印设置

素材：素材\232\某厂汽车锁芯出厂详细表.xlsx

难度：★★★★★

效果：无

视频：视频\第12章\实战操作233.avi

如果发现打印预览窗口中的打印效果不符合要求，可以直接在预览窗口中进行修改，并能立即查看改动后的效果。具体操作如下：

1 打开素材文件，选择“文件”|“打印”命令，在弹出的下拉列表中更改打印选项，如下图所示。

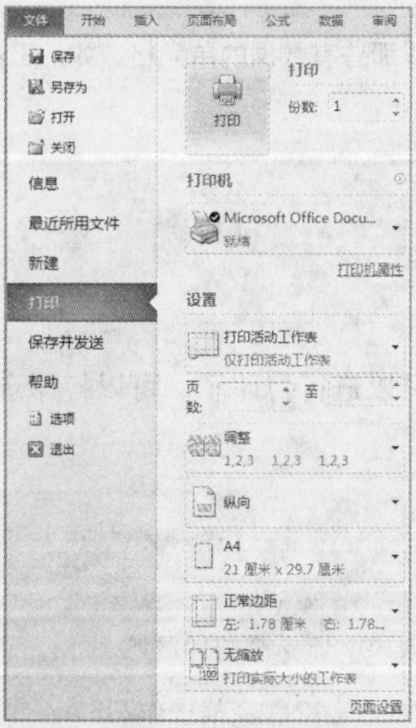

2 在打印预览窗口中单击右下角“显示边距”按钮，在预览图像上增加标记指示页边距，如下图所示。

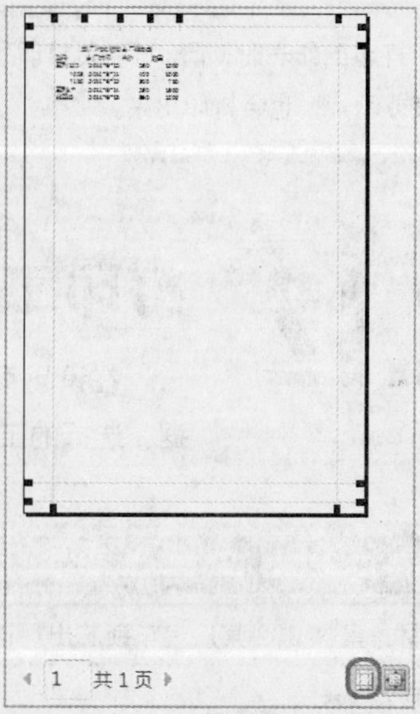

提示　打印预览工作表时，如果发现最后一列打印在第二页上，读者可以在预览窗口中通过调整列宽或页边距强制所有列打印在同一页上。

实战操作234　使用页面布局视图查看打印效果

素材：素材\232\某厂汽车锁芯出厂详细表.xlsx

效果：无

难度：★★★★★

视频：视频\第12章\实战操作234.avi

在页面布局视图中，可以查看文档的打印外观。使用此视图，可以看到页面的起始位置，并可以查看页眉和页脚。具体操作如下：

1 打开素材文件，在页面布局视图中可以查看文档的打印外观，并可以查看页眉和页脚，如下图所示。

2 选择“视图”选项卡中的“工作簿视图”选项组中的“页面布局”按钮，效果如下图所示。

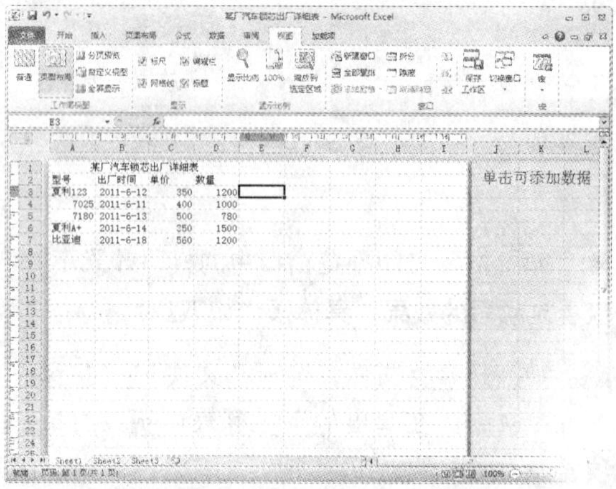

提示

打印工作表时，Excel不会打印所有的单元格，而只是打印那些有数据的单元格。如果工作表含有图表或图片，也会打印出来。

12.12 打印工作簿

在设置页面并预览满意后，就可以进行打印了。可以打印选择的数据、选择的工作表或整个工作簿。

实战操作235 选择打印区域

素材：素材\232\某厂汽车锁芯出厂详细表.xlsx

效果：效果\235\选择打印区域.xlsx

难度：★★★★★

视频：视频\第12章\实战操作235.avi

“打印区域”选项可以告诉Excel要打印工作表的哪一部分，这个选项允许把一个区域分成一页，然后打印这一页。如果该区域太大，Excel将把它分成几页。如果不选择打印区域，Excel将打印整个工作表或整个工作簿，这与打印设置有关。具体操作如下：

提示

在决定为打印区域选择哪些单元格时，设置打印区域时一定不要包括标题、副标题，以及列标题和行标题，否则这些标题将打印两次。

1 打开素材文件，在“页面布局”选项卡“页面设置”组中单击右下方的按钮，如右图所示。

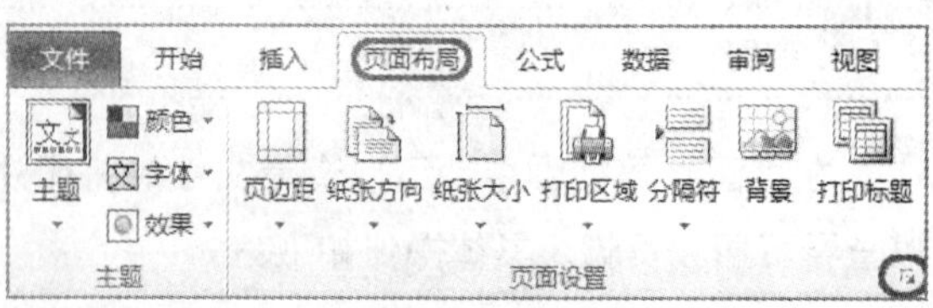

2 打开“页面设置”对话框，选择“工作表”选项卡，如下图所示。

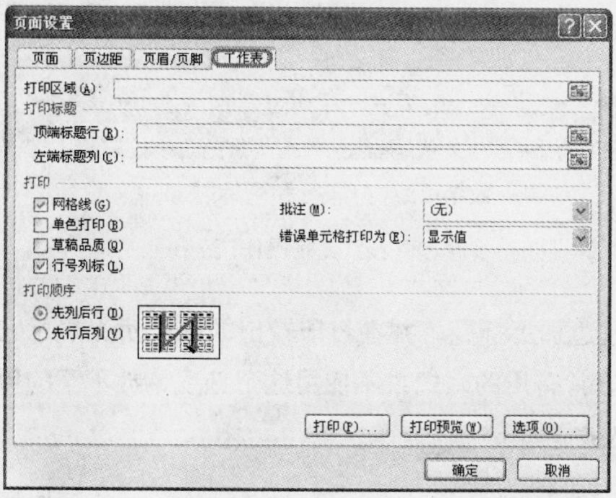

3 单击“打印区域”文本框右侧的按钮，“页面设置”对话框被折叠，如下图所示。

4 在单元格中按住鼠标并拖动，选择要打印的单元格区域，此时选择的区域会有虚线，如下图所示。单击按钮，返回到“页面设置”对话框，单击“确定”按钮，即可选择打印区域。

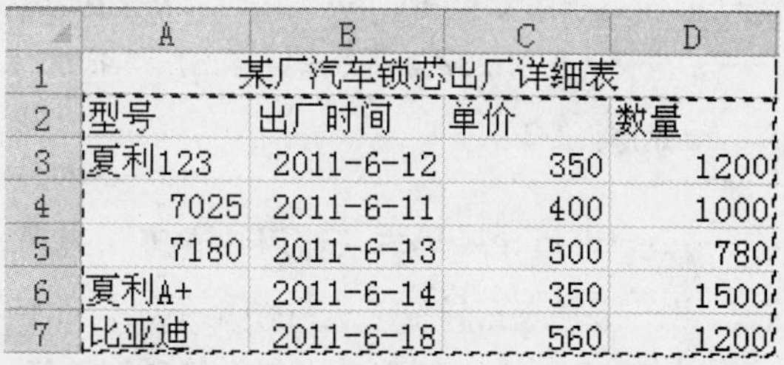

	A	B	C	D
1	某厂汽车锁芯出厂详细表			
2	型号	出厂时间	单价	数量
3	夏利123	2011-6-12	350	1200
4	7025	2011-6-11	400	1000
5	7180	2011-6-13	500	780
6	夏利A+	2011-6-14	350	1500
7	比亚迪	2011-6-18	560	1200

提示

还可以首先选择区域，只要在“页面设置”组中单击“打印区域”按钮，在弹出的下拉列表中选择“设置打印区域”选项。如果想取消选择的区域可以选择“取消打印区域”选项。

实战操作236　调整分页

素材：效果\235\选择打印区域.xlsx　　效果：效果\236\调整分页.xlsx

难度：★★★★★　　视频：视频\第12章\实战操作236.avi

在打印工作簿时，系统会根据纸张大小和页边距设置，以及选择打印区域来确定分页。为了使页面更好看，而且在逻辑位置分页，用户可以自己调整分页。具体操作如下：

提示

在进行分页时需要注意的选项如下：

- 调整各个列的宽度，最好地利用空间；
- 考虑横向打印工作簿；
- 把上、下、左、右页边距改为更小值。

1 打开素材文件，在“视图”选项卡“工作簿视图”选项组中单击“分页预览”按钮，如下图所示。

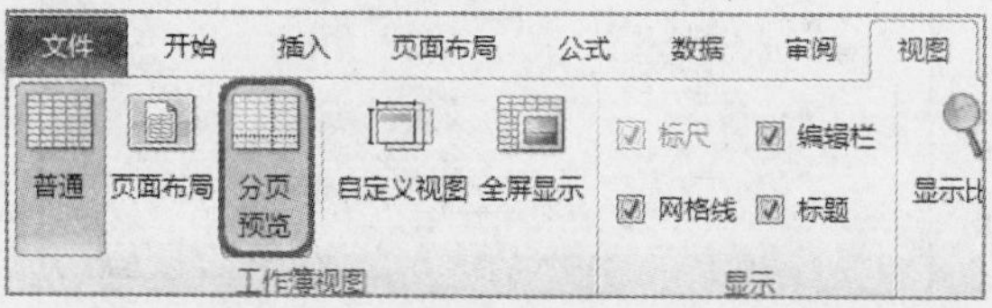

2 此时会出现一个信息提示框，如下图所示。单击“确定”按钮，工作表将分页显示。

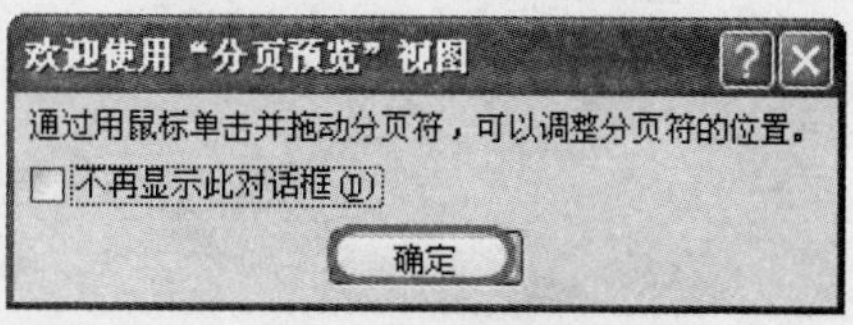

> **提示** 如果要离开分页预览返回到常规工作表视图中，在“视图”选项卡“工作簿视图”组中单击“普通”按钮即可。

实战操作237 打印行标题和列标题

素材：素材\232\某厂汽车锁芯出厂详细表2.xlsx　　效果：效果\237\ 打印行和列标题.xlsx

难度：★★★★★　　视频：视频\第12章\实战操作237.avi

Excel提供了一种方法让用户在工作表顶端和左边加上标题，并在打印输出的每一页上显示它们。当工作表太宽导致一页打印不下时，此选项是非常有用的。如果不使用这个选项，放不下的项将在后续页上打印，而且没有任何行和列标题。具体操作如下：

1 打开素材文件，在“页面布局”选项卡“页面设置”组中单击右下方的按钮，如下图所示。

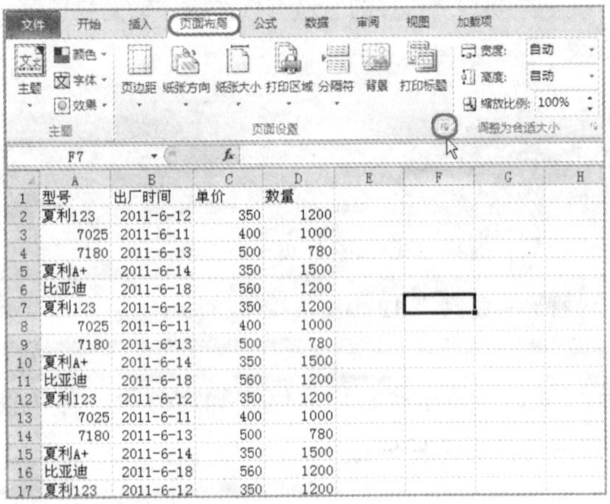

2 弹出“页面设置”对话框，切换到“工作表”选项卡，单击“顶端标题行”文本框右侧的按钮，如下图所示。

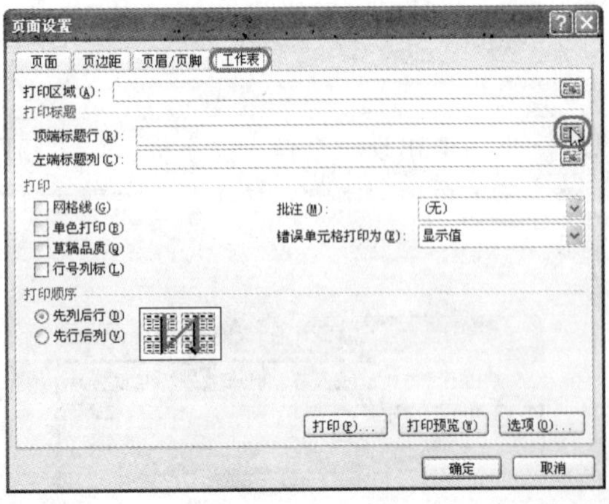

3 选取要在每一页上打印的行，如下图所示。在选择区域的四周出现虚线框，带$符号的绝对单元格引用出现在“顶端标题行”文本框中，如下图所示。

4 单击按钮，返回到“页面设置”对话框，然后单击“左端标题列”文本右侧的按钮，如下图所示。

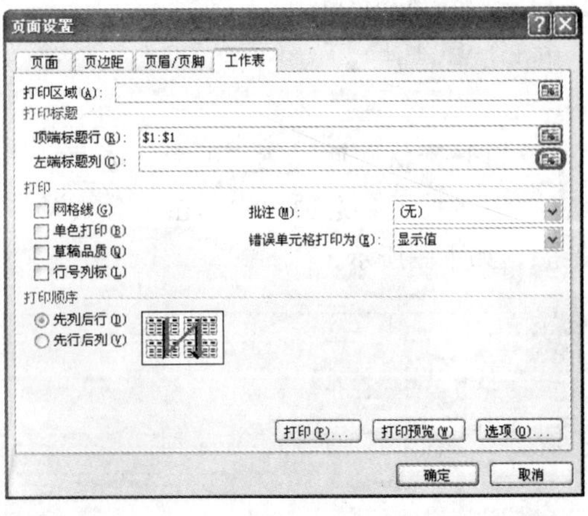

5 选取要在每一页上打印的列，在选择区域的四周出现虚线框，如下图所示。带$符号的绝对单元格引用出现在“左端标题列”文本框中，单击“确定”按钮，返回到“页面设置”对话框。

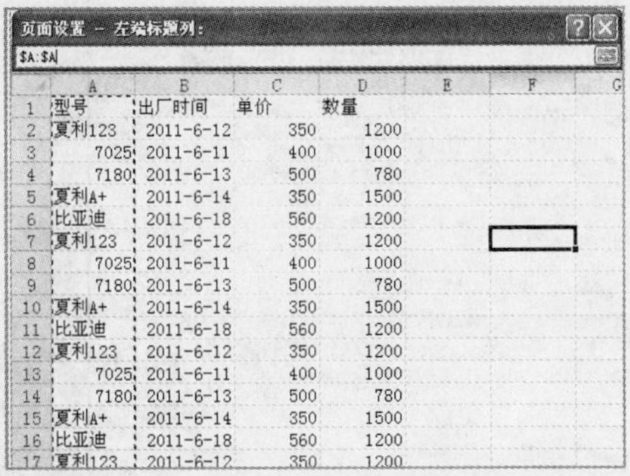

6 单击“打印”按钮，打开“打印”列表，在“设置”选项组“纵向”下拉列表中选择“横向”选项，最后的打印预览效果如下图所示。

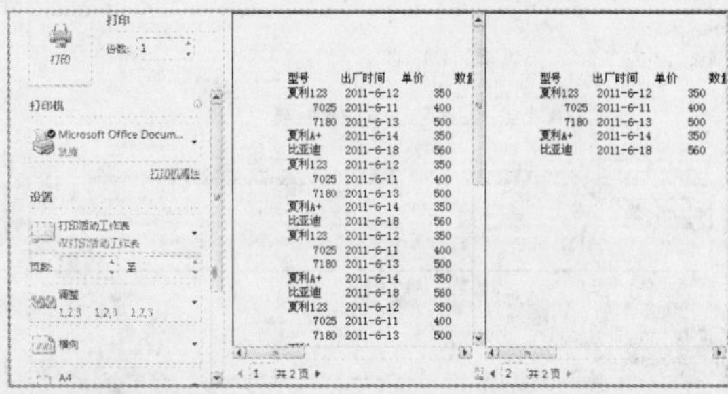

实战操作238 设置页眉页脚

素材：素材\232\某厂汽车锁芯出厂详细表.xlsx

效果：效果\238\设置页眉页脚.xlsx

难度：★★★★★

视频：视频\第12章\实战操作238.avi

Excel可以添加页眉和页脚。在打印输出的每页顶端和底部都有打印信息，这个信息可以包括任何文字及页码等，可以选择Excel建议的页眉和页脚，或者包括读者想要的任何其他文字。读者也可以使用特殊命令来控制页眉或页脚的外观，如可以对页眉和页脚的文字运用粗体、倾斜或添加下划线等，也可以左对齐、右对齐、居中页眉和页脚中的文字。增加页眉和页脚的操作方法如下：

1 打开素材文件，单击“页面布局”选项卡“页面设置”组中的“页面设置”按钮，打开“页面设置”对话框，切换到“页眉/页脚”选项卡，如下图所示。

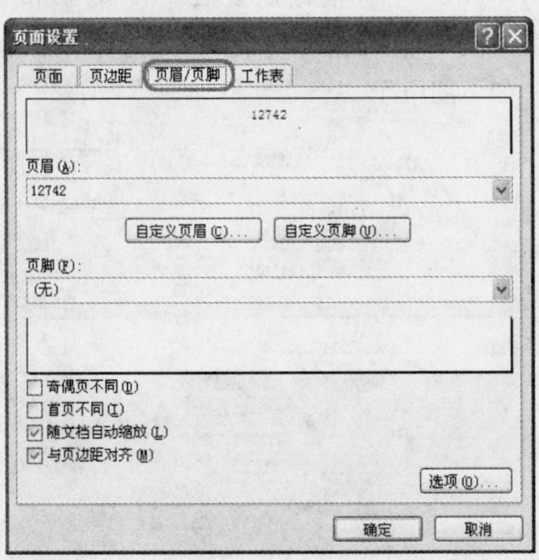

2 设置页眉时，单击“页眉”下三角按钮，在弹出的下拉列表中选择“某厂汽车锁芯出厂详细表. xlsx”，如下图所示。

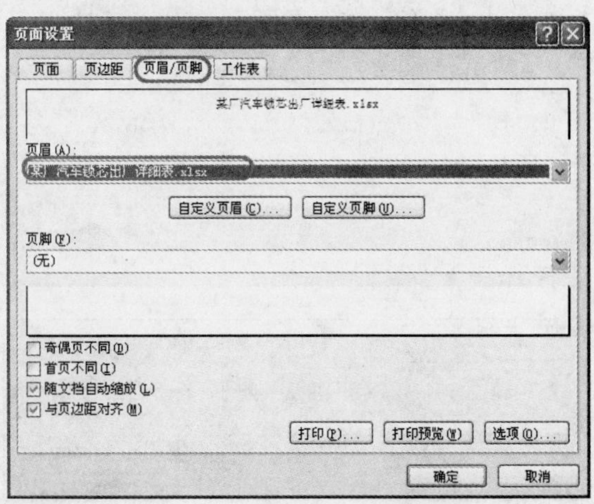

3 设置页脚时，单击“页脚”下三角按钮，在弹出的下拉列表中选择“第1页”，如下图所示。

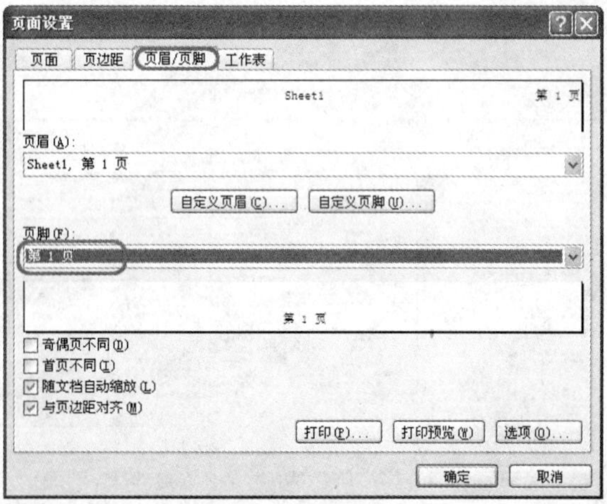

4 单击“确定”按钮，关闭“页面设置”对话框，选择“文件”|“打印”命令，如下图所示为打印预览图。

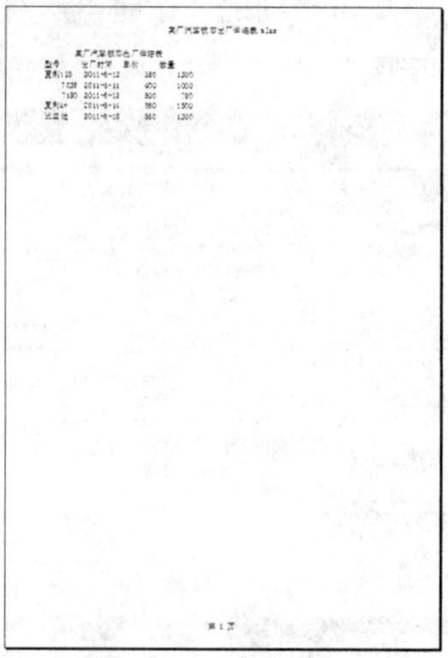

提示 如果提示的页眉或页脚不符合需要，单击“自定义页眉”和“自定义页脚”按钮，并输入想要的内容。如果要删除页眉或页脚，在“页眉”或“页脚”下拉列表中选择“无”选项。

实战操作239 按页面调整工作表

素材：无 效果：无

难度：★★★★★ 视频：视频\第12章\实战操作239.avi

如果在改变了方向和页边距后，工作表太大，导致不能在一页上打印，可以考虑使用缩放选项来压缩工作表，使之能够在指定的页数上打印工作表。具体操作如下：

1 选择“页面布局”选项卡“调整为合适大小”组，如下图所示。

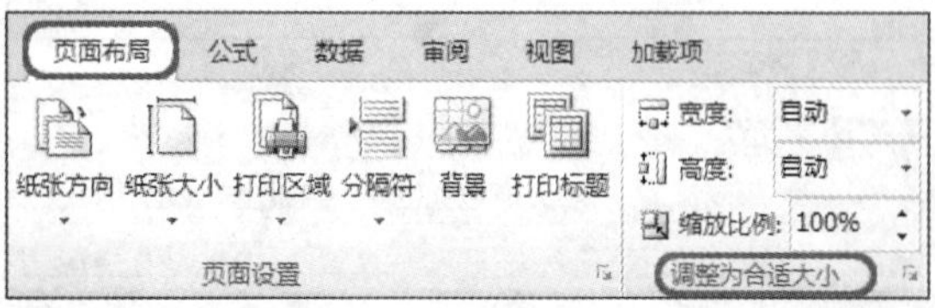

2 用户可以根据需要在“宽度”和“高度”下拉列表中选择要打印数据的页数，如下图所示。

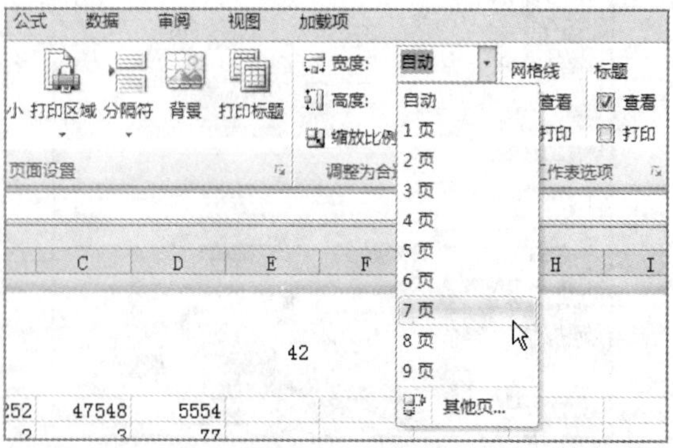

实战操作240　打印网格线

素材：素材\232\某厂汽车锁芯出厂详细表.xlsx　　效果：效果\240\打印网格线.xlsx

难度：★★★★★　　视频：视频\第12章\实战操作240.avi

默认情况下，Excel 2010不打印网格线，设置打印网格线的操作如下：

1 选择“页面布局”选项卡，在“页面设置”组中单击“页面设置”按钮，在弹出的“页面设置”对话框中选择“工作表”选项卡，在“打印”选项组中勾选“网格线”复选框，如下图所示。

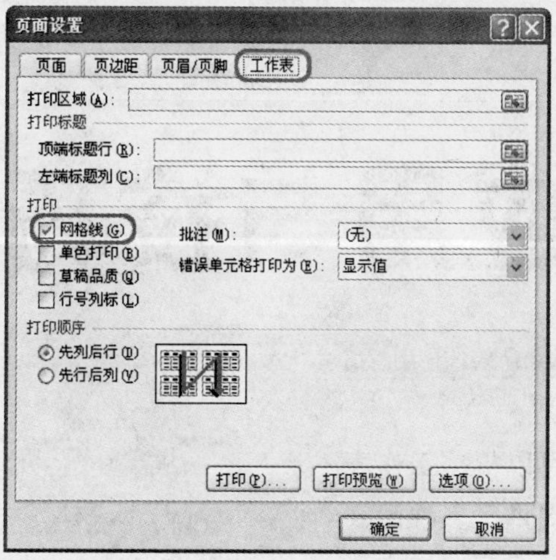

2 在“页面设置”对话框中单击“打印预览”按钮，即可在打印时打印网格，如下图所示。

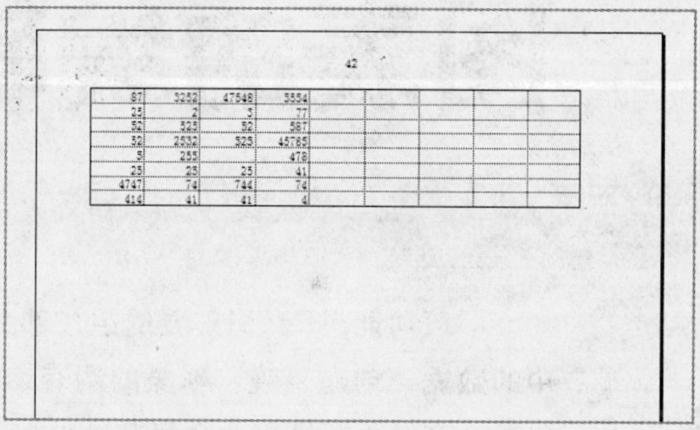

Chapter 13

第13章

图表的编辑应用与技巧

图表功能是Excel重要的组成部分，它可以根据工作表中的数据，创建直观、形象的图表。Excel提供了多种图表类型，可以选择恰当的方式表达数据信息，并且可以自定义图表、设置图表各部分的格式。

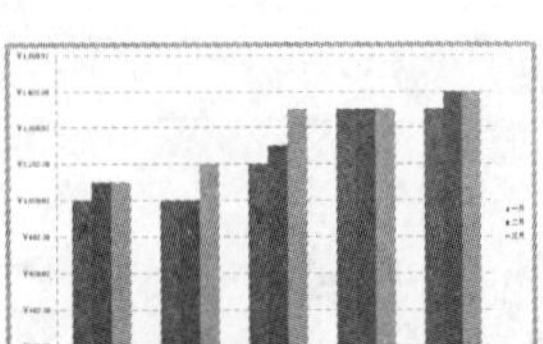

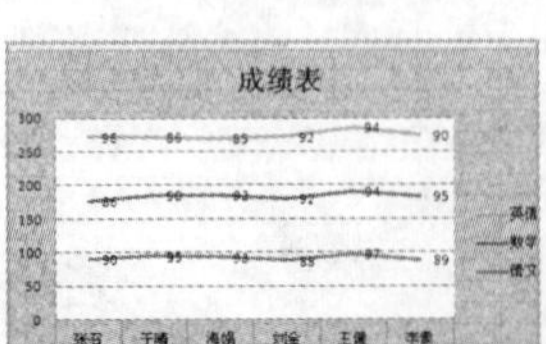

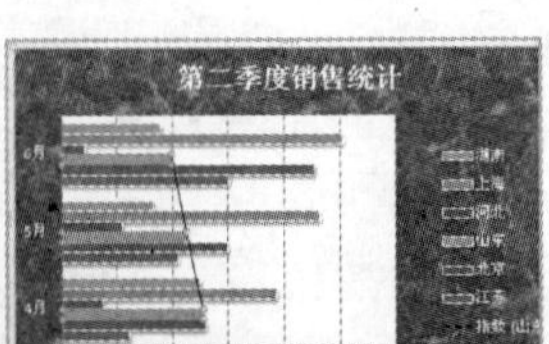

13.1 创建图表

Excel 2010提供了多种创建图表的方法，下面介绍一下其中常用的两种方法。

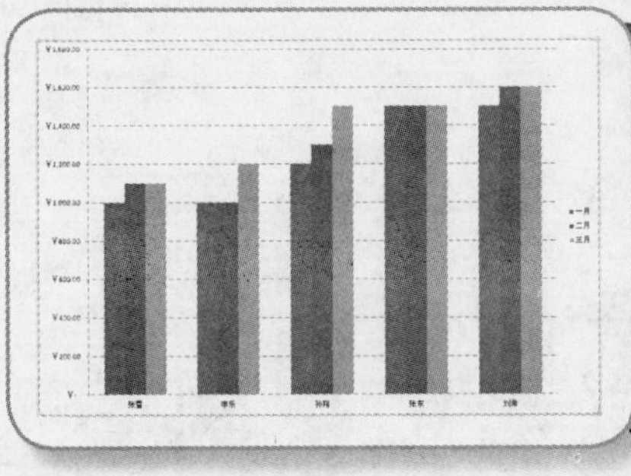

实战操作241 使用快捷键创建图表

- 素材：素材\241\表1.xlsx
- 难度：★★★★★
- 效果：效果\241\使用快捷键创建图表.xlsx
- 视频：视频\第13章\实战操作241.avi

如果不想对图表做任何特殊的设置，也就是使用默认的设置，那么可以使用快捷键快速创建图表。具体操作如下：

1 启动Excel 2010，打开素材文件，如下图所示。

	A	B	C	D
1	姓名	一月	二月	三月
2	张雪	¥ 1,000.00	¥ 1,100.00	¥ 1,100.00
3	李乐	¥ 1,000.00	¥ 1,000.00	¥ 1,200.00
4	孙翔	¥ 1,200.00	¥ 1,300.00	¥ 1,500.00
5	张东	¥ 1,500.00	¥ 1,500.00	¥ 1,500.00
6	刘希	¥ 1,500.00	¥ 1,600.00	¥ 1,600.00
7				

2 选择数据区域中的任意一个单元格，例如选择B2单元格，在键盘上按F11键，此时将在工作簿中创建一个名为Chart1图表工作表标签，并将创建的图表放在该工作表中，如下图所示。

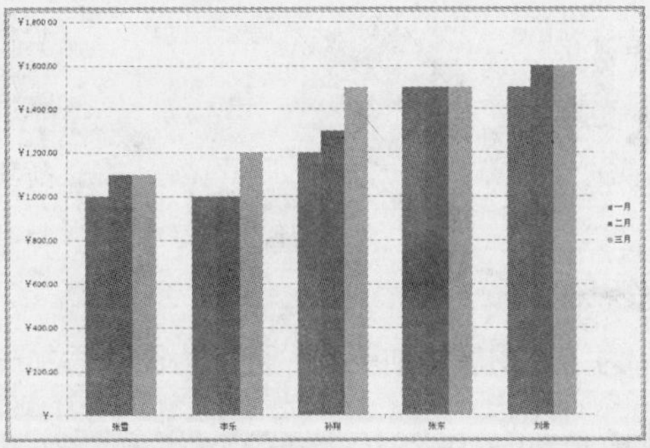

提示

在使用快捷键创建图表时，会自动使用默认的图表类型来创建图表，如果要更改默认的图表类型，可以先激活一个图表，然后在“设计”选项卡“类型”组中单击“更改图表类型” 按钮，在打开的“更改图表类型”对话框中选择一种图表后，单击“设置为默认图表”按钮即可。

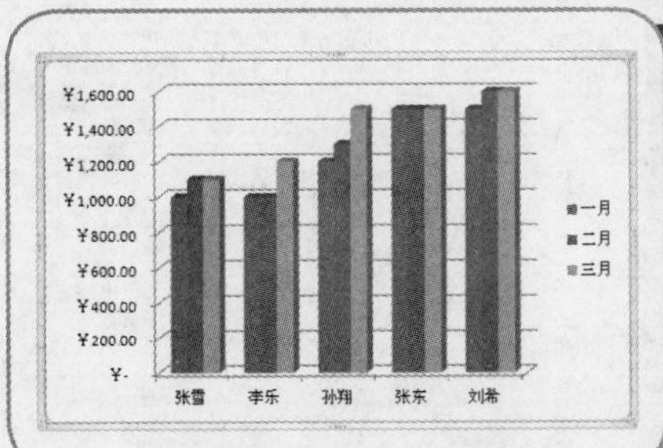

实战操作242 使用功能区创建图表

- 素材：素材\241\表1.xlsx
- 难度：★★★★★
- 效果：效果\242\使用功能区创建图表.xlsx
- 视频：视频\第13章\实战操作242.avi

使用功能区在工作簿中插入图表，可以选择需要的图表类型，具体操作步骤如下：

1 打开素材文件，选择数据区域中的任意一个单元格，例如选择B2单元格，在“插入”选项卡 “图表”组中选择所需的图表类型，然后在其下拉列表中选择相应的图表，例如单击“柱形图” 按钮，在弹出的下拉列表中选择“三维簇状柱形图”选项，如下图所示。

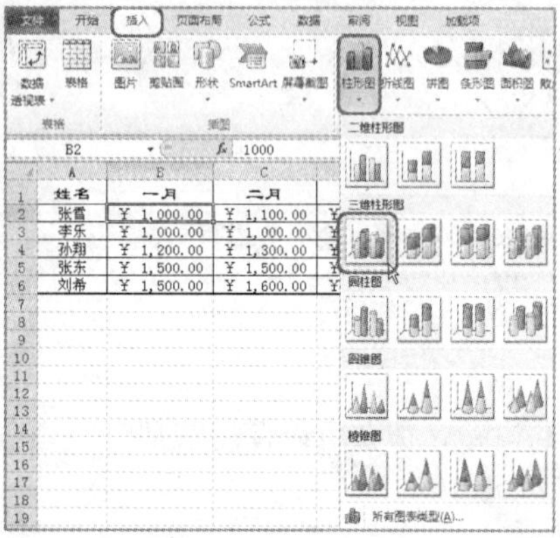

2 此时就会在当前工作簿中插入一个内嵌图表，如下图所示。如果要对图表进行修改，可以选中图表，然后在功能区中对其类型、布局、样式、位置等进行更改，直到满意为止。

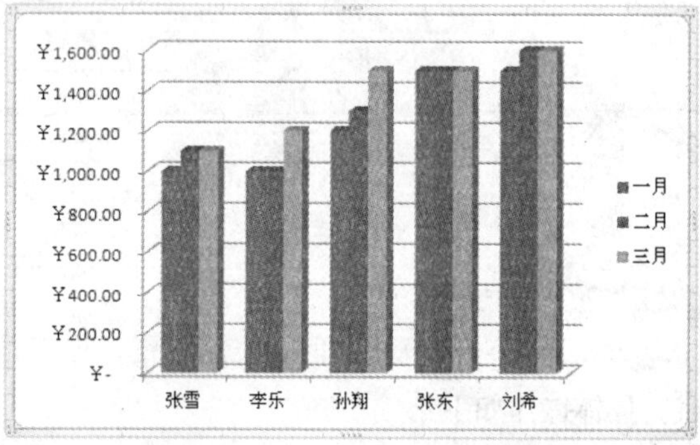

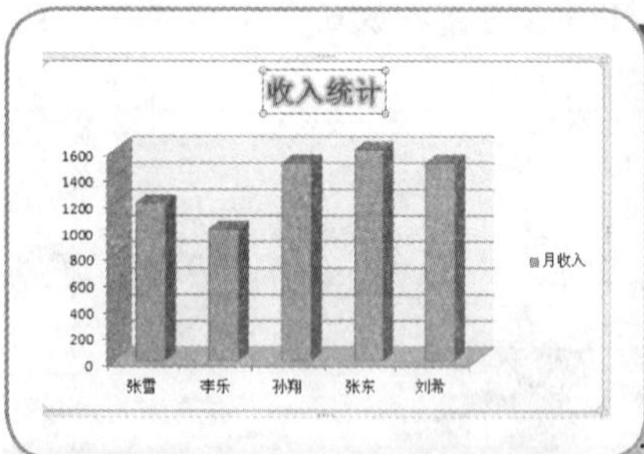

实战操作243 设置艺术字标题

素材：素材\243\图表.xlsx

难度：★★★★★

效果：效果\243\设置艺术字标题.xlsx

视频：视频\第13章\实战操作243.avi

为了使图表更加美观，可以为图表添加一个标题，并对标题应用艺术效果。具体操作如下：

1 启动Excel 2010，打开素材文件，如下图所示。

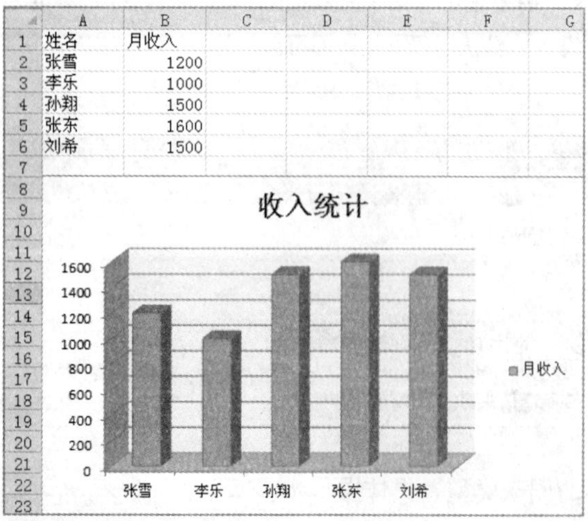

2 选择图表标题，然后选择“图表工具”下“格式”选项卡，在“艺术字样式”组中单击“其他” 按钮，在弹出的列表中选择一种艺术字样式，例如选择“渐变填充-蓝色，强调文字颜色1”，如下图所示。

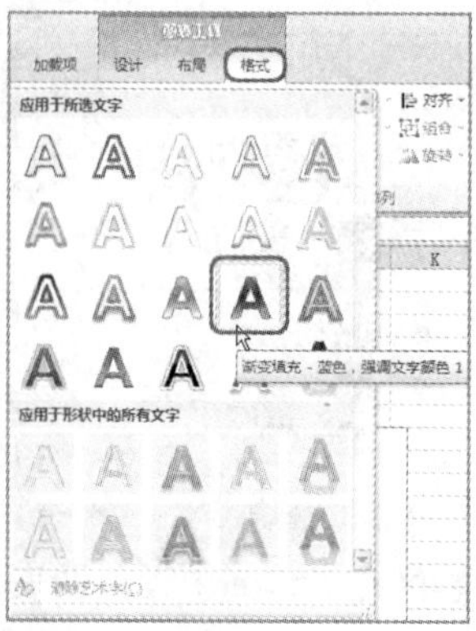

3 在“艺术字样式”组中单击“文字效果”按钮，在弹出的下拉列表中选择“发光”|“水绿色，8pt发光，强调文字颜色5”命令，如下图所示。

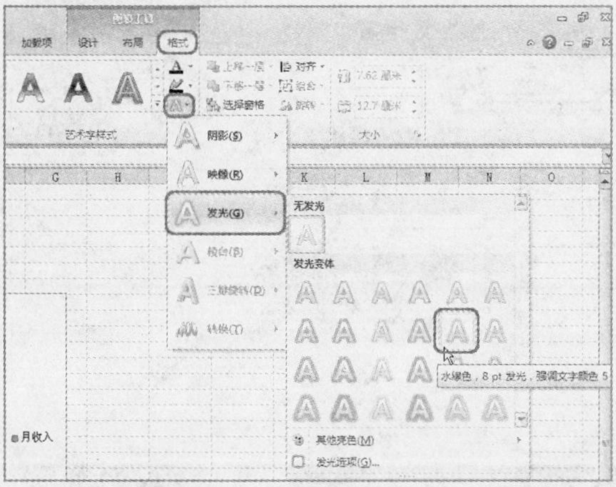

4 设置完成后的效果如下图所示。

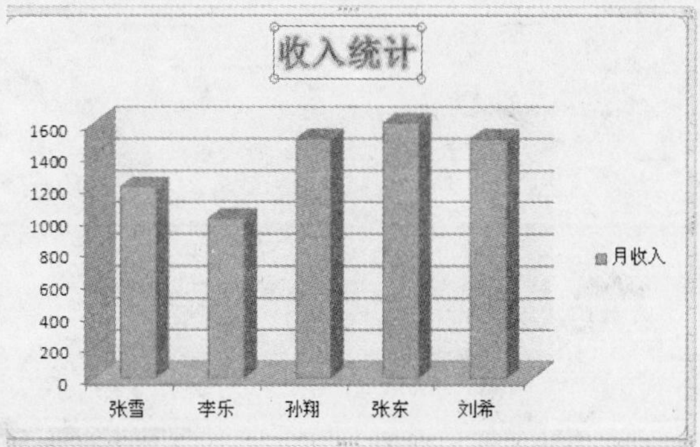

13.2 图表元素与图表类型

一个图表中包含的标题、图例、数值轴等图表对象也称为元素。对于图表中的元素，可以执行移动或删除等操作。除此之外，还可以更改图表的类型。

实战操作244 选择图表中的元素

素材：素材\243\图表.xlsx　　效果：无

难度：★★★★★　　视频：视频\第13章\实战操作244.avi

对于图表对象，既可以先单击该对象然后单击其中的元素，也可以直接单击其中的元素。具体操作步骤如下：

1 启动Excel 2010，打开素材文件，如右图所示。

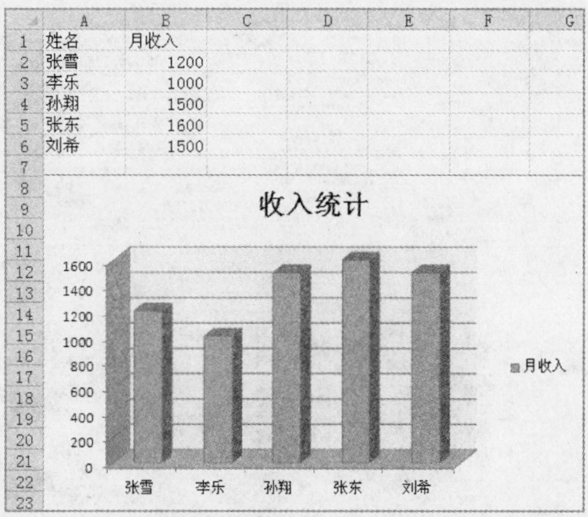

2 激活图表后，选择“图表工具”下的“布局”选项卡，在“当前所选内容”组中单击按钮，在弹出的下拉列表中可以对图表的各个组成部分进行选择，如右图所示。

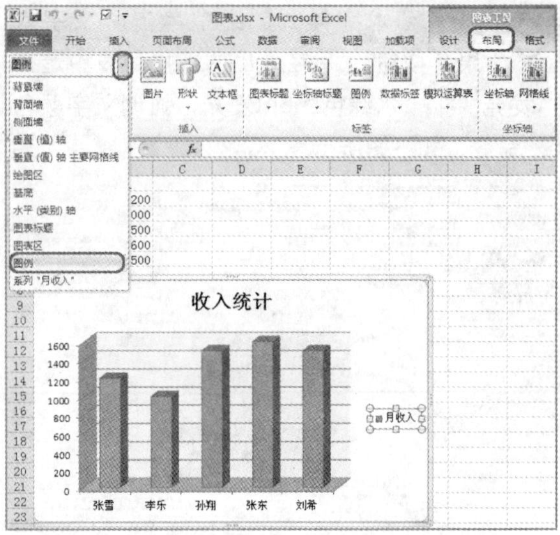

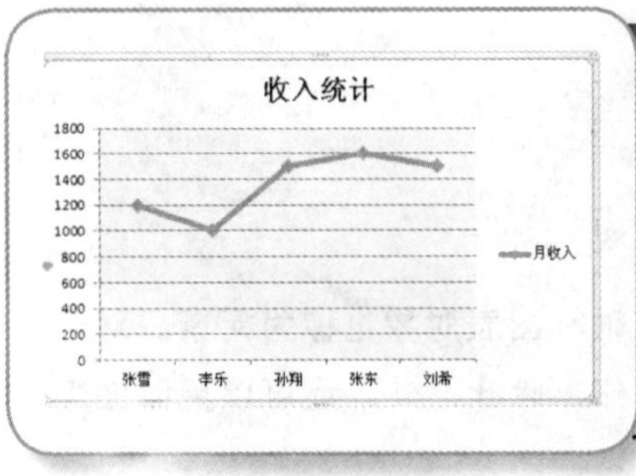

实战操作245 更改图表类型

素材：素材\243\图表.xlsx

难度：★★★★★

效果：效果\245\更改图表类型.xlsx

视频：视频\第13章\实战操作245.avi

新创建的图表如果不能很好地表达出工作表中的数据，用户可以选择其他类型的图表，操作步骤如下：

1 打开素材文件，选中工作簿中的图表，选择“图表工具”下的“设计”选项卡，在“类型”组中单击“更改图表类型”按钮，如下图所示。

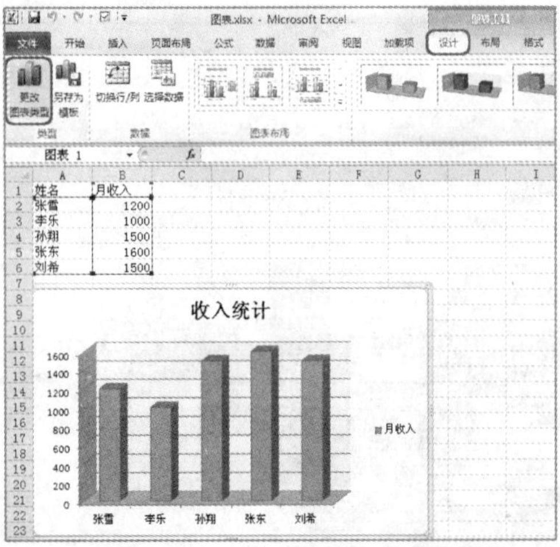

2 在打开的“更改图表类型”对话框中选择一种所需的图表类型，例如选择“折线图”中的“带数据标记的堆积折线图”，如下图所示。单击“确定”按钮，即可更改图表类型。

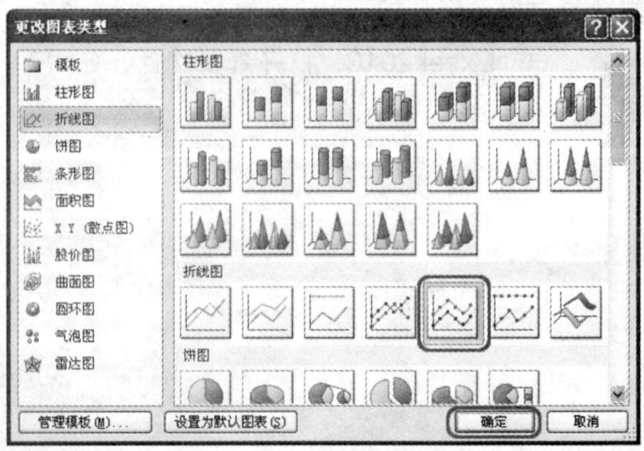

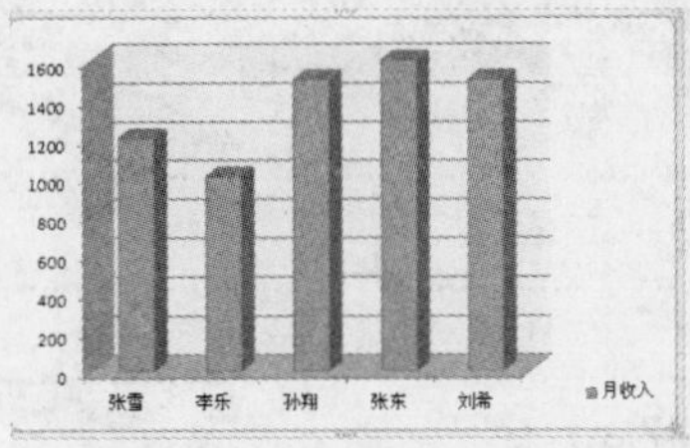

实战操作246　移动、删除图表的组成元素

- 素材：素材\243\图表.xlsx
- 难度：★★★★★
- 效果：效果\246\移动、删除图表的组成元素.xlsx
- 视频：视频\第13章\实战操作246.avi

当在图表区域中单击某个元素时，该元素周围会出现控制点，通过拖动控制点可以更改该元素的位置，按Del键可以删除选中的元素，操作步骤如下：

1 启动Excel 2010，打开素材文件，并选择图表标题“收入统计”，如下图所示。

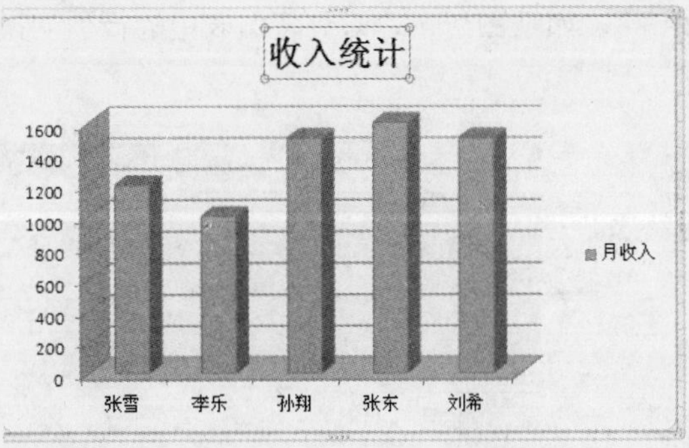

2 按键盘上的Del键即可将选择的图表标题删除，如下图所示。

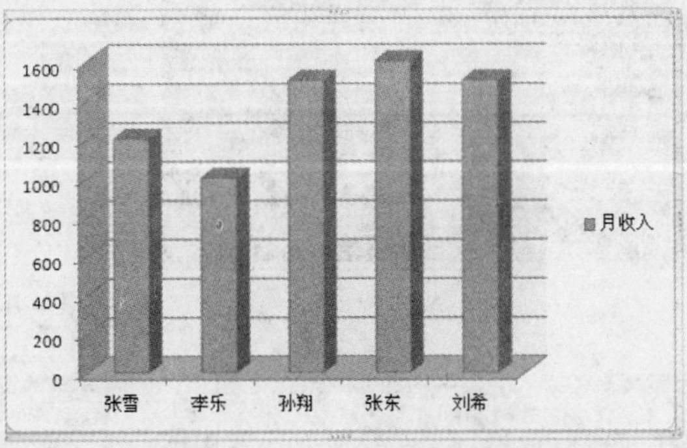

3 在图表中选择图例项“月收入”，如下图所示。

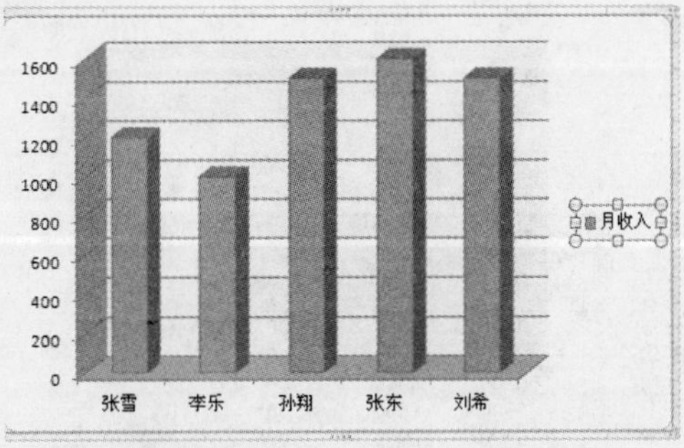

4 当鼠标指针变成✥形状时，按住鼠标左键将图例向下拖动至适当位置处松开鼠标即可，如下图所示。

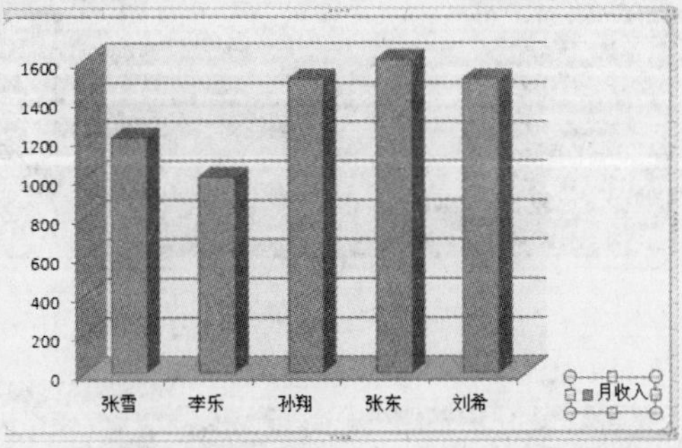

13.3 修改和美化图表

创建图表后，不仅可以对图表区域进行编辑，同样也可以对图表中的不同图表对象进行修饰和美化操作。

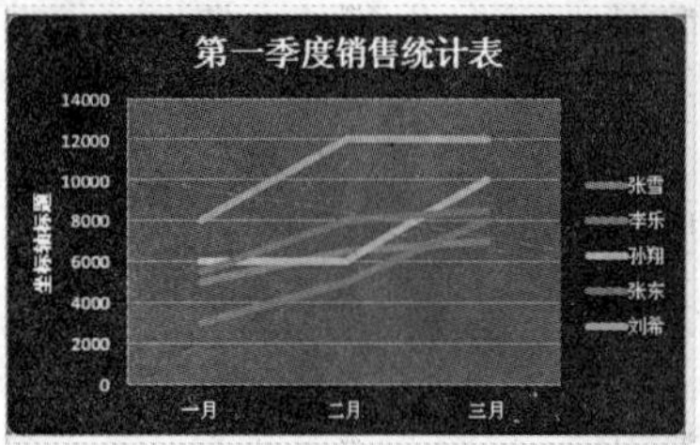

实战操作247 切换行列

- 素材：素材\247\统计表.xlsx
- 难度：★★★★★
- 效果：效果\247\切换行列.xlsx
- 视频：视频\第13章\实战操作247.avi

Excel允许对图表切换行列，这样有利于从另一个角度来观察图表中的数据信息。具体操作如下：

1 启动Excel 2010，打开素材文件，并激活图表，如下图所示。

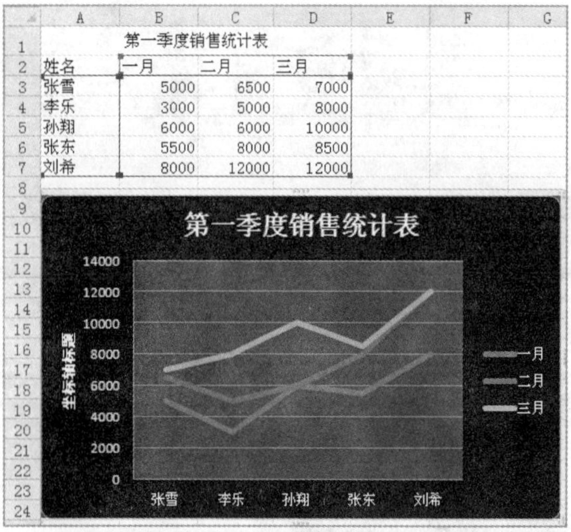

2 选择“图表工具”下的“设计”选项卡，在“数据”组中单击“切换行/列”按钮，如下图所示，即可将图表中的行列切换显示。

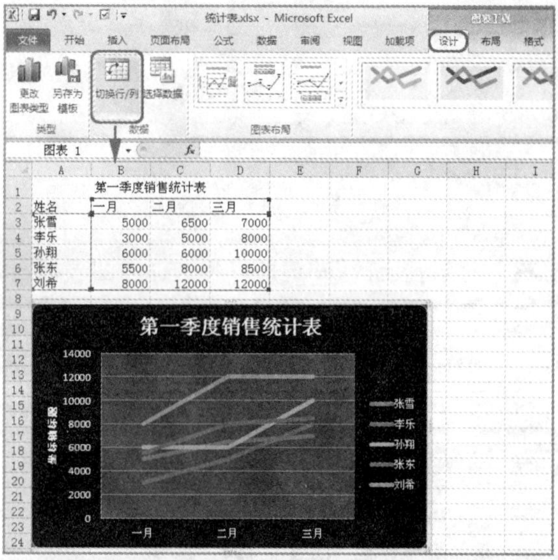

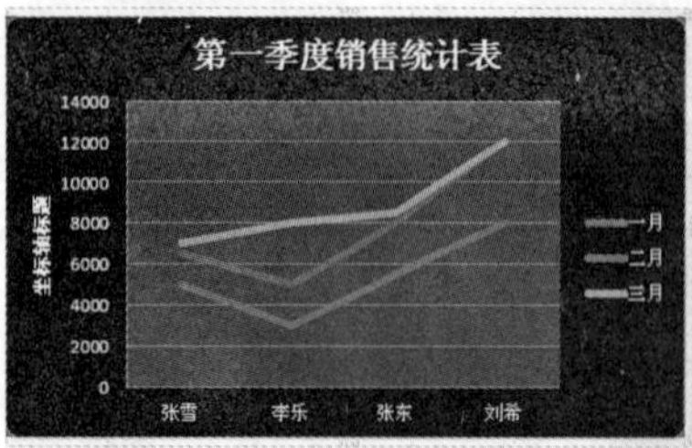

实战操作248 修改数据源

- 素材：素材\247\统计表.xlsx
- 难度：★★★★★
- 效果：效果\248\修改数据源.xlsx
- 视频：视频\第13章\实战操作248.avi

对于已创建的图表，可以通过“选择数据源”对话框来添加或删除数据。操作步骤如下：

1 打开素材文件，并激活图表，选择“图表工具”下的“设计”选项卡，在“数据”组中单击“选择数据”按钮，如下图所示。

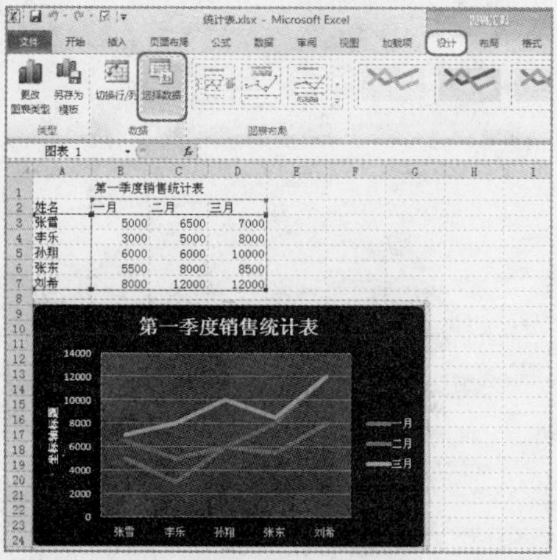

2 打开“选择数据源”对话框，单击“图表数据区域”文本框后的按钮，此时该对话框将被折叠，以方便在工作簿中选择数据，如下图所示。

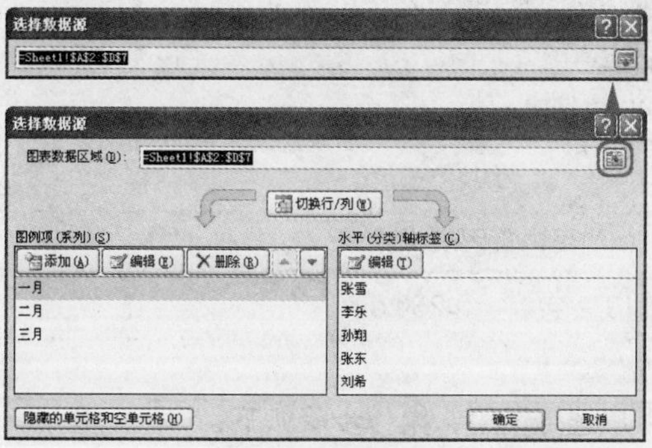

3 拖动鼠标，在工作簿中重新选择数据。如果需要，可以配合Ctrl键选择不相邻区域的数据，如下图所示。

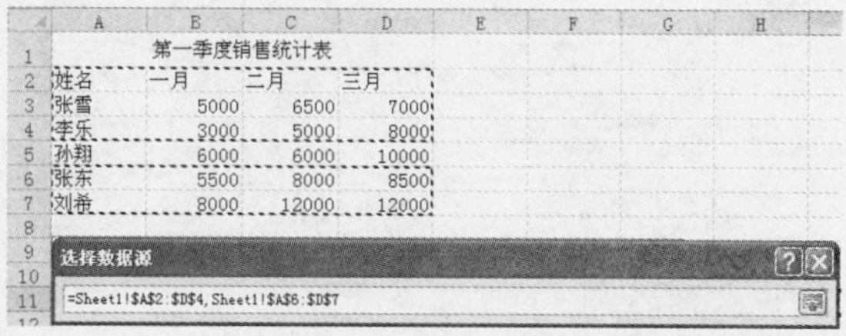

4 单击对话框右侧的按钮，展开“选择数据源”对话框。单击“确定”按钮，返回到工作簿中，图表中的数据随之发生改变，效果如下图所示。

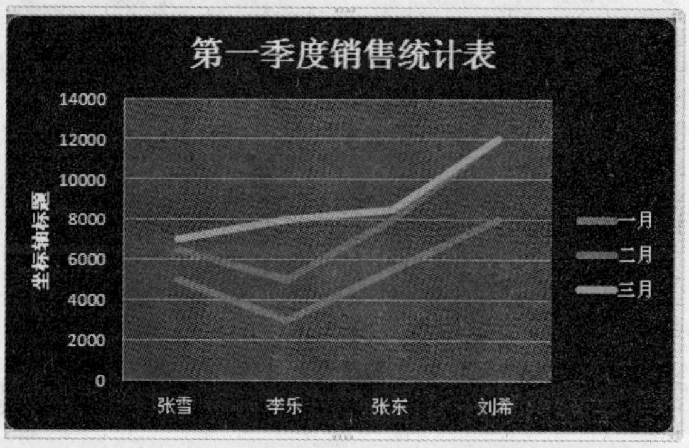

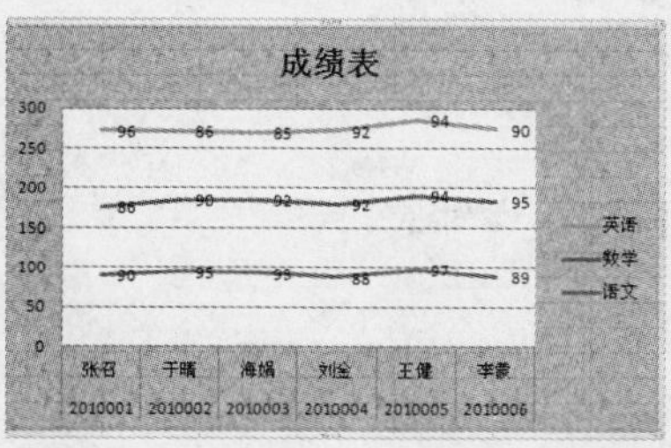

实战操作249 更改图表布局

- 素材：素材\249\成绩表.xlsx
- 难度：★★★★★
- 效果：效果\249\更改图表布局.xlsx
- 视频：视频\第13章\实战操作249.avi

创建图表后，用户可以根据个人审美和图表表达需要来更改它的外观。在Excel 2010中，提供了多种图表布局以供用户选择。具体操作如下：

1 打开素材文件，并激活图表，选择“图表工具”下的“设计”选项卡，在“图表布局”组中单击“其他”按钮，在弹出的下拉列表中选择一种图表布局，例如选择“布局9”，如下图所示。

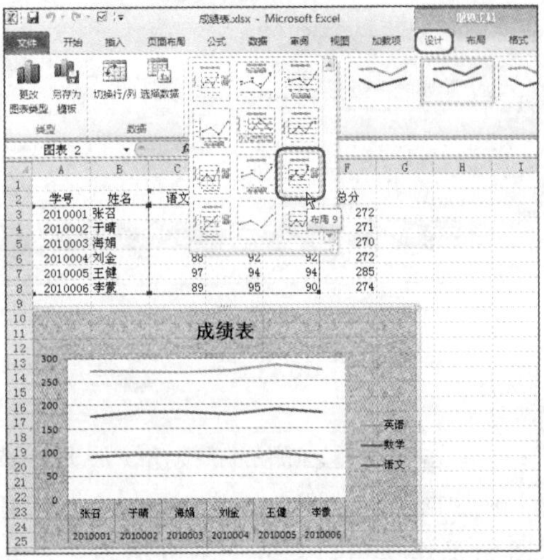

2 更改图表布局后的效果如下图所示。

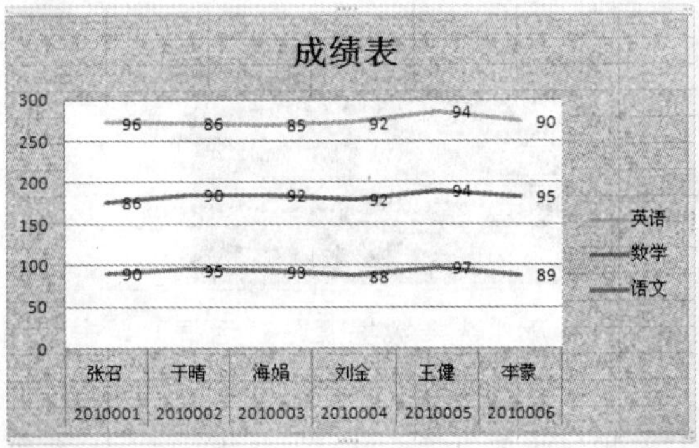

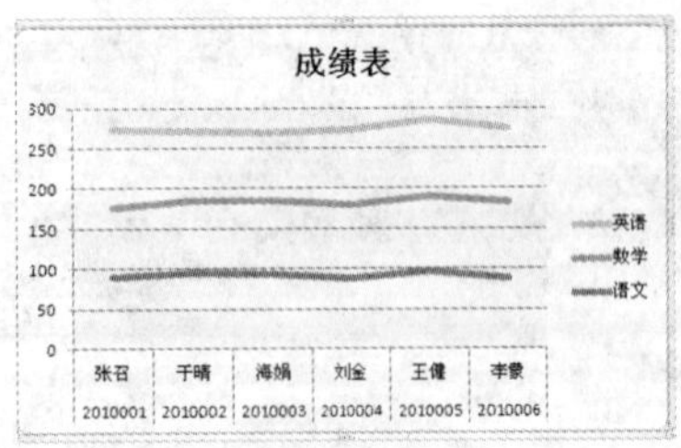

实战操作250 使用内置图表样式

- 素材：素材\249\成绩表.xlsx
- 难度：★★★★★
- 效果：效果\250\使用内置图表样式.xlsx
- 视频：视频\第13章\实战操作250.avi

在Excel 2010中提供了很多内置的图表样式，供用户选择使用，操作步骤如下：

1 打开素材文件，并激活图表，选择“图表工具”下的“设计”选项卡，在“图表样式”组中单击“其他”按钮，在弹出的下拉列表中选择一种图表样式，例如选择“样式40”，如下图所示。

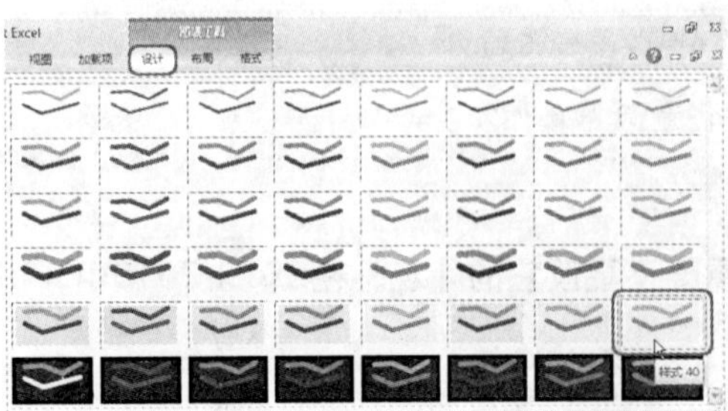

2 更改图表样式后的效果如下图所示。

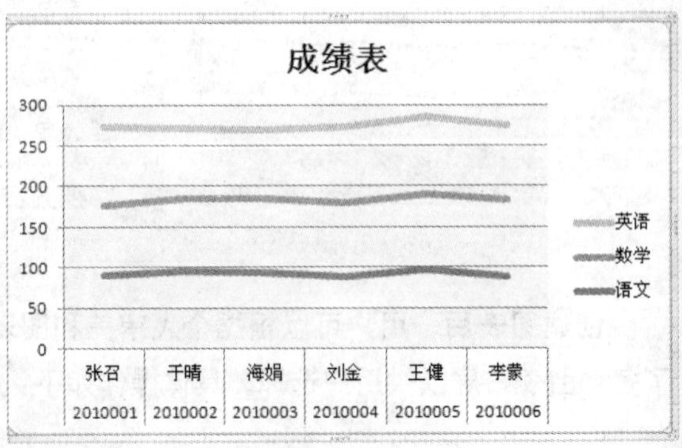

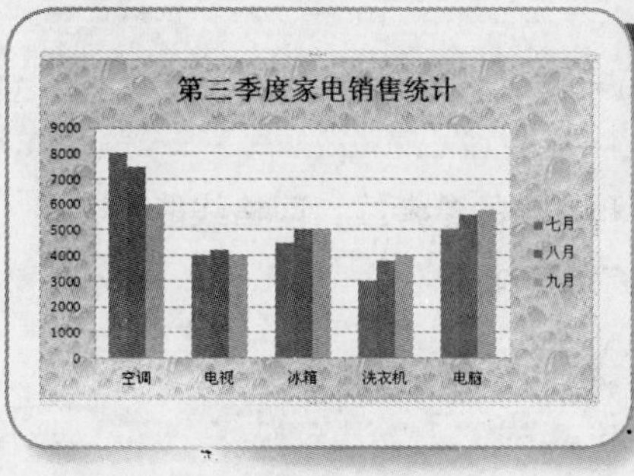

实战操作251　设置图表背景

- 素材：素材\251\家电销售表.xlsx
- 难度：★★★★★
- 效果：效果\251\设置图表背景.xlsx
- 视频：视频\第13章\实战操作251.avi

通过“设置图表区格式”对话框可以为图表填充背景，如以纯色填充、以渐变色填充和以图案填充等，操作步骤如下：

1 启动Excel 2010，打开素材文件，并激活图表，如下图所示。

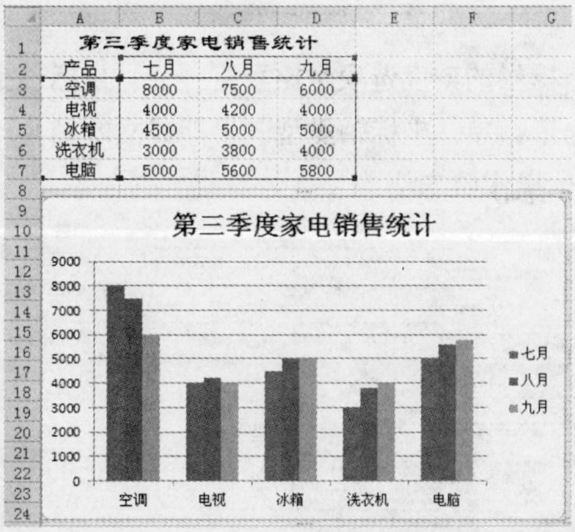

2 在图表的空白区域中单击鼠标右键，在弹出的快捷菜单中选择“设置图表区域格式”选项，如下图所示。

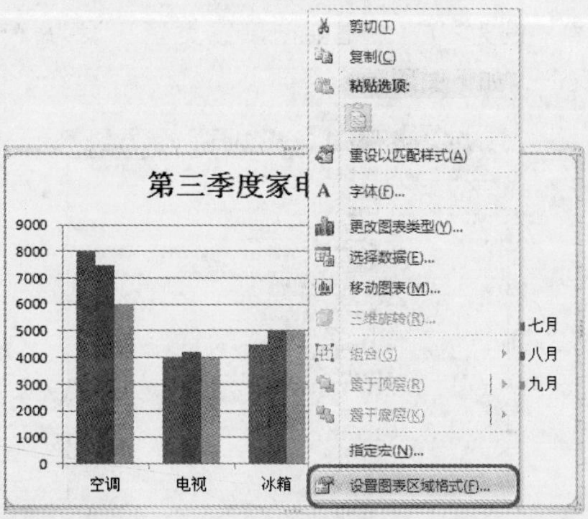

3 打开“设置图表区格式”对话框，在左侧列表中选择“填充”选项，然后在右侧单击“图片或纹理填充”单选按钮，再单击“纹理”右侧的按钮，在弹出的下拉列表中选择“水滴”，如下图所示。

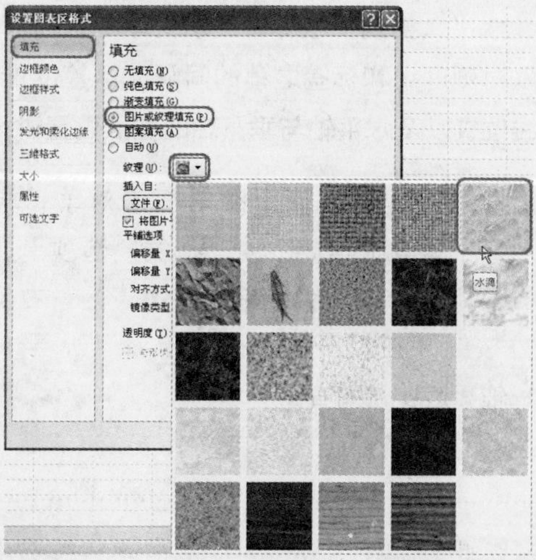

4 单击“关闭”按钮，设置图表背景后的效果如下图所示。

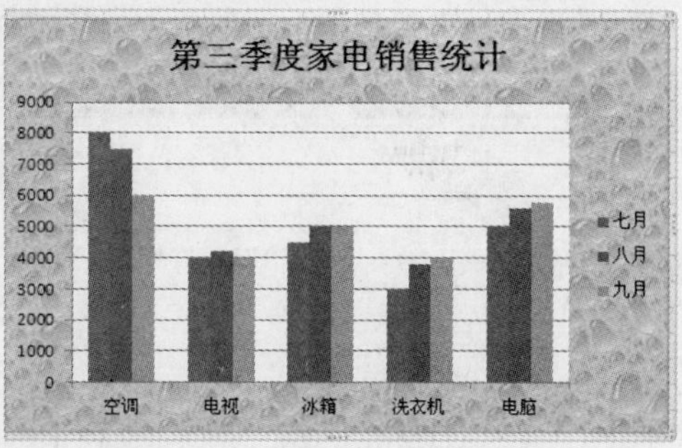

> **提示**
>
> 在“图表工具”下的“格式”选项卡中，单击“形状填充”按钮，可以在打开的下拉列表中设置图表的背景。

13.4 坐标轴和网格线

坐标轴是图表中用来对数据进行分类和度量的参考线；网格线能更容易确定图表中的数值，是对坐标轴上刻度的简单延伸。

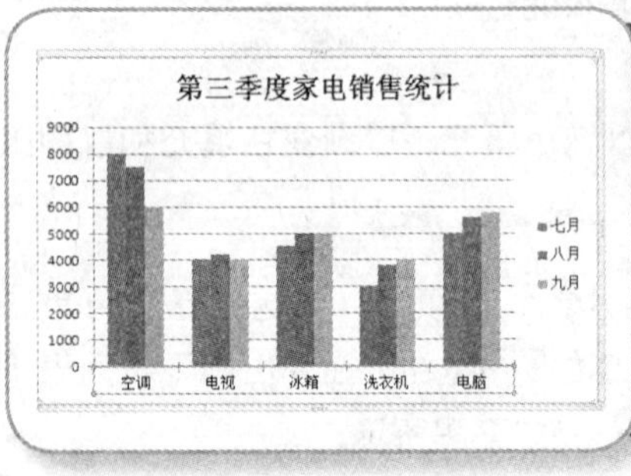

实战操作252 设置图表中水平（类别）轴

素材：素材\251\家电销售表.xlsx

难度：★★★★★

效果：效果\252\设置图表中水平（类别）轴.xlsx

视频：视频\第13章\实战操作252.avi

水平（类别）坐标轴显示文本标签而非数字间隔，提供的刻度选项也比垂直（值）坐标轴少。可以对刻度线和标签之前的间隔、标签位置、类别的显示顺序、坐标轴类型（日期或文本轴）、刻度线位置以及水平轴与垂直轴的交点位置进行设置。具体操作如下：

1 打开素材文件，激活图表对象，选择"图表工具"下的"格式"选项卡，在"当前所选内容"组中单击"图表区"右侧的下拉按钮，在打开的列表中选择"水平（类别）轴"选项，如右图所示。

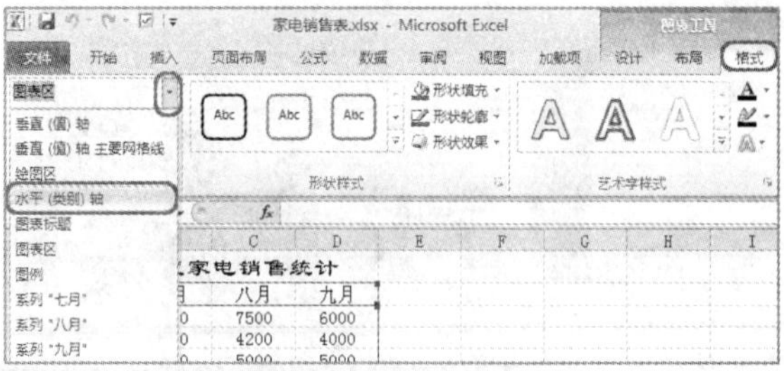

2 此时，在图表中对应的内容将被选中，再单击"当前所选内容"组中的"设置所选内容格式"按钮，打开"设置坐标轴格式"对话框，如下图所示。

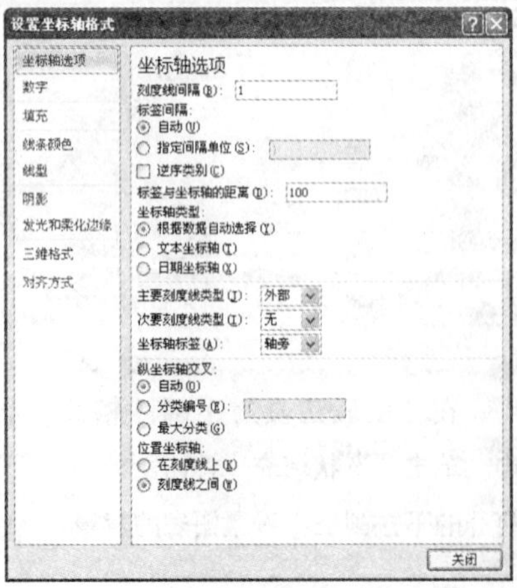

3 在"坐标轴选项"选项组中可进行一系列设置，例如将"标签与坐标轴的距离"设为20，"主要刻度线类型"设为"交叉"，如下图所示。

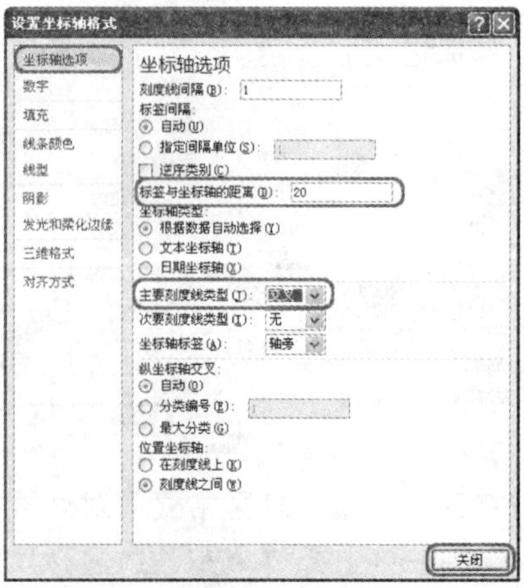

4 单击“关闭”按钮，设置完成后图表的效果如右图所示。

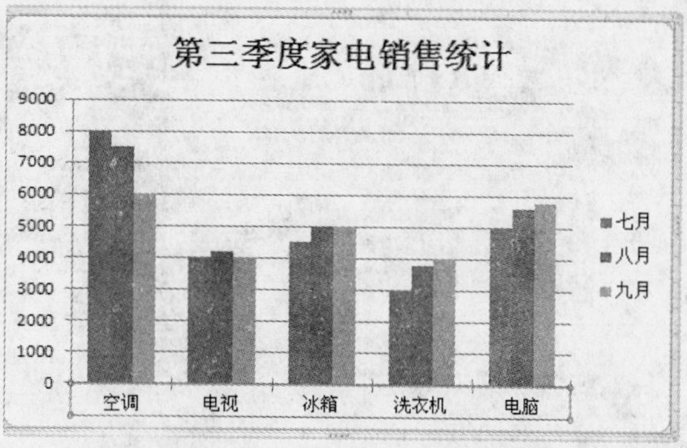

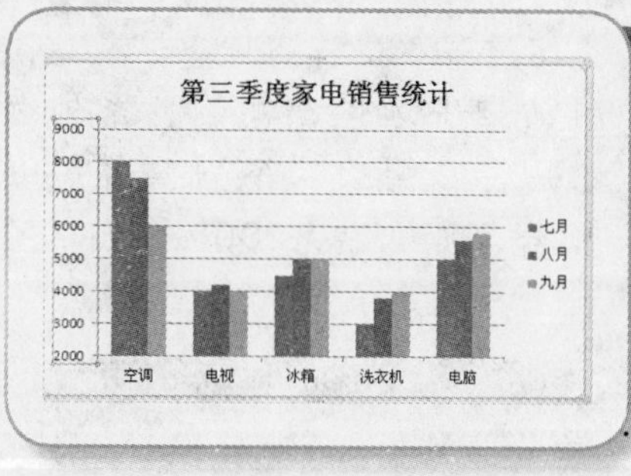

实战操作253 设置图表中垂直（值）轴

素材：素材\251\家电销售表.xlsx

难度：★★★★★

效果：效果\253\设置图表中垂直（值）轴.xlsx

视频：视频\第13章\实战操作253.avi

默认情况下，Excel会确定图表中垂直（值）坐标轴的最小和最大刻度值，但也可以自定义刻度来满足自己的需要。当在图表中绘制的数字涵盖范围非常大时，可以将垂直（值）轴更改为对数刻度。具体操作如下：

1 打开素材文件，激活图表对象，在“格式”选项卡“当前所选内容”组中单击“图表区”右侧的下拉按钮，在弹出的下拉列表中选择“垂直（值）轴”选项，如下图所示。

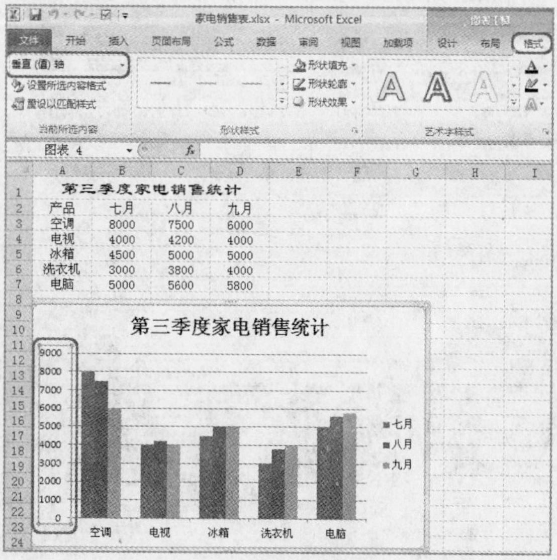

2 单击“当前所选内容”组中的“设置所选内容格式”按钮，打开“设置坐标轴格式”对话框，如下图所示。选择“坐标轴选项”选项，然后在右侧进行设置，如下图所示。

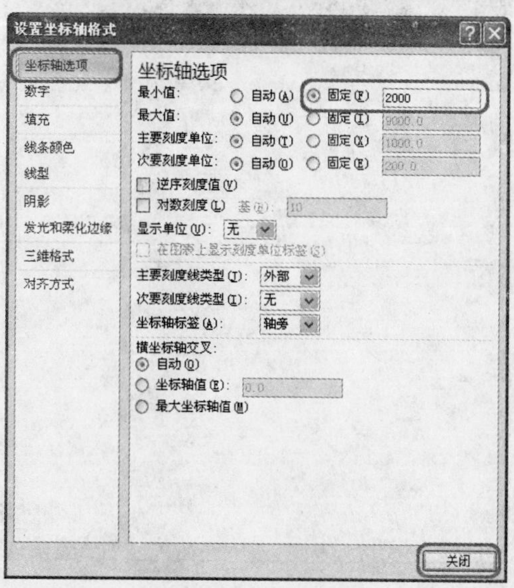

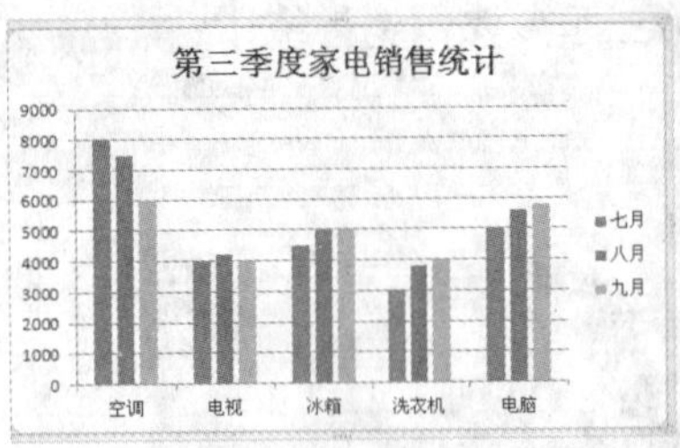

实战操作254 设置图表中数据系列

- 素材：素材\251\家电销售表.xlsx
- 难度：★★★★★
- 效果：效果\254\设置图表中数据系列.xlsx
- 视频：视频\第13章\实战操作254.avi

数据系列是在图表中绘制的相关数据点，这些数据源自数据表中的行或列。图表中的每个数据系列具有唯一的颜色，并在图表中的图例中表示出来。具体操作如下：

1 打开素材文件，激活图表对象，在“格式”选项卡“当前所选内容”组中单击“图表区”右侧的下拉按钮，在打开的列表中选择系列“七月”，如下图所示。

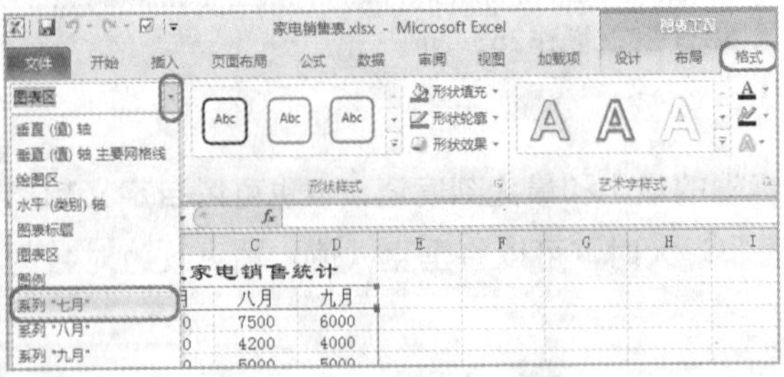

2 单击“当前所选内容”组中的“设置所选内容格式”按钮，打开“设置数据系列格式”对话框，如下图所示。

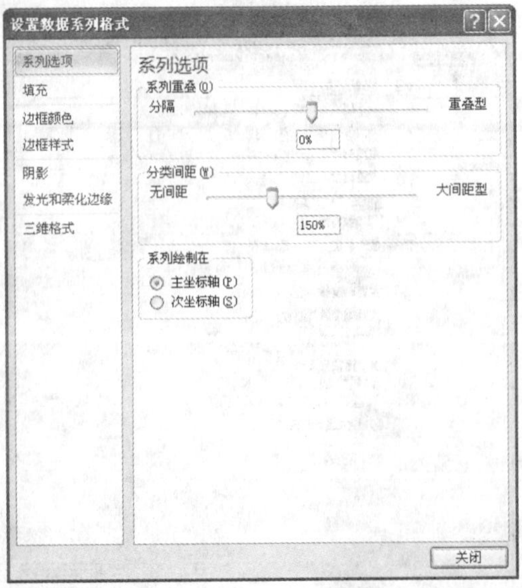

3 在该对话框中选择左侧的“系列选项”，并将右侧的“系列重叠”设为-30%，“分类间距”设为200%，如下图所示。

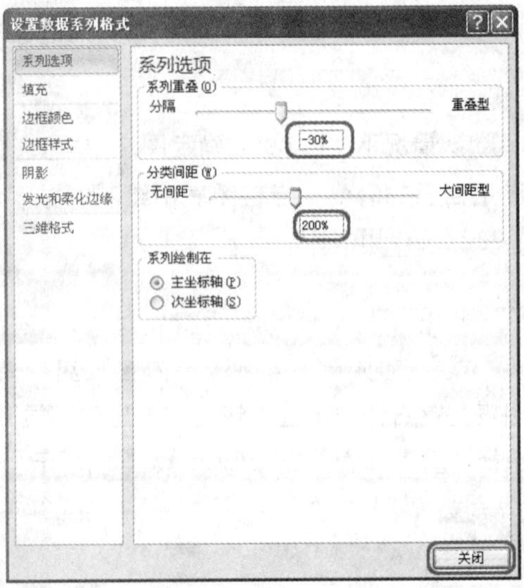

4 单击“关闭”按钮，设置数据系列格式后的图表如下图所示。

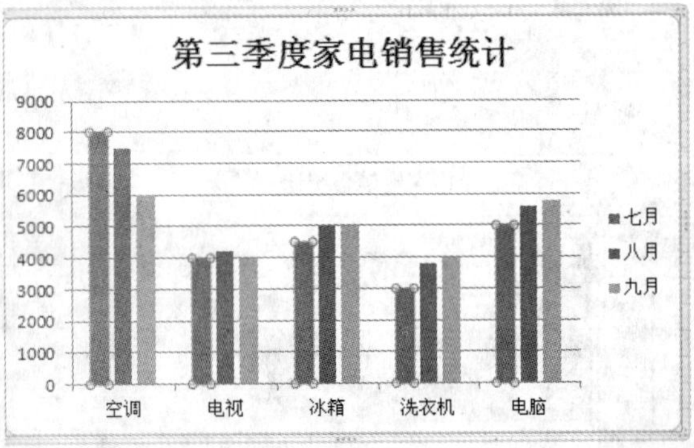

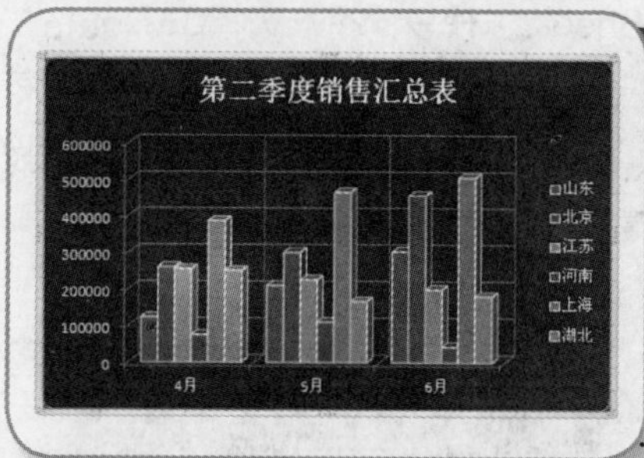

实战操作255 设置图表网格线

- 素材：素材\255\销售汇总表.xlsx
- 难度：★★★★★
- 效果：效果\255\设置图表网格线.xlsx
- 视频：视频\第13章\实战操作255.avi

为了方便阅读图表中的数据，可以在图表的绘图区中显示从任何水平轴和垂直轴延伸出的水平和垂直网格线。具体操作如下：

1 打开素材文件，并激活图表，选择“图表工具”下的“布局”选项卡，在“坐标轴”组中单击“网格线”按钮，在弹出的下下拉列表中选择“主要纵网格线”|“主要网格线”命令，如下图所示。

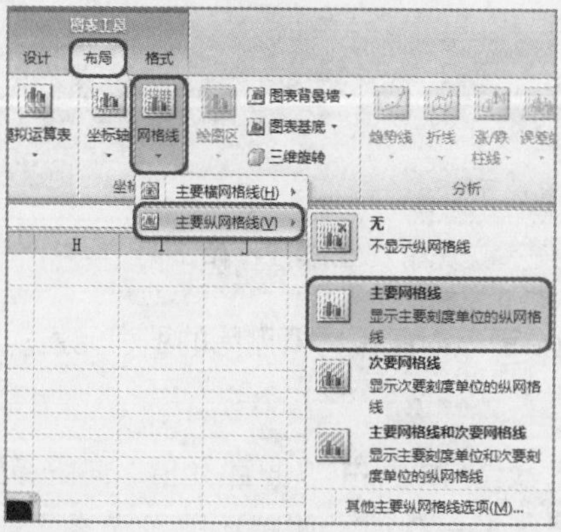

2 选择“主要纵网格线”中的选项后图表的效果如下图所示。

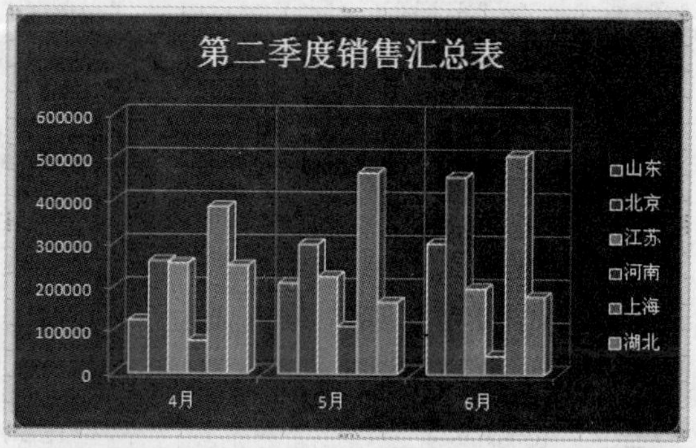

13.5 复制、删除图表与添加趋势线

用户创建图表之后，可以在许多方面对图表进行修改，包括复制图表、删除图表和格式化图表等。

实战操作256 复制图表

- 素材：素材\255\销售汇总表.xlsx
- 效果：效果\256\复制图表.xlsx
- 难度：★★★★★
- 视频：视频\第13章\实战操作256.avi

如果要复制已经建立好的图表，或将图表复制到另外的工作表中，可以按照复制操作的步骤进行操作。具体操作如下：

1 打开素材文件，在图表对象上单击鼠标右键，在弹出的快捷菜单中选择“复制”命令（或按Ctrl+C快捷键），将图表复制到剪贴板中，如下图所示。

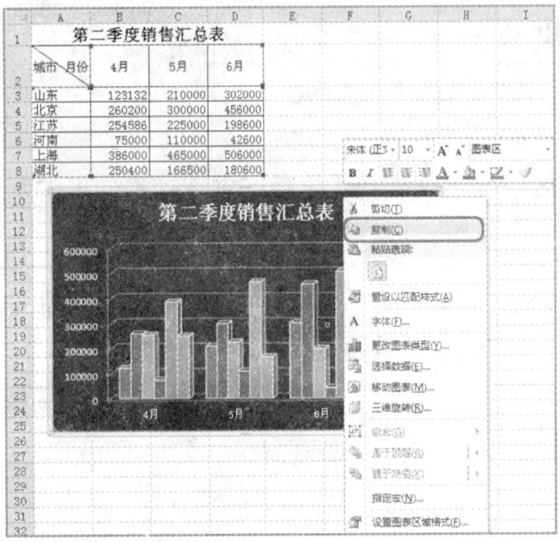

2 单击Sheet2工作表标签，选择C3单元格，单击鼠标右键，在弹出的快捷菜单中选择“粘贴选项”｜“使用目标主题”命令（或按Ctrl+V快捷键），即可复制图表，如下图所示。

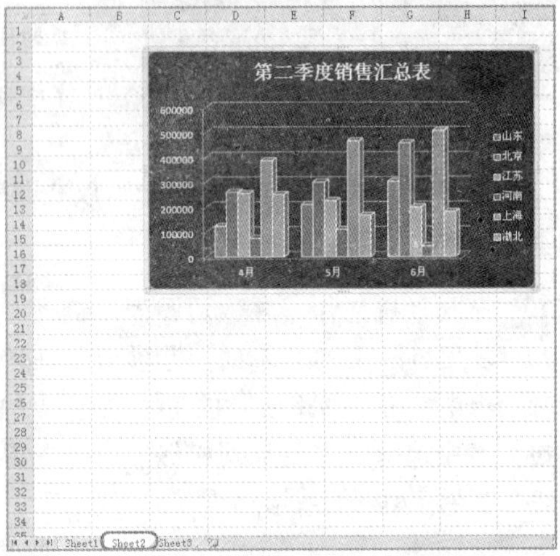

实战操作257 删除图表和图表元素

素材：素材\255\销售汇总表.xlsx

效果：无

难度：★★★★★

视频：视频\第13章\实战操作257.avi

如果要把已经建立好的图表和图表元素删除，只需选中图表对象或需要删除的图表元素，按Del键。具体操作如下：

1 打开素材文件，激活图表对象，按Del键即可删除图表，如下图所示。如果想撤销图表的删除操作，按Ctrl+Z快捷键即可。

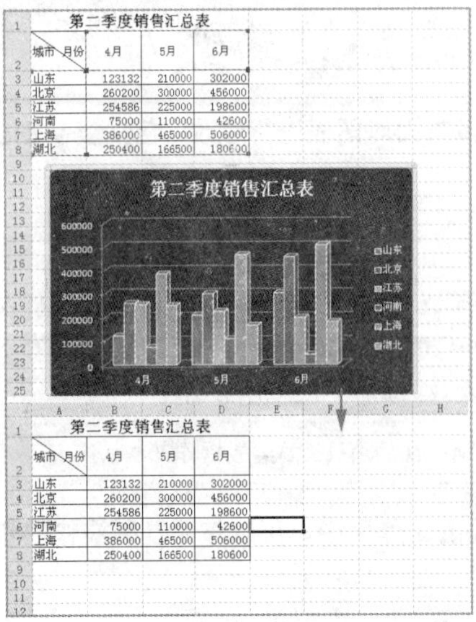

2 选择图表中“垂直（值）轴”元素，按Del键即可删除该图表元素，如下图所示。

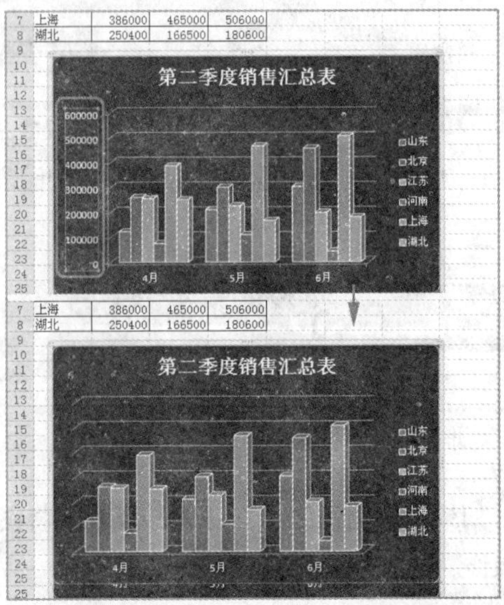

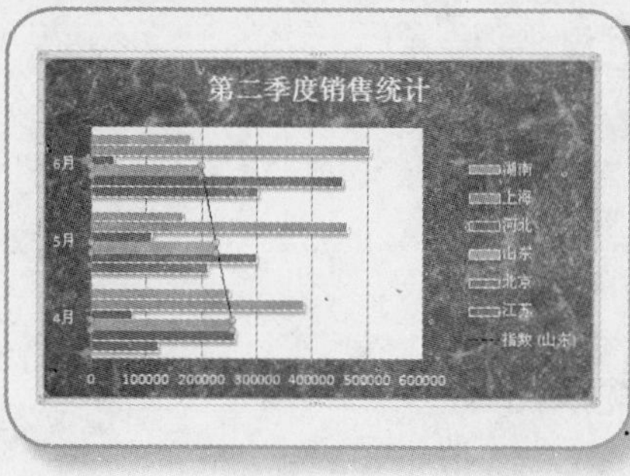

实战操作258 为图表添加趋势线

- 素材：素材\258\销售统计.xlsx
- 难度：★★★★★
- 效果：效果\258\为图表添加趋势线.xlsx
- 视频：视频\第13章\实战操作258.avi

趋势线是代表特定数据系列变动过程的图表。并不是所有图表都可以建立趋势线，柱形图、条形图、折线图和XY散点图可建立趋势线，而饼图、圆环图、雷达图及立体图的数据系列无法建立趋势线。具体操作如下：

1 打开素材文件，激活图表对象，在“图表工具”下选择“布局”选项卡，在“当前所选内容”组“图表区”列表中选择系列“山东”，并单击“分析”组中的“趋势线”按钮，并在下拉列表中选择“指数趋势线”选项，如下图所示。

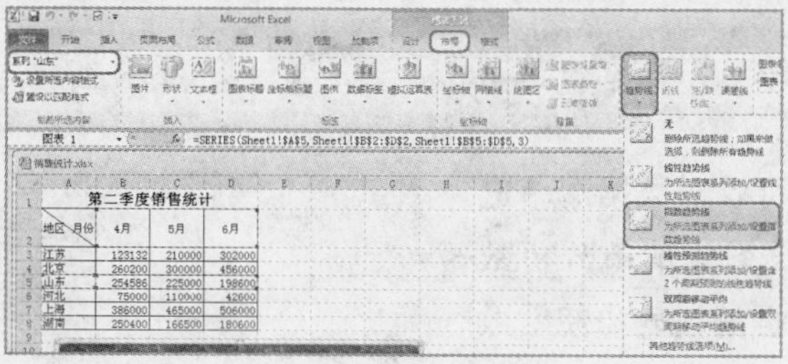

2 此时，在图表中便为选择的“山东”数据系列建立了趋势线，如下图所示。

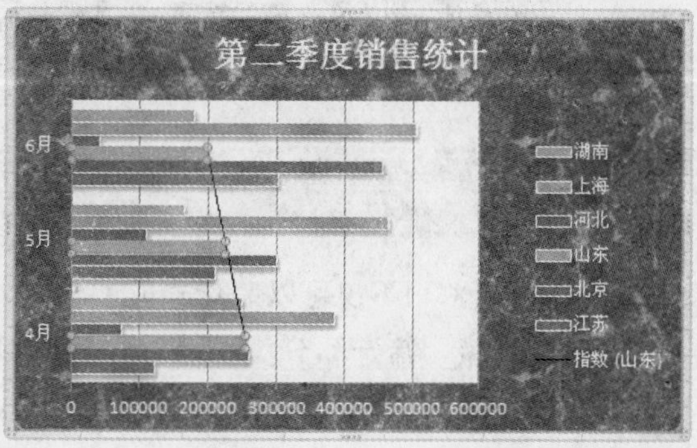

Chapter

14

第14章 数据管理的高级操作

Excel不仅可以制作一般的表格，并可以对数据清单进行排序、筛选和分类汇总等，还可以根据数据清单分析数据，得出其他有用的信息。这就是创建数据透视表和使用数据透视图管理数据的高级操作。

通过本章学习，可以掌握Excel的高级数据管理，如对数据排序、筛选、高级筛选、分类汇总、创建数据透视表和数据透视图等。

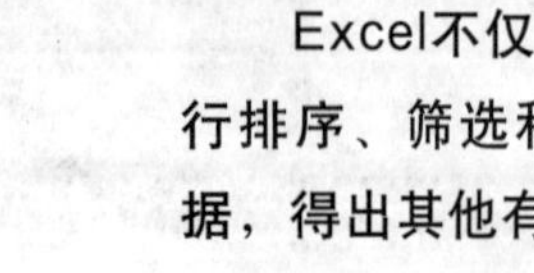

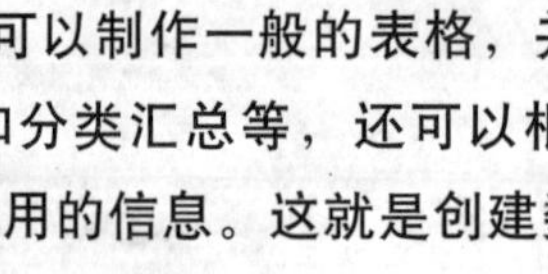

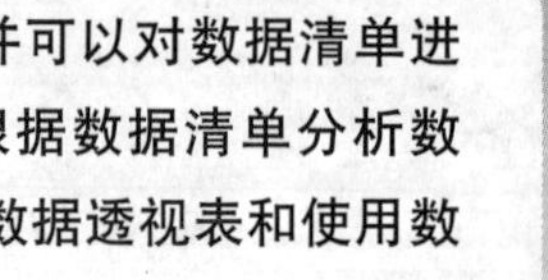

14.1 排序数据

用户可以对一列或多列的数据按“升序”或“降序”的方法进行排序，也可以自定义设置排序的规则。通常的排序设置是针对列中的数据进行的，当然也可以通过自定义来对行中的数据进行排序。

实战操作259　使用简单排序

- 素材：素材\259\某班期末考试成绩单.xlsx
- 难度：★★★★★
- 效果：效果\259\使用简单排序.xlsx
- 视频：视频\第14章\实战操作259.avi

提示

在Excel中，有升序和降序两种排序方式对英文字母、数值、日期进行排序。

- 升序：按字母从前到后、数字由小到大、日期从早到晚的顺序对插入点所在列中选定项目排序。
- 降序：按字母从后到前、数字由大到小、日期从晚到早的顺序对插入点所在列中的选定项目排序

按照某一数据列的内容排序，这是一种最简单的排序。

使用简单排序的具体操作如下：

1 打开素材文件夹，选择素材文件。单击C3单元格，如下图所示。

某班期末考试成绩单

姓名	语文	数学	英语	历史	地理	生物	政治	总分
王林	111	105	79	69	73	73	89	599
王康	90	74	63	60	55	60	76	478
许浩	105	120	110	73	87	68	95	658
曹路	72	79	74	59	48	59	67	458
张敏	100	118	112	69	69	93	84	645
苏岩	67	74	69	56	57	55	50	428
刘梦	98	101	99	71	79	69	90	607
于海	92	98	96	72	78	78	93	607
夏宇	89	82	71	62	70	62	69	505
杨国	89	103	69	91	65	76	81	574
徐磊	102	97	68	72	72	70	85	566
任丽	101	118	99	80	85	79	90	652
张建	103	96	49	68	69	75	92	552
邢秀	89	76	72	59	65	64	72	497
崔敏	85	85	73	69	68	64	80	524
边强	79	86	69	64	64	67	79	508
吴昊	86	69	70	63	62	65	59	474
李乐	92	79	71	69	71	68	80	530
陈如	69	73	73	55	59	68	71	468
于慧	85	94	67	68	73	70	83	540
单娇	64	89	53	62	56	45	42	411
李倩	72	70	68	67	42	52	62	433
王青	98	99	89	38	76	72	84	556
王敏	84	69	63	40	40	51	62	409
马杰	69	74	48	52	49	58	50	400
张佳宁	110	102	98	65	87	80	92	634
王晓宇	102	116	99	82	92	97	96	684
李雷	105	120	115	68	89	87	80	664
毛敏	69	68	73	63	76	61	68	478
邢文慧	77	72	69	58	59	63	73	471
王城	83	78	60	61	46	61	65	454

2 单击“开始”选项卡“编辑”组中的“排序和筛选”按钮，在弹出的下拉列表中选择“降序”选项，或单击“数据”选项卡“排列和筛选”组中的“降序”按钮。完成后的效果如下图所示。

某班期末考试成绩单

姓名	语文	数学	英语	历史	地理	生物	政治	总分
许浩	105	120	110	73	87	68	95	658
李雷	105	120	115	68	89	87	80	664
张敏	100	118	112	69	69	93	84	645
任丽	101	118	99	80	85	79	90	652
王晓宇	102	116	99	82	92	97	96	684
王林	111	105	79	69	73	73	89	599
杨国	89	103	69	91	65	76	81	574
张佳宁	110	102	98	65	87	80	92	634
刘梦	98	101	99	71	79	69	90	607
王青	98	99	89	38	76	72	84	556
于海	92	98	96	72	78	78	93	607
徐磊	102	97	68	72	72	70	85	566
张建	103	96	49	68	69	75	92	552
于慧	85	94	67	68	73	70	83	540
单娇	64	89	53	62	56	45	42	411
边强	79	86	69	64	64	67	79	508
崔敏	85	85	73	69	68	64	80	524
夏宇	89	82	71	62	70	62	69	505
曹路	72	79	74	59	48	59	67	458
李乐	92	79	71	69	71	68	80	530
王城	83	78	60	61	46	61	65	454
邢秀	89	76	72	59	65	64	72	497
王康	90	74	63	60	55	60	76	478
苏岩	67	74	69	56	57	55	50	428
马杰	69	74	48	52	49	58	50	400

提示

对于稍微复杂一些的排序，可以单击“数据”选项卡中“筛选和排序”组中的“排序”按钮，利用“排序”对话框来实现。

	A	B	C	D	E
1	某公司产品销售情况表				
2	产品编码	产品名称	单价	销售量	销售金额
3	W10013	打印机	1100	32	35200
4	W10018	打印机	2000	10	20000
5	W10016	扫描仪	1000	26	26000
6	W10020	扫描仪	800	24	19200
7	W10014	扫描仪	500	15	7500
8	W10019	显示器	1200	17	20400
9	W10011	显示器	800	23	18400
10	W10015	显示器	1400	12	16800
11	W10012	主机	2300	18	41400
12	W10017	主机	3800	9	34200
13	W10021	主机	1500	13	19500

实战操作260 使用复杂排序

- 素材：素材\260\某公司产品销售情况表.xlsx
- 难度：★★★★★
- 效果：效果\260\使用复杂排序.xlsx
- 视频：视频\第14章\实战操作260.avi

对于复杂的排序，如对两个数据列或两个以上的数据列进行排序时，就要使用“排序”对话框来指定排序的主要关键字、次要关键字等。主要关键字只有一个，而次要关键字可以有多个。具体操作如下：

1 在需要排序的数据清单中单击任意一个单元格，如下图所示。

	A	B	C	D	E
1	某公司产品销售情况表				
2	产品编码	产品名称	单价	销售量	销售金额
3	W10011	显示器	800	23	18400
4	W10012	主机	2300	18	41400
5	W10013	打印机	1100	32	35200
6	W10014	扫描仪	500	15	7500
7	W10015	显示器	1400	12	16800
8	W10016	扫描仪	1000	26	26000
9	W10017	主机	3800	9	34200
10	W10018	打印机	2000	10	20000
11	W10019	显示器	1200	17	20400
12	W10020	扫描仪	800	24	19200
13	W10021	主机	1500	13	19500

2 单击“数据”选项卡“排序和筛选”组中的“排序”按钮，或单击“开始”选项卡“编辑”组中的“排序和筛选”按钮，选择“自定义排序”选项，都会弹出“排序”对话框，如下图所示。

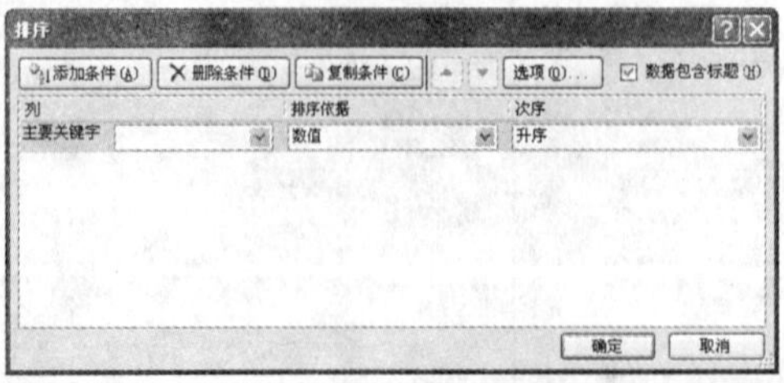

3 单击“主要关键字”下拉列表框，在打开的下拉列表中选择“产品名称”；单击右边“排序依据”下拉列表框，在打开的下拉列表中选择“数值”选项；单击右边“次序”下拉列表框，在打开的下拉列表中选择“升序”选项，如下图所示。

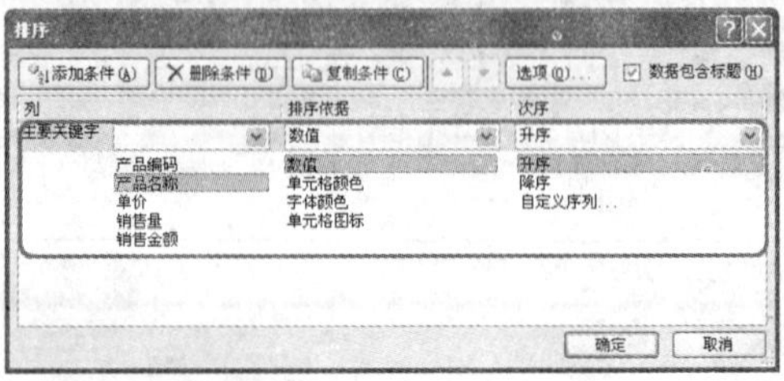

4 单击“添加条件”按钮，添加“次要关键字”，如下图所示。

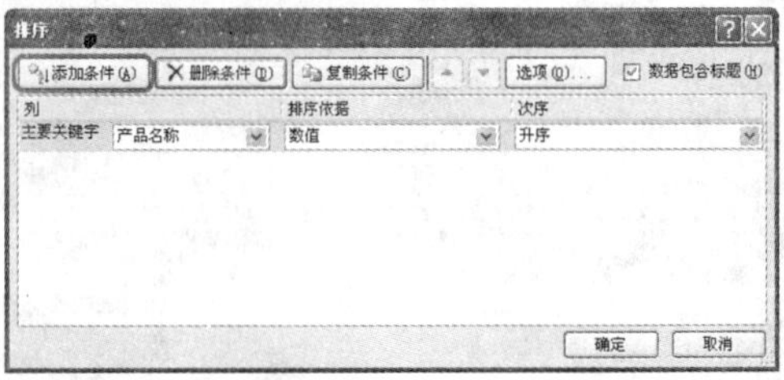

提示

如果只按照一列进行排序，只需在“主要关键字”下拉列表中选择数据列，在“数值”下拉列表中选择“数值”、“单元格颜色”、“字体颜色”或“单元格图标”选项，在“次序”下拉列表中选择“升序”、“降序”或“自定义序列”选项。

提示

如果在“主要关键字”列表中指定的数据列中含有重复的内容，可以通过“次要关键字”列表指定另一列数据做进一步的排序。如果还有相同的内容，可以通过下一个“次要关键字”列表指定。

5 单击“次要关键字”下拉列表框，在下拉列表中选择“销售金额”；单击“次序”下拉列表框，在打开的下拉列表中选择“降序”选项，如下图所示。

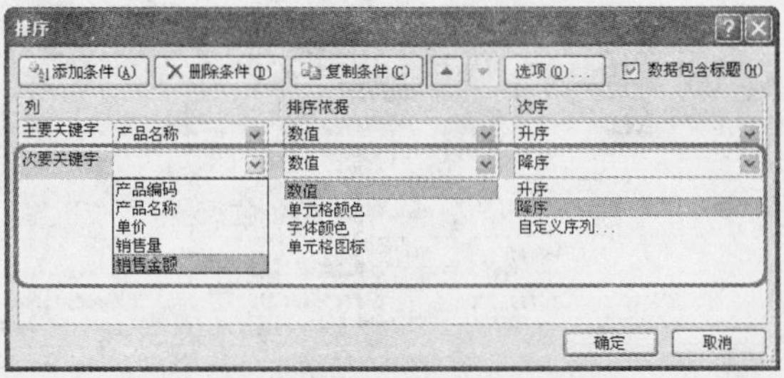

6 单击“确定”按钮，效果如下图所示。

	A	B	C	D	E
1	某公司产品销售情况表				
2	产品编码	产品名称	单价	销售量	销售金额
3	W10013	打印机	1100	32	35200
4	W10018	打印机	2000	10	20000
5	W10016	扫描仪	1000	26	26000
6	W10020	扫描仪	800	24	19200
7	W10014	扫描仪	500	15	7500
8	W10019	显示器	1200	17	20400
9	W10011	显示器	800	23	18400
10	W10015	显示器	1400	12	16800
11	W10012	主机	2300	18	41400
12	W10017	主机	3800	9	34200
13	W10021	主机	1500	13	19500

提示

在“排序”对话框中，如果要删除排序条件，单击“删除条件”按钮 删除条件(D) 即可。

14.2 筛选数据

在Excel中，筛选数据是指显示所有符合用户指定条件的行，而将除此之外其他所有的行隐藏。筛选是非常有用的操作。

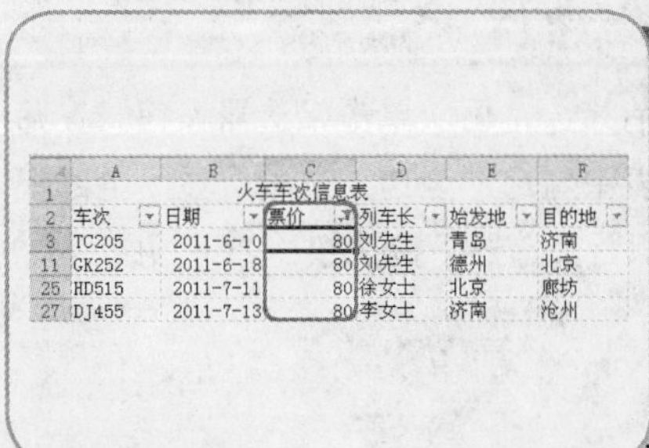

实战操作261 使用自动筛选菜单

- 素材：素材\261\火车车次信息表.xlsx
- 难度：★★★★★
- 效果：效果\261\使用自动筛选.xlsx
- 视频：视频\第14章\实战操作261.avi

Excel提供了两种筛选记录的方法，即自动筛选和高级筛选。这两种筛选方法都适用于工作表中的单元格数据区域和Excel表中的数据。

使用自动筛选功能筛选数据，可以快速、方便地查找和使用单元格区域或Excel列表中数据的子集。

Excel的自动筛选功能主要是通过筛选列表来实现的。使用Excel中的筛选列表筛选数据的操作步骤如下：

1 打开素材文件夹，选择素材文件。在要筛选的数据表中选择C2单元格，如下图所示。

2 选择“开始”选项卡“编辑”组，选择“排序与筛选”下拉列表中的“筛选”选项，如下图所示。

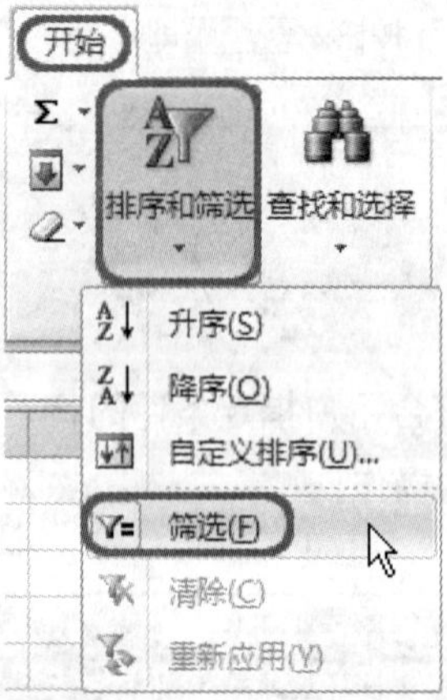

3 单击筛选器下拉按钮，在弹出的下拉列表中提供了多种筛选方式，如下图所示。

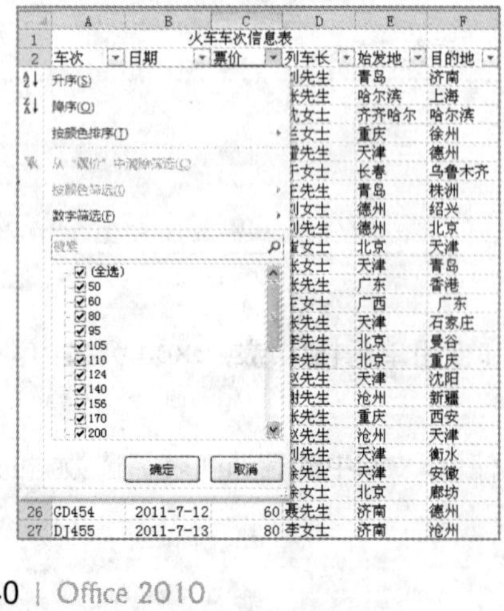

4 取消“全选”复选框的勾选，选择所需的数值。例如在“票价”中勾选“80”选项，如下图所示。

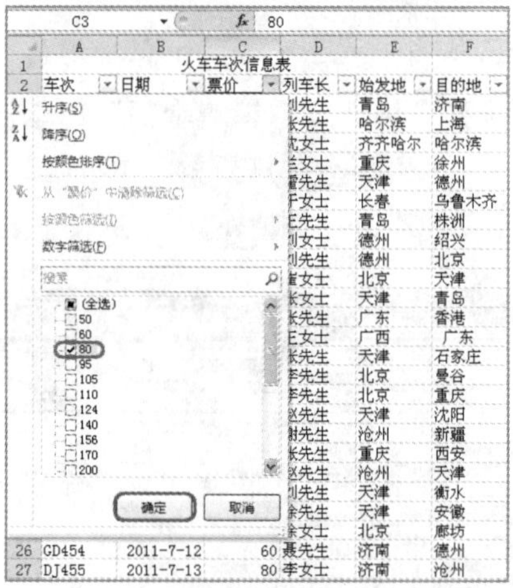

提示 在筛选列表中显示出该数据列中所有的记录，在每个前面都有一个被勾选的复选框，表示该数据被筛选出来并在屏幕上显示；否则数据被隐藏，不在屏幕上显示。

5 单击“确定”按钮，则只显示票价为“80”的所有信息，如下图所示。

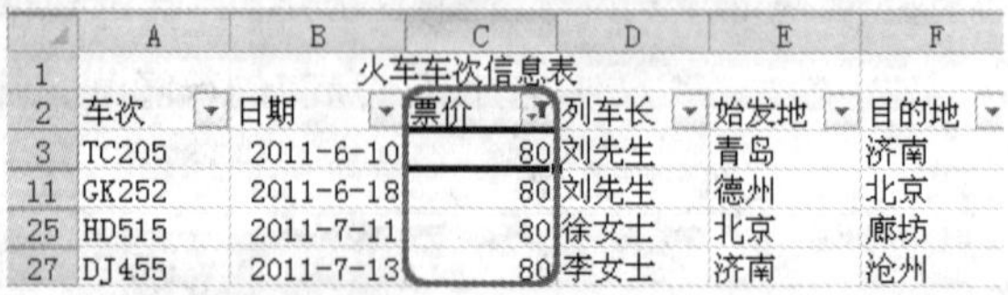

6 要取消筛选，再次单击筛选器按钮，在筛选列表中勾选“全选”选项，显示全部记录，但仍然保留筛选器下拉按钮，如下图所示。

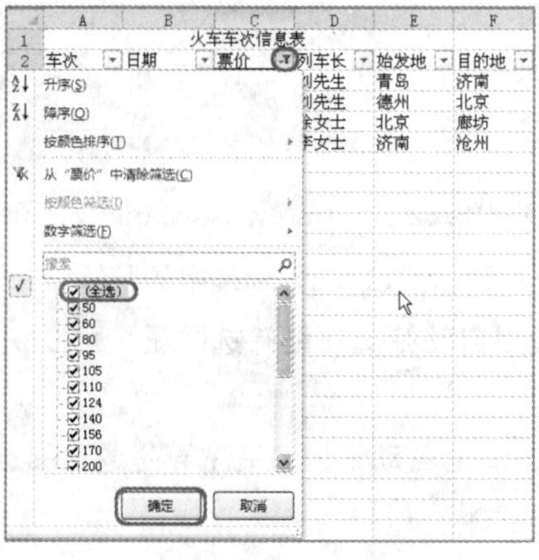

> **提示**　或者单击“数据”选项卡中“排序与筛选”组中的“筛选”按钮，去掉所有的筛选功能。

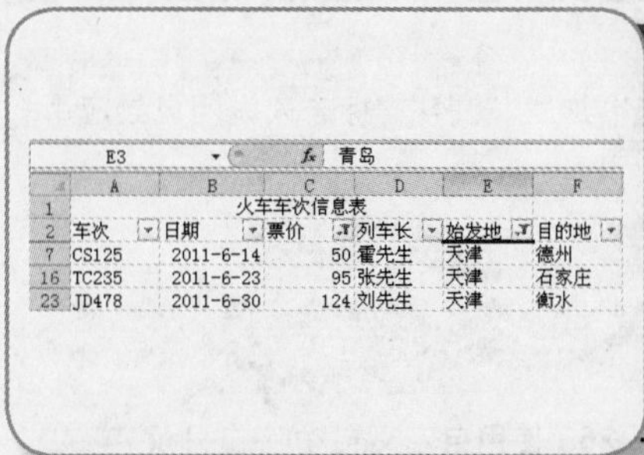

	A	B	C	D	E	F
1	火车车次信息表					
2	车次	日期	票价	列车长	始发地	目的地
7	CS125	2011-6-14	50	霍先生	天津	德州
16	TC235	2011-6-23	95	张先生	天津	石家庄
23	JD478	2011-6-30	124	刘先生	天津	衡水

实战操作262　对多列使用自动筛选

- 素材：素材\262\火车车次信息表.xlsx
- 难度：★★★★★
- 效果：效果\262\对多列使用自动筛选.xlsx
- 视频：视频\第14章\实战操作262.avi

有时候需要对多个列中的值进行数据筛选。如果只想筛选关于始发地为天津但票价在150以下的车次，就选用对两个数据列进行筛选，除了“票价”在150以下外，还要选择“始发地”为“天津”，其操作步骤如下：

1 打开素材文件夹，选择素材文件。选择数据表的C3单元格，进入筛选模式，如下图所示。

	A	B	C	D	E	F
1	火车车次信息表					
2	车次	日期	票价	列车长	始发地	目的地
3	TC205	2011-6-10	80	刘先生	青岛	济南
4	CZ325	2011-6-11	500	张先生	哈尔滨	上海
5	CZ306	2011-6-12	200	沈女士	齐齐哈尔	哈尔滨
6	TC365	2011-6-13	140	兰女士	重庆	徐州
7	CS125	2011-6-14	50	霍先生	天津	德州
8	FT205	2011-6-15	110	于女士	长春	乌鲁木齐
9	JK623	2011-6-16	170	王先生	青岛	株洲
10	KH251	2011-6-17	279	刘女士	德州	绍兴
11	GK252	2011-6-18	80	刘先生	德州	北京
12	CH665	2011-6-19	60	崔女士	北京	天津
13	JJ235	2011-6-20	212	张女士	天津	青岛
14	CG123	2011-6-21	450	张先生	广东	香港
15	TL256	2011-6-22	105	王女士	广西	广东
16	TC235	2011-6-23	95	张先生	天津	石家庄
17	TG305	2011-6-24	1214	李先生	北京	曼谷
18	GC362	2011-6-25	249	李先生	北京	重庆
19	DH352	2011-6-26	432	赵先生	天津	沈阳
20	GD246	2011-6-27	420	谢先生	沧州	新疆
21	HF252	2011-6-28	456	张先生	重庆	西安
22	FG556	2011-6-29	156	赵先生	沧州	天津
23	JD478	2011-6-30	124	刘先生	天津	衡水
24	DJ245	2011-7-10	426	徐先生	天津	安徽
25	HD515	2011-7-11	80	徐女士	北京	廊坊
26	GD454	2011-7-12	60	聂先生	济南	德州
27	DJ455	2011-7-13	80	李女士	济南	沧州

2 单击“票价”字段的筛选器，在弹出的列表中选择“数字筛选”下的“小于”选项，打开“自定义自动筛选方式”对话框，在“票价”中选择“小于”，在后面的下拉列表中选择“150”，如下图所示。单击“确定”按钮，则显示出票价在150以下的车次记录。

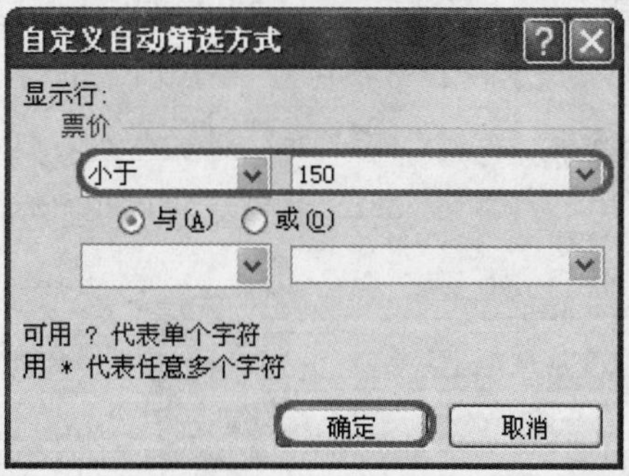

3 单击“始发地”字段的筛选器，在弹出的列表中选择“文本筛选”下的“等于”选项。打开“自定义自动筛选方式”对话框，在“始发地”中选择“等于”，并选择“天津”，单击“确定”按钮，如下图所示。

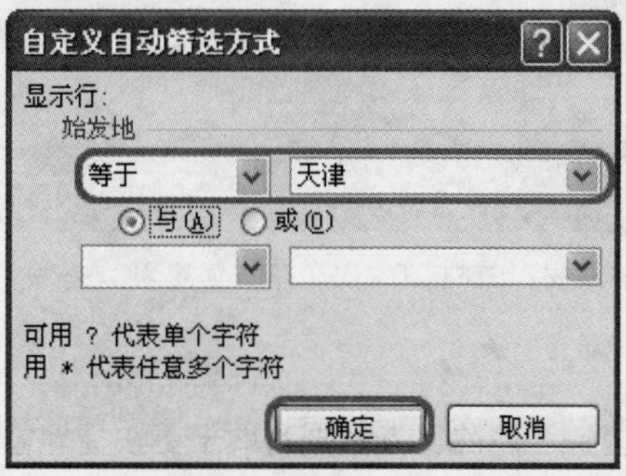

4 设置完成后，就会显示出始发地为天津、票价在150以下的车次记录。

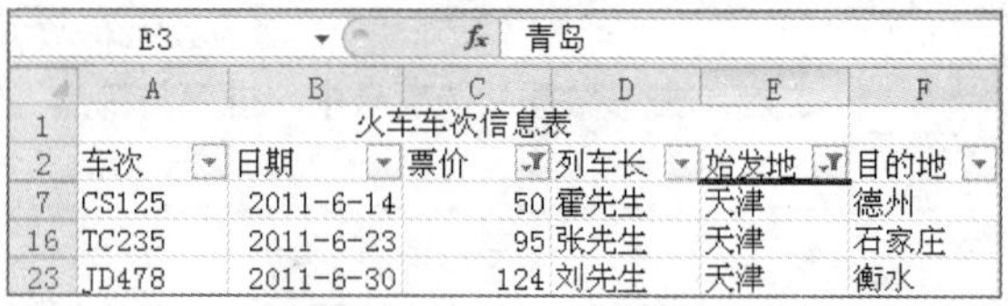

提示 用户可以使用任意数量的列来筛选数据表，Excel通过给筛选器加上“漏斗”标志来说明已经应用了筛选功能。

实战操作263 使用自定义自动筛选

素材：素材\261\火车车次信息表.xlsx　　效果：效果\263\使用自定义自动筛选.xlsx

难度：★★★★★　　视频：视频\第14章\实战操作263.avi

在筛选列表中，可针对不同数据列的数字格式显示不同的子选项。具体操作如下：

1 打开素材文件夹，选择素材文件。单击“票价”字段的筛选器，再单击“数字筛选”，下拉列表中列出了各种筛选条件，如“等于”、“不等于”、“开头是”、“结尾是”、“包含”、“不包含”，如下图所示。

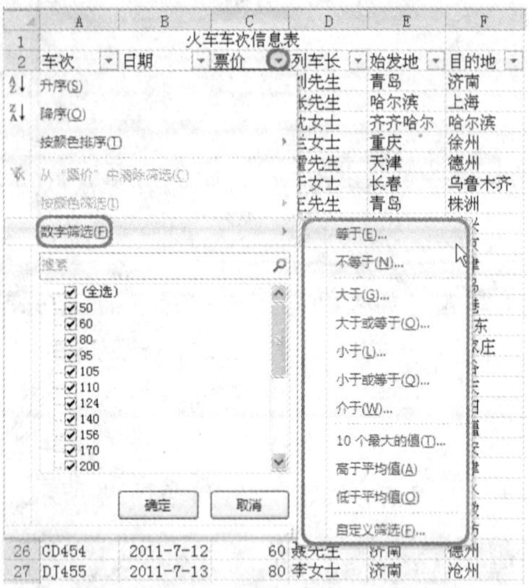

2 在“数字筛选”下拉列表中选择“自定义筛选”，会打开一个对话框，然后在筛选条件里选择“不等于”和“80”，“小于或等于”和“100”，单击“确定”按钮，如下图所示。

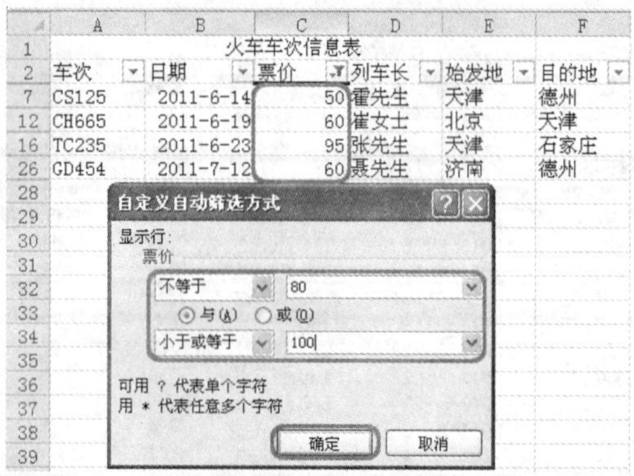

提示 在该对话框中，用户可以获得筛选的最大灵活性，可以通过若干个方法进行数据的筛选。

实战操作264 复制和删除筛选数据

素材：素材\261\火车车次信息表.xlsx　　效果：无

难度：★★★★★　　视频：视频\第14章\实战操作264.avi

复制和删除筛选数据有助于更快捷地修改和对比数据。具体操作如下：

1 打开素材文件夹，选择素材文档。选择数据表的C3:C10单元格，按快捷键Ctrl+C进行复制；选择G3，按快捷键Ctrl+V进行粘贴，如下图所示。

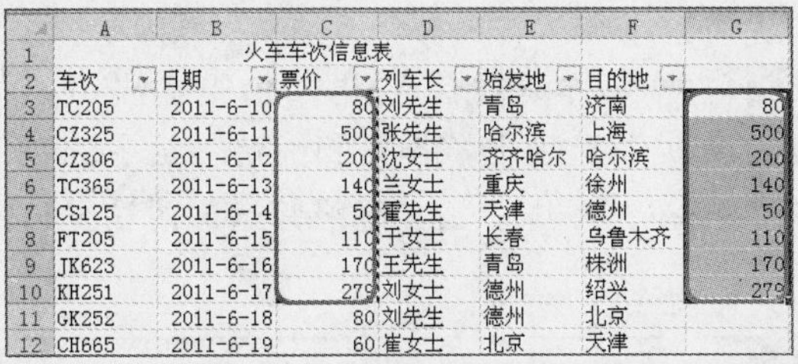

	A	B	C	D	E	F	G
1	火车车次信息表						
2	车次	日期	票价	列车长	始发地	目的地	
3	TC205	2011-6-10	80	刘先生	青岛	济南	80
4	CZ325	2011-6-11	500	张先生	哈尔滨	上海	500
5	CZ306	2011-6-12	200	沈女士	齐齐哈尔	哈尔滨	200
6	TC365	2011-6-13	140	兰女士	重庆	徐州	140
7	CS125	2011-6-14	50	霍先生	天津	德州	50
8	FT205	2011-6-15	110	于女士	长春	乌鲁木齐	110
9	JK623	2011-6-16	170	王先生	青岛	株洲	170
10	KH251	2011-6-17	279	刘女士	德州	绍兴	279
11	GK252	2011-6-18	80	刘先生	德州	北京	
12	CH665	2011-6-19	60	崔女士	北京	天津	

2 选中G3:G10单元格，按Del键可以删除单元格里的内容，如下图所示。

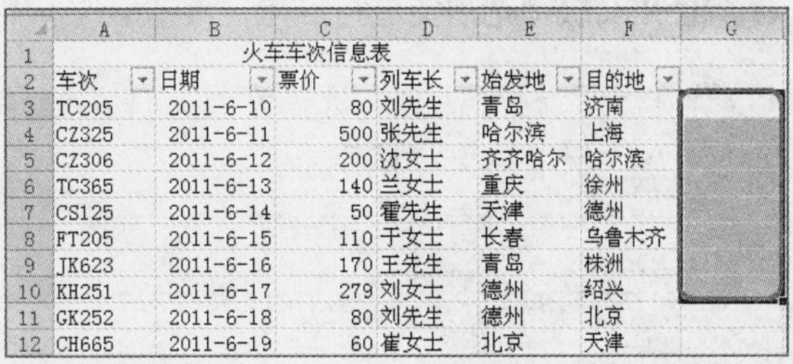

	A	B	C	D	E	F	G
1	火车车次信息表						
2	车次	日期	票价	列车长	始发地	目的地	
3	TC205	2011-6-10	80	刘先生	青岛	济南	
4	CZ325	2011-6-11	500	张先生	哈尔滨	上海	
5	CZ306	2011-6-12	200	沈女士	齐齐哈尔	哈尔滨	
6	TC365	2011-6-13	140	兰女士	重庆	徐州	
7	CS125	2011-6-14	50	霍先生	天津	德州	
8	FT205	2011-6-15	110	于女士	长春	乌鲁木齐	
9	JK623	2011-6-16	170	王先生	青岛	株洲	
10	KH251	2011-6-17	279	刘女士	德州	绍兴	
11	GK252	2011-6-18	80	刘先生	德州	北京	
12	CH665	2011-6-19	60	崔女士	北京	天津	

14.3 使用高级筛选

上面介绍的自动筛选功能虽然能完成大部分筛选工作，但具有局限性。例如，希望通过筛选只想显示某个字段中的3个数值，这就不能通过自动筛选来完成。但是这种筛选任务能够由高级筛选来实现。

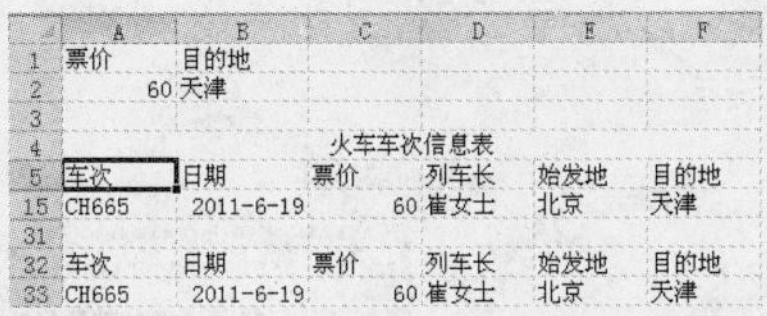

	A	B	C	D	E	F
1	票价	目的地				
2	60	天津				
3						
4	火车车次信息表					
5	车次	日期	票价	列车长	始发地	目的地
15	CH665	2011-6-19	60	崔女士	北京	天津
31						
32	车次	日期	票价	列车长	始发地	目的地
33	CH665	2011-6-19	60	崔女士	北京	天津

实战操作265 为高级筛选建立条件区域

- 素材：素材\261\火车车次信息表.xlsx
- 难度：★★★★★
- 效果：效果\265\为高级筛选建立条件区域.xlsx
- 视频：视频\第14章\实战操作265.avi

高级筛选比自动筛选更灵活，高级筛选有以下功能：

- 可以指定更复杂的筛选条件；
- 可以指定将公式的计算结果作为筛选条件；
- 可以只显示不重复的记录。

在使用高级筛选功能时，需要以下3个区域。

- 列表区域：需要进行筛选的数据区域或Excel列表；
- 条件区域：创建用于高级筛选的条件区域；
- 显示筛选结果区域：用于存放满足筛选条件的结果。

使用高级筛选功能前，需要建立一个条件区域，提出进行筛选的条件，以便对数据区域进行筛选。建立条件区域，需要遵守以下规则：

- 至少由两行组成，在第一行中必须包含数据表中的一些或全部列标签（字段名称），当将公式结果用于条件时，公式条件可以使用空的列标签（空的字段名称）或者重新定义列标签，但不能使用原来在数据表中定义的列标签；
- 条件区域的其他行必须由筛选条件组成。

提示

如果不是利用公式的计算结果作为筛选条件，条件区域必须要有列标签。

使用高级筛选功能进行操作，具体操作步骤如下：

1 打开素材文件夹，选择素材文件。选择A1单元格，如下图所示。

	A	B	C	D	E	F
1	火车车次信息表					
2	车次	日期	票价	列车长	始发地	目的地
3	TC205	2011-6-10	80	刘先生	青岛	济南
4	CZ325	2011-6-11	500	张先生	哈尔滨	上海
5	CZ306	2011-6-12	200	沈女士	齐齐哈尔	哈尔滨
6	TC365	2011-6-13	140	兰女士	重庆	徐州
7	CS125	2011-6-14	50	霍先生	天津	德州
8	FT205	2011-6-15	110	于女士	长春	乌鲁木齐
9	JK623	2011-6-16	170	王先生	青岛	株洲
10	KH251	2011-6-17	279	刘女士	德州	绍兴
11	GK252	2011-6-18	80	刘先生	德州	北京
12	CH665	2011-6-19	60	崔女士	北京	天津
13	JJ235	2011-6-20	212	张女士	天津	青岛
14	CG123	2011-6-21	450	张先生	广东	香港
15	TL256	2011-6-22	105	王女士	广西	广东
16	TC235	2011-6-23	95	张先生	天津	石家庄
17	TG305	2011-6-24	1214	李先生	北京	曼谷
18	GC362	2011-6-25	249	李先生	北京	重庆
19	DH352	2011-6-26	432	赵先生	天津	沈阳
20	GD246	2011-6-27	420	谢先生	沧州	新疆
21	HF252	2011-6-28	456	张先生	重庆	西安
22	FG556	2011-6-29	156	赵先生	沧州	天津
23	JD478	2011-6-30	124	刘先生	天津	衡水
24	DJ245	2011-7-10	426	徐先生	天津	安徽
25	HD515	2011-7-11	80	徐女士	北京	廊坊
26	GD454	2011-7-12	60	聂先生	济南	德州
27	DJ455	2011-7-13	80	李女士	济南	沧州

2 在“开始”选项卡“单元格”组中，单击“插入”按钮后面的下三角按钮，在弹出的下拉列表中选择“插入工作表行”选项。连续操作3次，共插入3行作为创建高级筛选的条件区域，如下图所示。

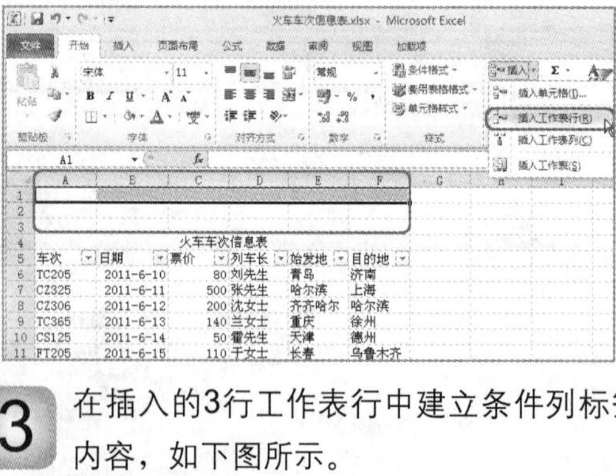

	A	B	C	D	E	F
1						
2						
3						
4	火车车次信息表					
5	车次	日期	票价	列车长	始发地	目的地
6	TC205	2011-6-10	80	刘先生	青岛	济南
7	CZ325	2011-6-11	500	张先生	哈尔滨	上海
8	CZ306	2011-6-12	200	沈女士	齐齐哈尔	哈尔滨
9	TC365	2011-6-13	140	兰女士	重庆	徐州
10	CS125	2011-6-14	50	霍先生	天津	德州
11	FT205	2011-6-15	110	于女士	长春	乌鲁木齐

3 在插入的3行工作表行中建立条件列标签内容，如下图所示。

	A	B	C	D	E	F
1	票价	目的地				
2	60	天津				
3						
4	火车车次信息表					
5	车次	日期	票价	列车长	始发地	目的地
6	TC205	2011-6-10	80	刘先生	青岛	济南
7	CZ325	2011-6-11	500	张先生	哈尔滨	上海
8	CZ306	2011-6-12	200	沈女士	齐齐哈尔	哈尔滨
9	TC365	2011-6-13	140	兰女士	重庆	徐州
10	CS125	2011-6-14	50	霍先生	天津	德州
11	FT205	2011-6-15	110	于女士	长春	乌鲁木齐

4 将光标放置在A5单元格中，单击“数据”选项卡“排序和筛选”组中的“高级”按钮，弹出“高级筛选”对话框，如下图所示。

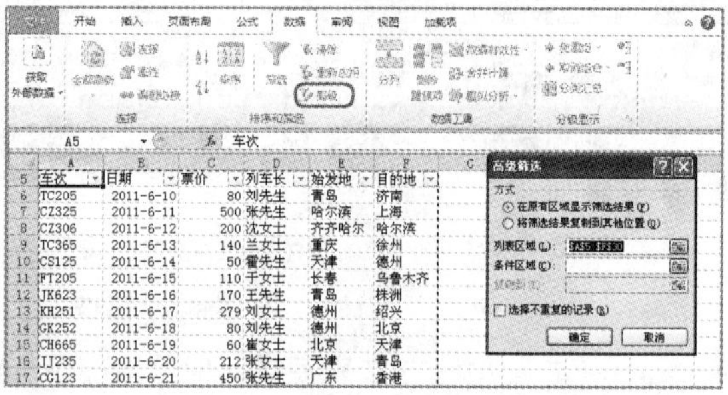

	A	B	C	D	E	F
5	车次	日期	票价	列车长	始发地	目的地
6	TC205	2011-6-10	80	刘先生	青岛	济南
7	CZ325	2011-6-11	500	张先生	哈尔滨	上海
8	CZ306	2011-6-12	200	沈女士	齐齐哈尔	哈尔滨
9	TC365	2011-6-13	140	兰女士	重庆	徐州
10	CS125	2011-6-14	50	霍先生	天津	德州
11	FT205	2011-6-15	110	于女士	长春	乌鲁木齐
12	JK623	2011-6-16	170	王先生	青岛	株洲
13	KH251	2011-6-17	279	刘女士	德州	绍兴
14	GK252	2011-6-18	80	刘先生	德州	北京
15	CH665	2011-6-19	60	崔女士	北京	天津
16	JJ235	2011-6-20	212	张女士	天津	青岛
17	CG123	2011-6-21	450	张先生	广东	香港

5 单击“条件区域”右侧的按钮，在工作表中选择条件区域A1:B2单元格，如下图所示。选择完成后单击按钮，返回到“高级筛选”对话框。

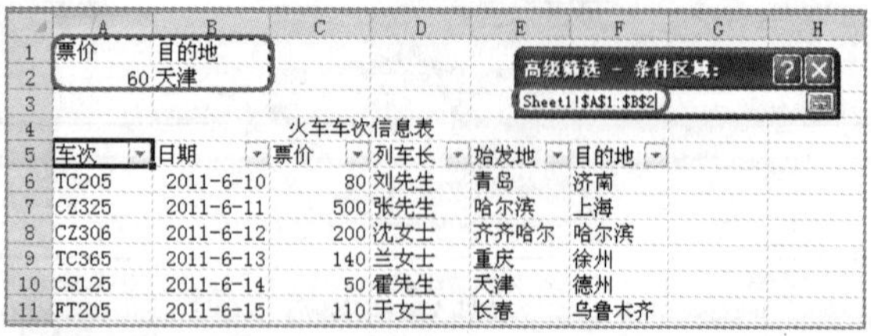

	A	B	C	D	E	F
1	票价	目的地				
2	60	天津				
3						
4	火车车次信息表					
5	车次	日期	票价	列车长	始发地	目的地
6	TC205	2011-6-10	80	刘先生	青岛	济南
7	CZ325	2011-6-11	500	张先生	哈尔滨	上海
8	CZ306	2011-6-12	200	沈女士	齐齐哈尔	哈尔滨
9	TC365	2011-6-13	140	兰女士	重庆	徐州
10	CS125	2011-6-14	50	霍先生	天津	德州
11	FT205	2011-6-15	110	于女士	长春	乌鲁木齐

6 单击“确定”按钮，筛选结果如下图所示。

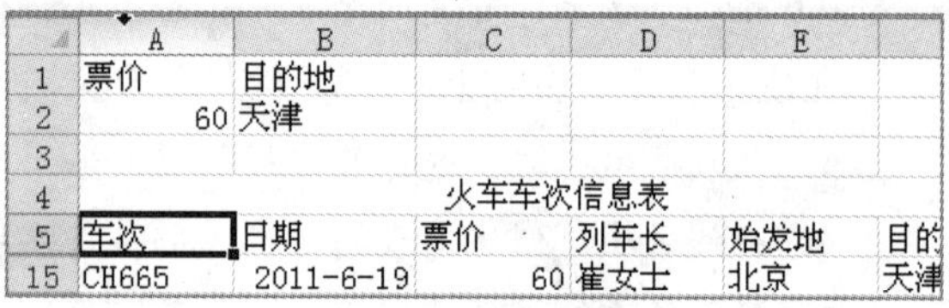

	A	B	C	D	E	
1	票价	目的地				
2	60	天津				
3						
4	火车车次信息表					
5	车次	日期	票价	列车长	始发地	目的
15	CH665	2011-6-19	60	崔女士	北京	天津

提示

如果将筛选后的数据行复制到其他位置，可以先将所需的行标签输入到相应的单元格中，然后再通过“高级筛选”对话框进行筛选并复制到相应的单元格中。

7 在“数据”选项卡“排序和筛选”组中单击“高级”按钮，在打开的“高级筛选”对话框中选择“将筛选结果复制到其他位置”单选按钮，然后单击“复制到”文本框中右侧的按钮，在工作表中选择A32单元格，如下图所示。

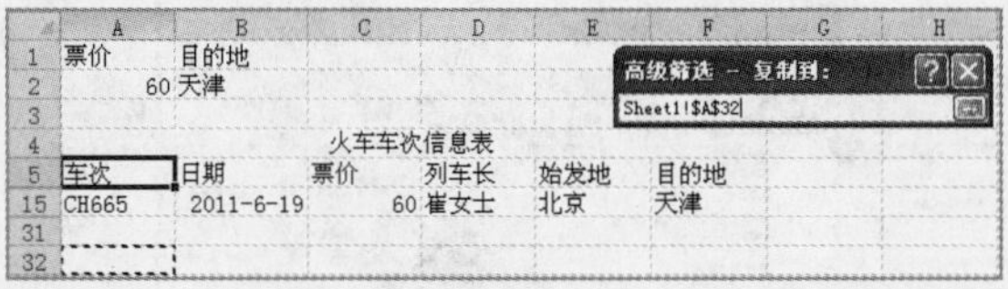

8 选择完成后单击按钮，返回到“高级筛选”对话框，单击“确定”按钮，得到的效果如下图所示。

	A	B	C	D	E	F
1	票价	目的地				
2	60	天津				
3						
4			火车车次信息表			
5	车次	日期	票价	列车长	始发地	目的地
15	CH665	2011-6-19	60	崔女士	北京	天津
31						
32	车次	日期	票价	列车长	始发地	目的地
33	CH665	2011-6-19	60	崔女士	北京	天津

14.4 分类汇总

Excel的创建自动分类汇总功能在实际应用中用处很大，在处理大批量的数据时，使用自动分类汇总功能能够为用户节省很多时间，从而提高工作效率。分类汇总就是将很多数据进行分类，将同类别的数据放在一起，然后再做数据求和、计数、平均值等汇总运算。

实战操作266 创建分类汇总

- 素材：素材\266\初二一班期末考试成绩单.xlsx
- 难度：★★★★★
- 效果：效果\266\创建分类汇总.xlsx
- 视频：视频\第14章\实战操作266.avi

单击“数据”选项卡“分级显示”组中的“分类汇总”按钮，可以自动计算数据表列中的分类汇总和总计。具体操作如下：

1 打开素材文件夹，选择素材文件。选择工作表中数据区域中的某一个单元格，如右图所示。

	A	B	C	D	E	F	G	H	I
1	初二一班期末考试成绩单								
2	姓名	语文	数学	英语	历史	地理	生物	政治	总分
3	王晓宇	102	116	99	82	92	97	96	684
4	李雷	105	120	115	68	89	87	80	664
5	许浩	105	120	110	73	87	68	95	658
6	任丽	101	118	99	80	85	79	90	652
7	张敏	100	118	112	69	69	93	84	645
8	张佳宁	110	102	98	65	87	80	92	634
9	刘梦	98	101	99	71	79	69	90	607
10	于海	92	98	96	72	78	78	93	607
11	王林	111	105	79	69	73	73	89	599
12	杨国	89	103	69	91	65	76	81	574
13	徐磊	102	97	68	72	72	70	85	566
14	王青	98	99	89	38	76	72	84	556
15	张建	103	96	49	68	69	75	92	552
16	于慧	85	94	67	68	73	70	83	540
17	李乐	92	79	71	69	71	68	80	530
18	崔敏	85	85	73	69	68	64	80	524
19	边强	79	86	69	64	64	67	79	508
20	夏宇	89	82	71	62	70	62	69	505
21	邢秀	89	76	72	59	65	64	72	497
22	毛敏	69	68	73	63	76	61	68	478
23	王康	90	74	63	60	55	60	76	478
24	吴昊	86	69	70	63	62	65	59	474
25	邢文慧	77	72	69	58	59	63	73	471
26	陈如	69	73	73	55	59	68	71	468
27	曹路	72	79	74	59	48	59	67	458
28	王城	83	78	60	61	46	61	65	454

2 单击“数据”选项卡“分级显示”组中的“分类汇总”按钮，打开“分类汇总”对话框，如下图所示。

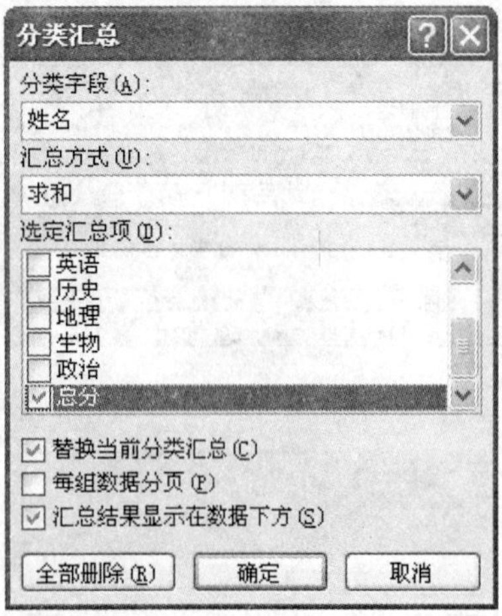

3 在“分类字段”下拉列表中选择计算分类汇总的列，选择“数学”。在“汇总方式”列表中选择用来计算分类汇总的汇总函数，选择“求和”，如下图所示。

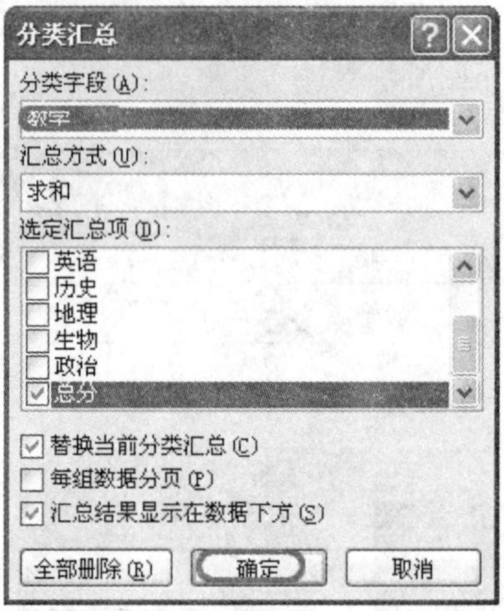

4 在“选定汇总项”列表框中，对包含要计算分类汇总值的每个列进行勾选，这里选择“总分”。然后单击“确定”按钮 确定 ，分类汇总结果如右图所示。

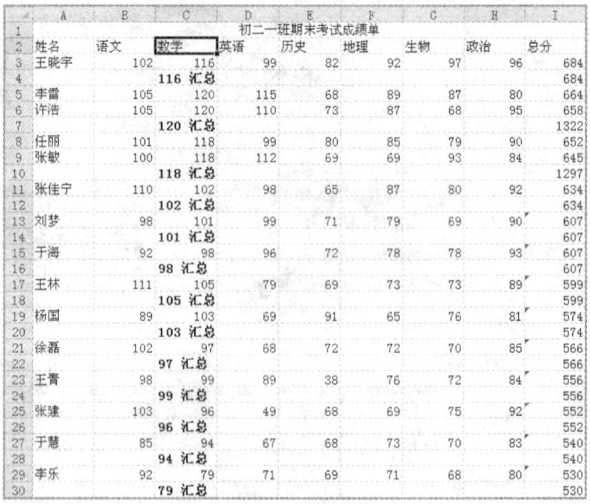

	A	B	C	D	E	F	G	H	I
1	初二一班期末考试成绩单								
2	姓名	语文	数学	英语	历史	地理	生物	政治	总分
3	王晓宇	102	116	99	82	92	97	96	684
4			116 汇总						684
5	李雷	105	120	115	68	89	87	80	664
6	许浩	105	120	110	73	87	68	95	658
7			120 汇总						1322
8	任丽	101	118	99	80	85	79	90	652
9	张敏	100	118	112	69	69	93	84	645
10			118 汇总						1297
11	张佳宁	110	102	98	65	87	80	92	634
12			102 汇总						634
13	刘梦	98	101	99	71	79	69	90	607
14			101 汇总						607
15	于海	92	98	96	72	78	78	93	607
16			98 汇总						607
17	王林	111	105	79	69	73	73	89	599
18			105 汇总						599
19	杨国	89	103	69	91	65	76	81	574
20			103 汇总						574
21	徐磊	102	97	68	72	72	70	85	566
22			97 汇总						566
23	王青	98	99	89	38	76	72	84	556
24			99 汇总						556
25	张建	103	96	49	68	69	75	92	552
26			96 汇总						552
27	于慧	85	94	67	68	73	70	83	540
28			94 汇总						540
29	李乐	92	79	71	69	71	68	80	530
30			79 汇总						530

提示

如果要只显示分类汇总和总计的汇总，单击行号旁边的分级显示符号。使用其中的加号和减号可以显示或隐藏单个分类汇总的明细行。

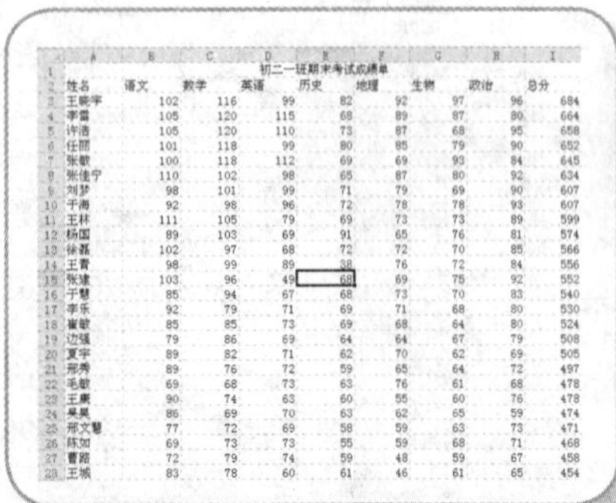

实战操作267 删除分类汇总

- 素材：素材\267\初二一班期末考试成绩单.xlsx
- 难度：★★★★★
- 效果：效果\267\删除分类汇总.xlsx
- 视频：视频\第14章\实战操作267.avi

删除分类汇总的具体操作如下：

1 要删除分类汇总，首先单击列表中包含分类汇总的单元格，打开“分类汇总”对话框，单击“全部删除”按钮 全部删除(R) 即可，如下图所示。

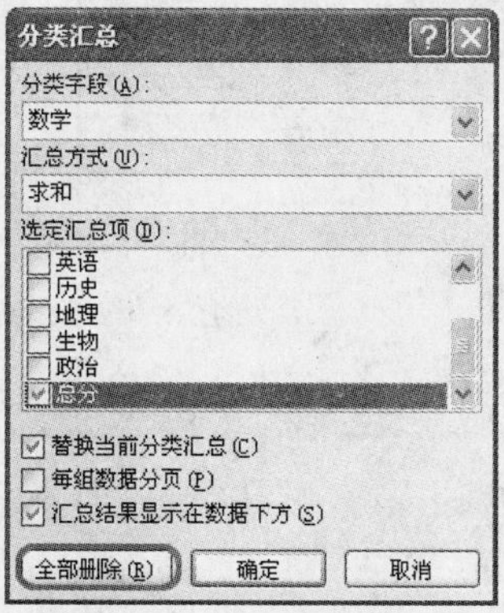

2 删除分类汇总后的效果如下图所示。

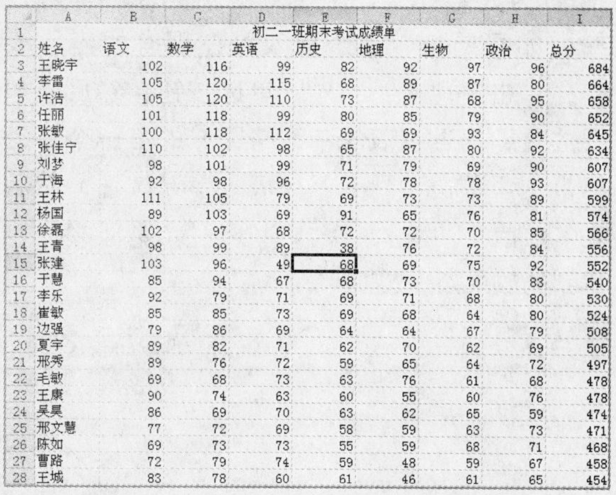

	A	B	C	D	E	F	G	H	I
1	初二一班期末考试成绩单								
2	姓名	语文	数学	英语	历史	地理	生物	政治	总分
3	王晓宇	102	116	99	82	92	97	96	684
4	李雷	105	120	115	68	89	87	80	664
5	许浩	105	120	110	73	87	68	95	658
6	任丽	101	118	99	80	85	79	90	652
7	张敏	100	118	112	69	69	93	84	645
8	张佳宁	110	102	98	65	87	80	92	634
9	刘梦	98	101	99	71	79	69	90	607
10	于海	92	98	96	72	78	78	93	607
11	王林	111	105	79	69	73	73	89	599
12	杨国	89	103	69	91	65	76	81	574
13	徐磊	102	97	68	72	72	70	85	566
14	王青	98	99	89	38	76	72	84	556
15	张建	103	96	49	68	69	75	92	552
16	于慧	85	94	67	68	73	70	83	540
17	李乐	92	79	71	69	71	68	80	530
18	崔敏	85	85	73	69	68	64	80	524
19	边强	79	86	69	64	64	67	79	508
20	夏宇	89	82	71	62	70	62	69	505
21	邢秀	89	76	72	59	65	64	72	497
22	毛敏	69	68	73	63	76	61	68	478
23	王康	90	74	63	60	55	60	76	478
24	吴昊	86	69	70	63	62	65	59	474
25	邢文慧	77	72	69	58	59	63	73	471
26	陈如	69	73	73	55	59	68	71	468
27	曹路	72	79	74	59	48	59	67	458
28	王城	83	78	60	61	46	61	65	454

14.5 数据透视表

数据透视表是一种可以快速汇总大量数据的交互式方法。使用数据透视表，可以深入分析数值数据，并且可以发现一些预计不到的数据问题。

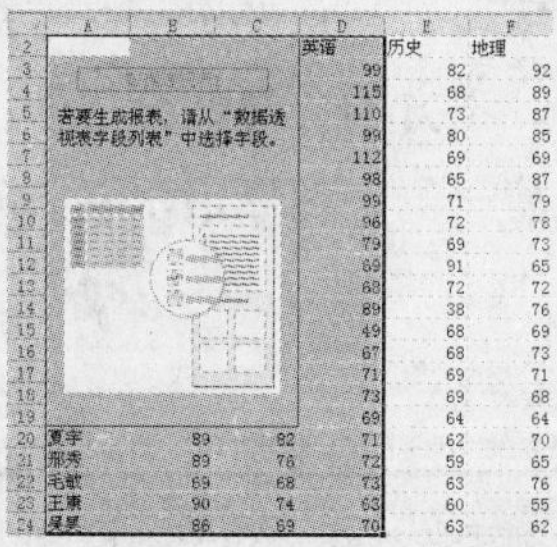

实战操作268 创建空数据透视表

- 素材：素材\266\初二一班期末考试成绩单.xlsx
- 难度：★★★★★
- 效果：效果\268\创建空数据透视表.xlsx
- 视频：视频\第14章\实战操作268.avi

在建立数据透视表之前，先来认识一下数据透视表的主要组件。数据透视表中有行、列、数据和页4个字段。建立数据透视表时，必须指定要以清单中的哪些字段作为行、列、数据与页字段，这样Excel才会更改用户的设置，从而产生相应的数据透视表。每个字段中，每一个唯一的值称为项目。具体操作如下：

1 打开素材文件夹，选择素材文件。创建数据透视表，单击“插入”选项卡“表格”组“数据透视表”中的“数据透视表”按钮，打开“创建数据透视表”对话框，如右图所示。

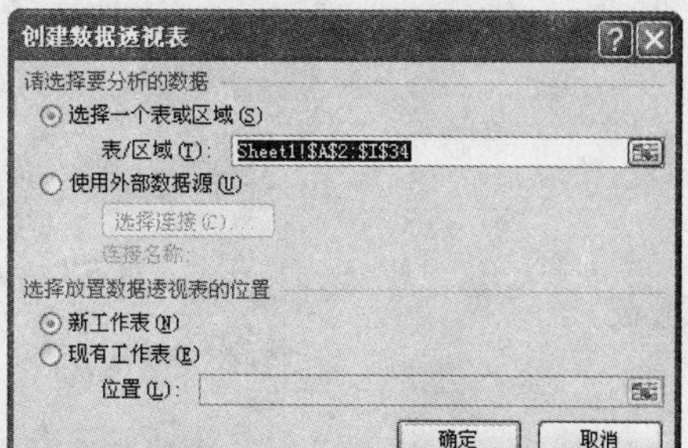

2 选择放置数据透视表的位置。如果要将数据透视表放在新工作表中，并以单元格A1为起始位置，单击“新工作表”单选按钮。如果要将数据透视表放在现有的工作表中，单击“现有工作表”单选按钮，然后输入要放置数据透视表的单元格区域的第一个单元格。这里单击“现有工作表”单选按钮，然后在“位置”中输入“Sheet1!$A$2:$D$24”，得到的效果如右图所示。

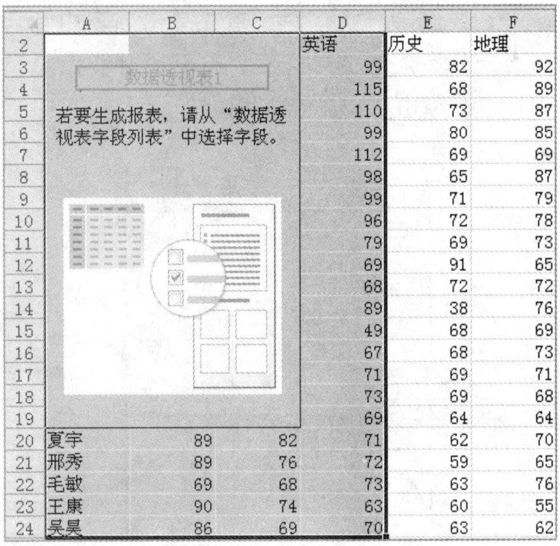

实战操作269 创建和修改布局

素材：素材\269\创建和修改布局.xlsx　　效果：无

难度：★★★★★　　视频：视频\第14章\实战操作269.avi

创建数据透视表或数据透视图之后，可以使用“数据透视表字段列表”面板来添加字段。如果要更改数据透视表或数据透视图，可以使用该面板来重新排列和删除字段。默认情况下，“数据透视表字段列表”显示两部分，即上方的字段部分用于添加和删除字段，下方的布局部分用于重新排列和定位字段。可以将“数据透视表字段列表”面板停靠在窗口的任意一侧，然后沿水平方向调整其大小。具体操作如下：

提示 如果用户看不到“数据透视表字段列表”面板，可以单击数据透视表或数据透视图。如果还看不到，对于数据透视表，单击“选项”选项卡“显示/隐藏”组中的“字段列表”按钮；对于数据透视图，单击“分析”选项卡“显示/隐藏”组中的“字段列表”按钮。

1 打开素材文件夹，选择素材文件，如右图所示。

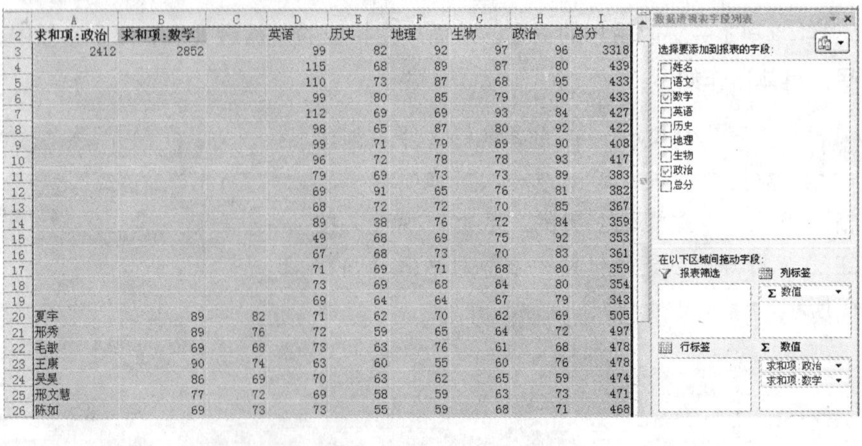

2 在“政治”字段中单击鼠标右键，然后选择相应的命令，以便将该字段放置在布局部分中的某个特定区域中，如下图所示。

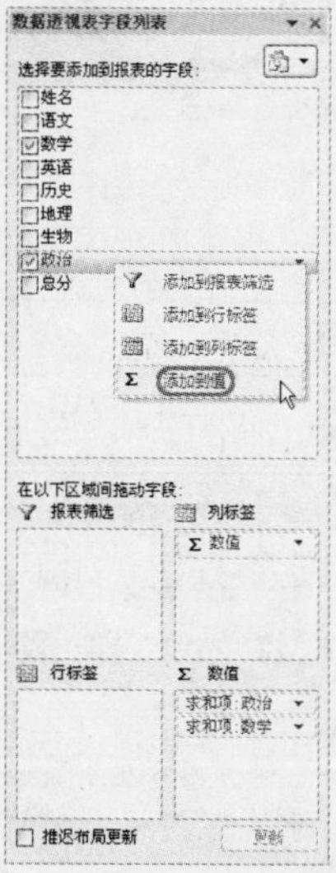

提示 也可以单击某个字段名，按住鼠标不放在字段部分与布局部分中的某个区域之间拖动该字。如果要多次添加某个字段，重复该操作。

3 字段添加完成后，还可以单击该字段名称，进行“上移”、“下移”、“移至开头”、“移至末尾”、“移动到报表筛选”、“移动到行标签”、“移动到列标签”、“移动到数值”、“值字段设置”等操作，如下图所示。

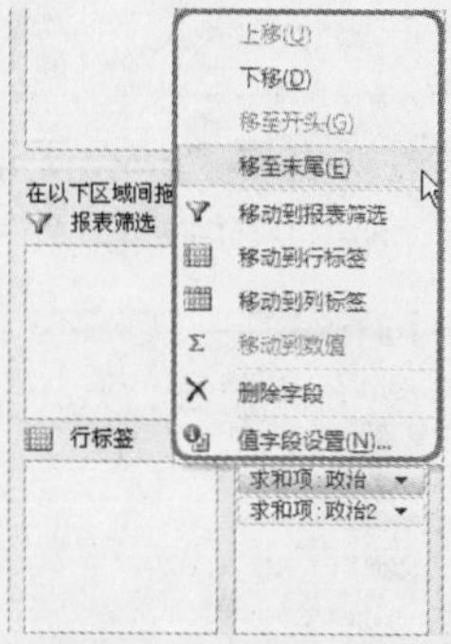

提示 每个区域都可以添加多个字段。在不同的区域中，字段的顺序不同，会得到不同角度的数据透视表。例如在“列标签”和“行标签”中添加多个字段，后面字段涉及的数据将会作为前面字段的一个子项出现。

4 在“数据透视表字段列表”面板“在以下区域间拖动字段”区域“数值”列表框中的“政治”字段上单击鼠标右键，在弹出的快捷菜单中选择“值字段设置”命令，打开“值字段设置”对话框，选择“平均值”，单击“确定”按钮，如右图所示。

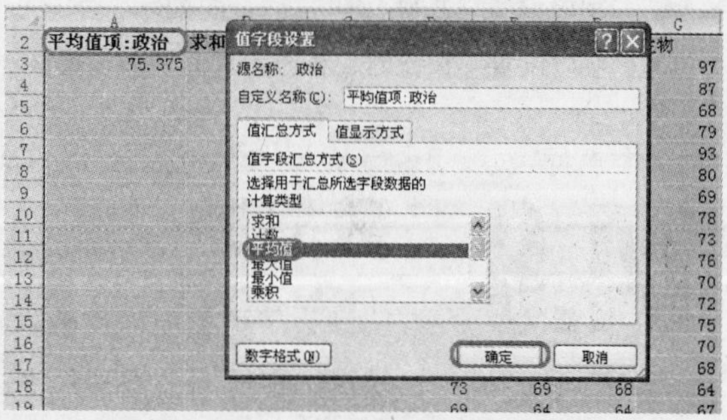

提示 创建数据透视表后，为了满足使用要求，有时需要对其进行参数设置，此时可以在数据透视表上单击鼠标右键，选择“数据透视表选项”命令继续配置。

实战操作270　设置数据透视表格式

素材：素材\270\初二一班期末考试成绩单.xlsx　　效果：无

难度：★★★★★　　视频：视频\第14章\实战操作270.avi

与其他工作表一样，数据透视表也可以设置格式，从而达到美化修饰数据透视表的目的。具体操作如下：

1 打开素材文件夹，选择素材文件。单击数据透视表，选择“数据透视表工具”下“设计”选项卡“数据透视表样式选项”组，如下图所示。

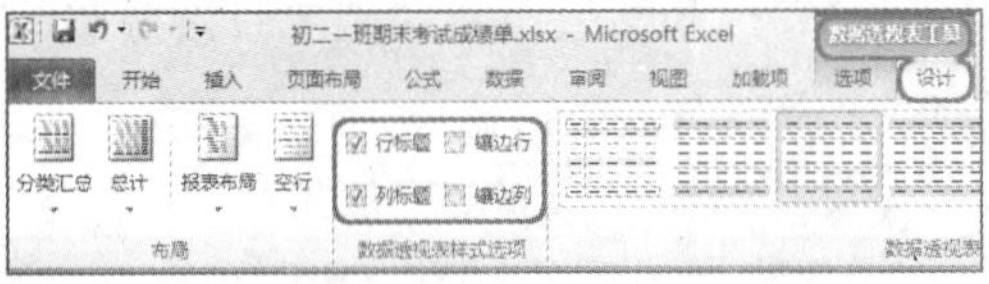

2 在数据透视表中选择要更改其数字格式的字段，如下图所示。

3 单击“选项”选项卡“活动字段”组中的“字段设置”按钮，弹出如下图所示的对话框。

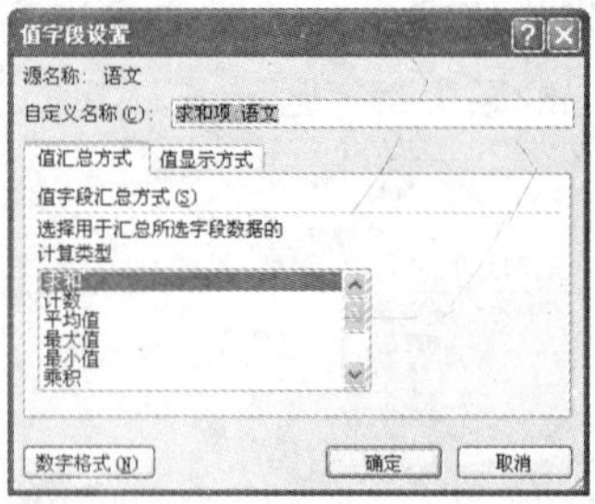

4 单击对话框底部的“数字格式”按钮，将打开“设置单元格格式”对话框。在“分类”列表框中选择所需的格式类别，单击“确定”按钮，如下图所示。

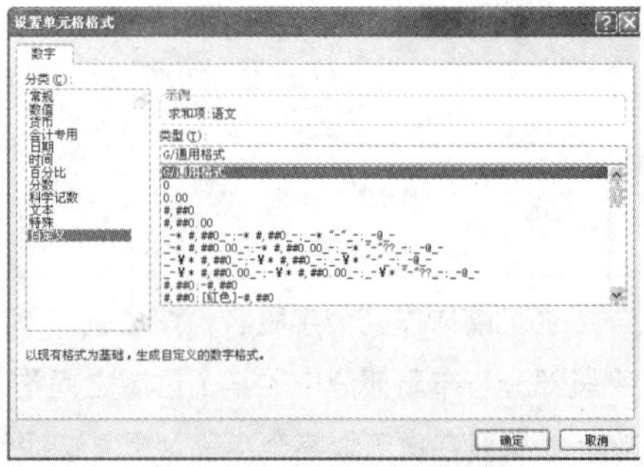

提示

如果在数据透视表中选择的是标签、日期、报表筛选，在“选项”选项卡“活动字段”组中单击“字段设置”按钮时，将显示“字段设置”对话框；如果在数据透视表中选择的是值，在单击“字段设置”按钮时，将显示“值字段设置”对话框。

14.6 数据透视图

为了更直观地反映数据透视表的分析结果，可以用数据透视图绘制统计图形。在绘制数据透视图的过程中，也会自动产生相应的数据透视表，并分别存放在不同的工作表中。

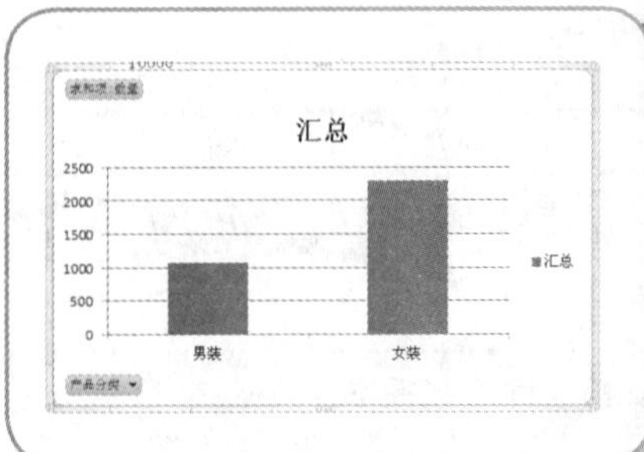

实战操作271 创建数据透视图

- 素材：素材\271\名牌服装调查表（3月份）.xlsx
- 难度：★★★★★
- 效果：效果\271\创建数据透视图.xlsx
- 视频：视频\第14章\实战操作271.avi

为了方便用户更好地分析一些数据的结果，需要创建一个数据透视图。具体操作如下：

1 打开素材文件夹，选择素材文件。选择如下图所示单元格。

2 在“插入”选项卡“表格”组中单击“数据透视表”按钮，在弹出的对话框中的“现有工作表”下的“位置”处输入“Sheet1!$A$2:$D$12”，单击“确定”按钮 确定 。再在弹出的对话框中单击“确定”按钮 确定 ，如下图所示。

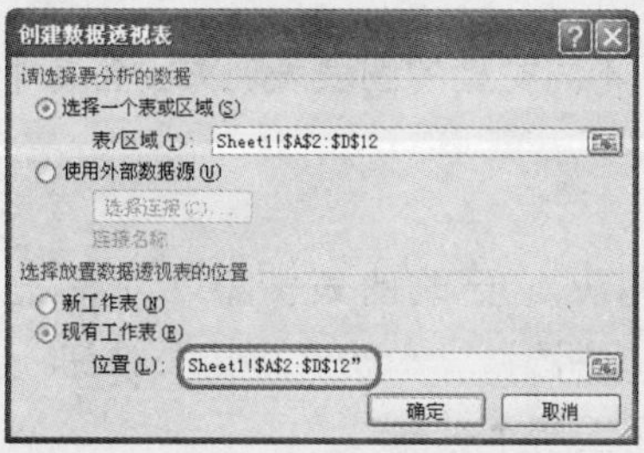

3 在“数据透视表字段列表”面板“行标签”列表框中添加“产品分类”字段，在“数值”列表框中添加“数量”。然后单击“选项”选项卡“工具”组中的“数据透视图”按钮，打开“插入图表”对话框，如下图所示。

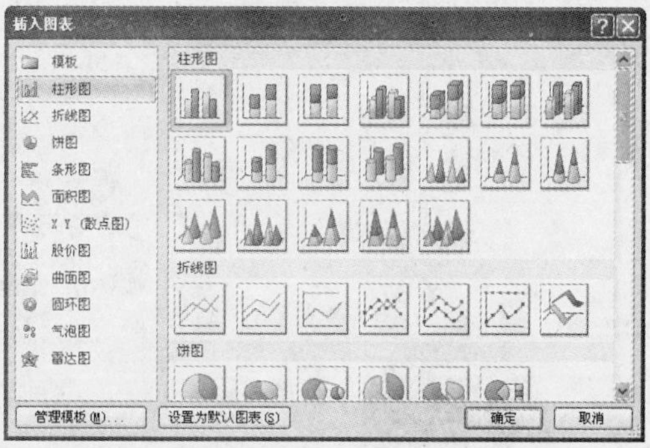

4 选择“簇状柱形图”类型后单击“确定”按钮 确定 ，即可生成数据透视图，如下图所示。

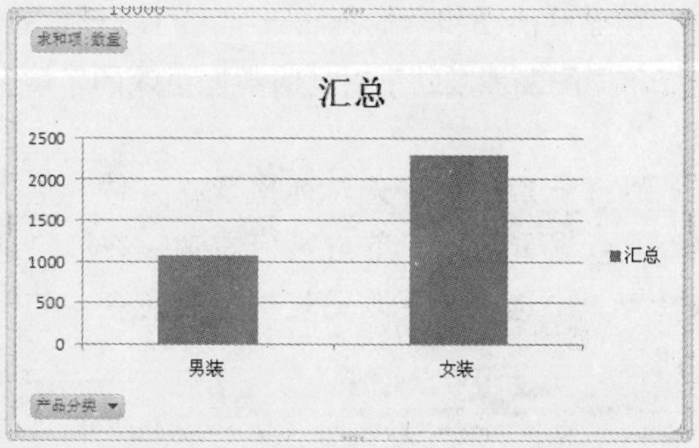

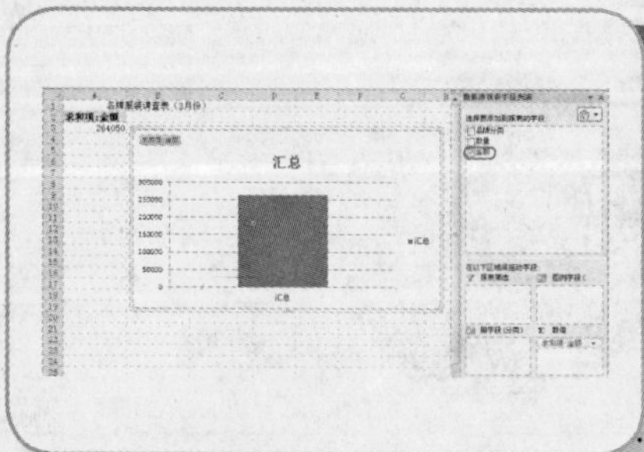

实战操作272 选择性显示分类变量

素材：素材\272\选择性显示分类变量.xlsx

难度：★★★★★

效果：效果\272\选择性显示分类变量.xlsx

视频：视频\第14章\实战操作272.avi

选择性显示分类变量能更直观地反映数据透视表的分析结果。具体操作如下：

1 打开素材文件夹，选择素材文件，如右图所示。

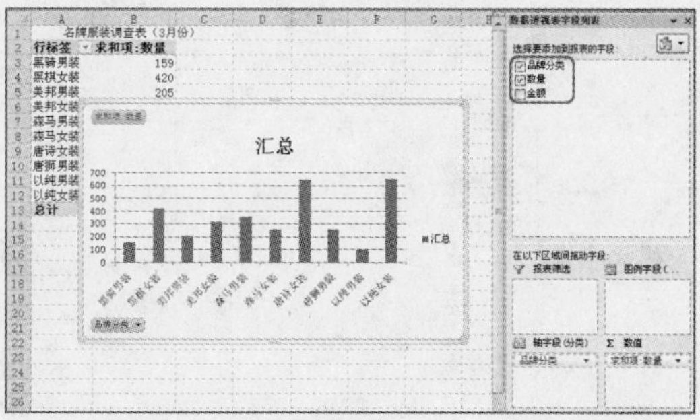

2 在“数据透视表字段列表”面板中只选择“金额”，去掉其他选项的勾选，就可以看到各名牌服装所有的销售金额，如右图所示。

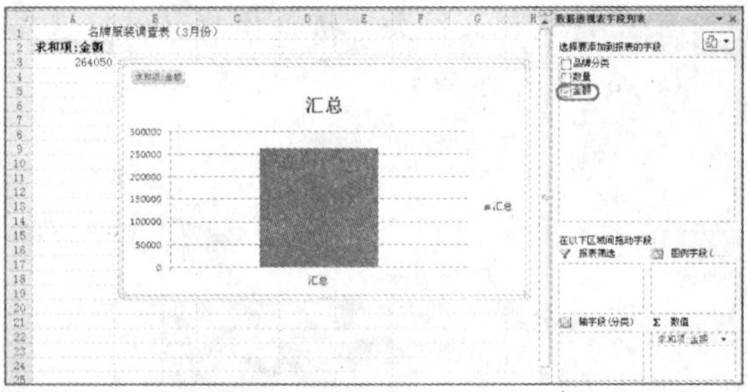

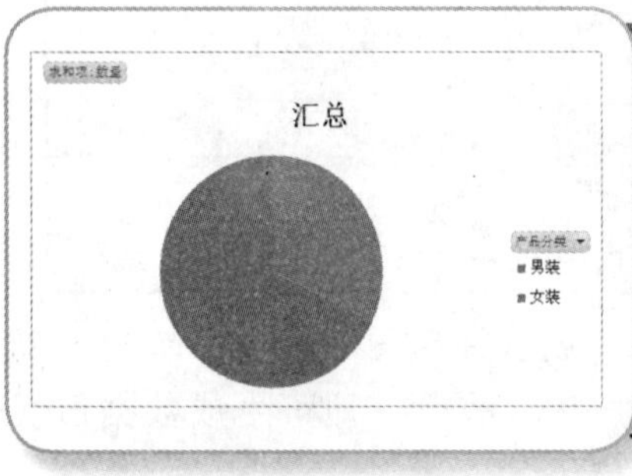

实战操作273 更改图表类型

素材：素材\273\更改图表类型.xlsx

难度：★★★★★

效果：效果\273\更改图表类型.xlsx

视频：视频\第14章\实战操作273.avi

数据透视图和其他图表一样，可以任意更改图表类型。不同类型的图表表现方式各有千秋，可选择不同图表，以助于对当前数据更深的了解。具体操作如下：

1 打开素材文件夹，选择素材文件。选中数据透视图，单击鼠标右键，在弹出的快捷菜单中选择“更改图表类型”命令，如下图所示。

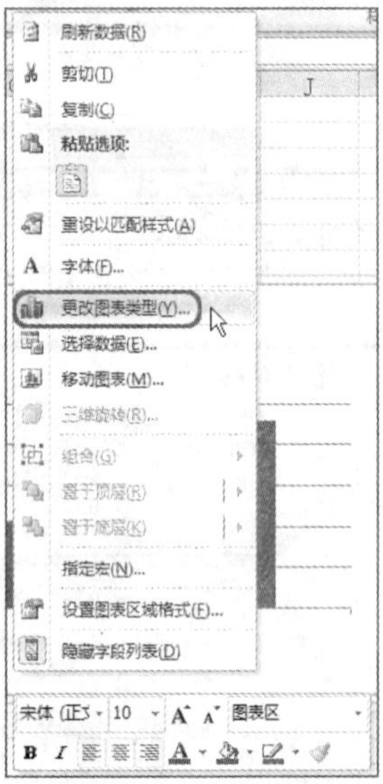

2 打开“更改图表类型”对话框，选择“饼图”，单击“确定”按钮 确定 ，效果如下图所示。

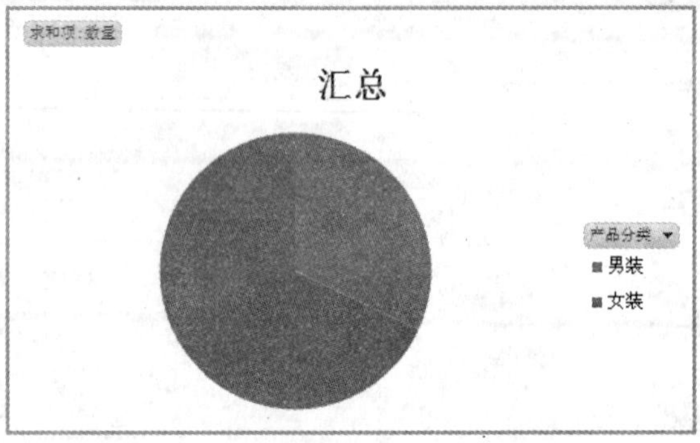

提示 除了上述方法能打开“更改图表类型”对话框时，还可以单击“选项”选项卡“类型”组中的“更改图表类型”按钮。

Chapter

15

第15章

职工档案管理系统及广告预算审批表

Excel 2010不仅可以制作一般的数据表格，还可以制作复杂的数据表格。本例通过职工档案管理系统和广告预算审批表两个实例来巩固前面所学的基础知识，使用户进一步掌握表格的制作与函数、超链接的使用。

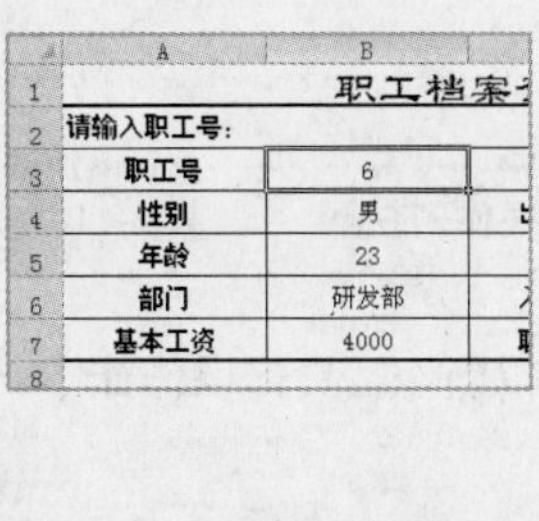

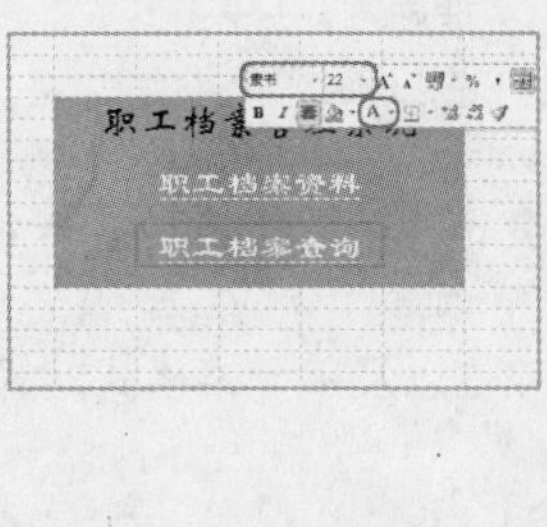

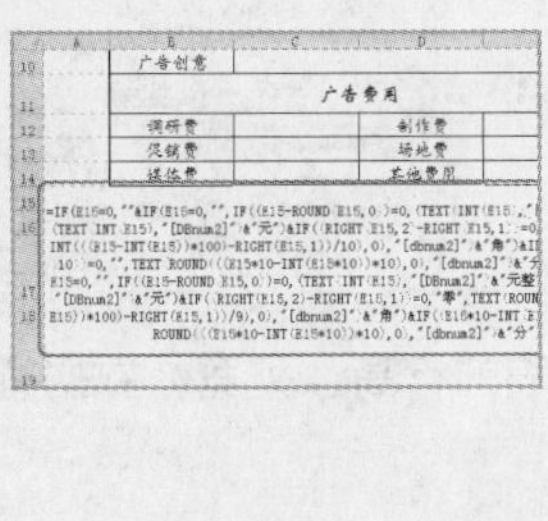

15.1 职工档案管理系统

为了对职工详细资料进行统一管理，需要创建职工档案管理系统。本例的要点一是为多个工作表设置超链接，通过超链接可以轻松地在不同工作表之间切换；要点二是VLOOKUP函数的应用，例如知道某个职工号可以通过该函数将该职工号的详细资料查询出来。

实战操作274 更改标签名

- 素材：无
- 难度：★★★★★
- 效果：无
- 视频：视频\第15章\实战操作274.avi

对于一个工作簿中包含有多个工作表时，需要对每个工作表进行命名，以方便快捷访问需要的工作表中的内容。具体操作如下：

1 启动Excel 2010，系统自动新建一个空白工作簿，在工作表标签Sheet1上单击鼠标右键，在弹出的快捷菜单中选择“重命名”命令，如下图所示。

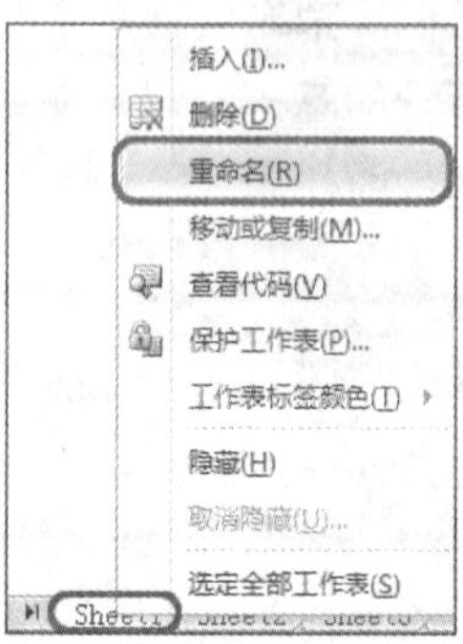

2 Sheet1标签将变为可编辑状态，在该标签中输入新的标签名“界面”，并按Enter键确定，如下图所示。

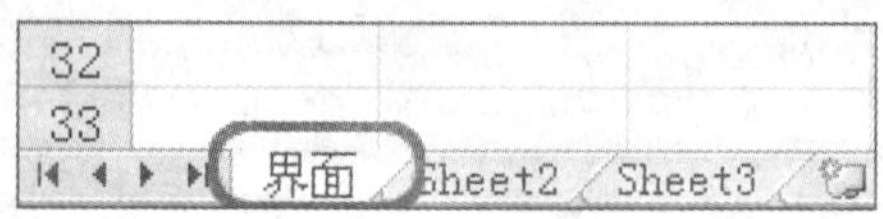

3 使用同样的方法将其他两个标签重命名为“职工档案资料”和“职工档案查询”，如下图所示。

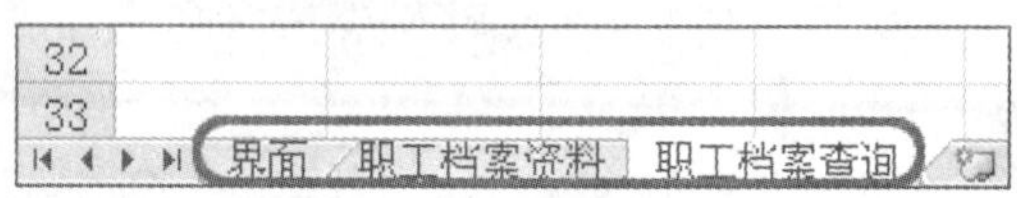

实战操作275 设置职工档案资料

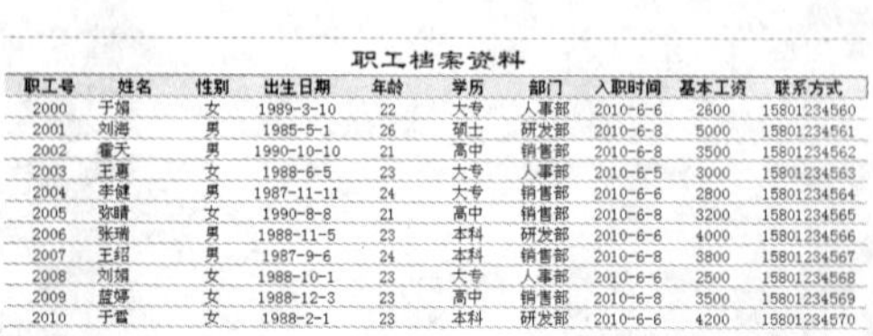

职工档案资料

职工号	姓名	性别	出生日期	年龄	学历	部门	入职时间	基本工资	联系方式
2000	于娟	女	1989-3-10	22	大专	人事部	2010-6-6	2600	15801234560
2001	刘海	男	1985-5-1	26	硕士	研发部	2010-6-8	5000	15801234561
2002	霍天	男	1990-10-10	21	高中	销售部	2010-6-8	3500	15801234562
2003	王惠	女	1988-6-5	23	大专	人事部	2010-6-5	3000	15801234563
2004	李健	男	1987-11-11	24	大专	销售部	2010-6-6	2800	15801234564
2005	弥晴	女	1990-8-8	21	高中	销售部	2010-6-8	3200	15801234565
2006	张瑞	男	1988-11-5	23	本科	研发部	2010-6-6	4000	15801234566
2007	王绍	男	1987-9-6	24	本科	销售部	2010-6-8	3800	15801234567
2008	刘娟	女	1988-10-1	23	大专	人事部	2010-6-6	2500	15801234568
2009	蓝婷	女	1988-12-3	23	高中	销售部	2010-6-8	3500	15801234569
2010	于雪	女	1988-2-1	23	本科	研发部	2010-6-6	4200	15801234570

- 素材：无
- 难度：★★★★★
- 效果：无
- 视频：视频\第15章\实战操作275.avi

本例主要介绍工作表的行高、列宽、数据有效性以及单元格格式的编辑操作。具体操作如下：

1 单击“职工档案资料”工作表标签，利用Ctrl键选择A、D、H三列，并单击其中任意一个列标，在弹出的快捷菜单中选择“列宽”命令，如下图所示。

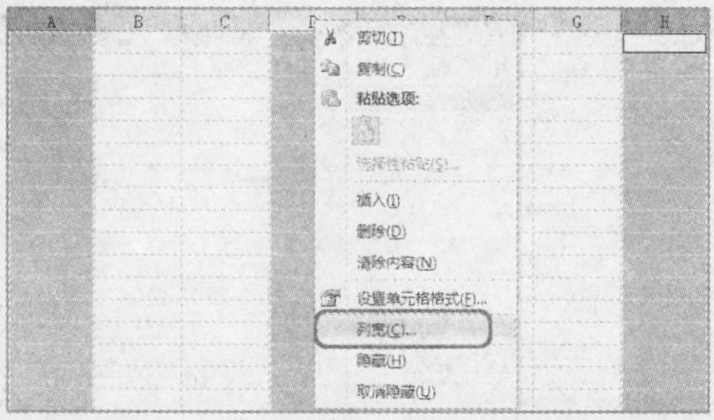

2 在打开的“列宽”对话框中将列宽设置为10，单击“确定”按钮，设置列宽后的效果如下图所示。

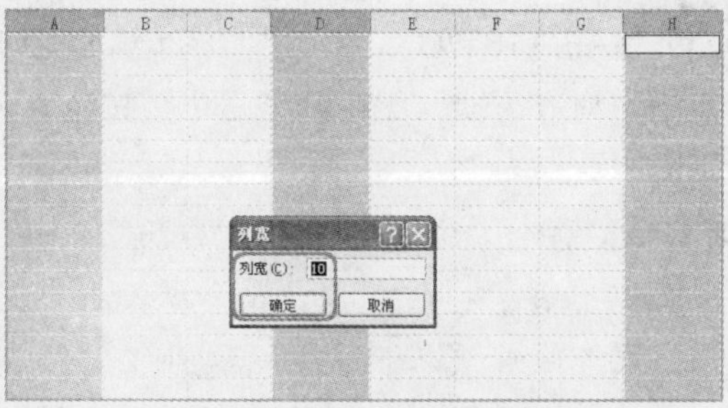

3 选择J列，右键单击该列标，在弹出的快捷菜单中选择“列宽”命令，在打开的列宽对话框中将其设置为13，效果如下图所示。

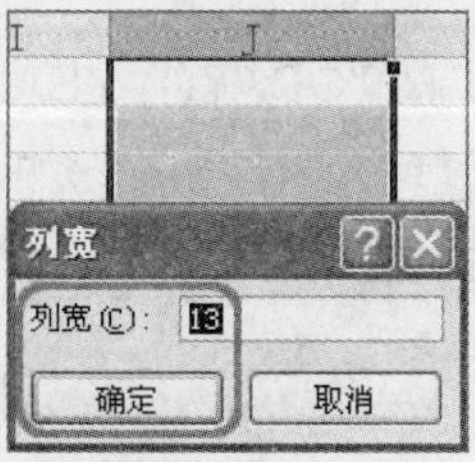

4 在单元格A2:J2中输入文本，并将其选中，在“开始”选项卡中的“字体”组中设置字体为“黑体”，设置字号为12，并单击“居中”按钮，如下图所示。

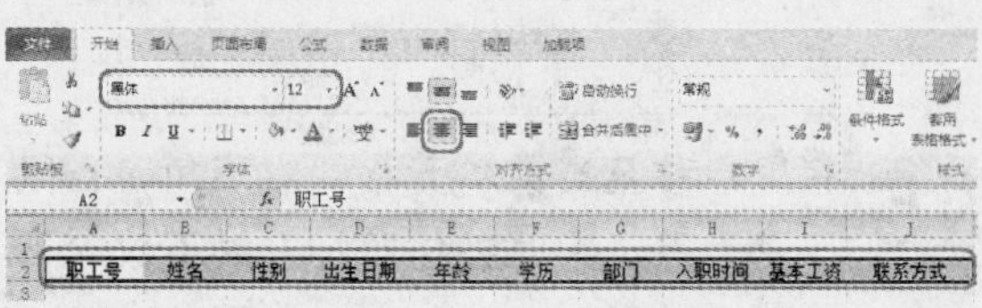

5 下面设置F列的数据有效性。在单元格L3:L6中分别输入“高中”、“大专”、“本科”、“硕士”文本，如下图所示。

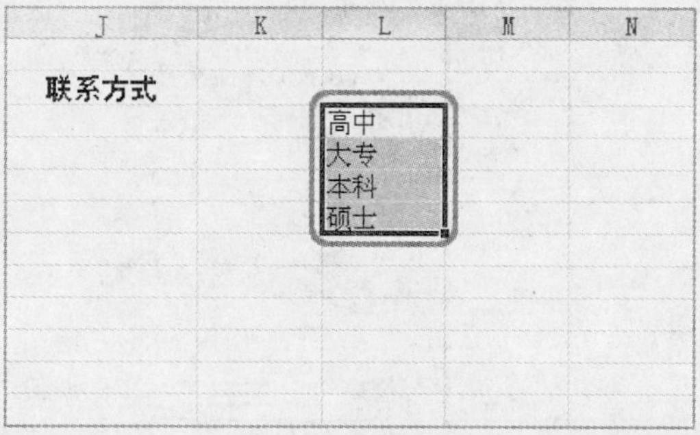

6 选中F列，在“数据”选项卡单击“数据工具”组中的“数据有效性”按钮，打开“数据有效性”对话框，在“设置”选项卡中设置有效条件，如下图所示。

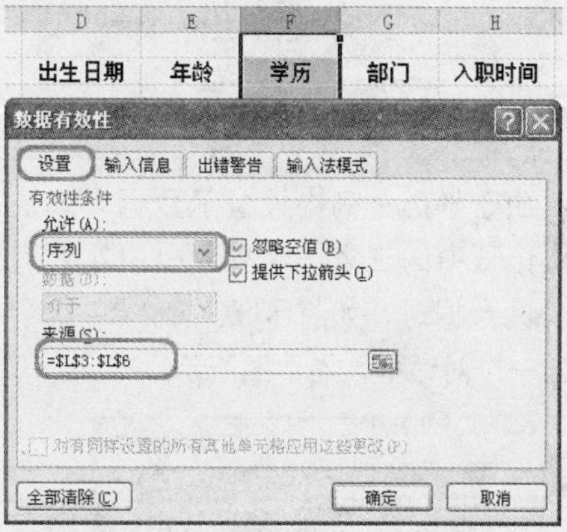

7 切换至“出错警告”选项卡，在“标题”和“错误信息”文本框中分别输入“学历输入错误”、“请在下拉列表中选择”，如下图所示。

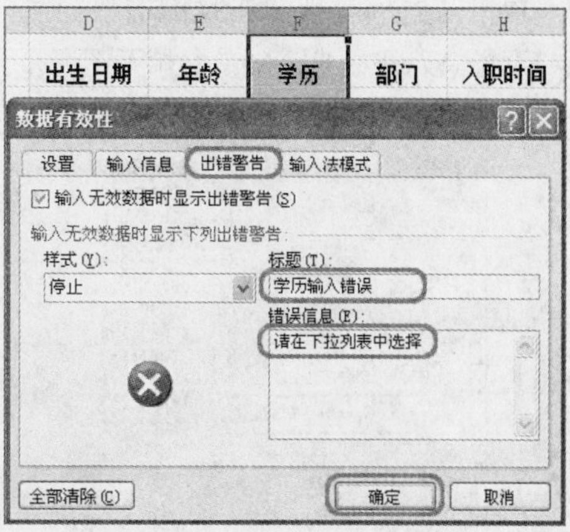

8 单击“确定”按钮，选择L列，并在其位置单击鼠标右键，在弹出的快捷菜单中选择“隐藏”命令，将该列隐藏，如下图所示。

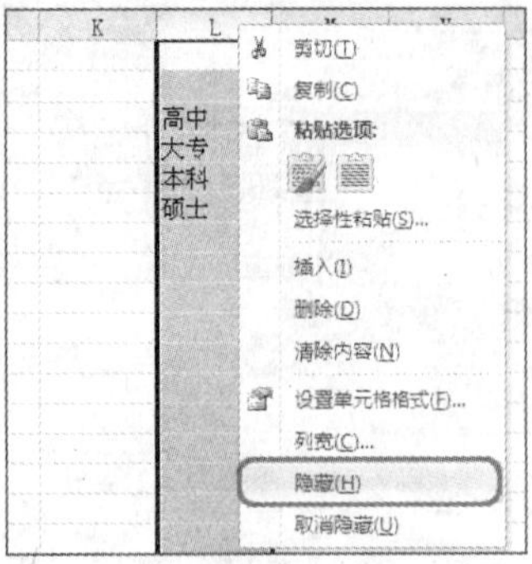

9 在单元格A3:D13、F3:J13中分别输入职工的详细资料数据，如下图所示。

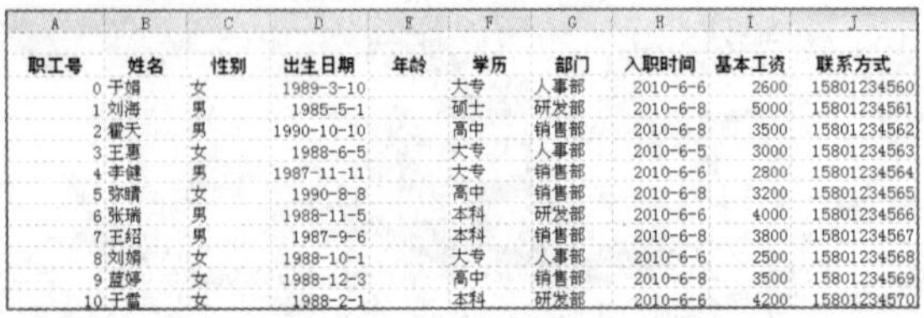

10 由于学历一列中设置了数据有效性，在该列中的任意一个单元格中输入有效范围之外的数据时，如将F3更改为“中专”，将会弹出一个对话框，如下图所示。

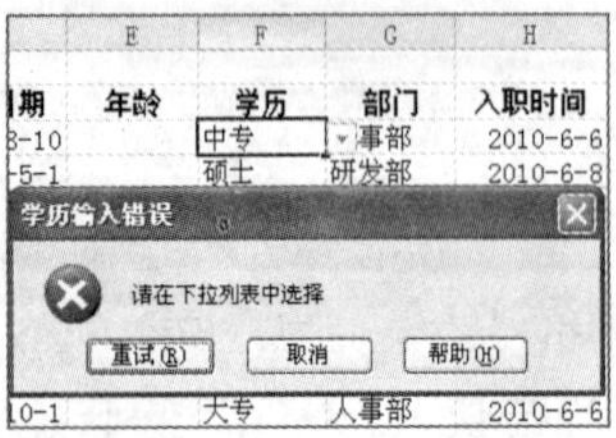

11 单击“取消”按钮，选择A列，并在其位置单击鼠标右键，在弹出的快捷菜单中选择“设置单元格格式”命令，如下图所示。

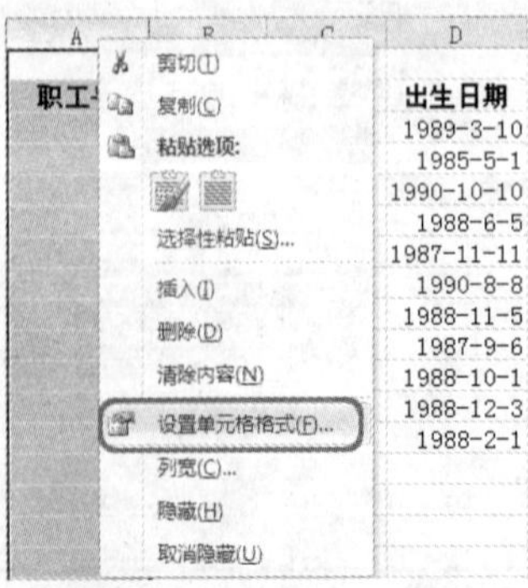

12 在打开的“设置单元格格式”对话框中切换至“数字”选项卡，在“分类”列表框中选择“自定义”，在“类型”文本框中输入自定义格式，如下图所示。

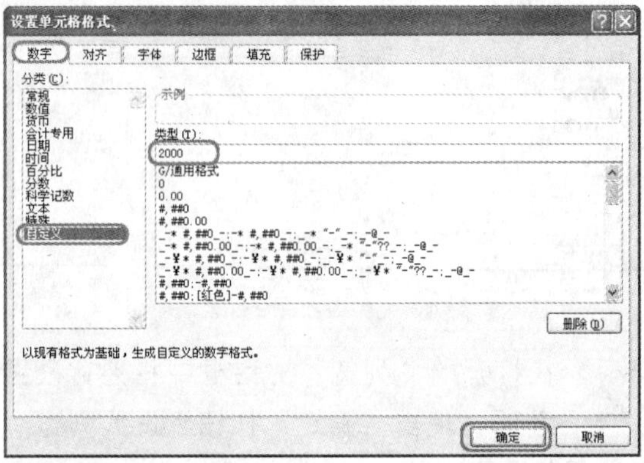

13 单击“确定”按钮，利用Ctrl键选择单元格A3:A13和C3:J13，在“开始”选项卡中单击“对齐方式”组中的“居中”按钮，如下图所示。

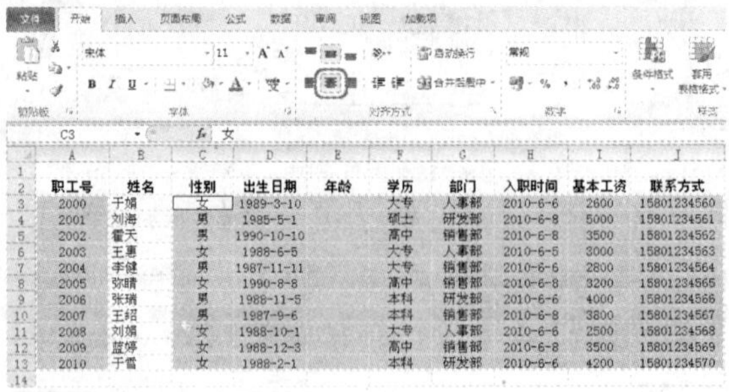

14 选择单元格E3，输入公式“=YEAR(TODAY())-YEAR(D3)”，单击编辑栏中的“输入”按钮，如下图所示。

15 将鼠标移至当前单元格的右下角，当鼠标变为黑十字时按住鼠标左键不放向下

拖动至单元格E13，如下图所示。

D	E	F
出生日期	年龄	学历
1989-3-10	1900-1-22	大专
1985-5-1	1900-1-26	硕士
1990-10-10	1900-1-21	高中
1988-6-5	1900-1-23	大专
1987-11-1	1900-1-24	大专
1990-8-8	1900-1-21	高中
1988-11-5	1900-1-23	本科
1987-9-6	1900-1-24	本科
1988-10-1	1900-1-23	大专
1988-12-3	1900-1-23	高中
1988-2-1	1900-1-23	本科

16 选择E列，并在其位置单击鼠标右键，在弹出的快捷菜单中选择“设置单元格格式”命令，在打开的“设置单元格格式”对话框中设置格式，如下图所示。

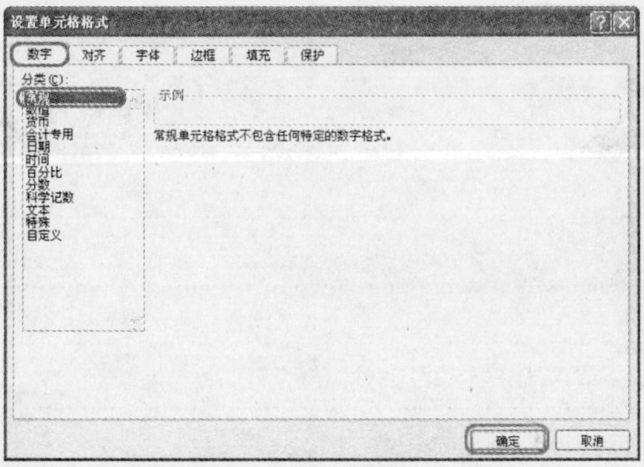

17 单击“确定”按钮，选择单元格A1:J1，在“开始”选项卡单击“对齐方式”组中的“合并后居中”按钮合并后居中，并输入文本，如下图所示。

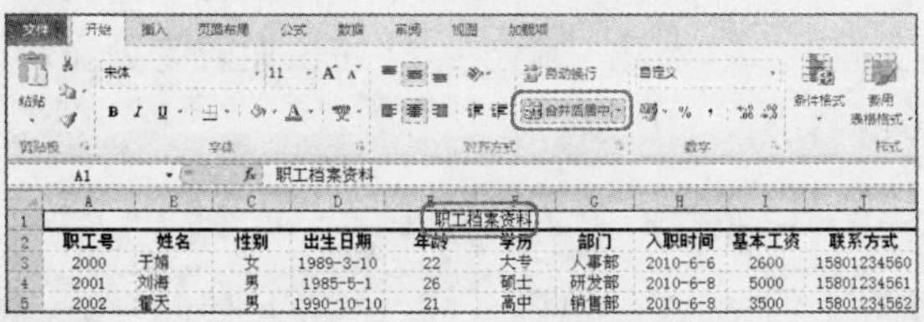

18 选中输入的“职工档案资料”文本，在“开始”选项卡中将字体设置为“隶书”，将字号设置为20，效果如下图所示。

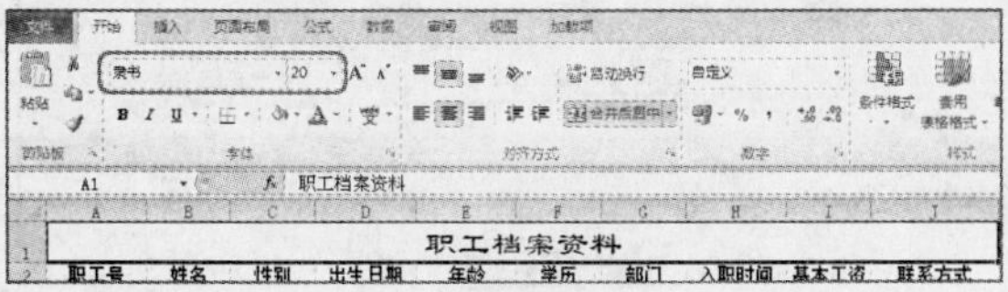

19 选择单元格A2:J2，在“设置单元格格式”对话框中打开“边框”选项卡，将颜色设为“白色,背景1,深色50%”，选择一种样式，单击“外边框”图标，如下图所示。

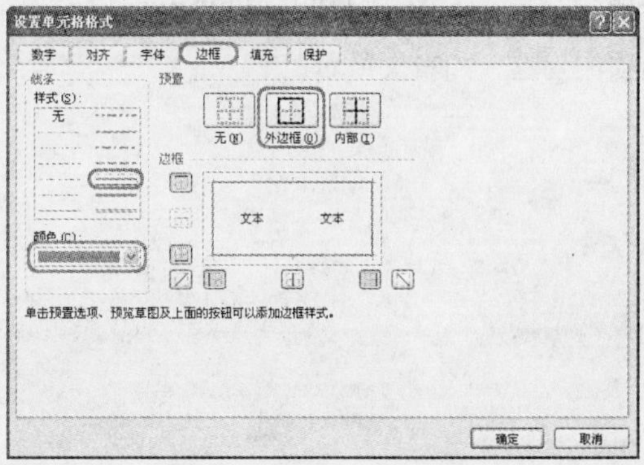

20 在“设置单元格格式”对话框中切换至“填充”选项卡，在“背景颜色”组中选择一种背景颜色，如下图所示。

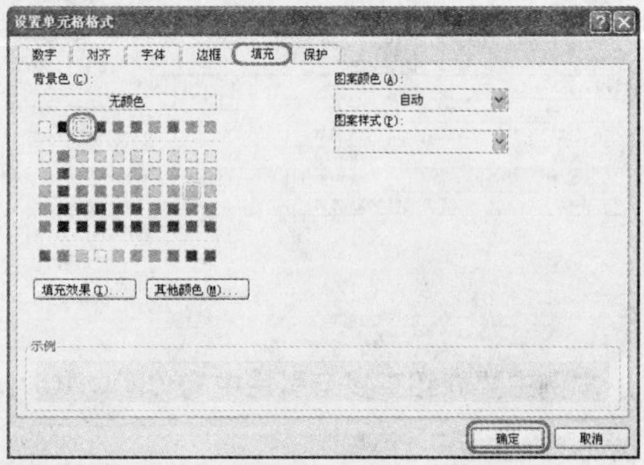

21 单击“确定”按钮，选择单元格A3:J13，打开“设置单元格格式”对话框，并单击“边框”选项卡，将颜色设置为“白色,背景1,深色25%”，单击右侧的3个边框图标，如下图所示。

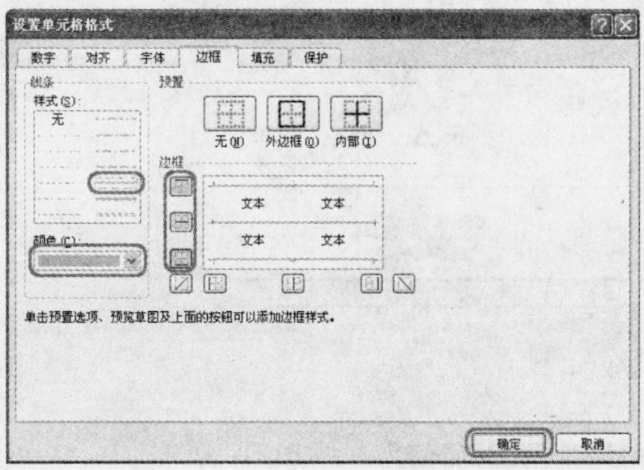

22 单击“确定”按钮，单击“文件”按钮 文件 ，在打开的下拉列表中选择“选项”命令，在“Excel 选项”对话框中选择“高级”选项，在“此工作表的显示选项”选项组中取消“显示行和列标题”和“显示网格线”选项的勾选，如右图所示。

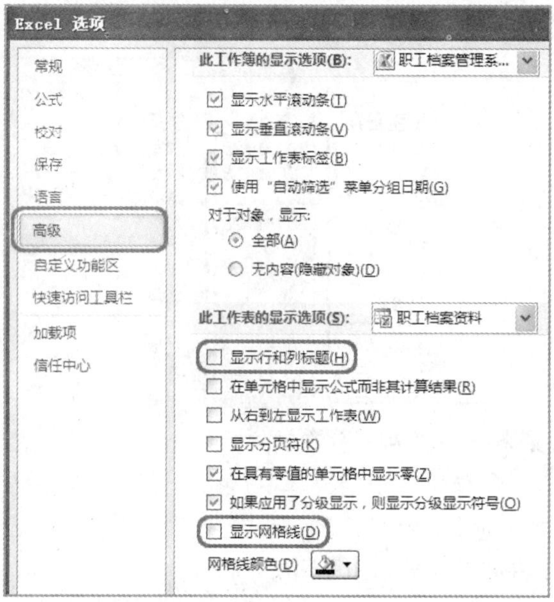

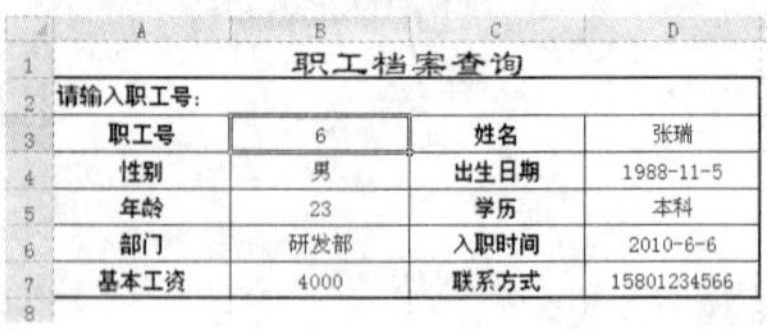

实战操作276 设置职工档案查询

素材：无

难度：★★★★★

效果：无

视频：视频\第15章\实战操作276.avi

本例主要介绍查找与引用中的VLOOKUP函数的应用。具体操作步骤如下：

1 单击“职工档案查询”标签，在单元格A2:A7、C3:C7中输入文本，并选择单元格A2:D2，在“开始”选项卡中单击“合并后居中”右侧的下三角按钮，在打开的下拉列表中选择“合并单元格”命令，如下图所示。

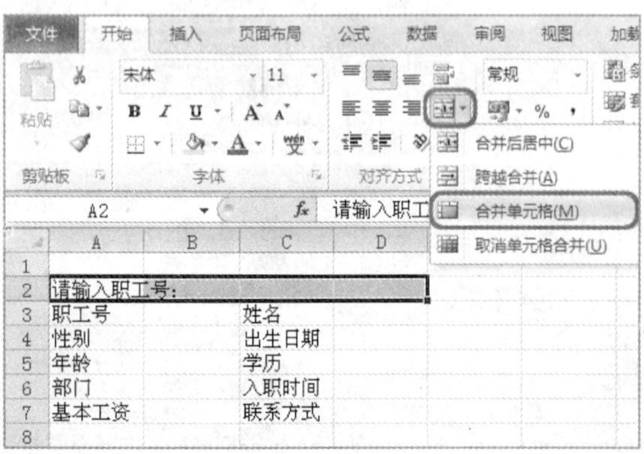

2 选择A～D列，并在其位置单击鼠标右键，在弹出的快捷菜单中选择“列宽”命令，在打开的“列宽”对话框中将“列宽”设置为15，单击“确定”按钮，设置完列宽后的效果如下图所示。

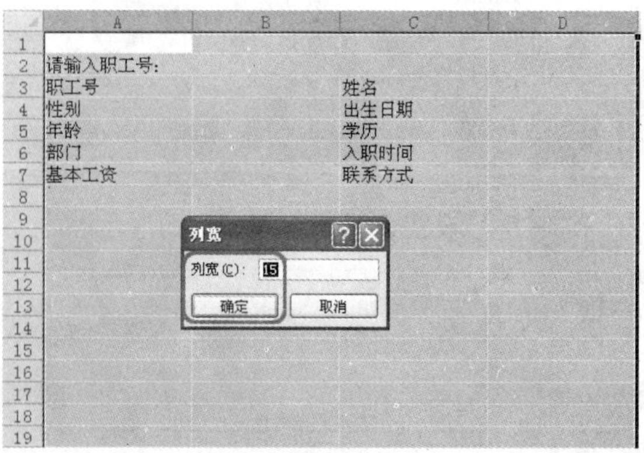

3 选择第1～7行，并在其位置单击鼠标右键，在弹出的快捷菜单中选择“行高”命令，在打开的“行高”对话框中将行高设置为19，设置后的效果如下图所示。

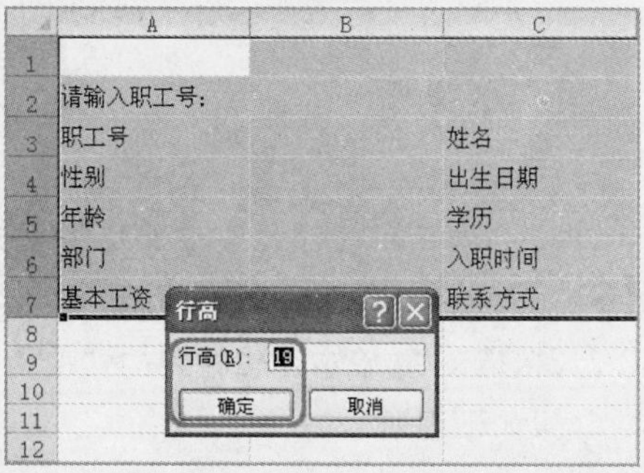

4 选择单元格A2:D7，并在选择的区域上单击鼠标右键，在弹出的快捷菜单中选择“设置单元格格式”命令，如下图所示。

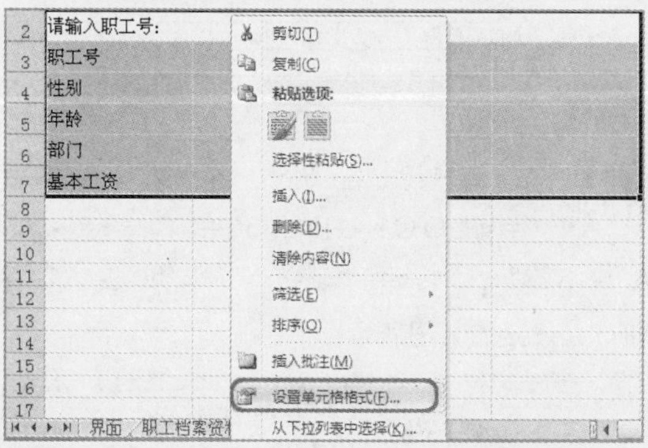

5 在打开的“设置单元格格式”对话框中打开“边框”选项卡，在“样式”列表框中选择一种粗线线条样式，单击“外边框”图标，如下图所示。

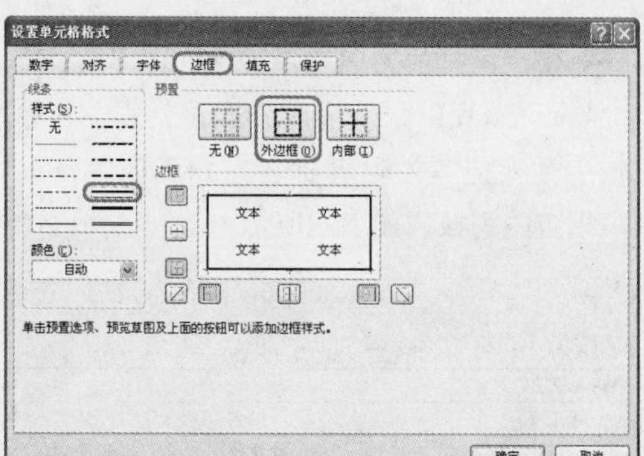

6 在“设置单元格格式”对话框“边框”选项卡中，继续用“样式”列表框选择一种细线线条样式，单击“内部”图标，如下图所示。

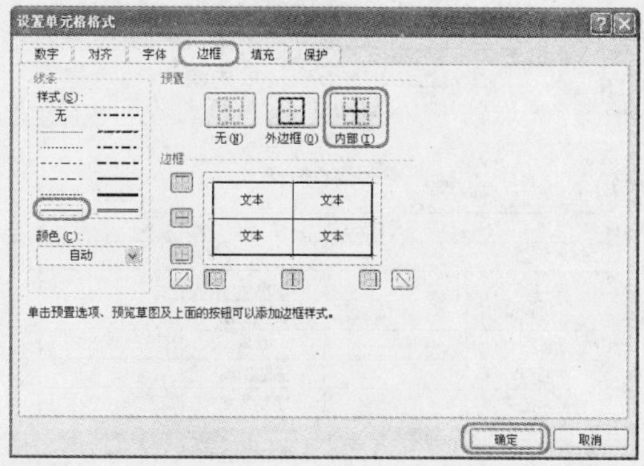

7 单击“确定”按钮，利用Ctrl键选择单元格A2、A3:A7、C3:C7，在“开始”选项卡中将字体设置为“黑体”，将字号设置为12，如下图所示。

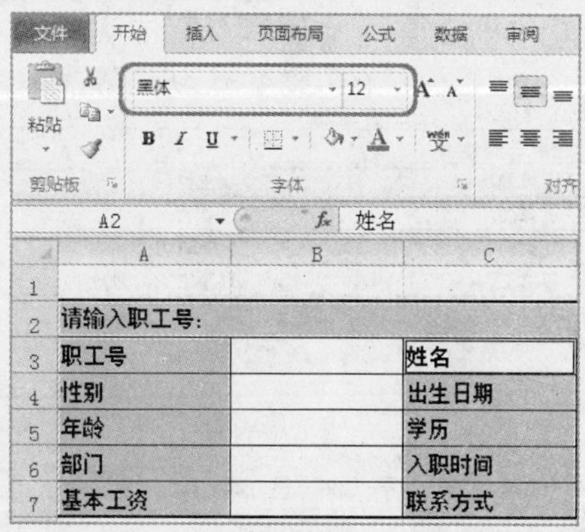

8 选择单元格A3:D7，在“开始”选项卡“对齐方式”组中单击“居中”按钮，将文本居中显示，如下图所示。

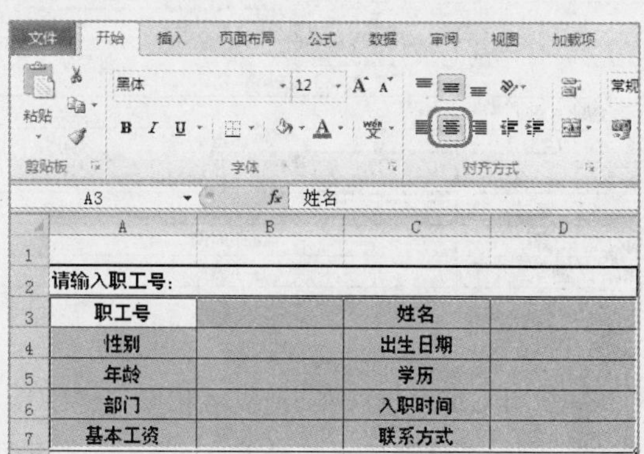

9 选择单元格A1:D1，在“开始”选项卡中单击“合并后居中”按钮，输

入“职工档案查询”，并将其字体设置为“隶书”，将字号设置为20，如下图所示。

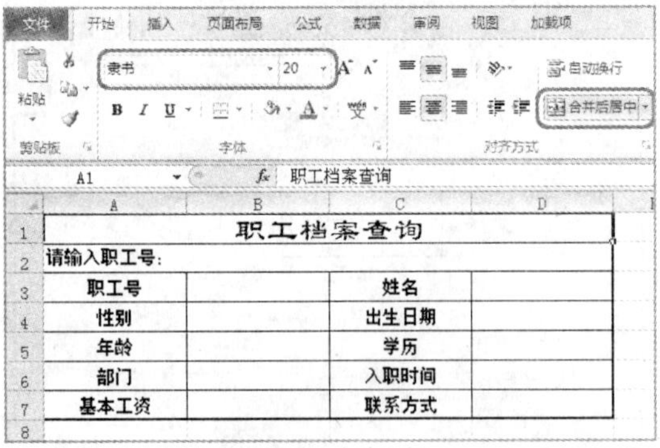

10 在单元格B3中输入0，在单元格D3中输入公式“=VLOOKUP(B3,职工档案资料!A3:J13,2)”，单击编辑栏中的“输入”按钮✓，效果如下图所示。

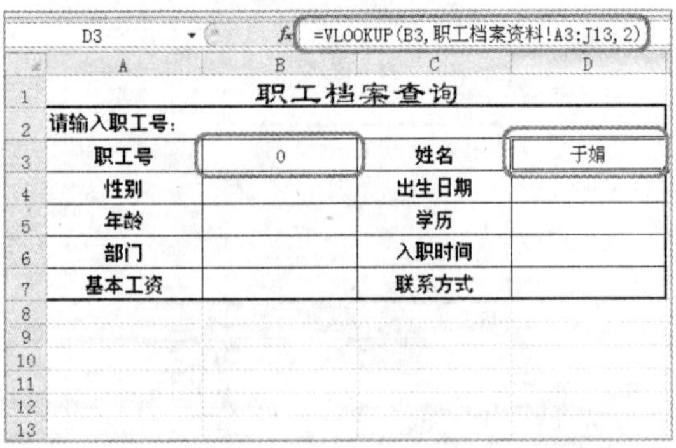

11 在单元格B4中输入公式“=VLOOKUP(B3,职工档案资料!A3:J13,3)”，并单击“编辑栏”中的“输入”按钮✓，效果如下图所示。

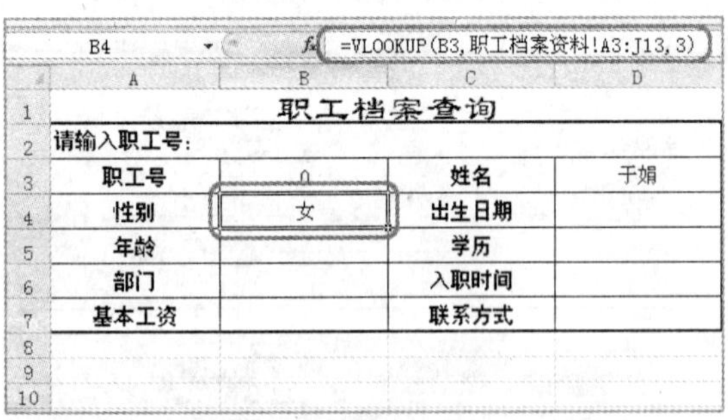

12 利用Ctrl键选择单元格D4和单元格D6，打开“设置单元格格式”对话框，切换至“数字”选项卡，在“分类”中选择“日期”，如下图所示。

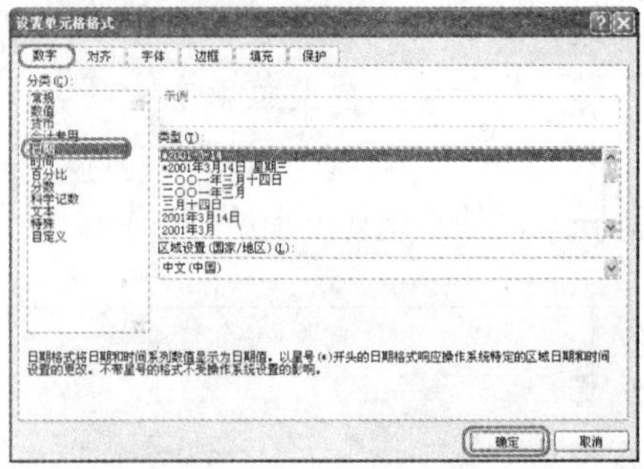

13 单击“确定”按钮，在单元格D4中输入公式“=VLOOKUP(B3,职工档案资料!A3:J13,4)”，并单击编辑栏中的“输入”按钮✓，效果如下图所示。

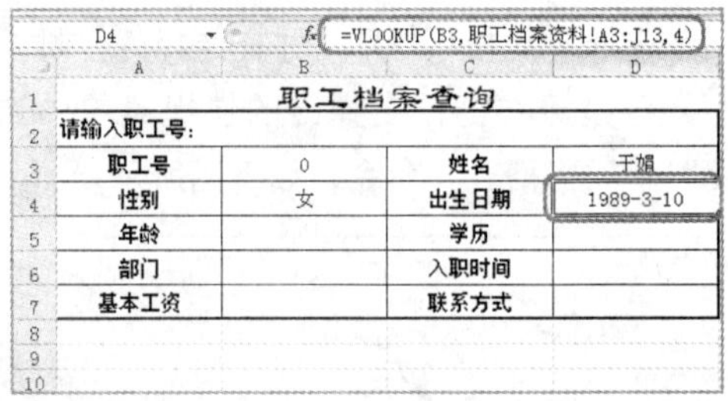

14 在单元格B5中输入公式“=VLOOKUP(B3,职工档案资料!A3:J13,5)”，并单击“编辑栏”中的“输入”按钮✓，效果如下图所示。

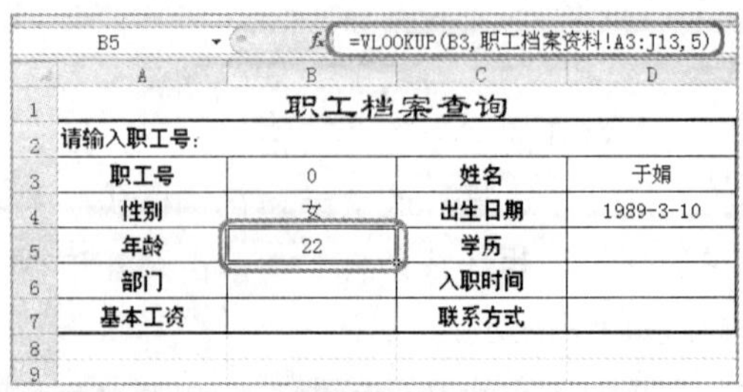

15 使用同样的方法在单元格D5、B6、D6、B7、D7中分别输入公式，公式中的最后一位参数对应其左侧名称在“职工档案资料”表中相应的列数，如下图所示。

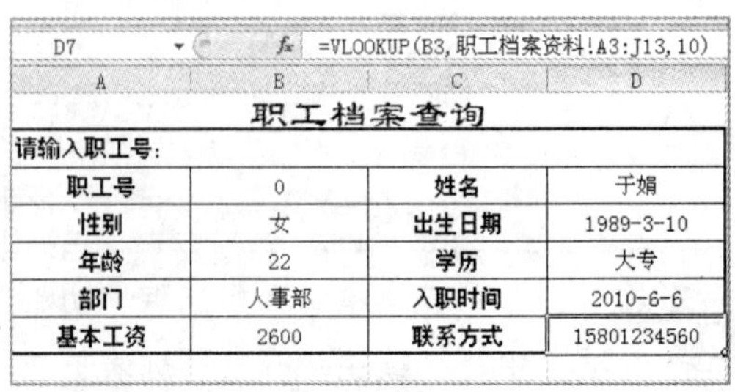

16 这样职工档案查询工作表就制作完成。当更改“职工号”数值时，其他单元格也随之发生变化，如在“职工号”右侧单元格中输入6，效果如右图所示。

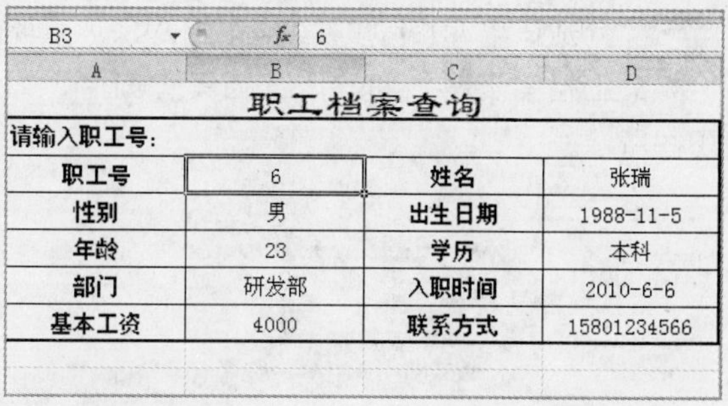
B3　fx 6

A	B	C	D
职工档案查询			
请输入职工号：			
职工号	6	姓名	张瑞
性别	男	出生日期	1988-11-5
年龄	23	学历	本科
部门	研发部	入职时间	2010-6-6
基本工资	4000	联系方式	15801234566

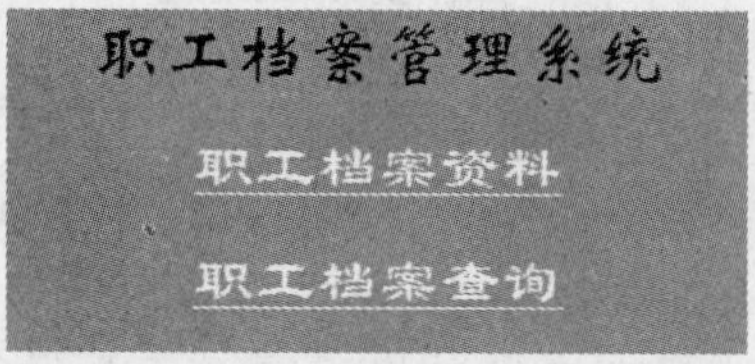

实战操作277　设置界面及超链接

- 素材：无
- 难度：★★★★★
- 效果：效果\277\职工档案管理系统.xlsx
- 视频：视频\第15章\实战操作277.avi

为了快速访问所需工作表中的内容，可以为其设置超链接。本例将主要介绍Excel中超链接的使用技巧。具体操作步骤如下：

1 单击“界面”工作表标签，选择单元格E9:I10，在“开始”选项卡“对方方式”组中单击“合并后居中”按钮，合并单元格，如下图所示。

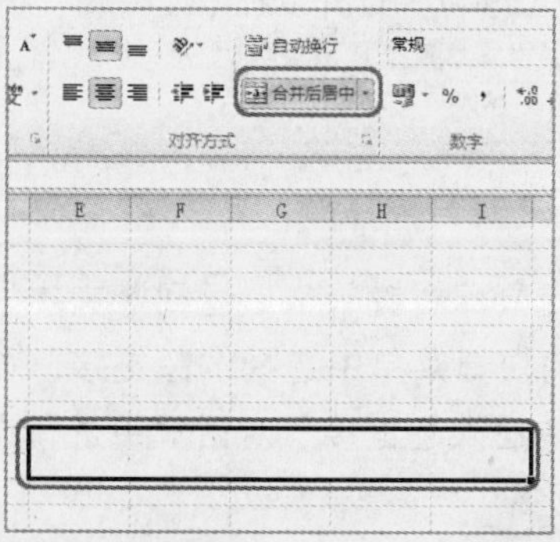

2 使用同样的方法，在工作表中对单元格F12:H13和单元格F15:H16进行合并后居中操作，效果如下图所示。

3 选择单元格E9:I17，在“开始”选项卡中单击“填充颜色”右侧的下三角按钮，在打开的下拉列表中选择“浅蓝色”，如下图所示。

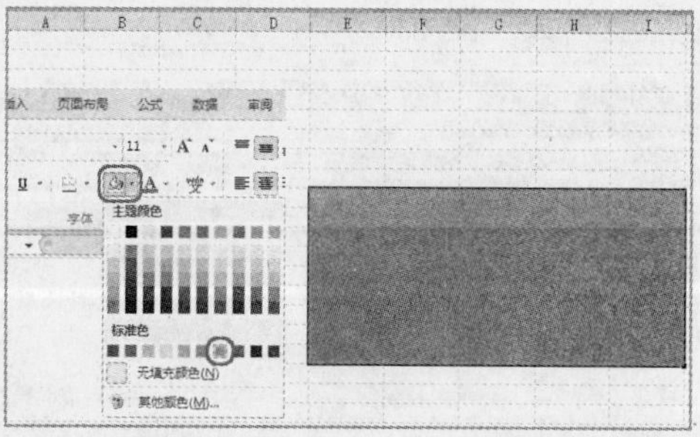

4 选择单元格E9，输入文本“职工档案管理系统”，并在“开始”选项卡中将字体设置为“华文新魏”，将字号设置为26，如下图所示。

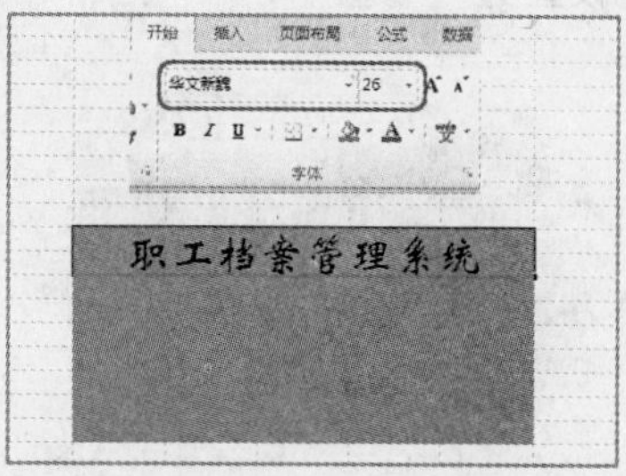

5 分别在单元格F12、F15中输入文本“职工档案资料”和“职工档案查询”，如下图所示。

6 在“职工档案资料”文本上单击鼠标右键，在弹出的快捷菜单中选择“超链接”命令，在打开的“插入超链接”对话框中进行设置，如下图所示。

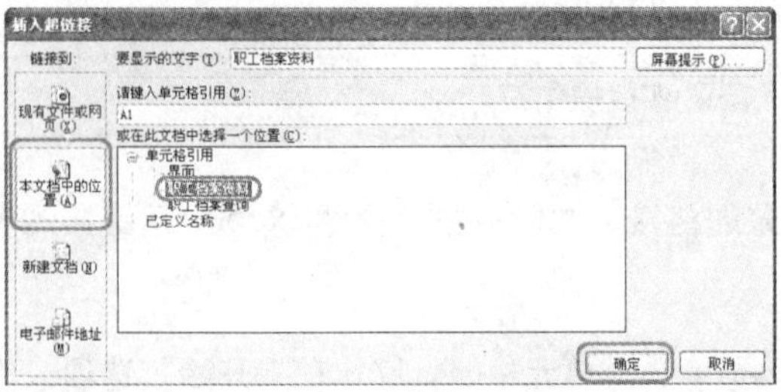

7 在“职工档案查询”文本上单击鼠标右键，在弹出的快捷菜单中选择“超链接”命令，在打开的“插入超链接”对话框中进行设置，如下图所示。

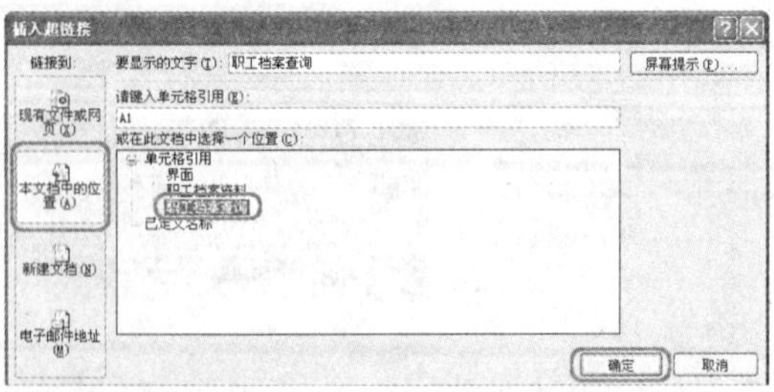

8 单击“确定”按钮，右键单击“职工档案资料”文本，在弹出的快捷工具栏中将字体设置为“隶书”，将字号设置为22，将字体颜色设置为“白色”，如下图所示。

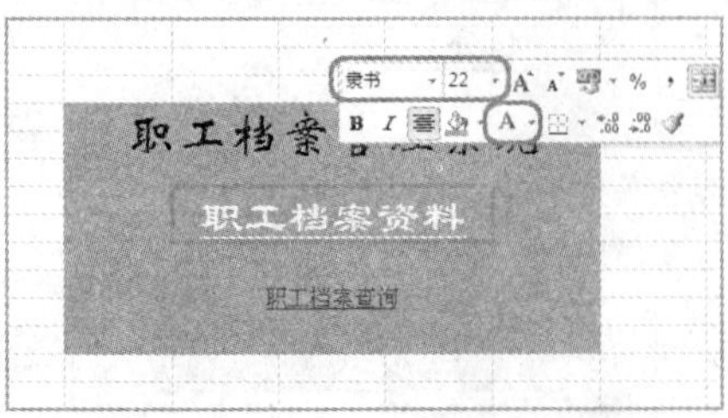

9 使用同样的方法，将“职工档案查询”文本的字体设置为“隶书”，将字号设置为22，将字体颜色设置为“白色”，如下图所示。

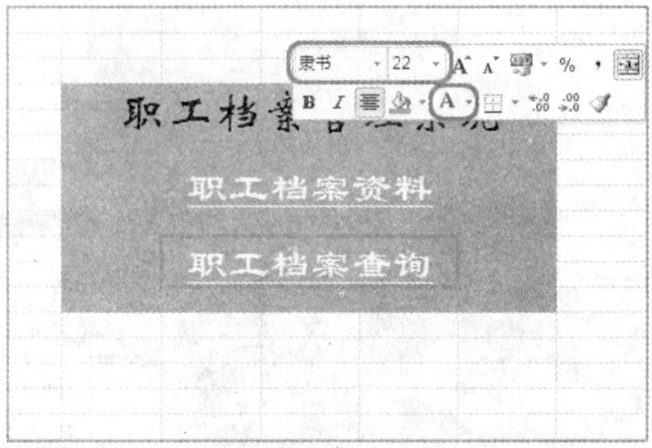

10 单击“职工档案资料”超链接，进入“职工档案资料”工作表，在数据区域右侧选择一个单元格，并输入“返回”，如下图所示。

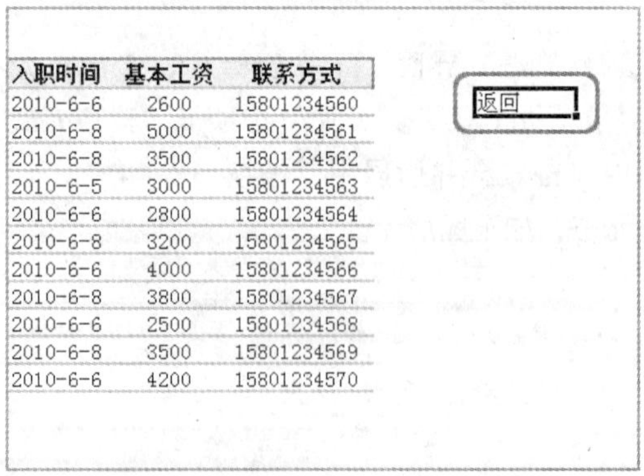

入职时间	基本工资	联系方式
2010-6-6	2600	15801234560
2010-6-8	5000	15801234561
2010-6-8	3500	15801234562
2010-6-5	3000	15801234563
2010-6-6	2800	15801234564
2010-6-8	3200	15801234565
2010-6-6	4000	15801234566
2010-6-8	3800	15801234567
2010-6-6	2500	15801234568
2010-6-8	3500	15801234569
2010-6-6	4200	15801234570

11 用鼠标右键单击“返回”文本，在弹出的快捷菜单中选择“超链接”命令，在打开的“插入超链接”对话框中进行设置，如下图所示。

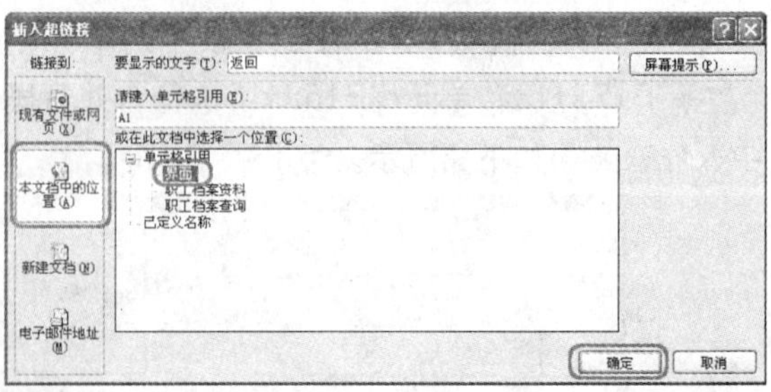

12 单击“确定”按钮，右键单击该文本，在弹出的快捷工具栏中将字体设置为

“隶书”，将字号设置为18，并单击“居中”按钮☰，如下图所示。

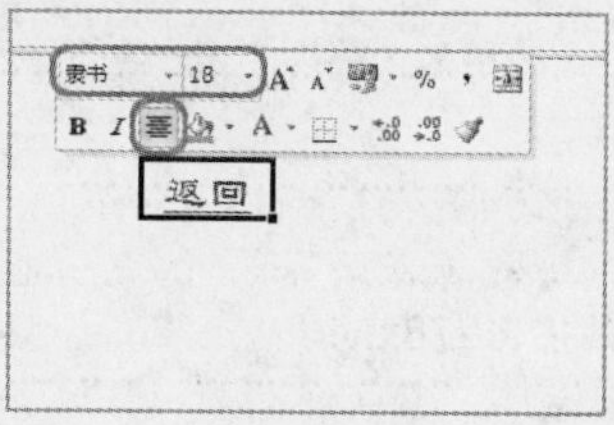

13 单击“职工档案查询”工作表标签，进入“职工档案查询”工作表，在表格右侧选择一个单元格，并输入“返回”文本，如下图所示。

14 用鼠标右键单击“返回”文本，在弹出的快捷菜单中选择“超链接”命令，在打开的“插入超链接”对话框中进行设置，如下图所示。

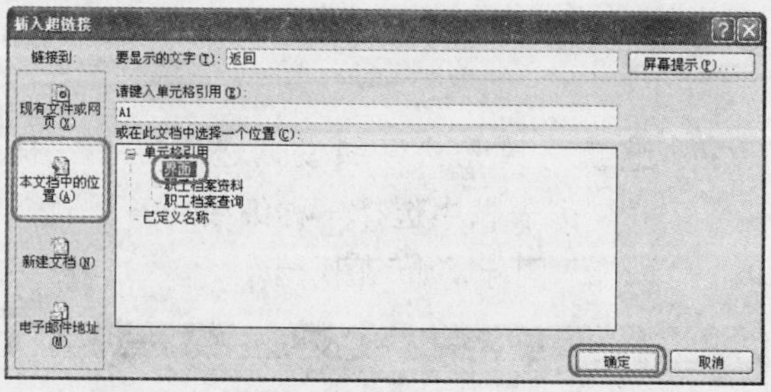

15 单击“确定”按钮，右键单击该文本，在弹出的快捷工具栏中将字体设置为“隶书”，将字号设置为18，并单击“居中”按钮☰，如下图所示。

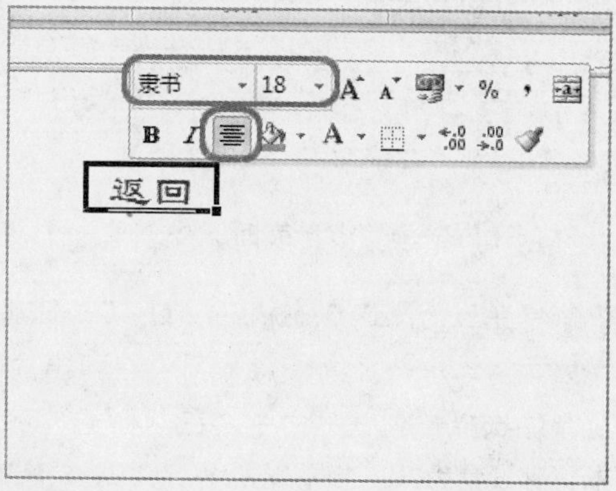

16 单击“返回”超链接，返回至“界面”工作表中，单击“文件”按钮 文件 ，再选择“选项”命令，在打开的“Excel选项”对话框中进行设置，如下图所示。

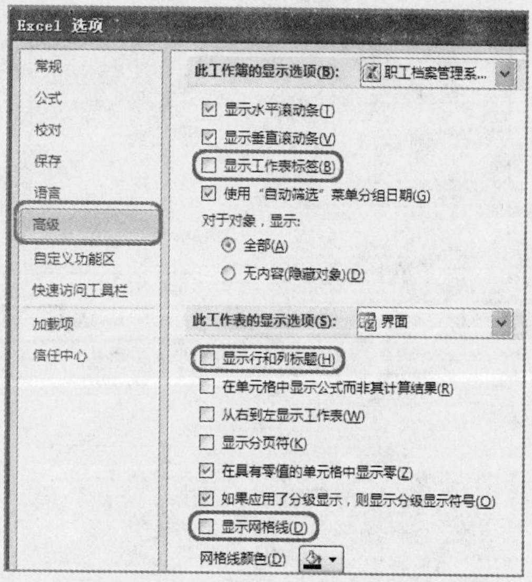

15.2 广告预算审批表

将广告计划期内从事广告活动所需的各种费用、使用范围及使用方法进行预期，并以详细的表格形式递交给领导进行审批。

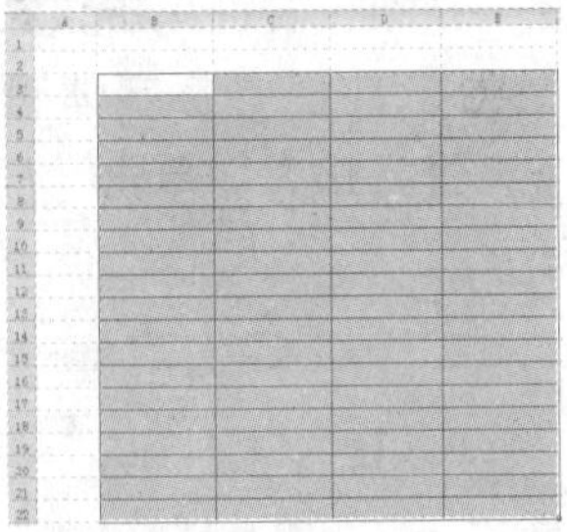

实战操作278 创建表格

- 素材：无
- 难度：★★★★★
- 效果：无
- 视频：视频\第15章\实战操作278.avi

在创建广告预算审批表时，先创建一个初始表格，具体操作如下：

1 打开Excel 2010，选择B、C、D、E列，右键单击选择的任意一列，在弹出的快捷菜单中选择“列宽”命令，在“列宽”对话框中将其设置为16，如下图所示。

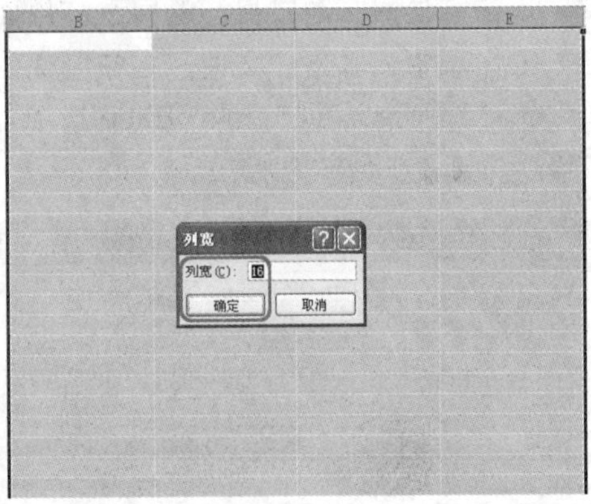

2 选择第1～22行，在选择的区域中单击鼠标右键，在弹出的快捷菜单中选择“行高”命令，在“行高”对话框中将其设置为19，如下图所示。

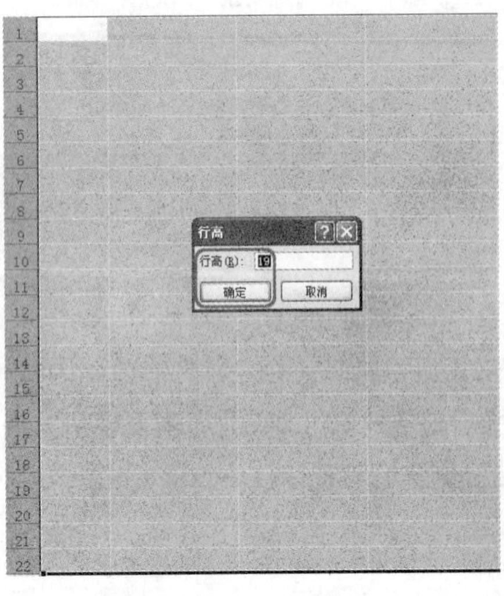

3 选择单元格B3:E22，打开“设置单元格格式”对话框，切换至“边框”选项卡，选择一种粗线样式，单击“外边框”图标，如下图所示。

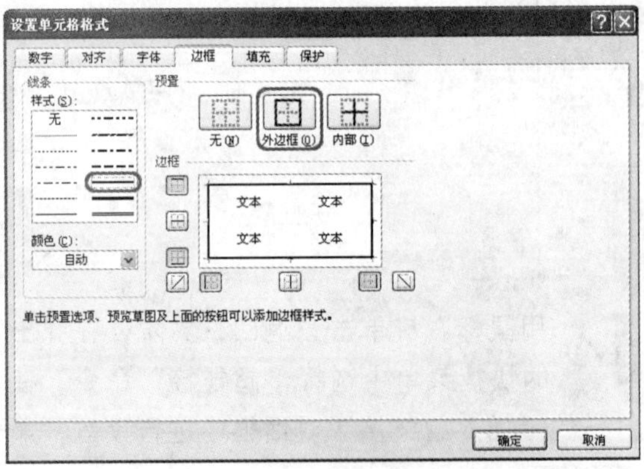

4 继续为单元格区域设置边框，在“样式”列表框中选择一种细线线条样式，单击“内部”图标，如下图所示。

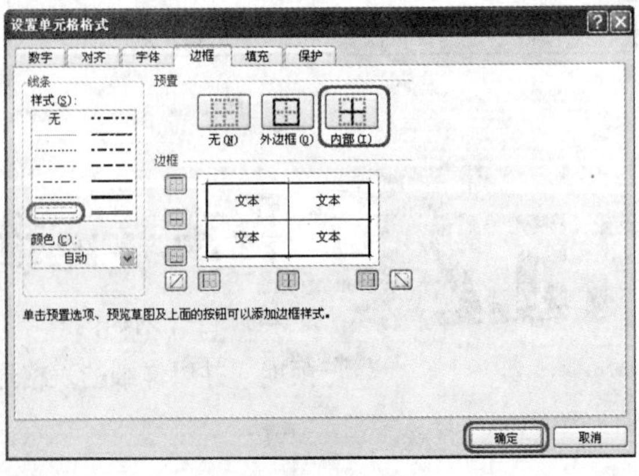

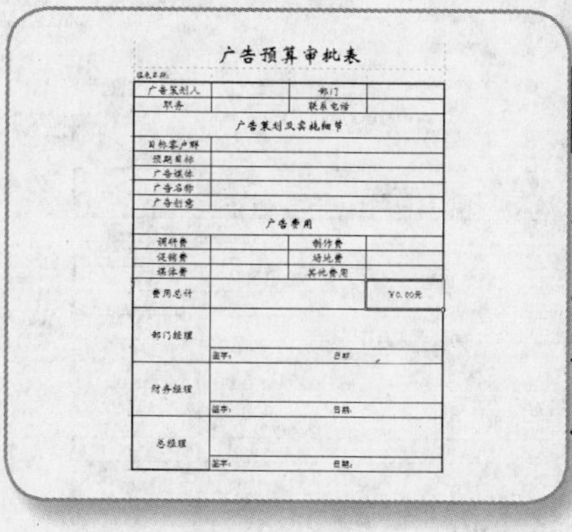

实战操作279　设置文本和表格

- 素材：无
- 难度：★★★★★
- 效果：无
- 视频：视频\第15章\实战操作279.avi

本例介绍广告预算审批表的主要内容及对表格进行细节的调整。具体操作步骤如下：

1 继续上例的操作，在工作表中确定单元格B3:E22为选中状态，在“开始”选项卡单击“对齐方式”组中的“居中”按钮，如下图所示。

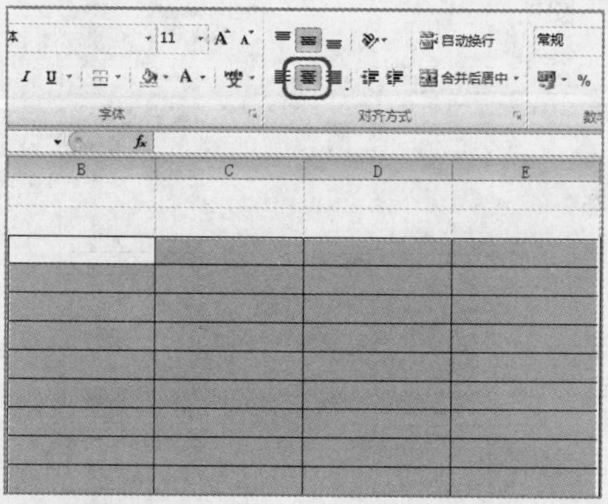

2 选择单元格A1:E1，在“开始”选项卡中单击“对齐方式”组的“合并后居中”按钮合并后居中，并输入“广告预算审批表”，如下图所示。

3 选择“广告预算审批表”所在单元格，在“开始”选项卡中将字体设置为“华文新魏”，将字号设置为26，并手动调整其行高，如下图所示。

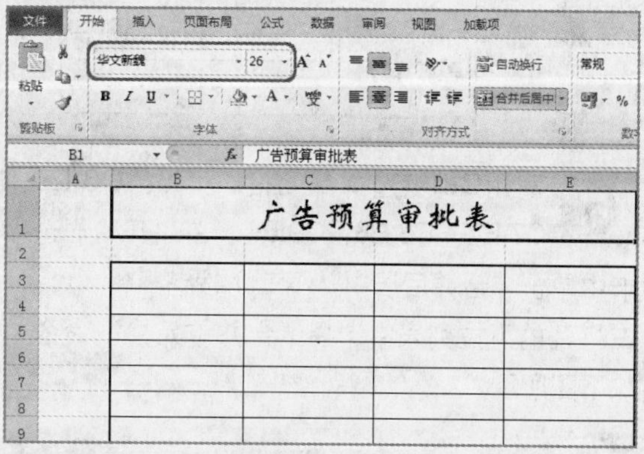

4 在单元格B2中输入“填表日期：”，并将其字体设置为“楷体_GB2312”，将字号设置为10，如下图所示。

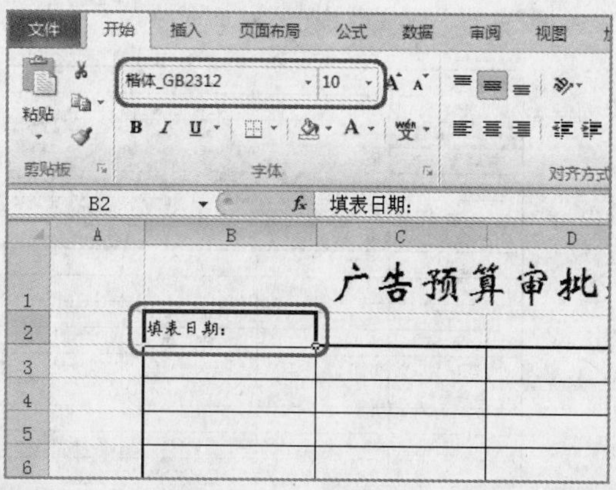

5 在工作表的表格内输入文本内容，利用Ctrl键选择输入的文本，在“开始”选项

卡中将字体设置为“华文楷体”，将字号设置为14，如下图所示。

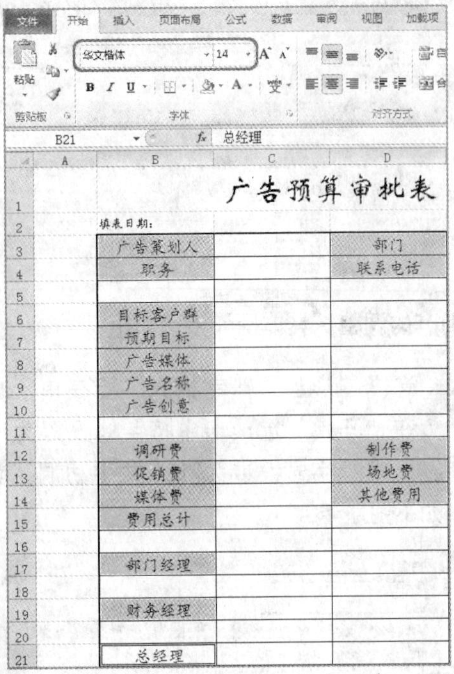

6 利用Ctrl键选择单元格B5:E5、C6:E6、C7:E7、C8:E8、C9:E9，在“开始”选项卡中单击“合并后居中”下三角按钮，在打开的下拉列表中选择“合并单元格”命令，如下图所示。

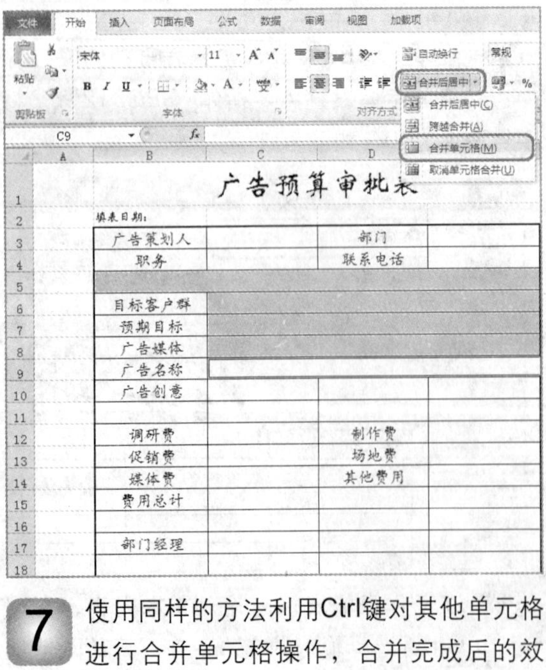

7 使用同样的方法利用Ctrl键对其他单元格进行合并单元格操作，合并完成后的效果如下图所示。

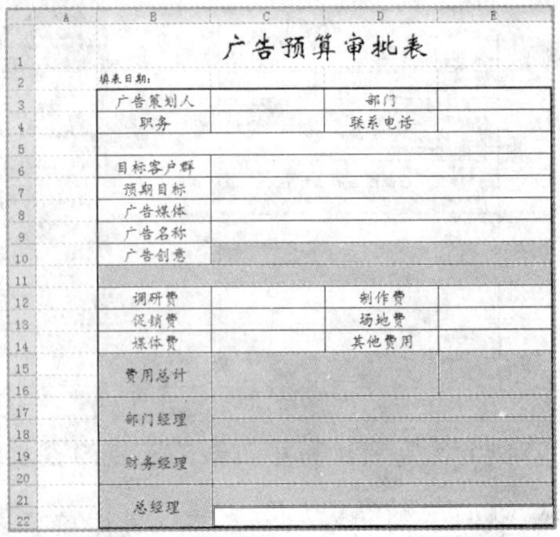

8 在单元格B5和单元格B11中分别输入文本，并将其字体设置为“华文新魏”，将字号设置为16，并设置行高大小为31，效果如下图所示。

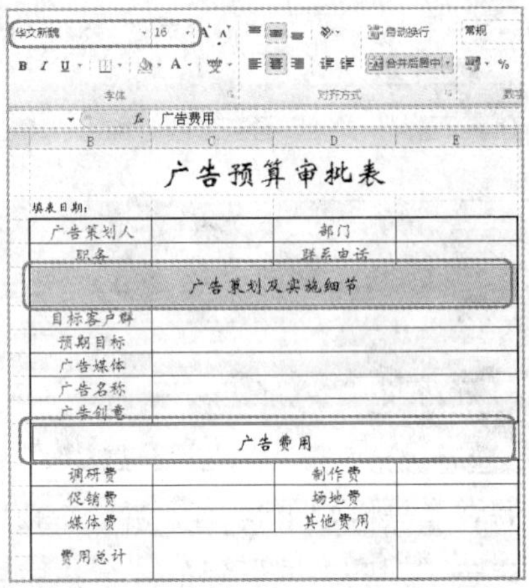

9 利用Ctrl键选择第17、19、21行，打开“行高”对话框，并将行高大小设置为50，如下图所示。

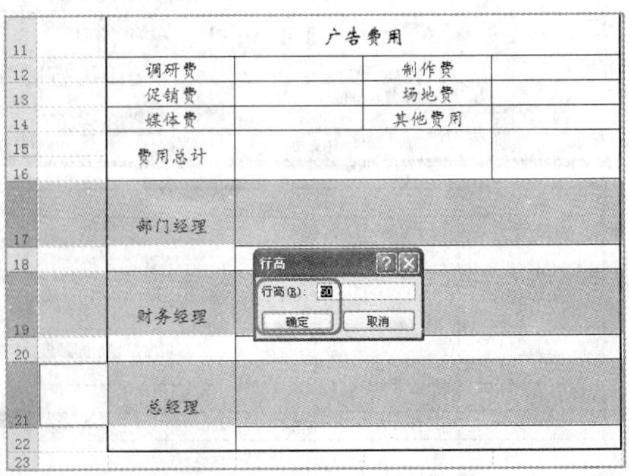

10 在单元格C18、C20、C22中分别输入文本，利用空格键调整文本之间的距离，并将对齐方式设置为“左对齐”，如下图所示。

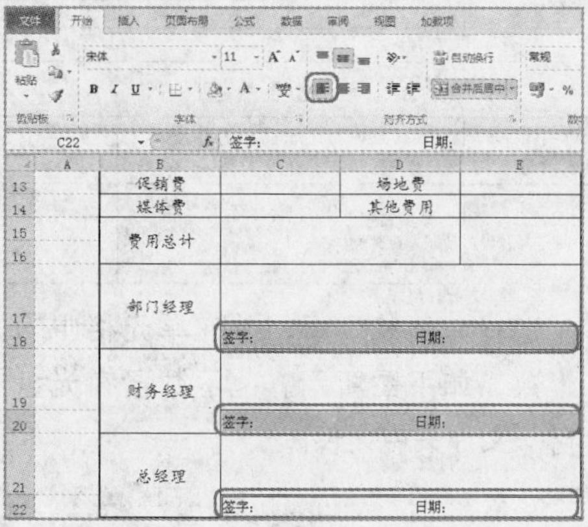

11 用鼠标右键单击单元格E15，在弹出的快捷菜单中选择“设置单元格格式”命令，在打开的“设置单元格格式”对话框中切换至“数字”选项卡进行设置，如下图所示。

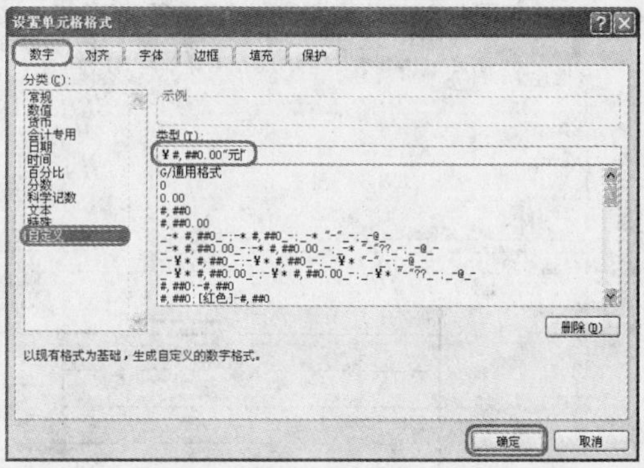

12 单击“确定”按钮，为了查看设置的单元格格式的效果，在单元格E15中输入0，效果如右图所示。

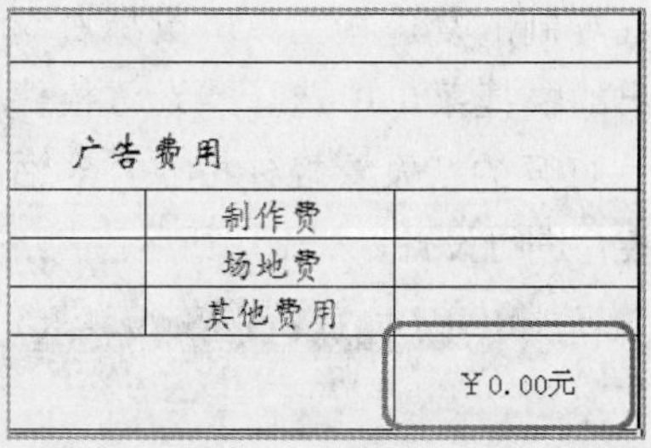

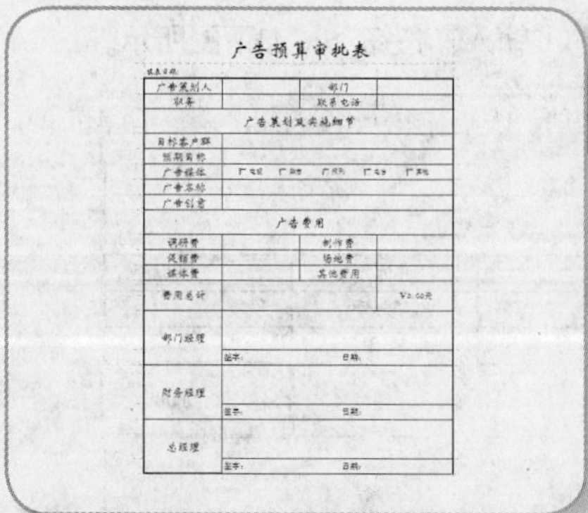

实战操作280 设置复选框及函数

素材：素材\280\广告预算审批表中函数.txt

难度：★★★★★

效果：效果\280\广告预算审批表.xlsx

视频：视频\第15章\实战操作280.avi

本例主要介绍添加复选框（窗体控件）以及IF函数的应用。具体操作步骤如下：

1 单击“文件”按钮，在打开的下拉列表中选择“选项”命令，打开“Excel选项”对话框，在该对话框中为快速访问工具栏添加复选框命令，如右图所示。

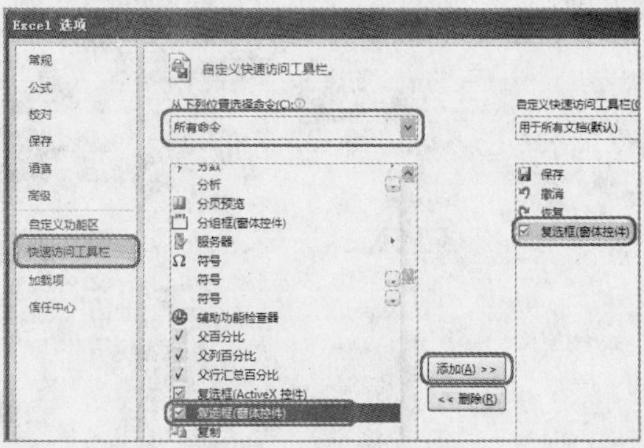

2 单击“确定”按钮，在快速访问工具栏中单击刚添加的“复选框（窗体控件）”按钮，在单元格C8中绘制复选框，并将其文本更改为“电视”，如下图所示。

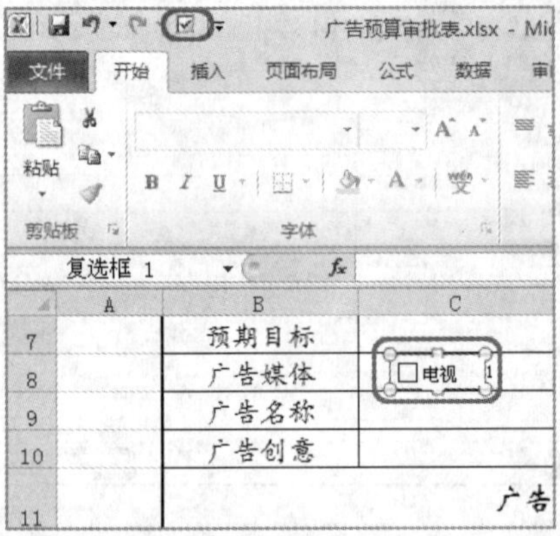

3 在绘制的复选框上单击鼠标右键，在弹出的快捷菜单中选择“设置控件格式”命令，在打开的“设置控件格式”对话框中对复选框控件进行设置，如下图所示。

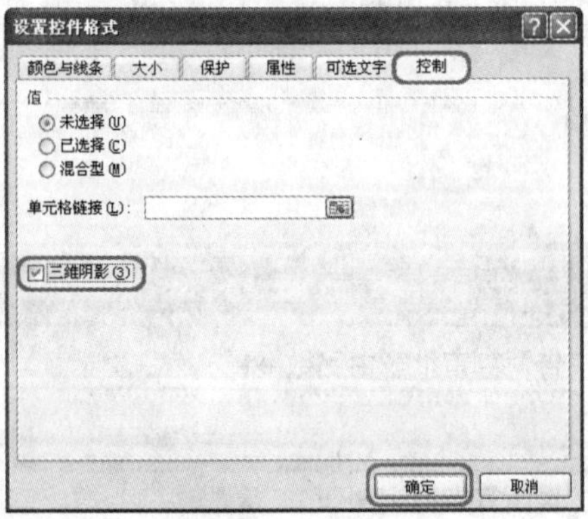

4 在单元格C8中按住Ctrl键不放，将鼠标移至复选框的边框中按住左键进行拖动，复制复选框后，修改复选框的名称并对每个复选框的位置进行调整，效果如下图所示。

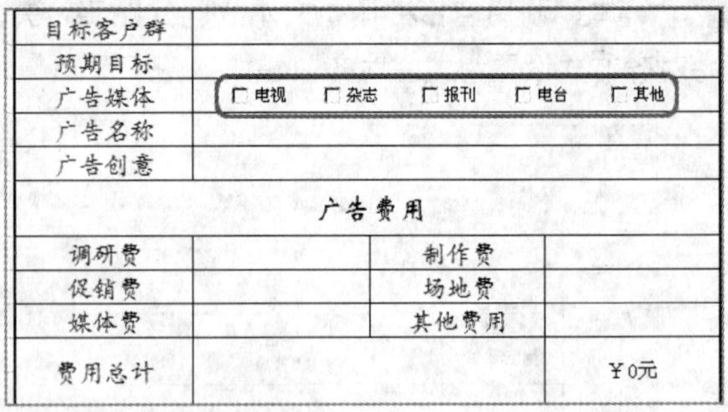

5 选择单元格C15，并在单元格中输入函数，如下图所示。此函数已在光盘中的“素材”文件夹中提供。

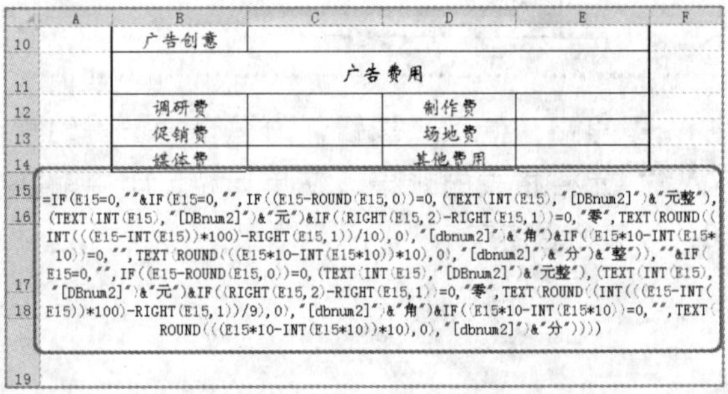

6 选择单元格E15，在“编辑栏”中输入公式“=C12+E12+C13+E13+C14+E14”，并单击编辑栏中的“输入”按钮，如下图所示。

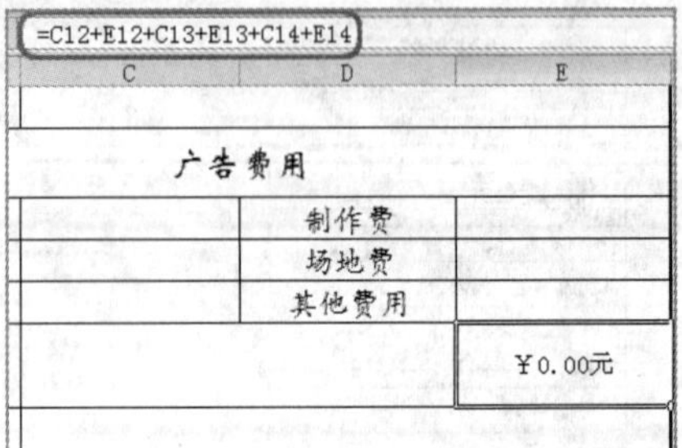

Chapter 16

第16章

企业数据表单处理

在工作单位中常常需要手工编制工资表、汇总表等，当单位职工较多时，会增加工作量，从而会加大出错率。使用Excel软件既能减轻工作负担，又能提高工作效率，避免错误的发生。通过对本章的学习，使用户应对Excel有更加深刻的理解和认识，在实际工作中应用起来更加得心应手。

前沿广告公司合账

型号	单价	数量	起用时间	停用时间
C2020	25584	2	2001-3-24	2016-5-8
CP2025	3450	4	2002-5-7	2013-6-21
LP2844	2650	1	2004-8-10	2015-3-8
M7055	1536	1	2000-1-15	2012-9-12
FAX-2920	1975	2	2003-6-24	2019-8-2
S-3100	3800	1	2009-6-4	2020-8-5
EH1060	23900	1	2002-9-4	2016-5-3
PT-2700	1700	1	2007-6-3	2018-2-1
A6	1200	1	2004-6-8	2016-3-7

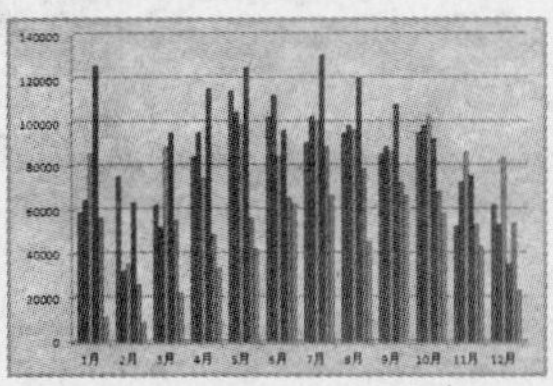

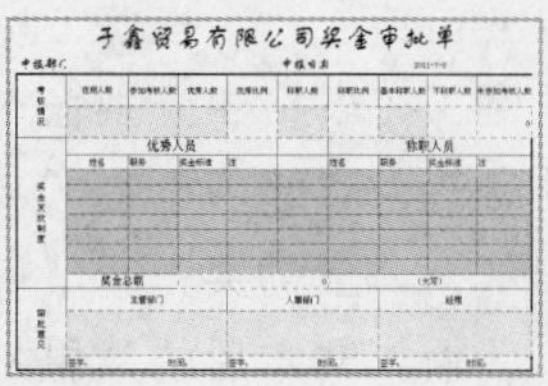

16.1 制作工资表

工资表对于大家都不陌生，由于里面的内容众多，而且都是关系到个人资金的“大事”，所以马虎不得。

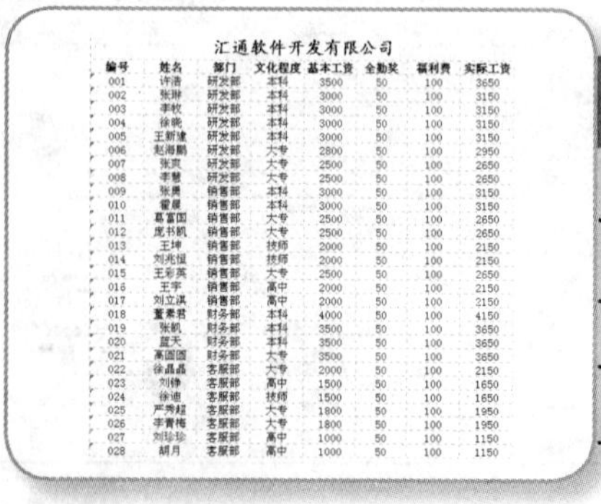

汇通软件开发有限公司							
编号	姓名	部门	文化程度	基本工资	全勤奖	福利费	实际工资
001	许浩	研发部	本科	3500	50	100	3650
002	张琳	研发部	本科	3000	50	100	3150
003	李牧	研发部	本科	3000	50	100	3150
004	徐晓	研发部	本科	3000	50	100	3150
005	王新建	研发部	本科	3000	50	100	3150
006	赵海鹏	研发部	大专	2800	50	100	2950
007	张爽	研发部	大专	2500	50	100	2650
008	李慧	研发部	大专	2500	50	100	2650
009	张勇	销售部	本科	3000	50	100	3150
010	霍晨	销售部	本科	3000	50	100	3150
011	慕富国	销售部	大专	2500	50	100	2650
012	庞书帆	销售部	大专	2500	50	100	2650
013	王坤	销售部	技师	2000	50	100	2150
014	刘兆恒	销售部	技师	2000	50	100	2150
015	王彩英	销售部	大专	2500	50	100	2650
016	王宇	销售部	高中	2000	50	100	2150
017	刘立淇	销售部	高中	2000	50	100	2150
018	董素君	财务部	本科	4000	50	100	4150
019	张帆	财务部	本科	3500	50	100	3650
020	蓝天	财务部	本科	3500	50	100	3650
021	高国图	财务部	大专	3500	50	100	3650
022	徐晶晶	客服部	大专	2000	50	100	2150
023	刘铮	客服部	高中	1500	50	100	1650
024	徐迪	客服部	技师	1500	50	100	1650
025	严秀超	客服部	大专	1800	50	100	1950
026	李青梅	客服部	大专	1800	50	100	1950
027	刘珍珍	客服部	高中	1000	50	100	1150
028	胡月	客服部	高中	1000	50	100	1150

实战操作281 建立工资表

- 素材：无
- 难度：★★★★★
- 效果：无
- 视频：视频\第16章\实战操作281.avi

建立工资表的具体操作步骤如下：

1 打开Excel 2010，此时会自动新建一个工作簿。在Sheet1工作表中选择A1:H2单元格，打开“开始”选项卡，在“对齐方式”组中单击“合并后居中”按钮，再在表格中输入标题“汇通软件开发有限公司”，在“字体”组中将字体设置为“华文楷体”，将字号设置为18，并单击“加粗”按钮B，设置完成后效果如下图所示。

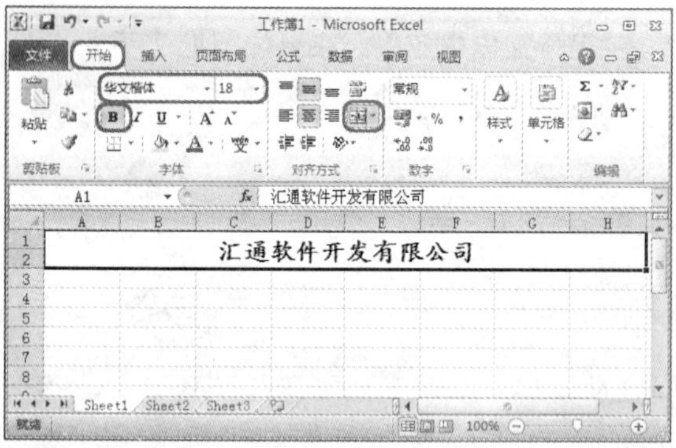

2 选择A3:H3单元格，在表格中分别输入“编号”、“姓名”、“部门”、“文化程度”、“基本工资”、“全勤奖”、“福利费”、“实际工资”，输入文本后的效果如下图所示。

3 选中A3:H3单元格，打开“开始”选项卡，在“对齐方式”组中单击“居中”按钮，在“字体”组中单击“加粗”按钮B，设置完成后效果如下图所示。

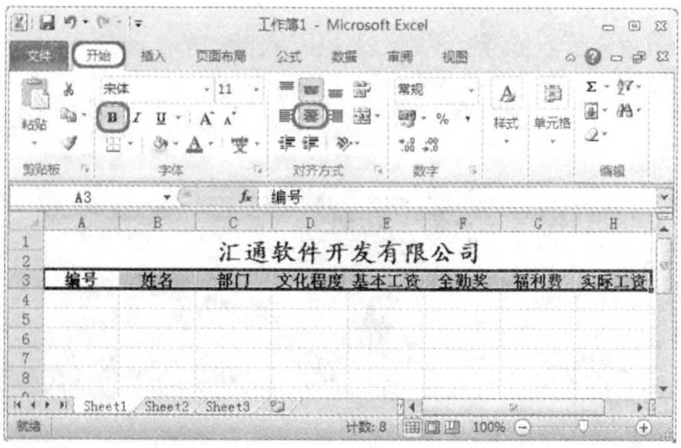

4 选择A4:H31单元格，并在所选单元格中输入文本，打开“开始”选项卡，在“对齐方式”组中单击“居中”按钮，设置完成后效果如右图所示。

	A	B	C	D	E	F	G	H
1	汇通软件开发有限公司							
2								
3	编号	姓名	部门	文化程度	基本工资	全勤奖	福利费	实际工资
4	001	许浩	研发部	本科	3500	50	100	3650
5	002	张琳	研发部	本科	3000	50	100	3150
6	003	李牧	研发部	本科	3000	50	100	3150
7	004	徐晓	研发部	本科	3000	50	100	3150
8	005	王新建	研发部	本科	3000	50	100	3150
9	006	赵海鹏	研发部	大专	2800	50	100	2950
10	007	张爽	研发部	大专	2500	50	100	2650
11	008	李慧	研发部	大专	2500	50	100	2650
12	009	张勇	销售部	本科	3000	50	100	3150
13	010	霍晨	销售部	本科	3000	50	100	3150
14	011	葛富国	销售部	大专	2500	50	100	2650
15	012	庞书凯	销售部	大专	2500	50	100	2650
16	013	王坤	销售部	技师	2000	50	100	2150
17	014	刘兆恒	销售部	技师	2000	50	100	2150
18	015	王彩英	销售部	大专	2500	50	100	2650
19	016	王宇	销售部	高中	2000	50	100	2150
20	017	刘立淇	销售部	高中	2000	50	100	2150
21	018	董素君	财务部	本科	4000	50	100	4150
22	019	张凯	财务部	本科	3500	50	100	3650
23	020	蓝天	财务部	本科	3500	50	100	3650
24	021	高圆圆	财务部	大专	3500	50	100	3650
25	022	徐晶晶	客服部	大专	2000	50	100	2150
26	023	刘铮	客服部	高中	1500	50	100	1650
27	024	徐迪	客服部	技师	1500	50	100	1650
28	025	严秀超	客服部	大专	1800	50	100	1950
29	026	李青梅	客服部	大专	1800	50	100	1950
30	027	刘珍珍	客服部	高中	1000	50	100	1150
31	028	胡月	客服部	高中	1000	50	100	1150

实战操作282　为工资表格设置数据有效性

素材：无　　　　效果：无

难度：★★★★★　　　　视频：视频\第16章\实战操作282.avi

创建完工资表以后，下面介绍如何设置数据有效性。具体操作步骤如下：

1 选择E列，根据实际情况为基本工资列设置一个有效条件。打开“数据”选项卡，在“数据工具”组中单击“数据有效性”按钮，在弹出的下拉列表中选择“数据有效性”选项，在弹出的“数据有效性”对话框中打开“设置”选项卡，将“允许”定义为“整数”，将“数据”定义为“介于”，将“最小值”设置为1000，将“最大值”设置为10000，如下图所示。

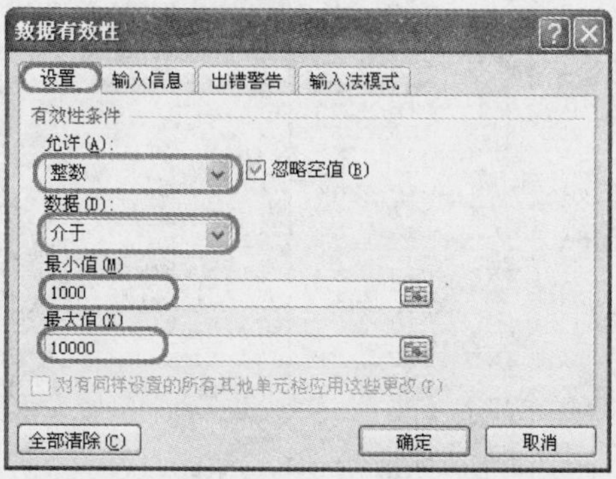

2 打开“出错警告”选项卡，将“样式”定义为“警告”，在“错误信息”文本框中输入“数据错误”，如下图所示。单击“确定”按钮，当输入的“基本工资”小于1000或大于10000时，便会出现警告提示信息。

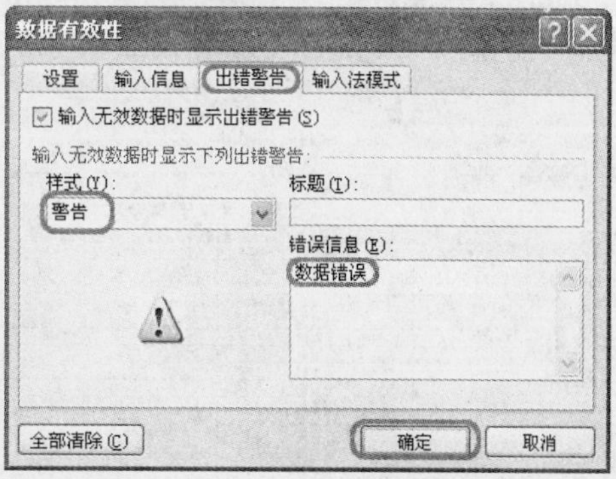

3 选中H列，使用相同方法为“实际工资”列设置有效条件，打开“数据”选项卡，在“数据工具”组中单击“数据有效性”按钮，在弹出的下拉列表中选择“数据有效

性”选项，在弹出的“数据有效性”对话框中选择“设置”选项卡，将“允许”定义为“整数”，将“数据”定义为“大于或等于”，将“最小值”设置为1000，如下图所示。

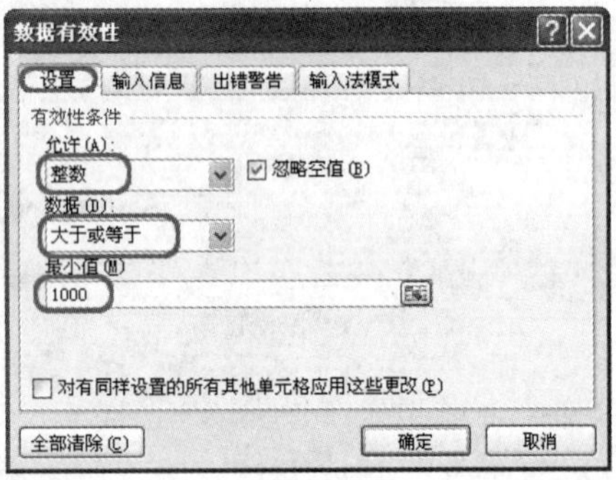

4 选择“出错警告”选项卡，将“样式”定义为“警告”，在“错误信息”文本框中输入“数据错误”，单击“确定”按钮，如下图所示。

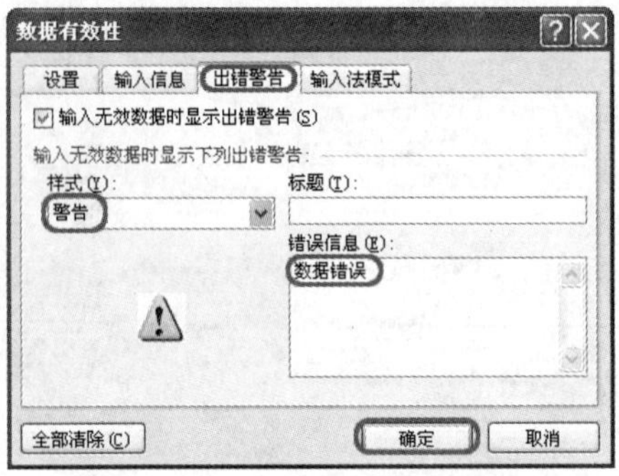

实战操作283 设置单元格格式

- 素材：无
- 难度：★★★★★
- 效果：无
- 视频：视频\第16章\实战操作283.avi

接下来介绍设置单元格格式。具体操作步骤如下：

1 选中A1:H31单元格区域，打开“开始”选项卡，单击“字体”组中的“下框线”按钮，在弹出的下拉列表中选择“所有框线”选项，如下图所示。

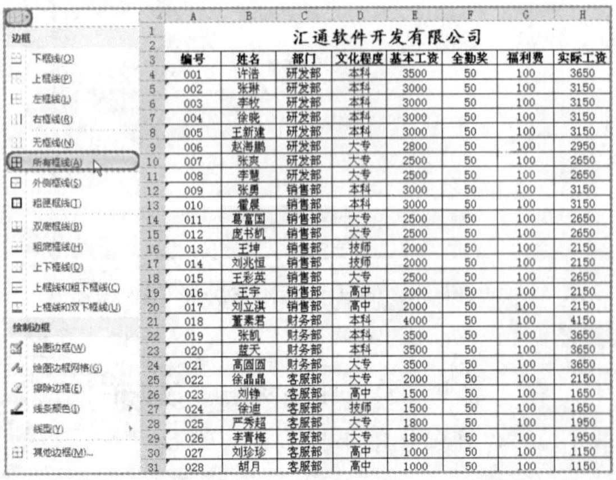

2 选择E4:H31单元格，单击鼠标右键，在弹出的快捷菜单中选择“设置单元格格式”命令，如下图所示。

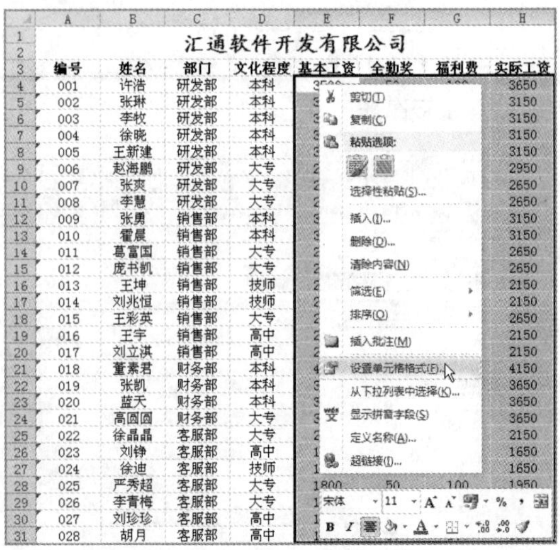

3 在打开的“设置单元格格式”对话框中选择“数字”选项卡的“自定义”选项，将“类型”定义为0.00，单击“确定”按钮，如下图所示。

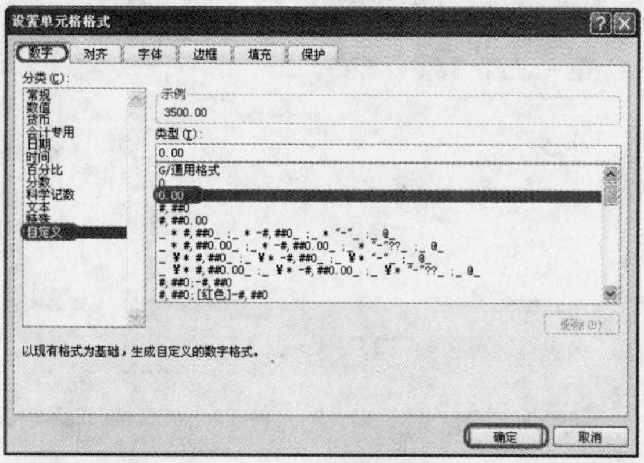

4 设置完成后效果如下图所示。

汇通软件开发有限公司

编号	姓名	部门	文化程度	基本工资	全勤奖	福利费	实际工资
001	许浩	研发部	本科	3500.00	50.00	100.00	3650.00
002	张琳	研发部	本科	3000.00	50.00	100.00	3150.00
003	李牧	研发部	本科	3000.00	50.00	100.00	3150.00
004	徐晓	研发部	本科	3000.00	50.00	100.00	3150.00
005	王新建	研发部	本科	3000.00	50.00	100.00	3150.00
006	赵海鹏	研发部	大专	2800.00	50.00	100.00	2950.00
007	张爽	研发部	大专	2500.00	50.00	100.00	2650.00
008	李慧	研发部	大专	2500.00	50.00	100.00	2650.00
009	张勇	销售部	本科	3000.00	50.00	100.00	3150.00
010	霍晨	销售部	本科	3000.00	50.00	100.00	3150.00
011	葛富国	销售部	大专	2500.00	50.00	100.00	2650.00
012	庞书凯	销售部	大专	2500.00	50.00	100.00	2650.00
013	王坤	销售部	技师	2000.00	50.00	100.00	2150.00
014	刘兆恒	销售部	技师	2000.00	50.00	100.00	2150.00
015	王彩英	销售部	大专	2500.00	50.00	100.00	2650.00
016	王宇	销售部	高中	2000.00	50.00	100.00	2150.00
017	刘立淇	销售部	高中	2000.00	50.00	100.00	2150.00
018	董素君	财务部	本科	4000.00	50.00	100.00	4150.00
019	张凯	财务部	本科	3500.00	50.00	100.00	3650.00
020	蓝天	财务部	本科	3500.00	50.00	100.00	3650.00
021	高圆圆	财务部	大专	3500.00	50.00	100.00	3650.00
022	徐晶晶	客服部	大专	2000.00	50.00	100.00	2150.00
023	刘铮	客服部	高中	1500.00	50.00	100.00	1650.00
024	徐迪	客服部	技师	1500.00	50.00	100.00	1650.00
025	严秀超	客服部	大专	1800.00	50.00	100.00	1950.00
026	李青梅	客服部	大专	1800.00	50.00	100.00	1950.00
027	刘珍珍	客服部	高中	1000.00	50.00	100.00	1150.00
028	胡月	客服部	高中	1000.00	50.00	100.00	1150.00

实战操作284 数据的排序和筛选

素材：无

难度：★★★★★

效果：无

视频：视频\第16章\实战操作284.avi

接下来介绍数据的排序和筛选。具体操作步骤如下：

1 选中A4:H31单元格区域，打开“数据”选项卡，单击“排序和筛选”组中的“排序”按钮，弹出“排序”对话框，将“主要关键字”定义为“基本工资”，将“次序”定义为“降序”；单击“复制条件”按钮，将“次要关键字”定义为“文化程度”，单击“确定”按钮，如下图所示。

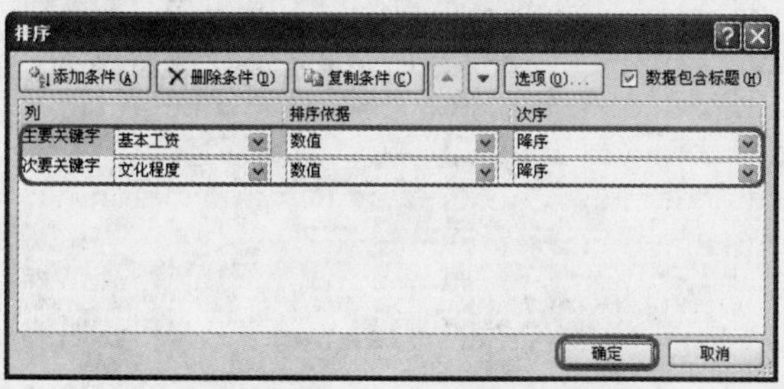

2 此时选中的单元格中的数据会进行排序，效果如下图所示。

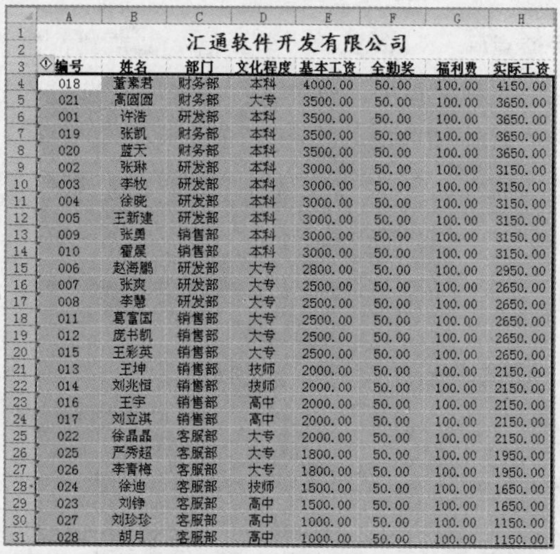

汇通软件开发有限公司

编号	姓名	部门	文化程度	基本工资	全勤奖	福利费	实际工资
018	董素君	财务部	本科	4000.00	50.00	100.00	4150.00
021	高圆圆	财务部	大专	3500.00	50.00	100.00	3650.00
001	许浩	研发部	本科	3500.00	50.00	100.00	3650.00
019	张凯	财务部	本科	3500.00	50.00	100.00	3650.00
020	蓝天	财务部	本科	3500.00	50.00	100.00	3650.00
002	张琳	研发部	本科	3000.00	50.00	100.00	3150.00
003	李牧	研发部	本科	3000.00	50.00	100.00	3150.00
004	徐晓	研发部	本科	3000.00	50.00	100.00	3150.00
005	王新建	研发部	本科	3000.00	50.00	100.00	3150.00
009	张勇	销售部	本科	3000.00	50.00	100.00	3150.00
010	霍晨	销售部	本科	3000.00	50.00	100.00	3150.00
006	赵海鹏	研发部	大专	2800.00	50.00	100.00	2950.00
007	张爽	研发部	大专	2500.00	50.00	100.00	2650.00
008	李慧	研发部	大专	2500.00	50.00	100.00	2650.00
011	葛富国	销售部	大专	2500.00	50.00	100.00	2650.00
012	庞书凯	销售部	大专	2500.00	50.00	100.00	2650.00
015	王彩英	销售部	大专	2500.00	50.00	100.00	2650.00
013	王坤	销售部	技师	2000.00	50.00	100.00	2150.00
014	刘兆恒	销售部	技师	2000.00	50.00	100.00	2150.00
016	王宇	销售部	高中	2000.00	50.00	100.00	2150.00
017	刘立淇	销售部	高中	2000.00	50.00	100.00	2150.00
022	徐晶晶	客服部	大专	2000.00	50.00	100.00	2150.00
025	严秀超	客服部	大专	1800.00	50.00	100.00	1950.00
026	李青梅	客服部	大专	1800.00	50.00	100.00	1950.00
024	徐迪	客服部	技师	1500.00	50.00	100.00	1650.00
023	刘铮	客服部	高中	1500.00	50.00	100.00	1650.00
027	刘珍珍	客服部	高中	1000.00	50.00	100.00	1150.00
028	胡月	客服部	高中	1000.00	50.00	100.00	1150.00

3 选择A3:D3单元格区域，在“数据”选项卡中单击“排序和筛选”选项组的“筛选”按钮，如下图所示。

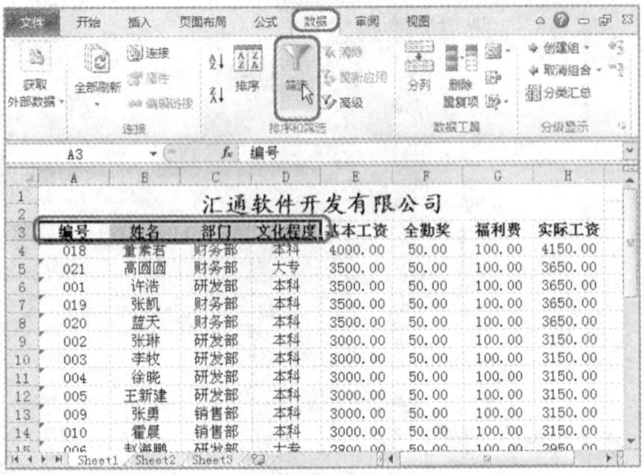

4 单击“文化程度”右侧的筛选器，在弹出的列表框中取消勾选“高中”和“技师”复选框，如下图所示。

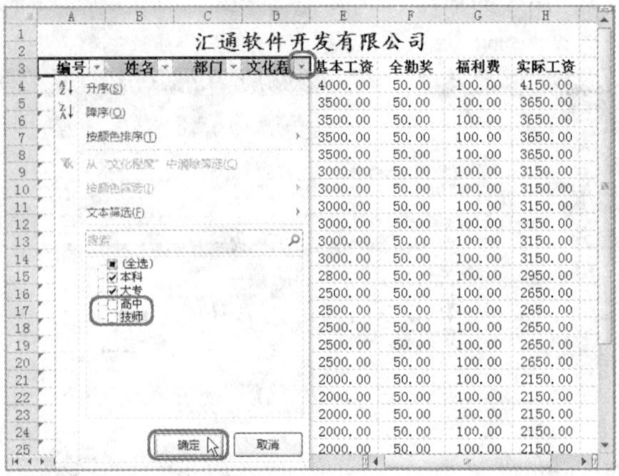

实战操作285 数据分类汇总

素材：无

难度：★★★★★

效果：效果\285\制作工资表.xlsx

视频：视频\第16章\实战操作285.avi

恢复原来数据显示，设置工资表数据的分类汇总的具体操作步骤如下：

1 选择A3:H31单元格区域，在“数据”选项卡中单击“分级显示”选项组中的“分类汇总”按钮，在弹出的“分类汇总”对话框中将“分类字段”定义为“部门”，将“汇总方式”定义为“平均值”，在“选定汇总项”列表框中勾选“实际工资”复选框，单击“确定”按钮，如下图所示。

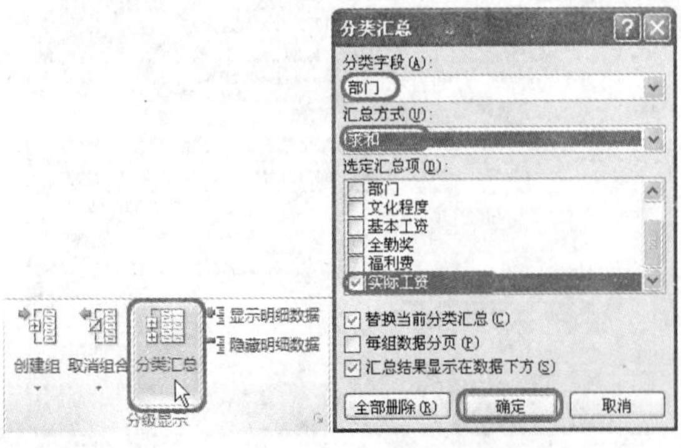

2 设置好的分类汇总表如下图所示。这样就可以在工资表中清晰地显示出各员工的工资情况以及各部门的工资总和了。按Ctrl+S快捷键进行保存。

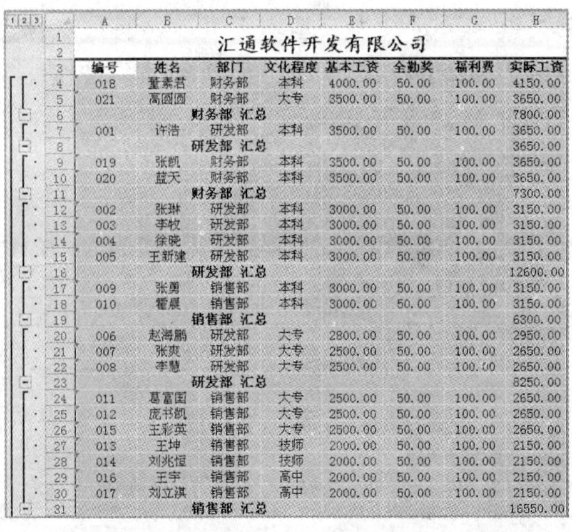

16.2 制作固定资产台账

固定资产台账能十分便捷地计算折旧和修理费用，以便确定设备的经济寿命、最佳更新时机。由于固定资产台账众多功能的设置，使企业能准确地掌握各台设备的技术状况，这对确定设备的技术寿命是十分有益的。

实战操作286 创建表格

- 素材：无
- 难度：★★★★★
- 效果：无
- 视频：视频\第16章\实战操作286.avi

创建表格的具体操作步骤如下：

1 启动Excel 2010，系统会自动新建一个工作簿。选择A1:G2单元格区域，在“开始”选项卡中单击“对齐方式”组的“合并后居中”按钮，在“字体”组中将字体设置为“华文隶书”，将字号设置为20，并单击“加粗”按钮，然后在该单元格中输入文字，如下图所示。

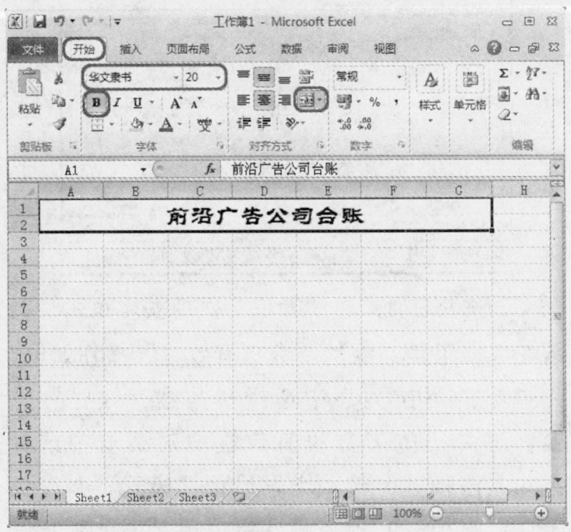

2 选择A3行，在“开始”选项卡中单击“单元格”组中的“格式”按钮，在弹出的下拉列表中选择“行高”选项，在弹出的“行高”对话框中设置“行高”为16，设置完成后单击“确定”按钮，如下图所示。

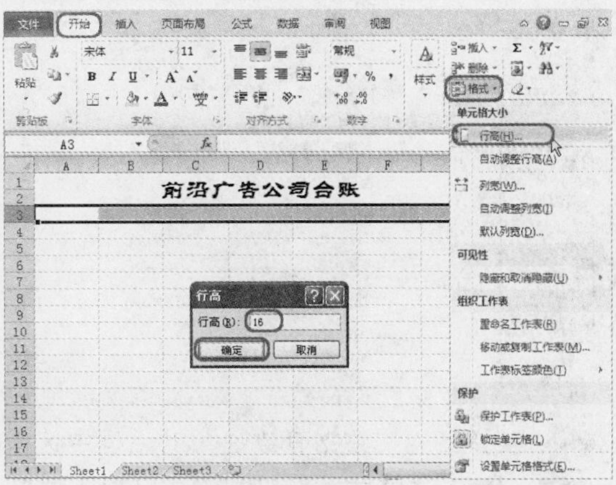

3 在A3:G3单元格区域，分别输入“设备名称”、“型号”、“单价”、“数量”、“起用时间”、“停用时间”和“生产厂家”文本，如下图所示。

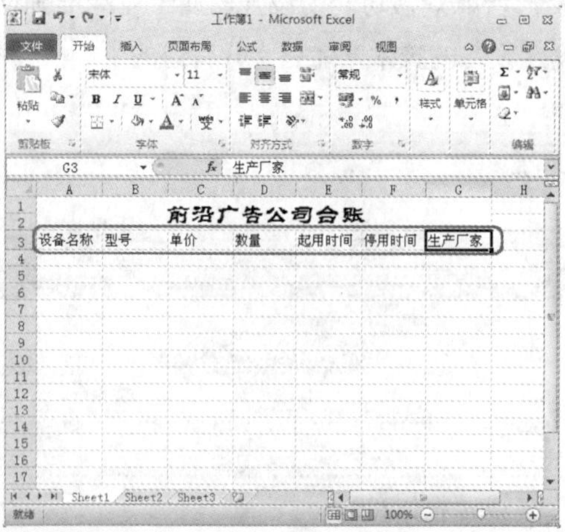

4 选择A3:G3单元格区域，在“开始”选项卡中单击“对齐方式”组的“居中”按钮，在“字体”组中单击“加粗”按钮，如下图所示。

实战操作287 为固定资产台账设置数据有效性

素材：无　　效果：无

难度：★★★★★　　视频：视频\第16章\实战操作287.avi

为表格设置数据有效性的具体操作步骤如下：

1 选择A列，在“数据”选项卡中单击“数据工具”组的“数据有效性”按钮，在弹出的下拉列表中选择“数据有效性”选项，如下图所示。

2 在弹出的“数据有效性”对话框中选择“输入法模式”标签，设置“输入法”下的模式为“打开”，设置完成后单击“确定”按钮，如下图所示。

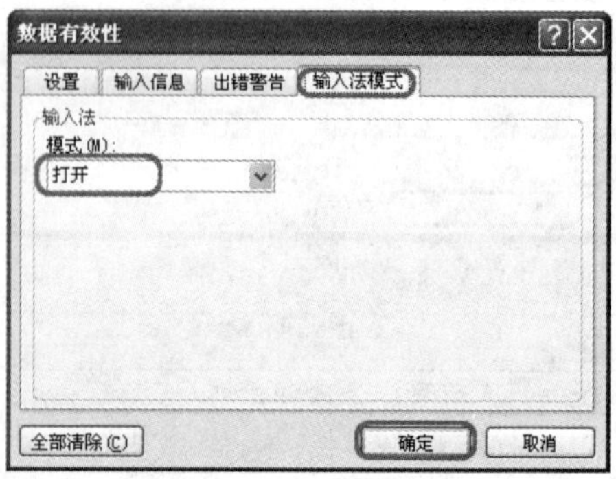

3 选择B列，在“数据”选项卡中单击“数据工具”组的“数据有效性”按钮，在弹出的下拉列表中选择“数据有效性”选项，在弹出的“数据有效性”对话框中选择“输入法模式”选项卡，设置“模式”为“关闭（英文模式）”，设置完成后单击“确定”

按钮，如下图所示。

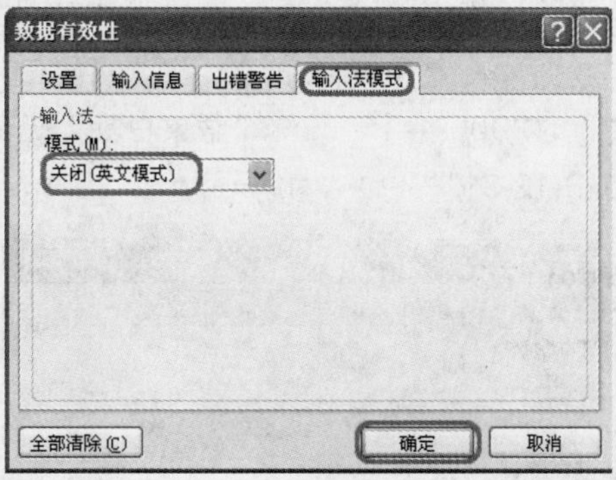

4 选择C列，在“数据”选项卡中单击“数据工具”组的“数据有效性”按钮，在弹出的下拉列表中选择“数据有效性”选项，在弹出的“数据有效性”对话框中选择“设置”标签，将“允许”设置为“小数”，将“数据”设置为“大于”，将“最小值”设置为0，如下图所示。

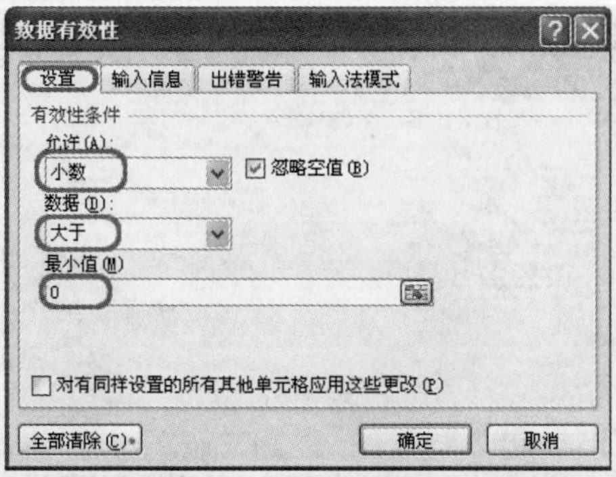

5 单击“输入信息”标签，然后设置“输入信息”为“请输入大于零的数值！”，如下图所示。

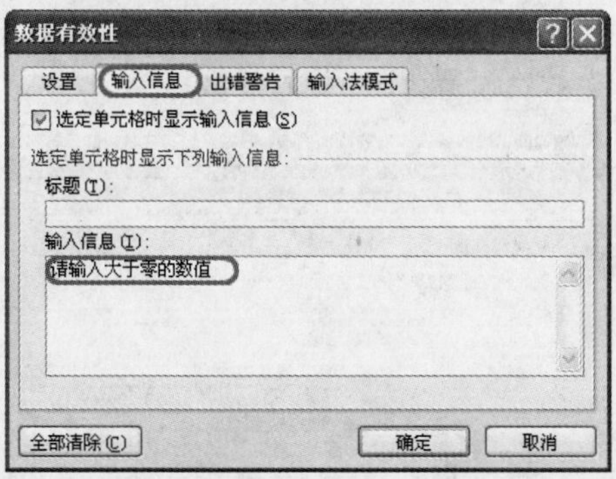

6 单击“出错警告”标签，然后将“标题”设置为“错误”，将“错误信息”设置为“请输入大于零的数值！”，如下图所示。

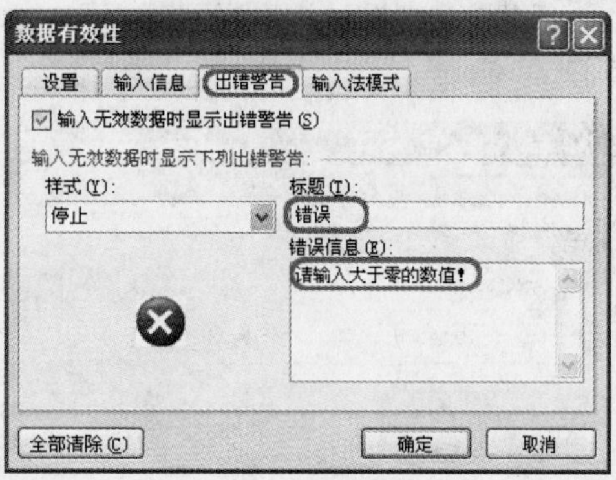

7 单击“输入法模式”标签，设置“模式”为“关闭（英文模式）”，设置完成后单击“确定”按钮，如下图所示。

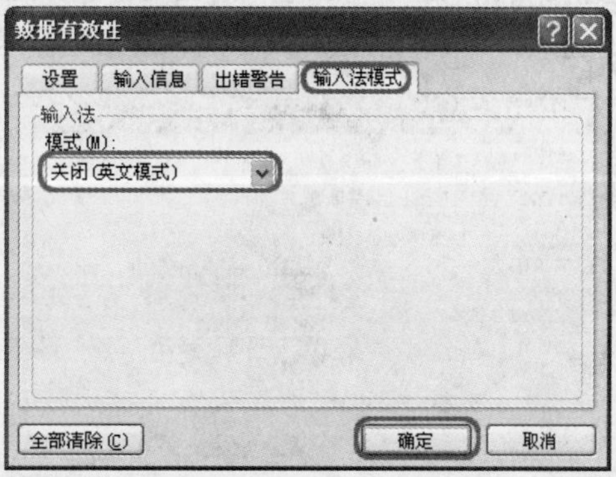

8 选择D列，在“数据”选项卡中单击“数据工具”组的“数据有效性”按钮，在弹出的下拉列表中选择“数据有效性”选项，在弹出的“数据有效性”对话框中选择“设置”选项卡，将“允许”设置为“整数”，将“数据”设置为“大于”，将“最小值”设置为0，如下图所示。

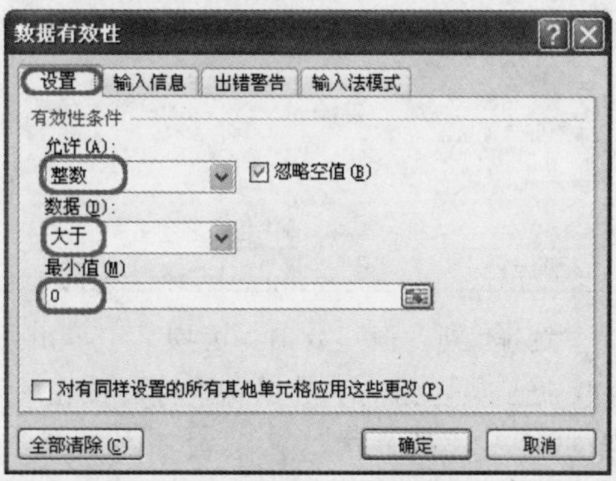

9 单击“输入信息”标签，将“输入信息”设置为“请输入大于零的整数！”，如下图所示。

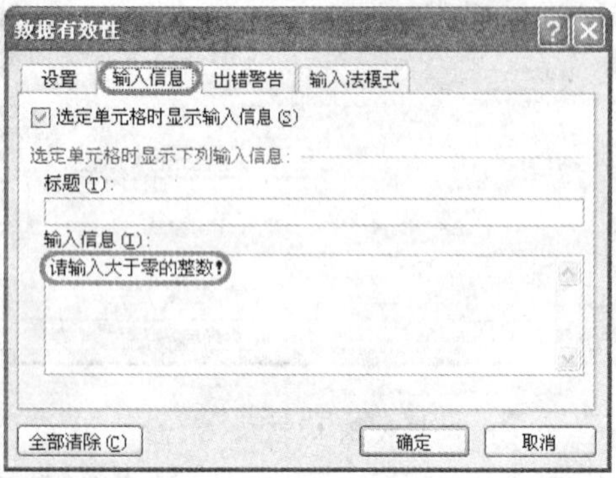

10 单击“出错警告”标签，将“标题”设置为“错误”，将“错误信息”设置为“请输入大于零的整数！”，如下图所示。

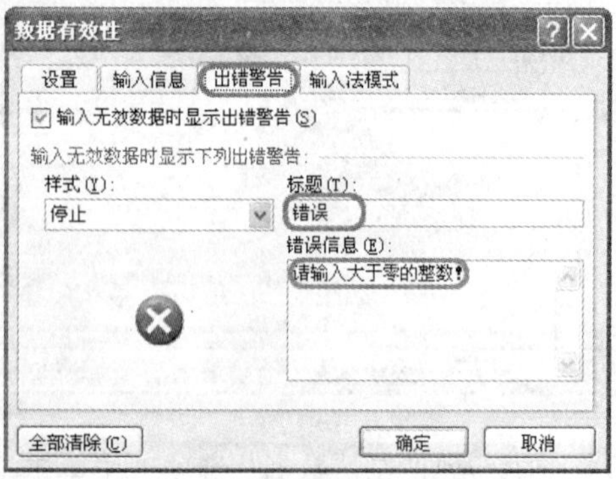

11 单击“输入法模式”标签，设置“模式”为“关闭（英文模式）”，设置完成后单击“确定”按钮，如下图所示。

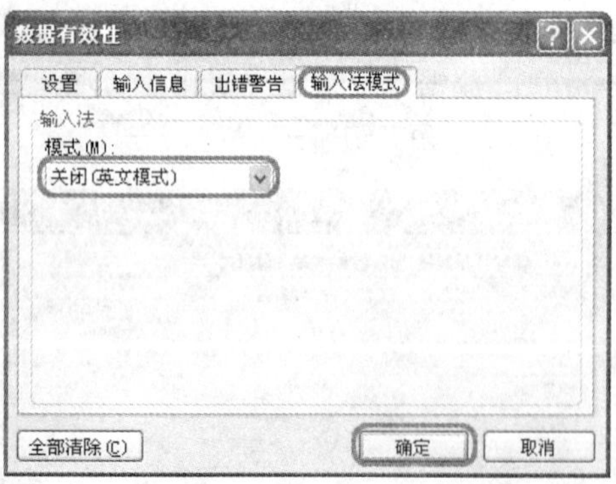

12 选择E列，在“数据”选项卡中单击“数据工具”组的“数据有效性”按钮，在弹出的下拉列表中选择“数据有效性”选项，在弹出的“数据有效性”对话框中选择“设置”标签，将“允许”设置为“日期”，将“数据”设置为“介于”，将“开始日期”设置为“2000-1-1”，将“结束日期”设置为“2020-12-31”，如下图所示。

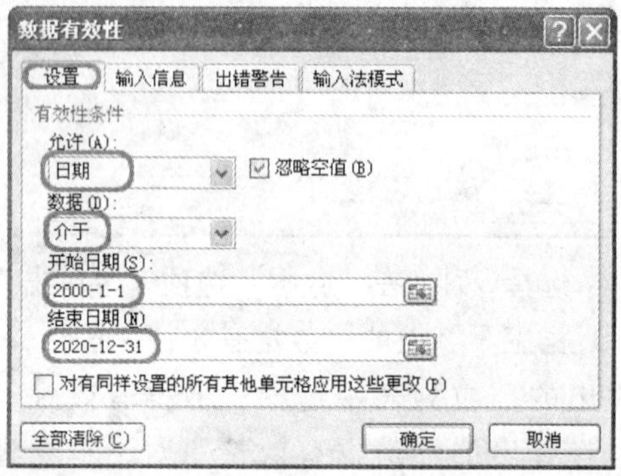

13 单击“输入信息”标签，将“输入信息”设置为“请输入2000-1-1至2020-12-31之间的日期！”，如下图所示。

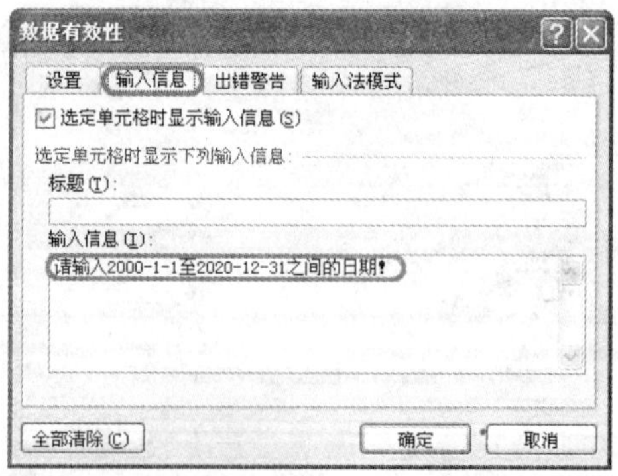

14 单击“出错警告”标签，将“标题”设置为“错误”，将“错误信息”设置为“请输入2000-1-1至2020-12-31之间的日期！”，如下图所示。使用同样的方法将F列的数据有效性设置为E列相同的数据。

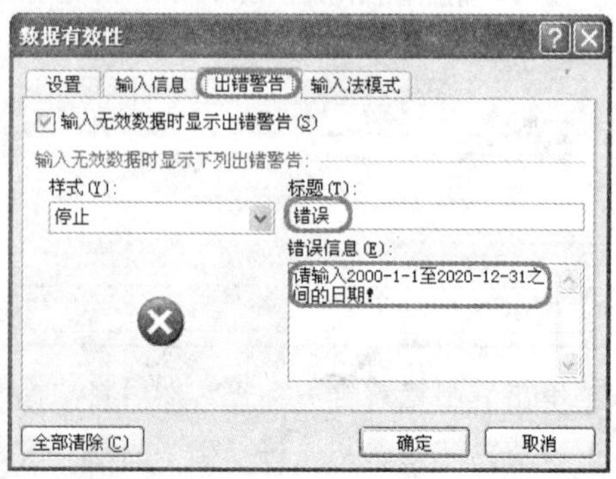

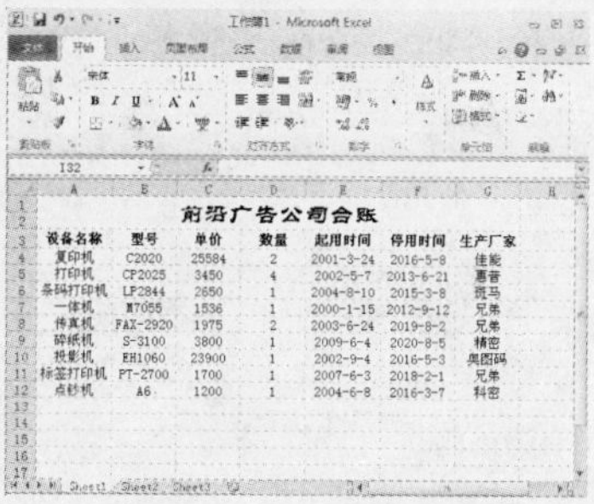

实战操作288　输入文字

素材：无

难度：★★★★★

效果：无

视频：视频\第16章\实战操作288.avi

设置完成数据有效性后，在表格中输入文字。具体操作步骤如下：

1 选择A4:G12单元格区域，然后在其单元格中输入文字，打开“开始”选项卡，在“字体”组中单击“居中”按钮，如下图所示。

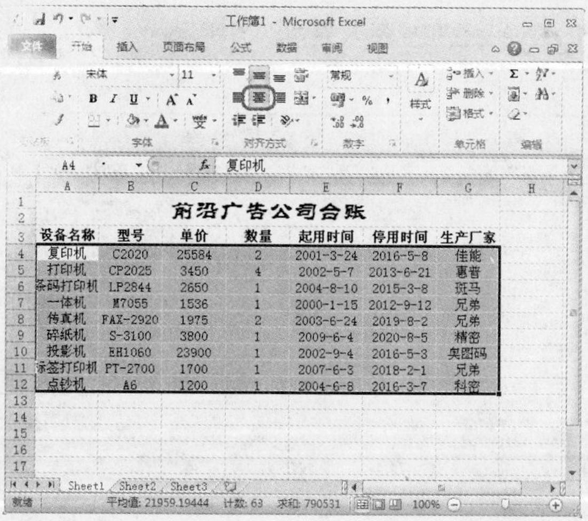

2 选择A、E、F列，单击鼠标右键，在弹出的快捷菜单中选择“列宽”命令，在弹出的“列宽”对话框中输入列宽值为10，单击“确定”按钮，如下图所示。

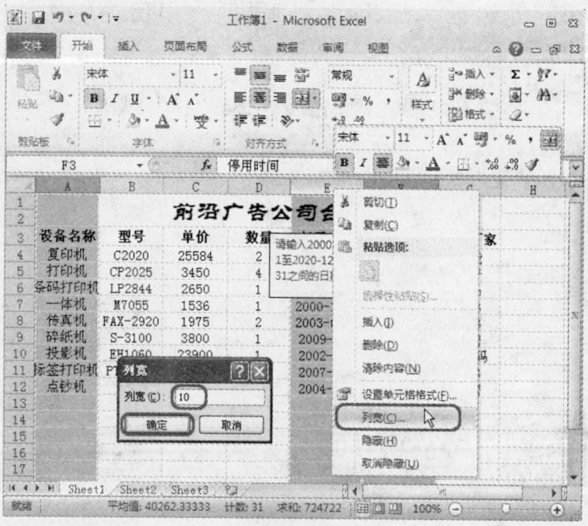

实战操作289　美化表格

素材：无

难度：★★★★★

效果：无

视频：视频\第16章\实战操作289.avi

工作表建立以后，需要对其进行美化处理。美化工作表的具体操作如下：

1 选择A1:G12单元格区域，单击鼠标右键，在弹出的快捷菜单中选择“设置单元格格式”命令，如下图所示。

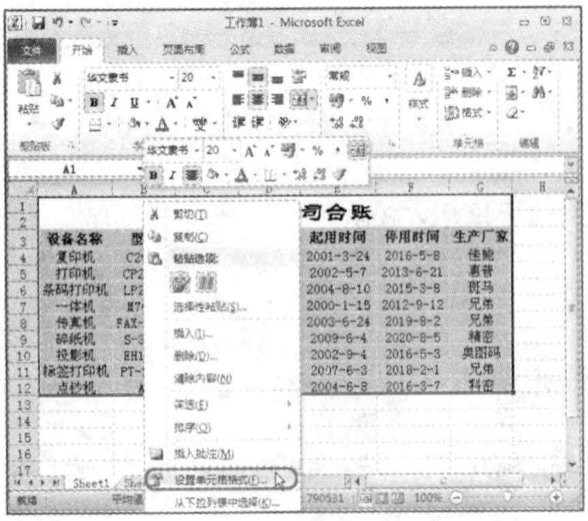

2 在弹出的“设置单元格格式”对话框中，在“边框”选项卡下的“线条样式”选项组中选择一种线形，并单击“内部”和“外边框”按钮，设置完成后单击“确定”按钮，如下图所示。

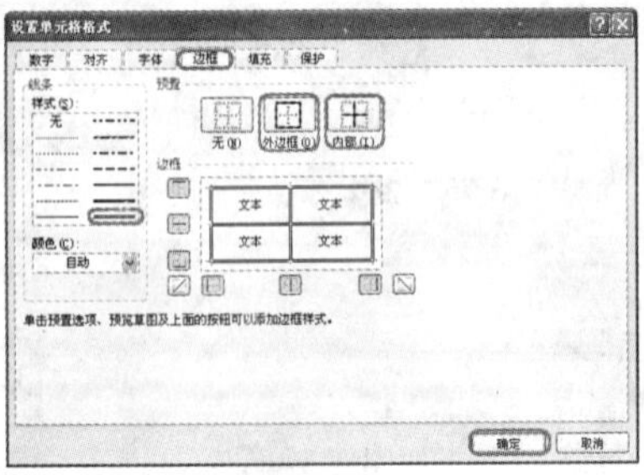

3 为边框线设置颜色，同样在“设置单元格格式”对话框中，在“边框”选项卡下将颜色设置为“浅蓝”，并单击“内部”和“外边框”按钮，如下图所示。

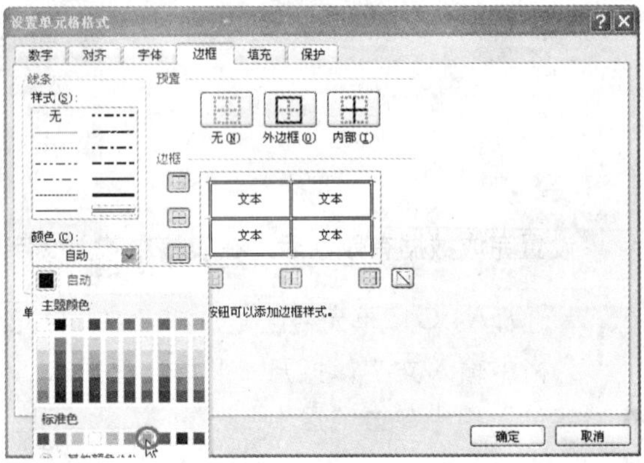

4 设置完成后效果如下图所示。

前沿广告公司台账

设备名称	型号	单价	数量	起用时间	停用时间	生产厂家
复印机	C2020	25584	2	2001-3-24	2016-5-8	佳能
打印机	CP2025	3450	4	2002-5-7	2013-6-21	惠普
条码打印机	LP2844	2650	1	2004-8-10	2015-3-8	斑马
一体机	M7055	1536	1	2000-1-15	2012-9-12	兄弟
传真机	FAX-2920	1975	2	2003-6-24	2019-8-2	兄弟
碎纸机	S-3100	3800	1	2009-6-4	2020-8-5	精密
投影机	EH1060	23900	1	2002-9-4	2016-5-3	奥图码
标签打印机	PT-2700	1700	1	2007-6-3	2018-2-1	兄弟
点钞机	A6	1200	1	2004-6-8	2016-3-7	科密

实战操作290 保护工作表

素材：无　　效果：无

难度：★★★★★　　视频：视频\第16章\实战操作290.avi

设置完工作表后，对有些数据不希望有所变更，所以需要对工作表进行保护。下面介绍如何保护工作表。具体操作如下：

1 选中整个表格区域，在“审阅”选项卡中单击“更改”组的“保护工作表”按钮，在弹出的“保护工作表”对话框中输入密码为“123”，如右图所示。

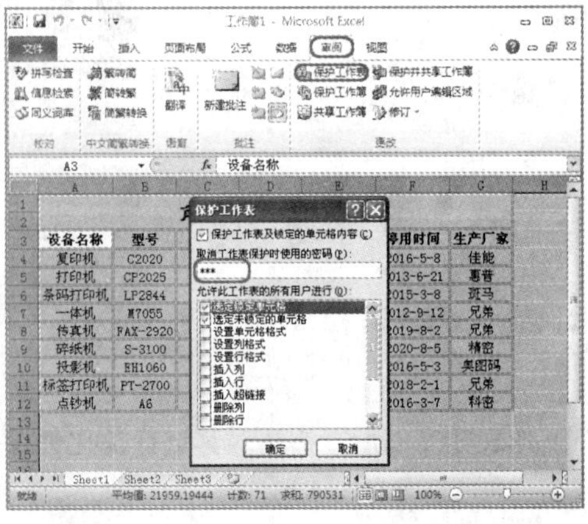

2 单击“确认”按钮，会弹出“确认密码”对话框，在该对话框中重新输入密码，如右图所示。

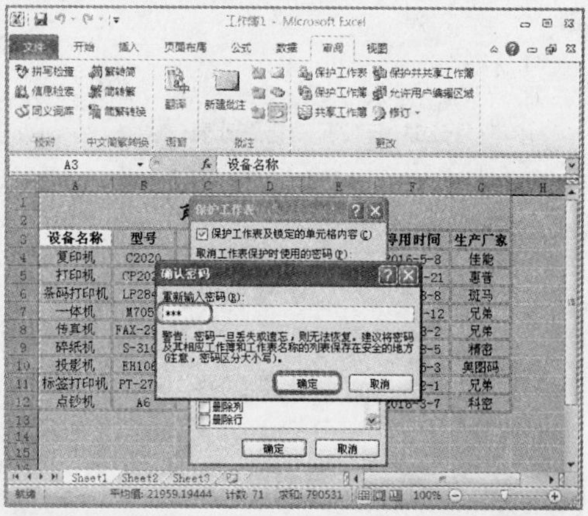

实战操作291 撤销工作表保护

素材：无 | 效果：效果\291\固定资产台账.xlsx

难度：★★★★★ | 视频：视频\第16章\实战操作291.avi

工作表被保护后，就应该了解如何撤销该保护。撤销工作表保护的具体操作如下：

1 选中整个表格区域，在“审阅”选项卡中单击“更改”组的“撤消工作表保护”按钮，会弹出“撤消工作表保护”对话框，如下图所示。

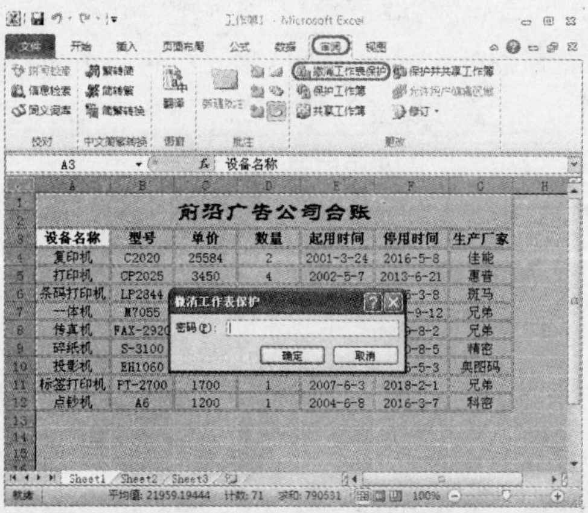

2 在“撤销工作表保护”对话框中输入“123”，单击“确定”按钮，就可以撤销工作表的保护了，如下图所示。

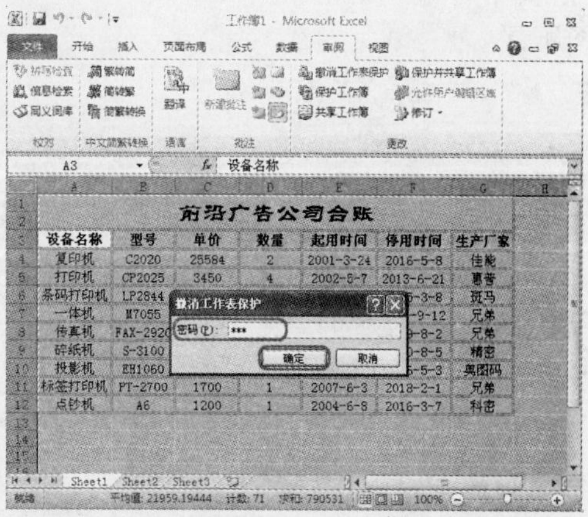

16.3 制作销售分析图表

在销售活动中，管理者会根据一段时间的销售记录设计出销售分析图表，然后再通过分析图表来查看市场下一步动态，以便做出正确的决策。下面将通过一个销售汇总表使用Excel 2010来制作分析图表。

2010年1月-2010年12月销售统计表						
3月	4月	5月	6月	7月	8月	9月
62145	84125	114224	102438	90504	95214	85236
52130	95310	104523	112345	102565	98536	88562
88456	74231	98855	84214	100022	96321	86532
95221	115265	124846	96320	130562	120101	108262
55232	48623	56258	65428	88464	78523	72356
22314	33625	42354	62626	66620	45236	66552

实战操作292 创建新表格并输入数据

素材：无

难度：★★★★★

效果：无

视频：视频\第16章\实战操作292.avi

一个完整的表格由数据和文本说明组成，下面将分别输入这两项。具体操作如下：

1 首先启动Excel 2010，系统会自动新建一个空白表格，如下图所示。

2 新建完成后，选择A1:M1单元格区域，然后单击“开始”选项卡下的“对齐方式”组中的“合并后居中”按钮 合并后居中，如下图所示。

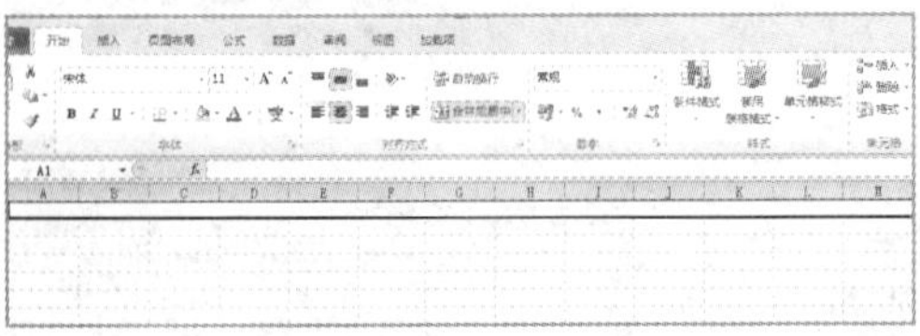

3 选择输入文本的单元格，打开“开始”选项卡，在“字体”组中将字体设置为“黑体”，将字号设置为20。设置完成后，在“单元格”选项组中单击“格式”右侧的下三角按钮 格式，在弹出的下拉列表中选择“行高”，在弹出的“行高”对话框中将“行高”设置为30，然后单击“确定”按钮，如下图所示。

4 接下来在单元格中输入内容。在B2:M2单元格中输入月份，在A3:A8单元格中输入城市名称，在B3:M8单元格中输入数据信息，输入完成后将除标题外的内容选中，在“开始”选项卡下的“字体”组中将字体设置为“黑体”，将字号设置为11，在“对齐方式”选项组中选择“居中对齐”，如下图所示。

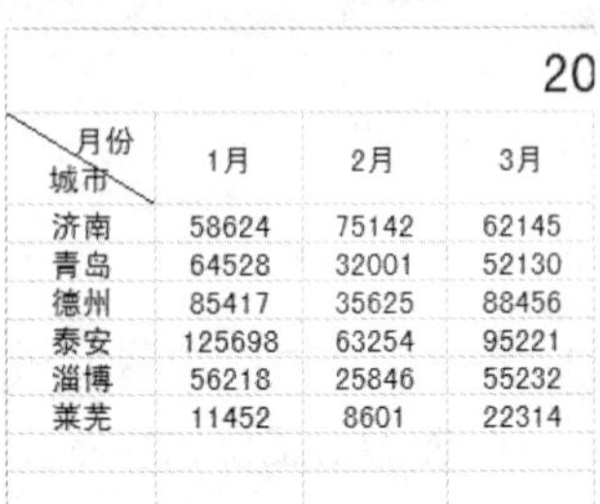

月份/城市	1月	2月	3月
济南	58624	75142	62145
青岛	64528	32001	52130
德州	85417	35625	88456
泰安	125698	63254	95221
淄博	56218	25846	55232
莱芜	11452	8601	22314

实战操作293 绘制分隔线

素材：无

难度：★★★★★

效果：无

视频：视频\第16章\实战操作293.avi

虽然报表的制作比较简单，但是在单元格中绘制斜线比较麻烦，此外还要将月份、城市分别放

在斜线两侧。具体操作步骤如下：

1 首先在A2单元格中输入文本“月份、城市”。然后选择A2单元格，单击鼠标右键，在弹出的快捷菜单中选择“设置单元格格式”命令，此时会弹出“设置单元格格式”对话框，在该对话框中选择“边框”选项卡，在“边框”组中单击▧图标，如下图所示。设置完成后单击“确定”按钮。

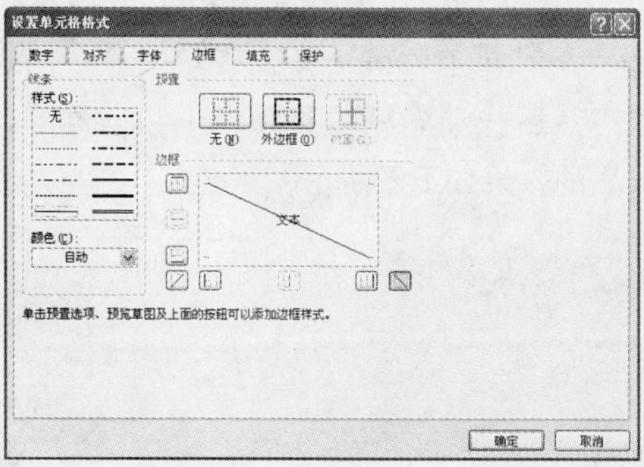

2 此时在A2单元格中就插入了一条斜线，将光标定位在“月份”和“城市”的中间位置，按Alt+Enter快捷键进行换行，然后通过空格键将“月份”和“城市”放置在斜线的两侧，如下图所示。

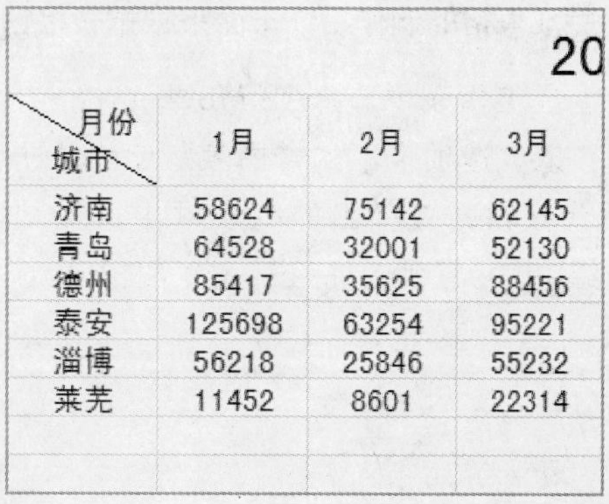

月份 城市	1月	2月	3月
济南	58624	75142	62145
青岛	64528	32001	52130
德州	85417	35625	88456
泰安	125698	63254	95221
淄博	56218	25846	55232
莱芜	11452	8601	22314

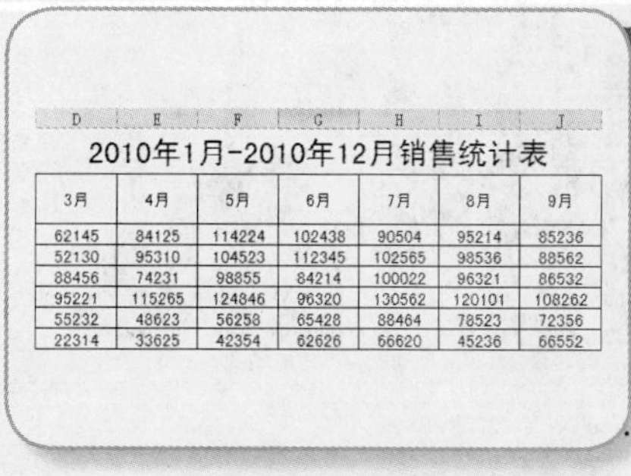

2010年1月-2010年12月销售统计表

3月	4月	5月	6月	7月	8月	9月
62145	84125	114224	102438	90504	95214	85236
52130	95310	104523	112345	102565	98536	88562
88456	74231	98855	84214	100022	96321	86532
95221	115265	124846	96320	130562	120101	108262
55232	48623	56258	65428	88464	78523	72356
22314	33625	42354	62626	66620	45236	66552

实战操作294　设置边框

- 素材：无
- 难度：★★★★★
- 效果：无
- 视频：视频\第16章\实战操作294.avi

为了让图表中的内容显示更加清晰，下面为图表添加边框。具体操作如下：

1 选择所有带数据的单元格，然后单击鼠标右键，在弹出的快捷菜单中选择“设置单元格格式”命令，如下图所示。

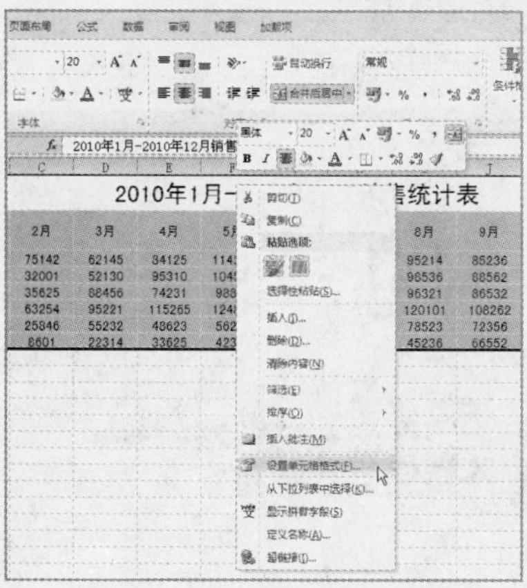

2 此时会弹出“设置单元格格式”对话框，在该对话框中选择“边框”选项卡，在“样式”选项组中选择一种边框线样式，然后单击“预置”选项组中的“外边框”和“内部”按钮，如下图所示。设置完成后单击“确定”按钮。

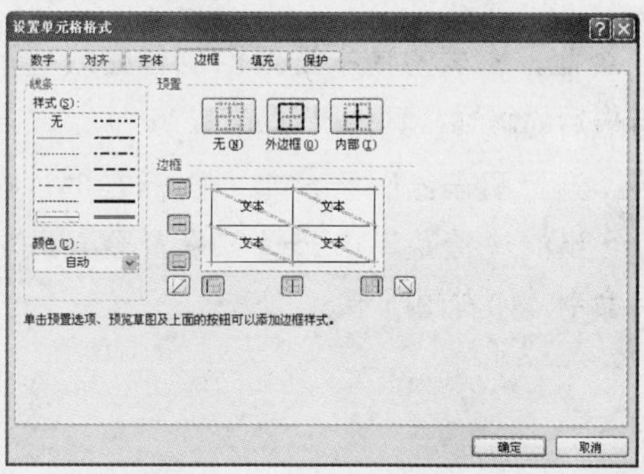

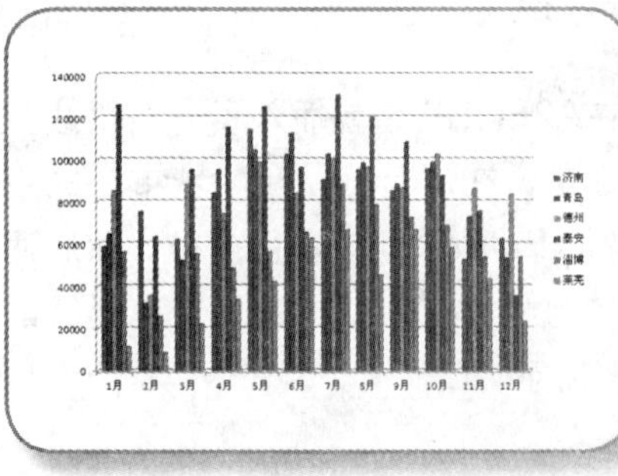

实战操作295 插入图表

- 素材：无
- 难度：★☆☆☆☆
- 效果：无
- 视频：视频\第16章\实战操作295.avi

完成表格的制作后，下面来根据表格创建一个图表。具体操作如下：

1 在工作表中选择A2:M8单元格，在“插入”选项卡下的“图表”组中单击“柱形图”按钮，在弹出的列表框中选择“圆柱图”组中的“簇状圆柱图”，如下图所示。

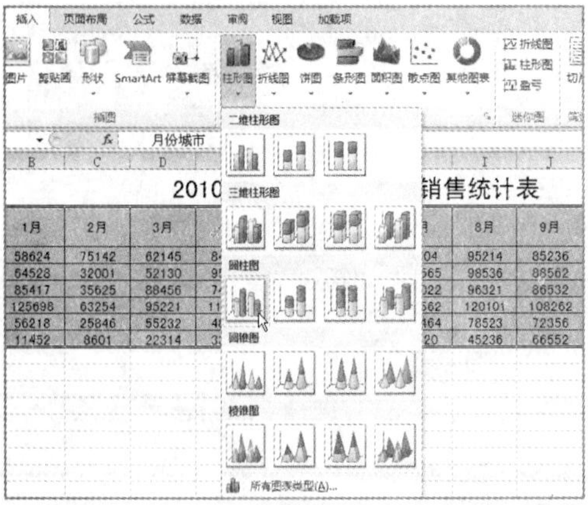

2 此时在工作表中插入了一个柱形图表，然后拖动句柄调整其大小和位置。调整完成后的效果如下图所示。

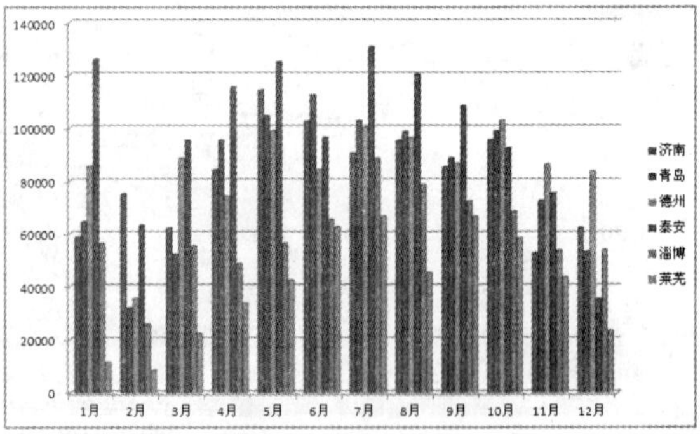

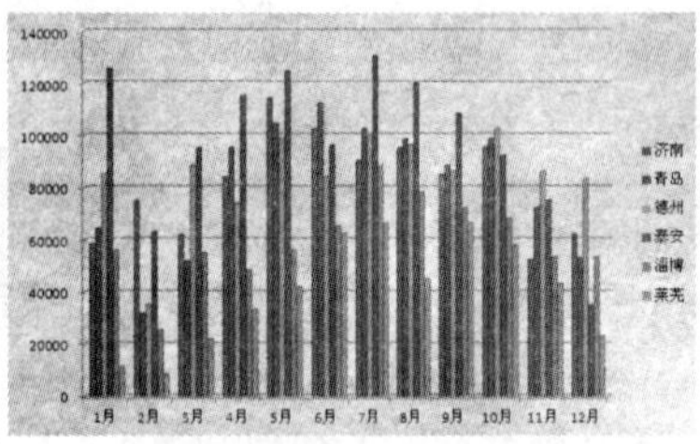

实战操作296 美化图表

- 素材：无
- 难度：★★☆☆☆
- 效果：效果\296\销售分析图表.xlsx
- 视频：视频\第16章\实战操作296.avi

至此，图表的基本框架已制作完成，下面进行最后的修饰。具体操作如下：

1 选择图表绘图区，单击鼠标右键，在弹出的快捷菜单中选择“设置图表区域格式”命令，如右图所示。

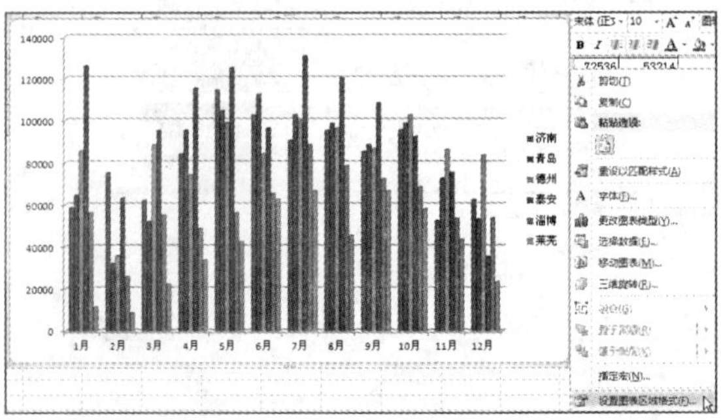

2 此时会弹出“设置图表区域格式”对话框，在左侧列表中选择“填充”选项，在右侧“填充”选项组中单击“渐变填充”单选按钮，如下图所示。

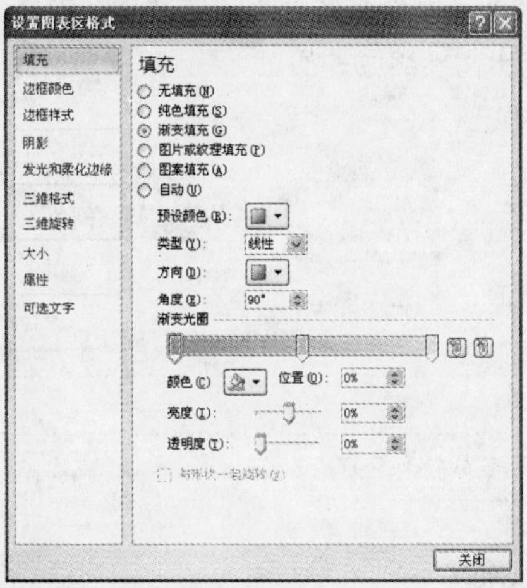

3 单击“预设颜色”右侧下拉列表按钮，在弹出的列表中选择“羊皮纸”选项，单击“关闭”按钮，如下图所示。

4 再次打开“设置图表区域格式”对话框，在左侧列表中选择“填充”选项，在右侧“填充”选项组中单击“图片或纹理填充”单选按钮，如下图所示。

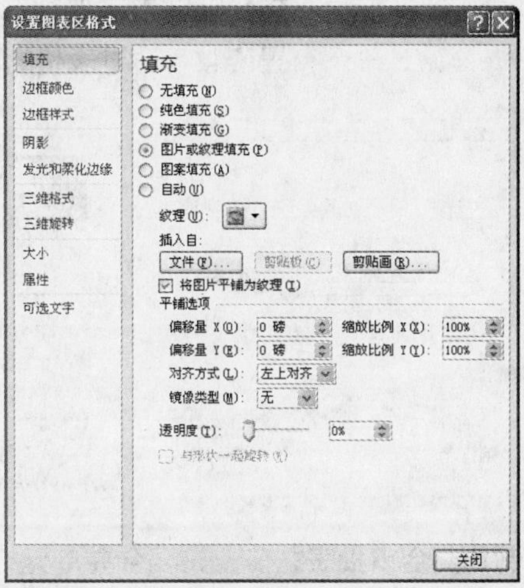

5 单击“纹理”右侧下拉列表按钮，在弹出的列表中选择“信纸”选项，单击“关闭”按钮，如下图所示。

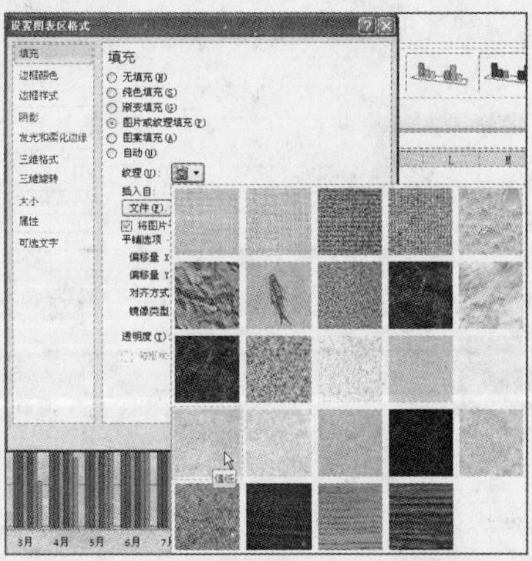

6 设置完成后，销售分析图表就制作完成，效果如右图所示。最后将完成后的文件进行保存。

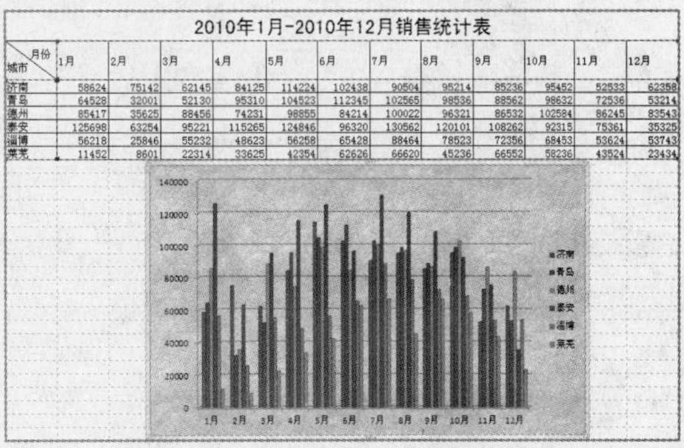
2010年1月-2010年12月销售统计表

月份/城市	1月	2月	3月	4月	5月	6月	7月	8月	9月	10月	11月	12月
济南	58624	75142	62145	84125	114224	102438	90504	95214	85236	95452	52533	62358
青岛	64528	32001	52130	95310	104523	112345	102565	98536	88562	98632	72536	53214
德州	85417	35625	88456	74231	98855	84214	100022	96321	86532	102584	86245	83543
泰安	125698	63254	95221	115265	124846	96320	130562	120101	108262	92315	75361	35325
淄博	56218	25846	55232	48623	56258	65428	88464	78523	72356	68453	53624	53743
莱芜	11452	8601	22314	33625	42354	62626	66620	45236	66552	58236	43524	23434

16.4 制作奖金审批表

奖金是激励员工的一种手段，公平有效的发放奖金可以激发员工工作的积极性，为企业创造更大的价值。下面将制作奖金审批表，并且在表格中设置函数，通过表格的筛选功能来评选出需要奖励的员工。

实战操作297 合并单元格

- 素材：无
- 难度：★★★★★
- 效果：无
- 视频：视频\第16章\实战操作297.avi

制作奖金审批表之前，先要合并单元格。具体操作步骤如下：

1 启动Excel 2010，选择B1:L2单元格，打开“开始”选项卡，在“对齐方式”组中单击“合并后居中”按钮合并后居中，如下图所示。

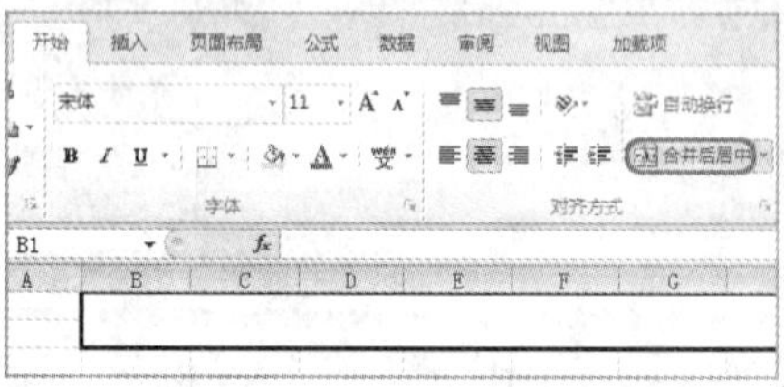

2 选择B4:B5，打开“开始”选项卡，在“对齐方式”组中单击“合并后居中”按钮合并后居中，然后在“单元格”组中单击“格式”按钮格式，在弹出的下拉列表中选择“行高”选项，如下图所示。

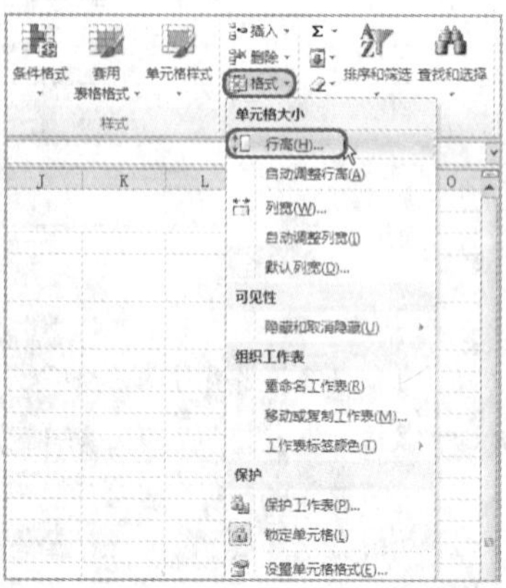

3 在弹出的“行高”对话框的“行高”文本框中输入40，如下图所示。

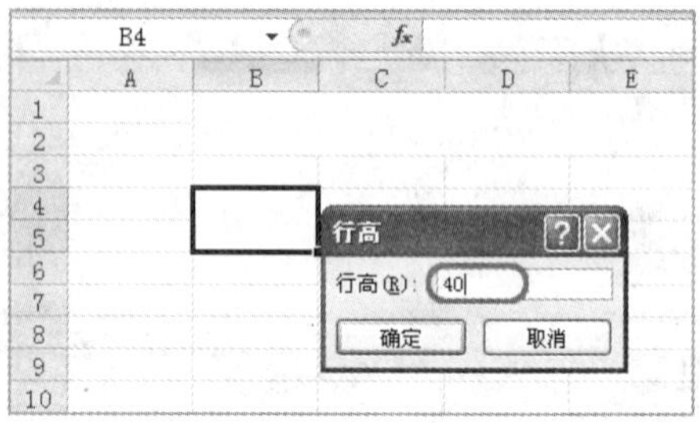

4 单击“确定”按钮，在“单元格”组中单击“格式”按钮格式，在弹出的下拉列表中选择“列宽”选项，如下图所示。

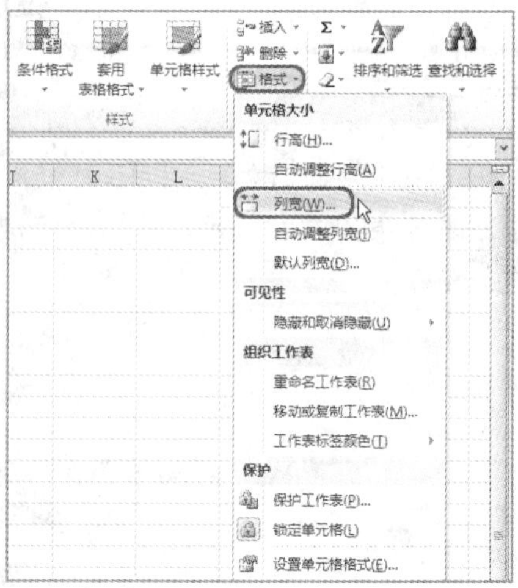

5 在弹出的“列宽”对话框的“列宽”文本框中输入10，如下图所示。

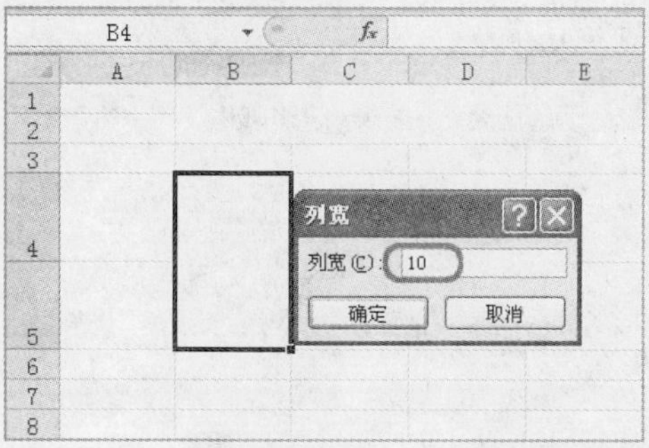

6 单击“确定”按钮，使用同样的方法合并，并调整其他单元格的行高与列宽，完成后的效果如下图所示。

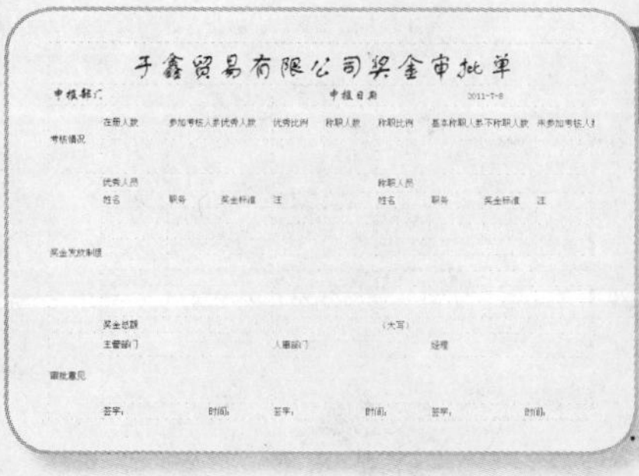

实战操作298 输入文字

- 素材：无
- 难度：★★★★★
- 效果：无
- 视频：视频\第16章\实战操作298.avi

合并完单元格后，接下来将要在单元格中输入文字。具体操作步骤如下：

1 选择B1单元格，在该单元格中输入“于鑫贸易有限公司奖金审批单”，将输入的文字选中，打开“开始”选项卡，在“字体”组中将字体设置为“方正舒体”，将字号设置为36，如下图所示。

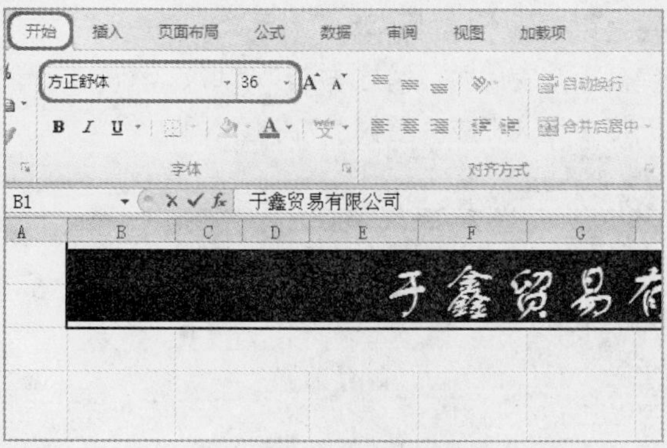

2 选择B3单元格，在该单元格中输入“申报部门”，将输入的文字选中，打开“开始”选项卡，在“字体”组中将字体设置为“方正行楷简体”，将字号设置为16，如下图所示。

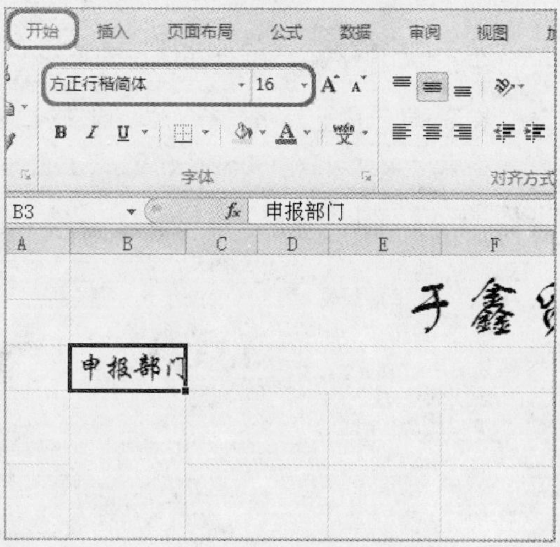

3 使用同样的方法在其他单元格中输入文字，输入后的效果如下图所示。

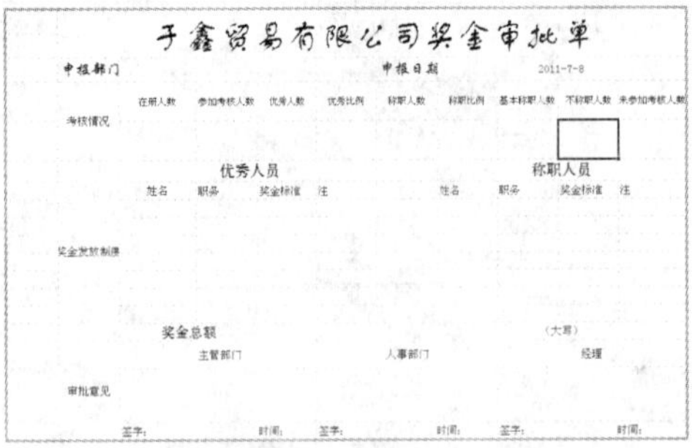

4 选择B4单元格，打开“开始”选项卡，在“对齐方式”组中单击“方向”按钮 ，在弹出的下拉列表中选择“竖排文字”选项，如下图所示。

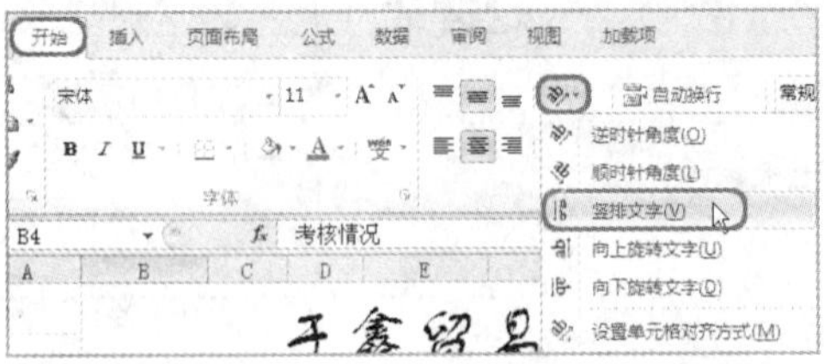

5 使用同样的方法将B6和B16单元格中的文字设置竖排文字，如下图所示。

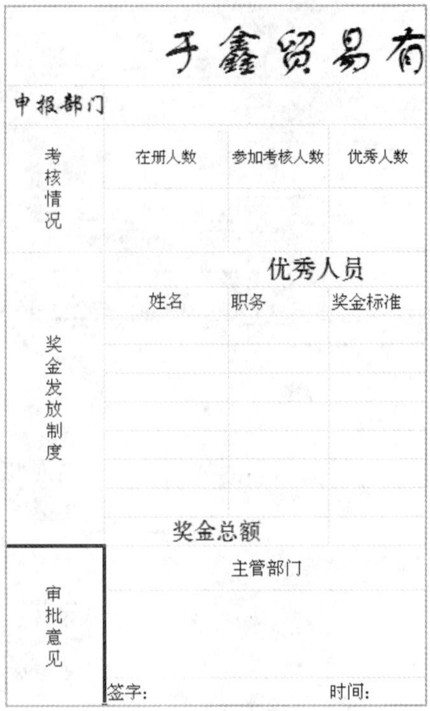

实战操作299 插入函数

- 素材：无
- 难度：★★★★★
- 效果：无
- 视频：视频\第16章\实战操作299.avi

在单元格中输入公式的具体操作步骤如下：

1 在G5单元格上双击鼠标左键，在该单元格中输入“=IF（C5>0,F5/C5,""）”，按Enter键确认，如下图所示。

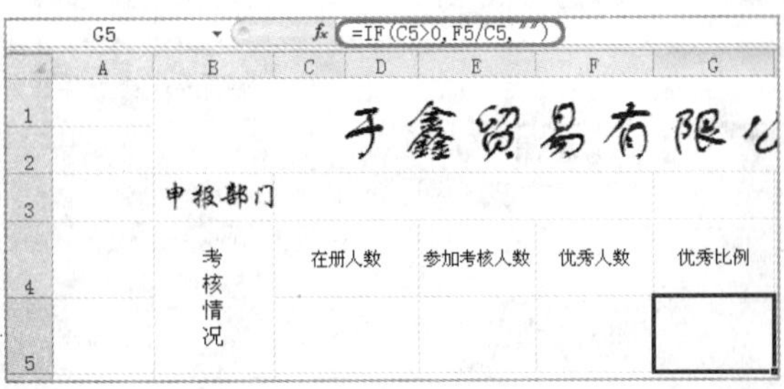

2 在I5单元格上双击鼠标左键，在该单元格中输入“=IF(C5>0,H5/C5,"")”，按Enter键确认。使用同样的方法在K5、L5、F15、I15单元格中输入相应的函数，如下图所示。

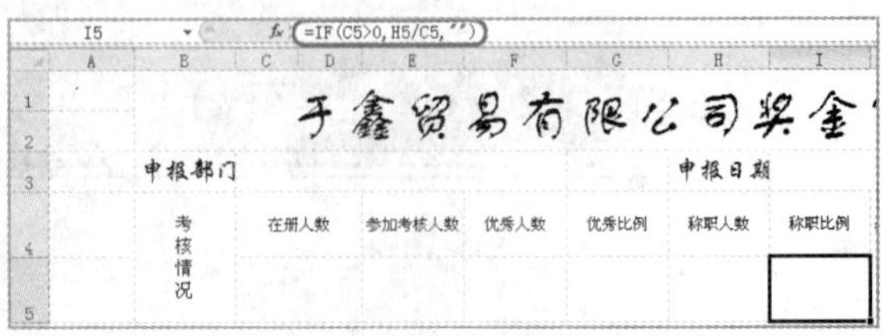

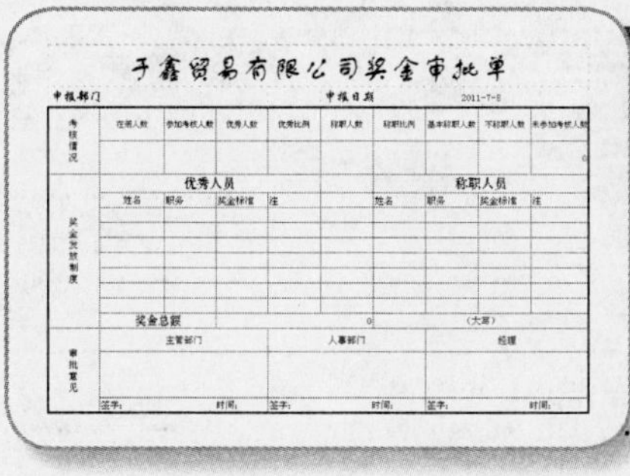

实战操作300　添加边框

- 素材：无
- 难度：★★★★★
- 效果：无
- 视频：视频\第16章\实战操作300.avi

输入完函数后，接下来为单元格添加边框。具体操作步骤如下：

1 选择B4:J18单元格，右击鼠标，在弹出的快捷菜单中选择“设置单元格格式”命令，如下图所示。

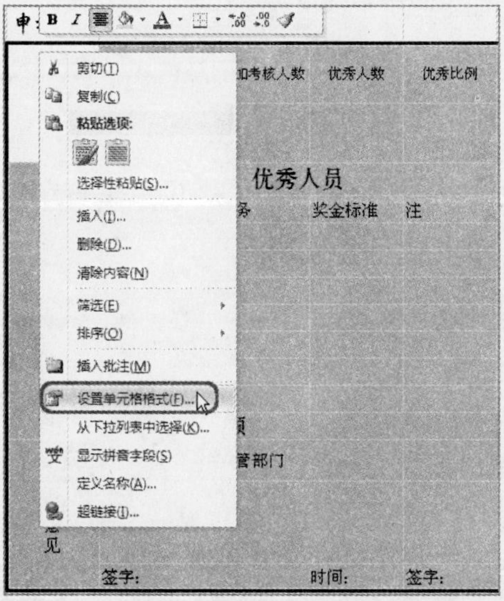

2 在弹出的“设置单元格格式”对话框中打开“边框”选项卡，在“样式”列表框中选择一种线条样式，如下图所示。

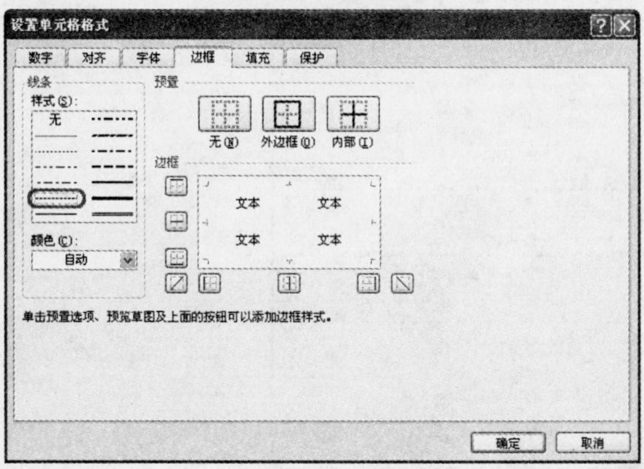

3 单击“内部”图标田，在“样式”列表框中选择一种线条样式，然后单击“外边框”图标田，如下图所示。

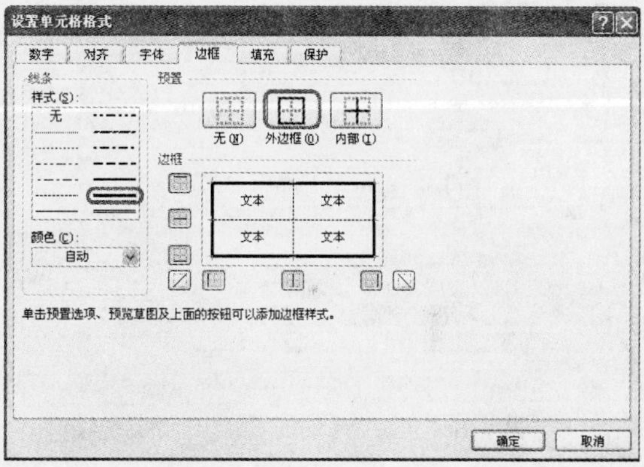

4 单击“确定”按钮，即可添加边框，如下图所示。

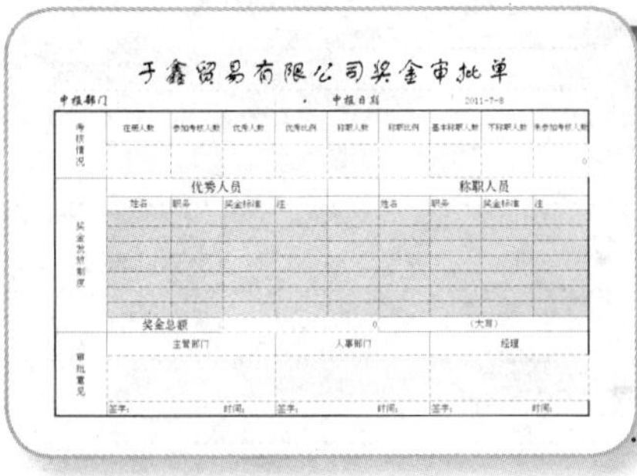

实战操作301 添加单元格样式

- 素材：无
- 难度：★★★★★
- 效果：无
- 视频：视频\第16章\实战操作301.avi

为了使单元格更加美观，下面将为单元格添加单元格样式。具体操作如下：

1 选择C8:L14单元格，打开“开始”选项卡，在“样式”组中单击“单元格样式”按钮，在弹出的下拉列表中选择如下图所示的单元格样式。

2 选择G5、I5、K5、L5、F15单元格，在“开始”选项卡的“样式”组中单击“单元格样式”按钮，在弹出的下拉列表中选择如下图所示的单元格样式。

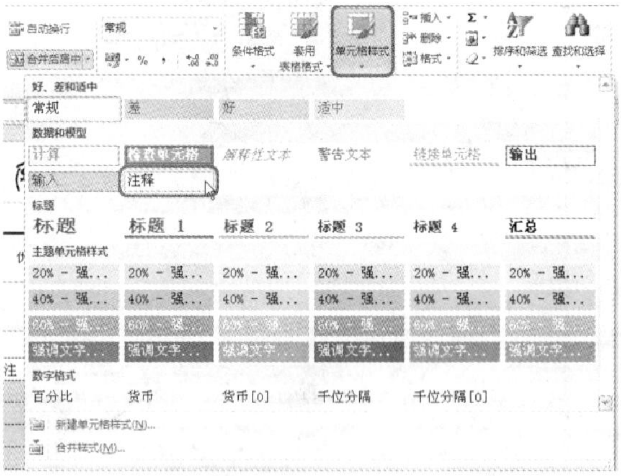

3 使用同样的方法为其他单元格添加样式，如下图所示。

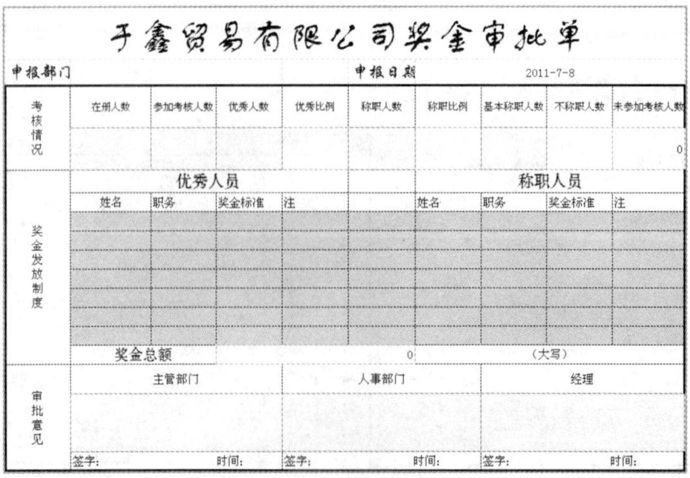

实战操作302 隐藏行标题、列标题及网格线

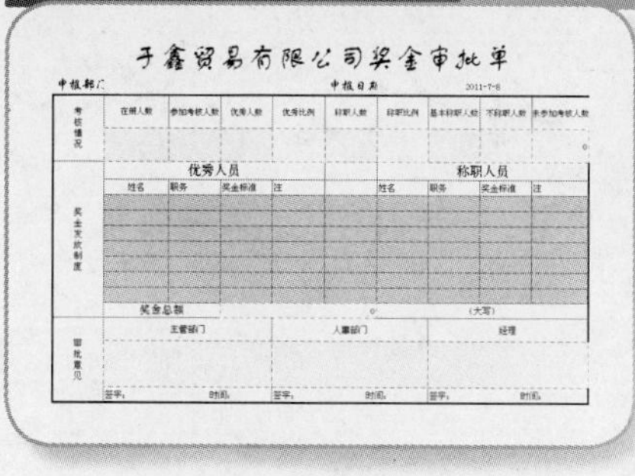

- 素材：无
- 难度：★★★★★
- 效果：效果\302\奖金审批.xlsx
- 视频：视频\第16章\实战操作302.avi

为了使页面更加简单明了，可以将行标题、列标题以及网格线隐藏；下面将介绍如何对其进行隐藏。具体操作如下：

1 选择“文件”|“选项”命令，在弹出的“选项”对话框中打开“高级”选项卡，在“此工作表的显示选项”选项组中取消勾选“显示行和列标题”复选框和“显示网格线”复选框，如下图所示。

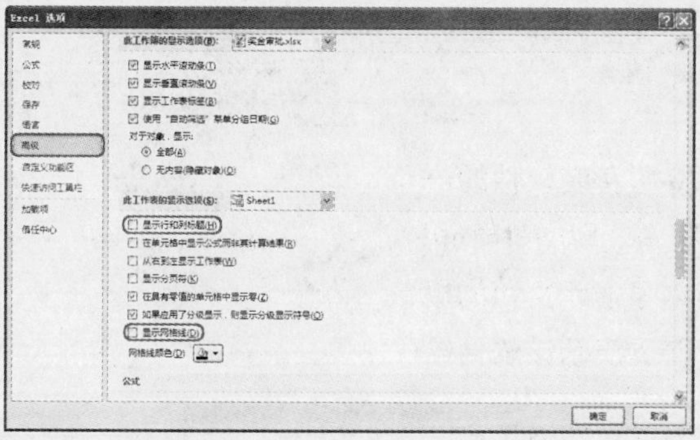

2 单击“确定”按钮，即可将行标题、列标题以及网格线进行隐藏，如下图所示。至此，奖金审批表就制作完成了，对完成后的文件进行保存即可。

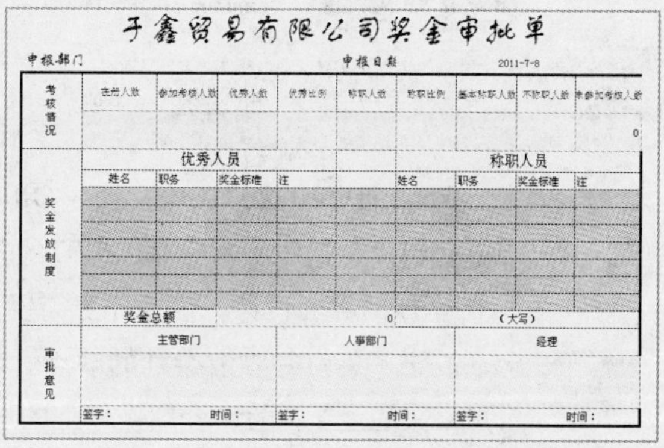

Chapter

17

第17章

PowerPoint 2010 操作基础

PowerPoint 2010 中文版是Office 2010套装软件的一个重要组件，是PowerPoint 2007的升级版本。PowerPoint 2010全新的界面设计，使操作更简便；引入了演示文稿的概念，改进了幻灯片零散杂乱的缺点。本章着重演示该软件给用户带来的全新体验，介绍操作上的一些特色。

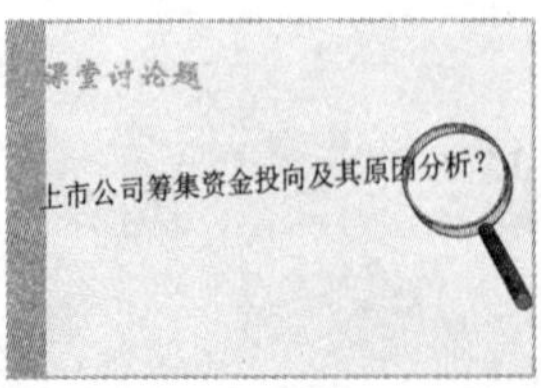

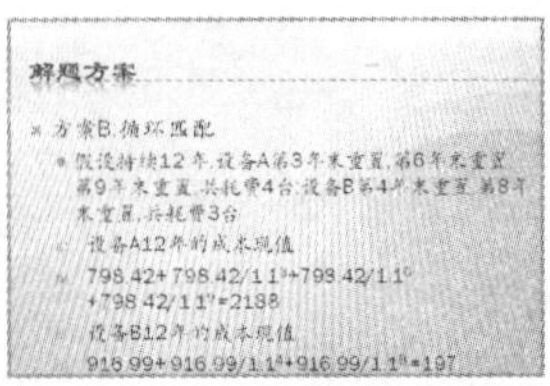

17.1 PowerPoint 2010操作概要

实战操作303 功能区的使用

- 素材：素材\303\红酒招商方案. pptx、背景.tif
- 难度：★★★★★
- 效果：效果\303\功能区的使用. pptx
- 视频：视频\第17章\实战操作303.avi

在PowerPoint中用来替代菜单和工具栏的是功能区。功能区比菜单栏和工具栏承载更加丰富的内容，包括按钮、图片库等。具体操作步骤如下：

1 单击功能区中的按钮即可应用其相应的功能。例如，打开素材文件，选择第三张幻灯片，在“开始”选项卡的“幻灯片”组中单击“新建幻灯片”按钮，在弹出的下拉列表中选择“空白”选项，如下图所示。

2 如在幻灯片中插入图片，先选择新建的幻灯片，在“插入”选项卡的“图像”组中单击“图片”按钮，在弹出的“插入图片”对话框中选择素材图片，单击“插入”按钮即可插入图片，如下图所示。

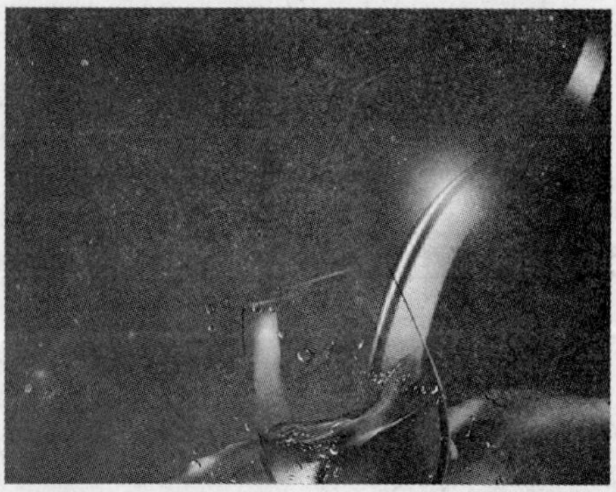

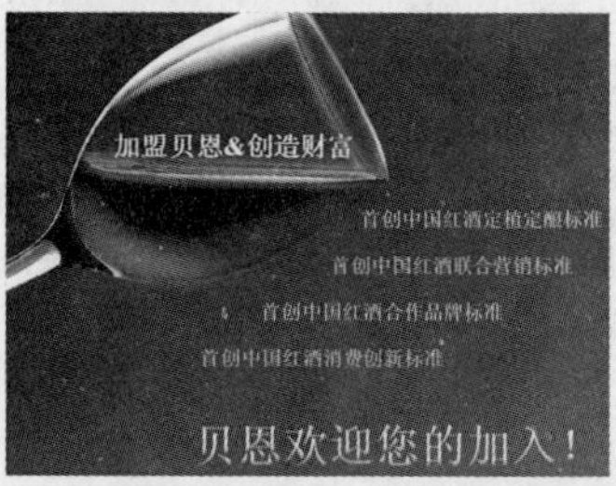

实战操作304 选项卡的使用

- 素材：素材\303\红酒招商方案. pptx
- 难度：★★★★★
- 效果：效果\304\选项卡的使用. pptx
- 视频：视频\第17章\实战操作304.avi

PowerPoint将一类的功能组织在一起形成选项卡，使用选项卡中的各个功能可以对幻灯片进行编辑。使用选项卡中的功能为幻灯片添加艺术字的操作如下：

1 打开素材文件，选择第三张幻灯片，在“插入”选项卡的“文本”组中单击“艺术字”按钮，在弹出的下拉列表中选择如下图所示的艺术字。

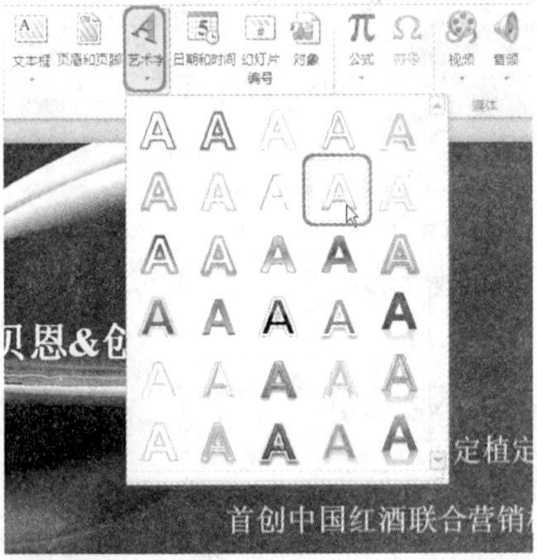

2 在弹出的文本框中输入文字，并调整其位置，在其他位置上单击鼠标左键，即可完成艺术字的创建，如下图所示。

实战操作305 显示库

素材：无　　效果：无

难度：★★★★★　　视频：视频\第17章\实战操作305.avi

PowerPoint中有很多效果和模板供用户使用，具体操作如下：

1 对于某些设置，例如形状样式、艺术字类型或动画效果，如果预览应用效果，可以将鼠标悬停在图标的缩略图上，如下图所示。

2 PowerPoint中包含许多选项，但功能区上只显示了少数的选项。如果要完整的列表，单击按钮即可，如下图所示。

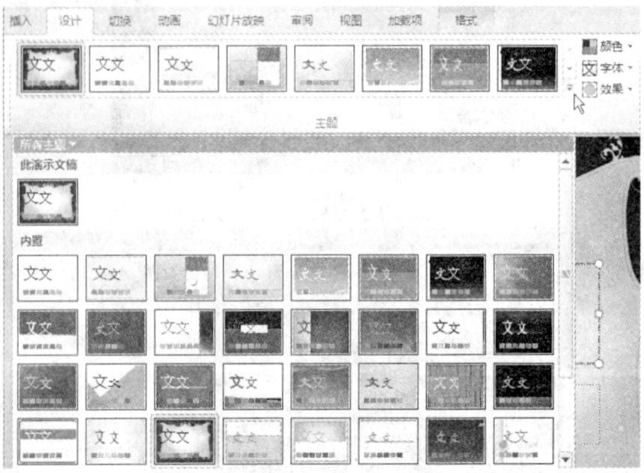

提示

如果不喜欢该形状或动画效果，无需执行撤销操作，只需将鼠标悬停在其他缩略图上，然后单击需要的缩略图即可。

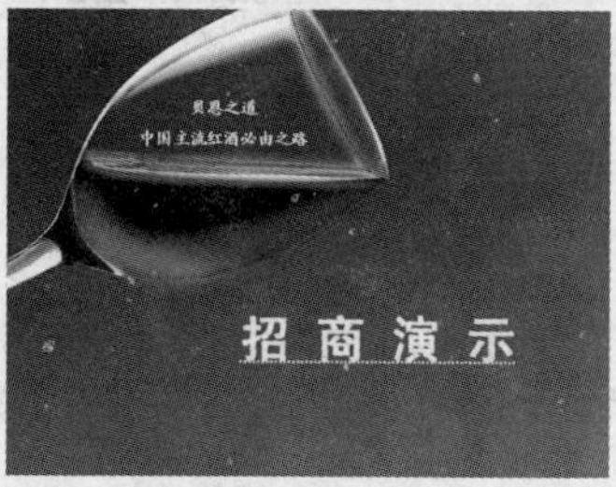

实战操作306 使用高级选项

- 素材：素材\303\红酒招商方案.pptx
- 难度：★★★★★
- 效果：效果\306\使用高级选项.pptx
- 视频：视频\第17章\实战操作306.avi

一个组内无法显示所有的选项，只能显示常用的功能选项。使用高级选项设置文字的具体操作如下：

1 打开素材文件，选择要更改的文字，选择“开始”选项卡，单击“字体”组右下角的“字体”按钮，弹出如下图所示的对话框。

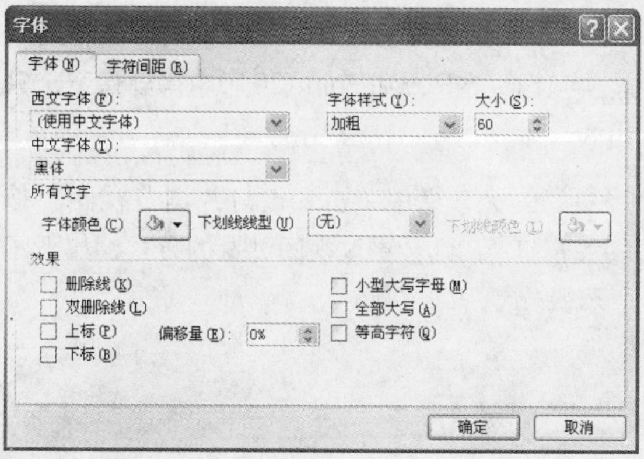

2 在弹出的对话框中选择“字体”选项卡，单击“下划线线性”右侧的下三角按钮，在弹出的下拉列表中选择“点虚线”选项，单击“确定”按钮，在其他位置单击鼠标左键，即可为选中的文字添加下划线，如下图所示。

实战操作307 自定义快速访问工具栏

- 素材：无
- 效果：无
- 难度：★★★★★
- 视频：视频\第17章\实战操作307.avi

快速访问工具栏提供了一些常用命令的快速访问，用户只需单击快速访问工具栏中的某一个按钮，即可执行该命令。具体操作如下：

1 打开PowerPoint 2010，单击快速访问工具栏右侧的“自定义快速访问栏”按钮，在下拉列表中选择“其他”命令，打开“PowerPoint选项”对话框，如右图所示。

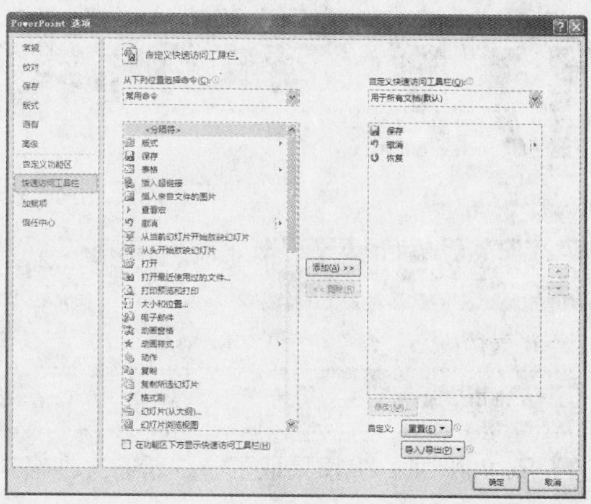

2 在左侧的命令列表中选择要添加到快速访问工具栏中的命令，单击“添加”按钮 添加(A) >> ，将其添加至右侧的列表中，如右图所示。添加完所需的命令后，单击“确定”按钮 确定 ，即可完成快速访问工具栏的设置。

实战操作308 更改视图

素材：无　　效果：无

难度：★★★★★　　视频：视频\第17章\实战操作308.avi

在PowerPoint中经常需要更改视图，更改视图能给用户提供更好的制作思路。以前版本中的普通视图、幻灯片浏览视图、阅读视图和幻灯片放映视图在PowerPoint 2010中得到保留，只不过从视图的左下角移到了视图的右下角。具体操作如下：

1 启动PowerPoint 2010后，默认的视图方式是普通视图，如下图所示。

2 在状态栏中单击“幻灯片浏览视图”按钮，则会更改视图浏览的方式，如下图所示。

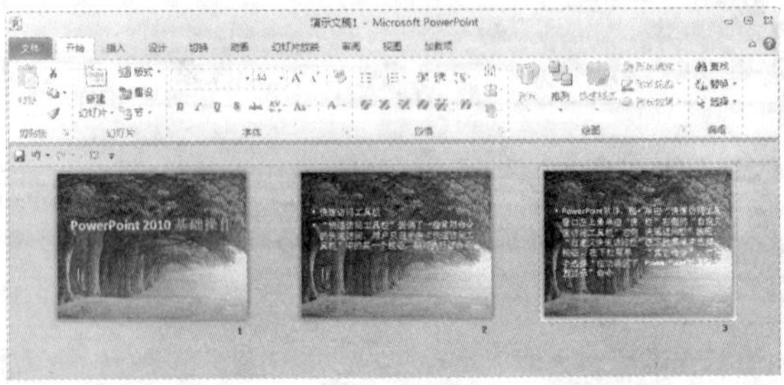

17.2 新文件格式

实战操作309 将演示文稿保存为新文件格式

素材：无　　效果：无

难度：★★★★★　　视频：视频\第17章\实战操作309.avi

PowerPoint 2010采取了一种新的文件格式，如“.pptx”。PowerPoint 2010具有增加演示文稿的安全性、改进损害文件的恢复、提高信息的安全性和减少文件的大小等优点。也可以自动将演示文稿保存为新文件格式，用户可通过查看“另存为”来确定文件保存的格式。具体操作如下：

1 选择“文件”|“另存为”命令 另存为 ，如下图所示。

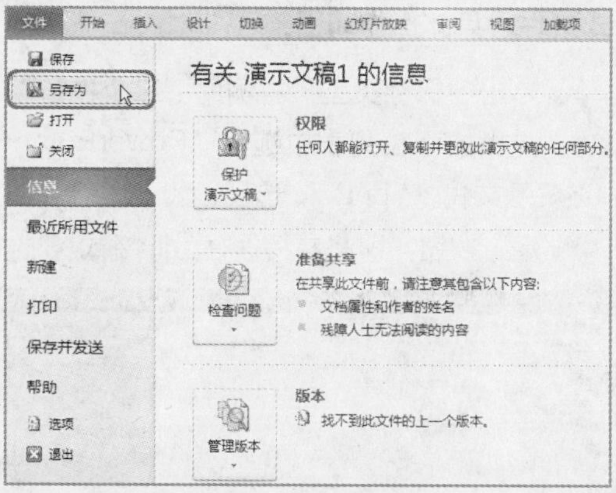

2 弹出“另存为”对话框，将演示文稿保存为新格式，如下图所示。

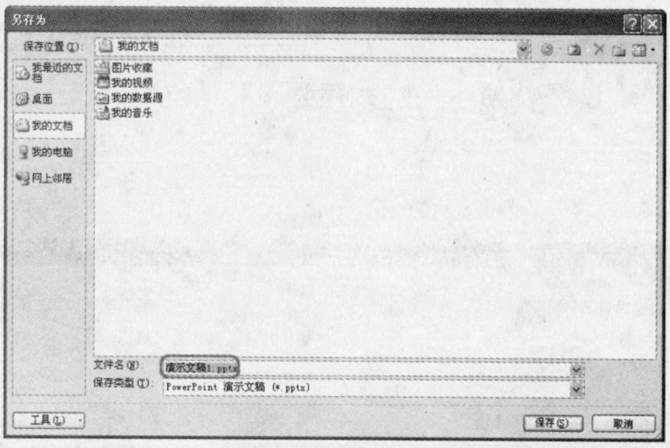

提示 将Windows设置为隐藏文件扩展名，则文件扩展名将被隐藏，此时PowerPoint演示文稿将只显示文件名，不显示扩展名。

实战操作310 打开PowerPoint早期文件

素材：素材\310\演示文稿1. ppt　　效果：无

难度：★★★★★　　视频：视频\第17章\实战操作310.avi

如果用户的电脑中安装了PowerPoint 2010,在打开早期演示文稿时，系统将询问是否要下载打开该演示文稿的转换器。PowerPoint 2010兼容以前的演示文稿，可以对以前的演示文稿进行编辑、修改等操作，并以新格式保存它。具体操作如下：

1 打开PowerPoint 2010，选择“文件”|“打开”命令，如下图所示。

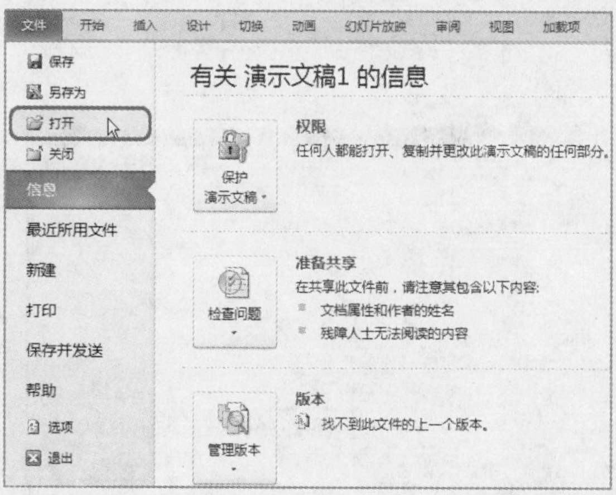

2 弹出“打开”对话框，找到需要打开的PowerPoint早期文件，如下图所示，单击“打开”按钮即可。

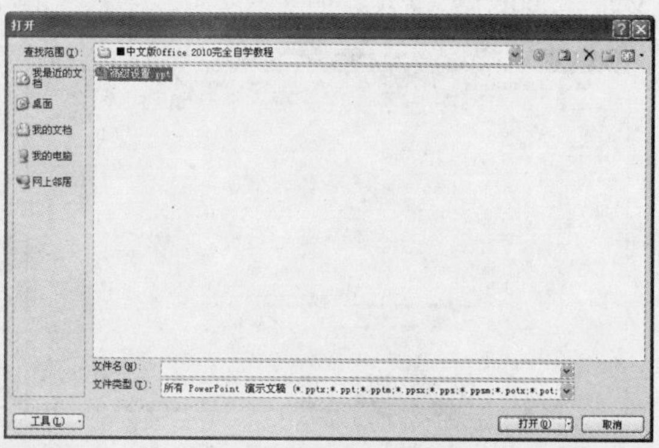

实战操作311 保存文稿为旧格式

素材：无　　效果：无

难度：★★★★★　　视频：视频\第17章\实战操作311.avi

用户可以使用PowerPoint 2010将文稿保存为旧格式文件，具体操作如下：

1 选择“文件”|“另存为”命令，弹出如下图所示的“另存为”对话框。

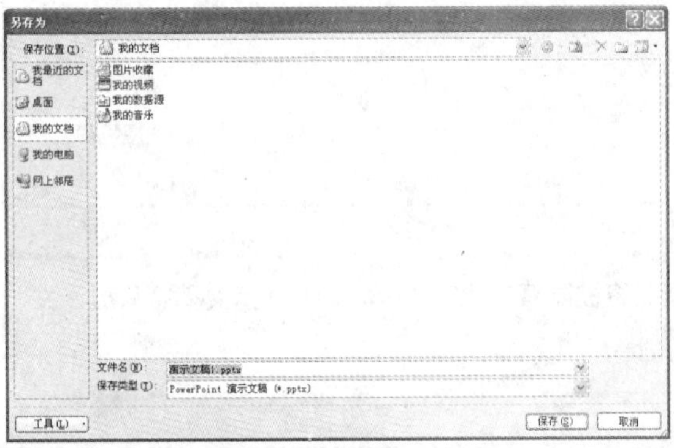

2 单击“保存类型”右侧的下三角按钮，在弹出的下拉列表中选择“PowerPoint97-2003演示文稿（*.ppt）”选项，如下图所示。单击“确定”按钮，即将文稿保存为旧格式。

实战操作312 转换旧格式

素材：素材\310\演示文稿1. ppt　　效果：效果\312\转换旧格式.pptx

难度：★★★★★　　视频：视频\第17章\实战操作312.avi

在PowerPoint 2010中可以将早期演示文稿保存为新格式。下面介绍如何将旧格式的演示文稿转换为新格式的演示文稿。具体操作如下：

1 将早期文件在PowerPoint 2010中打开，然后选择“文件”|“另存为”命令，在弹出的对话框中单击“保存类型”右侧的下三角按钮，在弹出的下拉列表中选择“PowerPoint演示文稿（*.pptx）”选项，如下图所示。

2 单击“确定”按钮，如下图所示，即可将早期演示文稿保存为新格式。

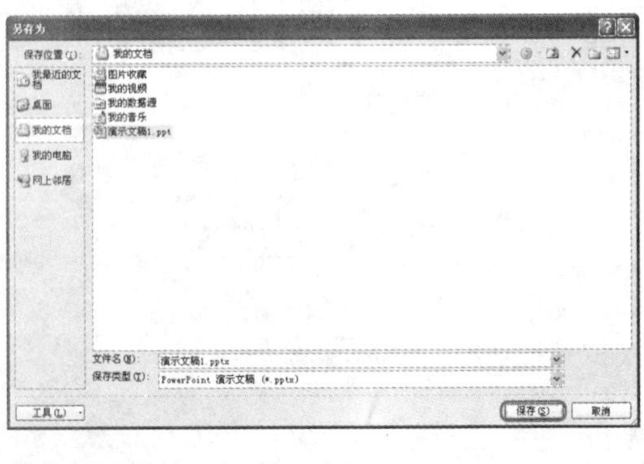

17.3 制作演示文稿

实战操作313 了解工作区

素材：素材\313\001. pptx　　效果：无

难度：★★★★★　　视频：视频\第17章\实战操作313.avi

查看工作区的具体操作如下：

1 打开素材文件，区域最大的为幻灯片区域，制作幻灯片的区域。在幻灯片区域文本框中的区域被称为“占位符”，它是输入文本的位置。占位符可以包含图片、文字、图标或其它工具，如下图所示。

2 视图的左侧为幻灯片的缩览图版本和大纲视图。当前操作的幻灯片较凸显，可以在幻灯片缩览图版本区域选择需要的幻灯片进行操作。在视图最底端是备注窗口，可以在此输入备注，在演示文稿时进行参考，如下图所示。

实战操作314 建立新的演示文稿

素材：无　　效果：无

难度：★★★★★　　视频：视频\第17章\实战操作314.avi

建立新的演示文稿可以通过多种方法进行建立。具体操作如下：

1 选择“文件”|“新建”命令 新建 ，单击“空白演示文稿”即可建立新幻灯片，如右图所示。

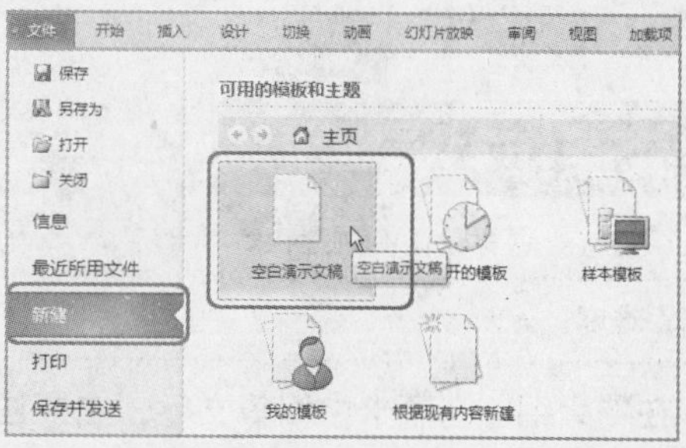

2 或者按Ctrl+N快捷键，打开一个空白文稿，如右图所示。

实战操作315 添加新幻灯片

素材：素材\313\001. pptx　　效果：无

难度：★★★★★　　视频：视频\第17章\实战操作315.avi

在建立标题幻灯片后，需要继续添加幻灯片。具体操作步骤如下：

1 打开素材文件，选择“开始”选项卡，在“幻灯片”组中单击“新建幻灯片”按钮，在弹出的下拉列表中选择所需要的板式，如下图所示。

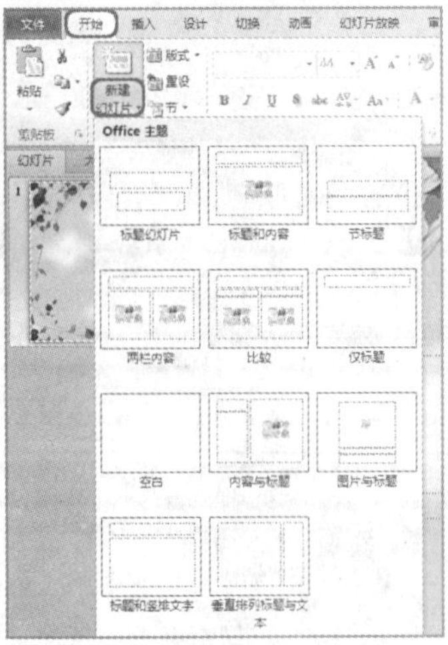

2 除此之外，用户还可以在“幻灯片”面板中选择第一张幻灯片，按Enter键确认，即可添加新的幻灯片，如下图所示。

17.4 在演示文稿中输入内容

实战操作316 在“大纲”面板中输入文字

素材：素材\313\001. pptx　　效果：无

难度：★★★★★　　视频：视频\第17章\实战操作316.avi

在“大纲”选项卡中编辑文字，主要注重文字的合理性。由于幻灯片的篇幅不是很大，所以幻

灯片中的文字要简洁，富有感染力。具体操作如下：

1 打开素材文件，选择“大纲”面板，如下图所示。

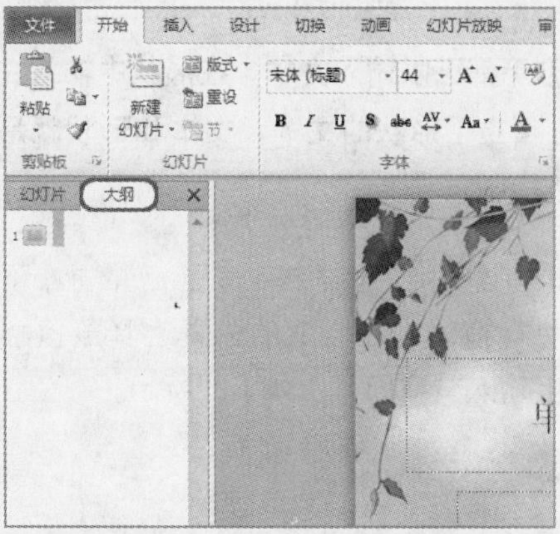

2 在“大纲”面板中需要添加文字的幻灯片的右侧单击，输入文字即可，如下图所示。

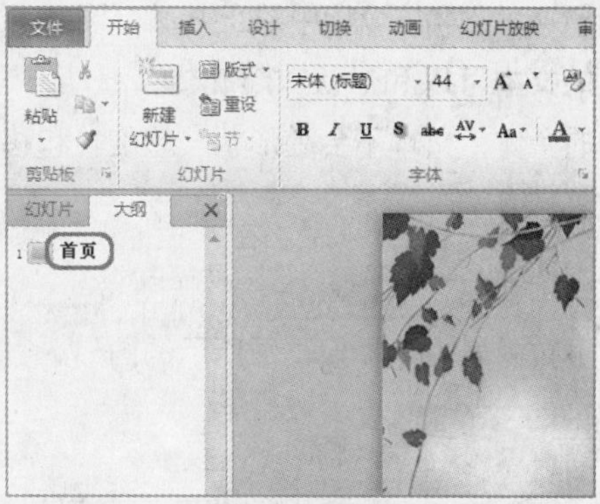

提示

当用户在“大纲”面板中输入文字时，所输入的文字同样也会在幻灯片中出现。

实战操作317　在占位符中输入文字

- **素材：**素材\313\001. pptx
- **难度：**★★★★★
- **效果：**效果\317\在占位符中输入文字.pptx
- **视频：**视频\第17章\实战操作317.avi

用户可以在文本和占位符处中输入标题、副标题和正文。虚线边框表示包括标题正文的占位符。具体操作如下：

1 如需要在幻灯片中的占位符处输入文字，单击虚线中的占位符，如下图所示。

2 在弹出的文本框中输入文字，然后在其他位置上单击鼠标左键即可，如下图所示。

实战操作318 在绘制的图形中输入文本

素材：无　　效果：无

难度：★★★★★　　视频：视频\第17章\实战操作318.avi

PowerPoint 2010中的正方形、圆形、星、旗帜和标志等都可以输入文本。在形状中输入文本，输入的文本可以和形状一起旋转、移动；也可以输入覆盖独立于形状的文本，文本和形状就是两个独立的个体，文本不会随形状一起旋转和移动。具体操作如下：

1 新建一个幻灯片，在“插入”选项卡的“插图”组中单击“形状”按钮，在弹出的下拉列表中选择如下图所示的图形。

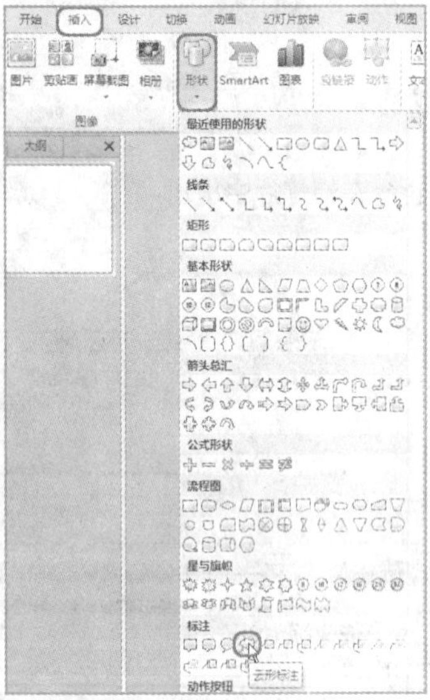

2 在幻灯片区域中单击鼠标并向右下角进行拖动，在合适的位置上释放鼠标，在图形上输入文字即可，如下图所示。

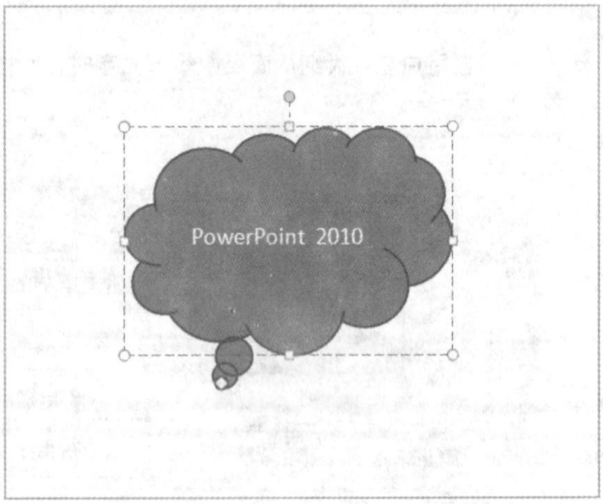

实战操作319 使用文本框

素材：素材\319\方案. pptx　　效果：无

难度：★★★★★　　视频：视频\第17章\实战操作319.avi

在幻灯片中插入文字，必须先插入文本框。当幻灯片设置的文本框不够时，需要插入文本框。具体操作如下：

1 打开素材文件，选择第三张幻灯片，打开“插入”选项卡，在“文本”组中单击“文本框”按钮，在弹出的下拉列表中选择“横排文本框”选项，如右图所示。

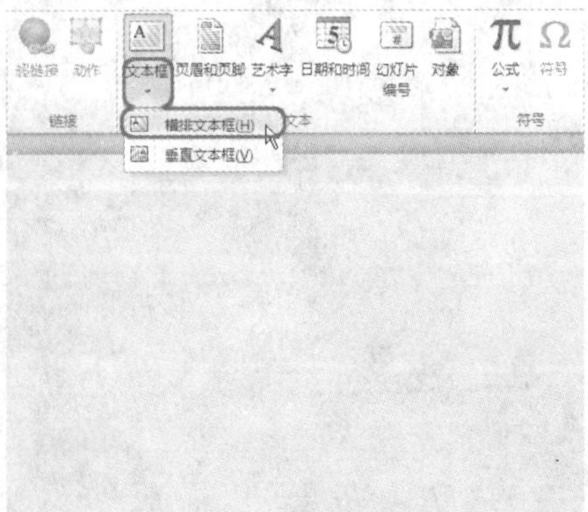

2 在幻灯片区域中单击鼠标并进行拖动，在合适的位置上释放鼠标，即可弹出如右图所示的文本框。

实战操作320　在文本框中输入文本

- 素材：素材\319\方案. pptx
- 难度：★★★★★
- 效果：效果\320\在文本框中输入文本.pptx
- 视频：视频\第17章\实战操作320.avi

文本框可以放在幻灯片的任何位置，如文本占位符之外，可以在文本框中为文本添加标框、阴影或三维效果等操作。具体操作如下：

1 继续上一实例的操作，在弹出的文本框中输入文字并调整文本框的位置，选中文本框中的文字，选择“绘图工具”下的“格式”选项卡，在“艺术字样式”组中单击“其他”按钮，在弹出的下拉列表中选择如下图所示的艺术字。

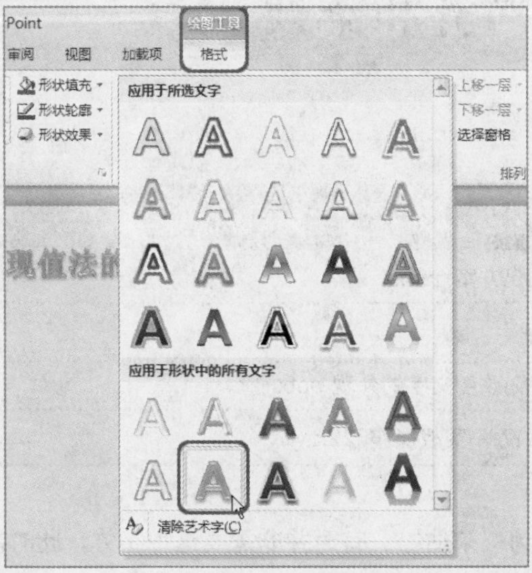

2 打开“开始”选项卡，在“字体”组中将字体设置为“华文新魏”，将字号设置为40，在其他位置上单击，如下图所示。

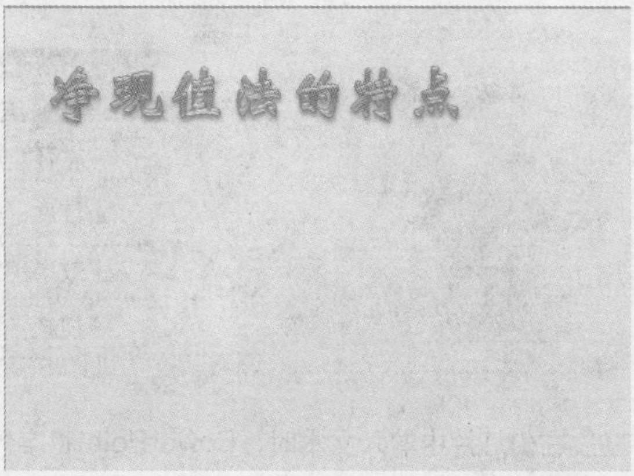

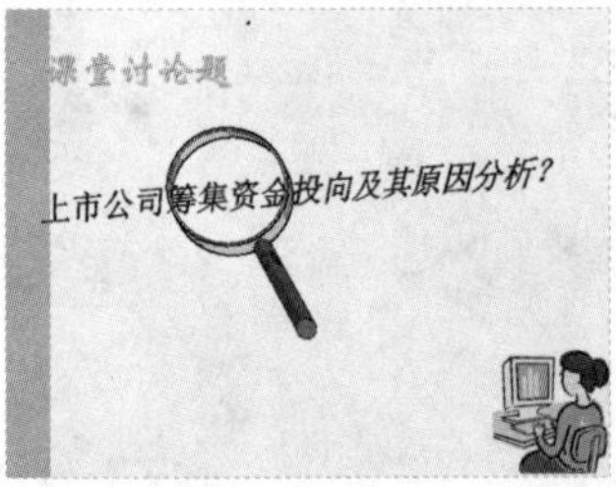

实战操作321 插入其他内容

- 素材：素材\319\方案. pptx
- 难度：★★★★★
- 效果：效果\321\插入其他内容.docx
- 视频：视频\第17章\实战操作321.avi

在幻灯片中不仅可以输入文字，还可以输入其他内容，如插入图片、剪贴画、表格、时间和日期、SmartArt图形、符号、视频、音频等。具体操作如下：

1 打开素材文件，选择第二张幻灯片，打开“插入”选项卡，在“图像”组中单击“剪贴画”按钮，弹出如下图所示的对话框。

2 在“剪贴画”对话框“搜索文字”下方的文本框中输入“计算机”，单击“搜索”按钮，在搜索出的结果中选择需要插入的剪贴画，即可将其插入，调整其位置即可，如下图所示。

17.5 编辑文本并进行对齐和排列

实战操作322 改变文字的外观

- 素材：素材\319\方案. pptx
- 难度：★★★★★
- 效果：效果\322\改变文字的外观.pptx
- 视频：视频\第17章\实战操作322.avi

在幻灯片中输入文本时，PowerPoint将字体默认为“宋体”。有时并非需要这种字体，此时需

要改变文本的属性，来改善文本的外观，或与其他文本区分开来。具体操作如下：

1 打开素材文件，选择第一张幻灯片，在幻灯片中选择如下图所示的文字。

2 打开“开始”选项卡，在“字体”组中将字体设置为“方正舒体”，在“字体”组中单击“字体颜色”右侧的下三角按钮，在弹出的下拉列表中选择“粉红，文字2”，如下图所示。

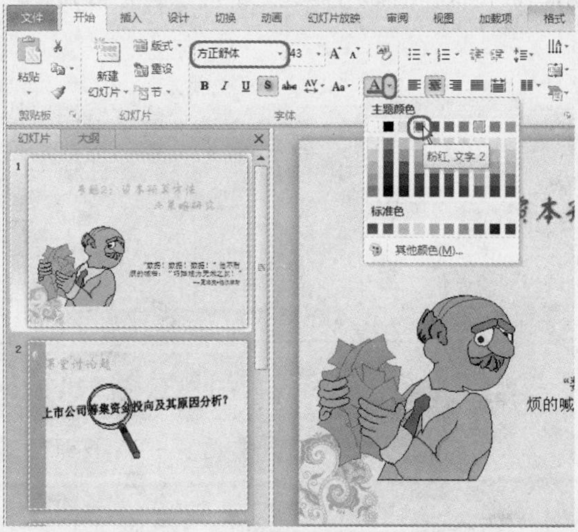

提示

PowerPoint 2010 与Word 2010、Excel 2010一样，在选择文本时，可以显示一个方便的、半透明的工具栏。

选中需要改变的文本，鼠标稍微向上移动，会显示或隐藏一个微型的、半透明的浮动工具栏，可以在这个浮动的工具栏中改变文本的外观。

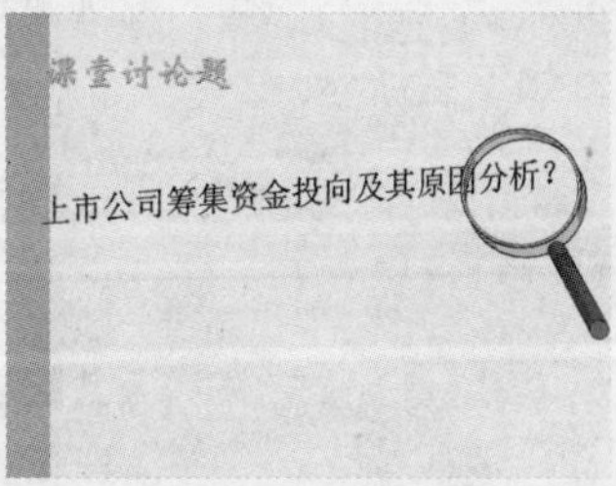

实战操作323　对齐对象

- 素材：素材\319\方案. pptx
- 难度：★★★★★
- 效果：效果\323\对齐对象.pptx
- 视频：视频\第17章\实战操作323.avi

对齐对象的方法有许多种，可以对文本顶端对齐、居中对齐、底端对齐，也可以对整个幻灯片进行对齐。具体操作如下：

1 打开素材文件，选择第二张幻灯片，在幻灯片中选择如右图所示的图片。

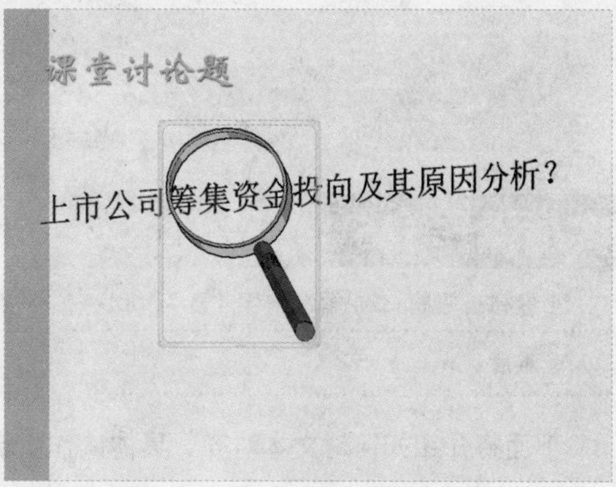

2 打开“开始”选项卡，在“绘图”组中单击“排列”按钮，在弹出的下拉列表中选择“对齐”|“右对齐”选项，如右图所示，执行操作后即可对选定的对象进行对齐。

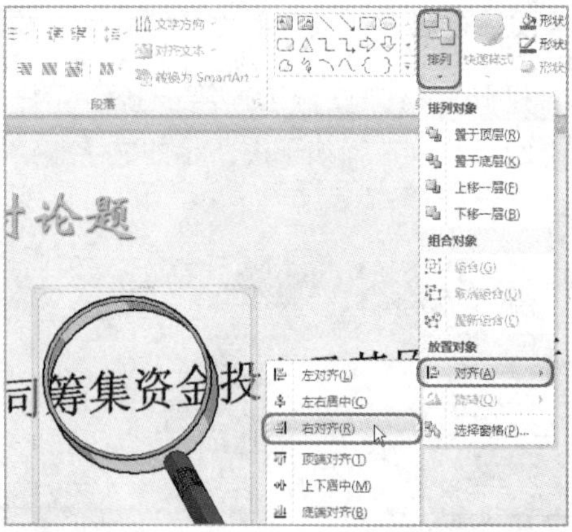

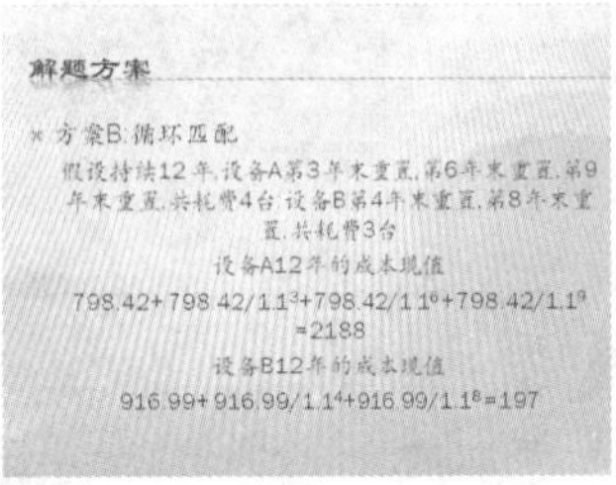

实战操作324 使用段落对齐

- 素材：素材\324\解决方案（B）. pptx
- 难度：★★★★★
- 效果：效果\324\使用段落对齐.pptx
- 视频：视频\第17章\实战操作324.avi

段落是文本末端带有回车符的文本，有时需要对幻灯片中的整个段落进行对齐、居中等修改。具体操作如下：

1 打开素材文件，选择第二张幻灯片，在幻灯片中选择如下图所示的文本。

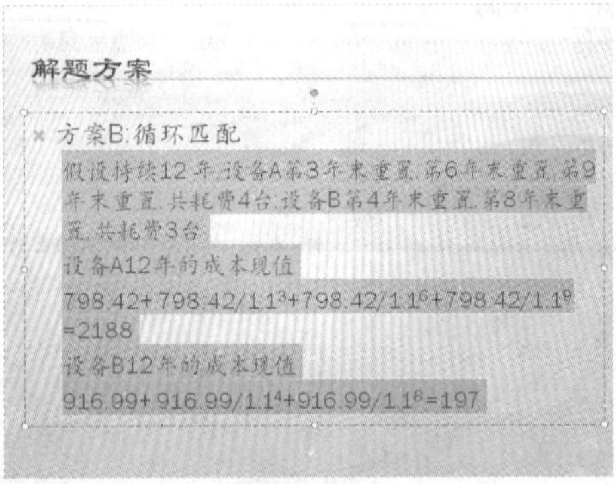

2 打开“开始”选项卡，在“段落”组中单击“居中”按钮，即可将选定的对象进行居中对齐，如下图所示。

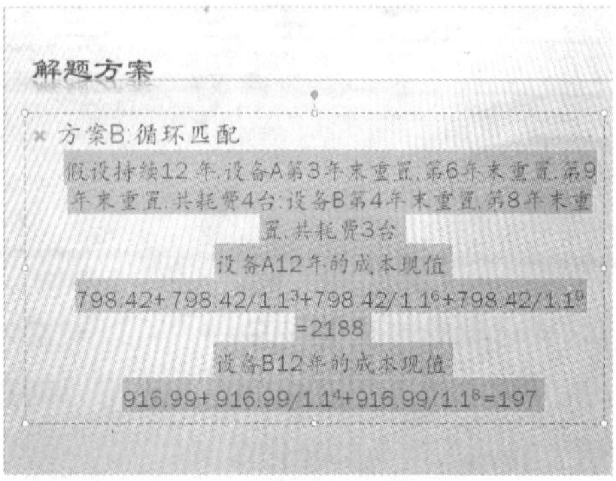

实战操作325 使用文本对齐

- 素材：素材\324\解决方案（B）. pptx
- 效果：无
- 难度：★★★★★
- 视频：视频\第17章\实战操作325.avi

下面将介绍如何对文本对齐，具体操作步骤如下：

1 打开素材文件，选择第一张幻灯片，在幻灯片中选择如下图所示的文字。

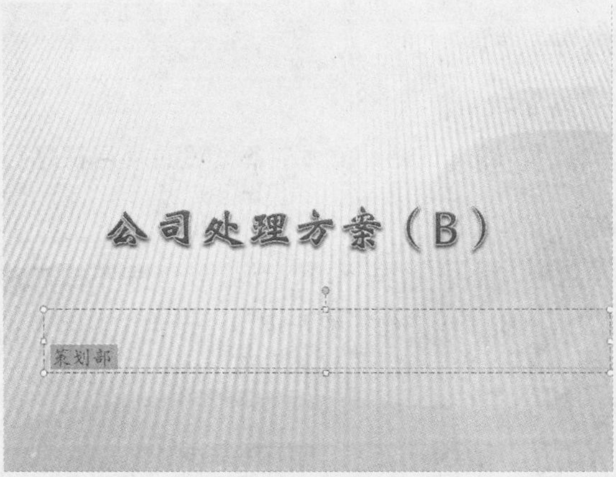

2 选择“开始”选项卡，在“段落”组中单击“对齐文本”按钮 对齐文本，在弹出的下拉列表中选择“顶端对齐”选项，如下图所示。

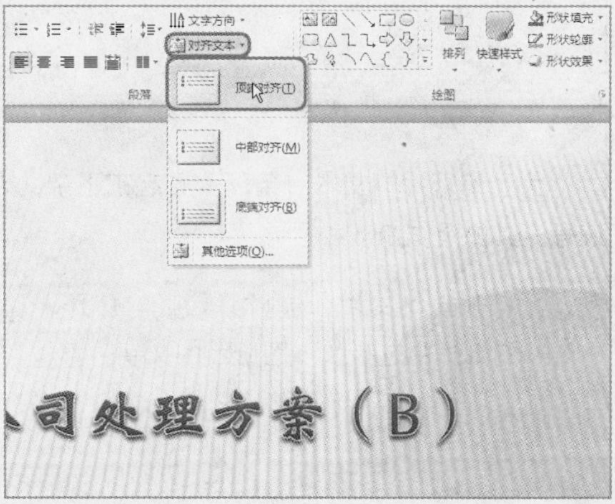

实战操作326 设置文字方向

素材：素材\324\解决方案（B）. pptx　　效果：无

难度：★★★★★　　视频：视频\第17章\实战操作326.avi

除了以上文本对齐方式以外，还可以设置文字的方向，具体操作步骤如下：

1 打开素材文件，选择第一张幻灯片，在幻灯片中选择如下图所示的文字。

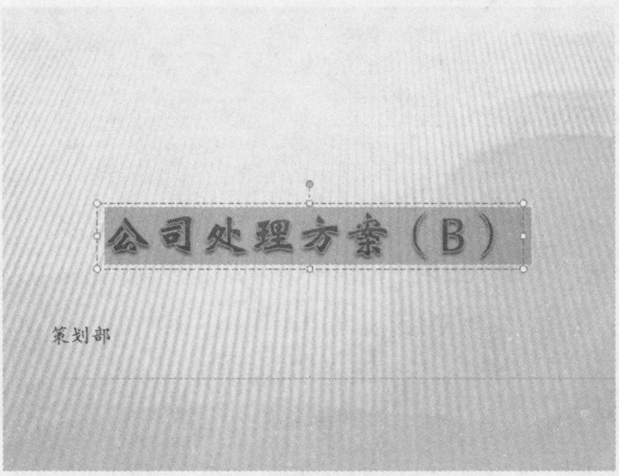

2 打开“开始”选项卡，在“段落”组中单击“文字方向”按钮 文字方向，在弹出的下拉列表中选择“竖排”选项，如下图所示。

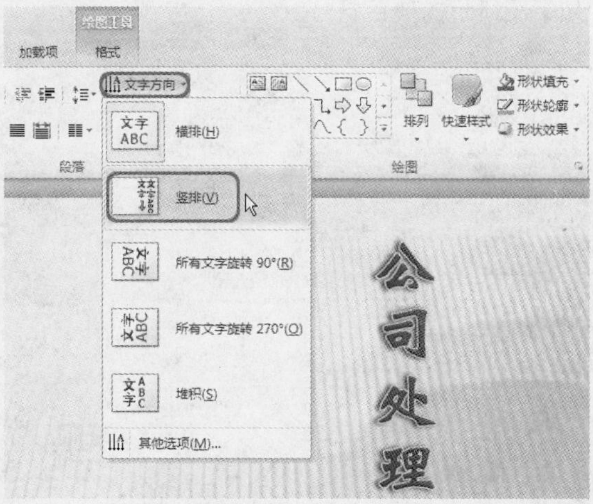

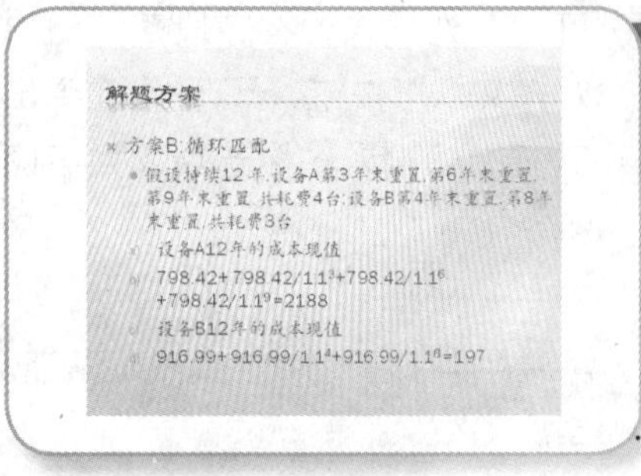

实战操作327 添加项目符号和编号

素材：素材\324\解决方案（B）. pptx

难度：★★★★★

效果：效果\327\添加项目符号和编号.pptx

视频：视频\第17章\实战操作327.avi

为了幻灯片的文本有条理，看起来不杂乱无章，有时在输入或粘贴文本时需要设置项目符号和编号。具体操作如下：

1 打开素材文件，选择第二张幻灯片，在幻灯片中选择如下图所示的文字。

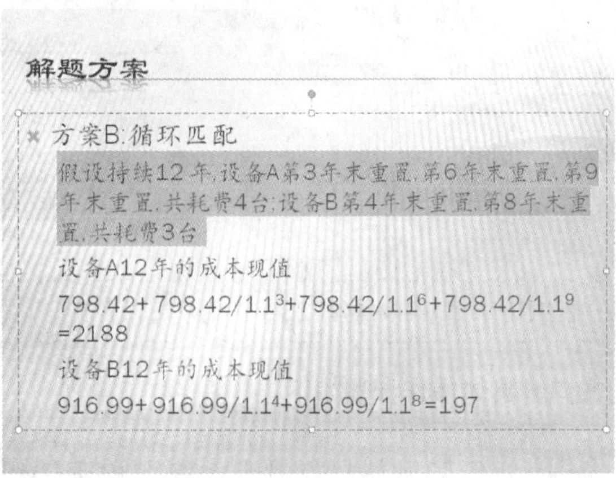

2 右击鼠标，在弹出的快捷菜单中选择“项目符号”，从弹出的子菜单中选择如下图所示的项目符号。

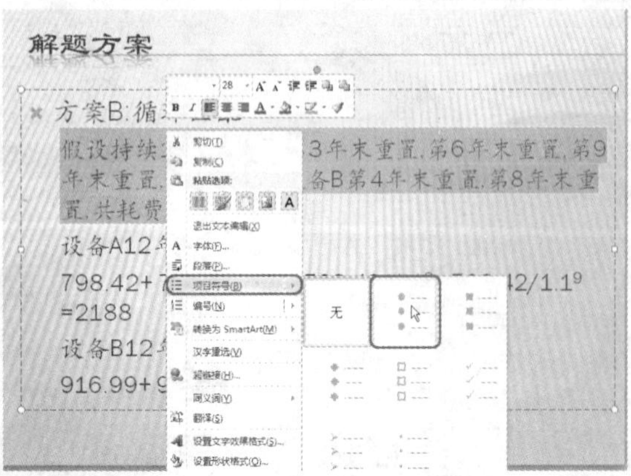

3 设置完成后，再在文本框中选择其下方的文字，如下图所示。

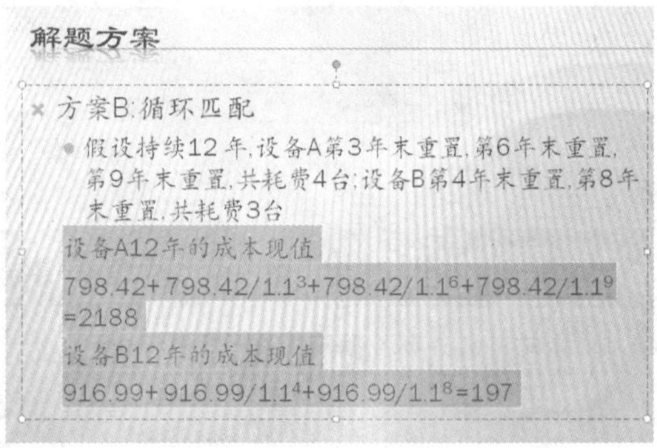

4 在选中的文字上右击鼠标，在弹出的快捷菜单中选择“编号”，再在弹出的子菜单中选择如下图所示的编号，执行操作后即可为选定的文字添加编号。

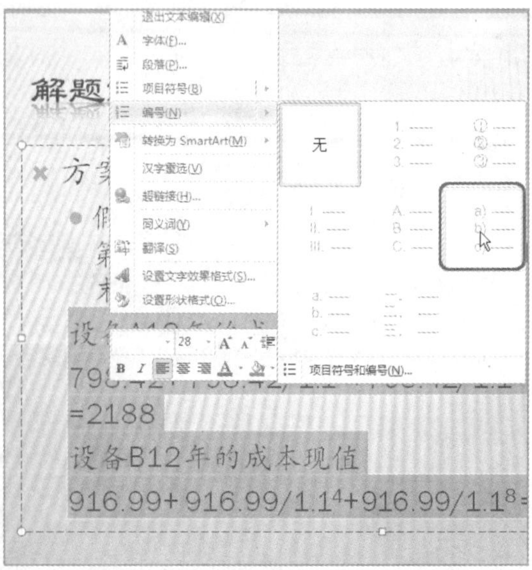

提示

除此之外，用户还可以通过“段落”组中的“项目符号”和“编号”按钮来添加项目符号和编号。

17.6 添加特殊符号和批注

实战操作328 特殊符号

素材：素材\324\解决方案（B）.pptx　　效果：无

难度：★★★★★　　视频：视频\第17章\实战操作328.avi

特殊符号包括标点符号、特殊符号、数学符号、单位符号、希腊符号及注音符号六大类，特殊符号可以插入编辑的文本中，插入一些键盘上没有的符号。具体操作如下：

1 打开素材文件，选择第一张幻灯片，将插入符插入到“策划部”的右侧，如下图所示。

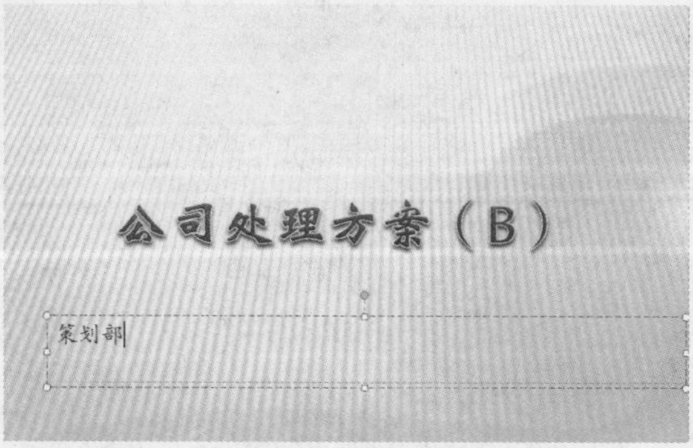

2 打开“插入”选项卡，在“符号”组中单击“符号”按钮，在弹出的“符号”对话框中选择如下图所示的符号，单击“插入”按钮即可。

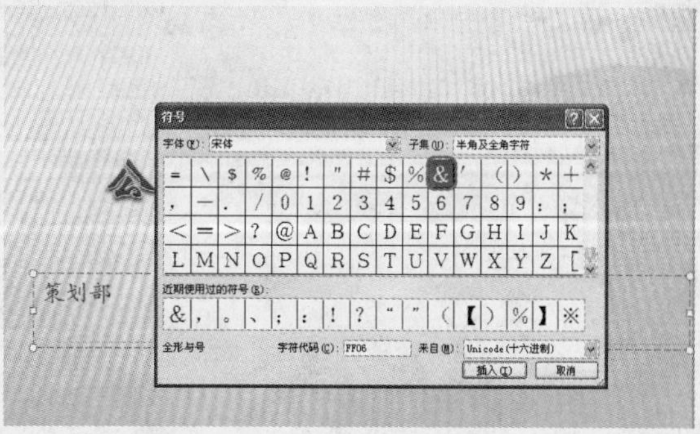

实战操作329 批注

素材：素材\324\解决方案（B）.pptx　　效果：无

难度：★★★★★　　视频：视频\第17章\实战操作329.avi

用户可以在幻灯片的任何位置添加批注，来帮助阅读者或撰写者之间交流。在幻灯片放映时，批注不会显现；批注可以放在幻灯片的任何位置。具体操作如下：

1 打开素材文件，选择第二张幻灯，将插入符置于“方案B：循环匹配”右侧，如下图所示。

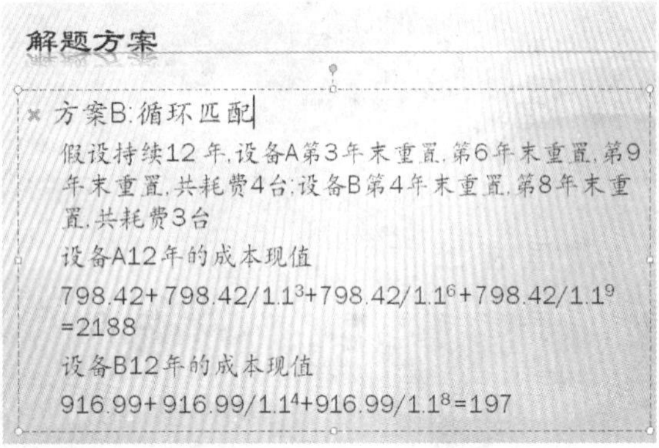

2 打开“审阅”选项卡，在“批注”组中单击“新建批注”按钮，在弹出的文本框中输入文字即可，如下图所示。

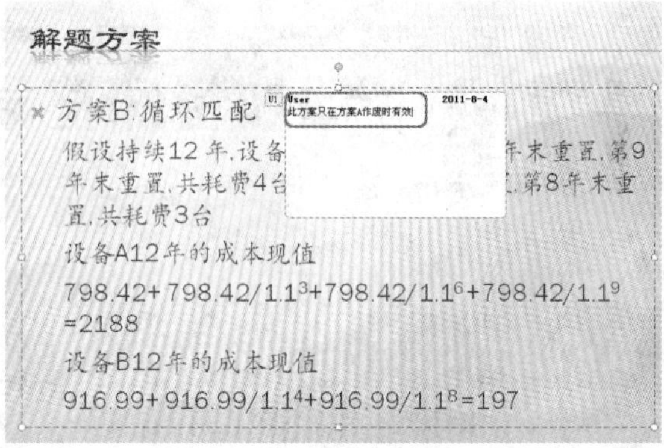

提示

用户可以通过在批注上右击来对批注进行编辑、新建、删除等操作。

Chapter 18

第18章

幻灯片的编辑与设计

用户可以对已经制作好的幻灯片进行编辑操作，如插入新的幻灯片、删除幻灯片、应用设计模板、自定义动画等。通过本章学习，读者应掌握如何编辑已经创建好的幻灯片，如应用幻灯片模板、应用动画方案、自定义动画等。

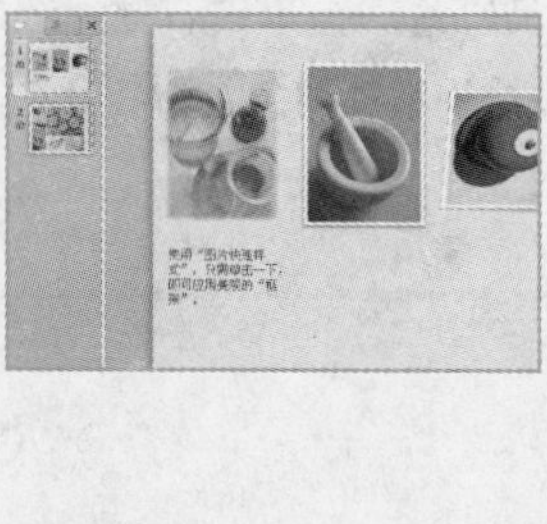

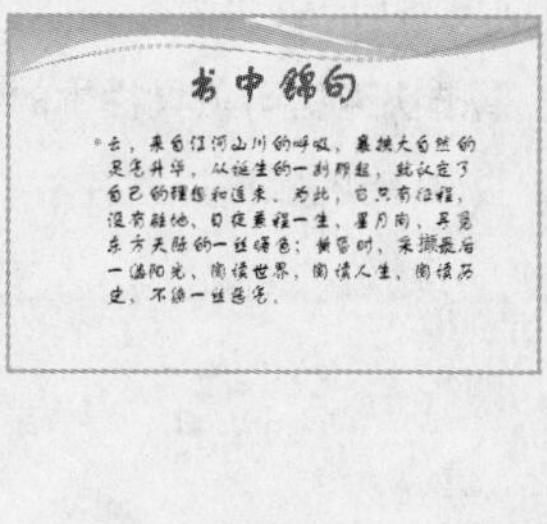

18.1 编辑幻灯片

在PowerPoint演示文稿中，每一张都叫幻灯片，通常一个演示文稿可以包括一张甚至几十张幻灯片。在创建一组幻灯片后，不一定都合适，这时就需要为其添加新的幻灯片或删除多余的幻灯片。下面将介绍编辑幻灯片的方法。

实战操作330 幻灯片的删除

- 素材：素材\330\幻灯片1.pptx
- 难度：★★★★★
- 效果：效果\330\幻灯片的删除.pptx
- 视频：视频\第18章\实战操作330.avi

当对于插入或是制作的幻灯片不满意时，就需要对其进行删除，下面介绍如何删除幻灯片。具体操作如下：

1 打开素材文件夹，选择素材文件，如下图所示。

2 右击幻灯片，在弹出的快捷菜单中单击“删除幻灯片”选项，即可将第一张幻灯片删除，如下图所示。

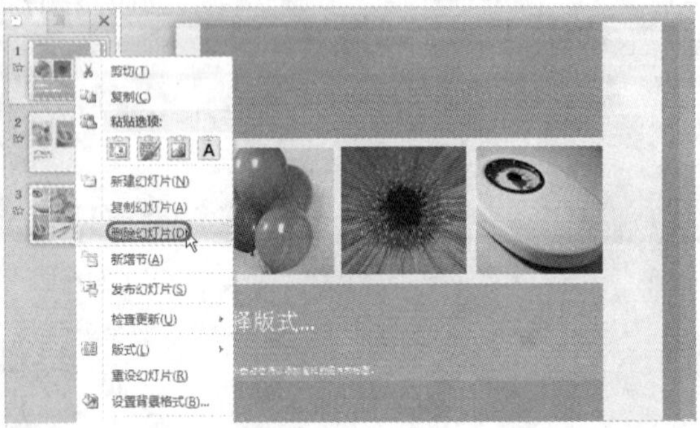

提示

若删除多个不连续的幻灯片，可先按住Ctrl键，然后单击需要删除的幻灯片，再单击右键，选择“删除幻灯片”选项。要恢复刚刚删除幻灯片，单击快速访问工具栏中的“撤销移动对象”按钮，或者按Ctrl+Z快捷键，恢复的幻灯片仍然按照建立幻灯片时的顺序排列。

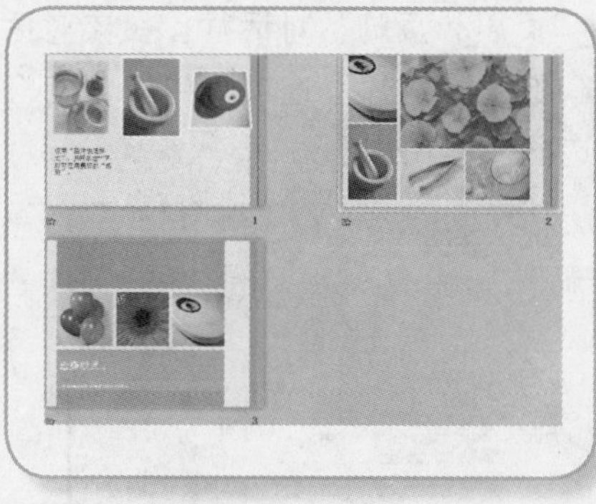

实战操作331 调整幻灯片的位置

- 素材：素材\330\幻灯片1.pptx
- 难度：★★★★★
- 效果：效果\331\调整幻灯片的位置.pptx
- 视频：视频\第18章\实战操作331.avi

当演示文稿中的幻灯片制作完成后，如果发现其顺序不合适，可以对其顺序进行调整。具体操作步骤如下：

1 打开素材文件夹，选择素材文件。单击状态栏上的“幻灯片浏览”按钮，如下图所示。

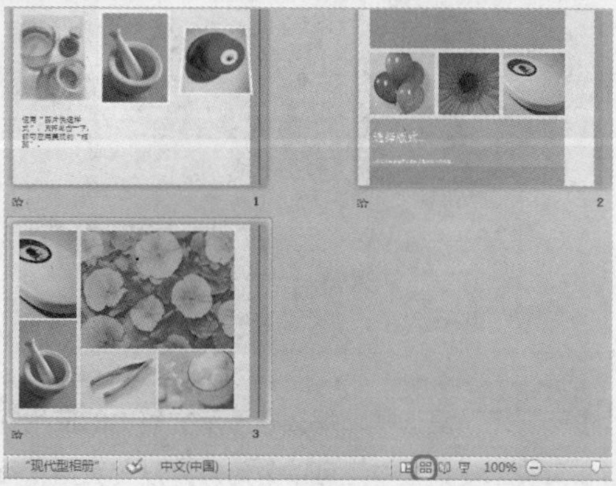

2 选择需要移动的幻灯片，按住鼠标不放并拖动，将幻灯片放在目标位置，释放鼠标，完成后如下图所示。

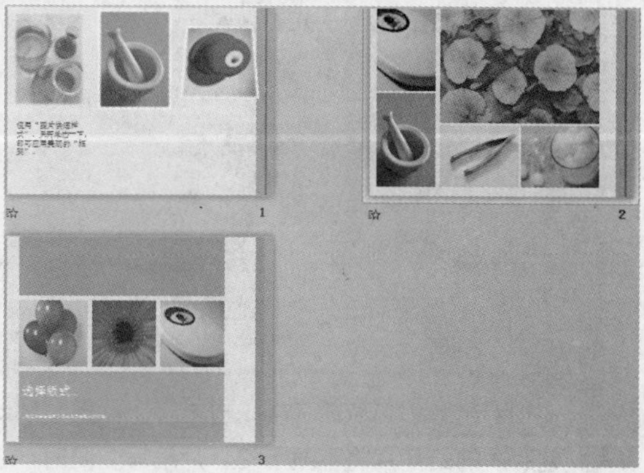

提示

在普通视图中，在幻灯片选项列表中选择需要移动的幻灯片，将其拖曳到目标位置即可。

实战操作332 为幻灯片编号

- 素材：素材\332\幻灯片2.pptx
- 难度：★★★★★
- 效果：效果\332\为幻灯片编号.pptx
- 视频：视频\第18章\实战操作332.avi

根据需要有时会为幻灯片编号，下面就来介绍为幻灯片编号的方法。具体操作如下：

1 打开素材文件夹，选择素材文件，如下图所示。

2 选择第一个幻灯片，在“插入”选项卡“文本”组中单击“幻灯片编号”按钮，如下图所示。

3 弹出“页眉和页脚”对话框，在该对话框中勾选“幻灯片”选项卡中的“幻灯片编号”复选框，如下图所示。

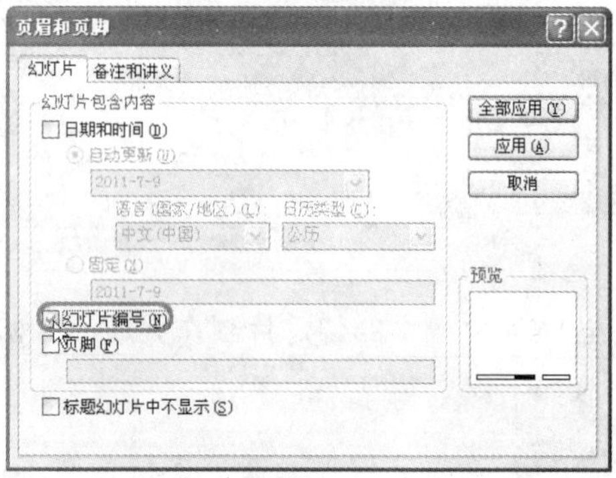

4 单击“全部应用”按钮，这时在幻灯片上就可以看到编号了，效果如下图所示。

提示

如果在“页眉和页脚”对话框中选中“标题幻灯片中不显示”复选框，那么在演示文稿中的应用标题版式的幻灯片将不显示幻灯片编号。同时，在“页眉和页脚”对话框中还可以为幻灯片设置页眉、页脚以及时间、日期。

18.2 应用文件主题和模板

主题和模板是一组统一的设计元素，它使用字体、颜色、图形来设置文件的外观。主题包括一组主体颜色、一组主题字体（包括标题文字和正文文字）和一组主题效果（包括线和填充效果）。用户可以轻松设置整个文件的格式，赋予它专业时尚的外观。

实战操作333 引用设计模板

素材：素材\333\书中锦句.pptx　　效果：效果\333\引用设计模板. pptx

难度：★★★★★　　视频：视频\第18章\实战操作333.avi

在PowerPoint 2010中可以添加模板，具体操作步骤如下：

1 选择素材文件夹，打开素材文件，单击“开始”选项卡“幻灯片”组中的“版式”按钮，在弹出的下拉列表中选择“两栏内容”模板，如下图所示。

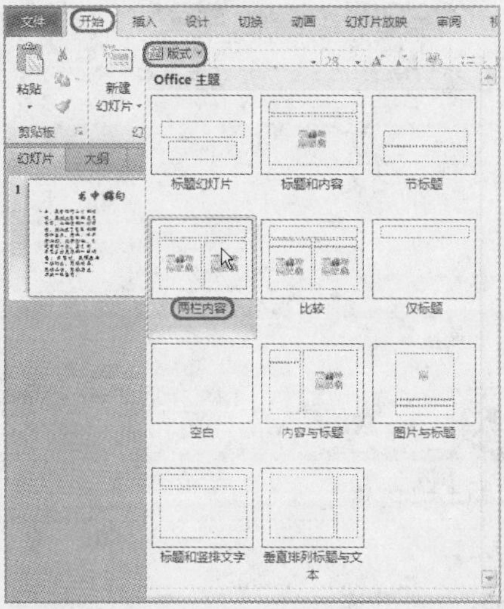

2 选择完成后，引用设计模板效果如下图所示。

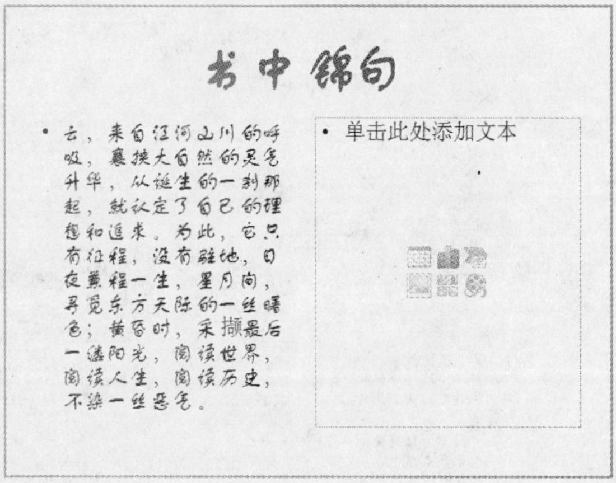

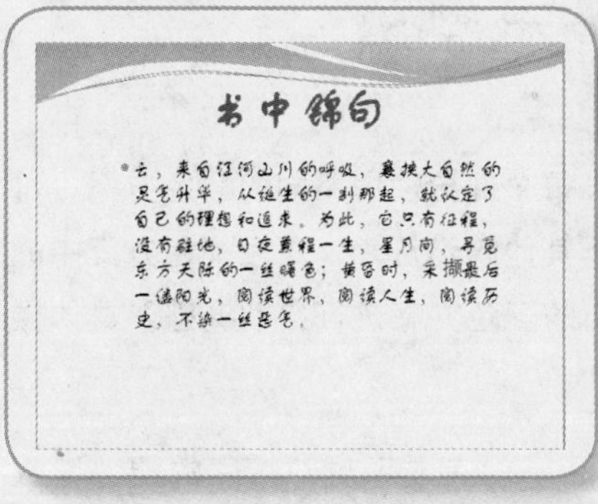

实战操作334 应用主题

- 素材：素材\333\书中锦句.pptx
- 难度：★★★★★
- 效果：效果\334\应用主题. pptx
- 视频：视频\第18章\实战操作334.avi

在PowerPoint 2010中，会有一些内置的文件主题，以助于用户制作出更精美的幻灯片。具体操作步骤如下：

1 选择素材文件夹，打开素材文件。在“设计”选项卡下“主题”组中单击按钮，选择“流畅”主题，如右图所示。

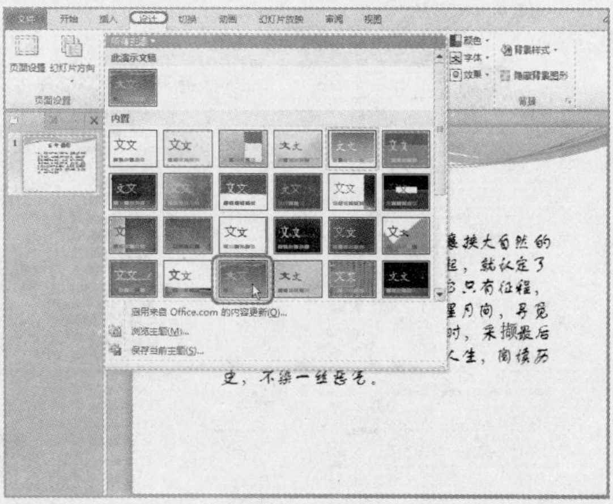

2 应用主题后的效果如右图所示。

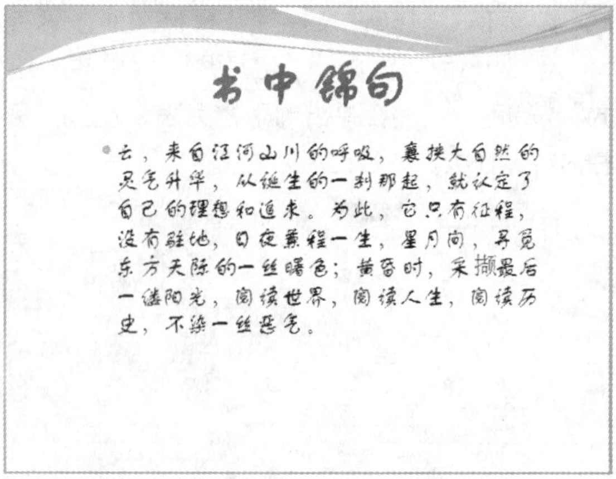

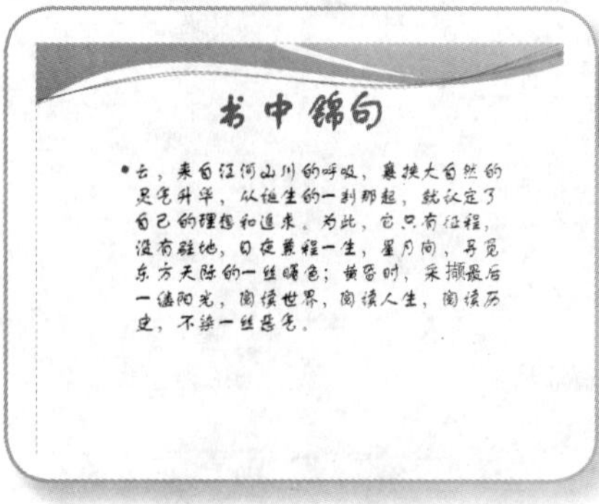

实战操作335 配色方案的应用

- 素材：素材\335\流畅主题.pptx
- 难度：★★★★★
- 效果：效果\335\配色方案的应用. pptx
- 视频：视频\第18章\实战操作335.avi

幻灯片可以使用同一个配色方案；也可以分成若干个部分，每个部分使用不同的配色方案；可以设计自己的配色方案；还可以将一个幻灯片的配色方案应用于其他的幻灯片，而且配色方案中的色彩变化后，那些应用该配色方案的幻灯片上的颜色将会按照新的配色方案进行自动调整。具体操作步骤如下：

1 选择素材文件夹，打开素材文件，单击“设计”选项卡“主题”组中的“颜色”按钮，在弹出的下拉列表中选择“活力”选项，如下图所示。

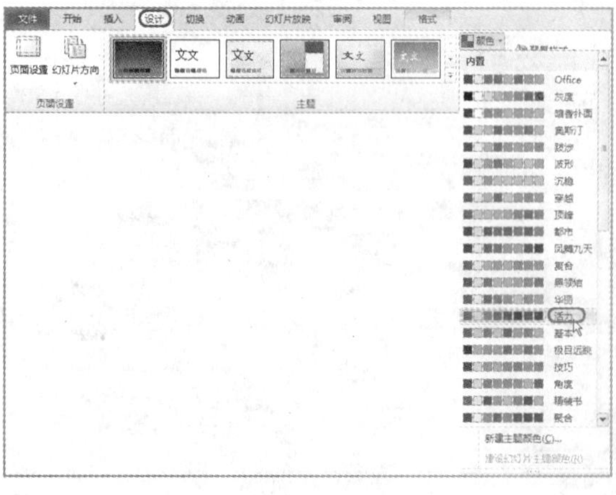

2 选择后，就完成了对幻灯片的配色，效果如下图所示。

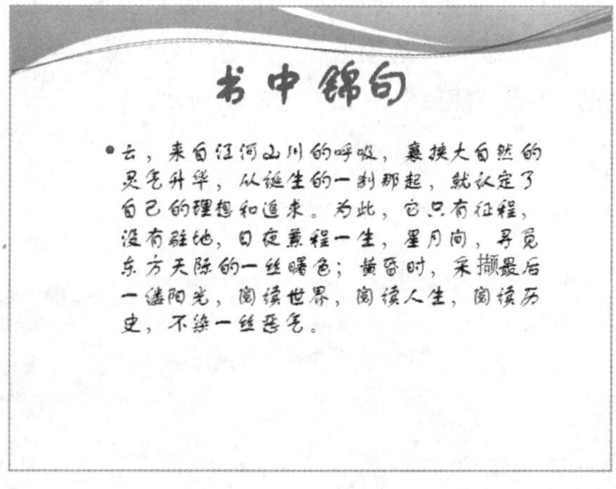

> **提示**
> 在单击“颜色”按钮后弹出的下拉列表中选择“新建主题颜色”选项，打开“新建主题颜色”对话框，在该对话框中可以设置各个选项来改变主题颜色。

实战操作336　应用动画方案

素材：素材\335\流畅主题.pptx　　效果：效果\336\应用动画方案. pptx

难度：★★★★★　　视频：视频\第18章\实战操作336.avi

动画方案是指给幻灯片中的文本添加预览视觉效果，每个方案通常包括幻灯片标题效果和应用幻灯片的项目符号或段落的效果。这样使幻灯片更加的突出重点、控制信息流，并增强演示文稿的趣味性。具体操作步骤如下：

1 选择素材文件夹，打开素材文件，选择如下图所示的文本框。

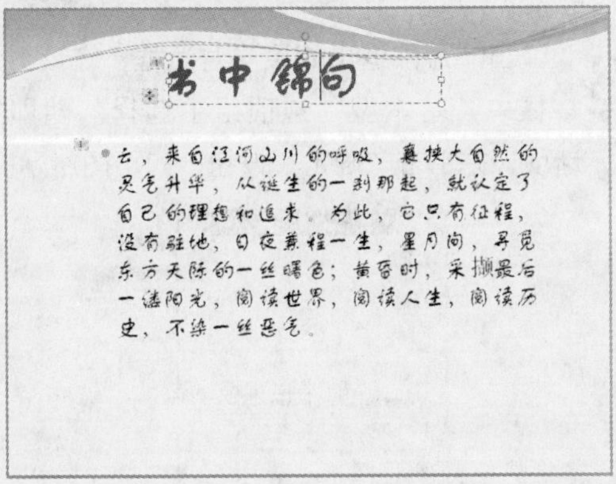

2 在“动画”选项卡“动画”组中单击“其他”按钮，在弹出的下拉列表中选择“弹跳”，如下图所示。

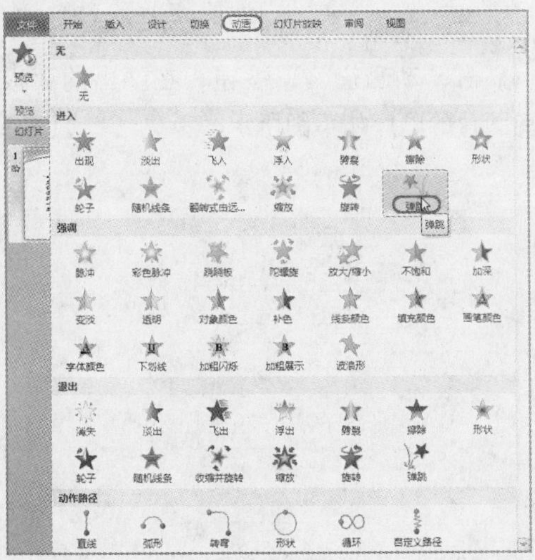

3 在幻灯片中选择如下图所示的文本框。

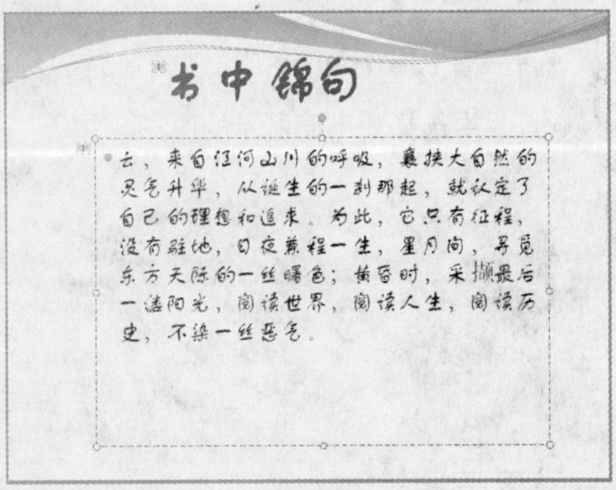

4 在“动画”选项卡“动画”组中单击“其他”按钮，在弹出的下拉列表中选择“弹跳”，如下图所示。

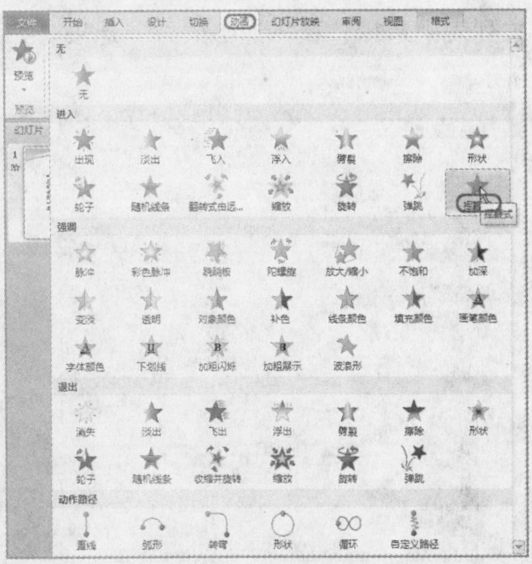

18.3 自定义动画

自定义动画可应用于幻灯片、占位符或段落中的项目。例如，可以将“飞入”动画应用于幻灯片中所有的项目。除预设或自定义动作路径之外，还可使用进入、强调或退出选项。同样还可以对单个项目应用多个动画，这样就使项目在具有飞入后还可以具有飞出的效果。

实战操作337 高级动画

素材：素材\337\荷花朵朵开.pptx　　效果：效果\337\高级动画. pptx

难度：★★★★★　　视频：视频\第18章\实战操作337.avi

一些动画方案不能满足用户的需要时，还可以自定义动画。高级动画就是在某个元素设置一个动画的基础上再为其设置一个或多个动画，使其更加的突出重点。具体操作步骤如下：

1 打开素材文件夹，选择素材文件，在幻灯片中选择如下图所示的图形。

2 选择“动画”选项卡，在“高级动画”组中单击“添加动画”按钮，在弹出的下拉列表中选择“更多退出效果”选项，如下图所示。

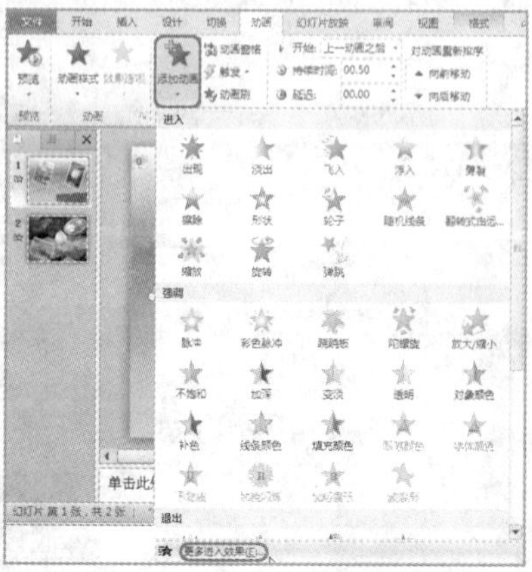

3 弹出“添加退出效果”对话框，在该对话框中“基本型”选项组中选择“随即线条”选项，并单击“确定”按钮，如下图所示。

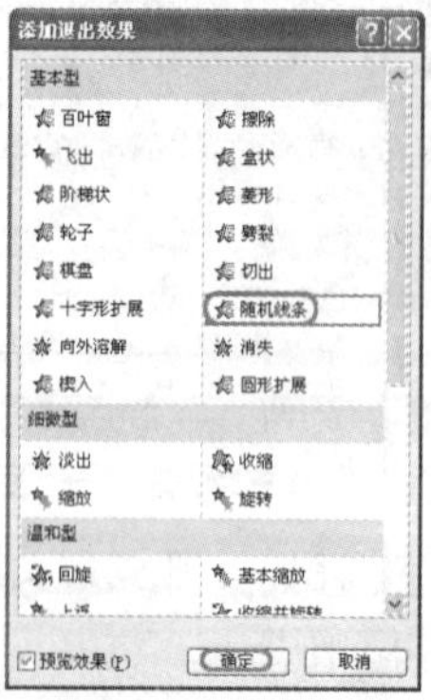

4 在“动画”选项卡“高级动画”组中单击“动画窗格”按钮，在弹出的面板中改变图片的顺序如下图所示。

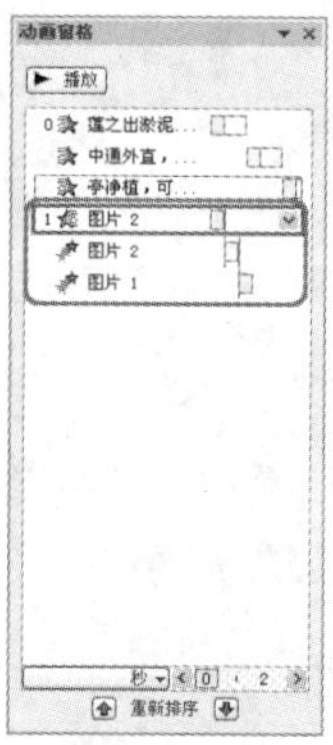

实战操作338 设置幻灯片的切换效果

素材：素材\338\荷花朵朵开2.pptx　　效果：效果\338\设置幻灯片的切换效果. pptx

难度：★★★★★　　视频：视频\第18章\实战操作338.avi

幻灯片的切换效果是在幻灯片的放映视图中，从一个幻灯片移到下一个幻灯片时出现的类似动画效果。可以控制每张幻灯片切换效果的速度，还可以添加声音。具体操作如下：

1 打开素材文件夹，选择素材文件。选择幻灯片视图，单击第一张幻灯片，在“切换”选项卡“切换到此幻灯片”组中单击▾按钮，在弹出的下拉列表中选择“涟漪”选项，如下图所示。

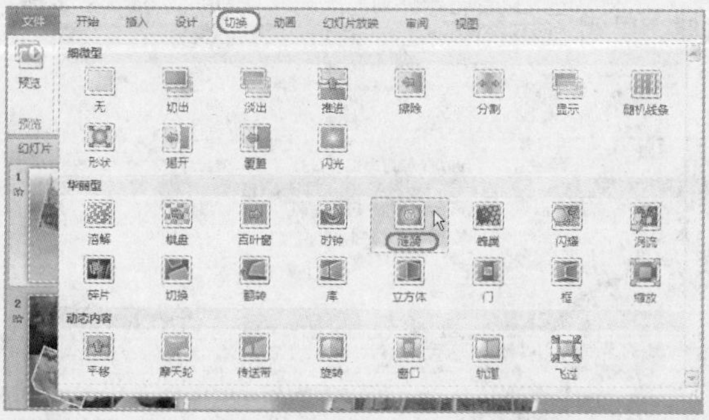

2 以同样的方法为第二张幻灯片设置“涟漪”切换效果。然后在“切换”选项卡“计时”组中单击“声音”后的▾按钮，在弹出的下拉列表中选择“风铃”选项，如下图所示。然后以同样的方法为第二张幻灯片设置“风铃”声音。

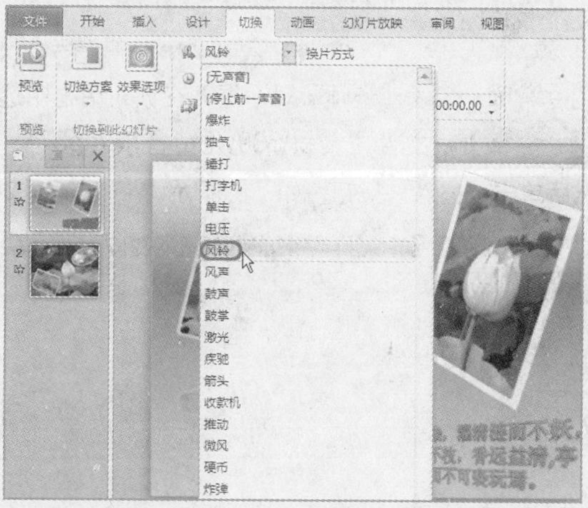

18.4 在幻灯片中引入多媒体

声音是传播信息的一种重要方式。在幻灯片中引入声音可以丰富幻灯片的内容，增强感染力。一个画面如果只有单纯的图片或图像，只能称其为动画。而如果伴着动画的播放，清脆的声音会一同响起，那么这就是媒体。

实战操作339 在幻灯片中引入声音

素材：素材\339\儿童相册.pptx、儿童音乐.mp3　　效果：效果\339\在幻灯片中引入声音. pptx

难度：★★★★★　　视频：视频\第18章\实战操作339.avi

声音文件是利用其他软件或乐器生成的音乐文件，制作声音文件是一项专业性比较强的工作，在这里可以使用编辑好的声音文件，如MP3文件等。具体操作如下：

1 选择素材文件夹，打开素材文件。在“插入”选项卡“媒体”组中单击“音频”下三角按钮，在弹出的下拉列表中选择“文件中的音频”选项，如下图所示。

2 弹出“插入音频”对话框，在该对话框中选择素材文件“素材\339\儿童音乐.mp3”，然后单击“插入”按钮，如下图所示。

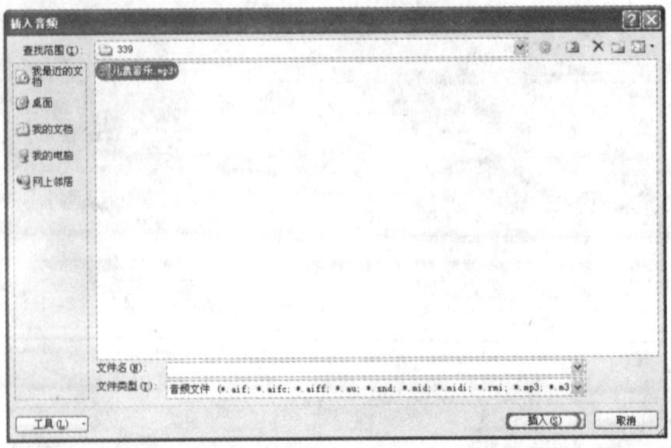

3 插入音频后，在“音频工具”中的“播放”选项卡下，单击“音频”选项组下的“开始”选项中的下三角按钮，在弹出的下拉列表中选择“跨幻灯片播放”，如下图所示。

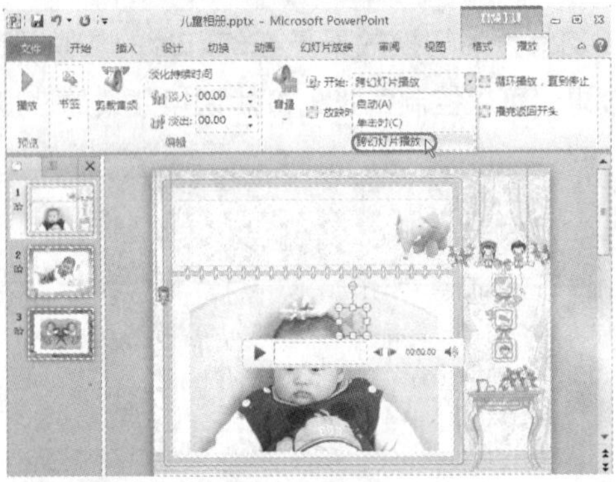

4 在设置完成后，单击“幻灯片放映”选项卡“开始放映幻灯片”组中的“从头开始”按钮，如下图所示。在播放幻灯片的同时，单击音乐图标。

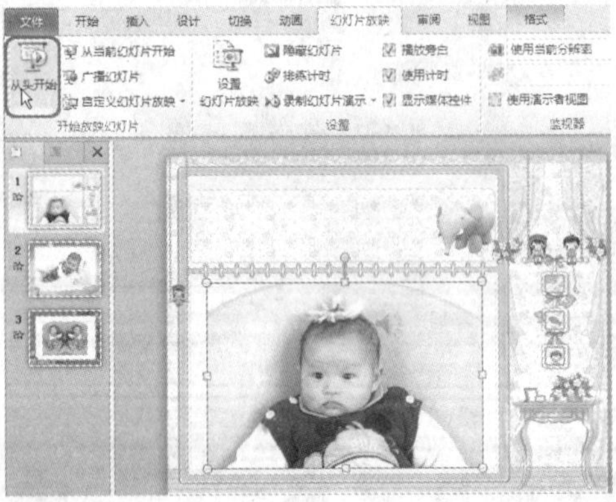

提示 单击“音频”按钮，在弹出的下拉列表中选择“剪贴画音频”，在幻灯片的右侧显示“剪贴画”面板，可以选择需要引入的声音；在弹出的下拉列表中选择“录制音频”，弹出“录音”对话框，单击●按钮，开始录制；单击■按钮，停止录制。录制好单击“确定”按钮即可引用。

实战操作340 插入录像

素材：素材\340\动物世界.pptx、动物.avi　　效果：效果\340\插入录像.pptx

难度：★★★★★　　视频：视频\第18章\实战操作340.avi

影片属于视频文件，其格式包括AVI或MPEG。一个优秀的影片可以包含一个演讲者的发言。影片文件始终都链接到演示文稿，而不是嵌入到演示文稿中。具体操作如下：

1 启动PowerPoint 2010，然后打开素材文件，如下图所示。

2 打开“插入”选项卡，在“媒体”组中单击“视频”按钮，在弹出的下拉列表中选择“文件中的视频”选项，如下图所示。

3 弹出“插入视频文件”对话框，在该对话框中选择素材文件“素材\340\动物.avi”，然后单击“插入”按钮，如下图所示。

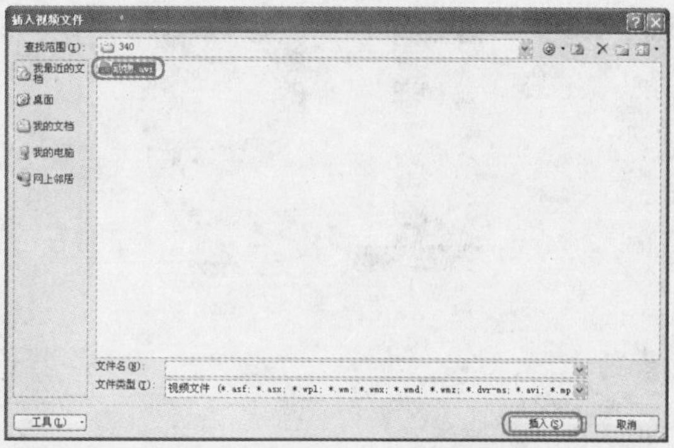

4 选择“视频工具”下的“格式”选项卡，在“视频样式”组中选择“柔化边缘椭圆”样式，然后再调整其大小即可，如下图所示。

Chapter

19

第19章

演示文稿的放映与打印

当一个演示文稿创建完成后，要通过播放的方式展现给受众。播放演示文稿可以采取连续放映幻灯片或自定义幻灯片放映两种方式放映。

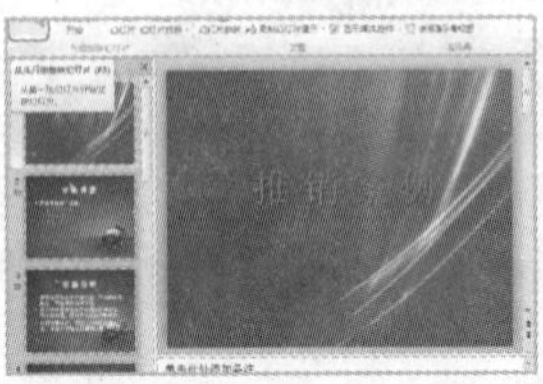

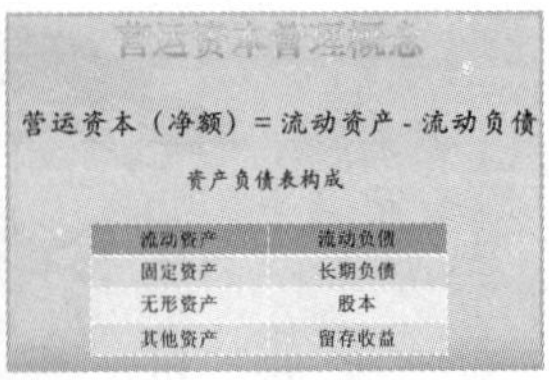

19.1 播放演示文稿

放映演示文稿可以让PowerPoint所有的特殊效果和功能在电子屏幕上演示，这些效果和功能包括幻灯片切换、计时、影片、声音、动画和超链接等。

实战操作341 播放幻灯片

素材：素材\341\推销案例.pptx　　效果：无

难度：★★★★★　　视频：视频\第19章\实战操作341.avi

在幻灯片制作完成后，需要设置幻灯片的播放方式。播放幻灯片从播放状态返回到幻灯片状态，播放完成。具体操作如下：

1 打开素材文件，在“幻灯片放映”选项卡中单击“开始播放幻灯片”组中的“从头开始”按钮，如下图所示。

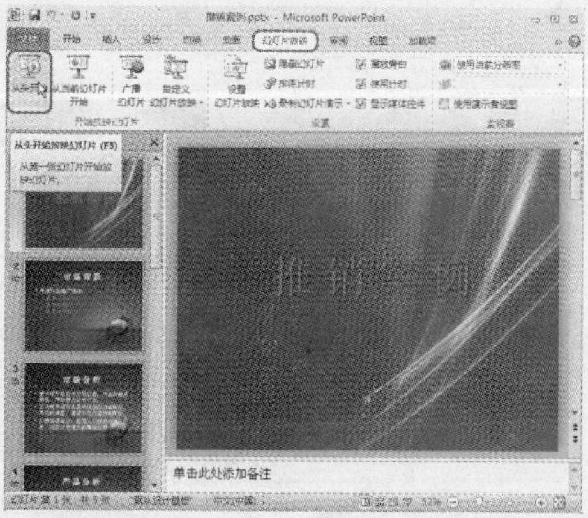

2 执行操作后，即可播放幻灯片，如下图所示。

实战操作342 连续放映幻灯片

素材：素材\341\推销案例.pptx　　效果：效果\342\连续放映幻灯片\.pptx

难度：★★★★★　　视频：视频\第19章\实战操作342.avi

连续放映幻灯片有两种方法，即手动连续放映和设置演示文稿循环放映。具体操作如下：

1 打开素材文件，在“幻灯片放映”选项卡中单击“设置”下的“设置幻灯片放映”按钮，如右图所示。

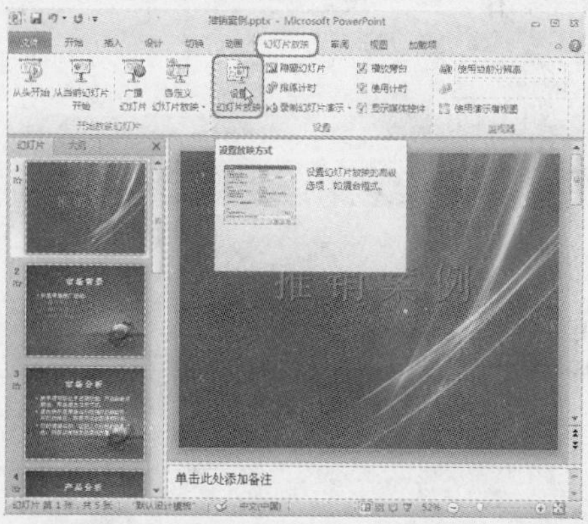

2 在弹出的“设置放映方式”对话框中勾选“放映选项”选项组中的“循环放映，按ESC键终止”复选框，单击“确定”按钮，如右图所示。

提示 手动连续放映幻灯片的快捷方式是在幻灯片放映视图中，单击鼠标左键，则自动播放下一张幻灯片。

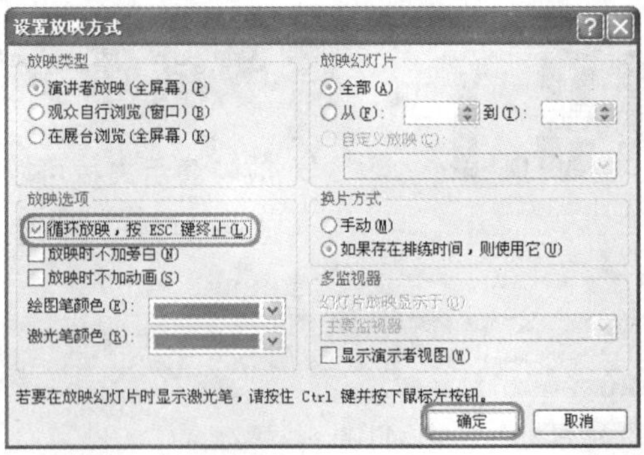

实战操作343 自定义幻灯片放映

素材：素材\341\推销案例.pptx　　效果：效果\343\自定义幻灯片放映\.pptx

难度：★★★★★　　视频：视频\第19章\实战操作343.avi

用户可以自定义幻灯片放映，在自定义幻灯片对话框中设置需要的放映方式。具体操作如下：

1 打开素材文件，在“幻灯片放映”选项卡中选择“开始放映幻灯片”组中的“自定义幻灯片放映”|“自定义放映”选项，如下图所示。

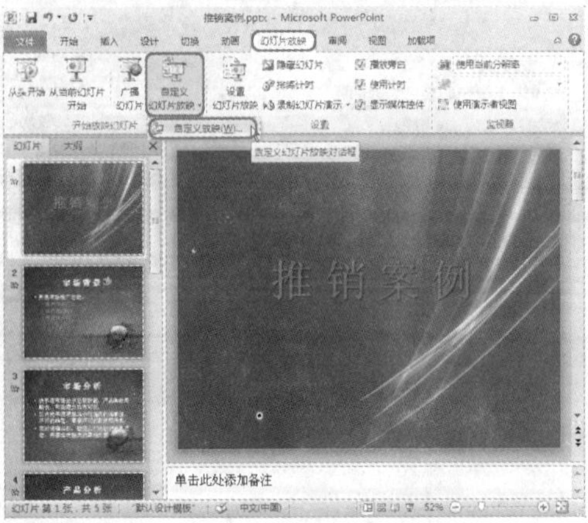

2 弹出“自定义放映”对话框，单击“新建”按钮，弹出“定义自定义放映”对话框，如下图所示。

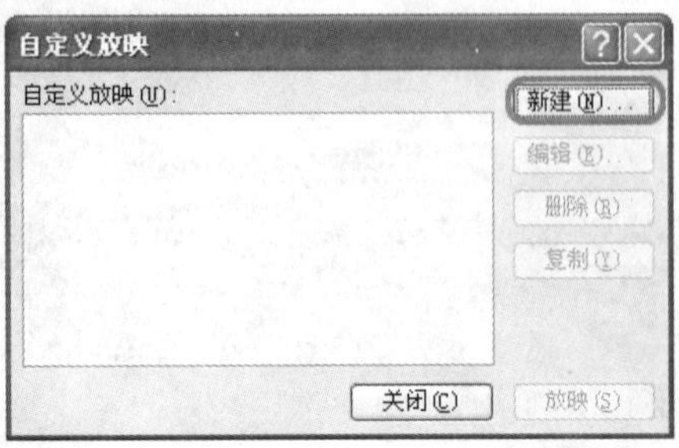

3 设置幻灯片放映名称，如“推销案例”，在“在演示文稿中的幻灯片”列表框中选择幻灯片，单击“添加”按钮，将其添加到“在自定义放映中的幻灯片”列表框中，如下图所示。

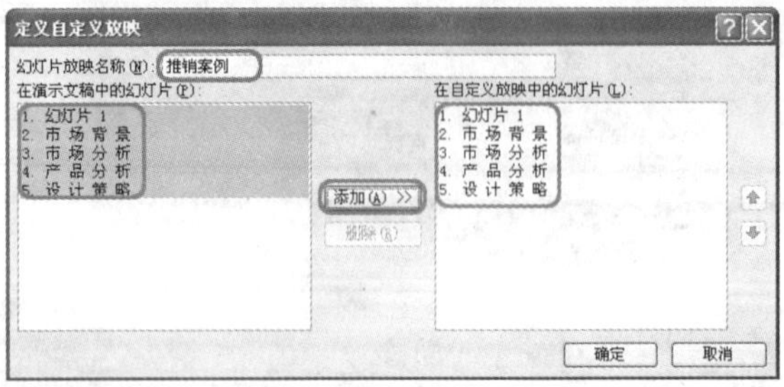

4 单击“确定”按钮，返回到“自定义放映”对话框，则“推销案例”便添加到自定义放映对话框中了，如下图所示。单击“关闭”按钮。

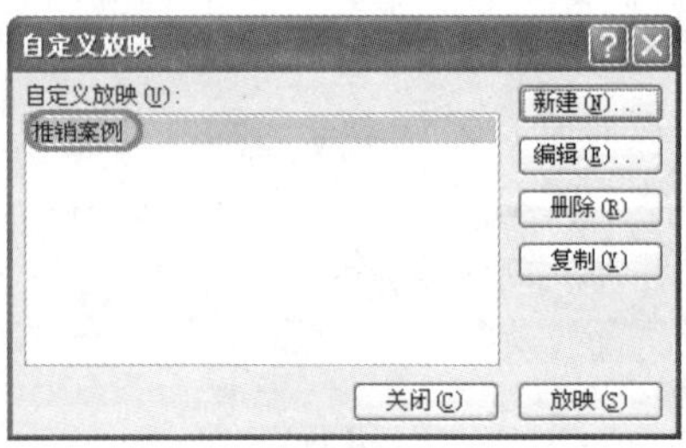

5 单击“幻灯片放映”选项卡下的“开始放映幻灯片”组中的“自定义幻灯片放

映”按钮，在弹出的下拉列表中选择“推销案例”，如下图所示。

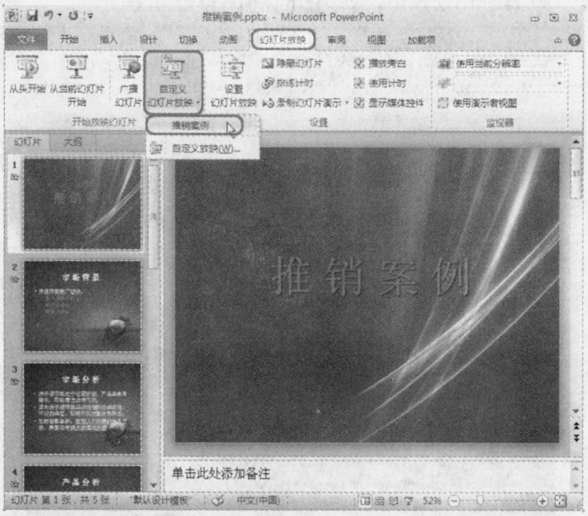

6 执行完操作后，即可放映自定义幻灯片，如下图所示。

提示 使用自定义放映幻灯片，可以将一个演示文稿按照不同的需求，有选择的进行播放。

实战操作344 返回普通视图

素材：素材\341\推销案例.pptx　　效果：无

难度：★★★★★　　视频：视频\第19章\实战操作344.avi

在进行幻灯片放映时，从幻灯片放映视图返回普通视图有多种方法。具体操作如下：

1 打开素材文件，在幻灯片放映视图状态下，单击鼠标右键，在弹出的快捷菜单中选择“结束放映”命令，如下图所示。

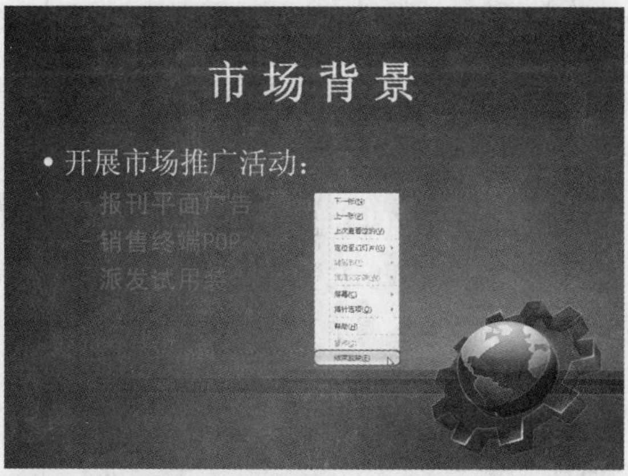

2 执行完操作后，即可返回到普通视图状态，如下图所示。

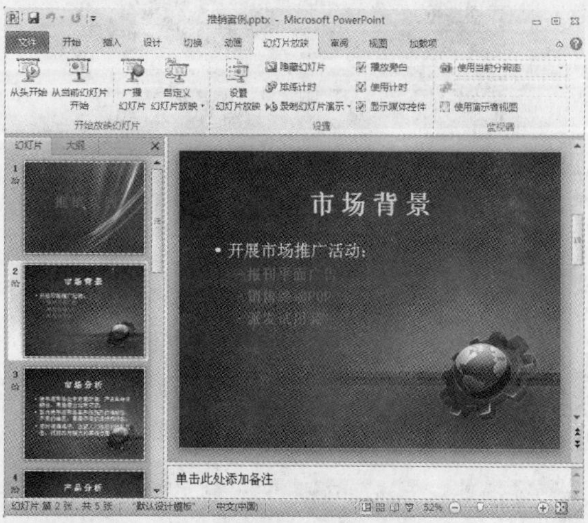

提示 在幻灯片放映视图状态下，按Esc键，可返回到普通视图状态。在幻灯片放映视图状态下，在最后一张幻灯片中单击鼠标，可返回到普通视图。

实战操作345 幻灯片放映的时间设置

素材：素材\341\推销案例.pptx　　效果：效果\345\幻灯片放映的时间设置\.pptx

难度：★★★★★　　视频：视频\第19章\实战操作345.avi

为幻灯片设置放映时间的具体操作步骤如下：

1　打开素材文件，选择“幻灯片放映”选项卡下的“设置”组中的“排练计时”命令，以激活排练计时方式，如下图所示。

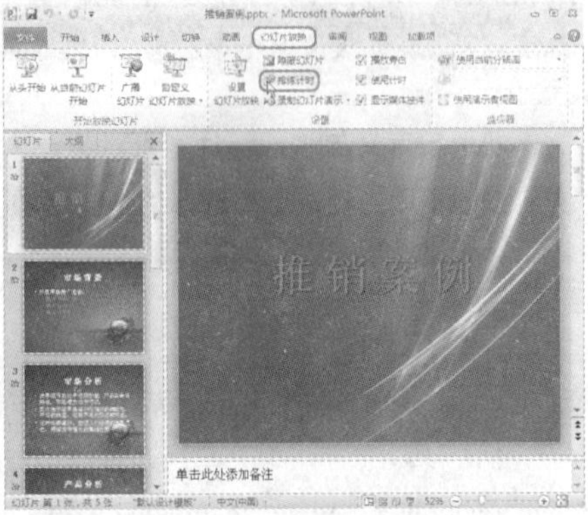

2　执行命令后，出现幻灯片放映视图，同时出现“录制”工具栏，如下图所示。

3　当放映时间到达5s后，单击鼠标左键，切换到下一张幻灯片，重复此操作，如下图所示。

4　到达幻灯片末尾时，出现信息提示框，如下图所示。单击“确定”按钮，以保留排练时间，下次播放时按照记录的时间自动播放幻灯片。

19.2 打印幻灯片

以灰度模式打印时，彩色图像将以介于黑色和白色之间的各种灰色色调打印出来。打印幻灯片时，PowerPoint将设置演示文稿的颜色，使其与所选打印机的功能相符。在PowerPoint中，可以打印演示文稿的其他部分，如讲义、备注页和大纲视图中的演示文稿等。

实战操作346 打印设置

素材：素材\346\广告策略方案.pptx　　效果：无

难度：★★★★★　　视频：视频\第19章\实战操作346.avi

大多数演示文稿以彩色模式显示，但幻灯片或讲义都以黑白模式打印，打印时可以调整幻灯片的大小以适合不同纸张的大小。具体操作如下：

1 打开素材文件，选择“文件”|“打印”命令，如下图所示，即可打开打印预览面板。

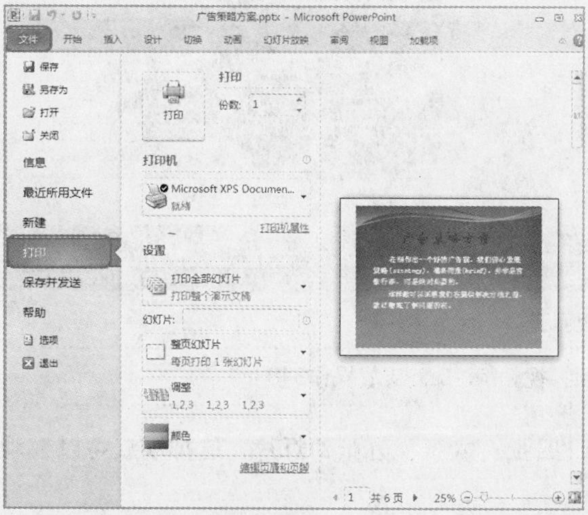

2 在“设置”选项组下将“打印全部幻灯片”设置为“打印当前幻灯片”，将“颜色”模式设置为“灰度”，如下图所示。设置完后，单击“打印”按钮，即可开始打印。

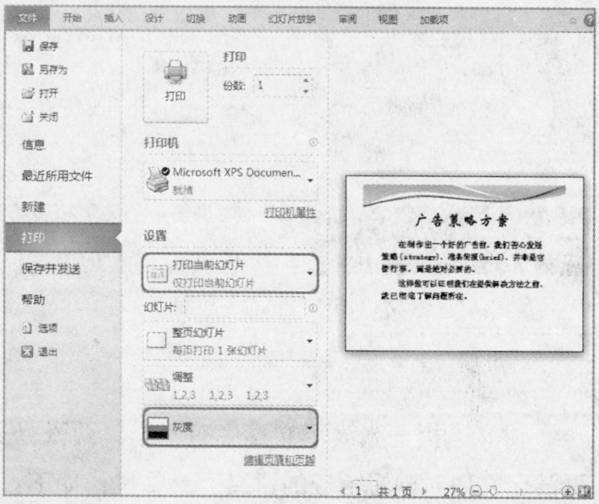

实战操作347 设置幻灯片大小和打印方向

素材：素材\346\广告策略方案.pptx　　效果：效果\347\设置幻灯片大小和打印方向.pptx

难度：★★★★★　　视频：视频\第19章\实战操作347.avi

有时需对打印的幻灯片进行页面设置。具体操作如下：

1 打开素材文件，单击“设计”选项卡“页面设置”组中的“页面设置”按钮，如下图所示。

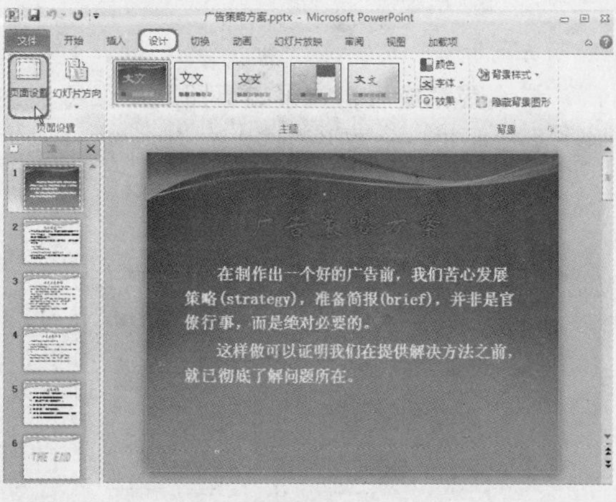

2 弹出“页面设置”对话框，在“幻灯片大小”下拉列表将幻灯片的大小设置为“A4纸张（210×297毫米）”，如下图所示。

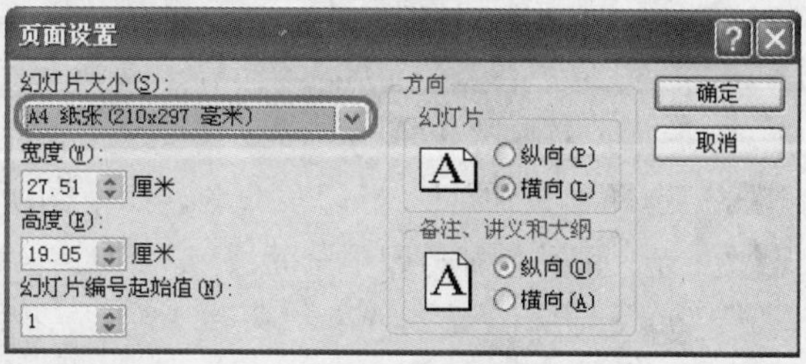

3 在“方向”选项卡中，单击“幻灯片”组中的“纵向”单选按钮，如下图所示。

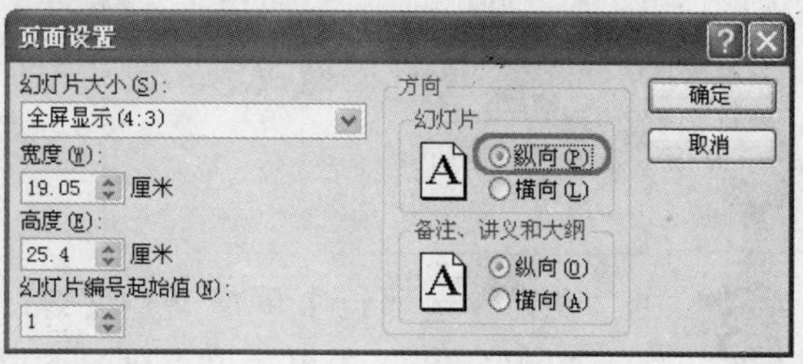

4 设置完成后，单击“确定”按钮，即可为幻灯片设置大小和打印方向，效果如右图所示。

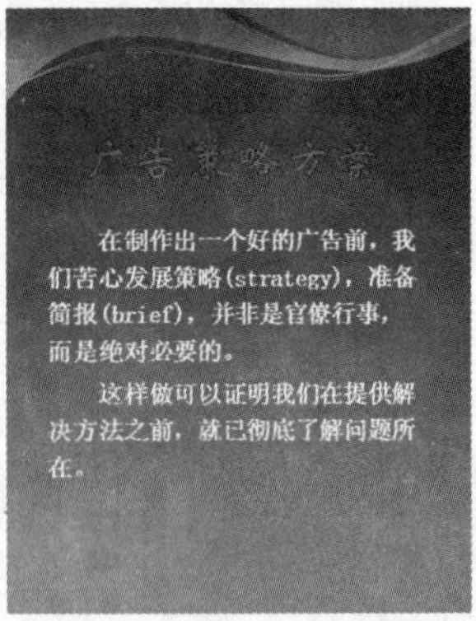

实战操作348 打印讲义

素材：素材\346\广告策略方案.pptx　　效果：无

难度：★★★★★　　视频：视频\第19章\实战操作348.avi

讲义是指一张演示文稿中有一张、两张、三张、四张、六张、九张幻灯片，这样观众可以在观看演示文稿时观看相应的讲义。具体操作如下：

1 打开素材文件，打开要打印讲义的演示文稿，如下图所示。

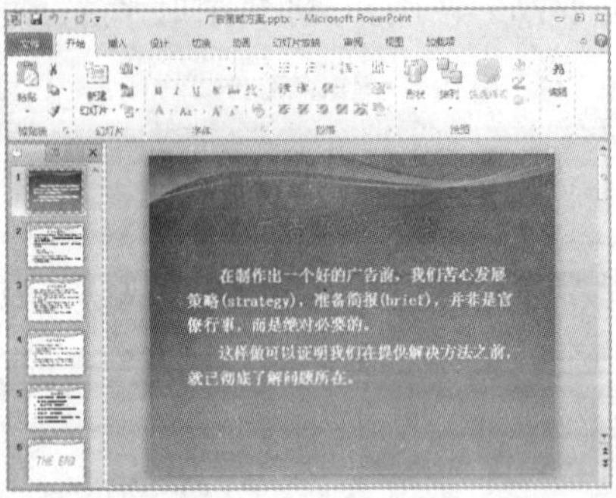

2 选择“文件”|“打印”命令，如下图所示，即可打开打印预览面板。

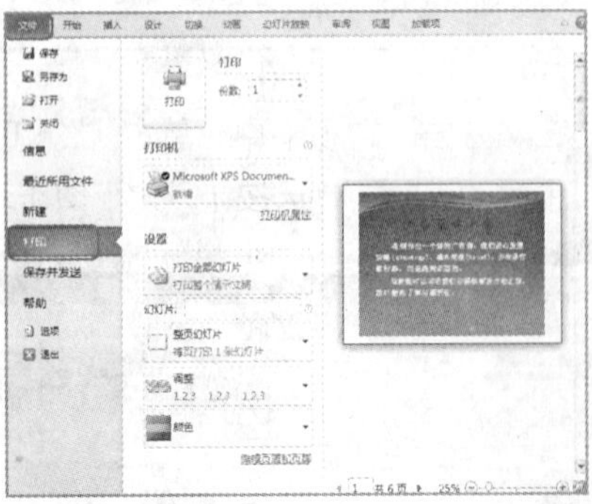

3 在“设置”选项组中单击“整页幻灯片”右侧的下三角按钮，在弹出的下拉列表中选择“讲义”|“2张幻灯片”选项，如下图所示。

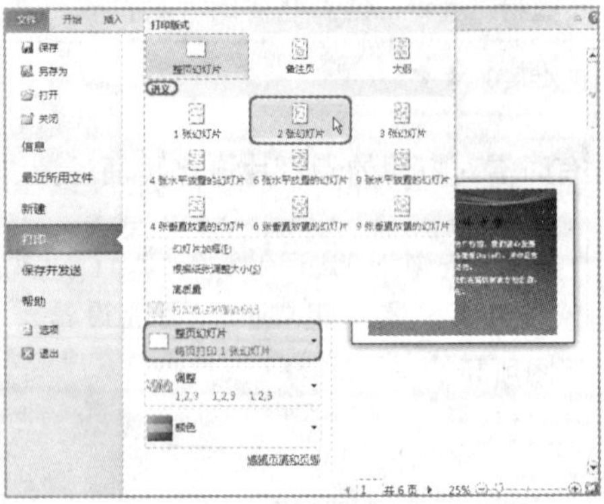

4 设置完成后，效果如下图所示。每页讲义中可显示两张幻灯片。

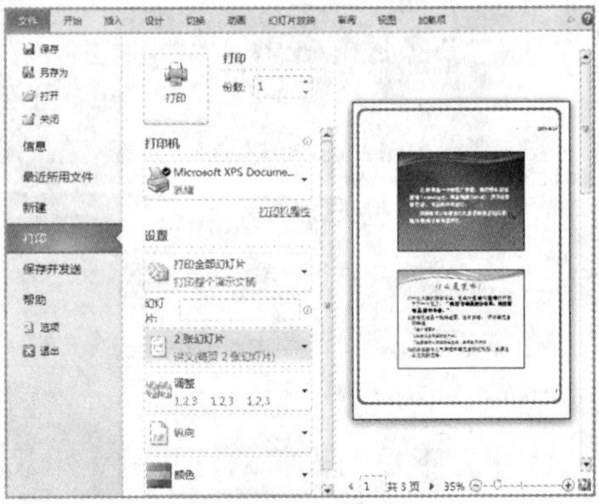

19.3 使用超链接

在PowerPoint 2010中，超链接可以在一张幻灯片中提供对同一演示文稿中的另一张幻灯片的链接，也可以在一张幻灯片中提供到不同的演示文稿中的另一张幻灯片、到电子邮件地址、网页或文件的链接。

实战操作349 链接同一演示文稿中的幻灯片

素材：素材\349\营运资本管理.pptx　　效果：效果\349\链接同一演示文稿中的幻灯片.pptx

难度：★★★★★　　视频：视频\第19章\实战操作349.avi

超链接可以在同一演示文稿中的不同幻灯片之间进行链接，具体操作步骤如下：

1 打开素材文件，在幻灯片窗口中选择第一张幻灯片，选择文本“营运资本管理”作为超链接对象，如下图所示。

2 在“插入”选项卡中，单击“链接”组中的“超链接”按钮，如下图所示，弹出“插入超链接”对话框。

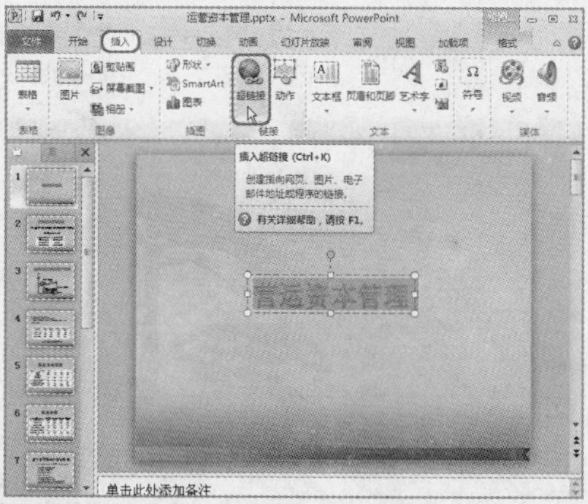

3 在“链接到”列表框中选择“本文档中的位置”选项，在“请选择文档中的位置”列表框中选择“幻灯片2”选项，如下图所示。

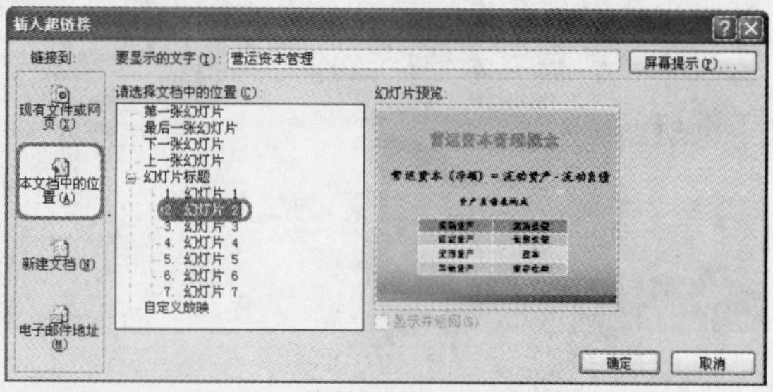

4 单击“确定”按钮，会发现设置链接文本下方出现下划线，说明链接成功，如下图所示。

5 在幻灯片放映视图中，将鼠标移动到文本上，鼠标指针变为小手形状，如下图所示。

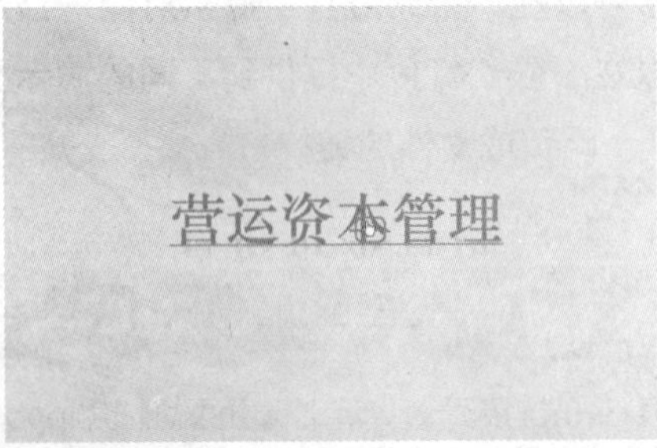

6 当鼠标指针变成小手形状时，单击鼠标左键会链接到第二张幻灯片上，如下图所示。

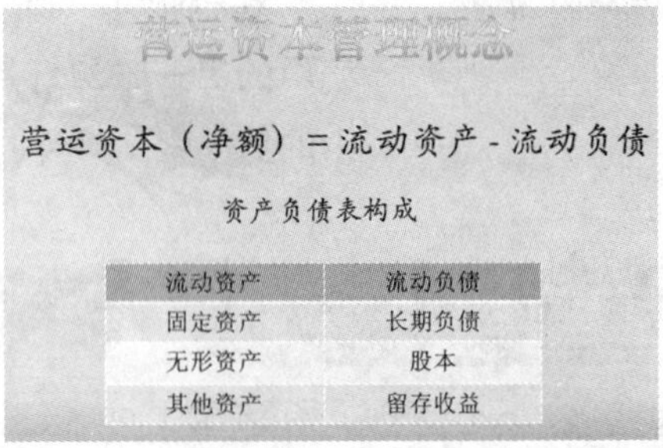

实战操作350 链接不同演示文稿中的幻灯片

素材：素材\350\营运资本管理.pptx、演示文稿1.pptx　效果：效果\350\链接不同演示文稿中的幻灯片.pptx

难度：★★★★★　视频：视频\第19章\实战操作350.avi

超链接可以在不同演示文稿之间进行链接，具体操作步骤如下：

1 打开素材文件“营运资本管理.pptx”，在幻灯片窗口中选择第一张幻灯片，选择文本“营运资本管理”作为超链接对象，如下图所示。

2 在“插入”选项卡中，单击“链接”组中的“超链接”按钮，如下图所示，弹出“插入超链接”对话框。

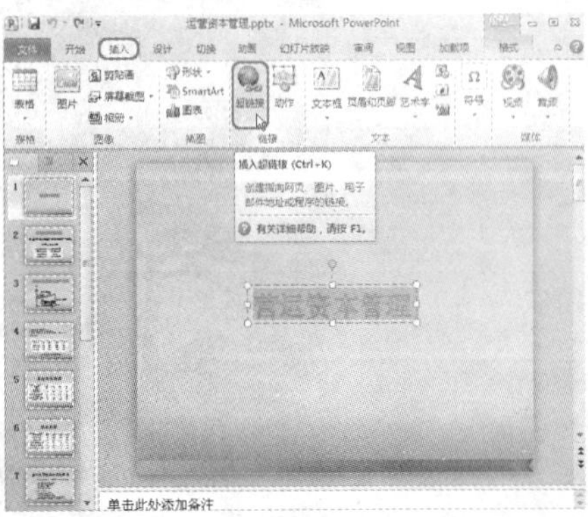

3 在“链接到”列表框中选择“现有文件或网页”选项，在“查找范围”下拉列表中选择放置的另一个素材文件，如下图所示。

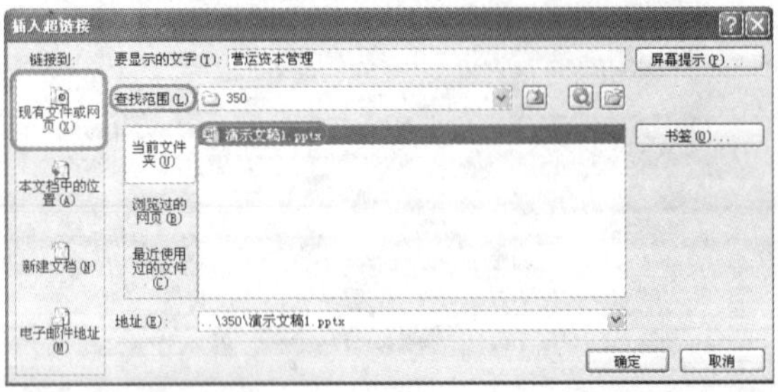

4 单击“确定”按钮，会发现设置链接文本下方出现下划线，说明链接成功，如下图所示。

5 在幻灯片放映视图中，将鼠标移动到文本上，鼠标指针变为小手形状，如下图所示。

6 当鼠标指针变成小手形状时，单击鼠标左键会链接到“演示文稿1”中的第一张幻灯片上，如下图所示。

实战操作351 链接Web上的页面

素材：素材\349\营运资本管理.pptx　　效果：效果\351\链接Web上的页面.pptx

难度：★★★★★　　视频：视频\第19章\实战操作351.avi

超链接可以链接在Web页面上，具体操作步骤如下：

1 打开素材文件，在幻灯片窗口中选择第一张幻灯片，选择文本“营运资本管理”作为超链接对象，如下图所示。

2 在“插入”选项卡中，单击“链接”组中的“超链接”按钮，如下图所示，弹出“插入超链接”对话框。

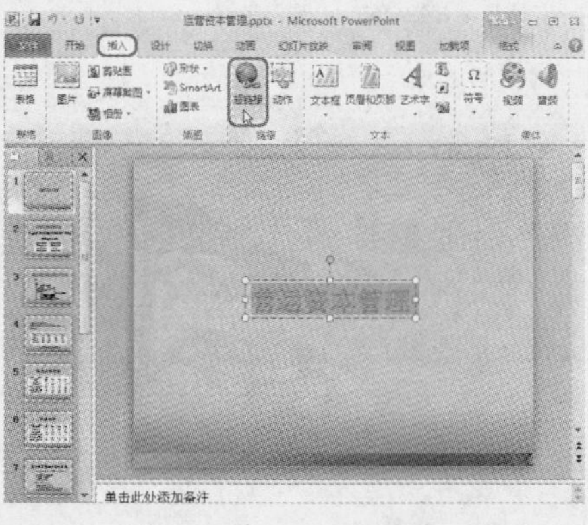

3 在“链接到”列表框中选择“现有文件或网页”选项，在右侧列表框中选择“浏览过的网页”选项，单击“确定”按钮，如下图所示。

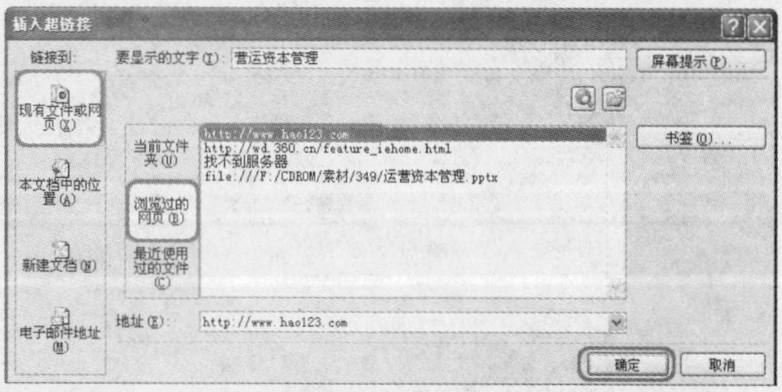

4 用户会发现设置链接文本下方出现下划线，说明链接成功，如下图所示。

实战操作352 从文本对象中删除超链接

素材：效果\351\链接Web上的页面.pptx　　效果：效果\352\从文本对象中删除超链接.pptx

难度：★★★★★　　视频：视频\第19章\实战操作352.avi

当超链接设置完成或超链接出现错误时，可以将设置的超链接删除。具体操作步骤如下：

1 打开素材文件，在幻灯片窗口中选择需要删除超链接的幻灯片，选择文本，如下图所示。

2 在“插入”选项卡中，单击“链接”组中的“超链接”按钮，如下图所示，弹出“插入超链接”对话框。

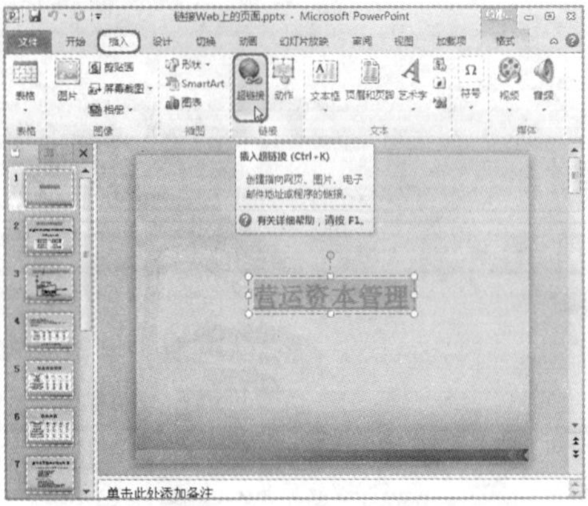

3 在弹出的对话框中，单击“删除链接”按钮 删除链接(R) ，如下图所示。

4 执行上述操作后，即可删除超链接，如下图所示。链接文本下方的下划线便会自动消失。

Chapter

20

第20章

相册及贺卡的制作

本章的目的就是用最快的方法带领大家进入PowerPoint 2010的设计天地。对于已经熟练应用程序的用户来说不存在任何难点，但对于刚刚接触图形化程序的用户，则需要在例子中学会使用图形化应用程序的基本操作方法。下面将介绍如何制作相册及贺卡。

20.1 相册的制作

多姿多彩的生活中，每个人都会有一些值得自己珍藏的回忆，有值得让自己珍藏的东西，通过利用PowerPoint制作一本相册，不但可以将有保存价值的东西做成电子版，进行长久保存，还可以培养生活情趣。

实战操作353 制作标题

- 素材：无
- 难度：★★☆☆☆
- 效果：无
- 视频：视频\第20章\实战操作353.avi

下面介绍如何为幻灯片制作标题。具体操作步骤如下：

1 运行PowerPoint 2010软件，如下图所示。

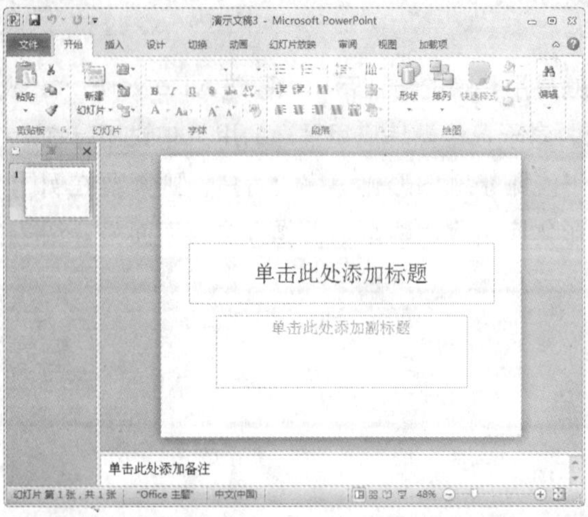

2 在“开始”选项卡“幻灯片”组中单击“版式”按钮，在弹出的下拉列表中选择“仅标题”，如下图所示。

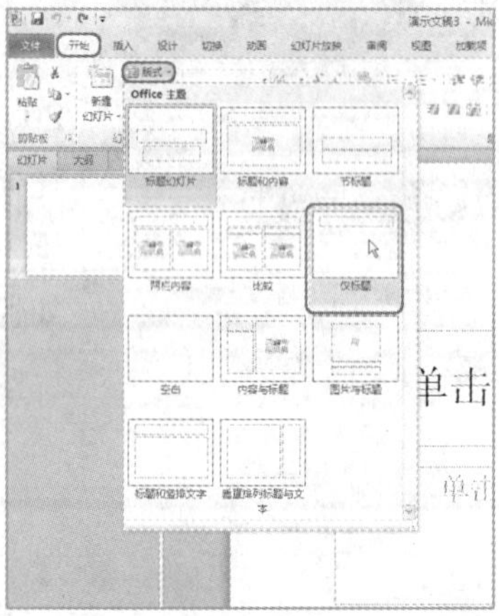

3 在标题占位符中单击鼠标，并输入“快乐童年”文字，如右图所示。

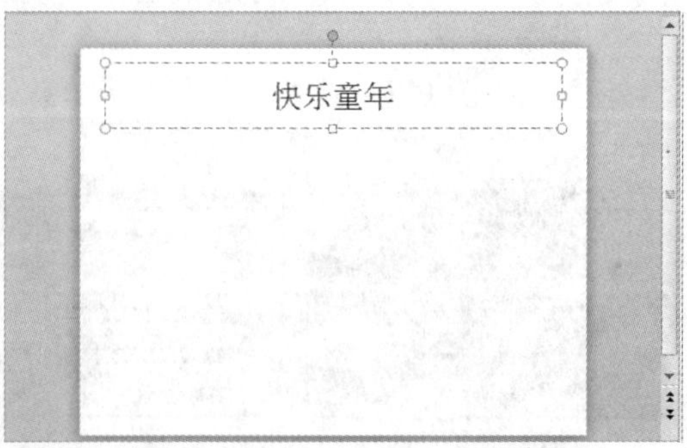

4 选择文字“快乐童年”，在“开始”选项卡“字体”组中将字体设置为“汉仪娃娃篆简”，字体大小设置为60。单击“字符间距”按钮，在弹出的下拉列表中选择“很松”选项，如右图所示。

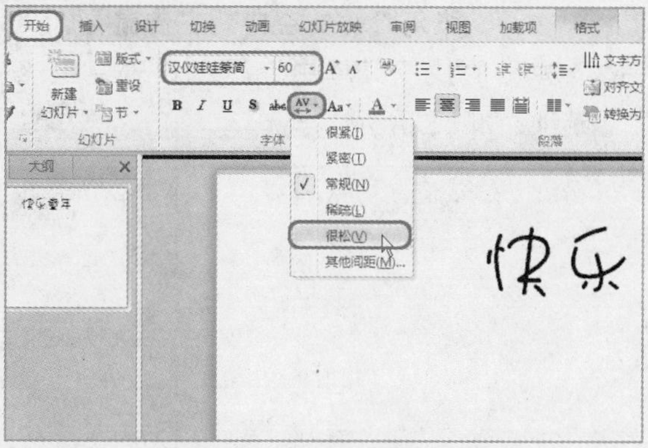

5 确定文字处于选择状态，在“绘图工具”下“格式”选项卡的“艺术字样式”组中单击“其他”按钮，在弹出的下拉列表中选择如下图所示的艺术字样式。

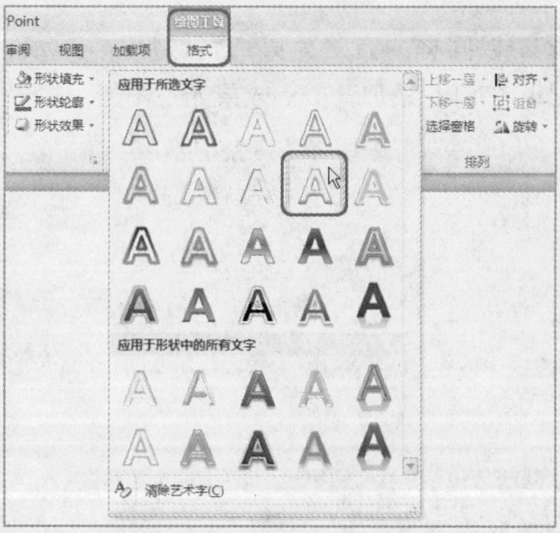

6 在“幻灯片”面板中的幻灯片上右击鼠标，在弹出的快捷菜单中选择“复制”选项，如下图所示。然后按Ctrl+V快捷键，复制出两个幻灯片。

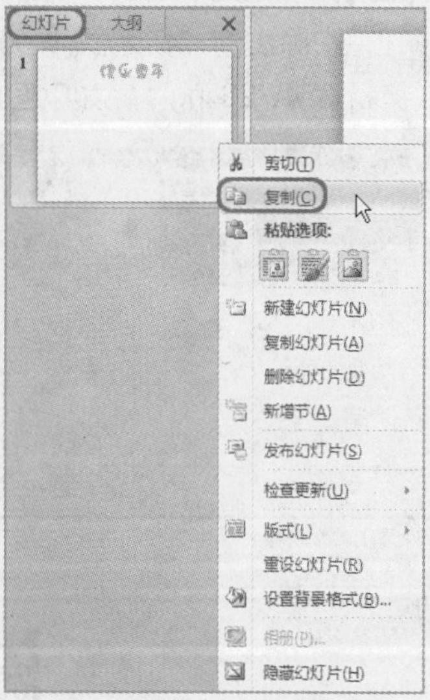

实战操作354 设置背景

- 素材：素材\354\169.jpg、722.jpg、726.jpg
- 难度：★★★★★
- 效果：无
- 视频：视频\第20章\实战操作354.avi

为了使幻灯片更加美观，下面为幻灯片添加背景。具体操作步骤如下：

1 在第一张幻灯片的空白处右击鼠标，在弹出的快捷菜单中选择“设置背景格式”选项，如下图所示。

2 在弹出的“设置背景格式”对话框中选择“填充”选项卡，在“填充”选项组单击“图片或纹理填充”单选按钮，再单击“文件”按钮 文件(F)...，在弹出的“插入图片”对话框中选择文件“素材\354\726.jpg”，如下图所示。

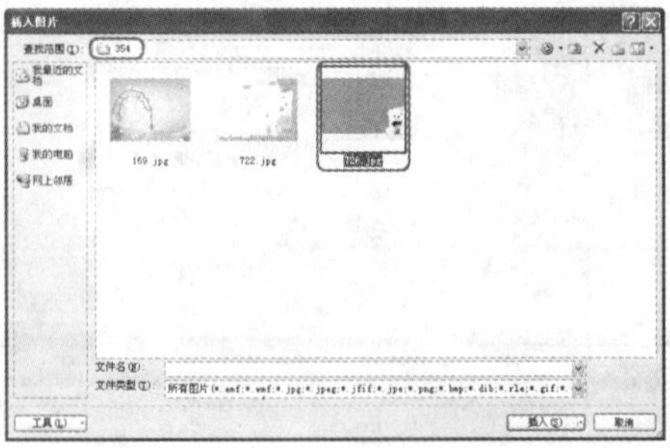

3 单击“插入”按钮，返回到“设置背景格式”对话框，单击“关闭”按钮，即可为幻灯片添加背景，如下图所示。

4 以同样的方法为第二张幻灯片与第三张幻灯片添加背景，效果如下图所示。

实战操作355 向幻灯片中添加内容

- 素材：素材\355\103_7882.JPG、103_7884.JPG、103_8067.JPG、103_8069.JPG、103_8070.JPG、103_8083.JPG、童话世界 038.jpg、童话世界 039.jpg、童话世界 052.jpg、童话世界 053.jpg
- 难度：★★★★★
- 效果：无
- 视频：视频\第20章\实战操作355.avi

添加完幻灯片背景后，下面介绍在幻灯片中插入相关的图片。具体操作如下：

1 选择第一张幻灯片，在“插入”选项卡“图像”组中单击“图片”按钮，在弹出的“插入图片”对话框中选择文件“素材\355\童话世界 039.jpg”，如下图所示。

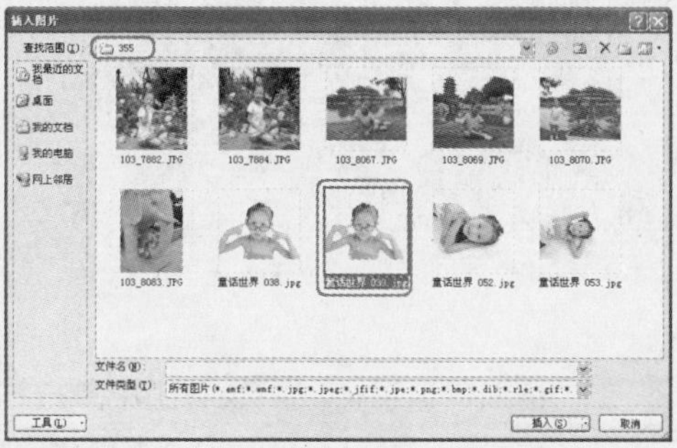

2 单击“插入”按钮，选择“图片工具”下的“格式”选项卡，在“大小”组“高度”文本框中输入10，并按Enter键确认，如下图所示。

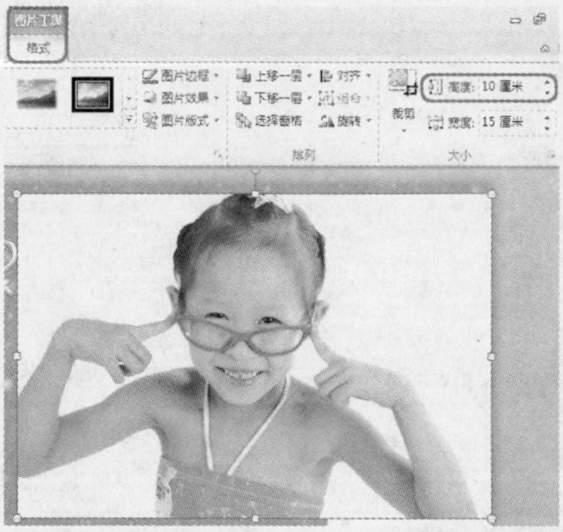

3 选择“图片工具”下的“格式”选项卡，在“调整”组中单击“颜色”按钮，在弹出的下拉列表中选择“设置透明色”选项，如下图所示。

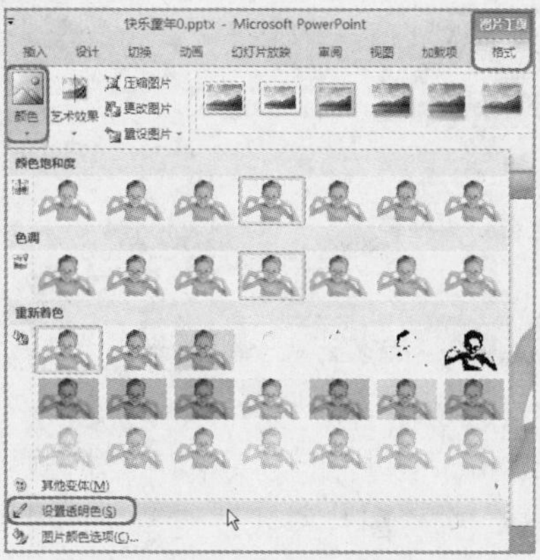

4 在图片的空白位置上单击鼠标左键，并调整其位置，如下图所示。

5 在“插入”选项卡“图像”组中单击“图片”按钮，在弹出的“插入图片”对话框中选择文件“素材\355\童话世界038.jpg”。单击“插入”按钮，选择“图片工具”下的“格式”选项卡，在“大小”组“高度”文本框中输入5，并按Enter键确认，如下图所示。

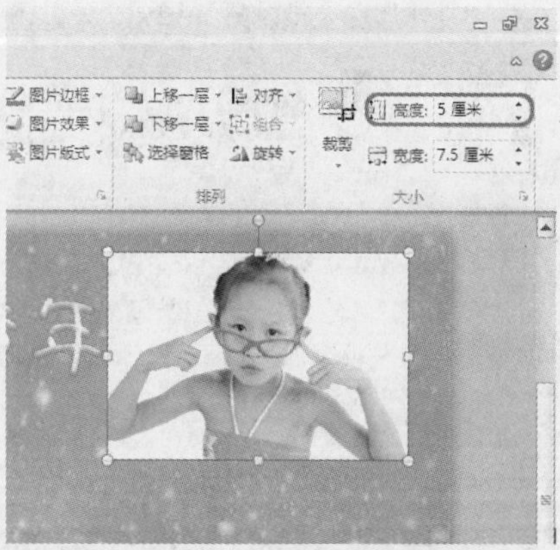

6 选择“图片工具”下的“格式”选项卡，在“调整”组中单击“颜色”按钮，在弹出的下拉列表中选择“设置透明色”选项，在图片的空白位置上单击鼠标左键，并调整其位置，如下图所示。

7 在“图片样式”组中单击图片样式列表框中的“矩形投影”，为图片添加样式，如下图所示。

8 在“插入”选项卡“图像”组中单击“图片”按钮，在弹出的“插入图片”对话框中选择文件“素材\355\童话世界053.jpg”，如下图所示。

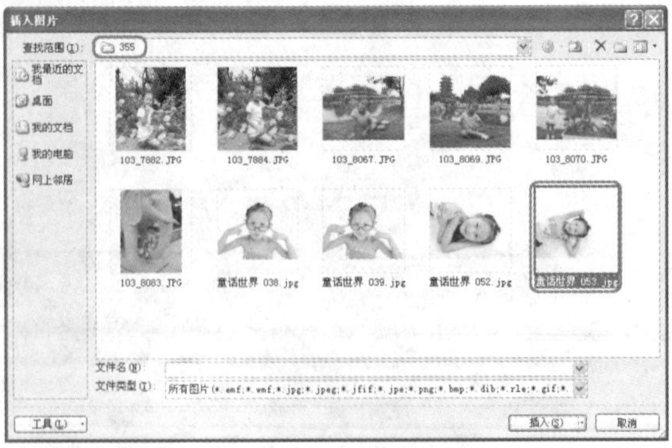

9 单击“插入”按钮，选择“图片工具”下的“格式”选项卡，在“大小”组“高度”文本框中输入4，并按Enter键确认，如下图所示。

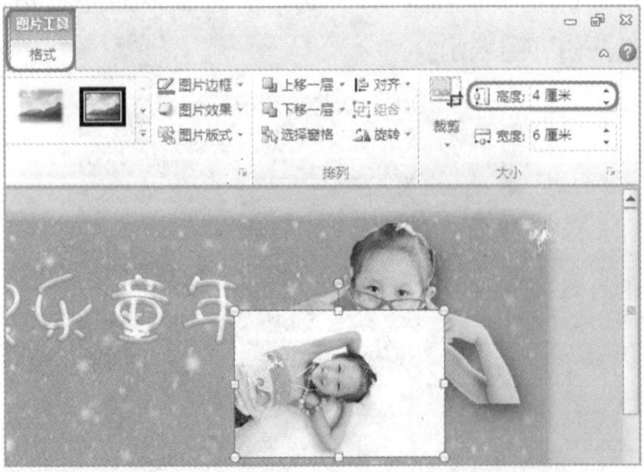

10 在幻灯片中调整所插入图片的位置，调整后的效果如下图所示。

11 在“插入”选项卡“图像”组中单击“图片”按钮，在弹出的“插入图片”对话框中选择文件“素材\355\童话世界055.jpg”。单击“插入”按钮，选择“图片工具”下的“格式”选项卡，在“大小”组“高度”文本框中输入4.5，并按Enter键确认，如下图所示。

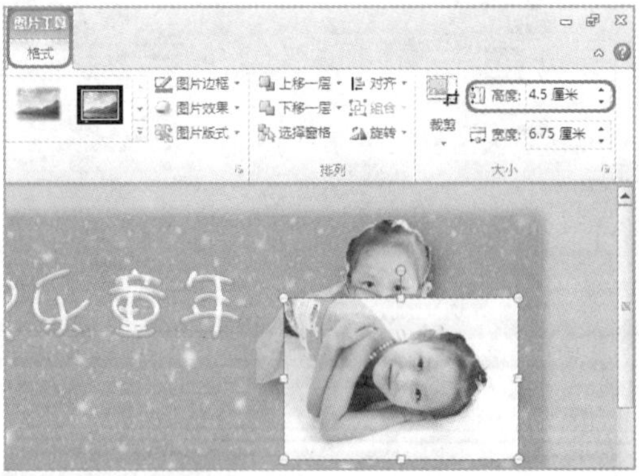

12 将鼠标移动到图片的旋转控制点上，按住鼠标左键向左拖动，对其进行旋转并调整其位置，如下图所示。

13 选择“图片工具”下的“格式”选项卡，在“图片样式”组单击图片样式列

表框中的“矩形投影”，为图片添加样式，如下图所示。

14 选择第二张幻灯片，在“插入”选项卡“图像”组中单击“图片”按钮，在弹出的对话框中选择文件“素材\355\103_8067.JPG、103_8069.JPG和103_8070.JPG”，单击“插入”按钮，在幻灯片中调整图像的角度和位置，效果如下图所示。

15 根据个人的喜好设置图片的样式，设置完成后的效果如下图所示。

16 选择第三张幻灯片，参照第二张幻灯片的制作方法为第三张幻灯片添加图片，调整图片的位置，并设置图片效果如下图所示。

实战操作356　插入幻灯片编号

- 素材：无
- 难度：★★★★★
- 效果：无
- 视频：视频\第20章\实战操作356.avi

为了使幻灯片更加整洁，可以为幻灯片添加编号。具体操作步骤如下：

1 在“插入”选项卡“文本”组中单击“幻灯片编号”按钮，在弹出的对话框中勾选“幻灯片编号”复选框，如下图所示。

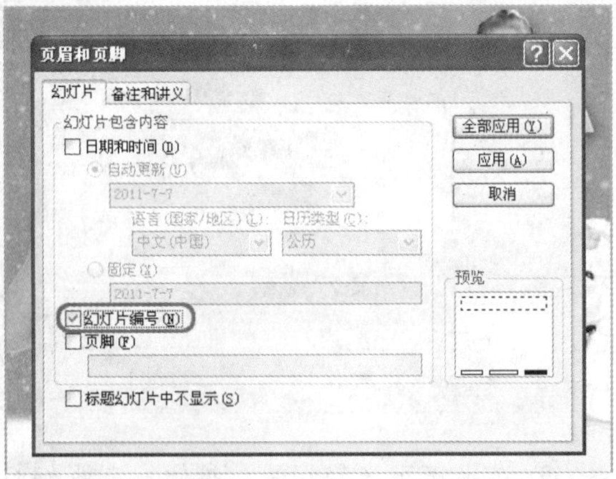

2 单击“全部应用”按钮全部应用(Y)，添加编号后的效果如下图所示。

实战操作357 设置放映时间

素材：无

难度：★★★★★

效果：无

视频：视频\第20章\实战操作357.avi

为幻灯片设置放映时间的具体操作步骤如下：

1 在“幻灯片放映”选项卡“设置”组中单击“排练计时”按钮，如下图所示。进入幻灯片放映，在第一张幻灯片播放时间为4s时按Enter键切换下一张换灯片，将每张幻灯片的播放时间定义为4s。

2 设置最后一张幻灯片的时间后，将出现一个消息提示对话框，其中显示演示文稿的总时间并提示是否保留新的幻灯片排练时间。要保存记录的幻灯片计时，请单击“是”按钮；要放弃记录的幻灯片计时，单击“否”按钮，如下图所示。

实战操作358　存储演示文稿并为相册“减肥”

素材：无　　效果：效果\358\相册（压缩）.pptx、相册.pptx

难度：★★★★★　　视频：视频\第20章\实战操作358.avi

当幻灯片制作完成后，最重要的就是将制作完成后的文件进行保存，怎样才能使保存后的幻灯片占用的空间少呢？下面介绍如何将保存后的幻灯片进行“减肥”。具体操作步骤如下：

1 按Ctrl+S快捷键，在弹出的对话框中选择一个存储路径，并为文件命名，使用默认的“保存类型”即可，如下图所示。

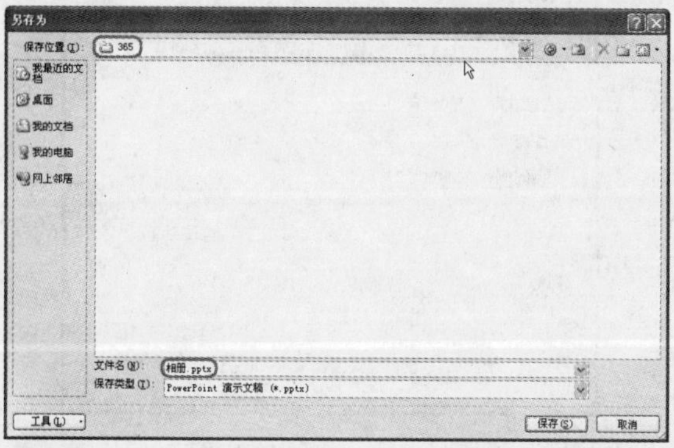

2 单击“保存”按钮，存储演示文稿，在“我的电脑”中找到存储的演示文稿，单击鼠标右键，在弹出的快捷菜单中选择“属性”选项，如下图所示。

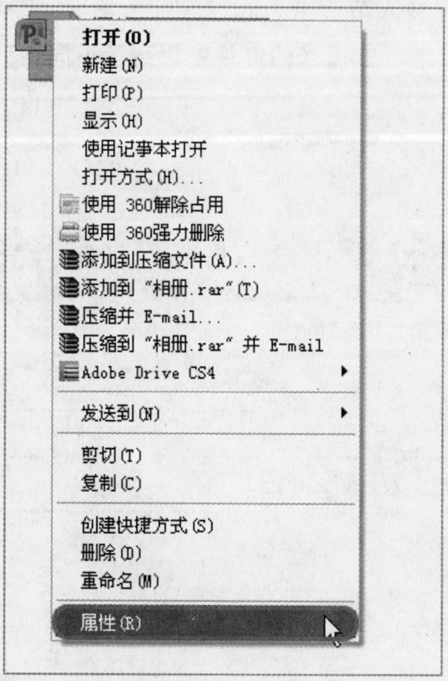

3 在弹出的“相册.pptx 属性”对话框中可以查看文件的大小，如下图所示。

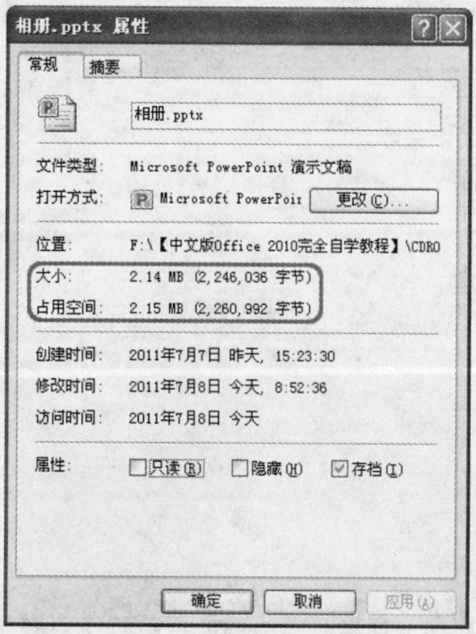

4 在PowerPoint中打开演示文稿，按Ctrl键在第一张幻灯片中选择所有图片，选择“图片工具”下的“格式”选项卡，在“调整”组中单击“压缩图片”按钮，如下图所示。

5 在弹出的“压缩图片”对话框中单击“屏幕（150 ppi）：适用于网页和投影

仪”单选按钮，如下图所示。单击“确定”按钮，以相同的方法再为其他的图片进行压缩，设置完成后将其保存。

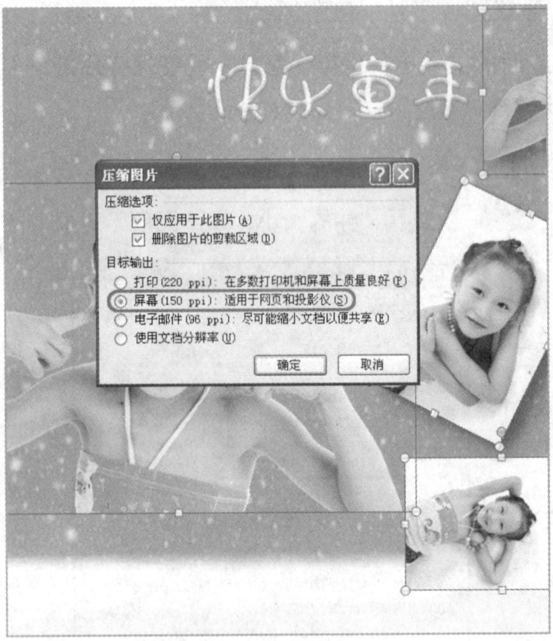

6 找到“减肥”后的演示文稿，查看其属性，可以看到压缩后的演示文稿比没有压缩的演示文稿占用的空间少了许多，如下图所示。

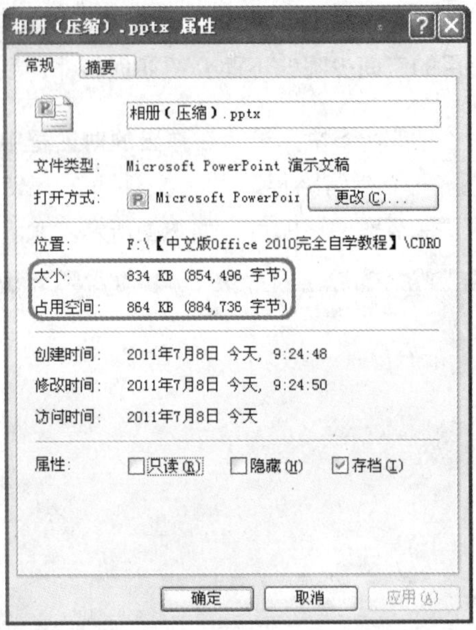

20.2 贺卡的制作

本实例包含“生日贺卡”、“情人节贺卡”和“教师节贺卡”3种不同的贺卡，每张幻灯片就是一张贺卡，在每张幻灯片中用到了不同的动画效果。

实战操作359 创建目录页并添加背景

- 素材：素材\359\000111652.jpg
- 难度：★★★★★
- 效果：无
- 视频：视频\第20章\实战操作359.avi

如何添加背景的具体操作步骤如下：

1 运行PowerPoint 2010软件，在“开始”选项卡“幻灯片”组中单击“幻灯片版式”按钮版式，在弹出的下拉列表中选择“空白”版式，如下图所示。

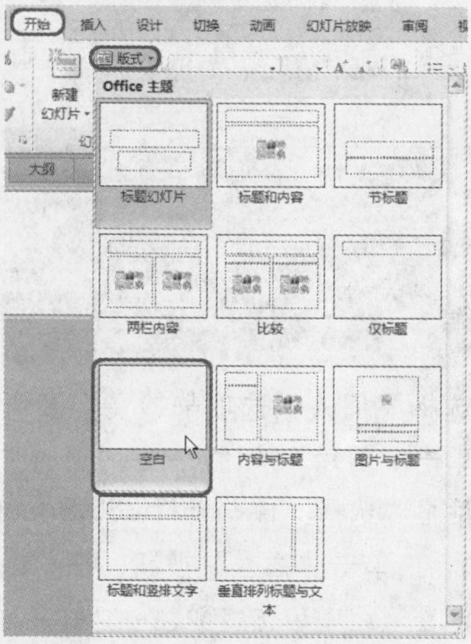

2 在幻灯片窗口中右击鼠标，在弹出的快捷菜单中选择“设置背景格式”选项，如下图所示。

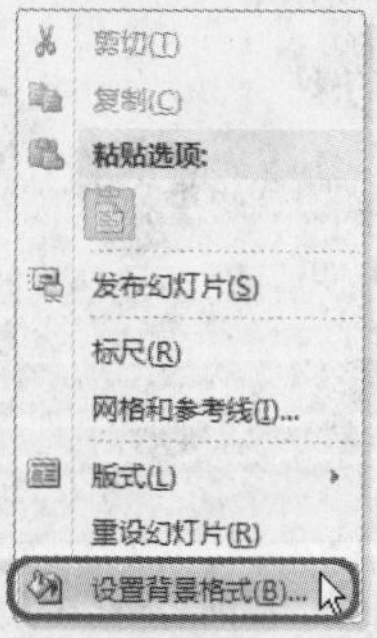

3 在弹出的“设置背景格式”对话框“填充”选项卡中单击“图片或纹理填充”单选按钮，单击“文件”按钮文件(F)...，如下图所示。

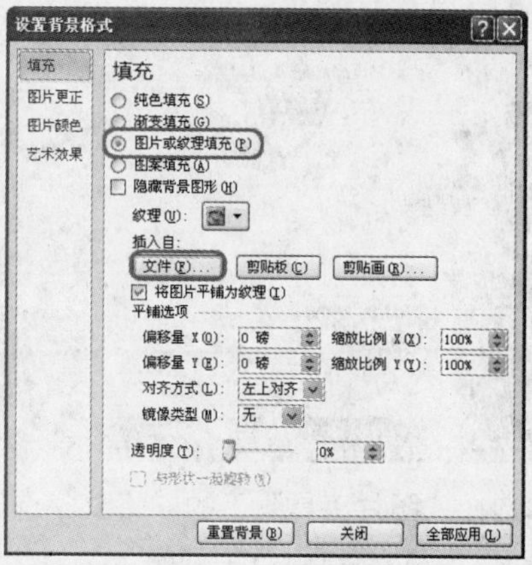

4 在弹出的“插入图片”对话框中选择文件“素材\359\000111652.jpg”，如下图所示。单击“插入”按钮，返回到“设置背景格式”对话框中，单击“关闭”按钮，即可添加背景。

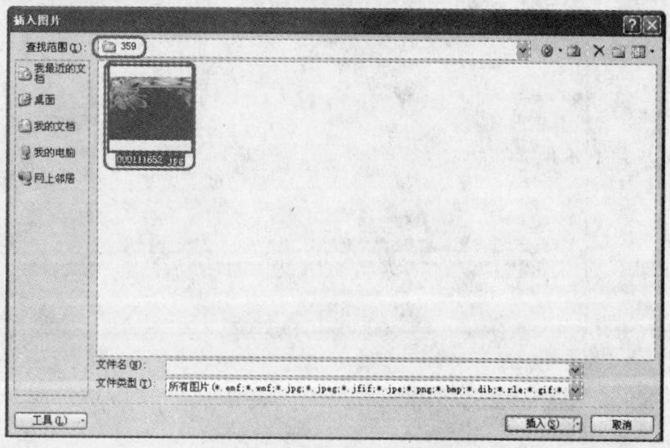

实战操作360 添加图片并为其设置效果

- 素材：素材\360\079.jpg、Snap6.jpg、Snap9.jpg
- 难度：★★★★★
- 效果：无
- 视频：视频\第20章\实战操作360.avi

为了使幻灯片更加美观，可以为幻灯片添加图片，并为其设置动画。具体操作步骤如下：

1 选择“插入”选项卡，在“图像”组中单击“图片”按钮，在弹出的“插入图片”对话框中选择文件“素材\360\Snap9.jpg”，单击“插入”按钮，如下图所示。

2 选择“图片工具”下的“格式”选项卡，在“调整”组中单击“颜色”按钮，在弹出的下拉列表中选择“设置透明色”选项，如下图所示。

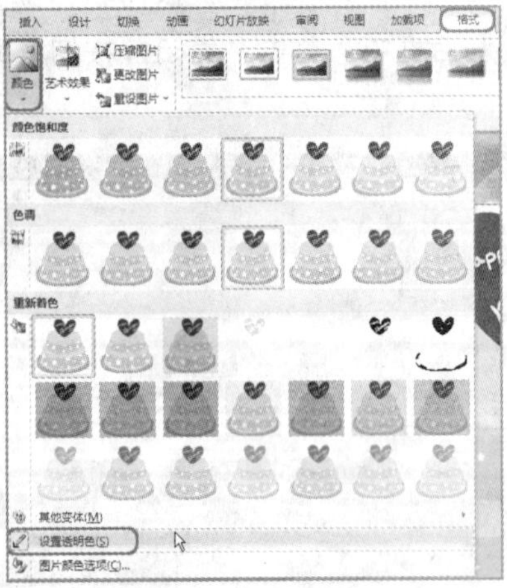

3 在该图片的空白位置上单击鼠标左键，在“大小”组中的“高度”文本框中输入2.5，并调整其位置，如下图所示。

4 选择该图片，选择“图片工具”下的“格式”选项卡，在“图片样式”组中单击“矩形投影”，如下图所示。

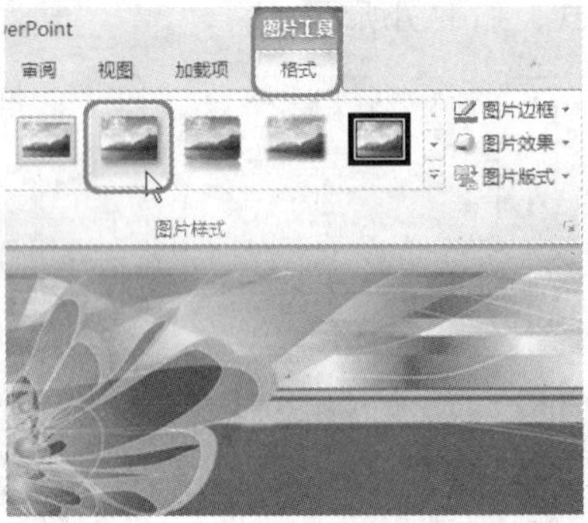

5 选择“插入”选项卡，在“图像”组中单击“图片”按钮，在弹出的“插入图片”对话框中选择文件“素材\360\Snap6.jpg和079.jpg”，单击“插入”按钮，在“格式”选项卡“调整”组中单击“颜色”按钮，在弹出的下拉列表中选择“设置透明色”选项，在图片的空白位置上单击鼠标左键，为其设置透明色，如下图所示。

6 根据步骤3和步骤4的操作方法来设置插入的图片，并调整其位置，如下图所示。

实战操作361 插入艺术字并添加动画效果

- 素材：无
- 难度：★★★★★
- 效果：无
- 视频：视频\第20章\实战操作361.avi

添加完图片后，接着介绍插入艺术字。具体操作步骤如下：

1 选择“插入”选项卡，在“文本”组中单击“艺术字”按钮，在弹出的下拉列表中选择如下图所示的艺术字样式。

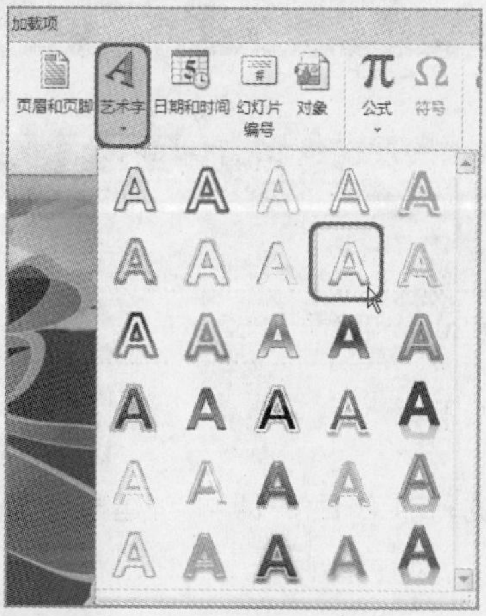

2 在弹出的文本框中输入文字，并调整其位置，如下图所示。

3 确认艺术字处于选中状态，选择“开始”选项卡，在“字体”组中单击“字体”右侧的下三角按钮，在弹出的下拉列表中选择“方正舒体”，将字号设置为54，如下图所示。

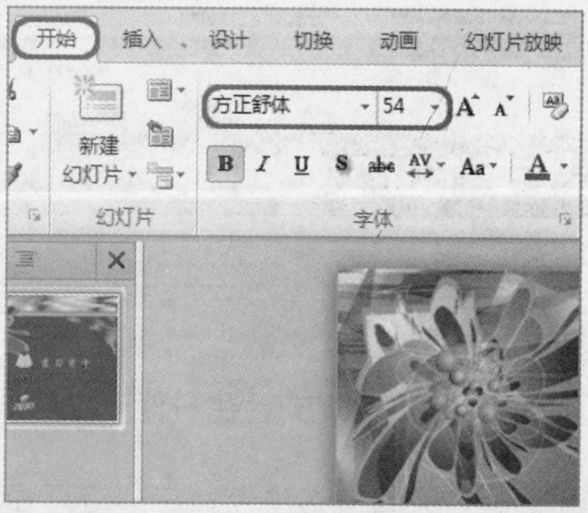

4 以同样的方法创建其他文字，并设置与“生日贺卡”相同的字体与字号，如下图所示。

5 在幻灯片中选择“生日贺卡”，选择“动画”选项卡，在“动画”组中单击“其他”按钮，在弹出的下拉列表中选择“弹

跳”，如下图所示。

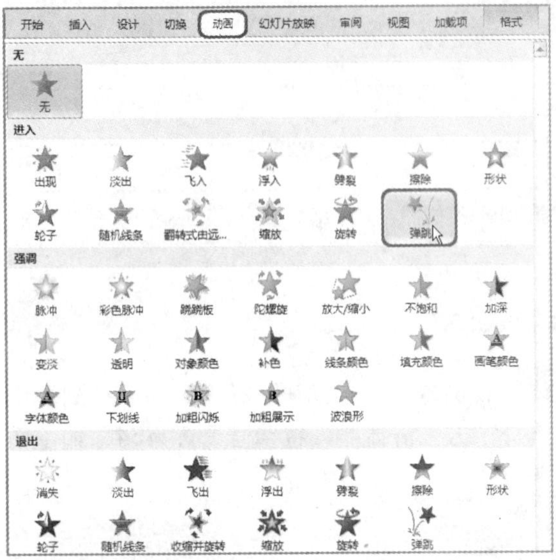

6 以同样的方法为其他艺术字添加“弹跳”动画效果，完成后的效果如下图所示。

实战操作362 创建生日贺卡

素材：无 效果：无

难度：★★★★★ 视频：视频\第20章\实战操作362.avi

下面介绍第二张幻灯片生日贺卡的制作。具体操作步骤如下：

1 选择“开始”选项卡，在“幻灯片”组中单击“新建幻灯片”下三角按钮，在弹出的下拉列表中选择“空白”选项，如下图所示。

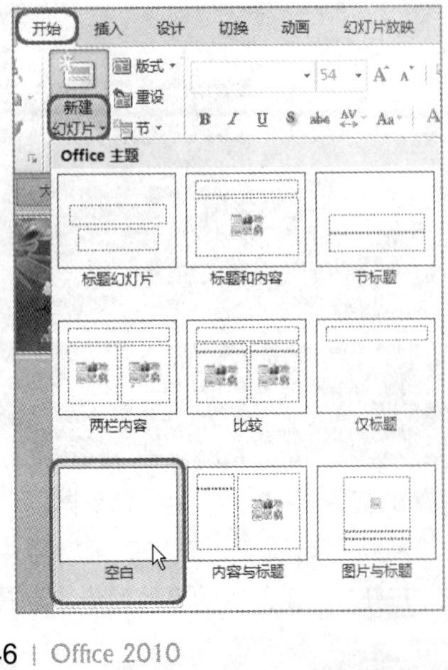

2 执行操作后，即可创建一个新的幻灯片，如下图所示。

实战操作363　为贺卡添加背景

- 素材：素材\363\253263.jpg
- 难度：★★★★★
- 效果：无
- 视频：视频\第20章\实战操作363.avi

为幻灯片添加背景的具体操作步骤如下：

1 在幻灯片窗口中右击鼠标，在弹出的快捷菜单中选择“设置背景格式”选项，如下图所示。

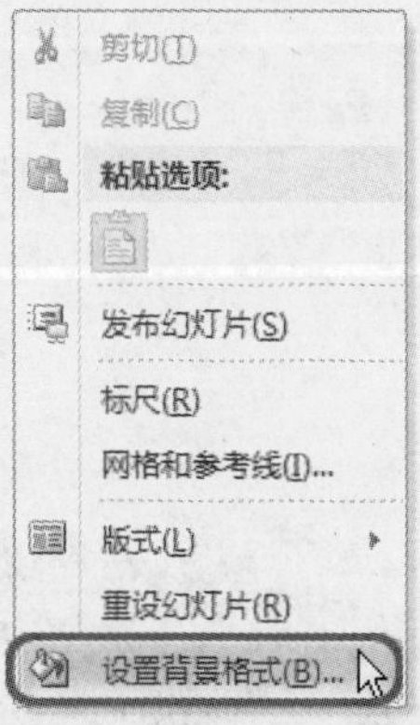

2 在弹出的“设置背景格式”对话框“填充”选项卡中单击“图片或纹理填充”单选按钮，单击“文件”按钮 文件(F)... ，如下图所示。

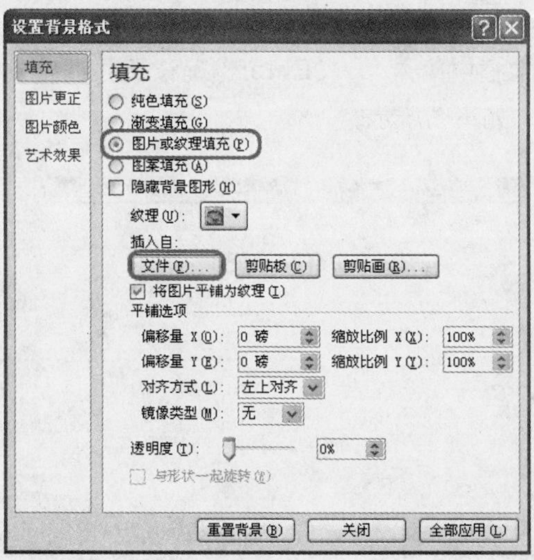

3 在弹出的“插入图片”对话框中选择文件“素材\363\253263.jpg”，如下图所示。

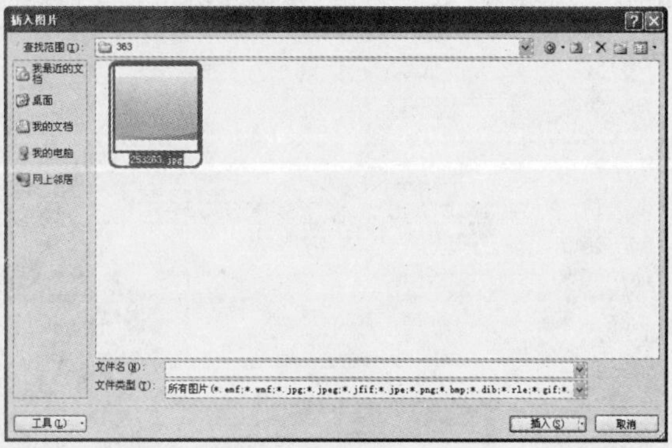

4 单击“插入”按钮，返回到“设置背景格式”对话框，单击“关闭”按钮，即可添加背景，如下图所示。

实战操作364 为贺卡添加图片

- 素材：素材\364\2010101.jpg、6587521.jpg、Snap4.jpg、Snap7.jpg
- 难度：★★★★★
- 效果：无
- 视频：视频\第20章\实战操作364.avi

为贺卡添加图片的具体操作步骤如下：

1 选择“插入”选项卡，在“图像”组中单击“图片”按钮，在弹出的“插入图片”对话框中选择文件“素材\364\6587521.jpg”，单击“插入”按钮 插入(S) ，如下图所示。

2 确定插入的图片处于选中状态，选择“图片工具”下的“格式”选项卡，在“大小”组“高度”文本框中输入16.5，并按Enter键确认，如下图所示。

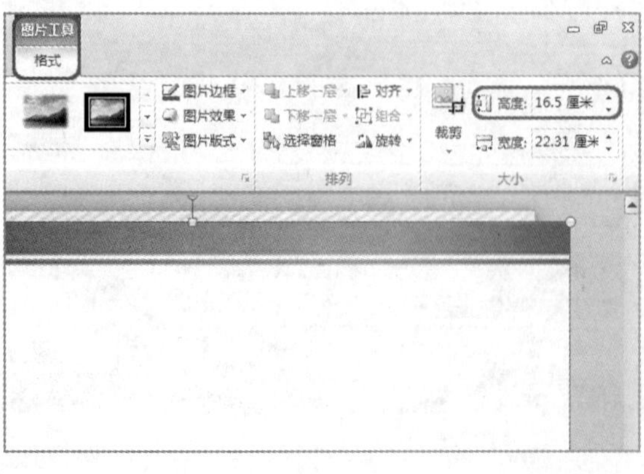

3 在幻灯片窗口中调整其位置，调整后的效果如下图所示。

4 选择“插入”选项卡，在“图像”组中单击“图片”按钮，在弹出的“插入图片”对话框中选择文件“素材\364\2010101.jpg”，单击“插入”按钮，选择“图片工具”下的“格式”选项卡，在“大小”组“高度”文本框中输入4，按Enter键确认，并调整其位置，如下图所示。

5 确认新插入的素材图形处于选中状态，选择“图片工具”下的“格式”选项卡，在“调整”组中单击“颜色”按钮，在弹出的下拉列表中选择“设置透明色”选项，如下图所示。

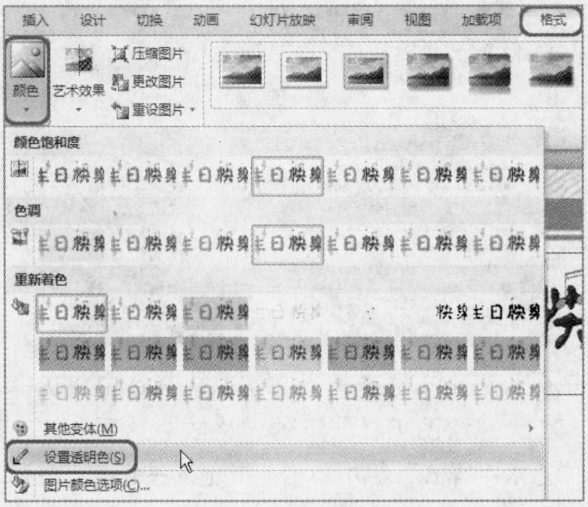

6 在该图片的空白位置上单击鼠标左键，为其设置透明色，将其他图片进行插入，调整其大小与位置，并为其设置透明色，如下图所示。

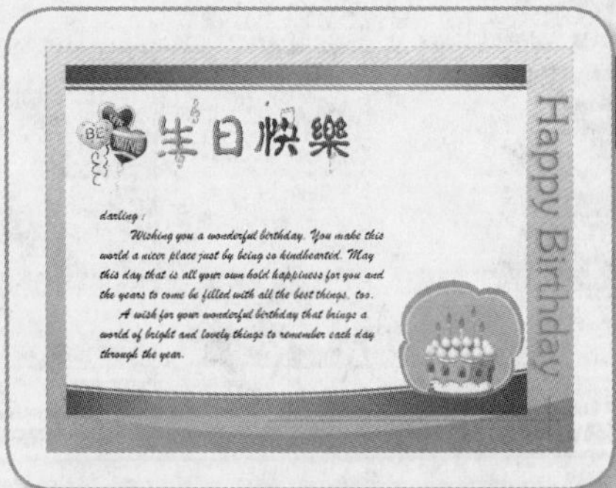

实战操作365　插入文字

- 素材：无
- 难度：★★★★★
- 效果：无
- 视频：视频\第20章\实战操作365.avi

为幻灯片插入文字的具体操作步骤如下：

1 选择“插入”选项卡，在“文本”组中单击“文本框”下三角按钮，在弹出的下拉列表中选择“横排文本框”选项，如右图所示。

2 在幻灯片窗口中按住鼠标左键并向右下角拖动鼠标，在合适的位置上释放鼠标，在绘制的文本框中输入文字，如下图所示。

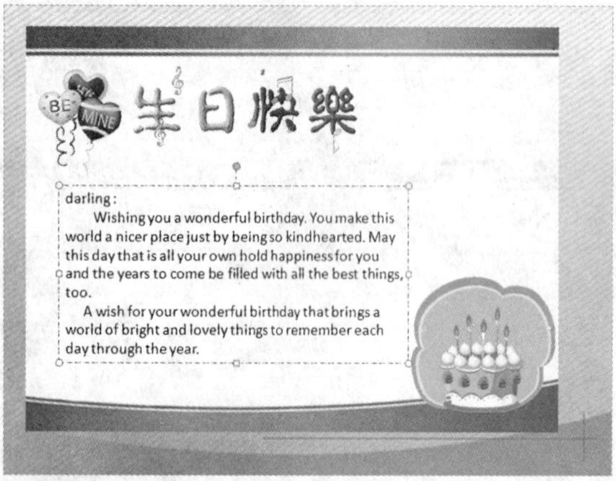

3 在文本框中将文字选中，选择“开始”选项卡，在“字体”组中将字体设置为“华文行楷”，将字号设置为22，如下图所示。

4 选择“插入”选项卡，在“文本”组中单击“文本框”下三角按钮，在弹出的下拉列表中选择“垂直文本框”选项，在幻灯片中绘制一个文本框，如下图所示。

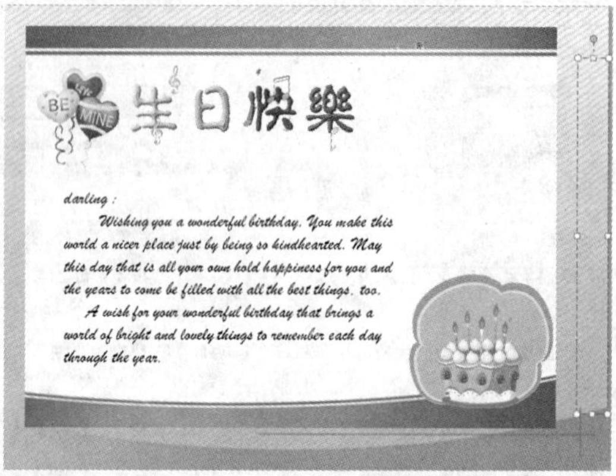

5 在文本框中输入文字并将其选中，选择“绘图工具”下的“格式”选项卡，在“艺术字样式”组中单击“其他”按钮，在弹出的下拉列表中选择如下图所示的艺术字样式。

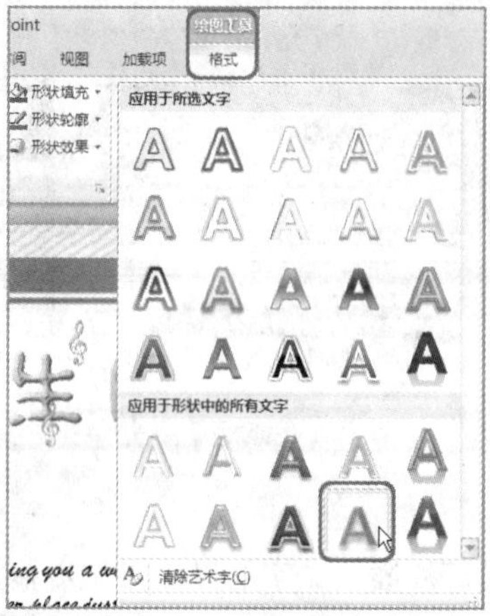

6 选择“开始”选项卡，在“字体”组中将字体设置为“方正行楷简体”，将字号设置为54，并调整其位置，如右图所示。

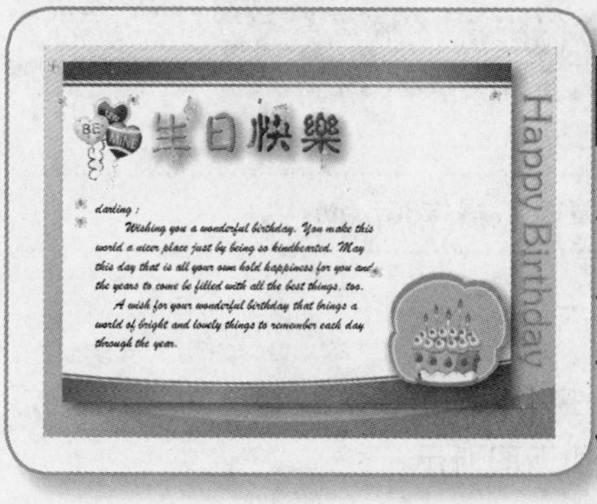

实战操作366　添加图片样式和动画

- 素材：无
- 难度：★★★★★
- 效果：无
- 视频：视频\第20章\实战操作366.avi

为贺卡添加图片样式和动画的具体操作步骤如下：

1 在幻灯片中选择如下图所示的图形。

2 选择“图片工具”下的“格式”选项卡，在“图片样式”组中单击“矩形投影”，添加后的效果如下图所示。

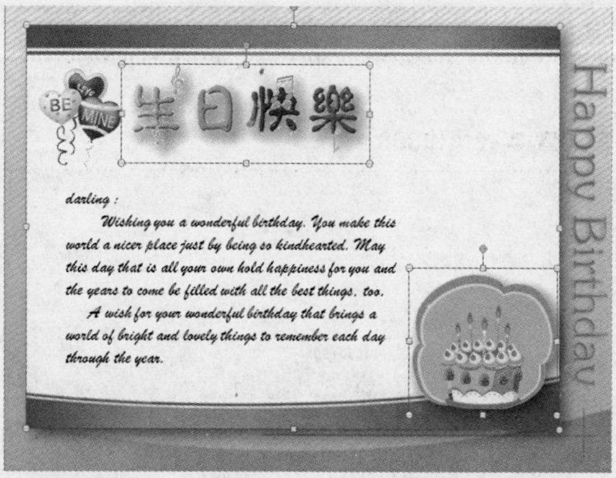

3 在幻灯片中选择如下图所示的图形，选择“动画”选项卡，在“动画”组中单击“其他”按钮，在弹出的下拉列表中选择“更改进入效果”选项。

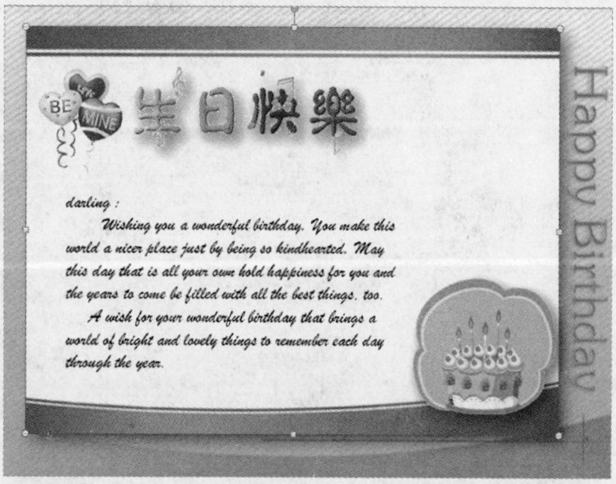

4 在弹出的“更改进入效果”对话框中选择“十字形扩展”，如下图所示。单击“确定”按钮，以同样的方法为其他图形添加动画。

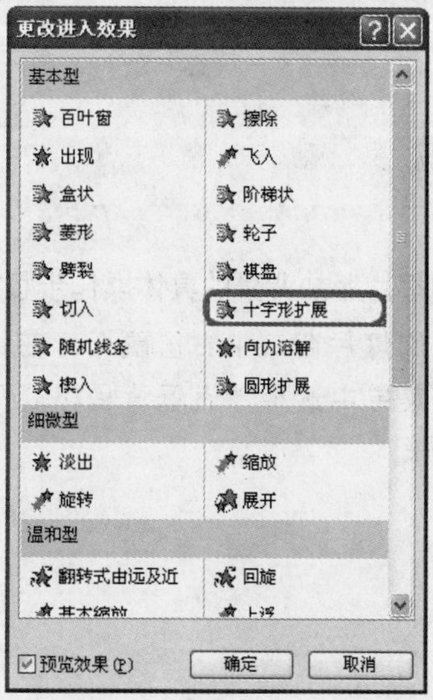

实战操作367 创建情人节贺卡

素材：无　　效果：无

难度：★★★★★　　视频：视频\第20章\实战操作367.avi

下面介绍第三张幻灯片情人节贺卡的制作，具体操作步骤如下：

1 选择“开始”选项卡，在“幻灯片”组中单击“新建幻灯片”下三角按钮，在弹出的下拉列表中选择“空白”选项，如下图所示。

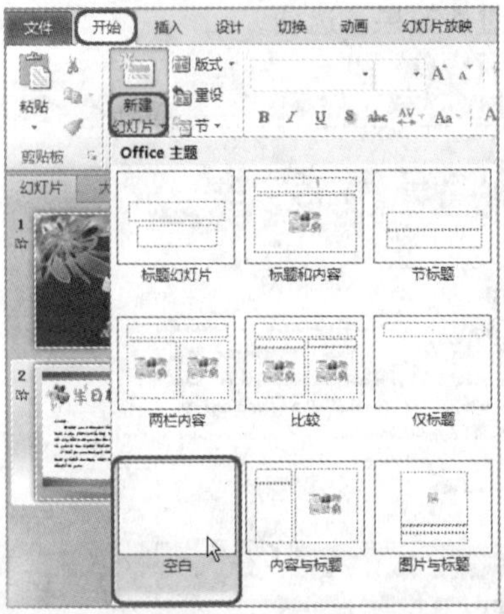

2 执行操作后，即可创建一个新的幻灯片，如下图所示。

实战操作368 为贺卡添加背景

素材：素材\368\013.jpg

难度：★★★★★

效果：无

视频：视频\第20章\实战操作368.avi

为幻灯片添加背景的具体操作步骤如下：

1 在幻灯片窗口中右击鼠标，在弹出的快捷菜单中选择“设置背景格式”选项，如右图所示。

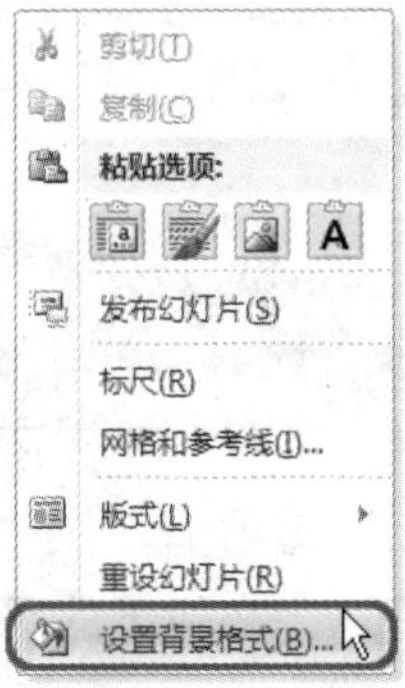

2 在弹出的“设置背景格式”对话框“填充”选项卡中单击“图片或纹理填充”单选按钮，单击“文件”按钮 文件(F)...，如下图所示。

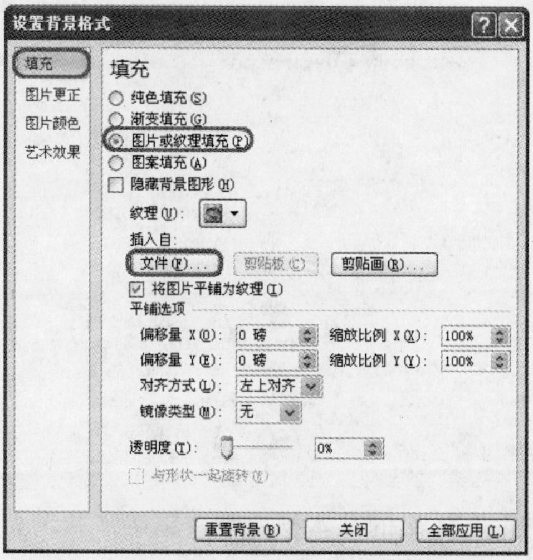

3 在弹出的“插入图片”对话框中选择文件“素材\368\013.jpg”，如下图所示。

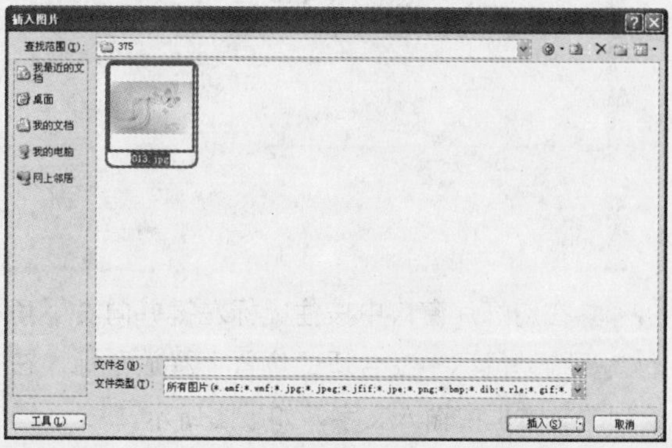

4 单击“插入”按钮 插入(S)，返回到“设置背景格式”对话框，单击“关闭”按钮 关闭，即可添加背景，如右图所示。

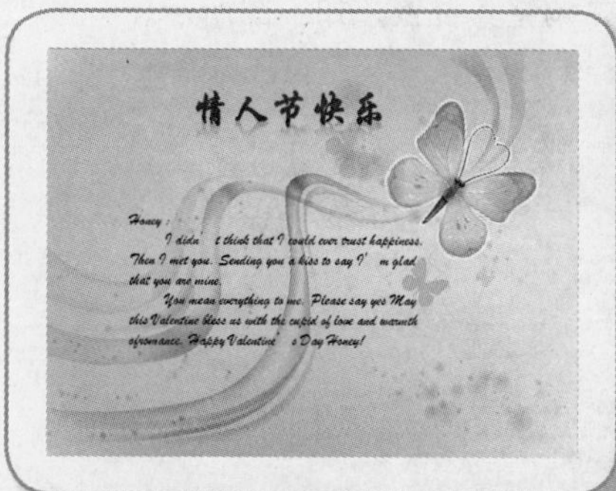

实战操作369　插入文字

- 素材：无
- 难度：★★★★★
- 效果：无
- 视频：视频\第20章\实战操作369.avi

插入文字的具体操作步骤如下：

1 选择“插入”选项卡，在“文本”组中单击“文本框”下三角按钮，在弹出的下拉列表中选择“横排文本框”选项，如下图所示。

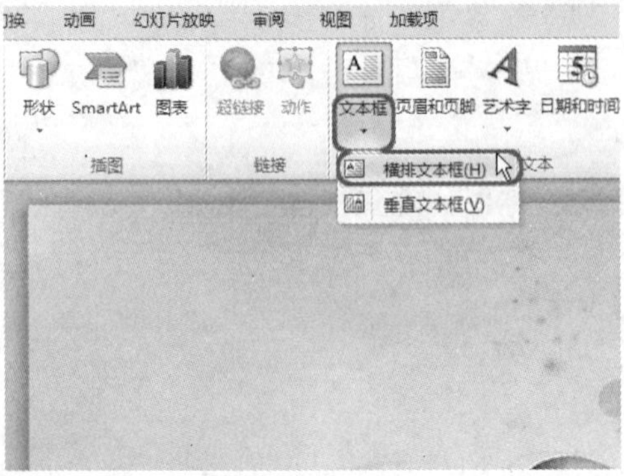

2 在幻灯片窗口中按住鼠标左键并向右下角拖动鼠标，在合适的位置上释放鼠标，在绘制的文本框中输入文字，如下图所示。

3 在文本框中将文字进行选中，选择“开始”选项卡，在“字体”组中将字体设置为“华文行楷”，将字号设置为22，如下图所示。

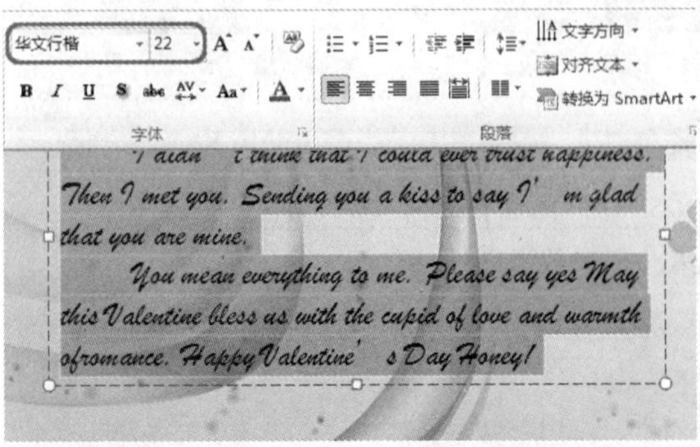

4 在幻灯片窗口中的其他位置上单击鼠标左键，选择“插入”选项卡，在“文本”组中单击“艺术字”按钮，在弹出的下拉列表中选择如下图所示的艺术字。

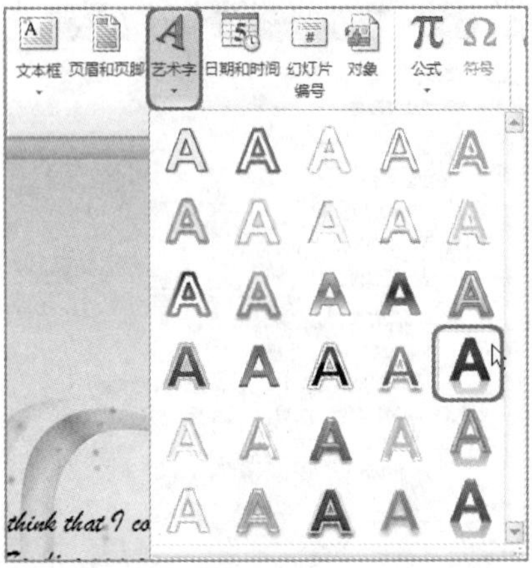

5 在弹出的文本框中输入文字，并调整其位置，如下图所示。

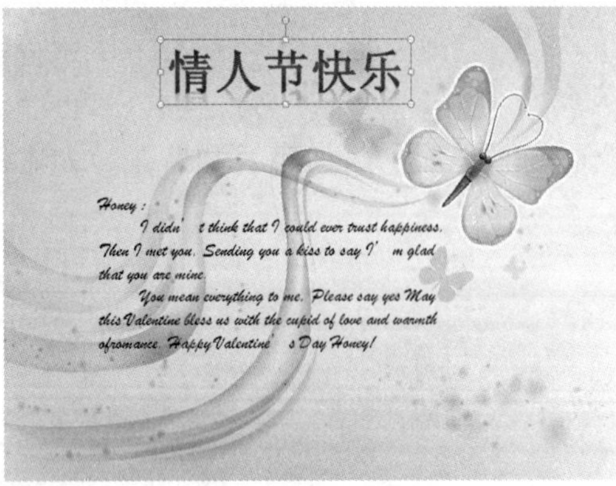

6 选择“开始”选项卡，在“字体”组中将字体设置为“汉仪行楷简”，将字号设置为54，并调整其位置，如下图所示。

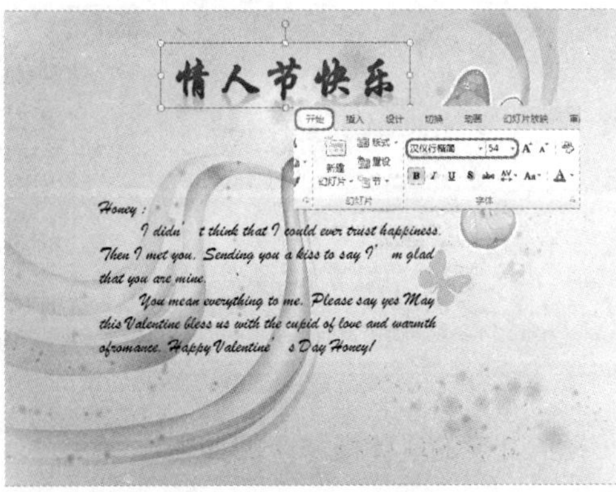

实战操作370　为贺卡添加图片

- 素材：素材\370\002.jpg、032.png、Snap5.jpg
- 难度：★★★★★
- 效果：无
- 视频：视频\第20章\实战操作370.avi

为了使贺卡更加美观，可以为贺卡添加图片。具体操作步骤如下：

1 选择“插入”选项卡，在“图像”组中单击“图片”按钮，在弹出的“插入图片”对话框中选择文件“素材\370\002.jpg”，单击“插入”按钮 插入(S)，效果如下图所示。

2 选择“图片工具”下的“格式”选项卡，在“调整”组中单击“颜色”按钮，在弹出的下拉列表中选择“设置透明色”选项，如下图所示。

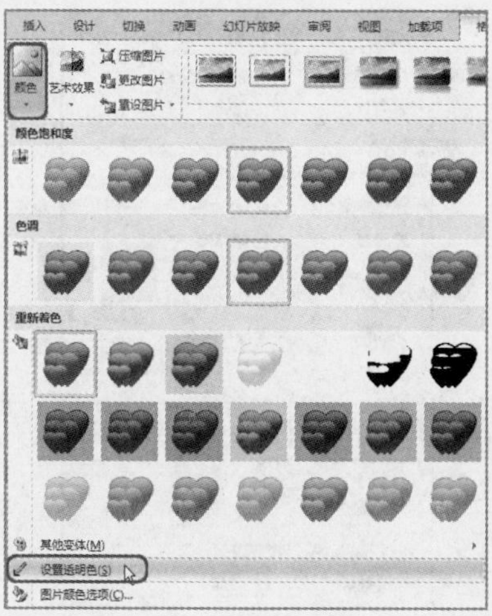

3 在图片的空白位置上单击鼠标左键，选择“图片工具”下的“格式”选项卡，在“大小”组“高度”文本框中输入4.5，按Enter键确认，并调整其位置，如下图所示。

4 在该图片上右击鼠标，在弹出的快捷菜单中选择“置于底层”|“下移一层”选项，如下图所示。

5 以同样的方法添加其他的图片，并调整其大小，效果如下图所示。

6 根据步骤2和步骤3的操作方法为插入的图片设置透明色，并调整其位置，如下图所示。

实战操作371 添加动画

- 素材：无
- 难度：★★★★★
- 效果：无
- 视频：视频\第20章\实战操作371.avi

为贺卡添加动画的具体操作步骤如下：

1 在幻灯片中选择如下图所示的图形，选择“动画”选项卡，在“动画”组中单击“其他”按钮，在弹出的下拉列表中选择“更改进入效果”选项。

2 在弹出的“更改进入效果”对话框中选择“玩具风车”，如下图所示。单击“确定”按钮，并以同样的方法为其他图形添加动画。

实战操作372　创建教师节贺卡

素材：无　　效果：无

难度：★★★★★　　视频：视频\第20章\实战操作372.avi

下面介绍第四张幻灯片教师节贺卡的制作。具体操作步骤如下：

1 选择“开始”选项卡，在“幻灯片”组中单击“新建幻灯片”下三角按钮，在弹出的下拉列表中选择“空白”选项，如下图所示。

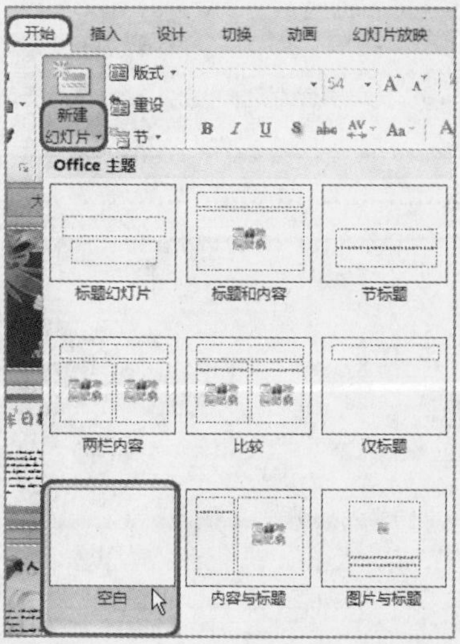

2 执行操作后，即可创建一个新的幻灯片，如下图所示。

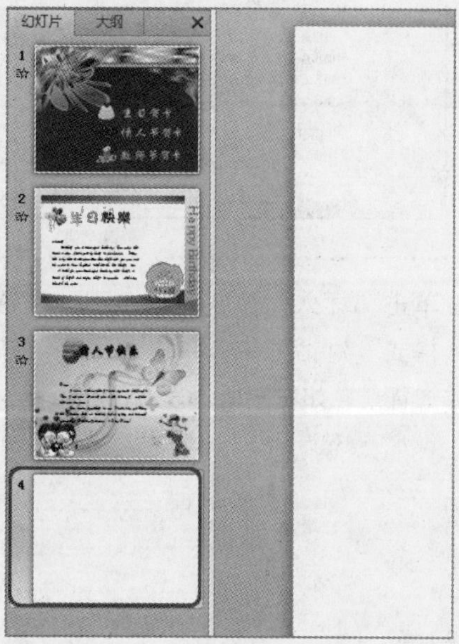

实战操作373　为贺卡添加背景

素材：素材\373\088.jpg

难度：★★★★★

效果：无

视频：视频\第20章\实战操作373.avi

为幻灯片添加背景的具体操作步骤如下：

1 在幻灯片窗口中右击鼠标，在弹出的快捷菜单中选择“设置背景格式”选项，如右图所示。

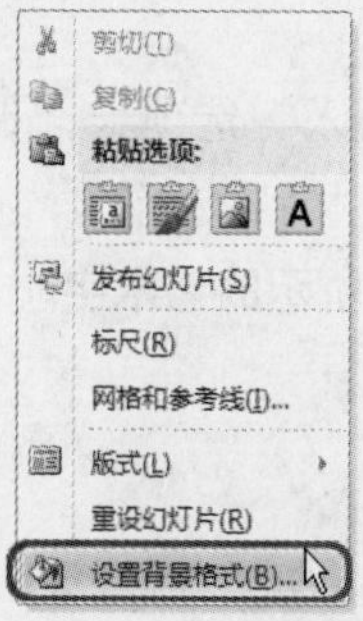

2 在弹出的“设置背景格式”对话框“填充”选项卡中单击“图片或纹理填充”单选按钮，单击“文件”按钮 文件(F)... ，如下图所示。

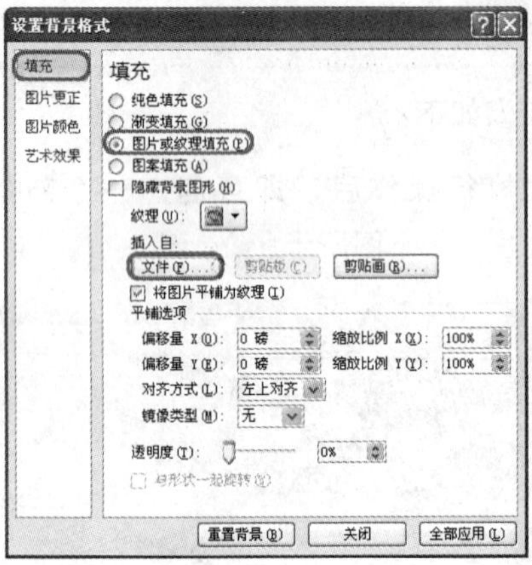

3 在弹出的“插入图片”对话框中选择文件“素材\373\088.jpg”，如下图所示。

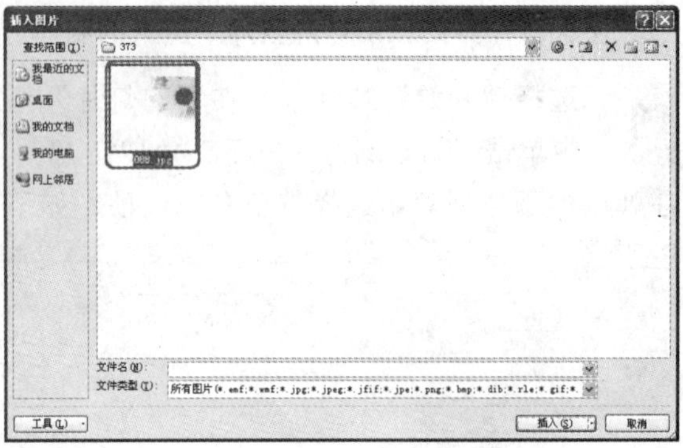

4 单击“插入”按钮，返回到“设置背景格式”对话框中，单击“关闭”按钮，即可添加背景，如右图所示。

实战操作374 插入艺术字

- 素材：无
- 难度：★★★★★
- 效果：无
- 视频：视频\第20章\实战操作374.avi

如何为贺卡添加艺术字的具体操作步骤如下：

1 选择“插入”选项卡，在“文本”组中单击“艺术字”按钮，在弹出的下拉列表中选择如右图所示的艺术字。

2 在弹出的文本框中输入文字，并调整其位置，如下图所示。

3 选择“开始”选项卡，在“字体”组中将字体设置为“方正行楷简体”，将字号设置为54，并调整其位置，如下图所示。

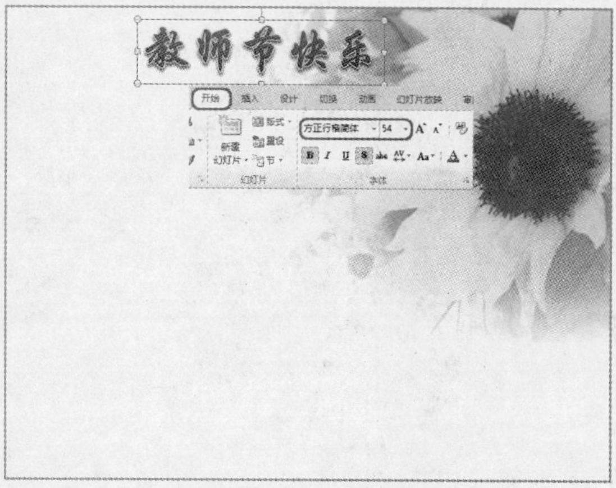

4 使用同样的方法再插入一个艺术字，其字体的设置与步骤3设置的相同即可，将字号设置为40，并调整其位置，如右图所示。

实战操作375　为贺卡添加图片

- 素材：素材\375\53552.jpg、85896.jpg
- 难度：★★☆☆☆
- 效果：无
- 视频：视频\第20章\实战操作375.avi

为了使贺卡更加美观，可以为贺卡添加图片。具体操作步骤如下：

1 选择“插入”选项卡，在“图像”组中单击“图片”按钮，在弹出的“插入图片”对话框中选择文件“素材\375\53552.jpg”，单击“插入”按钮，如下图所示。

2 选择“图片工具”下的“格式”选项卡，在“大小”组中的“高度”文本框中输入4.5，按Enter键确认，并调整其位置，如下图所示。

3 使用同样的方法添加其他图片，将其高度设置为7，并调整其位置，如右图所示。

实战操作376 添加文字

- 素材：无
- 难度：★★★★★
- 效果：无
- 视频：视频\第20章\实战操作376.avi

为贺卡添加文字的具体操作步骤如下：

1 选择“插入”选项卡，在“文本”组中单击“文本框”下三角按钮，在弹出的下拉菜单中选择“横排文本框”，在幻灯片窗口中按住鼠标左键并向右下角拖动鼠标，在合适的位置上释放鼠标，在绘制的文本框中输入文字，如下图所示。

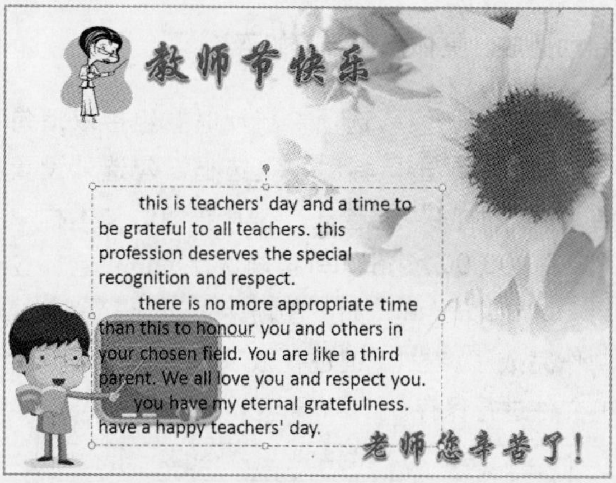

2 在文本框中将文字选中，选择“开始”选项卡，在“字体”组中将字体设置为“华文行楷”，将字号设置为22，并调整其位置，如下图所示。

实战操作377 添加动画

- 素材：无
- 难度：★★★★★
- 效果：无
- 视频：视频\第20章\实战操作377.avi

为贺卡添加动画的具体操作步骤如下：

1 在幻灯片中选择如下图所示的文本框，选择“动画”选项卡，在“动画”组中单击“其他”按钮，在弹出的下拉列表中选择“更改进入效果”选项。

2 在弹出的“更改进入效果”对话框中选择“空翻”，如下图所示。单击“确定”按钮，并以同样的方法为其他图形添加动画。

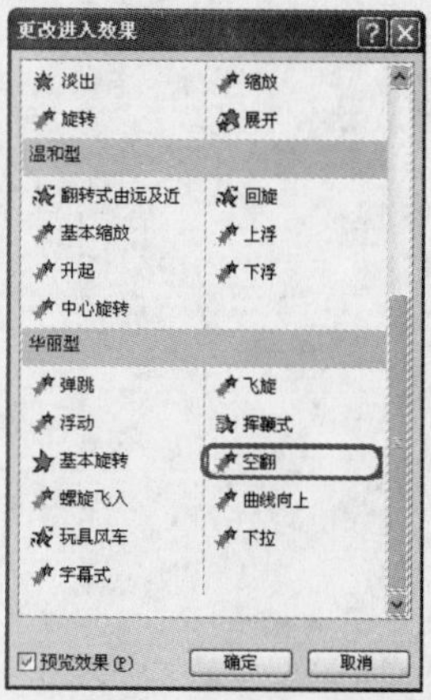

实战操作378 添加切换效果

素材：无　　效果：效果\378\贺卡.pptx

难度：★★★★★　　视频：视频\第20章\实战操作378.avi

下面主要介绍如何为幻灯片添加切换效果，使其自动播放。具体操作步骤如下：

1 选择第一张幻灯片，选择“切换”选项卡，在“切换到此幻灯片”组中单击“其他”按钮，在弹出的下拉列表中选择“涡流”，如下图所示。

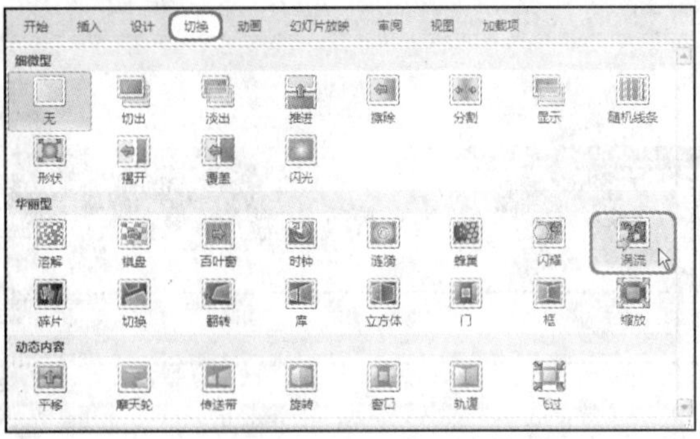

2 在“切换”选项卡“计时”组中取消勾选“单击鼠标时”复选框，勾选“设置自动换片时间”复选框，在其右侧的文本框中输入00:08.00，按Enter键确认，单击“全部应用”按钮，如下图所示。至此，贺卡就制作完成了。按F5键进行放映即可。对完成后的文件进行保存。

Chapter 21

第21章

工作中常用幻灯片的制作

随着科技的不断发展和进步，越来越多的计算机以及相关的软件辅助着我们进行日常的工作和学习，这使得我们有相当一部分工作可以进行无纸化办公。在工作中可以制作学校组织结构图、宣传幻灯片以及统计报告，在一些小型晚会上还可以制作互动答题幻灯片来调节现场气氛。通过本章的学习，可以了解幻灯片如何在工作领域中应用。

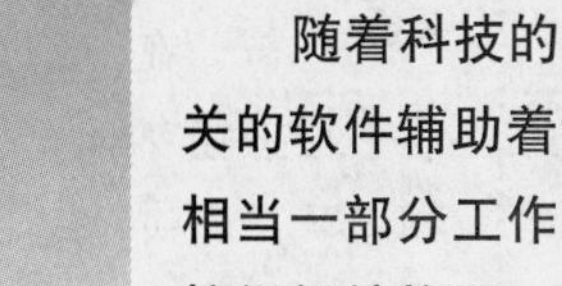

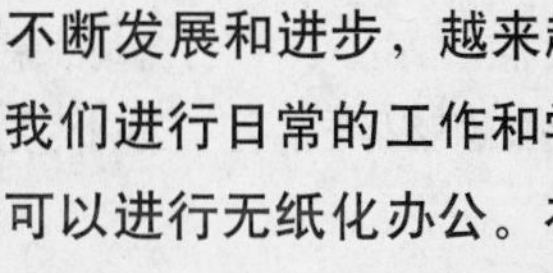

21.1 学校组织结构图

组织结构图在大多数领域中都会应用到，PowerPoint 2010提供了强大的组织结构图功能，它具有自动插入、自动调整、便于设置等诸多优点。本例将以学校组织结构图为例来介绍PowerPoint 2010中组织结构图的使用及设置方法。

实战操作379 创建文件及设置版式

- 素材：无
- 难度：★★★★★
- 效果：无
- 视频：视频\第21章\实战操作379.avi

要创建组织结构图，首先要创建一个空白文件，然后在创建好的空白文件上进行操作。具体操作步骤如下：

1 首先打开PowerPoint 2010，系统会新建一个空白演示文稿，如下图所示。如果需要通过内容占位符添加组织结构图，可以更改幻灯片版式。

2 选择新建的幻灯片，选择“开始”选项卡，在“幻灯片”组中单击“版式”右侧下拉按钮 版式·，在弹出的列表中选择“标题和内容”选项，如下图所示。

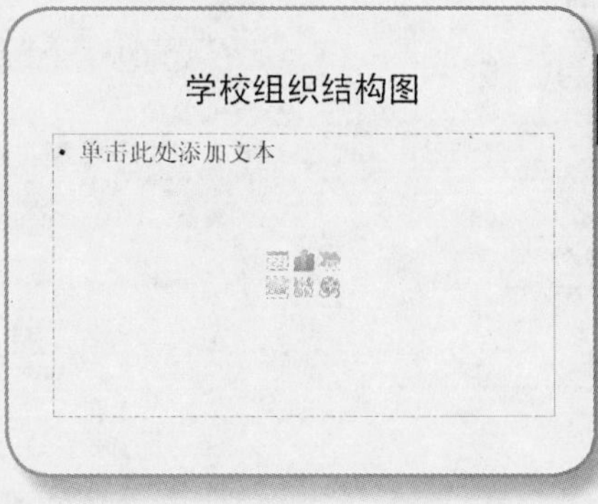

实战操作380 输入标题文本

- 素材：无
- 难度：★★★★★
- 效果：无
- 视频：视频\第21章\实战操作380.avi

对于一个组织结构图来说，添加了标题文字后会看起来更加清晰明了。具体操作步骤如下：

1 在当前幻灯片“单击此处添加标题”文本框中输入标题文字“学校组织结构图”，如下图所示。

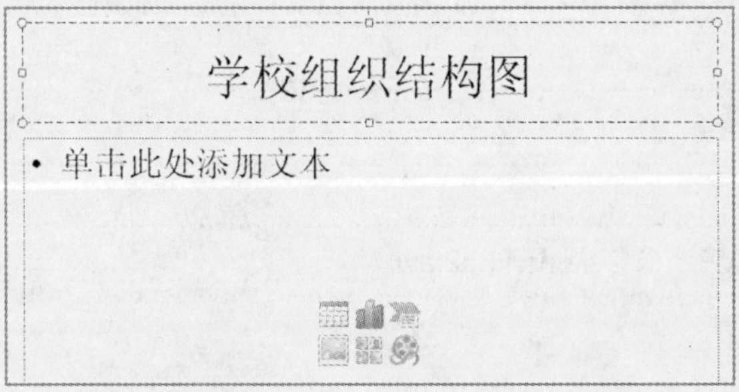

2 选择输入的标题文字，选择“开始”选项卡，在“字体”组中将字体设为“黑体”，将字号设置为44，如下图所示。

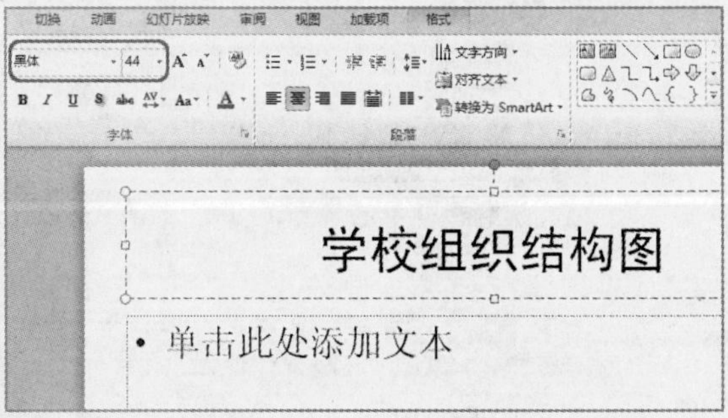

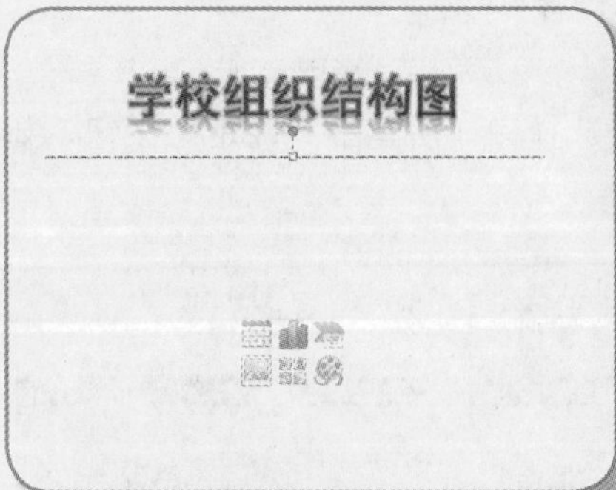

实战操作381 设置艺术字

- 素材：无
- 难度：★★★★★
- 效果：无
- 视频：视频\第21章\实战操作381.avi

接下来将标题文字设置为艺术字样式，使其更加美观。具体操作步骤如下：

1 选择输入的标题文字，选择“绘图工具”下的“格式”选项卡，在“艺术字样式”组中单击“其他”按钮，在弹出的下拉列表中选择“填充-蓝色，强调文字颜色1，金属棱台，映像”，如右图所示。

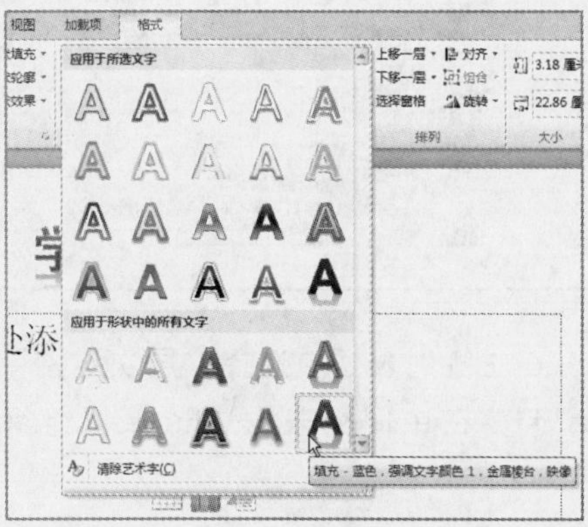

2 设置完成后，选择“绘图工具”下的“格式”选项卡，在“艺术字样式”组中单击“文本效果”右侧下拉按钮 文本效果，在弹出的下拉列表中选择“发光”组中的“水绿色，5pt发光，强调文字颜色5”选项，如右图所示。

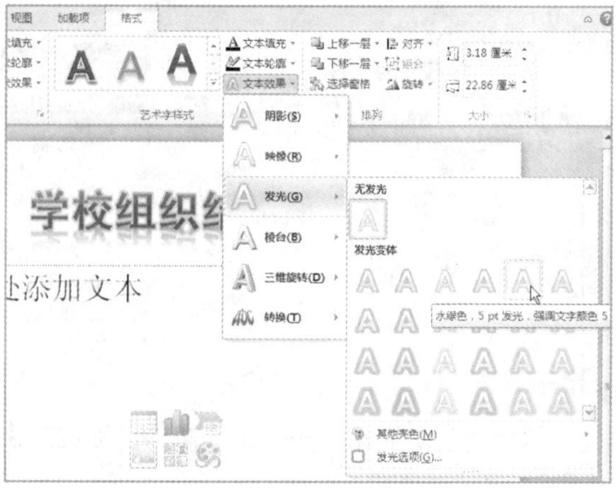

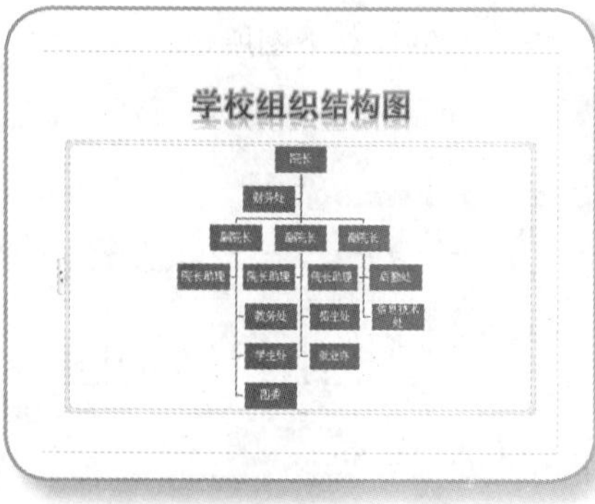

实战操作382 插入组织结构图

- 素材：无
- 难度：★★★★★
- 效果：无
- 视频：视频\第21章\实战操作382.avi

设置完标题文字后，接下来开始插入组织结构图。具体操作步骤如下：

1 单击占位符中的“插入SmartArt图形”按钮，此时会弹出“选择SmartArt图形”对话框，如下图所示。

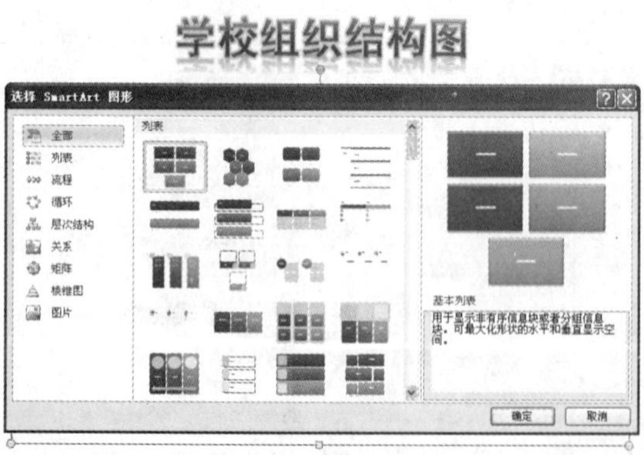

2 在左侧列表框中选择“层次结构”选项卡，在中间列表框中选择“组织结构图”选项，选择完成后单击“确定”按钮，如下图所示。

3 插入结构图后，单击结构图框架左侧按钮，可以打开或者关闭文本窗格，如下

图所示。

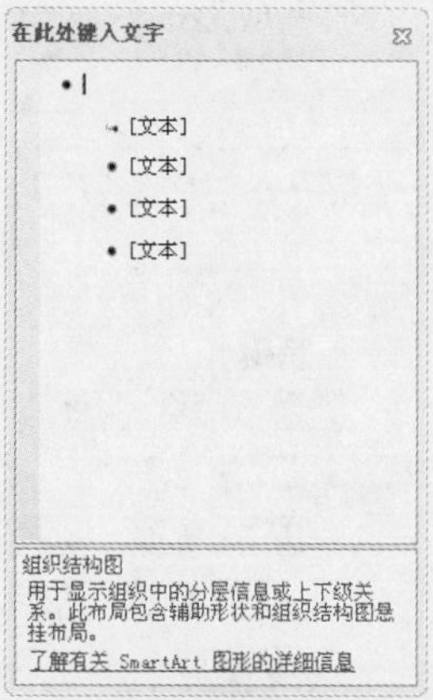

4 在弹出的面板中单击“文本”，然后创建文本。创建完成后，在结构图中的表格中就会出现文字，如下图所示。

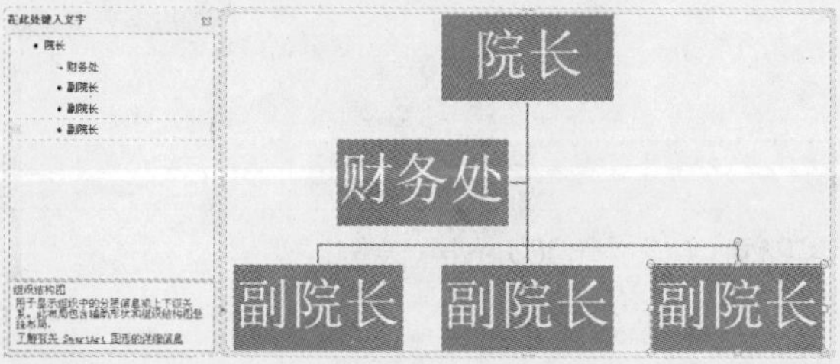

> **提示**
> 除了上述方法可以输入文本外，还可以在“SmartArt工具”下的“设计”选项卡“创建图形”组中单击“文本窗格”按钮，在弹出的文本窗格中输入文本，或者直接在结构图中单击相应的图框输入文本。

5 输入完成后，选择最左侧的“副院长”图框，确定其表格在选择状态，单击鼠标右键，在弹出的快捷菜单中选择“添加形状”|“在下方添加形状”命令，如下图所示。

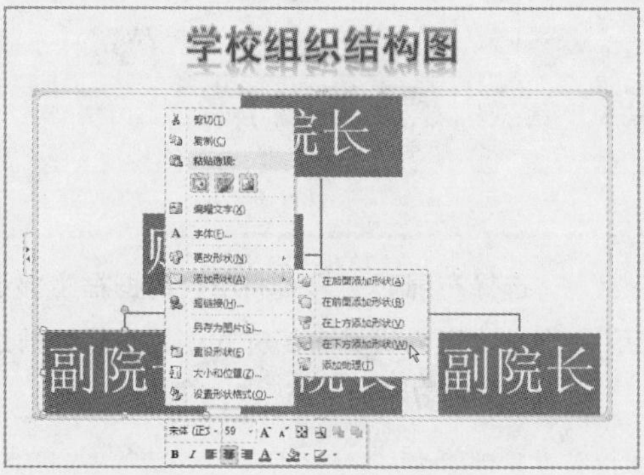

6 选择刚添加的图框，然后单击表格，输入“教务处”文字，输入完成后的效果如下图所示。

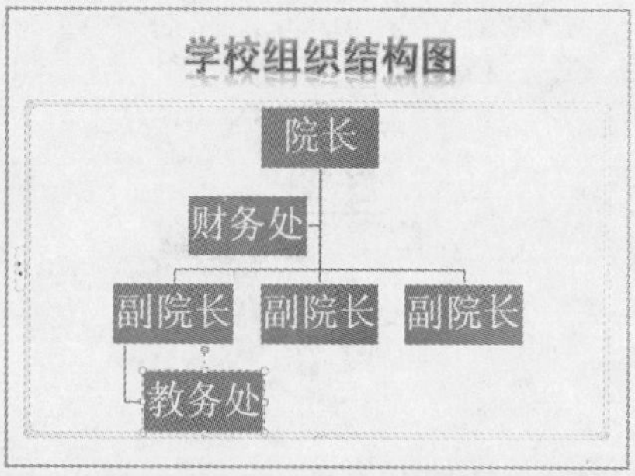

> **提示**
> 选择图框后也可以在“SmartArt工具”下的“设计”选项卡中“创建图形”组单击“添加形状”按钮，在下拉列表中选择“在下方添加形状”命令。

7 再次选择“副院长”图框，单击鼠标右键，在弹出的快捷菜单中选择“添加形状”|“在下方添加形状”命令，使用相同的方法继续添加图框，添加完成后在图框中输入相应的文本，如下图所示。

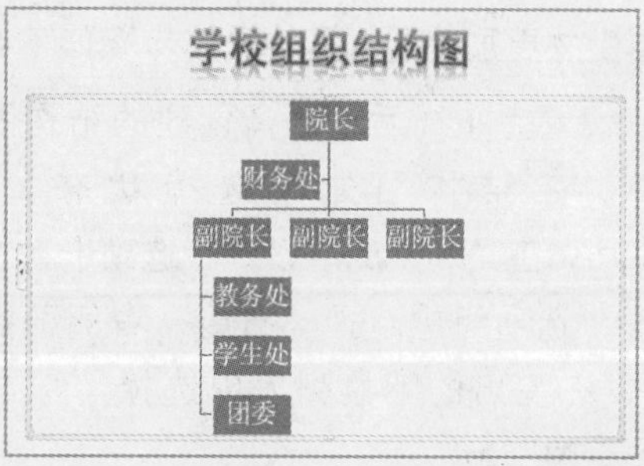

8 继续选择“副院长”图框，单击鼠标右键，在弹出的快捷菜单中选择“添加形状”|“添加助理”命令，如下图所示。

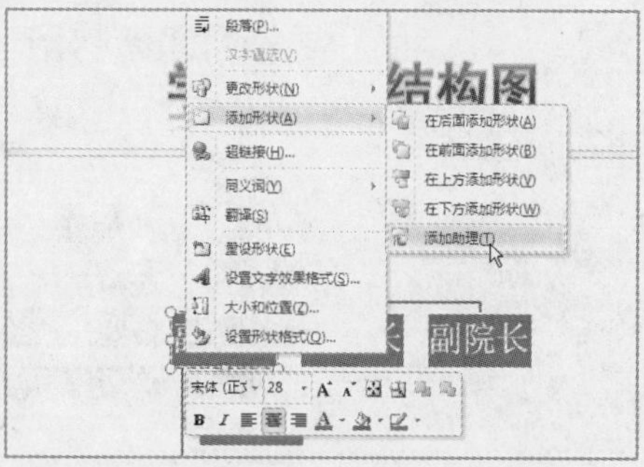

9 选择刚添加的图框，然后单击表格，输入“院长助理”，输入完成后的效果如下图所示。

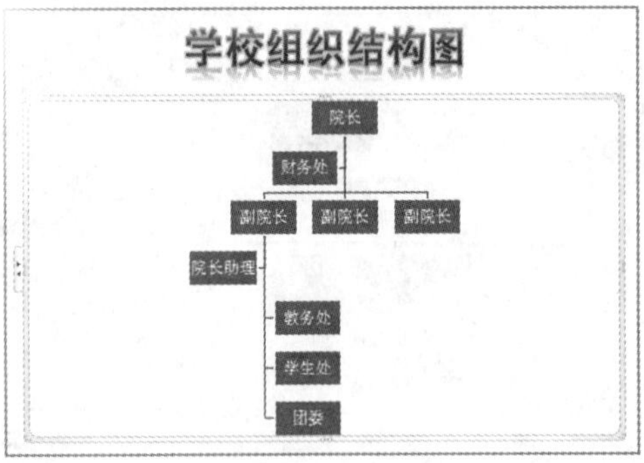

10 输入完成后，使用相同的方法继续添加图框，添加完成后的效果如下图所示。

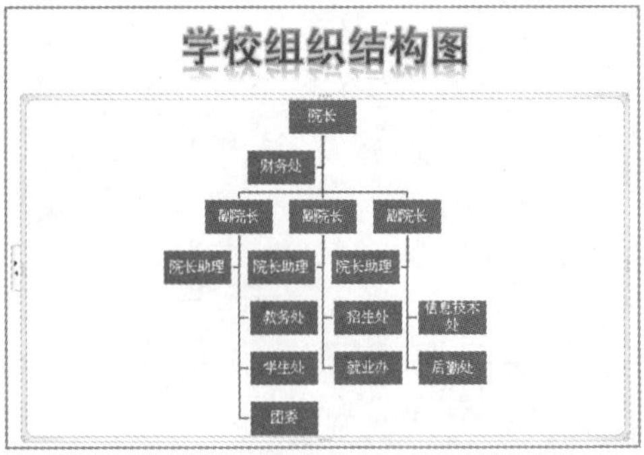

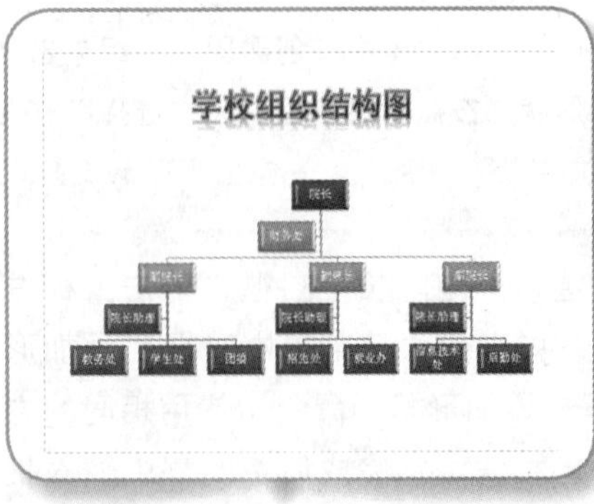

实战操作383 设置结构图样式

素材：无

难度：★★★★★

效果：无

视频：视频\第21章\实战操作383.avi

在PowerPoint中不仅可以创建组织结构图表，而且在创建完成后还可以改变其样式和颜色，使图表看上去更加美观。具体操作步骤如下：

1 设置完布局后，选择创建的结构图，并确定结构图处于选择状态，单击“SmartArt工具”下的“设计”选项卡，在“创建图形”选项组中选择“布局”右侧下拉按钮 品布局 ·，在弹出的下拉列表中选择“标准”选项，如下图所示。

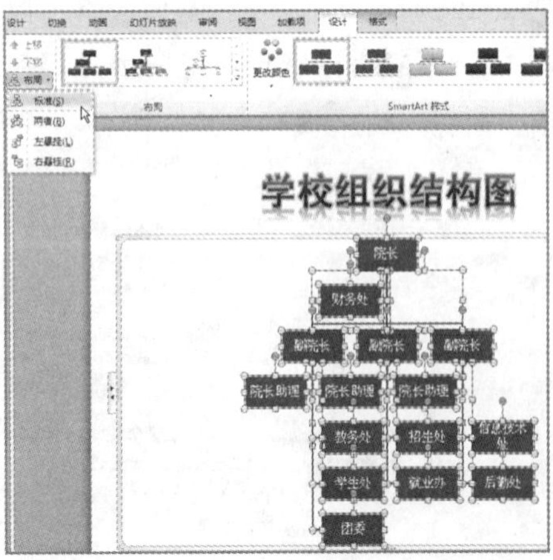

2 选择完成后，此时结构图变为标准布局，效果如下图所示。

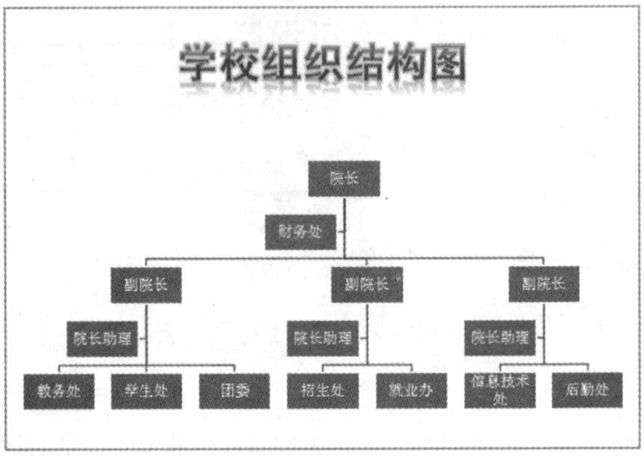

提示

选择布局时，只有将所有的图框全部选中之后才可以设置布局样式。只选择外部边框将无法设置布局选项。

3 设置完布局后，确定图框仍然处于选择状态，接下来设置图框效果。单击“SmartArt工具”下的“设计”选项卡，在“SmartArt样式”选项组中单击“其他”按钮，在弹出的下拉列表中选择“嵌入”选项，如下图所示。

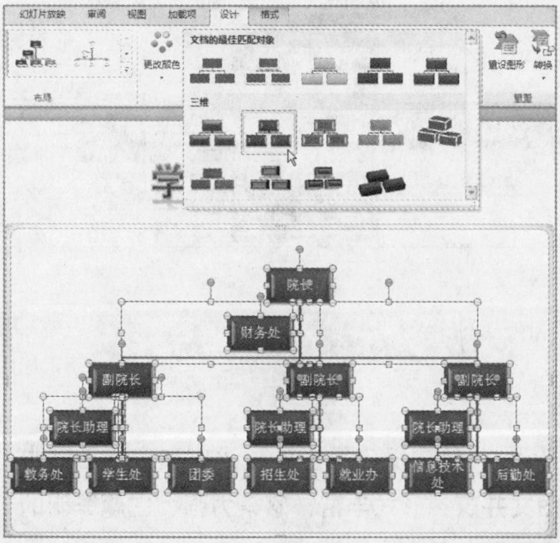

4 设置完成后，继续设置结构图颜色，选择图框，单击“SmartArt工具”下的“设计”选项卡，在“SmartArt样式”选项组中单击“更改颜色”下拉按钮，在弹出的下拉列表中选择“彩色范围-强调文字颜色5至6”，如下图所示。这样，在结构图中每一级别会用不同的颜色来显示。

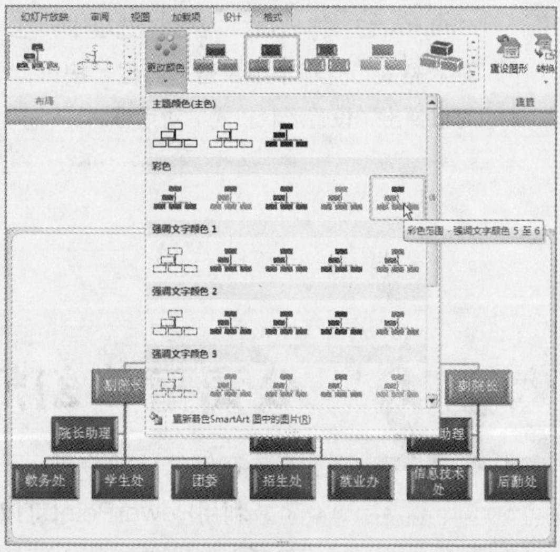

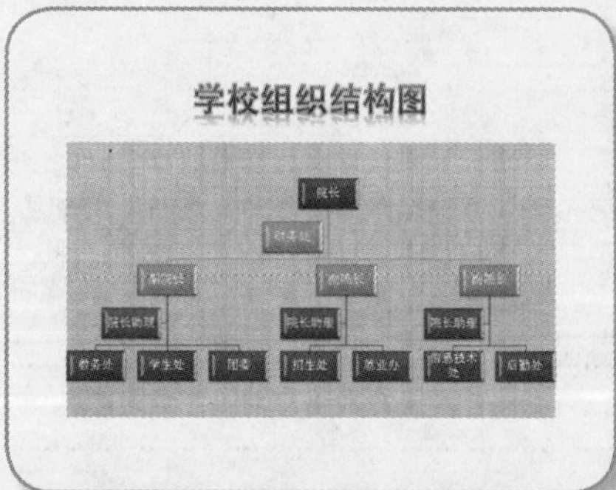

实战操作384 设置背景图案

- 素材：无
- 难度：★★★★★
- 效果：效果\384\学校组织结构图.pptx
- 视频：视频\第21章\实战操作384.avi

最后为结构图添加一个背景图片来美化整体效果。具体操作如下：

1 确定图框处于选择状态，然后单击鼠标右键，在弹出的快捷菜单中选择“设置对象格式”命令，如右图所示。

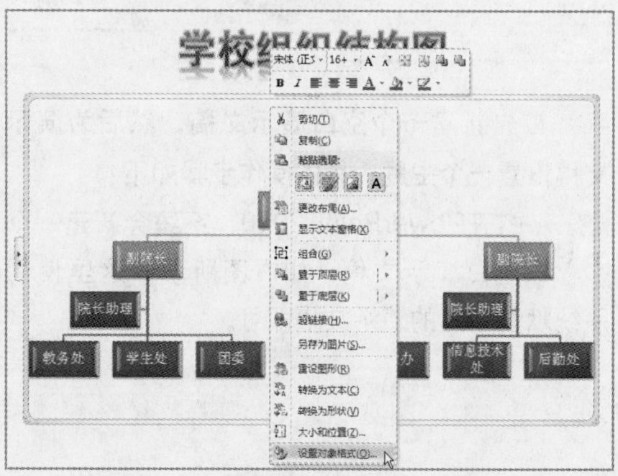

2 弹出“设置形状格式”对话框，选择左侧“填充”选项，在右侧“填充”选项组中单击“图片或纹理填充”单选按钮。然后单击“纹理”右侧下拉按钮，在弹出的下拉列表中选择“羊皮纸”，如右图所示。

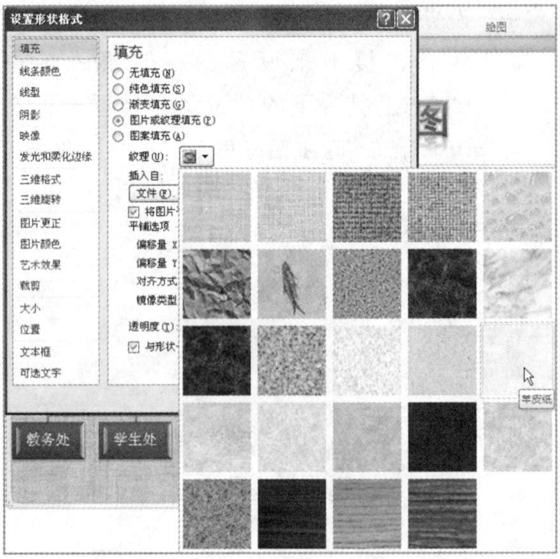

> **提示**
>
> 确定图框处于选择状态，选择“SmartArt工具”下的“格式”选项卡，在“形状格式”选项卡中单击“其他”按钮，也可以弹出“设置形状格式”对话框。

21.2 公司宣传幻灯片

在信息化的今天，PowerPoint已经广泛应用于各种讲座和宣传活动中了。利用PowerPoint可以制作图文并茂、形式丰富、感染力强、主题鲜明的演示文稿，其简单方便的操作使得没有专业软件基础的人员可以从容使用，其强大的功能也能产生事半功倍的效果。

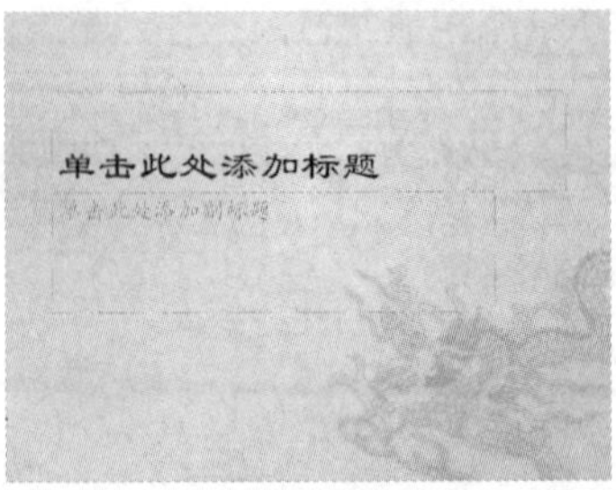

实战操作385 创建文档及设置主题

- 素材：无
- 难度：★★★★★
- 效果：无
- 视频：视频\第21章\实战操作385.avi

首先新建一个空白演示文稿，然后为演示文稿设置一个主题。具体操作步骤如下：

1 打开PowerPoint 2010，系统会新建一个空白演示文稿，如右图所示。这里使用系统默认创建的演示文稿即可。

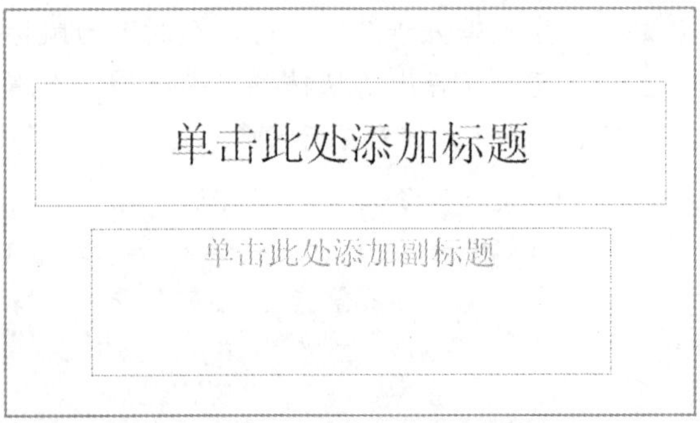

2 打开“设计”选项卡，在主题组中单击“其他”按钮，在弹出的下拉列表中选择“龙腾四海”主题，如下图所示。

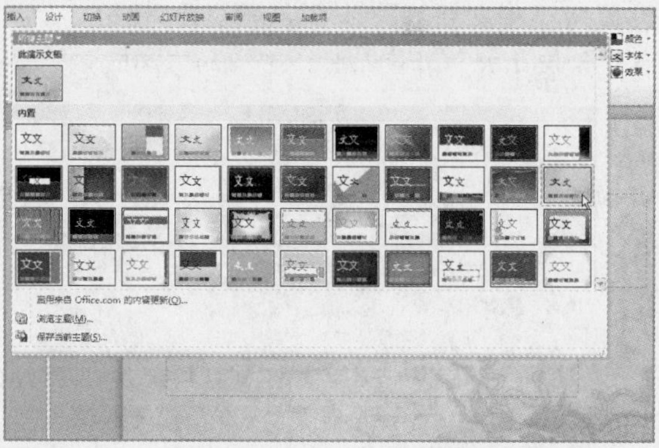

3 设置完成后的效果如下图所示。当继续创建新幻灯时也会自动应用设置后的主题。

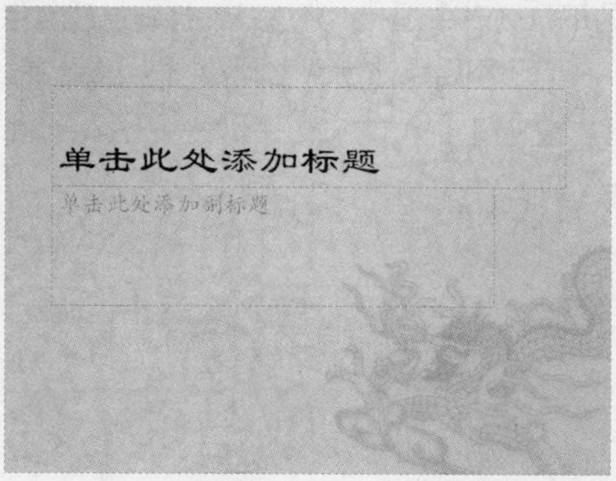

4 单击“开始”选项卡中的“新建幻灯片”按钮，在弹出的下拉列表中选择“标题和内容”幻灯片。设置完成后，使用相同的方法继续创建另外一张幻灯片，将版式设置为“空白”，如右图所示。

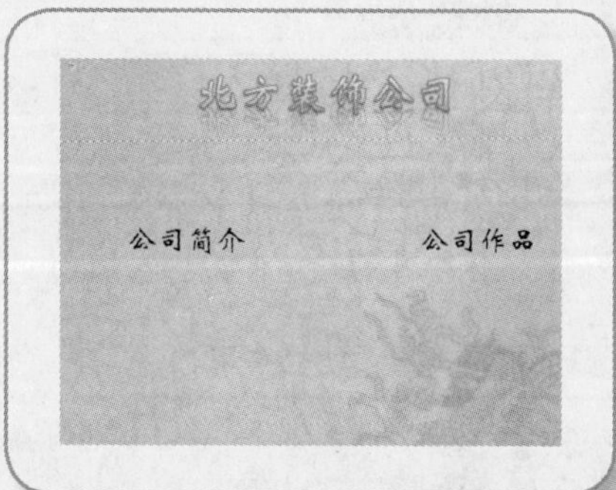

实战操作386 输入并设置文本

- 素材：无
- 难度：★★★★★
- 效果：无
- 视频：视频\第21章\实战操作386.avi

接下来在幻灯片中输入文本，并对文本进行设置，使其更加美观。具体操作步骤如下：

1 选择第一张幻灯片，在“单击此处添加标题”文本框中单击，然后输入“北方装饰公司”，然后打开“开始”选项卡，在“字体”组中将字体设置为“华文新魏，将字号设置为54，然后将文本居中对齐并调整其位置，如右图所示。

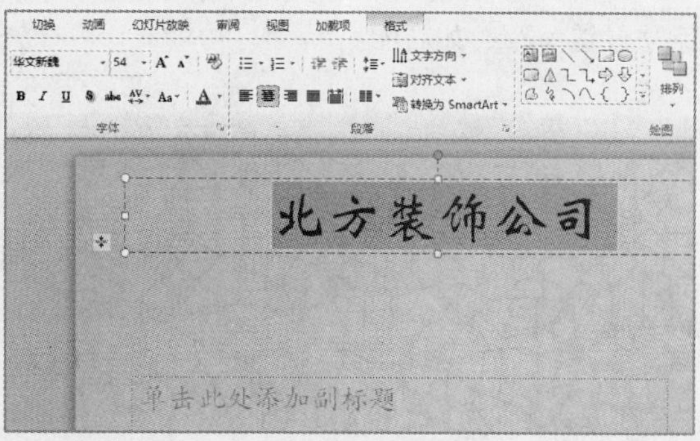

2 确定标题文字选中的情况下，选择“绘图工具”下的“格式”选项卡，在“艺术字样式”选项组中单击“其他”按钮，在弹出的下拉列表中选择“填充-蓝-灰，强调文字颜色2，双轮廓-强调文字颜色2”，如下图所示。

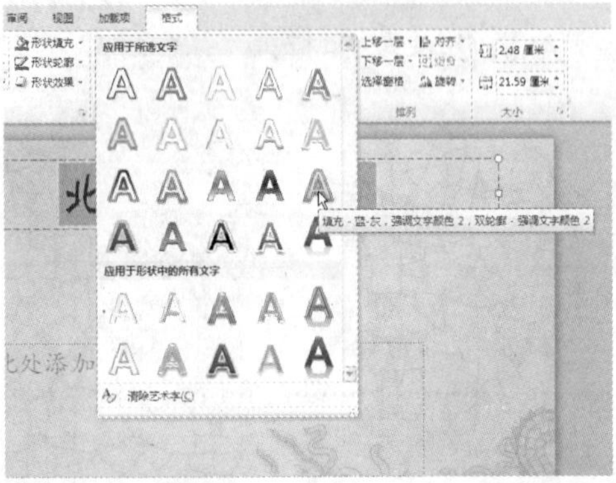

3 在选中文本的情况下，选择“绘图工具”下的“格式”选项卡，在“艺术字样式”选项组中单击“文本效果”右侧下拉按钮 文本效果，在弹出的下拉列表中选择“映像”|“全映像，接触”，如下图所示。

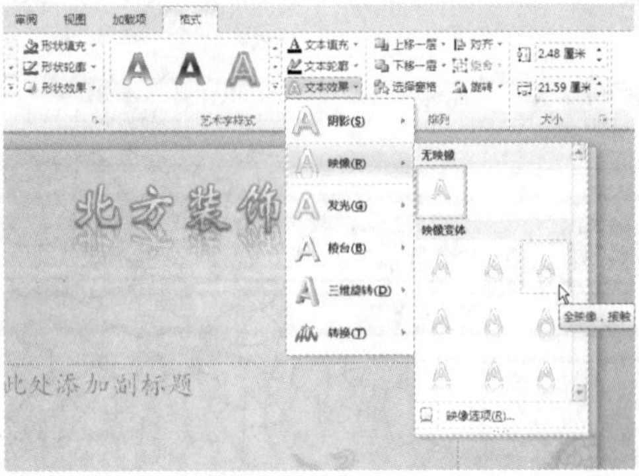

4 选择完成后，在“单击此处添加副标题”文本框中输入文字，并将其选择，打开“开始”选项卡，在“字体”组中将字体设置为“华文新魏”，将字号设置为36，然后将文本居中对齐并调整其位置，如下图所示。

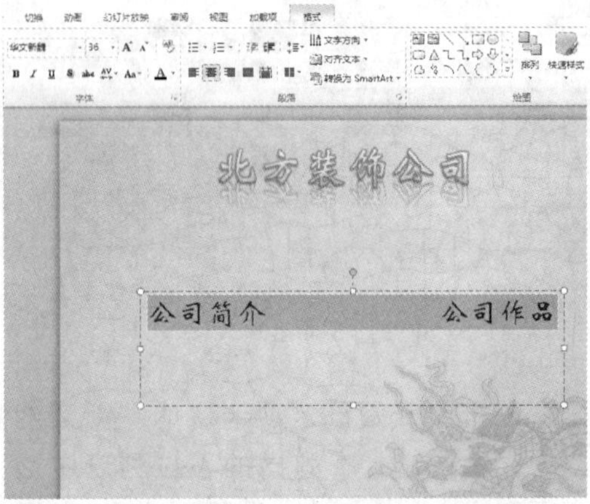

5 设置完成后，选择第二张幻灯片，将“单击此处添加标题”占位符删除，如下图所示。

6 在“单击此处添加文本”文本框中输入文本，将字体设置为“华文新魏”，将字号设置为27，如右图所示。

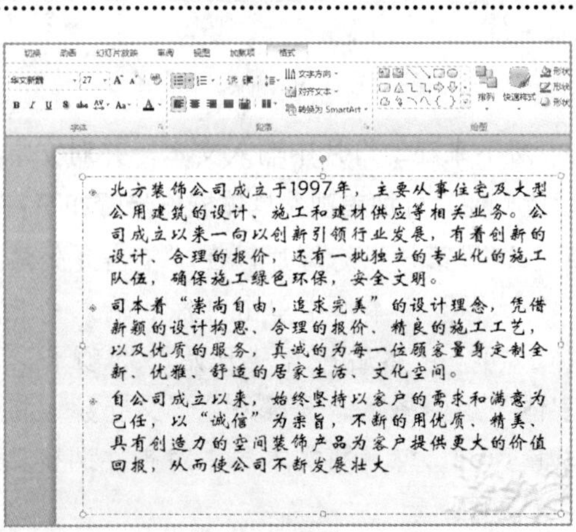

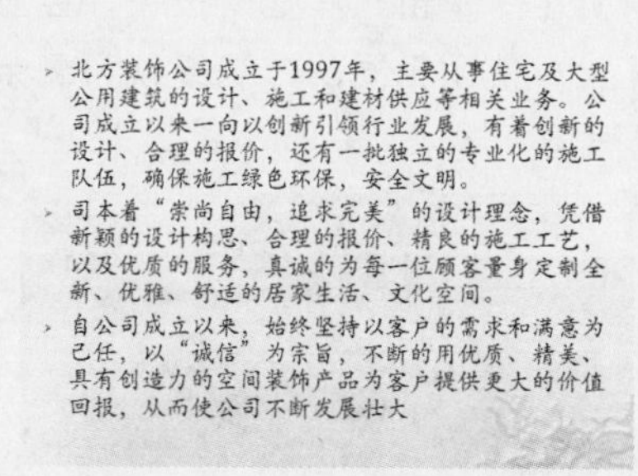

实战操作387 添加项目符号

素材：无

难度：★★★★★

效果：无

视频：视频\第21章\实战操作387.avi

在同级别的文字前面可以添加项目符号，这样看起来可以更加清晰、醒目。具体操作步骤如下：

1 选择第二张幻灯片，选择所有文本，在“开始”选项卡的“段落”组中单击“项目符号”右侧下拉按钮，在弹出的列表中选择一种项目符号，如下图所示。

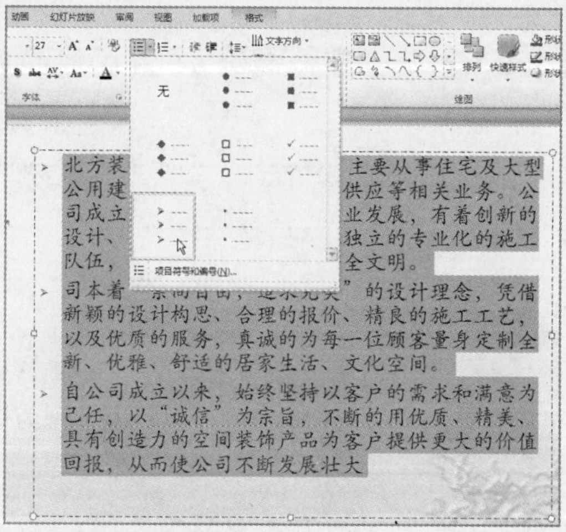

2 选择完成后，段落前的项目符号就会改变，如下图所示。

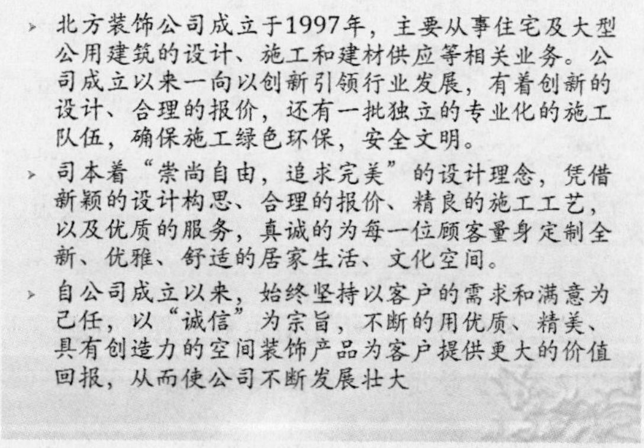

实战操作388 插入图片

素材：素材\388\作品1.jpg、作品2.jpg、作品3.jpg

难度：★★★★★

效果：无

视频：视频\第21章\实战操作388.avi

设置完文本后，接下来在幻灯片中插入图片。具体操作步骤如下：

1 选择第三张幻灯片，选择“插入”选项卡，在“图像”组中单击“图片”按钮，打开素材文件夹，选择素材图片，然后单击“插入”按钮。此时图片会插入到幻灯片中，然后使用鼠标拖动句柄调整图片的大小和位置。调整完成后的效果如下图所示。

2 下面设置插入的图片。选择最上面的图片，选择“图片工具”下的“格式”选项卡，在“图片样式”组中选择“金属框架”样式，如下图所示。单击“其他”按钮，会显示更多图片样式。使用相同的方法继续为剩余两幅图片设置样式。

实战操作389 设置超链接

- 素材：无
- 难度：★★★★★
- 效果：无
- 视频：视频\第21章\实战操作389.avi

在本实例中，由于幻灯片分为两个部分，即“公司简介”和“公司作品”，所以可以分别为这两个内容设置超链接。具体操作步骤如下：

1 返回到第一张幻灯片，选择文本“公司简介”，打开“插入”选项卡，在“链接”组中单击“超链接”按钮，此时会弹出“插入超链接”对话框，在“链接到”列表框中选择“本文档中的位置”选项，在“请选择文档中的位置”列表框中选择“幻灯片2”，选择完成后单击“确定”按钮 确定 ，如下图所示。

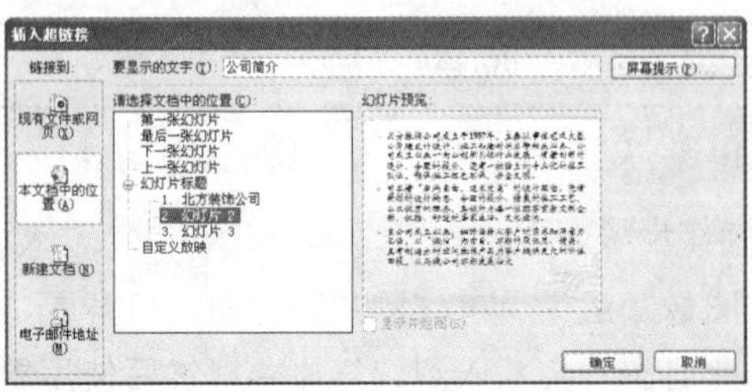

2 使用相同的方法设置文本“公司作品”，如下图所示。

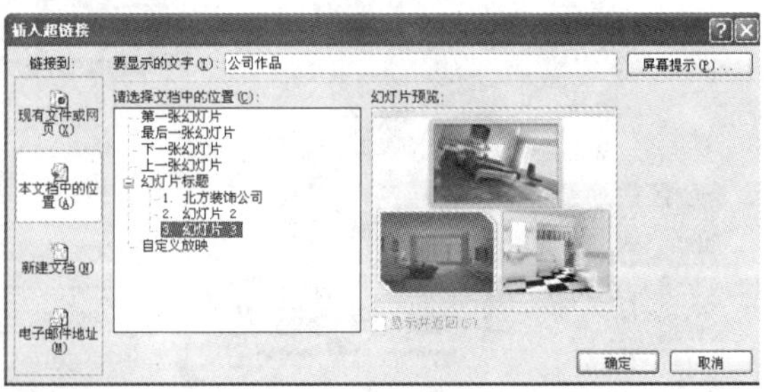

3 返回到幻灯片“北方装饰公司”界面，此时会发现设置超链接的两个文本下方

增加了下划线，说明设置成功，如下图所示。

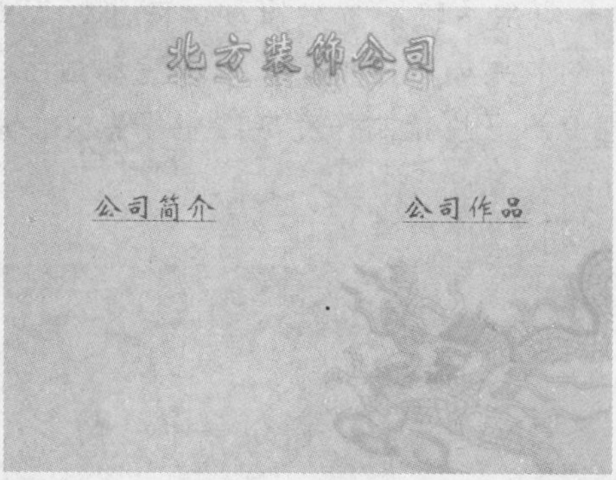

4 接下来设置返回链接。选择第二张幻灯片，在“插入”选项卡的“插图”组中单击“形状”下拉按钮，在弹出的下拉列表中选择“左箭头”，如下图所示。此时鼠标变为十字光标形状，按住鼠标左键即可绘制箭头。

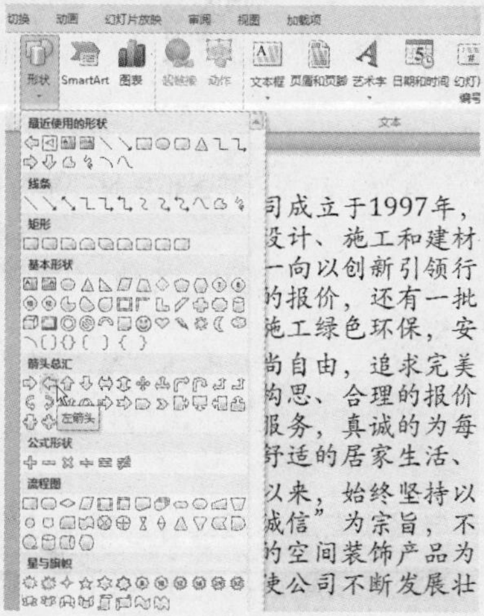

5 绘制完成后，使用相同的方法继续绘制“右箭头”，由于第三张幻灯片是最后一张，所以在第三张幻灯片上只绘制左箭头。绘制完成后的效果如下图所示。

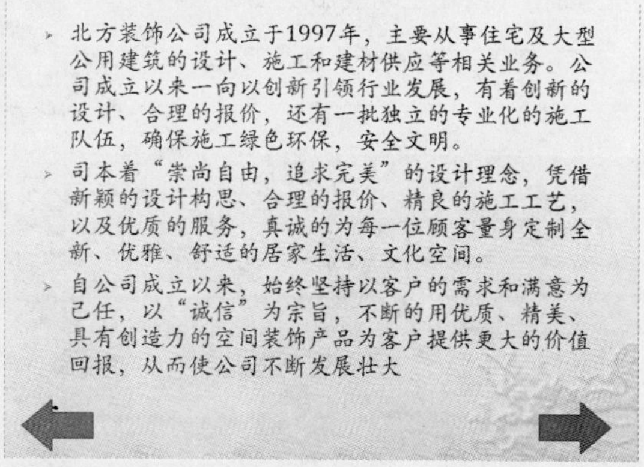

6 选择第二张幻灯片的左侧箭头，为其创建超链接至第一张幻灯片，如下图所示。将第二张幻灯片右侧箭头链接至第三张幻灯片，将第三张幻灯片中左侧箭头链接到第一张幻灯片。

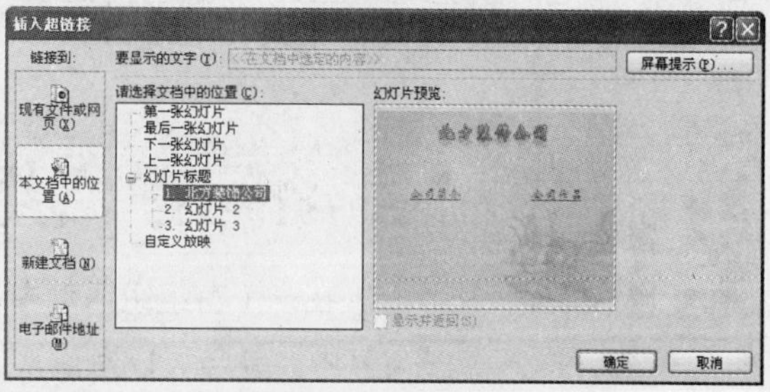

实战操作390 为图片设置动画

- 素材：无
- 难度：★★★★★
- 效果：效果\390\公司宣传幻灯片.pptx
- 视频：视频\第21章\实战操作390.avi

单纯的播放幻灯片容易使人审美疲劳，所以接下来为幻灯片中的图片添加一些动画效果。具体操作步骤如下：

1 选择第三张幻灯片，选择最上面的图片，打开“动画”选项卡，在“动画”组中单击“其他”按钮，在弹出的下拉列表中选择“翻转式由远及近”，如下图所示。设置完成后图片的左上角会出现图标 1 。

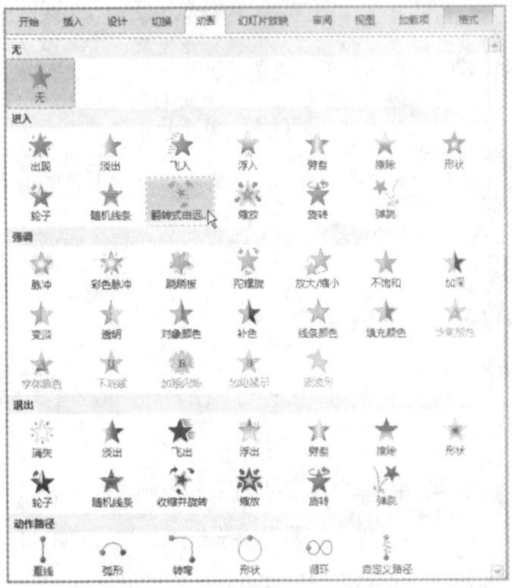

2 使用相同的方法并且更具个人喜好为剩余两幅图片设置动画效果，设置完成后的效果如下图所示。设置完动画后，公司宣传幻灯片就制作完成，将场景文件进行保存即可。

提示 选择“动画”选项卡，在“动画”组中单击“其他”按钮，在弹出的下拉列表中选择“更改进入效果”，在此有更多的动画效果可以进行设置。

21.3 互动问答幻灯片

在一个有组织活动中，活动组织者与观众交流的最好方式就是让他们参与其中。参与可以融洽双方的关系，有时还是活动必不可少的组成。例如在一些有奖竞答之类的促销活动中，或在教育、培训领域的教学活动中，通过互动都可以收到良好的效果。

实战操作391 创建幻灯片并添加背景

- 素材：素材\391\JDSJ597.jpg、114819.jpg、1280JDSJ.jpg
- 难度：★★★★★
- 效果：无
- 视频：视频\第21章\实战操作391.avi

要制作互动答题，首先要创建幻灯片以及为其添加背景。具体操作如下：

1 启动PowerPoint 2010，打开“开始”选项卡，在“幻灯片”组中单击“幻灯片版式”按钮 版式 ，在弹出的下拉列表中选择“空白”版式，如下图所示。

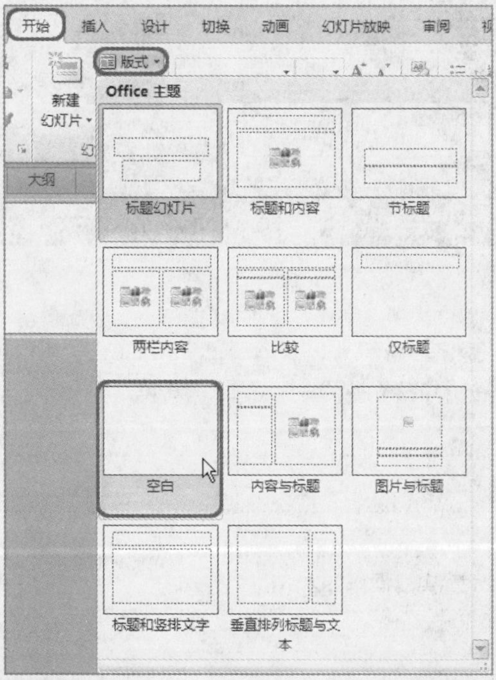

2 在“幻灯片”面板中的幻灯片上右击鼠标，在弹出的快捷菜单中选择“复制”选项，如下图所示。

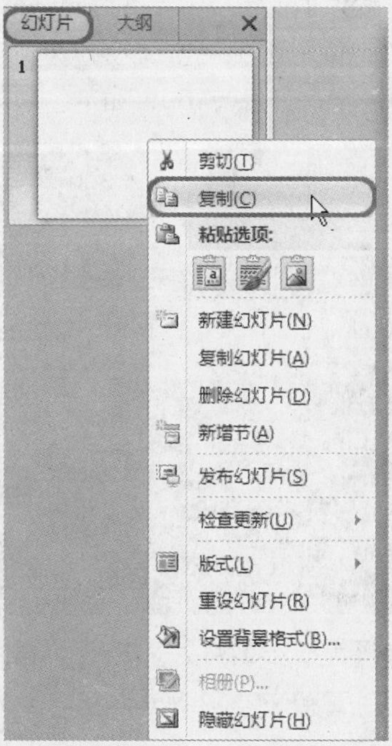

3 按Ctrl+V快捷键，复制出3个幻灯片，如下图所示。

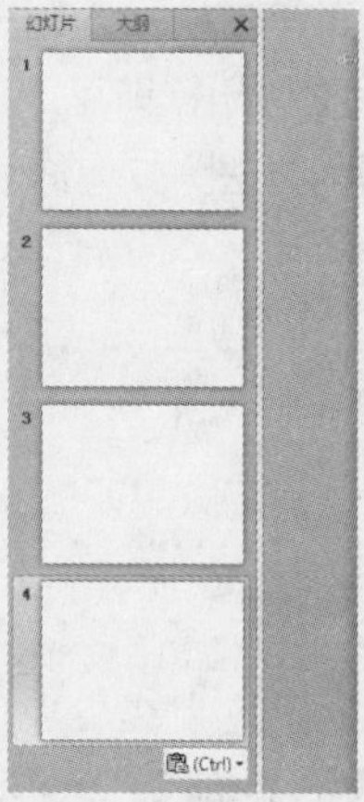

4 选择第一张幻灯片，在幻灯片窗口中右击鼠标，在弹出的快捷菜单中选择“设置背景格式”选项，如下图所示。

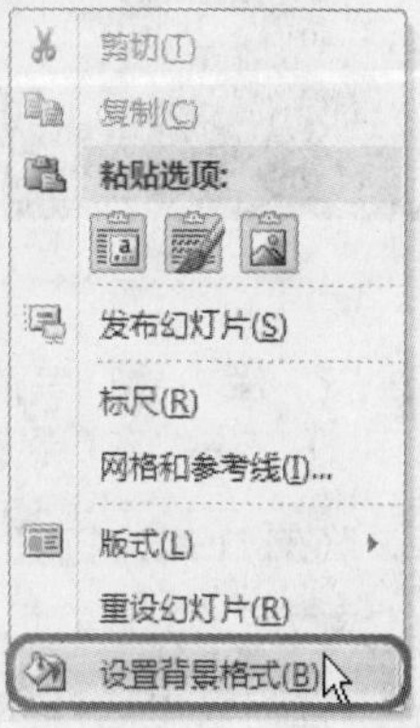

5 在弹出的“设置背景格式”对话框中单击“图片或纹理填充”单选按钮，再单击“文件”按钮 文件(F)... ，如下图所示。

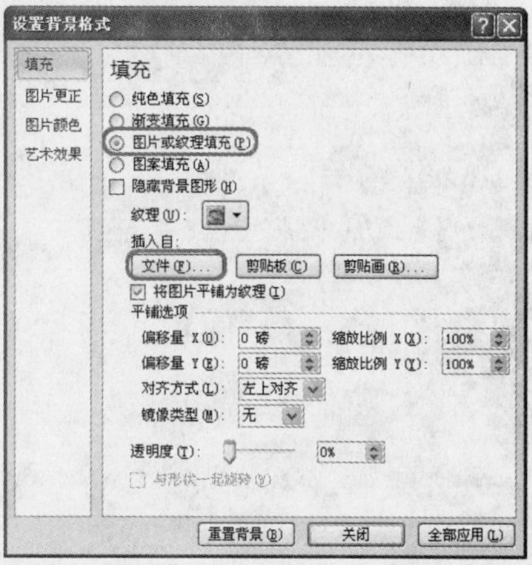

6 在弹出的“插入图片”对话框中打开素材文件夹，选择素材文件“素材\391\JDSJ597.jpg”，单击“插入”按钮，将“设置背景格式”对话框关闭，即可添加背景，如右图所示。使用同样的方法为其他幻灯片添加背景。

实战操作392 插入艺术字

- 素材：无
- 难度：★★★★★
- 效果：无
- 视频：视频\第21章\实战操作392.avi

设置完背景后，接下来将要插入艺术字。具体操作步骤如下：

1 选择第一张幻灯片，打开“插入”选项卡，在“文本”组中单击“艺术字”按钮，在弹出的下拉列表中选择如下图所示的艺术字样式。

2 在弹出的文本框中输入“互动问答”，将输入的文字选中，打开“开始”选项卡，在“字体”组中将字体设置为“汉仪咪咪体简”，将字号设置为100，如下图所示。

3 选择第三张幻灯片，打开“插入”选项卡，在“文本”组中单击“艺术字”按

钮，在弹出的下拉列表中选择如下图所示的艺术字样式。

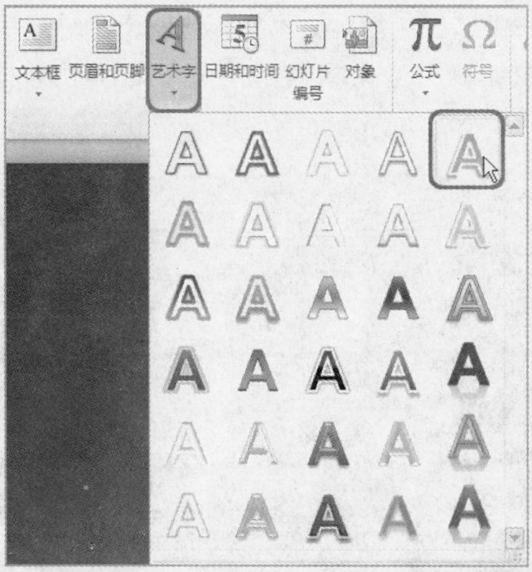

4 在弹出的文本框中输入“The Right”，将输入的文字选中，打开“开始”选项卡，在“字体”组中将字体设置为“华文隶书”，将字号设置为60，并调整其位置，如下图所示。

5 以同样的方法为第四张幻灯片添加艺术字，如右图所示。

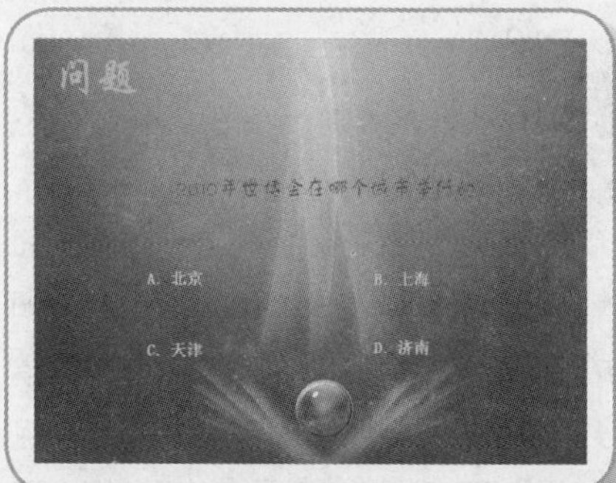

实战操作393　插入文本框

- 素材：无
- 难度：★★★★★
- 效果：无
- 视频：视频\第21章\实战操作393.avi

接下来将在幻灯片中插入文本框，具体操作步骤如下：

1 选择第二张幻灯片，打开“插入”选项卡，在“文本”组中单击“文本框”下三角按钮，在弹出的下拉列表中选择“横排文本框”选项，如下图所示。

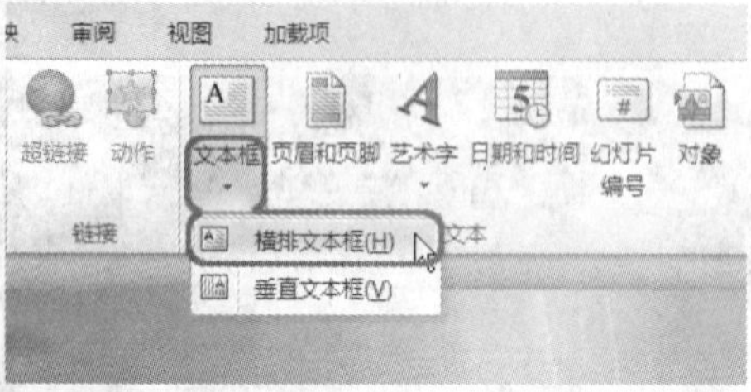

2 在幻灯片窗口中按住鼠标左键并向右下角拖动，在合适的位置上释放鼠标，在绘制的文本框中输入“问题”，如下图所示。

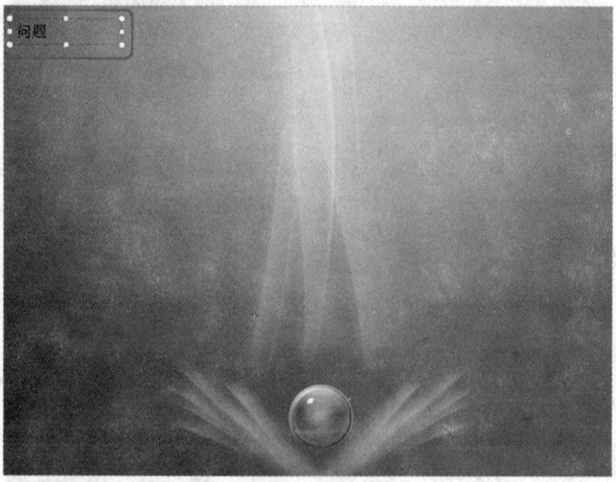

3 在文本框中选中文字，打开“开始”选项卡，在“字体”组中将字体设置为“方正行楷简体”，将字号设置为54，在“字体”组中单击“字体颜色”按钮右侧的下三角按钮，在弹出的下拉列表中选择如下图所示的颜色。

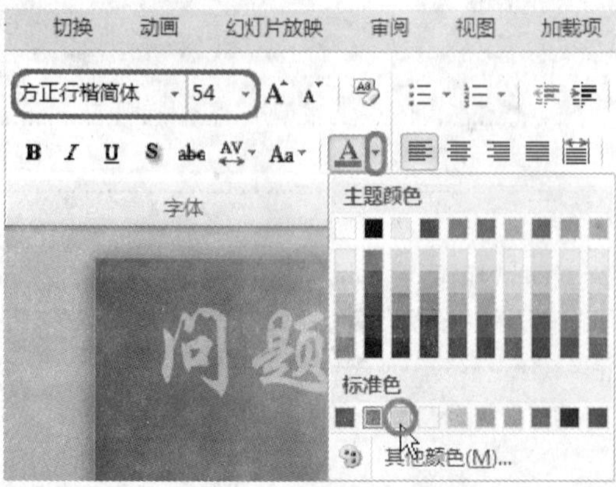

4 在幻灯片的其他位置上单击鼠标左键，选择“插入”选项卡，在“文本”组中单击“文本框”下三角按钮，在弹出的下拉列表中选择“横排文本框”选项，在幻灯片窗口中绘制一个文本框，并在文本框中输入文字，如下图所示。

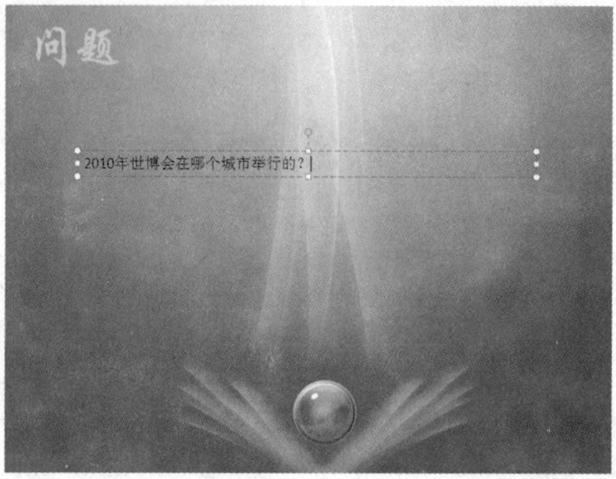

5 在文本框中将输入的文字选中，打开“开始”选项卡，在“字体”组中将字体设置为“方正新舒体简体”，将字号设置为28，在“字体”组中单击“字体颜色”右侧的下三角按钮，在弹出的下拉列表中选择“红色”，如下图所示。

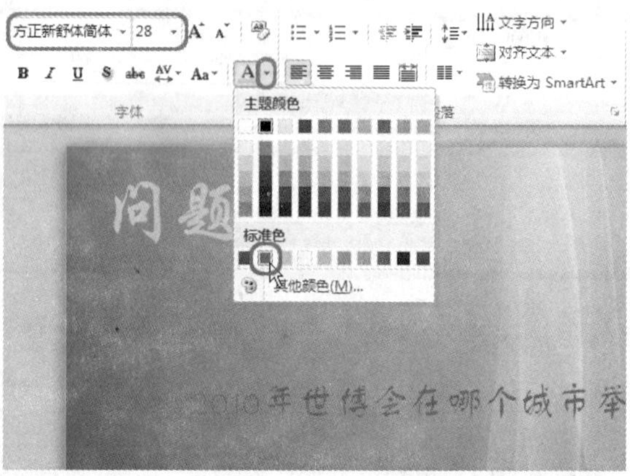

6 在幻灯片窗口中调整文本框的位置，调整完成后在幻灯片的其他位置上单击鼠标左键，打开“插入”选项卡，在“文本”组中单击“文本框”下三角按钮，在弹出的下拉列表中选择“横排文本框”选项，在幻灯片窗口中绘制一个文本框，并在文本框中输入文

字，如下图所示。

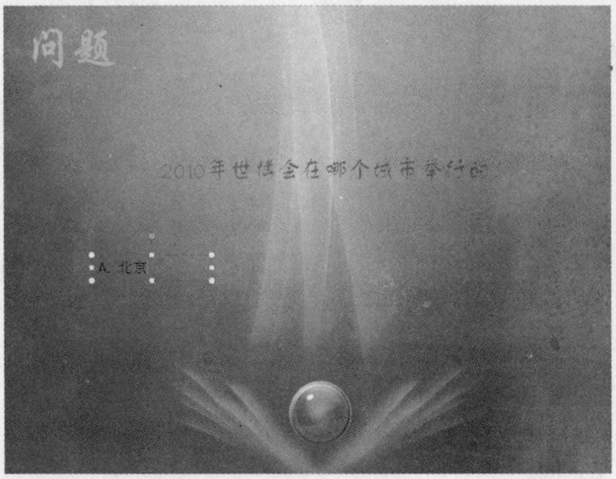

7 在文本框中将输入的文字选中，打开“开始”选项卡，在“字体”组中将字体设置为“宋体”，将字号设置为20，在“字体”组中单击“加粗”按钮**B**，然后再单击“字体颜色”右侧的下三角按钮**A**，在弹出的下拉列表中选择“黄色”，如下图所示。

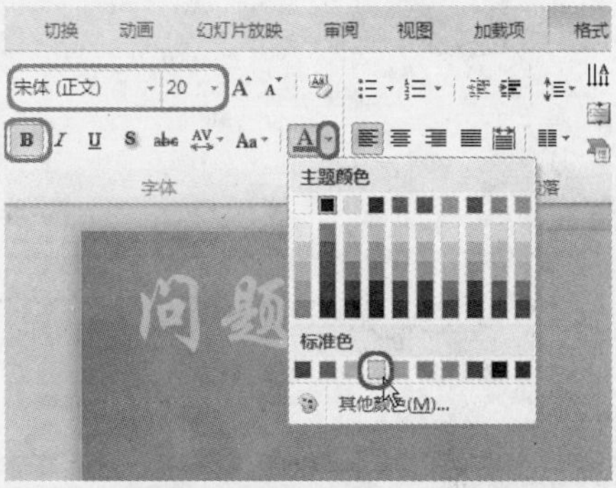

8 使用同样的方法再创建3个文本框，并分别输入“B. 上海”、“C. 天津”、“D. 济南”，使用步骤7的操作方法对其进行设置，并调整其位置，如右图所示。

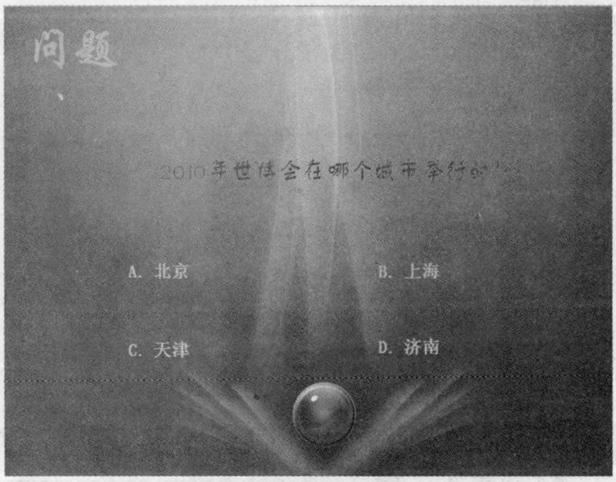

实战操作394 绘制图形并添加文字

- 素材：无
- 难度：★★★★★
- 效果：无
- 视频：视频\第21章\实战操作394.avi

插入完文本框后，需要绘制图形并添加文字。具体操作步骤如下：

1 选择第一张幻灯片，打开“插入”选项卡，在“图像”组中单击“形状”按钮，在弹出的下拉列表中选择“左箭头”，如下图所示。

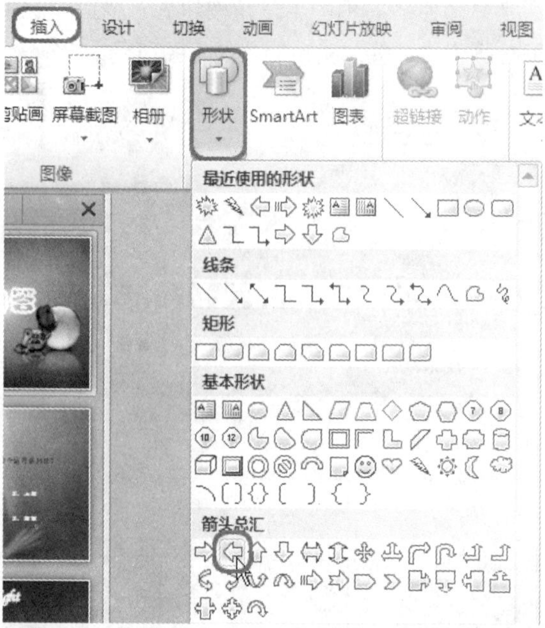

2 在幻灯片的左下角按住鼠标左键并拖动，在合适的位置上释放鼠标，选择“绘图工具”下的“格式”选项卡，在“大小”组中的“形状高度”文本框中输入1.8，在“形状宽度”文本框中输入2.8，按Enter键确认，如下图所示。

3 选择“绘图工具”下的“格式”选项卡，在“形状样式”组中单击“其他”按钮，在弹出的下拉列表中选择如下图所示的形状样式。

4 在所绘制的图形上右击鼠标，在弹出的快捷菜单中选择“编辑文字”选项，如下图所示。

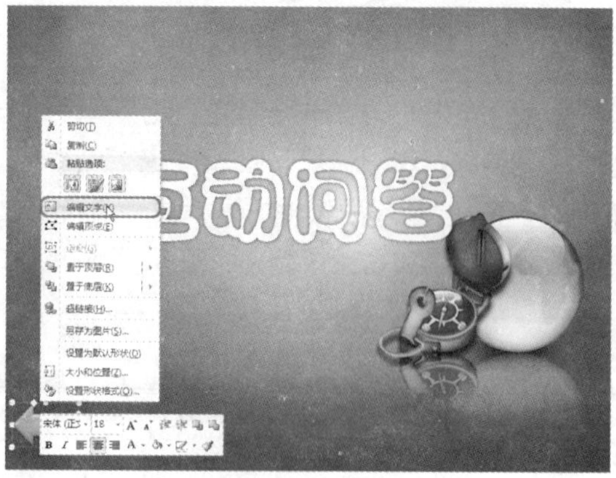

5 在该图形中输入“Exit”，选择输入的文字，打开“开始”选项卡，在“字体”组中将字号设置为20，如下图所示。

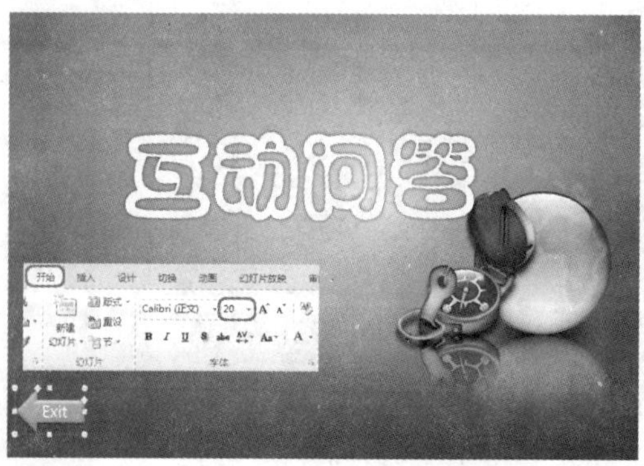

6 打开“插入”选项卡，在“插图”组中单击“形状”按钮，在弹出的下拉列表

中选择“右箭头”，如下图所示。

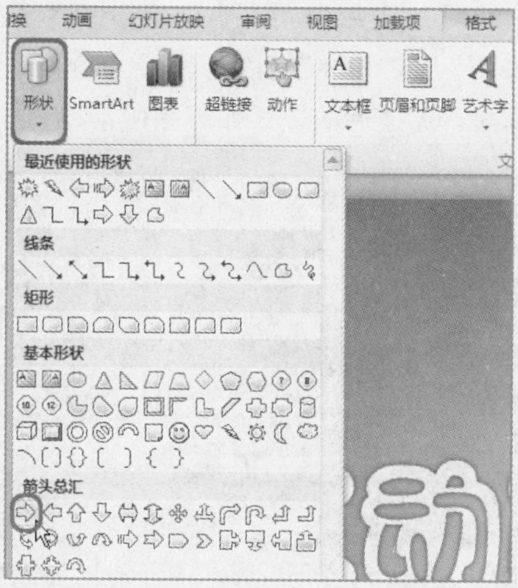

7 在幻灯片的右下角单击左键并拖动鼠标，在合适的位置上释放鼠标，选择“绘图工具”下的“格式”选项卡，在“大小”组中的“形状高度”文本框中输入1.8，在“形状宽度”文本框中输入2.8，按Enter键确认，并调整其位置，如下图所示。

8 在所绘制的图形上右击鼠标，在弹出的快捷菜单中选择“编辑文字”选项，如下图所示。

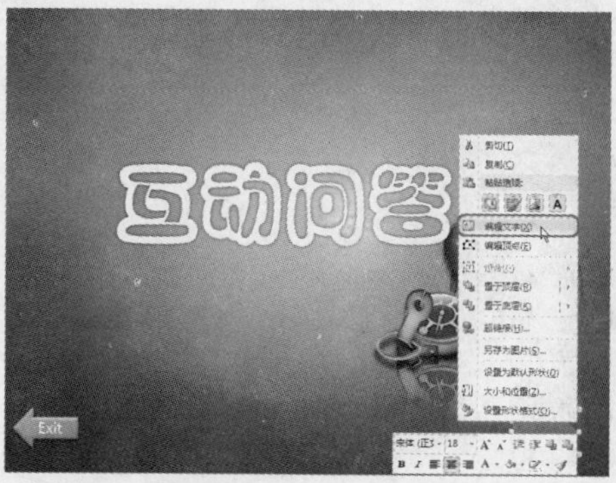

9 在该图形中输入“Next”，选择输入的文字，选择“开始”选项卡，在“字体”组中将字号设置为20，如下图所示。

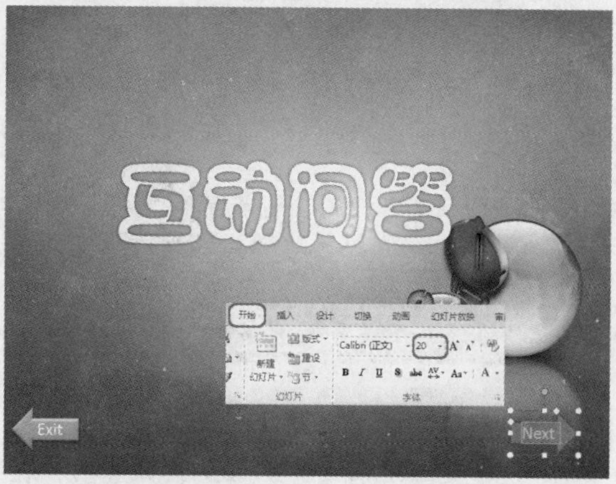

10 选择“绘图工具”下的“格式”选项卡，在“形状样式”组中单击“其他”按钮，在弹出的下拉列表中选择如下图所示的形状样式。

11 选择第二张幻灯片，打开“插入”选项卡，在“插图”组中单击“形状”按钮，在弹出的下拉列表中选择“左箭头”，在幻灯片的右下角按住鼠标左键并拖动，在合适的位置上释放鼠标，选择“绘图工具”下的“格式”选项卡，在“大小”组中的“形状高度”文本框中输入1.8，在“形状宽度”文本框中输

入2.8，按Enter键确认，并调整其位置，如下图所示。

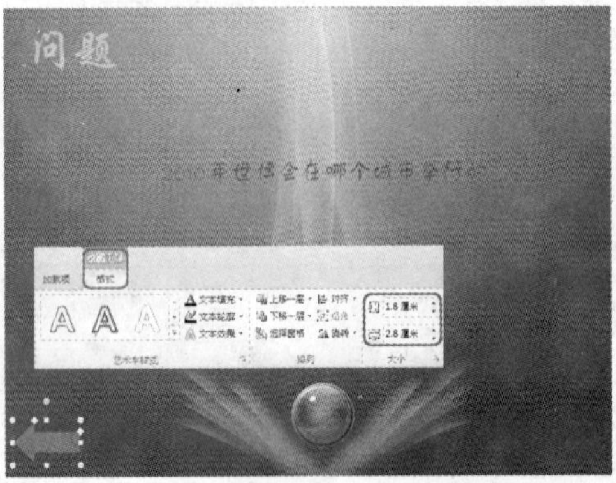

12 在所绘制的图形上右击鼠标，在弹出的快捷菜单中选择“编辑文字”选项，在该图形中输入“Exit”，选择输入的文字，打开“开始”选项卡，在“字体”组中将字号设置为20，如下图所示。

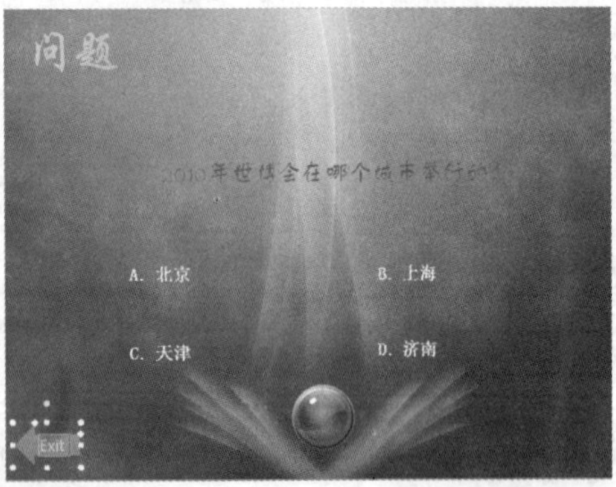

13 选择“绘图工具”下的“格式”选项卡，在“形状样式”组中单击“其他”按钮，在弹出的下拉列表中选择如下图所示的形状样式。

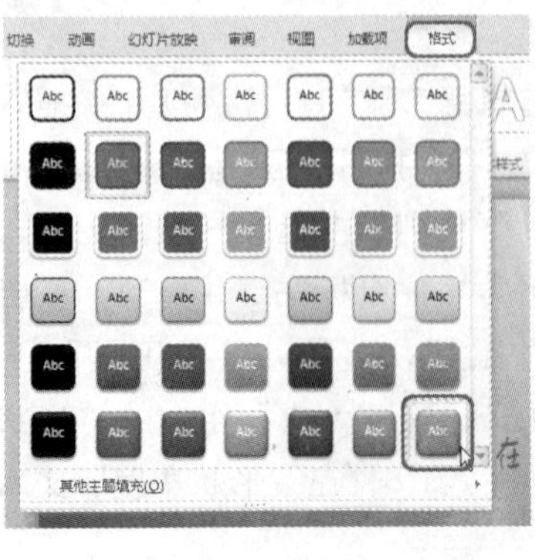

14 使用上面相同的方法在第三张与第四张幻灯片中绘制箭头，并分别在箭头中输入“Exit”与“Back”，将其设置与上面相同的形状样式，完成后的效果如下图所示。

15 选择第三张幻灯片，打开“插入”选项卡，在“插图”组中单击“形状”按钮，在弹出的下拉列表中选择“爆炸形1”，如下图所示。

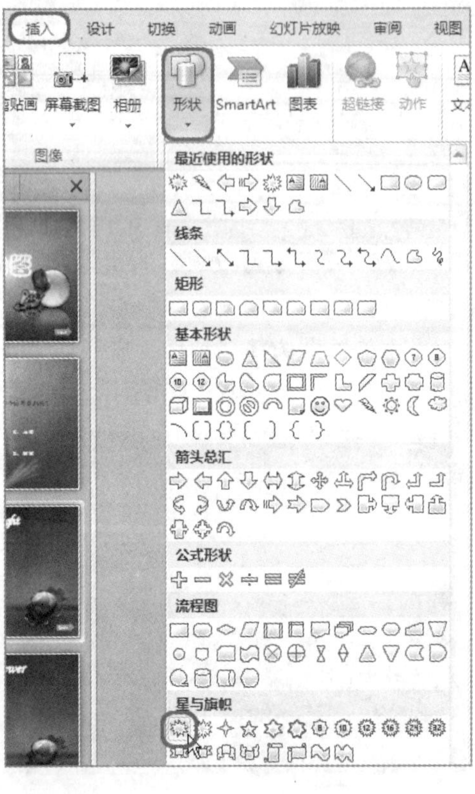

16 在幻灯片窗口中绘制一个爆炸形，如下图所示。

17 选择“绘图工具”下的“格式”选项卡，在“形状样式”组中单击“其他”按钮，在弹出的下拉列表中选择如下图所示的图形样式。

18 在“形状样式”组中单击“设置形状格式”按钮，在弹出的“设置形状格式”对话框中单击“颜色”按钮，在弹出的下拉列表中选择“黄色”，如下图所示。

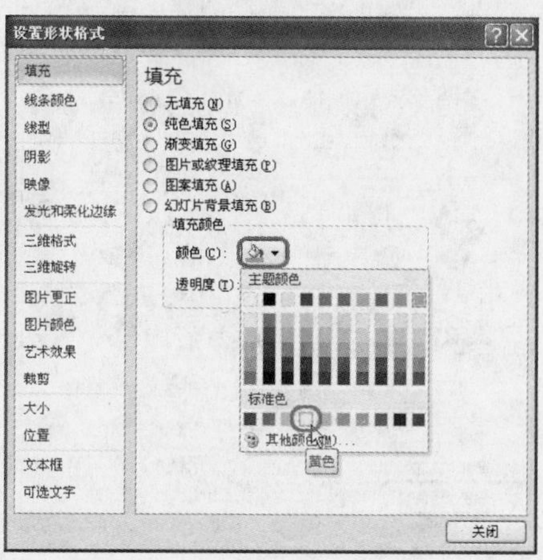

19 单击“关闭”按钮，即可改变形状的颜色，如下图所示。

20 在该图形上右击鼠标，在弹出的快捷菜单中选择“编辑文字”选项，在图形中输入文字，并将文字选中，选择“绘图工具”下的“格式”选项卡，在“艺术字样式”组中单击“其他”按钮，在弹出的下拉列表中选择如下图所示的艺术字样式。

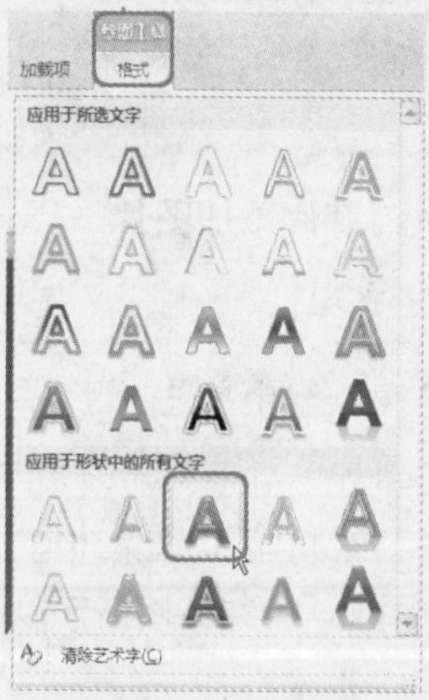

21 再选中文字，打开“开始”选项卡，在“字体”组中将字号设置为44，如下图所示。

22 选择所创建的图形，按Ctrl+C快捷键对其复制，选择第四张幻灯片，按Ctrl+V快捷键进行粘贴，并对图形中的文字进行更改，如右图所示。

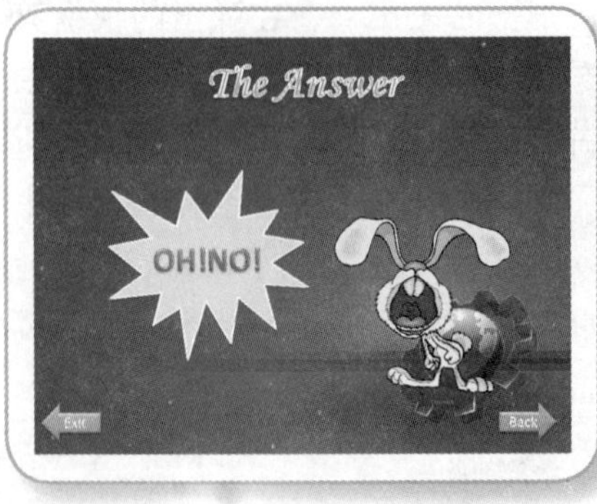

实战操作395 插入图片

- 素材：素材\395\01.JPG、006.jpg、超人.jpg
- 难度：★★★★★
- 效果：无
- 视频：视频\第21章\实战操作395.avi

接下来为幻灯片添加图片，具体操作步骤如下：

1 选择第二张幻灯片，打开“插入”选项卡，在“图像”组中单击“图片”按钮，在弹出的“插入图片”对话框中打开素材文件夹，选择素材文件“素材\395\超人.jpg”，单击“插入”按钮 插入(S) ，如下图所示。

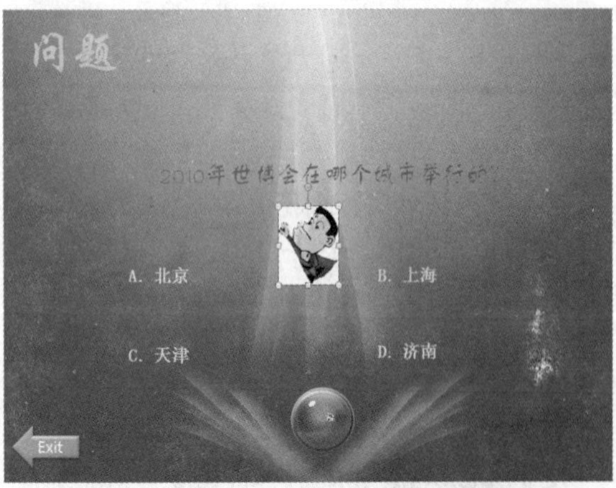

2 调整该图片的位置，并对其进行旋转，选择“图片工具”下的“格式”选项卡，在“调整”组中单击“颜色”按钮，在弹出的下拉列表中选择“设置透明色”选项，如下图所示。

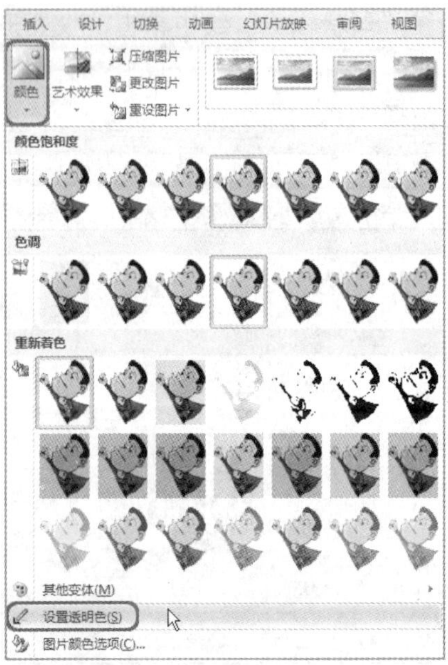

3 在该图片的空白位置上单击鼠标左键，对其设置透明色，如下图所示。

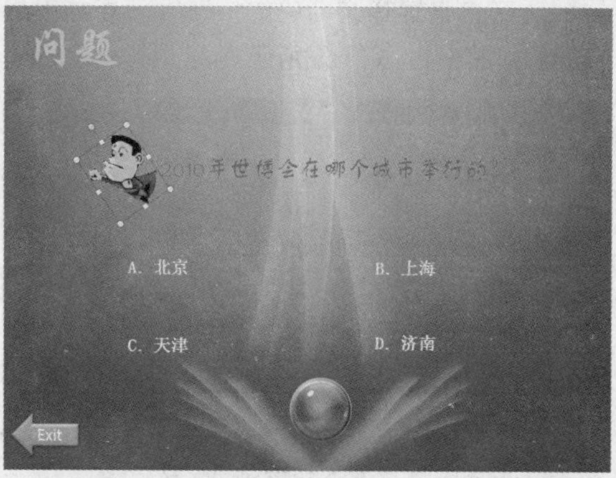

4 以同样的方法添加其他图片，并对其进行设置，完成后的效果如下图所示。

实战操作396 设置超链接

素材：无　　效果：无

难度：★★★★★　　视频：视频\第21章\实战操作396.avi

接下来为幻灯片设置超链接，具体操作步骤如下：

1 选择第一张幻灯片中左下角的箭头，在“插入”选项卡中的“链接”组中单击“动作”按钮，在弹出的对话框中单击“超链接到”单选按钮，然后在下面的下拉列表框中选择“结束放映”选项，如下图所示。

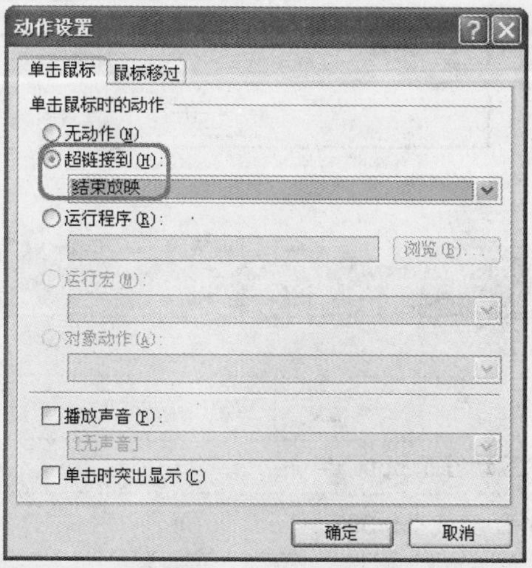

2 单击“确定”按钮，再选择右下角的箭头，在“插入”选项卡中的“链接”组中单击“超链接”按钮，在弹出的对话框中选择“本文档中的位置”，在“请选择文档中的位置：”列表框中选择“幻灯片2”，如下图所示。

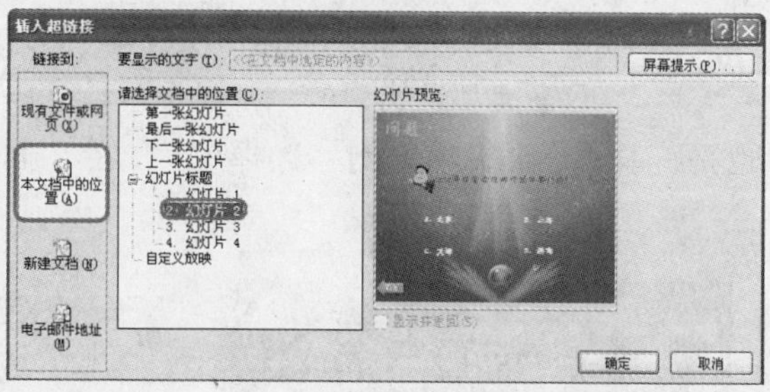

3 单击“确定”按钮，选择第二张幻灯片中左下角的箭头，在“插入”选项卡中的“链接”组中单击“动作”按钮，在弹出的对话框中单击“超链接到”单选按钮，然后在下面的下拉列表框中选择“结束放映”选项，

如下图所示。

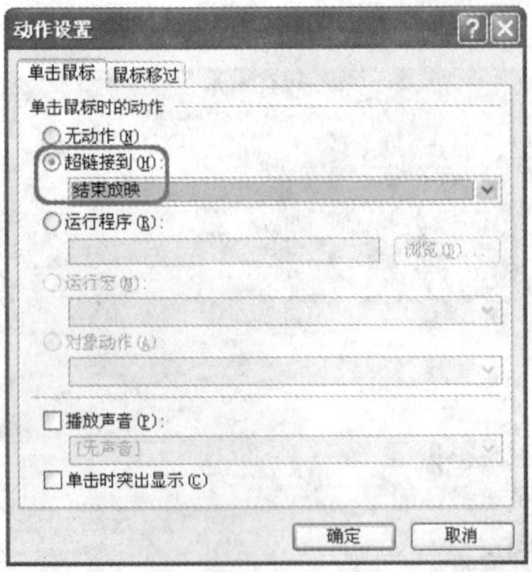

4 单击“确定”按钮，在这张幻灯片中，第二个答案是正确的，所以要设置它链接到正确的答案幻灯片中。选择“答案B”文本框，在“插入”选项卡中的“链接”组中单击“超链接”按钮，在弹出的对话框中选择“本文档中的位置”，在“请选择文档中的位置”列表框中选择“幻灯片3”，如下图所示。

5 单击“确定”按钮，在这四项答案中A、C、D答案都是错误的，所以设置其链接也是一样的。以A项为例：选择A项，在“插入”选项卡中的“链接”组中单击“超链接”按钮，在弹出的对话框中选择“本文档中的位置”，在“请选择文档中的位置”列表框中选择“幻灯片4”，如下图所示。

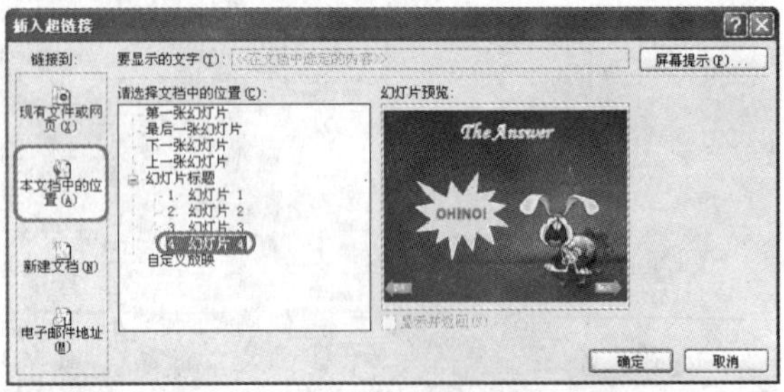

6 单击“确定”按钮，选择第三张幻灯片，选择幻灯片左下角的箭头，在“插入”选项卡中的“链接”组中单击“动作”按钮，在弹出的对话框中单击“超链接到”单选按钮，然后在下面的下拉列表框中选择“结束放映”选项，单击“确定”按钮，如下图所示。设置完成后使用相同的方法设置其他幻灯片。

实战操作397 设置动画

- 素材：无
- 难度：★★★★★
- 效果：效果\397\互动答题.pptx
- 视频：视频\第21章\实战操作397.avi

下面为幻灯片设置动画，这样可以使幻灯片更加生动。具体操作步骤如下：

1 选择第一张幻灯片中的“互动问答”文本框，在“动画”选项卡中的“动画”组中单击“其他”按钮，在弹出的下拉列表中选择“更改进入效果”选项，如下图所示。

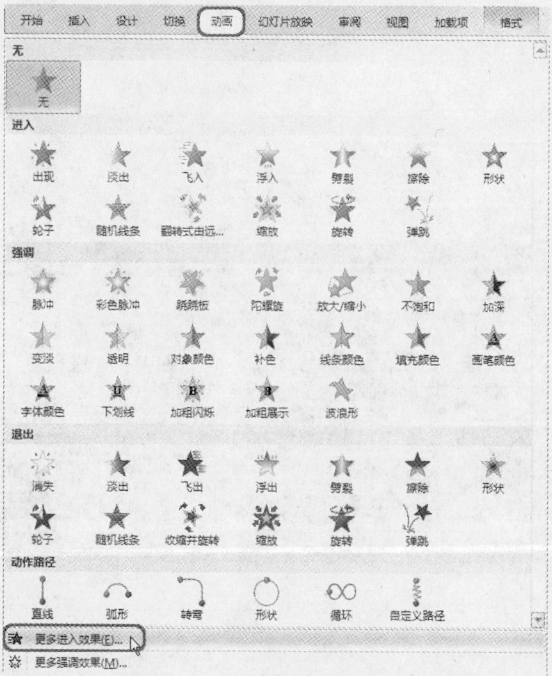

2 在弹出的“更改进入效果”对话框中选择“下拉”，如下图所示。

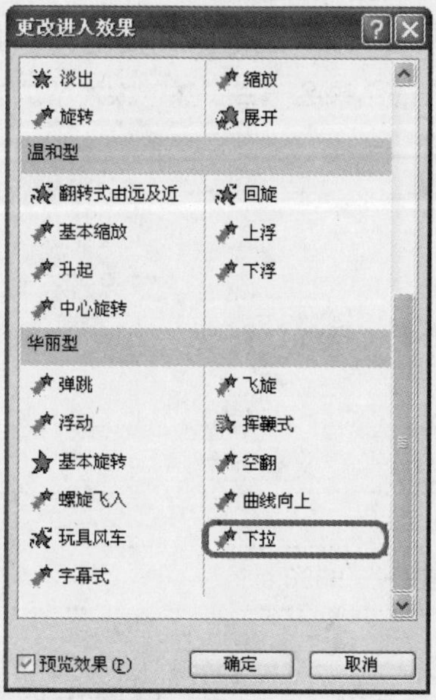

3 单击“确定”按钮，按住Ctrl键选择“Exit”和“Next”图形，选择“动画”选项卡，在“高级动画”组中单击“添加动画”按钮，在弹出的下拉列表中选择“字体颜色”，如下图所示。使用同样的方法为其他幻灯片中的图形及文字设置动画。

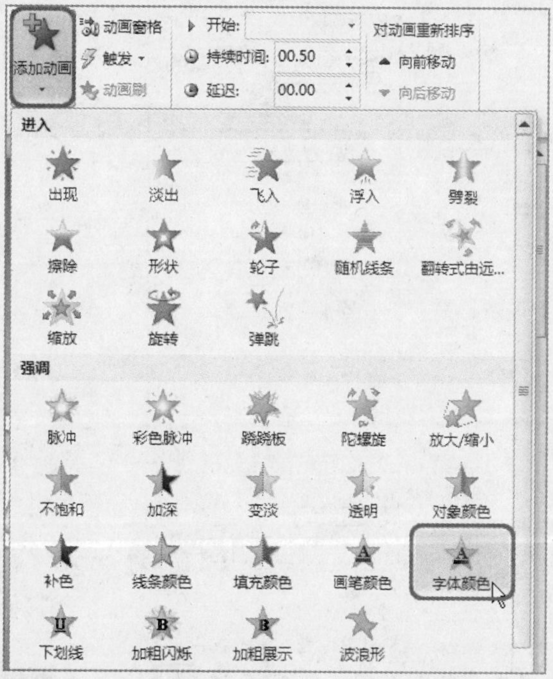

4 设置完成后，选择第一张幻灯片，在“动画”选项卡中的“高级动画”组中单击“动画窗格”按钮，在弹出的“动画窗格”对话框中选择如下图所示的选项。

5 在该选项上单击其右侧的下三角按钮，在弹出的下拉列表中选择“从上一项之后开始”选项，如下图所示。

6 使用同样的方法设置其他动画，设置完动画的标题前会有数字显示，如下图所示。至此，互动问答就制作完成了，对完成后的场景文件进行保存即可。

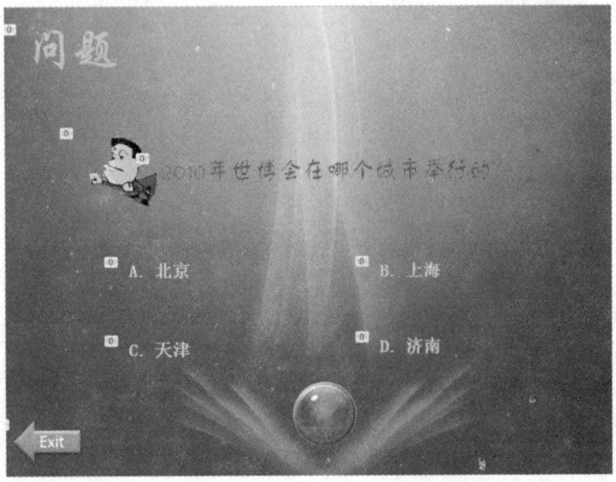

21.4 制作统计报告

在实际工作中，经常需要做一些数据统计，可以使用表格加数字的方式将结果显示出来，但是有时候对受众来说，数字总是比较抽象，如果能将抽象的数字用图表的方式表示出来，比较的结果会一目了然，大大增加演示文稿的说服力，增加受众的兴趣。

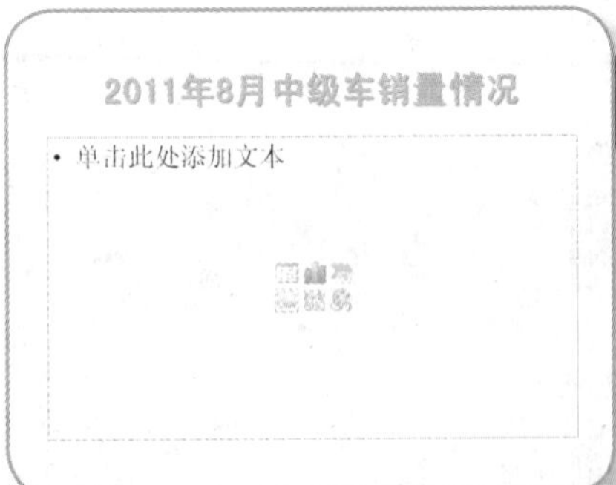

实战操作398 设置标题文字

- 素材：无
- 难度：★★★★★
- 效果：无
- 视频：视频\第21章\实战操作398.avi

如果创建图表，首先需要创建标题文字。醒目的标题文字是用户了解图表内容的关键。具体操作步骤如下：

1 运行PowerPoint 2010，系统会自动新建一个空白演示文稿，在“开始”选项卡“幻灯片”组中单击“版式”右侧下拉按钮 版式，在弹出的下拉列表中选择“标题和内容”版式，如下图所示。

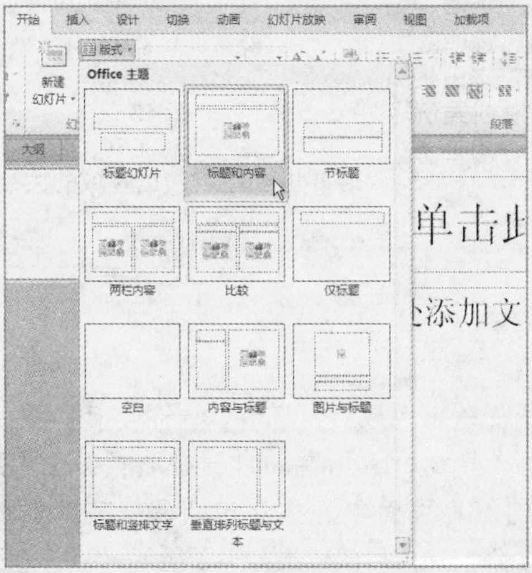

2 新建完成后，在标题占位符中输入“2011年8月中级车销量情况”，选择输入的标题文字，在“开始”选项卡下的“字体”组中将字体设置为“黑体”，将字号设置为44，单击“字体颜色”右侧下拉按钮，在弹出的颜色列表中选择“橙色”，如下图所示。

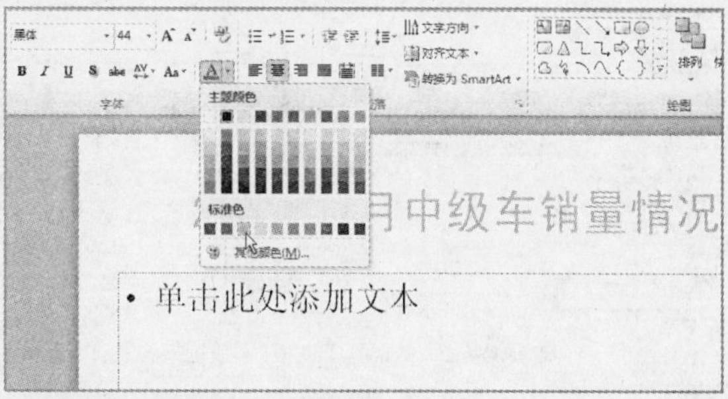

3 选中输入的文字，在“开始”选项卡下的“字体”选项组中选择“加粗”和“文字阴影”选项，完成后的效果如下图所示。

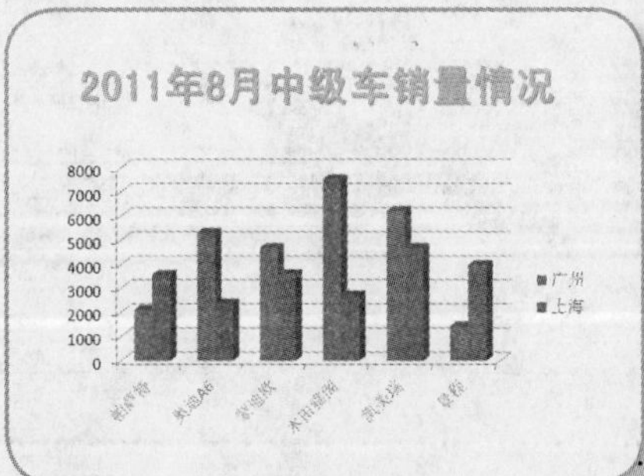

实战操作399 创建柱形图

- 素材：无
- 难度：★★★★★
- 效果：无
- 视频：视频\第21章\实战操作399.avi

输入完成标题后，就可以进行图表的创建了。PowerPoint 2010可以与Excel 2010进行关联，在表格中输入数据图表即可插入到幻灯片中，极大地方便了操作。具体操作步骤如下：

1 在“单击此处添加文本”文本框中单击“插入图表”按钮，此时会弹出“插入图表”对话框，在该对话框中选择“柱形图”选项卡，在“柱形图”组中选择“三维簇状柱形图”，如右图所示。

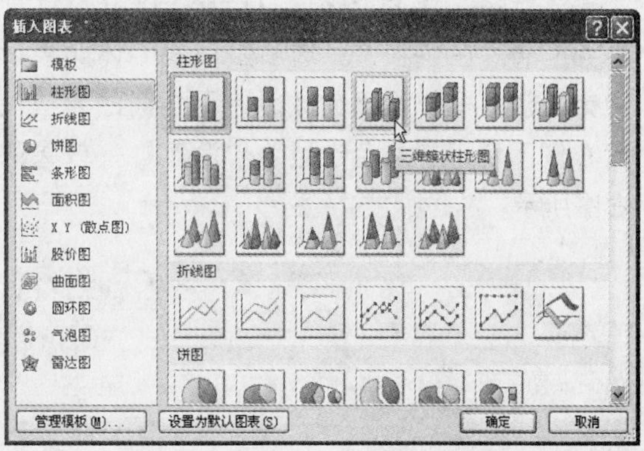

2 选择完成后单击“确定”按钮，此时会自动弹出Excel表格，表格中会自动填充数据，如下图所示。用户可以根据需要在表格上进行更改。

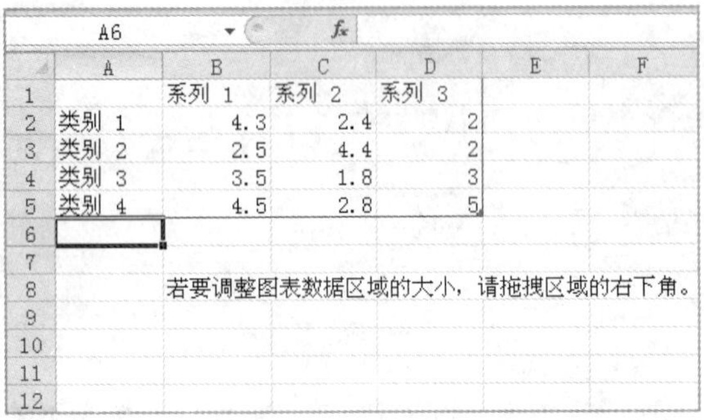

3 选中D列单元格，然后单击鼠标右键，在弹出的快捷菜单中选择“删除”命令，如下图所示，将D列单元格内容删除。

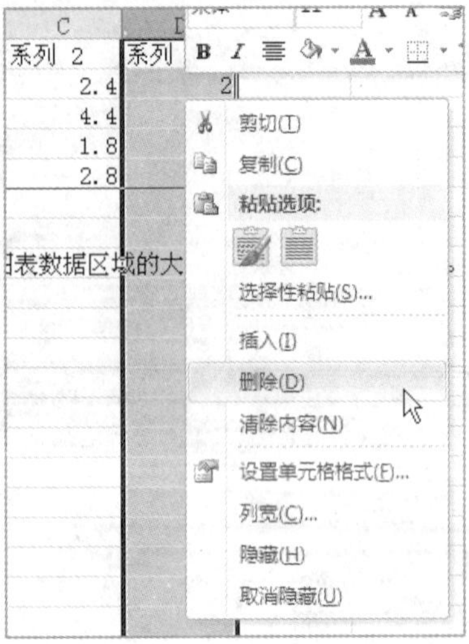

4 删除完成后，在单元格中输入数据，如下图所示。

5 输入完成后，将Excel表格关闭，返回到PowerPoint中，此时柱形图表已经插入到幻灯片页面中，拖动句柄调整其大小和位置。调整完成后的效果如下图所示。

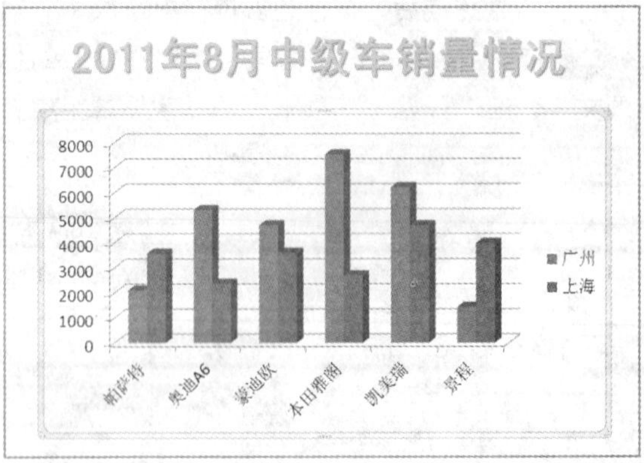

6 选择下方的图例，打开“开始”选项卡，在“字体”选项组中将字体颜色设置为“浅蓝”，设置完成后使用相同的方法设置右侧图例，将颜色设置为“深蓝”，效果如右图所示。

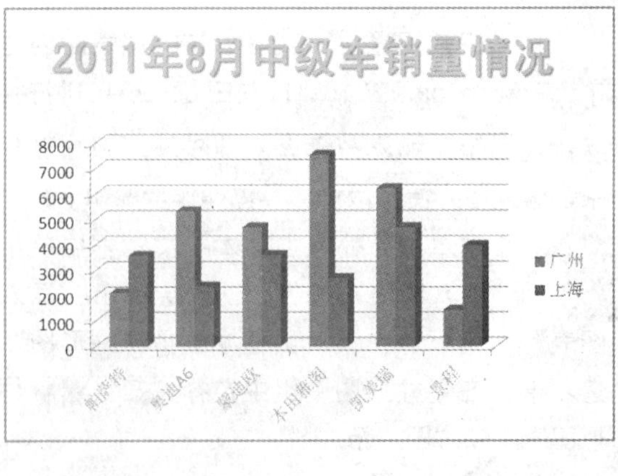

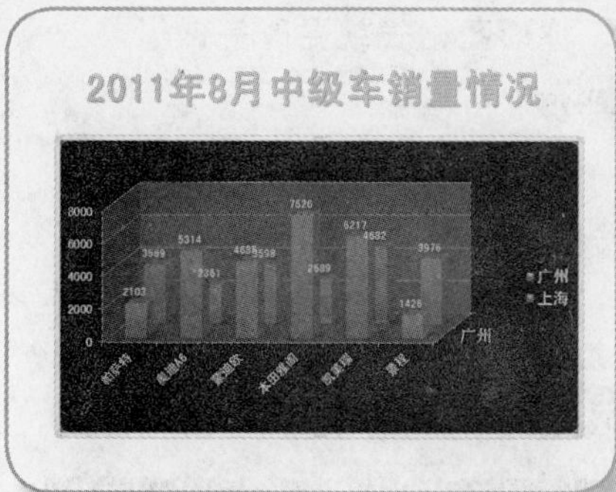

实战操作400 更改柱形图格式

- 素材：无
- 难度：★★★★★
- 效果：无
- 视频：视频\第21章\实战操作400.avi

在PowerPoint 2010中自带了许多的表格样式，用户可以在不同的样式中间自由切换。具体操作步骤如下：

1 选择图表，在“图表工具”下的“设计”选项卡中单击“图表样式”组中的“其他”按钮，在弹出的下拉列表中选择“样式42”，如下图所示。

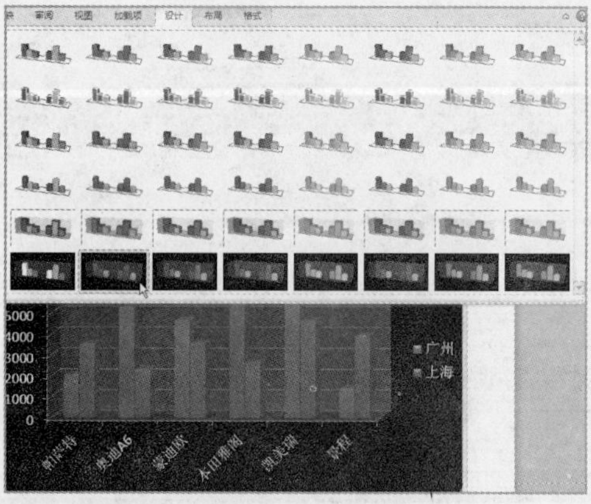

2 选择下方的图例，打开“开始”选项卡，在“字体”组中将字体设置为“黑体”，将字号设置为14，将字体颜色设置为“黄色”，如下图所示。

3 选择柱形垂直轴的数据标志，打开“开始”选项卡，在“字体”组中将字体设置为“黑体”，将字号设置为14，将字体颜色设置为“黄色”，如下图所示。使用相同的方法设置右侧的图例，将字体设置为“黑体”，将字号设置为18，将字体颜色设置为“黄色”。

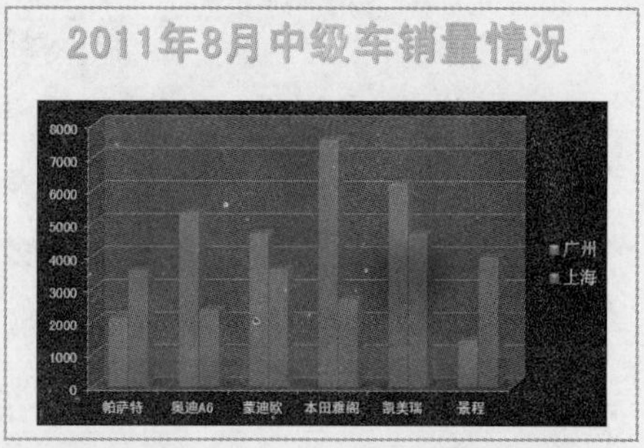

4 选择图表，选择“图表工具”下的“布局”选项卡，在“标签”组中单击“数据标签”下拉按钮，在弹出的下拉列表中选择“显示”选项，如下图所示。

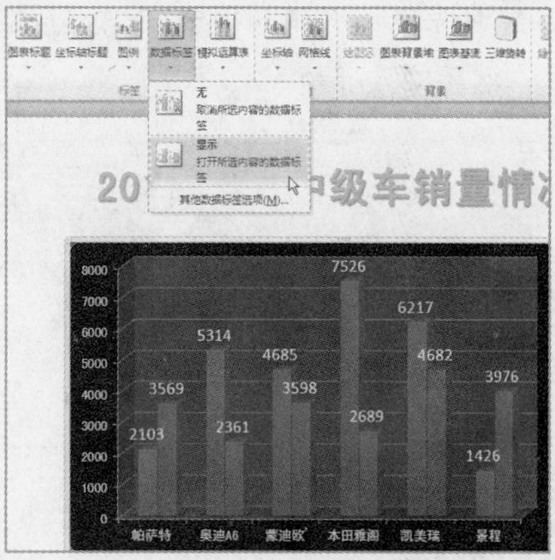

5 设置完成后再分别选择两个文字组，将字体设置为“黑体”，将字号设置为12，将字体颜色设置为“黄色”，在“图表工具”下的“设计”选项卡中的“类型”组中单击“更改图表”类型按钮，在弹出的“更改图表类型”对话框中选择“三维柱形图”，然后单击“确定”按钮，如下图所示。

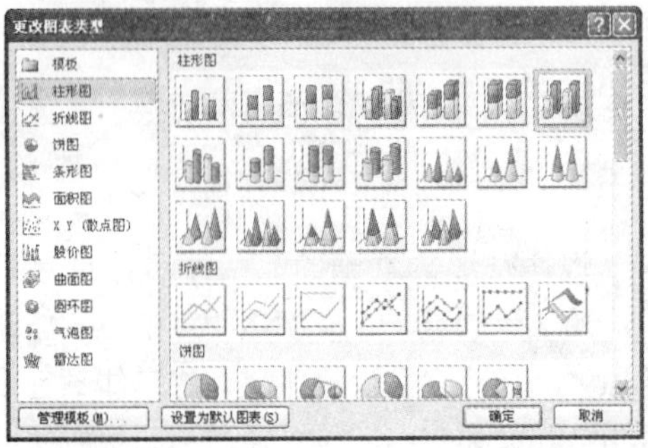

6 至此，柱形图格式就更改完成了，效果如下图所示。

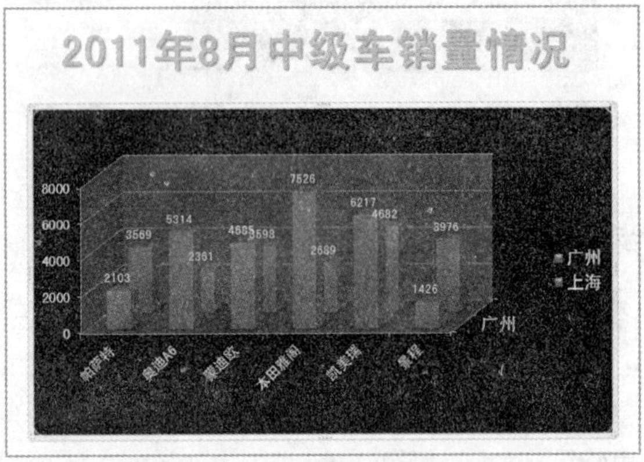

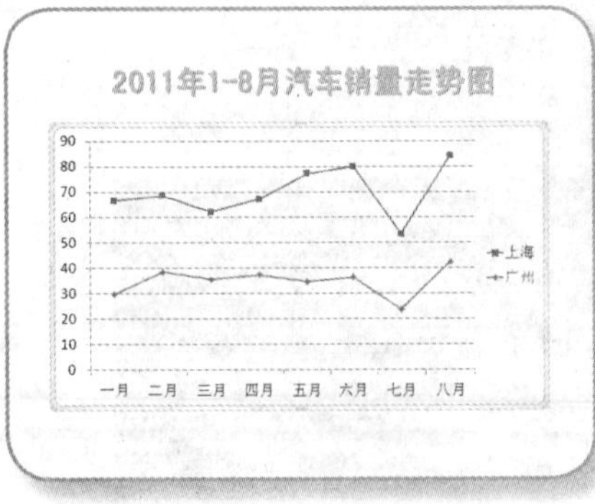

实战操作401 创建折线图

- 素材：无
- 难度：★★★★★
- 效果：无
- 视频：视频\第21章\实战操作401.avi

创建完柱形图后，接下来用户可以尝试着创建折线图。具体操作步骤如下：

1 打开“开始”选项卡，在“幻灯片”组中单击“新建幻灯片”按钮，在弹出的下拉列表中选择“标题和内容”幻灯片，如右图所示。然后输入标题。

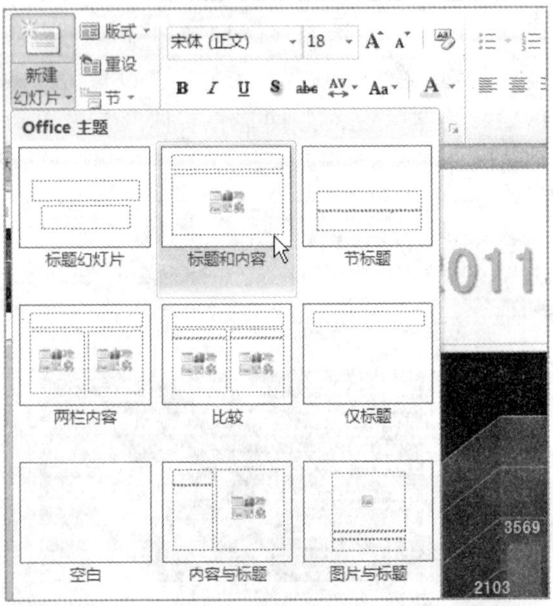

2 将字体设置为“黑体”，将字号设置为36，单击“字体颜色”右侧下拉按钮，在弹出的颜色列表中选择“橙色”，在“字体”选项组中选择“加粗”和“文字阴影”选项，效果如下图所示。

3 在“单击此处添加文本”文本框中单击“插入图表”按钮，此时会弹出“插入图表”对话框，在该对话框中打开“折线图”选项卡，在“折线图”组中选择“带数据标记的堆积折线图”，如下图所示。

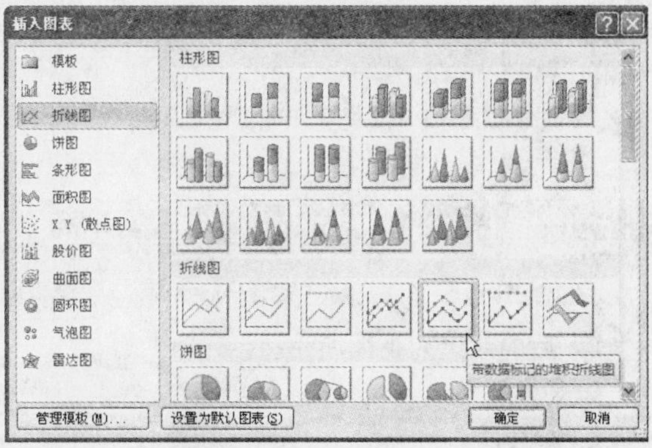

4 选择完成后单击“确定”按钮，此时会自动弹出Excel表格，然后在折线图上输入数据，输入完成后的结果如右图所示。关闭Excel表格，此时折线图已经插入到幻灯片中，然后调整其位置和大小。

	A	B	C	D
1		广州	上海	
2	一月	29.7	36.8	
3	二月	38.4	30.1	
4	三月	35.5	26.4	
5	四月	37.2	29.8	
6	五月	34.6	42.6	
7	六月	36.3	43.7	
8	七月	23.5	29.8	
9	八月	42.3	41.9	
10		若要调整图表数据区域的大小，i		
11				

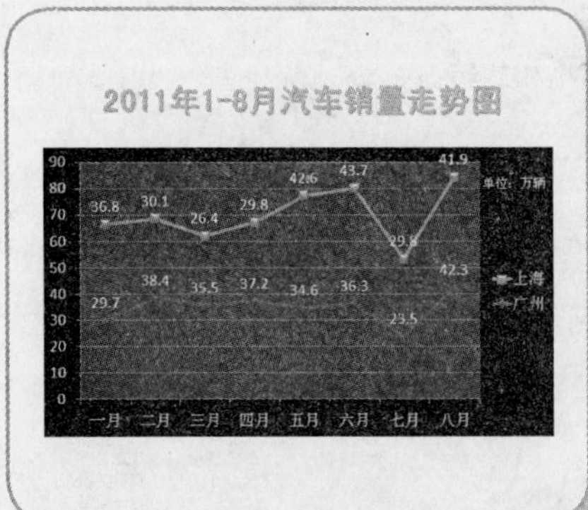

实战操作402 更改折线图格式

- 素材：无
- 难度：★★★★★
- 效果：效果\402\制作统计报告.pptx
- 视频：视频\第21章\实战操作402.avi

创建完成折线图后，用户可以根据个人的喜好更改，具体操作步骤如下：

1 选择折线图，在“绘图工具”下的“设计”选项卡中单击“图表样式”组中的“其他”按钮，在弹出的下拉列表中选择“样式46”，如下图所示。

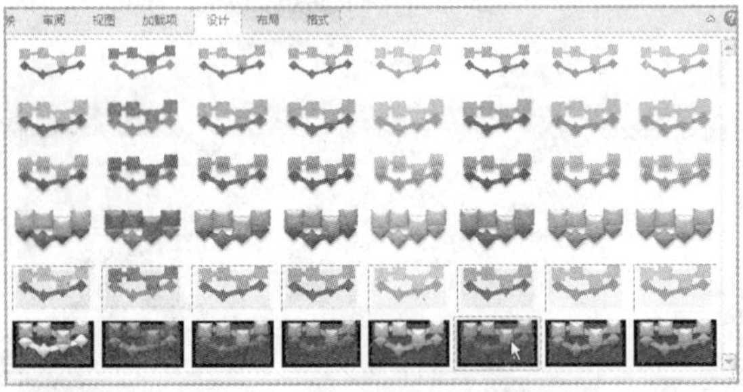

2 使用相同的方法设置图例的颜色，完成后的效果如下图所示。

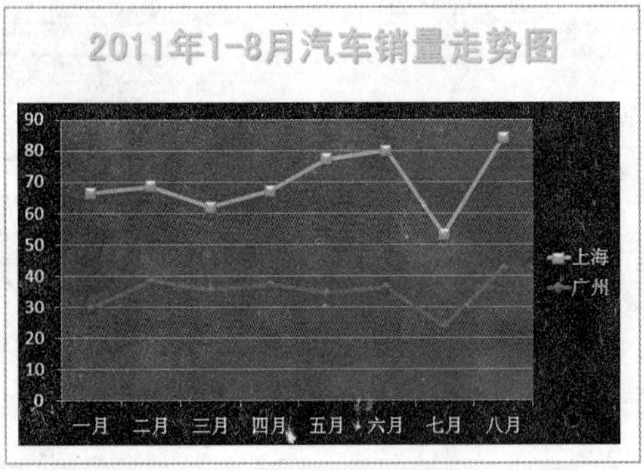

3 选择图表，选择“图表工具”下的“布局”选项卡，在“标签”组中单击“数据标签”下拉按钮，在弹出的下拉列表中选择“上方”选项，设置完成后将新添加的数据标签颜色设置为“黄色”，如下图所示。

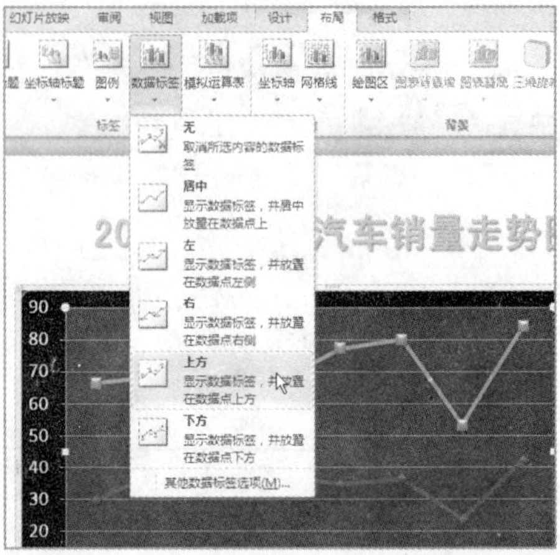

4 打开“插入”选项卡，单击“文本”组中的“文本框”下拉按钮，在弹出的下拉菜单中选择“横排文本框”选项，在文本框中输入“单位：万辆”。选择文字，在“开始”选项卡中的“字体”组中设置字体为“黑体”，设置字号为14，设置颜色为“白色”，如下图所示。这样就完成了折线图的制作。

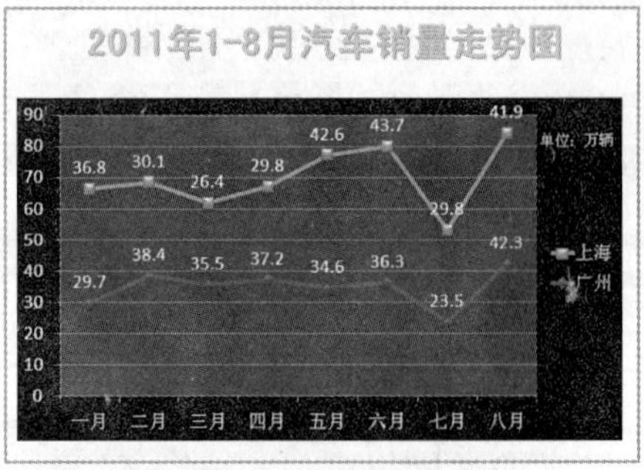

提示

拖动文本框的9个句柄可以对文本框进行调整，包括放大、缩小和旋转。

Chapter 22

第22章 企业幻灯片的制作

在信息化日益发展的今天，在工作单位中常常需要制作工作简报、市场销售份额以及财政管理的幻灯片演示文稿。本章将主要介绍幻灯片在企业中的应用实例，通过对本章的学习，使用户对PowerPoint 2010有更加深刻的理解和认识，在实际工作中应用起来更加得心应手。

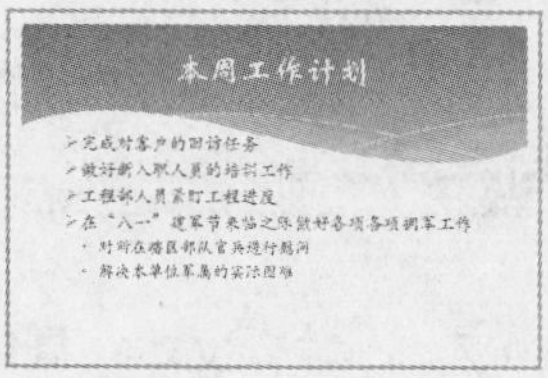

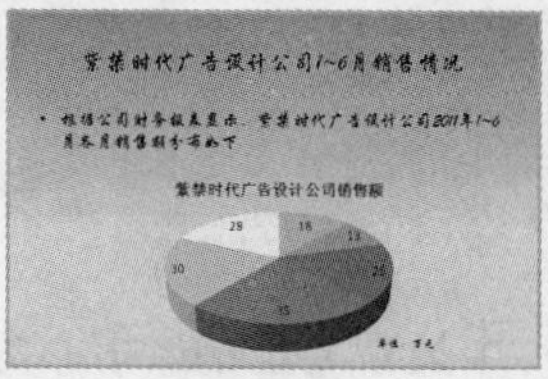

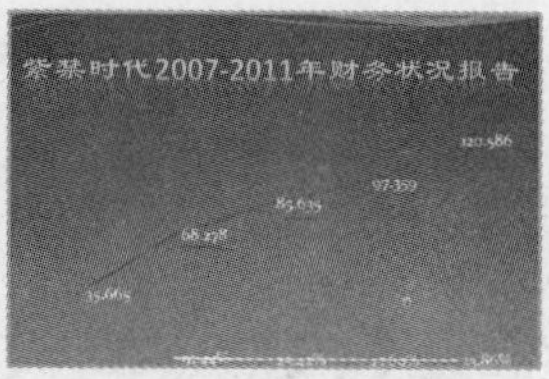

22.1 制作工作简报

在实际工作中,经常需要向上级汇报工作情况,有时候也需要对员工进行工作计划的安排,如何使用一种新颖和快捷的方式成为工作者必须要考虑的事情。通过对本例的学习，用户可以掌握制作工作简报的基本方法，并且能够在实际的工作中加以灵活应用，做出实用、漂亮的工作简报。

实战操作403 制作工作简报主题

- 素材：无
- 难度：★☆☆☆☆
- 效果：无
- 视频：视频\第22章\实战操作403.avi

下面将介绍如何为工作简报幻灯片设置主题，具体操作步骤如下：

1 启动PowerPoint 2010，系统会自动新建一个空白演示文稿，打开“设计”选项卡，在“主题”选项组中选择“波形”主题，如下图所示。

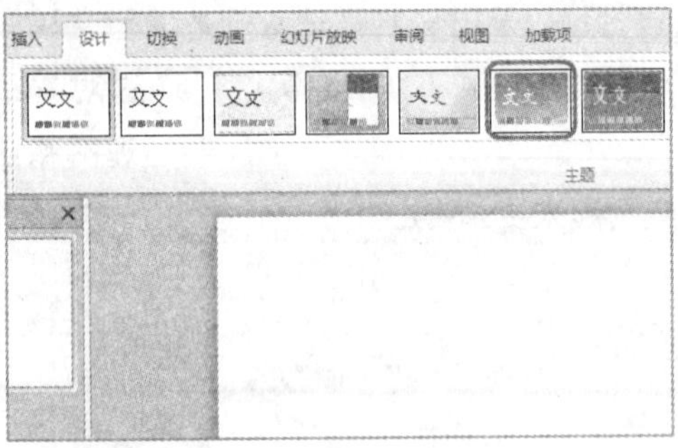

2 选择完成后，幻灯片主题就会更换，如下图所示。如果需要选择更多的主题样式，可以单击“主题”组中的“其他”按钮，在弹出的下拉列表中选择自己喜欢的主题样式即可。

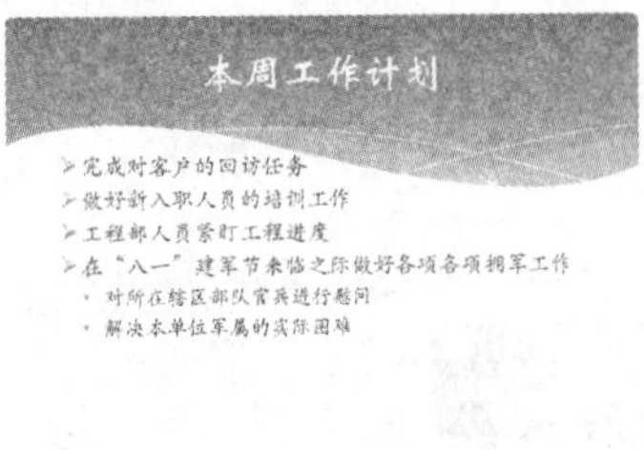

实战操作404 设置幻灯片文字

- 素材：无
- 难度：★★★☆☆
- 效果：无
- 视频：视频\第22章\实战操作404.avi

设置完幻灯片主题后，接下来介绍在幻灯片中最重要也是最核心的内容——输入文本。具体操作步骤如下：

1 在当前幻灯片“单击此处添加标题”文本框中输入标题文字“2011年8月工作汇报”。同样，在“单击此处添加副标题”文本框中输入副标题文字，如下图所示。

2 输入完成后，主标题、副标题为默认的字体、字号以及颜色。用户可以根据需要对其进行设置。首先选中标题文字，如下图所示。

3 打开“开始”选项卡，在“字体”组中将字体设置为“华文行楷”，将字号设置为60，设置完成后选择“倾斜”和“文字阴影”选项，效果如下图所示。

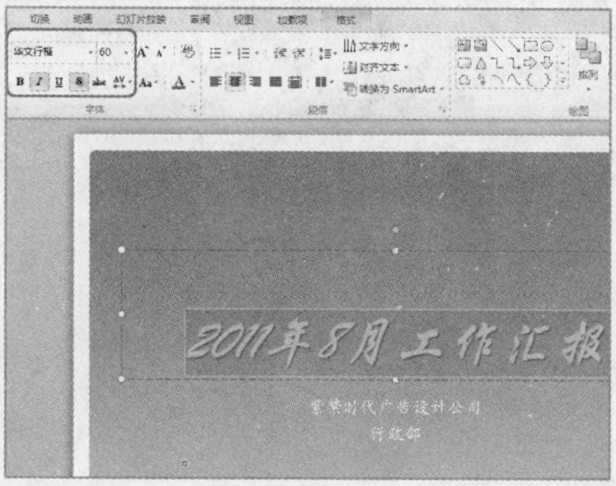

4 使用相同的方法继续设置副标题文字。在“字体”组中将字体设置为“楷体-GB2312”，将字号设置为28，然后选择“倾斜”选项，单击“字体颜色”右侧下拉按钮A，在弹出的颜色列表中选择“深蓝，文字2”，效果如下图所示。

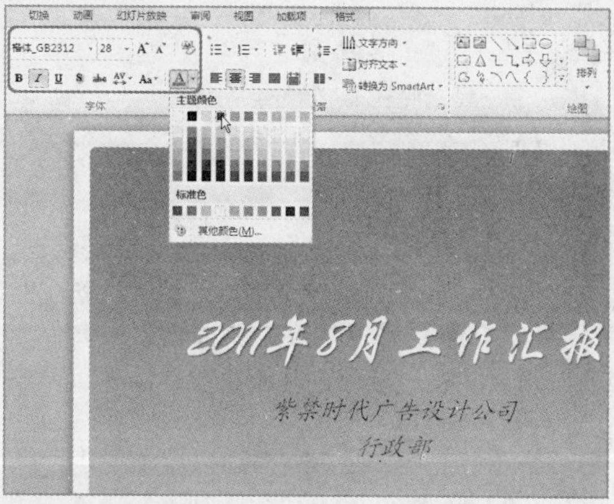

5 至此，完成第一张幻灯片的制作，下面来制作第二张幻灯片。打开“开始”选项卡，在“幻灯片”组中单击“新建幻灯片”下拉按钮，在弹出的下拉菜单中选择“标题和内容”，如下图所示。

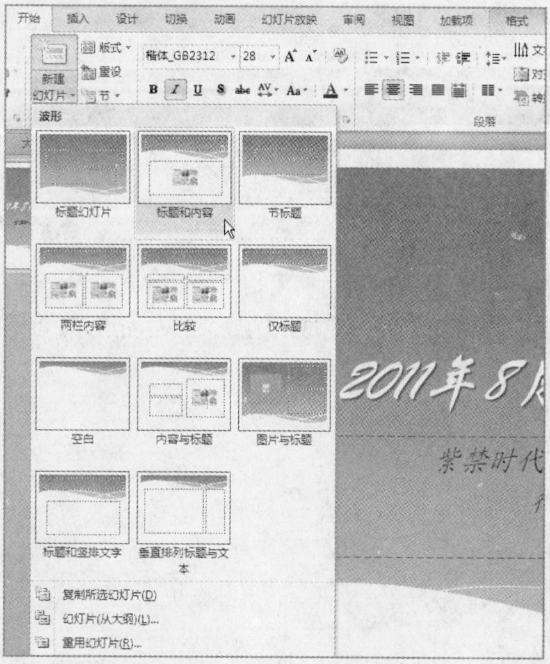

6 在新建幻灯片中输入标题和内容，输入内容时可以按Enter键换行，效果如下图所示。

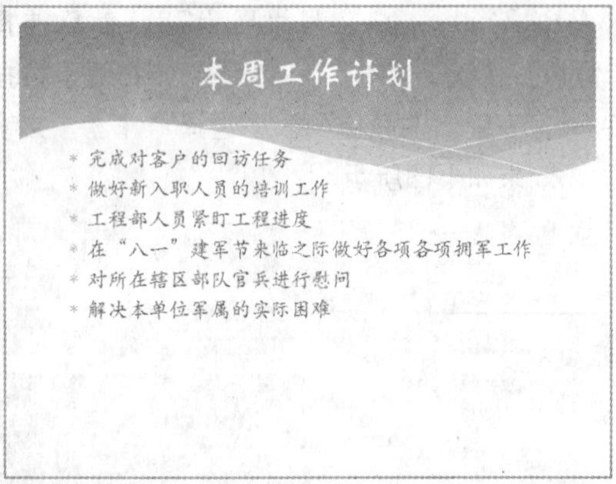

7 选择内容，打开“开始”选项卡，在“段落”组中单击“项目符号”右侧下拉菜单按钮，在弹出的下拉列表中选择“箭头项目符号”，如下图所示。

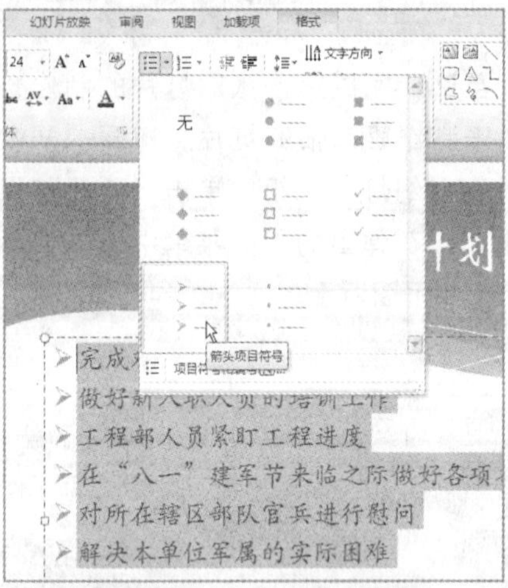

8 选择最后两行内容，在“开始”选项卡下的“段落”组中单击“提高列表级别”按钮，效果如下图所示。

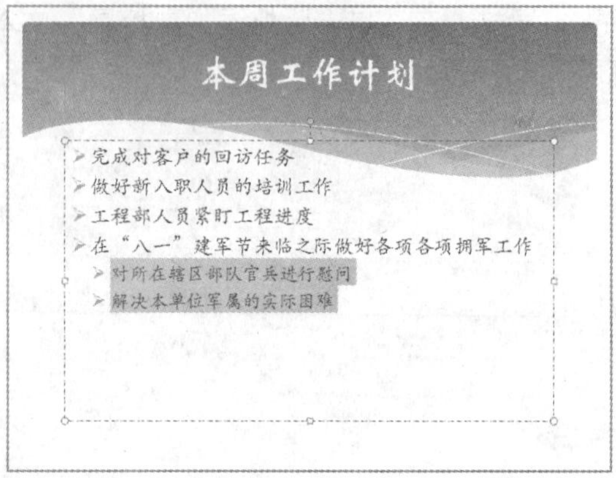

9 继续选择最后两行内容，在“开始”选项卡下的“段落”组中单击“项目符号”右侧下拉菜单按钮，在弹出的下拉列表中选择“圆圈项目符号”，如下图所示。

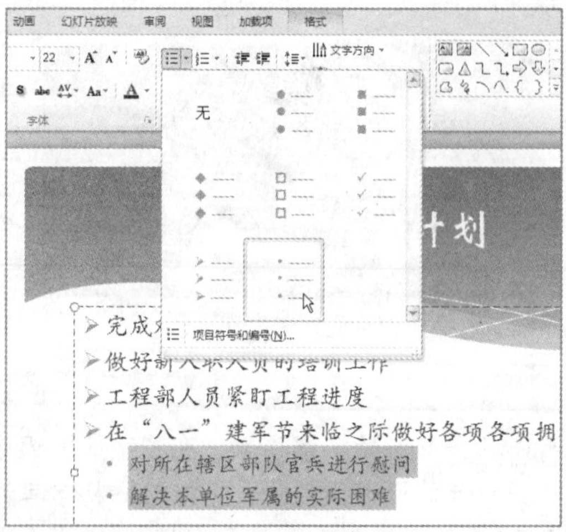

10 设置完成后，使用相同的方法制作另外一张幻灯片。完成后的效果如右图所示。

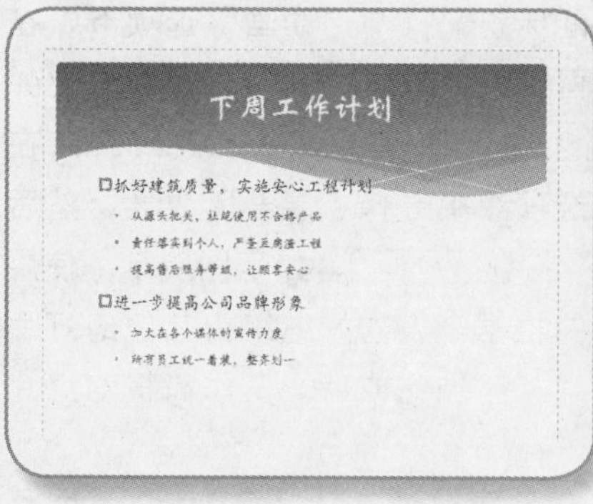

实战操作405 设置行距

- 素材：无
- 难度：★★★★★
- 效果：无
- 视频：视频\第22章\实战操作405.avi

文本输入完成后，段落格式为默认格式，可以通过修改行距来改变默认设置。具体操作步骤如下：

1 此时正文部分行距看起来过于紧凑，下面来设置行距。选择所有正文，在“段落”选项组中单击右下角的“段落”按钮，弹出“段落”对话框。在“间距”选项组下的“行距”文本框中选择“1.5倍行距”，单击“确定”按钮，如下图所示。

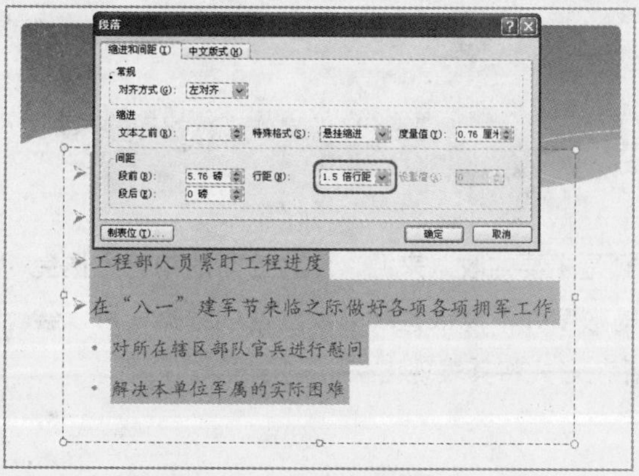

2 使用相同的方法设置第三张幻灯片的行距，完成后的效果如下图所示。

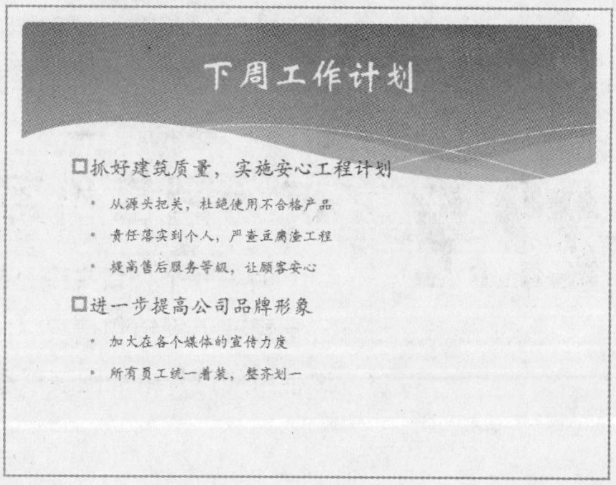

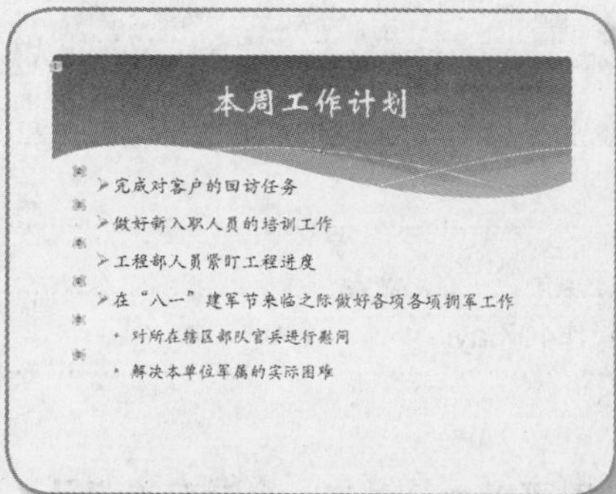

实战操作406 设置动画效果

- 素材：无
- 难度：★★★★★
- 效果：效果\406\工作简报.pptx
- 视频：视频\第22章\实战操作406.avi

为了使幻灯片在播放时更加美观，可以为标题和文本分别添加动画效果。具体操作步骤如下：

1 首先设置标题动画。选中标题，打开“动画”选项卡，在“动画”组中单击“其他”按钮，在弹出的下拉列表中选择“更改进入效果”。在“基本型”选项组中选择“百叶窗”效果，然后单击“确定”按钮，如下图所示。

2 选择副标题，打开“动画”选项卡，在“动画”组中单击“其他”按钮，在弹出的下拉列表中选择“更改进入效果”。在“细微型”选项组中选择“展开”效果，然后单击“确定”按钮，如下图所示。使用相同的方法并根据个人喜好继续为其他幻灯片添加动画效果，添加完成后，工作简报幻灯片就制作完成。

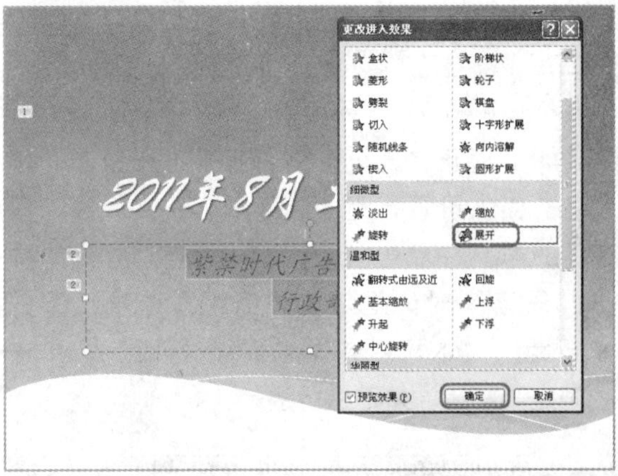

22.2 市场销售份额

对于一个公司来说，销售额是主要的收入来源，作为公司的销售人员会经常需要上报销售情况，单纯的数字并不能很直观的反应各项数据，可以尝试使用幻灯片中的图表以图文并茂形式将其表现出来。

实战操作407 设置渐变颜色

- 素材：无
- 难度：★★★★★
- 效果：无
- 视频：视频\第22章\实战操作407.avi

通常办公应用的幻灯片要求界面简洁明了但又不失美观，此时可以为其添加一个渐变的背景。具体操作步骤如下：

1 启动PowerPoint 2010，系统会自动新建一个空白演示文稿，单击“版式”右侧下拉菜单按钮 版式，在弹出的下拉列表中选择“标题和内容”幻灯片，如下图所示。

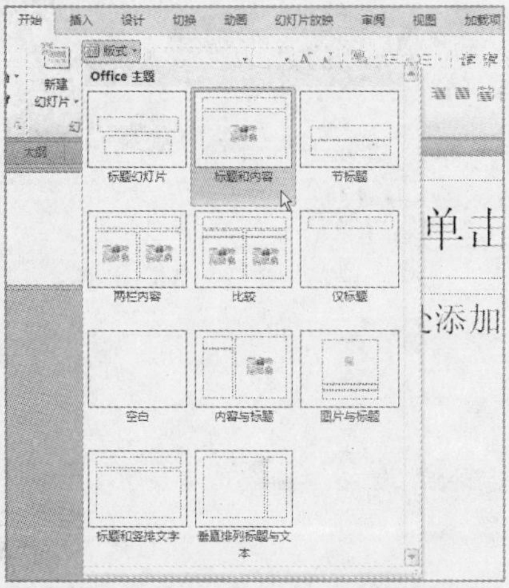

2 在幻灯片空白处单击鼠标右键，在弹出的快捷菜单中选择“设置背景格式”命令，如下图所示。

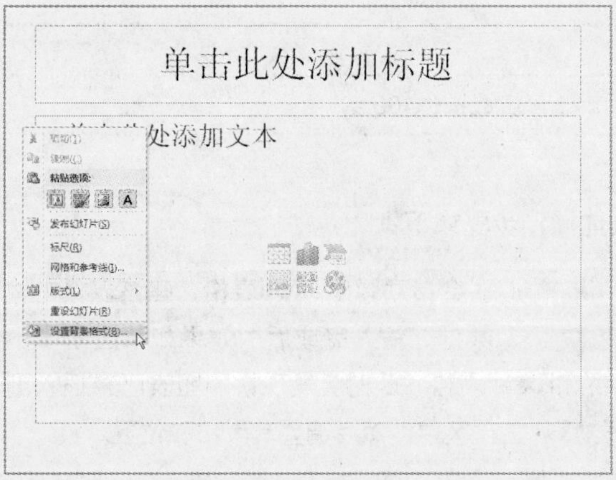

3 弹出“设置背景格式”对话框，打开“填充”选项卡，在“填充”组中单击“渐变填充”单选按钮。然后单击“预设颜色”右侧下拉按钮，在弹出的下拉列表中选择“薄雾浓云”选项，设置完成后单击“关闭”按钮 关闭 ，如下图所示。

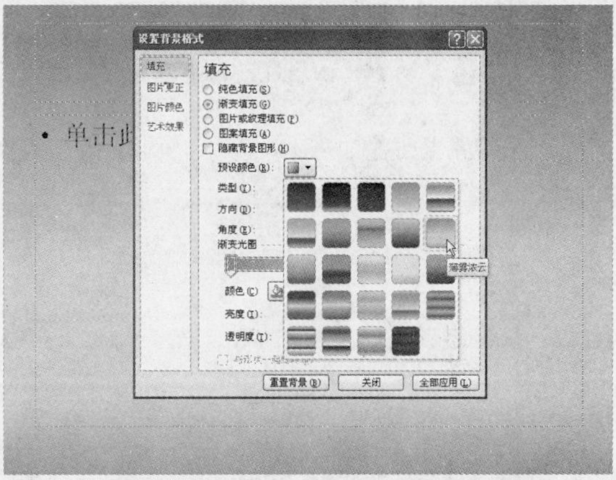

4 设置完成后的效果如下图所示。

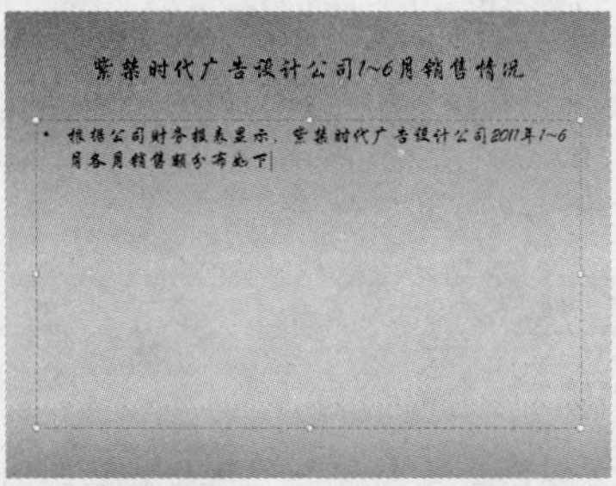

实战操作408 创建文档

- 素材：无
- 难度：★★★★★
- 效果：无
- 视频：视频\第22章\实战操作408.avi

为了做到图文并茂，下面首先在幻灯片中输入描述性文本。具体操作步骤如下：

1 在“单击此处添加标题”文本框中输入标题，输入完成后在“开始”选项卡下的“字体”组中将字体设置为“华文行楷”，将字号设置为32，如下图所示。

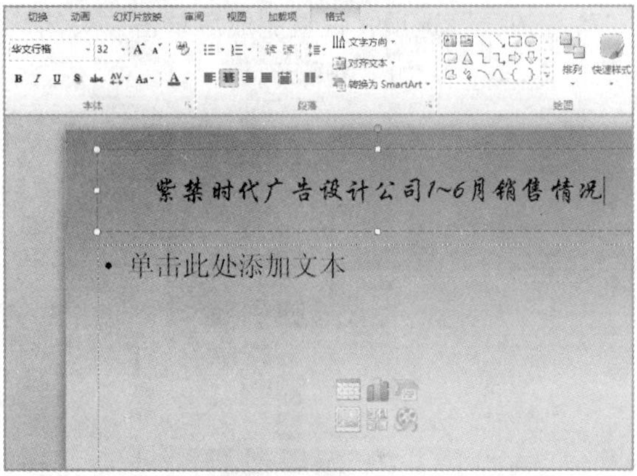

2 在“单击此处添加文本”文本框中输入文本，然后在“开始”选项卡下的“字体”组中将字体设置为“华文行楷”，将字号设置为24，效果如下图所示。

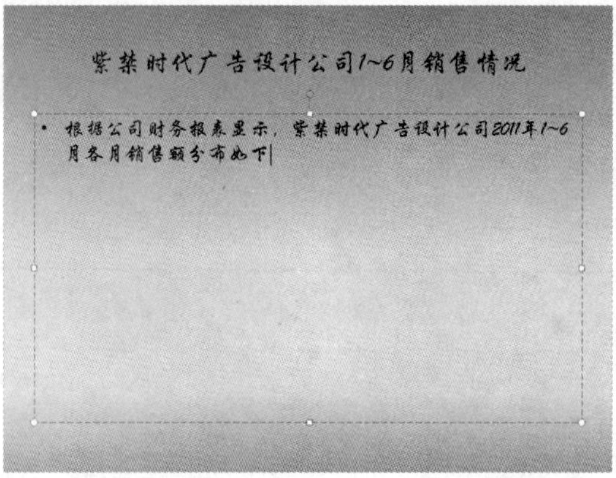

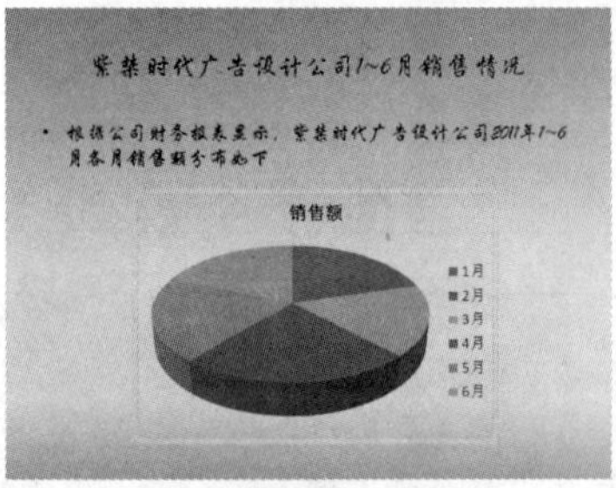

实战操作409 插入饼图图表

- 素材：无
- 难度：★★★★★
- 效果：无
- 视频：视频\第22章\实战操作409.avi

文档输入完成后，接下来需要制作饼图图表。具体操作步骤如下：

1 打开“插入”选项卡，在“插图”组中单击“图表”按钮，此时会弹出“插入图表”对话框。在左侧列表中打开“饼图”选项卡，在“饼图”选项组中选择“三维饼图”选项，然后单击“确定”按钮 确定 ，如下图所示。

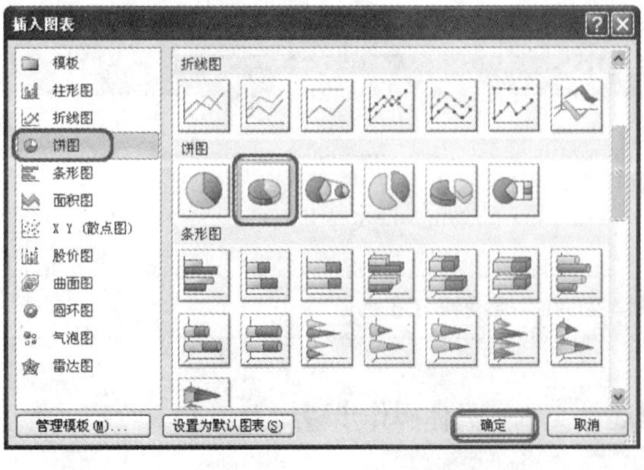

2 此时会自动弹出Excel表格，在该表格中输入数据。输入完成后的效果如下图所示。关闭Excel表格，此时会发现饼图图表已经插入到幻灯片工作区中，然后调整其大小和位置。

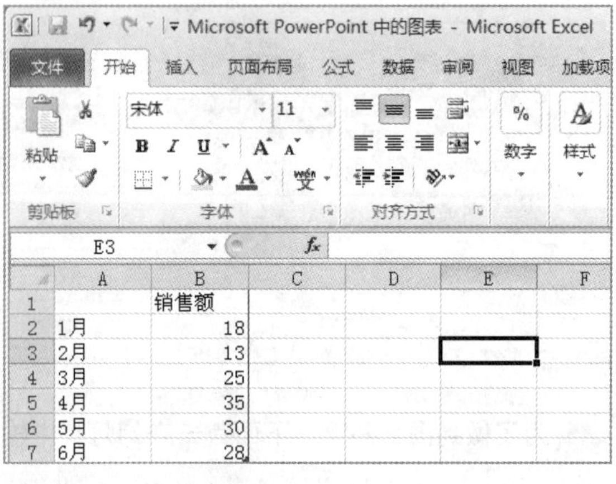

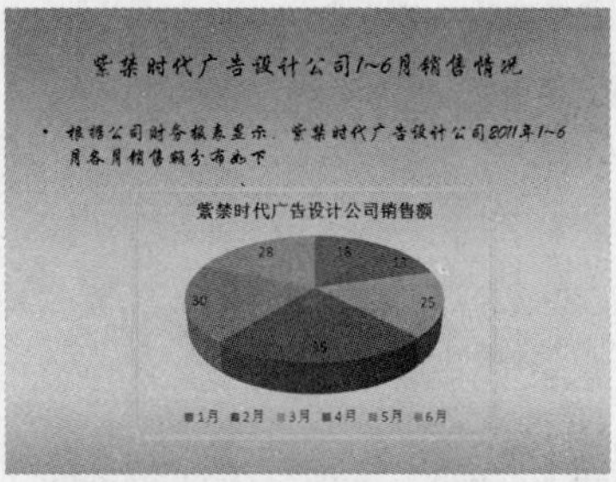

实战操作410 设置图表格式

- 素材：无
- 难度：★★★★★
- 效果：无
- 视频：视频\第22章\实战操作410.avi

此时插图的图表格式为默认格式，可以根据需要对图表格式进行设置。在插入图表后，PowerPoint会自动显示出“图表工具”选项组，在该选项组中可以对图表进行详细的设置。具体操作步骤如下：

1 在“图表工具”选项组下打开“布局”选项卡，选择标题“销售额”，然后更改标题文字，如下图所示。

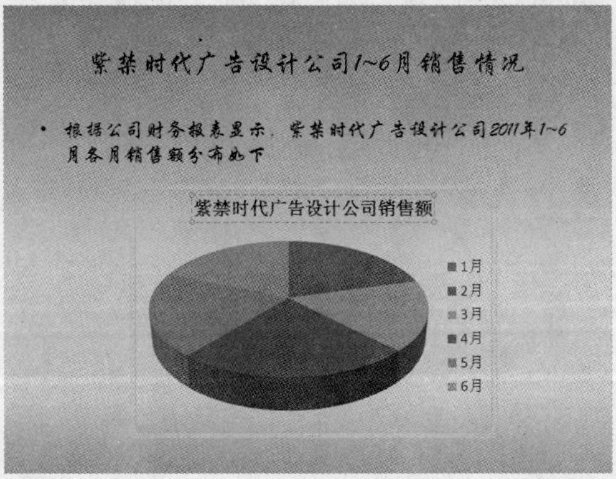

2 修改完成后，接下来调整图例位置。在“标签”选项组中单击“图例”按钮，在弹出的下拉菜单中选择“在底部显示图例”命令，如下图所示。

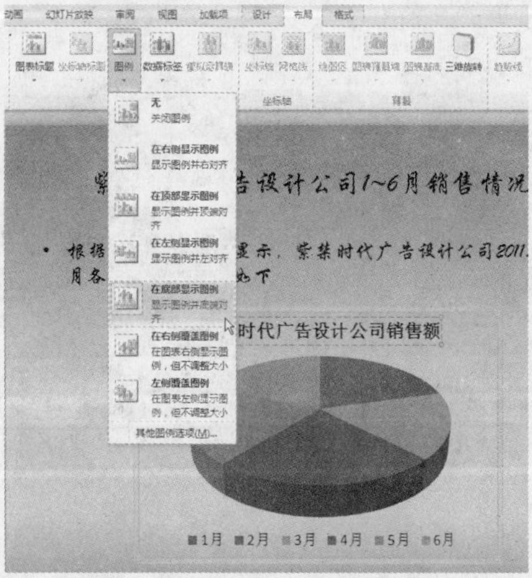

3 单击“标签”选项组中的“数据标签”按钮，在弹出的下拉列表中选择“数据标签内”，这样，数据就显示在饼图内部了，如右图所示。

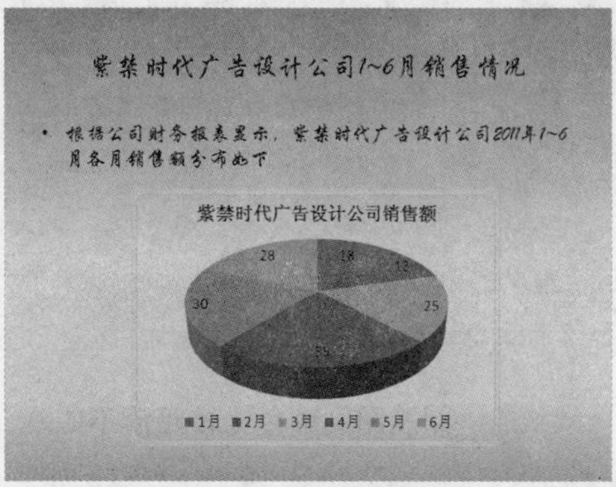

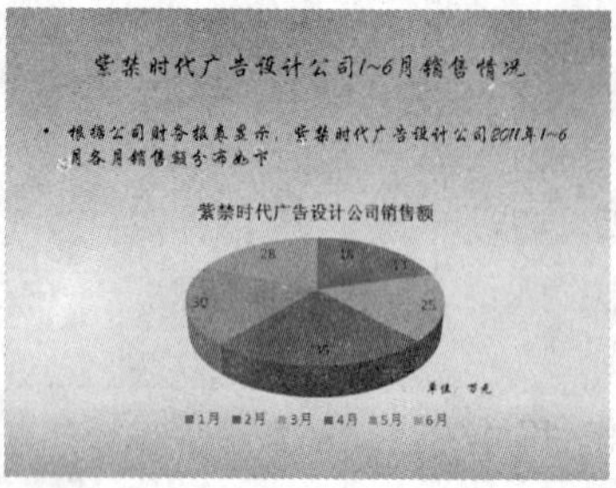

实战操作411 绘制文本框

- 素材：无
- 难度：★★★★★
- 效果：无
- 视频：视频\第22章\实战操作411.avi

由于前面的操作只是单纯地用数字表示，并没有数据单位，下面就来学习如何使用文本框添加数据单位。具体操作步骤如下：

1 打开“插入”选项卡，在“文本”组中单击“文本框”按钮，在弹出的下拉菜单中选择“横排”文本框，如下图所示。

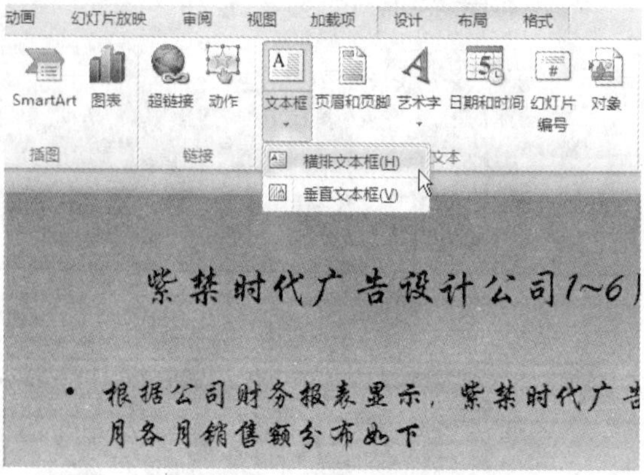

2 此时鼠标变为向下箭头形状，拖动鼠标绘制文本框，绘制完成后在该文本框输入文本，并调整其位置，调整完成后的结果如下图所示。

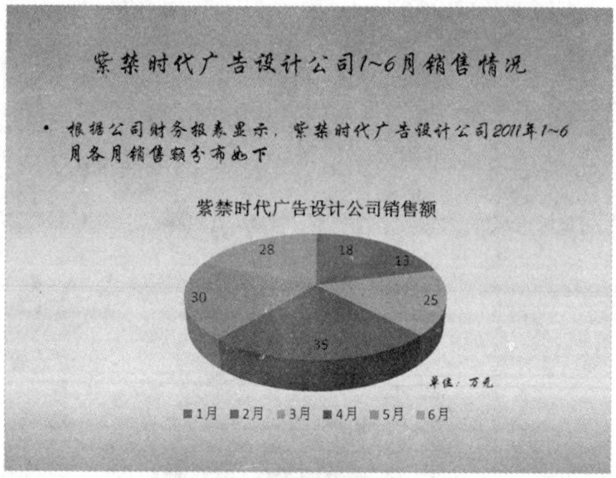

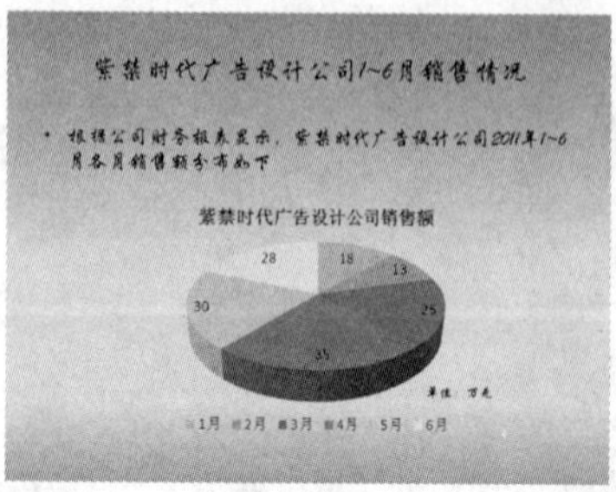

实战操作412 设置饼图及图例颜色

- 素材：无
- 难度：★★★★★
- 效果：效果\412\市场销售份额图表
- 视频：视频\第22章\实战操作412.avi

默认的饼图及图例颜色比较暗淡不美观，下面可以为其设置鲜明的颜色。具体操作步骤如下：

1 选择图例“6月”，选择“图表工具”下的“格式”选项卡。在“形状样式”组中单击“形状填充”右侧下拉按钮 形状填充，在弹出的下拉列表中选择“黄色”，如下图所示。

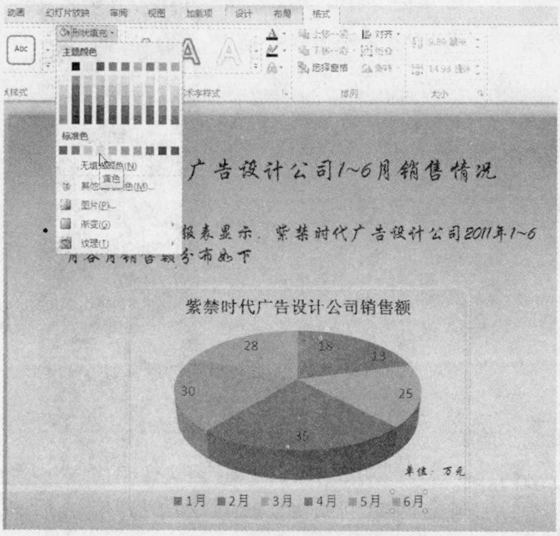

2 设置完成后，使用相同的方法继续设置其他图例的颜色，设置完成后的效果如下图所示。至此，市场销售份额图表就制作完成，将完成后的场景文件进行保存即可。

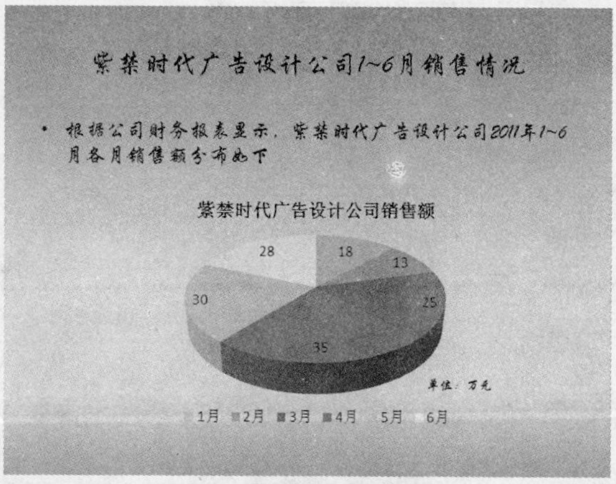

22.3 财政状况总揽

公司每年都会有一份年度账目报表，根据每年的销售额可以做一个图表来进行更加直观的对比，以帮助分析近年来的财务情况，为决策者提供有力的参考。

实战操作413 设置幻灯片主题

- 素材：无
- 难度：★★★★★
- 效果：无
- 视频：视频\第22章\实战操作413.avi

幻灯片主题可以使幻灯片更加美观，可以使用软件自带的主题，也可以使用公司Logo图片当做主题背景。本例将使用软件自带的主题。具体操作步骤如下：

1 启动PowerPoint 2010，系统会自动新建一个空白演示文稿，单击“版式”右侧下拉菜单按钮 版式 ·，在弹出的下拉列表中选择“仅标题”幻灯片，如下图所示。

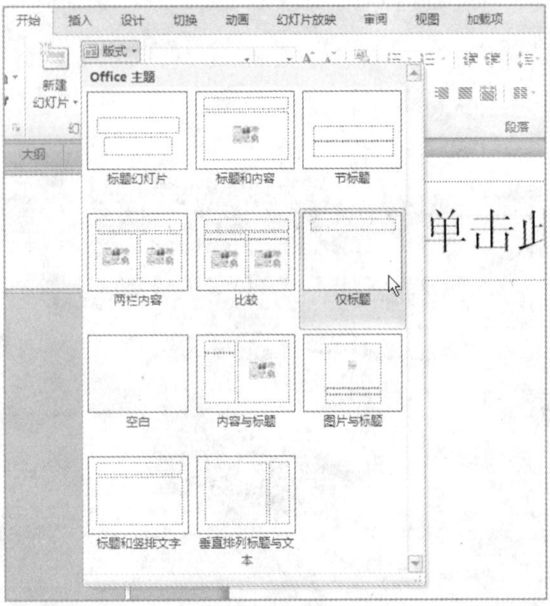

2 打开“设计”选项卡，在“主题”选项组中单击“其他”按钮，在弹出的下拉列表单中选择“流畅”主题，如下图所示。

3 设置完成后继续创建新幻灯片。打开“开始”选项卡，在“幻灯片”组中单击“新建幻灯片”按钮，在弹出的下拉列表中选择“节标题”幻灯片，此时会新创建“节标题”幻灯片，如下图所示。

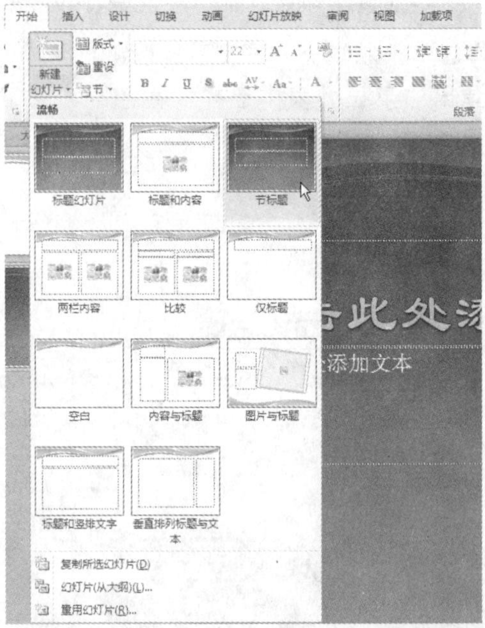

4 新建完成后，使用相同的方法继续创建剩余两幅幻灯片，幻灯片创建完成后，分别将后三张幻灯片中“单击此处添加文本”文本框选中，按Delete键将其删除，完成后的效果如下图所示。然后在第一张幻灯片中输入标题文字。

提示 除了使用“新建幻灯片”工具外，还可以选择已有幻灯片，按Ctrl+D快捷键来新建幻灯片。

实战操作414　插入艺术字

- 素材：无
- 难度：★★★★★
- 效果：无
- 视频：视频\第22章\实战操作414.avi

设置完成幻灯片后，就要向幻灯片中输入文本了，为了突出标题文字，将其设置为艺术字。具体操作步骤如下：

1 选择第二张幻灯片，在该幻灯片中单击“单击此处添加标题”，然后输入标题文字，如下图所示。

2 输入完成后，选择输入的标题，打开“绘图工具”下的“格式”选项卡，在“艺术字样式”选项组中单击“其他”按钮，在弹出的下拉列表中选择“渐变填充-鲜绿，强调文字颜色4，映像”，如下图所示。

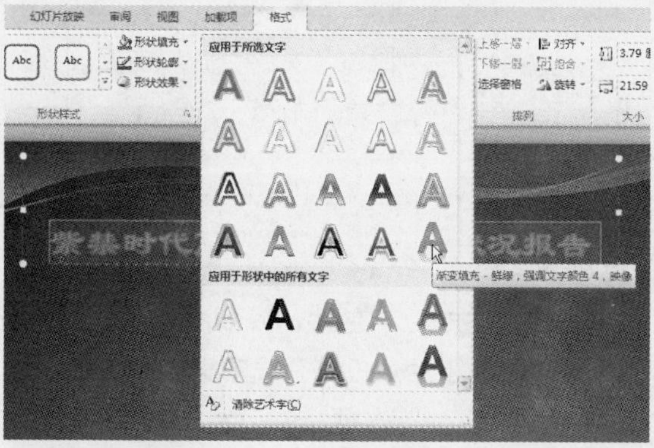

3 设置完成后，分别为后面两张幻灯片输入标题文字并插入艺术字，然后调整文本框的位置。选择第三张幻灯片标题，在“绘图工具”下的“格式”选项卡中的“艺术字样式”组中单击“文本填充”右侧下拉按钮 文本填充 ▾，在弹出的下拉列表中选择“其他填充颜色”选项，在弹出的“颜色”对话框中选择如下图所示的颜色。

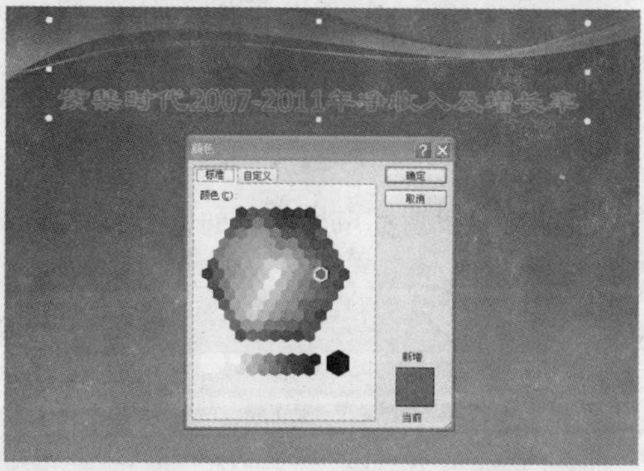

4 设置完成后，使用相同的方法设置第四张幻灯片，效果如下图所示。

5 设置完成后，会发现标题文字有点模糊，此时只要将文本轮廓去掉使之变为纯色即可。继续选择第三张幻灯片的标题文

字，在“绘图工具”下的“格式”选项卡中的“艺术字样式”组中单击“文本轮廓”右侧下拉按钮 文本轮廓，在弹出的下拉列表中选择“无轮廓”选项，如下图所示。

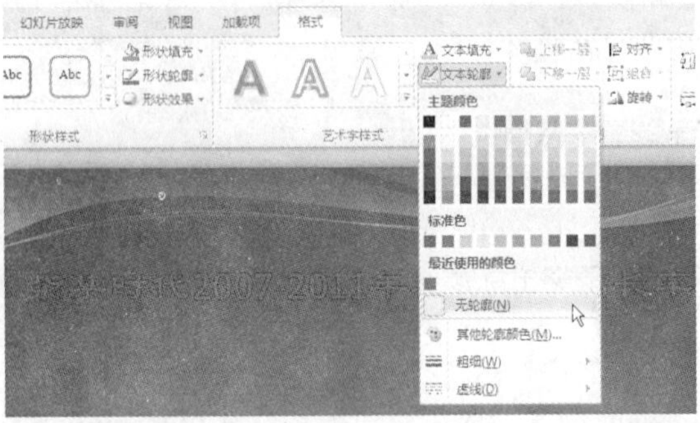

6 使用相同的方法设置第四张幻灯片，设置完后的效果如下图所示。

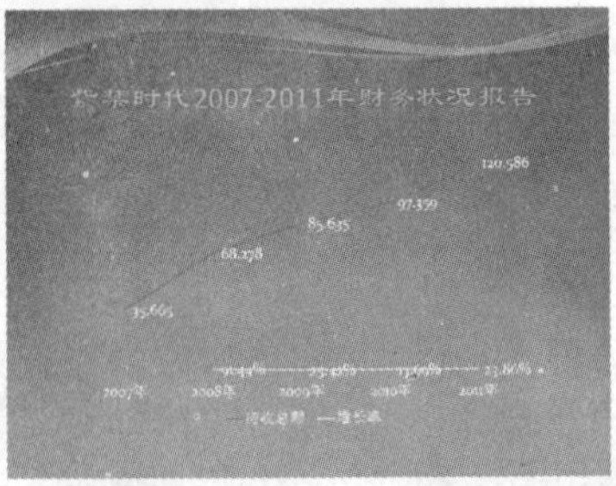

实战操作415 插入表格

- 素材：无
- 难度：★★★★★
- 效果：无
- 视频：视频\第22章\实战操作415.avi

标题文字设置完成后，下面需要插入图表。PowerPoint和Excel可以互相转换，在Excel中设置好表格后即可在PowerPoint中自动插入图表。具体操作步骤如下：

1 打开“插入”选项卡，在“插图”组中单击“图表”按钮，弹出“插入图表”对话框，在左侧列表中选择“折线图”选项卡，在右侧列表中选择“折线图”图表样式，设置完成后单击“确定”按钮，如下图所示。

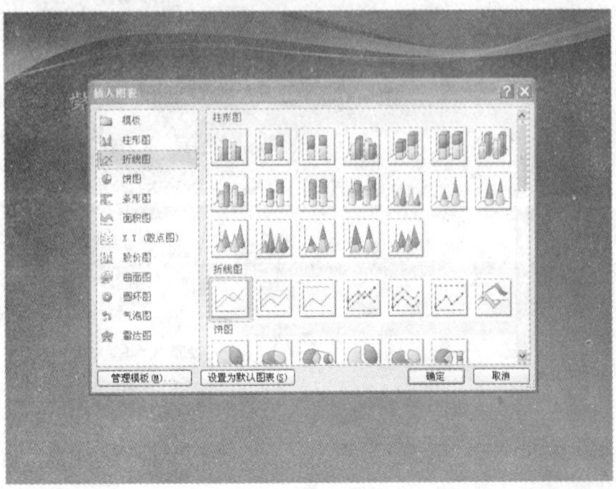

2 此时会自动弹出Excel表格，在该表格中输入数据，输入完成后的效果如下图所示。

G13

	A	B	C	D	E	F	G
1		2007年	2008年	2009年	2010年	2011年	
2	应收总额	35.665	68.278	85.635	97.359	120.586	
3	增长率		91.44%	25.42%	13.69%	23.86%	
4							
5							
6							
7							

3 输入完成后，在PowerPoint中单击“图片工具”下的“设计”选项卡中的“数据”组中“切换行/列”选项，然后关闭Excel表格，此时会发现折线图图表已经插入到幻灯片工作区中，然后调整其大小和位置，如下图所示。

4 确定插入的图表处于编辑状态，单击“图片工具”下的“设计”选项卡中的“图表布局”组中“其他”按钮，在弹出的下拉列表中选择“布局8”，如下图所示。

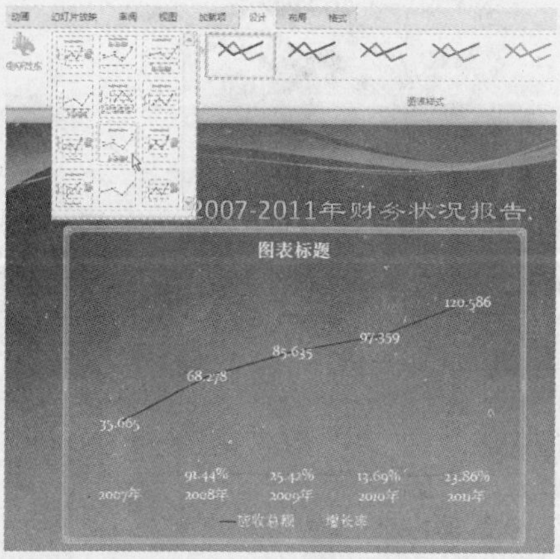

5 选择图表中“增长率”图例，确定其处于选择状态，然后选择“图表工具”下的“格式”选项卡，在“形状样式”组中单击“形状轮廓”按钮 形状轮廓，在弹出的下拉列表中选择“黄色”，如下图所示。

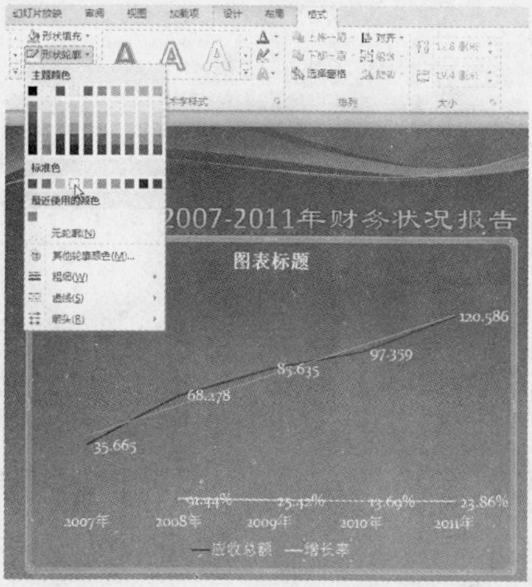

6 使用相同的方法设置“应收总额”图例，最后将“图表标题”文本框删除。设置完成后效果如下图所示。

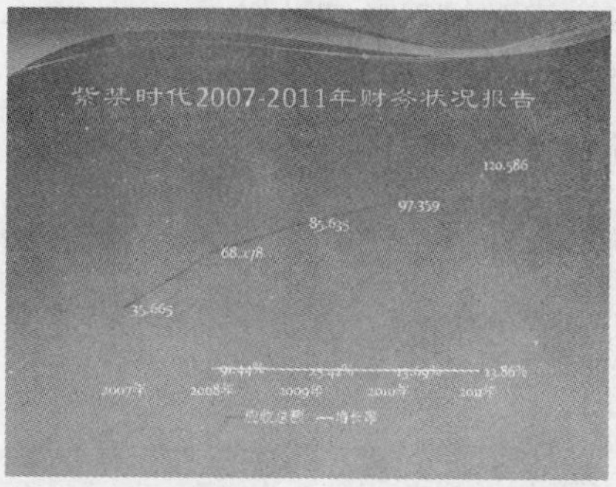

7 使用相同的方法继续创建第三张幻灯片，数据如下图所示。将图表类型设置为“布局10”，创建完成后，选择图表中的“增长率”图例，确定其处于选择状态。在“图表工具”下的“设计”选项卡中的“类型”选项组中选择“更改图表类型”按钮。

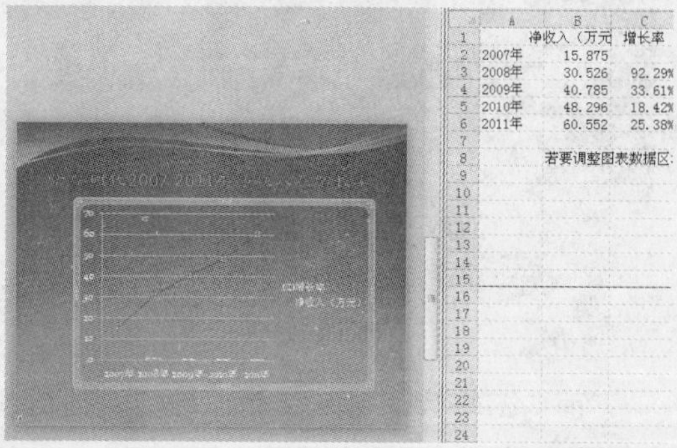

8 在弹出的“更改图表类型”对话框中选择“柱形图”选项卡。在“柱形图”选项组中选择“堆积柱形图”选项，然后单击“确定”按钮，如下图所示。然后将“增长率”图例的颜色改为“黄色”。

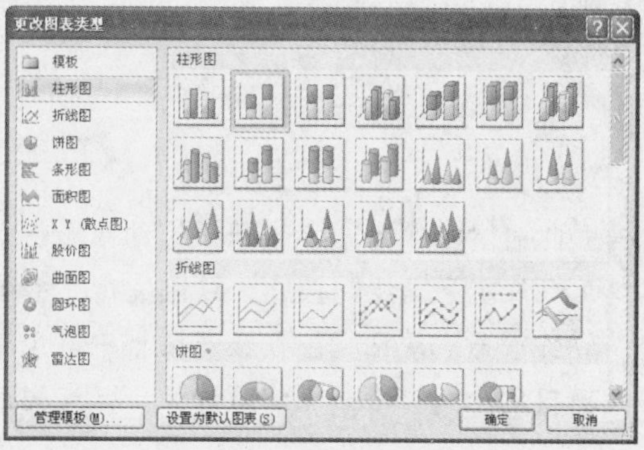

9 继续创建第四张幻灯片。打开“插入”选项卡，在“插图”组中单击“图表”按钮，弹出“插入图表”对话框，在左侧列表中选择“柱形图”选项卡，在右侧列表中选择“簇状柱形图”图表样式，设置完成后单击“确定”按钮，如下图所示。

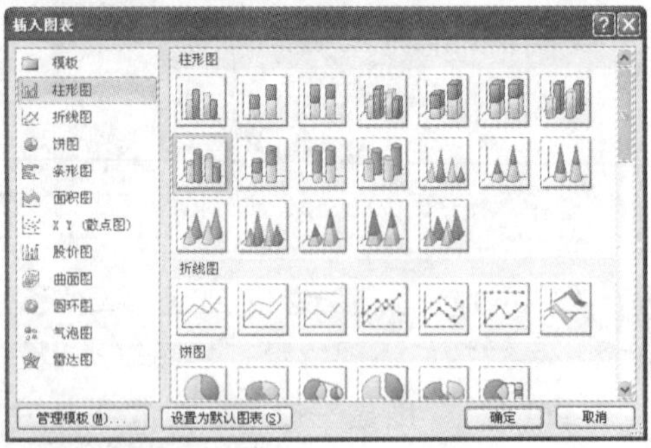

10 此时会自动弹出Excel表格，在该表格中输入数据，输入完成后的效果如下图所示。设置完成后，将“毛利”和“增长率”图例颜色分别设置为“红色”和“黄色”。

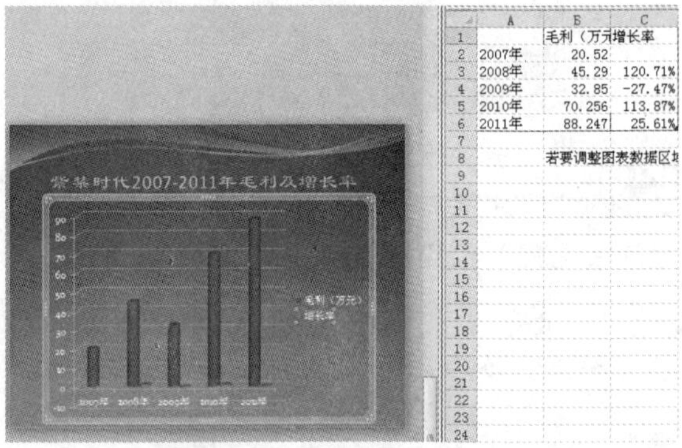

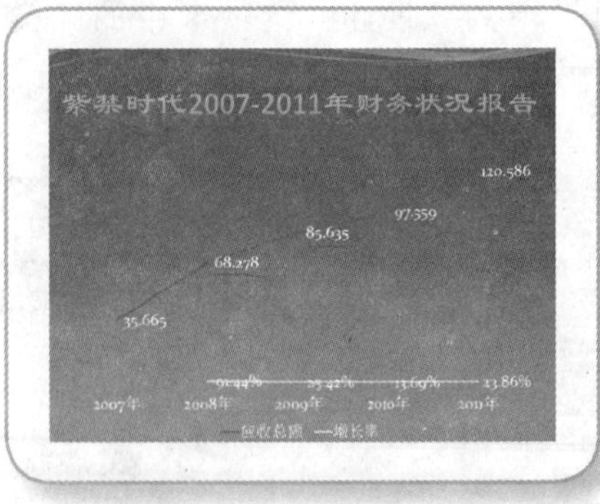

实战操作416 添加动作按钮

- 素材：无
- 难度：★★★★★
- 效果：效果\416\财政状况总揽.pptx
- 视频：视频\第22章\实战操作416.avi

下面为幻灯片添加一个动作按钮，使操作更加方便、快捷。具体操作步骤如下：

1 选择第一张幻灯片，打开“插入”选项卡，在“插图”组中单击“形状”按钮，在弹出的下拉列表中选择“动作按钮”组中“动作按钮：前进或下一项”选项▷，如右图所示。

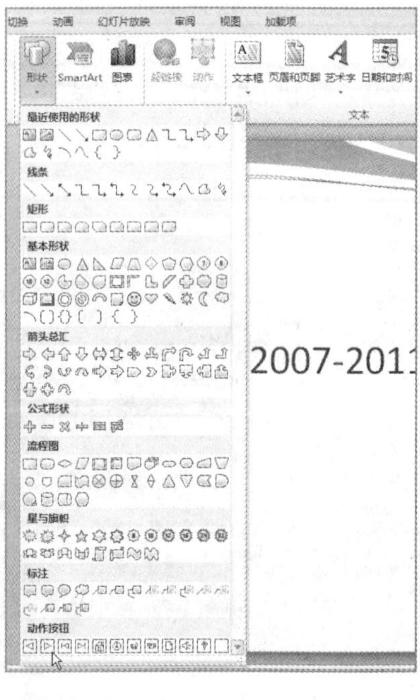

2 此时鼠标变为十字光标，拖动鼠标在幻灯片左下角绘制按钮，绘制完成后会弹出“动作设置”对话框。在该对话框中，设置“超链接到”为“下一张幻灯片”，设置完成

后单击“确定”按钮，如下图所示。

提示

动作按钮不能等同于超链接按钮，它只可以链接幻灯片，并且该按钮附带了简单的操作功能，比如画笔功能等。

3 选择第二张幻灯片，打开“插入”选项卡，在“插图”组中单击“形状”按钮，在弹出的下拉列表中选择“动作按钮”组中“动作按钮：后退或前一项”选项◁，如下图所示。

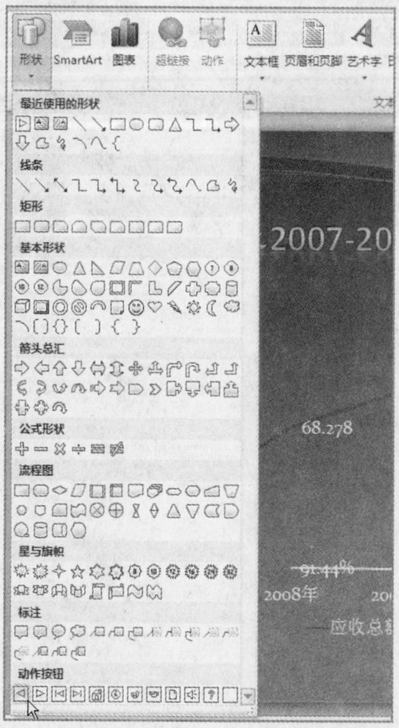

4 此时鼠标变为十字光标，拖动鼠标在幻灯片左下角绘制按钮，绘制完成后会弹出“动作设置”对话框，在该对话框中，设置“超链接到”为“上一张幻灯片”，设置完成后单击“确定”按钮，如下图所示。

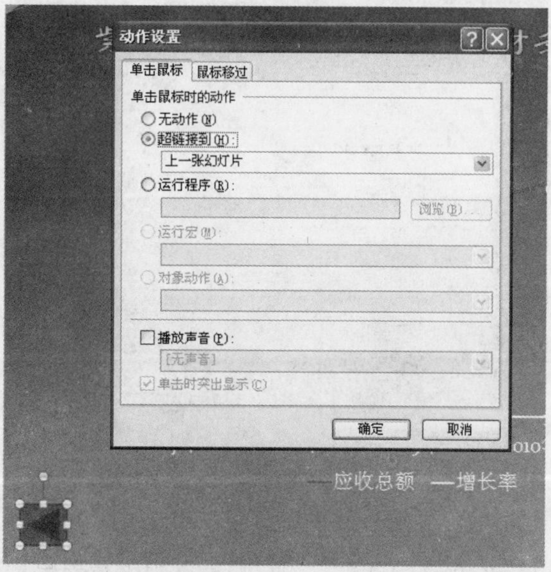

5 使用相同的方法继续绘制其他按钮，设置完成后的效果如下图所示。

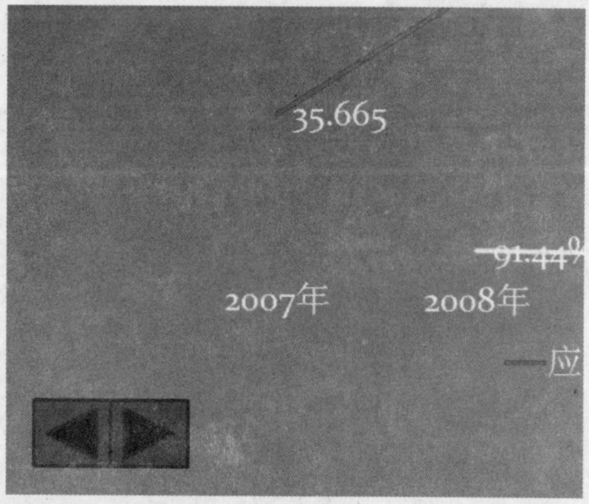

6 设置完成后，按F5键预览幻灯片，此时单击按钮会链接到上一张或下一张幻灯片，此时在动作按钮下方还有4个半透明显示的小工具，单击“笔”图标，此时会弹出快捷菜

单，如下图所示。

7 在弹出的快捷菜单中选择“笔”，此时鼠标会变为红色圆点，按住鼠标左键拖动鼠标即可在幻灯片上进行绘制，如下图所示。用户也可以在“墨迹颜色”组中更改笔触颜色。

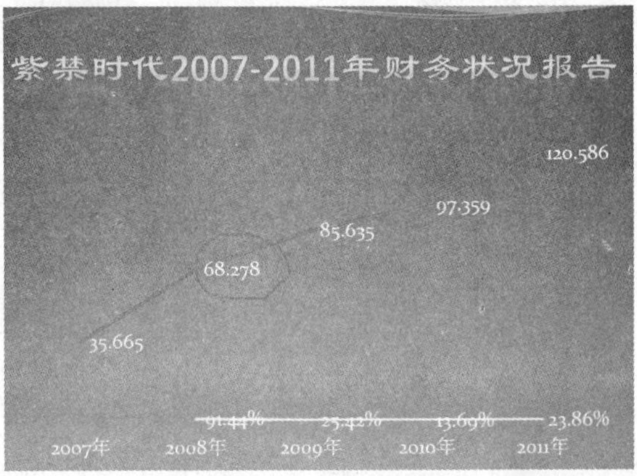

8 当退出幻灯片放映时，会提示“是否保留墨迹注释”，用户可以根据需要单击“保留”或“放弃”，如右图所示。至此，财务状况总揽幻灯片就制作完成，将完成后的场景文件进行保存即可。

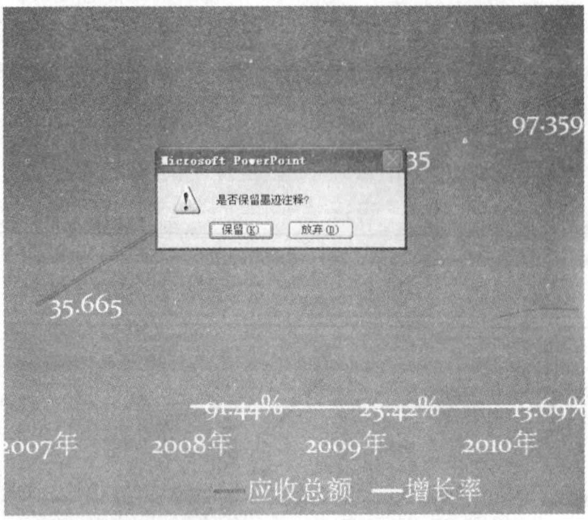